LEHRBUCH

DER

TECHNISCHEN PHYSIK

VON

PROF. DR. HANS LORENZ
INGENIEUR

VIERTER BAND:

TECHNISCHE ELASTIZITÄTSLEHRE

MÜNCHEN UND BERLIN
DRUCK UND VERLAG VON R. OLDENBOURG
1913

TECHNISCHE ELASTIZITÄTSLEHRE

VON

HANS LORENZ

MIT 229 IN DEN TEXT GEDRUCKTEN ABBILDUNGEN

MÜNCHEN UND BERLIN
DRUCK UND VERLAG VON R. OLDENBOURG
1913

JOHNSON REPRINT CORPORATION
111 Fifth Avenue, New York, N.Y. 10003

JOHNSON REPRINT COMPANY LIMITED
Berkeley Square House, London, W. 1

Reprinted from a copy in the collections of
The New York Public Library
Astor, Lenox and Tilden Foundations

Classics in the History of Engineering

Editor in Chief: Gunhard Æ. Oravas
Chairman
Department of Civil Engineering and Engineering Mechanics
McMaster University, Hamilton, Ontario

First reprinting, 1968, Johnson Reprint Corporation

Printed in the United States of America

Vorwort.

Die Technische Elastizitätslehre, welche den Inhalt des vorliegenden Schlußbandes meines Lehrbuches der technischen Physik bildet, beschränkt sich auf umkehrbare Zustandsänderungen fester Körper im Gültigkeitsbereiche des Hookeschen Gesetzes. Diese sind im weitesten Umfange einer exakten Behandlung zugänglich, die ihrerseits die einzig zuverlässige Grundlage für die konstruktive Tätigkeit des Maschinen- und Bauingenieurs darbietet. Infolge der erhöhten Anforderungen der heutigen Technik sind dabei nicht selten neue Probleme zu lösen, denen gegenüber die früher allein gebräuchlichen elementaren Methoden versagen. Dazu tritt noch die Notwendigkeit der Berücksichtigung dynamischer Einflüsse, die sich durch das Auftreten von Schwingungen mit der Gefahr der Resonanzerscheinungen häufig genug auch da geltend machen, wo man bisher reine Gleichgewichtsuntersuchungen für ausreichend hielt. Der hierdurch bedingten gleichzeitigen Erweiterung und Vertiefung der technischen Elastizitätslehre war ohne ein allzu starkes Anwachsen des Buchumfanges nur durch eine zweckmäßige Anordnung des Stoffes und eine kritische Auswahl unter den mannigfachen Anwendungen zu begegnen. Demgemäß zerfällt das Werk in zwei scharf voneinander getrennte Teile, von denen der erste den Inhalt meiner Hauptvorlesung über Festigkeitslehre an der Techn. Hochschule zu Danzig im Wintersemester bildet, während ich ausgewählte Kapitel des zweiten Teiles im Sommersemester vor reiferen Studierenden vorzutragen pflege.

Der erste Teil umfaßt fünf Kapitel und beginnt mit einer kurzen Darstellung der Zug- und Druckerscheinungen auf rein empirischer Grundlage, die unmittelbar auf das Hookesche Gesetz und die beiden Spannungsarten führt. Daran schließen sich die elastischen Gleichgewichtsbedingungen im ebenen Spannungszustand mit Anwendung auf dünnwandige Gefäße. Die drei folgenden Abschnitte über deren Formänderung, über elastische Längsschwingungen und Radialschwingungen von Rohren, die für die Festigkeit von Druckleitungen von Bedeutung sind, kann der Anfänger vorläufig überschlagen, während auf die Lehren des § 7 über die Formänderungsarbeit weiterhin mehrfach zurückgegriffen wird. Da im allgemeinen jedes Kapitel mit einfacheren Dingen beginnt und allmählich zu verwickelten aufsteigt, so empfiehlt es sich für den Leser, sogleich zum folgenden Kapitel überzugehen, wenn er irgendwo auf Schwierigkeiten stößt. Diese werden dann überwunden sein, wenn er nach weiterem Fortschreiten die überschlagenen Abschnitte in Angriff nimmt.

Das zweite Kapitel ist der reinen Torsion gewidmet, wobei ich den schönen Untersuchungen von Bredt über die Verdrehung dünnwandiger Hohlzylinder, die ich selbst auf solche mit Zwischenstegen (Dinglers Pol. Journal 1911, Heft 32) erweiterte, einen ihrer praktischen Bedeutung entsprechenden Platz eingeräumt habe. Die hieraus gewonnenen Sätze erleichtern überdies das Verständnis der Verdrehung von Zylindern mit beliebigen Querschnitten, von denen sich die offenen dünnwandigen wieder besonders leicht behandeln lassen. Das gilt auch für die in § 12 besprochenen Torsionsschwingungen, solange man die Stabmasse gegen die Zusatzmassen an den Enden vernachlässigen darf.

Die Biegungslehre des geraden Stabes in Kap. III beginnt mit der Untersuchung der Spannungsverteilung, wobei ich für die Aufzeichnung der Spannungstrajektorien die Wagnerschen Kurven reiner Schubspannung verwendet habe. Der Untersuchung der elastischen Linie wurde eine kurze Diskussion der Größenordnung der einzelnen Glieder ihrer Differentialgleichung vorausgeschickt, von der dann bei der Besprechung von Nebeneinflüssen sowie später in der Knicktheorie Gebrauch gemacht wird.

In der Biegungslehre krummer Stäbe (Kap. IV) haben wir uns von vornherein auf dünne Stäbe beschränkt und damit alle Betrachtungen über die Spannungsverteilung und die Integrationen über den Querschnitt ausgeschaltet, die in vielen Schriften einen erheblichen Raum beanspruchen und doch einer exakten Prüfung nicht Stich halten. Von den Anwendungen seien die auf Uhrfedern, auf elliptische Rohre und auf Kreisrohre unter ungleichförmigem Druck hervorgehoben. An den Schluß dieses Kapitels habe ich auch meine Theorie der Biegung krummer Rohre (Dingl. Journal u. Phys. Zeitschr. 1912) gestellt, in der die in § 3 vorgetragene Behandlung dünnwandiger Gefäße unter Hinzunahme von Biegungsspannungen eine Erweiterung erfährt.

Das letzte Kapitel des ersten Teiles bringt zunächst die Eulersche Knicktheorie, und zwar unter sofortiger Heranziehung der zweiten Annäherung, durch welche die Unbestimmtheit des Biegungspfeiles und der Spannungen beseitigt wird (Zeitschr. d. V. d. Ing. 1908, S. 827), die bis in die letzte Zeit viel Verwirrung angerichtet hat. Diese Darstellung wird durch das dynamische Verhalten eines axial belasteten Stabes in Anknüpfung an die früher (§ 21) entwickelte Theorie der Biegungsschwingungen sowie durch einige Untersuchungen über kritische Umlaufszahlen ergänzt. Den Abschluß dieses Kapitels bildet die nach meiner Überzeugung ebenso wichtige wie lehrreiche Theorie der Kipperscheinungen in der Prandtlschen Darstellungsweise.

Im VI. Kapitel, welches mit der allgemeinen Elastizitätstheorie den zweiten Teil des Buches einleitet, werden zunächst die räumlichen Spannungs- und Dehnungsformeln entwickelt und für den isotropen Körper miteinander in Beziehung gebracht. Da die hieraus resultierenden Differentialgleichungen nur in wenigen Fällen integrabel sind, so ergibt sich die Notwendigkeit der Heranziehung von Näherungslösungen durch das vom Verfasser verallgemeinerte Ritzsche Verfahren (Phys. Zeitschr. und Z. d. V. d. Ing. 1913). Von exakten Lösungen enthält dieses Kapitel das Gleichgewicht der elastischen Kugelschale sowie die De St. Vénantsche Theorie der Torsion und der Biegung des geraden Balkens.

Der Plattenbiegung ist das Kapitel VII gewidmet, das u. a. die vom Verfasser angegebene Näherungslösung für rechteckige Platten (Z. d. V. d. Ing. 1913) bringt und mit der Untersuchung der symmetrisch belasteten Kreisplatte abschließt. Mit der Plattentheorie eng verwandt ist die Behandlung des ebenen Spannungszustandes mit Hilfe der Airyschen Spannungsfunktion im VIII. Kapitel. Diese Methode gewährt trotz ihrer Unvollkommenheiten einen recht guten Einblick in die Spannungsverteilung gerader Balken und Kreisbogenträger unter bestimmten Belastungen und hat darum in den letzten Jahren auch in technischen Kreisen eine erhöhte Beachtung gefunden, insbesondere seitdem Föppl sie in den Bd. V seiner Vorlesungen aufgenommen hat. Wenn ich mich auch in der Auswahl der Probleme in diesem wie im folgenden Kapitel mit Föppl mehrfach berühre, so habe ich doch in deren Durchführung stets eigene Wege eingeschlagen. Anstatt nämlich eine Lösung unvermittelt anzuschreiben und ihre Richtigkeit nachträglich zu erweisen, entwickle ich sie schrittweise aus einfachen, manchmal trivialen Fällen, wodurch ohne größeren Aufwand an Mühe und Zeit jede den Anfänger störende Willkür ausgeschlossen erscheint. In diesem heuristischen Verfahren liegt zugleich eine Anleitung zur selbständigen Behandlung neuer Aufgaben, wie sie in der Technik täglich auftauchen.

Eine ganze Anzahl derartiger moderner Untersuchungen über achsensymmetrische Spannungszustände bringt das Kap. IX, in dem zuerst dickwandige Rohre bzw. Scheiben unter Druck, unter dem Einflusse der Fliehkraft bei der Rotation sowie mit radial veränderlicher Temperatur abgehandelt werden. Daran schließen sich dünnwandige Zylinder unter axialem Druck, rotierende Trommeln und Gefäße mit konstanter und veränderlicher Wandstärke, wofür auch das Ritzsche Verfahren herangezogen wurde. Für die darauf folgende Ermittlung der Spannungsverteilung in einem zur Seite einer Begrenzungsebene unendlich ausgedehnten Körper mit einer konzentrierten Normallast konnte an das entsprechende ebene Problem (§ 56) angeknüpft werden. Daraus ergab sich zwanglos und ohne Heranziehung der Potentialtheorie eine

Lösung, die ihrerseits einen bequemen Zugang zur Theorie der Härte eröffnet. Im historischen Schlußkapitel habe ich mich nicht mit einer Aufzählung der von den einzelnen Forschern auf dem Gebiete der Elastizitätslehre herrührenden Sätze begnügt, sondern auf Grund eines oft mühsamen Quellenstudiums den inneren Zusammenhang der Fortschritte aufzudecken gesucht. Dabei bot sich Gelegenheit, auf einige im Buche selbst nicht berührte Dinge hinzuweisen, welche geeignet sind, den Leser zu weitergehenden Studien unter Benutzung der reichlich zitierten Literatur anzuregen.

Da das Buch nicht allein dem systematischen Studium bzw. dem Hochschulunterrichte als Grundlage dienen, sondern sich auch als Nachschlagewerk für selbständig arbeitende Ingenieure, Physiker und Mathematiker nützlich erweisen soll, so habe ich Vorsorge getroffen, daß die einzelnen Abschnitte möglichst unabhängig voneinander gelesen werden können. Für das Selbststudium dürfte die Hinzunahme einer Aufgabensammlung, z. B. der sehr reichhaltigen von F. Wittenbauer (Aufgaben zur Techn. Mechanik, Bd. II, Festigkeitslehre, Berlin 1910) nützlich sein, obgleich fast jeder Paragraph unseres Buches praktische Anwendungen der vorgetragenen Theorie und Rechnungsmethoden bringt. Die mathematischen Vorkenntnisse sind dieselben, wie in meiner technischen Hydromechanik, d. h. die Elemente der Differential- und Integralrechnung und der analytischen Geometrie, während die Integration totaler und partieller Differentialgleichungen in jedem vorkommenden Falle durchgeführt worden ist.

Bei der Berechnung der Beispiele, der Kontrolle der Formeln und der Korrektur sowie beim Zeichnen der Figuren und der Anlage der Register haben mich meine Assistenten, die Herren Dr. Göhner, Dr. Grammel und Dipl.-Ing. Lapp, in dankenswerter Weise unterstützt. Auch mein Bruder, Dipl.-Ing. Dr. R. Lorenz in Essen, hatte die Freundlichkeit, die Revisionsbogen durchzusehen und mich auf einige Unstimmigkeiten hinzuweisen, durch deren Beseitigung die Brauchbarkeit des Buches gewonnen haben dürfte.

Danzig-Langfuhr, im Juli 1913.

H. Lorenz.

Inhaltsverzeichnis.

Kap. V. Knick- und Kipperscheinungen.

Kap. VI. Allgemeine Elastizitätstheorie.

Kap. VIII. Der ebene Spannungszustand.

Kap. X. Abriss der geschichtlichen Entwicklung der Elastizitätslehre.

Kapitel I.

Zug- und Druckelastizität isotroper Körper.

§ 1. Der Zug- und Druckversuch.

Beziehung zwischen der Stabkraft und der Längenänderung, Spannung und Dehnung. Das Hookesche Gesetz; Elastizitätsmodul und Elastizitätsgrenze, elastische und bleibende Dehnungen. Der Fließvorgang. Temperaturänderungen bei der Formänderung. Die Formänderungsarbeit. Körper mit veränderlichen Elastizitätsmoduln; isotrope und anisotrope Körper. Die Querkontraktion. Normal- und Schubspannungen. Beispiele.

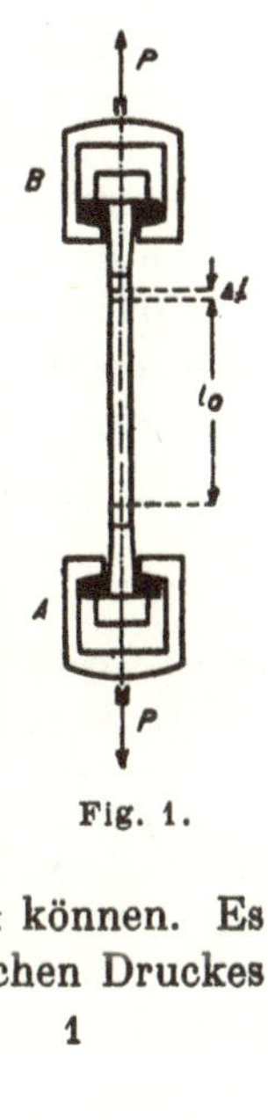

Fig. 1.

Die im festen Aggregatzustande befindlichen Körper erweisen sich bei genauerer Betrachtung nicht als vollkommen starr im Sinne der Mechanik, sondern erleiden unter der Einwirkung äußerer Kräfte kleine Formänderungen, denen gegenseitige Verschiebungen ihrer Bestandteile entsprechen. Da diese Formänderungen, wie man leicht durch Drücken eines Kautschukkörpers in der Hand feststellen kann, mit wachsender Kraftäußerung zunehmen, so liegt es nahe, zwischen diesen beiden Größen auf dem Wege des messenden Experimentes eine Beziehung aufzusuchen. Zu diesem Zwecke stellen wir aus dem zu prüfenden Stoffe einen zylindrischen Stab (Fig. 1) mit kreisförmigem Querschnitte her und lassen bei festgehaltenem einen Ende A am andern B in seiner Achsenrichtung eine Zugkraft P wirken, die wir von Null aufwärts stetig vergrößern können. Es geschieht dies am bequemsten vermittelst hydraulischen Druckes oder durch Verschiebung eines bekannten Gewichtes auf dem Hebel in einer sog. Festigkeitsmaschine[1]), die eine sofortige Ablesung der augenblicklichen Größe der Kraftwirkung ermöglicht. Auf dem Stabe wird vor dem Einspannen durch zwei Marken in gehörigem Abstande von den Befestigungsstellen eine Meßlänge l_0 festgelegt, deren Änderung $\Delta\, l$ infolge der Belastung durch Mikrometerschrauben oder Spiegelbeobachtung gleichzeitig mit der Kraftmessung ermittelt wird.

Tragen wir nunmehr die Verlängerungen Δl als Abszissen und die zugehörigen Zugkräfte P als Ordinaten in ein rechtwinkliges Achsenkreuz ein, so ergibt sich z. B. für Flußeisen ein Diagramm Fig. 2, in das außerdem noch die Verkürzungen ($-\Delta l$) unter der Wirkung axialer Druckkräfte ($-P$) nach den Ablesungen beim Druckversuch in der Festigkeitsmaschine aufgenommen werden. In diesem Diagramm fällt zunächst der — bis auf kleine Beobachtungsfehler — genau geradlinige Anstieg der durch O hindurchgehenden Kraftkurve zwischen den Punkten A_1 und A_2 auf, dem auf diesem Wege offenbar eine Proportionalität zwischen P und Δl entspricht. Wiederholen wir die Versuchsreihe mit Stäben aus demselben Material, aber von anderen Meßlängen l_0 und verschiedenen Querschnitten F_0, so zeigt sich, daß für alle diese innerhalb der sog. Proportionalitätsgrenzen A_1 und A_2

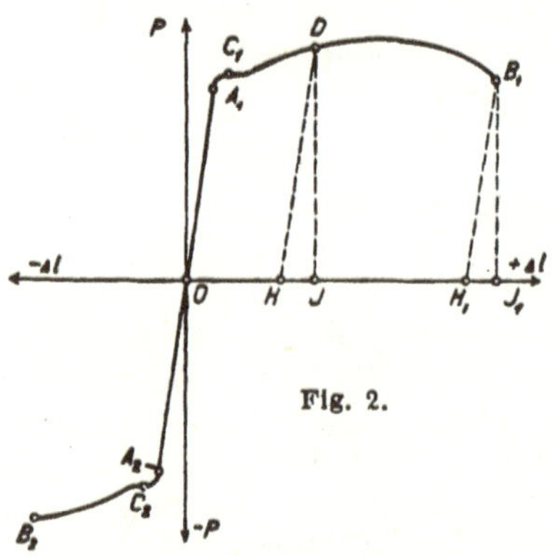

Fig. 2.

$$\frac{P}{F_0} = E\,\frac{\Delta\, l}{l_0} \quad . \; . \; . \; . \; . \; . \; . \; . \quad (1)$$

wird, worin E eine nur vom Material abhängige Konstante darstellt. Bezeichnen wir dann noch den Quotienten

[1]) Die eingehende Beschreibung derartiger Maschinen und ihrer Handhabung findet sich u. a. in den Handbüchern der Materialienkunde von Martens (Berlin 1898) und des Materialprüfungswesens von Wawrziniok (Berlin 1908), auf die hiermit verwiesen wird.

$$\frac{P}{F_0} = \sigma \quad . \quad . \quad . \quad . \quad . \quad . \quad . \quad . \quad . \quad (2),$$

d. h. die auf die Flächeneinheit des Querschnittes entfallende, normal zu ihm gerichtete Zug- oder Druckkraft als die Spannung und das Verhältnis

$$\frac{\Delta l}{l_0} = \varepsilon \quad . \quad . \quad . \quad . \quad . \quad . \quad . \quad . \quad . \quad (3)$$

als die Dehnung des Stabes, so vereinfacht sich (1) in

$$\sigma = E\varepsilon \quad . \quad . \quad . \quad . \quad . \quad . \quad . \quad . \quad . \quad (1a),$$

also eine Gleichung, in der die Stababmessungen selbst nicht mehr auftreten. Weiterhin erkennt man, daß die Dehnung mit der Spannung ihr Vorzeichen wechselt, so daß wir aus diesem schon erkennen, ob wir es mit einer (positiven) Zugspannung oder einer (negativen) Druckspannung zu tun haben. Die durch Gleichung (1a) dargestellte Beziehung wurde zuerst von dem Engländer Hooke (1678) auf empirischem Wege gefunden und in die Worte »ut tensio sic vis« gefaßt, weshalb man sie auch als das Hookesche Gesetz bezeichnet. Unterbricht man den Versuch an unserem Stabe, bevor einer der beiden Punkte A_1 oder A_2 erreicht ist, und entlastet den Stab ebenso stetig, wie man ihn vorher belastet hatte, so geht auch die Längenänderung wieder nach Gl. (1) zurück, so daß also das Hookesche Gesetz eine umkehrbare Formänderung des Stabes darstellt. Die diesem federnden Verhalten des Stabmaterials längs der sog. Hookeschen Geraden $A_1 O A_2$ zugrunde liegende Eigenschaft kennzeichnet man wohl auch als seine Elastizität, nennt darum die oben eingeführte Konstante E den Elastizitätsmodul des Materials und die Punkte $A_1 A_2$ seine Elastizitätsgrenzen.[1]) An Stelle des nach Gl. (1) bzw. (1a) eine Spannung darstellenden Elastizitätsmoduls benutzt man wohl auch seinen reziproken Wert $1 : E$, den C. Bach als den Dehnungskoeffizienten bezeichnet.

Überschreiten wir nunmehr beim Zug- oder Druckversuch eine der beiden Elastizitäts- oder Proportionalitätsgrenzen, so

[1]) Gelegentlich setzt man die Elastizitätsgrenze, indem man ihr willkürlich eine bestimmte Dehnung zuordnet, etwas tiefer als die Proportionalitätsgrenze, ohne hierfür eine ausreichende wissenschaftliche Begründung zu geben.

biegt die Kurve der P sehr rasch von der Geraden $A_2 O A_1$ ab und verläuft von einem Punkte C_1 bzw. C_2 ein kurzes Stück nahezu parallel der Abszissenachse. Es heißt dies natürlich nichts anderes, als daß sich der Stab in diesem Gebiete ohne merkliche Belastungszunahme stark verlängert bzw. verkürzt, wofür man den Ausdruck des Fließens gebraucht und darum die Punkte $C_1 C_2$ als Fließ- oder Streckgrenzen bezeichnet. Schließlich steigt beim Zugversuch die Kraftkurve noch einmal an, überschreitet ein Maximum und hört im Punkte B_1, der sog. Bruchgrenze, mit dem Zerreißen des Stabes plötzlich auf, während beim Druckversuch die andere Bruchgrenze B_2 nahezu einen Höchstwert der Belastung darstellt. Aus diesem äußerst verwickelten Verlaufe der Kraftkurve außerhalb des Gültigkeitsbereiches des Hookeschen Gesetzes dürfen wir offenbar auf tiefgreifende innere Umwandlungen des Materials während des Fließens schließen. Dies tritt beim Zugversuch schon dadurch hervor, daß die Verlängerungen sich im Gegensatze zu der elastischen Formänderung nicht mehr gleichmäßig über die ganze Stablänge verteilen, sondern in der Nachbarschaft einer im voraus nicht angebbaren Stelle sehr hohe Werte annehmen, und zwar unter starker Einschnürung des Stabquerschnittes. Hierdurch wird anderseits die Widerstandsfähigkeit des Stabes an dieser Stelle so geschwächt, daß er dort sogar unter Abnahme der Zugkraft schließlich zu Bruche geht, während beim Druckversuch nach vorheriger Ausbauchung ungefähr in der Stabmitte ein Zermalmen eintritt. Unterbrechen wir den Zugversuch außerhalb der Hookeschen Geraden etwa beim Punkte D und entlasten wieder stetig, so gehen Zugkraft und Dehnung nicht mehr auf dem Wege DC_1A_1O zurück, sondern längs der Geraden DH, die nahezu parallel der ursprünglichen Hookeschen Geraden OA_1 verläuft. Ist mit völliger Entlastung der Punkt H erreicht, so hat der Stab durch diesen offenbar nicht umkehrbaren Gesamtvorgang eine nicht mehr zurückgehende, also bleibende Dehnung OH erfahren und würde sich bei wiederholter Belastung jetzt nach der aufsteigenden Geraden HD verlängern, die mithin die neue Hookesche Gerade für den bleibend gestreckten Stab darstellt. Dieser wiederum kommt eine mit D fast zusammenfallende Proportionalitäts- oder Elastizitätsgrenze zu, die offenbar etwas höher liegt als die ursprüngliche A_1. Daraus folgt also, daß sich die Proportionalitätsgrenze und mit ihr auch die Streckgrenze eines Materials im allgemeinen durch einmalige bleibende Formänderung erhöhen, ohne daß dadurch an der Bruchgrenze etwas geändert wird.

Die grundsätzliche Verschiedenheit der Längenänderung eines Stabes unter- und oberhalb der Proportionalitätsgrenze tritt besonders deutlich hervor bei der Verfolgung des Zusammenhanges der Zugkraft P mit der Stabtemperatur T, deren allerdings nur geringe Änderung mit Hilfe von Thermoelementen gemessen werden kann. Aus Fig. 3, in der ein solches Diagramm[1]) (rechts) mit dem zugehörigen Zugkraftdiagramm (links) derart vereinigt ist, daß die Temperaturen als Abszissen aufgetragen sind, erkennt man zunächst, daß dem Verlaufe der Zugkraft OD_1D_2 die Temperaturkurve $T_0T_1T_1'$ entspricht, welche unterhalb der Proportionalitätsgrenze D_1 eine Temperaturabnahme bis $T_1 < T_0$, darüber aber eine starke Zunahme aufweist. Unterbricht man den Versuch bei D_2 und entlastet auf dem Wege D_2H, so nimmt die Temperatur des um OH bleibend gestreckten Stabes bald wieder ihren ursprünglichen Wert T_0 an, um bei erneuter Dehnung HD_2D_3 sich nach der Kurve $T_0T_2T_2'$ zu ändern, so zwar, daß auch der neuen Proportionalitätsgrenze D_2 ein Vorzeichenwechsel der Temperaturänderung bei $T_2 < T_0$ entspricht.

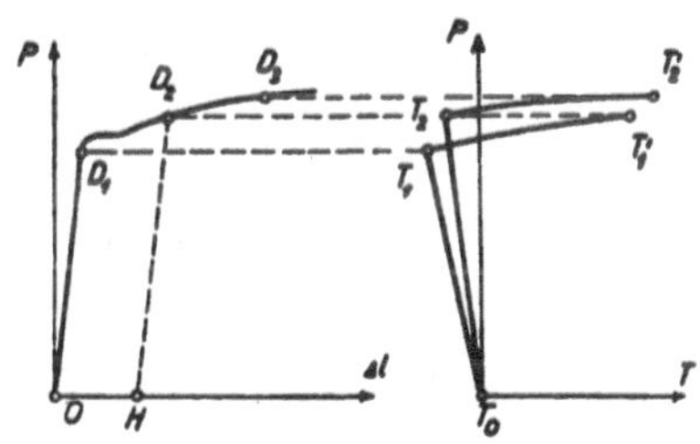

Fig. 3.

Da nun die in der Technik äußern Kräften unterworfenen Körper, wie Konstruktionsteile von Maschinen und Bauwerken, im allgemeinen keine bleibenden Formänderungen, welche die Konfiguration des ganzen Systems stören müssen, erleiden dürfen, so interessiert uns hier nur die elastische Längenänderung längs

[1]) Nach Versuchen von E. Rasch; Berichte der Berliner Akademie 1908, S. 210. Siehe auch R. Plank, Zur Thermodynamik elastischer und bleibender Formänderungen; Zeitschr. d. V. D. Ing. 1910.

der Hookeschen Geraden. Die durch diese bedingte, aus Fig. 3 ersichtliche Temperaturabnahme ist aber erfahrungsgemäß so gering, daß wir sie praktisch immer vernachlässigen können. Erleidet dagegen der Versuchsstab während seiner Dehnung noch infolge äußerer Wärmezufuhr eine Temperaturerhöhung ΔT, so gehört auch dieser eine Längenänderung $\Delta l'$ zu, die sich mit dem Ausdehnungskoeffizienten a zu

$$\Delta l' = a l_0 \Delta T \quad \ldots \ldots \quad (4)$$

ergibt, während diejenige infolge der Belastung P bzw. der Spannung σ nach (1) oder (1a)

$$\Delta l'' = \frac{l_0 P}{E F_0} = \frac{l_0}{E} \sigma$$

war. Die gesamte Längenänderung ist demnach

$$\Delta l = l_0 \left(a \Delta T + \frac{P}{E F_0} \right) = l_0 \left(a \Delta T + \frac{\sigma}{E} \right) \quad \ldots \quad (5)$$

oder, wenn wir nur unendlich kleine Änderungen dl, dT und dP bzw. $d\sigma$ voraussetzen,

$$dl = l_0 \left(a\, dT + \frac{dP}{E F_0} \right) = l_0 \left(a\, dT + \frac{d\sigma}{E} \right) \quad \ldots \quad (5a).$$

Durch Multiplikation dieses Längenelementes mit der Kraft P ergibt sich hieraus das Element der Formänderungsarbeit

$$dL = P\, dl = P l_0 \left(a\, dT + \frac{dP}{E F_0} \right) \quad \ldots \quad (6)$$

und nach Integration innerhalb der Hookeschen Geraden wegen der Unabhängigkeit der Kraft P von der Temperatursteigerung ΔT

$$L = \int_0^{\Delta l} P\, dl = P l_0 a \int_0^{\Delta T} dT + \frac{l_0}{E F_0} \int_0^P P\, dP$$

$$L = P l_0 a \Delta T + \frac{l_0 P^2}{2 E F_0} = F_0 l_0 a \sigma \Delta T + \frac{F_0 l_0 \sigma^2}{2E} \quad . \quad (6a).$$

Führen wir schließlich noch das ursprüngliche Stabvolumen $F_0 l_0 = V_0$ ein, so erhalten wir

$$L = V_0 \sigma \left(a \Delta T + \frac{\sigma}{2E} \right) \quad \ldots \ldots \quad (6b),$$

so daß also die durch eine vorgelegte Stabkraft bei bekannter Temperaturänderung geleistete Formänderungsarbeit dem ursprünglichen Stabvolumen proportional wird.

Dehnen wir den Stab — ohne äußere Wärmezufuhr — über die Proportionalitätsgrenze hinaus bis D, so wird die dazu nötige Formänderungsarbeit durch die planimetrisch zu ermittelnde Fläche OA_1C_1DJ in Fig. 2 dargestellt, von der durch Entlastung nur das Dreieck HDJ wiedergewonnen werden kann, während der Arbeitsaufwand OA_1C_1DH der bleibenden Dehnung entspricht. Demgemäß ergibt die Fläche $OA_1C_1DB_1J_1$ die zum Bruche des Stabes aufzuwendende Arbeit, von der infolge der plötzlichen Entlastung beim Bruche indessen nichts wiedergewonnen werden kann, obwohl sich auch hiernach die beiden Stabhälften erfahrungsgemäß wieder nach einer Hookeschen Geraden B_1H_1 etwas zusammenziehen. Die dabei freiwerdende, durch das Dreieck $H_1B_1J_1$ bestimmte Arbeit werden wir später in der kinetischen Energie von Stabschwingungen wieder feststellen. Vorläufig begnügen wir uns mit der Tatsache, daß bleibende Formänderungen nach einmaliger Überschreitung der Elastizitätsgrenze immer von allerdings viel schwächeren elastischen begleitet sind, deren Modul, wie die Parallelität der Geraden OA_1, HD, H_1B_1 in Fig. 2 anzeigt, nahezu unabhängig von der Belastung zu sein scheint.

Indessen gibt es Körper, meist ausgeprägt kristallinischer Natur, wie Gußeisen und natürliche Steine, deren Kraftkurve nach Fig. 4 überhaupt keine deutlich erkennbare Gerade durch den Koordinatenanfang aufweist, sondern sowohl auf der Zug- wie auf der Druckseite durchweg stetig bis zu den Bruchgrenzen verläuft, während der Anfang O anscheinend einen Wendepunkt der Kurve bildet. Es heißt dies natürlich nichts weiter, als daß derartige Körper einen mit der Spannung bzw. Dehnung veränderlichen Elastizitätsmodul E besitzen, dessen Wert E_1 im Anfang durch die zugehörige Tangente derart gegeben ist, daß

$$E_1 = \frac{l_0}{F_0}\left(\frac{P}{\Delta l}\right)_0 = \left(\frac{d\sigma}{d\varepsilon}\right)_0 \quad . \; . \; . \; . \; . \; (7)$$

wird. Das Hookesche Gesetz gilt demnach bei solchen Körpern nur für sehr kleine, strenggenommen unendlich kleine Dehnungen und Spannungen, während es nahe liegt, den Gesamtverlauf der Kurve Fig. 4 durch die Potenzreihe

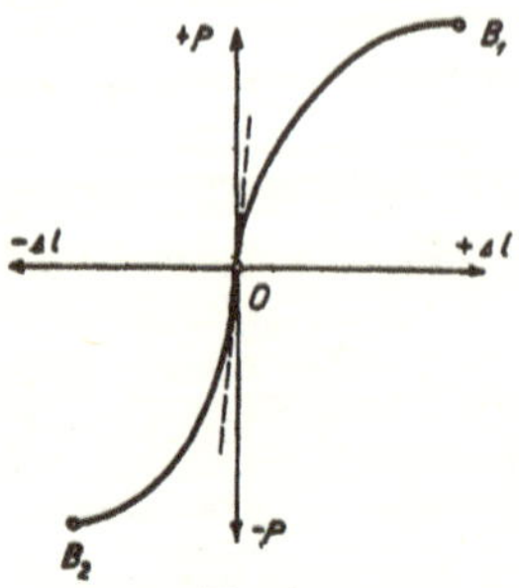

Fig. 4.

$$\sigma = E_1 \varepsilon + E_2 \varepsilon^2 + E_3 \varepsilon^3 + \ldots \quad (8)$$

darzustellen. Soll überdies entsprechend dem Wendepunkt in O dort die zweite Ableitung

$$\frac{d^2 \sigma}{d \varepsilon^2} = 2 E_2 + 2 \cdot 3 \cdot E_3 \varepsilon + \ldots$$

verschwinden, so muß dies auch für die Konstante E_2 zutreffen, womit die Reihe (8) die Form

$$\sigma = E_1 \varepsilon + E_3 \varepsilon^3 + E_4 \varepsilon^4 + \ldots \quad (8a)$$

annehmen würde, mit der man jedenfalls den wirklichen Verlauf um so genauer wiedergeben kann, je mehr Glieder man verwendet. Selbstverständlich kann man auch umgekehrt die Dehnung ε durch eine Reihe nach Potenzen von σ ausdrücken. Mit solchen Reihen ist jedoch praktisch nicht viel gewonnen, da man bei diesen Körpern das Verhältnis der bleibenden zur elastischen Dehnung, deren Summen die Abszissen von Fig. 4 bilden, nicht hinreichend kennt. Auf alle Fälle ist es unzulässig, den ganzen Verlauf dieser Kurve durch die schon 1729 von Bülfinger und neuerdings (1897) wieder von Bach und Schüle vorgeschlagene Beziehung

$$E \varepsilon = \sigma^{\nu} \quad \ldots \ldots \ldots \quad (9)$$

darstellen zu wollen[1]), die wegen $\frac{d\sigma}{d\varepsilon} = \frac{E}{\nu \sigma^{\nu-1}}$ für $\nu < 1$ in O nach Gl. (7) auf einen verschwindenden, für $\nu > 1$ dort aber auf einen unendlich großen Modul führen würde. Das schließt natürlich nicht aus, daß man in ziemlich großem Abstande vom Koordinatenanfang durch Gl. (9) der Kurve Fig. 4 stückweise gerecht werden kann. Dazu kommt, daß, wie einzelne Versuche gezeigt haben, die analytische Verwertung der Formel (9), die hiernach keinesfalls bis zur Entlastung des Materials fortgesetzt werden darf, auf unüberwindliche Schwierigkeiten stößt, so daß man

[1]) Eine Zusammenstellung und kritische Prüfung dieser und anderer empirischer Formeln gibt Mehmke »Zum Gesetz der elastischen Dehnungen«. Zeitschr. f. Math. u. Physik. Bd. 42 (1897), Heft 6.

in absehbarer Zeit wohl für solche dem Hookeschen Gesetze nicht unterworfene Körper von Fall zu Fall auf das Experiment angewiesen bleiben wird.

Weiter sei noch bemerkt, daß es erfahrungsmäßig nicht gleichgültig ist, in welcher Richtung die Probestäbe aus einem größeren Stück des zu untersuchenden Materials herausgeschnitten sind, d. h. daß die in der Natur vorkommenden oder künstlich hergestellten Baustoffe im allgemeinen nach verschiedenen Richtungen verschiedene elastische Eigenschaften besitzen, die sich vor allem in einer Abhängigkeit des Elastizitätsmoduls von der Richtung der Belastung bzw. der Spannung kundgeben. So wird z. B. bei einem durch Walzen hergestellten Rundeisen die Achsenrichtung gegenüber einer dazu senkrechten ebenso ausgezeichnet sein, wie die Faserrichtung von Hölzern, während bei gegossenen Körpern, wie Gußeisen oder Flußstahl, keine merkbare Abhängigkeit der elastischen Eigenschaften von der Richtung besteht. Ganz besonders scharf tritt dagegen eine solche Abhängigkeit in allen Kristallen hervor, die meist nach drei zueinander senkrechten Richtungen ganz verschiedene Elastizitätsmoduln besitzen. Da nun die durch Gießen hergestellten, d. h. aus dem flüssigen Zustande durch Erstarren hervorgegangenen Körper ein regelloses Gemenge von kleinen, mehr oder weniger gut ausgebildeten Kristallen mit allen möglichen Achsenrichtungen darstellen, in denen als Ganzes keine Richtung bevorzugt ist, so kann diese auch nicht mehr den Elastizitätsmodul des Materials beeinflussen. Wir werden uns mit solchen *isotropen* Körpern in der Folge vorwiegend beschäftigen, während das analytische Studium der mit verschiedenen Elastizitätskonstanten in verschiedenen Richtungen behafteten *anisotropen* Körper der theoretischen Physik überlassen bleiben muß.

Wir kehren nun noch einmal zu unserem Zug- und Druckversuch zurück, bei dem der Probestab vor dem Bruche eine deutliche Querschnittsveränderung erfuhr, und zwar beim Zug eine örtliche Einschnürung, beim Druck eine Ausbauchung, die sich beide nach den Stabenden zu verlieren scheinen. Die genauere Prüfung durch Mikrometermessungen zeigt indessen, *daß schon im ganzen Bereiche des Hookeschen Gesetzes die Querdimensionen der Längenänderung proportionale, aber mit entgegen-*

gesetztem Vorzeichen behaftete Änderungen erleiden, die wir als Querkontraktionen bzw. Querdehnungen bezeichnen wollen. Mit einer Erfahrungszahl μ, dem sog. Querkontraktionskoeffizienten, wird demnach die radiale Änderung des kreisförmigen Stabquerschnittes $F_0 = \pi r_0^2$

$$\frac{\Delta r}{r_0} = -\frac{1}{\mu}\frac{\Delta l}{l_0} = -\frac{\varepsilon}{\mu} \quad \ldots\ldots \quad (10),$$

und daraus folgt eine Änderung der Querschnittsfläche

$$\Delta F = \pi (r_0 + \Delta r)^2 - \pi r_0^2 = F_0\left(1 - \frac{\varepsilon}{\mu}\right)^2 - F_0$$

oder nach Division mit F_0 sowie Vernachlässigung des Quadrates der stets sehr kleinen Dehnung ε die sog. Querschnittsdehnung

$$\varepsilon_f = \frac{\Delta F}{F_0} = -\frac{2\varepsilon}{\mu} \quad \ldots\ldots \quad (11).$$

Endlich erhalten wir noch eine Änderung des Volumens $V_0 = F_0 l_0$

$$\Delta V = (F_0 + \Delta F)(l_0 + \Delta l) - F_0 l_0 = V_0\left(1 - \frac{2\varepsilon}{\mu}\right)(1 + \varepsilon) - V_0$$

oder nach Division mit V_0 und abermaliger Vernachlässigung von ε^2 die sog. Volumdehnung

$$\varepsilon_v = \frac{\Delta V}{V_0} = \varepsilon\left(1 - \frac{2}{\mu}\right) \quad \ldots\ldots \quad (12),$$

die für $\mu = 2$ verschwindet. Dieser Grenzwert des Querkontraktionskoeffizienten entspricht daher den unter dem Einfluß äußerer Kräfte volumbeständigen (d. h. unausdehnbaren bzw. unzusammendrückbaren) Körpern und trifft in der Tat für ideale Flüssigkeiten fast genau zu, die natürlich nur dem Druckversuch in geschlossenen Gefäßen unterworfen werden können. Für die in der Technik verwendeten isotropen Metalle hat sich innerhalb des Gültigkeitsbereichs des Hookeschen Gesetzes

$$3 < \mu < 4 \quad \ldots\ldots \quad (13)$$

und erst nach Überschreiten der Elastizitätsgrenze eine langsame Annäherung an den vorstehenden Grenzwert ergeben.

Legen wir schließlich durch unseren Probestab eine Ebene, deren Normale mit der Stabachse den Winkel φ bildet, Fig. 5, so wird der Flächeninhalt dieses Schnittes

$$F = \frac{F_0}{\cos\varphi} \quad . \quad . \quad . \quad . \quad (14),$$

worin F_0 wieder die Querschnittsfläche des zylindrischen Stabes bedeutet. Auf der neuen Schnittebene steht alsdann die axialeStabkraft P nicht mehr senkrecht und kann daher in eine Normalkomponente S und eine in die Schnittebene fallende Tangentialkomponente T derart zerlegt werden, daß

$$S = P\cos\varphi, \qquad T = P\sin\varphi \quad . \quad . \quad (15)$$

wird. Durch Division dieser Komponenten mit F ergeben sich wieder Spannungen, und zwar eine Normalspannung

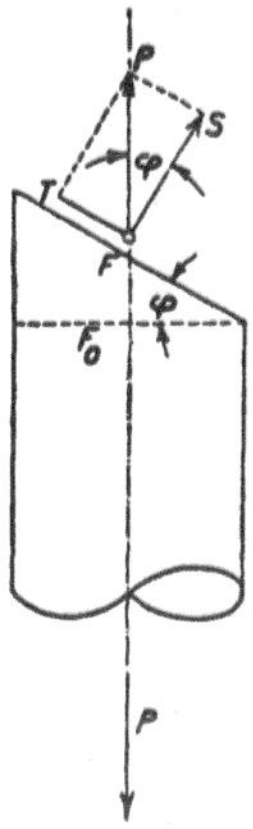

Fig. 5.

$$\sigma' = \frac{S}{F} = \frac{P\cos^2\varphi}{F_0} = \sigma\cos^2\varphi \quad . \quad (15\,a)$$

von der bisher betrachteten Art, sowie eine Tangential- oder Schubspannung

$$\tau = \frac{T}{F} = \frac{P\sin\varphi\cdot\cos\varphi}{F_0} = \sigma\sin\varphi\,\cos\varphi = \frac{\sigma}{2}\sin 2\varphi \ (15\,b),$$

welche zugleich in der Fläche F liegt, also die in ihr befindlichen Körperteilchen gegen die benachbarte Schicht zu verschieben bestrebt ist.

Da ferner $\sin 2\varphi = \sin(\pi - 2\varphi)$ ist, so erhalten wir dieselbe Schubspannung auch in einer Schnittfläche mit dem Neigungswinkel $\frac{\pi}{2} - \varphi = 90^0 - \varphi$, die auf der ersteren ($F$) senkrecht steht, während der Höchstwert von $\tau = \frac{\sigma}{2}$ mit $\sin 2\varphi = 1$ sich für die Neigungen $\varphi = \pm\frac{\pi}{4} = \pm 45^0$ ergibt. Die so erhaltenen Schubspannungen, welche für $\varphi = 0$ und $\varphi = 90^0$, d. h. im Normalschnitt des Stabes sowie längs der Staboberfläche verschwinden, haben somit stets in zwei zueinander senkrechten Ebenen denselben Wert.

Beispiel 1. Greift an einem Stabe Fig. 6 vom Querschnitt F und der Länge $AB = l_1 + l_2$, der bei A und B unnachgiebig gelagert ist, in C am Ende der Strecke l_1 eine Kraft P an, so kann man diese in eine Axialkraft S und die Querkraft T zerlegen, von denen die letztere nach den Sätzen der Mechanik starrer Körper sich auf die beiden Auflager derart verteilt, daß

$$T_1 = \frac{T\, l_2}{l_1 + l_2}, \qquad T_2 = \frac{T\, l_1}{l_1 + l_2} \quad . \quad . \quad . \quad (16).$$

Dagegen bietet die reine Statik keinen Aufschluß über die Verteilung der Axialkomponente S auf die beiden Auflager, weshalb man derartige Probleme auch als statisch unbestimmte bezeichnet. Betrachten wir den Stab aber als elastisch, so erkennen wir, daß das Stück $AC = l_1$ durch den auf A entfallenden Teil S_1 von S um Δl_1 gestreckt, das andere Stück $CB = l_2$ durch S_2 um Δl_2 verkürzt werden muß, und zwar gemäß den Formeln

$$\Delta\, l_1 = \frac{S_1}{EF}\, l_1, \qquad \Delta\, l_2 = -\frac{S_2}{EF}\, l_2,$$

während gleichzeitig

$$S = S_1 + S_2$$

ist. Da nun die ganze Stablänge $l_1 + l_2$ keine Veränderung erleiden soll, so folgt weiterhin

$$\Delta\, l_1 + \Delta\, l_2 = 0$$

oder

$$S_1 l_1 - S_2 l_2 = 0,$$

mithin wird ganz analog (16)

$$S_1 = \frac{S\, l_2}{l_1 + l_2}, \qquad S_2 = \frac{S\, l_1}{l_1 + l_2} \quad . \quad . \quad . \quad (17).$$

Die beiden Auflagerkräfte haben also dieselben Vorzeichen und damit auch die gleiche Richtung, wie in Fig. 6 angedeutet

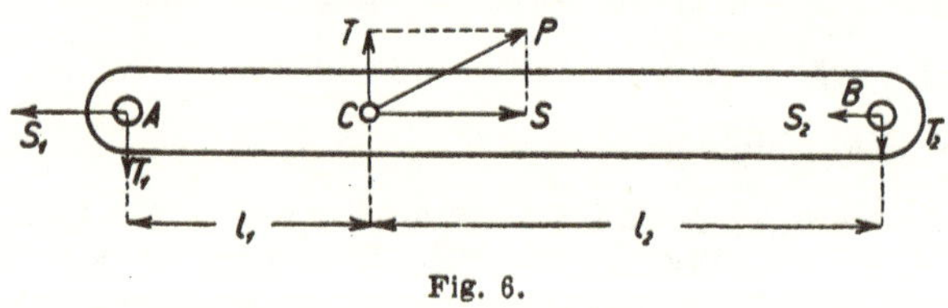

Fig. 6.

ist. Trotzdem bedingt die erstere S_1 eine Zugspannung, die andere S_2 dagegen eine Druckspannung, nämlich

$$\sigma_1 = \frac{S}{F}\,\frac{l_2}{l_1 + l_2}, \qquad \sigma_2 = -\frac{S}{F}\cdot\frac{l_1}{l_1 + l_2} \quad . \quad . \quad (17\,a),$$

während die durch Parallelverschiebung der Komponenten T_1 und T_2 in den Querschnitten geweckten Querkräfte (16) auf zwei verschiedene mittlere Schubspannungen

$$\tau_1 = \frac{T}{F}\frac{l_2}{l_1+l_2}, \qquad \tau_2 = \frac{T}{F}\frac{l_1}{l_1+l_2} \quad . \ . \ . \ (16\text{a})$$

in den beiden Stabstücken zu beiden Seiten von C führen. Auf die Wirkung der durch die erwähnte Parallelverschiebung hervorgerufenen Momente werden wir später zurückkommen.

Beispiel 2. Ein Metalldraht Fig. 7, der durch sein Eigengewicht und eine etwaige konstante Zusatzlast (z. B. Schnee oder Rauhfrost) mit q kg auf die Längeneinheit kontinuierlich belastet ist, werde bei einer ursprünglichen Länge s_0 zwischen zwei Stan-

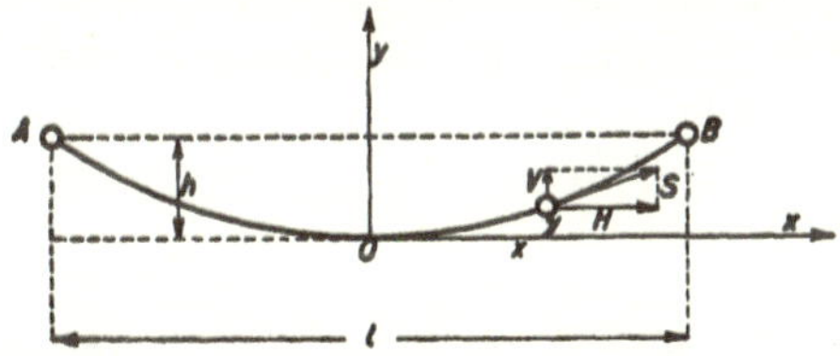

Fig. 7.

gen im festen Abstande l mit gleich hohen Aufhängepunkten AB befestigt. Dann zerlegt sich die im Drahte herrschende Zugkraft S in eine auf der ganzen Länge konstante Horizontalkomponente H und eine Vertikalkomponente V, deren Zuwachs beim Fortschreiten um das Längenelement ds durch dessen Gewicht gegeben ist. Bedeutet also x die horizontale Abszisse, y die Ordinate der vom aufgehängten Draht gebildeten Kurve, so gilt

$$\frac{dV}{ds} = q, \qquad \frac{dy}{dx} = \frac{V}{H} \quad . \ . \ . \ . \ . \ (18)$$

oder für flache Kurven hinreichend genau mit $ds \sim dx$

$$\frac{d^2 y}{dx^2} = \frac{q}{H} \quad . \ . \ . \ . \ . \ . \ . \ (18\text{a}).$$

Legen wir nun den Koordinatenanfang in den tiefsten Punkt der Kurve, setzen also $y = 0$, $\frac{dy}{dx} = 0$ für $x = 0$, so ergibt die Integration von (18a) eine Parabel

$$y = \frac{q}{2H} x^2 \quad . \ . \ . \ . \ . \ . \ . \ (18\text{b}),$$

mit dem Durchhang für $x = \pm \frac{l}{2}$

$$h = \frac{q l^2}{8 H} \quad \ldots\ldots\ldots \quad (18\,c).$$

Die ganze Bogenlänge der Parabel zwischen den Punkten AB ist angenähert nun

$$s = \int_{-\frac{l}{2}}^{+\frac{l}{2}} \left[1 + \left(\frac{dy}{dx}\right)^2\right]^{\frac{1}{2}} dx \sim \int_{-\frac{l}{2}}^{+\frac{l}{2}} \left[1 + \frac{1}{2}\left(\frac{dy}{dx}\right)^2\right] dx = l + \frac{1}{2}\frac{q^2}{H^2}\int_{-\frac{l}{2}}^{+\frac{l}{2}} x^2\,dx$$

$$s = l\left(1 + \frac{1}{24}\frac{q^2 l^2}{H^2}\right) = l\left(1 + \frac{8}{3}\frac{h^2}{l^2}\right) \quad \ldots \quad (19),$$

woraus sich bei gegebener Länge s der mit der Seilspannung S sehr nahe übereinstimmende Horizontalzug H berechnet, dem bei einem Drahtquerschnitt F die Spannung $\sigma = H : F$ zugehört. Mit dem spezifischen Drahtgewicht γ und der Zusatzlast q_1 ist aber

$$q = F\gamma + q_1 \quad \ldots\ldots\ldots \quad (20),$$

außerdem aber wird infolge der Spannkraft H und einer etwaigen Temperatursteigerung $\varDelta T$ mit dem Ausdehnungskoeffizienten α

$$s = s_0\left(1 + \frac{H}{EF} + \alpha \varDelta T\right) \quad \ldots\ldots \quad (21),$$

womit s aus (19) eliminiert werden kann. Wegen der Kleinheit des Unterschiedes von s und s_0 wird man praktisch zunächst H aus (19) mit $s = s_0$ bestimmen und diesen Wert in (21) einführen, worauf dann mit dem neuen Werte von s die endgültige Berechnung von H sowie von σ aus (19) erfolgt.

§ 2. Der ebene Spannungszustand.

Definition des Spannungsbegriffes an einem Element; paarweise Gleichheit entgegengesetzt gerichteter Spannungen. Spannungen in Diagonalflächen. Hauptschnitte, Hauptspannungen und Spannungskreis. Dehnungen und Schiebungen; Schubmodul. Spezialfall der reinen Schubspannung. Beziehung zwischen Elastizitätsmodul, Schubmodul und Querkontraktion. Änderung der Elastizitätskonstanten mit der Temperatur. Tabelle der Elastizitätskonstanten. Die spezifische Formänderungsarbeit.

Im vorigen Abschnitt haben wir zweierlei Arten von Spannungen im Innern eines festen Körpers kennen gelernt, die wir als Quotienten der sie hervorrufenden Kräfte und der Angriffsfläche definierten. Eine solche Definition hat aber dann keinen Sinn mehr, wenn wir der voraussichtlich stetigen Änderung der Spannungen im Körper gerecht werden wollen. Alsdann müssen wir die Kraft selbst in Elemente zerlegen, von denen jedes auf ein zugehöriges Flächenelement entfällt, so zwar, daß wir für die Normal- und Schubspannung allgemein

$$\sigma = \frac{dS}{dF}, \qquad \tau = \frac{dT}{dF} \quad . \quad . \quad . \quad . \quad . \quad (1)$$

zu schreiben haben, wenn S die senkrecht auf die Schnittfläche wirkende Komponente bedeutet, während die Tangentialkomponente T in diese Fläche hineinfällt. Demgegenüber stellen die im vorigen Paragraphen benutzten Quotienten $S : F$ und $T : F$ Mittelwerte von σ und τ, d. h. mittlere Spannungen in der Fläche F dar, deren Kenntnis allerdings für manche Zwecke ausreicht.

Nachdem wir bereits oben gesehen haben, daß an jedem Flächenelement im Innern eines unter der Einwirkung äußerer Kräfte stehenden Körpers im allgemeinen je eine Normal- und

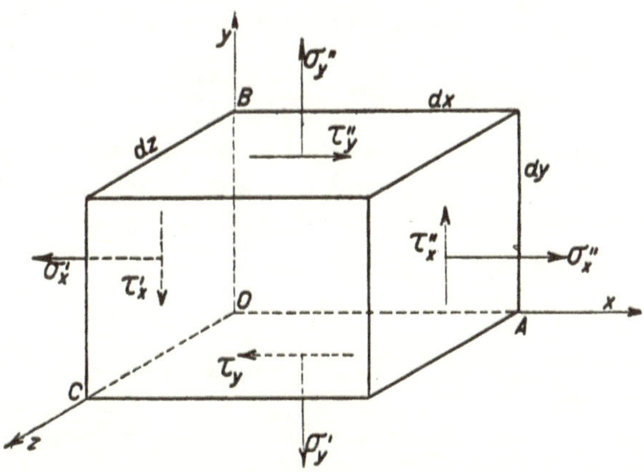

Fig. 8.

eine Schubspannung angreift, betrachten wir in der Folge ein Volumelement des Körpers mit den Seitenlängen dx, dy, dz, Fig. 8, dessen mit der Bildebene parallele Seitenflächen $dx\,dy$ gänzlich spannungsfrei bleiben, während die Spannungen in den übrigen Seitenflächen parallel der XY-Ebene gerichtet sein mögen. Dies setzt natürlich den Wegfall von Kräften in der zur Bildebene normalen Z-Richtung voraus, weshalb wir den so gekennzeichneten Spannungszustand des Elementes einen ebenen im Gegensatz zu dem später zu behandelnden räumlichen nennen wollen.

Es seien nunmehr σ_x' und τ_x' die in der Fläche $dy\,dz$ durch O wirkende Normal- und Schubspannung, σ_x'' und τ_x'' die entgegengesetzt wirkend angenommenen Spannungen in der gegenüberliegenden gleich großen Fläche durch A, während die entsprechenden Spannungen in den Flächen $dx\,dz$ durch O und B mit $\sigma_y'\,\tau_y'$ bzw. $\sigma_y''\,\tau_y''$ bezeichnet werden sollen. Multiplizieren wir jede dieser Spannungsgrößen mit der zugehörigen Seitenfläche und addieren die so entstandenen Kraftkomponenten in der x- und y-Richtung getrennt, so ergeben sich unter Wegfall äußerer Massenkräfte, z. B. des Gewichts des Elements als unendlich klein von dritter Ordnung, die beiden Gleichgewichtsbedingungen

$$(\sigma_x'' - \sigma_x')\,dy\,dz + (\tau_y'' - \tau_y')\,dx\,dz = 0$$
$$(\sigma_y'' - \sigma_y')\,dx\,dz + (\tau_x'' - \tau_x')\,dy\,dz = 0$$

oder auch nach Wegheben von dz und Division mit dx

$$\left.\begin{aligned}(\sigma_x'' - \sigma_x')\frac{dy}{dx} + \tau_y'' - \tau_y' = 0\\ \sigma_y'' - \sigma_y' + (\tau_x'' - \tau_x')\frac{dy}{dx} = 0\end{aligned}\right\} \quad . \quad . \quad . \quad (2).$$

Da ferner das Gleichgewicht nicht von dem willkürlichen Verhältnis $dy : dx$ der Seitenlängen unseres Elementes abhängen kann, so müssen die Faktoren dieses Verhältnisses für sich verschwinden, mithin wird

$$\left.\begin{aligned}\sigma_x' = \sigma_x'', \qquad \tau_x' = \tau_x''\\ \sigma_y' = \sigma_y'', \qquad \tau_y' = \tau_y''\end{aligned}\right\} \quad . \quad . \quad . \quad . \quad . \quad . \quad . \quad (2),$$

d. h. die an gegenüberliegenden Seitenflächen angreifenden Spannungen sind einander paarweise gleich und — wie angenommen — entgegengesetzt gerichtet.

Während sich nun die Normalspannungen, die wir in der Folge mit σ_x und σ_y bezeichnen wollen, vermöge der gemeinsamen Richtungsgeraden paarweise aufheben, rufen die Schubspannungen τ_x und τ_y zwei Kräftepaare mit den Momenten $\tau_x\,dy\,dz\,dx$ und $\tau_y\,dx\,dz\,dy$ hervor, die sich gegenseitig aufheben müssen, wenn das Element im Gleichgewichte verharren soll. Daraus folgt aber sofort

$$\tau_x = \tau_y = \tau \quad . \quad . \quad . \quad . \quad . \quad . \quad . \quad . \quad (4),$$

d. h. in zwei zueinander normalen Seitenflächen eines Körperelementes herrschen gleiche, nach der Schnittkante zu oder von ihr weggerichtete Schubspannungen.

Schneiden wir jetzt unser Volumelement durch eine Diagonalebene durch AB parallel der Z-Achse, so stellt Fig. 9 die Projektion der einen Hälfte dieses Keiles auf die XY-Ebene dar, auf deren Seitenflächen von der Länge dx und dy die Normalspannungen σ_x und σ_y in den Achsenrichtungen, sowie die gemeinsame Schubspannung τ wirken. In der Diagonalebene von der Länge ds mit der Neigung φ gegen dx mögen dann eine Normalspannung σ_s und eine Schubspannung τ_s angreifen, die den Spannungen σ_x, σ_y und τ das Gleichgewicht halten müssen.

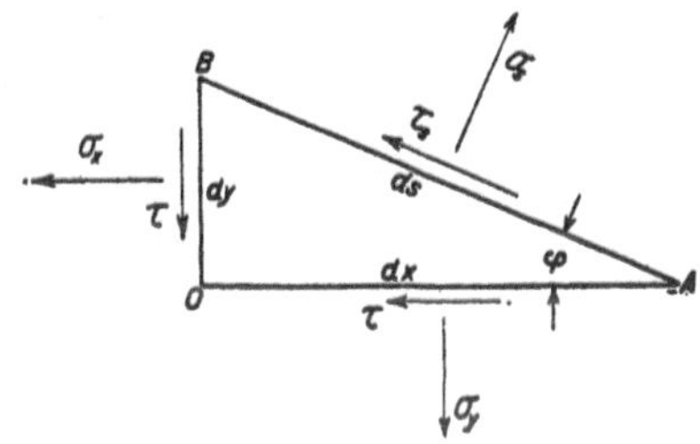

Fig. 9.

Dieses Gleichgewicht kann, wie schon in Gl. (2), nur unter gleichgerichteten Kräften herrschen, so daß wir auch in diesem Falle des keilförmigen Elementes zwei Bedingungsgleichungen wieder unter Wegfall von Massenkräften erhalten, nachdem wir die in ds wirkenden Kräfte $\sigma_s\, ds$ und $\tau_s\, ds$ durch Multiplikation mit

$$\cos\varphi = \frac{dx}{ds} \quad \text{bzw.} \quad \sin\varphi = \frac{dy}{ds} \quad . \quad . \quad . \quad . \quad (5)$$

in ihre Komponenten zerlegt haben. Alsdann ergibt sich unter Weglassung des gemeinsamen Faktors dz

$$\sigma_x\, dy + \tau\, dx = \sigma_s\, ds \sin\varphi - \tau_s\, ds \cos\varphi$$

$$\sigma_y\, dx + \tau\, dy = \sigma_s\, ds \cos\varphi + \tau_s\, ds \sin\varphi$$

oder wegen (5) nach Wegheben von ds

$$\sigma_x \sin\varphi + \tau \cos\varphi = \sigma_s \sin\varphi - \tau_s \cos\varphi$$

$$\sigma_y \cos\varphi + \tau \sin\varphi = \sigma_s \cos\varphi + \tau_s \sin\varphi.$$

Daraus folgt aber

$$\left.\begin{aligned} \sigma_s &= \sigma_y \cos^2\varphi + \sigma_x \sin^2\varphi + 2\tau \sin\varphi \cos\varphi \\ \tau_s &= (\sigma_y - \sigma_x) \cos\varphi \sin\varphi - \tau(\cos^2\varphi - \sin^2\varphi) \end{aligned}\right\} \quad . \quad (6)$$

oder

$$\left.\begin{aligned} \sigma_s &= \frac{\sigma_y + \sigma_x}{2} + \frac{\sigma_y - \sigma_x}{2} \cos 2\varphi + \tau \sin 2\varphi \\ \tau_s &= \frac{\sigma_y - \sigma_x}{2} \sin 2\varphi - \tau \cos 2\varphi \end{aligned}\right| \quad . \quad (6\,\text{a}),$$

womit die Spannungen in der Diagonalebene durch diejenigen in den beiden Seitenflächen und den Winkel der Diagonale gegeben sind. Um nun die Neigung φ_1 der Diagonale zu ermitteln, für welche σ_s bei vorgelegten σ_x, σ_y und τ einen größten oder kleinsten Wert annimmt, setzen wir

$$\frac{d\sigma_s}{d\varphi} = -(\sigma_y - \sigma_x)\sin 2\varphi + 2\tau\cos 2\varphi = 0 \quad . \quad . \quad (7).$$

Dies ist aber, wie der Vergleich mit der zweiten Formel (6a) lehrt, die Bedingung für das Verschwinden von τ_s, so daß also in Schnittflächen größter oder kleinster Normalspannung keine Schubspannung angreift. Der Neigungswinkel φ_1 folgt nunmehr aus der Bedingung (7) bzw. aus

$$\operatorname{tg} 2\varphi_1 = \frac{2\tau}{\sigma_y - \sigma_x} \quad . \quad . \quad . \quad . \quad . \quad . \quad (7\,a),$$

der auch der Winkel $\varphi_1 + 90^0$ genügt. Daher treten die größte und kleinste Normalspannung, die sog. Hauptspannungen, in zwei zueinander senkrechten Schnitten auf, die wir die Hauptschnitte nennen wollen.

Führen wir nunmehr die Werte von φ_1 und $\varphi_1 + 90^0$ an Stelle von φ vermittelst der Beziehungen

$$\left.\begin{aligned} \cos 2\varphi_1 &= \frac{1}{\sqrt{1+\operatorname{tg}^2 2\varphi_1}} = \frac{\sigma_y - \sigma_x}{\sqrt{(\sigma_y - \sigma_x)^2 + 4\tau^2}} \\ \sin 2\varphi_1 &= \frac{\operatorname{tg} 2\varphi_1}{\sqrt{1+\operatorname{tg}^2 2\varphi_1}} = \frac{2\tau}{\sqrt{(\sigma_y - \sigma_x)^2 + 4\tau^2}} \\ \cos 2\left(\varphi_1 + \frac{\pi}{2}\right) &= -\cos 2\varphi_1, \quad \sin 2\left(\varphi_1 + \frac{\pi}{2}\right) = -\sin 2\varphi_1 \end{aligned}\right\} (7\,b)$$

in die erste Formel (6a) ein, so erhalten wir für die beiden Hauptspannungen σ_1 und σ_2

$$\sigma_{1\,2} = \frac{\sigma_x + \sigma_y}{2} \pm \frac{1}{2}\sqrt{(\sigma_x - \sigma_y)^2 + 4\tau^2} \quad . \quad . \quad . \quad (8).$$

Zur Ermittlung der ausgezeichneten Werte der Schubspannung τ_s haben wir dann nach der zweiten Formel (6a)

$$\frac{d\tau_s}{d\varphi} = (\sigma_y - \sigma_x)\cos 2\varphi + 2\tau\sin 2\varphi = 0 \quad . \quad . \quad (9)$$

zu setzen, woraus sich ein Winkel φ_2 berechnet, der die Bedingung

$$\operatorname{tg} 2\varphi_2 = \frac{\sigma_x - \sigma_y}{2\tau} = -\operatorname{cotg} 2\varphi_1 \quad . \quad . \quad . \quad . \quad (9\,a)$$

ebenso erfüllt wie der Winkel $\varphi_2 + 90^0$. Die diesen Winkeln zugehörigen, zueinander normalen Schnitte der größten und kleinsten Schubspannungen halbieren aber die Winkel der beiden Hauptschnitte, bzw. bilden mit ihnen Winkel von 45^0. Mit (9a) folgen dann schließlich aus der zweiten Formel (6a) die Werte dieser beiden Schubspannungen

$$\tau_{12} = \pm \frac{1}{2} \sqrt{(\sigma_x - \sigma_y)^2 + 4\tau^2} \quad . \quad . \quad . \quad . \quad (10),$$

die sich somit nur durch ihr Vorzeichen unterscheiden. Dieses Ergebnis war natürlich nach den obigen Erörterungen über das Gleichgewicht am Volumelement Fig. 8 vorauszusehen, aus denen hervorging, daß die Schubspannungen in zwei zueinander normalen Seitenflächen des Elementes einander absolut gleich sein mußten, während die Vorzeichen sich durch diejenigen der zugehörigen, einander entgegen wirkenden Kräftepaare bestimmen. Legen wir jetzt von vornherein unsere Koordinatenebenen parallel den beiden Hauptschnitten, so müssen wir auch in den Gleichungen (6a) rechts die Hauptspannungen einführen, also

$$\sigma_x = \sigma_1, \qquad \sigma_y = \sigma_2, \qquad \tau = 0$$

setzen, womit diese sich in

$$\left.\begin{aligned} \sigma_s &= \frac{\sigma_2 + \sigma_1}{2} + \frac{\sigma_2 - \sigma_1}{2} \cos 2\varphi \\ \tau_s &= \frac{\sigma_2 - \sigma_1}{2} \sin 2\varphi \end{aligned}\right\} \quad . \quad . \quad . \quad (11)$$

vereinfachen. Beide Formeln (11) lassen sich nach dem Vorschlage von Mohr bequem durch ein Diagramm Fig. 10 darstellen, in welchem die Normalspannungen die Abszissen, die Schubspannungen die Ordinaten bilden. Trägt man nämlich auf der Abszissenachse die beiden Längen $OB = \sigma_1$, $OC = \sigma_2$ ab und konstruiert um den Halbierungspunkt A von BC einen Kreis über dieser Strecke mit dem Radius $AB = AC = \frac{\sigma_2 - \sigma_1}{2}$, so wird die Abszisse OE eines Punktes D mit dem Radiuswinkel

$CAD = 2\varphi$ offenbar mit σ_s, die Ordinate DE mit τ_s übereinstimmen, während der Abstand von O

$$OD = \sqrt{\sigma_s^2 + \tau_s^2} = p$$

die auf dem Diagonalschnitt schräg angreifende resultierende Spannung ergibt. Der Kreis in Fig. 10 heißt wohl auch der Mohrsche Spannungskreis.

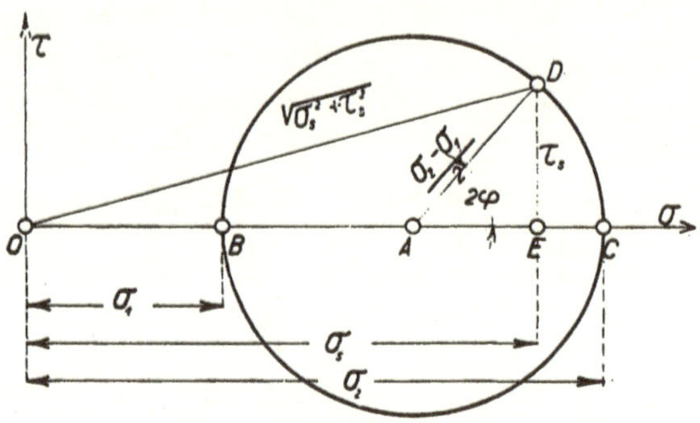

Fig. 10.

Soll die Spannung σ_s für irgendeine Richtung φ verschwinden, so ist diese nach (11) durch

$$\cos 2\varphi = -\frac{\sigma_1 + \sigma_2}{\sigma_1 - \sigma_2}$$

gegeben. Diese Gleichung führt aber nur so lange auf reelle Winkel, als

$$\left(\frac{\sigma_1 + \sigma_2}{\sigma_1 - \sigma_2}\right)^2 < 1$$

oder

$$\sigma_1 \sigma_2 < 0$$

ist, d. h. die Normalspannung in irgendeiner Richtung kann nur verschwinden, wenn die beiden Hauptspannungen entgegengesetzte Vorzeichen besitzen.

Wenn in einem Körper dagegen keine Schubspannungen auftreten sollen, so muß unabhängig von φ in Gl. (11) $\tau_s = 0$ sein. Dies bedingt aber sofort $\sigma_1 = \sigma_2 = \sigma_s$, d. h. die Unabhängigkeit der Normalspannung von der Richtung überhaupt, ein Fall, der bei vollkommenen

Flüssigkeiten in der Tat eintritt und für den sich der Spannungskreis auf den Punkt A reduziert.

Ist endlich eine der beiden Hauptspannungen, z. B. $\sigma_1 = 0$, so ergeben sich aus (11) wieder die beiden Gleichungen (15a) und (15b) des § 1, die einem sog. linearen Spannungszustande entsprechen.

Nachdem wir bisher nur die an einem Volumenelement angreifenden Spannungen betrachtet haben, erübrigt uns noch die Feststellung der von ihnen hervorgerufenen Formänderungen. Dabei wollen wir einen isotropen Körper voraussetzen, dessen Elastizitätsmodul E und Querkontraktionskoeffizient μ von der Spannungsrichtung unabhängig sind. Alsdann wird die Dehnung ε_x des Elements in der x-Richtung nicht allein von der Spannung σ_x abhängen, sondern auch vermöge der Querkontraktion von der dazu normalen σ_y und umgekehrt, so zwar, daß

$$\left.\begin{aligned} E\varepsilon_x &= \sigma_x - \frac{\sigma_y}{\mu} \\ E\varepsilon_y &= \sigma_y - \frac{\sigma_x}{\mu} \end{aligned}\right\} \quad \ldots \ldots \quad (12)$$

wird und die Seitenfläche $dF = dx\,dy$ um den Betrag

$$d\Delta F = dx\,dy\,(1 + \varepsilon_x)(1 + \varepsilon_y) - dx\,dy = dx\,dy\,(\varepsilon_x + \varepsilon_y)$$

zunimmt, dem eine Flächendehnung

$$\varepsilon_f = \frac{d\Delta F}{dF} = \frac{\sigma_x + \sigma_y}{E} \cdot \frac{\mu - 1}{\mu} \quad \ldots \quad (13)$$

entspricht. Außerdem aber erleidet auch die senkrecht zur Bildebene stehende Seite dz infolge der Querkontraktion eine Dehnung, die sich aus

$$E\varepsilon_z = -\frac{\sigma_x + \sigma_y}{\mu} \quad \ldots \ldots \quad (12\,\text{a})$$

berechnet, so daß das Element eine Volumänderung im Betrage von

$$d\Delta V = dx\,dy\,dz\,(1 + \varepsilon_x)(1 + \varepsilon_y)(1 + \varepsilon_z) - dx\,dy\,dz,$$

also eine Volumdehnung

$$\varepsilon_v = \frac{d\Delta V}{dV} = \varepsilon_x + \varepsilon_y + \varepsilon_z = \frac{\sigma_x + \sigma_y}{E} \cdot \frac{\mu - 2}{\mu} \quad . \quad (14)$$

erfährt.

Hieran sind die Schubspannungen ganz unbeteiligt, da sie nur Verschiebungen der gegenüberliegenden Seitenflächen des Elementes bedingen können, durch welche nach Fig. 11 der ursprünglich rechte Winkel *AOB* in den spitzen Winkel *A'OB'* übergeht, der sich von 90° um den sehr kleinen Betrag χ unterscheidet. Diese sog. Schiebung oder Gleitung χ ist nun erfahrungsgemäß der Schubspannung τ proportional, genügt also ebenso wie die Dehnung und Normalspannung dem Hookeschen Gesetze, so zwar, daß wir mit einer neuen Materialkonstanten G, die wir den Schubelastizitätsmodul oder kurz Schubmodul bzw. Gleitmodul nennen wollen, schreiben dürfen

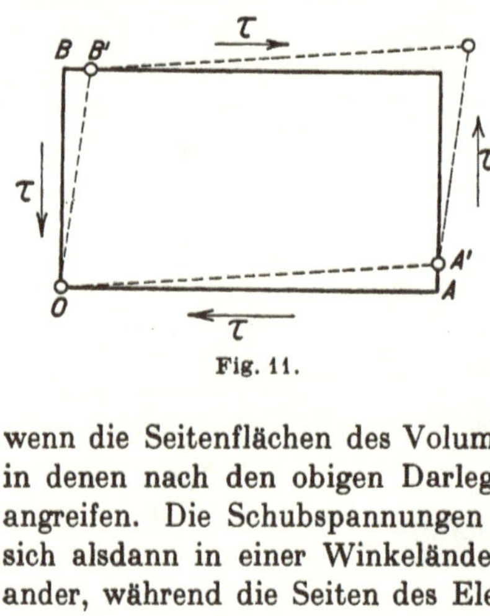

Fig. 11.

$$\tau = G\chi \quad . \quad (15).$$

Derartige Schubspannungen treten nun, wie aus den Gl. (11) hervorgeht, in beliebigen Diagonalflächen auch dann auf, wenn die Seitenflächen des Volumelements Hauptschnitte bilden, in denen nach den obigen Darlegungen keine Schubspannungen angreifen. Die Schubspannungen in den Diagonalflächen äußern sich alsdann in einer Winkeländerung der Diagonalen gegeneinander, während die Seiten des Elementes nur Längenänderungen erfahren. Durch diese Längenänderungen ist aber schon die Winkeländerung der Diagonalen bestimmt, woraus wir schließen dürfen, daß zwischen den für die ersteren maßgebenden Materialkonstanten E und μ einerseits und dem für die letzteren ausschlaggebenden Schubmodul G anderseits eine allgemein gültige Beziehung besteht. Um diese zu ermitteln, dürfen wir von einem beliebigen, möglichst einfachen Spannungszustand ausgehen[1]) und setzen daher zunächst voraus, daß in unserem Elemente, dessen Seitenflächen Hauptschnitte sein mögen, die beiden Hauptspannungen einander entgegengesetzt gleich sein mögen, also

$$\sigma_1 = -\sigma_2 = -\sigma \quad . \; . \; . \; . \; . \; . \quad (16).$$

[1]) Wir werden später (Kap. VI) hierfür eine allgemeinere Ableitung kennen lernen.

Dann folgt aus Gl. (11) für die Diagonalspannungen

$$\left.\begin{aligned}\sigma_s &= \sigma\cos 2\varphi\\ \tau_s &= \sigma\sin 2\varphi\end{aligned}\right\} \quad \ldots\ldots\ldots \quad (11\,a).$$

Da außerdem hierbei $\sigma_x + \sigma_y = \sigma_1 + \sigma_2 = 0$ ist, so verschwindet in diesem Falle nach Gl. (13) und (14) sowohl die Flächendehnung als auch diejenige des Volumens. Geben wir dann noch der Diagonale die Neigung $\varphi = 45^0$, entsprechend einem quadratischen Elemente $dx = dy$, Fig. 12, so erhalten wir aus (11a) für die Diagonalspannungen

$$\sigma_s = 0, \qquad \tau_s = \sigma \quad \ldots \quad (11\,b).$$

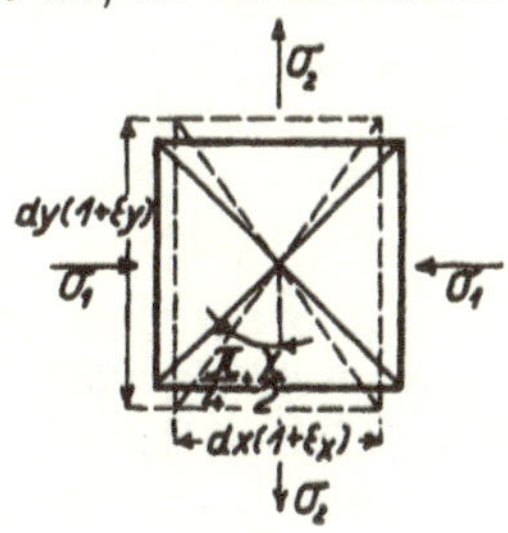

Fig. 12.

Es herrscht also in den beiden Diagonalflächen der Elemente reine Schubspannung, durch die der Winkel $90^0 = \frac{\pi}{2}$ in $\frac{\pi}{2} + \chi$ übergeht, der mit der Schubspannung τ_s wegen (15) durch die Beziehung

$$\tau_s = \sigma = G\chi \quad \ldots\ldots\ldots \quad (17)$$

verknüpft ist. Da weiterhin am deformierten Element

$$E\varepsilon_x = \sigma_1 - \frac{\sigma_2}{\mu} = -\sigma\frac{\mu+1}{\mu} = -E\varepsilon_y = -E\varepsilon \quad . \quad (18)$$

sein muß, so ist mit $dx = dy$

$$\operatorname{tg}\left(\frac{\pi}{4} - \frac{\chi}{2}\right) = \frac{dx\,(1+\varepsilon_x)}{dy\,(1+\varepsilon_y)} = \frac{1-\varepsilon}{1+\varepsilon}$$

oder

$$\frac{1 - \operatorname{tg}\frac{\chi}{2}}{1 + \operatorname{tg}\frac{\chi}{2}} = \frac{1-\varepsilon}{1+\varepsilon}.$$

Infolge der Kleinheit von χ dürfen wir hierin den Tangens mit dem Bogen selbst vertauschen und erhalten folglich

$$\chi = 2\varepsilon \quad \ldots\ldots\ldots \quad (19)$$

oder nach Einsetzen von (17) und (18), wobei σ herausfällt,

$$G = E\frac{\mu}{2\,(\mu+1)} \quad \ldots\ldots \quad (20).$$

Das ist schon die gesuchte Beziehung zwischen den Elastizitätskonstanten eines isotropen Körpers, die von der Erfahrung durchaus bestätigt wird. Dies setzt allerdings die unmittelbare Bestimmung des Schubmoduls G aus Versuchen voraus, die wir erst später kennen lernen werden. Aus (20) folgt weiterhin durch Auflösen nach μ

$$\mu = \frac{2G}{E - 2G} \quad \ldots \ldots \quad (20\,\mathrm{a}),$$

wonach, da μ stets positiv ist, jedenfalls $E > 2G$ sein muß. Für inkompressible vollkommene Flüssigkeiten, in denen wegen des Wegfalls von Schubspannungen die — stets negativen — Normalspannungen unabhängig von der Richtung ausfallen, müßte mit $\mu = 2$ nach (20) $E = 3\,G$ werden. Diese Beziehung verliert indessen ihren Sinn, da für solche Körper das Hookesche Gesetz nicht mehr anwendbar ist, welches der Formel (20) zugrunde liegt.

Wir fügen zum Schlusse noch eine Tabelle der Elastizitätskonstanten einiger wichtiger Körper hinzu, die als Mittelwerte aufzufassen sind. Die darin aufgenommenen Spannungen beziehen sich, wie in der Technik üblich, stets auf den ursprünglichen Querschnitt des unbelasteten Stabes, ein Umstand, der innerhalb der Elastizitätsgrenze wegen der Kleinheit der Flächenkontraktion keine Rolle spielt, aber nach dem Eintritt des mit starken Querschnittsveränderungen verbundenen Fließens sehr zu beachten ist. Außerdem gelten die Zahlen für normale Temperaturen zwischen $+10^0$ und $+20^0$, während sich für Temperatursteigerungen ΔT die Moduln hinreichend genau nach den empirischen Formeln

$$\left.\begin{aligned} E &= E_0\,(1 - a_1 \Delta T) \\ G &= G_0\,(1 - a_2 \Delta T) \end{aligned}\right\} \quad \ldots \ldots \quad (21)$$

berechnen lassen, deren Koeffizienten für einige Stoffe ebenfalls in der Tabelle erscheinen. Ermittelt man daraus die Querkontraktionskoeffizienten μ für höhere Temperaturen mit Hilfe der Gl. (20a), so ergibt sich eine Annäherung an den Wert $\mu = 2$, der nach den Beobachtungen von Cl. Schäfer beim Schmelzpunkt in der Tat erreicht werden soll.

Material	Moduln kg/qcm		Querkontraktion	Elastizitätgrenze kg/qcm		Fließgrze.	Bruchgrenze kg/qcm		Temperaturkoeffizient	
	E	G	μ	Zug	Druck	kg/qcm	Zug	Druck	α_1	α_2
Reines Eisen	$1{,}83 \cdot 10^6$	$7{,}3 \cdot 10^5$	3,95	rd. 1500	rd. 1500	rd. 1800	rd. 3500	rd. 3500	$7{,}3 \cdot 10^{-5}$	$1{,}78 \cdot 10^{-4}$
Schweißeisen (Faserrichtung)	$2{,}2 \cdot 10^6$	$8{,}5 \cdot 10^5$	3,4						—	—
Flußeisen				2000	2000	2000	4000	4000	$2{,}6 \cdot 10^{-5}$	—
Federstahl				8000	8000	—	10000	10000		—
Gußeisen	$1{,}0 \cdot 10^6$	$4 \cdot 10^5$	4	—	—	—	2000	8000	—	—
Nickelstahl	$2{,}1 \cdot 10^6$	—	—	3400	3400	—	7000	—	—	—
Reines Kupfer	$1 \cdot 10^6$	$4 \cdot 10^5$	4	—	—	—	2100	—	$3{,}6 \cdot 10^{-5}$	$4{,}5 \cdot 10^{-5}$
„ Nickel	$2{,}35 \cdot 10^6$	$9{,}5 \cdot 10^5$	4,2	—	—	—	—	—	$2{,}4 \cdot 10^{-5}$	$3{,}3 \cdot 10^{-5}$
Messing	$8 \cdot 10^5$	$3 \cdot 10^5$	3	650	—	—	1500	—	—	—
Bronze	$1 \cdot 10^6$	$3{,}7 \cdot 10^5$	2,8	900	—	—	2 bis 3000	—	—	—

Zur Bestimmung der von den Spannungen am Element Fig. 7 geleisteten Formänderungsarbeit gehen wir zunächst von einer unendlich kleinen Dehnung $d\varepsilon_x$ in der x-Richtung aus, der eine Verlängerung $dx \cdot d\varepsilon_x$ entspricht. Auf diesem Wege leistet die von der Normalspannung σ_x herrührende Kraft $\sigma_x\, dy\, dz$ das Arbeitselement $\sigma_x\, dy\, dz \cdot dx\, d\varepsilon_x = \sigma_x\, d\varepsilon_x\, dx\, dy \cdot dz$, und ebenso wird in der y-Richtung $\sigma_y\, d\varepsilon_y\, dx\, dy\, dz$ die Arbeit der Spannung σ_y. Aber auch die Schubspannung τ mit dem Drehmoment $\tau\, dx\, dy\, dz$ leistet infolge der unendlich kleinen Schiebung $d\chi$ die Arbeit $\tau\, d\chi\, dx\, dy\, dz$, so daß insgesamt auf das Element mit den endlichen Dehnungen $\varepsilon_x\, \varepsilon_y$ und der Schiebung χ eine Arbeit

$$dL = dx\, dy\, dz \int (\sigma_x\, d\varepsilon_x + \sigma_y\, d\varepsilon_y + \tau\, d\chi)$$

entfällt, wofür wir auch mit $dx\, dy\, dz = dV$

$$\frac{dL}{dV} = \int (\sigma_x\, d\varepsilon_x + \sigma_y\, d\varepsilon_y + \tau\, d\chi) \quad . \quad . \quad . \quad (22)$$

schreiben dürfen. Führen wir auf der rechten Seite dieser Gleichung die Ausdrücke (12) und (15) für die Dehnungen und die Schiebung ein, so ergibt sich

$$\frac{dL}{dV} = \frac{1}{E} \int \left(\sigma_x\, d\sigma_x + \sigma_y\, d\sigma_y - \frac{\sigma_x\, d\sigma_y + \sigma_y\, d\sigma_x}{\mu}\right) + \frac{1}{G} \int \tau\, d\tau$$

oder nach Ausführung der Integration von 0 bis σ_x bzw. σ_y und τ

$$\frac{dL}{dV} = \frac{1}{2E}\left(\sigma_x^2 + \sigma_y^2 - \frac{2\sigma_x \sigma_y}{\mu}\right) + \frac{\tau^2}{2G} \quad . \quad . \quad (23)$$

oder auch

$$\frac{dL}{dV} = \frac{1}{2}(\sigma_x \varepsilon_x + \sigma_y \varepsilon_y + \tau \chi) \quad . \quad . \quad . \quad . \quad . \quad . \quad (23\text{a}).$$

Diese Ausdrücke bezeichnet man wohl auch als die spezifische Formänderungsarbeit, aus der sich die im ganzen Körper geleistete Arbeit durch Integration über dessen Volumen ergibt. Die in der z-Richtung, also normal zur Bildebene auch beim ebenen Spannungszustand im allgemeinen auftretende Dehnung Gl. (12a) trägt zur Formänderungsarbeit nichts bei, da in ihrer Richtung laut Voraussetzung keine Spannungen wirken. Natürlich ist die Integration von (23) bzw. (23a) nur ausführbar, wenn man das Gesetz der Spannungsverteilung über das Gesamtvolumen kennt. Die Ermittlung dieser Verteilung für die verschiedensten Belastungsfälle und Körperformen bildet aber gerade die Hauptaufgabe der Elastizitätslehre.

§ 3. Spannungen in dünnen Gefäßwänden unter einseitigem Drucke.

Kennzeichnung der dünnen Wand, Aufstellung der ersten Hauptgleichung. Beschränkung auf Rotationsflächen und deren Zerlegung durch Hauptschnitte nach Meridiankurven und Parallelkreisen. Ableitung der zweiten Hauptgleichung, der Meridian- und Ringspannungen sowie der elastischen Verschiebungen in radialer und axialer Richtung. Beispiel des elliptischen Ringes mit Sonderfällen; Wellrohr, Wassergefäß mit parabolischem Boden, rotierende Gefäße.

Ist die Wand eines unter innerem oder äußerem Drucke stehenden Gefäßes hinreichend dünn, so dürfen wir die Unterschiede der Spannungen innerhalb der Normalschnitte zur Wand gänzlich vernachlässigen. Wirkt außerdem der Druck p an jeder Stelle normal zur Wand, Fig. 13, besitzt also keine Komponente in der Tangentialebene zur Gefäßoberfläche, so wird er in dieser auch keine Schubspannungen hervorrufen. Dann aber können auch in den (schraffierten) Normalschnitten der Wand nach den Ergebnissen des § 2 keine zur Oberfläche normal gerichteten Schubspannungen herrschen, während dem Auftreten solcher in tangentialer Richtung nichts im Wege steht.

Schneiden wir nunmehr aus der Gefäßoberfläche ein Element mit den Seitenflächen ds' und ds'' an einer Stelle, wo die als sehr klein angesehene Wandstärke h beträgt, durch zwei zueinander senkrecht stehende Normalschnitte heraus, so werden diesen, wie in Fig. 13 angedeutet, zwei Krümmungsmittelpunkte M' und M'' mit den Krümmungsradien ϱ' und ϱ'' derart zugehören, daß mit den unendlich kleinen Winkeln $d\varphi'$ und $d\varphi''$ gleichartiger benachbarter Radien ϱ' bzw. ϱ''

$$ds' = \varrho' \, d\varphi', \qquad ds'' = \varrho'' \, d\varphi'' \quad . \quad . \quad . \quad . \quad (1)$$

ist. Herrscht alsdann in der Schnittfläche hds'' die Normalspannung σ', der eine gleich große Gegenspannung in der gegenüberliegenden Schnittfläche entspricht, so werden die hiervon herrührenden Kräfte $\sigma' h \, ds''$ nach Fig. 14 infolge ihrer Neigung gegen-

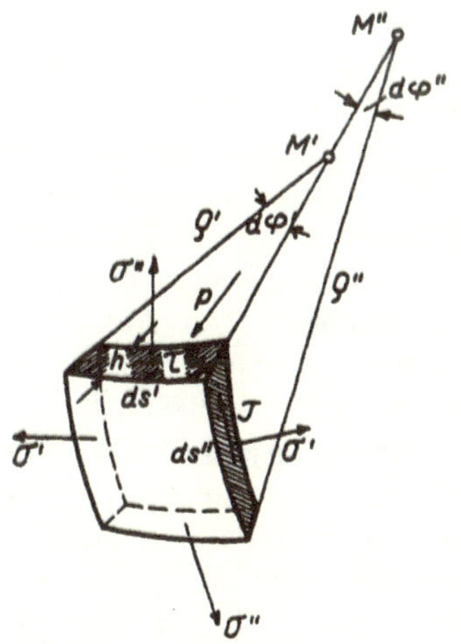

Fig. 13.

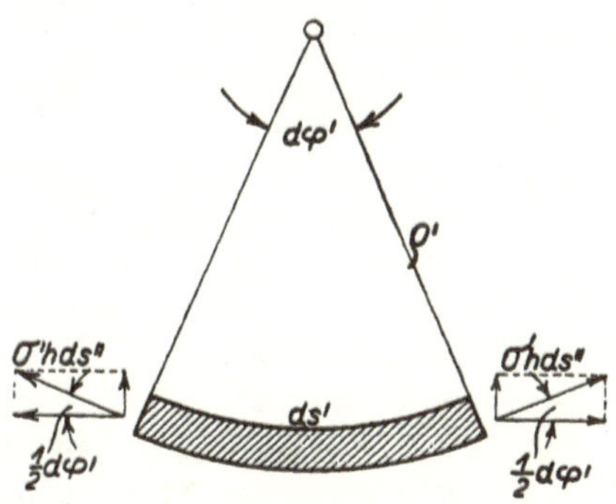

Fig. 14.

einander je eine Normal- und eine Tangentialkomponente besitzen, von denen die letzteren sich aufheben. Die ersteren Komponenten liefern aber infolge der Kleinheit des Winkels $d\varphi'$ eine Summe

$$2\,\sigma' h \, ds'' \sin \frac{d\varphi'}{2} = \sigma' h \, ds'' \, d\varphi',$$

zu der in derselben Richtung von den Spannungen σ'' der Betrag

$$2\,\sigma'' h \, ds' \sin \frac{d\varphi''}{2} = \sigma'' h \, ds' \, d\varphi''$$

hinzutritt, so daß insgesamt die Spannungen σ' und σ'' ein Normalkraftelement

$$h\,(\sigma'\,ds''\,d\varphi' + \sigma''\,ds'\,d\varphi'')$$

bedingen. Diese Normalkraft wird nun durch eine entgegengesetzt gerichtete, vom Drucke p herrührende Kraft $p\,ds'\,ds''$ aufgehoben, so daß wir haben

$$h\,(\sigma'\,ds''\,d\varphi' + \sigma''\,ds'\,d\varphi'') = p\,ds'\,ds''.$$

Ersetzen wir hierin die Winkelelemente $d\varphi'$ und $d\varphi''$ durch die Krümmungsradien nach Gl. (1), so folgt nach Wegheben des auf beiden Seiten der Gleichgewichtsbedingung auftretenden Faktors $ds'\,ds''$, sowie nach Division mit h

$$\frac{\sigma'}{\varrho'} + \frac{\sigma''}{\varrho''} = \frac{p}{h} \quad \ldots\ldots\ldots \quad (2).$$

Obwohl innerhalb der Wand auch eine senkrecht zur Oberfläche gerichtete Normalspannung herrscht, die von der Innen- zur Außenseite oder umgekehrt von dem Betrage p bis zu 0 stetig abnimmt, so dürfen wir diese doch angesichts der schon aus (2) erkennbaren Kleinheit von p gegenüber σ' und σ'' gänzlich vernachlässigen. Dann aber befindet sich unser Element in einem ebenen Spannungszustande der im letzten Abschnitt besprochenen Art, zu dessen vollständiger Kenntnis allerdings außer der Bestimmung von σ' und σ'' an jeder Stelle noch diejenige der tangential gerichteten Schubspannung τ in den beiden schraffierten Normalschnitten (Fig. 13) gehört. Gelingt es uns dagegen, von vornherein das Element der Wand durch Hauptschnitte zu begrenzen, so erübrigt sich die Feststellung der alsdann verschwindenden Schubspannung, während zur Bestimmung der beiden Normalspannungen σ' und σ'' auch in diesem Falle neben (2) noch eine weitere Gleichung erforderlich ist.

Die Aufstellung dieser Gleichung in endlicher Form, sowie die Begrenzung des Wandelementes durch Hauptschnitte gestaltet sich nun recht einfach, wenn wir uns auf Gefäßwände beschränken, die nach Rotationsflächen gestaltet sind, während die Behandlung allgemeiner Oberflächen fast unüberwindlichen Schwierigkeiten begegnet und überdies praktisch ganz bedeutungslos ist. Ist dann auch der auf der Gefäßwand lastende Druck p gleichförmig um die Achse der Rotationsfläche verteilt, wodurch die Möglichkeit seiner Änderung in axialer oder radialer Richtung nicht berührt wird, so befinden sich auch alle an einen Parallelkreis anstoßenden kongruenten Wandelemente in demselben Spannungszustande, der somit ebenso wie die Dicke h nur längs des Meridianschnittes der Gefäßwand variiert. Es liegt daher nahe, als Begrenzung des Wandelementes je zwei benachbarte Parallelkreise und Meridianschnitte zu wählen, die sich ja auf der Oberfläche normal schneiden müssen. Bezeichnen wir dann das Element der Meridian-

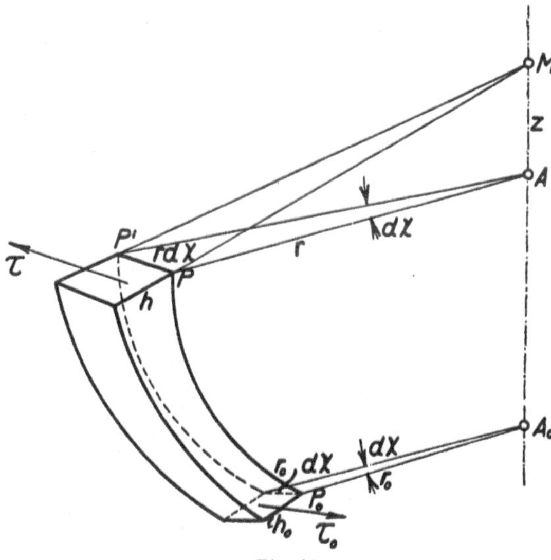

Fig. 15.

kurve mit ds'', dasjenige des Parallelkreises mit ds', so wirkt die oben eingeführte Spannung σ'' tangential zur Meridiankurve und soll darum die Meridianspannung heißen im Gegensatze zu der normal auf ihr und tangential zum Parallelkreis wirkenden Ringspannung σ'. Um nun festzustellen, ob die gewählten Begrenzungen unseres Elementes wirklich Hauptschnitte sind, schneiden wir aus der Gefäßwand einen durch zwei Parallelkreise mit den Radien $AP = r$ und $A_0 P_0 = r_0$, denen die Wandstärken h und h_0 entsprechen mögen, sowie zwei benachbarte, um den Winkel $d\chi$ gegeneinander geneigte Meridianschnitte begrenzten Streifen, Fig. 15, heraus, in deren beiden Endquerschnitten $h\,ds' = h\,r\,d\chi$ und $h_0\,ds_0' = h_0 r_0\,d\chi$ die Schubspannungen τ bzw. τ_0 normal zu den Radien wirken mögen. Da sich die auf den einander gegenüberliegenden Seitenflächen angreifenden Ringspannungen σ' aufheben, so müssen sich auch die Momente der Schubkräfte in bezug auf eine beliebige Achse, z. B. die Symmetrieachse OZ, am Streifen ausgleichen, also die Bedingung

$$\tau h r^2 = \tau_0 h_0 r_0^2 \quad . \; . \; . \; . \; . \; . \; . \; . \quad (3)$$

erfüllen. Da fernerhin kein um die Achse drehendes Moment der äußeren Kräfte vorhanden ist, so verschwinden die Ausdrücke (3), oder es ist

$$\tau = \tau_0 = 0 \quad . \; . \; . \; . \; . \; . \; . \; . \quad (3\,\mathrm{a}).$$

Dann aber können auch keine Schubspannungen in den dazu normalen Seitenflächen auftreten, so daß Parallelkreise und Meridianschnitte in der Tat Hauptschnitte für die nach einer Rotationsfläche geformte Gefäßwand darstellen.

Die beiden benachbarten Meridianebenen enthalten weiterhin auch die Normalen zur Meridiankurve der Gefäßwand in den um ds'' voneinander entfernten Punkten P und P'. Infolgedessen schneiden sich diese Normalen auf der Rotationsachse im Punkte M', der somit den Krümmungsmittelpunkt des zur Meridianebene senkrechten Hauptschnittes bildet, wodurch zugleich $PM' = \varrho'$ als zugehöriger Krümmungsradius erscheint. Ist dann $\varphi = \sphericalangle APM'$ der Winkel der Normalen PM' mit dem Radius $AP = r$, so bestimmt sich der Krümmungsradius des Normalschnittes zur Meridianebene aus der Gleichung

$$\varrho' \cos\varphi = r \quad . \; . \; . \; . \; . \; . \; . \; . \quad (4),$$

die den sog. Meusnierschen Satz formuliert, während der andere Krümmungsradius $PM'' = \varrho''$ in Gl. (2) der Meridiankurve Fig. 14 selbst zugehört und aus ihrer Gleichung abgeleitet werden kann.

Zur Gewinnung der oben erwähnten zweiten Gleichung für die Ermittlung der Spannungen σ' und σ'' wollen wir nunmehr annehmen, daß unsere Rotationsfläche im allgemeinen eine zur Achse normale Tangentialebene in einem Kreise BB mit dem Radius $BC = r_0$ berührt, Fig. 16. Schneiden wir nun in diesem

Kreise sowie in einem zweiten durch den Punkt P der Meridiankurve mit dem Radius $AP = r$ gehenden unsere Rotationsfläche, so haben wir von dieser einen Ringbogen PB abgetrennt, auf dem in der Achsenrichtung vom Drucke p die Last

$$Z = 2\pi \int_{r_0}^{r} p\, r\, dr \quad . \quad . \quad (5)$$

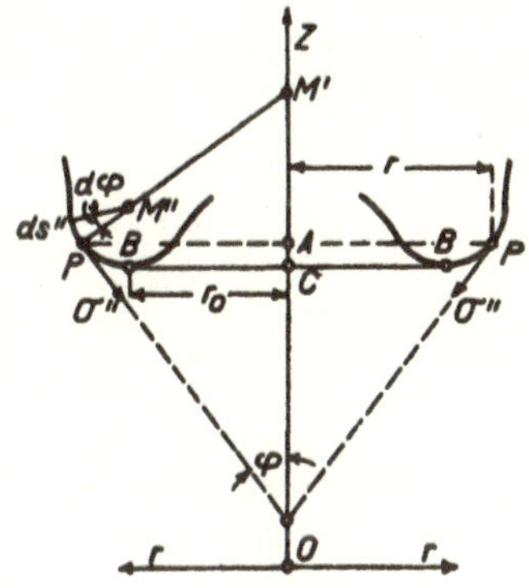

Fig. 16.

ruht[1]), die von der gleichgerichteten Komponente der gesamten Meridianspannungen auf der Schnittfläche $2\pi r h$ durch P, nämlich $2\pi r h \sigma'' \cos\varphi$ gerade aufgehoben wird, da im Scheitelkreise BB nur eine zur Achse normale Meridianspannung herrscht, die mithin keine Axialkomponente besitzt. Daher erhalten wir als zweite Hauptgleichung zur Berechnung der Meridianspannung

$$\sigma'' = \frac{1}{h r \cos\varphi} \int_{r_0}^{r} p\, r\, dr \quad . \quad . \quad . \quad . \quad . \quad (6),$$

in der die Integration stets ausgeführt werden kann, wenn die Druckverteilung entweder analytisch oder graphisch vorgelegt ist. Für den einfachsten Fall eines auf der ganzen Gefäßwand konstanten Druckes p ergibt (6)

$$\sigma'' = \frac{p}{2h} \cdot \frac{r^2 - r_0^2}{r \cos\varphi} \quad . \quad . \quad . \quad . \quad . \quad . \quad (6\,a),$$

während wir z. B. in einem Flüssigkeitsbehälter mit der Spiegeltiefe z' eines Punktes der Gefäßwand und dem spezifischen Flüssigkeitsgewicht γ zu setzen haben $p = \gamma z'$, und damit aus (6)

$$\sigma'' = \frac{\gamma}{h r \cos\varphi} \int_{r_0}^{r} z' r\, dr \quad . \quad . \quad . \quad . \quad (6\,b)$$

erhalten. Das mit 2π multiplizierte Integral der rechten Seite ist offenbar identisch mit dem Volumen der ganzen über dem

[1]) Hierzu käme strenggenommen bei vertikaler Achse noch das Gewicht des Ringbogens PB, welches wir aber praktisch meist gegenüber der Belastung durch den Druck p vernachlässigen dürfen.

Ringbogen PB stehenden Wassersäule. Bezeichnen wir anderseits mit $z = OA$ den Abstand des Punktes P von einer Normalebene zur Achse durch einen beliebig gewählten Koordinatenanfang und rechnen den nach innen gerichteten Krümmungsradius $PM'' = \varrho''$ positiv, so folgt wegen der Abnahme von φ mit von der Achse aus zunehmendem s''

$$\varrho'' = -\frac{d s''}{d \varphi}, \qquad \operatorname{tg} \varphi = \frac{d r}{d z}, \qquad \cos \varphi = \frac{d z}{d s''}$$

oder

$$\frac{1}{\varrho''} = -\frac{d^2 r}{d z^2} \cos^3 \varphi \quad . \; . \; . \; . \; . \; . \; . \quad (7).$$

Durch Einführung dieses Wertes mit (4) und (6) in die erste Hauptgleichung ergibt sich dann die R i n g s p a n n u n g

$$\sigma' = \frac{r}{h \cos \varphi} \left(p + \frac{d^2 r}{d z^2} \frac{\cos^2 \varphi}{r} \int_{r_0}^{r} p r \, d r \right) \quad . \; . \quad (8),$$

die sich für konstantes p analog (6a) in

$$\sigma' = \frac{r p}{h \cos \varphi} \left(1 + \frac{d^2 r}{d z^2} \frac{r^2 - r_0^2}{2 r} \cos^2 \varphi \right) \quad . \; . \quad (8\,a)$$

und für den Flüssigkeitsdruck $p = \gamma z'$ in

$$\sigma' = \frac{r \gamma}{h \cos \varphi} \left(z' + \frac{d^2 r}{d z^2} \frac{\cos^2 \varphi}{r} \int_{r_0}^{r} z' r \, d r \right) \quad . \; . \quad (8\,b)$$

vereinfacht, worin z' im ersten Gliede der Klammer natürlich die Spiegeltiefe von P darstellt, während es unter dem Integralzeichen mit r variiert.

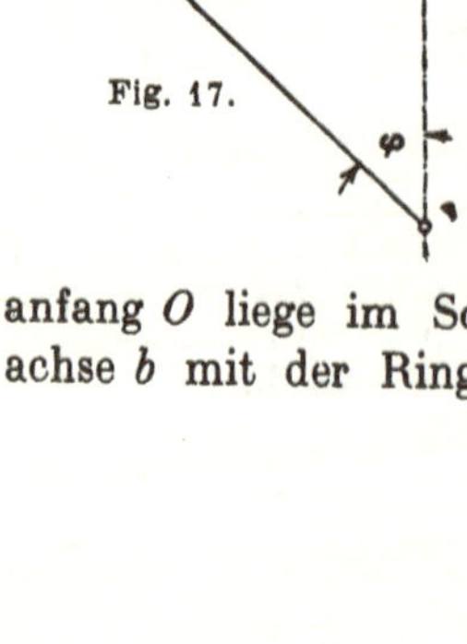

Fig. 17.

1. Als e r s t e s B e i s p i e l für die Spannungsermittlung wählen wir einen g e s c h l o s s e n e n d ü n n - w a n d i g e n R i n g m i t e l l i p t i - s c h e r M e r i d i a n k u r v e, Fig. 17, in dessen Innerm der konstante Überdruck p herrschen möge. Die große Halbachse a der Ellipse möge der Ringachse OZ parallel sein, der Koordinatenanfang O liege im Schnitt der Fortsetzung der kleinen Halbachse b mit der Ringachse im Abstande r_0 vom Ellipsenmittel-

punkt. Alsdann lautet die Ellipsengleichung

$$\frac{z^2}{a^2} + \frac{(r - r_0)^2}{b^2} = 1 \quad \ldots \ldots \quad (9)$$

Daraus folgt

$$\left.\begin{aligned} \frac{dr}{dz} &= -\frac{b^2 z}{a^2 (r - r_0)} = -\frac{b^2}{a(r - r_0)} \sqrt{1 - \frac{(r - r_0)^2}{b^2}} = \operatorname{tg} \varphi \\ \frac{d^2 r}{dz^2} &= -\frac{b^4}{a^2 (r - r_0)^3}, \qquad \cos \varphi = \frac{a(r - r_0)}{\sqrt{(a^2 - b^2)(r - r_0)^2 + b^4}} \end{aligned}\right\} \quad (9\,a).$$

Eingesetzt in Gl. (6a) ergibt sich damit die Meridianspannung

$$\sigma'' = \frac{p(r + r_0)}{2har} \sqrt{(a^2 - b^2)(r - r_0)^2 + b^4} \quad . \; . \quad (10)$$

und aus Gl. (8a) die Ringspannung

$$\sigma' = \frac{p}{2ha} \cdot \frac{2r(r - r_0)(a^2 - b^2) + b^4}{\sqrt{(a^2 - b^2)(r - r_0)^2 + b^4}} \quad . \; . \; . \quad (11)$$

mit den Sonderwerten für

$$r = r_0 + b, \qquad\qquad r = r_0,$$

$$\sigma_1'' = \frac{p(2r_0 + b) \cdot b}{2h(r_0 + b)}, \qquad \sigma_0'' = \frac{pb^2}{ha},$$

$$\sigma_1' = \frac{p}{2h} \frac{b(2a^2 - b^2) + 2r_0(a^2 - b^2)}{a^2}, \qquad \sigma_0' = \frac{pb^2}{2ha},$$

$$r = r_0 - b$$

$$\sigma_2'' = \frac{p(2r_0 - b)b}{2h(r_0 - b)} \quad \ldots \ldots \ldots \ldots \quad (10\,a)$$

$$\sigma_2' = \frac{p}{2h} \cdot \frac{b(2a^2 - b^2) - 2r_0(a^2 - b^2)}{a^2} \quad . \; . \quad (11\,a).$$

Für den Fall eines elliptischen Querschnitts, dessen kleine Achse der Ringachse parallel verläuft, haben wir nur in den vorstehenden Formeln a mit b zu vertauschen, während sich für den Kreisring mit $a = b$

$$\sigma'' = \frac{pa(r + r_0)}{2hr}, \qquad \sigma' = \frac{pa}{2h} \quad \ldots \ldots \quad (12),$$

also eine konstante Ringspannung ergibt.

Setzen wir in den Formeln (9) bis (11) $r_0 = 0$, so ergeben sich die Spannungen im gestreckten Rotationsellipsoid $(r < b)$

$$\sigma'' = \frac{p}{2ha}\sqrt{(a^2-b^2)\,r^2+b^4}, \quad \sigma' = \frac{p}{2ha}\,\frac{2r^2(a^2-b^2)+b^4}{\sqrt{(a^2-b^2)\,r^2+b^4}} \tag{13}$$

mit den Sonderwerten für

$$r = 0, \qquad\qquad r = b$$

$$\sigma_0'' = \frac{p\,b^2}{2ha}, \qquad \sigma_1'' = \frac{p\,b}{2h} \quad \ldots\ldots \tag{13a}$$

$$\sigma_0' = \frac{p\,b^2}{2ha}, \qquad \sigma_1' = \frac{p\,b\,(2a^2-b^2)}{2ha^2} \quad \ldots \tag{13b}$$

Vertauschen wir in (13) a mit b, so folgt für das abgeplattete Rotationsellipsoid $(r < a)$

$$\sigma'' = \frac{p}{2hb}\sqrt{a^4-(a^2-b^2)\,r^2}, \quad \sigma' = \frac{p}{2hb}\,\frac{a^4-2r^2(a^2-b^2)}{\sqrt{a^4-(a^2-b^2)\,r^2}} \tag{14}$$

mit den Sonderwerten für

$$r = 0, \qquad\qquad r = a$$

$$\sigma_0'' = \frac{p\,a^2}{2hb}, \qquad \sigma_1'' = \frac{p\,a}{2h} \quad \ldots\ldots \tag{14a}$$

$$\sigma_0' = \frac{p\,a^2}{2hb}, \qquad \sigma_1' = \frac{p\,a\,(2b^2-a^2)}{2hb^2} \quad \ldots \tag{14b}$$

Die merkwürdige Tatsache, daß in diesem Falle die Ringspannung σ' negativ werden kann, was nach (14) allgemein für Wandstellen mit Radien

$$r^2 > \frac{a^4}{2(a^2-b^2)}$$

eintritt, erklärt sich sofort durch das in Fig. 18 angedeutete Bestreben dieser Körperform, sich unter innerem Überdruck der Kugelgestalt zu nähern, wodurch die Parallelkreise in der Nachbarschaft des Äquators eine Verkürzung erfahren.

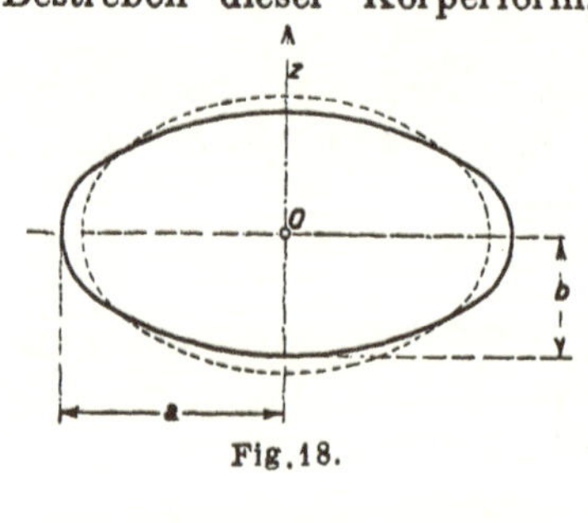

Fig. 18.

Weiterhin sei hervorgehoben, daß sowohl für das gestreckte wie auch das abgeplattete Rotationsellipsoid die beiden Spannungen σ_0' und σ_0'' in den Polen einander gleich werden. Dies trifft dann im Falle der Kugel, wie schon aus Symmetriegründen erhellt, für alle Punkte zu, so daß wir dort mit $a = b$ haben

$$\sigma' = \sigma'' = \frac{pa}{2h} \quad \ldots \ldots \quad (15).$$

Lassen wir am abgeplatteten Ellipsoid $a = \infty$ werden, so geht dieses in zwei parallele Platten im Abstande $2b$ über, zwischen denen der Druck p herrscht. Für diese wird aber nach (14) $\sigma' = \sigma'' = \infty$, so daß also dünne ebene Platten ohne Schubspannungen normal zur Oberfläche unter der Wirkung einseitigen Überdruckes nicht im Gleichgewichte verharren können. Das heißt natürlich, daß unser Ansatz nicht auf diesen Fall ausgedehnt werden darf.

Kehren wir nun noch einmal zu unseren Formeln (10) und (11) zurück und lassen den Radius r_0 unbegrenzt wachsen, indem wir gleichzeitig $r - r_0 = y$ setzen, so wird beim Übergang zu $r_0 = \infty$, und $r = r_0 + y = \infty$, d. h. für den Fall eines geraden elliptischen Rohres

$$\sigma'' = \frac{p}{ha}\sqrt{(a^2 - b^2)\,y^2 + b^4}, \qquad \sigma' = \infty,$$

so daß also auch diese Form unter einseitigem Druck nicht bestehen kann. Sie geht vielmehr durch Innendruck von selbst in das gerade Kreisrohr über, für welches nach (12) mit $r = r_0 = \infty$

$$\sigma'' = \frac{pa}{h}, \qquad \sigma' = \frac{pa}{2h} \quad \ldots \ldots \quad (12a)$$

wird, während das elliptische Rohr durch äußeren Druck einfach platt gedrückt würde. Hierin liegt eine große Gefahr für die sog. Flammrohre der Dampfkessel, die man niemals absolut kreisrund ausführen kann und deshalb häufig mit Versteifungsringen versieht. Denselben Zweck erreicht man indessen noch sicherer durch einen wellenförmigen Verlauf der Meridiankurve, Fig. 19, deren Gleichung dann

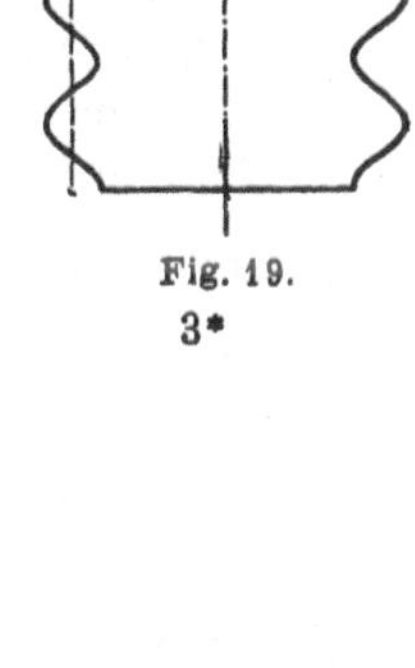

Fig. 19.

$$r - r_1 = c \sin \alpha z = c \sin 2\pi \frac{z}{z_0} \quad . \quad . \quad . \quad . \quad (16)$$

geschrieben werden kann. Daraus folgt

$$\left.\begin{aligned} \frac{dr}{dz} = c\,\alpha \cos \alpha z, \quad \frac{d^2 r}{dz^2} = -c\alpha^2 \sin \alpha z = -\alpha^2 (r - r_1) \\ \cos \varphi = \frac{1}{\sqrt{1 + c^2 \alpha^2 \cos^2 \alpha z}} = \frac{1}{\sqrt{1 + \alpha^2 [c^2 - (r - r_1)^2]}} \end{aligned}\right\} (16\text{a}).$$

Führen wir diese Werte in die Gl. (6a) und (8a) ein und beachten, daß in diesen $r_0 = 0$ zu setzen ist, da die Wand keine radialen Elemente besitzt, so folgt für die Spannungen

$$\left.\begin{aligned} \sigma'' &= \frac{pr}{2h} \sqrt{1 + c^2 \alpha^2 \cos^2 \alpha z} \\ \sigma' &= \frac{pr}{h} \sqrt{1 + c^2 \alpha^2 \cos^2 \alpha z} \left[1 - \frac{\alpha^2 r}{2} (r - r_1)(1 + c^2 \alpha^2 \cos^2 \alpha z)\right] \end{aligned}\right\} (17),$$

deren größte und kleinste Werte ebenso wie die mittleren für $r = r_1$ der Leser zu seiner Übung bestimmen möge.

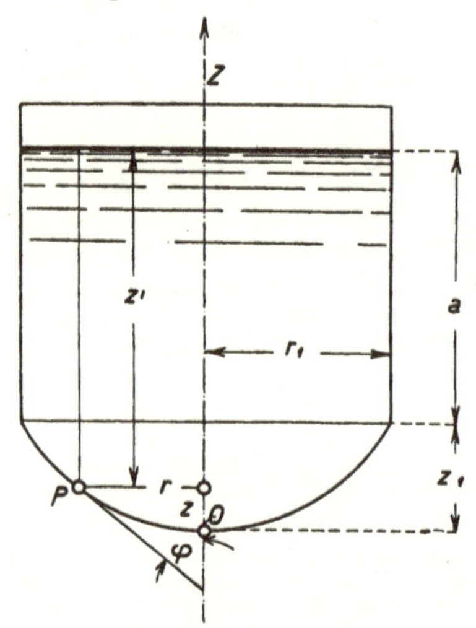

Fig. 20.

2. Als zweites Beispiel betrachten wir einen **zylindrischen Wasserbehälter**[1]) vom Radius r_1 mit **parabolischem Boden**, Fig. 20, dessen Pfeilhöhe z_1 betragen möge, so daß die auf den Koordinatenanfang als Scheitel bezogene Gleichung der parabolischen Meridiankurve des Bodens

$$z = \frac{z_1}{r_1^2} r^2 \quad . \quad . \quad (18)$$

lautet. Ist ferner z' die Spiegeltiefe eines Punktes P mit dem

[1]) Die beiden Fälle des Wasserbehälters mit kugel- und kegelförmigen Böden sind schon in meiner Techn. Hydromechanik (Techn. Physik Bd. III, 1910) S. 46 behandelt, wo allerdings an Stelle unserer Spannungen die Größen $S' = h\sigma'$, $S'' = h\sigma''$ als Oberflächenspannungen berechnet wurden.

Tangentenwinkel φ, so wird bei einer wasserberührten Höhe a des zylindrischen Teiles

$$z' = a + z_1 - z = a + z_1 - \frac{z_1}{r_1^2} r^2 \quad . \; . \; . \; (19).$$

Weiter ist

$$\left.\begin{array}{c} \dfrac{dr}{dz} = \dfrac{r_1^2}{2 r z_1}; \quad \dfrac{d^2 r}{dz^2} = -\dfrac{1}{r}\left(\dfrac{dr}{dz}\right)^2 = -\dfrac{r_1^4}{4 z_1^2 r^3} \\ \cos\varphi = \dfrac{1}{\sqrt{1 + \dfrac{r_1^4}{4 z_1^2 r^2}}} = \dfrac{r}{\sqrt{r^2 + \dfrac{r_1^4}{4 z_1^2}}} \end{array}\right\} \; . \; (19\text{a}).$$

Dies liefert in die Gl. (6b) und (8b) eingesetzt mit $r_0 = 0$

$$\left.\begin{array}{l} \sigma'' = \dfrac{\gamma}{2h}\sqrt{r^2 + \dfrac{r_1^4}{4 z_1^2}}\left(a + z_1 - \dfrac{z_1}{2 r_1^2} r^2\right) \\ \sigma' = \dfrac{\gamma}{h}\sqrt{r^2 + \dfrac{r_1^4}{4 z_1^2}}\left[z' - \dfrac{r_1^4\left(a + z_1 - \dfrac{z_1}{2 r_1^2} r^2\right)}{8 z_1^2\left(r^2 + \dfrac{r_1^4}{4 z_1^2}\right)}\right] \end{array}\right\} \; (20).$$

Setzt man hierin $r = 0$ entsprechend $z' = a + z_1$, so ergibt sich für den Parabelscheitel

$$\sigma_0' = \sigma_0'' = \frac{\gamma r_1^2}{4 h z_1}(a + z_1) \quad . \; . \; . \; . \; (20\text{a})$$

und für die Übergangsstelle in dem zylindrischen Teil mit $r = r_1$, $z' = a$

$$\left.\begin{array}{l} \sigma_1'' = \dfrac{\gamma r_1}{2h}\sqrt{1 + \dfrac{r_1^2}{4 z_1^2}}\left(a + \dfrac{z_1}{2}\right) \\ \sigma_1' = \dfrac{\gamma r_1}{h}\sqrt{1 + \dfrac{r_1^2}{4 z_1^2}}\left(a - \dfrac{r_1^2}{8 z_1^2}\,\dfrac{a + \dfrac{z_1}{2}}{1 + \dfrac{r_1^2}{4 z_1^2}}\right) \end{array}\right\} \; (20\text{b}).$$

In der zylindrischen Wand herrschen dagegen an der Übergangsstelle die Spannungen

$$\sigma_2'' = \frac{\gamma a r_1}{2h}, \quad \sigma_2' = \frac{\gamma a r}{8h} \quad . \; . \; . \; . \; (21),$$

so daß wir also an der s c h a r f e n K a n t e einen S p a n n u n g s s p r u n g vor uns haben. In der Kante selbst würde sogar, da dort $\varrho'' = 0$ ist, $\sigma'' = \infty$ werden, wenn nämlich Mantel und Boden aus einem zusammenhängenden Stücke bestehen. Verbindet man sie dagegen, wie in der Praxis immer geschieht, mittels eines besonderen Ringes, der zugleich als Auflagestütze des Behälters dient, so halten sich in diesem die verschiedenen Spannkräfte mit dem Auflagedrucke das Gleichgewicht.

Schließlich wollen wir noch den praktisch wichtigen Fall der Rotation eines dünnwandigen Gefäßes um seine Symmetrieachse (einer sog. Zentrifuge) betrachten, die sich in einer radial nach außen gerichteten Beschleunigung $r\omega^2$ geltend macht, wenn ω die (konstante) Winkelgeschwindigkeit bedeutet. Dieser Beschleunigung entspricht dann am Wandelement vom spez. Gewichte γ' die gleichgerichtete elementare Zentrifugalkraft $\frac{\gamma'}{g}\,\omega^2\, r\, h\, ds'\, ds''$, die durch einen Zusatz σ_c' zur Ringspannung derart ausgeglichen wird, daß

$$\sigma_c'\,\frac{h\,ds'\,ds''}{r} = \frac{\gamma'}{g}\,\omega^2\, r\, h\, ds'\, ds''$$

oder

$$\sigma_c' = \frac{\gamma'\,\omega^2\, r^2}{g} \quad \ldots\ldots\ldots \quad (22)$$

wird. Die gesamte Ringspannung σ ergibt sich somit zu

$$\sigma = \sigma' + \sigma_c' \quad \ldots\ldots\ldots \quad (23),$$

worin σ' aus der früheren Formel (8) bzw. im Falle eines Flüssigkeitsbehälters aus (8b) mit Rücksicht auf die paraboloidische Oberflächengestalt der rotierenden Flüssigkeit[1]) zu berechnen ist, die naturgemäß nach Gl. (6b) auch die Meridianspannung σ'' beeinflußt.

§ 4. Die Formänderung dünnwandiger Gefäße.

Gleichungen für die Radial- und Meridiandehnungen; Verschiebungen und Winkeländerungen. Unverträglichkeit mit den Grenzbedingungen. Umkehrung des Rechnungsganges und Anwendung auf zylindrische Rohre mit starren Versteifungsringen an den Enden, Ausbauchung unter innerem Überdruck und axialem Zug; Wellenform bei axialem Druck, Bruchlasten und Wellenlasten. Störung der Achsensymmetrie durch Faltungen.

Nachdem wir im vorigen Abschnitt die beiden Hauptspannungen σ' und σ'' an jeder Stelle der dünnen Wand eines achsen-

[1]) Vgl. hierüber: Lorenz, Techn. Hydromechanik. § 45, S. 371 ff.

symmetrischen Gefäßes und damit dessen Spannungszustand überhaupt bestimmt haben, berechnen sich daraus sofort die zugehörigen Dehnungen ε' im Parallelkreis und ε'' in der Meridiankurve, wenn wir beachten, daß der Kreisumfang $2\pi r$ sich um $2\pi \Delta r$ und ein Kurvenelement ds'' um $d\Delta s''$ vergrößert, so daß

$$\varepsilon' = \frac{2\pi \Delta r}{2\pi r} = \frac{\Delta r}{r}, \quad \varepsilon'' = \frac{d\Delta s''}{ds''} \quad . \quad . \quad . \quad (1)$$

wird. Alsdann erhalten wir mit Rücksicht auf die Querkontraktion

$$\left.\begin{aligned} \frac{\Delta r}{r} &= \frac{1}{E}\left(\sigma' - \frac{\sigma''}{\mu}\right) \\ \frac{d\Delta s''}{ds''} &= \frac{1}{E}\left(\sigma'' - \frac{\sigma'}{\mu}\right) \end{aligned}\right\} \quad . \quad . \quad . \quad . \quad . \quad (2).$$

Infolge dieser Dehnungen erleidet nun jeder Punkt der Meridiankurve eine Verschiebung mit den Komponenten Δr und Δz in radialer und axialer Richtung, von denen die erstere unmittelbar aus der ersten Formel (2) entnommen werden kann. Zur Berechnung der Axialverschiebung Δz greifen wir auf den Ausdruck für das undeformierte Bogenelement

$$ds''^2 = dr^2 + dz^2$$

zurück, der nach der Dehnung um die Beträge $d\Delta r$, $d\Delta z$, $d\Delta s''$ in

$$(ds'' + d\Delta s'')^2 = (dr + d\Delta r)^2 + (dz + d\Delta z)^2$$

übergeht, woraus mit Rücksicht auf die vorstehende Gleichung, sowie unter Vernachlässigung der Quadrate der stets nur kleinen Verlängerungen

$$ds''\, d\Delta s'' = dr\, d\Delta r + dz\, d\Delta z$$

oder

$$d\Delta z = \left(\frac{d\Delta s''}{ds''}\frac{ds''}{dz}\frac{ds''}{dr} - \frac{d\Delta r}{dr}\frac{dr}{dz}\right) dr \quad . \quad . \quad (3)$$

resultiert. Beachten wir ferner die Gl. (1), sowie, daß nach den Bezeichnungen des letzten Abschnittes

$$\frac{dr}{dz} = \operatorname{tg}\varphi, \quad \frac{dr}{ds''} = \sin\varphi, \quad \frac{dz}{ds''} = \cos\varphi$$

war, so dürfen wir an Stelle von (3) auch schreiben

$$d\varDelta z = \left(\frac{2\,\varepsilon''}{\sin 2\,\varphi} - \frac{d\,(\varepsilon' r)}{d\,r}\,\mathrm{tg}\,\varphi\right) d\,r \quad . \quad . \quad . \quad (3\,\mathrm{a}),$$

worin alle Größen der Klammer mit Hilfe der Spannungsformeln und der Gleichung der Meridiankurve in r allein ausgedrückt werden können. Daher liefert die Integration den Ausdruck

$$\varDelta z = \int\left(\frac{2\,\varepsilon''}{\sin 2\,\varphi} - \frac{d\,(\varepsilon' r)}{d\,r}\,\mathrm{tg}\,\varphi\right) d\,r + C \quad . \quad . \quad . \quad (3\,\mathrm{b}),$$

mit einer Konstanten C, die sich durch Festsetzung der axialen Verschiebung für einen bestimmten Meridianpunkt ergibt und für den Fall, daß dieser in den Auflagering des Gefäßes fällt, verschwindet.

Leider gestaltet sich mit Ausnahme weniger einfacher Fälle die Ausführung der in (3b) angedeuteten Integration so verwickelt, daß man praktisch sich fast immer mit graphischen Näherungsmethoden zur Ermittlung der Axialverschiebung begnügen wird. Indessen kann man für den Fall eines konstanten Druckes p von vornherein auf eine Proportionalität der Verschiebungen $\varDelta r$ und $\varDelta z$ mit p schließen, da dieser Überdruck p nicht nur in den Ausdrücken (6a) und (8a) des § 3 für die Spannungen, sondern auch in den obigen Gleichungen (2) für die Dehnungen als konstanter Faktor erscheint und daher an der Integration unbeteiligt ist. Dasselbe gilt auch von den W i n k e l - ä n d e r u n g e n $\varDelta\varphi$ der Wand, die sich leicht aus

$$\mathrm{tg}\,(\varphi + \varDelta\,\varphi) = \frac{d\,(r + \varDelta\,r)}{d\,(z + \varDelta\,z)} = \mathrm{tg}\,\varphi\,\frac{1 + \dfrac{d\,\varDelta\,r}{d\,r}}{1 + \dfrac{d\,\varDelta\,z}{d\,z}}$$

nach Auflösung der linken Seite sowie unter Vernachlässigung des Produktes kleiner Größen zu

$$\varDelta\,\varphi = \frac{\mathrm{tg}\,\varphi}{1 + \mathrm{tg}^2\,\varphi}\left(\frac{d\,\varDelta\,r}{d\,r} - \frac{d\,\varDelta\,z}{d\,z}\right) = \frac{\sin 2\,\varphi}{2}\left(\frac{d\,\varDelta\,r}{d\,r} - \frac{d\,\varDelta\,z}{d\,z}\right) \quad (4)$$

ergibt. Nach dieser Formel verschwindet die Winkeländerung für alle Wandstellen, welche mit $\varphi = 0$ bzw. π parallel zu der Achse verlaufen, oder die mit $\varphi = \pm\,\frac{\pi}{2}$ normal zu ihr stehen.

Das letztere trifft u. a. für eine einseitig belastete ebene Platte zu, deren Gleichgewicht indessen nach den Ausführungen im ersten Beispiel des § 3 auf unendliche Spannungen führen würde, womit dieser Fall überhaupt aus der Diskussion ausscheidet. Aber auch ein ursprünglich kreiszylindrisches Rohr kann nach Gl. (4) nur wieder in ein solches mit durchweg gleich gedehntem Radius übergehen, sich also nicht zwischen Versteifungsringen ausbauchen oder eindrücken, wie doch die Erfahrung zeigt. Der hierin liegende Widerspruch erklärt sich einfach aus der Tatsache, daß mit den vorstehenden Gl. (2) die Radialverschiebung Δr schon eindeutig durch die Spannungen bestimmt ist, welche ihrerseits sich nach den Formeln des § 3 aus der ursprünglichen Gefäßform ohne Rücksicht auf etwaige Grenzbedingungen, wie sie z. B. durch Versteifungs- und Auflageringe vorgeschrieben sind, berechnen. Zur Beseitigung dieses Widerspruches brauchen wir daher nur die Aufgabe umzukehren, d. h. aus den Gl. (6) und (8) § 3 mit Hilfe der obigen Formeln (2) die Spannungen zu eliminieren und an Stelle der Größen r und φ die der Formänderung entsprechenden $r + \Delta r$, $\varphi + \Delta\varphi$ einzuführen, wobei Potenzen und Produkte der kleinen Änderungen Δr und $\Delta\varphi$ vernachlässigt werden dürfen. Auf diese Weise erhalten wir schließlich für die Verschiebungen Δr und $\Delta\varphi$ bzw. Δz zwei Differentialgleichungen zweiter Ordnung, deren Integration allerdings im allgemeinen noch erheblich größeren Schwierigkeiten begegnet wie die Auswertung von (3b). Wir wollen uns darum hier mit der Anwendung des geschilderten Verfahrens auf den praktisch wichtigen Fall eines kreiszylindrischen Rohres von der Länge l, der Wandstärke h und dem ursprünglichen Radius r_0 beschränken, auf dessen Mantelfläche der innere Überdruck p lasten möge, während gleichzeitig in der Achsenrichtung eine Zugkraft P wirkt. Alsdann wird $r = r_0 + \Delta r$ und wir erhalten bei kleinem Δr mit hinreichender Genauigkeit für die beiden Krümmungen mit $\cos\varphi \sim 1$

$$\frac{1}{\varrho'} = \frac{1}{r_0 + \Delta r} = \frac{1}{r_0}\left(1 - \frac{\Delta r}{r_0}\right); \quad \frac{1}{\varrho''} = -\frac{d^2 r}{d z^2} = -\frac{d^2 \Delta r}{d z^2} \quad (5).$$

Andererseits bedingt die Zugkraft P eine Axialspannung

$$\sigma'' = \frac{P}{2\pi h r} = \frac{P}{2\pi h r_0}\left(1 - \frac{\Delta r}{r_0}\right) \quad . \quad . \quad . \quad (6).$$

während sich die Ringspannung mit Hilfe der Gl. (2) zu

$$\sigma' = E\frac{\Delta r}{r_0} + \frac{\sigma''}{\mu} = E\frac{\Delta r}{r_0} + \frac{P}{2\pi\mu h r_0}\left(1 - \frac{\Delta r}{r_0}\right) \quad . \quad (6a)$$

berechnet. Setzen wir alle diese Werte in die Gl. (2) des § 3, nämlich

$$\frac{\sigma'}{\varrho'} + \frac{\sigma''}{\varrho''} = \frac{p}{h} \quad . \; . \; . \; . \; . \; . \; . \; . \quad (7),$$

ein, so erhalten wir

$$\left[E\frac{\Delta r}{r_0^2} + \frac{P}{2\pi\mu h r_0^2}\left(1 - \frac{\Delta r}{r_0}\right)\right]\left(1 - \frac{\Delta r}{r_0}\right) - \\ - \frac{P}{2\pi h r_0}\frac{d^2 \Delta r}{d z^2}\left(1 - \frac{\Delta r_0}{r_0}\right) = \frac{p}{h}$$

oder nach Weglassung des Quadrates von Δr sowie seines Produktes mit $\frac{d^2 \Delta r}{d z^2}$

$$\frac{\Delta r}{r_0^2}\left(E - \frac{P}{\pi\mu h r_0}\right) - \frac{P}{2\pi h r_0}\frac{d^2 \Delta r}{d z^2} = \frac{p}{h} - \frac{P}{2\pi\mu h r_0^2}.$$

Aber auch hierin dürfen wir das zweite Glied der ersten Klammer, das mit $\mu > 2$ etwas kleiner als die Axialspannung ausfällt, gegenüber dem Elastizitätsmodul E unbedenklich vernachlässigen, womit sich unsere Formel in

$$E\frac{\Delta r}{r_0^2} - \frac{P}{2\pi h r_0}\frac{d^2 \Delta r}{d z^2} = \frac{p}{h} - \frac{P}{2\pi\mu h r_0^2}$$

oder in

$$\frac{d^2 \Delta r}{d z^2} - \frac{2\pi E h}{P r_0}\Delta r = \frac{1}{\mu r_0} - \frac{2\pi r_0 p}{P} \quad . \; . \; . \quad (8)$$

vereinfacht. Dies ist schon die gesuchte D i f f e r e n t i a l - g l e i c h u n g f ü r d i e R a d i a l d e h n u n g unseres Zylinders, während wir die axialen Verschiebungen überhaupt als unerheblich vernachlässigen dürfen. Mit den Abkürzungen

$$\frac{2\pi E h}{P r_0} = \alpha^2, \quad \frac{1}{\mu r_0} - \frac{2\pi r_0 p}{P} = b \quad . \; . \; . \quad (9)$$

lautet unsere Formel

$$\frac{d^2 \Delta r}{d z^2} = \alpha^2 \Delta r + b = \alpha^2\left(\Delta r + \frac{b}{\alpha^2}\right) \quad . \; . \; . \quad (8a)$$

und ergibt das allgemeine Integral

$$\Delta r + \frac{b}{\alpha^2} = A e^{\alpha z} + B e^{-\alpha z} \quad . \; . \; . \; . \quad (10),$$

dessen willkürliche Konstanten A und B sich aus den Grenzbedingungen bestimmen. Setzen wir z. B. fest, daß infolge des Vorhandenseins praktisch starrer Versteifungsringe an den Zylinderenden, Fig. 21, dort, also für $z = 0$ und $z = l$ keine Radialdehnungen möglich sind, so ergeben sich die beiden Bedingungsgleichungen

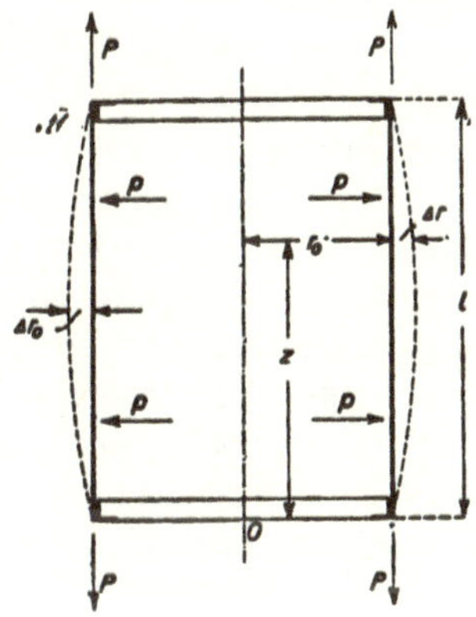

Fig. 21.

$$A + B = \frac{b}{\alpha^2}, \quad A e^{\alpha l} + B e^{-\alpha l} = \frac{b}{\alpha^2},$$

aus denen

$$\left.\begin{aligned} A &= \frac{b}{\alpha^2} \frac{1 - e^{-\alpha l}}{e^{\alpha l} - e^{-\alpha l}} \\ B &= \frac{b}{\alpha^2} \frac{e^{\alpha l} - 1}{e^{\alpha l} - e^{-\alpha l}} \end{aligned}\right\} \quad \ldots \quad (10\,\text{a})$$

folgt. Damit aber wird die Ausbauchung Δr unseres Zylinders

$$\Delta r = \frac{b}{\alpha^2}\left(\frac{(1 - e^{-\alpha l})\, e^{\alpha z} + (e^{\alpha l} - 1)\, e^{-\alpha z}}{e^{\alpha l} - e^{-\alpha l}} - 1\right) \quad . \quad (11)$$

mit einem durch Verschwinden der Ableitung $d\Delta r : dz$ für $z = \frac{l}{2}$ folgenden Höchstwerte

$$\Delta r_0 = \frac{b}{\alpha^2}\left(\frac{2}{e^{\frac{\alpha l}{2}} + e^{-\frac{\alpha l}{2}}} - 1\right) \quad \ldots \ldots \quad (11\text{a}),$$

der, wie man leicht feststellen kann, das entgegengesetzte Vorzeichen von $b : \alpha^2$ besitzt. Wegen (9) wird daher

$$\Delta r \gtrless 0 \text{ für } p \gtrless \frac{P}{2 \mu \pi r_0^2} \quad \ldots \ldots \quad (11\text{b}),$$

und der Zylinder erleidet gar keine Formänderung für $b = 0$, d. h. wenn

$$p = \frac{P}{2 \pi \mu r_0^2} \quad \ldots \ldots \ldots \quad (11\text{c}),$$

während er bei kleinerem Innendruck oder äußerem Überdruck nach innen eingebaucht wird. Dies entspricht der Formänderung eines zylindrischen Kesselflammrohres. Sind die Versteifungsringe, wie beim Kessel selbst, mit Deckeln versehen, auf denen wiederum der Innendruck p lastet, so wird mit $P = \pi r_0^2 p$ die größte Ausbauchung

$$\Delta r_0 = \frac{p r_0^2}{E h}\left(1 - \frac{1}{2\mu}\right)\left(1 - \frac{2}{e^{\frac{\alpha l}{2}} + e^{-\frac{\alpha l}{2}}}\right) \quad . \quad . \quad (11\,\mathrm{d}).$$

Dies trifft auch noch zu für den Fall, daß unser Rohrstück mit Flanschen an den Enden den Bestandteil einer längeren Leitung bildet, in der der Druck p herrscht. Infolge des vorausgesetzten Wegfalles von Schubspannungen in der Radialrichtung können natürlich weder die Versteifungsringe, noch die Flanschen Winkeländerungen der Mantelgeraden verhindern.

Haben wir es dagegen an Stelle der Zugkraft P mit einem Drucke in der Achsenrichtung zu tun, so wird in unseren Formeln wegen des negativen Vorzeichens von P auch $a^2 < 0$ und damit a imaginär. Anstatt nun mit Hilfe des Moivreschen Lehrsatzes die Exponentialfunktion in trigonometrische umzuwandeln, wollen wir der besseren Übersicht wegen für diesen Fall nach Änderung des Vorzeichens von P für Gl. (8)

$$\frac{d^2 \Delta r}{d z^2} + \frac{2\pi E h}{P r_0} \Delta r = \frac{1}{\mu r_0} + \frac{2\pi r_0 p}{P} \quad . \quad . \quad (12)$$

oder mit den Abkürzungen

$$\frac{2\pi E h}{P r_0} = a^2, \quad \frac{1}{\mu r_0} + \frac{2\pi r_0 p}{P} = b \quad . \quad . \quad . \quad (13)$$

$$\frac{d^2 \Delta r}{d z^2} + a^2\left(\Delta r - \frac{b}{a^2}\right) = 0 \quad . \quad . \quad . \quad . \quad (12\,\mathrm{a})$$

schreiben. Das allgemeine Integral dieser Differentialgleichung lautet

$$\Delta r - \frac{b}{a^2} = A' \cos a z + B' \sin a z \quad . \quad . \quad . \quad (14),$$

worin die willkürlichen Konstanten A' und B' wieder durch die Grenzbedingungen gegeben sind. Verlangen wir, wie oben, daß $\Delta r = 0$ für $z = 0$ und $z = l$ sei, so folgt

$$\left.\begin{aligned} A' &= -\frac{b}{a^2}, \quad A' \cos a l + B' \sin a l = -\frac{b}{a^2}, \\ B' &= \frac{b}{a^2}\,\frac{\cos a l - 1}{\sin a l} = -\frac{b}{a^2} \operatorname{tg} \frac{a l}{2} \end{aligned}\right\} \quad . \quad (14\,\mathrm{a})$$

also (siehe zweite Zeile)

und damit

$$\Delta r = \frac{b}{a^2}\left(1 - \operatorname{tg}\frac{a l}{2} \sin a z - \cos a z\right) \quad . \quad . \quad . \quad (15).$$

Dieser Ausdruck wird mit $\operatorname{tg}\frac{a l}{2}$ unendlich groß, wenn mit einer ganzen positiven Zahl k

$$a l = (2 k - 1) \pi \quad \ldots \ldots \quad (16)$$

d. h. gleich einem ungeraden Vielfachen von π wird. Die zugehörigen Druckkräfte P_k, die sich daraus mit (13) zu

$$P_k = \frac{2 E h l^2}{(2 k - 1)^2 \pi r_0} \quad \ldots \ldots \quad (16a),$$

berechnen, werden daher den Zylinder unabhängig von einem äußeren oder inneren Überdruck zerstören, und sollen darum seine Bruchlasten genannt werden.

Schreibt man weiterhin Gl. (15) in der Form

$$\Delta r = \frac{2 b}{a^2} \sin \frac{a z}{2} \left(\sin \frac{a z}{2} - \operatorname{tg} \frac{a l}{2} \cos \frac{a z}{2} \right) \quad \ldots \quad (15a),$$

so erkennt man, daß $\Delta r = 0$ wird für

$$\sin \frac{a z}{2} = 0 \text{ oder } \quad z' = 0, \; \frac{2\pi}{a} \ldots \ldots \ldots \frac{2 k \pi}{a}$$

$$\operatorname{tg} \frac{a z}{2} = \operatorname{tg} \frac{a l}{2} \text{ oder } z'' = l, \; l - \frac{2\pi}{a} \ldots \ldots l - \frac{2 k \pi}{a}.$$

Die hierdurch festgelegten Punkte auf dem Zylindermantel haben dann den Abstand einer vollen Wellenlänge, wenn in ihnen die Ableitung von (15), also

$$\frac{d \Delta r}{d z} = \frac{b}{a} \left(\sin a z - \operatorname{tg} \frac{a l}{2} \cos a z \right)$$

übereinstimmende Werte besitzt. Es muß also nach Einsetzen von $a z = 2 k \pi$ und $a z = a l - 2 k \pi$

$$- \operatorname{tg} \frac{a l}{2} = - \operatorname{tg} \frac{a l}{2} \cos a l + \sin a l$$

oder

$$a l = 2 k \pi, \; \operatorname{tg} \frac{a l}{2} = 0 \quad \ldots \ldots \quad (17)$$

sein, wodurch sich (15) in

$$\Delta r = \frac{b}{a^2} (1 - \cos a z) = \frac{2 b}{a^2} \sin^2 \frac{a z}{2} \quad \ldots \quad (15b)$$

vereinfacht. Durch Verbindung von (17) mit (13) erhalten wir sodann die Druckkräfte

$$P_k' = \frac{E h l^2}{2 k^2 \pi r_0} \quad . \quad . \quad . \quad . \quad . \quad . \quad . \quad (17\text{a}),$$

welche die durch (15b) definierte Wellenform Fig. 22 des Zylindermantels hervorrufen und darum als seine Wellenlasten bezeichnet werden sollen.

Aus dem Vergleich von (16a) und (17a) erhellt sodann, daß die Wellenlast niemals mit der Bruchlast übereinstimmt, sondern daß je eine Last der einen Art mit einer der anderen bei fortschreitendem k abwechselt, während dazwischenliegende Lasten, die weder der Gl. (16a) noch (17a) genügen, überhaupt keine Formänderung des Zylinders bedingen.

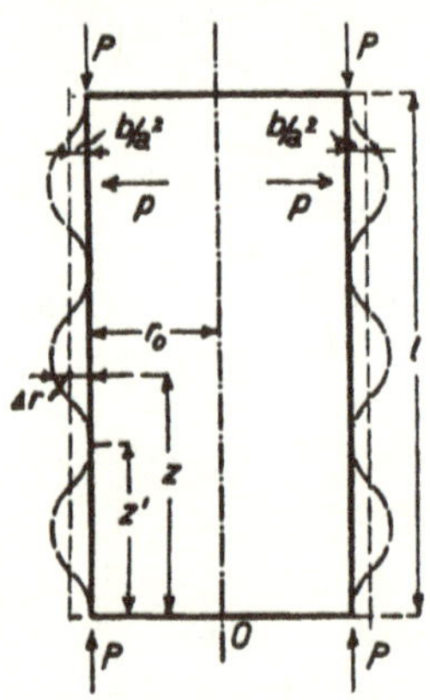

Fig. 22.

Das Vorzeichen der Ausbauchung der Wellen hängt nach (15b) lediglich von demjenigen von b ab, es kann nach (13) nur negativ werden für $p < 0$, d. h. wenn der Zylinder unter äußerem Überdruck steht. Haben wir es z. B. mit einem beidseitig durch starre Böden geschlossenen Zylinder unter äußerem Überdruck zu tun, so wird mit $P = \pi\, r_0^2 p$ aus (13)

$$a^2 = \frac{2 E h}{p r_0^3}, \; b = \frac{1}{\mu r_0} - \frac{2}{r_0} = \frac{1 - 2\mu}{\mu r_0} < 0 \quad . \quad . \quad (13\text{a}).$$

Infolge des negativen Vorzeichens von b erfährt der Zylinder lediglich Einbauchungen, die nach (15b) wellenartig verlaufen für Drücke

$$p_k' = \frac{E h l^2}{2 k^2 \pi^2 r_0^3} \quad . \quad . \quad . \quad . \quad . \quad . \quad . \quad (17\text{b})$$

analog Gl. (17a) und zum Bruche führen, wenn nach (16a)

$$p_k = \frac{2 E h l^2}{(2k-1)^2 \pi^2 r_0^3} \quad . \quad . \quad . \quad . \quad . \quad . \quad (16\text{b})$$

wird.

Die vorstehend ermittelten Wellenformen sind natürlich an die Gültigkeit des Hookeschen Gesetzes geknüpft, welches für jedes Material an eine obere Grenze der Spannungen (6) und (7) bzw. der Dehnungen gebunden ist. Setzen wir den Ausdruck (17a) in diese Formeln ein und beachten, daß nach (15b) die größte Ausbauchung

$$\Delta r_0 = \frac{2b}{a^2} = \frac{P}{\pi \mu E h} + \frac{2 r_0^2 p}{E h} \quad . \quad . \quad . \quad (15\,c)$$

ist, so folgt für die gesuchten Spannungen mit $r \sim r_0$

$$\sigma'' = \frac{E l^2}{4 k^2 \pi^2 r_0^2}, \quad \sigma' = \frac{3}{4} \frac{E l^2}{k^2 \pi^2 \mu r_0^2} + 2 p \frac{r_0}{h} \quad . \quad (18).$$

Hiernach können nur ziemlich große Werte von k für die Entstehung elastischer Wellenformen in Frage kommen. Dann aber unterscheidet sich $2k$ nur wenig von $2k-1$, so daß also die Bruchlasten dicht neben den Wellenlasten liegen. Es heißt dies nichts anderes, als daß man bei derartigen Druckproben fast sofort bleibende Wellenformen erhält, die zuerst von Lilly beobachtet und (Engineering, 10. Januar 1908) beschrieben wurden.

Wird die radiale Verschiebung an den beiden Zylinderenden im Gegensatz zu den Bedingungen (14a) nicht verhindert, so treten unter sonst gleichen Verhältnissen Faltungen in der Wand, also Abweichungen von der Achsensymmetrie auf, die nicht mehr aus unserer Grundformel (8) abgeleitet werden können. Begnügt man sich indessen mit der Untersuchung kleiner Abweichungen des Zylinderquerschnitts von der Kreisringform, so darf unter Einführung des Drehwinkels χ des Fahrstrahls gegen seine Anfangslage in der bekannten Formel für die Krümmung

$$\frac{1}{\varrho'} = \frac{r^2 + 2\left(\frac{dr}{d\chi}\right)^2 - r \frac{d^2 r}{d\chi^2}}{\left[r^2 + \left(\frac{dr}{d\chi}\right)^2\right]^{\frac{3}{2}}}.$$

das Quadrat der Ableitung $dr : d\chi$ vernachlässigt und angenähert

$$\frac{1}{\varrho'} = \frac{1}{r} - \frac{1}{r^2} \frac{d^2 r}{d\chi^2}$$

geschrieben werden. Setzen wir hierin, wie oben, $r = r_0 + \varDelta r$, so wird daraus hinreichend genau

$$\frac{1}{\varrho'} = \frac{1}{r_0} - \frac{\varDelta r}{r_0^2} - \frac{1}{r_0^2}\frac{\partial^2 \varDelta r}{\partial \chi^2} \quad . \quad . \quad . \quad . \quad (19),$$

worin wir sogleich die Zeichen für die partielle Ableitung einführen, da ja $\varDelta r$ außerdem noch mit z derart variiert, daß nach (5) $1 : \varrho'' = -\frac{\partial^2 \varDelta r}{\partial z^2}$ ist. Dies liefert mit den Spannungsgleichungen (6) und (6a), die auch bei kleinen Faltungen noch gültig bleiben, in der Formel (7) unter Vernachlässigung von $P : \pi\mu h r_0$ gegen den Elastizitätsmodul E für eine axiale Druckkraft P[1])

$$E\frac{\varDelta r}{r_0^2} + \frac{P}{2\pi\mu h r_0^3}\frac{\partial^2 \varDelta r}{\partial \chi^2} + \frac{P}{2\pi h r_0}\frac{\partial^2 \varDelta r}{\partial z^2} = \frac{p}{h} + \frac{P}{2\pi\mu h r_0^2}$$

oder

$$\frac{2\pi E h}{P r_0}\varDelta r + \frac{\partial^2 \varDelta r}{\partial z^2} + \frac{1}{\mu r_0^2}\frac{\partial^2 \varDelta r}{\partial \chi^2} = \frac{2\pi r_0 p}{P} + \frac{1}{\mu r_0} \quad (20).$$

Diese Gleichung geht ersichtlich mit dem Verschwinden der die Faltung bedingenden Ableitung $\frac{\partial^2 \varDelta r}{\partial \chi^2}$ in (12) über. Da dieses Glied überdies mit dem Quotienten μ behaftet ist, so erkennt man, daß der Eintritt der Faltung des Zylinders allein durch die Querkontraktion bedingt ist. Benutzt man wieder die Abkürzungen (13), so schreibt sich (20) auch

$$\frac{\partial^2 \varDelta r}{\partial z^2} + \frac{1}{\mu r_0^2}\frac{\partial^2 \varDelta r}{\partial \chi^2} + \alpha^2\left(\varDelta r - \frac{b}{\alpha^2}\right) = 0 \quad . \quad . \quad (20\text{a}).$$

Setzen wir nunmehr hierin mit je einer reinen Funktion X von χ und Z von z probeweise

$$\varDelta r - \frac{b}{\alpha^2} = X + Z \quad . \quad . \quad . \quad . \quad . \quad . \quad (21),$$

so folgt aus (20a)

$$\frac{d^2 Z}{d z^2} + \frac{1}{\mu r_0^2}\frac{d^2 X}{d \chi^2} + \alpha^2 (X + Z) = 0.$$

[1]) Führt man die Rechnung für positive P, also Zugkräfte durch, so ergibt sich, daß die Faltung damit unverträglich ist.

Diese Formel zerfällt aber mit einer Konstanten a in die beiden

$$\frac{d^2 Z}{d z^2} + \alpha^2 (Z + a) = 0, \qquad \frac{1}{\mu r_0^2} \frac{d^2 X}{d \chi^2} + \alpha^2 (X - a) = 0$$

mit den Lösungen

$$Z + a = A \cos \alpha z + B \sin \alpha z$$

$$X - a = C \cos \alpha r_0 \chi \sqrt{\mu} + D \sin \alpha r_0 \chi \sqrt{\mu},$$

womit (21) übergeht in

$$\Delta r - \frac{b}{\alpha^2} = A \cos \alpha z + B \sin \alpha z + C \cos \alpha r_0 \chi \sqrt{\mu} + \\ + D \sin \alpha r_0 \chi \sqrt{\mu} \quad . \quad . \quad (21\,\mathrm{a}).$$

Hierin entfallen die ersten beiden Glieder rechts auf die Ausbauchung, die letzten beiden auf die Faltung des Zylinders, die sich nach unserem Ansatz (21) einfach überlagern. Gehen wir in einem Querschnitt, d. h. für $z =$ konst., um den deformierten Zylinder herum, ändern also χ um 2π, so erreichen wir wieder den Anfangspunkt. Es muß mithin der auf die Faltung kommende Betrag der Deformation für $\chi = 0$ und $\chi = 2\pi$ denselben Wert besitzen. Setzen wir also hierfür

$$\Delta r - \frac{b}{\alpha^2} = A \cos \alpha z + B \sin \alpha z,$$

so ist $C = 0$ und $\sin \alpha r_0 2\pi \sqrt{\mu} = 0$ oder mit einer ganzen Zahl k

$$\alpha r_0 2\pi \sqrt{\mu} = k\pi, \qquad \alpha = \frac{k}{2 r_0 \sqrt{\mu}} \quad . \quad . \quad . \quad (22).$$

Daraus folgt aber mit (13) für die zugehörigen Druckkräfte

$$P_k = \frac{8\pi \mu E h r_0}{k^2} \quad . \quad . \quad . \quad . \quad . \quad . \quad (22\,\mathrm{a}).$$

Diese Faltungslasten kommen indessen nur dann zur Wirkung, wenn man die Formänderung an den Enden $z = 0$, $z = l$ nicht unterdrückt, was, wie man leicht erkennt, ein Verschwinden des Koeffizienten D zur Folge hätte. In Fig. 23 ist die Änderung der Querschnittsform längs des ganzen Zylinders für $k = 3$ dargestellt.

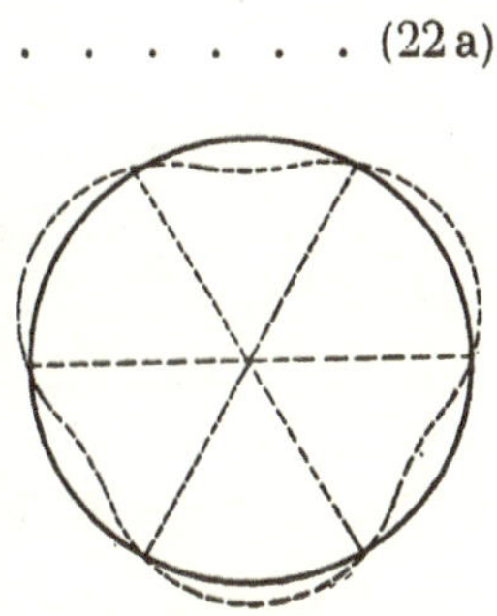

Fig. 23.

Setzen wir dagegen an Stelle von (21)

$$\Delta r - \frac{b}{a^2} = X \cdot Z \quad . \quad . \quad . \quad . \quad . \quad . \quad (23)$$

in (20a) ein, so wird daraus nach Division mit XZ

$$\frac{1}{Z}\frac{d^2 Z}{d z^2} + \frac{1}{\mu r_0^2}\frac{1}{X}\frac{d^2 X}{d \chi^2} + a^2 = 0.$$

Diese Formel zerfällt mit einer Konstanten $\varkappa^2$ in die beiden Gleichungen

$$\frac{d^2 Z}{d z^2} + (a^2 - \varkappa^2) Z = 0, \qquad \frac{1}{\mu r_0^2}\frac{d^2 X}{d \chi^2} + \varkappa^2 X = 0$$

mit den Lösungen

$$Z = A \cos z \sqrt{a^2 - \varkappa^2} + B \sin z \sqrt{a^2 - \varkappa^2}$$
$$X = C \cos \varkappa r_0 \chi \sqrt{\mu} + D \sin \varkappa r_0 \chi \sqrt{\mu},$$

so daß (23) übergeht in

$$\Delta r - \frac{b}{a^2} = (A \cos z \sqrt{a^2 - \varkappa^2} +$$
$$+ B \sin z \sqrt{a^2 - \varkappa^2})(C \cos \varkappa r_0 \chi \sqrt{\mu} + D \sin \varkappa r_0 \chi \sqrt{\mu}) \quad (23\text{a}).$$

Diese Formel ist unerfüllbar, wenn wir für irgendeinen Querschnitt die Auslenkung Δr total unterdrücken. Verlangen wir dagegen, daß für $z = 0$ und $z = l$ $\Delta r = \frac{b}{a^2}$ wird, so verschwindet A und es wird $\sin l \sqrt{a^2 - \varkappa^2} = 0$, also mit einer ganzen Zahl k_1

$$l \sqrt{a^2 - \varkappa^2} = k_1 \pi, \qquad a^2 = \varkappa^2 + \frac{k_1^2 \pi^2}{l^2} \quad . \quad . \quad (24).$$

Soll weiterhin an irgendeinem Querschnitt $\Delta r = \frac{b}{a^2}$ für $\chi = 0$ und $\chi = 2\pi$ sein, so verschwindet auch noch die Konstante C und es wird $\sin \varkappa r_0 2\pi \sqrt{\mu} = 0$, oder mit einer zweiten ganzen Zahl k_2

$$2\pi \varkappa r_0 \sqrt{\mu} = k_2 \pi, \qquad \varkappa = \frac{k_2}{2 r_0 \sqrt{\mu}} \quad . \quad . \quad . \quad (24\text{a})$$

oder in Verbindung mit (24)

$$a^2 = \frac{k_1^2 \pi^2}{l^2} + \frac{k_2^2}{4 r_0^2 \mu} \quad . \quad . \quad . \quad . \quad . \quad (25).$$

Daraus folgt mit (13) die zugehörige Belastung

$$P = \frac{2\pi E h}{r_0\left(\frac{k_1^2\pi^2}{l^2} + \frac{k_2^2}{4r_0^2\mu}\right)} \quad \ldots \ldots (25\,a),$$

der mit $BD = B_0$ eine Formänderung des Zylinders

$$\Delta r = \frac{b}{a^2} + B_0 \sin k_1 \pi \frac{z}{l} \sin k_2 \chi \quad . (25\,b)$$

entspricht, die infolge der Willkür in der Wahl der beiden Zahlen k_1 und k_2 überaus mannigfaltig ausfallen kann. Für $k_1 = k_2 = 2$ erhalten wir z. B. die in Fig. 24 dargestellte Form mit stark übertriebenen Ausbeulungen und Faltungen, wie solche sich nach Überschreiten der Elastizitätsgrenze in der Tat ausbilden.

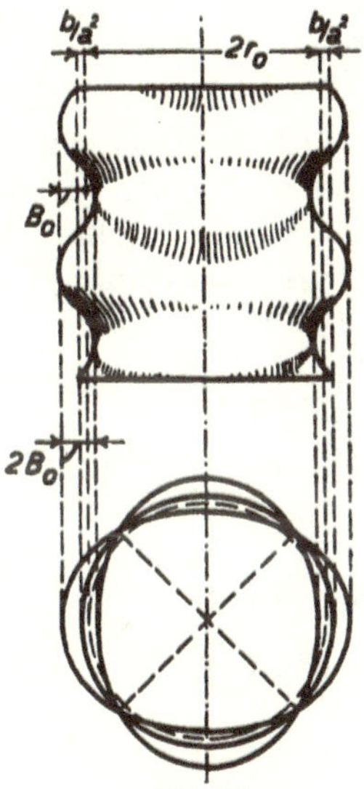

Fig. 24.

Da die Ordnungszahlen k_1 und k_2 in Gl. (25a), wie schon oben in den Formeln (16a) und (17a), im Nenner auftreten, so ergeben sich mit steigendem k beliebig kleine Knicklasten, d. h. theoretisch eine totale Widerstandsunfähigkeit der betrachteten Rohre gegen axialen Druck, die offenbar in der Vernachlässigung der radialen Schubspannungskomponenten im Wandmaterial begründet ist.

§ 5. Elastische Längsschwingungen eines Stabes.

Schwingungen eines Stabes mit vernachlässigbarer Eigenmasse gegenüber einer Zusatzmasse, Schwingungsdauer, stoßweise Stabbelastung. Allgemeine Theorie der Längsschwingung eines Stabes; statische und dynamische Dehnung. Schallgeschwindigkeit des Stabmaterials. Verteilung der Dehnungen längs des Stabes; stehende Schwingungen. Spezialfälle der vernachlässigbaren Stabmasse und der freien Stabschwingung ohne Zusatzmasse.

Die bisherigen Untersuchungen betrafen ausnahmslos elastische Körper, deren Einzelelemente unter der Wirkung der an ihnen angreifenden äußeren Kräfte und der dadurch geweckten Spannungen gerade im Gleichgewichte verharrten. Überwiegt dagegen die nach irgendeiner Richtung genommene Komponente der äußeren Resultante die gleichgerichtete elastische Spannkraft, so treten Beschleunigungen auf, mit deren Folgeerscheinungen wir uns noch etwas beschäftigen wollen.

Dabei gehen wir von dem einfachen Falle eines geraden zylindrischen Stabes aus, der an einem Ende festgehalten wird, während er am anderen eine Masse m_0 trägt, gegen welche seine Eigenmasse m vernachlässigt werden darf, Fig. 25. Greift nun in der Stabrichtung selbst an dieser Masse eine äußere Kraft P an, so wird diese einerseits die Masse beschleunigen, andererseits aber den Stab um den Betrag $\Delta l = \xi_0$ derart dehnen, daß mit dem Elastizitätsmodul E, dem konstanten Stabquerschnitt F und der Stablänge l die Gleichung

$$P = m_0 \frac{d^2 \xi_0}{d t^2} + \frac{E F}{l} \xi_0 \quad . \; . \quad (1)$$

besteht. Ist im Sonderfalle die Kraft P konstant, und zwar bei vertikaler Aufhängung des Stabes identisch mit dem Gewicht $G = m_0 g$ der Zusatzmasse, so erhalten wir aus (1) nach Division mit m_0

$$\frac{d^2 \xi_0}{d t^2} + \frac{E F}{l m_0} \xi_0 = g \quad . \; . \; . \quad (1\,\mathrm{a})$$

oder mit der Abkürzung

$$\frac{E F}{l m_0} = a_0^2 \quad . \; . \; . \; . \quad (2)$$

$$\frac{d^2 \xi_0}{d t^2} = - a_0^2 \left(\xi_0 - \frac{g}{a^2}\right) \quad . \; . \quad (1\,\mathrm{b}).$$

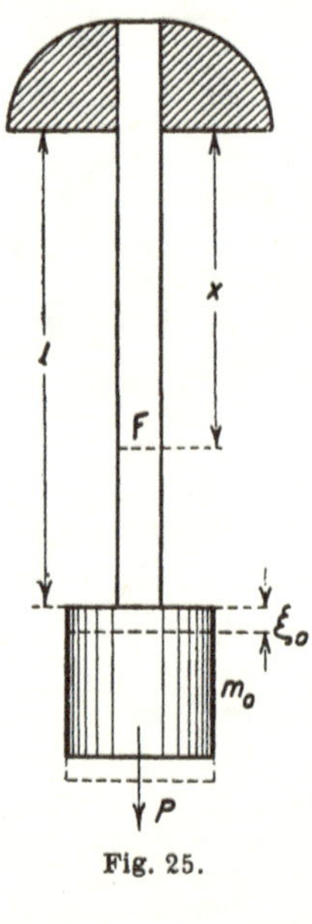

Fig. 25.

Diese mit Gl. (12a) § 4 formell übereinstimmende Differentialgleichung besitzt nun das allgemeine Integral

$$\xi_0 - \frac{g}{a_0^2} = A \cos a_0 t + B \sin a_0 t \quad (3),$$

dessen willkürliche Konstanten durch die in unserer Hand liegenden Anfangsbedingungen gegeben sind. Schreiben wir z. B. vor, daß zu Beginn der Zeitrechnung, also für $t = 0$, noch keine Verlängerung ξ_0 besteht, so folgt aus (3)

$$A = - \frac{g}{a_0^2}.$$

Soll weiterhin in diesem Zeitpunkte die Masse m_0 die Anfangsgeschwindigkeit c besitzen, so erhalten wir durch Differentiation von (3)

$$\left(\frac{d\xi_0}{dt}\right)_0 = c = B\alpha_0.$$

Damit aber lautet unser Integral

$$\xi_0 = \frac{g}{\alpha_0^2}(1 - \cos\alpha_0 t) + \frac{c}{\alpha_0}\sin\alpha_0 t \quad . \quad . \quad . \quad (3\mathrm{a})$$

und stellt eine Schwingung der am unteren Stabende befindlichen Masse m_0 mit der Periode

$$t_0 = \frac{2\pi}{\alpha_0} = 2\pi\sqrt{\frac{l\,m_0}{EF}} \quad . \quad . \quad . \quad . \quad . \quad . \quad (4)$$

dar. Die Gl. (3a) behält natürlich ihre Geltung für den Fall, daß die Masse m_0 erst im Zeitpunkte $t = 0$ mit dem Stabe in Verbindung tritt, wenn sie nur in der Folge diese Verbindung behält. Alsdann aber haben wir es mit einem Stoßvorgang zu tun, der am bequemsten in einem sog. Fallwerke studiert wird. In einem solchen läßt man das ganze System, d. h. den Stab mit seiner oberen Einspannvorrichtung und der am Stab hängenden Masse m_0 von einer bestimmten Höhe h herabstürzen und die mit einem kräftigen Klotz verbundene Einspannvorrichtung aufschlagen, wodurch sie plötzlich ihre Geschwindigkeit verliert, während die Masse m_0 sich mit der Anfangsgeschwindigkeit

$$c = \sqrt{2gh} \quad . \quad . \quad . \quad . \quad . \quad . \quad . \quad . \quad (5)$$

nach Gl. (3a) weiter bewegt und den Stab in Schwingungen versetzt. Nach Ablauf der halben Schwingungsdauer hat das Stabende und damit die Masse m_0 die Geschwindigkeit $-c$ erreicht. Sind beide, wie beim Stoße, nicht fest verbunden, so wird in diesem Augenblicke die Masse sich vom Stabende wieder trennen, da die Geschwindigkeit des letzteren absolut rascher abnimmt, als die der zurückprallenden Masse. Daraus geht hervor, daß die halbe Schwingungsdauer die wohl auch als Stoßdauer angesprochene Zeit der Berührung beider Körper darstellt. Außerdem erkennen wir, daß infolge dieses elastischen Stoßes die kinetische Energie der Masse m_0 keine Einbuße erleidet, während wir diejenige des Stabes überhaupt vernachlässigt haben.

Auf dieser Erhaltung der kinetischen Energie beruht aber die in der Dynamik starrer Körper[1]) behandelte mechanische Theorie des elastischen Stoßes, die somit durch unsere Darlegung ihre näherungsweise Bestätigung findet. Die genauere Theorie mit Rücksicht auf die Bewegung der einzelnen Stabschichten, die von F. Neumann und De St. Vénant[2]) aufgestellt wurde, gestaltet sich dagegen so verwickelt, daß wir von ihrer Wiedergabe angesichts der geringen praktischen Bedeutung absehen müssen.

Die beiden Grenzlagen der Schwingungen unseres Stabes ergeben sich aus (3a) mit $\frac{d\xi_0}{dt} = 0$ zu

$$\xi_{12} = \frac{g}{a_0^2} \pm \sqrt{A^2 + B^2} = \frac{g}{a_0^2} \pm \sqrt{\frac{g^2}{a_0^4} + \frac{c^2}{a_0^2}} \quad . \quad (3b),$$

während der mittlere Ausschlag

$$\xi_m = \frac{\xi_1 + \xi_2}{2} = \frac{g}{a_0^2} = \frac{l m_0 g}{EF} \quad . \quad . \quad . \quad . \quad (3c)$$

mit der statischen Dehnung des Stabes durch die Last $m_0 g$ übereinstimmt. Dabei ist natürlich vorausgesetzt, daß der ganze Vorgang sich im Gültigkeitsbereiche des Hookeschen Gesetzes abspielt, d. h. daß die aus (3b) mit dem positiven Vorzeichen zu entnehmende Verlängerung noch unterhalb der Elastizitätsgrenze bleibt. Dann aber liefert die Beobachtung der Schwingungsdauer (4) eine sehr zuverlässige Bestimmung des Elastizitätsmoduls.

Ist schließlich die Anfangsgeschwindigkeit der Zusatzmasse $c = 0$, so wird nach (3b)

$$\xi_1 = \frac{2g}{a_0^2} = \frac{2 l m_0 g}{EF} = 2\xi_m, \ \xi_2 = 0 \quad . \quad . \quad . \quad (3d),$$

entsprechend einer plötzlichen Belastung des Stabes durch das Gewicht $m_0 g$, die somit eine doppelt so große, allerdings nur vorüber-

---

[1]) Vgl. Lorenz, Techn. Mechanik starrer Systeme. München 1902. S. 407 ff.

[2]) Vgl. Love, Lehrbuch der Elastizität (deutsch von Timpe). Leipzig 1907. S. 494 ff.

gehende Dehnung hervorruft wie eine gleich große, aber stetig von Null an zunehmende Kraft.

Die vorstehenden Ausführungen verlieren ihre Gültigkeit, wenn die Stabmasse m nicht mehr gegen die Zusatzmasse m_0 vernachlässigt werden darf, oder wenn z. B. nach plötzlicher Entlastung der Stab sich selbst überlassen bleibt.

In diesem Falle zerlegen wir am einfachsten die axiale Verschiebung ξ des Querschnitts im Abstande x von der Befestigungsstelle (Fig. 25) in zwei Teile ξ' und ξ'', von denen die erstere, durch die statische Belastung allein bedingte nur von x abhängt, während die letztere von der Bewegung herrührt und daher sowohl mit der Lage x als auch mit der Zeit t variiert. Durch die totale Verschiebung ξ erfährt nun ein Stabelement Fig. 26 von der axialen Länge dx eine Verlängerung um $\frac{\partial \xi}{\partial x} dx$, mithin eine Dehnung $\varepsilon = \frac{\partial \xi}{\partial x}$, der nach dem Hookeschen Gesetze die Spannung

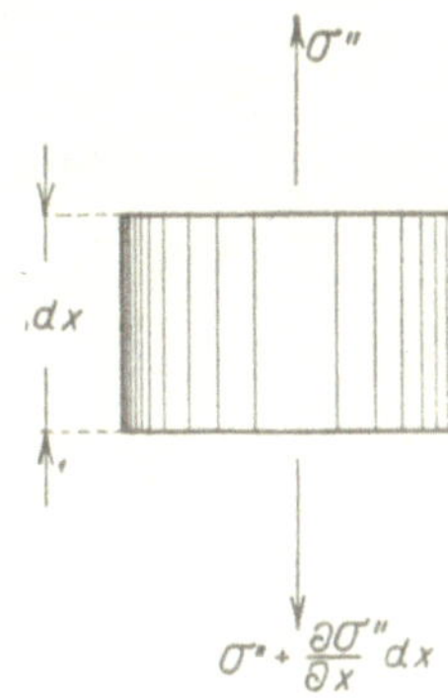

Fig. 26.

$$\sigma = E\varepsilon = E\frac{\partial \xi}{\partial x} = E\left(\frac{\partial \xi'}{\partial x} + \frac{\partial \xi''}{\partial x}\right) \quad . \; . \; . \quad (6)$$

zugehört. Daraus folgt aber, daß dem Zerfall der Verlängerung in zwei Bestandteile auch ein solcher der Spannung entspricht, deren statischer Teil σ' mit dem Querschnitt F multipliziert nichts weiter als das Gesamtgewicht der unterhalb des Querschnitts befindlichen Massen darstellt, so zwar, daß nach Fig. 25

$$F\sigma' = \gamma F(l - x) + m_0 g \quad . \; . \; . \; . \; . \quad (7)$$

und nach (6)

$$E\frac{\partial \xi'}{\partial x} = \gamma(l - x) + \frac{m_0 g}{F} \quad . \; . \; . \; . \; . \quad (7\text{a})$$

ist, woraus durch Integration über x allein (da ξ' nicht von t abhängt)

$$\xi' = \frac{\gamma}{E}x\left(l - \frac{x}{2}\right) + \frac{m_0 g}{EF}x \quad . \; . \; . \; . \; . \quad (7\text{b})$$

hervorgeht und zwar unter Wegfall einer Konstanten, da für die Einspannstelle $x = 0$ die Verschiebung ξ' verschwinden muß.

Zur Ermittlung der dynamischen Verschiebung ξ'' brauchen wir nunmehr auf die statische Belastung gar keine Rücksicht zu nehmen und nur zu beachten, daß die zugehörige Spannung σ'' an der Stelle x sich beim Fortschreiten um dx auf $\sigma'' + \frac{\partial \sigma''}{\partial x} dx$ derart erhöht, daß der Kraftüberschuß $F \frac{\partial \sigma''}{\partial x} dx$ zur Beschleunigung $\frac{dw}{dt}$ der Masse dm des Stabelementes dient. Wir erhalten mithin die Gleichung

$$F \frac{\partial \sigma''}{\partial x} dx = \frac{dw}{dt} dm \quad . \quad . \quad . \quad . \quad . \quad . \quad (8),$$

worin

$$w = \frac{d\xi''}{dt} \quad . \quad . \quad . \quad . \quad . \quad . \quad . \quad . \quad (9)$$

die augenblickliche axiale Geschwindigkeit des Elementes von der Masse

$$dm = \frac{\gamma}{g} F\, dx \quad . \quad . \quad . \quad . \quad . \quad . \quad . \quad . \quad (10)$$

bedeutet, durch deren Einführung sich (8) unter Wegheben des Produktes Fdx in

$$\frac{\partial \sigma''}{\partial x} = \frac{\gamma}{g} \frac{dw}{dt} \quad . \quad . \quad . \quad . \quad . \quad . \quad . \quad . \quad (8a)$$

vereinfacht. Die ebenso wie ξ'' von den beiden Veränderlichen x und t abhängige Geschwindigkeit $w = f(t, x)$ erleidet nun im Zeitelemente dt eine Änderung

$$dw = f(t + dt,\ x + w\, dt) - f(t, x),$$

so daß wir auch für die Beschleunigung

$$\frac{dw}{dt} = \frac{\partial w}{\partial t} + w \frac{\partial w}{\partial x} = \frac{\partial w}{\partial t} + \frac{1}{2} \frac{\partial (w^2)}{\partial x} \quad . \quad . \quad (11)$$

schreiben dürfen, worin wegen der Kleinheit der auftretenden Geschwindigkeiten deren Quadrate zu vernachlässigen sind. Mithin bleibt

$$\frac{dw}{dt} = \frac{\partial w}{\partial t}$$

und, da auch in dem Ausdruck für die Geschwindigkeit

$$w = \frac{d\xi''}{dt} = \frac{\partial \xi''}{\partial t} + w \frac{\partial \xi''}{\partial x}$$

das zweite Glied als Produkt kleiner Größen unterdrückt werden kann,

$$\frac{dw}{dt} = \frac{\partial^2 \xi''}{\partial t^2} \quad \ldots\ldots\ldots \quad (11\,a).$$

Andererseits ist aber auch wegen (6)

$$\sigma'' = E \frac{\partial \xi''}{\partial x} \quad \ldots\ldots\ldots \quad (6\,a),$$

also

$$\frac{\partial \sigma''}{\partial x} = E \frac{\partial^2 \xi''}{\partial x^2} \quad \ldots\ldots\ldots \quad (6\,b).$$

Führen wir die Ausdrücke (11a) und (6b) in (8a) ein, so geht diese Gleichung über in

$$E \frac{\partial^2 \xi''}{\partial x^2} = \frac{\gamma}{g} \frac{\partial^2 \xi''}{\partial t^2} \quad \ldots\ldots\ldots \quad (8\,b),$$

in der nur mehr die dynamische Verschiebung ξ'' als abhängige Veränderliche auftritt. Nach Multiplikation mit $g : \gamma$ sowie mit der Abkürzung

$$\frac{E g}{\gamma} = a^2 \quad \ldots\ldots\ldots \quad (12),$$

erhalten wir schließlich die Differentialgleichung

$$a^2 \frac{\partial^2 \xi''}{\partial x^2} = \frac{\partial^2 \xi''}{\partial t^2} \quad \ldots\ldots\ldots \quad (8\,c),$$

die durch den sehr allgemeinen Ansatz mit zwei willkürlichen Funktionen f_1 und f_2

$$\xi'' = f_1(x + a t) + f_2(x - a t) \quad \ldots\ldots \quad (13)$$

befriedigt wird, da nach (12) die Größe a positiv und negativ sein kann. Jedenfalls erkennt man, daß der Ausschlag ξ'' in zwei Teile

$$\xi_1'' = f_1(x + a t), \qquad \xi_2'' = f_2(x - a t) \quad \ldots \quad (13\,a)$$

zerfällt, die wir getrennt voneinander verfolgen können. Fassen wir zunächst den Ausschlag ξ_2'' ins Auge, und verlangen, daß er zur Zeit t' am Orte x' denselben Wert haben möge wie zur Zeit t an der Stelle x, so folgt daraus

$$f_2(x - a t) = f_2(x' - a t')$$

oder

$$x - x' = a(t - t')$$

$$\frac{x - x'}{t - t'} = a \quad \ldots\ldots\ldots \quad (13\,b),$$

worin die Differenzen $x - x'$ und $t - t'$ beliebig groß oder klein sein dürfen. Demnach stellt a eine konstante Geschwindigkeit dar, mit der sich der Ausschlag ξ_2'' in der positiven x-Richtung fortpflanzt, während der Ausschlag ξ_1'' wegen des umgekehrten Vorzeichens von a mit derselben Geschwindigkeit der ersteren entgegenläuft. Da nun diese Ausschläge mit axial aufeinanderfolgenden Verdichtungen und Verdünnungen des Stabmaterials verknüpft, diese aber das Kennzeichen der Schallbewegung sind, so ist a gleichzeitig nichts anderes als die Fortpflanzungsgeschwindigkeit des Schalles im Stabmaterial, die wir kurz seine Schallgeschwindigkeit nennen wollen. Mit dieser Geschwindigkeit pflanzen sich natürlich auch im Falle des elastischen Stoßes die Verschiebungen im Stabe fort, so daß der oben erwähnten genaueren Theorie dieser Erscheinung ebenfalls die Gl. (8c) zugrunde liegt.

Um endlich über die Form der in Gl. (13) eingehenden Funktionen und damit über das Gesetz der örtlichen und zeitlichen Verteilung der Ausschläge im Stabe Aufschluß zu erhalten, machen wir einmal die Annahme, daß der Ausschlag ξ'' als Produkt zweier Funktionen X und T darstellbar sei, von denen die erstere nur von x, die letztere nur von t abhängen möge. Wir schreiben also

$$\xi'' = X\,T, \qquad \frac{\partial^2 \xi''}{\partial x^2} = T\frac{d^2 X}{d x^2}, \qquad \frac{\partial^2 \xi''}{\partial t^2} = X\frac{d^2 T}{d t^2} \qquad (14)$$

und erhalten damit durch Einsetzen in (8c) nach Division mit XT

$$\frac{a^2}{X}\frac{d^2 X}{d x^2} = \frac{1}{T}\frac{d^2 T}{d t^2} \quad \ldots\ldots \quad (14\,\mathrm{a}).$$

Hierin steht also links eine bloße Funktion von x, rechts eine solche von t allein, die nur dann miteinander übereinstimmen können, wenn sie beide einer und derselben Konstanten gleich werden. Wäre diese Konstante positiv, so erhielten wir sowohl für X als auch für T je eine mit x bzw. t unbegrenzt zunehmende Exponentialfunktion, die mit der Erfahrung nicht im Einklang steht. Die Konstante kann also nur negativ ausfallen, so daß wir nach ihrer Einführung durch $-\alpha^2 a^2$ die Formel (14a) in die beiden

$$\left.\begin{aligned} \frac{d^2 X}{d x^2} + \alpha^2 X = 0 \\ \frac{d^2 T}{d t^2} + \alpha^2 a^2 T = 0 \end{aligned}\right\} \quad \ldots\ldots \quad (14\,\mathrm{b})$$

zerlegen dürfen, aus denen mit vier neuen Konstanten A, B, C, D die Integrale

$$\left.\begin{array}{l} X = A\cos\alpha x + B\sin\alpha x \\ T = C\cos\alpha a t + D\sin\alpha a t \end{array}\right\} \quad . \quad . \quad . \quad . \quad (15)$$

hervorgehen, deren Multiplikation auf

$$\xi'' = (A\cos\alpha x + B\sin\alpha x)(C\cos\alpha a t + D\sin\alpha a t) \quad (15\,a)$$

führt. Denken wir uns nun den Stab an der Stelle $x = 0$ festgehalten, so können dort niemals Ausschläge auftreten, d. h. der Ausdruck (15a) muß für $x = 0$ unabhängig von t verschwinden. Dies ist aber nur möglich, wenn $A = 0$ wird oder wenn mit $BC = A_0$, $BD = B_0$ unser Integral die Form

$$\xi'' = \sin\alpha x\,(A_0\cos\alpha a t + B_0\sin\alpha a t) \quad . \quad . \quad (15\,b)$$

annimmt, wofür wir auch entsprechend der Formulierung (13)

$$\xi'' = \frac{A_0}{2}\sin\alpha(x + a t) - \frac{B_0}{2}\cos\alpha(x + a t)$$
$$+ \frac{A_0}{2}\sin\alpha(x - a t) + \frac{B_0}{2}\cos\alpha(x - a t) \quad . \quad (15\,c)$$

schreiben dürfen. Die hierdurch gegebene Schwingung ist dadurch gekennzeichnet, daß gleichzeitig alle Stabquerschnitte die Ruhelage passieren und wieder gleichzeitig positive bzw. negative Maximalausschläge erreichen. Solche Bewegungen aber bezeichnen wir als stehende Schwingungen. In den letzten Formeln steckt außer den beiden Integrationskonstanten noch die Größe α, deren Bedeutung ebenfalls zu ermitteln ist. Zu diesem Zwecke erinnern wir uns daran, daß am freien Stabende nach Fig. 25 die Masse m_0 befestigt ist, die, wie wir annehmen wollen, nur als Ganzes an den durch Gl. (15b) bzw. (15c) gekennzeichneten Schwingungen teilnimmt. Bezeichnen wir die dynamische Spannung am Stabende mit σ_0'', den dort eintretenden Gesamtausschlag mit ξ_0'', so besteht an dieser Stelle die der Formel (1) analoge Gleichung

$$\sigma_0'' F + m_0 \frac{d^2 \xi_0''}{d t^2} = 0 \quad . \quad . \quad . \quad . \quad . \quad (16).$$

Andererseits ist die Spannung nach (6a) mit Rücksicht auf (15b)

$$\sigma'' = E\frac{\partial \xi''}{\partial x} = E\alpha\cos\alpha x\,(A_0\cos\alpha a t + B_0\sin\alpha a t) \quad (17),$$

mithin für das Stabende $x = l$

$$\sigma_0'' = E\,a \cos a\,l\,(A_0 \cos a\,a\,t + B_0 \sin a\,a\,t) \quad . \quad . \quad (17\,\mathrm{a}).$$

Setzen wir diesen Wert in (16) ein, so folgt schließlich

$$m_0 \frac{d^2 \xi_0''}{d\,t^2} = -E\,F\,a \cos a\,l\,(A_0 \cos a\,a\,t + B_0 \sin a\,a\,t)$$

oder

$$\frac{d^2 \xi_0''}{d\,t^2} = -\frac{E\,F\,a}{m_0} \cos a\,l\,(A_0 \cos a\,a\,t + B_0 \sin a\,a\,t) \quad (16\,\mathrm{a}).$$

Nun ist aber mit Rücksicht auf (15b) die dynamische Auslenkung am Stabende, also für $x = l$

$$\xi_0'' = \sin a\,l\,(A_0 \cos a\,a\,t + B_0 \sin a\,a\,t) \quad . \quad . \quad (18),$$

also

$$\frac{d^2 \xi_0''}{d\,t^2} = -a\,a^2 \sin a\,l\,(A_0 \cos a\,a\,t + B_0 \sin a\,a\,t) \quad (18\,\mathrm{a}),$$

ein Ausdruck, der mit (16a) nur dann übereinstimmen kann, wenn

$$a\,a \sin a\,l = \frac{E\,F}{m_0} \cos a\,l$$

oder wegen der durch (12) gegebenen Bedeutung von a^2

$$a\,l \cdot \operatorname{tg} a\,l = \frac{\gamma\,F\,l}{g\,m_0} = \frac{m}{m_0} \quad . \quad . \quad . \quad . \quad . \quad (19)$$

wird. Dies ist aber für $a\,l$ eine transzendente Gleichung, die im allgemeinen nur mit Hilfe von Näherungsmethoden bzw. auf graphischem Wege zu lösen ist. Schreiben wir mit $a\,l = u$ für (19)

$$\frac{m_0}{m} \cdot u = \operatorname{cotg} u \quad . \quad . \quad . \quad . \quad . \quad . \quad . \quad (19\,\mathrm{a}),$$

so können wir die Wurzeln dieser Gleichung auch aus den Schnittpunkten der beiden Kurven

$$y = \frac{m_0}{m} u, \qquad y = \operatorname{cotg} u \quad . \quad . \quad (19\,\mathrm{b})$$

ermitteln, wie aus Fig. 27 hervorgeht. Diese Konstruktion zeigt auch, daß die Gl. (19) bzw. (19a) im allgemeinen unendlich viele

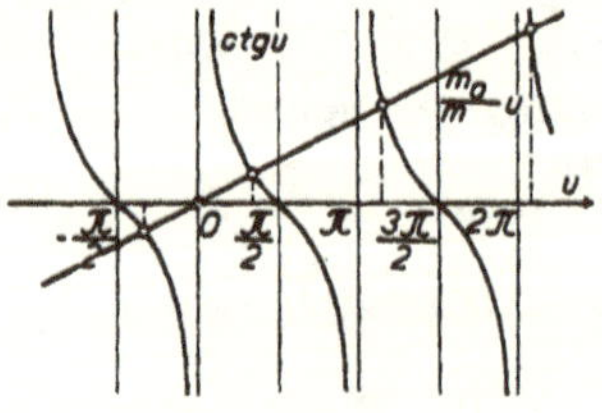

Fig. 27.

Wurzeln hat, deren jeder ein Ausdruck von der Form (18) mit einer bestimmten Schwingungsdauer

$$t_0 = \frac{2\pi}{a\alpha} = \frac{2\pi}{u}\frac{l}{a} \quad . \quad . \quad . \quad . \quad . \quad . \quad (20)$$

zukommt, so daß also die Bewegung des belasteten Stabes sich aus einer unendlichen Zahl von Einzelschwingungen zusammensetzt.

Beschränken wir uns zunächst auf den Fall, daß die Stabmasse m klein ist im Verhältnis zur Zusatzmasse m_0, so wird in (19) auch αl so klein ausfallen, daß wir den Tangens mit dem Bogen vertauschen dürfen. Dann aber geht (19) über in

$$(\alpha l)^2 = \frac{m}{m_0} = \frac{\gamma F l}{g m_0}$$

$$a\alpha = \frac{1}{l}\sqrt{\frac{EFl}{m_0}} = \sqrt{\frac{EF}{l m_0}} = \alpha_0 \quad . \quad . \quad . \quad . \quad (21),$$

wonach die Periode dieser Schwingung mit der im Eingang dieses Paragraphen besprochenen zusammenfällt. In der Tat wird hierfür der totale Schwingungsausschlag durch Zusammenfassen von (15b) mit (7b)

$$\xi = \xi' + \xi'' = \frac{\gamma}{E}\left(l - \frac{x}{2}\right)x +$$

$$+ \frac{m_0 g}{EF}x + \sin\frac{\alpha_0}{a}x\,(A_0 \cos\alpha_0 t + B_0 \sin\alpha_0 t) \quad . \quad (22),$$

also für das Stabende mit $x = l$

$$\xi_0 = \frac{\gamma l^2}{2E} + \frac{m_0 g}{EF}l + \sin\alpha l\,(A_0\cos\alpha_0 t + B_0 \sin\alpha_0 t) \quad (22\text{a}).$$

Dieser Ausdruck geht mit $A_0 \sin\alpha l = A$, $B_0 \sin\alpha l = B$ sowie wegen $\frac{m_0 l}{EF} g = \frac{g}{\alpha_0^2}$ nach Weglassung der sehr kleinen Dehnung $\frac{\gamma l^2}{2E}$ infolge des Eigengewichtes des Stabes in die Gl. (3) über. Wenn auch das im Eingang dieses Paragraphen entwickelte Näherungsverfahren uns mit hinreichender Genauigkeit die Ausschläge des Stabendes mit der Masse m_0 lieferte, so gab es doch keinen Aufschluß über die gleichzeitige Verteilung der Ausschläge längs des Stabes selbst, die wir aus (22) als eine wellenartige erkennen.

Zu einer zweiten Annäherung für kleine $m : m_0$ gelangen wir durch Entwicklung der Reihe für $\operatorname{tg} u$ unter Beibehaltung der Glieder bis zur vierten Ordnung, also mit

$$u \operatorname{tg} u = u^2 + \frac{u^4}{3} = \frac{m}{m_0},$$

woraus sich

$$u^2 = -\frac{3}{2}\left(1 \pm \sqrt{1 + \frac{4}{3}\frac{m}{m_0}}\right) \quad . \quad . \quad . \quad . \quad (23)$$

ergibt. Die allein in Frage kommende positive Wurzel geht dann mit näherungsweiser Ausführung des Wurzelausdrucks wieder in

$$u^2 = \frac{m}{m_0}$$

über, so daß die erste und zweite Annäherung sich nur unmerklich voneinander unterscheiden.

Schließlich ist noch die freie Schwingung des Stabes ohne jede Zusatzmasse von Interesse, für die Gl. (19) bzw. (19a) mit $m_0 = 0$

$$\operatorname{tg} \alpha l = \infty, \qquad \alpha l = \frac{\pi}{2}, \qquad a \alpha = \frac{\pi}{2}\frac{a}{l} \quad . \quad . \quad (24)$$

liefert und eine Schwingungsdauer

$$t_0 = \frac{2\pi}{a\alpha} = \frac{4l}{a} \quad . \quad . \quad . \quad . \quad . \quad . \quad . \quad (24\,\text{a})$$

ergibt. Für die Schwingung selbst erhalten wir daher aus (15b)

$$\xi'' = \sin\frac{\pi}{2}\frac{x}{l}\left(A_0 \cos\frac{\pi}{2}\frac{a}{l}t + B_0 \sin\frac{\pi}{2}\frac{a}{l}t\right) \quad . \quad (25)$$

oder auch mit (24a) und $4\,l = l_0$

$$\xi'' = \sin 2\pi\frac{x}{l_0}\left(A_0 \cos 2\pi\frac{t}{t_0} + B_0 \sin 2\pi\frac{t}{t_0}\right) \quad . \quad (25\,\text{a}).$$

Auch hier haben wir wieder eine wellenförmige Verteilung der gleichzeitigen Schwingungsausschläge längs des Stabes, die sich außerdem periodisch an jeder Stelle ändern. Bezeichnen wir den Abstand zweier Stellen mit zur selben Zeit gleich großen und gleich gerichteten Ausschlägen als die Wellenlänge, so lehrt Gl. (25a), daß diese mit $l_0 = 4\,l$, d. h. der vierfachen Länge des frei schwingenden Stabes identisch ist. Dieser Fall tritt insbesondere bei plötzlicher Entlastung eines gespannten Stabes ein und ist angenähert in dem Bewegungszustande der beiden Bestandteile eines in der Festigkeitsmaschine gespannten Stabes unmittelbar nach dem Bruche verwirklicht.

Weiter ist noch zu bemerken, daß die Bedingung $\operatorname{tg} al = \infty$ außer für $al = \frac{\pi}{2}$ noch für alle ungeraden Vielfachen von $\frac{\pi}{2}$ erfüllt wird, denen somit eine unendliche Wertreihe für a mit ebensovielen Einzelschwingungen entsprechen. Diese bezeichnet man dann im Gegensatz zu der durch (24) und (25) definierten sog. Grundschwingung als die longitudinalen Oberschwingungen des Stabes, die sich an den Stabenden auf die umgebende Luft übertragen und dort Töne von verschiedener Höhe hervorbringen.

Es bietet übrigens keine Schwierigkeiten, die vorstehende Untersuchung auf zylindrische Stäbe auszudehnen, die aus parallel zur Stabachse zusammengesetzten Stücken verschiedenen Materials[1]) bestehen, während die Schwingungen von Stäben mit veränderlichem Querschnitte[2]), z. B. konischer Oberfläche, ziemlich allgemein durch Reihen darstellbar sind. Da derartige Untersuchungen — obwohl ihre Ergebnisse durch akustische Versuche gut bestätigt sind — keine praktische Bedeutung besitzen, so müssen wir auf ihre Wiedergabe an dieser Stelle verzichten.

§ 6. Elastische Radialschwingungen zylindrischer Rohre.

Ableitung der Schwingungsgleichung für das Rohr; freie Radialschwingungen von Kreisringen. Zerlegung der Ausschläge in den stationären und den dynamischen Bestandteil. Einführung der Bewegungsgleichungen einer elastischen Flüssigkeit mit Reibungswiderstand. Angenäherte Proportionalität der Auslenkung mit der Druckschwankung, Fortpflanzungsgeschwindigkeit beider. Integration mit Rücksicht auf die Grenzbedingungen, stehende gedämpfte Schwingungen. Diskussion der Druckschwankung infolge eines gleichförmigen Schieberschlusses.

Unterliegt der in einem kreiszylindrischen Rohre herrschende Druck p aus irgendeiner äußeren Ursache zeitlichen Schwankungen, so werden sich diese auch auf die Formänderung, die

---

1) Vgl. die Abhandlungen von Stefan in den Wiener Berichten 1867 und 1868 sowie von Waldstein, ebenda 1902.

2) Vgl. u. a. Kirchhoff, Ges. Abhandlungen, S. 339, Nabl, Wiener Berichte 1902.

nach § 4 in der Hauptsache in kleinen Radialverschiebungen besteht, übertragen. Zu deren Verfolgung fassen wir, wie in § 3, wieder das durch Fig. 13 dargestellte rechteckige Element der Rohrwand von der Fläche $dF = ds'\,ds''$ mit den beiden Krümmungsradien ϱ' und ϱ'' ins Auge, für welches im Falle des Gleichgewichts

$$p = h\left(\frac{\sigma'}{\varrho'} + \frac{\sigma''}{\varrho''}\right)$$

war, wenn h die Wandstärke und σ' bzw. σ'' die in den Richtungen ds' bzw. ds'' wirkenden Spannungen bedeuten. Multiplizieren wir diese Formel wieder mit dem Flächenelement, so erhalten wir links die vom Drucke herrührende Normalkraft, rechts die entgegengesetzt wirkende Komponente der Spannungen, zu der im Bewegungszustande noch das Produkt aus der Masse dm des Wandelementes mit der Normalbeschleunigung $dw : dt$ derart hinzutritt, daß

$$p\,dF = h\left(\frac{\sigma'}{\varrho'} + \frac{\sigma''}{\varrho''}\right)dF + \frac{dw}{dt}\,dm$$

wird. Mit dem spezifischen Gewichte γ_1 des Wandmaterials und der Erdbeschleunigung g schreibt sich das Massenelement

$$dm = \frac{\gamma_1}{g}\,h\,dF \quad \ldots \ldots \ldots \quad (1),$$

so daß nach Wegheben von dF die noch für beliebige Oberflächengestalten gültige Bewegungsgleichung die Form

$$p = h\left(\frac{\sigma'}{\varrho'} + \frac{\sigma''}{\varrho''}\right) + \frac{\gamma_1}{g}\,h\,\frac{dw}{dt} \quad \ldots \ldots \quad (2)$$

annimmt. Im Sonderfalle des kreiszylindrischen Rohres vom Radius r_0 im unbelasteten Zustande, der infolge der kleinen Formänderung in $r = r_0 + \Delta r$ übergeht, dürfen wir nun nach Gl. (5) bis (7) § 4 mit einem Axialzug $P = \pi\,r_0^2 p$ und dem Elastizitätsmodul E_1 des Wandmaterials angenähert setzen

$$\left.\begin{aligned} \frac{\sigma'}{\varrho'} &= E_1\frac{\Delta r}{r_0^2} + \frac{p}{2\mu h}\left(1 - \frac{\Delta r}{r_0}\right)^2 \sim E_1\frac{\Delta r}{r_0^2} + \frac{p}{2\mu h} \\ \frac{\sigma''}{\varrho''} &= -\frac{p r_0}{2h}\,\frac{\partial^2 \Delta r}{\partial z^2} \end{aligned}\right\} \quad (3),$$

worin wir für die schwache Krümmung der deformierten Meridianlinie die zweite partielle Ableitung von Δr nach z einführen müssen, da Δr infolge der Bewegung im allgemeinen auch von der Zeit abhängt. Diese Abhängigkeit wird durch das letzte Glied rechts der Bewegungsgleichung (2) dargestellt, in dem wir unter Vernachlässigung von Axialverschiebungen als Größen zweiter Ordnung kurz

$$\frac{dw}{dt} = \frac{\partial^2 \Delta r}{\partial t^2} \quad \ldots \ldots \ldots \quad (4)$$

schreiben dürfen. Durch Einführung von (3) und (4) geht dann die Bewegungsgleichung (2) über in

$$\frac{p}{h}\left(1 - \frac{1}{2\mu}\right) = E_1 \frac{\Delta r}{r_0^2} - \frac{p r_0}{2h} \frac{\partial^2 \Delta r}{\partial z^2} + \frac{\gamma_1}{g} \frac{\partial^2 \Delta r}{\partial t^2} \quad . \quad (5).$$

Herrscht in dem Rohre überhaupt kein Druck, so verschwindet nach der zweiten Formel (3) auch die Axialspannung σ'', wodurch die einzelnen ringförmigen Rohrelemente ganz unabhängig voneinander werden. Für ihre Bewegung gilt dann die mit $p = 0$ aus (5) hervorgehende Gleichung

$$\frac{\partial^2 \Delta r}{\partial t^2} + \frac{E_1 g}{\gamma_1 r_0^2} \Delta r = 0 \quad \ldots \ldots \quad (5a),$$

die offenbar eine R a d i a l s c h w i n g u n g mit der D a u e r

$$t_0 = 2\pi r_0 \sqrt{\frac{\gamma_1}{E_1 g}} = \frac{2\pi r_0}{a_1} \quad \ldots \ldots \quad (5b)$$

ergibt, worin nach Gl. (12) § 5 a_1 die S c h a l l g e s c h w i n d i g k e i t i m R o h r m a t e r i a l bedeutet. D i e r a d i a l e S c h w i n g u n g s d a u e r f r e i e r d ü n n w a n d i g e r K r e i s z y l i n d e r s t i m m t d e m n a c h m i t d e r Z e i t ü b e r e i n, d i e d e r S c h a l l z u m D u r c h l a u f e n d e s K r e i s u m f a n g s b e n ö t i g t.

Ist dagegen der im Rohr herrschende Druck Schwankungen unterworfen, die wir als klein voraussetzen wollen, so dürfen wir ihn in einen nur mit dem Orte veränderlichen Teil p' und einen kleinen mit der Zeit und dem Orte veränderlichen Betrag p'' zerlegen, so zwar, daß

$$p = p' + p'' \quad \ldots \ldots \ldots \quad (6)$$

wird. Dem ersteren mag dann eine statische Radialverschiebung u', dem zweiten eine dynamische u'' entsprechen, derart, daß

$$\Delta r = u' + u'' \quad \ldots \ldots \ldots \quad (7)$$

ist. Führen wir diese Werte in die Gl. (5) ein, so zerfällt sie unter Vernachlässigung des Produktes $p'' \frac{\partial^2 u''}{\partial z^2}$ als klein höherer Ordnung in

$$\frac{p'}{h}\left(1-\frac{1}{2\mu}\right)=E_1\frac{u'}{r_0^2}-\frac{p' r_0}{2h}\frac{\partial^2 u'}{\partial z^2} \quad \ldots \ldots \quad (8)$$

$$\frac{p''}{h}\left(1-\frac{1}{2\mu}\right)=E_1\frac{u''}{r_0^2}-\frac{p' r_0}{2h}\frac{\partial^2 u''}{\partial z^2}+\frac{\gamma_1}{g}\frac{\partial^2 u''}{\partial t^2} \quad . \quad (9).$$

Das Integral der ersten dieser Gleichungen haben wir aber schon für den Fall konstanten Druckes in § 4 Gl. (11) kennen gelernt. Es lautet in unserer Schreibweise

$$u'=-\frac{b}{a^2}\left(1-\frac{(1-e^{-\alpha l})\,e^{\alpha z}+(e^{\alpha l}-1)\,e^{-\alpha z}}{e^{\alpha l}-e^{-\alpha l}}\right) \quad . \quad (8a),$$

worin nach § 4 Gl. (9)

$$a=\sqrt{\frac{2E_1 h}{r_0^3 p'}}, \quad -\frac{b}{a^2}=\frac{r_0^2 p'}{E_1 h}\left(1-\frac{1}{2\mu}\right) \quad . \quad . \quad (8b)$$

war, und stellt die statische Ausbauchung eines zylindrischen Rohres von der Länge l mit starren Versteifungsringen an den Enden dar. Über diese statische Ausbauchung, die natürlich in jedem Bestandteile einer längeren Rohrleitung mit dem darin herrschenden, innerhalb der Länge l des Teiles konstanten Drucke p' andere Werte annehmen kann, lagert sich dann die dynamische Ausbeulung u'', die mit der sowohl mit z als auch mit t variablen Druckschwankung p'' durch Gl. (9) verknüpft ist. Diese Gleichung genügt aber noch nicht zur Feststellung der Abhängigkeit beider Größen u'' und p'' von z und t; hierfür bedarf es vielmehr noch einer weiteren Formel, die wir aus den Bewegungsgleichungen der im Rohre strömenden Flüssigkeit[1]) ableiten müssen. Bezeichnen wir die augenblickliche Geschwindigkeit der Flüssigkeit vom spezifischen Gewichte γ mit w, so lautet ihre Bewegungsgleichung in einem horizontalen Rohre ohne Rücksicht auf den Bewegungswiderstand

$$-\frac{g}{\gamma}\frac{\partial p}{\partial z}=\frac{dw}{dt}=\frac{\partial w}{\partial t}+w\frac{\partial w}{\partial z}.$$

[1]) Vgl. hierüber Lorenz, Techn. Hydromechanik, München 1910, Kap. II.

Der Bewegungswiderstand zerfällt nun in die innere Flüssigkeitsreibung, die der Geschwindigkeit w direkt und dem Quadrate des Rohrradius indirekt proportional ist, sowie in den Turbulenzwiderstand, welcher dem Quadrate der Geschwindigkeit direkt und dem Radius umgekehrt proportional sich ergibt. Bezeichnen wir die diesen Widerständen zukommenden Erfahrungskoeffizienten mit $\varkappa$ und λ, so lautet die durch sie ergänzte Bewegungsgleichung

$$-\frac{g}{\gamma}\frac{\partial p}{\partial z} = \frac{\partial w}{\partial t} + w\frac{\partial w}{\partial z} + \frac{\varkappa w}{r_0^2} + \frac{\lambda w^2}{r_0} \quad . \; . \quad (10).$$

Durch Zerlegung sowohl des Druckes p als auch der Geschwindigkeit w in ihre stationären und zeitlich veränderlichen Bestandteile nach (6) bzw.

$$w = w' + w'' \quad . \; . \; . \; . \; . \; . \; . \; . \quad (11),$$

worin w'' wieder klein gegen w' anzunehmen ist, zerfällt unter Vernachlässigung der Quadrate von w'' und seiner Produkte mit anderen Schwankungen auch Gl. (10) in die beiden Formeln

$$-\frac{g}{\gamma}\frac{\partial p'}{\partial z} = \frac{\varkappa w'}{r_0^2} + \frac{\lambda w'^2}{r_0} + w'\frac{\partial w'}{\partial z} \quad . \; . \; . \; . \; . \quad (12)$$

$$-\frac{g}{\gamma}\frac{\partial p''}{\partial z} = \frac{\partial w''}{\partial t} + w'\frac{\partial w''}{\partial z} + \left(\frac{\varkappa}{r_0^2} + \frac{2\lambda w'}{r_0}\right) w'' \quad (13),$$

von denen die erste der stationären Horizontalströmung durch das statisch deformierte Rohr zugehört, während die zweite den Zusammenhang der auch zeitlichen Druck- und Geschwindigkeitsschwankungen liefert. Ist ferner die Flüssigkeit, wie wir im allgemeinen annehmen müssen, kompressibel, so ändert sich ihr spezifisches Gewicht mit einem Anfangswerte γ_0 und dem Elastizitätsmodul E_0 nach der Gleichung

$$\gamma = \gamma_0\left(1 + \frac{p}{E_0}\right) \quad . \; . \; . \; . \; . \; . \quad (14),$$

worin z. B. für Wasser $E_0 = 21\,000$ kg/qcm zu setzen ist.

Da nun die Ableitungen der Drücke nur klein sein können, so werden die linken Seiten der Formeln (12) und (13) durch die stets kleine Änderung von γ nicht merklich beeinflußt, und wir sind berechtigt, in diesen Formeln γ durch γ_0 zu ersetzen.

Damit erhalten wir an Stelle von (12) und (13)

$$-\frac{g}{\gamma_0}\frac{\partial p'}{\partial z}=\frac{\varkappa}{r_0^2}w'+\frac{\lambda}{r_0}w'^2+w'\frac{\partial w'}{\partial z} \quad . \; . \; . \; . \; (12a)$$

$$-\frac{g}{\gamma_0}\frac{\partial p''}{\partial z}=\frac{\partial w''}{\partial t}+w'\frac{\partial w''}{\partial z}+\left(\frac{\varkappa}{r_0^2}+\frac{2\lambda w'}{r_0}\right)w'' \quad (13a),$$

und wenn wir beachten, daß w' nur wenig von der konstanten Geschwindigkeit c durch das undeformierte Rohr abweicht, unter Einführung eines Widerstandskoeffizienten

$$\frac{\varkappa}{r_0^2}+\frac{2\lambda c}{r_0}=\zeta \quad . \; . \; . \; . \; . \; . \; . \; (15)$$

in weiterer Annäherung

$$-\frac{g}{\gamma_0}\frac{\partial p'}{\partial z}=\frac{\varkappa c}{r_0^2}+\frac{\lambda}{r_0}c^2+c\frac{\partial w'}{\partial z} \quad . \; . \; . \; (12b)$$

$$-\frac{g}{\gamma_0}\frac{\partial p''}{\partial z}=\frac{\partial w''}{\partial t}+c\frac{\partial w''}{\partial z}+\zeta w'' \quad . \; . \; (13b).$$

Um schließlich die Geschwindigkeiten w' und w'' zu eliminieren, greifen wir auf die Kontinuitätsgleichung der Flüssigkeit zurück, welche besagt, daß durch den Überschuß der in eine Scheibe vom Querschnitt F und der Dicke dz auf der einen Fläche eintretenden Masse gegen die auf der anderen austretende eine zeitliche Änderung des Masseninhaltes der Scheibe bedingt ist, derart, daß bei veränderlichem Querschnitt F

$$\frac{\partial(\gamma F)}{\partial t}+\frac{\partial(\gamma F w)}{\partial z}=0 \quad . \; . \; . \; . \; . \; (16)$$

wird. Dafür dürfen wir aber auch schreiben

$$\frac{1}{\gamma}\left(\frac{\partial\gamma}{\partial t}+w\frac{\partial\gamma}{\partial z}\right)+\frac{1}{F}\left(\frac{\partial F}{\partial t}+w\frac{\partial F}{\partial z}\right)+\frac{\partial w}{\partial z}=0 \quad . \; (16a),$$

und wenn die Schwankungen von γ und F von derselben Ordnung klein sind, wie diejenigen von w und p, so folgt mit Rücksicht auf (14) sowie unter Einführung des unveränderten Rohrquerschnitts F_0 hinreichend genau

$$\frac{1}{E_0}\left(\frac{\partial p}{\partial t}+w\frac{\partial p}{\partial z}\right)+\frac{1}{F_0}\left(\frac{\partial F}{\partial t}+w\frac{\partial F}{\partial z}\right)+\frac{\partial w}{\partial z}=0 \quad . \; (16b).$$

Wegen (6) und (11) sowie

$$\left.\begin{aligned} F &= \pi r^2 = \pi (r_0 + u' + u'')^2 = \pi r_0^2 \left(1 + 2\,\frac{u' + u''}{r_0}\right) \\ \frac{dF}{F_0} &= \frac{dF}{\pi r_0^2} = \frac{2}{r_0}\, d\,(u' + u'') \end{aligned}\right\} \qquad (17)$$

zerfällt aber (16b) in die beiden Gleichungen

$$\frac{w'}{E_0}\,\frac{\partial p'}{\partial z} + \frac{2\,w'}{r_0}\,\frac{\partial u'}{\partial z} + \frac{\partial w'}{\partial z} = 0 \quad . \; . \; . \; . \quad (18)$$

$$\frac{1}{E_0}\left(\frac{\partial p''}{\partial t} + w'\,\frac{\partial p''}{\partial z}\right) + \frac{2}{r_0}\left(\frac{\partial u''}{\partial t} + w'\,\frac{\partial u''}{\partial z}\right) + \frac{\partial w''}{\partial z} = 0 \quad (19),$$

von denen die erstere nur die Kontinuität der stationären Strömung im statisch deformierten Rohre darstellt und auch in

$$\frac{\partial\,(F'\,w'\,\gamma')}{\partial z} = 0 \quad . \; . \; . \; . \; . \; . \quad (18\text{a})$$

zusammengezogen werden kann. Für die Gl. (19) dürfen wir dagegen mit Rücksicht auf die geringe Veränderlichkeit der stationären Stromgeschwindigkeit $w' = c$ setzen und daher schreiben

$$\frac{1}{E_0}\left(\frac{\partial p''}{\partial t} + c\,\frac{\partial p''}{\partial z}\right) + \frac{2}{r_0}\left(\frac{\partial u''}{\partial t} + c\,\frac{\partial u''}{\partial z}\right) + \frac{\partial w''}{\partial z} = 0 \quad (19\text{a}).$$

Mit Hilfe dieser Gleichung sind wir nunmehr in der Lage, die Geschwindigkeit w'' aus (13b) zu eliminieren, während wir auf die weitere Verfolgung der stationären Bewegung hier verzichten können, da die kleine, durch örtliche Querschnittsänderung und Bewegungswiderstände bedingte Druckschwankung die statische Formänderung des Rohres nur in verschwindendem Maße beeinflußt. Die Elimination von w'' aus (13b) und (19a) vollziehen wir nun in der Weise, daß wir zunächst (19a) mit c multiplizieren und davon (13b) abziehen. Dies liefert

$$\frac{c}{E_0}\left(\frac{\partial p''}{\partial t} + c\,\frac{\partial p''}{\partial z}\right) - \frac{g}{\gamma_0}\,\frac{\partial p''}{\partial z} + {}$$
$$+ \frac{2\,c}{r_0}\left(\frac{\partial u''}{\partial t} + c\,\frac{\partial u''}{\partial z}\right) - \zeta\,w'' - \frac{\partial w''}{\partial t} = 0.$$

Durch partielle Differentiation dieser Formel nach z und Addition der partiell nach t differenzierten Gl. (19a) folgt weiter

$$\left.\begin{aligned} &\frac{1}{E_0}\left(\frac{\partial^2 p''}{\partial t^2} + 2\,c\,\frac{\partial^2 p''}{\partial t\,\partial z} + c^2\,\frac{\partial^2 p''}{\partial z^2}\right) - \frac{g}{\gamma_0}\,\frac{\partial^2 p''}{\partial z^2} \\ &+ \frac{2\,c}{r_0}\left(\frac{\partial^2 u''}{\partial t^2} + 2\,c\,\frac{\partial^2 u''}{\partial t\,\partial z} + c^2\,\frac{\partial^2 u''}{\partial z^2}\right) - \zeta\,\frac{\partial w''}{\partial z} \end{aligned}\right\} = 0$$

und nach Einsetzen von $\frac{\partial w''}{\partial z}$ aus (19a)

$$\left.\begin{aligned}\frac{1}{E_0}\left(\frac{\partial^2 p''}{\partial t^2}+2c\frac{\partial^2 p''}{\partial t\,\partial z}+c^2\frac{\partial^2 p''}{\partial z^2}\right)-\frac{g}{\gamma_0}\frac{\partial^2 p''}{\partial z^2}+\\+\frac{\zeta}{E_0}\left(\frac{\partial p''}{\partial t}+c\frac{\partial p''}{\partial z}\right)\\+\frac{2}{r_0}\left(\frac{\partial^2 u''}{\partial t^2}+2c\frac{\partial^2 u''}{\partial t\,\partial z}+c^2\frac{\partial^2 u''}{\partial z^2}\right)\\+\frac{2\zeta}{r_0}\left(\frac{\partial u''}{\partial t}+c\frac{\partial u''}{\partial z}\right)\end{aligned}\right\}=0 \quad (20).$$

Eliminieren wir schließlich aus (9) und (20) den Druck p'', so resultiert für die radiale Auslenkung u'' eine partielle Differentialgleichung vierter Ordnung, deren weitere Behandlung auf erhebliche mathematische Schwierigkeiten stößt. Wir wollen darum das Problem zu vereinfachen suchen und setzen zunächst unter vorläufiger Vernachlässigung der mit ζ behafteten Widerstandsglieder

$$p''=b_0 u'' \quad \ldots\ldots\ldots \quad (21),$$

wodurch (20) in

$$\left(\frac{b_0}{E_0}+\frac{2}{r_0}\right)\left(\frac{\partial^2 u''}{\partial t^2}+2c\frac{\partial^2 u''}{\partial z\,\partial t}+c^2\frac{\partial^2 u''}{\partial z^2}\right)=\frac{g b_0}{\gamma_0}\frac{\partial^2 u''}{\partial z^2}$$

oder mit der Abkürzung

$$\frac{g b_0}{\gamma_0\left(\frac{b_0}{E_0}+\frac{2}{r_0}\right)}=a^2 \quad \ldots\ldots\ldots \quad (22)$$

in

$$\frac{\partial^2 u''}{\partial t^2}+2c\frac{\partial^2 u''}{\partial t\,\partial z}+c^2\frac{\partial^2 u''}{\partial z^2}=a^2\frac{\partial^2 u''}{\partial z^2} \quad \ldots \quad (20\text{a})$$

übergeht. Schreiben wir nun probeweise

$$\left.\begin{aligned}&u''=A\sin(\alpha z+\beta t)\\&\frac{\partial^2 u''}{\partial t^2}=-\beta^2 u'',\quad \frac{\partial^2 u}{\partial t\,\partial z}=-\alpha\beta u'',\quad \frac{\partial^2 u''}{\partial z^2}=-\alpha^2 u''\end{aligned}\right\}(21\text{a}),$$

so folgt aus (20a) nach Wegheben von u''

$$(\beta+\alpha c)^2=\alpha^2 a^2$$

oder

$$\beta=\pm\,\alpha(a-c),$$

womit aus (21a)

$$u''=A\sin\alpha\,[z\pm(a-c)\,t] \quad \ldots\ldots \quad (21\text{b})$$

wird. Die Differenz $a - c$ stellt somit die Fortpflanzungsgeschwindigkeit des Ausschlages u'' und nach (21) des Druckes p'' selbst längs des Rohres dar, die jedenfalls die gleiche Größenordnung, wie die im vorigen Abschnitt ermittelte Schallgeschwindigkeit besitzt. Ihr gegenüber spielt aber die nur wenige Meter in der Sekunde betragende stationäre Stromgeschwindigkeit c gar keine Rolle, so daß die mit ihr behafteten Glieder in unseren Formeln unbedenklich vernachlässigt werden dürfen. Es heißt dies natürlich nur, daß es für die Fortpflanzung von Störungen längs des Rohres nahezu gleichgültig ist, ob die darin befindliche Flüssigkeit strömt oder ruht. Jedenfalls vereinfacht sich unsere Differentialgleichung (20) nach dieser Feststellung unter Beibehaltung der Widerstandsglieder in

$$\frac{1}{E_0}\frac{\partial^2 p''}{\partial t^2}+\frac{2}{r_0}\frac{\partial^2 u''}{\partial t^2}+\zeta\left(\frac{1}{E_0}\frac{\partial p''}{\partial t}+\frac{2}{r_0}\frac{\partial u''}{\partial t}\right)=\frac{g}{\gamma_0}\frac{\partial^2 p''}{\partial z^2} \qquad (20\,\text{b})$$

und nach Einführung des Ansatzes (21)

$$\left(\frac{b}{E_0}+\frac{2}{r_0}\right)\left(\frac{\partial^2 u''}{\partial t^2}+\zeta\frac{\partial u''}{\partial t}\right)=\frac{b_0 g}{\gamma_0}\frac{\partial^2 u''}{\partial z^2} \quad . \; . \; (20\,\text{c})$$

bzw. mit (22)

$$\frac{\partial^2 u''}{\partial t^2}+\zeta\frac{\partial u''}{\partial t}=a^2\frac{\partial^2 u''}{\partial z^2} \quad . \; . \; . \; . \; . \; (23).$$

Zur Integration dieser Gleichung denken wir uns u'' als Produkt einer reinen Funktion T der Zeit t und einer solchen Z von z allein, schreiben also

$$\left.\begin{array}{c} u''=TZ \\ \dfrac{\partial u''}{\partial t}=Z\dfrac{dT}{dt},\quad \dfrac{\partial^2 u''}{\partial t^2}=Z\dfrac{d^2T}{dt^2},\quad \dfrac{\partial^2 u''}{\partial z^2}=T\dfrac{d^2Z}{dz^2} \end{array}\right\}. \qquad (24).$$

Dies liefert mit (23)

$$\frac{1}{T}\left(\frac{d^2T}{dt^2}+\zeta\frac{dT}{dt}\right)=\frac{a^2}{Z}\frac{d^2Z}{dz^2} \quad . \; . \; . \; . \; (23\,\text{a}),$$

worin links eine reine Zeitfunktion, rechts aber eine solche von z allein steht. Diese Gleichung kann demnach nur bestehen, wenn beide Seiten einer und derselben Konstanten gleich werden, die überdies, da sonst Z mit z unbegrenzt zunimmt, negativ sein muß. Setzen wir für die Konstante $-\alpha^2 a^2$, so zerfällt (23a) in die beiden Formeln

$$\left.\begin{aligned} \frac{d^2 Z}{dz^2} + \alpha^2 Z = 0 \\ \frac{d^2 T}{dt^2} + \zeta \frac{dT}{dt} + \alpha^2 a^2 T = 0 \end{aligned}\right\} \quad \ldots \quad (23b)$$

mit den Integralen

$$\left.\begin{aligned} Z &= A \cos \alpha z + B \sin \alpha z \\ T &= e^{-\frac{\zeta}{2} t}\left(C \cos t \sqrt{\alpha^2 a^2 - \frac{\zeta^2}{4}} + D \sin t \sqrt{\alpha^2 a^2 - \frac{\zeta^2}{4}}\right) \end{aligned}\right\} (24a).$$

Wegen der Kleinheit des durch (15) definierten, von der Stromgeschwindigkeit c abhängigen Dämpfungsfaktors ζ dürfen wir aber unbedenklich die zweite Formel (24a) in

$$T = e^{-\frac{\zeta}{2} t}(C \cos \alpha a t + D \sin \alpha a t) \quad . \quad . \quad . \quad (24b)$$

vereinfachen und erhalten dann für die Auslenkung

$$u'' = e^{-\frac{\zeta}{2} t}(A \cos \alpha z + B \sin \alpha z)(C \cos \alpha a t + D \sin \alpha a t) \quad (25),$$

die somit infolge der durch ζ gegebenen Flüssigkeitsreibung nach und nach abklingt, und zwar, da ζ selbst mit der Stromgeschwindigkeit wächst, um so rascher, je größer diese Geschwindigkeit ausfällt.

Wird das Rohr an der Stelle $z = 0$ durch Einmauerung oder einen Versteifungsring an seiner radialen Auslenkung dauernd verhindert, so muß dort $u'' = 0$, also $A = 0$ sein, und wir erhalten mit $BC = A_1$, $BD = B_1$ aus (25)

$$u'' = e^{-\frac{\zeta}{2} t} \sin \alpha z\,(A_1 \cos \alpha a t + B_1 \sin \alpha a t) \quad . \quad (25a).$$

Liegt ein solches Hindernis für das Entstehen einer Auslenkung auch für $z = l$ vor, so muß hierin $\sin \alpha l = 0$ oder mit einer ganzen Zahl k

$$\alpha = \frac{k\pi}{l} \quad . \quad . \quad . \quad . \quad . \quad . \quad . \quad . \quad (26)$$

sein, so daß also im allgemeinen die Gesamtauslenkung sich aus einer unendlichen Zahl von Einzelbeträgen derart zusammen setzt, daß

$$u'' = e^{-\frac{\zeta}{2} t} \sum_{k=1}^{k=\infty} \sin k\pi \frac{z}{l}\left(A_k \cos k\pi \frac{a t}{l} + B_k \sin k\pi \frac{a t}{l}\right) \quad (25b).$$

Die hierin auftretende Fortpflanzungsgeschwindigkeit a der Radialschwingungen berechnet sich nun aus (22), nachdem wir die Konstante b_0 durch Einsetzen von (25a) und durch Vermittlung von (21) in (9) eliminiert haben, wobei wir infolge der Kleinheit der davon betroffenen Glieder unbedenklich an Stelle von (23)

$$\frac{\partial^2 u''}{\partial t^2} = a^2 \frac{\partial^2 u''}{\partial z^2}$$

oder wegen (25a)

$$\frac{\partial^2 u''}{\partial t^2} = -a^2 \alpha^2 u'', \quad \frac{\partial^2 u''}{\partial z^2} = -\alpha^2 u''$$

setzen dürfen. Dies ergibt mit (21) in (9) nach Wegheben von u''

$$b_0 \frac{2\mu - 1}{2\mu h} = \frac{E_1}{r_0^2} + \alpha^2 \left(\frac{p' r_0}{2h} - \frac{\gamma_1 a^2}{g}\right) \quad . \; . \quad (9a),$$

während aus (22)

$$b_0 \left(\frac{g}{\gamma_0} - \frac{a^2}{E_0}\right) = \frac{2a^2}{r_0} \quad . \; . \; . \; . \; . \quad (22a)$$

folgt. Die Elimination von b aus diesen Formeln liefert alsdann die Gleichung

$$\frac{a^2}{r_0} \frac{2\mu - 1}{\mu h} = \left[\frac{E_1}{r_0^2} + \alpha^2 \left(\frac{p' r_0}{2h} - \frac{\gamma_1 a^2}{g}\right)\right] \left(\frac{g}{\gamma_0} - \frac{a^2}{E_0}\right) \quad (9b),$$

der die Fortpflanzungsgeschwindigkeit a des Ausschlages u'' genügen muß. Hierin sind aber die mit α^2 behafteten Glieder der ersten Klammer rechts klein gegen $E_1 : r_0^2$, so daß wir in erster Annäherung[1]) schreiben dürfen

$$a^2 \left(\frac{2\mu - 1}{\mu} + \frac{E_1 h}{E_0 r_0}\right) = \frac{E_1 g h}{\gamma_0 r_0} \quad . \; . \; . \; . \quad (27),$$

während sich eine zweite Annäherung durch Einsetzen dieses Wertes in die erste Klammer rechts von (9b) ergibt und eine, wenn auch nicht starke Veränderlichkeit von a mit α, d. h. nach (26) mit der Ordnungszahl k der Einzelschwingungen erkennen läßt. Daß sich hieraus

---

[1]) Die Formel (27) liefert z. B. für $\mu = 3$, $h : r_0 = 1 : 25$, $E_1 = 2100000$ kg/qcm, $E_0 = 21000$ kg/qcm, $\gamma_0 = 1000$ kg/cbm $= 0{,}001$ kg/cbcm, $g = 9{,}81$ m/Sek.² $= 981$ cm/Sek.²: $a = 126000$ cm/Sek. $= 1260$ m/Sek., also einen erheblich geringeren Wert als die Schallgeschwindigkeit im Rohrmaterial allein, die rd. 5000 m/Sek. beträgt.

bzw. aus (27) zwei entgegengesetzt gleiche Werte von a berechnen, entspricht durchaus der Gl. (25a), die ja auch analog (15c) in § 5 in der Form

$$u'' = \frac{1}{2} e^{-\frac{\zeta}{2}t} [A_1 \sin a (z + a t) - B_1 \cos a (z + a t)]$$

$$+ \frac{1}{2} e^{-\frac{\zeta}{2}t} [A_1 \sin a (z - a t) + B_1 \cos a (z - a t)] \quad (25\text{c})$$

geschrieben werden kann und damit die Fortpflanzung einer Störung nach zwei entgegengesetzten Richtungen anzeigt. Dem Umstand, daß die Einzelschwingungen in der Summe (25b) nicht genau mit ein und derselben Geschwindigkeit fortschreiten, kann man durch Einführung von a_k an Stelle von a gerecht werden, und erkennt sodann, daß der Gesamtvorgang infolge der hierdurch bedingten Interferenz der Einzelschwingungen strenggenommen nicht mehr wie bei einem für alle Glieder gleichen a durch eine Fouriersche Reihe darstellbar ist.

Dies alles gilt natürlich auch für nach (21) mit den Auslenkungen u'' nahezu proportionale Druckschwankungen p'', welche im Falle einer aus lauter gleich langen Einzelrohren bestehenden Leitung die Bewegung von einem Rohre nach dem anderen auch dann übertragen, wenn die Verbindungen (Flanschen) praktisch als starr angesehen werden müssen. Sind allerdings die Einzelrohre nicht mehr gleich lang, so besteht auch nicht mehr die Beziehung (26) längs der ganzen Leitung, so daß sich stehende Schwingungen nach Gl. (25a) nicht mehr ausbilden können. In diesem Falle wird eine am Ende der Leitung hervorgerufene Störung, z. B. mehr oder weniger plötzliche Drucksteigerung, sich einfach mit der durch (27) angenähert definierten Geschwindigkeit a bis zum andern Ende, geschwächt durch die Dämpfung, fortpflanzen und beim Rücklaufe infolge der Interferenz erlöschen.

Es fragt sich nunmehr, nach welchen Gesetzen die mit den Druckschwankungen verknüpften Geschwindigkeitsänderungen der Strömung sich vollziehen, wobei wir von der Flüssigkeitsreibung zunächst absehen wollen. Vernachlässigen wir außerdem, wie schon in den bisherigen Entwicklungen, die mit der stationären Stromgeschwindigkeit multiplizierten Ableitungen kleiner Schwankungen p'', u'' und w'', so gehen die beiden

Grundformeln (13b) und (19a) nach Elimination von u'' durch (21) sowie nach Einführung von (22) über in

$$\left.\begin{aligned} -\frac{g}{\gamma_0}\frac{\partial p''}{\partial z} &= \frac{\partial w''}{\partial t} \\ -\frac{g}{\gamma_0}\frac{\partial p''}{\partial t} &= a^2\frac{\partial w''}{\partial z} \end{aligned}\right\} \quad \ldots\ldots \quad (28)$$

Diese beiden Näherungsformeln wurden schon von Korteweg (1878) und von Alliévi (1903) aufgestellt und der Theorie der Radialschwingungen zugrunde gelegt. Sie werden ganz allgemein durch zwei willkürliche Funktionen f_1 und f_2 derart erfüllt, daß

$$\left.\begin{aligned} \frac{g}{\gamma_0}p'' &= f_1(z+at)+f_2(z-at) \\ a w'' &= f_1(z+at)-f_2(z-at) \end{aligned}\right\} \quad \ldots\ldots \quad (28\text{a}),$$

wie man durch Differentiation und Einsetzen in (28) leicht feststellen kann.

Wollte man die Flüssigkeitsreibung angenähert berücksichtigen, so brauchte man nur analog (25b) jeden der beiden Ausdrücke (27a) mit dem Faktor $e^{-\frac{\zeta}{2}t}$ zu multiplizieren, wodurch allerdings in den Formeln (28) Reibungsglieder von der Form $\frac{\zeta}{2}p''$ und $\frac{\zeta}{2}w''$ bedingt werden, die wir zunächst vernachlässigt haben. Da ferner p'' und w'' Schwankungen um Mittelwerte p' und w' bzw. c darstellen, so können die Funktionen f_1 und f_2 keine additiven Konstanten besitzen. Dies trifft natürlich auch für die der Druckschwankung p'' proportionale Auslenkung u'' zu, für die wir somit nach (28a) mit (21)

$$u'' = \frac{\gamma_0}{g\,b_0}\left[f_1(z+at)+f_2(z-at)\right] \quad \ldots \quad (28\text{b})$$

zu setzen hätten und damit einen Ausdruck erhalten, der bis auf den Dämpfungsfaktor $e^{-\frac{\zeta}{2}t}$ durch die Reihe (25b) dargestellt werden kann, wie man aus der Umformung von (25a) in (25c) sofort erkennt. Aus (28a) folgt nun weiter durch Subtraktion bzw. Addition

$$\left.\begin{aligned} \frac{g}{\gamma_0}p'' - a w'' &= 2 f_2(z-at) \\ \frac{g}{\gamma_0}p'' + a w'' &= 2 f_1(z+at) \end{aligned}\right\} \quad \ldots\ldots \quad (28\text{c})$$

Für ein Maximum oder Minimum $w'' = w_m''$, dem nach (28) infolge des gleichzeitigen Verschwindens der Ableitungen dann auch ein ausgezeichneter Wert von $p'' = p_m''$ zugehört, können die linken Seiten von (28c) nicht mehr mit der Zeit oder dem Orte variieren, da eben diese Werte — abgesehen von der hier außer Betracht bleibenden Dämpfung — sich unverändert längs des Rohres fortpflanzen. Da anderseits aber die Funktionen f_1 und f_2, wie schon bemerkt, keine additiven Konstanten besitzen, so müssen sie für den Eintritt ausgezeichneter Werte von p'' und w'' verschwinden, womit die zugehörigen Bedingungsgleichungen zwischen z und t gegeben sind. Wir erhalten also hierfür

$$p_m'' = \pm \frac{\gamma_0}{g} a w_m'' \quad . \quad . \quad . \quad . \quad . \quad . \quad (29)$$

worin w_m'' höchstens der Stromgeschwindigkeit c für den Fall eines raschen Abschlusses oder einer plötzlichen Öffnung der Leitung unter Wahrung der Kontinuität gleich werden kann. Schreitet die Störungswelle, wie z. B. im Falle der Öffnung oder des Schlusses eines Schiebers, aus einem Ende der Leitung nur in einer Richtung fort, so genügt die Einführung einer der beiden Funktionen f_1 oder f_2 in die vorstehenden Gleichungen, so daß wir z. B. an Stelle von (28a) hierfür kürzer

$$\frac{g}{\gamma_0} p'' = -a w'' = f(z - at) \quad . \quad . \quad . \quad . \quad . \quad (30)$$

schreiben dürfen, woraus zugleich die Proportionalität der Druck- und Geschwindigkeitsschwankungen erhellt. Der an der Stelle $z = 0$ befindliche Schieber habe nun eine Öffnung $F_1 < F_0$, wobei F_0 wieder den Rohrquerschnitt bedeutet. Dann berechnet sich die Ausflußgeschwindigkeit v der Flüssigkeit aus dem zur Zeit t nur um $F_1 \varphi(t)$ geöffneten Schieber ins Freie unter Vernachlässigung des Quadrates der viel kleineren Stromgeschwindigkeit c angenähert zu

$$v = -\sqrt{\frac{2gp}{\gamma_0}} = -\sqrt{\frac{2g}{\gamma_0}(p' + p'')} \quad . \quad . \quad . \quad (31)$$

worin mit $w'' = w_0''$ für $z = 0$

$$v F_1 \varphi(t) = w_0 F_0 = (c + w_0'') F_0 \quad . \quad . \quad . \quad . \quad (31\,a)$$

ist und $\varphi(t)$ die zeitliche Veränderlichkeit der Schieberöffnung andeutet, während das negative Vorzeichen der Wurzel darum gewählt werden muß, weil die Flüssigkeit der z-Richtung entgegenströmt.

Die Elimination von v aus (31) und (31a) ergibt weiterhin

$$c + w_0'' = -\frac{F_1}{F_0}\varphi(t)\sqrt{\frac{2g}{\gamma_0}(p' + p'')} \quad . \quad . \quad (31\text{b})$$

oder wegen der Kleinheit von p'' gegen p' mit Rücksicht auf das ohnehin kleine Verhältnis $F_1 : F_2$ genügend genau

$$c + w_0'' = -\frac{F_1}{F_0}\varphi(t)\sqrt{\frac{2g}{\gamma_0}p'}.$$

Soll nun zur Zeit $t = 0$ der Schieber voll geöffnet sein, so daß $\varphi(0) = 1$ und

$$c = -\frac{F_1}{F_0}\sqrt{\frac{2gp'}{\gamma_0}} \quad . \quad . \quad . \quad . \quad . \quad (31\text{c})$$

ist, so folgt durch Subtraktion beider Formeln mit $\varphi(t) - 1 = \psi(t)$

$$w_0'' = -\frac{F_1}{F_0}[\varphi(t) - 1]\sqrt{\frac{2gp'}{\gamma_0}} = -c\,\psi(t) \quad . \quad . \quad (32).$$

Dies liefert in (30) eingesetzt für $z = 0$

$$\frac{g}{\gamma_0}p_0'' = -a\,w_0'' = -a\,c\,\psi(t) = f(-a\,t) \quad . \quad . \quad (30\text{a}),$$

womit die Funktion f sich schon aus dem Bewegungsgesetz $\psi(t)$ des Schiebers ermitteln läßt. Ist z. B. bei einer mit der Zeit proportionalen, also gleichförmigen Schlußbewegung von der Gesamtdauer t_1

$$\varphi(t) = \frac{t_1 - t}{t_1} = 1 - \frac{t}{t_1}, \quad \psi(t) = -\frac{t}{t_1} \quad . \quad . \quad (33),$$

so wird aus (30a)

$$\frac{g}{\gamma_0}p_0'' = -a\,w_0'' = \frac{a\,t}{t_1}\frac{F_1}{F_0}\sqrt{\frac{2gp'}{\gamma_0}} = \frac{a\,t}{t_1}c \quad . \quad (30\text{b})$$

und schließlich für eine beliebige Stelle z der Rohrleitung zur Zeit t

$$\frac{g}{\gamma_0}p'' = -a\,w'' = -c\,\frac{z - a\,t}{t_1} \quad . \quad . \quad . \quad . \quad (32\text{a}).$$

Daraus geht hervor, d a ß d i e D r u c k s c h w a n k u n g z u r Z e i t $t = \frac{z}{a}$ a n d e r S t e l l e z b e g i n n t u n d n a c h dem weiteren Ablaufe der Schlußzeit, also für $t = \frac{z}{a} + t_1$ den Höchstwert

$$p_m'' = \frac{\gamma_0 a c}{g},$$

entsprechend dem Stillstand der ganzen Flüssigkeitssäule, erreicht, um danach wieder abzunehmen. Dies gilt allerdings nur für den Fall einer unendlich langen Leitung, bzw. bei endlicher Leitungslänge l für den Hingang der Druckwelle, solange die Schlußzeit $t_1 < 2\,\frac{l}{a}$ bleibt, da im andern Fall die rückkehrende Druckwelle den Schlußvorgang selbst noch modifiziert. Alsdann läßt sich die Erscheinung nicht mehr durch den Ansatz (30) darstellen, es muß vielmehr auf Gl. (28a) mit zwei willkürlichen Funktionen zurückgegriffen werden, worüber man das Nähere in der sehr gründlichen Arbeit von Alliévi[1]) nachlesen kann. Hier kam es im wesentlichen auf die Ermittlung der elastischen Radialschwingungen im Rohre selbst an, deren Fortpflanzungsgeschwindigkeit nicht allein durch die Elastizitätskonstanten des Materials und das Verhältnis der Wandstärke h zum Rohrhalbmesser r_0 sondern auch derjenigen der Flüssigkeit bedingt war, und welche überdies einer mit der stationären Stromgeschwindigkeit zunehmenden Dämpfung unterworfen sind.

§ 7. Die Formänderungsarbeit.

Die Formänderungsarbeit der inneren und äußeren Kräfte. Verallgemeinerung des Hookeschen Gesetzes, die Superposition der elastischen Verschiebungen, Einflußzahlen. Castiglianos Satz über die Ableitungen der Formänderungsarbeit. Maxwells Satz über die Gegenseitigkeit der Verschiebungen. Berücksichtigung der Abhängigkeit der äußeren Kräfte voneinander. Beispiele. Stabspannungen eines Fachwerkes mit überzähligen Stäben.

Am Schlusse der Untersuchung über den ebenen Spannungszustand in § 2 haben wir einen Ausdruck für die Formänderungsarbeit eines Volumelementes abgeleitet, welches

[1]) L. Alliévi, Allgemeine Theorie über die veränderliche Bewegung des Wassers in Leitungen, deutsch von Dubs u. Bataillard, Berlin 1909.

im Gleichgewichtszustande den Normalspannungen σ_x und σ_y sowie der Schubspannung τ unterworfen ist. Die Ausführung der Integration über das ganze Körpervolumen, d. h. die Berechnung der totalen Formänderungsarbeit setzt natürlich die vollständige Kenntnis der Spannungsverteilung voraus, die in jedem Einzelfalle besonders festzustellen ist.

Dagegen wissen wir von vornherein, daß die Formänderungsarbeit von den äußeren am Körper angreifenden Kräften, die wir mit $P_1\, P_2 \ldots P_n$ bezeichnen wollen, dadurch geleistet wird, daß deren Angriffspunkte am Körper Verschiebungen erleiden. Die in die Richtung der Kräfte fallenden Projektionen dieser Verschiebungen seien nun $\Delta s_1\, \Delta s_2 \ldots \Delta s_n$, dann wird infolge unendlich kleiner Änderungen dieser Verschiebungskomponenten um $d\Delta s_1$, $d\Delta s_2 \ldots d\Delta s_n$ die von den äußeren Kräften geleistete Formänderungsarbeit um den Betrag

$$dL = P_1\, d\Delta s_1 + P_2\, d\Delta s_2 + \cdots + P_n\, d\Delta s_n \quad . \quad . \quad (1)$$

wachsen. Andererseits lehrt die Erfahrung, daß die Verschiebungskomponente Δs irgendeines Körperpunktes in einer vorgeschriebenen Richtung der an einem andern Punkte angreifenden Kraft P_n proportional ist, derart, daß man mit einem nur von der Konfiguration und der Elastizität des Körpers abhängigen Faktor α_k

$$\Delta s = \alpha_k P_k$$

schreiben darf. Treten hierzu noch weitere Kräfte, so addieren sich die von ihnen hervorgerufenen Verschiebungskomponenten einfach zur ersteren, so daß wir schließlich für die auf irgendeine Richtung projizierte Verschiebung eines Körperpunktes unter der Wirkung der Einzelkräfte $P_1\, P_2 \ldots P_n$ den Ausdruck

$$\Delta s = \alpha_1 P_1 + \alpha_2 P_2 + \ldots + \alpha_n P_n \quad . \quad . \quad . \quad . \quad (2)$$

erhalten, den man auch als die allgemeinste Form des Hookeschen Gesetzes betrachten darf. Wegen der algebraischen Addition der einzelnen Kraftwirkungen bezeichnet man Gl. (2) auch häufig als das Superpositionsgesetz der elastischen Verschiebungen, während die von den Kräften selbst unabhängigen Faktoren α deren Einflußzahlen in bezug auf die ins Auge gefaßte Verschiebung heißen.

Das Superpositionsgesetz gilt selbstverständlich auch für die Angriffsstellen der äußeren Kräfte selbst, so daß wir die in die Richtungen der zugehörigen Kräfte fallenden Gesamtverschiebungen ihrer Angriffspunkte zweckmäßig in der Form

$$\left.\begin{array}{l}\Delta s_1=\alpha_{11}P_1+\alpha_{12}P_2+..+\alpha_{1i}P_i+..+\alpha_{1k}P_k+..+\alpha_{1n}P_n\\ \Delta s_2=\alpha_{21}P_1+\alpha_{22}P_2+..+\alpha_{2i}P_i+..+\alpha_{2k}P_k+..+\alpha_{2n}P_n\\ \cdot\;\cdot\;\cdot\;\cdot\;\cdot\;\cdot\;\cdot\;\cdot\;\cdot\;\cdot\;\cdot\;\cdot\;\cdot\;\cdot\;\cdot\;\cdot\;\cdot\\ \Delta s_i=\alpha_{i1}P_1+\alpha_{i2}P_2+..+\alpha_{ii}P_i+..+\alpha_{ik}P_k+..+\alpha_{in}P_n\\ \cdot\;\cdot\;\cdot\;\cdot\;\cdot\;\cdot\;\cdot\;\cdot\;\cdot\;\cdot\;\cdot\;\cdot\;\cdot\;\cdot\;\cdot\;\cdot\;\cdot\\ \Delta s_k=\alpha_{k1}P_1+\alpha_{k2}P_2+..+\alpha_{ki}P_i+..+\alpha_{kk}P_k+..+\alpha_{kn}P_n\\ \cdot\;\cdot\;\cdot\;\cdot\;\cdot\;\cdot\;\cdot\;\cdot\;\cdot\;\cdot\;\cdot\;\cdot\;\cdot\;\cdot\;\cdot\;\cdot\;\cdot\\ \Delta s_n=\alpha_{n1}P_1+\alpha_{n2}P_2+..+\alpha_{ni}P_i+..+\alpha_{nk}P_k+..+\alpha_{nn}P_n\end{array}\right\}\quad(2\text{a})$$

schreiben können. Setzen wir die Differentiale dieser Verschiebungen in den Ausdruck (1) für das Element der Formänderungsarbeit ein, so lautet dieser

$$\begin{aligned}dL=\;&P_1(\alpha_{11}\,dP_1+\alpha_{12}\,dP_2+..+\alpha_{1n}\,dP_n)\\ &+P_2(\alpha_{21}\,dP_1+\alpha_{22}\,dP_2+..+\alpha_{2n}\,dP_n)\\ &\cdot\;\cdot\;\cdot\;\cdot\;\cdot\;\cdot\;\cdot\;\cdot\;\cdot\;\cdot\;\cdot\;\cdot\;\cdot\;\cdot\\ &+P_n(\alpha_{n1}\,dP_1+\alpha_{n2}\,dP_2+..+\alpha_{nn}\,dP_n)\end{aligned}$$

oder auch unter Zusammenfassung aller untereinander stehenden Terme mit denselben Differentialen

$$\left.\begin{aligned}dL=\;&(\alpha_{11}P_1+\alpha_{21}P_2+..+\alpha_{n1}P_n)\,dP_1\\ &+(\alpha_{12}P_1+\alpha_{22}P_2+..+\alpha_{n2}P_n)\,dP_2\\ &\cdot\;\cdot\;\cdot\;\cdot\;\cdot\;\cdot\;\cdot\;\cdot\;\cdot\;\cdot\;\cdot\;\cdot\;\cdot\;\cdot\\ &+(\alpha_{1n}P_1+\alpha_{2n}P_2+..+\alpha_{nn}P_n)\,dP_n\end{aligned}\right\}\quad.\;(1\text{a}).$$

Hiernach erscheint die totale Formänderungsarbeit selbst als Funktion der Einzelkräfte

$$L=f\,(P_1\,P_1\,P\,..\,P_n)\;\;.\;\;.\;\;.\;\;.\;\;.\;\;.\quad(3)$$

mit dem Element

$$dL=\frac{\partial L}{\partial P_1}dP_1+\frac{\partial L}{\partial P_2}dP_2+\ldots.+\frac{\partial L}{\partial P_n}dP_n\quad.\;(3\text{a}).$$

Diese Gleichung ist aber unter der Voraussetzung voneinander unabhängiger äußerer Kräfte P, also willkürlicher Differentiale dP, mit (1a) nur vereinbar, wenn

$$\left.\begin{array}{l}
\frac{\partial L}{\partial P_1}=a_{11}P_1+a_{21}P_2+..+a_{i1}P_i+..+a_{k1}P_k+..+a_{n1}P_n\\
\frac{\partial L}{\partial P_2}=a_{12}P_1+a_{22}P_2+..+a_{i2}P_i+..+a_{k2}P_k+..+a_{n2}P_n\\
\cdots\cdots\cdots\cdots\cdots\cdots\cdots\cdots\cdots\\
\frac{\partial L}{\partial P_i}=a_{1i}P_1+a_{2i}P_2+..+a_{ii}P_i+..+a_{ki}P_k+..+a_{ni}P_n\\
\cdots\cdots\cdots\cdots\cdots\cdots\cdots\cdots\cdots\\
\frac{\partial L}{\partial P_k}=a_{1k}P_1+a_{2k}P_2+..+a_{ik}P_i+..+a_{kk}P_k+..+a_{nk}P_n\\
\cdots\cdots\cdots\cdots\cdots\cdots\cdots\cdots\cdots\\
\frac{\partial L}{\partial P_n}=a_{1n}P_1+a_{2n}P_2+..+a_{in}P_i+..+a_{kn}P_k+..+a_{nn}P_n
\end{array}\right| \quad (1\,b).$$

Differenzieren wir eine dieser Ableitungen nach einer anderen Kraft, so erhalten wir z. B.

$$\frac{\partial}{\partial P_k}\left(\frac{\partial L}{\partial P_i}\right)=\frac{\partial^2 L}{\partial P_i\,\partial P_k}=a_{ki}$$

$$\frac{\partial}{\partial P_i}\left(\frac{\partial L}{\partial P_k}\right)=\frac{\partial^2 L}{\partial P_k\,\partial P_i}=a_{ik},$$

also allgemein wegen der Umkehrbarkeit der Reihenfolge der Differentiationen

$$a_{ki}=a_{ik} \quad \ldots\ldots\ldots \quad (4),$$

d. h. die Einflußzahl der k-ten Last auf die Verschiebung des Angriffspunktes der i-ten Last ist ebenso groß, wie die Einflußzahl der letzteren auf den Angriffspunkt der ersteren Last. Dieses von J. C. Maxwell zuerst abgeleitete Ergebnis bezeichnet man wohl auch als den Satz von der Gegenseitigkeit der Verschiebungen. Vertauschen wir auf Grund von Gl. (4) die Zeiger der Einflußzahlen a in Gl. (1b), so ergibt sich durch Vergleich mit (2a) allgemein

$$\frac{\partial L}{\partial P_1}=\Delta s_1, \quad \frac{\partial L}{\partial P_2}=\Delta s_2 \ldots \quad \frac{\partial L}{\partial P_k}=\Delta s_k \quad . \quad (5),$$

sodaß also die partielle Ableitung der Formänderungsarbeit nach einer äußeren Einzelkraft schon die in ihre Richtung fallende

Verschiebungskomponente ihres Angriffspunktes ergibt.

Handelt es sich insbesondere um Auflagedrücke P_a, deren Angriffspunkte keine Verschiebungen erleiden sollen, so verschwinden dafür die Ableitungen der Formänderungsarbeit, und wir erhalten Gleichungen von der Gestalt

$$\frac{\partial L}{\partial P_a} = 0 \quad \ldots \ldots \ldots \quad (5\text{a}).$$

Die Zahl derartiger Gleichungen stimmt offenbar mit derjenigen der voneinander unabhängigen Kräfte überein. Sind demnach die an einem Körper angreifenden äußeren Kräfte durch gewisse Beziehungen, z. B. statische Gleichgewichtsbedingungen, miteinander verknüpft, so müssen vor Ausführung der Differentiation erst ebensoviele abhängige Kräfte eliminiert werden, als Bedingungsgleichungen vorhanden sind. Will man diese Elimination vermeiden, so muß bei der Differentiation auf die Abhängigkeit Rücksicht genommen werden. Sind z. B. die Kräfte P_1 und P_2 mit den andern durch zwei Gleichungen verknüpft, so ergibt sich die Verschiebung des Angriffspunktes von P_3 zu

$$\Delta s_3 = \frac{\partial L}{\partial P_1}\frac{dP_1}{dP_3} + \frac{\partial L}{\partial P_2}\frac{dP_2}{dP_3} + \frac{\partial L}{\partial P_3} \quad \ldots \quad (5\text{b}),$$

worin die Ableitungen $\frac{dP_1}{dP_3}$ und $\frac{dP_2}{dP_3}$ aus den Bedingungsgleichungen zu entnehmen sind.

Aus diesen Bemerkungen geht hervor, daß die Methode der Ableitungen der Formänderungsarbeit, deren systematische Durchführung man dem italienischen Ingenieur Castigliano verdankt, sich besonders zur Berechnung statisch unbestimmter Größen eignet, deren Ermittelung auf anderem Wege sich häufig recht unbequem gestaltet. Castigliano hat übrigens das vorstehende Verfahren in seinem klassischen Hauptwerke[1]) zunächst an sog. Fachwerken, also Stabverbindungen entwickelt und dann auf beliebige Körper ausgedehnt, ohne von dem Maxwellschen Satze der Gegenseitigkeit der Verschiebungen Gebrauch zu machen. Wir haben

[1]) A. Castigliano: Theorie des Gleichgewichts elastischer Systeme, deutsch von E. Hauff, Wien 1886.

es darum vorgezogen, im Anschluß an den Gedankengang von Föppl[1]) die Herleitung auf die erfahrungsmäßige Verallgemeinerung des Hookeschen Gesetzes zu gründen, aus der das Maxwellsche Ergebnis ohne weiteres hervorgeht.

Die Verwendung der vorstehenden Methode setzt natürlich voraus, daß wir den Ausdruck für die Formänderungsarbeit (3) explizit anschreiben können. Um welche Funktion der äußeren Kräfte es sich dabei handelt, erkennen wir leicht aus (1a), worin wegen (4)

$$a_{ik} P_i \, dP_k + a_{ki} P_k \, dP_i = a_{ik} (P_i \, dP_k + P_k \, dP_i) = a_{ik} \, d(P_i P_k)$$

zu setzen ist, so daß die Integration mit der unteren Grenze 0 für alle Kräfte P wegen deren allmählicher Zunahme

$$\left. \begin{aligned} L = \frac{a_{11}}{2} P_1^2 + a_{12} P_1 P_2 + \ldots + a_{1i} P_1 P_i + \ldots + a_{1n} P_1 P_n \\ + \frac{a_{22}}{2} P_2^2 + \ldots + a_{2i} P_2 P_i + \ldots + a_{2n} P_2 P_n \\ \ldots\ldots\ldots\ldots\ldots \\ + \frac{a_{ii}}{2} P_i^2 + \ldots + a_{in} P_i P_n \\ \ldots\ldots\ldots \\ + \frac{a_{nn}}{2} P_n^2 \end{aligned} \right\} \quad (3\text{b}).$$

ergibt. Dafür kann man auch kürzer

$$L = \frac{1}{2} \sum a_{ik} P_i P_k \quad \ldots\ldots \quad (3\text{c})$$

schreiben, worin sich die Summe sowohl über i, als auch über k erstreckt, die beide der Reihe nach alle Werte von 1 bis n annehmen. Die Formänderungsarbeit erscheint demnach als eine Funktion zweiten Grades der auf den Körper wirkenden äußeren Kräfte, deren konstante Koeffizienten, die Einflußzahlen, aus den besonderen Bedingungen der Konfiguration des Körpers und der elastischen Eigenschaften seiner Bestandteile zu berechnen sind. Hierüber geben die nachstehenden Beispiele der Anwendung des ganzen Verfahrens Auskunft.

---

[1]) A. Föppl, Vorlesungen über techn. Mechanik, Bd. V, Die wichtigsten Lehren der höheren Elastizitätstheorie, Leipzig 1907. § 42 u. 43.

Beispiel 1. Wir betrachten zunächst im Anschluß an das Beispiel 1 des § 1 den Fall eines Stabes vom konstanten Querschnitt F und der Länge $l_1 + l_2$, der an seinen beiden Enden

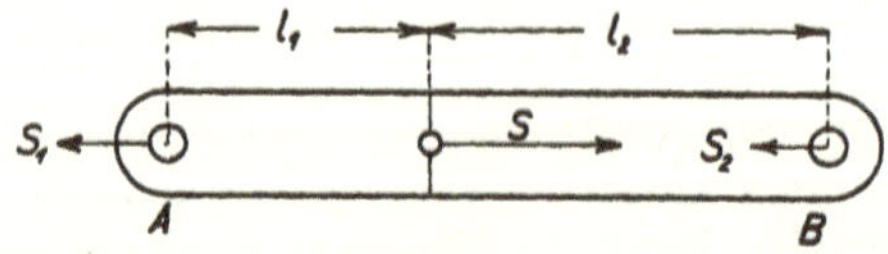

Fig. 28.

A und B in starren Zapfen gelagert ist (Fig. 28), während im Punkte C mit $AC = l_1$ eine Kraft S in der Stabrichtung AB eingreift. Sind dann S_1 und S_2 die beiden Auflagedrucke in den Zapfen A und B, also

$$S_1 + S_2 = S \quad \ldots\ldots\ldots \quad (6),$$

so ergeben sich die Formänderungen der beiden Stabteile AC und BC zu

$$\Delta l_1 = \frac{S_1 l_1}{EF}, \qquad \Delta l_2 = -\frac{S_2 l_2}{EF} \quad \ldots\ldots \quad (7)$$

und daraus die zugehörigen Formänderungsarbeiten, welche wegen des gleichen Vorzeichens der Kraft und der von ihr hervorgerufenen Längenänderung stets positiv ausfallen, zu

$$L_1 = \frac{1}{2}\frac{l_1}{EF} S_1^2, \qquad L_2 = \frac{1}{2}\frac{l_2}{EF} S_2^2.$$

Die ganze Formänderungsarbeit ist demnach

$$L = \frac{1}{2EF}(l_1 S_1^2 + l_2 S_2^2) \quad \ldots\ldots \quad (8)$$

mit den beiden Einflußzahlen

$$\alpha_{11} = \frac{l_1}{EF}, \qquad \alpha_{22} = \frac{l_2}{EF}.$$

Durch Differentiation von (8) folgt dann nach (5b) mit Rücksicht auf die Bedingungsgleichung (6), also mit $\frac{dS_1}{dS_2} = -1$, für die feste Auflage A

$$0 = \frac{\partial L}{\partial S_1} + \frac{\partial L}{\partial S_2}\frac{dS_2}{dS_1} = \frac{1}{EF}(l_1 S_1 - l_2 S_2)$$

oder

$$l_1 S_1 = l_2 S_2 \quad \ldots\ldots\ldots\ldots \quad (9),$$

so daß

$$S_1 = \frac{l_2 S}{l_1 + l_2}, \quad S_2 = \frac{l_1 S}{l_1 + l_2} \quad . \quad . \quad . \quad . \quad . \quad (9a)$$

wird. Durch Elimination von S_2 aus Gl. (8) und (7) hätten wir dagegen den Ausdruck

$$L = \frac{1}{2EF}[l_1 S_1^2 + (S - S_1)^2 l_2] \quad . \quad . \quad . \quad . \quad (8a)$$

erhalten, dessen Differentiation nach S_1 bei konstantem S wieder auf (9) führt.

Beispiel 2. An einer vertikalen Wand mögen durch übereinander befindliche Gelenke BCD drei Stäbe von den Längen $l_1\, l_2\, l_3$ und den Querschnitten $F_1\, F_2\, F_3$ befestigt sein, die in dem Punkte A wiederum gelenkig zusammenlaufen, Fig. 29. Es sollen die durch eine in A aufgehängte Last P in den Stäben hervorgerufenen Kräfte $S_1\, S_2\, S_3$ bestimmt werden.

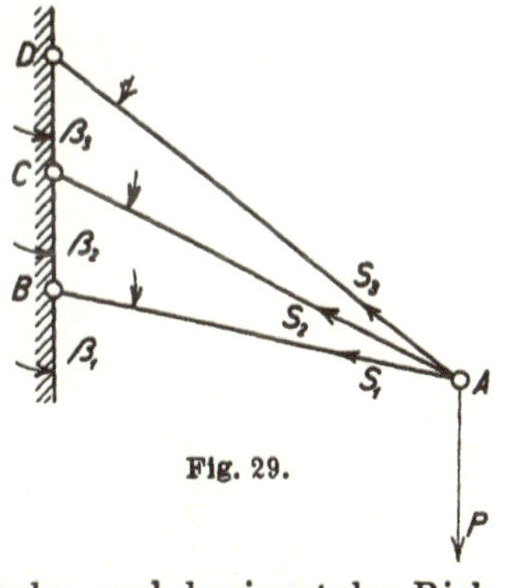

Fig. 29.

Bezeichnet man die Neigungen der Stäbe gegen die Wand bzw. mit $\beta_1\, \beta_2\, \beta_3$, so haben wir zunächst die beiden Gleichgewichtsbedingungen im Punkte A in vertikaler und horizontaler Richtung, nämlich

$$\left.\begin{aligned} S_1 \cos\beta_1 + S_2 \cos\beta_2 + S_3 \cos\beta_3 &= P \\ S_1 \sin\beta_1 + S_2 \sin\beta_2 + S_3 \sin\beta_3 &= 0 \end{aligned}\right\} \quad . \quad . \quad . \quad (10),$$

die offensichtlich nicht zur Bestimmung der drei Stabspannungen ausreichen, welche selbst mit den Auflagekräften in den Stützpunkten BCD übereinstimmen. Das Problem ist mithin statisch unbestimmt und erfordert zu seiner Lösung die Aufstellung einer weiteren Gleichung. Zu diesem Zwecke berechnen wir die von den Stabkräften hervorgerufenen Längenänderungen unter der Annahme verschiedenen Stabmaterials, also mit verschiedenen Elastizitätsmoduln $E_1\, E_2\, E_3$

$$\Delta l_1 = \frac{S_1 l_1}{E_1 F_1}, \quad \Delta l_2 = \frac{S_2 l_2}{E_2 F_2}, \quad \Delta l_3 = \frac{S_3 l_3}{E_3 F_3} \quad . \quad . \quad (11),$$

mit deren Hilfe sich die totale Formänderungsarbeit zu

$$L = \frac{1}{2}\left(\frac{S_1^2 l_1}{E_1 F_1} + \frac{S_2^2 l_2}{E_2 F_2} + \frac{S_3^2 l_3}{E_3 F_3}\right) \quad . \; . \; . \quad (12)$$

ergibt. Differenzieren wir nun diese Gleichung mit Rücksicht auf (5b) nach S_1 und setzen die Ableitung entsprechend der festen Auflage B gleich Null, so folgt

$$\frac{S_1 l_1}{E_1 F_1} + \frac{S_2 l_2}{E_2 F_2}\frac{d S_2}{d S_1} + \frac{S_3 l_3}{E_3 F_3}\frac{d S_3}{d S_1} = 0 \quad . \; . \; . \quad (12\text{a}),$$

während nach (10) bei konstantem P

$$\left.\begin{aligned} \cos\beta_1 + \frac{d S_2}{d S_1}\cos\beta_2 + \frac{d S_3}{d S_1}\cos\beta_3 = 0 \\ \sin\beta_1 + \frac{d S_2}{d S_1}\sin\beta_2 + \frac{d S_3}{d S_1}\sin\beta_1 = 0 \end{aligned}\right\} \quad . \; . \quad (10\text{a})$$

ist. Daraus berechnen sich die beiden Ableitungen

$$\left.\begin{aligned} \frac{d S_2}{d S_1} = \frac{\sin\beta_3\cos\beta_1 - \sin\beta_1\cos\beta_3}{\sin\beta_2\cos\beta_3 - \sin\beta_3\cos\beta_2} \\ \frac{d S_3}{d S_1} = \frac{\sin\beta_2\cos\beta_1 - \sin\beta_1\cos\beta_2}{\sin\beta_3\cos\beta_2 - \sin\beta_2\cos\beta_3} \end{aligned}\right\} \quad . \; . \; . \quad (10\text{b}).$$

Führen wir diese Werte in Gl. (12a) ein, so erhalten wir die gesuchte dritte Formel, die mit den beiden Gleichungen (10) die drei Spannungen $S_1\, S_2\, S_3$ eindeutig der Last P proportional bestimmt. Damit sind wir auch in den Stand gesetzt, die vertikale Verschiebung $\varDelta s$ des Angriffspunktes A der Last P aus der Gleichung

$$\varDelta s = \frac{2L}{P} = \frac{1}{P}\left(\frac{l_1 S_1^2}{E_1 F_1} + \frac{l_2 S_2^2}{E_2 F_2} + \frac{l_3 S_3^2}{E_3 F_3}\right) \quad . \; . \quad (13)$$

zu berechnen, die infolge der Proportionalität der S mit P auch in der Form

$$\varDelta s = \frac{\partial L}{\partial P} = \frac{l_1 S_1}{E_1 F_1}\frac{d S_1}{d P} + \frac{l_2 S_2}{E_2 F_2}\frac{d S_2}{d P} + \frac{l_3 S_3}{E_3 F_3}\frac{d S_3}{d P} \quad . \quad (13\text{a})$$

geschrieben werden kann und, wie nach den Grundannahmen unserer ganzen Entwicklung zu erwarten war, eine Proportionalität der Verschiebung von $\varDelta s$ mit P ergibt.

B e i s p i e l 3. Das in Fig. 30 dargestellte, in einem seiner Knotenpunkte durch das Gewicht P belastete ebene Fachwerk ruht mit den drei anderen Knotenpunkten auf Stützen, deren vertikale Auflagedrücke zugleich mit den Stabspannungen zu ermitteln sind.

Bezeichnen wir zu diesem Zwecke die Stützendrücke der beiden äußeren Knoten mit V_1 und V_2, den mittleren mit Q, die Stabspannungen mit $S_1\,S_2\,S_3\,S_4\,S_5$ und die Stabneigungen

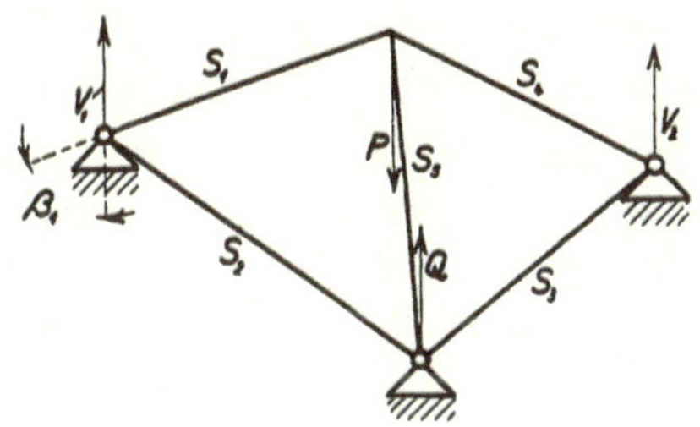

Fig. 30.

gegen die Vertikale mit $\beta_1\,\beta_2\,\beta_3\,\beta_4\,\beta_5$, so bedingt das Gleichgewicht der Stabkräfte mit den äußeren Kräften an jedem Knotenpunkte ein Gleichungspaar, und zwar für die beiden äußeren Knoten

$$\left.\begin{aligned} S_1 \cos\beta_1 + S_2 \cos\beta_2 &= V_1 \\ S_1 \sin\beta_1 + S_2 \sin\beta_2 &= 0 \end{aligned}\right\} \quad . \quad . \quad . \quad . \quad . \quad (12)$$

$$\left.\begin{aligned} S_3 \cos\beta_3 + S_4 \cos\beta_4 &= V_2 \\ S_3 \sin\beta_3 + S_4 \sin\beta_4 &= 0 \end{aligned}\right\} \quad . \quad . \quad . \quad . \quad . \quad (13),$$

während für die beiden mittleren Knoten

$$\left.\begin{aligned} S_1 \cos\beta_1 + S_4 \cos\beta_4 + S_5 \cos\beta_5 &= P \\ S_1 \sin\beta_1 + S_4 \sin\beta_4 + S_5 \sin\beta_5 &= 0 \end{aligned}\right\} \quad . \quad . \quad . \quad (14)$$

$$\left.\begin{aligned} S_2 \cos\beta_2 + S_3 \cos\beta_3 - S_5 \cos\beta_5 &= -Q \\ S_2 \sin\beta_2 + S_3 \sin\beta_3 - S_5 \sin\beta_5 &= 0 \end{aligned}\right\} \quad . \quad . \quad (15)$$

gilt. Aus den ersten vier Formeln folgt sofort mit $\sin\beta_2 \cos\beta_1 - \cos\beta_2 \sin\beta_1 = \sin(\beta_2 - \beta_1)$ sowie den Abkürzungen $\varkappa$

$$S_1 = V_1 \frac{\sin\beta_2}{\sin(\beta_2 - \beta_1)} = \varkappa_1 V_1, \quad S_2 = V_1 \frac{\sin\beta_1}{\sin(\beta_1 - \beta_2)} = \varkappa_2 V_1 \quad (12\text{a})$$

$$S_3 = V_2 \frac{\sin\beta_4}{\sin(\beta_4 - \beta_3)} = \varkappa_3 V_2, \quad S_4 = V_2 \frac{\sin\beta_3}{\sin(\beta_3 - \beta_4)} = \varkappa_4 V_2 \quad (13\text{a})$$

und aus der zweiten Gl. (15)

$$S_5 = \frac{S_2 \sin\beta_2 + S_3 \sin\beta_3}{\sin\beta_5}$$

oder wegen (12a) und (13a)

$$S_5 = V_1 \frac{\sin\beta_1 \sin\beta_2}{\sin\beta_5 \sin(\beta_1 - \beta_3)} + V_2 \frac{\sin\beta_3 \sin\beta_4}{\sin\beta_5 \sin(\beta_4 - \beta_3)} =$$
$$= \varkappa_5' V_1 + \varkappa_5'' V_2 \quad . \quad . \quad . \quad . \quad . \quad . \quad (15\text{a}).$$

Andererseits ergibt die Addition der beiden letzten Formeln (12) und (13), sowie diejenige der letzten Formeln (14) und (15) unter Wegfall der Spannung S_5

$$S_1 \sin\beta_1 + S_2 \sin\beta_2 + S_3 \sin\beta_3 + S_4 \sin\beta_4 = 0,$$

wonach die Horizontalkomponenten der Stabkräfte unter sich im Gleichgewichte sind. Addiert man weiterhin die ersten beiden Gl. (12) und (13), sowie (14) und (15), so folgt

$$V_1 + V_2 = P - Q \quad . \quad . \quad . \quad . \quad . \quad . \quad (16),$$

d. h. die Bedingung des Gleichgewichts der äußeren Vertikalkräfte, aus der naturgemäß auch der Ausgleich der Vertikalkomponenten der Stabkräfte folgt. Schließlich erhalten wir noch unter Einführung der Stablängen $l_1\, l_2\, l_3\, l_4$ die beiden Momentengleichungen

$$\left.\begin{array}{l} V_1 (l_2 \sin\beta_2 + l_3 \sin\beta_3) = P l_4 \sin\beta_4 - Q l_3 \sin\beta_3 \\ V_2 (l_2 \sin\beta_2 + l_3 \sin\beta_3) = P l_1 \sin\beta_1 - Q l_2 \sin\beta_2 \end{array}\right\} . \quad (17),$$

durch deren Zusammenfassung man wieder auf (16) geführt würde. Schreibt man an Stelle von (17) kürzer

$$\left.\begin{array}{l} V_1 = \lambda_1' P + \lambda_1'' Q \\ V_2 = \lambda_2' P + \lambda_2'' Q \end{array}\right\} . \quad . \quad . \quad . \quad . \quad . \quad (17\text{a})$$

und substituiert diese Ausdrücke in die Formeln (12a), (13a) und (15a), so ergeben sich alle Stabkräfte als lineare Funktionen der beiden Kräfte P und Q derart, daß mit neuen Abkürzungen $\mu_1\, \nu_1,\ \mu_2\, \nu_2 \ldots \mu_5\, \nu_5$

$$\left.\begin{array}{c} S_1 = \mu_1 P + \nu_1 Q, \quad S_2 = \mu_2 P + \nu_2 Q \\ S_3 = \mu_3 P + \nu_3 Q, \quad S_3 = \mu_4 P + \nu_4 Q \\ S_5 = \mu_5 P + \nu_5 Q \end{array}\right\} . \quad . \quad . \quad (18)$$

wird. Wären die beiden Kräfte P und Q von vornherein gegeben, so wäre das Fachwerk ein statisch bestimmtes, und die Stabkräfte eindeutig durch die Formeln (18) festgelegt. Ist dagegen, wie im vorliegenden Falle, Q der noch unbekannte Auflagedruck einer mittleren Stütze, so greifen wir auf die Formänderungsarbeit zurück, die nach Einführung der Stabquerschnitte, sowie unter der Annahme verschiedenen Stabmaterials mit den Moduln $E_1 E_2 \ldots E_5$

$$L = \frac{1}{2}\left(\frac{l_1 S_1^2}{E_1 F_1} + \frac{l_2 S_2^2}{E_2 F_2} + \frac{l_3 S_3^3}{E_3 F_3} + \frac{l_4 S_4^2}{E_4 F_4} + \frac{l_5 S_5^2}{E_5 F_5}\right) \quad (19)$$

lautet und nach Einsetzen von (18) mit den leicht zu übersehenden Einflußzahlen $\alpha_{11}\, \alpha_{12}\, \alpha_{22}$ analog (3b)

$$L = \frac{\alpha_{11}}{2} P^2 + \alpha_{12} P Q + \frac{\alpha_{22}}{2} Q^2 \quad . \quad . \quad . \quad . \quad (19\text{a})$$

geschrieben werden kann. Das Verschwinden der partiellen Ableitung dieser Arbeit nach Q, nämlich

$$\frac{\partial L}{\partial Q} = \alpha_{12} P + \alpha_{22} Q = 0 \quad . \quad . \quad . \quad . \quad (20),$$

ergibt alsdann die noch fehlende Gleichung zur Berechnung des Auflagedruckes Q, während die Ableitung nach P, nämlich

$$\frac{\partial L}{\partial P} = \alpha_{11} P + \alpha_{12} Q = \left(\alpha_{11} - \frac{\alpha_{12}^2}{\alpha_{22}}\right) P = \Delta s \quad . \quad (21)$$

die Vertikalverschiebung des Angriffspunktes der Last P liefert. Mit der Berechnung von Q aus (20) sind dann durch die Gl. (17a) nicht nur die beiden andern Auflagedrucke V_1 und V_2, sondern auch nach (18) sämtliche Stabkräfte eindeutig gegeben.

Enthält das zu untersuchende Fachwerk sog. **überzählige Stäbe**, so lassen sich bei vorgelegten äußeren

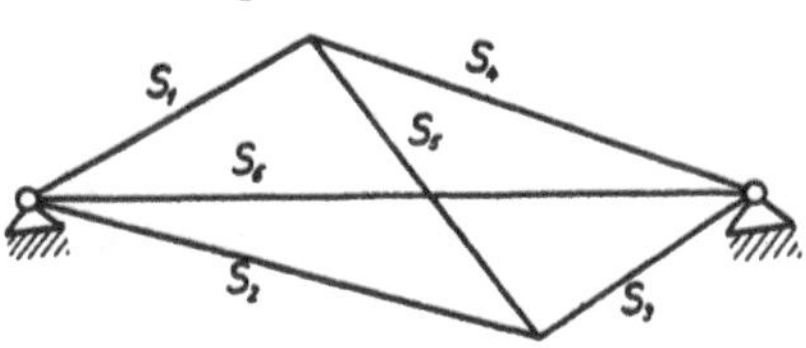

Fig. 31.

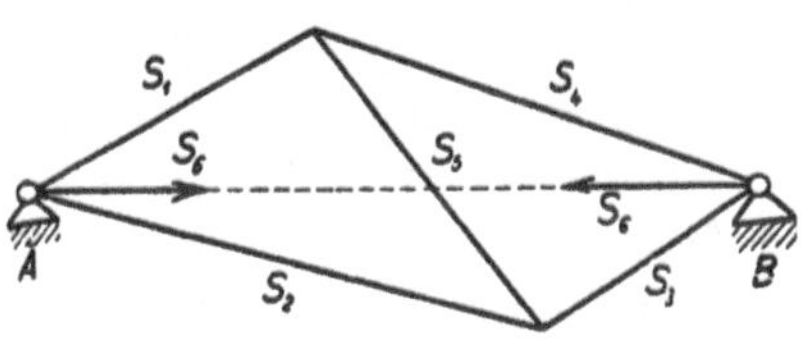

Fig. 32.

Kräften die Stabspannungen nicht mehr aus den statischen Gleichgewichtsbedingungen bestimmen. Entfernt man aber einen solchen überzähligen Stab, z. B. den mit dem Zeiger 6 bezeichneten in Fig. 31, so wird an dem Spannungszustande des übrig bleibenden Systems Fig. 32 gegenüber dem ursprünglichen nichts geändert, wenn in den Endknoten des entfernten Stabes die von ihnen dort ausgeübten Kräfte S_6 angebracht werden. Diese den Stabkräften entgegengesetzten Kräfte wirken nunmehr auf das restliche Fachwerk als äußere Kräfte.

Bezeichnen wir jetzt die Formänderungsarbeit dieses verstümmelten Fachwerks mit L', so liefert bei vorläufig festgehaltenem einen Endknoten A des entfernten Stabes die Ableitung von L' nach der Stabkraft $-S_6$ die Verschiebung des andern Knotens B, die offenbar mit der totalen Längenänderung Δl_6 des entfernten Stabes übereinstimmt. Es ist also mit den bisherigen Bezeichnungen

$$-\frac{\partial L'}{\partial S_6} = \Delta l_6 = \frac{l_6 S_6}{E_6 F_6} = \frac{1}{2} \cdot \frac{\partial}{\partial S_6} \left(\frac{l_6 S_6^2}{E_6 F_6} \right)$$

oder

$$\frac{\partial}{\partial S_6} \left(L' + \frac{1}{2 E_6} \frac{l_6 S_6^2}{F_6} \right) = 0.$$

Der in der Klammer stehende Ausdruck ist aber nichts anderes, als die Formänderungsarbeit des verstümmelten Fachwerks, vermehrt um diejenige des entfernten Stabes, oder mit andern Worten, die totale Formänderungsarbeit L des ursprünglichen statisch unbestimmten Fachwerkes, Fig. 31. Für dieses können wir daher die Gleichung

$$\frac{\partial L}{\partial S_6} = 0 \quad . \quad . \quad . \quad . \quad . \quad . \quad . \quad (22)$$

anschreiben, durch welche die Stabspannung S_6 bestimmt ist. Sind mehrere überzählige Stäbe vorhanden, so erhalten wir für jeden solchen eine Formel (22), so daß der vollständigen Berechnung des Fachwerks unter Hinzunahme der statischen Gleichgewichtsbedingungen für die einzelnen Knotenpunkte nichts mehr im Wege steht.

Da fernerhin die einzelnen Glieder, aus denen sich die Formänderungsarbeit zusammensetzt, die Stabkräfte im Quadrate enthalten, also alle positiv sind, gleichgültig, ob es sich um eine Verlängerung oder Verkürzung handelt, so werden auch die zweiten Ableitungen der Arbeit nach den statisch unbestimmten Kräften positiv. Dann aber stellen die Gl. (22) die Bedingung für ein Minimum der Formänderungsarbeit dar. Der Satz erhält noch dadurch eine größere praktische Bedeutung, daß man jeden beliebigen Körper als ein Fachwerk mit unendlich vielen Stäben und damit unendlich vielen statisch unbestimmten Kräften auffassen kann. Daraus folgt die Möglichkeit der Bestimmung einzelner Spannungen oder überhaupt diesen proportionaler Größen durch das Verschwinden der partiellen Ableitungen der Formänderungsarbeit nach ihnen.

Kapitel II.

Verdrehungselastizität isotroper Körper.

§ 8. Die Verdrehung eines Kreiszylinders.

Der Verdrehungswinkel. Die Verteilung der Schubspannungen im Querschnitt, Erhaltung der Querschnittsebenen. Das Torsionsmoment für Voll- und Hohlzylinder. Die Formänderungsarbeit und ihre Ableitung. Anwendung auf Kreisringe und zylindrische Schraubenfedern.

Greifen an den Enden eines geraden Kreiszylinders zwei Kräftepaare mit entgegengerichtetem Drehungssinne an, deren Achsen der Zylinderachse parallel sind, so erleidet der Zylinder eine V e r d r e h u n g oder T o r s i o n derart, daß seine Mantelgeraden in Schraubenlinien übergehen, also auf dem Zylinderumfang eine Neigung gegen ihre ursprüngliche Lage annehmen. Schneiden wir uns aus dem Zylinder ein Element von der Achsenlänge dz (Fig. 33) heraus, so werden dessen beide Endflächen gegeneinander um den Winkel $AOB = d\varphi$ verdreht sein. Da keines der Zylinderelemente vor den anderen bevorzugt ist, so muß sich die Verdrehung gleichmäßig auf die ganze Zylinderlänge z_0 verteilen. Ist demnach φ die Gesamtverdrehung des Zylinders, so haben wir auch

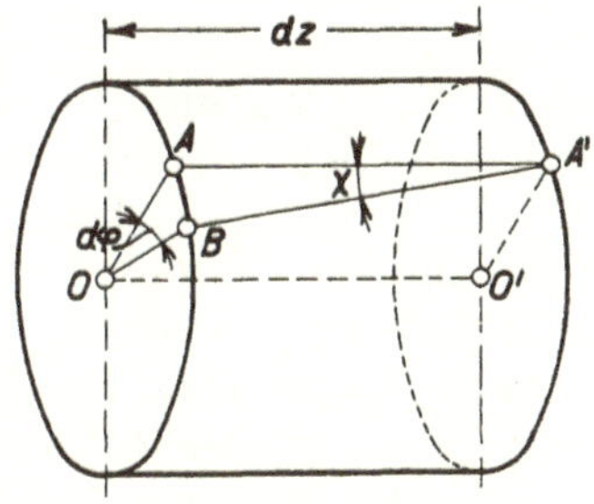

Fig. 33.

$$\frac{d\varphi}{\varphi} = \frac{dz}{z_0}$$

oder

$$\frac{d\varphi}{dz} = \frac{\varphi}{z_0} = \text{const} \quad . \quad . \quad . \quad . \quad . \quad . \quad . \quad (1).$$

Diese Beziehung gilt natürlich ganz allgemein auch für Zylinder und Prismen mit beliebig gestalteter Grundfläche, wenn nur die Achse der beiden Kräftepaare der Zylinderachse bzw. den Mantelgeraden parallel ist. Da die Kräftepaare selbst in den Endquerschnitten jedes Elementes angreifen, so werden sie dort Schubspannungen τ hervorrufen, deren Verteilung über die Querschnittsfläche noch zu ermitteln ist.

In unserem Falle des Kreiszylinders werden diese Schubspannungen jedenfalls aus Symmetriegründen längs eines mit dem Umfang konzentrischen Kreises dieselbe Größe und Neigung

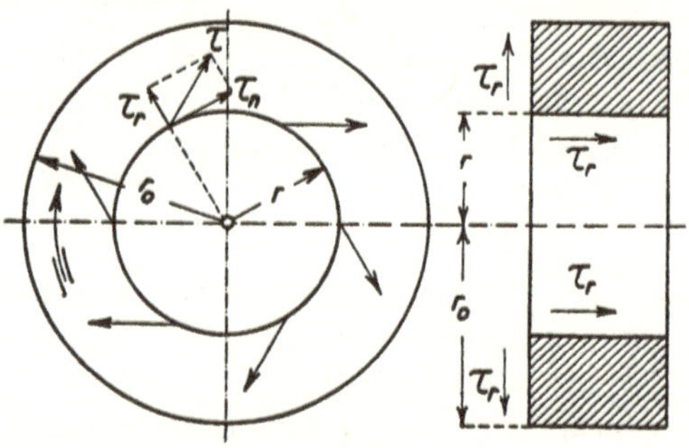

Fig. 34.

gegen den Kreisradius r besitzen, so daß wir sie nach Fig. 34 in eine Radialkomponente τ_r und eine Tangentialkomponente τ_n zerlegen können. Beiden Komponenten müssen aber nach der Folgerung aus Gl. (4) § 2 gleich große Komponenten in Normalschnitten zur Querschnittsebene entsprechen. Einen dieser Normalschnitte bildet nun der Zylindermantel mit dem Kreisradius r selbst, der mit dem Außenmantel vom Radius r_0 ein Ringelement begrenzt, an dessen Innenfläche in der Achsenrichtung die Gesamtkraft $2\pi r \tau_r dz$ wirkt, während auf der Außenfläche keine derartige Spannung herrscht. Das Gleichgewicht des Ringelementes kann darum nur bestehen, wenn die auf der Innenfläche wirkende Kraft, d. h. die Schubspannung τ_r selbst verschwindet, so daß nur mehr die Tangentialkomponente $\tau_n = \tau$ übrig bleibt.

Das Verschwinden der Radialkomponente τ_r hat überdies noch die weitere Folge, daß der ursprünglich rechte Winkel der Querschnittsebene mit dem Achsenzylinder r keine Änderung erfährt, oder mit anderen Worten, daß die Querschnittsebenen des Kreiszylinders auch nach der Verdrehung als solche erhalten bleiben. Dieses Ergebnis ist als Folge der Achsensymmetrie ausdrücklich auf Querschnitte beschränkt, die von konzentrischen Kreisen begrenzt werden, gilt also im Gegensatz zu der konstanten Verdrehung der Längeneinheit des Zylinders nach Gl. (1) durchaus nicht allgemein, wie man früher irrtümlich angenommen hat.

Kehren wir nunmehr zu der tangential gerichteten Schubspannung im Querschnitte zurück, so erkennen wir, daß diese auch in einem Meridianschnitte $OAA'O'$, Fig. 33, wirksam ist und die Verschiebung der Geraden $A'A$ in die Lage $A'B$ bedingt, die mit der ursprünglichen den Winkel χ einschließt. Um diesen Betrag hat sich der ursprünglich rechte Winkel $A'AB$ eines Volumelementes $dz\,dr\,ds$ mit den Seitenlängen dz, dr und ds in axialer, radialer und tangentialer Richtung geändert. Die Winkeländerung steht aber nach Gl. (15) § 2 mit der Schubspannung in der Beziehung

$$\tau = G\chi \quad \ldots \ldots \ldots \quad (2),$$

worin G den Schub- oder Gleitmodul bedeutet, dessen Zusammenhang mit dem Elastizitätsmodul E und dem Querkontraktionskoeffizienten μ wir ebenfalls schon in § 2 kennen gelernt haben. Da weiterhin nach Fig. 33 der Bogen AB einmal als Bestandteil des Kreises aus O mit dem Radius r, dann aber als Seite des Dreiecks $A'AB$ aufgefaßt werden kann, so haben wir für kleine Winkel χ auch

$$\chi\, dz = r\, d\varphi$$

oder

$$\chi = r\frac{d\varphi}{dz} = r\frac{\varphi}{z_0} \quad \ldots \ldots \quad (3),$$

wonach im Verein mit (1) der Neigungswinkel der schraubenförmig gekrümmten Fasern eines Kreiszylinders gegen ihre ursprüngliche Lage parallel der Achse ihrem Achsenabstand r proportional ist. Verbinden wir diese Formel mit (2), so folgt auch

$$\tau = Gr\frac{d\varphi}{dz} = Gr\frac{\varphi}{z_0} \quad \ldots \ldots \quad (4),$$

also eine dem Achsenabstand proportionale Schubspannung im Querschnitt des Kreiszylinders, für die man wohl auch den Ausdruck einer linearen Spannungsverteilung längs des Radius gebraucht. Multiplizieren wir die Schubspannung mit dem zugehörigen Flächenelement dF, so erhalten wir das Element der im Querschnitt wirksamen Tangentialkraft

$$dT = \tau\, dF = G \frac{\varphi}{z_0} r\, dF \quad . \;.\;.\;.\;. \quad (4\text{a}),$$

aus der sich durch Multiplikation mit dem Hebelarm r das elementare Drehmoment, das wir hier als Torsionsmoment bezeichnen, zu

$$d\mathfrak{M} = \tau r\, dF = G \frac{\varphi}{z_0} r^2 dF \quad . \;.\;.\;.\;. \quad (5)$$

berechnet. Die Integration dieser Formel über den ganzen Querschnitt liefert sodann unter Einführung des polaren Trägheitsmomentes[1])

$$\Theta_0 = \int r^2 dF \quad . \;.\;.\;.\;.\;.\;. \quad (6)$$

der ganzen Querschnittsfläche das totale Torsionsmoment

$$\mathfrak{M} = G \frac{\varphi}{z_0} \cdot \Theta_0 \quad . \;.\;.\;.\;.\;. \quad (5\text{a}),$$

welches offenbar mit dem Momente des äußeren Kräftepaares übereinstimmt. Da es sich in der Praxis häufig um die Ermittlung der größten Spannung τ_0 handelt, die nach dem linearen Verteilungsgesetz (4) offenbar am Querschnittsumfang mit dem Außenradius r_0 herrscht, so dürfen wir auch an Stelle von (4) setzen

$$\frac{\tau}{\tau_0} = \frac{r}{r_0} \quad . \;.\;.\;.\;.\;.\;.\;.\;. \quad (4\text{b}),$$

womit dann (5a) in

$$\mathfrak{M} = \frac{\tau_0}{r_0} \Theta_0 = \frac{\tau}{r} \Theta_0 \quad . \;.\;.\;.\;.\;. \quad (5\text{b})$$

übergeht. Auch diese Formel gilt nur für Kreiszylinder, obwohl sie früher fälschlicherweise allgemein gebraucht wurde. Wir können sie natürlich auch durch Ausrechnung des polaren Träg-

[1]) Vgl. Lorenz, Techn. Mechanik starrer Systeme, § 36, S. 273.

heitsmomentes umformen, das wir am einfachsten erhalten, wenn wir in Gl. (6) für das Flächenelement dF einen Ringstreifen von der Breite dr einsetzen, also $dF = 2\pi r dr$ schreiben. Damit wird

$$\Theta_0 = 2\pi \int r^3 dr \quad \text{. . . . . (6a),}$$

worin für einen Vollkreisquerschnitt die Integration von $r = 0$ bis $r = r_0$ zu erstrecken ist, so daß hierfür

$$\Theta_0 = 2\pi \int_0^{r_0} r^3 dr = \frac{\pi r_0^4}{2} \quad \text{. . . . . . (6b)}$$

wird. Für einen Ringquerschnitt mit dem Innenradius r_1 und dem Außenradius r_2 erhalten wir analog

$$\Theta_0 = 2\pi \int_{r_1}^{r_2} r^3 dr = \frac{\pi}{2}(r_2^4 - r_1^4) \quad \text{. . . . (6c).}$$

Da in unserem Falle nur Schubspannungen auftreten, so ergibt sich die spezifische Formänderungsarbeit nach Gl. (22) § 2 zu

$$\frac{dL}{dV} = \frac{\tau^2}{2G} \quad \text{. . . . . (7).}$$

Nun können wir aber für das Volumelement in unserem Falle

$$dV = z_0 \, dF = 2\pi r \, dr \cdot z_0$$

schreiben und erhalten damit aus (7) mit (4b) nach Integration für den Vollkreis

$$\frac{L}{z_0} = \frac{\pi}{G} \int_0^{r_0} \tau^2 r \, dr = \frac{\pi \tau_0^2}{G r_0^2} \int_0^{r_0} r^3 dr = \frac{\pi}{4G} \tau_0^2 r_0^2 \quad \text{. (8)}$$

oder unter Einführung des Gesamtvolumens $V = \pi r_0^2 z_0$

$$L = \frac{\tau_0^2}{4G} \cdot V \quad \text{. . . . . (8a).}$$

Mit Rücksicht auf die Formeln (5b) und (6b) können wir an Stelle von (8) auch schreiben

$$L = \frac{\pi r_0^4}{4G} z_0 \cdot \frac{\tau_0^2}{r_0^2} = \frac{\mathfrak{M}^2 z_0}{2G\Theta_0} = \frac{G}{2} \Theta_0 \frac{\varphi^2}{z_0} \quad \text{. . (8b)}$$

oder wegen (5a)

$$L = \frac{\mathfrak{M} \varphi}{2} \quad \text{. . . . . (9).}$$

Das ist aber nichts anderes als die Arbeit der äußeren Kräfte, d. h. hier des Torsionsmoments, die, wie schon aus den Betrachtungen des § 7 hervorging, mit der durch die inneren Kräfte, also die Spannungen, geleisteten Formänderungsarbeit übereinstimmt. Ganz entsprechend erhalten wir für den Hohlzylinder mit $\tau_2 r = \tau r_2$

$$\frac{L}{z_0} = \frac{\pi}{G}\int_{r_1}^{r} \tau^2 r\,dr = \frac{\pi \tau_2^2}{4 G r_2^2}(r_2^4 - r_1^4)$$

$$= \frac{\pi \tau_2^2}{4 G r_2^2}(r_2^2 - r_1^2)(r_2^2 + r_1^2) \quad . \quad . \quad . \quad . \quad (10)$$

oder mit $V = \pi (r_2^2 - r_1^2) z_0$

$$L = \frac{\tau_2^2}{4G}\cdot\left(1 + \frac{r_1^2}{r_2^2}\right) V \quad . \quad . \quad . \quad . \quad . \quad (10a).$$

Die weitere Umformung von (10) führt dann ebenso wie (8b) wieder auf die allgemeine Arbeitsgleichung (9), die naturgemäß für Zylinder oder Prismen mit beliebig gestalteter Grundfläche gilt. Ebenso erhält man durch Differentiation der Formänderungsarbeit (8b) nach dem Moment wegen (5a)

$$\frac{dL}{d\mathfrak{M}} = \frac{d}{d\mathfrak{M}}\left(\frac{\mathfrak{M}^2 z_0}{2 G \Theta_0}\right) = \frac{\mathfrak{M} z_0}{G \Theta_0} = \varphi,$$

also den Verdrehungswinkel, *so daß die Castiglianoschen Sätze auch für Momente gelten, wenn gleichzeitig die Verdrehung an Stelle der linearen Verschiebung eingeführt wird.*

Beispiel: Die Theorie der Verdrehung eines geraden Kreiszylinders darf angenähert auch auf *Ringe* angewendet werden, deren Durchmesser groß gegen die Abmessungen des kreisförmigen Querschnitts ist. Wir denken uns z. B. einen solchen Ring mit dem Radius a und dem Querschnittsradius r_0 an einer Stelle A aufgeschnitten und die Enden mit Hebelarmen starr verbunden, an denen je eine Kraft P normal zur Ringebene mit den Richtungen nach oben und unten angreift, Fig. 35. Dann können wir die Kraft nach jedem Ringquerschnitt B verlegen, wodurch ein Kräftepaar mit dem Torsionsmoment

$$\mathfrak{M} = P a \quad . \quad . \quad . \quad . \quad . \quad . \quad . \quad . \quad (11)$$

geweckt wird, welches offenbar von der Lage des Querschnitts B ganz unabhängig ist. Dieses Moment hat eine Verdrehung φ der beiden Endquerschnitte bei A gegeneinander zur Folge, die durch Gl. (5a) gegeben ist, wenn wir darin die Länge $z_0 = 2\pi a$ setzen, so zwar, daß mit (6b)

$$\varphi = \frac{2\pi \mathfrak{M} a}{G\Theta_0} = \frac{2\pi a^2 P}{G\Theta_0} = \frac{4a^2 P}{G \cdot r_0^4} \quad . \; . \; . \quad (12)$$

wird. Daraus folgt dann eine Verschiebung der beiden Hebelenden in axialer Richtung (Fig. 36) um den Betrag

$$\Delta s' = a\varphi = \frac{2\pi a^3 P}{G\Theta_0} = \frac{4a^3 P}{G r_0^4} \quad . \; . \; . \quad (12a).$$

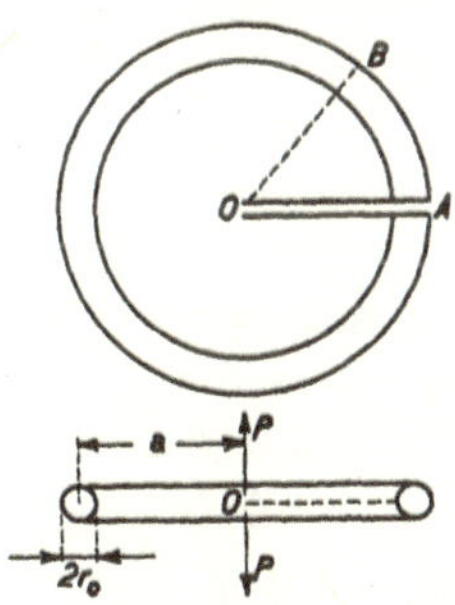

Fig. 35.

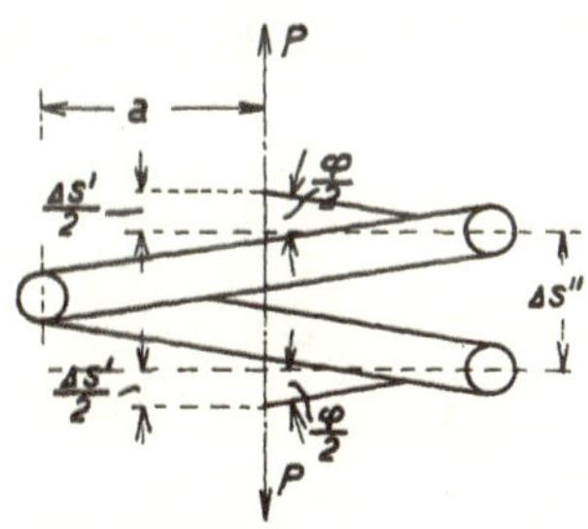

Fig. 36.

Außerdem aber ruft die Kraft P selbst als Querkraft (siehe Beispiel 1 in § 1) Schubspannungen im Querschnitte $F = \pi r_0^2$ hervor, deren Mittelwert in erster Annäherung

$$\tau'' = \frac{P}{F} = \frac{P}{\pi r_0^2}$$

sein wird. Diese Spannung wiederum bedingt eine Neigung der Mittellinie gegen ihre ursprüngliche Lage[1])

$$\chi'' = \frac{\tau''}{G} = \frac{P}{GF} = \frac{P}{\pi G r_0^2} \quad . \; . \; . \; . \quad (13),$$

[1]) Wir werden später (§ 14) sehen, daß dieser Ansatz noch durch einen Faktor 1,2 auf der rechten Seite zu korrigieren ist, was in dem oben stehenden Fall indessen keine wesentliche Rolle spielt.

der bei einer Gesamtlänge $z_0 = 2\pi a$ eine axiale Verschiebung der Endquerschnitte gegeneinander um

$$\Delta s'' = z_0 \chi'' = \frac{2aP}{G r_0^2} \quad . \quad . \quad . \quad . \quad . \quad (13a)$$

entspricht. Infolgedessen wird die totale Verschiebung der Angriffspunkte der beiden Kräfte P

$$\Delta s = \Delta s' + \Delta s'' = \frac{2aP}{G r_0^2}\left(2\frac{a^2}{r_0^2} + 1\right) \quad . \quad . \quad (14),$$

worin sichtlich das erste Glied der Klammer wegen $a > r_0$ sehr viel größer ist als 1, so daß letztere Zahl praktisch stets gegen das erste Glied unterdrückt werden kann, was offenbar auf eine Vernachlässigung von $\Delta s''$ gegen $\Delta s'$ hinausläuft.

Die vorstehenden Entwicklungen lassen sich auch auf eine zylindrische Schraubenfeder, Fig. 37, mit flachen, d. h. wenig gegen die Normalebene zur Achse geneigten Windungen übertragen, wie solche in sog. Federwagen Verwendung finden. Ist n die Windungszahl, so hat man mit $z_0 = 2n\pi a$ aus (5b), (6b) und (11)

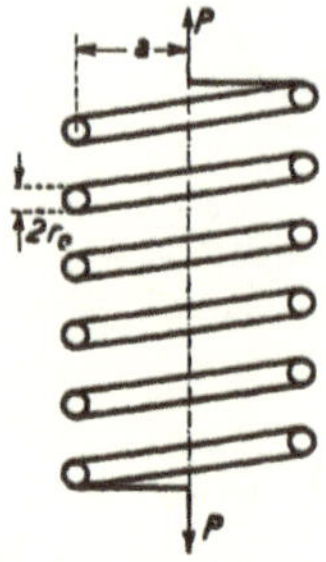

Fig. 37.

$$\varphi = \frac{2\pi n \mathfrak{M} a}{G \Theta_0} = \frac{4 n a^2 P}{G r_0^4},$$

also unter Vernachlässigung von $\Delta s''$

$$\Delta s = a\varphi = \frac{4 n a^3 P}{G r_0^4} \quad . \quad . \quad (14a).$$

Jedenfalls ergibt sich daraus eine der Kraft P proportionale Verschiebung der Endpunkte, die somit eine bequeme Kraftmessung erlaubt.

§ 9. Die Verdrehung dünnwandiger Hohlzylinder.

Einführung mittlerer Spannungen über die Wandstärke. Tangentiale Richtung der Spannung. Hydrodynamisches Gleichnis. Berechnung des Torsionsmomentes, der Verdrehung und der Verwerfung der Querschnittsfläche. Sonderfälle der ganz oder teilweise konstanten Wandstärke.

Bevor wir in die Untersuchung der Torsion von Vollzylindern bzw. Prismen mit nicht kreisförmigen Querschnitten eintreten, wollen wir den Fall dünnwandiger Hohlzylinder behandeln, der sich mit hinreichender Annäherung verhältnismäßig einfach erledigen läßt. Wir nehmen dabei an, daß die Wandstärke des betrachteten Hohlkörpers klein gegen die Abmessungen der geschlossenen, sonst aber beliebig gestalteten Umfangskurve seines Querschnittes normal zur Mantellinie sei. Alsdann dürfen wir innerhalb der Wandstärke von den Änderungen der Span-

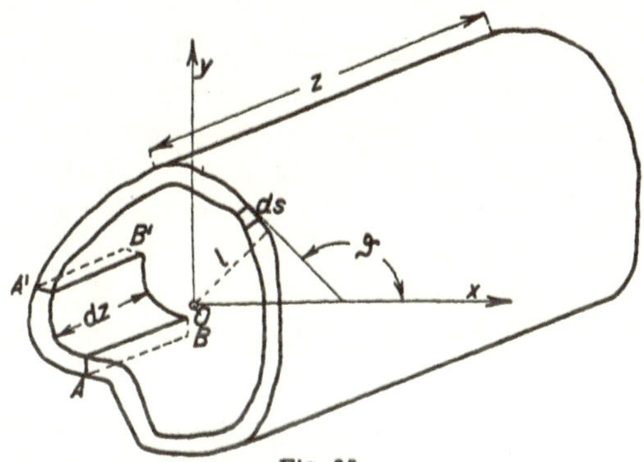

Fig. 38.

nungen absehen, für diese vielmehr ebenso Mittelwerte einführen, wie bei der Untersuchung der dünnwandigen Gefäße in § 3.

Schneiden wir nunmehr aus dem Hohlzylinder Fig. 38 ein Element $ABB'A'$ Fig. 39 von der axialen Länge dz mit den Wandstärken h und h' längs der Normalschnitte AB bzw. $A'B'$ zur Außenlinie $AA' = s$ heraus, so erkennt man zunächst, daß im Querschnitt die Schubspannungen τ und τ' tangential zur Umfangskurve AA' gerichtet sein müssen. Denn den etwa vorhandenen Normalkomponenten hierzu müßten gleich große Spannungen längs der inneren bzw. äußeren Mantelfläche des Hohlzylinders entsprechen, die jedoch nicht vorhanden sind. Dagegen sind den beiden Tangentialspannungen τ und τ' an den Enden A und A' des Elementes gleich große Spannungen in den Schnittflächen AB und $A'B'$ zugeordnet, welche nur dann keine axiale Verschiebung hervorrufen, wenn

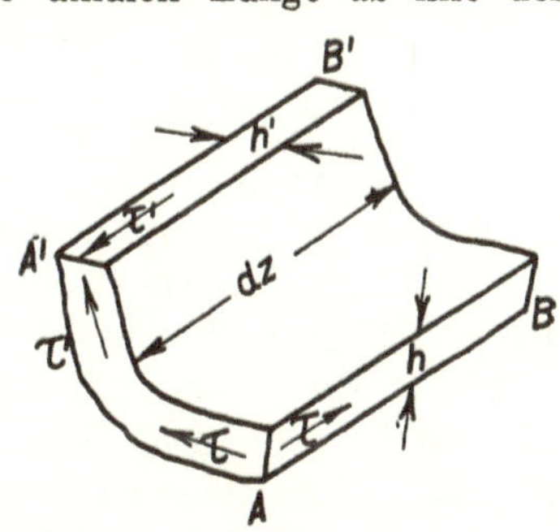

Fig. 39.

$$\tau\, h\, dz = \tau'\, h'\, dz$$

oder kürzer

$$\tau h = \tau' h' \quad . \quad . \quad . \quad . \quad . \quad . \quad . \quad . \quad (1)$$

ist. Die Torsionsspannung in einem dünnwandigen Hohlzylinder ist also — unabhängig von der Form der Umfangskurve — indirekt proportional der Wandstärke. Da dieselbe Beziehung auch für die Wassergeschwindigkeit in einem geschlossenen Kanal von konstanter Tiefe, aber veränderlicher Breite h gilt, so kann man die beiden Begrenzungskurven des Querschnittes ganz allgemein als Stromlinien auffassen und spricht dann wohl von einem hydrodynamischen Gleichnis für unsern Spannungszustand.

In einem Querschnittselemente $h\,ds$, Fig. 38, wirkt demnach die Tangentialkraft $\tau h\,ds$ mit den beiden Komponenten

$$dX = \tau h\,ds \cos\vartheta, \quad dY = \tau h\,ds \sin\vartheta,$$

wenn ϑ den Winkel von ds mit der X-Achse eines in der ursprünglichen Querschnittsebene liegenden Koordinatensystems bedeutet. Da nun $ds\cos\vartheta = dx$, $ds\sin\vartheta = dy$ die Differentiale der Koordinaten der Umfangskurve darstellen, so erhalten wir für die von der Schubspannung insgesamt herrührenden Kraftkomponenten in den Achsenrichtungen nach Integration über die geschlossene Umfangskurve

$$\left.\begin{aligned} X &= \int \tau h\,dx = \tau h \int dx = 0 \\ Y &= \int \tau h\,dy = \tau h \int dy = 0 \end{aligned}\right\} \quad . \quad . \quad . \quad . \quad (2).$$

Die von den Schubspannungen geweckten Kräfte ergeben somit keine resultierende Querkraft normal zur Zylinderachse und können daher die Querschnitte als Ganzes nicht gegeneinander verschieben. Dies trifft insbesondere die Schwerpunkte der Querschnittsflächen $\int h\,ds$, deren als Zylinderachse anzusehende Verbindungsgerade infolgedessen durch die Schubspannungen keine Formänderung erfährt.

Dagegen werden die einzelnen Querschnitte um die Zylinderachse gegeneinander verdreht, und zwar durch das Torsionsmoment $\mathfrak{M}$, welches sich mit dem Lote l von einem beliebigen Pole O der Querschnittsebene auf die Tangente in ds (Fig. 38) mit (1) zu

$$\mathfrak{M} = \int \tau h\,l\,ds = \tau h \int l\,ds = 2\tau h F_0 \quad . \quad . \quad . \quad (3)$$

berechnet, wenn F_0 die ganze vom Umfang eingeschlossene, also nicht materiell erfüllte Fläche bedeutet. Durch diese Formel ist erst die Schubspannung an jeder Stelle der Wandung unabhängig von der Lage des Poles O bestimmt.

Zur Berechnung des Verdrehungswinkels φ greifen wir auf die Formänderungsarbeit zurück, die für eine Scheibe von der axialen Dicke dz

$$dL = \frac{1}{2}\mathfrak{M}\frac{d\varphi}{dz}dz \quad . \; . \; . \; . \; . \; . \; (4)$$

geschrieben werden kann. Leiten wir die Formänderung dagegen aus den Spannungen ab, so haben wir mit dem Volumelement $dV = h\,ds\,dz$ der Wand nach Gl. (7) des § 8

$$dL = \frac{1}{2G}\int \tau^2\,dV = \frac{dz}{2G}\int \tau^2 h\,ds \quad . \; . \; . \; (4a)$$

oder nach Gleichsetzen mit Rücksicht auf (1) für die ganze Scheibe

$$\mathfrak{M}\frac{d\varphi}{dz} = \frac{\tau^2 h^2}{G}\int\limits_0 \frac{ds}{h} \quad . \; . \; . \; . \; . \; . \; (4b).$$

Eliminieren wir dann noch das Produkt τh durch Gl. (3), so folgt für den Verdrehungswinkel der Längeneinheit des Hohlzylinders

$$\frac{d\varphi}{dz} = \frac{\varphi}{z_0} = \frac{\mathfrak{M}}{4GF_0^2}\int\limits_0 \frac{ds}{h} \quad . \; . \; . \; . \; . \; (5),$$

worin sich das Integral der rechten Seite über den ganzen Umfang des Querschnittes zu erstrecken hat und darum mit dem Index 0 versehen ist.

Die vorstehende Betrachtung, die man dem Ingenieur R. Bredt[1]) verdankt, läßt sich indessen noch etwas ausdehnen, und zwar auf die axiale Verwerfung des ursprünglich ebenen Querschnitts. Daß dieser nach der Torsion im allgemeinen nicht mehr eben bleiben kann, erkennt man schon aus der Formel für die Gleitung, d. h. die Änderung rechter Winkel an einem Wandelement. Diese lautet nämlich mit (3)

$$\chi = \frac{\tau}{G} = \frac{\mathfrak{M}}{2GF_0}\frac{1}{h} \quad . \; . \; . \; . \; . \; . \; (6),$$

[1]) R. Bredt, Studien zur Drehungselastizität. Zeitschr. d. Ver. D. Ing. 1896, S. 815.

ist also ersichtlich der Wandstärke indirekt proportional. Infolge der Schubspannung wird ein ursprünglich parallelepipedisches Wandelement $h\,ds\,dz$ nicht nur als Ganzes die Verschiebungen Δz und Δs in der Richtung der Achse und des Umfangs erleiden, sondern auch die in Fig. 40 punktiert angedeutete Form annehmen, der in beiden Richtungen die Verschiebungen

$$CC' = \frac{\partial \Delta z}{\partial s} ds \text{ und } DD' = \frac{\partial \Delta s}{\partial z} dz$$

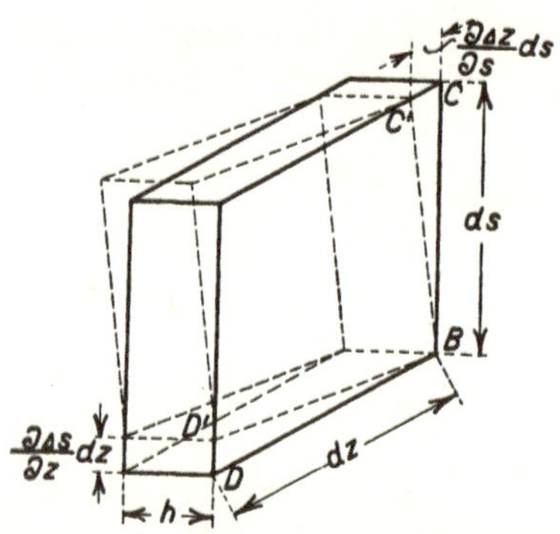

Fig. 40.

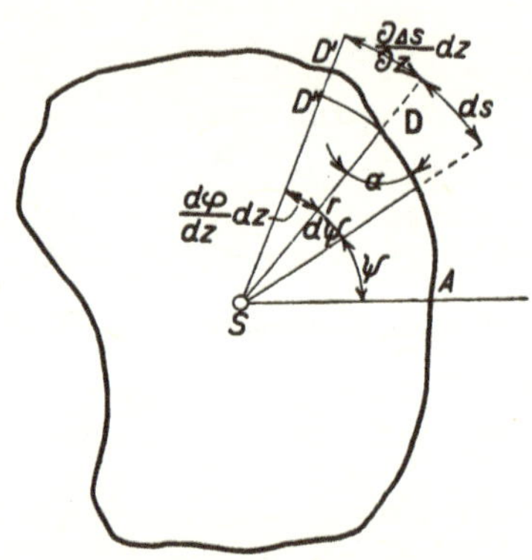

Fig. 41.

der Endpunkte C und D entsprechen. Dadurch hat sich der ursprünglich rechte Winkel CBD um die beiden kleinen Winkel

$$CBC' = \frac{CC'}{CB} = \frac{\partial \Delta z}{\partial s}$$

$$DBD' = \frac{DD'}{DB} = \frac{\partial \Delta s}{\partial z}$$

vermindert, so daß nach der Definition der Gleitung

$$\chi = \frac{\partial \Delta z}{\partial s} + \frac{\partial \Delta s}{\partial z} \quad \ldots \ldots \quad (7)$$

zu setzen ist. Durch Verbindung mit (6) folgt daraus

$$\frac{\partial \Delta z}{\partial s} + \frac{\partial \Delta s}{\partial z} = \frac{\mathfrak{M}}{2 G F_0} \frac{1}{h} \quad \ldots \ldots \quad (7\text{a}).$$

Betrachten wir nun in Fig. 41 ein Stück der Umfangskurve, deren Element ds mit dem Fahrstrahl r vom ruhenden Querschnittsschwerpunkt S den Winkel α einschließt, so ist die Verschiebung von ds in seiner Richtung, nämlich $DD' = \frac{\partial \Delta s}{\partial z} dz$, aufzufassen als die Projektion des Bogens $DD'' = r \frac{d\varphi}{dz} dz$ infolge der Verdrehung des Querschnitts. Mithin besteht die Beziehung

$$\frac{\partial \Delta s}{\partial z} = r \frac{d\varphi}{dz} \sin\alpha \quad . \quad . \quad . \quad . \quad . \quad . \quad . \quad (8),$$

durch deren Einführung (7a) übergeht in

$$\frac{\partial \Delta z}{\partial s} = \frac{\mathfrak{M}}{2GF_0} \frac{1}{h} - r \frac{d\varphi}{dz} \sin\alpha \quad . \quad . \quad . \quad . \quad (7\text{b}).$$

Eliminieren wir hieraus noch das Moment $\mathfrak{M}$ mit Hilfe von Gl. (5), so wird

$$\frac{\partial \Delta z}{\partial s} = \frac{d\varphi}{dz} \left(\frac{2F_0}{h \int\limits_0 \frac{ds}{h}} - r \sin\alpha \right) \quad . \quad . \quad . \quad . \quad (7\text{c}).$$

Die axiale Verschiebung Δz eines Querschnittspunktes ergibt sich daraus durch Integration über s von einer Anfangslage aus, in der wir willkürlich $\Delta z = 0$ setzen, mit Rücksicht auf die Konstanz von $\frac{d\varphi}{dz}$ im Querschnitt zu

$$\Delta z = \frac{d\varphi}{dz} \left(\frac{2F_0}{\int\limits_0 \frac{ds}{h}} \cdot \int \frac{ds}{h} - \int r\, ds \sin\alpha \right) \quad . \quad . \quad . \quad (7\text{d}).$$

Hierin ist aber $ds \sin\alpha$ nichts anderes als die Projektion des Bogens $r d\psi$, wenn ψ den Winkel des Fahrstrahls r mit der eben erwähnten Anfangslage bedeutet. Mithin erhalten wir

$$\int r\, ds \sin\alpha = \int r^2 d\psi = 2F,$$

unter F die von der Anfangslage bis zum betrachteten Element vom Fahrstrahl aus dem Schwerpunkt überstrichene Fläche ASD verstanden. Setzen wir dies in Gl. (7d) ein, so nimmt diese die Form

$$\Delta z = 2 \frac{d\varphi}{dz} \left(\frac{F_0}{\int\limits_0 \frac{ds}{h}} - \frac{F}{\int \frac{ds}{h}} \right) \int \frac{ds}{h} \quad . \quad . \quad . \quad (9)$$

an, in der sich das Integral $\int \frac{ds}{h}$ im Gegensatz zu $\int\limits_0 \frac{ds}{h}$ nur auf das die Fläche F außen umgrenzende Umfangsstück AD erstreckt. Jedenfalls erkennt man aus diesem Resultat, daß die axiale Verschiebung längs des Umfangs sehr verschiedene Werte annehmen kann, so daß die ursprünglich ebene Wandkurve durch die Torsion im allgemeinen in eine Raumkurve übergeht.

Besonders einfach gestalten sich die erhaltenen Ausdrücke für den Fall konstanter Wandstärke, die natürlich nach Gl. (3) auch eine konstante Schubspannung unabhängig von der Form der Wandkurve bedingt. Die Verdrehung (5) geht damit über in

$$\frac{d\varphi}{dz} = \frac{\varphi}{z_0} = \frac{\mathfrak{M} s_0}{4 G F_0^2 h} \quad \ldots \ldots \text{(5a)},$$

worin s_0 die ganze Länge der Umfangskurve bedeutet. Ebenso erhält man für die axiale Verschiebung (9) der Umfangspunkte mit der Bogenlänge $AD = s$ (Fig. 41)

$$\Delta z = 2 s \frac{d\varphi}{dz} \left(\frac{F_0}{s_0} - \frac{F}{s} \right) \quad \ldots \ldots \text{(9a)}.$$

Im Sonderfalle eines Kreisumfangs vom Radius r_0 ist

$$s_0 = 2 \pi r_0, \quad s = \psi r_0, \quad F_0 = \pi r_0^2, \quad F = \frac{\psi}{2} r_0^2$$

und daher mit dem Trägheitsmoment $2 \pi r_0^3 h = \Theta_0$

$$\frac{\varphi}{z_0} = \frac{\mathfrak{M}}{2 G \pi r_0^3 h} = \frac{\mathfrak{M}}{G \Theta}$$

im Einklang mit Gl. (5a) des § 7, während die axiale Verschiebung Δz in diesem Falle überhaupt verschwindet, so daß die Umfangskurve eben bleibt.

Unsere Formeln sind auch noch für den Fall gültig, daß die Wand aus mehreren miteinander vernieteten oder verlöteten Blechstreifen besteht, von denen jeder eine andere Wandstärke besitzen kann. Bezeichnen wir die einzelnen Wandstärken mit $h_1 h_2 \ldots h_n$, mit den auf dem Umfang gemessenen Längen $s_1 s_2 \ldots s_n$, so erhalten wir in unseren Formeln

$$\int_0 \frac{ds}{h} = \frac{s_1}{h_1} + \frac{s_2}{h_2} + \ldots + \frac{s_n}{h_n}$$

und

$$\int \frac{ds}{h} = \frac{s_1}{h_1} + \frac{s_2}{h_2} + \ldots + \frac{s}{h_k},$$

worin s den im Bogen AD (Fig. 41) noch einbegriffenen Teil des Streifens von der Umfangslänge s_k und der Wandstärke h_k bedeutet.

Haben wir es z. B. mit einem rechteckigen Hohlprisma Fig. 42 zu tun, mit den Seitenlängen a_1 und a_2 sowie den zugehörigen Wandstärken h_1 und h_2, so entsprechen diesen nach Gl. (3) die Schubspannungen

$$\tau_1 = \frac{\mathfrak{M}}{2\,a_1\,a_2\,h_1},$$

$$\tau_2 = \frac{\mathfrak{M}}{2\,a_1\,a_2\,h_2},$$

während sich die Verdrehung nach (5) zu

$$\frac{\varphi}{z_0} = \frac{\mathfrak{M}}{4\,G\,a_1^2\,a_2^2}\left(\frac{a_1}{h_1} + \frac{a_2}{h_2}\right)$$

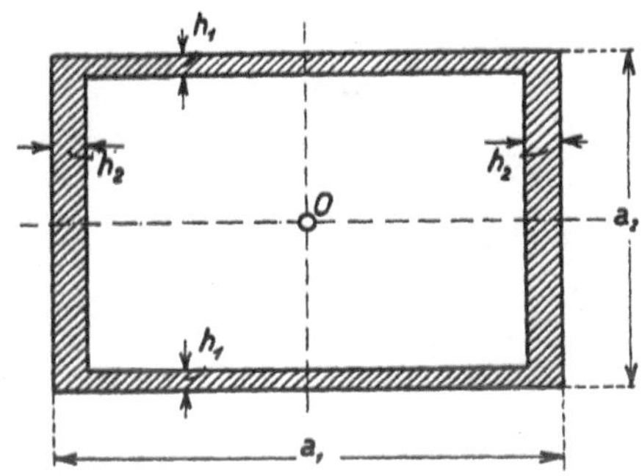

Fig. 42.

berechnet. Die Ermittlung der axialen Verschiebung Δz nach Gl. (9), wobei man zweckmäßig von einem Eckpunkte ausgeht, sei dem Leser zur Übung empfohlen.

§ 10. Dünnwandige Hohlzylinder mit Zwischenstegen.

Die Spannungsverteilung an einer Verzweigungsstelle. Einfachster Fall einer Zwischenwand. Zerlegung des Torsionsmomentes in Einzelmomente für jede Zelle. Bestimmung der Einzelmomente durch die Ableitungen der Formänderungsarbeit. Bedingung für spannungslose Zwischenwände. Allgemeiner Fall beliebiger Zwischenwände und deren Verzweigung.

Das im vorigen Abschnitt entwickelte Verfahren bedarf noch einer Ergänzung für den Fall, daß der Hohlkörper, wie z. B. ein Schiff, noch Zwischenwände besitzt, die vermöge ihrer Verbindung mit der Außenwand an der Verdrehung teilnehmen werden und daher die Spannungsverteilung beeinflussen müssen.

Wir betrachten zunächst den einfachen Fall eines Hohlzylinders mit einer Zwischenwand, Fig. 43, deren veränderliche Wandstärke h' sein möge, während wir die der beiden Außenwände mit h_1 und h_2 bezeichnen; ihnen entsprechen die Schubspannungen τ', τ_1 und τ_2. Alsdann erkennt man nach

Analogie mit Fig. 39, daß längs jeder dieser Wandstücke die Produkte $\tau' h'$, $\tau_1 h_1$, $\tau_2 h_2$ konstant sein müssen, während das axiale Gleichgewicht eines Elementes $A_1 B_1 A' B' A_2 B_2$ der Verzweigungsstelle 1 Fig. 43 die Beziehung

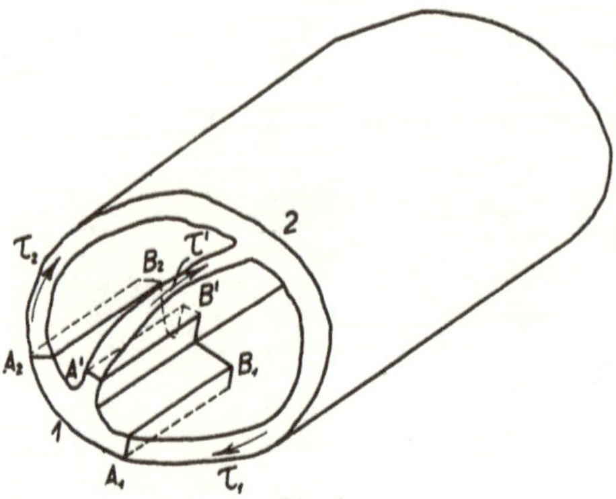

Fig. 43.

$$\tau_1 h_1 - \tau_2 h_2 = \tau' h' \quad (1)$$

liefert. Bezeichnen wir weiterhin die Elemente der drei Wandstücke mit ds', ds_1 und ds_2, die Lote auf ihre Verlängerungen von einem beliebigen Pole O aus mit l', l_1 und l_2, so wird das Torsionsmoment

$$\mathfrak{M} = \tau_1 h_1 \int_2^1 l_1 \, ds_1 + \tau_2 h_2 \int_1^2 l_2 \, ds_2 + \tau' h' \int_1^2 l' \, ds'$$

oder wegen (1)

$$\mathfrak{M} = \tau_1 h_1 \left(\int_2^1 l_1 \, ds_1 + \int_1^2 l' \, ds'\right) + \tau_2 h_2 \left(\int_1^2 l_2 \, ds_2 - \int_1^2 l' \, ds'\right).$$

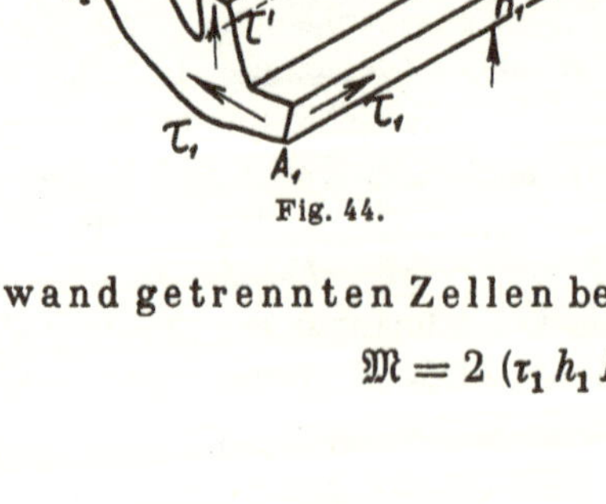

Fig. 44.

Kehren wir mit den Grenzen des letzten Integrals sein Vorzeichen um und beachten, daß

$$\int_2^1 l_1 \, ds_1 + \int_1^2 l' \, ds' = 2 F_1$$

$$\int_1^2 l_2 \, ds_2 + \int_2^1 l' \, ds' = 2 F_2$$

die doppelten Querschnittsflächen der durch die Zwischenwand getrennten Zellen bedeuten, so folgt für das Moment

$$\mathfrak{M} = 2 \left(\tau_1 h_1 F_1 + \tau_2 h_2 F_2\right) \quad . \; . \; . \; . \; . \quad (2)$$

oder auch unter Zerlegung in zwei Momente

$$\mathfrak{M}_1 = 2\,\tau_1\,h_1\,F_1, \quad \mathfrak{M}_2 = 2\,\tau_2\,h_2\,F_2 \quad \ldots \ldots \quad (3),$$

deren jedes an einer Zelle angreift,

$$\mathfrak{M} = \mathfrak{M}_1 + \mathfrak{M}_2 \quad \ldots \ldots \ldots \quad (2\,\mathrm{a}).$$

Für die Formänderungsarbeit L ergibt sich analog Gl. (4b) des § 9

$$\frac{2G \cdot L}{z_0} = G\,\mathfrak{M}\,\frac{d\varphi}{dz} = (\tau_1 h_1)^2 \int \frac{ds_1}{h_1} + (\tau_2 h_2)^2 \int \frac{ds_2}{h_2} + (\tau' h')^2 \int \frac{ds'}{h'} \quad (4)$$

oder auch mit (1) bzw. (3), wonach

$$\tau' h' = \tau_1 h_1 - \tau_2 h_2 = 2\left(\frac{\mathfrak{M}_1}{F_1} - \frac{\mathfrak{M}_2}{F_2}\right) \quad \ldots \quad (3\,\mathrm{a})$$

ist,

$$\frac{8GL}{z_0} = \frac{4G}{z_0}\,\mathfrak{M}\,\varphi = \frac{\mathfrak{M}_1^2}{F_1^2}\int\frac{ds_1}{h_1} + \frac{\mathfrak{M}_2^2}{F_2^2}\int\frac{ds_2}{h_2} + \left(\frac{\mathfrak{M}_1}{F_1} - \frac{\mathfrak{M}_2}{F_2}\right)^2 \int\frac{ds'}{h'} \quad (4\,\mathrm{a}).$$

In den drei Gleichungen (1), (2) und (4) treten nun die vier Unbekannten $\tau_1 h_1$, $\tau_2 h_2$, $\tau' h'$ und φ auf, während in den beiden Formeln (2a) und (4a) außer $\mathfrak{M}_1$ und $\mathfrak{M}_2$ noch der Verdrehungswinkel φ zu berechnen ist, so daß jedenfalls noch eine weitere Beziehung bestehen muß. Diese ergibt sich nun nach den Sätzen von Castigliano § 7 durch partielle Differentiation der Arbeitsgleichung (4a) nach $\mathfrak{M}_1$ bzw. $\mathfrak{M}_2$, woraus die Einzelverdrehungen φ_1 und φ_2 der beiden Zellen

$$\left.\begin{aligned} \frac{8G}{z_0}\varphi_1 &= \frac{8G}{z_0}\frac{\partial L}{\partial \mathfrak{M}_1} = 2\frac{\mathfrak{M}_1}{F_1^2}\int\frac{ds_1}{h_1} + 2\left(\frac{\mathfrak{M}_1}{F_1} - \frac{\mathfrak{M}_2}{F_2}\right)\frac{1}{F_1}\int\frac{ds'}{h'} \\ \frac{8G}{z_0}\varphi_2 &= \frac{8G}{z_0}\frac{\partial L}{\partial \mathfrak{M}_2} = 2\frac{\mathfrak{M}_2}{F_2^2}\int\frac{ds_2}{h_2} - 2\left(\frac{\mathfrak{M}_1}{F_1} - \frac{\mathfrak{M}_2}{F_2}\right)\frac{1}{F_2}\int\frac{ds'}{h'} \end{aligned}\right\} \quad (5)$$

hervorgehen. Multipliziert man diese Ausdrücke mit $\mathfrak{M}_1$ bzw. $\mathfrak{M}_2$, so wird mit Rücksicht auf (4a)

$$\mathfrak{M}_1\,\varphi_1 + \mathfrak{M}_2\,\varphi_2 = \mathfrak{M}\,\varphi,$$

eine Formel, die mit (2a) nur vereinbar ist, wenn

$$\varphi_1 = \varphi_2 = \varphi$$

wird. In der Tat muß jede Zelle um denselben Winkel verdreht werden, wenn die Querschnittsform keine Verzerrung erleiden soll. Dann aber ergibt sich durch Gleichsetzen der beiden Ausdrücke (5)

$$\frac{\mathfrak{M}_1}{F_1}\left[\frac{1}{F_1}\int\left(\frac{ds_1}{h_1}+\frac{ds'}{h'}\right)+\frac{1}{F_2}\int\frac{ds'}{h'}\right]$$
$$=\frac{\mathfrak{M}_2}{F_2}\left[\frac{1}{F_2}\int\left(\frac{ds_2}{h_2}+\frac{ds'}{h'}\right)+\frac{1}{F_1}\int\frac{ds'}{h'}\right] \quad . \; . \; . \; (6),$$

wodurch dann im Verein mit (2a) die Momente $\mathfrak{M}_1$ und $\mathfrak{M}_2$ eindeutig bestimmt sind, aus denen sich mit (3) und (1) die Spannungen an jeder Stelle berechnen lassen.

Soll die Zwischenwand keine Schubspannung aufnehmen, so muß wegen $\tau' = 0$ in Gl. (1) $\tau_1 h_1 = \tau_2 h_2$ oder nach (3)

$$\frac{\mathfrak{M}_1}{F_1}=\frac{\mathfrak{M}_2}{F_2}$$

sein, womit (6) übergeht in

$$\frac{1}{F_1}\int\frac{ds_1}{h_1}=\frac{1}{F_2}\int\frac{ds_2}{h_2} \quad . \; . \; . \; . \; . \; . \; (7),$$

eine Bedingung, die ersichtlich ohne weiteres für Zwischenwände erfüllt ist, die den Hohlkörper in zwei kongruente Hälften teilen. Mit Wegfall der Zwischenwand wird $F_1 = F_2$, $s_1 = s_2$, $h_1 = h_2$, womit Gl. (7) zu einer Identität wird.

Ist die Wandstärke durchweg konstant, so hat man aus (1) mit $h_1 = h_2 = h'$

$$\tau_1 - \tau_2 = \tau' \quad . \; . \; . \; . \; . \; . \; . \; . \; (1\,a),$$

während (6) sich vereinfacht in

$$\frac{\mathfrak{M}_1}{F_1}\left(\frac{s_1+s'}{F_1}+\frac{s'}{F_2}\right)=\frac{\mathfrak{M}_2}{F_2}\left(\frac{s_2+s'}{F_2}+\frac{s'}{F_1}\right) \quad . \; . \; (6\,a).$$

Soll ferner die Schubspannung überall denselben Wert $\tau_1 = \tau_2 = \tau' = \tau$ besitzen, so können sich innerhalb der Einzelstrecken s_1, s_2 und s' die Wandstärken nicht ändern, so zwar, daß

$$h_1 - h_2 = h' \quad . \; . \; . \; . \; . \; . \; . \; . \; (1\,b)$$

ist, während (2) in

$$\tau\,(h_1 F_1 - h_2 F_2) = 2\,\mathfrak{M} \quad . \; . \; . \; . \; . \; (2\,b)$$

und (6) in

$$\frac{1}{F_1}\left[\frac{s_1}{F_1}+s'\frac{h_1}{h'}\left(\frac{1}{F_1}+\frac{1}{F_2}\right)\right]=\frac{1}{F_2}\left[\frac{s_2}{F_2}+s'\frac{h_2}{h'}\left(\frac{1}{F_1}+\frac{1}{F_2}\right)\right] \; (6\,b)$$

übergeht. Aus dieser Gl. (6b) und (1b) berechnen sich die Verhältnisse $h_1 : h'$ und $h_2 : h'$, deren Quotient dann $h_1 : h_2$ ergibt und in (2b) eingesetzt bei vorgelegten Werten von $\mathfrak{M}$ und τ die Absolutwerte h_1 und h_2 liefert.

Es bietet natürlich gar keine Schwierigkeiten, das vorstehende Verfahren auf Querschnitte mit mehreren Zwischenwänden s', s'' usw. (Fig. 45 u. 46) auszudehnen, wie sie bei Schiffen durch die übereinanderliegenden Decks bzw. den Doppelboden usw. bedingt sind. Alsdann erhalten wir an Stelle von (1) mit analogen Bezeichnungen

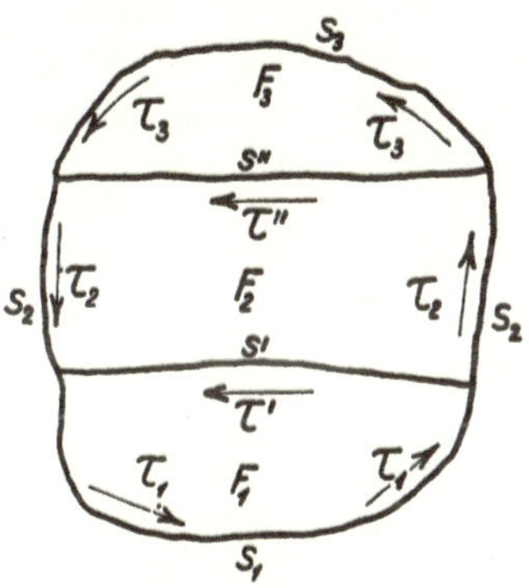

Fig. 45.

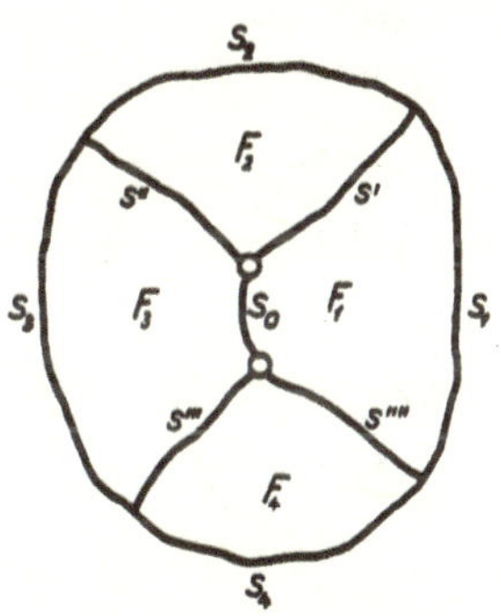

Fig. 46.

$$\left.\begin{aligned} \tau_1 h_1 - \tau_2 h_2 &= \tau' h' \\ \tau_2 h_2 - \tau_3 h_3 &= \tau'' h'' \end{aligned}\right\} \quad . \quad . \quad . \quad . \quad . \quad (8)$$
$$. \quad . \quad . \quad .$$

und statt (2) mit den Querschnittsflächen $F_1 F_2 \ldots .$ der Einzelzellen

$$\mathfrak{M} = 2\,(\tau_1 h_1 F_1 + \tau_2 h_2 F_2 + \tau_3 h_3 F_3 + \ldots .) \quad . \quad . \quad (9).$$

Entsprechend wird in diesem Falle die Formänderungsarbeit L mit den Einzelmomenten $\mathfrak{M}_1\, \mathfrak{M}_2\, \mathfrak{M}_3 \ldots$ nach (3)

$$\frac{8G}{z_0} L = \frac{4G}{z_0} \mathfrak{M} \varphi = \frac{\mathfrak{M}_1^2}{F_1^2} \int \frac{d s_1}{h_1} + \frac{\mathfrak{M}_2^2}{F_2^2} \int \frac{d s_2}{h_2} + \frac{\mathfrak{M}_3^2}{F_3^2} \int \frac{d s_3}{s_3} + \ldots$$
$$+ \left(\frac{\mathfrak{M}_1}{F_1} - \frac{\mathfrak{M}_2}{F_2}\right)^2 \int \frac{d s'}{h'} + \left(\frac{\mathfrak{M}_2}{F_2} - \frac{\mathfrak{M}_3}{F_3}\right)^2 \int \frac{d s''}{h''} + \ldots \quad (10),$$

aus deren Ableitungen wegen der Übereinstimmung aller Verdrehungswinkel die Gleichungen

$$\frac{\partial L}{\partial \mathfrak{M}_1} = \frac{\partial L}{\partial \mathfrak{M}_2} = \frac{\partial L}{\partial \mathfrak{M}_3} = \ldots \quad (11)$$

hervorgehen, die mit

$$\mathfrak{M} = \mathfrak{M}_1 + \mathfrak{M}_2 + \mathfrak{M}_3 + \ldots \quad (9\text{a})$$

gerade zur Bestimmung der Einzelmomente ausreichen, aus denen sich dann die Produkte $\tau_1 h_1$, $\tau_2 h_2$, $\tau_3 h_3$ usw. mit Gl. (6) berechnen.

Handelt es sich dagegen um *eine Reihe in sich zurücklaufender Zellen* oder, was auf dasselbe hinauskommt, um *Verzweigungen der Zwischenwände* selbst, die für sich dann Teile der Querschnittsfläche umschließen, so werden auch diesen Einzelmomente entsprechen, die aus der vorstehenden Entwicklung nicht ohne weiteres ersichtlich sind. Wir wollen uns hierbei mit der Untersuchung des einfachsten Falles *einer Zwischenwand mit einer Verzweigung* (Fig. 47) begnügen, bei dem also sechs Strecken $s_1\, s_2\, s'\, s''\, s_1'\, s_2'$ mit den Wandstärken $h_1\, h_2\, h'\, h''\, h_1'\, h_2'$ und den Schubspannungen $\tau_1\, \tau_2\, \tau'\, \tau''\, \tau_1'\, \tau_2'$ zu berücksichtigen sind. Aus der Figur erkennt man schon, daß hierbei

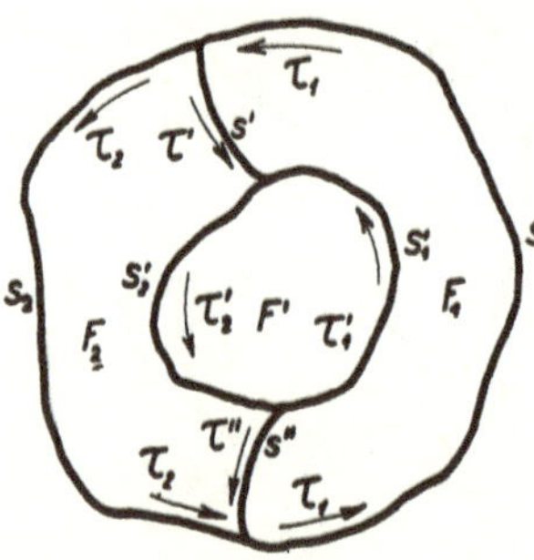

Fig. 47.

$$\left.\begin{aligned} \tau' h' &= \tau_1 h_1 - \tau_2 h_2 = \tau'' h'' \\ \tau' h' &= \tau_2' h_2' - \tau_1' h_1' = \tau'' h'' \end{aligned}\right\} \quad (12)$$

oder

$$\tau_1 h_1 + \tau_1' h_1' = \tau_2 h_2 + \tau_2' h_2' \quad (12\text{a})$$

ist. Für das totale Torsionsmoment ergibt sich damit, wie oben,

$$\mathfrak{M} = 2\left[\tau_1 h_1 F_1 + \tau_2 h_2 F_2 + (\tau_1 h_1 + \tau_1' h_1') F'\right] \quad (13),$$

wenn wir mit F_1 die Zelle von der Außenwand s_1, mit F_2 die von s_2 und mit F' die von den Innenwandungen s_1' und s_2'' begrenzte Zelle bezeichnen. Setzen wir dann noch

$$2\tau_1 h_1 F_1 = \mathfrak{M}_1,\quad 2\tau_2 h_2 F_2 = \mathfrak{M}_2,\quad 2(\tau_1 h_1 + \tau_1' h_1') F' = \mathfrak{M}' \quad (13\text{a}),$$

so wird wieder

$$\mathfrak{M} = \mathfrak{M}_1 + \mathfrak{M}_2 + \mathfrak{M}' \quad . \; . \; . \; . \; . \; (13\text{b}).$$

Für die Formänderungsarbeit L ergibt sich weiter

$$\begin{aligned} \frac{2G}{z_0} L = \frac{G}{z_0} \mathfrak{M} \varphi = (\tau_1 h_1)^2 \int \frac{d s_1}{h_1} + (\tau_2 h_2)^2 \int \frac{d s_2}{h_2} \\ + (\tau' h')^2 \int \left(\frac{d s'}{h'} + \frac{d s''}{h''} \right) \\ + (\tau_1' h_1')^2 \int \frac{d s_1'}{h_1'} + (\tau_2' h_2')^2 \int \frac{d s_2'}{h_2'} \end{aligned} \qquad (14)$$

oder nach Elimination von $\tau' h'$ aus (12), sowie nach Einführung der Einzelmomente (13a)

$$\begin{aligned} \frac{8G}{z_0} L = \frac{4G}{z_0} \mathfrak{M} \varphi = \frac{\mathfrak{M}_1^2}{F_1^2} \int \frac{d s_1}{h_1} + \frac{\mathfrak{M}_2^2}{F_2^2} \int \frac{d s_2}{h_2} + \left(\frac{\mathfrak{M}_1}{F_1} - \frac{\mathfrak{M}_2}{F_2} \right)^2 \int \left(\frac{d s'}{h'} + \frac{d s''}{h''} \right) \\ + \left(\frac{\mathfrak{M}'}{F'} - \frac{\mathfrak{M}_1}{F_1} \right)^2 \int \frac{d s_1'}{h_1'} + \left(\frac{\mathfrak{M}'}{F'} - \frac{\mathfrak{M}_2}{F_2} \right) \int \frac{d s_2'}{h_2'} \end{aligned} \qquad (14\,\text{a}).$$

Daraus bestimmen sich wieder die Einzelmomente wegen der gleichen Verdrehung der Einzelzellen mit Hilfe der beiden Formeln

$$\frac{\partial L}{\partial \mathfrak{M}_1} = \frac{\partial L}{\partial \mathfrak{M}_2} = \frac{\partial L}{\partial \mathfrak{M}'} \quad . \; . \; . \; . \; . \; . \; (15)$$

sowie mit (13b), wonach die Produkte τh sich aus (13a) ergeben.

Sollen im Sonderfalle die b e i d e n Z w i s c h e n s t e g e s' und s'' k e i n e n S p a n n u n g e n u n t e r w o r f e n s e i n, so folgt aus (12) und (13a)

$$\left. \begin{aligned} \tau_1 h_1 = \tau_2 h_2, \qquad \tau_1' h_1' = \tau_2' h_2' \\ \frac{\mathfrak{M}_1}{F_1} = \frac{\mathfrak{M}_2}{F_2} \qquad\qquad\qquad \end{aligned} \right\} \quad . \; . \; . \; (12\text{b}).$$

Setzen wir dies in das Gleichungspaar

$$\frac{\partial L}{\partial \mathfrak{M}_1} = \frac{\partial L}{\partial \mathfrak{M}'}, \qquad \frac{\partial L}{\partial \mathfrak{M}_2} = \frac{\partial L}{\partial \mathfrak{M}'} \quad . \; . \; . \; (15\,\text{a})$$

ein, so wird daraus

$$\left. \begin{aligned} \frac{\mathfrak{M}_1}{F_1^2} \int \frac{d s_1}{h_1} = \left(\frac{\mathfrak{M}'}{F'} - \frac{\mathfrak{M}_1}{F_1} \right) \left\{ \frac{1}{F_1} \int \frac{d s_1'}{h_1'} + \frac{1}{F'} \int \left(\frac{d s_1'}{h_1'} + \frac{d s_2'}{h_2'} \right) \right\} \\ \frac{\mathfrak{M}_1}{F_1 F_2} \int \frac{d s_2}{h_2} = \left(\frac{\mathfrak{M}'}{F'} - \frac{\mathfrak{M}_1}{F_1} \right) \left\{ \frac{1}{F_2} \int \frac{d s_2'}{h_2'} + \frac{1}{F'} \int \left(\frac{d s_1'}{h_1'} + \frac{d s_2'}{h_2'} \right) \right\} \end{aligned} \right| \; (15\,\text{b})$$

oder nach Multiplikation mit F_1 bzw. F_2 und Addition

$$\frac{\mathfrak{M}_1}{F_1}\int\left(\frac{ds_1}{h_1}+\frac{ds_2}{h_2}\right)=\left(\frac{\mathfrak{M}'}{F'}-\frac{\mathfrak{M}_1}{F_1}\right)\frac{F_1+F_2+F'}{F'}\int\left(\frac{ds_1'}{h_1'}+\frac{ds_2'}{h_2'}\right),$$

wofür wir auch unter Wiedereinführung der Produkte $\tau_1 h_1$ und $\tau_1' h_1'$ sowie mit $F_1 + F_2 + F' = F$ schreiben dürfen

$$\frac{\tau_1 h_1}{F}\int\left(\frac{ds_1}{h_1}+\frac{ds_2}{h_2}\right)=\frac{\tau_1' h_1'}{F'}\int\left(\frac{ds_1'}{h_1'}+\frac{ds_2'}{h_2'}\right) \qquad (15\,\text{c}).$$

Das ist aber nichts anderes als die Bedingung der gleichen Verdrehung der nicht mehr miteinander zusammenhängenden Hohlzylinder mit den Wandungen $s_1 + s_2$ bzw. $s_1' + s_2'$, wie sich ohne weiteres aus den Formeln des § 9 ergeben würde. Hierin liegt zugleich eine erwünschte Kontrolle des ganzen Rechnungsverfahrens. Durch Division der beiden Formeln (15b) würden die Momente sich wegheben und eine geometrische Bedingung für den Wegfall der Schubspannungen in den beiden Stegen s' und s'' resultieren, die wir aber nicht erst anzuschreiben brauchen.

Schließlich sei noch darauf hingewiesen, daß auch im Falle des Vorhandenseins von Zwischenstegen die Querschnitte infolge der Verdrehung nicht mehr eben bleiben können. Die axiale Verschiebung der einzelnen Wandstellen berechnet sich auch hier nach den im vorigen Paragraphen entwickelten Formeln, in die nur für jede Zelle das zugehörige Moment und ihre Fläche einzuführen sind. Dabei ist lediglich zu beachten, daß auch hier wieder die Teilflächen F durch Überstreichen des Fahrstrahls vom Gesamtschwerpunkt des Querschnitts aus entstanden sind. Da die Einzelheiten dieser Rechnung nichts Neues bieten und auch nur geringen praktischen Wert besitzen, so können sie an dieser Stelle übergangen werden.

§ 11. Vollzylinder mit nicht kreisförmigen Querschnitten.

Die Gleichung der Spannungslinien, Ableitung der Spannungskomponenten, des Torsionsmomentes und der Verdrehung. Anwendung auf elliptische und rechteckige Querschnitte. Kritik des Verfahrens und Behandlung dünnwandiger offener Querschnitte. Beispiele eines dünnen Blechstreifens und eines aufgeschnittenen Hohlzylinders.

Handelt es sich um Vollzylinder, deren Querschnitt von der Kreisform abweicht, so begegnet die Bestimmung der Torsionsspannung an jeder Stelle nach Größe und Richtung erheblichen Schwierigkeiten. Von vornherein steht nur fest, daß längs des Umfangs die dort herrschende Torsionsspannung an jeder Stelle die Richtung der Umfangstangente besitzen muß, da längs des zum Querschnitt normalen Zylindermantels, wenn wir von den einer Berechnung überhaupt unzugänglichen Einspannungsstellen absehen, keine Schubspannungen herrschen sollen.

Denken wir uns die Gleichung der Umfangskurve

$$\Psi(x\,y) = 0 \quad \ldots\ldots\ldots \quad (1)$$

mit den Koordinaten xy auf ein rechtwinkliges Achsenkreuz durch den Querschnittsschwerpunkt O bezogen (Fig. 48), und die

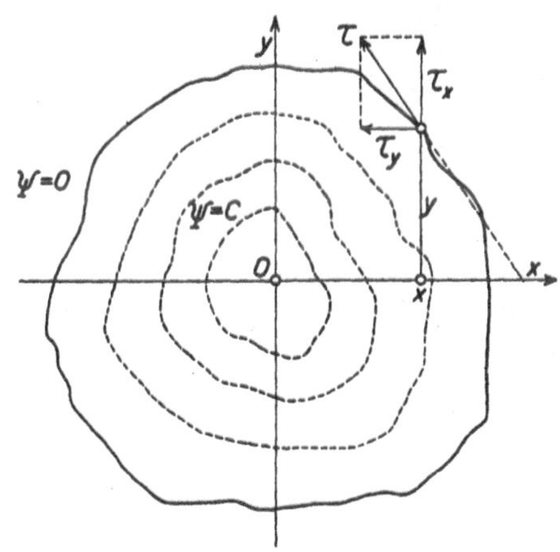

Fig. 48.

Schubspannung τ am Umfang in ihre Komponenten τ_x und τ_y normal zu den Achsenrichtungen[1]) zerlegt, so stellt

$$\frac{\tau_x}{\tau_y} = \frac{dy}{dx} \quad \ldots\ldots\ldots \quad (2)$$

die Bedingung der tangentialen Richtung der Schubspannung am Umfang dar. Schreiben wir diese Gleichung in der Form

$$\tau_x\,dx - \tau_y\,dy = 0 \quad \ldots\ldots \quad (2a),$$

[1]) Der Grund für diese Bezeichnung der Schubspannungskomponenten im Gegensatz zu derjenigen der Normalspannungen in den Achsenrichtungen selbst wird sich aus den allgemeinen Erörterungen über das dreidimensionale Problem später (Kap. VI) ergeben.

so stimmt sie mit der Differentialgleichung der Umfangskurve (1), nämlich

$$\frac{\partial \Psi}{\partial x} dx + \frac{\partial \Psi}{\partial y} dy = 0 \quad . \quad . \quad . \quad . \quad . \quad (1a),$$

überein, wenn

$$\tau_x = \frac{\partial \Psi}{\partial x}, \quad \tau_y = -\frac{\partial \Psi}{\partial y} \quad . \quad . \quad . \quad . \quad . \quad (3),$$

d. h. wenn die Schubspannungskomponenten als partielle Ableitungen der Gleichung der Umfangskurve betrachtet werden. Nun genügt aber der Differentialgleichung (1a) nicht allein die Umfangskurve, sondern eine ganze Schar von Kurven in der Querschnittsebene, die sich voneinander nur durch eine bei der Differentiation weggefallene Konstante Ψ, den sog. Parameter jeder Einzelkurve unterscheiden.

Übertragen wir die Beziehungen (3) für die Schubspannungskomponenten auf die ganze durch (1a) dargestellte, in Fig. 48 punktierte Kurvenschar, soweit sie innerhalb des Querschnitts verläuft, so gibt die Tangente der durch einen Querschnittspunkt hindurchgehenden Kurve

$$\Psi(xy) = \Psi \quad . \quad . \quad . \quad . \quad . \quad . \quad . \quad (4)$$

die Richtung der dort herrschenden Schubspannung an. Da dieselbe Eigenschaft auch den Stromlinien in bezug auf die Stromgeschwindigkeit zukommt, so erkennen wir, daß die schon in § 9 erwähnte und als hydrodynamisches Gleichnis bezeichnete Analogie zwischen der Flüssigkeitsströmung und dem Spannungszustand bei der Verdrehung ganz allgemein zutrifft. In der Tat folgt aus den beiden Formeln (3) durch Elimination von Ψ

$$\frac{\partial \tau_y}{\partial x} + \frac{\partial \tau_x}{\partial y} = 0 \quad . \quad . \quad . \quad . \quad . \quad . \quad . \quad (3a)$$

eine mit der Kontinuitätsgleichung der Flüssigkeitsbewegung übereinstimmende Beziehung, wenn τ_x und τ_y die entsprechenden Geschwindigkeitskomponenten bedeuten. Betrachten wir demgemäß zwei benachbarte Spannungskurven Fig. 49, deren Parameter sich um $d\Psi$ unterscheiden mögen, so kann das Produkt der Spannung τ mit dem Normalenabstand $PP' = dn$ auch in der Form

$$\tau\, dn = \tau_x\, dx - \tau_y\, dy$$

oder mit Rücksicht auf (3)

$$\tau\, dn = \frac{\partial \Psi}{\partial x} dx + \frac{\partial \Psi}{\partial y} dy = d\Psi \quad . \quad . \quad . \quad . \quad (3b)$$

geschrieben werden. Da ferner $d\Psi$ in dem ganzen Streifen zwischen den beiden Kurven denselben Wert behält, so gilt dies auch für das Produkt τdn, d. h. die Schubspannung ist an jeder Stelle dem Normalabstande zweier benachbarter Spannungslinien indirekt proportional. Dieses Ergebnis ist offenbar eine Verallgemeinerung von Gl. (1) in § 9, die aus der Tatsache abgeleitet wurde, daß normal zur Wandkurve in der Achsenrichtung des Stabes keine Schubspannungskomponenten wirken. Dies trifft natürlich auch für den unendlich dünnen Hohlzylinder mit den Erzeugenden Ψ und $\Psi + d\Psi$ sowie der Wandstärke dn zu, auf den alsdann nur ein Element $d\mathfrak{M}$ des ganzen Torsionsmoments $\mathfrak{M}$ entfällt, so zwar, daß nach Gl. (1) § 9 mit der von der Kurve Ψ eingeschlossenen Fläche F

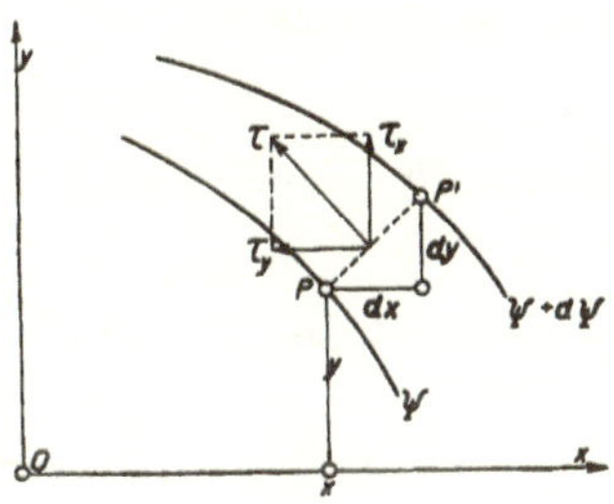

Fig. 49.

$$d\mathfrak{M} = 2\tau\, dn\, F \quad . \quad . \quad . \quad . \quad . \quad . \quad . \quad . \quad (5)$$

ist. Mit Rücksicht auf (3b) dürfen wir aber hierfür auch schreiben

$$d\mathfrak{M} = 2\, d\Psi \cdot F = 2\, d(F \cdot \Psi) - 2\Psi\, dF \quad . \quad . \quad . \quad (5\text{a}),$$

woraus durch Integration zwischen zwei Erzeugenden Ψ_1 und Ψ_2 mit endlicher Parameterdifferenz und den eingeschlossenen Flächen F_1 und F_2

$$\mathfrak{M} = 2(F_2\Psi_2 - F_1\Psi_1) - 2\int_1^2 \Psi\, dF \quad . \quad . \quad . \quad (5\text{b})$$

hervorgeht. Diese Formel wäre gültig für einen Hohlzylinder, dessen Querschnitt durch die beiden geschlossenen Kurven Ψ_1 und Ψ_2 begrenzt ist.

Im Falle eines Vollzylinders setzen wir zweckmäßig für die Umfangskurve nach Gl. (1) $\Psi_2 = 0$, während für die untere Grenze, d. h. den Schwerpunkt, die Fläche $F_1 = 0$ wird. Mithin vereinfacht sich für den Vollzylinder das Torsionsmoment (5b) in

$$\mathfrak{M} = -2\int_0^F \Psi \, dF \quad \ldots \ldots \quad (5c).$$

Zu demselben Ergebnis müssen wir natürlich auch gelangen durch Aufstellung des Torsionsmomentes für ein Flächenelement $dF = dx\,dy$, nämlich

$$\mathfrak{M} = \int (\tau_x x - \tau_y y)\, dF \quad \ldots \ldots \quad (6),$$

dessen analytische Transformation[1]) in (5c) hier unterbleiben kann.

Schließlich ergibt sich noch die Verdrehung aus der Formänderungsarbeit nach der ohne weiteres verständlichen Gleichung

$$\mathfrak{M}\frac{d\varphi}{dz} = \frac{1}{G}\int \tau^2 \, dF = \frac{1}{G}\int (\tau_x^2 + \tau_y^2)\, dF \quad \ldots \quad (7),$$

in der die Integration, ebenso wie in (6), nach Kenntnis der Verteilung der Torsionsspannung über den Querschnitt, d. h. der Abhängigkeit ihrer Komponenten τ_x und τ_y von den Koordinaten, stets ausführbar ist. Hierzu bedarf es aber nach Gl. (3) nur der Aufstellung einer für den ganzen Querschnitt gültigen Funktion Ψ, der auch bei vollem Querschnitt die Umfangskurve, bei Hohlzylindern beide Begrenzungen genügen müssen.

1. Als erstes Beispiel betrachten wir einen elliptischen Querschnitt mit den Halbachsen a und b, dessen Umfang der Gleichung

$$\frac{x^2}{a^2} + \frac{y^2}{b^2} - 1 = 0 \quad \ldots \ldots \quad (8)$$

genügt. Setzen wir mit einer Konstanten k

$$\Psi = k\left(\frac{x^2}{a^2} + \frac{y^2}{b_2} - 1\right) \quad \ldots \ldots \quad (9),$$

so erkennen wir, daß für den Umfang wegen (8) $\Psi = 0$ wird. Hieraus ergeben sich nach (3) die Spannungskomponenten

$$\tau_x = \frac{\partial \Psi}{\partial x} = \frac{2kx}{a^2}, \quad \tau_y = -\frac{\partial \Psi}{\partial y} = -\frac{2ky}{b^2} \quad \ldots \quad (10)$$

---

[1]) Vgl. hierfür die Abhandlung von L. Henneberg: Zur Torsionsfestigkeit. Z. f. Math. u. Physik. 1904. Bd. 51.

und nach (5c) das Torsionsmoment

$$\mathfrak{M} = -2k\int\left(\frac{x^2}{a^2}+\frac{y^2}{b^2}-1\right)dF \quad . \quad . \quad . \quad (11)$$

oder mit $F = \pi ab$

$$\mathfrak{M} = 2k\left(\pi ab - \frac{1}{a^2}\int x^2\,dF - \frac{1}{b^2}\int y^2\,dF\right) \quad . \quad (11\,\mathrm{a}).$$

Nun sind aber die beiden axialen Trägheitsmomente der Ellipsenfläche[1])

$$\int x^2\,dF = \frac{\pi}{4}a^3 b, \quad \int y^2\,dF = \frac{\pi}{4}ab^3 \quad . \quad . \quad . \quad (12),$$

also wird aus (11a)

$$\mathfrak{M} = k\pi ab \quad . \quad . \quad . \quad . \quad . \quad . \quad . \quad . \quad (11\,\mathrm{b}).$$

Dasselbe Resultat ergibt sich natürlich auch aus (6) mit (10), nämlich

$$\mathfrak{M} = 2k\int\left(\frac{x^2}{a^2}+\frac{y^2}{b^2}\right)dF = k\pi ab.$$

Durch das Torsionsmoment (11b) ist erst die Konstante k der Gl. (9) der Spannungskurven bestimmt, die offenbar konzentrische und dem Umfang ähnliche Ellipsen darstellen. Damit ergeben sich die Spannungskomponenten (10) zu

$$\tau_x = \frac{2\mathfrak{M}x}{\pi a^3 b}, \quad \tau_y = -\frac{2\mathfrak{M}y}{\pi ab^3} \quad . \quad . \quad . \quad . \quad (10\,\mathrm{a}),$$

also p r o p o r t i o n a l d e n z u i h r e r R i c h t u n g n o r m a l e n K o o r d i n a t e n d e s z u g e h ö r i g e n Q u e r s c h n i t t s p u n k t e s, während die resultierende Schubspannung

$$\tau = \sqrt{\tau_x^2+\tau_y^2} = \frac{2\mathfrak{M}}{\pi ab}\sqrt{\frac{x^2}{a^4}+\frac{y^2}{b^4}} \quad . \quad . \quad . \quad (10\,\mathrm{b})$$

wird. Sie erreicht ihre größten Werte längs des Umfangs, dem gleichzeitig die größten Werte von x^2 und y^2 zukommen. Am Umfange selbst gilt Gl. (8), mithin ist dort nach Elimination von y

$$\tau = \frac{2\mathfrak{M}}{\pi ab}\sqrt{\frac{1}{b^2}-\frac{x^2}{a^2}\left(\frac{1}{b^2}-\frac{1}{a^2}\right)}$$

---

[1]) Diese berechnen sich am bequemsten aus der Projektion der Kreisfläche, deren axiale Trägheitsmomente aus Symmetriegründen (L o r e n z, Techn. Mechanik, S. 284) gleich dem halben polaren sind.

mit einem absoluten Maximum für $x = 0$

$$\tau_{\max} = \frac{2\,\mathfrak{M}}{\pi\, a\, b^2} = \tau_{x\max}$$

und einem Minimum für $x = a$

$$\tau_{\min} = \frac{2\,\mathfrak{M}}{\pi\, a^2\, b} = \tau_{y\max}.$$

Die größte Spannung bei der Torsion eines elliptischen Zylinders tritt demnach am Ende der kleinen Achse auf.

Schließlich erhalten wir noch für den Verdrehungswinkel der Längeneinheit des Zylinders aus (7) mit (10a)

$$\frac{d\varphi}{dz} = \frac{4\,\mathfrak{M}}{G\,\pi^2 a^2 b^2}\int\left(\frac{x^2}{a^4} + \frac{y^2}{b^4}\right) dF = \frac{\mathfrak{M}\,(a^2 + b^2)}{G\,\pi\, a^3\, b^3} \quad . \quad (13).$$

Auf ganz ähnliche Weise läßt sich auch der Fall eines Hohlzylinders behandeln, dessen Querschnitt durch zwei konzentrische und ähnliche Ellipsen mit den Halbachsen $a_1\, b_1$ und $a_2\, b_2$ begrenzt ist. Hierbei ist nur zu beachten, daß, wenn für den Umfang

$$\Psi_2 = k\left(\frac{x^2}{a_2^2} + \frac{y^2}{b_2^2} - 1\right) = 0$$

gesetzt wird, in Gl. (5b) der Parameter Ψ_1 der inneren Begrenzung sich daraus z. B. mit $x = a_1$, $y = 0$ wegen $a_1 : a_2 = b_1 : b_2$ zu

$$\Psi_1 = k\left(\frac{a_1^2}{a_2^2} - 1\right) = k\left(\frac{b_1^2}{b_2^2} - 1\right)$$

berechnet, während für die Trägheitsmomente (12) die Differenzen der äußeren und inneren Ellipsenflächen zu setzen sind. Der weitere Rechnungsgang bietet dann nichts Neues.

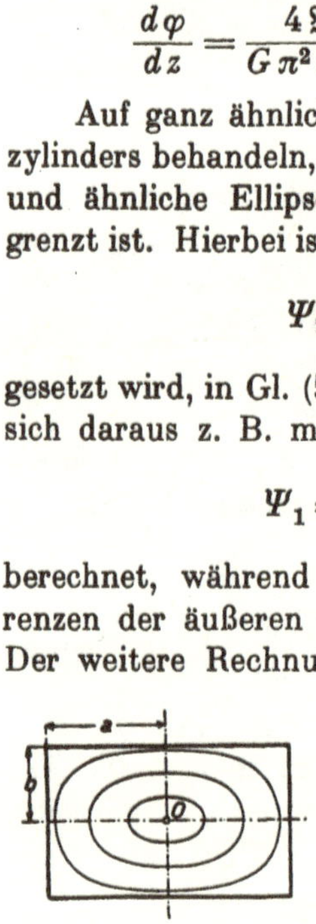

Fig. 50.

2. Ein rechteckiger Querschnitt Fig. 50 werde begrenzt durch vier Gerade mit den Gleichungen

$$x + a = 0, \qquad y + b = 0,$$
$$x - a = 0, \qquad y - b = 0,$$

so daß der Gesamtumfang der Formel

$$(x - a)\,(x + a)\,(y - b)\,(y + b) = 0$$

oder

$$(x^2 - a^2)\,(y^2 - b^2) = 0 \quad . \quad . \quad . \quad . \quad (14)$$

genügt. Durch Multiplikation dieses Ausdruckes mit einer noch zu bestimmenden Konstanten k erhalten wir daraus die allgemeine Gleichung

$$\Psi = k\,(x^2 - a^2)\,(y^2 - b^2)\;.\;.\;.\;.\;.\quad (15),$$

die für verschiedene Werte des Parameters Ψ eine Kurvenschar definiert, deren Verlauf im Innern des Querschnitts durch Fig. 50 dargestellt ist. Betrachten wir diese Kurven als Spannungslinien, so folgt daraus nach (3)

$$\left.\begin{aligned} \tau_x &= \frac{\partial \Psi}{\partial x} = 2\,k\,x\,(y^2 - b^2) \\ \tau_y &= -\frac{\partial \Psi}{\partial y} = -2\,k\,y\,(x^2 - a^2) \end{aligned}\right\}\;.\;.\;.\quad (16)$$

und das Torsionsmoment aus (5c) oder (6) mit $dF = dx\,dy$

$$\mathfrak{M} = 2k \int\limits_{y=-b}^{y=+b} \int\limits_{x=-a}^{x=+a} \left[x^2 (y^2 - b^2) + y^2 (x^2 - a^2)\right] dx\,dy = -\frac{32}{9} k\,a^3 b^3 \quad (17).$$

Damit aber wird aus (16)

$$\tau_x = -\frac{9}{16}\,\frac{\mathfrak{M}\,x\,(y^2 - b^2)}{a^3 b^3}, \qquad \tau_y = +\frac{9}{16}\,\frac{\mathfrak{M}\,y\,(x^2 - a^2)}{a^3 b^3} \quad (16\text{a})$$

mit einer resultierenden Spannung

$$\tau = \frac{9}{16}\,\frac{\mathfrak{M}}{a^3 b^3} \sqrt{x^2 (y^2 - b^2)^2 + y^2 (x^2 - a^2)^2} \quad .\; (16\text{b}).$$

Daraus erkennt man, daß die Spannungskomponenten τ_y und τ_x längs einer Geraden $y =$ konst. bzw. $x =$ konst. den Achsenabständen x bzw. y proportional ausfallen und daß die resultierende Spannung am Umfang für $x = \pm a$, $y = 0$ bzw. $x = 0$, $y = \pm b$ ihre Höchstwerte

$$\tau_{x\,\max} = \frac{9}{16}\,\frac{\mathfrak{M}}{a^2 b}, \qquad \tau_{y\,\max} = -\frac{9}{16}\,\frac{\mathfrak{M}}{a\,b^2},$$

also in der Mitte der Rechteckseiten erreicht. Da offenbar wegen $a > b$

$$\tau_{x\,\max} < \tau_{y\,\max}$$

ist, so kommt das absolute Spannungsmaximum den Mitten der beiden Längsseiten zu, während die vier Ecken $x = \pm a$, $y = \pm b$ nach (16b) spannungsfrei bleiben.

Führen wir dann noch die Ausdrücke (16a) in Gl. (7) ein, so folgt für den Verdrehungswinkel des Stabes mit rechteckigem Querschnitt

$$\frac{d\varphi}{dz} = \left(\frac{9}{16}\right)^2 \cdot \frac{\mathfrak{M}}{G \cdot a^6 b^6} \int_{-b}^{+b} \int_{-a}^{+a} \left[x^2 (y^2 - b^2)^2 + y^2 (x^2 - a^2)^2\right] dx\, dy$$

oder ausgeführt

$$\frac{d\varphi}{dz} = \frac{9}{40} \frac{\mathfrak{M}}{G} \cdot \frac{a^2 + b^2}{a^3 b^3} \quad \ldots \ldots \quad (18).$$

Der vorstehenden Ermittlung der Spannungsverteilung haftet nun offenbar eine gewisse Willkür in dem Ansatze der allgemeinen Gleichung der Spannungslinien dadurch an, daß man die mit einer Konstanten k multiplizierte Funktion der Umfangsgleichung einem vom Null verschiedenen Parameter Ψ gleichsetzt. Mit demselben Rechte hätten wir auch mit einer beliebigen Funktion $f(\Psi)$ für die Spannungslinien

$$f = f(\Psi) \quad \ldots \ldots \ldots \quad (19)$$

setzen können, woraus dann

$$\left.\begin{aligned} \tau_x &= \frac{\partial f}{\partial x} = \frac{df}{d\Psi} \cdot \frac{\partial \Psi}{\partial x} \\ \tau_y &= -\frac{\partial f}{\partial y} = -\frac{df}{d\Psi} \cdot \frac{\partial \Psi}{\partial y} \end{aligned}\right\} \quad \ldots \ldots \quad (18a),$$

und für jede Spannungskurve, längs deren $d\Psi = 0$ ist, wieder Gl. (2a) folgen würde, ohne daß wir über die Funktion $f(\Psi)$ etwas auszusagen vermöchten. Wir werden später sehen, daß dies nur daran liegt, daß wir in unseren obigen Betrachtungen den wichtigen Zusammenhang zwischen der Schubspannung und der Gleitung nicht benutzt haben, der in der Tat jede Willkür über die Wahl der Funktion $f(\Psi)$ beseitigt und eindeutige Ergebnisse liefert. Dieser strengere Gedankengang wird zwar unsere Formeln für den elliptischen Querschnitt bestätigen, dagegen diejenigen für das Rechteck nicht unwesentlich modifizieren, so daß unsere hierfür erhaltenen Gleichungen nur als ziemlich rohe Näherungen zu betrachten sind. Gleichzeitig wird dann die exakte Formulierung Aufschlüsse über die Verwerfung der Querschnittsebene liefern, zu deren Bestimmung wir ja schon bei dünnwandigen Hohlzylindern in § 9 den Zusammenhang zwischen der Schubspannung und Gleitung herangezogen haben.

Dagegen läßt sich mit den bisherigen Hilfsmitteln noch die Verdrehung solcher Querschnitte mit hinreichender Annäherung und ohne allzu willkürliche Annahmen behandeln, in denen die im allgemeinen nicht konstante Breite $AA' = h$ durchweg klein gegen die Länge ist (Fig. 51). Für diese Querschnitte gilt zunächst wieder die Gl. (5), worin dn den Abstand zweier benachbarter Spannungslinien bedeutet, die ihrerseits nahezu parallel der Umfangskurve verlaufen. Daraus geht sofort hervor, daß in dem Streifen zwischen den beiden Spannungslinien das Produkt τdn seinen Wert nicht ändert. Bezeichnen wir weiter mit $b = \frac{1}{2} h$ die halbe Querschnittsbreite und mit n den halben Abstand BB' der beiden Schnitte des Streifens mit der Normalen AA', so dürfen wir mit hinreichender Genauigkeit die schraffierte Fläche F der Gesamtfläche F_0 des Querschnitts derart proportional setzen, daß

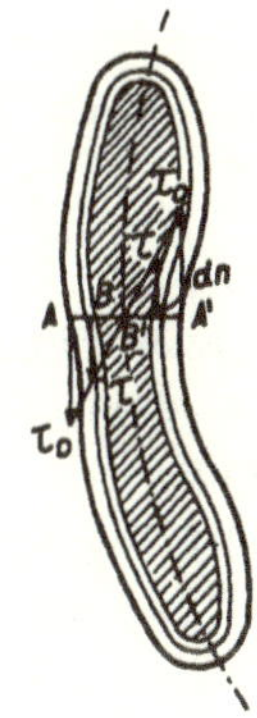

Fig. 51.

$$F = F_0 \frac{n}{b} \quad . \; . \; . \; . \; . \; . \; . \; . \quad (20)$$

wird. Damit aber geht Gl. (5) über in

$$d\mathfrak{M} = \frac{2 F_0}{b} \tau n \, dn \quad . \; . \; . \; . \; . \; . \; . \quad (21).$$

Nun hat aber die Schubspannung τ in den Punkten B und B' entgegengesetzte Richtung, während sie in der punktierten Mittellinie überhaupt verschwindet, da dort die beiden Zweige der Spannungskurve nur noch einen verschwindenden Abstand haben. Daher kann man in erster Annäherung die Schubspannung selbst dem Abstand von der Mittellinie proportional annehmen, also mit einem dem Punkte A zukommenden Werte τ_0

$$\tau = \tau_0 \frac{n}{b} \quad . \; . \; . \; . \; . \; . \; . \; . \quad (22)$$

schreiben, womit die Momentengleichung in

$$d\mathfrak{M} = \frac{2 F_0}{b^2} \tau_0 n^2 \, dn \quad . \; . \; . \; . \; . \; . \; . \quad (21\,a)$$

übergeht. Daraus folgt aber durch Integration das ganze Torsionsmoment

$$\mathfrak{M} = \frac{2 F_0}{b^2} \tau_0 \int_0^b n^2 \, dn = \frac{2}{3} \tau_0 b F_0 \quad . \; . \; . \; . \; (21\,\text{b}).$$

und damit die Schubspannung an einer beliebigen Stelle

$$\tau = \frac{3}{2} \frac{\mathfrak{M} n}{F_0 b^2} \quad . \; . \; . \; . \; . \; . \; . \; . \; (22\,\text{a}),$$

woraus man sofort erkennt, d a ß d i e M a x i m a l s p a n n u n g a n d e r s c h m a l s t e n U m f a n g s s t e l l e h e r r s c h t. Setzen wir diesen Wert in die Arbeitsgleichung (7) ein, so liefert diese mit $dF = dn\, ds$ die Verdrehung

$$\frac{d\varphi}{dz} = \frac{9}{4} \frac{\mathfrak{M}}{G F_0^2} \int \frac{n^2 dF}{b^4} = \frac{9}{4} \frac{\mathfrak{M}}{G F_0^2} \int_0^s \int_0^b \frac{n^2 \, dn \, ds}{b^4} \quad . \quad (23)$$

oder integriert

$$\frac{d\varphi}{dz} = \frac{3}{4} \frac{\mathfrak{M}}{G F_0^2} \int_0^s \frac{ds}{b} \quad . \; . \; . \; . \; . \; . \; (23\,\text{a}),$$

worin sich das Integral über den ganzen Querschnittsumfang zu erstrecken hat, während b die halbe Breite bedeutet.

3. Als Beispiel betrachten wir zunächst einen s c h m a l e n r e c h t e c k i g e n Querschnitt, für den $F_0 = 4\,ab$, $s = 4\,a$ ist. Damit erhalten wir für die größte Torsionsspannung aus (21b)

$$\tau_0 = \frac{3}{8} \frac{\mathfrak{M}}{a b^2} \quad . \; . \; . \; . \; . \; . \; . \; . \; (21\,\text{c}),$$

während das oben in Beispiel 2 angewandte Verfahren hierfür $\frac{9}{16} \frac{\mathfrak{M}}{a b^2}$, also den 1,5 fachen Wert lieferte. Es liegt auf der Hand, daß für den Fall sehr schmaler Querschnitte, z. B. für Blechstreifen, das Ergebnis (22a) zuverlässiger ist als der frühere Wert.

Ganz entsprechend ist für das schmale Rechteck die Verdrehung

$$\frac{d\varphi}{dz} = \frac{3}{4} \frac{\mathfrak{M}}{G F_0^2} \cdot \frac{4a}{b} = \frac{3}{16} \frac{\mathfrak{M}}{G a b^3} \quad . \; . \; . \; . \; (23\,\text{b}),$$

während sich aus (18) mit Vernachlässigung von b^2 gegen a^2 dafür $\frac{9}{40} \frac{\mathfrak{M}}{G a b^2}$ ergibt. Hier ist also der Unterschied noch erheblich größer.

4. Für einen dünnwandigen Hohlzylinder mit kreisförmigem Umfang, der an einer Stelle aufgeschnitten ist, Fig. 52, ergeben unsere Formeln, wenn r_0 der Radius, $h = 2b$ die Wandstärke, also $F_0 = 2\pi r_0 h$ ist,

$$\tau_0 = \frac{3}{2\pi}\frac{\mathfrak{M}}{r_0 h^2} \quad . \quad . \quad . \quad (21\,\mathrm{d}),$$

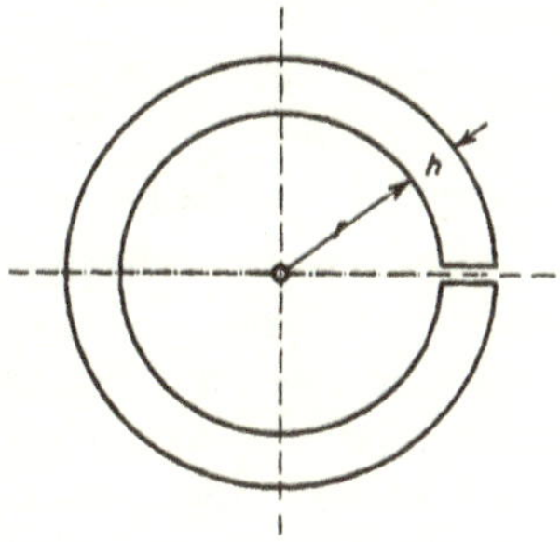

Fig. 52.

im Gegensatz zu der mittleren Spannung im geschlossenen Ringe nach § 9,

$$\tau = \frac{\mathfrak{M}}{2F \cdot h} = \frac{\mathfrak{M}}{2\pi r_0^2 h}.$$

Die letztere Spannung verhält sich bei gleichem Moment zu der größten im offenen Ring wie

$$\frac{\tau}{\tau_0} = \frac{1}{3}\frac{h}{r_0}.$$

Daraus geht deutlich hervor, daß ein Kreiszylinder durch Aufschneiden den größten Teil seines Torsionswiderstandes einbüßt.

Schließlich ist noch die Verdrehung für unseren Fall mit $s = 4\pi r_0$

$$\frac{d\varphi}{dz} = \frac{3}{2\pi}\frac{\mathfrak{M}}{G r_0 h^3} \quad . \quad . \quad . \quad . \quad . \quad . \quad . \quad (23\,\mathrm{c})$$

gegenüber derjenigen des geschlossenen Ringes im Betrage von $\frac{1}{2\pi}\frac{\mathfrak{M}}{G r_0^3 h}$.

§ 12. Elastische Torsionsschwingungen.

Allgemeiner Ausdruck für das Torsionsmoment. Vernachlässigung der Stabmasse. Freie Schwingungen eines Schwungringes. Schwingungen einer rotierenden Welle mit zwei Schwungmassen. Scheinbare Längsschwingungen zylindrischer Schraubenfedern. Berücksichtigung der Stabmasse; Aufstellung der partiellen Differentialgleichung. Die Fortpflanzungsgeschwindigkeit der Torsion. Grund- und Oberschwingungen, Knotenpunkte.

Die bisherigen Untersuchungen über die Verdrehung zylindrischer Körper um ihre Längsachse haben allgemein ergeben, daß im Zustande des Gleichgewichtes das Torsionsmoment

$$\mathfrak{M} = GJ \cdot \frac{d\varphi}{dz} = GJ\frac{\varphi}{z_0} \quad . \quad . \quad . \quad . \quad . \quad . \quad (1)$$

gesetzt werden darf, worin G den Gleitmodul des als isotrop vorausgesetzten Materials, φ den Verdrehungswinkel, z_0 die freie Stablänge und J einen von der Form und den Dimensionen des Querschnitts abhängigen Ausdruck bedeuten, der im Fall eines kreisförmigen Voll- oder Hohlquerschnittes mit dessen polarem Trägheitsmoment um das Zentrum übereinstimmt.

Denken wir uns nunmehr den Stab an einem Ende eingespannt, während er am anderen Ende einen aufgekeilten Schwungring von der Masse m mit dem polaren Trägheitshalbmesser k_0, also dem Trägheitsmoment $\Theta_0 = m k_0^2$ trägt, welches das entsprechende Trägheitsmoment des Stabes um seine Achse weitaus überwiegt, so wird im Falle einer Verdrehung des Schwungringes um $d\varphi$ das Torsionsmoment diesem eine nach der Ruhelage zu gerichtete Winkelbeschleunigung derart erteilen, daß unter Vernachlässigung der Stabmasse

$$\mathfrak{M} = -\Theta_0 \frac{d^2\varphi}{dt^2} \quad \ldots \ldots \quad (2).$$

Subtrahieren wir diese Formel von (1), so folgt

$$\Theta_0 \frac{d^2\varphi}{dt^2} + \frac{GJ}{z_0}\varphi = 0 \quad \ldots \ldots \quad (3),$$

oder mit der Abkürzung

$$\frac{GJ}{\Theta_0 z_0} = a_0^2 \quad \ldots \ldots \quad (4)$$

auch

$$\frac{d^2\varphi}{dt^2} + a_0^2\varphi = 0 \quad \ldots \ldots \quad (3a).$$

Das allgemeine Integral dieser Schwingungsgleichung ist

$$\varphi = A\cos a_0 t + B\sin a_0 t \quad \ldots \ldots \quad (5),$$

worin A und B zwei Konstanten darstellen, die sich aus den Anfangsbedingungen des Vorgangs (z. B. einer Auslenkung φ_0 zur Zeit $t = 0$ ohne anfängliche Winkelgeschwindigkeit) bestimmen, während die Schwingungsdauer t_0 sich zu

$$t_0 = \frac{2\pi}{a_0} = 2\pi\sqrt{\frac{\Theta_0 z_0}{GJ}} \quad \ldots \ldots \quad (5a)$$

berechnet. Sie ist offenbar identisch mit derjenigen eines mathematischen Pendels von der Länge z_0 unter dem Einflusse einer Beschleunigung

$$q = \frac{GJ}{\Theta_0} \quad \ldots \ldots \quad (5b)$$

und bietet ein bequemes Mittel zur experimentellen Bestimmung des Gleitmoduls G dar.

Wesentlich anders gestaltet sich der Schwingungsvorgang, wenn der Stab mit einer Winkelgeschwindigkeit ω um seine Achse rotiert. Es mögen jetzt an seinen beiden Enden zwei Massen m_1 und m_2 mit den polaren Trägheitshalbmessern k_1 und k_2, also den Trägheitsmomenten

$$\Theta_1 = m_1 k_1^2, \quad \Theta_2 = m_2 k_2^2 \quad . \quad (6)$$

sitzen (Fig. 53), denen gegenüber die Stabmasse mit ihrem polaren Trägheitsmoment wieder vernachlässigt werden kann. Weiterhin greife am Schwungring Θ_1 das treibende Moment $\mathfrak{M}_1$ an, am Schwungringe Θ_2 das widerstehende Moment $\mathfrak{M}_2$, so daß unser Beispiel dem Falle einer Transmissionswelle entspricht, an deren beiden Enden etwa durch Riemscheiben Energie zu- bzw. abgeleitet wird. Ebenso fällt hierunter die Schraubenwelle eines Schiffes, an deren einem Ende die Maschine angreift, während auf dem andern Ende der Propeller sitzt.

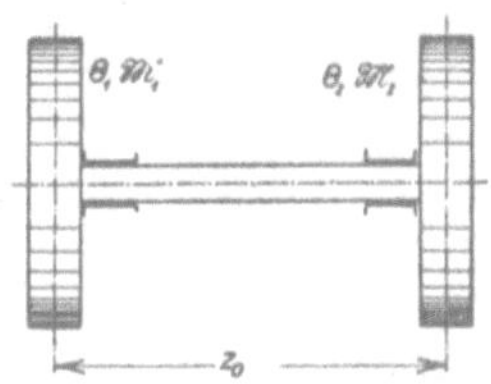

Fig. 53.

Infolge der Elastizität der Welle werden die beiden Schwungmassen von einer willkürlichen gemeinsamen Ruhelage aus in jedem Augenblick verschiedene Winkel φ_1 und φ_2 zurückgelegt haben, deren Differenz $\varphi_1 - \varphi_2 = \varphi$ mit der Verdrehung der Welle selbst übereinstimmt. Denken wir uns einmal die Welle entfernt, so müssen wir ihr durch Gl. (1) gegebenes Torsionsmoment $\mathfrak{M}$ am Schwungringe Θ_1 als Widerstandsmoment, am Schwungringe Θ_2 dagegen als treibendes Moment anbringen. Auf diese Weise erhalten wir die beiden Formeln

$$\left.\begin{aligned} \mathfrak{M}_1 - \mathfrak{M} &= \Theta_1 \frac{d^2\varphi_1}{dt^2} \\ \mathfrak{M} - \mathfrak{M}_2 &= \Theta_2 \frac{d^2\varphi_2}{dt^2} \end{aligned}\right\} \quad . \quad . \quad . \quad . \quad . \quad . \quad . \quad (7),$$

durch deren Addition das als Moment von inneren Kräften aufzufassende Torsionsmoment $\mathfrak{M}$ naturgemäß wieder herausfällt. Da es uns hier darauf ankommt, die zeitliche Änderung der Verdrehung, also den Schwingungsvorgang, zu studieren, der sich vermutlich der Rotation des ganzen Systems überlagern wird, so dividieren wir die erste Formel (7) mit Θ_1, die zweite mit Θ_2 und erhalten nach Subtraktion beider mit $\varphi_1 - \varphi_2 = \varphi$

$$\frac{\mathfrak{M}_1}{\Theta_1} + \frac{\mathfrak{M}_2}{\Theta_2} - \mathfrak{M}\left(\frac{1}{\Theta_1} + \frac{1}{\Theta_2}\right) = \frac{d^2\varphi}{dt^2}$$

oder nach Einsetzen von (1)

$$\frac{\mathfrak{M}_1}{\Theta_1} + \frac{\mathfrak{M}_2}{\Theta_2} = \frac{GJ}{z_0}\left(\frac{1}{\Theta_1} + \frac{1}{\Theta_2}\right)\varphi + \frac{d^2\varphi}{dt^2} \quad . \; . \; . \quad (8).$$

Sind die beiden Momente einander gleich, also

$$\mathfrak{M}_1 = \mathfrak{M}_2 = \mathfrak{M}_0 \quad . \; . \; . \; . \; . \; . \; . \; . \quad (9),$$

so folgt aus (7) durch Addition

$$\Theta_1 \frac{d^2\varphi_1}{dt^2} + \Theta_2 \frac{d^2\varphi_2}{dt^2} = 0 \quad . \; . \; . \; . \; . \quad (7a),$$

woraus entgegengesetzt gerichtete Winkelbeschleunigungen resultieren, während Gl. (8) in

$$\frac{d^2\varphi}{dt^2} + \frac{GJ}{z_0}\left(\frac{1}{\Theta_1} + \frac{1}{\Theta_2}\right)\left(\varphi - \frac{\mathfrak{M}_0 z_0}{GJ}\right) = 0 \quad . \; . \quad (8a)$$

übergeht. Schreiben wir hierin

$$\frac{GJ}{z_0}\left(\frac{1}{\Theta_1} + \frac{1}{\Theta_2}\right) = \alpha^2 \quad . \; . \; . \; . \; . \; . \quad (10)$$

$$\frac{\mathfrak{M}_0 z_0}{GJ} = \varphi_0 \quad . \; . \; . \; . \; . \; . \; . \; . \quad (11),$$

wonach also φ_0 die statische Verdrehung des Stabes durch das Moment $\mathfrak{M}_0$ bedeutet, so vereinfacht sich (8a) in

$$\frac{d^2\varphi}{dt^2} + \alpha^2(\varphi - \varphi_0) = 0 \quad . \; . \; . \; . \; . \quad (8b),$$

mit dem allgemeinen Integrale

$$\varphi - \varphi_0 = A \cos \alpha t + B \sin \alpha t \quad . \; . \; . \; . \quad (12).$$

In diesem Falle der Gleichheit des treibenden und des widerstehenden Momentes überlagert sich also der statischen Verdrehung der Welle eine freie S c h w i n g u n g v o n d e r D a u e r

$$t_0 = \frac{2\pi}{\alpha} = 2\pi \sqrt{\frac{z_0}{GJ\left(\frac{1}{\Theta_1} + \frac{1}{\Theta_2}\right)}} \quad . \; . \; . \quad (12a),$$

die offenbar kleiner ausfällt als der Wert (5a) für die einseitig eingespannte Welle und sich ihm mit unbegrenzt wachsendem Θ_2 beliebig nähert.

Praktisch wichtiger als die Gleichheit der beiden Momente $\mathfrak{M}_1$ und $\mathfrak{M}_2$ ist ihre periodische Veränderlichkeit, der wir mit hinreichender Genauigkeit durch den Ansatz

$$\frac{\mathfrak{M}_1}{\Theta_1}+\frac{\mathfrak{M}_2}{\Theta_2}=A_0+A_1\cos\omega t+A_2\cos 2\omega t+\ldots A_n\cos n\omega t$$
$$+B_1\sin\omega t+B_2\sin 2\omega t+\ldots B_n\cos n\omega t \quad (13)$$

unter der Voraussetzung gerecht werden, daß die Schwingungsausschläge $\varphi=\varphi_1-\varphi_2$ nur klein ausfallen. Alsdann geht die Differentialgleichung (8) mit der Abkürzung (10) über in

$$\frac{d^2\varphi}{dt^2}+a^2\left(\varphi-\frac{A_0}{a^2}\right)$$
$$=A_1\cos\omega t+A_2\cos 2\omega t+\ldots+A_n\cos n\omega t$$
$$+B_1\sin\omega t+B_2\sin 2\omega t+\ldots+B_n\sin n\omega t \quad . \quad (14),$$

worin

$$\frac{A_0}{a^2}=\varphi_0 \quad . \quad . \quad . \quad . \quad . \quad . \quad . \quad . \quad . \quad (15)$$

wieder die statische Verdrehung durch die konstanten Teile der beiden Momente $\mathfrak{M}_1$ und $\mathfrak{M}_2$ bedeutet. Über diese Verdrehung lagert sich nunmehr eine freie Schwingung nach Gl. (12), zu der dann schließlich eine erzwungene Schwingung hinzutritt, deren Einzelglieder denjenigen des auf der rechten Seite von (14) stehenden Impulses entsprechen. Mithin lautet das allgemeine Integral von (14)

$$\varphi-\varphi_0=A\cos at+B\sin at$$
$$+C_1\cos\omega t+C_2\cos 2\omega t+\ldots+C_n\cos n\omega t$$
$$+D_1\sin\omega t+D_2\sin 2\omega t+\ldots+D_n\sin n\omega t \quad (16),$$

worin sich die Koeffizienten C und D durch Einsetzen in (14) zu

$$\left.\begin{array}{ll} C_1=\dfrac{A_1}{a^2-\omega^2}, & D_1=\dfrac{B_1}{a^2-\omega^2} \\ C_2=\dfrac{A_2}{a^2-4\omega^2}, & D_2=\dfrac{B_2}{a^2-4\omega^2} \end{array}\right\} \quad . \quad . \quad . \quad (16a)$$
$$\cdot \quad \cdot \quad \cdot \quad \cdot \quad \cdot$$

bestimmen, während A und B durch die Anfangsbedingungen gegeben sind. Setzen wir z. B. fest, daß zu Beginn der Zeitrechnung das ganze System gerade gleichförmig rotiert, wobei natürlich nur die statische Verdrehung vorhanden ist, so wird für $t = 0$, $\varphi = \varphi_0$, $\frac{d\varphi}{dt} = 0$, woraus

$$\left.\begin{aligned} A &= -(C_1 + C_2 + \ldots) \\ B &= -\frac{\omega}{a}(D_1 + 2D_2 + \ldots) \end{aligned}\right\} \quad \ldots \quad (16\text{b})$$

hervorgeht. Das Integral (16) nimmt demnach die Form an

$$\begin{aligned} \varphi - \varphi_0 = {} & C_1 (\cos \omega t - \cos a t) + \omega D_1 \left(\frac{\sin \omega t}{\omega} - \frac{\sin a t}{a}\right) \\ & + C_2 (\cos 2 \omega t - \cos a t) + 2 \omega D_2 \left(\frac{\sin 2 \omega t}{2 \omega} - \frac{\sin a t}{a}\right) \\ & + \ldots \ldots \ldots \ldots \end{aligned}$$

oder wegen (16a)

$$\begin{aligned} \varphi - \varphi_0 = {} & \frac{A_1 (\cos \omega t - \cos a t)}{a^2 - \omega^2} + \frac{B_1 \left(\frac{\sin \omega t}{\omega} - \frac{\sin a t}{a}\right)}{a^2 - \omega^2} \\ & + \frac{A_2 (\cos 2 \omega t - \cos a t)}{a^2 - 4 \omega^2} + \frac{2 B_2 \left(\frac{\sin 2 \omega t}{2 \omega} - \frac{\sin a t}{a}\right)}{a^2 - 4 \omega^2} \\ & + \ldots \ldots \ldots \ldots \quad (17). \end{aligned}$$

Im Falle der Resonanz des $k$ten Impulsgliedes mit der Eigenschwingung des Systems, d. h. für $k \omega = a$ wird der Ausdruck

$$\frac{A_k (\cos k \omega t - \cos a t)}{a^2 - k^2 \omega^2} + \frac{n B_k \left(\frac{\sin k \omega t}{k \omega} - \frac{\sin a t}{a}\right)}{a^2 - k^2 \omega^2}$$

wegen des gleichzeitigen Verschwindens der Zähler und Nenner unbestimmt, so daß man durch Differentiation nach a oberhalb und unterhalb der Bruchstriche

$$\frac{t}{2a}\left(A_k \sin a t - \frac{k B_k}{a} \cos a t\right) - \frac{k B_k}{2 a^3} \sin a t$$

erhält. Es tritt also bei der Resonanz zu den sonst ungeänderten Einzelschwingungen ein Term hinzu, dessen Amplitude mit der Zeit unbegrenzt zunimmt. Da hierbei naturgemäß die Proportionalitätsgrenze bald überschritten und bei weiterer

Steigerung sogar die Bruchgrenze erreicht sein wird, so bedeutet die Resonanz eine Gefahr für den Bestand des ganzen Systems, die in der Praxis unbedingt ausgeschlossen sein sollte. Dies wird jedenfalls erreicht, wenn von vornherein

$$\omega > a \quad . \quad . \quad . \quad . \quad . \quad . \quad . \quad . \quad (18),$$

d. h. die Umdrehungsdauer der Rotation kleiner als die durch (12a) gegebene Dauer der Eigenschwingung des Systems gewählt wird, während eine durch Verstärkung der Welle hervorgerufene Verminderung der Eigenschwingungsdauer die Gefahr der Resonanz geradezu heraufbeschwören würde. Dieses Ergebnis ist von besonderer Bedeutung für die Propellerwellen der Schiffe, von denen im Falle der Resonanz die frei herausragende Schraube abgewürgt wird und verloren geht, wonach das Schiff hilflos den Wind- und Wasserströmungen ausgesetzt ist. Durch die in neuester Zeit hauptsächlich infolge der Einführung von Dampfturbinen bedingte Steigerung der Umlaufzahl unter gleichzeitiger Verminderung der Wellendurchmesser für gleiche Treibarbeit ist diese Gefahr für die Dampfschiffahrt nach Maßgabe der Bedingung (18) erheblich vermindert worden.

Das vorstehende Rechnungsverfahren läßt sich noch auf den Fall von mehr als zwei Schwungringen auf der Welle und verschiedenen Dimensionen dieser zwischen je zwei Schwungringen ausdehnen, wodurch sich natürlich der Gesamtvorgang erheblich verwickelt. Immerhin bildet die Durcharbeitung des Problems für den Leser eine recht nützliche Übung.

Zu den Torsionsvorgängen gehören auch noch die scheinbaren Longitudinalschwingungen zylindrischer Schraubenfedern (Fig. 37), deren axiale Verschiebung der Endpunkte Δs sich nach Gl. (14a) § 8 berechnet. Umgekehrt folgt daraus die Zugkraft zur Dehnung der Feder zu

$$P = \frac{G r_0^4}{4 n a^3} \Delta s \quad . \quad . \quad . \quad . \quad . \quad . \quad . \quad (19),$$

worin r_0 den Drahtradius und n die Anzahl der Windungen vom Windungsradius a bedeutet. Ist die Feder an einem Ende festgehalten, während mit dem anderen eine Masse m sich axial verschieben kann, so wird diese nach der Auslenkung um Δs

durch die Kraft P nach der Ruhelage hin eine Beschleunigung erfahren, so zwar, daß

$$P = -m \frac{d^2 \Delta s}{d t^2} \quad \ldots \ldots \quad (20),$$

also im Verein mit (19)

$$\frac{d^2 \Delta s}{d t^2} + \frac{G r_0^4}{4 n a^3 m} \Delta s = 0 \quad \ldots \ldots \quad (21)$$

ist. Die hierdurch gekennzeichneten Schwingungen der Masse m besitzen eine Dauer, die sich nach Analogie von (4) und (5a) zu

$$t_0 = 4 \pi \sqrt{\frac{n a^3 m}{G r_0^4}} \quad \ldots \ldots \quad (22)$$

berechnet, woraus man wiederum den Gleitmodul G bestimmen kann.

Verbindet die Schraubenfeder zwei Massen m_1 und m_2, die sich wie zwei federnd gekuppelte Eisenbahnwagen mit einer gemeinsamen Geschwindigkeit c in der Achsenrichtung vorwärts bewegen, so lagern sich darüber Schwingungen der Körper mit einer Dauer, die ähnlich wie (12a) durch die beiden Massen bestimmt ist. Es läßt sich zeigen, daß in diesem Falle auch durch gleitende oder Rollenreibung der Massen auf ihrer Bahn die Schwingungen nicht vernichtet werden können[1]), wie man in der Tat auf der Eisenbahn jederzeit beobachten kann.

Die bisher entwickelte Näherungstheorie der Torsionsschwingungen stabförmiger Körper versagt, wenn die Körpermasse nicht mehr gegenüber den Zusatzmassen vernachlässigt werden kann, und zwar gleichgültig, ob die letzteren, wie oben angenommen wurde, an den Stabenden befestigt oder längs des schwingenden Stabes irgendwie verteilt sind. Diesen Fall haben wir z. B. in einem Schiffe vor uns, dessen Außenhaut unter dem Einflusse der variablen Drehmomente der Maschinen und Propeller Torsionsschwingungen vollzieht, wobei der Schiffsinhalt, Kessel, Maschinen, Ladung usw., nur mitgenommen wird, ohne selbst Spannungen zu erleiden. Daher bezieht sich in der Gleichung (1) der Ausdruck J lediglich auf die der Torsion unterworfenen Teile des Querschnitts, den wir zunächst noch als unveränderlich längs des ganzen damit als zylindrisch ange-

---

[1]) Vgl. Lorenz, Techn. Mechanik starrer Systeme, S. 178 ff.

sehenen Körpers voraussetzen wollen. Da jedoch in diesem Falle schon wegen des Wegfalls fester Einspannungen die gänzlich frei schwingenden Stabenden ein längs des Stabes veränderliches Torsionsmoment bedingen, so dürfen wir nicht mehr erwarten, daß die Verdrehung der Längeneinheit eine konstante Größe darstellt. Der Veränderlichkeit des Drehwinkels φ selbst mit z werden wir daher in der Momentengleichung (1) jetzt durch die partielle Ableitung gerecht.

Wir betrachten nun eine Scheibe des Körpers von der axialen Dicke dz (Fig. 54), auf deren Vorderfläche das Torsionsmoment $\mathfrak{M}$ wirkt, welches bis zur Hinterfläche auf $\mathfrak{M} + \frac{\partial \mathfrak{M}}{\partial z} dz$ angewachsen ist. Bezeichnen wir dann das polare Trägheitsmoment des stofferfüllten Querschnitts einschließlich der längs des ganzen Stabes gleichförmig verteilten spannungsfreien Zusatzmassen, die in Fig. 54 schraffiert angedeutet sind, mit Θ in bezug auf deren Querschnittsschwerpunkt, so ist $\Theta\, d\, z$ das totale Trägheitsmoment des Scheibenvolumens um die Schwerachse in der z-Richtung, und wir erhalten als Bewegungsgleichung

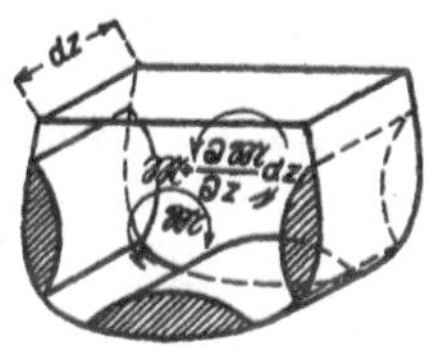

Fig. 54.

$$\left(\mathfrak{M} + \frac{\partial \mathfrak{M}}{\partial z} d z\right) - \mathfrak{M} = \frac{\gamma}{g} \Theta\, d z \cdot \frac{\partial^2 \varphi}{\partial t^2}$$

oder kürzer

$$\frac{\partial \mathfrak{M}}{\partial z} = \frac{\gamma}{g} \Theta \frac{\partial^2 \varphi}{\partial t^2} \quad \ldots \ldots \quad (23),$$

worin γ einen Mittelwert des spezifischen Gewichts über den ganzen Körperquerschnitt und g die Erdbeschleunigung bedeutet. In dieser Formel erscheint naturgemäß die Winkelbeschleunigung als partielle Ableitung nach der Zeit allein, da der Querschnitt selbst durch die Torsion keine Formänderung erleidet.

Eliminieren wir aus (1) und (23) das Moment $\mathfrak{M}$, so folgt mit Rücksicht auf die vorausgesetzte Konstanz von J

$$\frac{\partial^2 \varphi}{\partial t^2} = \frac{g\, J}{\gamma\, \Theta} G \frac{\partial^2 \varphi}{\partial z^2} \quad \ldots \ldots \quad (24)$$

oder mit der Abkürzung

$$\frac{g\, J}{\gamma\, \Theta} G = c^2 \quad \ldots \ldots \quad (25),$$

worin c eine Geschwindigkeit darstellt, kürzer

$$\frac{\partial^2 \varphi}{\partial t^2} = c^2 \frac{\partial^2 \varphi}{\partial z^2} \quad \ldots \ldots \ldots \quad (25\text{a}).$$

Dieser partiellen Differentialgleichung sind wir aber schon in § 5 Gl. (8c) für die Längsschwingungen eines zylindrischen Stabes begegnet und erhalten daher nach Analogie von Gl. (15a) a. a. O. für unseren Fall als Integral

$$\varphi = (A \cos a z + B \sin a z)(C \cos a c t + D \sin a c t) \quad . \quad (26)$$

mit den noch zu bestimmenden Konstanten a, A, B, C, D. Daraus folgt zunächst für das Torsionsmoment nach (1)

$$\mathfrak{M} = -aGJ(A \sin a z - B \cos a z)(C \cos a c t + D \sin a c t) \quad (27),$$

welches bei einem nirgends eingespannten Körper[1]) an den freien Enden unabhängig von der Zeit verschwinden muß. Es ist also für $z = 0$

$$0 = aGJ \cdot B(C \cos a c t + D \sin a c t)$$

oder $B = 0$, so daß sich der Ausdruck (26) mit den Abkürzungen $-A\,C = A_0$, $-A\,D = B_0$ vereinfacht in

$$\mathfrak{M} = aGJ \sin a z (A_0 \cos a c t + B_0 \sin a c t) \quad . \quad . \quad (27\text{a}).$$

Dieser Ausdruck verschwindet aber nur dann für das andere Ende $z = l$, worin l die ganze Stablänge bedeutet, wenn $\sin a\,l = 0$, oder mit einer ganzen positiven Zahl n

$$a l = n \pi \quad \ldots \ldots \ldots \quad (28)$$

ist. Hiernach ergibt sich für jedes n ein Wert von a, dem wiederum ein Ausdruck von der Form (27a) für das Moment und ebenso ein Ausdruck von der Form

$$\varphi = \cos a z (A_0 \cos a c t + B_0 \sin a c t) \quad . \quad . \quad . \quad (26\text{a})$$

für die totale Verdrehung an der Stelle z entspricht. Wir werden darum an Stelle der Gleichungen (27a) und (26a), die nur parti-

[1]) Die strengere Behandlung der Torsionsschwingung des einseitig eingespannten Stabes mit einer Schwungmasse am anderen Ende entspricht genau der in § 5 betrachteten Längsschwingung und braucht deshalb hier nicht nochmals durchgeführt zu werden.

kuläre Integrale darstellen, mit (28) je eine Fouriersche Reihe, nämlich

$$\mathfrak{M} = aGJ \cdot \sum_{n=1}^{n=\infty} \sin n\pi \frac{z}{l}\left(A_n \cos\frac{n\pi ct}{l} + B_n \sin\frac{n\pi ct}{l}\right) \quad (27\,\mathrm{b})$$

$$\varphi = \sum_{n=1}^{n=\infty} \cos n\pi \frac{z}{l}\left(A_n \cos\frac{n\pi ct}{l} + B_n \sin\frac{n\pi ct}{l}\right) \quad (26\,\mathrm{b})$$

anzusetzen haben, deren Koeffizienten A_n, B_n im Falle freier, d. h. sich selbst überlassener Schwingungen durch die Anfangsbedingungen gegeben oder bei erzwungenen Schwingungen durch den Ausdruck für das Torsionsmoment an einer bestimmten Stelle z_0 im Körper in seiner Abhängigkeit von der Zeit vorgeschrieben sind. Das letztere trifft namentlich zu für Schiffe, wo z_0 die Stelle der Antriebsmaschine angibt, deren Drehmoment modifiziert durch das des Propellers vermöge der Reaktion auf den Schiffskörper tordierend zurückwirkt. Für den veränderlichen Teil dieses Drehmoments dürfen wir aber ähnlich wie in Gl. (13) mit der Winkelgeschwindigkeit ω der Welle schreiben

$$\mathfrak{M} = \sum_{n=1}^{n=\infty} (C_n \cos n\omega t + D_n \sin n\omega t) \quad . \quad . \quad . \quad (29),$$

während der konstante Betrag nur eine Gesamtneigung zur Folge hat, die auf den Schwingungsvorgang ohne Einfluß ist. Die Formel (29) steht aber nur dann mit (27b) in Einklang, wenn bei einer Umdrehungsdauer t_0 der Welle

$$\frac{\pi c}{l} = \omega = \frac{2\pi}{t_0} \quad . \quad . \quad . \quad . \quad . \quad . \quad (30),$$

oder unter Einführung der Wellenlänge λ, welche der Fortpflanzungsgeschwindigkeit c der Torsion entspricht,

$$t_0 = \frac{2l}{c} = \frac{\lambda}{c} \quad . \quad . \quad . \quad . \quad . \quad . \quad . \quad . \quad (30\,\mathrm{a})$$

ist, während bei anderen Umdrehungsdauern bzw. Winkelgeschwindigkeiten des Impulses überhaupt keine Schwingungen entstehen können.

Es fragt sich nun weiter, ob nicht längs der Stabachse Knotenpunkte bestehen, deren zugehörige Querschnitte nicht an den Torsionsschwingungen teilnehmen. Für diese muß unabhängig von der Zeit t der Verdrehungswinkel φ überhaupt verschwinden, was nur möglich ist, wenn in (26a) die Knotenpunktsabszisse z_1 der Bedingung $\cos \alpha z_1 = 0$, also

$$\alpha z_1 = \frac{\pi}{2}, \qquad \frac{3}{2}\pi, \qquad \frac{5}{2}\pi \text{ usw.}$$

genügt, so daß der Abstand zweier solcher Knoten mit (28) und (30a)

$$z_2 - z_1 = \frac{\pi}{\alpha} = \frac{l}{n} = \frac{\lambda}{2n} = \frac{c t_0}{2n} \quad . \quad . \quad . \quad (30\,\mathrm{b})$$

wird. Hiernach gibt die Ordnungszahl n der Einzel- oder Oberschwingung (gegenüber der Grundschwingung für $n = 1$) die Zahl der Knotenpunkte des Stabes an, wie aus Fig. 55 für $n = 1$ bis $n = 4$ hervorgeht. Zu jeder dieser Schwingungen gehört eine Periode des Impulses $\frac{t_0}{n}$, wenn t_0 diejenige der Grundschwingung bedeutet.

Fig. 55.

Es braucht wohl kaum noch bemerkt zu werden, daß man bei Anwendung der vorstehenden Theorie auf die Torsionsschwingungen an Schiffen in die Gleichung für die Fortpflanzungsgeschwindigkeit c Mittelwerte von Θ und J einzuführen hat, die nach den Methoden des § 10 aus einer größeren Anzahl von Spanten abgeleitet werden können, während eine exaktere Rechnung unter Berücksichtigung der nicht zylindrischen Schiffsform zu unübersichtlich wird, um praktisch in Frage zu kommen.

Kapitel III.

Die Biegung gerader isotroper Stäbe.

§ 13. Die Verteilung der Normalspannungen im Querschnitt ursprünglich gerader Stäbe.

Der krumme und gerade Stab, seine Achse und sein Querschnitt. Parallelverschiebung der äußeren Kräfte nach dem Querschnitt. Entstehung von Momenten und Querkräften. Zusammenhang beider für konzentrierte und kontinuierliche Belastung. Stetige Verteilung der Normalspannungen, neutrale Schicht. Annahme der Erhaltung der Querschnittsebene bei der Biegung. Lineare Spannungsverteilung. Bedingung für die Existenz des Gleichgewichts, gerade und schiefe Belastung. Beispiel.

Unter einem stabförmigen Körper oder einem Stabe kurzweg wollen wir in der Folge einen Körper verstehen, dessen eine Dimension, seine Länge, die beiden an jeder Stelle dazu normalen Querdimensionen, die Breite und Höhe, derart übertrifft, daß die in der Längsrichtung auf der Körperoberfläche gezogenen Mantellinien in der Nachbarschaft jeder Stelle nur verschwindende Richtungsunterschiede aufweisen.[1]) Es heißt das nichts anderes, als daß die Normalebene zu einer solchen Mantellinie alle anderen nahezu senkrecht durchschneidet. Die stetige Folge dieser Schnittpunkte umschließt auf der Normalebene einen Querschnitt des Stabes; die Verbindungslinie aller aufeinander folgenden Querschnittsschwerpunkte bildet die Stabachse, deren Richtung ebenfalls auf der Querschnittsebene nahezu normal steht.

[1]) Man vergleiche hiermit die ganz analoge Definition eines Stromfadens in der Hydromechanik. Lorenz, Techn. Hydromechanik (1910), S. 59.

Man kann sich demnach einen stabförmigen Körper auch nach Fig. 56 dadurch erzeugt denken, daß man auf den Normalebenen $N_1 N_2 \ldots$ zu einer beliebigen gekrümmten Achse AA durch geschlossene Kurven die Querschnitte derart abgrenzt, daß ihre Schwerpunkte mit den Achsenschnitten $S_1 S_2 \ldots$ zusammenfallen.[1]) Alsdann bildet die Umhüllung der stetigen Querschnittsfolge die Staboberfläche.

Fig. 56.

Ist die Stabachse eine Gerade, so bezeichnen wir den Stab als einen g e r a d e n S t a b im Gegensatze zu einem k r u m m e n S t a b mit gekrümmter Achse. Der gerade Stab geht insbesondere in einen zylindrischen oder prismatischen über, wenn alle Querschnitte kongruent und gegeneinander nicht verdreht sind.

Soll nun ein stabförmiger Körper unter der Einwirkung äußerer Kräfte, zu denen wir sein Eigengewicht im allgemeinen hinzurechnen müssen, im Gleichgewichte verharren, so muß dies zunächst für die äußeren Kräfte selbst gelten. Haben sie verschiedene Angriffspunkte, die entweder am Körper sich befinden oder doch mit ihm starr verbunden sein können, so treten Verschiebungen der einzelnen Stabteile gegeneinander auf, die ihrerseits mit elastischen Spannungen, und zwar sowohl Normal- wie auch Schubspannungen, verknüpft sind. Diese Spannungen lassen sich nun an jedem Querschnitt zu einer Resultanten und einem Kräftepaar vereinigen, welche den auf der einen Seite des Querschnitts am Stabe angreifenden äußeren Kräften das Gleichgewicht halten müssen. Wir dürfen also einen ganzen Stabteil entfernen und durch die Wirkung aller an ihm angreifenden äußeren Kräfte ersetzen, die durch Parallelverschiebung nach dem Schwerpunkt der Schnittebene dort in der Tat ebenfalls eine Resultante und ein Kräftepaar ergeben.

Liefert diese Parallelverschiebung lediglich eine Normalkraft zum Schnittquerschnitt, so werden in diesem auch nur Normalspannungen, also je nach der Richtung der Resultanten, Z u g - o d e r D r u c k s p a n n u n g e n wirken, wie wir sie im Kap. I betrachtet haben. Bleibt dagegen nur ein Kräftepaar übrig,

[1]) Vgl. E. B r a u e r, Festigkeitslehre (1905), S. 59.

dessen Achse normal zum Schnittquerschnitt steht, so ruft dessen Moment die im Kap. II untersuchte Verdrehung des Stabes um seine Achse hervor.

Ergibt sich außer einer Resultanten in der Querschnittsebene selbst ein Kräftepaar mit einer in diese fallenden Achse, die sonach normal zur Stabachse steht, so wird die erstere im Querschnitt Schubspannungen, das Moment der letzteren dagegen sowohl Zug- als auch Druckspannungen wecken, denen axiale Verlängerungen und Verkürzungen der Stabelemente entsprechen. Das gleichzeitige Auftreten von Verlängerungen und Verkürzungen von Stabteilen ist aber notwendig mit einer Änderung der Krümmung der Stabachse verbunden, die wir als eine Biegung des Stabes bezeichnen.

Im allgemeinen Falle, d. h. beim Zusammenwirken einer Resultante und eines Kräftepaares mit beliebigen Richtungen zum Schnittquerschnitt, erkennt man aus der Zerlegung beider in Normal- und Parallelkomponenten hierzu, daß der Stab als Ganzes sowohl axial gezogen oder gedrückt als auch verdreht und schließlich gebogen wird. Handelt es sich dabei nur um kleine Verschiebungen der Einzelteile innerhalb der Gültigkeit des Hookeschen Gesetzes, die wir stets voraussetzen, so können diese als Superposition oder Übereinanderlagerung der Wirkung der Komponenten der Resultante und des Kräftepaares angesehen werden. Damit aber ist die Möglichkeit gegeben, die oben geschilderten Einzelvorgänge unabhängig voneinander für sich zu betrachten, wie dies in den beiden vorangegangenen Kapiteln für die Zug- und Druckwirkungen sowie für die Torsion bereits geschehen ist.

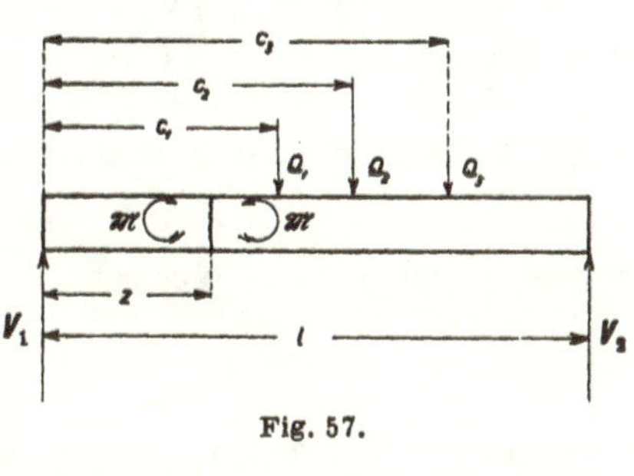

Fig. 57.

Wir brauchen uns in der Folge also nur mehr mit der Biegung des Stabes zu befassen. Dabei wollen wir uns zunächst auf den geraden Stab beschränken, auf den nach Fig. 57 eine Reihe von parallelen Kräften Q wirken, deren Richtungslinien sämtlich die Stabachse schneiden.

Zu diesen Kräften Q, die man gewöhnlich als konzentrierte Lasten bezeichnet, treten dann im Falle der Abstützung des Stabes noch die Auflagedrücke V, welche den Lasten das Gleichgewicht halten und darum mit ihnen und der Stabachse in derselben Ebene liegen. Durchschneiden wir den Stab im Abstande z von einem Ende, so ergibt sich das dort wirksame sog. Biegungsmoment als die Momentensumme aller Einzelkräfte auf einer Seite der Schnittstelle in bezug auf diese. Mithin wird das Biegungsmoment für die linke Seite der Schnittstelle in Fig. 57

$$\mathfrak{M} = V_1 z \quad \ldots \ldots \quad (1),$$

und ebenso für die rechte Seite bei einer Stablänge l

$$\mathfrak{M} = V_2 (l - z) - \Sigma Q (c - z) \quad \ldots \quad (2).$$

Aus der durch das Gleichgewicht geforderten Übereinstimmung beider folgt weiter

$$(V_1 + V_2 - \Sigma Q) z = V_2 l - \Sigma Q c,$$

eine Beziehung, die für alle Werte von z nur bestehen kann, wenn gleichzeitig

$$\left.\begin{aligned} V_1 + V_2 &= \Sigma Q \\ V_2 l &= \Sigma Q c \end{aligned}\right\} \quad \ldots \ldots \quad (3)$$

wird. Dies sind aber nichts anderes als die Gleichgewichtsbedingungen der äußeren Kräfte untereinander, die, wie wir schon oben erkannten, von vornherein erfüllt sein müssen. Verschieben wir andererseits die Kräfte auf einer Seite der Schnittstelle parallel zu sich nach dieser, so erhalten wir dort außer dem Biegungsmoment $\mathfrak{M}$ noch aus der algebraischen Summe dieser Kräfte eine Quer- oder Transversalkraft im Schnittquerschnitt im Betrage von

$$T = V_1 = \Sigma Q - V_2 \quad \ldots \ldots \quad (4),$$

wofür wir auch mit Rücksicht auf (1) und (2) allgemeiner

$$T = \frac{d\mathfrak{M}}{dz} \quad \ldots \ldots \quad (5)$$

setzen dürfen. Diese Formel hätten wir auch unmittelbar und ohne nähere Kenntnis der Stabbelastung aus dem Gleichgewichte einer Elementarscheibe $A_0 A B B_0$ des Stabes von der axialen Dicke dz (Fig. 58) ableiten können, an dem die entgegengesetzt gleichen Querkräfte der Schnittflächen mit dem Hebelarm dz das Moment $d\mathfrak{M} = T dz$ hervorrufen.

Aus der Formel (4) folgt weiter, daß die Querkraft an den Angriffsstellen der äußeren Kräfte selbst, d. h. für $z = c_1$, c_2 usw. sprungweise ihren Wert um denjenigen der äußeren Kraft ändert, so daß an solchen Stellen die Ableitung (5) unstetig wird. Dies

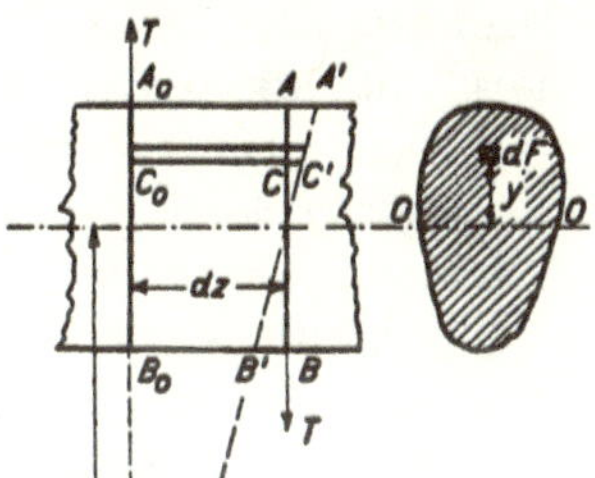
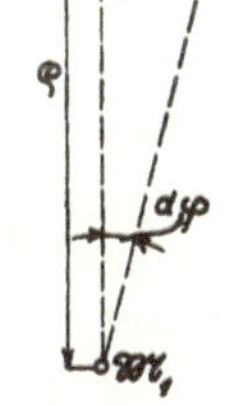

Fig. 58.

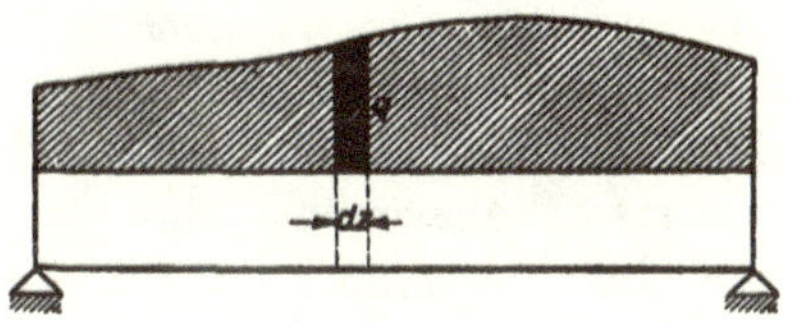

Fig. 59.

trifft nicht mehr zu, wenn der Stab nach Fig. 59 eine kontinuierliche Belastung trägt, deren Größe, auf die Längeneinheit bezogen, wir mit q bezeichnen wollen, so daß $q dz$ den Zuwachs dT der Querkraft beim Fortschreiten um dz bedeutet. Hiernach gilt mit Rücksicht auf Fig. 58

$$q = \frac{dT}{dz} = \frac{d^2\mathfrak{M}}{dz^2} \quad \ldots \ldots \quad (6).$$

Da nun in Wirklichkeit jeder Stab ein Eigengewicht besitzt, welches ohne weiteres als eine kontinuierliche Belastung aufzufassen ist, so erhalten wir an Stelle der Formeln (3) die allgemeinen Gleichgewichtsbedingungen

$$\left.\begin{aligned} V_1 + V_2 &= \Sigma Q + \int_0^l q\,dz \\ V_2 l &= \Sigma Q c + \int_0^l q z\,dz \end{aligned}\right| \quad \ldots \ldots \quad (3a)$$

und an Stelle von (4)

$$T = V_1 - \int_0^z q\,dz = \Sigma Q - V_2 + \int_z^l q\,dz \quad \ldots \quad (4a),$$

woraus sich dann das Moment an der Schnittstelle nach Gl. (5) durch Integration ergibt. Natürlich kann man auch das Moment und die Querkraft getrennt für die konzentrierten Lasten und die kontinuierliche Belastung berechnen und nachträglich die Summierung vornehmen.[1])

Zur Ermittlung der normalen Stabspannungen betrachten wir die in Fig. 58 durch eine punktierte Linie $A'B'$ angedeutete Deformation der einen Schnittfläche AB des Stabelementes infolge der Wirkung des Biegungsmomentes, dessen Kenntnis wir nunmehr voraussetzen können. Sind die hieraus kenntlichen Verlängerungen und Verkürzungen der der Stabachse parallelen Fasern über den Stabquerschnitt stetig verteilt, so wird eine Faserschicht existieren, deren Länge selbst unverändert bleibt, falls nicht, was wir hier ausgeschlossen haben, auf das Stabelement eine äußere Axialkomponente wirkt. Diese im Querschnitt durch eine Kurve dargestellte Schicht bezeichnen wir als die neutrale Schicht. Jede Faser steht alsdann unter dem Einfluß der zugehörigen Spannung σ, die, je nachdem sie verlängert oder verkürzt wird, positiv oder negativ einzusetzen ist. Infolge des Wegfalls der äußeren Axialkomponente müssen sich auch die von den Spannungen herrührenden Elementarkräfte σdF, wo dF ein Flächenelement des Querschnitts bedeutet, gegenseitig aufheben, d. h. es muß

$$\int \sigma dF = 0 \quad . \quad . \quad . \quad . \quad . \quad . \quad . \quad . \quad (7)$$

sein. Ist der Stabquerschnitt hinreichend klein, so kann man mit Bernoulli im Anschluß an Fig. 56 zunächst annehmen, daß bei der Biegung die ursprünglich ebenen Querschnitte nur eine Neigung $d\varphi$ gegeneinander erhalten, während ihre Ebenen selbst keine Formänderungen erleiden. Dann aber wird die in Fig. 58 punktierte Linie $A'B'$ eine Gerade, welche die ursprüngliche Gerade AB in der neutralen Schicht schneidet. Diese selbst wird als Schnitt zweier Ebenen nunmehr ebenfalls zu einer Geraden OO im Querschnitt und wird als dessen neutrale Achse bezeichnet.

Bedeutet dann y den Abstand eines Flächenelementes dF, welches den Querschnitt der Faser C_0C bildet, so wird deren Verlängerung

$$d\Delta z = y\, d\varphi$$

[1]) Vgl. hiermit Lorenz, Techn. Mechanik starrer Systeme, S. 290 ff.

oder nach Division durch die ursprüngliche Faserlänge $C_0C = dz$

$$\frac{d\Delta z}{dz} = y\frac{d\varphi}{dz} \quad \ldots\ldots\ldots \quad (8)$$

sein. Die linke Seite dieser Gleichung ist aber nichts anderes, als die früher mit ε bezeichnete Dehnung der Faser, während der über dem Querschnitt konstante Quotient $d\varphi : dz$ auf der rechten Seite die durch die Biegung hervorgerufene Krümmung einer der Parallelen zur Stabachse in der neutralen Schicht darstellt. Bezeichnen wir den Krümmungsradius dieser deformierten Geraden mit ϱ, so schreibt sich (8) auch in der Form

$$\varepsilon = \frac{y}{\varrho} \quad \ldots\ldots\ldots \quad (8\,a),$$

und da nach dem Hookeschen Gesetz $\sigma = E\varepsilon$ ist, so folgt

$$\sigma = \frac{E}{\varrho}y \quad \ldots\ldots\ldots \quad (9).$$

Da der Quotient $E:\varrho$ für alle Querschnittselemente denselben Wert besitzt, so liefert die Bernoullische Annahme der Erhaltung der Querschnittsebenen eine dem Abstand von der neutralen Achse proportionale Spannung im Querschnitt, die mit der Verlängerung beim Durchgang durch die neutrale Achse d. h. mit dem Abstand y ihr Vorzeichen ändert. Da nach Gl. (9) auch die Spannung in ihrer Abhängigkeit von y durch eine Gerade darstellbar ist, so spricht man in diesem Falle auch von einer linearen Spannungsverteilung, die wir natürlich auch direkt als Annahme an die Spitze stellen und daraus die Erhaltung der Querschnittsebene folgern können.

Infolge dieser linearen Spannungsverteilung dürfen wir unter Einführung einer bestimmten Spannung σ_0 in der Entfernung y_0 von der neutralen Achse, für die man gewöhnlich den der äußersten Faser zukommenden Höchstwert wählt, an Stelle von (9) auch schreiben

$$\sigma = \frac{\sigma_0}{y_0}y \quad \ldots\ldots\ldots \quad (9\,a).$$

Setzt man diesen Ausdruck oder (9) in die Formel (7) für das Verschwinden der Axialkomponente ein, so wird daraus

$$\frac{\sigma_0}{y_0}\int y\,dF = \frac{E}{\varrho}\int y\,dF = 0,$$

woraus unmittelbar

$$\int y\,dF = 0 \quad \text{. . . . . (7a),}$$

also das Verschwinden des statischen Momentes des Querschnitts in bezug auf die neutrale Achse hervorgeht, die somit eine Schwerachse ist. Weiterhin folgt für das Moment der Spannung σ im Flächenelement dF, welche wir nach Fortfall einer Axialkraft sogleich auf die neutrale Schicht beziehen dürfen, $d\mathfrak{M} = \sigma y\,dF$; also für den ganzen Querschnitt das Biegungsmoment

$$\mathfrak{M} = \int \sigma y\,dF \quad \text{. . . . . . . (10)}$$

oder wegen (9) bzw. (9a)

$$\mathfrak{M} = \frac{E}{\varrho}\int y^2\,dF = \frac{\sigma_0}{y_0}\int y^2\,dF \quad \text{. . . . (10a),}$$

worin

$$\int y^2\,dF = \Theta \quad \text{. . . . . (11)}$$

das Trägheitsmoment des Querschnitts in bezug auf die neutrale Schwerachse darstellt, so daß wir an Stelle von (10a) auch kürzer

$$\mathfrak{M} = \frac{E\Theta}{\varrho} = \frac{\sigma_0\Theta}{y_0} \quad \text{. . . . . . . (10b)}$$

schreiben können. In dieser Formel, in der man den Quotienten $\Theta : y_0$ häufig als das Widerstandsmoment des Querschnitts anspricht, dürfen wir aber auch nach (9a) das Verhältnis $\sigma_0 : y_0$ durch $\sigma : y$ ersetzen, so daß aus

$$\mathfrak{M} = \frac{\sigma\Theta}{y} \quad \text{. . . . . (10c)}$$

die Spannung in jedem Abstande von der neutralen Achse bestimmt werden kann.

Außer dem Biegungsmoment werden die Spannungen aber im allgemeinen noch ein Moment $\mathfrak{M}'$ um die zur neutralen Achse XOX senkrechte Schwerachse YOY hervorrufen, Fig. 60.

Mit dem Abstand x des Flächenelementes von dieser Schwerachse ergibt sich das gesuchte Moment zu

$$\mathfrak{M}' = \int x\,\sigma\,dF \quad \ldots \ldots \quad (12)$$

oder mit Rücksicht auf (9) oder (9a)

$$\mathfrak{M}' = \frac{E}{\varrho}\int x\,y\,dF = \frac{\sigma_0}{y_0}\int x\,y\,dF \quad \ldots \quad (12\text{a})$$

worin

$$\int x\,y\,dF = \Psi \quad \ldots \ldots \quad (13)$$

das sog. Zentrifugalmoment des Querschnitts um die neutrale und die dazu senkrechte Schwerachse bedeutet.[1])

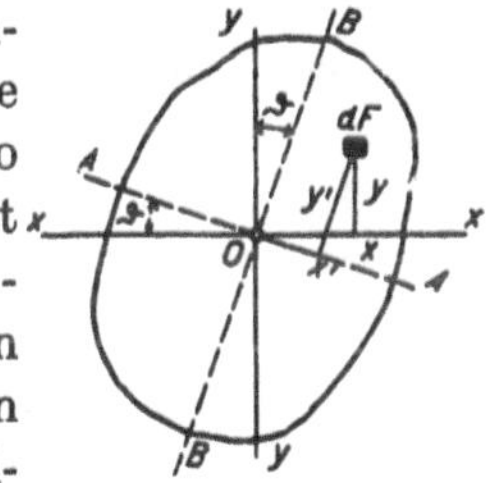

Fig. 60.

Da nun dem Momente $\mathfrak{M}'$ der Spannungen kein Moment der äußeren Kräfte am Querschnitt das Gleichgewicht hält, so muß $\mathfrak{M}'$ selbst verschwinden. Dies aber ist nur möglich, wenn das Zentrifugalmoment des Querschnitts in bezug auf die beiden Achsen verschwindet, bzw. wenn diese beiden Achsen sog. Hauptachsen des Querschnitts sind. Trifft dies nicht zu, so genügen unsere Formeln überhaupt nicht den Gleichgewichtsbedingungen des Stabes, womit auch die Berechnung der Spannungen aus (10b) oder (10c) hinfällig wird. Wird dagegen mit

$$\Psi = 0 \quad \ldots \ldots \ldots \quad (13\text{a})$$

die Achse des Biegungsmomentes parallel einer der beiden Hauptachsen des Querschnitts, so sprechen wir von einer geraden Belastung des Stabes, für die alsdann die oben entwickelten Formeln (8) bis (10) ihre Gültigkeit behalten. Dies ist u. a. immer dann der Fall, wenn der Querschnitt eine Symmetrieachse besitzt, die stets eine der beiden Hauptachsen darstellt, zu der die Achse des Biegungsmomentes parallel oder senkrecht verläuft.

---

[1]) Über den Zusammenhang der verschiedenen Trägheitsmomente eines Querschnitts mit dem Zentrifugalmoment vgl. Lorenz, Techn. Mechanik starrer Systeme, § 36.

Nunmehr erledigt sich auch der Fall der schiefen Belastung des Stabes, bei der die Achse des resultierenden Paares der äußeren Kräfte, also des Biegungsmomentes, mit einer der beiden Hauptachsen des Querschnitts Fig. 60, z. B. AOA, den Winkel ϑ bildet, um welchen dann die andere Hauptachse BOB gegen die Ebene des Kräftepaares geneigt ist. Alsdann brauchen wir nämlich nur das Biegungsmoment $\mathfrak{M}$ in seine beiden Komponenten $\mathfrak{M}' = \mathfrak{M} \cos\vartheta$ und $\mathfrak{M}'' = \mathfrak{M} \sin\vartheta$ parallel den Hauptachsen zu zerlegen oder, was auf dasselbe hinausläuft, die in diese Richtung fallenden Komponenten der äußeren Kräfte und Auflagedrücke, die jetzt gar nicht mehr einander parallel zu sein brauchen, für sich zu zwei Biegungsmomenten zusammenzufassen. Jedes dieser Momente ruft dann im Querschnitt eine Spannung σ' bzw. σ'' hervor, die aus der Gl. (10c) unter Einführung der Abstände x' und y' des zugehörigen Flächenelementes dF, den beiden Hauptachsen sowie mit den zugehörigen Hauptträgheitsmomenten Θ_a und Θ_b berechnet werden kann, so zwar, daß

$$\left.\begin{aligned} \sigma' &= \frac{\mathfrak{M}' y'}{\Theta_b} = \frac{\mathfrak{M}\, y' \cos\vartheta}{\Theta_b} \\ \sigma'' &= \frac{\mathfrak{M}'' x'}{\Theta_a} = \frac{\mathfrak{M}\, x' \sin\vartheta}{\Theta_a} \end{aligned}\right\} \quad . \quad . \quad . \quad . \quad (14).$$

Daraus folgt dann nach dem Superpositionsprinzip die Gesamtspannung an jeder Stelle

$$\sigma = \sigma' + \sigma'' = \mathfrak{M}\left(\frac{y' \cos\vartheta}{\Theta_b} + \frac{x' \sin\vartheta}{\Theta_a}\right) \quad . \quad . \quad (14a),$$

mit einer linearen Verteilung über den Querschnitt zu beiden Seiten einer neutralen Schwerachse, deren Gleichung aus (14a) sich mit $\sigma = 0$ zu

$$y' \frac{\cos\vartheta}{\Theta_b} + x' \frac{\sin\vartheta}{\Theta_a} = 0 \quad . \quad . \quad . \quad . \quad . \quad . \quad (15)$$

ergibt. Diese Achse fällt mithin bei der schiefen Belastung durchaus nicht mit derjenigen des resultierenden Biegungsmomentes zusammen, wie man vielleicht nach Analogie mit der geraden Belastung vermuten könnte.

Weiterhin erkennt man aus (14a), daß die Spannung ihre größten Werte am Umfang des Querschnitts annimmt. Das absolute Maximum ergibt sich daraus durch Differentiation für

$$\frac{1}{\mathfrak{M}}\frac{d\sigma}{dx'} = \frac{dy'}{dx'}\frac{\cos\vartheta}{\Theta_b} + \frac{\sin\vartheta}{\Theta_a} = 0 \quad . \quad . \quad . \quad (16),$$

worin die Ableitung $dy' : dx'$ aus der Gleichung $f(x'y') = 0$ der Umfangskurve zu berechnen ist, die natürlich selbst auf die beiden Hauptachsen bezogen sein muß.

So erhält man z. B. für einen elliptischen Querschnitt mit der Gleichung

$$\frac{x'^2}{a^2} + \frac{y'^2}{b^2} = 1$$

in bezug auf seine Hauptachsen die Hauptträgheitsmomente

$$\Theta_a = \int x'^2\,dF = \frac{\pi}{4}a^3 b, \quad \Theta_b = \int y'^2\,dF = \frac{\pi}{4}a b^3.$$

Deren Einführung in Gl. (14a) ergibt dann die Gesamtspannung

$$\sigma = \frac{4\mathfrak{M}}{\pi a b}\cdot\left(\frac{y'\cos\vartheta}{b^2} + \frac{x'\sin\vartheta}{a^2}\right)$$

und daraus die Gleichung der neutralen Achse

$$\frac{y'}{x'} = -\frac{b^2}{a^2}\operatorname{tg}\vartheta.$$

Da weiterhin für den Umfang

$$\frac{dy'}{dx'} = -\frac{x'}{y'}\frac{b^2}{a^2}$$

ist, so liegen nach (16) die größten Spannungen an den Enden der Geraden

$$\frac{y'}{x'} = \operatorname{cotg}\vartheta,$$

die in der Ebene des Biegungsmomentes liegt, bzw. dessen Spur auf der Querschnittsfläche darstellt, während die neutrale Schicht offenbar nicht mit der Achse des Biegungsmomentes zusammenfällt.

§ 14. Schubspannungen und Formänderungsarbeit.

Bestimmung der Schubspannungskomponente normal zur neutralen Schicht. Verlauf der Spannungslinien. Beispiele des kreisförmigen, rechteckigen und I-Querschnitts. Die Formänderungsarbeit bei der Biegung, Kleinheit des auf die Schubspannungen entfallenden Betrages, seine geringe Veränderlichkeit mit der Querschnittsform.

Außer den im letzten Abschnitt ermittelten Normalspannungen, welche durch das Biegungsmoment der äußeren Kräfte im Querschnitt eines Stabes geweckt werden, ruft die Querkraft noch Schubspannungen hervor, deren Bestimmung zur vollständigen Kenntnis der Spannungsverteilung nötig ist.

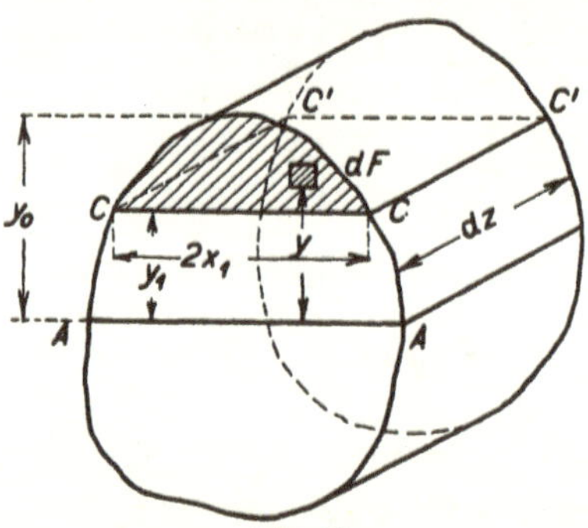

Fig. 61.

Wir wollen uns dabei zunächst auf den Fall der geraden Belastung eines zylindrischen Stabes beschränken, bei der die Achse des Biegungsmomentes einer Hauptträgheitsachse des Querschnitts, die zugleich seine neutrale Achse AA ist, parallel liegt. Gehen wir dann in einer Elementarscheibe (Fig. 61) des Stabes mit der axialen Dicke dz von der Vorderfläche nach der Hinterfläche, so wird die Normalspannung von σ auf $\sigma + \frac{\partial \sigma}{\partial z}\,dz$ anwachsen, so zwar, daß auf ein Elementarstäbchen vom Querschnitt dF ein Überschuß $\frac{\partial \sigma}{\partial z}\,dz\,dF$ der Axialkraft entfällt. Integrieren wir diesen Ausdruck über einen Teil des Querschnitts, z. B. den oberhalb der Parallelen CC zur neutralen Achse zwischen den Ordinaten y_1 und y_0 gelegenen, so erhalten wir eine Elementarkraft, welche die über der Fläche $CC\,C'C'$ liegende Kappe axial verschieben würde, wenn ihr nicht in der Fläche selbst eine Schubkraft entgegenwirkte. Bezeichnen wir die längs der Geraden $CC = 2\,x_1$ herrschende mittlere Schubspannung mit τ_x, so ist diese Schubkraft $2\tau_x x_1 dz$, mithin

$$2\,\tau_x\,x_1\,dz = \int_{y_1}^{y_0} \frac{\partial \sigma}{\partial z}\,dz\,dF.$$

Da sich die Integration nur über den in Fig. 61 schraffierten Teil des Querschnitts erstreckt, so dürfen wir rechts das Differential dz herausnehmen und dann gegen das gleiche der linken Seite wegheben, so daß

$$2\tau_x x_1 = \int_{y_1}^{y_0} \frac{\partial \sigma}{\partial z} dF \quad . \quad . \quad . \quad . \quad . \quad . \quad (1)$$

übrig bleibt. Hierin ist aber nach Gl. (10c) § 13

$$\sigma = \frac{\mathfrak{M}}{\Theta} y \quad . \quad . \quad . \quad . \quad . \quad . \quad . \quad . \quad (2),$$

worin sowohl das Biegungsmoment $\mathfrak{M}$, wie auch das Trägheitsmoment Θ um die neutrale Achse nur mit z variieren können, so daß mit

$$\frac{\partial \sigma}{\partial z} = y \frac{\partial}{\partial z}\left(\frac{\mathfrak{M}}{\Theta}\right) \quad . \quad . \quad . \quad . \quad . \quad . \quad (2\text{a})$$

Gl. (1) übergeht in

$$2\tau_x x_1 = \frac{\partial}{\partial z}\left(\frac{\mathfrak{M}}{\Theta}\right)\int_{y_1}^{y_0} y\,dF = \left(\frac{1}{\Theta}\frac{d\mathfrak{M}}{dz} - \frac{\mathfrak{M}}{\Theta^2}\frac{d\Theta}{dz}\right)\int_{y_1}^{y_0} y\,dF \quad (3).$$

Da weiter unsere Betrachtung an Hand der Fig. 61 nur für einen zylindrischen Stab gilt, an dem Θ konstant bleibt, so wird aus (3) unter gleichzeitiger Einführung der Querkraft T nach Gl. (5) § 13

$$2\tau_x x_1 = \frac{1}{\Theta}\frac{d\mathfrak{M}}{dz}\int_{y_1}^{y_0} y\,dF = \frac{T}{\Theta}\int_{y_1}^{y_0} y\,dF \quad . \quad . \quad . \quad (3\text{a}).$$

Aus diesen Formeln erhellt jedenfalls, daß die im Querschnitte eines gebogenen Stabes durch eine Querkraft hervorgerufenen Schubspannungen normal zur neutralen Achse mit dem Abstand von dieser variieren. Daraus folgt sofort, daß der ursprünglich rechte Winkel des Querschnitts mit der Ebene $CC'C'$ in Fig. 61 im allgemeinen für jede Lage der Geraden CC eine verschiedene Änderung erfährt, womit die der Gl. (2) zugrunde liegende Erhaltung der Querschnittsebenen bei der Biegung unvereinbar ist. Multiplizieren wir ferner Gl. (3a) beidseitig mit dy_1 und integrieren nochmals über den ganzen Querschnitt, so ergibt die linke Seite unmittelbar die Querkraft, so daß

$$2\int \tau_x x_1 \, d y_1 = T = \frac{T}{\Theta} \int d y_1 \int_{y_1}^{y_0} y \, dF$$

wird, was nur möglich ist, wenn

$$\Theta = \int d y_1 \int_{y_1}^{y_0} y \, dF.$$

Dies ist aber nur ein anderer Ausdruck für das Trägheitsmoment, der aus dem uns geläufigen durch partielle Integration, bei der die statischen Momente für die Grenzen verschwinden, hergeleitet werden kann.

Die durch Gl. (3a) bestimmte Schubspannung τ_x ist, wie schon oben bemerkt wurde, der Mittelwert über eine Parallele zur neutralen Achse. Daß sie nicht den wahren Wert der Schubspannung darstellt, erkennt man schon aus der Bedingung für den Querschnittsrand, die genau wie bei der Torsion dort infolge des Wegfalls von Schubspannungen auf den Stabmantel eine tangentiale Richtung fordert. Dann aber müssen auch noch **Schubspannungskomponenten parallel der neutralen Achse** existieren, die sich bei der Integration über den ganzen Querschnitt aufheben, wenn unserer Voraussetzung gemäß keine gleichgerichtete Querkraft vorhanden ist. Über die Größe und Richtung dieser Schubspannungskomponenten gibt indessen die bisherige Betrachtung keinen Aufschluß, so daß man — ohne Zuhilfenahme später (§ 44) zu behandelnder allgemeiner Beziehungen — ähnlich wie bei der Torsion nicht kreisförmiger Vollzylinder auf mehr oder weniger willkürliche Annahmen angewiesen ist. Einen Anhaltspunkt hierfür bietet der Verlauf des Querschnittsumfangs, der wenigstens die Richtung der resultierenden Schubspannung dort festlegt. Daraus folgt z. B. für symmetrische Querschnitte in Bezug auf eine Normale BB zur neutralen Achse AA (Fig. 62), daß bei durchweg gleicher

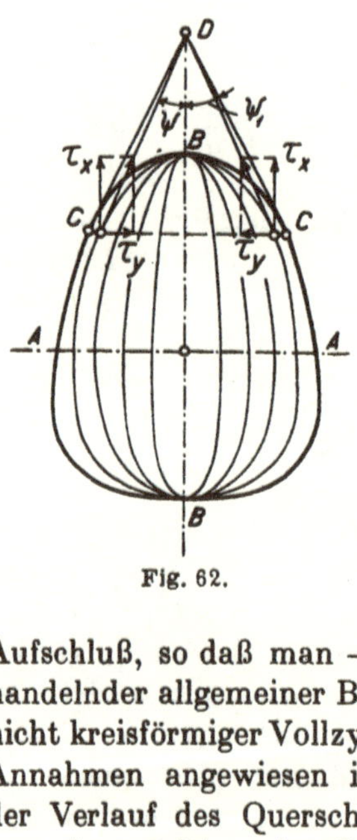

Fig. 62.

Richtung der Spannungskomponente τ_x parallel BB die dazu normalen Komponenten τ_y zu beiden Seiten der Symmetrieachse einander entgegengesetzt sein müssen. Da überdies in den beiden Scheiteln BB beide Komponenten verschwinden, so ergeben sich für die Richtung der resultierenden Spannung symmetrische Kurven zwischen beiden Scheiteln, die man in erster Annäherung durch gleiche Teilung der Abszissen innerhalb des Querschnitts konstruieren kann. Alsdann aber dürfen wir alle so gewonnenen sog. Spannungslinien als Projektionen des um BB gedrehten Querschnittsumfangs betrachten, wobei die Tangenten aller Punkte längs der Geraden CC als Projektionen der Mantellinien des Tangentenkegels durch die Randpunkte CC in demselben Punkt D zusammenlaufen. Setzt man schließlich in erster Annäherung die Komponente τ_x dem aus (3a) hervorgegangenen Mittelwerte τ_1 gleich, so ist mit einem Neigungswinkel ψ der Tangente gegen die Symmetrieachse auch die normale Schubspannung durch

$$\tau_y = \tau_x \operatorname{tg} \psi \quad . \quad . \quad . \quad . \quad . \quad . \quad . \quad (4)$$

gegeben.

1. Beispiel. Haben wir es mit einem Kreisquerschnitt vom Radius a zu tun (Fig. 63), so ist mit $y_0 = a$

$$\int_{y_1}^{y_0} y\,dF = 2\int_{y_1}^{a} \sqrt{a^2 - y^2} \cdot y\,dy = \frac{2}{3}(a^2 - y_1^2)^{\frac{3}{2}},$$

womit wegen

$$CC = 2x_1 = 2\sqrt{a^2 - y_1^2}$$

Gl. (3a) übergeht in

$$\tau_x = \frac{1}{3}\frac{T}{\Theta} \cdot x_1^2 = \frac{1}{3}\frac{T}{\Theta}(a^2 - y_1^2) \quad (5).$$

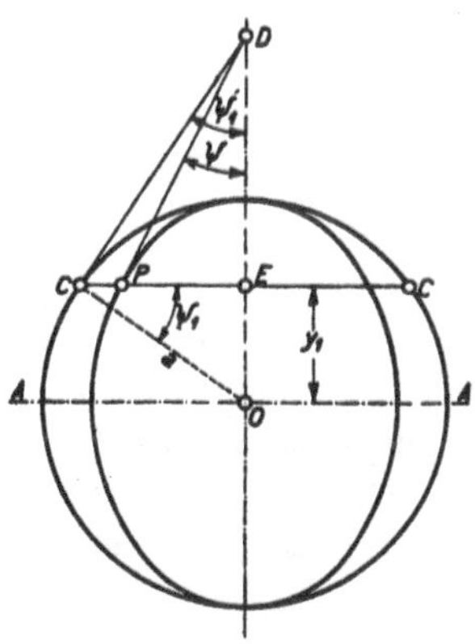

Fig. 63.

Dieser Wert gilt nach den vorstehenden Ausführungen in erster Annäherung für alle Punkte P der Parallelen CC zur neutralen Achse. Mit den Bezeichnungen $CE = x_1$ und $PE = x$ ergibt sich aber der Neigungswinkel $ODP = \psi$ der Tangente in P aus dem Werte $ODC = \psi_1$ für C

$$\operatorname{tg} \psi = \frac{x}{x_1} \operatorname{tg} \psi_1 = \frac{x y_1}{x_1^2},$$

mithin nach (4) und (5)

$$\tau_y = \frac{1}{3}\frac{T}{\Theta} x y_1 \quad . \quad . \quad . \quad . \quad . \quad . \quad . \quad (6).$$

Die resultierende Schubspannung ist demnach

$$\tau = \sqrt{\tau_x^2 + \tau_y^2} = \frac{1}{3}\frac{T}{\Theta}\sqrt{x_1^4 + x^2 y_1^2} \quad . \quad . \quad . \quad (7)$$

mit dem Maximalwerte auf der Parallelen in C für $x = x_1$, also

$$\tau_1 = \frac{1}{3}\frac{T}{\Theta} x_1^2 \sqrt{1 + \frac{y_1^2}{x_1^2}}$$

oder auch wegen

$$x_1^2 + y_1^2 = a^2$$

$$\tau_1 = \frac{1}{3}\frac{T}{\Theta} a x_1 \quad . \quad . \quad . \quad . \quad . \quad . \quad . \quad . \quad (7a)$$

mit einem absoluten Höchstwerte für $x_1 = a$

$$\tau_{max} = \frac{1}{3}\frac{T}{\Theta} a^2 \quad . \quad . \quad . \quad . \quad . \quad . \quad . \quad (7b)$$

längs der neutralen Achse AA. Dividieren wir diesen Wert durch die mittlere Schubspannung im Querschnitt

$$\tau_m = \frac{T}{F} = \frac{T}{\pi a^2} \quad . \quad . \quad . \quad . \quad . \quad . \quad . \quad (8),$$

so folgt mit $\Theta = \frac{\pi}{4} a^4$

$$\frac{\tau_{max}}{\tau_m} = \frac{4}{3} \quad . \quad . \quad . \quad . \quad . \quad . \quad . \quad . \quad (8a).$$

Die Schubspannungslinien sind in diesem Falle Ellipsen über dem zur neutralen Schicht senkrechten Kreisdurchmesser als gemeinsamer großer Achse $2a$. Daher lassen sich auch die obenstehenden Formeln (5) bis (7) sofort auf elliptische Querschnitte ausdehnen, wenn wir mit der kleinen Achse $2b$ als neutraler Schicht x_1 durch $x_1 \frac{a}{b}$ und Θ durch $\Theta_a = \frac{\pi}{4} a^3 b$ ersetzen, während beim Zusammenfallen der großen Achse mit der neutralen Schicht $x_1 \frac{b}{a}$ an Stelle von x_1 und $\Theta_b = \frac{\pi}{4} a b^3$ für Θ in die Formeln eingeht.

2. Beispiel. Im rechteckigen Querschnitt von der Breite $2x_1 = 2b$ und der Höhe $2y_0 = 2h$ ist im Anschluß an Fig. 64

$$\int_{y_1}^{y_0} y\,dF = 2b\int_{y_1}^{h} y\,dy = b\,(h^2 - y_1^2),$$

also nach (3a)

$$\tau_x = \frac{1}{2}\frac{T}{\Theta}(h^2 - y_1^2) \quad . \quad (9),$$

worin

$$\Theta = \int_{-h}^{+h} y^2 dF = 2b\int_{-h}^{+h} y^2 dy = \frac{4}{3}h^3 b$$

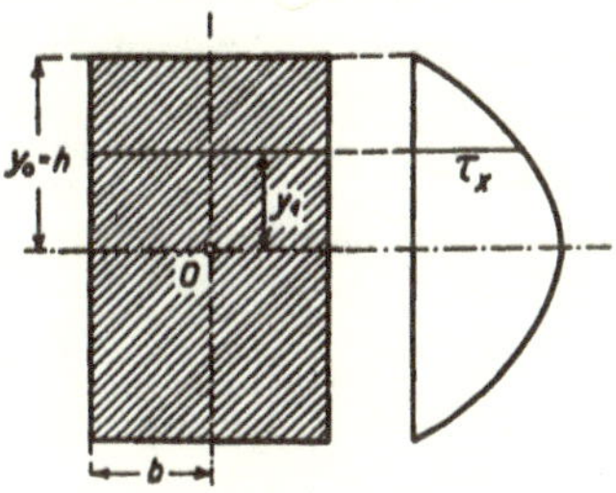

Fig. 64.

ist. Da der Winkel ψ hier überall verschwindet, so daß die Schubspannungslinien innerhalb des Querschnitts normal zur neutralen Achse verlaufen und an der Ober- und Unterkante mit diesen zusammenfallen, so treten überhaupt keine Spannungskomponenten τ_y parallel der neutralen Schicht auf. Diese Folgerung unserer Annahmen ist in hohem Grade unwahrscheinlich und wird auch durch eine genauere Untersuchung nicht bestätigt. Halten wir uns indessen vorläufig an Gl. (9), so führt diese, wie schon beim Kreisquerschnitt, zu einem Spannungsmaximum in der neutralen Achse mit einer parabolischen Abnahme nach den äußeren Fasern des Querschnitts hin.

Dieser Höchstwert ist hier mit $y_1 = 0$

$$\tau_{\max} = \frac{1}{2}\frac{T}{\Theta}h^2 = \frac{3}{8}\frac{T}{hb} \quad . \; . \; . \; . \; . \; . \quad (9\text{a}),$$

während die mittlere Schubspannung

$$\tau_m = \frac{T}{F} = \frac{T}{4hb} \quad . \; . \; . \; . \; . \; . \; . \quad (10)$$

und das Verhältnis

$$\frac{\tau_{\max}}{\tau_m} = \frac{3}{2} \quad . \; . \; . \; . \; . \; . \; . \; . \quad (10\text{a})$$

wird.

Die Unzulänglichkeit unseres Näherungsverfahrens tritt besonders deutlich zutage bei der Untersuchung von Querschnitten, die sich aus einzelnen Rechtecken zusammensetzen, wie z. B.

dem in Fig. 65 schematisch dargestellten eines sog. I-Trägers mit der Stegbreite $2b_1$, der Flanschbreite $2b_2$, der Steghöhe $2h_1$ und der totalen Höhe $2h_2$. Hierbei ist die Schubspannung im Flansch mit $y_0 = h_2$ nach (3a)

$$\tau_x = \frac{T}{\Theta} \frac{h_2^2 - y_1^2}{2} \quad \ldots \ldots \quad (11)$$

mit einem Maximalwerte

$$\tau_2 = \frac{T}{\Theta} \frac{h_2^2 - h_1^2}{2} \quad \ldots \ldots \quad (11a)$$

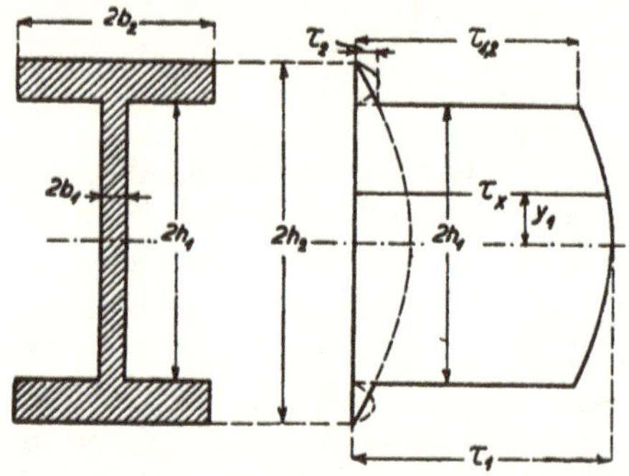

Fig. 65.

auf der Innenseite des Flansches. Dagegen folgt die Schubspannung im Steg aus

$$2\tau_x b_1 = \frac{T}{\Theta} \int_{y_1}^{y_0} y\,dF = \frac{T}{\Theta} \left(\int_{h_1}^{h_2} y\,dF_2 + \int_{y_1}^{h_1} y\,dF_1 \right)$$

wobei im ersten Integral $dF_2 = 2b_2 dy$, im zweiten $dF_1 = 2b_1 dy$ zu setzen ist. Dies liefert schließlich

$$\tau_x = \frac{T}{2\Theta} \left[\frac{b_2}{b_1} (h_2^2 - h_1^2) + h_1^2 - y_1^2 \right] \quad \ldots \quad (12)$$

mit einem Höchstwerte für $y_1 = 0$ in der neutralen Schicht

$$\tau_1 = \frac{T}{2\Theta} \left[\frac{b_2}{b_1} (h_2^2 - h_1^2) + h_1^2 \right] \quad \ldots \quad (12a),$$

während an der Übergangsstelle zwischen Steg und Flansch mit $y_1 = h_1$ die Schubspannung den Wert

$$\tau_{12} = \frac{T}{2\Theta} \frac{b_2}{b_1} (h_2^2 - h_1^2) \quad \ldots \ldots \quad (12b)$$

annimmt. An dieser Stelle springt demnach die Schubspannung plötzlich von dem Werte (11a) auf (12b) und zeigt im übrigen innerhalb des Flansches und des Steges den in Fig. 65 dargestellten parabolischen Verlauf. In Wirklichkeit ist natürlich dieser Spannungssprung ebenso unmöglich wie der endliche Wert von τ_1 längs der freien Innenkante der Flanschen. Dort muß vielmehr $\tau_x = 0$ sein, woraus man etwa auf den in Fig. 65 punktiert eingetragenen Spannungsverlauf in den Flanschen neben dem Stege schließen darf, während der Verlauf innerhalb des Steges davon nahezu unberührt bleibt.[1])

Um nun festzustellen, welche Bedeutung der Wirkung der Transversalkraft im Vergleich zu derjenigen des Biegungsmomentes zukommt, wollen wir die Formänderungsarbeit berechnen, für die wir infolge des Wegfalls von Normalspannungen außer in der Achsenrichtung

$$L = \frac{1}{2E}\int \sigma^2 \, dV + \frac{1}{2G}\int \tau^2 \, dV \quad . \quad . \quad . \quad . \quad (13)$$

schreiben dürfen. Hierin ist zunächst das Volumelement

$$dV = F\,dz,$$

so daß wir auch an Stelle von (13) für die Formänderungsarbeit der Längeneinheit des Stabes

$$\frac{dL}{dz} = \frac{1}{2E}\int \sigma^2 dF + \frac{1}{2G}\int \tau^2 dF \quad . \quad . \quad . \quad (13\text{a})$$

[1]) Nach Versuchen von Coker, »Optical Determination of stress« (Proceed. Roy. Soc. 1912), der auf optischem Wege die Formänderung dünner durchsichtiger Plättchen aus Nitrozellulose von rechteckigem Querschnitt von der Höhe $2a$ und der Breite $2b$ ermittelte, zeigte sich, daß das parabolische Verteilungsgesetz Gl. (9) nur so lange gilt, als $a < 2b$ war, während für $a > 2b$ die Kurve der τ_x von der Ober- und Unterkante steil aufsteigend zwei Maxima und in der Mitte ein Minimum aufwies, Fig. 66. Da die Maxima und Minima sich nur wenig unterscheiden, so empfiehlt Coker für $a > 2b$, die Schubspannung einfach als konstant anzunehmen, was jedenfalls praktisch immer zulässig sein dürfte.

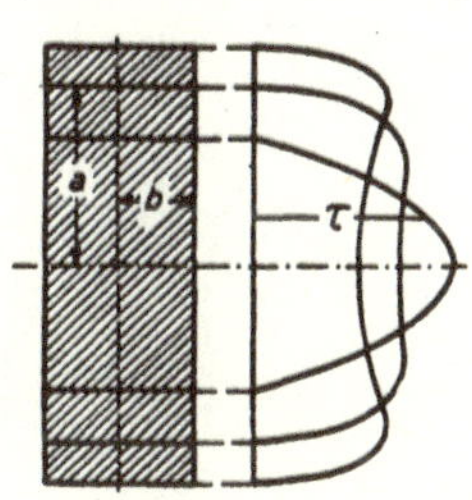

Fig. 66.

haben, worin sich die Integrale über den Querschnitt erstrecken. Mit Gl. (2) geht das erste dieser Integrale über in

$$\int \sigma^2 dF = \frac{\mathfrak{M}^2}{\Theta^2}\int y^2 dF = \frac{\mathfrak{M}^2}{\Theta} \quad . \quad . \quad . \quad . \quad (14),$$

während aus dem zweiten mit Rücksicht auf (4)

$$\int \tau^2 dF = \int (\tau_x^2 + \tau_y^2)\, dF = \int \tau_x^2 (1 + \operatorname{tg}^2 \psi)\, dF \quad . \quad (15)$$

wird. Die Auswertung erfolgt dann nach Einsetzen des Ausdruckes (3a) für τ_x unter Berücksichtigung der Neigung ψ der Spannungslinien, an deren Stelle wir auch im Anschluß an Fig. 62 die Neigung ψ_1 der Tangente an den Umfangspunkten in gleichem Abstand y_1 von der neutralen Achse durch

$$\operatorname{tg}\psi = \frac{x}{x_1}\operatorname{tg}\psi_1 = \frac{x}{x_1}\frac{d x_1}{d y_1} \quad . \quad . \quad . \quad . \quad (16)$$

einführen können. Schreiben wir außerdem $dF = dx\, dy_1$, so wird aus (15)

$$\int \tau^2 dF = \int\int_{-x_1}^{+x_1} \tau_x^2 \left(1 + \frac{x^2}{x_1^2}\operatorname{tg}^2\psi_1\right) dx\, dy_1 = 2\int \tau_x^2 \left(1 + \frac{\operatorname{tg}^2\psi_1}{3}\right) x_1\, dy_1 \; (15a).$$

Nach Einsetzen von (14) und (15a) geht der Ausdruck (13a) für die Formänderungsarbeit über in

$$\frac{dL}{dz} = \frac{\mathfrak{M}^2}{2E\Theta} + \frac{1}{G}\int \tau_x^2 \left(1 + \frac{\operatorname{tg}^2\psi_1}{3}\right) x_1\, dy_1 \quad . \quad . \quad (17),$$

dessen zweites Glied für jeden Einzelfall auszuwerten ist.

3. Beispiel. So erhalten wir für den Kreisquerschnitt Fig. 63 mit

$$x_1 = a\cos\psi_1, \qquad y_1 = a\sin\psi_1,$$

sowie wegen Gl. (5), d. h.

$$\tau_x = \frac{1}{3}\frac{T a^2}{\Theta}\cos^2\psi_1$$

$$\int \tau^2 dF = 2\int_{-\frac{\pi}{2}}^{+\frac{\pi}{2}} \tau_x^2 \left(1 + \frac{\operatorname{tg}^2\psi_1}{3}\right) x_1\, dy_1$$

$$= \frac{2}{9}\frac{T^2 a^6}{\Theta^2}\int_{-\frac{\pi}{2}}^{+\frac{\pi}{2}} \left(\cos^6\psi_1 + \frac{\sin^2\psi_1 \cos^4\psi_1}{3}\right) d\psi_1$$

$$= \frac{2}{27}\cdot\frac{T^2 a^6}{\Theta^2}\int_{-\frac{\pi}{2}}^{+\frac{\pi}{2}} (2\cos^6\psi_1 + \cos^4\psi_1)\, d\psi_1.$$

Hierin ist

$$\cos^4\psi_1 = \frac{3}{8} + \frac{1}{2}\cos 2\psi_1 + \frac{1}{8}\cos 4\psi_1, \quad \int\limits_{-\frac{\pi}{2}}^{+\frac{\pi}{2}} \cos^4\psi_1\,d\psi_1 = \frac{3}{8}\pi$$

$$\cos^6\psi_1 = \frac{5}{16} + \frac{21}{32}\cos 2\psi_1 + \frac{3}{16}\cos 4\psi_1 + \frac{1}{32}\cos 6\psi_1,$$

$$\int\limits_{-\frac{\pi}{2}}^{+\frac{\pi}{2}} \cos^6\psi_1\,d\psi_1 = \frac{5}{16}\pi,$$

also

$$\int \tau^2\,dF = \frac{2}{27}\frac{T^2 a^6}{\Theta^2}\pi\left(\frac{10}{16} + \frac{3}{8}\right) = \frac{2}{27}\frac{T^2 a^6}{\Theta^2}\pi.$$

Da nun weiter für den Kreis

$$\Theta = \frac{\pi}{4}a^4, \qquad F = \pi a^2$$

ist, so folgt auch

$$\int \tau^2\,dF = \frac{32}{27}\cdot\frac{T^2}{\pi a^2} = 1{,}186\,\frac{T^2}{F}$$

und damit für die totale Formänderungsarbeit der Längeneinheit des Kreiszylinders

$$\frac{dL}{dz} = \frac{1}{2}\left(\frac{\mathfrak{M}^2}{E\Theta} + \frac{1{,}186}{G}\cdot\frac{T^2}{F}\right) \quad . \quad . \quad . \quad . \quad (17\text{a}).$$

4. Beispiel. In derselben Weise ergibt sich für den rechteckigen Querschnitt Fig. 64 mit

$$\psi_1 = 0, \qquad x_1 = b, \qquad \tau_x = \frac{1}{2}\frac{T}{\Theta}(a^2 - y_1^2)$$

$$\int \tau^2\,dF = \frac{1}{2}\frac{T^2 b}{\Theta^2}\int\limits_{-a}^{+a}(a^2 - y_1^2)^2\,dy_1 = \frac{8}{15}\frac{T^2 b a^5}{\Theta^2}$$

oder wegen

$$\Theta = \frac{4}{3}a^3 b, \qquad F = 4ab$$

$$\int \tau^2\,dF = \frac{3}{10}\frac{T^2}{ab} = 1{,}2\,\frac{T^2}{F},$$

mithin

$$\frac{dL}{dz} = \frac{1}{2}\left(\frac{\mathfrak{M}^2}{E\Theta} + \frac{1{,}2}{G}\cdot\frac{T^2}{F}\right) \quad . \quad . \quad . \quad . \quad (17\text{b}).$$

Die beiden Ergebnisse (17a) und (17b) für den Kreis und das Rechteck unterscheiden sich formal so wenig voneinander, daß wir für beide mit hinreichender Annäherung die letzte Formel (17b) verwenden dürfen[1]), in welcher der Quotient $T : F$ nichts anderes als die mittlere Schubspannung bedeutet. Jedenfalls dürfen wir unter Einführung eines nur von der Querschnittsform abhängigen Faktors β allgemeiner für die Formänderungsarbeit schreiben

$$\frac{dL}{dz} = \frac{1}{2}\left(\frac{\mathfrak{M}^2}{E\Theta} + \frac{\beta T^2}{GF}\right) \quad . \quad . \quad . \quad . \quad . \quad (18).$$

Führen wir dann noch den Trägheitshalbmesser k des Querschnitts in bezug auf die neutrale Achse durch

$$\Theta = F \cdot k^2$$

ein und beachten, daß die Querkraft T auch als Resultante aller Lasten einschließlich der Auflagedrücke auf einer Seite des Querschnittes aufgefaßt werden kann, die mit ihrem Hebelarm h das Biegungsmoment

$$\mathfrak{M} = T h$$

ergibt, so geht (18) über in

$$\frac{dL}{dz} = \frac{1}{2}\frac{\mathfrak{M}^2}{E\Theta}\cdot\left(1 + \beta\frac{E}{G}\frac{k^2}{h^2}\right) \quad . \quad . \quad . \quad . \quad (18a).$$

Hierin wird bei Stäben, deren Querdimensionen klein gegen die Länge ausfallen, auch das Verhältnis $k : h$ im allgemeinen einen kleinen Bruch darstellen, was in noch höherem Maße für $k^2 : h^2$ zutrifft. Infolgedessen wird das zweite Glied der Klammer in den meisten Fällen klein gegen die Einheit, d. h. *der auf die Schubspannung entfallende Arbeitsbetrag spielt gegenüber dem vom Biegungsmoment herrührenden bei langen Stäben nur eine untergeordnete Rolle.* Aus diesem Grunde vernachlässigt man in der technischen Praxis häufig die Schubspannungsarbeit bei der Biegung überhaupt und beschränkt sich auf die Untersuchung der Wirkung des reinen Biegungsmomentes.

---

[1]) Dazu ist indessen zu bemerken, daß für Querschnitte mit Einschnürungen nach Art des I-Trägers der Faktor des Schubspannungsgliedes der Formänderungsarbeit ganz erheblich größere, bis zu 4 ansteigende Werte annehmen kann, wodurch aber bei hinreichender Stablänge gegenüber den Querdimensionen die Größenordnung der Glieder keine Änderung erfährt.

§ 15. Hauptspannungen und Spannungstrajektorien.

Die Spannungsverteilung um einen Punkt des Stablängsschnittes. Hauptspannungen und Hauptspannungsrichtung. Hauptschubspannungen. Kurven reiner Schubspannung und Spannungstrajektorien. Beispiele eines Stabes mit einer Einzellast und mit kontinuierlicher Belastung.

Durch die Untersuchungen der beiden letzten Abschnitte wurde die Spannungsverteilung in einem gebogenen Stabe vollständig festgelegt. Sie gestaltet sich besonders einfach für einen rechteckigen Querschnitt bei gerader Belastung, da in diesem keine Schubspannungen parallel zur neutralen Achse auftreten, so daß nur die Spannungskomponenten Gl. (2) und (9) § 14

$$\left.\begin{aligned} \sigma &= \frac{\mathfrak{M}}{\Theta}\, y \\ \tau &= \frac{T}{2\Theta}(a^2 - y^2) \end{aligned}\right\} \quad . \quad . \quad . \quad . \quad . \quad (1)$$

übrig bleiben. Infolgedessen haben wir es hier mit einem e b e n e n S p a n n u n g s z u s t a n d zu tun, den wir schon in § 2 näher kennen gelernt haben. Aus dem dort betrachteten allgemeinen Falle geht der unsere hervor, wenn wir unter Beibehaltung der Schubspannung τ für die axiale Normalspannung $\sigma_x = \sigma$ und die dazu senkrechte $\sigma_y = 0$ setzen, so daß in einem Flächenelemente mit der Neigung φ gegen die Stabachse nach Gl. (6) § 2 die Spannungen

$$\left.\begin{aligned} \sigma_s &= \sigma \sin^2\varphi + 2\tau \sin\varphi\cos\varphi \\ \tau_s &= \pm(\sigma\sin\varphi\cos\varphi + \tau\cos 2\varphi) \end{aligned}\right\} \quad . \quad . \quad . \quad . \quad (2)$$

herrschen. Die Normalspannungen σ_s werden zu H a u p t - s p a n n u n g e n, d. h. nehmen unter gleichzeitigem Wegfall der Schubspannung größte und kleinste Werte σ_1 und σ_2 an für Neigungswinkel φ_1, gegeben durch

$$\operatorname{tg} 2\varphi_1 = -\frac{2\tau}{\sigma} = \frac{T}{\mathfrak{M}}\frac{y^2 - a^2}{y} \quad . \quad . \quad . \quad . \quad (3),$$

während sich für die H a u p t s c h u b s p a n n u n g e n

$$\operatorname{tg} 2\varphi_2 = +\frac{\sigma}{2\tau} = \frac{\mathfrak{M}}{T}\frac{y}{a^2 - y^2} \quad . \quad . \quad . \quad . \quad (4)$$

ergibt. Mit diesen Werten berechnen sich dann die Hauptspannungen selbst zu

$$\left.\begin{aligned}\sigma_{12} &= \frac{\sigma}{2} \pm \frac{1}{2}\sqrt{\sigma^2 + 4\tau^2} = \frac{\mathfrak{M}}{2\Theta}y \pm \frac{1}{2\Theta}\sqrt{\mathfrak{M}^2 y^2 + T^2(a^2 - y^2)^2}\\ \tau_{12} &= \pm \frac{1}{2}\sqrt{\sigma^2 + 4\tau^2} = \pm \frac{1}{2\Theta}\sqrt{\mathfrak{M}^2 y^2 + T^2(a^2 - y^2)^2}\end{aligned}\right\} \quad (2a),$$

von denen auch die ersteren offenbar entgegengesetzte Vorzeichen besitzen. Den ganzen Spannungsverlauf um einen Punkt übersieht man am bequemsten in den Polardiagrammen Fig. 67

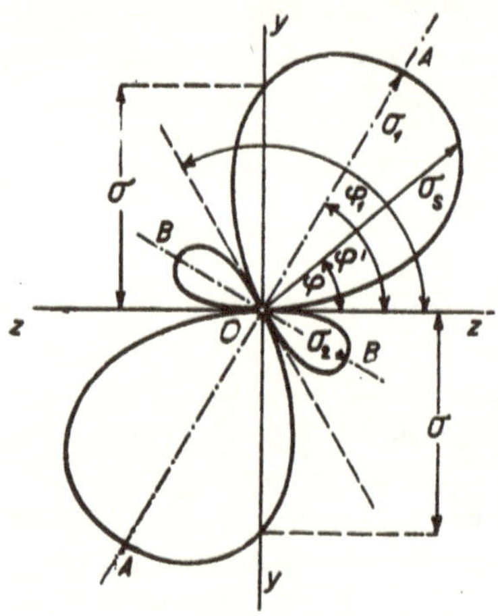

Fig. 67.

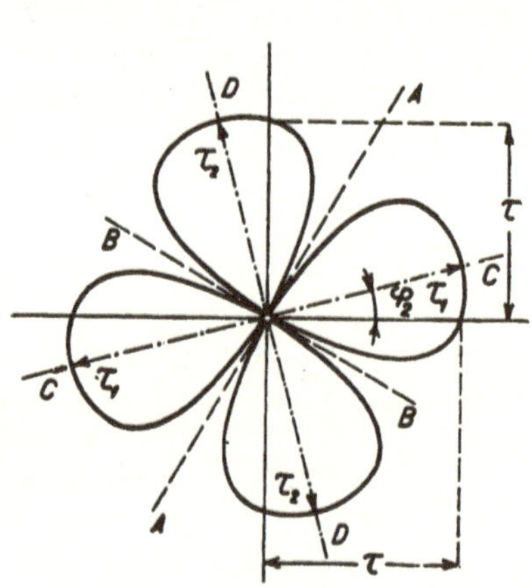

Fig. 68.

und 68, in denen die zueinander normalen Hauptspannungsrichtungen der σ_{12} mit AA, BB, diejenigen der Hauptschubspannungen τ_{12} dagegen mit CC, DD bezeichnet sind, während ZZ die Richtung der Stabachse und YY die Spur des Querschnitts in der Bildebene angibt. Die gezeichneten Kurven schneiden dann auf einem unter einem Winkel φ gegen ZZ geneigten Fahrstrahl die zugehörigen Normal- und Schubspannungen ab. Außerdem erkennt man aus Fig. 67, daß es für jeden Punkt noch zwei Richtungen gibt, denen keine Normalspannungen zugeordnet sind. Für diese Richtungen wird die erste Gl. (2) mit $\sigma_s = 0$

$$(\sigma \sin\varphi + 2\tau\cos\varphi)\sin\varphi = 0,$$

woraus die beiden Werte

$$\operatorname{tg}\varphi' = -\frac{2\tau}{\sigma} = \operatorname{tg} 2\varphi_1, \qquad \varphi'' = 0 \quad . \quad . \quad . \quad (5)$$

hervorgehen, von denen der letzte die einfache Folge des Wegfalls von Normalspannungen senkrecht zur Stabachse ist, während der erstere mit dem doppelten Winkel eines der beiden Hauptschnitte gegen die Stabachse übereinstimmt.

Man kann sich nun im Längsschnitt des Stabes eine Schar von Kurven denken, deren Richtung überall mit der Richtung der reinen Schubspannung übereinstimmt. Für solche reine Schubspannungslinien[1]) liefert Gl. (5) mit Rücksicht auf (1) sowie wegen $dy = -dz \operatorname{tg}\varphi'$ die Beziehung

$$\frac{dy}{dz} = \frac{T}{\mathfrak{M}} \frac{a^2 - y^2}{y}$$

oder

$$\frac{y\,dy}{y^2 - a^2} - \frac{T}{\mathfrak{M}} dz = 0 \quad . \quad . \quad . \quad . \quad . \quad (6).$$

Da hierin

$$T = \frac{d\mathfrak{M}}{dz}$$

ist, so dürfen wir an Stelle von (6) auch schreiben

$$\frac{d\mathfrak{M}}{\mathfrak{M}} - \frac{y\,dy}{a^2 - y^2} = 0 \quad . \quad . \quad . \quad . \quad . \quad . \quad . \quad (6\text{a}),$$

woraus durch Integration

$$\lg n\, \mathfrak{M}^2 + \lg n\,(a^2 - y^2) = \lg n\, C^2$$

oder

$$\mathfrak{M}^2 (a^2 - y^2) = C^2 \quad . \quad . \quad . \quad . \quad . \quad . \quad . \quad (6\text{b})$$

hervorgeht mit einer Konstanten C, die man durch Festlegung eines Kurvenpunktes bestimmen kann.

Durch Halbierung des Tangentenwinkels φ' der Kurvenschar (6a) erhält man nach Gl. (4) die Tangentenwinkel einer neuen Kurvenschar, welche an jedem Punkte die Richtung einer Hauptspannung angibt, womit zugleich die dazu normale Hauptspannungsrichtung festgelegt ist. Die analytische Behandlung

[1]) Vgl. J. Wagner, Kurven reiner Schubbeanspruchung der geraden Balkenträger mit rechteckigem Querschnitt. Zeitschr. d. Österr. Ing.- u. Arch.-Ver. 1911, S. 615 ff.

dieser sog. Hauptspannungstrajektorien geht von Gl. (3) aus, in der

$$\operatorname{tg} 2\varphi_1 = \frac{2\operatorname{tg}\varphi_1}{1-\operatorname{tg}^2\varphi_1} = \frac{2\dfrac{dy}{dz}}{1-\left(\dfrac{dy}{dz}\right)^2}$$

oder

$$\left(\frac{dy}{dz}\right)^2 + \frac{2}{\operatorname{tg} 2\varphi_1}\frac{dy}{dz} = 1$$

zu setzen ist. Daraus folgt dann

$$\frac{dy}{dz} = -\frac{1}{\operatorname{tg} 2\varphi_1} \pm \sqrt{1+\frac{1}{\operatorname{tg}^2 2\varphi_1}}$$

oder wegen (3)

$$\frac{dy}{dz} = \frac{\mathfrak{M} y}{T(a^2-y^2)} \pm \sqrt{1+\frac{\mathfrak{M}^2 y^2}{T^2(a^2-y^2)^2}} \quad . \quad . \quad (7),$$

eine Differentialgleichung, die wegen des verschiedenen Vorzeichens des zweiten Gliedes rechts zwei nach Gl. (3) normal zueinander stehende Kurvenscharen darstellt, deren Integration jedoch praktisch an der Unmöglichkeit der Trennung der Variabeln y und z scheitert. Es bleibt daher im Einzelfalle nichts weiter als die punktweise Aufzeichnung auf Grund der Werte von $2\varphi_1$ oder, noch besser, die von Wagner angegebene, schon erwähnte Konstruktion der Trajeken toriaus den reinen Schubspannungslinien übrig.

Genau dasselbe gilt auch von den Schubspannungstrajektorien, die nach Gl. (4) die Richtungen der größten Schubspannungen angeben. Für diese lautet die Differentialgleichung ganz analog (7)

$$\frac{dy}{dz} = \frac{T(y^2-a^2)}{\mathfrak{M} y} \pm \sqrt{1+\frac{T^2(y^2-a^2)^2}{\mathfrak{M}^2 y^2}} \quad . \quad . \quad (8),$$

deren Integration wieder auf zwei Kurvenscharen führen würde, welche wegen

$$\operatorname{tg} 2\varphi_2 \operatorname{tg} 2\varphi_1 = -1$$

die Hauptspannungstrajektorien überall unter dem Winkel 45° durchschneiden und damit aus ihnen leicht verzeichnet werden können.

1. Beispiel. Wir betrachten zunächst den einfachen Fall eines Stabes, der an einem Ende horizontal eingespannt ist, am anderen eine Last trägt, die, wenn vom Eigengewichte des Stabes abgesehen werden darf, mit der längs desselben konstanten Querkraft T übereinstimmt. Da weiterhin für einen Querschnitt im Abstande z vom belasteten Ende $\mathfrak{M} = Tz$ ist, so lautet zunächst die Gleichung (6b) der reinen Schubspannungslinien

$$T^2 z^2 (a^2 - y^2) = C^2$$

oder, wenn $z = z_0$ sein soll für $y = 0$,

$$(a^2 - y^2) z^2 = a^2 z_0^2 \quad . \quad (9).$$

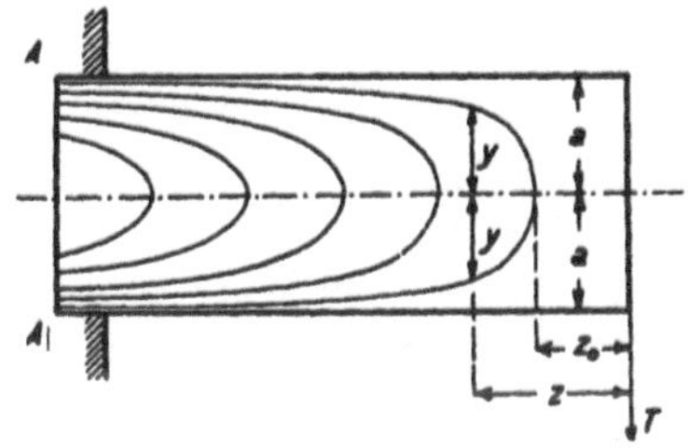

Fig. 69.

Jede derartige Kurve ist mithin durch die Lage z_0 ihres Scheitels auf der neutralen Achse vollständig bestimmt und nähert sich mit ihren beiden Zweigen asymptotisch der Ober- und Unterkante des Längsschnitts Fig. 69. Da für $z_0 = 0$

$$(a^2 - y^2) z^2 = 0 \quad . \quad . \quad . \quad . \quad . \quad . \quad . \quad (9a)$$

wird, so gehören sowohl diese Kanten $y = \pm a$ als auch die Stirngerade $z = 0$ der Schar der reinen Schubspannungslinien an. Eliminieren wir $a^2 - y^2$ aus (9) und der zweiten Gl. (1), so folgt

$$\tau z^2 = \frac{T a^2}{2 \Theta} z_0^2$$

oder, wenn wir die längs des Balkens konstante Schubspannung in der neutralen Achse

$$\frac{T a^2}{2 \Theta} = \tau_0$$

setzen,

$$\tau z^2 = \tau_0 z_0^2 \quad . \quad . \quad . \quad . \quad . \quad . \quad . \quad . \quad (9b).$$

Nach dieser Formel ändert sich die Schubspannung auf einer Schubspannungskurve.

Für die Hauptspannungstrajektorien ergibt sich mit $\mathfrak{M} = Tz$ aus (3)

$$\operatorname{tg} 2\varphi_1 = -\frac{a^2 - y^2}{z y} \quad . \quad . \quad . \quad . \quad . \quad (10),$$

so daß für

$$y = 0 \qquad \text{und } z = 0, \qquad 2\varphi_1 = \pm 90^0, \qquad \varphi_1 = \pm 45^0$$

und für

$$y = \pm a, \qquad 2\varphi_1 = 0 \text{ oder } \pi, \qquad \varphi_1 = 0 \text{ oder } 90^0$$

wird. Außerdem aber wird $\varphi_1 = 0$ für $z = \infty$, mithin nähern sich die Hauptspannungstrajektorien der einen Kante asymptotisch, während sie die andere rechtwinklig schneiden und sowohl die neutrale Achse als auch die Stirnkante im Winkel von 45⁰ durchsetzen. Dies bedingt für die zwischen der Stirnkante und der neutralen Achse verlaufenden Kurventeile je einen Wendepunkt. Diese Bemerkungen reichen schon hin, den Verlauf der Hauptspannungskurven in den Längsschnitt einzutragen, was in Fig. 70 durch ausgezogene Linien geschehen ist.

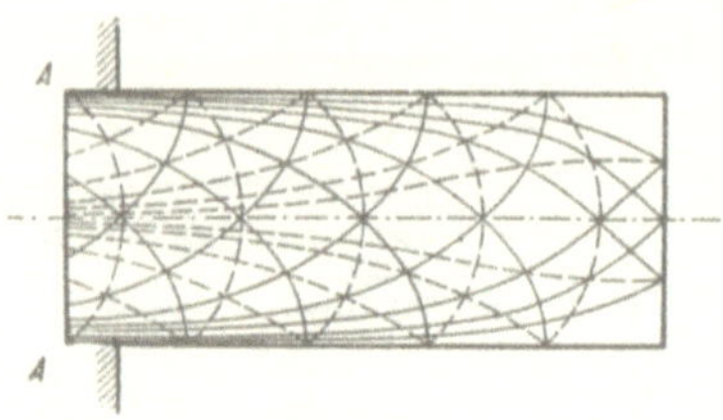

Fig. 70.

Im Gegensatz hierzu schneidet die eine Schar der in Fig. 70 punktiert gezeichneten Schubspannungstrajektorien die Ober- und Unterkante im Winkel von 45⁰ und die neutrale Achse rechtwinklig, während die andere Schar sich der neutralen Achse asymptotisch nähert und entweder die Ober- und Unterkante unter 45⁰ schneidet oder die Stirnkante unter 90⁰. Die hier mündenden Schubspannungstrajektorien besitzen ebenfalls Wendepunkte, wie aus Fig. 70 zu erkennen ist.

Den soeben untersuchten Träger kann man auch als die Hälfte eines auf zwei Stützen ruhenden gewichtslosen Balkens betrachten, der in der Mitte eine Last $2T$ trägt. Die Schubspannungslinien und Trajektorien der anderen Hälfte ergeben sich dann einfach als Spiegelbild der in Fig. 69 und 70 gezeichneten in bezug auf die Trägermitte AA. Man übersieht sofort, daß längs dieser Geraden die einander entsprechenden Kurven beider Hälften nicht stetig ineinander übergehen, sondern endliche Winkel miteinander einschließen. Ganz dasselbe tritt natürlich ein, wenn wir den in Fig. 69 und 70 dargestellten Träger auf der anderen Seite von AA durch ein ungleich langes Stück ergänzen, woraus ein auf zwei Stützen ruhender, unsymmetrisch belasteter Balken hervorgeht, dessen Spannungskurven zu keinen weiteren Bemerkungen Anlaß bieten.

2. Beispiel. Für einen mit der konstanten Last q auf die Längeneinheit beschwerten Balken von der Länge l ist an einem Querschnitte im Abstande z vom Ende

$$T = \frac{q}{2}(l - 2z), \qquad \mathfrak{M} = \frac{q}{2}(l - z)\,z,$$

so daß die Gleichung für die reinen Schubspannungskurven (6b) die Form

$$\frac{q^2}{4}(l - z)^2 z^2 (a^2 - y^2) = C^2$$

annimmt. Setzen wir hierin zur Vereinfachung mit der halben Stablänge b

$$z = \frac{l}{2} - z' = b - z', \qquad l - z = b + z',$$

so erhalten wir in bezug auf ein Achsenkreuz durch die Stabmitte

$$(b^2 - z'^2)(a^2 - y^2) = \frac{4C^2}{q^2}$$

oder mit $z' = z_0'$ für $y = 0$

$$(b^2 - z'^2)(a^2 - y^2) = (b^2 - z_0'^2)\,a^2 \quad (11).$$

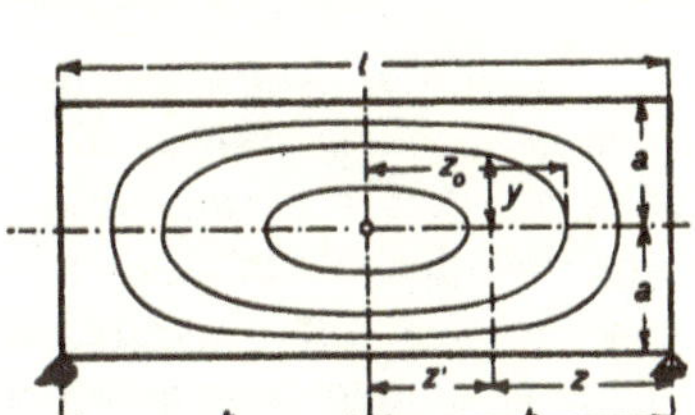

Fig. 71.

Dieser doppelt symmetrischen Kurvenschar (Fig. 71) sind wir schon einmal bei der Näherungsberechnung der Torsion rechteckiger Querschnitte begegnet. Führen wir die Ausdrücke für T und $\mathfrak{M}$ in die Gl. (3) für die Hauptspannungskurven ein, so wird aus dieser

$$\operatorname{tg} 2\varphi_1 = -\frac{l - 2z}{(l - z)z}\,\frac{a^2 - y^2}{y} = -\frac{2z'}{(b^2 - z'^2)} \cdot \frac{a^2 - y^2}{y} \quad (12),$$

wonach für

$y = 0$, sowie für $z' = \pm b$, $2\varphi_1 = 90^0$, $\varphi_1 = 45^0$

$y = \pm a$, » » $z' = 0$, $2\varphi_1 = 0$ oder $\pi, \varphi_1 = 0$ oder 90^0

wird. Damit ergibt sich der in Fig. 72 auf der rechten Hälfte gezeichnete Verlauf zweier sich kreuzender Kurvenscharen, während auf der linken Hälfte die beiden Scharen der Schubspannungskurven eingetragen sind, zu denen die neutrale Achse und die beiden Stirnkanten, nicht aber die Halbierungslinie des Längsschnitts hinzuzurechnen sind. Diese gehört vielmehr ebenso wie die Ober- und Unterkante zu den Hauptspannungstrajektorien.

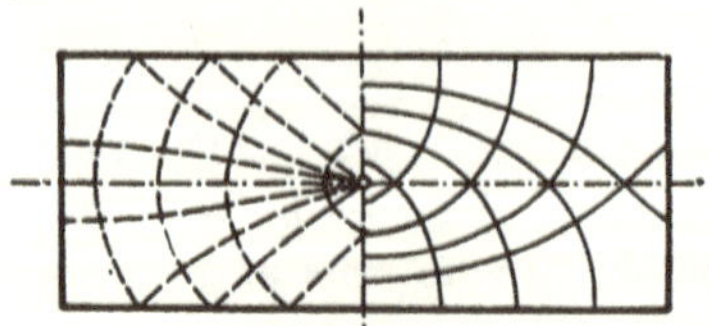

Fig. 72.

§ 16. Die elastische Linie.

Definition der elastischen Linie. Berechnung ihrer Krümmung. Angenäherte Differentialgleichung bei kleiner Krümmung und Integration derselben. Bestimmung der Konstanten aus den Grenz- bzw. Auflagebedingungen. Differentialgleichung für Einzellasten und kontinuierliche Belastung. Beispiele, Ersatz eingespannter Enden durch Einspannungsmomente. Verfahren zur Behandlung mehrerer Einzellasten.

Unter der Annahme der Erhaltung der Querschnittsebenen eines gebogenen Stabes, die nach Fig. 56 auch nach der Biegung zu dessen Achse normal stehen, ist die ganze Formänderung durch diejenige der Stabachse vollständig bestimmt. War die Stabachse ursprünglich gerade, so wird sie infolge der Wirkung des Biegungsmomentes in eine Kurve, die sog. elastische Linie, übergehen, deren Krümmungsradius ϱ schon durch die Gl. (10b), § 13, nämlich

$$\frac{E\Theta}{\varrho} = \mathfrak{M} \qquad (1)$$

gegeben ist. Daraus erhellt sofort, daß ein homogener zylindrischer Stab unter dem Einflusse eines konstanten Biegungsmomentes eine konstante Krümmung annimmt, also in einen Kreisbogen übergeht, der für diesen Fall die elastische Linie darstellt.

Bezeichnen wir ganz allgemein die Normalverschiebungen von Stabachsenpunkten in der Ebene des Biegungsmomentes mit η, so wird der Ausdruck für den Krümmungsradius

$$\varrho = \frac{\left[1 + \left(\frac{d\eta}{dz}\right)^2\right]^{\frac{3}{2}}}{\frac{d^2\eta}{dz^2}} \quad \ldots \ldots \quad (2).$$

Handelt es sich, wie wir in der Folge immer voraussetzen, nur um kleine Verschiebungen η, so wird auch der Neigungswinkel der elastischen Linie, dessen Tangens durch $d\eta : dz$ gegeben ist, nur eine kleine Zahl sein, während der Krümmungsradius selbst im Verhältnis zu der Verschiebung η sehr groß ausfällt. Für die Krümmung dürfen wir demnach an Stelle von (2) angenähert schreiben

$$\frac{1}{\varrho} = \frac{d^2\eta}{dz^2}\left[1 - \frac{3}{2}\left(\frac{d\eta}{dz}\right)^2\right] \quad \ldots \ldots \quad (2a),$$

woraus man erkennt, daß auch die vor der Klammer stehende zweite Ableitung von η einen mit der Krümmung nahe übereinstimmenden kleinen Betrag annimmt. Das Produkt mit dem Quadrate der ersten Ableitung können wir daher als klein von dritter Ordnung unbedenklich vernachlässigen, ohne damit Größen zweiter Ordnung unterdrückt zu haben. Durch diese Vernachlässigung wird aus (2a) kurz

$$\frac{1}{\varrho} = \frac{d^2\eta}{dz^2} \quad \ldots \ldots \quad (2b)$$

und aus (1)

$$E\Theta\frac{d^2\eta}{dz^2} = \mathfrak{M} \quad \ldots \ldots \quad (3).$$

Ist hierin im Einklang mit der hier stets vorausgesetzten Belastung des Stabes durch konstante Normalkräfte zur Achse das Moment eine reine Funktion des Querschnittsabstandes z von einem Stabende, so liefert die einmalige Integration von (3) die Neigung φ der elastischen Linie, deren Tangens infolge der Kleinheit der Krümmung unbedenklich mit dem Bogen vertauscht werden darf, nämlich

$$E\Theta\frac{d\eta}{dz} = E\Theta\varphi = C_1 + \int_0^z \mathfrak{M}\,dz \quad \ldots \quad (3a),$$

während eine weitere Integration

$$E\Theta\eta = C_2 + C_1 z + \int_0^z dz \int_0^z \mathfrak{M}\,dz \quad \ldots \quad (3b)$$

auf die Gleichung der elastischen Linie in expliziter Form führt. Die hierin auftretenden Integrationskonstanten ergeben sich natürlich aus den von Fall zu Fall verschiedenen Grenzbedingungen. Hat man es mit Einzellasten nach Fig. 57 zu tun, so kann man auch von der Querkraft T ausgehen, die sich mit $d\mathfrak{M} = T dz$ durch Differentiation von (3) zu

$$E\Theta \frac{d^3\eta}{dz^3} = T \quad . \quad . \quad . \quad . \quad . \quad . \quad . \quad (4)$$

ergibt. Da die Querkraft zwischen je zwei Einzellasten, zu denen auch die Auflagedrücke gehören, konstant bleibt, so gelangt man durch dreimalige Integration von (4) zur Gleichung der elastischen Linie im Intervall zwischen zwei Einzellasten, die aber im Gegensatz zu (3b) drei Konstante enthält.

Diese treten dann mit den Konstanten der Nachbarintervalle infolge der Übereinstimmung der Ordinaten und ihrer Ableitungen an den Übergangsstellen, an denen die Querkraft selbst sich sprungweise ändert, in lineare Beziehungen, die insgesamt zur Berechnung ausreichen. Daraus erkennt man jedenfalls die Notwendigkeit der gesonderten Behandlung der einzelnen Intervalle zwischen konzentrierten Lasten, welche die endgültige Berechnung der Ordinaten der elastischen Linie zwar nicht erschwert, aber doch beim Vorhandensein vieler Lasten ziemlich unbequem gestaltet.

Viel einfacher wird das Rechnungsverfahren, wenn lediglich eine kontinuierliche Belastung q gegeben ist, die sich aus der Querkraft (4) wegen $dT = q\,dz$ durch Differentiation zu

$$E\Theta \frac{d^4\eta}{dz^4} = q \quad . \quad . \quad . \quad . \quad . \quad . \quad . \quad (5)$$

ergibt, worin q eine reine Funktion von z darstellt. Die hieraus berechnete elastische Linie enthält vier Konstante, die sich meist ohne weiteres aus den Auflagebedingungen an den Stabenden ergeben.

1. Beispiel. Für einen frei aufliegenden Balken mit gleichförmiger Belastung q (Fig. 73)

ergibt die zweimalige Integration von (5) das Moment

$$\mathfrak{M} = E\Theta \frac{d^2\eta}{dz^2} = \frac{qz^2}{2} + C_1 z + C_2,$$

welches für die beiden Stützpunkte, d. h. sowohl für $z = 0$, als auch für $z = l$ verschwindet. Infolgedessen ist $C_2 = 0$ und $C_1 = -q\frac{l}{2}$, mithin

$$E\Theta \frac{d^2\eta}{dz^2} = \frac{q}{2}(z^2 - zl) \quad . \quad . \quad . \quad . \quad . \quad . \quad (6).$$

Daraus folgt weiter

$$E\Theta \frac{d\eta}{dz} = \frac{q}{2}\left(\frac{z^3}{3} - \frac{z^2 l}{2}\right) + C_3$$

und schließlich

$$E\Theta\eta = \frac{q}{2}\left(\frac{z^4}{12} - \frac{z^3 l}{6}\right) + C_3 z + C_4.$$

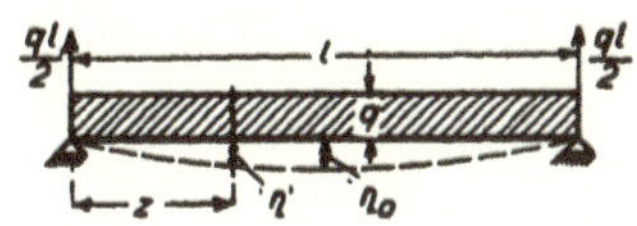

Fig. 73.

Bei festen Stützpunkten verschwindet auch dieser Ausdruck für $z = 0$ und $z = l$, also ist $C_4 = 0$ und $C_3 = \frac{q l^3}{24}$, und die gesuchte Gleichung der elastischen Linie lautet

$$E\Theta\eta = \frac{qz}{12}\left(\frac{z^3}{2} - lz^2 + \frac{l^3}{2}\right) \quad . \quad . \quad . \quad . \quad (6\text{a}).$$

Sie liefert einen größten Wert der Durchbiegung η_0 für $z = \frac{l}{2}$ im Betrage von

$$\eta_0 = \frac{5}{384}\frac{ql^4}{E\Theta} \quad . \quad . \quad . \quad . \quad . \quad . \quad . \quad . \quad (6\text{b}),$$

den man gewöhnlich als den Biegungspfeil bezeichnet.

2. Beispiel. Ist der Balken unter sonst gleichen Verhältnissen an den Enden eingespannt (Fig. 74), so erhalten wir zunächst aus (5) durch dreimalige Integration

$$E\Theta \frac{d\eta}{dz} = \frac{qz^3}{6} + \frac{C_1 z^2}{2} + C_2 z + C_3 \quad . \quad . \quad . \quad (7).$$

Infolge der Einspannung verschwindet nun diese Ableitung für $z = 0$, mithin ist $C_3 = 0$ und es bleibt

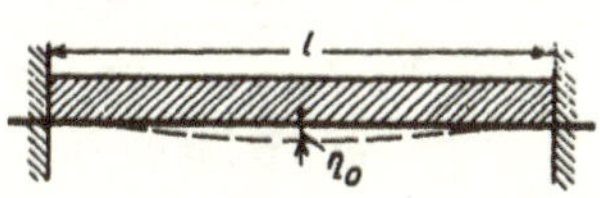

Fig. 74.

$$E\Theta \frac{d\eta}{dz} = \frac{qz^3}{6} + \frac{C_1 z^2}{2} + C_2 z,$$

woraus durch nochmalige Integration mit $\eta = 0$ für $z = 0$ folgt

$$E\Theta\eta = \frac{z^2}{2}\left(\frac{qz^2}{12} + \frac{C_1 z}{3} + C_2\right).$$

Da weiterhin auch für das andere eingespannte Balkenende $z = l$ sowohl die Ableitung $d\eta : dz$, als auch die Durchbiegung η verschwinden muß, so wird

$$C_1 \frac{l}{2} + C_2 = -\frac{q l^2}{6}$$

$$C_1 \frac{l}{3} + C_2 = -\frac{q l^2}{12},$$

also

$$C_1 = -\frac{q l}{2}, \qquad C_2 = \frac{q l^2}{12}.$$

Damit geht dann die Gleichung der elastischen Linie über in

$$E \Theta \eta = \frac{q z^2}{12}\left(\frac{z^2}{2} - l z + \frac{l^2}{2}\right) \quad . \quad . \quad . \quad . \quad (7\,\text{a})$$

mit einem Biegungspfeil für $z = \frac{l}{2}$

$$\eta_0 = \frac{q l^4}{384 \cdot E \Theta} \quad . \quad . \quad . \quad . \quad . \quad . \quad . \quad . \quad (7\,\text{b}),$$

der nur $^1/_5$ des Wertes (6b) für den frei aufliegenden Balken erreicht. Aus (7a) folgt durch zweimalige Differentiation das Biegungsmoment

$$\mathfrak{M} = E \Theta \frac{d^2 \eta}{d z^2} = \frac{q z}{2}(z - l) + \frac{q l^2}{12} \quad . \quad . \quad . \quad (8),$$

das bis auf das konstante Glied mit dem Momente (6) für den frei aufliegenden Balken übereinstimmt. Durch die Einspannung werden also an den Enden Momente geweckt, die man daher auch als Einspannungsmomente bezeichnet. Geht man bei der Behandlung eines Problems von der Momentengleichung (3) aus, so ist auf der rechten Seite ein etwa vorhandenes Einspannungsmoment als vorläufig willkürliche Konstante hinzuzufügen, die dann durch die Grenzbedingungen mit bestimmt wird.

3. Beispiel. Im Falle eines frei aufliegenden Balkens von der Länge l, der im Abstande c von einem Ende die Einzellast Q trägt (Fig. 75), erhalten wir zunächst auf rein statischem Wege die beiden Stützendrücke

$$V_1 = Q \frac{l - c}{l}, \qquad V_2 = Q \frac{c}{l},$$

die mit den Querkräften T in den beiden Stabteilen c und $l-c$ übereinstimmen. Da V_1 nach oben gerichtet ist, während wir η nach unten positiv zählen, so ergibt Gl. (4) für die linke Stabhälfte

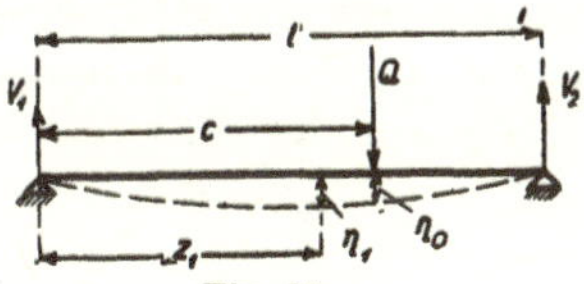

Fig. 75.

$$E\Theta \frac{d^3\eta}{dz^3} = -Q\frac{l-c}{l}$$

und nach Integration wegen des verschwindenden Momentes am Ende $z=0$

$$E\Theta \frac{d^2\eta}{dz^2} = -Q\frac{l-c}{l} z \quad \ldots\ldots \quad (9),$$

eine Formel, die wir natürlich auch sofort hätten anschreiben können. Sie liefert durch Integration

$$E\Theta \frac{d\eta}{dz} = C_1 - Q\frac{l-c}{l}\cdot\frac{z^2}{2} \quad \ldots\ldots \quad (9a)$$

und weiter mit der Bedingung $\eta = 0$ für $z = 0$

$$E\Theta\eta = C_1 z - Q\frac{l-c}{l}\frac{z^3}{6} \quad \ldots\ldots \quad (9b).$$

Für die rechte Stabhälfte haben wir an Stelle von (9) wegen der plötzlichen Änderung der Querkraft an der Belastungsstelle

$$E\Theta \frac{d^2\eta}{dz^2} = Q(z-c) - Q\frac{l-c}{l} z$$

oder

$$E\Theta \frac{d^2\eta}{dz^2} = Q\frac{c}{l} z - Qc \quad \ldots\ldots\ldots \quad (10),$$

woraus

$$E\Theta \frac{d\eta}{dz} = Q\frac{c}{l}\frac{z^2}{2} - Qcz + C_2 \quad \ldots\ldots \quad (10a)$$

und

$$E\Theta\eta = Q\frac{c}{l}\frac{z^3}{6} - Qc\frac{z^2}{2} + C_2 z + C_3$$

folgt. Da für $z = l$ wieder $\eta = 0$ sein soll, so liefert die letztere Formel

$$0 = \frac{Qc}{l}\frac{l^3}{6} - Qc\frac{l^2}{2} + C_2 l + C_3$$

oder nach Elimination von C_3

$$E\Theta\eta = \frac{Qc}{6l}(z^3 - l^3) - \frac{Qc}{2}(z^2 - l^2) + C_2(z - l) \quad (10b).$$

Die in den Gleichungen (9a), (9b), (10a), (10b) auftretenden Integrationskonstanten C_1 und C_2 ergeben sich aus der Übereinstimmung der Ableitungen und Durchbiegungen beider Stabhälften an der Belastungsstelle, d. h. für $z = c$. Wir erhalten auf diese Weise aus (9a) und (10a)

$$C_2 - C_1 = \frac{Q c^2}{2}$$

und aus (9b) und (10b)

$$C_2 (l - c) + C_1 c = \frac{Q c l^2}{3} - \frac{Q c^3}{3},$$

woraus

$$C_1 = Q c \left(\frac{c^2}{6l} + \frac{l}{3} - \frac{c}{2}\right), \qquad C_2 = \frac{Q c}{3}\left(\frac{c^2}{2l} + l\right)$$

hervorgeht. Damit lauten dann die G l e i c h u n g e n d e r b e i d e n Z w e i g e d e r e l a s t i s c h e n L i n i e links und rechts von der Last Q

$$\left.\begin{aligned} \frac{E\Theta}{Q}\eta &= \left(\frac{c^2}{6l} + \frac{l}{3} - \frac{c}{2}\right) c z - \left(1 - \frac{c}{l}\right)\frac{z^3}{6} \\ \frac{E\Theta}{Q}\eta &= \left(\frac{c^2}{2l} + l\right)\frac{c z}{3} - \frac{c z^2}{2} + \frac{c z^3}{6l} - \frac{c^3}{6} \end{aligned}\right\} \quad . \quad (11)$$

mit der gemeinsamen Ordinate für $z = c$

$$\eta_0 = \frac{Q c^2}{3 E\Theta}\left(\frac{c^2}{l} - 2c + l\right) = \frac{Q c^2}{3 E\Theta l}(l - c)^2 \quad . \quad (12)$$

und der gemeinsamen Ableitung an derselben Stelle

$$\left(\frac{d\eta}{dz}\right)_0 = \frac{Q c}{E\Theta}\left(\frac{2}{3}\frac{c^2}{l} + \frac{l}{3} - c\right) = \frac{Q c}{E\Theta l}\cdot(l - c)\left(\frac{l + c}{3} - c\right) \ (13).$$

Diese verschwindet für $c = 0$, $c = \frac{l}{2}$ und $c = l$, d. h. wenn die Last auf einer der Stützen ruht, womit die elastische Linie selbst in Wegfall kommt, oder für eine symmetrische Last, der dann ein B i e g u n g s p f e i l

$$\eta_0 = \frac{Q l^3}{48 E\Theta} \quad . \quad . \quad . \quad . \quad . \quad . \quad . \quad . \quad (12a)$$

entspricht. Im allgemeinen wird die Stelle des Biegungspfeils, d. h. der größten Durchbiegung, nicht mit dem Angriffsorte der Last zusammenfallen, sondern in einem der beiden Felder des Balkens liegen. Diese Frage wird durch das Vorzeichen der

Ableitung (13) entschieden, welche den Zuwachs der Ordinate angibt. Dieser Zuwachs fällt positiv aus, wenn

$$\frac{l+c}{3} - c > 0 \text{ oder } l > 2c, \text{ bzw. } c < \frac{l}{2}$$

ist, d. h. das Maximum der Ordinate liegt auf dem längeren der beiden Felder. Alsdann berechnet sich die Lage der Biegungspfeile im linken Felde der Fig. 75 durch Differentiation der ersten Formel (11) zu

$$z_1 = \sqrt{2c\left(\frac{l}{3} - \frac{c}{6}\right)}, \text{ gültig für } c > \frac{l}{2} \quad . \quad . \quad (11\text{a})$$

oder für das rechte Feld aus der zweiten Formel (11)

$$z_2 = l - \sqrt{\frac{l^2 - c^2}{3}}, \text{ gültig für } c < \frac{l}{2} \quad . \quad . \quad (11\text{b}).$$

4. Beispiel. Ist der Balken nach Fig. 76 ohne sonstige Änderung an einem Ende eingespannt, so lauten die beiden Grundformeln für die linke und rechte Seite unter Hinzufügung des Einspannungsmoments $\mathfrak{M}_1$

$$\left.\begin{aligned} E\Theta \frac{d^2\eta}{dz^2} &= \mathfrak{M}_1 - V_1 z \\ E\Theta \frac{d^2\eta}{dz^2} &= \mathfrak{M}_1 - V_1 z + Q(z-c) \end{aligned}\right\} \quad . \quad . \quad (13),$$

wobei

$$V_1 l = \mathfrak{M}_1 + Q(l-c) \quad . \quad . \quad . \quad . \quad . \quad (14).$$

ist. Das Moment $\mathfrak{M}_1$ bestimmt sich alsdann aus der Bedingung des Verschwindens von $d\eta : dz$ für die Einspannstelle $z = 0$,

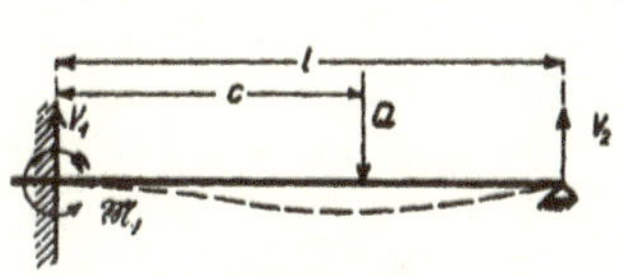

Fig. 76.

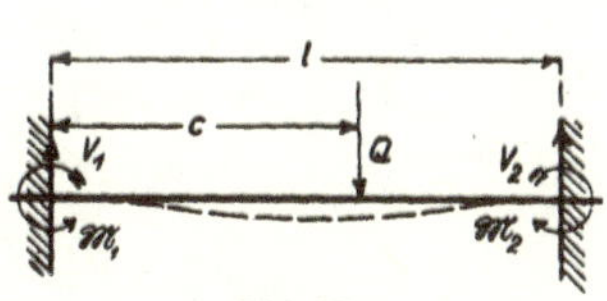

Fig. 77.

während der Rechnungsgang im übrigen genau so verläuft wie im vorigen Beispiel. Die Formel (13) gilt auch noch für den Fall der beiderseitigen Einspannung (Fig. 77) des Balkens, die man durch zwei Momente $\mathfrak{M}_1$ und $\mathfrak{M}_2$ ersetzen kann, welche durch die an Stelle von (14) tretende Beziehung

$$\mathfrak{M}_2 = \mathfrak{M}_1 - V_1 l + Q(l - c) \quad . \quad . \quad . \quad . \quad (15)$$

verknüpft sind. Auch hier bestimmen sich die Größen $\mathfrak{M}_1$ und $\mathfrak{M}_2$ aus dem Verschwinden der Ableitung $d\eta : dz$ für $z = 0$ auf der linken und für $z = l$ auf der rechten Seite der Last Q.

Ruhen auf dem Balken mehrere Lasten $Q_1 Q_2 Q_3 \ldots$ in den Abständen $c_1 c_2 c_3 \ldots$ vom linken Ende, so kann man unter Berücksichtigung etwaiger Einspannungen die Grundgleichungen (3) für jedes Intervall c_1, $c_2 - c_1$, $c_3 - c_2 \ldots$ anschreiben und für sich integrieren. Bei n Intervallen treten alsdann $2n$ Integrationskonstanten auf, von denen 2 durch das Verschwinden der Ordinate der elastischen Linie für $z = 0$ und $z = l$ bestimmt werden, während die restlichen aus der Übereinstimmung der Ordinaten und ihrer Ableitungen an den $n-1$ Belastungsstellen hervorgehen. Die etwa vorhandenen Einspannungsmomente berechnen sich schließlich, wie im 4. Beispiel angedeutet, aus dem Verschwinden der Ableitungen für $z = 0$ und $z = l$.

Rascher gelangt man dagegen zum Ziele durch getrennte Berechnung der elastischen Linie für jede Einzellast nach Art der Beispiele 3 und 4 und darauffolgende Übereinanderlagerung der Ordinaten innerhalb der einzelnen Intervalle. Hat man z. B. drei Lasten $Q_1 Q_2 Q_3$ mit den Abständen $c_1 c_2 c_3$ vom linken Ende (Fig. 57) und bezeichnet die Ordinaten der linken und rechten Hälfte der elastischen Linie für die Last Q_1 mit $\eta'_1 \eta''_1$, für die Last Q_2 mit $\eta_1' \eta_1''$, für Q_3 mit $\eta_3' \eta_3''$, so ist die resultierende Ordinate

im Intervall		c_1	$\eta_1' + \eta_2' + \eta_3'$
»	»	$c_2 - c_1$	$\eta_1'' + \eta_2' + \eta_3'$
»	»	$c_3 - c_2$	$\eta_1'' + \eta_2'' + \eta_3'$
»	»	$l - c_3$	$\eta_1'' + \eta_2'' + \eta_3''$.

Dieses Verfahren hat den Vorteil, daß die Bestimmung der Integrationskonstanten ein für allemal in die Berechnung der Formeln für die Einzelordinaten verlegt ist und darum nicht nochmals wiederholt zu werden braucht.

§ 17. Statisch unbestimmte Belastungsfälle.

Definition des durchlaufenden Balkens. Ermittlung der unbestimmten Auflagedrücke durch Verschwinden der zugehörigen Pfeile der elastischen Linie sowie aus der Ableitung der Formänderungsarbeit, Beispiele. Verbindung mehrerer Balken durch gelenkige oder verspannte Stäbe.

Unter einem durchlaufenden (oder kontinuierlichen) Balken möge im allgemeinen ein Stab verstanden werden, der auf mehr als zwei Stützen ruht, so daß also die Stützendrücke nicht mehr aus den rein statischen Gleichgewichtsbedingungen ermittelt werden können. Beschränken wir uns auf den geraden Stab unter gerader Belastung durch die zur Stabachse normalen bekannten Kräfte $Q_1 Q_2 \ldots Q_i$ in den Abständen $c_1 c_2 \ldots c_i$ vom linken Ende, während die Auflagedrücke $V_1 V_2 \ldots V_n$ in den Abständen $a_1 a_2 \ldots a_n$ vom gleichen Ende angreifen, so erkennen wir aus den beiden Gleichgewichtsbedingungen

$$\left.\begin{aligned} \Sigma V &= \Sigma Q \\ \Sigma a V &= \Sigma c Q \end{aligned}\right\} \quad \ldots \ldots \ldots \quad (1),$$

daß insgesamt noch n—2 weitere Gleichungen zur vollständigen Berechnung aller n Auflagedrücke aufzustellen sind. Der nächstliegende Weg hierzu geht im Anschlusse an § 16 von der Überlegung aus, daß nach Gl. (1) zwei Auflagedrücke, z. B. V_1 und V_2, durch die bekannten Lasten Q und die vorläufig noch unbekannten übrigen n—2 Auflagedrücke $V_3 V_4 \ldots V_n$ gegeben sind. Betrachtet man diese selbst als Lasten, so steht der Ermittlung der elastischen Linie des Balkens nach dem im § 16 entwickelten Verfahren nichts im Wege. Diese genügt alsdann den Auflagebedingungen, wenn man kurzerhand die Biegungspfeile der n—2 Angriffspunkte der unbekannten Auflagedrücke gleich Null setzt, oder ihnen allgemeiner etwa vorgeschriebene Werte zuteilt. Dadurch ergibt sich auf jeden Fall gerade die notwendige Zahl von Bedingungsgleichungen zur Berechnung der gesuchten Auflagedrücke. Das ganze Verfahren läuft offenbar auf die Ermittlung derjenigen Kräfte hinaus, welche die von den Lasten Q hervorgerufenen Durchbiegungen in den Abständen a vom linken Stabende gerade wieder aufheben. Darum kann man das Ergebnis auch als die Überlagerung zweier elastischer Linien des

Stabes unter dem Einfluß der Lasten Q und der Kräfte $V_3\, V_4 \ldots V_n$ auffassen, denen dann die Auflagedrücke V_1' und V_2' bzw. V_1'' und V_2'' an den Stellen a_1 und a_2 zugeordnet sind, die sich nach den Formeln

$$\left.\begin{array}{l} V_1' + V_1'' = V_1 \\ V_2' + V_2'' = V_2 \end{array}\right\} \quad \ldots\ldots\ldots \quad (2)$$

wieder zu den beiden von den anderen als abhängig betrachteten Auflagedrücken V_1 und V_2 ergänzen.

1. Beispiel. Zur Erläuterung des obigen Verfahrens fassen wir einen Balken von der Länge l ins Auge, der im Abstande c vom linken Ende die Einzellast Q trägt, während neben den beiden Auflagedrücken V_1 und V_2 an den Balkenenden auf dem rechten Felde sich eine dritte Stütze mit dem unbekannten Drucke V im Abstande a vom linken Ende befindet (Fig. 78).

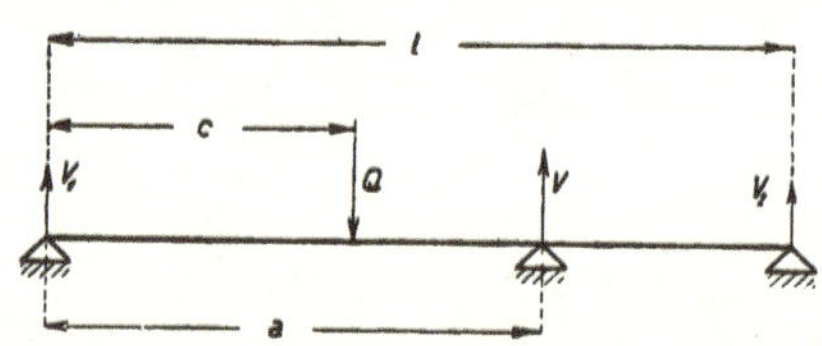

Fig. 78.

Denken wir uns zunächst diese Stütze weggenommen, so liefert die zweite Formel (11) § 16 mit $z = a$ die dort eintretende Durchbiegung

$$\eta' = \frac{Q}{E\Theta}\left[\left(\frac{c^2}{2l} + l\right)\frac{a\,c}{3} - \frac{a^2 c}{2} + \frac{a^3 c}{6l} - \frac{c^3}{6}\right]$$

oder auch

$$\eta' = \frac{Q\,c}{6\,E\Theta\,l}(2\,a\,l - c^2 - a^2)(l - a) \quad \ldots \quad (3).$$

Andererseits ist die Durchbiegung des Balkens nach Wegnahme von Q unter der Wirkung von V allein nach Gl. (12) § 16 und nach Ersatz von c durch a und von Q durch $-V$

$$\eta'' = -\frac{V a^2}{3\,E\Theta\,l}(l - a)^2 \quad \ldots\ldots \quad (4),$$

so daß man mit der Auflagebedingung $\eta' + \eta'' = 0$

$$V = -Q\,\frac{c\,(a^2 + c^2 - 2\,a\,l)}{2\,a^2\,(l - a)} \quad \ldots\ldots \quad (5)$$

erhält.

Daraus folgen dann mit Hilfe der beiden Gleichgewichtsformeln

$$\left.\begin{aligned} V_1 l &= Q(l-c) - V(l-a) \\ V_2 l &= Qc - Va \end{aligned}\right\} \quad \ldots \ldots \quad (1\,a)$$

die Auflagedrücke an den Enden

$$\left.\begin{aligned} V_1 &= \frac{Q}{l}\left[l - c + \frac{c}{2a^2}(a^2 + c^2 - 2al)\right] \\ V_2 &= \frac{Qc}{l}\,\frac{c^2 - a^2}{2a(l-a)} \end{aligned}\right\} \quad \ldots \quad (6),$$

die man natürlich auch nach (2) in die beiden Bestandteile

$$\left.\begin{aligned} V_1' &= Q\frac{l-c}{l}, \qquad V_1'' = -V\frac{l-a}{l} \\ V_2' &= Q\frac{c}{l}, \qquad V_2'' = -V\frac{a}{l} \end{aligned}\right\} \quad \ldots \quad (2\,a)$$

zerlegen kann.

Das vorstehende Verfahren setzt die Kenntnis der elastischen Linie für die gerade Belastung des Stabes voraus, deren in § 16 gegebene Herleitung im allgemeinen zwar nicht schwierige, aber doch umständliche Rechnungen bedingt. Es liegt daher nahe, nach einem Wege zu suchen, der die Ermittlung der statisch unbestimmten Auflagekräfte unmittelbar ermöglicht. Hierzu bietet sich uns der Castigliano sche Satz von der Formänderungsarbeit dar, der die Verschiebungen jedes Angriffspunktes einer Kraft in ihrer Richtung an einem elastischen System als partielle Ableitung der Formänderungsarbeit nach der Kraft selbst bestimmt. Die Formänderungsarbeit ist hierbei — unter Vernachlässigung des Einflusses der Querkraft — gegeben durch

$$L = \frac{1}{2E}\int_0^l \frac{\mathfrak{M}^2\,dz}{\Theta} \quad \ldots \ldots \ldots \quad (7),$$

worin das Biegungsmoment für jedes Intervall zwischen zwei Lasten, zu denen auch die Auflagedrücke zu rechnen sind, durch einen besonderen Ausdruck dargestellt wird. Infolgedessen muß Gl. (7) in ebensoviele Glieder zerlegt werden, als Intervalle vorhanden sind, denen dann je ein Moment $\mathfrak{M}_1$, $\mathfrak{M}_2 \ldots$ geordnet ist, so zwar, daß

$$L_1 = \frac{1}{2E}\int_0^{c_1} \frac{\mathfrak{M}_1^2\,dz}{\Theta}, \quad L_2 = \frac{1}{2E}\int_{c_1}^{c_2} \frac{\mathfrak{M}_2^2\,dz}{\Theta}, \quad L_3 = \frac{1}{2E}\int_{c_2}^{c_3} \frac{\mathfrak{M}_3^2\,dz}{\Theta} \text{ usw.}$$

die Formänderungsarbeiten der Einzelintervalle darstellen. Die darin auftretenden Momente sind nun lineare Funktionen aller Kräfte auf der einen Seite der zugehörigen Schnittstelle, die wieder für sich durch die statischen Bedingungsgleichungen (1) verknüpft sind. Wir können darum in der Formänderungsarbeit

$$L = \frac{1}{2E}\int_0^{c_1} \frac{\mathfrak{M}_1^2\,dz}{\Theta} + \frac{1}{2E}\int_{c_1}^{c_2} \frac{\mathfrak{M}_2^2\,dz}{\Theta} + \cdots \quad . \quad . \quad (7\,\mathrm{a})$$

von vornherein zwei Auflagedrücke V_1 und V_2 durch alle übrigen ausdrücken und erhalten dann für die Stütze von V_i im Abstande a_i unmittelbar

$$\eta_i = \frac{\partial L_i}{\partial V_i} = 0 \quad . \quad . \quad . \quad . \quad . \quad . \quad . \quad . \quad (8).$$

Hat man dagegen die Kräfte V_1 und V_2 nicht eliminiert, so darf nicht übersehen werden, daß sie mit den anderen Auflagedrücken durch (1) zusammenhängen, so daß also jetzt

$$\eta_i = \frac{\partial L}{\partial V_1}\frac{\partial V_1}{\partial V_i} + \frac{\partial L}{\partial V_2}\frac{\partial V_2}{\partial V_i} + \frac{\partial L}{\partial V_i} = 0 \quad . \quad . \quad (8\,\mathrm{a})$$

wird, worin die Ableitungen $\frac{\partial V_1}{\partial V_i}$ und $\frac{\partial V_2}{\partial V_i}$ nunmehr den statischen Gleichgewichtsbedingungen (1) zu entnehmen sind.

2. Beispiel. Im Falle des vorigen Beispiels ist in den drei Intervallen

von 0 bis c $\quad \mathfrak{M}_1 = V_1 z$

» c » a $\quad \mathfrak{M}_2 = V_1 z - Q(z - c)$

» a » l $\quad \mathfrak{M}_3 = V_2 (l - z)$,

also

$$2E\Theta L_1 = \int_0^c V_1^2 z^2\,dz = \frac{V_1^2 c^3}{3}$$

$$2E\Theta L_2 = \int_c^a [V_1 z - Q(z-c)]^2\,dz$$

$$= (V_1 - Q)^2\frac{a^3 - c^3}{3} + (a-c)\,c[(V_1 Q - Q^2)(a+c) + Q^2 c]$$

$$2E\Theta L_3 = \int_a^l V_2^2 (l-a)^2\,dz = \frac{V_2^2}{3}(l-a)^3.$$

Die gesamte Formänderungsarbeit des Balkens (Fig. 78) ist somit gegeben durch

$$2E\Theta L = \frac{1}{3} V_1^2 c^3 + \frac{1}{3}(V_1 - Q)^2 (a^3 - c^3) + \frac{1}{3} V_2^2 (l-a)^3$$
$$+ (a-c)\, c\,[(V_1 Q - Q^2)(a+c) + Q^2 c] \quad . \quad . \quad . \quad . \quad (9)$$

und liefert für die mittlere Stütze durch Differentiation nach V

$$\frac{2}{3} c^3 V_1 \frac{\partial V_1}{\partial V} + \frac{2}{3}(a^3 - c^3)(V_1 - Q)\frac{\partial V_1}{\partial V} + \frac{2}{3}(l-a)^3 V_2 \frac{\partial V_2}{\partial V}$$
$$+ (a^2 - c^2)\, c\, Q \frac{\partial V_1}{\partial V} = 0 \quad . \quad . \quad . \quad . \quad . \quad . \quad . \quad . \quad (9\text{a}).$$

Hierin ist aber nach Gl. (1a)

$$\frac{\partial V_1}{\partial V} = -\frac{l-a}{l}, \qquad \frac{\partial V_2}{\partial V} = -\frac{a}{l} \quad . \quad . \quad . \quad (1\text{b}),$$

und damit wird aus (9a)

$$\frac{2}{3}[V_1 a^3 + V_2 a (l-a)^2] = Q\left(\frac{2}{3} a^3 + \frac{1}{3} c^3 - a^2 c\right) \quad . \quad (9\text{b})$$

Diese Gleichung bestimmt alsdann im Verein mit den beiden statischen Formeln (1a) die drei unbekannten Auflagedrücke V_1 V_2 und V und führt, wie man durch Einsetzen von V_1 und V_2 sofort feststellen kann, wieder auf die Beziehung (5).

Vergleicht man den Rechnungsgang der beiden eben geschilderten Methoden, so leuchtet ohne weiteres ein, daß die letztere rascher zum Ziele führt, da bei ihr die langwierige Bestimmung der Gleichung der elastischen Linie für die einzelnen Stabintervalle gänzlich wegfällt. An dieser interessieren uns ohnehin fast nur die Biegungspfeile der Angriffstellen der Lasten, die man ebenfalls leicht durch Ableitung der Formänderungsarbeit zu

$$\eta = \frac{\partial L}{\partial Q} = \frac{\partial L}{\partial Q} + \frac{\partial L}{\partial V_1}\frac{\partial V_1}{\partial Q} + \frac{\partial L}{\partial V_2}\frac{\partial V_2}{\partial Q} + \cdots \quad . \quad (10)$$

erhält, nachdem alle Auflagedrücke durch die Lasten Q ausgedrückt sind. Die vollständige Ausführung dieser Rechnung an unserem Beispiel dürfte dem Leser kaum noch Schwierigkeiten bereiten, weshalb wir sie hier übergehen wollen.

Dagegen mögen hier noch solche Probleme kurz ins Auge gefaßt werden, bei denen die Formänderung zweier oder mehrerer Balken durch Zwischenglieder miteinander verknüpft ist. An den Verbindungsstellen der Zwischenglieder wirken alsdann Kräfte auf die Balken, die ebenso wie die statisch unbestimmten Auflagedrücke sich nicht aus den einfachen Gleichgewichtsformeln berechnen lassen, sodaß derartig verknüpfte Balken wie durchlaufende Träger zu behandeln sind. Das dabei einzuschlagende Verfahren ist allerdings wesentlich durch den einzelnen Fall bedingt, wie man am einfachsten aus dem nachstehenden Beispiel erkennt.

3. Beispiel. Zwei einseitig eingespannte gleichlange Balken mit den axialen Trägheitsmomenten Θ_1 und Θ_2 und den Elastizitätsmoduln E_1 und E_2 mögen an den anderen Enden durch einen vertikalen starren Stab gelenkig verbunden sein (Fig. 79), in dessen Richtung eine Last Q wirkt. Dann können wir uns diese Last in zwei Bestandteile Q_1 und Q_2 zerlegt denken, deren jeder unabhängig vom andern einen Stab derart belastet, daß die beiden elastischen Linien den Gleichungen

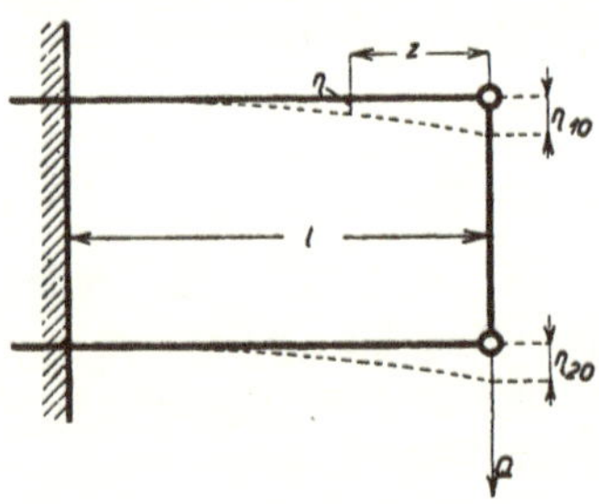

Fig. 79.

$$\left.\begin{aligned} E_1 \Theta_1 \frac{d^2 \eta_1}{d z^2} &= Q_1 z \\ E_2 \Theta_2 \frac{d^2 \eta_2}{d z^2} &= Q_2 z \end{aligned}\right\} \quad (11)$$

genügen, deren Integration wegen der Einspannung mit $\frac{d\eta_1}{dz} = 0$, $\frac{d\eta_2}{dz} = 0$ für $z = l$ auf

$$\left.\begin{aligned} E_1 \Theta_1 \frac{d\eta_1}{dz} &= \frac{Q_1}{2}(z^2 - l^2) \\ E_2 \Theta_2 \frac{d\eta_2}{dz} &= \frac{Q_2}{2}(z^2 - l^2) \end{aligned}\right\} \quad \ldots\ldots (11\text{a})$$

und schließlich mit $\eta_1 = 0$, $\eta_2 = 0$ für $z = l$ auf

$$\left.\begin{aligned} E_1 \Theta_1 \eta_1 &= \frac{Q_1}{6}(z^3 - l^3) - \frac{Q_1}{2} l^2 (z - l) \\ E_2 \Theta_2 \eta_2 &= \frac{Q_2}{6}(z^3 - l^3) - \frac{Q_2}{2} l^2 (z - l) \end{aligned}\right\} \quad \ldots (11\text{b})$$

führt. Für $z = 0$ folgen daraus die Biegungspfeile an den Enden

$$E_1 \Theta_1 \eta_{10} = \frac{l^3}{3} Q_1, \qquad E_2 \Theta_2 \eta_{20} = \frac{l^3}{3} Q_2 \quad \ldots (11\text{c}).$$

Da ferner wegen der Starrheit des Verbindungsstabes diese beiden Biegungspfeile miteinander übereinstimmen müssen, so folgt daraus

$$\frac{Q_1}{E_1 \Theta_1} = \frac{Q_2}{E_2 \Theta_2} \quad \ldots \ldots \quad (12)$$

oder wegen

$$Q_1 + Q_2 = Q \quad \ldots \ldots \quad (13)$$

$$Q_1 = Q \frac{E_1 \Theta_1}{E_1 \Theta_1 + E_2 \Theta_2}, \qquad Q_2 = Q \frac{E_2 \Theta_2}{E_1 \Theta_1 + E_2 \Theta_2} \quad (12\text{a}),$$

womit dann auch die beiden Biegungspfeile gegeben sind.

4. Beispiel. Ersetzen wir die Gelenke der Verbindungsstange des letzten Beispieles durch Schuhe, welche die Balkenenden starr umgreifen, so wird außer der gleichen Durchbiegung beider Enden dort auch noch der Neigungswinkel identisch sein. Die Beeinflussung des Neigungswinkels kann aber, wie früher bei der festen Einspannung, nur durch Zusatzmomente $\mathfrak{M}_1$ und $\mathfrak{M}_2$ erreicht werden (Fig. 80), die wir uns demnach an den Balkenenden angreifend zu denken haben. Mit ihnen lauten die Grundformeln

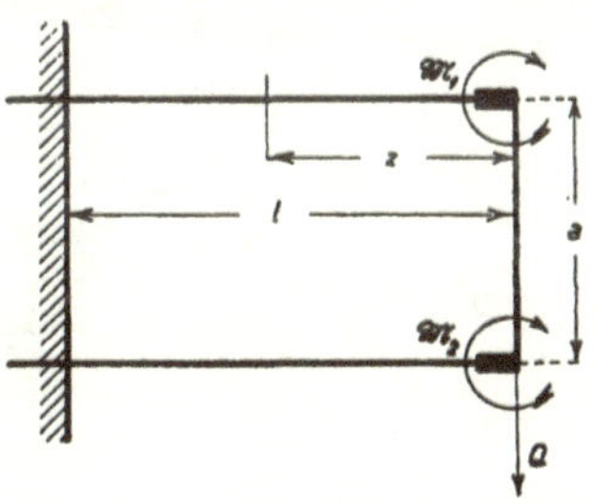

Fig. 80.

$$\left.\begin{aligned} E_1 \Theta_1 \frac{d^2 \eta_1}{d z^2} &= Q_1 z + \mathfrak{M}_1 \\ E_2 \Theta_2 \frac{d^2 \eta_2}{d z^2} &= Q_2 z + \mathfrak{M}_2 \end{aligned}\right| \quad (14)$$

und nach Integration mit $\frac{d\eta_1}{dz} = 0$, $\frac{d\eta_2}{dz} = 0$ für $z = l$

$$\left.\begin{aligned} E_1 \Theta_1 \frac{d\eta_1}{dz} &= \frac{Q_1}{2}(z^2 - l^2) + \mathfrak{M}_1 (z - l) \\ E_2 \Theta_2 \frac{d\eta_2}{dz} &= \frac{Q_2}{2}(z^2 - l^2) + \mathfrak{M}_2 (z - l) \end{aligned}\right| \quad . \; . \; (14\text{a}).$$

Weiter folgt daraus mit $\eta_1 = \eta_2 = 0$ für $z = l$

$$\left.\begin{aligned} E_1 \Theta_1 \eta_1 &= \frac{Q_1}{6}(z^3 - l^3) - \frac{Q_1 l^2}{2}(z - l) + \\ &\quad + \frac{\mathfrak{M}_1}{2}(z^2 - l^2) - \mathfrak{M}_1 l (z - l) \\ E_2 \Theta_2 \eta_2 &= \frac{Q_2}{6}(z^3 - l^3) - \frac{Q_2 l^2}{2}(z - l) + \\ &\quad + \frac{\mathfrak{M}_2}{2}(z^2 - l^2) - \mathfrak{M}_2 l (z - l) \end{aligned}\right| \quad (14\text{b}).$$

Die hierdurch gegebenen Durchbiegungen sollen nun für die Balkenenden $z = 0$ übereinstimmen, also muß sein

$$\frac{1}{E_1 \Theta_1}\left(\frac{Q_1 l}{3} + \frac{\mathfrak{M}_1}{2}\right) = \frac{1}{E_2 \Theta_2}\left(\frac{Q_2 l}{3} + \frac{\mathfrak{M}_2}{2}\right) \quad . \quad . \quad (15).$$

Infolge der Gleichheit der Biegungspfeile erleiden also die Balkenenden nur eine Parallelverschiebung, mithin ist für $z = 0$ auch

$$\frac{d\eta_1}{dz} = \frac{d\eta_2}{dz} = 0,$$

und wir erhalten aus (14a)

$$\mathfrak{M}_1 = -\frac{Q_1 l}{2}, \qquad \mathfrak{M}_2 = -\frac{Q_2 l}{2} \quad . \quad . \quad . \quad (16),$$

während außerdem Gl. (13), d. h. $Q_1 + Q_2 = Q$ bestehen bleibt. Eliminieren wir die Momente aus (16) und (15), so führt dies wieder auf Gl. (12) bzw. (12a), womit sich dann

$$\mathfrak{M}_1 = -\frac{Q_1 l}{2} \frac{E_1 \Theta_1}{E_1 \Theta_1 + E_2 \Theta_2}, \quad \mathfrak{M}_2 = -\frac{Q_2 l}{2} \frac{E_2 \Theta_2}{E_1 \Theta_1 + E_2 \Theta_2} \quad (16a)$$

mit der algebraischen Summe

$$\mathfrak{M}_1 + \mathfrak{M}_2 = -\frac{Q l}{2} \quad . \quad . \quad . \quad . \quad . \quad (16b)$$

ergibt. Es fragt sich nun, wodurch diesem Einspannungsmoment das Gleichgewicht gehalten wird, ohne daß die elastischen Linien beider Balken eine Änderung erfahren. Dies letztere ist nur mit Kräften vereinbar, die in den Stabachsen selbst wirken und von den Befestigungsstellen aufgenommen werden. Wir erhalten also noch ein Kräftepaar $\pm P$, welches mit dem Balkenabstand a als Hebelarm die Neigung des Verbindungsstabes der Balkenenden aufhebt, so zwar, daß der obere Stab durch die Kraft $-P$ gedrückt, der untere durch $+P$ gezogen wird, während sich die Größe von P aus der Formel

$$P a = \frac{Q l}{2} \quad . \quad . \quad . \quad . \quad . \quad . \quad . \quad . \quad (17)$$

berechnet. Der Biegungspfeil der Balkenenden ergibt sich endlich aus (14b) mit (16) zu

$$\eta_0 = \frac{Q_1 l^3}{12 E_1 \Theta_1} = \frac{Q_2 l^3}{12 E_2 \Theta_2} \quad . \quad . \quad . \quad . \quad (18)$$

beträgt also nur 1: 4 des durch (11c) erhaltenen Wertes für das 3. Beispiel.

Schließlich sei noch bemerkt, daß man natürlich auch die Formänderung der Verbindungsstäbe mehrerer Balken berücksichtigen und damit ihre inneren Kräfte berechnen kann. Diese Formänderungen gehen dann einfach in die Verschiebungen der Anschlußstellen ein, die somit bei gleicher Richtung nicht mehr miteinander übereinstimmen. Es ist selbstverständlich, daß die Rechnungen sich hierbei viel verwickelter gestalten, ohne doch inhaltlich etwas Neues zu bieten.

§ 18. Änderung der elastischen Linie durch Nebeneinflüsse.

Änderung der elastischen Linie durch die Querkraft. Unstetigkeiten an den Angriffsstellen von Einzellasten, Beispiel. Stetige Änderung der elastischen Linie bei kontinuierlicher Belastung, Beispiel. Größenordnung der Verschiebung. Horizontalverschiebung infolge der Biegung und Querkraft, Größenordnung beider, Beispiel. Einfluß der Querkontraktion, Verzerrung der Querschnittsform. Korrektion des Elastizitätsmoduls bei Verhinderung der Querschnittsbiegung.

Die in den vorigen Abschnitten durchgeführte Berechnung der elastischen Linie beruhte ausschließlich auf der Näherungsformel für das Biegungsmoment, die ihrerseits aus der Bernoullischen Annahme der Erhaltung der Querschnittsebenen abgeleitet wurde und darum den Einfluß der Schubspannungen auf die Durchbiegung des Stabes nicht mit enthält. Darüber erhalten wir Aufschluß durch Zurückgreifen auf die Formänderungarbeit, die, auf die Längeneinheit des Balkens bezogen, nach Gl. (18), § 14,

$$\frac{dL}{dz} = \frac{1}{2}\left(\frac{\mathfrak{M}^2}{E\Theta} + \beta\,\frac{T^2}{GF}\right) \quad . \quad . \quad . \quad . \quad . \quad (1)$$

war, worin T die Querkraft bedeutet, welche die Schubspannungen im Querschnitt hervorruft. Differenzieren wir diese Gleichung nach dem Moment $\mathfrak{M}$ und beachten, daß nach den Castiglianoschen Sätzen über die Ableitung der Formänderungsarbeit

$$\frac{dL}{d\mathfrak{M}} = \varphi = \frac{d\eta}{dz} \quad . \quad . \quad . \quad . \quad . \quad . \quad . \quad (2)$$

die Verdrehung eines Stabelementes unter dem Einflusse des Biegungsmomentes $\mathfrak{M}$ darstellt, die infolge ihrer Kleinheit mit ihrem Tangens, also der Ableitung der elastischen Linie, vertauscht werden kann, so folgt

$$\frac{d}{dz}\left(\frac{dL}{d\mathfrak{M}}\right) = \frac{d\varphi}{dz} = \frac{d^2\eta}{dz^2} = \frac{\mathfrak{M}}{E\Theta} + \frac{\beta T}{GF}\frac{dT}{d\mathfrak{M}}$$

oder auch wegen $d\mathfrak{M} = T\,dz$

$$\frac{d\varphi}{dz} = \frac{d^2\eta}{dz^2} = \frac{\mathfrak{M}}{E\Theta} + \frac{\beta}{GF}\frac{dT}{dz} \quad . \quad . \quad . \quad . \quad (3).$$

Zwischen je zwei konzentrierten Lasten ist nun die Querkraft konstant, daher verschwindet im Intervalle selbst die Ableitung $dT : dz$ und die letzte Formel geht dort wieder in die Gl. (3), § 16, über. Überschreiten wir dagegen an einer Belastungsstelle die Grenze des Intervalls, so ändert sich plötzlich die Querkraft um den Betrag der dort angreifenden Einzellast $\varDelta T = Q$, so daß wir aus (3) mit $dz = 0$ an der Übergangsstelle

$$\varDelta\varphi = \frac{\beta\varDelta T}{GF} = \frac{\beta Q}{GF} \quad . \quad . \quad . \quad . \quad . \quad . \quad (4),$$

also eine unstetige Änderung des Neigungswinkels der elastischen Linie erhalten, die somit an den Belastungsstellen einen Knick erleidet. Die Änderungen der Ordinaten der elastischen Linie folgen aus (4) durch Multiplikation mit den von der Belastungsstelle aus gerechneten Abszissen h, so zwar, daß für eine beliebige Stelle

$$\varDelta\eta = \Sigma h \varDelta\varphi \quad . \quad . \quad . \quad . \quad . \quad . \quad . \quad (5)$$

wird.

1. Beispiel. So erhalten wir im Falle zweier Lasten Q_1 und Q_2 mit den Abständen c_1 und c_2 vom linken Balkenende (Fig. 81) im ersten Intervall eine Querkraft V_1, im zweiten $V_1 - Q_1$ und im dritten $V_1 - Q_1 - Q_2 = -V_2$, so zwar, daß die elastische Linie in den drei Intervallen konstante Neigungsänderungen erfährt im Betrage von

$$\left.\begin{aligned} \varDelta\varphi_1 &= \frac{\beta}{GF} V_1 \\ \varDelta\varphi_2 &= \frac{\beta}{GF}(V_1 - Q_1) \\ \varDelta\varphi_3 &= \frac{\beta}{GF}(V_1 - Q_1 - Q_2) = -\frac{\beta}{GF} V_2 \end{aligned}\right| \quad . \quad (4a).$$

Diesen Neigungsänderungen entsprechen nach Gl. (5) die Ordinatenänderungen an den Belastungsstellen

$$\left.\begin{aligned}\varDelta \eta_1 &= c_1 \varDelta \varphi_1 = \frac{\beta}{GF} c_1 V_1 \\ \varDelta \eta_2 &= c_1 \varDelta \varphi_1 + (c_2 - c_1) \varDelta \varphi_2 = \frac{\beta}{GF}[c_1 V_1 + (c_2 - c_1)(V_1 - Q_1)]\end{aligned}\right| \quad (5\text{a}),$$

während man für die Ordinatenänderung der rechten Stütze

$$\varDelta \eta_3 = c_1 \varDelta \varphi_1 + (c_2 - c_1) \varDelta \varphi_2 + (l - c_2) \varDelta \varphi_3$$

$$\varDelta \eta_3 = \frac{\beta}{GF}[c_1 V_1 - (c_2 - c_1)(V_1 - Q_1) + (l - c_2)(V_1 - Q_1 - Q_2)] = 0$$

oder wegen der Momentenbedingung $V_1 l = (l - c_1) Q_1 + (l - c_2) Q_2$

$$\varDelta \eta_3 = 0$$

erhält, ein selbstverständliches Ergebnis, das lediglich zur Rechnungsprüfung dient.

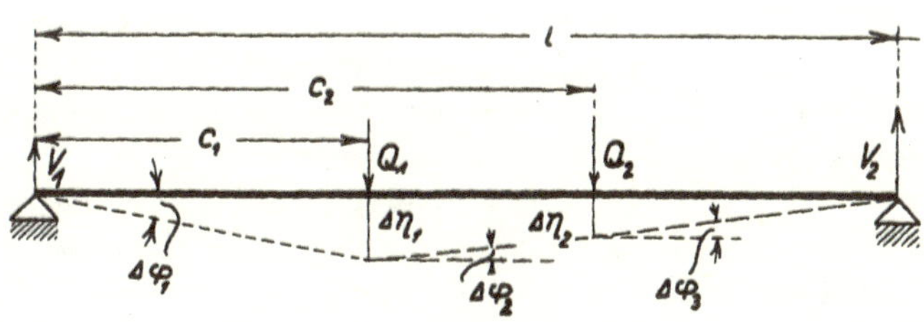

Fig. 81.

Im Falle der **kontinuierlichen Belastung** erhalten wir aus (3) durch Integration

$$\varphi = \frac{d\eta}{dz} = \int \frac{\mathfrak{M}}{E\Theta} dz + \frac{\beta}{GF} T \quad . \quad . \quad . \quad . \quad (3\text{a}),$$

so daß in diesem Falle die **Neigungsänderung**

$$\varDelta \varphi = \frac{\beta}{GF} T \quad . \quad . \quad . \quad . \quad . \quad . \quad . \quad (6)$$

keine Sprünge erleidet, und damit auch die elastische Linie durchaus stetig bleibt.

2. **Beispiel.** Für einen frei aufliegenden Balken mit gleichförmiger Belastung (Fig. 73, vgl. 1. Beispiel, § 16) ist die

Querkraft $T = \frac{q\,l}{2} - q\,z$, also nach (6)

$$\Delta \varphi = \frac{\beta q}{G F}\left(\frac{l}{2} - z\right) \quad \ldots \ldots \quad (6\text{a}),$$

während sich daraus die Änderung der Ordinaten zu

$$\Delta \eta = \int_0^z \Delta \varphi \cdot d z = \frac{\beta q}{2 G F}(l - z)\, z \quad \ldots \quad (6\text{b})$$

berechnet. Es ist dies eine Parabel mit dem Scheitel in der Balkenmitte, dessen Ordinate

$$\Delta \eta_0 = \frac{\beta q l^2}{8 G F} \quad \ldots \ldots \quad (6\text{c})$$

die Vergrößerung des Biegungspfeiles Gl. (6b), § 16, durch die Schubkräfte darstellt. Mit $\Theta = F k^2$ und $\beta = 1{,}2$ für den rechteckigen Querschnitt ergibt sich das Verhältnis beider

$$\frac{\Delta \eta_0}{\eta_0} = \frac{\beta \cdot 384}{40} \cdot \frac{E \Theta}{G F l^2} = 5{,}76 \cdot \frac{E}{G} \cdot \frac{k^2}{l^2},$$

welches für lange dünne Stäbe kaum in Betracht kommt, für kurze dicke Balken dagegen recht erhebliche Werte annehmen kann. Der Einfluß der Schubkräfte tritt noch stärker bei Querschnitten hervor, die stark vom Rechteck abweichen und daher auch ein viel größeres β benötigen. So wird man z. B. bei I-Trägern, bei denen der Faktor bis $\beta = 4$ ansteigt, stets zu prüfen haben, ob die Änderung der elastischen Linie durch die Querkraft nicht auf unzulässige Formänderungen führt.

Weiterhin haben wir noch festzustellen, ob nicht die elastische Linie durch Horizontalverschiebungen der Stabelemente wesentliche Änderungen erfahren kann. Solche Verschiebungen ergeben sich einerseits durch die Biegung des Stabes selbst, d. h. aus dem Längenunterschiede der gebogenen und geraden Stabachse; außerdem aber aus der Dehnung des Stabes durch Kraftkomponenten in der Tangentenrichtung des gebogenen Stabes, und schließlich durch Temperaturänderungen. Vernachlässigen wir die letzteren, so erhalten wir zunächst für die in die Tangentenrichtung fallende Kraftkomponente unter Vertauschung des Sinus und Tangens des als klein vorausgesetzten Neigungswinkels $T \frac{d\eta}{dz}$, woraus dann eine Dehnung

$$\varepsilon = \frac{T}{E F} \frac{d \eta}{d z} \quad \ldots \ldots \ldots \quad (7)$$

resultiert. Das ursprüngliche Längenelement dl des Stabes wird hierdurch auf

$$ds = dl \cdot (1 + \varepsilon) \sim dl + \frac{T}{EF} \frac{d\eta}{dz} dz \quad . \quad . \quad . \quad (8)$$

anwachsen. Für das Bogenelement der elastischen Linie haben wir aber andererseits

$$ds = \left[1 + \left(\frac{d\eta}{dz}\right)^2\right]^{\frac{1}{2}} dz$$

oder wegen der Kleinheit des Neigungswinkels mit hinreichender Annäherung

$$ds = dz + \frac{1}{2}\left(\frac{d\eta}{dz}\right)^2 dz \quad . \quad . \quad . \quad . \quad . \quad (9).$$

Durch Gleichsetzen der beiden Ausdrücke (8) und (9) folgt alsdann

$$dl + \frac{T}{EF} \frac{d\eta}{dz} dz = dz + \frac{1}{2}\left(\frac{d\eta}{dz}\right)^2 dz$$

und daraus das Element der Horizontalverschiebung

$$d\Delta l = dl - dz = \frac{d\eta}{dz}\left(\frac{1}{2}\frac{d\eta}{dz} - \frac{T}{EF}\right) dz.$$

Da nun die Querkraft

$$T = \frac{d\mathfrak{M}}{dz} = E\Theta \frac{d}{dz}\left(\frac{1}{\varrho}\right) = EFk^2 \frac{d}{dz}\left(\frac{1}{\varrho}\right)$$

war, so dürfen wir an Stelle der letzten Gleichung auch schreiben

$$\frac{d\Delta l}{dz} = \frac{d\eta}{dz} \cdot \frac{d}{dz}\left(\frac{\eta}{2} - \frac{k^2}{\varrho}\right) \quad . \quad . \quad . \quad . \quad (10).$$

Diese Horizontalverschiebung der Längeneinheit ist ein kleiner Wert von zweiter Ordnung, dessen Berücksichtigung indessen nach den Eingangsbemerkungen zu § 16 nichts im Wege steht. Er verschwindet offenbar, da längs des ganzen Stabes in gebogenem Zustande $d\eta : dz \neq 0$ ist, nur für

$$\frac{\eta}{2} - \frac{k^2}{\varrho} = \frac{\eta_1}{2} \quad . \quad . \quad . \quad . \quad . \quad . \quad . \quad (11),$$

worin η_1 eine willkürliche Konstante bedeutet. Dafür dürfen wir aber auch angenähert schreiben

$$\frac{k^2}{\varrho} = \frac{\eta - \eta_1}{2}$$

oder nach Multiplikation mit EF sowie wegen $Fk^2 = \Theta$

$$\frac{\eta - \eta_1}{2} EF = \frac{E\Theta}{\varrho} = \mathfrak{M} \quad \ldots \ldots \quad (11\,\text{a}).$$

Das Verschwinden der Horizontalverschiebung setzt demnach ein mit der Ordinate der elastischen Linie linear zunehmendes Biegungsmoment voraus, das mit der unseren Betrachtungen zugrunde liegenden geraden Stabbelastung unvereinbar ist. Daraus folgt natürlich, daß für die angenommene Stabbelastung die Horizontalverschiebung überhaupt nicht verschwinden kann. Es liegt dies in der Hauptsache daran, daß die Durchbiegung η dünner Stäbe im allgemeinen von derselben Größenordnung ist wie der Trägheitshalbmesser k des Querschnitts um die neutrale Achse, so daß bei kleiner Krümmung das zweite Glied der Klammer in Gl. (10) selbst um eine Größenordnung kleiner ausfällt als η und daher unterdrückt werden kann. Es wird somit für praktische Zwecke genügen, für die Horizontalverschiebung

$$\frac{d\Delta l}{dz} = \frac{1}{2}\left(\frac{d\eta}{dz}\right)^2 \quad \ldots \ldots \quad (10\,\text{a})$$

zu setzen, d. h. die Dehnung durch die Komponente der Querkraft zu vernachlässigen.

3. Beispiel. Zur Prüfung dieser Folgerungen greifen wir nochmals auf den frei aufliegenden Balken mit gleichförmiger Belastung q zurück, für den wir im 1. Beispiel § 16 gefunden hatten

$$E\Theta\eta = \frac{q}{12}\left(\frac{z^4}{2} - lz^3 + \frac{l^3 z}{2}\right)$$

$$E\Theta\frac{d\eta}{dz} = \frac{q}{12}\left(2z^3 - 3lz^2 + \frac{l^3}{2}\right)$$

$$\frac{E\Theta}{\varrho} = E\Theta\frac{d^2\eta}{dz^2} = \frac{q}{12}(6z^2 - 6lz),$$

wonach

$$\frac{\eta}{2} - \frac{k^2}{\varrho} = \frac{q}{12E\Theta}\left[\frac{z^4}{4} - \frac{lz^3}{2} + \frac{l^3 z}{4} - 6k^2(z^2 - lz)\right]$$

und

$$\frac{d}{dz}\left(\frac{\eta}{2} - \frac{k^2}{\varrho}\right) = \frac{q}{12E\Theta}\left(z^3 - \frac{3}{2}lz^2 + \frac{l^3}{4} - 12k^2 z + 6k^2 l\right)$$

wird. Setzen wir dies in Gl. (10) ein und integrieren über den ganzen Stab, so erhalten wir unter der Annahme, daß eines der Enden festgehalten wird, als Verschiebung des anderen Endes

$$\varDelta l = \int_0^l \frac{d\eta}{dz}\,\frac{d}{dz}\left(\frac{\eta}{2} - \frac{k^2}{\varrho}\right) dz = \frac{q^2 l^7}{144\,E^2\,\Theta^2}\left(0{,}061 + 1{,}2\,\frac{k^2}{l^2}\right)$$

oder, da der Biegungspfeil Gl. (6b), § 16,

$$\eta_0 = \frac{5}{12 \cdot 32} \cdot \frac{q\,l^4}{E\,\Theta}$$

betrug,

$$\varDelta l \sim 2{,}5\,\frac{\eta_0^2}{l}\left(1 + 20\,\frac{k^2}{l^2}\right).$$

Hieraus erkennt man deutlich den Unterschied der Größenordnung der beiden Glieder in der Klammer, außerdem aber auch, daß die Horizontalverschiebung eines Stabendes immerhin Werte annehmen kann, die praktisch keineswegs außer acht gelassen werden dürfen. Jedenfalls muß schon mit Rücksicht auf diese Horizontalverschiebung für eine gewisse Beweglichkeit eines der Auflager (durch Rollen) gesorgt werden, die außerdem noch zum Ausgleich der hier nicht untersuchten Temperaturwirkungen erforderlich ist, wenn nicht ganz erhebliche axiale Spannungen auftreten sollen.

Den durch die Biegung bedingten Längenänderungen der einzelnen Stabelemente parallel der Achsenrichtung entsprechen nun im allgemeinen auch Änderungen an den Querdimensionen des Balkens infolge der Querkontraktion. Bezeichnen wir die Dehnungen in der Richtung der Stabachse mit ε_z, in der Richtung der Neutralachse mit ε_x und normal zu beiden mit ε_y, so erhalten wir unter der Annahme, daß bei der Biegung nur in der z-Richtung Normalspannungen σ wirken

$$\varepsilon_x = \varepsilon_y = -\frac{\sigma}{\mu E} = -\frac{\varepsilon_z}{\mu} \quad . \quad . \quad . \quad . \quad (12)$$

oder auch nach Gl. (8a), § 13,

$$\varepsilon_x = \varepsilon_y = -\frac{y}{\mu\varrho} \quad . \quad . \quad . \quad . \quad . \quad . \quad (12\,\mathrm{a}),$$

worin ϱ den Krümmungsradius der elastischen Linie bedeutet, der innerhalb eines Stabquerschnitts als konstant zu betrachten ist. Da nun

$$\varepsilon_x = \frac{d\Delta x}{dx}, \qquad \varepsilon_y = \frac{d\Delta y}{dy} \quad . \quad . \quad . \quad . \quad (13)$$

ist, unter Δx und Δy die Verlängerungen der Querschnittskoordinaten in einem rechtwinkligen System durch den Schwerpunkt O mit der neutralen Schicht als x-Achse verstanden (Fig. 82), so ergibt sich zunächst die Verlängerung y der Ordinate von der Neutralachse aus gemessen

$$\Delta y = \int_0^y \varepsilon_y dy = -\frac{y^2}{2\mu\varrho} \quad . \quad . \quad . \quad . \quad . \quad (14),$$

während auf der gegenüberliegenden Seite mit der Umkehr der Integrationsgrenzen auch das Vorzeichen wechselt. Wir erhalten also im Querschnitt eines gebogenen Stabes normal zur Neutralachse auf der

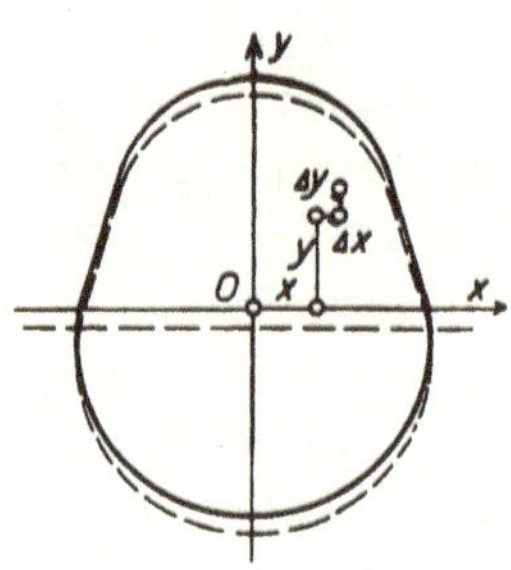

Fig. 82.

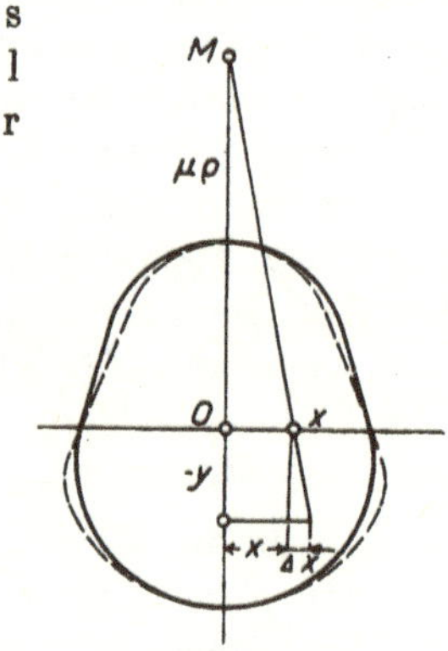

Fig. 83.

gedrückten Seite Verlängerungen, auf der gezogenen Verkürzungen der Ordinaten, wodurch die neutrale Achse selbst scheinbar eine Parallelverschiebung nach der gezogenen Seite erleidet (Fig. 82).

Während nun die Längenänderung der Ordinaten nach (14) unabhängig von den zugehörigen Abszissen ist, trifft dies, wie aus der Vereinigung von (12a) und (13), d. h. aus

$$\frac{d\Delta x}{dx} = -\frac{y}{\mu\varrho} \quad . \quad . \quad . \quad . \quad . \quad . \quad . \quad (15)$$

hervorgeht, umgekehrt nicht zu. Integrieren wir (15) längs einer Abszisse, also für konstantes y, so folgt

$$\frac{\Delta x}{x} = -\frac{y}{\mu \varrho} \quad \ldots \ldots \quad (15\,\mathrm{a}).$$

Diese Gleichung ergibt eine in Fig. 83 punktiert angedeutete Verzerrung des ganzen Querschnittes, die wir uns durch eine Biegung der Neutralachse mit dem konstanten Krümmungsradius $OM = \varrho' = \mu\varrho$ ersetzt denken können. Diese Erscheinung tritt besonders deutlich bei flachen rechteckigen Querschnitten hervor, welche bei der Biegung des Stabes die aus Fig. 84 ersichtliche Form annehmen, aus der man nach Cornu sehr genau den Querkontraktionskoeffizienten als Verhältnis der Krümmungsradien der Quer- und Längsbiegung bestimmen kann. Die elastische Linie selbst muß in diesem Falle, der offenbar nicht mehr dem ebenen Spannungszustand entspricht, als geometrischer Ort der Querschnittsschwerpunkte angesehen werden, womit ihre Berechnung nach der Methode des § 16 beibehalten werden kann.

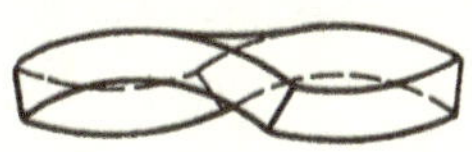

Fig. 84.

Verhindern wir dagegen die Verwerfung des Querschnittes etwa durch Befestigung von Querleisten, so werden in der Richtung der neutralen Achse Spannungen σ_x geweckt, die sich mit $\varepsilon_x = 0$ aus

$$\sigma_x = \frac{\sigma}{\mu}$$

berechnen und die Dehnung in der Achsenrichtung nach der Formel

$$E\varepsilon = \sigma - \frac{\sigma_x}{\mu} = \sigma\left(1 - \frac{1}{\mu^2}\right) \quad \ldots \quad (16)$$

modifizieren, die an Stelle der früher benutzten einfachen Gleichung $E\varepsilon = \sigma$ tritt. Das besagt aber nichts anderes, als daß in diesem Falle der Elastizitätsmodul E durch den Wert

$$E' = \frac{E\mu^2}{\mu^2 - 1} > E \quad \ldots \ldots \quad (17)$$

zu ersetzen ist, ohne daß sonstige Änderungen der Berechnungen eintreten.

§ 19. Biegungsschwingungen masseloser Stäbe.

Lineare Abhängigkeit der Auslenkungen von der Belastung. Zerlegung dieser in die statische Gewichtsbelastung und die dynamische durch Massenkräfte. Berechnung der Einflußzahlen aus der statischen Auslenkung. Zurückführung des Systems der Bewegungsformeln auf eine Differentialgleichung. Kennzeichnung der Bewegung als gekoppelter Schwingung. Beispiele mit einer und zwei Massen.

Die Durchbiegung irgendeiner Stelle eines geraden Stabes von konstantem Querschnitt unter der Wirkung einer Anzahl paralleler Lasten $Q_1 Q_2 \ldots Q_n$ normal zur Stabachse können wir nach den Äußerungen über die elastische Linie (§§ 16 und 17) ganz allgemein durch die Formel

$$E\Theta\eta = \varkappa_1 Q_1 + \varkappa_2 Q_2 + \ldots + \varkappa_n Q_n \quad . \quad . \quad . \quad (1)$$

darstellen, in der E den Elastizitätsmodul des Stabmaterials, Θ das Trägheitsmoment des Stabquerschnitts um die neutrale Achse und $\varkappa_1\ \varkappa_2\ \ldots\ \varkappa_n$ Faktoren bedeuten, die von der Lage der ins Auge gefaßten Stelle mit der Ordinate η und derjenigen der Angriffsorte der Belastungen sowie etwaiger Zwischenstützen abhängen. Diese Formel ist offenbar nichts anderes, als der erweiterte Ausdruck für das Hookesche Gesetz, das wir schon im § 7 der Untersuchung der Formänderungsarbeit zugrunde gelegt haben. Wäre der Querschnitt des Stabes nicht konstant, so hätten wir nur an Stelle von (1)

$$\eta = a_1 Q_1 + a_2 Q_2 + \ldots a_n Q_n \quad . \quad . \quad . \quad . \quad (1a)$$

zu setzen, worin die Faktoren a nicht nur Funktionen der obengenannten Abstände sind, sondern auch noch von der Veränderlichkeit des Querschnitts längs der Stabachse abhängen. Von dieser praktisch kaum in Frage kommenden Komplikation soll indessen in der Folge abgesehen werden.

Betrachten wir den Stab zunächst auch noch als masselos und stellen uns unter den Lasten $Q_1\ Q_2\ \ldots$ die Gewichte von Massen $m_1\ m_2\ \ldots$ vor, die an den Angriffstellen befestigt sind, so ist offenbar in (1) ohne sonstige Änderung mit der Erdbeschleunigung g nur

$$Q_1 = m_1 g, \quad Q_2 = m_2 g \ldots Q_n = m_n g \quad . \quad . \quad . \quad (2)$$

zu setzen. Werden dagegen die Massen in Bewegung versetzt, die wegen ihrer Verbindung mit dem Stabe nur senkrecht zu dessen Achse erfolgen kann, so zwar, daß die Auslenkungen η_1 $\eta_2 \ldots \eta_n$ ihrer Befestigungsstellen zeitliche Änderungen erfahren, so wirken die Stabkräfte Q im Sinne einer Rückführung in die Ruhelage, mithin ist in diesem Falle

$$\left.\begin{aligned} Q_1 &= m_1\left(g - \frac{d^2\eta_1}{dt^2}\right) \\ Q_2 &= m_2\left(g - \frac{d^2\eta_2}{dt^2}\right) \\ &\cdots\cdots \\ Q_n &= m_n\left(g - \frac{d^2\eta_n}{dt^2}\right) \end{aligned}\right\} \quad \ldots\ldots \quad (3),$$

womit (1) übergeht in

$$E\Theta\eta = \varkappa_1 m_1\left(g - \frac{d^2\eta_1}{dt^2}\right) + \varkappa_2 m_2\left(g - \frac{d^2\eta_2}{dt^2}\right) + \ldots \quad (4).$$

Daraus erkennen wir, daß sich die augenblickliche Durchbiegung des Stabes zusammensetzt aus einer statischen Auslenkung

$$\eta' = \frac{g}{E\Theta}(\varkappa_1 m_1 + \varkappa_2 m_2 + \ldots + \varkappa_n m_n) \ldots \quad (4a)$$

infolge der Gewichtsbelastung und einem dynamischen Betrage

$$\eta'' = -\frac{1}{E\Theta}\left(\varkappa_1 m_1 \frac{d^2\eta_1}{dt^2} + \varkappa_2 m_2 \frac{d^2\eta_2}{dt^2} + \ldots + \varkappa_n m_n \frac{d^2\eta_n}{dt^2}\right) \quad (4b),$$

der durch die gleichzeitigen Beschleunigungen aller Einzelmassen bestimmt ist. Diese selbst hängen aber mit den zugehörigen Durchbiegungen $\eta_1\ \eta_2 \ldots \eta_n$ durch ein System von Gleichungen zusammen, die als Spezialfälle aus (4) abgeleitet werden können und darum bis auf die Faktoren $\varkappa$ mit dieser Gleichung übereinstimmen, nämlich

$$\left.\begin{aligned} E\Theta\eta_1 &= \varkappa_{11} m_1\left(g - \frac{d^2\eta_1}{dt^2}\right) + \varkappa_{12} m_2\left(g - \frac{d^2\eta_2}{dt^2}\right) + \ldots \\ E\Theta\eta_2 &= \varkappa_{21} m_1\left(g - \frac{d^2\eta_1}{dt^2}\right) + \varkappa_{22} m_2\left(g - \frac{d^2\eta_2}{dt^2}\right) + \ldots \\ &\cdots\cdots\cdots\cdots \\ E\Theta\eta_n &= \varkappa_{n1} m_1\left(g - \frac{d^2\eta_1}{dt^2}\right) + \varkappa_{n2} m_2\left(g - \frac{d^2\eta_2}{dt^2}\right) + \ldots \end{aligned}\right\} \quad (5).$$

Hiernach zerfallen auch die Auslenkungen der Massen selbst je in einen statischen und einen dynamischen Betrag. Das Formelsystem (5) kann natürlich auch zur Bestimmung der Stabkräfte (3) durch die zugehörigen Auslenkungen $\eta_1\ \eta_2 \ldots \eta_n$ benutzt werden, woraus dann die Durchbiegung η einer beliebigen Stelle als lineare Funktion der $\eta_1\ \eta_2 \ldots \eta_n$ resultieren würde, und zwar unabhängig davon, ob es sich um ruhende Massen $m_1\ m_2 \ldots$ mit konstanten $\eta_1\ \eta_2 \ldots$ oder um bewegte Massen mit zeitlich veränderlichen Ausschlägen handelt. In dem uns hier allein interessierenden letzteren Falle können wir aber, unter Einführung der Abkürzungen

$$\left.\begin{array}{l} \eta_1'' = \eta_1 - \frac{g}{E\Theta}(\varkappa_{11} m_1 + \varkappa_{12} m_2 + \ldots \varkappa_{1n} m_n) \\ \eta_2'' = \eta_2 - \frac{g}{E\Theta}(\varkappa_{21} m_1 + \varkappa_{22} m_2 + \ldots \varkappa_{2n} m_n) \\ \ldots\ldots\ldots\ldots\ldots\ldots \end{array}\right\} \quad (5a)$$

für die dynamischen Auslenkungen, mit

$$\frac{d^2\eta_1}{dt^2} = \frac{d^2\eta_1''}{dt^2}, \quad \frac{d^2\eta_2}{dt^2} = \frac{d^2\eta_2''}{dt^2}, \text{ usw.} \quad \ldots \quad (5b)$$

an Stelle von (5) schreiben

$$\left.\begin{array}{l} E\Theta\eta_1'' + \varkappa_{11} m_1 \frac{d^2\eta_1''}{dt^2} + \varkappa_{12} m_2 \frac{d^2\eta_2''}{dt^2} + \ldots \varkappa_{1n} m_n \frac{d^2\eta_n''}{dt^2} = 0 \\ E\Theta\eta_2'' + \varkappa_{21} m_1 \frac{d^2\eta_1''}{dt^2} + \varkappa_{22} m_2 \frac{d^2\eta_2''}{dt^2} + \ldots \varkappa_{2n} m_n \frac{d^2\eta_n''}{dt^2} = 0 \\ \ldots\ldots\ldots\ldots\ldots\ldots\ldots\ldots \\ E\Theta\eta_n'' + \varkappa_{n1} m_1 \frac{d^2\eta_1''}{dt^2} + \varkappa_{n2} m_2 \frac{d^2\eta_2''}{dt^2} + \ldots \varkappa_{nn} m_n \frac{d^2\eta_n''}{dt^2} = 0 \end{array}\right\} \quad (6).$$

Die Integrale dieses Systemes von simultanen Differentialgleichungen ergeben alsdann die zeitliche Änderung der η'' und damit auch wegen (5a) diejenige der Auslenkungen $\eta_1\ \eta_2 \ldots \eta_n$, durch deren Einführung in (4) schließlich der Bewegungszustand des ganzen Stabes festgelegt ist. Die Ausführung der Integration setzt allerdings die Elimination aller Variablen η'' bis auf eine aus dem System (6) voraus, die nur durch umständliche, wenn auch nicht schwierige Rechnungen erreicht werden kann. So kann man z. B. aus den beiden ersten Gleichungen (6) die Beschleunigung $\frac{d^2\eta_1''}{dt^2}$ eliminieren und erhält so η_1'' selbst als Funktion von η_2'' und sämtlicher Ableitungen $\frac{d^2\eta_2''}{dt^2}, \frac{d^2\eta_3''}{dt^2} \ldots \frac{d^2\eta_n''}{dt^2}$ nämlich

$$\eta_1'' = \mu_1\eta_2'' + \mu_2\frac{d^2\eta_2''}{dt^2} + \mu_3\frac{d^2\eta_3''}{dt^2} + \ldots + \mu_n\frac{d^2\eta_n''}{dt^2}.$$

Differenziert man diese Gleichung noch zweimal nach t und setzt das Ergebnis in das zweite Glied der zweiten Gl. (6) ein, so ergibt sich schließlich eine lineare Gleichung zwischen η_2'' und sämtlichen zweiten und vierten Ableitungen von η_2'' $\eta_3'' \ldots \eta_n''$. Durch Wiederholung dieses Verfahrens, d. h. Kombination der ersten Gl. (6) mit jeder andern verschwindet alsdann die Variable η_1'' aus dem ganzen System, das nunmehr nur noch $n-1$ Ausschläge und ebensoviel lineare Differentialgleichungen enthält, die allerdings jetzt alle von der vierten Ordnung sind. Eliminiert man aus diesem System die Variable η_2'', so vermindert sich die Zahl der Gleichungen wieder um eine unter gleichzeitiger Erhöhung auf die achte Ordnung, so daß schließlich bei n-Variablen für die letzte eine lineare Differentialgleichung von der Ordnung 2^n übrig bleibt, die aber nur Ableitungen gerader Ordnung enthält. Der Fortfall der ungeraden Ableitungen ist in der Vernachlässigung von Bewegungswiderständen bedingt, die sich in (6) durch sog. Dämpfungsglieder mit den ersten Ableitungen geltend machen und das Problem noch erheblich verwickelter gestalten würden. Aber auch ohne solche in Wirklichkeit unvermeidliche Zusatzglieder verläuft die resultierende Bewegung so kompliziert, daß man auf die Verfolgung des allgemeinen Falles verzichten muß. Dagegen bietet es keine Schwierigkeit, den Charakter der Bewegung aus der Gleichungsgruppe (6) unmittelbar festzustellen. Hierzu brauchen wir nur die erste Formel ins Auge zu fassen, die sich nach Entfernung der Massen $m_2\, m_3 \ldots m_n$ in

$$\frac{d^2\eta_1''}{dt^2} + \frac{E\Theta}{\varkappa_{11}\, m_1}\eta_1'' = 0 \quad \ldots\ldots \quad (6a)$$

vereinfachen würde. Hierin ist aber nach der ersten Gl. (5) $\frac{\varkappa_{11}}{E\Theta}$ die Durchbiegung an der Belastungsstelle durch die Gewichtseinheit, eine Größe, die wir in § 7 als die Einflußzahl bezeichnet haben. Rechnen wir im Einklang mit dem bisherigen Gebrauche die Durchbiegung positiv in der Kraftrichtung, so trifft dies auch für die Einflußzahl an der Angriffstelle zu. Mithin ist in Gl. (6a) der ganze Faktor von η_1'' positiv, und die Formel selbst stellt eine freie Schwingung dar. Da dieselbe Überlegung auch für die anderen Gleichungen (6) zutrifft, so dürfen in diesen die Beschleunigungsglieder der anderen Massen als Störungsglieder der auf die vorn stehende Auslenkung bezüglichen Einzelschwingung angesehen werden, die dadurch zu einer erzwungenen Schwingung wird. Die Gleichungen (6) ergeben somit eine Verknüpfung aller Schwingungsvorgänge der Einzelmassen untereinander, die man wohl auch als eine Koppelung bezeichnet. Den Bewegungsvorgang selbst spricht man demgemäß als eine gekoppelte Schwingung an.

1. Beispiel. Beim Vorhandensein einer einzigen Masse m bleibt natürlich nur eine freie Schwingung nach Gl. (6a) übrig, in der sich der Faktor $\varkappa_{11}$ aus den Auflagebedingungen des Stabes bestimmt. Ruht z. B. der Stab nach Fig. 75 auf zwei Stützen im Abstande l, während die Masse im Abstande c von der linken Stütze befestigt ist, so gilt mit $Q = mg$ für die statische Durchbiegung die Formel (12), § 16, also

$$\eta' = \frac{mg}{3E\Theta}(l-c)^2\frac{c^2}{l} = \frac{mg}{E\Theta}\varkappa_{11} \quad \ldots \quad (7),$$

so daß hierfür

$$\varkappa_{11} = \frac{c^2}{3l}(l-c)^2 \quad \ldots \ldots \quad (7a)$$

wird. Damit geht die Schwingungsgleichung (6a) über in

$$\frac{d^2\eta''}{dt^2} + \frac{3E\Theta l}{m(l-c)^2c^2}\eta'' = 0 \quad \ldots \ldots \quad (8),$$

woraus sich die Schwingungsdauer zu

$$t_1 = 2\pi\sqrt{\frac{m(l-c)^2c^2}{3E\Theta l}} = 2\pi(l-c)c\sqrt{\frac{m}{3E\Theta l}} \quad \ldots \quad (8a)$$

berechnet. Setzen wir hierin noch für das Trägheitsmoment um die neutrale Achse $\Theta = F \cdot k_1^2$, worin F den Stabquerschnitt und k_1 den Trägheitshalbmesser bedeutet, so wird aus (8a)

$$t_1 = 2\pi\frac{(l-c)c}{k_1}\sqrt{\frac{m}{3EFl}} \quad \ldots \ldots \quad (8b).$$

Natürlich kann der Stab auch noch senkrecht dazu eine zweite Schwingung in horizontaler Richtung vollziehen, deren Schwingungsdauer t_2 aus (8b) durch Vertauschen des Trägheitshalbmessers k_1 mit demjenigen k_2 für eine zur neutralen Schicht normale Achse hervorgeht. Dabei ist vorausgesetzt, daß beide Achsen Hauptachsen des Querschnittes darstellen.

Die beiden Auflagedrücke, Fig. 75, ergeben sich im Falle der Vertikalschwingung allein aus den Formeln

$$V_1 = Q\frac{l-c}{l}, \quad V_2 = Q\frac{c}{l},$$

wenn darin nach Gl. (3) und (5b) sowie mit (8)

$$Q = m\left(g - \frac{d^2\eta''}{dt^2}\right) = mg + \frac{3\,E\Theta\,l}{(l-c)^2\,c^2}\eta''$$

gesetzt wird, zu

$$\left.\begin{aligned} V_1 &= mg\frac{l-c}{l} + \frac{3\,E\Theta}{(l-c)\,c^2}\eta'' \\ V_2 &= mg\;\frac{c}{l}\;+\frac{3\,E\Theta}{(l-c)^2\,c}\eta'' \end{aligned}\right\} \quad \ldots \quad (9).$$

Beide können negativ werden, wenn der Absolutwert des dynamischen Ausschlags zu irgendeiner Zeit

$$\eta'' > \frac{mg\,(l-c)^2\,c^2}{3\,E\Theta\,l} \quad \ldots \ldots \quad (9a)$$

wird, so daß ein derartig schwingender Balken im allgemeinen auch gegen ein Abheben der Enden von den Stützen zu sichern ist.

2. Beispiel. Ist der Stab an einem Ende eingespannt, am freien dagegen durch die Masse m belastet, so haben wir zunächst die statische Durchbiegung nach Gl. (11c), § 17,

$$\eta' = \frac{Q\,l^3}{3\,E\Theta} = \frac{mg\,l^3}{3\,E\Theta} = \frac{mg}{E\Theta}\varkappa_{11} \quad \ldots \quad (10),$$

also

$$\varkappa_{11} = \frac{l^3}{3} \quad \ldots \ldots \quad (10a).$$

Damit wird die Schwingungsgleichung (6a)

$$\frac{d^2\eta''}{dt^2} + \frac{3\,E\Theta}{m\,l^3}\eta'' = 0 \quad \ldots \ldots \quad (11)$$

mit einer Schwingungsdauer

$$t_1 = 2\pi\sqrt{\frac{m\,l^3}{3\,E\Theta}} \quad \ldots \ldots \quad (11a),$$

während der Auflagedruck sich zu

$$V = m\left(g - \frac{d^2\eta''}{dt^2}\right) = mg + \frac{3\,E\Theta}{l^3}\eta'' \quad \ldots \quad (11b)$$

ergibt. Außer diesem wirkt an der Befestigungsstelle noch ein Einspannungsmoment im Betrage von $\mathfrak{M}_0 = Vl$, das ebenso wie der Auflagedruck für

$$\eta'' > \frac{m g l^3}{3 E \Theta}$$

sein Vorzeichen wechselt.

3. Beispiel. Trägt der auf zwei Stützen ruhende Stab zwei Massen m_1 und m_2 in den Abständen c_1 und c_2 vom linken Ende (Fig. 85), so erhalten wir zunächst aus den Gleichungen (11) und (12) des § 16 mit $Q_1 = m_1 g$, $Q_2 = m_2 g$ die statischen Durchbiegungen η_1' und η_2' der Befestigungsstellen

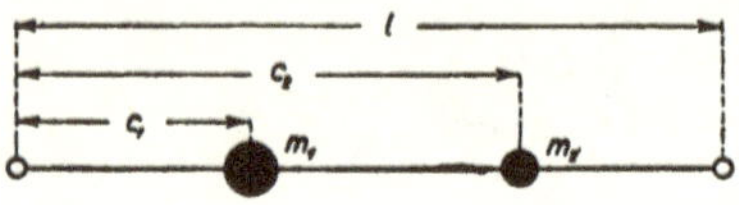

Fig. 85.

$$\left.\begin{aligned} E\Theta\,\eta_1' &= \frac{m_1 g}{3}\frac{c_1^2}{l}(l-c_1)^2 + m_2 g\left[\left(\frac{c_2^2}{6l}+\frac{l}{3}-\frac{c_2}{2}\right)c_1 c_2 - \right.\\ &\qquad\qquad \left. -\left(1-\frac{c_2}{l}\right)\frac{c_1^3}{6}\right]\\ E\Theta\,\eta_2' &= m_1 g\left[\left(\frac{c_1^2}{2l}+l\right)\frac{c_1 c_2}{3} - \frac{c_1 c_2^2}{2} + \frac{c_1 c_2^3}{6l} - \frac{c_1^3}{6}\right] + \\ &\qquad\qquad + \frac{m_2 g}{3}\frac{c_2^2}{l}(l-c_2)^2 \end{aligned}\right\} \quad (12).$$

Vergleicht man diese Ausdrücke mit den Formeln

$$E\Theta\eta_1' = g(\varkappa_{11} m_1 + \varkappa_{12} m_2)$$
$$E\Theta\eta_2' = g(\varkappa_{21} m_1 + \varkappa_{22} m_2),$$

so folgt für die Faktoren $\varkappa$

$$\left.\begin{aligned} \varkappa_{11} &= \frac{c_1^2}{3l}(l-c_1)^2, \quad \varkappa_{22} = \frac{c_2^2}{3l}(l-c_2)^2\\ \varkappa_{12} = \varkappa_{21} &= \frac{c_1 c_2^3}{6l} + \frac{c_1 c_2 l}{3} - \frac{c_1 c_2^2}{2} - \frac{c_1^3}{6} + \frac{c_1^3 c_2}{6l} \end{aligned}\right\} \quad (12\,a).$$

Schreiben wir für den letzten Faktor

$$\varkappa_{12} = \varkappa_{21} = \frac{c_1}{6}\left(\frac{c_2}{l}(c_1^2+c_2^2) + 2c_2 l - 3c_2^2 - c_1^2\right)$$

oder

$$\varkappa_{12} = \frac{c_1}{6}\left[\frac{c_2}{l}(c_1^2+c_2^2) + 2c_2(l-c_2) - (c_1^2+c_2^2)\right]$$

$$\varkappa_{12} = \frac{c_1}{6}(l-c_2)\left(2c_2 - \frac{c_1^2+c_2^2}{l}\right) > \frac{c_1}{6}(l-c_2)\left(2c_2 - \frac{2c_2^2}{l}\right),$$

so folgt

$$\varkappa_{12} > \frac{c_1 c_2}{3l}(l - c_2)^2 > 0 \quad . \quad . \quad . \quad . \quad . \quad (12\text{b}),$$

während die beiden anderen Faktoren von vornherein nur positiv sein können. Das Vorzeichen von $\varkappa_{12}$ würde sich übrigens umkehren, wenn zwischen den beiden Massen eine Stütze angebracht wäre, wie man leicht aus der Abschätzung des Verlaufs der elastischen Linie erkennt.

Die Schwingungsgleichungen des Massensystems lauten nunmehr nach (6)

$$\left.\begin{aligned} E\Theta\eta_1'' + \varkappa_{11} m_1 \frac{d^2\eta_1''}{dt^2} + \varkappa_{12} m_2 \frac{d^2\eta_2''}{dt^2} &= 0 \\ E\Theta\eta_2'' + \varkappa_{21} m_1 \frac{d^2\eta_1''}{dt^2} + \varkappa_{22} m_2 \frac{d^2\eta_2''}{dt^2} &= 0 \end{aligned}\right\} \quad . \quad (13)$$

und liefern nach Elimination einer der beiden Variablen.

$$\eta_2'' + \frac{\varkappa_{11} m_1 + \varkappa_{22} m_2}{E\Theta} \frac{d^2\eta_2''}{dt^2} +$$

$$+ (\varkappa_{11}\varkappa_{22} - \varkappa_{12}^2) \frac{m_1 m_2}{E^2\Theta^2} \frac{d^4\eta_2''}{dt^4} = 0 \quad . \quad . \quad . \quad (13\text{a}).$$

In dieser Differentialgleichung, die ohne weiteres ebenso für die andere Auslenkung η_1'' gilt, ist der konstante Faktor des zweiten Gliedes als Summe positiver Beträge selbst positiv, was dann auch für den Faktor des letzten Gliedes

$$\varkappa_{11}\varkappa_{22} - \varkappa_{12}^2 = \frac{c_1^2 c_2^2}{9 l^2}(l - c_1)^2 (l - c_2)^2 -$$

$$- \frac{c_1^2 c_2^2}{9}(l - c_2)^2 \left(1 - \frac{c_1^2 + c_2^2}{2 c_2 l}\right)^2$$

$$\varkappa_{11}\varkappa_{22} - \varkappa_{12}^2 = \frac{c_1^2 c_2^2}{9 l^2}(l - c_2)^2 (c_2 - c_1)^2 \left(1 - \frac{(c_1 + c_2)^2}{4 c_2 l}\right) > 0 \quad (13\text{b})$$

zutrifft. Setzen wir darum abkürzungsweise

$$\frac{\varkappa_{11} m_1 + \varkappa_{22} m_2}{E\Theta} = \alpha^2, \qquad (\varkappa_{11}\varkappa_{22} - \varkappa_{12}^2) \frac{m_1 m_2}{E^2\Theta^2} = \beta^2 \quad (13\text{c}),$$

so dürfen wir an Stelle von (13a) auch schreiben

$$\eta_2'' + \alpha^2 \frac{d^2\eta_2''}{dt^2} + \beta^2 \frac{d^4\eta_2''}{dt^4} = 0 \quad . \quad . \quad . \quad . \quad (14).$$

Ein partikuläres Integral dieser Gleichung lautet

$$\eta_2'' = \eta_0 e^{kt} \quad . \quad . \quad . \quad . \quad . \quad . \quad . \quad . \quad (14\text{a})$$

und ergibt eingesetzt in (14) für den Faktor k die Gleichung

$$1 + \alpha^2 k^2 + \beta^2 k^4 = 0 \quad \ldots \ldots \quad (15),$$

mit den Wurzeln

$$k^2 = \frac{-\alpha^2 \pm \sqrt{\alpha^4 - 4\beta^2}}{2\beta^2} \quad \ldots \ldots \quad (15\text{a})$$

oder mit $\sqrt{-1} = i$

$$\left.\begin{aligned} k_{12} &= \pm\, i \sqrt{\frac{\alpha^2 + \sqrt{\alpha^4 - 4\beta^2}}{2\beta^2}} = \pm\, i\,\delta_1 \\ k_{34} &= \pm\, i \sqrt{\frac{\alpha^2 - \sqrt{\alpha^4 - 4\beta^2}}{2\beta^2}} = \pm\, i\,\delta_2 \end{aligned}\right\} \quad \ldots \quad (15\text{b}),$$

wobei die Differenz

$$\alpha^4 - 4\beta^2 > 0$$

ist, wie man durch Einsetzen der Werte (13c) leicht feststellen kann. Wir erhalten also für das Integral von (14) die Summe von 4 Exponentialfunktionen (14a) mit imaginären Exponenten, die wir nach dem Moivreschen Lehrsatz durch trigonometrische Funktionen ersetzen und daher für die Bewegung schreiben dürfen

$$\eta_2'' = A_1 \cos \delta_1 t + B_1 \sin \delta_1 t + A_2 \cos \delta_2 t + B_2 \sin \delta_2 t \quad (16),$$

von denen die ersten beiden Glieder eine Schwingung mit der Periode

$$t_1 = \frac{2\pi}{\delta_1} = \frac{2\pi\beta\sqrt{2}}{\sqrt{\alpha^2 + \sqrt{\alpha^4 - 4\beta^2}}} \quad \ldots \ldots \quad (16\text{a}),$$

die letzten eine darüber gelagerte Schwingung mit der Periode

$$t_2 = \frac{2\pi}{\delta_2} = \frac{2\pi\beta\sqrt{2}}{\sqrt{\alpha^2 - \sqrt{\alpha^4 - 4\beta^2}}} > t_1 \quad \ldots \quad (16\text{b})$$

darstellen. Für die Bewegung der Masse m_1, die ebenfalls der Gleichung (13a) bzw. (14) genügt, ergibt sich ein Ausdruck von derselben Bauart wie (16), der sich nur durch andere Integrationskonstanten AB davon unterscheidet. Diese hängen übrigens, da die Integrale der beiden Gleichungen (13) insgesamt nur 4 willkürliche Konstanten besitzen können, mit den Faktoren von (16) zusammen, worauf wir uns indessen hier ebensowenig einlassen wollen wie auf die Berechnung der Konstanten selbst aus den willkürlich wählbaren Anfangsbedingungen des Bewegungszustandes.[1]) Hier kam es nur darauf an, diesen als die Überlagerung je zweier Schwingungen für jede der beiden Massen zu kennzeichnen.

§ 20. Biegungsschwingungen mit Berücksichtigung der Stabmasse.

Aufstellung der Schwingungsgleichung für ein Stabelement. Elimination des statischen Ausschlages. Integration für zylindrische Stäbe. Gültigkeit der Lösung für ein Intervall zwischen je zwei Zusatzmassen. Grenzbedingungen für die Stützen und für die Übergangsstellen der Intervalle. Beispiele.

Darf die Stabmasse nicht mehr als klein gegen die mit dem Stabe fest verbundenen Zusatzmassen betrachtet und demgemäß vernachlässigt werden, so versagt das im letzten Abschnitt angewandte Verfahren ebenso wie auch für eine kontinuierliche Belastung, zu der ja auch das Eigengewicht eines Balkens zu rechnen war. In allen diesen Fällen müssen wir auf die Bewegungsgleichungen eines Stabelementes selbst zurückgreifen, welches wir am einfachsten durch zwei Querschnitte im Achsenabstande dz begrenzen. Mit der Querschnittsfläche F und dem spezifischen Gewichte γ des Stabmaterials ist dann die Masse dieses Elementes

$$dm = \frac{\gamma}{g} F\,dz \quad \ldots\ldots\ldots \quad (1).$$

Sehen wir, wie bisher immer, bei der Biegung des Stabes von axialen Kräften ab, so bleibt nur das Gewicht des Elementes und die Querkraft T übrig, die von einem Querschnitt zum andern sich um dT ändert. Mithin besteht, wenn die positive Auslenkung η in die Richtung der Erdbeschleunigung fällt, die Gleichung

$$dT - g\,dm + \frac{\partial^2 \eta}{\partial t^2} dm = 0 \quad \ldots\ldots \quad (2),$$

für die wir mit (1) auch

$$\frac{dT}{dz} - \gamma F + \frac{\gamma}{g} F \frac{\partial^2 \eta}{\partial t^2} = 0 \quad \ldots\ldots \quad (2a)$$

---

[1]) Vgl. hierzu die Bewegung eines Doppelpendels in Lorenz, Techn. Mechanik starrer Systeme, S. 319 ff.

schreiben können. Nun ist aber nach früherem mit hinreichender Genauigkeit

$$T = \frac{d\mathfrak{M}}{dz} = E\Theta \frac{\partial^3 \eta}{\partial z^3} \quad . \quad . \quad . \quad . \quad . \quad (3),$$

also wird mit (2a)

$$E\Theta \frac{\partial^4 \eta}{\partial z^4} - \gamma F + \frac{\gamma}{g} F \frac{\partial^2 \eta}{\partial t^2} = 0 \quad . \quad . \quad . \quad . \quad (2b),$$

worin wir sofort die partiellen Ableitungen wegen der gleichzeitigen Abhängigkeit der Auslenkung von z und t eingeführt haben. Zerlegen wir weiterhin die Auslenkung, wie in § 19 in einen statischen Betrag η' und einen dynamischen η'', so gilt für den ersteren

$$E\Theta \frac{\partial^4 \eta'}{\partial z^4} - \gamma F = 0, \qquad \frac{\partial^2 \eta'}{\partial t^2} = 0,$$

so daß nach Abzug von (2b) für die dynamische Auslenkung $\eta'' = \eta - \eta'$ die einfachere Gleichung

$$E\Theta \frac{\partial^4 \eta''}{\partial z^4} + \frac{\gamma}{g} F \frac{\partial^2 \eta''}{\partial t^2} = 0 \quad . \quad . \quad . \quad . \quad (4)$$

übrig bleibt, welche die Bewegung der Stabteile um die statische Gleichgewichtslage kennzeichnet. Schreiben wir hierin unter Einführung des Trägheitshalbmessers k um die neutrale Achse des Querschnittes $\Theta = F k^2$ und erinnern uns, daß nach § 5

$$\sqrt{\frac{Eg}{\gamma}} = a \quad . \quad . \quad . \quad . \quad . \quad . \quad . \quad . \quad (5)$$

die Schallgeschwindigkeit im Stabmaterial bedeutete, so geht (4) über in

$$a^2 k^2 \frac{\partial^4 \eta''}{\partial z^4} + \frac{\partial^2 \eta''}{\partial t^2} = 0 \quad . \quad . \quad . \quad . \quad . \quad (4b).$$

Beschränken wir uns nunmehr auf Stäbe mit unveränderlichem Querschnitt, so wird auch dessen Trägheitshalbmesser k eine Konstante und wir erhalten mit dem Ansatze

$$\eta'' = UZ \quad . \quad . \quad . \quad . \quad . \quad . \quad . \quad . \quad (6),$$

worin $U = f_1(t)$ eine reine Zeitfunktion, $Z = f_2(z)$ eine solche des axialen Abstandes z von einem Stabende bedeutet, aus (4b)

$$\frac{a^2 k^2}{Z} \frac{d^4 Z}{dz^4} = -\frac{1}{U} \frac{d^2 U}{dt^2} \quad . \quad . \quad . \quad . \quad . \quad (6a).$$

Diese Gleichung kann aber nur bestehen, wenn sowohl die rechte als auch die linke Seite mit einer und derselben Konstanten übereinstimmen. Wäre diese Konstante negativ, so erhielten wir für U einen mit der Zeit ins Ungemessene anwachsenden Exponentialausdruck. Dieses Anwachsen müßte dann auch für η'' zutreffen, d. h. die Bewegung würde im Widerspruch mit der Erfahrung stets zum Bruche des Stabes führen, der selbstverständlich nur kleine Auslenkungen erleiden kann. Daraus folgt also, daß die fragliche Konstante nur positiv sein kann, so daß also (6a) in die beiden Formeln

$$\left.\begin{aligned} \frac{d^2 U}{d t^2} + \alpha^4 a^2 k^2 U = 0 \\ \frac{d^4 Z}{d z^4} - \alpha^4 Z = 0 \end{aligned}\right\} \quad \ldots \ldots \quad (6\text{b})$$

zerfällt. Von diesen liefert die erstere eine periodische Funktion

$$U = A_0 \cos \alpha^2 a k t + B_0 \sin \alpha^2 a k t \quad \ldots \quad (7),$$

die sich unter der Annahme des Beginns der Bewegung für alle Punkte der Stabachse zur Zeit $t = 0$, wofür also η'' und U verschwinden muß, in

$$U = B_0 \sin \alpha^2 a k t \quad \ldots \ldots \quad (7\text{a})$$

vereinfacht. Die zweite Formel (6b) wird dagegen durch den Ansatz

$$Z = C e^{\varkappa z} \quad \ldots \ldots \ldots \quad (8)$$

befriedigt, dessen Einführung in (6b) die Bedingungsgleichung

$$\varkappa^4 = \alpha^4 \quad \ldots \ldots \ldots \quad (8\text{a})$$

für die Konstante $\varkappa$ der Exponentialfunktion (8) mit den Wurzeln

$$\varkappa_{12} = \pm \alpha, \qquad \varkappa_{34} = \pm \alpha i \quad \ldots \quad (8\text{b})$$

liefert. Ersetzen wir nach dem M o i v r e schen Lehrsatze die Exponentialfunktionen mit imaginären Exponenten von vornherein durch periodische Funktionen, so erhalten wir als vollständiges Integral der zweiten Gl. (6b)

$$Z = A e^{\alpha z} + B e^{-\alpha z} + C \cos \alpha z + D \sin \alpha z \quad . \; . \quad (8\text{c})$$

mit den Integrationskonstanten $ABCD$ und α. Bei der Vereinigung von (7a) und (8c) gemäß (6) können wir nun unbeschadet der Allgemeinheit die Konstante in (7a) $B_0 = 1$ setzen und erhalten so als ein Integral der Grundgleichung (4a)

$$\eta'' = \sin \alpha^2 a k t \, (A e^{\alpha z} + B e^{-\alpha z} + C \cos \alpha z + D \sin \alpha z) \quad (9),$$

dessen Konstanten durch Grenzbedingungen in jedem Einzelfalle zu bestimmen sind. Dabei ist zu bemerken, daß im Falle der Belastung des Stabes durch Zusatzmassen $m_1 m_2 \ldots m_n$ in den Abständen $c_1 c_2 \ldots c_n$ vom linken Ende, wie in § 19 die Gleichung (9) nur für die Intervalle zwischen je zwei Massen gilt, so zwar, daß in jedem Intervall die Konstanten $ABCD$ und α im allgemeinen verschiedene Werte annehmen. Für n Zusatzmassen haben wir demnach $n+1$ Intervalle mit ebenso vielen Gleichungen (6), die wir mit der Abkürzung

$$\alpha_i a k = \nu_i \quad \ldots \ldots \ldots \quad (10)$$

schreiben dürfen

$$\left.\begin{array}{l} \eta_1'' = \sin \nu_1 t\,(A_1 e^{\alpha_1 z} + B_1 e^{-\alpha_1 z} + C_1 \cos \alpha_1 z + D_1 \sin \alpha_1 z) \\ \eta_2'' = \sin \nu_2 t\,(A_2 e^{\alpha_2 z} + B_2 e^{-\alpha_2 z} + C_2 \cos \alpha_2 z + D_2 \sin \alpha_2 z) \\ \ldots \ldots \ldots \ldots \ldots \ldots \ldots \ldots \end{array}\right\} \quad (9\,\mathrm{a}).$$

Diese Formeln enthalten $5\,(n+1)$ Konstanten $ABCD$ und α, von denen zunächst 4 durch die Auflagebedingungen der Stabenden gegeben sind, zu denen noch die Übergangsbedingungen von einem Intervall nach dem nächsten hinzutreten. An diesen Übergangsstellen müssen nämlich nicht nur die Ausschläge für beide Intervalle übereinstimmen, sondern auch in jedem Augenblicke deren erste und zweite Ableitungen, welche die Neigung und Krümmung der elastischen Linie definieren. Die Übereinstimmung der letzteren für beide Intervalle an der Übergangsstelle beruht auf der Gleichheit des Biegungsmomentes zu beiden Seiten, während die Stetigkeit der Neigung die Vernachlässigung des Einflusses der Schubspannungen voraussetzt. Schließlich haben wir noch zu beachten, daß an der Übergangsstelle die Querkraft T sich plötzlich um die Kraft

$$\Delta T = Q = m \frac{\partial^2 \eta''}{\partial t^2} \quad \ldots \ldots \quad (11)$$

ändert, so daß wir im ganzen mit Rücksicht auf (3) z. B. für den Übergang vom ersten in das zweite Intervall für $z = c_1$ die Bedingungsgleichungen

$$\left.\begin{array}{l} (\eta_1'')_{c_1} = (\eta_2'')_{c_1} \\ \left(\dfrac{\partial \eta_1''}{\partial z}\right)_{c_1} = \left(\dfrac{\partial \eta_2''}{\partial z}\right)_{c_1} \\ \left(\dfrac{\partial^2 \eta_1''}{\partial z^2}\right)_{c_1} = \left(\dfrac{\partial^2 \eta_2''}{\partial z^2}\right)_{c_1} \\ \left(\dfrac{\partial^3 \eta_1''}{\partial z^3}\right)_{c_1} = \left(\dfrac{\partial^3 \eta_2''}{\partial z^3}\right)_{c_1} + \dfrac{m_1}{E\Theta}\left(\dfrac{\partial^2 \eta_1''}{\partial t^2}\right)_{c_1} \end{array}\right\} \quad \ldots \quad (12)$$

erhalten. Da diese Bedingungen unabhängig von der Zeit bestehen, so müssen sich die Zeitfunktionen aus ihnen wegheben, d. h. es wird für alle Intervalle

$$\sin \nu_1 t = \sin \nu_2 t \cdots = \sin \nu t \quad . \quad . \quad . \quad . \quad (13)$$

oder wegen (7)

$$a_1 = a_2 \cdots = a \quad . \quad . \quad . \quad . \quad . \quad . \quad (13\text{a}),$$

wodurch sich sofort die Zahl der Konstanten um n vermindert. Mit (9) und (13) gehen die Bedingungen (12) nunmehr über in

$$\left.\begin{aligned}
&(A_1 - A_2)\, e^{a c_1} + (B_1 - B_2)\, e^{-a c_1} + (C_1 - C_2) \cos a c_1 + \\
&\qquad + (D_1 - D_2) \sin a c_1 = 0 \\
&(A_1 - A_2)\, e^{a c_1} - (B_1 - B_2)\, e^{-a c_1} - (C_1 - C_2) \sin a c_1 + \\
&\qquad + (D_1 - D_2) \cos a c_1 = 0 \\
&(A_1 - A_2)\, e^{a c_1} + (B_1 - B_2)\, e^{-a c_1} - (C_1 - C_2) \cos a c_1 - \\
&\qquad - (D_1 - D_2) \sin a c_1 = 0 \\
&(A_1 - A_2)\, e^{a c_1} - (B_1 - B_2)\, e^{-a c_1} + (C_1 - C_2) \sin a c_1 - \\
&\qquad - (D_1 - D_2) \cos a c_1 \\
&= m_1 \frac{\alpha a^2 k^2}{E \Theta} (A_1 e^{a c_1} + B_1 e^{-a c_1} + C_1 \cos a c_1 + D_1 \sin a c_1)
\end{aligned}\right\} (12\text{a}).$$

Die weitere Behandlung dieser Gleichungen im Verein mit den 4 Auflagebedingungen führt schließlich auf die Elimination von $4\,(n+1)$ Konstanten, so daß schließlich nur noch $5\,(n+1) - 4\,(n+1) - n = 1$ Konstante übrig bleibt, die willkürlich gewählt werden kann. Da wir von der Annahme ausgegangen sind, daß zur Zeit $t = 0$ das ganze System sich in der Ruhelage befinden soll, so können wir die letzte Konstante etwa durch die Vorschrift einer Geschwindigkeit bestimmen, mit der eine der Massen ihre Ruhelage passiert. Man übersieht ohne weiteres, daß die explizite Lösung des Problems schon beim Vorhandensein einer einzigen Masse zwischen zwei Stützen die Auflösung von 8 linearen Gleichungen und damit recht unbequeme Rechnungen erfordert, die allerdings prinzipiell keine Schwierigkeiten bereiten. Wir wollen uns darum an dieser Stelle nur mit der Durchführung zweier verhältnismäßig einfacher Fälle begnügen, deren Ergebnisse überdies leicht zu übersehen sind.

1. Beispiel. Für einen zylindrischen Stab auf zwei Stützen ohne jede Zusatzmasse gilt ohne weiteres Gl. (9) für die ganze Stablänge, während sich die Auflagebedingungen auf das Verschwinden der dynamischen

Auslenkungen und der Biegungsmomente an den beiden Enden beschränken. Wir erhalten also mit $\eta'' = 0$ für $z = 0$ und $z = l$ aus (9)

$$\left.\begin{aligned} &A + B + C = 0 \\ &A e^{\alpha l} + B e^{-\alpha l} + C \cos \alpha l + D \sin \alpha l = 0 \end{aligned}\right\} \quad . \quad (14)$$

und, da mit den Biegungsmomenten auch die zweiten Ableitungen $\frac{\partial^2 \eta''}{\partial z^2}$ für $z = 0$ und $z = l$ verschwinden,

$$\left.\begin{aligned} &A + B - C = 0 \\ &A e^{\alpha l} + B e^{-\alpha l} - C \cos \alpha l - D \sin \alpha l = 0 \end{aligned}\right\} \quad . \quad (14a).$$

Daraus folgt aber

$$A = B = C = 0, \qquad D \sin \alpha l = 0 \quad . \quad . \quad . \quad (14b),$$

d. h. mit einer ganzen Zahl n

$$\alpha l = n \pi \quad . \quad . \quad . \quad . \quad . \quad . \quad . \quad (14c),$$

so daß nunmehr die Schwingungsgleichung (9) sich auf

$$\eta'' = D \sin \alpha^2 a k t \sin \alpha z$$

oder wegen des Wertes von α nach (14c) auf

$$\eta'' = D \sin n^2 \pi^2 \frac{a k}{l^2} t \sin n \pi \frac{z}{l} \quad . \quad . \quad . \quad . \quad (15)$$

reduziert. Da hierin n jede ganze positive Zahl bedeuten kann, der je eine Schwingung von der Form (15) entspricht, so wird sich der Gesamtausschlag aus einer unendlich großen Zahl von Einzelausschlägen zusammensetzen, die aus (15) durch Summenbildung hervorgehen. Die allgemeinste Schwingung des unbelasteten Stabes ist hiernach gegeben durch

$$\eta'' = \sum_{n=1}^{n=\infty} D_n \sin n^2 \pi^2 \frac{a k}{l^2} t \sin n \pi \frac{z}{l} \quad . \quad . \quad . \quad (15a),$$

in der man das Glied mit $n = 1$ als die G r u n d s c h w i n g u n g, die anderen dagegen als O b e r s c h w i n g u n g e n bezeichnet. Die Dauer t_1 der Grundschwingung ergibt sich dann aus

$$\sin 2\pi \frac{t}{t_1} = \sin \pi^2 \frac{a k}{l^2} t$$

zu

$$t_1 = \frac{2 l^2}{\pi a k} \quad . \quad . \quad . \quad . \quad . \quad . \quad . \quad (15b),$$

während allgemein die Dauer der $(n-1)$ten Oberschwingung

$$t_n = \frac{2\,l^2}{n^2 \pi a k} \quad . \quad . \quad . \quad . \quad . \quad . \quad . \quad . \quad (15\,c)$$

wird. Der reziproke Wert jeder dieser Schwingungsdauern liefert die wohl auch als Frequenz bezeichnete Schwingungszahl in der Sekunde, der durch Übertragung der Schwingung an die umgebende Luft ein bestimmter Ton entspricht. Demgemäß bezeichnet man auch den von der Grundschwingung hervorgerufenen Ton als den Grundton des Stabes, die weiteren dagegen als dessen Obertöne. Dieser Erscheinung sind wir schon einmal in § 5 bei den Longitudinal- oder Längsschwingungen eines Stabes begegnet, deren Grundton nach Gl. (24a) § 5 eine Schwingungsdauer

$$t_0 = \frac{4\,l}{a}$$

besaß. Mit unserer Formel (15b) ergibt dies

$$\frac{t_1}{t_0} = \frac{l}{2 \pi k},$$

also für kleine Werte des Trägheitshalbmessers k im Verhältnis zur Stablänge l eine viel größere Dauer der transversalen Biegungsschwingungen gegenüber den longitudinalen.

Da die Stützendrücke des Stabes absolut genommen mit den Querkräften an den Enden übereinstimmen, so erhalten wir mit Rücksicht auf Gl. (3) unter Beschränkung auf die Grundschwingung hierfür

$$V_1 = V_2 = D \left(\frac{\pi}{l^2}\right)^3 E\,\Theta \sin \frac{\pi^2 a k}{l^2}\, t \quad . \quad . \quad . \quad . \quad (16),$$

also, wie schon in § 19, periodisch veränderliche Werte, die insbesondere ihr Vorzeichen wechseln. Der Stab muß demnach an seinen Enden gegen Abheben von den Stützen gesichert werden, was am einfachsten durch eine Lagerung in zwei Zapfen erreicht wird.

Schließlich sei noch darauf hingewiesen, daß sowohl die Ausschläge als auch die Stützendrücke und damit die Stabspannungen von der willkürlich wählbaren Konstanten D abhängen, die nichts anderes als den absoluten Wert des größten Ausschlages darstellt.

2. Beispiel. Für den an einem Ende eingespannten Stab, der, wie im zweiten Beispiel des vorigen Abschnitts, am freien eine Masse m trägt, haben wir zunächst für das eingespannte Ende $z = 0$ die Bedingungen $\eta'' = 0$, $\frac{\partial \eta''}{\partial z} = 0$, mithin unter Benutzung von (9)

$$\left.\begin{array}{l} A + B + C = 0 \\ A - B + D = 0 \end{array}\right\} \quad \ldots\ldots \quad (17),$$

während für das freie Ende mit dem Wegfall des Biegungsmoments $\frac{\partial^2 \eta''}{\partial z^2} = 0$ wird und außerdem die Querkraft mit dem Beschleunigungsdruck der Masse m nach der letzten Formel (12) übereinstimmt. Dies liefert die beiden weiteren Bedingungsgleichungen

$$\left.\begin{array}{l} A e^{al} + B e^{-al} - C \cos al - D \sin al = 0 \\ A e^{al} - B e^{-al} + C \sin al - D \cos al \\ = \frac{m a a^2 k^2}{E \Theta} (A e^{al} + B e^{-al} + C \cos al + D \sin al) \end{array}\right\} \quad (17\,\mathrm{a}).$$

Hierin ist mit Rücksicht auf die Bedeutung von a^2 nach (5), sowie mit der Stabmasse $m_0 = \frac{F l \gamma}{g}$ wegen $\Theta = F k^2$

$$\frac{m a a^2 k^2}{E \Theta} = a l \frac{m}{m_0} \quad \ldots\ldots \quad (18).$$

Führen wir diesen Wert in die letzte Gl. (17a) ein und eliminieren dann vermittelst der Beziehungen (17) die Konstanten

$$A = -\frac{C + D}{2}, \qquad B = -\frac{C - D}{2},$$

so wird aus (17a)

$$\left.\begin{array}{l} C \left(\frac{e^{al} + e^{-al}}{2} + \cos al\right) + D \left(\frac{e^{al} - e^{-al}}{2} + \sin al\right) = 0 \\ C \left(a l \frac{m_0}{m} \frac{e^{al} + e^{-al}}{2} - \frac{e^{al} - e^{-al}}{2} \right. \\ \qquad \left. + \sin al - a l \frac{m_0}{m} \cos al\right) \\ + D \left(a l \frac{m_0}{m} \frac{e^{al} - e^{-al}}{2} - \frac{e^{al} + e^{-al}}{2} \right. \\ \qquad \left. - \cos al + a l \frac{m_0}{m} \sin al\right) = 0 \end{array}\right\} \quad (17\,\mathrm{b}).$$

Dafür können wir auch unter Einführung der Hyperbelfunktionen

$$\frac{e^{\alpha l} + e^{-\alpha l}}{2} = \mathfrak{Cos}\, \alpha l, \qquad \frac{e^{\alpha l} - e^{-\alpha l}}{2} = \mathfrak{Sin}\, \alpha l$$

kürzer schreiben

$$\left.\begin{aligned} C\,(\mathfrak{Cos}\, \alpha l + \cos \alpha l) + D\,(\mathfrak{Sin}\, \alpha l + \sin \alpha l) \qquad &= 0 \\ C\left[\alpha l \frac{m_0}{m} (\mathfrak{Cos}\, \alpha l - \cos \alpha l) - \mathfrak{Sin}\, \alpha l + \sin \alpha l\right] & \\ + D\left[\alpha l \frac{m_0}{m} (\mathfrak{Sin}\, \alpha l - \sin \alpha l) - \mathfrak{Cos}\, \alpha l - \cos \alpha l\right] &= 0 \end{aligned}\right\} \quad (17\,\mathrm{c}).$$

Aus diesen Formeln folgt schließlich durch Elimination der Konstanten C und D wegen $\mathfrak{Cos}^2\, \alpha l - \mathfrak{Sin}^2\, \alpha l = 1$ die transzendente Gleichung

$$\alpha l \frac{\mathfrak{Cos}\, \alpha l \sin \alpha l - \mathfrak{Sin}\, \alpha l \cos \alpha l}{1 + \mathfrak{Cos}\, \alpha l \cos \alpha l} = \frac{m_0}{m} \quad . \quad . \quad (19),$$

welche auf graphischem Wege für ein bestimmtes Verhältnis $m_0 : m$ mit Hilfe der Tafeln für die Hyperbelfunktionen eine unendliche Zahl von Werten αl liefert. Jeder dieser Werte bestimmt alsdann mit (17c) und (17) die Verhältnisse $C : D$ sowie $A : D$ und $B : D$, so daß nur noch eine der Konstanten, z. B. D, willkürlich gewählt werden kann.

Aus (19) erkennt man weiterhin, daß für $m_0 : m = 0$ auch $\alpha l = 0$ wird, und d a ß a l l g e m e i n k l e i n e n W e r t e n v o n $m_0 : m$ a u c h k l e i n e αl z u g e o r d n e t s i n d. In diesem Falle kann man aber die Hyperbel- und Kreisfunktionen in (18) nach Potenzreihen für αl entwickeln und erhält so unter Beibehaltung der ersten beiden Glieder die Näherungsformel

$$\frac{m_0}{m} = \frac{\alpha^4 l^4 \left(\frac{2}{3} - \frac{\alpha^4 l^4}{5 \cdot 7 \cdot 9}\right)}{2\left(1 - \frac{\alpha^4 l^4}{12}\right)} \sim \frac{\alpha^4 l^4}{3}\left(1 + \frac{11}{140} \cdot \alpha^4 l^4\right) \quad (19\,\mathrm{a}),$$

die sich für sehr kleine $m_0 : m$ noch in

$$\frac{m_0}{m} = \frac{\alpha^4 l^4}{3} \quad . \quad . \quad . \quad . \quad . \quad . \quad . \quad . \quad (19\,\mathrm{b})$$

vereinfacht. Damit aber würden wir wegen (10) und (13) eine Schwingungsdauer

$$t_0 = \frac{2\pi}{\nu} = \frac{2\pi}{\alpha^2 a k} = \frac{2\pi l^2}{a k}\sqrt{\frac{m}{3 m_0}} \quad . \quad . \quad . \quad (20)$$

erhalten, für die wir mit $m_0 g = Fl \cdot \gamma$ und $Fk^2 = \Theta$, sowie mit (5) auch

$$t_0 = 2\pi \sqrt{\frac{m l^3}{3 E \Theta}} \quad \ldots \ldots \quad (20\text{a})$$

schreiben dürfen. Das ist aber nichts anderes als die Schwingungsdauer Gl. (16a), § 19, einer Masse am masselosen Stabe, ein Fall, der somit die erste Näherungslösung unseres Problems darstellt. Für eine zweite Annäherung[1]) greifen wir auf (19a) zurück und setzen in den Klammerausdruck rechts den Näherungswert (19b) ein, woraus

$$\frac{m_0}{m} = \frac{\alpha^4 l^4}{3}\left(1 + \frac{33}{140} \cdot \frac{m_0}{m}\right)$$

oder

$$\alpha^4 l^4 = \frac{3 m_0}{m + \frac{33}{140} m_0} \quad \ldots \ldots \quad (19\text{b})$$

hervorgeht. Lassen wir nunmehr die Zusatzmasse verschwinden, so folgt mit $m = 0$

$$\alpha^4 l^4 = \frac{140}{11} = 12{,}73, \qquad \alpha l = 1{,}89,$$

während die exakte Bedingung hierfür nach (19)

$$1 + \operatorname{Cos} \alpha l \cos \alpha l = 0$$

lautet und $\alpha l = 1{,}87$ ergibt. Man erhält also, wie schon Sommerfeld bemerkt hat, die Grundschwingung des eingespannten Stabes ohne Zusatzmasse mit hinreichender Genauigkeit als zweite Näherungslösung für eine große Zusatzmasse. Dieses gewiß überraschende Resultat ist einfach in dem anfänglich raschen Wachstum und darauffolgender asymptotischer Näherung von αl an den Wert 1,87 mit abnehmender Zusatzmasse, also zunehmendem Verhältnis $m_0 : m$ begründet.

Die Periode der Grundschwingung ohne Zusatzmasse ist demnach mit $m_0 g = Fl\gamma$ und $Fk^2 = \Theta$

$$t_1 = \frac{2\pi l^2}{\alpha^2 l^2 a k} = \frac{2\pi}{(1{,}87)^2} \sqrt{\frac{m_0 l^3}{E \Theta}} \quad \ldots \ldots \quad (21),$$

[1]) Vgl. Sommerfeld, Zeitschr. d. V. D. Ing. 1905, S. 1322.

woraus mit (20a) das Periodenverhältnis

$$\frac{t_0}{t_1} = 3{,}5\sqrt{\frac{m}{m_0}} \quad \ldots \ldots \quad (21\,\mathrm{a})$$

hervorgeht, wenn $m : m_0 > 1$ ist. Der mit einer Zusatzmasse belastete Stab schwingt demnach stets viel langsamer, als ohne diese Zusatzmasse.

§ 21. Biegungsschwingungen zwangläufig bewegter Stäbe.

Ableitung der Grundgleichung mit Rücksicht auf die axiale Stabkraft und die Beschleunigungskomponenten in der Stabachse und normal zu dieser. Beispiele eines elastischen Pendels und der Lokomotivkuppelstange. Angenäherte Integration der Schwingungsgleichung in letzterem Falle.

Die in der Technik häufig zur Energieübertragung benutzten, vermittelst zweier Führungsbahnen zwangläufig bewegten Stäbe sind im allgemeinen ebenfalls Biegungsschwingungen unterworfen. Dabei wirkt auf ein Stabelement vom Querschnitt F und der axialen Dicke dz wieder der Unterschied der Querkraft T an beiden Schnittflächen, so daß die Gleichung

$$E\,\Theta \frac{\partial^4 \eta}{\partial z^4} = \frac{\partial T}{\partial z} \quad . \quad (1)$$

besteht. Hierin setzt sich der Zuwachs der Querkraft zusammen aus der Normalkomponente des Gewichts des Elementes, dem Zuwachs der Normalkomponente $P\frac{\partial \eta}{\partial z}$ der die Energieübertragung vermittelnden axialen Stabkraft P und dem Massendruck des Elementes infolge der Normalkomponente seiner absoluten Beschleunigung. Bezeichnen wir diese Komponente mit $dv : dt$, den augenblicklichen Neigungswinkel der Stabachse gegen den Horizont mit ψ, so ist unter der Annahme der Bewegung in einer Vertikalebene nach Fig. 86 für nach oben positiv gerichtete Ausschläge η

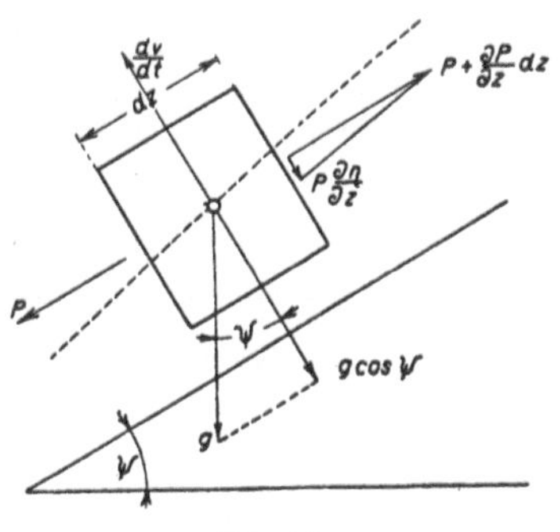

Fig. 86.

$$\frac{\partial T}{\partial z} dz + g \cos \psi\, dm = \frac{\partial}{\partial z}\left(P \frac{\partial \eta}{\partial z}\right) dz - \frac{dv}{dt} dm$$

oder wegen

$$g\,dm = \gamma F\,dz \quad . \quad . \quad . \quad . \quad . \quad . \quad . \quad (2)$$

$$\frac{\partial T}{\partial z} = -\gamma F \cos\psi + \frac{\partial}{\partial z}\left(P\frac{\partial\eta}{\partial z}\right) - \gamma\frac{F}{g}\frac{dv}{dt} \quad . \quad . \quad (3).$$

Damit geht (1) über in

$$E\Theta\frac{\partial^4\eta}{\partial z^4} + \gamma F\cos\psi + \gamma\frac{F}{g}\frac{dv}{dt} - P\frac{\partial^2\eta}{\partial z^2} - \frac{\partial P}{\partial z}\frac{\partial\eta}{\partial z} = 0 \quad (1a).$$

Außerdem aber erhält das Element eine Beschleunigung $du : dt$ in axialer Richtung durch den axialen Zuwachs der Stabkraft P selbst, so zwar, daß

$$\frac{\partial P}{\partial z}dz = \frac{du}{dt}dm$$

oder

$$\frac{\partial P}{\partial z} = \gamma\frac{F}{g}\frac{du}{dt} \quad . \quad . \quad . \quad . \quad . \quad . \quad . \quad . \quad (4)$$

ist. Führen wir diesen Ausdruck in (1a) ein und dividieren mit $\gamma\frac{F}{g}$, so wird mit

$$\frac{Eg}{\gamma} = a^2, \qquad \Theta = Fk^2 \quad . \quad . \quad . \quad . \quad . \quad (5)$$

daraus

$$a^2k^2\frac{\partial^4\eta}{\partial z^4} - \frac{Pg}{F\gamma}\frac{\partial^2\eta}{\partial z^2} + g\cos\psi + \frac{dv}{dt} - \frac{du}{dt}\frac{\partial\eta}{\partial z} = 0 \quad (6).$$

Zur Berechnung der beiden Beschleunigungskomponenten bezeichnen wir mit xy die Koordinaten des Elementes auf der nicht deformierten Stabachse im Abstande z vom linken Ende A, mit $x'y'$ die zugehörigen Koordinaten der in Fig. 87 punktiert eingetragenen elastischen Linie, die mit den ersteren durch die Gleichungen

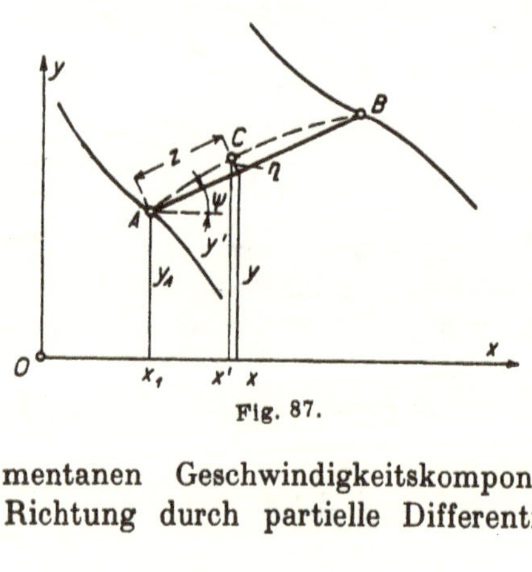

Fig. 87.

$$\left.\begin{aligned} x' &= x - \eta\sin\psi \\ y' &= y + \eta\cos\psi \end{aligned}\right\} \quad . \quad (7)$$

zusammenhängen. Daraus folgen alsdann die momentanen Geschwindigkeitskomponenten in der x- und y-Richtung durch partielle Differentiation nach der Zeit, also

$$\left.\begin{aligned}\frac{\partial x'}{\partial t}&=\frac{\partial x}{\partial t}-\frac{\partial\eta}{\partial t}\sin\psi-\eta\cos\psi\frac{d\psi}{dt}\\ \frac{\partial y'}{\partial t}&=\frac{\partial y}{\partial t}+\frac{\partial\eta}{\partial t}\cos\varphi-\eta\sin\psi\frac{d\psi}{dt}\end{aligned}\right\}\quad\ldots\;(7\text{a})$$

und weiter die entsprechenden Beschleunigungskomponenten

$$\left.\begin{aligned}\frac{\partial^2 x'}{\partial t^2}&=\frac{\partial^2 x}{\partial t^2}-\frac{\partial^2\eta}{\partial t^2}\sin\psi-2\frac{\partial\eta}{\partial t}\frac{d\psi}{dt}\cos\psi\\ &\qquad+\eta\sin\psi\left(\frac{d\psi}{dt}\right)^2-\eta\cos\psi\frac{d^2\psi}{dt^2}\\ \frac{\partial^2 y'}{\partial t^2}&=\frac{\partial^2 y}{\partial t^2}+\frac{\partial^2\eta}{\partial t^2}\cos\psi-2\frac{\partial\eta}{\partial t}\frac{d\psi}{dt}\sin\psi\\ &\qquad-\eta\cos\psi\left(\frac{d\psi}{dt}\right)^2-\eta\sin\psi\frac{d^2\psi}{dt^2}\end{aligned}\right\}\quad(7\text{b}).$$

Aus diesen Komponenten setzen sich dann die in Gl. (6) eingehenden Beschleunigungskomponenten zusammen nach den Formeln

$$\left.\begin{aligned}\frac{dv}{dt}&=\frac{\partial^2 y'}{\partial t^2}\cos\psi-\frac{\partial^2 x'}{\partial t^2}\sin\psi\\ \frac{du}{dt}&=\frac{\partial^2 y'}{\partial t^2}\sin\psi+\frac{\partial^2 x'}{\partial t^2}\cos\psi\end{aligned}\right\}\quad\ldots\;(8),$$

die mit (7b) übergehen in

$$\left.\begin{aligned}\frac{dv}{dt}&=\frac{\partial^2 y}{\partial t^2}\cos\psi-\frac{\partial^2 x}{\partial t^2}\sin\psi+\frac{\partial^2\eta}{\partial t^2}-\eta\left(\frac{d\psi}{dt}\right)^2\\ \frac{du}{dt}&=\frac{\partial^2 y}{\partial t^2}\sin\psi+\frac{\partial^2 x}{\partial t^2}\cos\psi-2\frac{\partial\eta}{\partial t}\frac{d\psi}{dt}-\eta\frac{d^2\psi}{dt^2}\end{aligned}\right\}\quad(8\text{a}).$$

In diesen Gleichungen können die ersten beiden Glieder noch durch Einführung der Koordinaten $x_1 y_1$ des Endpunktes A vermöge der Beziehungen

$$\left.\begin{aligned}x&=x_1+z\cos\psi\\ y&=y_1+z\sin\psi\end{aligned}\right\}\quad\ldots\ldots\;(9)$$

umgeformt werden, da

$$\left.\begin{aligned}\frac{\partial x}{\partial t}&=\frac{dx_1}{dt}-z\sin\psi\frac{d\psi}{dt}\\ \frac{\partial y}{\partial t}&=\frac{dy_1}{dt}+z\cos\psi\frac{d\psi}{dt}\end{aligned}\right\}\quad\ldots\ldots\;(9\text{a})$$

und

$$\left.\begin{aligned}\frac{\partial^2 x}{\partial t^2} &= \frac{d^2 x_1}{d t^2} - z \sin\psi \frac{d^2\psi}{d t^2} - z\cos\psi\left(\frac{d\psi}{dt}\right)^2 \\ \frac{\partial^2 y}{\partial t^2} &= \frac{d^2 y_1}{d t^2} + z\cos\psi \frac{d^2\psi}{d t^2} - z\sin\psi\left(\frac{d\psi}{dt}\right)^2\end{aligned}\right\} \quad . \quad (9\text{b})$$

ist. Damit wird aus (8a)

$$\left.\begin{aligned}\frac{dv}{dt} &= \frac{d^2 y_1}{d t^2}\cos\psi - \frac{d^2 x_1}{d t^2}\sin\psi + z\frac{d^2\psi}{d t^2} + \frac{\partial^2\eta}{\partial t^2} - \eta\left(\frac{d\psi}{dt}\right)^2 \\ \frac{du}{dt} &= \frac{d^2 y_1}{d t^2}\sin\psi + \frac{d^2 x_1}{d t^2}\cos\psi - z\left(\frac{d\psi}{dt}\right)^2 \\ &\qquad - 2\frac{\partial\eta}{\partial z}\frac{d\psi}{dt} - \eta\frac{d^2\psi}{d t^2}\end{aligned}\right\} \quad (8\text{b}).$$

Der letzte dieser beiden Ausdrücke erhält nun in Gl. (6) den Faktor $\partial\eta : \partial z$, der ebenso wie die Auslenkung η selbst als klein vorausgesetzt wird. Infolgedessen dürfen in der zweiten Gl. (8a) und (8b) die mit η und $\partial\eta : \partial z$ behafteten Glieder unbedenklich vernachlässigt und es darf dafür kürzer

$$\frac{du}{dt} = \frac{d^2 y_1}{d t^2}\sin\psi + \frac{d^2 x_1}{d t^2}\cos\psi - z\left(\frac{d\psi}{dt}\right)^2 \quad . \quad . \quad (8\text{c})$$

geschrieben werden. Mit dieser Formel können wir dann auch noch die absolute Größe der axialen Stabkraft P ermitteln, für die sich mit (4)

$$\frac{g}{\gamma F}\frac{\partial P}{\partial z} = \frac{d^2 y_1}{d t^2}\sin\psi + \frac{d^2 x_1}{d t^2}\cos\psi - z\left(\frac{d\psi}{dt}\right)^2 \quad . \quad (4\text{a})$$

ergibt. Bezeichnen wir die als Zug aufgefaßte Stabkraft im Stützpunkte A, d. h. für $z = 0$, mit P_1, so folgt durch Integration

$$\frac{g}{\gamma F}P = \frac{g}{\gamma F}P_1 + \left(\frac{d^2 y_1}{d t^2}\sin\psi + \frac{d^2 x_1}{d t^2}\cos\psi\right)z - \frac{z^2}{2}\left(\frac{d\psi}{dt}\right)^2 \quad (4\text{b}).$$

In diesem Ausdruck sind $x_1 y_1$ und ψ nur noch reine Zeitfunktionen, wodurch sich bei deren Ableitungen die Anwendung der totalen Differentialzeichen rechtfertigt. Auch P_1 ist keine Konstante, sondern eine periodische Zeitfunktion, die im allgemeinsten Falle durch eine Fouriersche Reihe dargestellt werden kann.

1. Beispiel. Haben wir es mit einem Pendel zu tun, welches aus einem elastischen Stab von der Länge l mit einer am freien Ende befestigten Masse m besteht und nur kleine Aus-

schläge φ um die vertikale Ruhelage vollzieht (Fig. 88), so ist zunächst

$$\psi = 270^0 + \varphi = \varphi - 90^0, \quad \cos\psi = \sin\varphi \sim \varphi$$

$$\frac{d^2\psi}{dt^2} = \frac{d^2\varphi}{dt^2}, \quad \left(\frac{d\psi}{dt}\right)^2 = \left(\frac{d\varphi}{dt}\right)^2 \sim 0.$$

Da weiterhin in diesem Falle sich die eine Führungsbahn auf den festen Drehpunkt beschränkt, den wir als Koordinatenanfang O wählen, so ist $x_1 = 0$, $y_1 = 0$ und wir erhalten für den axialen Zug infolge der angehängten Masse m aus (4b)

$$P = P_1 = mg.$$

Die beiden Beschleunigungskomponenten in der normalen und axialen Richtung sind ferner nach (8b) bzw. (8c) unter Vernachlässigung des Quadrates der kleinen Winkelgeschwindigkeit

$$\frac{dv}{dt} = z\frac{d^2\varphi}{dt^2} + \frac{\partial^2\eta}{\partial t^2}, \quad \frac{du}{dt} \sim 0.$$

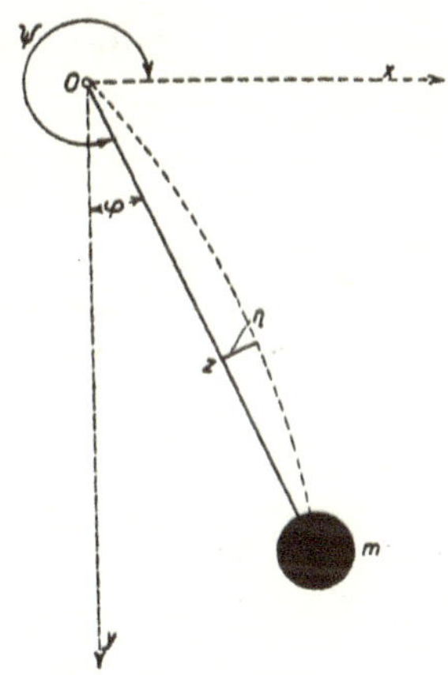

Fig. 88.

Damit geht dann die Bewegungsgleichung (6) über in

$$a^2k^2\frac{\partial^4\eta}{\partial z^4} - \frac{mg^2}{\gamma F}\frac{\partial^2\eta}{\partial z^2} + \frac{\partial^2\eta}{\partial t^2} + g\varphi + z\frac{d^2\varphi}{dt^2} = 0 \quad . \quad (10),$$

worin der Ausschlagswinkel der Stabachse bei einer Gesamtschwingungsdauer t_0 des vorläufig starr gedachten Pendels durch die Gleichung

$$\varphi = \varphi_0 \sin 2\pi\frac{t}{t_0} = \varphi_0 \sin\nu t \quad . \quad . \quad . \quad . \quad (11)$$

vorgeschrieben ist, so daß an Stelle von (10) auch

$$a^2k^2\frac{\partial^4\eta}{\partial z^4} - \frac{mg^2}{\gamma F}\frac{\partial^2\eta}{\partial z^2} + \frac{\partial^2\eta}{\partial t^2} + (g\varphi_0 - z\nu^2\varphi_0)\sin\nu t = 0 \quad (10a)$$

geschrieben werden kann. Diese Differentialgleichung wird augenscheinlich durch den Ansatz

$$\eta = Z\sin\nu t \quad . \quad . \quad . \quad . \quad . \quad . \quad . \quad (10b)$$

erfüllt, in der Z eine reine Funktion des Abstandes z vom Drehpunkte bedeutet, für welche die Elimination von $\sin \nu t$ aus (10b) und (10a)

$$a^2 k^2 \frac{d^4 Z}{dz^4} - \frac{m g^2}{\gamma F} \frac{d^2 Z}{dz^2} - \nu^2 \left(Z + z\varphi_0 - \frac{g\varphi_0}{\nu^2}\right) = 0 \quad . \quad (12)$$

mit der Lösung

$$Z + z\varphi_0 - \frac{g\varphi_0}{\nu^2} = C_0 e^{\varkappa z} \quad . \quad . \quad . \quad . \quad (10c)$$

ergibt. Deren Einführung in (12) führt auf die biquadratische Gleichung

$$a^2 k^2 \varkappa^4 - \frac{m g^2}{\gamma F} \varkappa^2 - \nu^2 = 0 \quad . \quad . \quad . \quad . \quad (12a)$$

mit den Wurzeln

$$\varkappa = \pm \sqrt{\frac{m g^2}{2 \gamma F a^2 k^2} \pm \sqrt{\frac{m^2 g^4 + 4 \nu^2 \gamma^2 F^2 a^2 k^2}{4 \gamma^2 F^2 a^4 k^4}}} \quad . \quad (12b),$$

von denen offenbar zwei reell und zwei andere imaginär sind. Schreiben wir für die reellen und imaginären Wurzeln abkürzungsweise

$$\left.\begin{aligned} \pm \sqrt{\frac{m g^2 + \sqrt{m^2 g^4 + 4\nu^2 \gamma^2 F^2 a^2 k^2}}{2 \gamma F a^2 k^2}} &= \pm \alpha_1 \\ \pm \sqrt{\frac{m g^2 - \sqrt{m^2 g^4 + 4\nu^2 \gamma^2 F^2 a^2 k^2}}{2 \gamma F a^2 k^2}} &= \pm \alpha_2 i \end{aligned}\right\} \quad . \quad (12c),$$

so lautet das allgemeine Integral von (12) mit vier Konstanten

$$Z + z\varphi_0 - g \frac{\varphi_0}{\nu^2} = A e^{\alpha_1 z} + B e^{-\alpha_1 z} + C \cos \alpha_2 z + D \sin \alpha_2 z \quad (10d),$$

und damit geht (10b) über in

$$\eta = \sin \nu t \left(g \frac{\varphi_0}{\nu^2} - z\varphi_0 + A e^{\alpha_1 z} + B e^{-\alpha_1 z} + \right.$$
$$\left. + C \cos \alpha_2 z + D \sin \alpha_2 z \right) \quad . \quad . \quad . \quad . \quad . \quad (13).$$

Verstehen wir unter der Pendelachse die Verbindungsgerade des Drehpunktes mit dem Schwerpunkt der Zusatzmasse m am freien Ende, so verschwindet die Durchbiegung η sowohl für $z = 0$ als auch für $z = l$, und ebenso an diesen Stellen das

Biegungsmoment, d. h. die Ableitung $\partial^2\eta : \partial z^2$. Daraus folgen dann als Bedingungsgleichungen für die vier Konstanten in (13)

$$\left.\begin{aligned} & A+B+C+g\frac{\varphi_0}{\nu^2}=0 \\ & A e^{\alpha_1 l}+B e^{-\alpha_1 l}+C\cos\alpha_2 l+D\sin\alpha_2 l+g\frac{\varphi_0}{\nu^2}-l\varphi_0=0 \\ & \alpha_1^2(A+B)-\alpha_2^2 C=0 \\ & \alpha_1^2(A e^{\alpha_1 l}+B e^{-\alpha_1 l})-\alpha_2^2(C\cos\alpha_2 l+D\sin\alpha_2 l)=0 \end{aligned}\right\} \quad (13\text{a}),$$

deren Auswertung nebst der sich daran anschließenden Diskussion der schließlichen Formel für die Durchbiegung η dem Leser überlassen werden kann.

Hier möge noch die Bemerkung Platz finden, daß im Falle des Verschwindens des Elastizitätsmoduls, also für einen absolut biegsamen Pendelfaden, in Gl. (10) das erste Glied wegfällt, woraus die große Allgemeinheit unseres Ansatzes deutlich erhellt.

2. Beispiel. Für die Kuppelstange einer gleichförmig auf horizontaler Bahn ohne Gleiten fortschreitenden Lokomotive ist zunächst $\psi=0$ und weiter wegen der konstanten Winkelgeschwindigkeit ω der Räder mit dem Kurbelradius r, Fig. 89

$$x_1=r\cos\omega t, \quad y_1=r\sin\omega t \quad . \quad (14),$$

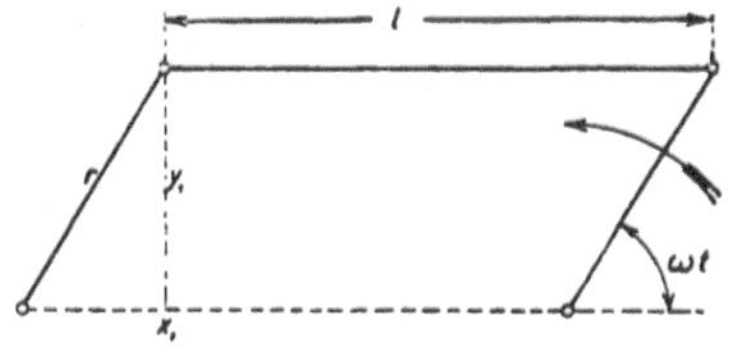

Fig. 89.

wonach mit (8b) und (8c)

$$\frac{dv}{dt}=\frac{\partial^2\eta}{\partial t^2}-r\omega^2\sin\omega t, \qquad \frac{du}{dt}=-r\omega^2\cos\omega t \quad (14\text{a}),$$

sowie nach (4b)

$$\frac{gP}{\gamma F}=\frac{gP_1}{\gamma F}-zr\omega^2\cos\omega t \quad . \quad . \quad . \quad . \quad (14\text{b})$$

wird. Hierin ist aber bei einem konstanten Drehmoment $\mathfrak{M}$ des getriebenen Rades

$$P_1 y_1=\mathfrak{M}, \qquad P_1=\frac{\mathfrak{M}}{r\sin\omega t} \quad . \quad . \quad . \quad . \quad (15),$$

so daß (14b) in

$$\frac{gP}{\gamma F}=\frac{g\mathfrak{M}}{\gamma F r\sin\omega t}-zr\omega^2\cos\omega t \quad . \quad . \quad . \quad (14\text{c})$$

übergeht. Damit lautet die Bewegungsgleichung (6) für die Kuppelstange

$$a^2 k^2 \frac{\partial^4 \eta}{\partial z^4} - \left(\frac{g\mathfrak{M}}{\gamma F r \sin \omega t} - z r \omega^2 \cos \omega t\right) \frac{\partial^2 \eta}{\partial z^2} + g$$
$$+ \frac{\partial^2 \eta}{\partial t^2} - r \omega^2 \sin \omega t + r \omega^2 \frac{\partial \eta}{\partial z} \cos \omega t = 0 \quad (16),$$

deren strenge Integration wegen der Veränderlichkeit der Faktoren einzelner Glieder geradezu ausgeschlossen sein dürfte. Wir müssen uns daher mit einem Näherungsverfahren begnügen, welches sich zwanglos aus dem überwiegenden Einfluß des von η freien periodischen Gliedes $r\omega^2 \sin \omega t$ auf die durch den ersten Term dargestellte Biegung ergibt. Wir integrieren also zunächst die Gleichung

$$a^2 k^2 \frac{\partial^4 \eta}{\partial z^4} = r \omega^2 \sin \omega t \quad . \quad . \quad . \quad . \quad . \quad (16\text{a})$$

nach z und erhalten mit den Bedingungen des Verschwindens der Ausschläge und der Biegungsmomente für die Auflagezapfen bei $z = 0$ und $z = l$ analog Gl. (6a), § 16,

$$\eta = \frac{r \omega^2 \sin \omega t}{24 a^2 k^2} (z^4 - 2 l z^3 + l^3 z) \quad . \quad . \quad . \quad (16\text{b}),$$

woraus sich dann rückwärts

$$\left.\begin{aligned} \frac{\partial^2 \eta}{\partial t^2} &= -\frac{r \omega^4 \sin \omega t}{24 a^2 k^2} (z^4 - 2 l z^3 + l^3 z) \\ \frac{\partial \eta}{\partial z} &= \frac{r \omega^2 \sin \omega t}{24 a^2 k^2} (4 z^3 - 6 l z^2 + l^3) \\ \frac{\partial^2 \eta}{\partial z^2} &= \frac{r \omega^2 \sin \omega t}{2 a^2 k^2} (z^2 - l z) \end{aligned}\right\} \quad . \quad . \quad (16\text{c})$$

berechnet. Die Einführung dieser Ausdrücke in (16) liefert alsdann mit $2 \cos \omega t \sin \omega t = \sin 2\omega t$ nach Ordnung der Glieder

$$a^2 k^2 \frac{\partial^4 \eta}{\partial z^4} = g \left(\frac{\mathfrak{M} \omega^2}{\gamma F} \frac{z^2 - l z}{2 a^2 k^2} - 1\right)$$
$$+ r \omega^2 \sin \omega t + \frac{r \omega^4 \sin \omega t}{24 a^2 k^2} (z^4 - 2 l z^3 + l^3 z)$$
$$- \frac{r^2 \omega^4 \sin 2 \omega t}{48 a^2 k^2} (16 z^3 - 18 l z^2 + l^3) \quad . \quad . \quad . \quad . \quad (17).$$

Die Integration dieser Differentialgleichung nach z liefert dann schon mit Beachtung der erwähnten Auflagebedingungen die Ausschläge, die sich hiernach zusammensetzen aus je einem mit der ganzen und der halben Umlaufsperiode variierenden Bestandteil. Würden wir noch weiter gehen und aus dem Integrale von (17), dessen Auswertung dem Leser überlassen werden kann, die Ableitungen (16a) berechnen und in (16) einsetzen, so treten noch Schwingungen mit weiteren Bruchteilen der Umlaufsperiode auf. Ganz allgemein erhält man mit diesem Verfahren für die Ausschläge eine Fouriersche Reihe von der Form

$$\eta = Z_0 + Z_1 \sin(\omega t + \beta_1) + Z_2 \sin(2\omega t + \beta_2) + \cdots \quad (18),$$

in der die Koeffizienten $Z_0 Z_1 Z_2 \ldots$ sowie die Phasenverschiebungen $\beta_1 \beta_2 \ldots$ selbst wieder Funktionen von z darstellen.

Hätten wir übrigens an Stelle von (16a) die etwas allgemeinere Formel

$$a^2 k^2 \frac{\partial^4 \eta}{\partial z^4} + \frac{\partial^2 \eta}{\partial t^2} = r\omega^2 \sin \omega t \quad . \quad . \quad . \quad . \quad (19)$$

integriert, so würden wir mit denselben Auflagebedingungen für den Ausschlag

$$\eta = \frac{r \sin \omega t}{2} \left[\frac{(1 - e^{-\alpha l})\, e^{\alpha z} + (e^{\alpha l} - 1)\, e^{-\alpha z}}{e^{\alpha l} - e^{-\alpha l}} + \right.$$
$$\left. + \cos \alpha z + \operatorname{tg} \frac{\alpha l}{2} \sin \alpha z - 2 \right] \quad . \quad . \quad . \quad . \quad . \quad . \quad . \quad . \quad (19\text{a})$$

erhalten haben, worin die Konstante α durch

$$\alpha^2 a k = \omega \quad . \quad . \quad . \quad . \quad . \quad . \quad . \quad . \quad (19\text{b})$$

bestimmt ist. Entwickeln wir dann die in (19a) auftretenden Exponential- und trigonometrischen Funktionen in Potenzreihen und brechen mit dem vierten Gliede ab, so geht (19a) wieder in (16b) über, woraus die hinreichende Genauigkeit dieser Näherungsformel deutlich erhellt.

§ 22. Stäbe mit veränderlichem Querschnitt.

Die Normalspannung und Schubspannung in Stäben mit veränderlichem Querschnitt. Körper gleichen Widerstandes. Verteilung der Schubspannung über deren Querschnitt. Ausdrücke für das Biegungsmoment und die Querkraft. Beispiele eines Körpers mit konstanter Höhe und konstanter Breite. Die elastische Linie.

In zylindrischen oder prismatischen Stäben, deren Biegung wir bisher ausschließlich untersucht haben, wächst infolge der

Konstanz der Querschnittsform und Querschnittsfläche die Normalspannung

$$\sigma = \frac{\mathfrak{M}}{\Theta} y \quad . \quad . \quad . \quad . \quad . \quad . \quad . \quad . \quad (1)$$

in gleichem Abstande y von der neutralen Schicht lediglich proportional dem Biegungsmomente und erreicht mit diesem ein Maximum im sog. gefährlichen Querschnitte. Das Material wird daher in solchen Stäben sehr ungleichmäßig ausgenutzt, weshalb man gelegentlich auch Stäbe mit veränderlichem Querschnitt längs der Achse anwendet. Verlangt man, daß in diesen die größte Spannung

$$\sigma_0 = \frac{\mathfrak{M}}{\Theta} y_0 \quad . \quad . \quad . \quad . \quad . \quad . \quad . \quad . \quad (1\,a)$$

für alle Querschnitte denselben Wert erreicht, wobei y_0 den Abstand des äußersten Umfangspunktes von der neutralen Achse bedeutet, so spricht man von Körpern gleichen Widerstandes. Da für Gl. (1a) unter Einführung des Krümmungsradius ϱ der elastischen Linie auch

$$\frac{E}{\varrho} = \frac{\sigma_0}{y_0} \quad . \quad . \quad . \quad . \quad . \quad . \quad . \quad . \quad . \quad (1\,b)$$

geschrieben werden kann, so erkennt man, daß in Körpern gleichen Widerstandes der Krümmungsradius der elastischen Linie dem Abstand y_0 des äußersten Querschnittspunktes von der neutralen Achse proportional ist.

Um nun festzustellen, welchen Einfluß die Veränderlichkeit des Querschnittes auf die Schubspannung ausübt, fassen wir noch einmal die Fig. 61 ins Auge und bezeichnen mit $dS = \sigma dF$ das Element der Zugkraft infolge der Normalspannung. Alsdann ist die gesamte Zugkraft im schraffierten Querschnittsteile von Fig. 61

$$S = \int_{y_1}^{y_0} \sigma dF = 2 \int_{y_1}^{y_0} \sigma x\, dy \quad . \quad . \quad . \quad . \quad . \quad (2),$$

wenn $2x$, wie in § 14, die Länge der zur Ordinate y gehörigen Parallelen zur neutralen Achse innerhalb des Querschnitts bedeutet. Schreiten wir um dz in der Stabachse fort, so wird nun (2) infolge der Veränderlichkeit des Querschnitts allgemein

$$S+\frac{\partial S}{\partial z}dz = 2\int\limits_{y_1}^{y_0+dy_0}\left(\sigma+\frac{\partial \sigma}{\partial z}dz\right)\left(x+\frac{\partial x}{\partial z}dz\right)dy$$

oder nach Abzug von (2)

$$\frac{\partial S}{\partial z}dz = 2\int\limits_{y_1}^{y_0+dy_0}\sigma x\,dy - 2\int\limits_{y_1}^{y_0}\sigma x\,dy + 2\int\limits_{y_1}^{y_0+dy_0}\frac{\partial \sigma}{\partial z}dz\,x\,dy + 2\int\limits_{y_1}^{y_0+dy_0}\sigma\frac{\partial x}{\partial z}dz\,dy,$$

Beachten wir, daß die Integrale sich auf das in Fig. 61 schraffierte Stück des Querschnitts erstrecken, so können wir zunächst die beiden ersten Terme rechts zu einem Differential $2\sigma_0 x_0 dy_0$ zusammenziehen, in dem $2x_0$ die Querschnittsbreite im äußersten Abstande y_0 von der neutralen Achse bedeutet. Weiter erhellt, daß für die beiden letzten Terme der Unterschied dy_0 in der oberen Grenze keine Rolle spielt, da er nur Zusatzglieder von höherer Ordnung zur Folge hätte. Ersetzen wir dann noch in den beiden letzten Gliedern σ durch seinen Wert (1) und beachten, daß y und z unabhängige Variable darstellen, so folgt nach Division mit dz

$$\frac{\partial S}{\partial z} = 2\sigma_0 x_0\frac{dy_0}{dz} + 2\frac{\partial}{\partial z}\left(\frac{\mathfrak{M}}{\Theta}\right)\int\limits_{y_1}^{y_0} x\,y\,dy + 2\frac{\mathfrak{M}}{\Theta}\int\limits_{y_1}^{y_0} y\frac{\partial x}{\partial z}dy$$

oder nach Einführung der Schubspannung τ_1 im Abstande y_1 von der Neutralachse durch

$$\frac{\partial S}{\partial z}dz = 2\tau_1 x_1 dz$$

$$\tau_1 x_1 = \sigma_0 x_0\frac{dy_0}{dz} + \frac{\partial}{\partial z}\left(\frac{\mathfrak{M}}{\Theta}\right)\cdot\int\limits_{y_1}^{y_0} x\,y\,dy + \frac{\mathfrak{M}}{\Theta}\int\limits_{y_1}^{y_0}\frac{\partial x}{\partial z}y\,dy \qquad (2\text{a}).$$

Hierin verschwindet das erste Glied rechts, wenn mit $x_0 = 0$ der Querschnitt im Abstande y_0 einen endlichen Krümmungsradius besitzt, außerdem aber auch im Falle einer zur neutralen Achse parallelen Begrenzung an dieser Stelle, wenn der Abstand y_0 in allen Querschnitten denselben Wert besitzt, insbesondere für Querschnitte von gleicher Höhe, aber wechselnder Breite x. Das letzte Glied endlich verschwindet mit $\frac{\partial x}{\partial z} = 0$, wenn die innerhalb des Querschnitts im allgemeinen variable Breite sich längs der Achse nicht ändert, d. h. wenn alle Querschnitte im gleichen Abstande y_1 von der Neutralachse dieselbe Breite x_1 besitzen. Für Stäbe mit konstantem Querschnitt geht unsere Gleichung wegen $\frac{d y_0}{d z} = 0$ und $\frac{\partial x}{\partial z} = 0$ naturgemäß wieder in Gl. (3a) § 14 über.

Nähern wir die Schnittgerade y_1 immer mehr dem äußersten Umfangspunkte im Abstand y_0, so rücken die Grenzen der beiden Integrale in (2a) zusammen, so daß diese Integrale selbst für $y_1 = y_0$ verschwinden. Alsdann aber geht auch ganz allgemein x_1 in x_0 über, und es bleibt schließlich als Schubspannung im äußersten Querschnittspunkte

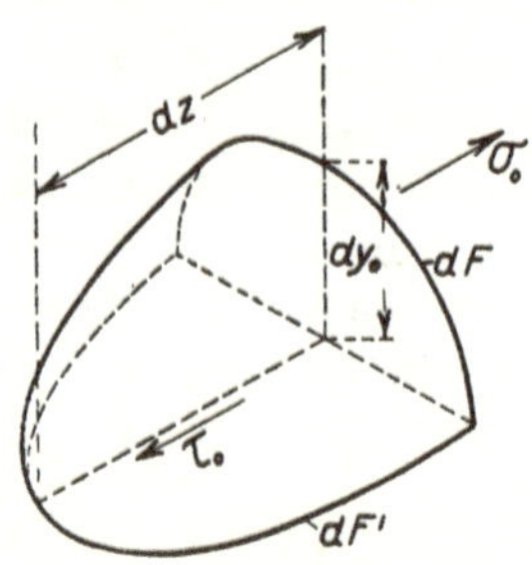

Fig. 90.

$$\tau_0 = \sigma_0 \frac{d y_0}{d z} \quad . \quad . \quad . \quad (2\text{b}),$$

ein Wert, der nur für konstantes y_0, wie beim zylindrischen Stabe, verschwindet. Von der Richtigkeit dieser Folgerung kann man sich auch unmittelbar durch Betrachtung der unendlich kleinen Kappe Fig. 90 überzeugen, die durch zwei unendlich nahe Schnitte am äußersten Rande des Stabes einerseits parallel der Stabachse und der neutralen Schicht, andererseits normal dazu entsteht. Das Gleichgewicht dieser Kappe von der axialen Länge dz und der Höhe dy_0 erfordert, daß $\tau_0 dF' = \sigma_0 dF$ ist, woraus mit $\frac{dF'}{dF} = \frac{dz}{dy_0}$ wieder (2b) resultiert.

Differenzieren wir ferner Gl. (2a) partiell nach y_1, d. h. nach der unteren Grenze der beiden Integrale, so folgt wegen

$$\int_{y_1+dy_1}^{y_0} x y \, dy - \int_{y_1}^{y_0} x y \, dy = \int_{y_1+dy_1}^{y_1} x y \, dy = -\int_{y_1}^{y_1+dy_1} x y \, dy = -x_1 y_1 dy_1$$

$$\int_{y_1+dy_1}^{y_0} \frac{\partial x}{\partial z} y \, dy - \int_{y_1}^{y_0} \frac{\partial x}{\partial z} y \, dy = -\int_{y_1}^{y_1+dy_1} \frac{\partial x}{\partial z} y \, dy = -\frac{\partial x_1}{\partial z} y_1 dy_1$$

unter Wegfall des konstanten ersten Gliedes von (2a)

$$\frac{\partial (\tau_1 x_1)}{\partial y_1} = -y_1 \left[\frac{\partial}{\partial z} \left(\frac{\mathfrak{M}}{\Theta} \right) x_1 + \frac{\mathfrak{M}}{\Theta} \frac{\partial x_1}{\partial z} \right]$$

oder auch

$$x_1 \frac{\partial \tau_1}{\partial y_1} + \tau_1 \frac{\partial x_1}{\partial y_1} = -y_1 \frac{\partial}{\partial z} \left(x_1 \frac{\mathfrak{M}}{\Theta} \right) \quad . \ . \ . \quad (3).$$

Mithin erhalten wir für ein Maximum oder Minimum von τ_1 die Bedingung

$$\tau_1 \frac{\partial x_1}{\partial y_1} = -y_1 \frac{\partial}{\partial z} \left(x_1 \frac{\mathfrak{M}}{\Theta} \right) = -y_1 \frac{\partial}{\partial z} \left(x_1 \frac{\sigma_0}{y_0} \right) \quad . \ (3\text{a}),$$

welche für die neutrale Schicht mit $y_1 = 0$ auf $\partial x_1 : \partial y_1 = 0$, d. h. auf einen rechteckigen Querschnitt führt. Ob es sich dabei um ein Maximum oder Minimum handelt, hängt von dem Vorzeichen des Differentialquotienten auf der rechten Seite von (3) ab.

Für einen Körper gleichen Widerstandes ist nach (1a)

$$\frac{\partial}{\partial z} \left(\frac{\mathfrak{M}}{\Theta} \right) = -\frac{\sigma_0}{y_0^2} \frac{d y_0}{d z} \quad . \ . \ . \ . \ . \ (1\text{c}),$$

und damit wird aus (2a)

$$\tau_1 x_1 = \sigma_0 \left[\frac{d y_0}{d z} \left(x_0 - \frac{1}{y_0^2} \int_{y_1}^{y_0} x y \, d y \right) + \frac{1}{y_0} \int_{y_1}^{y_0} \frac{\partial x}{\partial z} y \, d y \right] \quad (4).$$

Ist die Höhe des Körpers, also auch y_0, konstant und nur die Breite x_1 mit z variabel, so vereinfacht sich diese Formel in

$$\tau_1 x_1 = \frac{\sigma_0}{y_0} \int_{y_1}^{y_0} \frac{\partial x}{\partial z} y \, d y \quad . \ . \ . \ . \ . \ . \ (4\text{a}),$$

während wir für eine von z unabhängige Breite, die nur beim rechteckigen Querschnitt exakt realisierbar ist, wegen $\partial x : \partial z = 0$

$$\tau_1 x_1 = \sigma_0 \frac{d y_0}{d z} \left(x_0 - \frac{1}{y_0^2} \int_{y_1}^{y_0} x y \, d y \right) \quad . \ . \ . \ (4\text{b})$$

und insbesondere mit $x_1 = x_0$

$$\tau_1 = \sigma_0 \frac{d y_0}{d z} \left(1 - \frac{y_0^2 - y_1^2}{2 y_0^2} \right) = \frac{\sigma_0}{2} \left(1 + \frac{y_1^2}{y_0^2} \right) \frac{d y_0}{d z} \quad . \quad (5)$$

erhalten. Dieser Ausdruck geht ersichtlich für die äußerste Faser mit $y_1 = y_0$ in Gl. (2b) über, während in der neutralen Schicht mit $y_1 = 0$

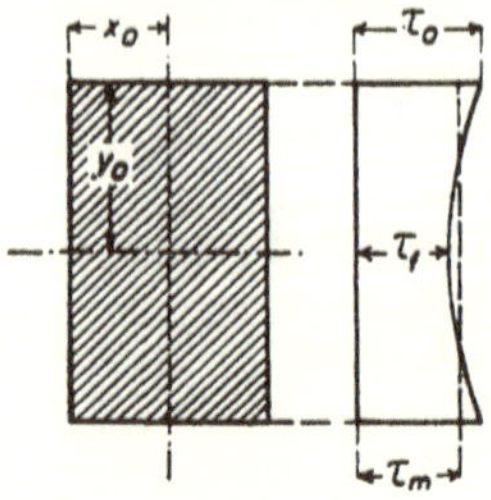

Fig. 91.

$$\tau_1 = \frac{\sigma_0}{2}\frac{d y_0}{dz} = \frac{\tau_0}{2} \quad . \quad . \quad . \quad (5\text{a}),$$

also ein **Minimum** wird im **Gegensatze zu dem Maximum bei Stäben mit konstantem Querschnitt**. Dieses in Fig. 91 verdeutlichte Ergebnis erscheint so seltsam, daß wir es noch einer Prüfung unterziehen wollen, und zwar durch Berechnung der **Querkraft**, die sich mit (5) zu

$$T = 2\int_{-y_0}^{+y_0} \tau_1 x_1 dy = x_1 \sigma_0 \frac{dy_0}{dz}\int_{-y_0}^{+y_0}\left(1 + \frac{y_1^2}{y_0^2}\right) dy_1 = \frac{8}{3} x_1 y_0 \sigma_0 \frac{dy_0}{dz} \quad (5\text{b})$$

ergibt. Andererseits ist das Biegungsmoment nach (1a) mit $\Theta = 2 x_1 \frac{2}{3} \cdot y_0^3$

$$\mathfrak{M} = \Theta \frac{\sigma_0}{y_0} = \frac{4}{3}\sigma_0 x_1 y_0^2 \quad . \quad . \quad . \quad . \quad . \quad (1\text{d}),$$

also für konstantes x_1

$$T = \frac{d\mathfrak{M}}{dz} = \frac{8}{3}\sigma_0 x_1 y_0 \frac{dy_0}{dz}$$

wie oben, womit die Gl. (5b) ihre Bestätigung gefunden hat. Daraus berechnet sich die **mittlere Schubspannung** in der ganzen Querschnittsfläche $F = 4 x_1 y_0$

$$\tau_m = \frac{T}{F} = \frac{2}{3}\sigma_0 \frac{dy_0}{dz} = \frac{2}{3}\tau_0 \quad . \quad . \quad . \quad . \quad . \quad (6).$$

Bei konstanter Höhe des rechteckigen Querschnitts wird aus (4a)

$$\tau_1 x_1 = \frac{\sigma_0}{y_0}\frac{\partial x_1}{\partial z}\int_{y_1}^{y_0} y\, dy = \sigma_0 \frac{dx_1}{dz}\frac{y_0^2 - y_1^2}{2 y_0} \quad . \quad . \quad (7)$$

mit einem Maximum für $y_1 = 0$

$$\tau_0 = \frac{\sigma_0 y_0}{2 x_1}\frac{dx_1}{dz} \quad . \quad . \quad . \quad . \quad . \quad . \quad . \quad (7\text{a}),$$

welches, wie bei Stäben mit konstantem Querschnitt, in die neutrale Schicht fällt. Weiter folgt aus (7) für die Querkraft

$$T = 2\int_{-y_0}^{+y_0} \tau_1 x_1 \, dy = \sigma_0 \frac{d x_1}{d z} \int_{-y_0}^{+y_0} \frac{y_0^2 - y_1^2}{y_0} \, d y_1 = \frac{4}{3} \sigma_0 y_0^2 \frac{d x_1}{d z} \quad (7\text{b}),$$

wie sich auch aus der für Körper gleichen Widerstandes mit rechteckigen Querschnitten allgemein gültigen Formel (5) ergibt.

Aus Gl. (12) folgt weiterhin ganz allgemein für rechteckige Querschnitte, daß an Stellen, wo $\mathfrak{M} = 0$ ist, der Querschnitt oder, was auf dasselbe hinausläuft, eine der beiden Querschnittsdimensionen verschwindet. Diese Bedingung ist aber mit einer dort herrschenden endlichen Querkraft unvereinbar, da sonst unendliche Schubspannungen auftreten. Man wird deshalb im Falle konzentrierter Einzellasten stets zu einem Kompromisse von der Art des nachfolgenden ersten Beispiels genötigt, während bei kontinuierlicher Belastung (vgl. 2. Beispiel) derartige Schwierigkeiten nicht entstehen.

1. Beispiel. Für einen auf die Längeneinheit gleichförmig belasteten Träger ist allgemein

$$q = \frac{\partial T}{\partial z} = \text{const},$$

also im Falle eines Körpers gleichen Widerstandes mit konstanter Höhe wegen (7b)

$$\frac{4}{3} \sigma_0 y_0^2 \frac{d^2 x_1}{d z^2} = q \quad \dots\dots\dots \quad (8),$$

woraus

$$\frac{4}{3} \sigma_0 y_0^2 \frac{d x}{d z} = q z + C_1$$

folgt. Soll nun am Ende des Trägers außerdem noch die Last Q hängen, so ist für $z = 0$, $T = Q$, mithin wegen (7b) $C_1 = Q$ oder

$$\frac{4}{3} \sigma_0 y_0^2 \frac{d x}{d z} = q z + Q \quad \dots\dots\dots \quad (8\text{a}),$$

und nach nochmaliger Integration mit einer anfänglichen Breite $2x = b$ für $z = 0$

$$\frac{4}{3} \sigma_0 y_0^2 \left(x - \frac{b}{2}\right) = \frac{q}{2} z^2 + Q z \quad \dots\dots \quad (8\text{b}).$$

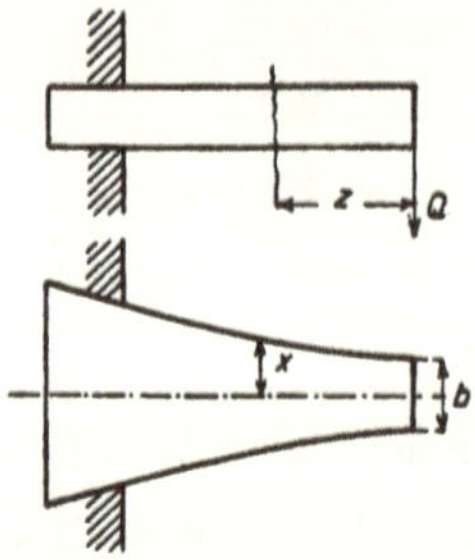

Fig. 92.

Da nun für $z = 0$ nach (8a)

$$\frac{4}{3}\sigma_0 y_0^2 \left(\frac{dx}{dz}\right)_0 = Q$$

ist, so berechnet sich nach (7a) die anfängliche Breite $2x_1 = b$ aus der größten Schubspannung τ_0 zu

$$\tau_0 b = \frac{3}{4}\frac{Q}{y_0} \quad . \quad . \quad . \quad (8c).$$

Aus (8b) geht hervor, daß der Grundriß des Balkens durch zwei Parabelzweige begrenzt wird (Fig. 92), die für $q = 0$ in zwei Gerade übergehen bzw. sich für $Q = 0$ und $b = 0$ am freien Ende berühren.

2. Beispiel. Haben wir es mit einem Konsolträger von konstanter Breite $2x_0$ zu tun, der außer einer gleichförmigen Last q_0 auf der Längeneinheit noch sein Eigengewicht trägt, Fig. 93, so ist mit einem spezifischen Gewicht γ des Trägermaterials bei einer Höhe $2y_0$

$$q = 4\gamma x_0 y_0 + q_0 \quad . \quad . \quad . \quad . \quad . \quad . \quad (9).$$

Andererseits folgt aus (5b)

$$q = \frac{\partial T}{\partial z} = \frac{4}{3}\sigma_0 x_0 \frac{d^2(y_0^2)}{dz^2},$$

also

$$\frac{d^2(y_0^2)}{dz^2} = \frac{3\gamma}{\sigma_0} y_0 + \frac{3}{4}\frac{q_0}{\sigma_0 x_0} \quad . \quad . \quad . \quad . \quad . \quad (9a)$$

oder mit den Abkürzungen

$$\frac{\gamma}{\sigma_0} = a, \qquad \frac{3}{4}\frac{q_0}{\sigma_0 x_0} = 2b \quad . \quad . \quad . \quad . \quad . \quad (10)$$

$$\frac{d^2(y_0^2)}{dz^2} = 3ay_0 + 2b \quad . \quad . \quad . \quad . \quad . \quad (9b).$$

Multiplizieren wir diese Formel mit $d(y_0^2) = 2y_0 dy_0$, so wird mit

$$\frac{d(y_0^2)}{dz} = u, \qquad d(y_0^2)\frac{d^2(y_0^2)}{dz^2} = u\,du$$

$$u\,du = (6ay_0^2 + 4by_0)\,dy_0,$$

also nach Integration

$$\frac{u^2}{2} = 2 a y_0^3 + 2 b y_0^2 + C_1$$

oder

$$\left[\frac{d\,(y_0^2)}{dz}\right]^2 = 4 a y_0^3 + 4 b y_0^2 + 2 C_1 \quad (11).$$

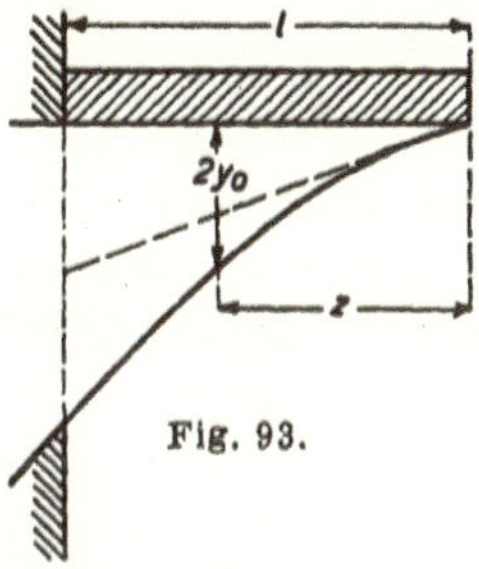

Fig. 93.

Nun wirkt am freien Ende des Trägers, also für $z = 0$, weder ein Moment noch eine Einzellast, also ist dort nach Gl. (1 d) und (5 b) gleichzeitig

$$y_0 = 0, \qquad \left(y_0 \frac{dy_0}{dz}\right)_0 = \frac{1}{2}\left(\frac{d\,(y_0^2)}{dz}\right)_0 = 0 \quad . \quad . \quad (11\,\text{a}),$$

womit die Konstante C_1 in (11) verschwindet. Gl. (11) selbst aber geht über in

$$\left(2 y_0 \frac{dy_0}{dz}\right)^2 = 4 a y_0^3 + 4 b y_0^2$$

oder

$$\left(\frac{dy_0}{dz}\right)^2 = a y_0 + b \quad . \quad . \quad . \quad . \quad . \quad . \quad . \quad (11\,\text{b}).$$

Hiernach gibt $\sqrt{b}$ unmittelbar die Neigung der oberen bzw. unteren Trägerbegrenzung gegen die Achse am freien Ende an.

Setzen wir in (11 b)

$$a y_0 + b = v, \qquad \frac{dy_0}{dz} = \frac{1}{a}\frac{dv}{dz},$$

so wird daraus

$$\frac{dv}{dz} = a v^{\frac{1}{2}}, \qquad v^{-\frac{1}{2}}\, dv = a\, dz$$

oder

$$2 v^{\frac{1}{2}} = a z + 2 C_2$$

$$a y_0 + b = \left(\frac{a z}{2} + C_2\right)^2 \quad . \quad . \quad . \quad . \quad . \quad . \quad (12).$$

Da wir schon festgestellt hatten, daß $y_0 = 0$ für $z = 0$ ist, so folgt $C_2^2 = b$, und die Gleichung der Begrenzungslinien unseres Körpers von gleichem Widerstand lautet

$$y_0 = \frac{a}{4} z^2 + z\sqrt{b} \quad . \quad . \quad . \quad . \quad . \quad (12\,\text{a})$$

oder wegen (10)

$$y_0 = \frac{\gamma}{4\sigma_0} z^2 + z\sqrt{\frac{3q_0}{8\sigma_0 x_0}} \quad . \quad . \quad . \quad . \quad . \quad (12\,b).$$

In der Praxis wird man natürlich nach Fig. 93 die obere Begrenzung geradlinig ausbilden, so daß als untere Begrenzung eine Parabel mit der Ordinate $2y_0$ erscheint, und die Stabachse strenggenommen eine Krümmung erfährt, die aber ohne nennenswerte Bedeutung ist.

Durch Einführung von (11b) in (5) ergibt sich schließlich die Schubspannung bzw. umgekehrt aus deren Höchstwert (2b) für $y_0 = 0$ die Breite $2x_0$. Schließlich sei noch bemerkt, daß im Falle des Hinzutritts einer Einzellast am freien Ende in Gl. (11) die Konstante C_1 nicht verschwindet, sondern ihr proportional ausfällt, wie sich aus der Formel für die Querkraft am Stabende ergibt. Dann aber führt die weitere Behandlung von (11) auf ein unbequemes elliptisches Integral bzw. auf Reihenentwicklungen, die ihrer geringen praktischen Bedeutung wegen hier nicht weiter verfolgt werden können.

Zur Bestimmung des Verlaufes der elastischen Linie müssen wir auf Gl. (1b) zurückgreifen, aus der sogleich erhellt, daß die Achse von Körpern gleichen Widerstandes mit konstantem y_0 im gebogenen Zustande stets einen Kreisbogen bildet, und zwar ohne Rücksicht auf die besondere Querschnittsform.

Ist dagegen y_0 variabel, wie im zweiten Beispiel, so hat man in Gl. (1b) die aus der Körperform bestimmte Funktion von z für y_0 einzuführen und erhält für kleine Durchbiegungen η

$$\frac{E}{\varrho} \sim E\frac{d^2\eta}{dz^2} = \frac{\sigma_0}{y_0} \quad . \quad . \quad . \quad . \quad . \quad . \quad . \quad (13)$$

und nach Integration

$$E\frac{d\eta}{dz} = \sigma_0 \int \frac{dz}{y_0} + C_1 \quad . \quad . \quad . \quad . \quad . \quad . \quad . \quad (13\,a)$$

$$E\eta = \sigma_0 \int dz \int \frac{dz}{y_0} + C_1 z + C_2 \quad . \quad . \quad . \quad . \quad (13\,b),$$

wobei die Konstanten C_1 und C_2 wie früher aus den Grenzbedingungen folgen.

3. Beispiel. So hat man für einen Körper gleichen Widerstandes von konstanter Breite $2x_0$ mit gleichförmiger Belastung q_0 ohne Rücksicht auf das Eigengewicht nach (12a)

$$y_0 = z\sqrt{b} = z\sqrt{\frac{3q_0}{8\sigma_0 x_0}} \quad . \quad . \quad . \quad . \quad . \quad (14),$$

also eine geradlinige Begrenzung, die in Fig. 93 punktiert eingetragen ist. Damit wird (13a)

$$E\frac{d\eta}{dz} = \frac{\sigma_0}{\sqrt{b}} \lg n\, z + C',$$

oder wenn für $z = l$ die Neigung der Stabachse infolge der Einspannung verschwindet,

$$E\frac{d\eta}{dz} = \frac{\sigma_0}{\sqrt{b}} \lg n \frac{z}{l} \quad . \quad . \quad . \quad . \quad . \quad (14a).$$

Daraus folgt durch weitere Integration mit $\eta = 0$ für $z = l$

$$E\eta = \frac{\sigma_0}{\sqrt{b}}\left(z \lg n \frac{z}{l} + l - z\right) \quad . \quad . \quad . \quad . \quad (14b),$$

mit dem Biegungspfeil für $z = 0$

$$\eta_0 = \frac{\sigma_0 l}{E\sqrt{b}} \quad . \quad . \quad . \quad . \quad . \quad . \quad . \quad . \quad (14c),$$

womit die Gleichung der elastischen Linie Fig. 94 die übersichtliche Form

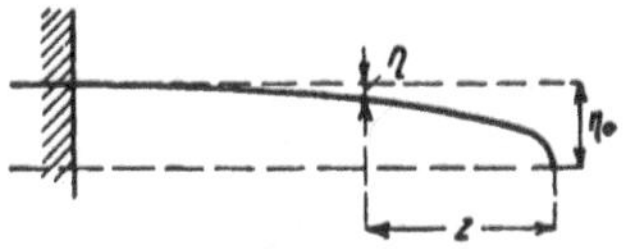

Fig. 94.

$$\frac{\eta}{\eta_0} - 1 = \frac{z}{l}\left(\lg n \frac{z}{l} - 1\right).$$

annimmt. Man erkennt aus (14a), daß sie für $z = 0$ eine vertikale Tangente besitzt, die naturgemäß mit der Vernachlässigung von $\left(\frac{d\eta}{dz}\right)^2$ gegen 1 in (13) unverträglich ist. In Wirklichkeit wird an dieser Stelle nach Gl. (1b) mit $y_0 = 0$ auch $\varrho = 0$, so daß die oben benutzte Näherungsmethode auf das freie Stabende nicht anwendbar ist, während die exakte Integration von (1c) sehr große Schwierigkeiten bietet.

Kapitel IV.

Die Biegung krummer isotroper Stäbe.

§ 23. Die Spannungsverteilung in krummen Stäben.

Beschränkung auf eben gekrümmte dünne Stäbe. Annahme der Erhaltung der Querschnittsebenen. Verschiebung der neutralen Achse aus dem Schwerpunkte bei verschwindender Resultante in der Stabachse. Volumdehnung. Das Biegungsmoment und die Normalspannung im Querschnitt. Schubspannung im Querschnitt und Normalspannung in der Richtung des Krümmungsradius. Beispiel zur Prüfung der abgeleiteten Näherungsformeln.

In § 13 haben wir uns einen krummen Stab im Anschluß an Fig. 56 dadurch erzeugt gedacht, daß wir auf einer als Achse bezeichneten Raumkurve Normalebenen errichteten und auf diesen durch geschlossene Kurven die Querschnitte derart abgrenzten, daß ihre Schwerpunkte in die Stabachse fallen. An dieser Stelle wollen wir uns zunächst auf solche Stäbe beschränken, deren Achsen im unbelasteten Zustande *ebene Kurven* bilden. Wirken auf einen derartigen Körper in der Ebene der Stabachse äußere Kräfte, so entsteht durch deren Parallelverschiebung bis zum Schwerpunkt eines beliebigen Querschnittes neben ihrer dort angreifenden Resultante ein Kräftepaar, welches den Querschnitt selbst gegen die Nachbarquerschnitte zu verdrehen und damit den Stab zu biegen strebt. Sehen wir dabei von der Wirkung der im allgemeinen schräg zum Querschnitt stehenden Resultante vorläufig ab, so dürfen wir analog der Biegung gerader Stäbe *die Formänderung der Querschnittsebene um so eher vernachlässigen, je kleiner die Querschnittsabmes-*

sungen gegen den ursprünglichen Krümmungsradius der Stabachse ausfallen. Diese Annahme ist neuerdings durch optische Beobachtung von Spannungslinien in belasteten Glasstäben als für technische Zwecke hinreichend genau bestätigt worden[1]).

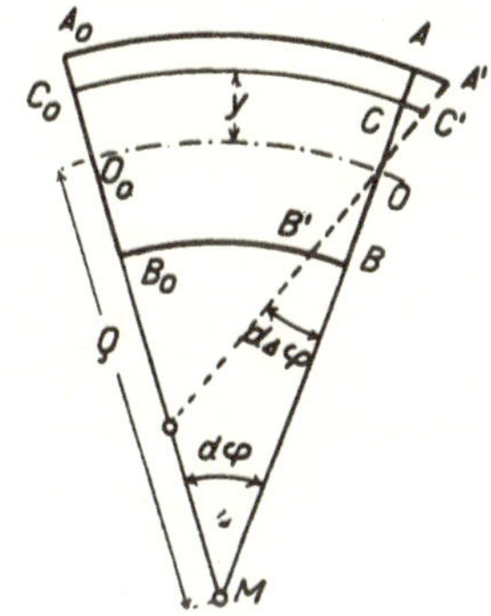
Fig. 95.

Alsdann geht im Stabelement $A_0 A B B_0$, Fig. 95, die eine Endfläche AB in die Lage $A'B'$ über, entsprechend einer Drehung um den Punkt O in der neutralen Schicht $O_0 O$ des Stabes. Bezeichnen wir nun mit ds die Länge der Faser $C_0 C$ im Abstande y von der neutralen Schicht, mit $d\varphi$ den Öffnungswinkel des Elementes und mit ϱ den Krümmungsradius $O_0 M$ der neutralen Schicht, so ist zunächst die ursprüngliche Faserlänge

$$ds = (\varrho + y)\, d\varphi \quad . \quad . \quad . \quad . \quad . \quad . \quad . \quad (1)$$

und ihre Verlängerung $CC' = d\Delta s$ mit dem Verdrehungswinkel $d\Delta\varphi$

$$d\Delta s = y\, d\Delta\varphi \quad . \quad . \quad . \quad . \quad . \quad . \quad . \quad (1a).$$

Andererseits folgt aus (1) auch

$$d\Delta s = \varrho\, d\Delta\varphi + \Delta\varrho\, d\varphi + y\, d\Delta\varphi,$$

mithin nach Abzug von (1a)

$$\varrho\, d\Delta\varphi + \Delta\varrho\, d\varphi = 0$$

oder

$$\frac{d\Delta\varphi}{d\varphi} = -\frac{\Delta\varrho}{\varrho} \quad . \quad . \quad . \quad . \quad . \quad . \quad . \quad (2),$$

also eine Beziehung zwischen der Änderung des Winkels φ und derjenigen des Krümmungsradius der Kurve, die ersichtlich mit der Bedingung übereinstimmt, daß die Länge des Elementes $O_0 O = ds_0 = \varrho\, d\varphi$ der neutralen Faser keine Änderung erfährt. Dies wiederum setzt den

[1]) Aue: Zur Berechnung der Spannungen in gekrümmten Stäben (unter Anwendung der optischen Methode), Dissertation Jena 1910.

Wegfall einer Resultante normal zur Querschnittsfläche ebenso voraus, wie bei der Biegung des geraden Stabes.

Aus den Formeln (1) und (1a) folgt nunmehr die Dehnung

$$\varepsilon = \frac{d\varDelta s}{ds} = \frac{y}{\varrho + y}\frac{d\varDelta\varphi}{d\varphi} = -\frac{y}{\varrho + y}\frac{\varDelta\varrho}{\varrho} \quad . \quad . \quad (3),$$

der eine Normalspannung

$$\sigma = E\varepsilon = \frac{Ey}{\varrho + y}\frac{d\varDelta\varphi}{d\varphi} = -\frac{Ey}{\varrho + y}\frac{\varDelta\varrho}{\varrho} \quad . \quad . \quad (4)$$

entspricht. Das Verschwinden der Resultante normal zur Querschnittsfläche führt weiterhin auf die Bedingung

$$\int \sigma\, dF = E\frac{d\varDelta\varphi}{d\varphi}\int\frac{y\,dF}{\varrho + y} = 0 \quad . \quad . \quad . \quad . \quad (5),$$

die nur durch das Verschwinden des Integrales auf der rechten Seite erfüllt werden kann. Dieses Integral läßt sich andererseits stets auf analytischem oder graphischem Wege auswerten, wenn die Querschnittsform bekannt ist. Da wir aber nur solche Fälle im Auge haben, bei denen die Querschnittsabmessungen, also auch die Ordinate y, klein gegen den ursprünglichen Krümmungsradius ϱ sind, so dürfen wir an Stelle von (5) auch angenähert

$$\int\frac{y\,dF}{\varrho + y} = \frac{1}{\varrho}\int\frac{y\,dF}{1 + \frac{y}{\varrho}} = \frac{1}{\varrho}\int y\left(1 - \frac{y}{\varrho}\right)dF = 0$$

oder

$$\int y\,dF = \frac{1}{\varrho}\int y^2\,dF \quad . \quad . \quad . \quad . \quad . \quad . \quad (5\text{a})$$

schreiben. Daraus erkennt man sofort, daß die neutrale Achse im Gegensatz zu den geraden Stäben nicht durch den Schwerpunkt S des Querschnitts hindurchgeht, der vielmehr um eine kleine Strecke $\varDelta h$ aus der neutralen Schicht, und zwar im Sinne der positiven y, verschoben erscheint (Fig. 96). Bezeichnen wir dann noch den Trägheitshalbmesser des Querschnitts um seine Schwerachse parallel zur neutralen Schicht mit k, so ist

$$\left.\begin{aligned} \int y\,dF &= F\varDelta h \\ \int y^2\,dF &= (k^2 + \varDelta h^2)F \end{aligned}\right\} \quad . \quad . \quad . \quad . \quad . \quad (6),$$

womit (5a) übergeht in

$$\Delta h = \frac{k^2 + \Delta h^2}{\varrho} \quad . \quad (7),$$

oder auch unter Vernachlässigung von Δh^2 hinreichend genau

$$\Delta h = \frac{k^2}{\varrho} \quad . \quad . \quad . \quad (7a).$$

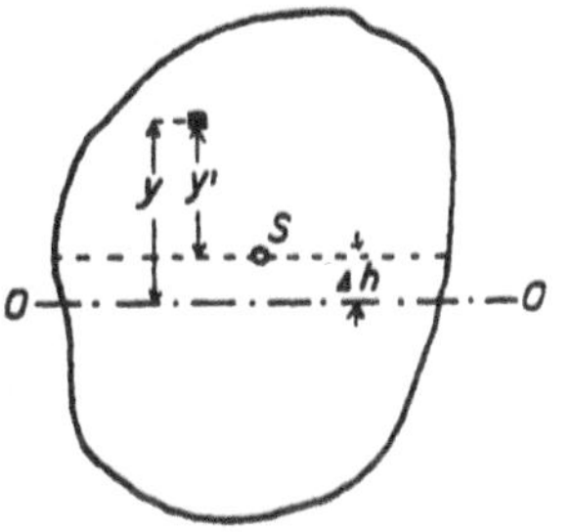

Fig. 96.

Über die Größenordnung dieser Verschiebung der neutralen Achse aus dem Schwerpunkt gibt uns auch noch die Volumänderung des Stabelementes Auskunft, die beim Wegfall einer Resultante normal zum Querschnitt ebenfalls verschwinden muß. Für das Volumelement erhalten wir zunächst

$$dV = \int dF\, ds = d\varphi \int (\varrho + y)\, dF = d\varphi\, (\varrho + \Delta h)\, F,$$

also

$$d\Delta V = \int dF\, d\Delta s = d\Delta\varphi \int y\, dF = d\Delta\varphi \cdot \Delta h F,$$

worin die Volumdehnung mit Rücksicht auf (2) und (7a) sich zu

$$\frac{d\Delta V}{dV} = \frac{\Delta h}{\varrho + \Delta h} \frac{d\Delta\varphi}{d\varphi} \sim - \frac{k^2}{\varrho^2} \frac{\Delta\varrho}{\varrho} \quad . \quad . \quad . \quad (8)$$

berechnet. Da wir nun in unseren Betrachtungen im allgemeinen noch Größen zweiter Ordnung berücksichtigen (vgl. § 16), so erfordert die Vernachlässigung der Volumdehnung, daß diese klein von dritter Ordnung, d. h. daß das Verhältnis $k : \varrho$ ebenso klein von erster Ordnung sei, wie die Änderung $\Delta\varrho : \varrho$ des Krümmungsradius. Dies wiederum ist nur möglich, wenn die dem Trägheitshalbmesser der Größenordnung nach gleichwertige Querschnittshöhe klein gegen den ursprünglichen Krümmungsradius ausfällt, womit nach (3) schon die lineare Dehnung klein von zweiter Ordnung erscheint. Die Anwendung unserer Theorie, d. h. die Übertragung der Bernoullischen Annahme der Erhaltung der Querschnittsebenen auf dicke Stäbe von starker Krümmung, z. B. auf sog. Haken, muß demnach als ganz unzulässig bezeichnet werden, weil sie auf Volumänderungen führt, die nicht durch äußere Kräfte gerechtfertigt sind. Der innere Grund für diese in der Technik häufig unbeachtet gebliebene Tatsache liegt wesentlich in der Unbestimmtheit der Lage der Stabachse und der dazu normalen Querschnitte, die bei willkürlicher Festsetzung die Oberfläche unter Winkeln schneiden, welche sehr bedeutend von 90° abweichen. Dieser Widerspruch mit den Voraussetzungen unserer Theorie läßt sich nur durch eine Ermittlung der Spannungsverteilung auf viel allgemeinerer Grundlage beheben, worauf an dieser Stelle nicht eingegangen werden kann. Wir werden uns daher hier grundsätzlich auf die Untersuchung dünner Stäbe beschränken.

Für diese wird alsdann das Biegungsmoment mit (4)

$$\mathfrak{M} = \int \sigma y \, dF = E \frac{d \Delta \varphi}{d \varphi} \int \frac{y^2 \, dF}{\varrho + y} \quad . \; . \; . \quad (9)$$

oder angenähert

$$\mathfrak{M} = \frac{E}{\varrho} \frac{d \Delta \varphi}{d \varphi} \int y^2 \left(1 - \frac{y}{\varrho}\right) dF \quad . \; . \; . \; . \quad (9\,\mathrm{a}).$$

Setzen wir im Integrale der rechten Seite unter Einführung des Abstandes y' des Flächenelementes von der zur neutralen Schicht parallelen Schwerachse nach Fig. 96

$$\left.\begin{aligned} y &= y' + \Delta h \\ y^2 &= y'^2 + 2 y' \, \Delta h + \Delta h^2 \\ y^3 &= y'^3 + 3 y'^2 \Delta h + 3 y' \Delta h^2 + \Delta h^3 \end{aligned}\right\} \quad . \; . \quad (10),$$

so wird mit $\int y' dF = 0$ unter Vernachlässigung von Δh^3

$$\begin{aligned} \int y^2 \left(1 - \frac{y}{\varrho}\right) dF &= \int y^2 \, dF - \frac{1}{\varrho} \int y^3 \, dF \\ &= \left(k^2 + \Delta h^2 - 3 \frac{k^2 \Delta h}{\varrho}\right) F - \frac{1}{\varrho} \int y'^3 \, dF. \end{aligned}$$

Ist ferner der Querschnitt symmetrisch um die Schwerachse, so verschwindet das letzte Integral der rechten Seite, da in ihm jedes positive $y'^3 dF$ durch ein gleich großes negatives aufgehoben wird, und es bleibt mit Rücksicht auf (7a)

$$\int y^2 \left(1 - \frac{y}{\varrho}\right) dF = \left(1 - 2 \frac{k^2}{\varrho^2}\right) k^2 F \quad . \; . \; . \quad (10\,\mathrm{a}),$$

so daß wir nach Einführung des Trägheitsmomentes um die Schwerachse

$$\Theta = k^2 F \quad . \; . \; . \; . \; . \; . \; . \; . \; . \quad (11)$$

an Stelle von (9a) auch haben

$$\mathfrak{M} = \frac{E\Theta}{\varrho}\frac{d\Delta\varphi}{d\varphi}\left(1 - 2\frac{k^2}{\varrho^2}\right) = -E\Theta\frac{\Delta\varrho}{\varrho^2}\left(1 - 2\frac{k^2}{\varrho^2}\right) \quad (9\text{b}).$$

Infolge der Kleinheit des Trägheitshalbmessers gegen den Krümmungsradius kann praktisch fast immer das Quadrat ihres Verhältnisses gegen die Einheit vernachlässigt werden, womit sich (9b) vereinfacht in

$$\mathfrak{M} = \frac{E\Theta}{\varrho}\frac{d\Delta\varphi}{d\varphi} = -E\Theta\frac{\Delta\varrho}{\varrho^2} \quad . \; . \; . \; . \; (9\text{c}).$$

Bezeichnet man ferner den Krümmungsradius nach der Biegung mit ϱ', so ist

$$\varrho' = \varrho + \Delta\varrho \quad . \; . \; . \; . \; . \; . \; . \; . \; (12),$$

also

$$-\frac{\Delta\varrho}{\varrho^2} = \frac{\varrho - \varrho'}{\varrho^2} \sim \frac{\varrho - \varrho'}{\varrho\,\varrho'} = \frac{1}{\varrho'} - \frac{1}{\varrho} \quad . \; . \; (12\text{a}).$$

Damit wird aus (9c)

$$\mathfrak{M} = E\Theta\left(\frac{1}{\varrho'} - \frac{1}{\varrho}\right) \quad . \; . \; . \; . \; . \; . \; . \; (9\text{d}).$$

Vergleicht man diesen Ausdruck mit dem entsprechenden für den geraden Stab, nämlich

$$\mathfrak{M} = \frac{E\Theta}{\varrho},$$

so erkennt man, daß der Übergang aus der Krümmung $1 : \varrho$ in $1 : \varrho'$ näherungsweise ersetzt gedacht werden kann durch Aufhebung der ursprünglichen Krümmung vermittelst eines negativen Momentes und Herstellung der neuen Krümmung an dem nunmehr geraden Stabe vermittelst eines positiven Momentes, so zwar, daß die algebraische Summe beider Momente wieder (9d) ergibt.

Die Normalspannung σ berechnet sich nunmehr für jedes Querschnittselement im Abstande y von der neutralen Schicht durch Elimination von $d\Delta\varphi : d\varphi$ aus (4) und (9b) zu

$$\sigma = \frac{\mathfrak{M}\,\varrho\,y}{\Theta\,(\varrho + y)\left(1 - 2\frac{k^2}{\varrho^2}\right)} \sim \frac{\mathfrak{M}\,\varrho\,y}{\Theta\,(\varrho + y)}\left(1 + 2\frac{k^2}{\varrho^2}\right) \quad (4\text{a})$$

oder hinreichend genau

$$\sigma = \frac{\mathfrak{M}\,\varrho\,y}{\Theta\,(\varrho + y)} \quad . \; . \; . \; . \; . \; . \; . \; (4\text{b}),$$

woraus sich die Spannung in der äußersten Faser mit $y = y_0$ zu

$$\sigma_0 = \frac{\mathfrak{M} \varrho y_0}{\Theta (\varrho + y_0)} \quad \ldots \ldots \quad (4c)$$

und damit das Verhältnis beider

$$\frac{\sigma}{\sigma_0} = \frac{y}{y_0} \frac{\varrho + y_0}{\varrho + y} \sim \frac{y}{y_0}\left(1 + \frac{y_0 - y}{\varrho}\right) \quad \ldots \quad (4d)$$

ergibt. Die Spannungsverteilung über den Querschnitt eines krummen Stabes verläuft demnach nicht linear, sondern hyperbolisch, wofür in erster Annäherung auch eine Parabel treten kann. Infolgedessen sind auch die Spannungen in den äußersten Fasern zu beiden Seiten der neutralen Schicht eines symmetrischen Querschnitts einander nicht entgegengesetzt gleich, wie beim geraden Balken, vielmehr wird der absolute Wert der Spannung auf der stärker gekrümmten Innenseite stets größer ausfallen wie der auf der Außenseite.

Wirkt, was bei krummen Balken die Regel ist, außer dem Moment noch eine Stabkraft S tangential zur Balkenachse, also normal zum Querschnitt, so tritt zu der Normalspannung (4b) eine Zusatzspannung

$$\sigma' = \frac{S}{F} \quad \ldots \ldots \quad (13),$$

so daß wir im Querschnitt insgesamt eine Normalspannung

$$\sigma_s = \sigma + \sigma' = \frac{S}{F} + \frac{\mathfrak{M} \varrho y}{\Theta (\varrho + y)} \quad \ldots \quad (13a)$$

erhalten. Für ursprünglich gerade Stäbe geht dieser Ausdruck mit $\varrho = \infty$ und $s = z$ über in

$$\sigma_z = \frac{S}{F} + \frac{\mathfrak{M}}{\Theta} y \quad \ldots \ldots \quad (13b),$$

wobei y wieder den Abstand von der Schwerpunktsachse des Querschnitts bedeutet.

Zur Ermittlung der Verteilung der Schubspannung bezeichnen wir, wie in § 14, Fig. 61, die ganze Breite des Querschnitts im Abstande y von der neutralen Schicht mit $2x_1$, dann liefert die Schubspannung τ auf der Fläche $2x_1 ds_1 = 2x_1(\varrho + y_1)\,d\varphi$ eine Tangentialkraft $2\tau_1 x_1(\varrho + y_1)\,d\varphi$, welche durch den Zuwachs $\frac{\partial \sigma}{\partial \varphi}\,d\varphi$ der Normalspannung von einem Querschnitt zum benachbarten derart ausgeglichen wird, daß

$$2\tau_1 x_1(\varrho + y_1)\,d\varphi = \int_{y_1}^{y_0} \frac{\partial \sigma}{\partial \varphi}\,d\varphi\,dF$$

oder nach Wegheben von $d\varphi$ sowie wegen (4b) für konstante Querschnitte

$$2\tau_1 x_1(\varrho + y_1) = \frac{1}{\Theta}\int_{y_1}^{y_0} \frac{\partial}{\partial \varphi}\left(\frac{\mathfrak{M}\varrho}{\varrho + y}\right) y\,dF \quad . \; . \; (14).$$

Hierfür dürfen wir mit Rücksicht auf die Kleinheit von y gegen ϱ auch schreiben

$$2\tau_1 x_1(\varrho + y_1) = \frac{1}{\Theta}\int_{y_1}^{y_0} \frac{\partial}{\partial \varphi}\left(\mathfrak{M} - \mathfrak{M}\frac{y}{\varrho}\right) y\,dF$$

$$= \frac{1}{\Theta}\frac{\partial \mathfrak{M}}{\partial \varphi}\int_{y_1}^{y_0} y\,dF - \frac{1}{\Theta}\left(\frac{1}{\varrho}\frac{\partial \mathfrak{M}}{\partial \varphi} - \frac{\mathfrak{M}}{\varrho^2}\frac{d\varrho}{d\varphi}\right)\int_{y_1}^{y_0} y^2\,dF \quad (14a)$$

oder auch nach Einführung der Querkraft

$$T = \frac{\partial \mathfrak{M}}{\partial s_0} = \frac{\partial \mathfrak{M}}{\varrho\,\partial \varphi} \quad . \; . \; . \; . \; . \; . \; . \; (15),$$

$$2\tau_1 x_1(\varrho + y_1) = \frac{T\varrho}{\Theta}\int_{y_1}^{y_0} y\,dF - \frac{1}{\Theta}\left(T - \frac{\mathfrak{M}}{\varrho^2}\frac{d\varrho}{d\varphi}\right)\int_{y_1}^{y_0} y^2\,dF \quad (14b),$$

worin das zweite Glied in der Klammer auf der rechten Seite stets klein gegen das erste ausfällt und darum um so eher vernachlässigt werden sollte, als bei der Integration über den ganzen Querschnitt zwar die linke Seite von (14b) und wegen (7d) die Differenz

$$\varrho\int y\,dF - \int y^2\,dF = (\varrho\,\Delta h - k^2)\,F = 0$$

wird, nicht aber das zweite Integral der rechten Seite als solches verschwindet. Wir erhalten also unter gleichzeitiger Vernachlässigung von y_1 gegen ϱ mit hinreichender Genauigkeit

$$2\tau_1 x_1 = \frac{T}{\Theta}\int_{y_1}^{y_0} y\,dF - \frac{T}{\Theta\varrho}\int_{y_1}^{y_0} y^2\,dF = \frac{T}{\Theta}\int_{y_1}^{y_0} y'\,dF \qquad (14\text{c}),$$

woraus man eine Abnahme der Schubspannung von der neutralen Achse bis zum Verschwinden an den äußersten Fasern erkennt.

Schließlich darf nicht übersehen werden, daß infolge der Neigung $d\varphi$ der beiden Endquerschnitte eines Stabelementes die Spannungen σ für jedes Flächenelement dF eine in die Richtung des Krümmungsradius fallende Elementarkraft $\sigma dF d\varphi$ ergeben, deren Resultante durch eine Normalspannung σ_y auf der Fläche $2x_1(\varrho + y_1)\,d\varphi$ aufgehoben wird, so zwar, daß

$$2\sigma_y x_1(\varrho + y_1)\,d\varphi = \int_{y_1}^{y_0} \sigma\,dF\,d\varphi$$

oder

$$2\sigma_y x_1(\varrho + y_1) = \int_{y_1}^{y_0} \sigma\,dF = \frac{\mathfrak{M}\varrho}{\Theta}\int_{y_1}^{y_0} \frac{y\,dF}{\varrho + y} \quad . \; . \; (16)$$

ist. Da es sich hierbei, wie schon bei der Schubspannung, nur um einen rohen Mittelwert über die ganze Breite $2x_1$ handeln kann, so genügt es vollkommen, an Stelle von (16) unter Vernachlässigung von y_1 gegen ϱ

$$2\sigma_y x_1 = \frac{\mathfrak{M}}{\Theta\varrho}\int_{y_1}^{y_0} y'\,dF \quad . \; . \; . \; . \; . \; (16\text{a})$$

zu setzen, wobei man auf der rechten Seite, wie in (13c), die Ordinaten $y' = y - \Delta h$ von der zur neutralen Schicht parallelen Schwerpunktsachse rechnet, damit das Integral über die ganze Fläche mit den Spannungen σ_y in den äußersten Fasern verschwindet. Weiter erkennt man, daß die Normalspannung σ_y über den ganzen Querschnitt dasselbe Vorzeichen besitzt, d. h. daß sie im Falle eines Zusammenbiegens, also einer Vergrößerung der Krümmung, eine Zusammendrückung, beim Aufbiegen, d. h. einer Verkleinerung der Stabkrümmung, dagegen eine Querdehnung des Stabes zur Folge hat.

Durch die vorstehenden Betrachtungen sind nunmehr die drei Spannungskomponenten σ_s, σ_y und τ in der Ebene der Stabkrümmung für jede Stelle bestimmt, so daß der Berechnung der Hauptspannungen nach dem Verfahren des § 2 sowie der Ermittlung der Spannungstrajektorien nach § 15 nichts mehr im Wege steht. Dabei ist allerdings von solchen Spannungskomponenten abgesehen worden, welche senkrecht zur Krümmungsebene wirken, eine Vernachlässigung, die strenggenommen nur für Stäbe mit rechteckigem Querschnitt zulässig erscheint.

Beispiel. Für den rechteckigen Querschnitt von der Höhe h und der Breite $2x_1 = b$, dessen neutrale Schicht um h_1 von der Oberkante bzw. h_2 von der Unterkante entfernt ist, liefert die Bedingung (5) mit $dF = b\,dy$

$$\int_{-h_2}^{+h_1} \frac{y\,dy}{\varrho + y} = \int_{-h_2}^{h_1} \left(1 - \frac{\varrho}{\varrho + y}\right) dy = h_1 + h_2 - \varrho \lg n \frac{\varrho + h_1}{\varrho - h_2} = 0,$$

woraus mit $h_1 + h_2 = h$

$$\lg n \frac{\varrho + h_1}{\varrho - h_2} = \frac{h}{\varrho}$$

oder

$$\varrho + h_1 = \frac{h\,e^{\frac{h}{\varrho}}}{e^{\frac{h}{\varrho}} - 1}, \quad \varrho - h_2 = \frac{h}{e^{\frac{h}{\varrho}} - 1}$$

folgt. Danach ist der Abstand des Schwerpunktes von der neutralen Schicht

$$\varDelta h = \frac{h_1 - h_2}{2} = \frac{h}{2} \frac{e^{\frac{h}{\varrho}} + 1}{e^{\frac{h}{\varrho}} - 1} - \varrho = \frac{h}{2}\left(\mathfrak{Ctg}\frac{h}{2\varrho} - \frac{2\varrho}{h}\right).$$

Ist z. B. $h : \varrho = 1 : 5$, so folgt

$$\mathfrak{Ctg}\frac{h}{2\varrho} = 10{,}03, \quad \varDelta h = 0{,}015\,h,$$

während wir aus der Näherungsformel (7a) mit $k^2 = \frac{h^2}{12}$ erhalten

$$\frac{\varDelta h}{h} = \frac{k^2}{h\varrho} = \frac{h}{12\varrho} = \frac{1}{60} = 0{,}0166.$$

Daraus geht nicht nur hervor, daß die Annäherung (7a) ausreicht, sondern auch, daß man angesichts der Kleinheit des Verhältnisses $\Delta h : h$ für praktische Zwecke fast immer die Verschiebung der neutralen Achse aus dem Schwerpunkt gänzlich vernachlässigen darf. Dies trifft auch für das Biegungsmoment zu, in dessen Näherungsformel (9b) mit unseren Werten der Faktor

$$1 - 2\frac{k^2}{\varrho^2} = 1 - \frac{h^2}{6\varrho^2} = 1 - 0{,}0067$$

sich nur äußerst wenig von 1 unterscheidet. Wir brauchen uns daher mit der für das Rechteck unschwer durchführbaren exakten Ausführung des Integrales in Gl. (9) ebensowenig aufzuhalten, wie mit dessen graphischer Ermittlung für andere Querschnittsformen, auf die von verschiedenen Seiten viel Mühe verwendet wurde.

§ 24. Die Formänderung krummer Stäbe.

Berechnung der Dehnung des Stabelementes durch eine Stabkraft. Die Verdrehung und die Komponente der Verschiebung. Näherungsgleichung für geringe Abweichungen von der Kreisform. Beispiele eines Kreisbogenträgers mit einer Einzellast und eines Kolbenringes. Ableitung der Verdrehung aus der Formänderungsarbeit. Unerheblichkeit des Einflusses der Stabkraft und der Schubkräfte auf den Verdrehungswinkel. Beispiel.

Im vorigen Abschnitt haben wir festgestellt, daß in einem eben gekrümmten dünnen Stab die neutrale Achse des Querschnittes eine so kleine Verschiebung nach dem Krümmungsmittelpunkte zu erfährt, daß deren Einfluß praktisch kaum in Frage kommt. Insbesondere konnte die davon herrührende Volumdehnung bei der Wirkung eines reinen Biegungsmomentes gänzlich vernachlässigt werden, so daß eine wesentliche Dehnung des Stabelementes ε_0 nur durch eine in seine Achsenrichtung fallende Kraft

$$S = EF\varepsilon_0 \quad . \quad . \quad . \quad . \quad . \quad . \quad . \quad . \quad . \quad (1)$$

hervorgerufen wird. Dabei ist es gleichgültig, ob wir die Länge ds des Elementes auf der durch die Querschnitte gehenden Stabachse, oder auf der nur wenig davon abweichenden neutralen Schicht abmessen.

Zu der Dehnung des Elementes tritt dann noch seine Verdrehung, die sich aus der Näherungsformel (9c), § 23,

$$\mathfrak{M} = \frac{E\Theta}{\varrho} \frac{d\Delta\varphi}{d\varphi} \quad \ldots\ldots\ (2)$$

mit $\varrho d\varphi = ds$ hinreichend genau zu

$$\Delta\varphi = \frac{1}{E\Theta}\int \mathfrak{M}\,\varrho\,d\varphi = \frac{1}{E\Theta}\int \mathfrak{M}\,ds \quad \ldots\ (2a)$$

berechnet. Mit diesen beiden Werten ε_0 und $\Delta\varphi$ ist dann auch die totale Formänderung der Stabachse, d. h. ihre elastische Linie, unter dem Einflusse des Momentes $\mathfrak{M}$ und der Stabspannung S bestimmt, wenn wir vom Einflusse der Schubspannung vorläufig absehen. Man erkennt dies deutlich, wenn man aus den Projektionen des Stabelementes mit den Koordinaten u und v der Stabachse

$$du = ds\cos\varphi, \quad dv = ds\sin\varphi \quad \ldots\ldots\ (3),$$

deren Verschiebungen

$$\left.\begin{aligned} d\Delta u &= d\Delta s\cos\varphi - ds\sin\varphi\,\Delta\varphi \\ d\Delta v &= d\Delta s\sin\varphi + ds\cos\varphi\,\Delta\varphi \end{aligned}\right\} \quad \ldots\ (3a)$$

berechnet, die mit $d\Delta s = \varepsilon_0 ds$ in

$$\left.\begin{aligned} d\Delta u &= (\varepsilon_0\cos\varphi - \Delta\varphi\sin\varphi)\,ds \\ d\Delta v &= (\varepsilon_0\sin\varphi + \Delta\varphi\cos\varphi)\,ds \end{aligned}\right\} \quad \ldots\ (3b)$$

übergehen. Die Integration dieser Formeln setzt natürlich die Kenntnis der Größen ε_0 und $\Delta\varphi$ aus (1) und (2a) als Funktionen von s und φ voraus. Dafür kann man auch wegen (3) schreiben

$$\left.\begin{aligned} d\Delta u &= \varepsilon_0\,du - \Delta\varphi\,dv = \left(\varepsilon_0 - \Delta\varphi\frac{dv}{du}\right)du \\ d\Delta v &= \varepsilon_0\,dv + \Delta\varphi\,du = \left(\varepsilon_0\frac{dv}{du} + \Delta\varphi\right)du \end{aligned}\right\} \quad .\ (3c),$$

wenn ε_0 und $\Delta\varphi$ als Funktionen einer der Koordinaten $u\,v$ des Stabelementes gegeben sind.

Weiterhin folgt aus der Formel für das Bogenelement $ds = \varrho d\varphi$

$$d\Delta s = \Delta\varrho\,d\varphi + \varrho\,d\Delta\varphi$$

oder mit $d\Delta s = \varepsilon_0 ds$

$$\varepsilon_0 = \frac{\Delta\varrho}{\varrho} + \frac{d\Delta\varphi}{d\varphi} \quad \ldots\ldots\ (4).$$

Führen wir in diese Gleichung noch die Werte für ε_0 und $d\Delta\varphi : d\varphi$ aus (1) und (2) ein, so ergibt sich die Änderung des Krümmungshalbmessers

$$\frac{\Delta\varrho}{\varrho} = \frac{S}{EF} - \frac{\mathfrak{M}\varrho}{E\Theta} \quad \ldots \ldots \quad (4a).$$

Haben wir es insbesondere mit einem Stabe zu tun, dessen Achse nur wenig von einem Kreisbogen mit dem Radius r abweicht, so hängt diese Abweichung Δr mit dem Krümmungsradius ϱ durch die schon in § 4 unter Gl. (19) benutzte Näherungsformel

$$\frac{1}{\varrho} = \frac{1}{r} - \frac{1}{r^2}\left(\Delta r + \frac{d^2 \Delta r}{d\varphi^2}\right) \quad \ldots \ldots \quad (5)$$

zusammen. Hiernach ist der Zuwachs des Krümmungsradius

$$\frac{\Delta\varrho}{\varrho} = -\varrho\left(\frac{1}{\varrho} - \frac{1}{r}\right) \backsim \frac{1}{r}\left(\Delta r + \frac{d^2 \Delta r}{d\varphi^2}\right) \quad . \; . \quad (5a),$$

oder im Verein mit (4a), sowie mit $\varrho \backsim r$

$$\frac{d^2 \Delta r}{d\varphi^2} + \Delta r = \frac{S r}{EF} - \frac{\mathfrak{M} r^2}{E\Theta} \quad \ldots \ldots \quad (6).$$

Diese Formel liefert nach zweimaliger Integration ebenso die Abweichungen vom ursprünglichen Kreisbogen wie die uns geläufige Differentialgleichung der elastischen Linie die Abweichungen von der geraden Stabachse. Diese Differentialgleichung ergibt sich sofort aus (6) als Spezialfall nach Division mit r^2 sowie mit $\Delta r = \eta$, $r d\varphi = dz$, und darauf folgender Substitution $r = \infty$.

Für praktische Zwecke spielt übrigens die Dehnung ε_0 der Stabachse meist eine so verschwindende Rolle, daß man sie unbedenklich vernachlässigen kann, was in unseren Formeln auf eine Unterdrückung der Stabkraft S im Einklang mit den Entwicklungen des vorigen Abschnittes hinausläuft. Trotzdem darf man von dieser Kraft nicht mehr absehen, wenn es sich um die Ermittelung des Momentes aus der kontinuierlichen Belastung des Stabes handelt, die wir, auf die Längeneinheit der Achse bezogen, mit q bezeichnen wollen. Wohl gilt auch hier wieder die Formel für die Querkraft

$$T = \frac{d\mathfrak{M}}{ds} = \frac{d\mathfrak{M}}{\varrho\, d\varphi} \quad \ldots \ldots \quad (7),$$

von der wir schon im vorigen Abschnitt zur Bestimmung der Schubspannung Gebrauch machten. Dagegen hat der Zuwachs dT der Querkraft bei krummen Stäben nicht nur der Belastung $q\,ds$ des Stabelementes, sondern auch noch einer infolge der Stabkrümmung nach dem Krümmungsmittelpunkt M gerichteten Komponente $S\,d\varphi$ der Stabkraft das Gleichgewicht zu halten. Greift demnach am Elemente Fig. 97 selbst keine tangentiale Last an, so ist

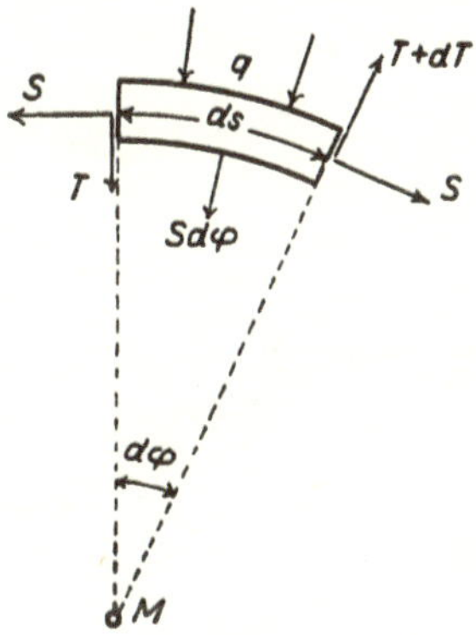

Fig. 97.

$$dT = q\,ds + S\,d\varphi,$$

wenn die Querkraft T positiv nach außen gerechnet, S als Zugkraft angesehen wird und q auf der konvexen Stabseite lastet. Nach Division mit ds folgt daraus

$$\frac{dT}{ds} = q + S\frac{d\varphi}{ds} = q + \frac{S}{\varrho} \quad . \quad . \quad . \quad . \quad . \quad (8)$$

oder nach Elimination von T aus (7)

$$\frac{d^2 \mathfrak{M}}{ds^2} = q + \frac{S}{\varrho} \quad . \quad . \quad . \quad . \quad . \quad . \quad . \quad (8\text{a}).$$

Man übersieht, daß auch diese Gleichungen mit $\varrho = \infty$ unter Wegfall der mit der Stabkraft behafteten Glieder in die früheren Formeln für den ursprünglich geraden Stab übergehen, die ihrerseits nicht ohne weiteres auf krumme Stäbe anwendbar sind. Der Hinzutritt des Gliedes mit der Stabspannung in (8) und (8a) erschwert natürlich die Ermittelung des Biegungsmomentes und der Querkraft aus diesen Formeln, so daß man von ihnen nur ausnahmsweise Gebrauch machen wird. Dazu kommt, daß man hierbei besondere Vorsicht auf die Richtigkeit der Vorzeichen der einzelnen Glieder verwenden muß, während die unmittelbare Aufstellung eines Ausdruckes für das Moment, welches wir immer dann positiv rechnen, wenn es die Krümmung vergrößert, kaum Schwierigkeiten bietet.

1. Beispiel. Am Ende eines horizontal eingespannten Kreisbogenträgers vom Radius r und dem Öffnungswinkel φ_0 greift eine Kraft Q an, deren Horizontal- und

Vertikalkomponenten bzw. H und V sein mögen, Fig. 98. Unter Vernachlässigung des Balkengewichtes ergibt sich dann an einer beliebigen Stelle, deren Radius mit der Vertikalen den Winkel φ bildet, ein Biegungsmoment

$$\mathfrak{M} = Vr(\sin\varphi_0 - \sin\varphi) - Hr(\cos\varphi - \cos\varphi_0)$$

oder

$$\mathfrak{M} = (V\sin\varphi_0 + H\cos\varphi_0)\,r - (V\sin\varphi + H\cos\varphi)\,r \qquad (9).$$

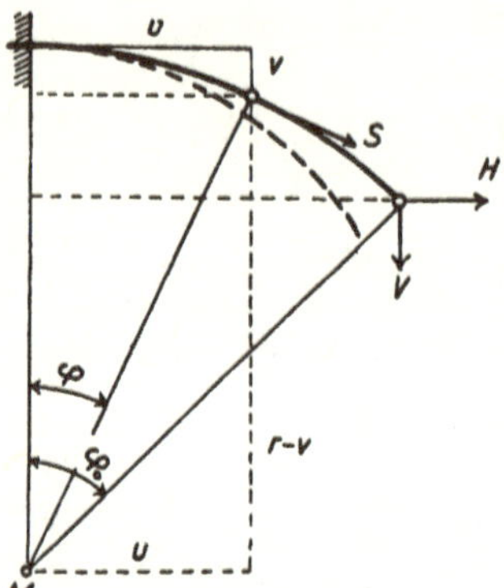

Fig. 98.

Danach folgt sofort aus (8a) die Stabspannung mit $q = 0$, $\varrho = r$ und $ds = r\,d\varphi$

$$S = H\cos\varphi + V\sin\varphi\,. \qquad (9\text{a}),$$

die man natürlich auch aus der Projektion der beiden Kräfte H und V auf die Tangente an der Stelle φ erhalten hätte. Aus (9a) erhalten wir dann mit (9) für den Verdrehungswinkel $\Delta\varphi$, der an der Einspannstelle, d. h. für $\varphi = 0$ verschwindet,

$$E\Theta\Delta\varphi = \int_0^{\varphi}\mathfrak{M}\,r\,d\varphi = (V\sin\varphi_0 + H\cos\varphi_0)\,r^2\varphi - r^2\int_0^{\varphi}(V\sin\varphi + H\cos\varphi)\,d\varphi$$

oder

$$E\Theta\Delta\varphi = (V\sin\varphi_0 + H\cos\varphi_0)\,r^2\varphi - Vr^2(1 - \cos\varphi) - Hr^2\sin\varphi \quad (10),$$

während sich unter Vernachlässigung der Stabdehnungen ε_0 die Verschiebungen der beiden Koordinaten

$$u = r\sin\varphi, \qquad r - v = r\cos\varphi$$

nach Gl. (3b) zu

$$\Delta u = -\int_0^{\varphi}\Delta\varphi\sin\varphi\,ds = -r\int_0^{\varphi}\Delta\varphi\sin\varphi\,d\varphi$$

$$\Delta v = +\int_0^{\varphi}\Delta\varphi\cos\varphi\,ds = r\int_0^{\varphi}\Delta\varphi\cos\varphi\,d\varphi$$

berechnen. Dies liefert mit (10)

$$E\Theta\Delta u = -(V\sin\varphi_0 + H\cos\varphi_0)\, r^3\int_0^\varphi \varphi\sin\varphi\, d\varphi$$

$$+ V r^3\int_0^\varphi \sin\varphi\, d\varphi - V r^3\int_0^\varphi \cos\varphi\sin\varphi\, d\varphi + H r^3\int_0^\varphi \sin^2\varphi\, d\varphi$$

$$E\Theta\Delta v = (V\sin\varphi_0 + H\cos\varphi_0)\, r^3\int_0^\varphi \varphi\cos\varphi\, d\varphi$$

$$- V r^3\int_0^\varphi \cos\varphi\, d\varphi + V r^3\int_0^\varphi \cos^2\varphi\, d\varphi - H r^3\int_0^\varphi \sin\varphi\cos\varphi\, d\varphi,$$

worin

$$\int_0^\varphi \varphi\sin\varphi\, d\varphi = -\int_0^\varphi \varphi\, d(\cos\varphi) = \sin\varphi - \varphi\cos\varphi$$

$$\int_0^\varphi \varphi\cos\varphi\, d\varphi = \int_0^\varphi \varphi\, d(\sin\varphi) = \cos\varphi + \varphi\sin\varphi - 1$$

wird. Damit erhalten wir schließlich

$$\left.\begin{aligned} E\Theta\Delta u &= (V\sin\varphi_0 + H\cos\varphi_0)\, r^3(\varphi\cos\varphi - \sin\varphi)\\ &\quad - V r^3\left(\cos\varphi - 1 + \frac{1}{2}\sin^2\varphi\right) + \frac{H r^3}{2}\left(\varphi - \frac{1}{2}\sin 2\varphi\right)\\ E\Theta\Delta v &= (V\sin\varphi_0 + H\cos\varphi_0)\, r^3(\cos\varphi + \varphi\sin\varphi - 1)\\ &\quad - V r^3\left(\sin\varphi - \frac{\varphi}{2} - \frac{1}{4}\sin 2\varphi\right) - \frac{H r^3}{2}\sin^2\varphi \end{aligned}\right\} \quad (11).$$

Die infolge der Stabspannung hinzutretenden Verschiebungen sind nach (3b)

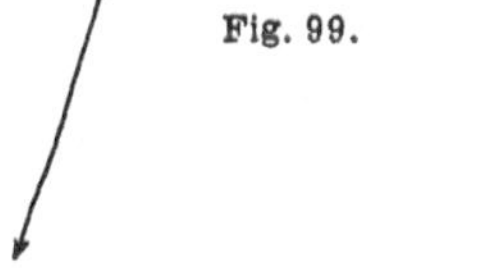

Fig. 99.

$$\Delta u_0 = r\int_0^\varphi \varepsilon_0\cos\varphi\, d\varphi = \frac{r}{EF}\int S\cos\varphi\, d\varphi$$

$$\Delta v_0 = r\int_0^\varphi \varepsilon_0\sin\varphi\, d\varphi = \frac{r}{EF}\int S\sin\varphi\, d\varphi$$

oder mit (9a)

$$\left.\begin{aligned} EF\Delta u_0 &= \frac{H r}{2}\left(\varphi + \frac{\sin 2\varphi}{2}\right) + \frac{V r}{2}\sin^2\varphi\\ EF\Delta v_0 &= \frac{H r}{2}\sin^2\varphi + \frac{V r}{2}\left(\varphi - \frac{\sin 2\varphi}{2}\right) \end{aligned}\right\} \quad . \quad (11\text{a}).$$

Schließlich wollen wir noch die Radialverschiebung ohne Rücksicht auf die Längsänderung des Stabes ermitteln, die sich nach Fig. 99 zu

$$-\Delta r = \Delta v \cos\varphi - \Delta u \sin\varphi \quad . \quad . \quad . \quad . \quad (12)$$

oder nach Einsetzen von (11) zu

$$-E\Theta\Delta r = (V\sin\varphi_0 + H\cos\varphi_0)\, r^3 (1 - \cos\varphi)$$
$$+ \frac{V r^3}{2}(\varphi\cos\varphi - \sin\varphi) - \frac{H r^3}{2}\varphi\sin\varphi \quad . \quad . \quad (12\text{a})$$

ergibt. Dieses Ergebnis wollen wir noch einmal an Hand der Gl. (6) prüfen, welche mit Vernachlässigung der Stabspannung S sowie mit (9) übergeht in

$$\frac{d^2\Delta r}{d\varphi^2} + \Delta r = \frac{V r^3}{E\Theta}\sin\varphi + \frac{H r^3}{E\Theta}\cos\varphi - \frac{V\sin\varphi_0 + H\cos\varphi_0}{E\Theta} r^3 \quad (13)$$

oder abkürzungsweise

$$\frac{d^2\Delta r}{d\varphi^2} + \Delta r = A_1 \sin\varphi + B_1\cos\varphi - A_0 \quad . \quad . \quad (13\text{a})$$

Es ist dies die Differentialgleichung einer erzwungenen Schwingung, die mit

$$\Delta r + A_0 = \Delta r' + \Delta r'' \quad . \quad . \quad . \quad . \quad . \quad (13\text{b})$$

zerfällt in

$$\left.\begin{aligned} \frac{d^2\Delta r'}{d\varphi^2} + \Delta r' &= 0 \\ \frac{d^2\Delta r''}{d\varphi^2} + \Delta r'' &= A_1\sin\varphi + B_1\cos\varphi \end{aligned}\right\} \quad . \quad . \quad (13\text{c}).$$

Die erste dieser Formeln liefert ohne weiteres das Integral

$$\Delta r' = C\sin\varphi + D\cos\varphi \quad . \quad . \quad . \quad . \quad . \quad (14),$$

in dem zwei noch zu bestimmende Integrationskonstanten C und D auftreten. Dagegen wird die zweite Formel (13c) nicht durch einen derartigen Ansatz für $\Delta r''$ befriedigt. Wir schreiben daher an ihrer Stelle unter Einführung einer neuen Konstante k

$$\frac{d^2\Delta r''}{d\varphi^2} + \Delta r'' = A_1\sin k\varphi + B_1\cos k\varphi \quad . \quad . \quad (15),$$

woraus

$$\Delta r'' = \frac{A_1\sin k\varphi + B_1\cos k\varphi}{1 - k^2} \quad . \quad . \quad . \quad . \quad (15\text{a})$$

folgt. Mithin lautet das allgemeine Integral von (13a) nach Vereinigung von (14), (15a) und (13b)

$$\Delta r = C \sin \varphi + D \cos \varphi + \frac{A_1 \sin k\varphi + B_1 \cos k\varphi}{1 - k^2} - A_0 \quad (16).$$

Soll nun für $\varphi = 0$ sowohl $r = 0$, als auch wegen der Einspannung $\frac{d\Delta r}{d\varphi} = 0$ sein, so ist

$$D + \frac{B_1}{1 - k^2} = A_0, \qquad C + \frac{kA_1}{1 - k^2} = 0,$$

also

$$\Delta r = A_1 \frac{\sin k\varphi - k \sin \varphi}{1 - k^2} + B_1 \frac{\cos k\varphi - \cos \varphi}{1 - k^2} + A_0 (\cos \varphi - 1) \; (16\text{a}).$$

Da für $k = 1$ die beiden ersten Terme rechts unbestimmte Werte annehmen, so muß in ihnen vorher der Zähler und Nenner nach k differenziert werden, woraus

$$\Delta r = \frac{A_1}{2k} (\sin \varphi - \varphi \cos k\varphi) + \frac{B_1}{2k} \varphi \sin k\varphi + A_0 (\cos \varphi - 1)$$

und mit $k = 1$

$$\Delta r = A_0 (\cos \varphi - 1) + \frac{A_1}{2} (\sin \varphi - \varphi \cos \varphi) + \frac{B_1}{2} \varphi \sin \varphi \quad (16\text{b})$$

hervorgeht. Dieses Ergebnis stimmt aber nach Ersatz der Abkürzungen $A_0 A_1 B_1$ durch ihre Werte, vgl. (13) und (13a), vollständig mit dem schon oben erhaltenen Ausdrucke (12a) überein. Dieser Rechnungsgang zeigt zwar die Verwendbarkeit der Formel (6) für Kreisbogenträger, läßt aber auch die Umständlichkeit des Verfahrens gegenüber der Verwendung von Gl. (12a) deutlich erkennen.

2. Beispiel. Von einem Kolbenringe verlangt man zur vollkommenen Abdichtung eine gleichförmige Anpressung an die Zylinderwand. Wir haben es also mit einem Stab zu tun, der in belastetem Zustande einen Kreisbogen bildet, nach seiner Entlastung aber eine davon abweichende Form annimmt. Diese können wir uns naturgemäß durch Formänderung des Kreisbogens unter einem gleichförmigen Innendruck p

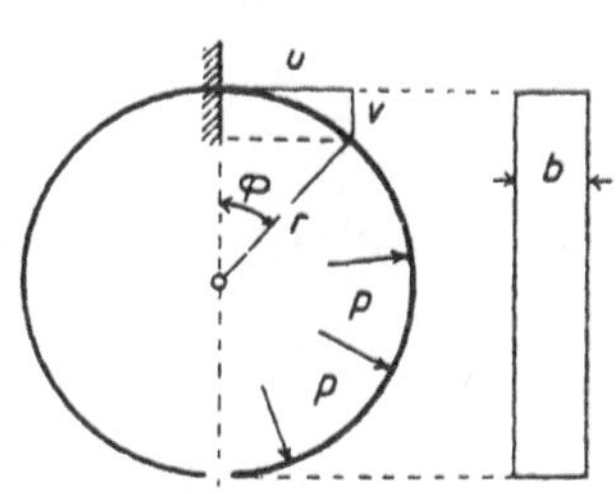

Fig. 100.

entstanden, den Ring selbst (Fig. 100) aber an dem der Schnittstelle gegenüberliegenden Querschnitt eingespannt denken, so daß die Betrachtung einer Ringhälfte genügt[1]). Bezeichnen wir ferner den Ringradius wieder mit r, die Ringbreite mit b, so ist an einer beliebigen Stelle mit dem Winkel φ das aufbiegende Moment

$$\mathfrak{M} = -\frac{pbr^2}{2}[\sin^2\varphi + (1+\cos\varphi)^2] = -pbr^2(\cos\varphi + 1) \quad (17)$$

und aus (8a) mit $q = -pb$ die Stabkraft $S = pbr\,(1+\cos\varphi)$.

Weiter erhalten wir für die Verdrehung $\Delta\varphi$, die infolge der Einspannung für $\varphi = \pi$ verschwindet,

$$E\Theta\Delta\varphi = \int_0^\varphi \mathfrak{M}\,r\,d\varphi = -pbr^3(\sin\varphi + \varphi) \quad . \quad . \quad (18),$$

und für die Verschiebungen der Koordinaten $u = r\sin\varphi$, $v = r - r\cos\varphi$ ohne Rücksicht auf die Stabdehnung

$$\Delta u = -\int_0^\varphi \Delta\varphi\,ds\sin\varphi = -r\int_0^\varphi \Delta\varphi\sin\varphi\,d\varphi$$

$$\Delta u = \int_0^\varphi \Delta\varphi\,ds\cos\varphi = r\int_0^\varphi \Delta\varphi\cos\varphi\,d\varphi.$$

Mit (18) gibt dies

$$E\Theta\Delta u = pbr^4\int_0^\varphi(\sin^2\varphi + \varphi\sin\varphi)\,d\varphi$$

$$E\Theta\Delta v = -pbr^4\int_0^\varphi(\sin\varphi\cos\varphi + \varphi\cos\varphi)\,d\varphi$$

oder

$$\left.\begin{aligned} E\Theta\Delta u &= pbr^4\left(\frac{\varphi}{2} - \frac{\sin\varphi\cos\varphi}{2} - \varphi\cos\varphi + \sin\varphi\right) \\ E\Theta\Delta v &= -pbr^4\left(\frac{\sin^2\varphi}{2} + \varphi\sin\varphi + \cos\varphi - 1\right) \end{aligned}\right\} \quad . \quad (19).$$

Daraus folgt endlich für die Radialverschiebung mit (12)

$$E\Theta\Delta r = pbr^4\left(1 - \cos\varphi + \frac{\varphi}{2}\sin\varphi\right) \quad . \quad . \quad . \quad (20),$$

[1]) Vergl. hierzu R e i n h a r d t: Selbstspannende Kolbenringe, Z. d. Ver. d. Ing. 1901.

die ebenso wie die Koordinatenverschiebungen Δu und Δv für die Einspannstelle $\varphi = 0$ verschwindet. Zu demselben Ergebnis gelangt man natürlich auch durch die Integration von (6) unter Vernachlässigung von S, wobei wieder der im vorigen Beispiel angewendete Kunstgriff der vorläufigen Substitution von $k\varphi$ an Stelle von φ im Ausdrucke für das Moment zu Hilfe genommen werden und außerdem beachtet werden muß, daß an der Einspannstelle Δr und seine erste Ableitung nach φ verschwindet.

Zur Prüfung der Zulässigkeit der Vernachlässigung der Stabspannung S sowie der in den vorstehenden Beispielen überhaupt nicht erwähnten Querkraft T kann nur der Ausdruck für die Formänderungsarbeit L herangezogen werden, der offenbar in die Arbeiten des Biegungsmomentes und diejenigen der beiden Kräfte S und T derart zerfällt, daß

$$2L = \int (\mathfrak{M}\, d\Delta\varphi' + S\, d\Delta s + T\Delta\varphi''\, ds) \quad . \quad . \quad . \quad (21).$$

Hierin bedeutet $\Delta\varphi''$ die von der Querkraft bzw. den von ihr geweckten Schubspannungen hervorgerufene Verdrehung der Stabachse, die zu derjenigen $\Delta\varphi'$ aus den Formeln hinzutritt. Mit

$$d\Delta\varphi' = \frac{\mathfrak{M}}{E\Theta}\, ds, \quad d\Delta s = \frac{S}{EF}\, ds, \quad \Delta\varphi'' = \frac{\beta T}{GF},$$

worin β einen Mittelwert bedeutet, der für rechteckige und Kreisquerschnitte $\beta \sim 1{,}2$ ist (vgl. § 14), wird dann aus (21)

$$2\frac{dL}{ds} = \frac{1}{E}\left(\frac{\mathfrak{M}^2}{\Theta} + \frac{S^2}{F}\right) + \frac{\beta}{G}\,\frac{T^2}{F} \quad . \quad . \quad . \quad (21\text{a}).$$

Die totale Verdrehung folgt daraus durch Differentiation nach dem Moment $\mathfrak{M}$

$$2\frac{\partial}{\partial\mathfrak{M}}\left(\frac{dL}{ds}\right) = 2\frac{d}{ds}\left(\frac{\partial L}{\partial\mathfrak{M}}\right) = 2\frac{d\Delta\varphi}{ds}$$

so zwar, daß

$$\frac{d\Delta\varphi}{ds} = \frac{1}{E}\left(\frac{\mathfrak{M}}{\Theta} + \frac{S}{F}\,\frac{dS}{d\mathfrak{M}}\right) + \frac{\beta T}{GF}\,\frac{dT}{d\mathfrak{M}} \quad . \quad . \quad (22).$$

Hierin ist aber mit Rücksicht auf (7)

$$T\frac{dT}{d\mathfrak{M}} = T\frac{dT}{ds}\cdot\frac{ds}{d\mathfrak{M}} = \frac{dT}{ds}$$

und

$$S\frac{dS}{d\mathfrak{M}} = S\frac{dS}{ds}\,\frac{ds}{d\mathfrak{M}} = \frac{S}{T}\,\frac{dS}{ds},$$

also wird mit $\Theta = Fk^2$ aus (22)

$$E\Theta\frac{d\Delta\varphi}{ds} = \mathfrak{M} + k^2\left(\frac{S}{T}\,\frac{dS}{ds} + \frac{\beta E}{G}\,\frac{dT}{ds}\right) \quad . \quad (22\text{a}),$$

oder wegen $ds = \varrho d\varphi$

$$E\Theta\frac{d\Delta\varphi}{\varrho d\varphi} = \mathfrak{M} + \frac{k^2}{\varrho}\left(\frac{S}{T}\,\frac{dS}{d\varphi} + \frac{\beta E}{G}\,\frac{dT}{d\varphi}\right) \quad . \quad (22\text{b}).$$

Der Faktor des Klammerausdrucks rechts ist aber nach Gl. (7a), § 23, dem schon im letzten Abschnitt als sehr klein erkannten Schwerpunktsabstand von der neutralen Achse gleich, woraus man in allen praktisch wichtigen Fällen auf eine entsprechende Kleinheit des damit behafteten Gliedes in Gl. (22b) schließen darf. Ist der Balken gerade, so wird $ds = \varrho d\varphi = dz$ und außerdem $\Delta\varphi = d\eta : dz$, so daß wir an Stelle von (22a)

$$E\Theta\frac{d^2\eta}{dz^2} = \mathfrak{M} + k^2\left(\frac{S}{T}\,\frac{dS}{dz} + \frac{\beta E}{G}\,\frac{dT}{dz}\right) \quad . \quad . \quad (22\text{c})$$

erhalten. Dies ist die allgemeinere Form der Differentialgleichung der elastischen Linie eines geraden Balkens unter schräger Belastung.

3. Beispiel. So erhalten wir für das erste Beispiel aus (9) und (9a)

$$\mathfrak{M} = (V\sin\varphi_0 + H\cos\varphi_0)\,r - Sr$$

$$T = \frac{d\mathfrak{M}}{rd\varphi} = V\cos\varphi - H\sin\varphi$$

$$\frac{dT}{d\varphi} = -(V\sin\varphi + H\cos\varphi) = -S$$

$$\frac{dS}{d\varphi} = -\frac{1}{r}\,\frac{d\mathfrak{M}}{d\varphi} = -T;$$

also wird aus (22b)

$$E\Theta\frac{d\Delta\varphi}{ds} = (V\sin\varphi_0 + H\cos\varphi_0)\,r$$
$$-\left[1 - \frac{k^2}{r^2}\left(1 + \frac{\beta E}{G}\right)\right](V\sin\varphi + H\cos\varphi) \quad . \quad . \quad . \quad (23).$$

Ganz analog folgt für das zweite Beispiel aus (17)

$$\mathfrak{M} = -Sr, \quad T = \frac{d\mathfrak{M}}{r\,d\varphi} = -\frac{dS}{d\varphi} = pbr\sin\varphi$$

$$\frac{dT}{d\varphi} = pbr\cos\varphi,$$

also

$$E\Theta\frac{d\varDelta\varphi}{ds} = -pbr^2\left\{1+\cos\varphi+\frac{k^2}{r^2}\left[1+\left(1+\frac{\beta E}{G}\right)\cos\varphi\right]\right\} \quad (24).$$

In beiden Fällen ist demnach der Einfluß der Stabspannung und der Stabkräfte auf die Verdrehung um zwei Größenordnungen kleiner als diese selbst, so daß man sich praktisch stets mit der Näherungsformel (2) begnügen darf.

§ 25. Einfach statisch unbestimmte Belastung krummer Stäbe.

Statisch bestimmter Bogenträger mit einem festen und einem Gleitlager. Unbestimmtheit des Horizontalschubes bei Festhaltung beider Enden. Ermittelung des Horizontalschubes aus der Unveränderlichkeit der Sehnenlänge mit Hilfe der elastischen Linie sowie aus der Formänderungsarbeit mit Rücksicht auf den Einfluß der Stabkraft, der Querkraft und der Temperatur. Beispiele.

Wird ein eben gekrümmter Stab, Fig. 101, den wir in der Folge kurz als Bogenträger bezeichnen wollen, an einem Ende A durch ein Gelenk festgehalten, während das andere B auf einer unter dem Winkel α gegen den Horizont geneigten Gleitbahn beweglich ist, so ruft die Belastung durch ein Kraftsystem mit der vertikalen Resultante Q im Abstande c von A an den Stützen Vertikalkräfte V_1 und V_2 und Horizontalkräfte H_1 und H_2 hervor, von denen die letzteren wegen des Gleichgewichts in horizontaler Richtung von vornherein entgegengesetzt gleich H sein müssen. Weiterhin liefern die

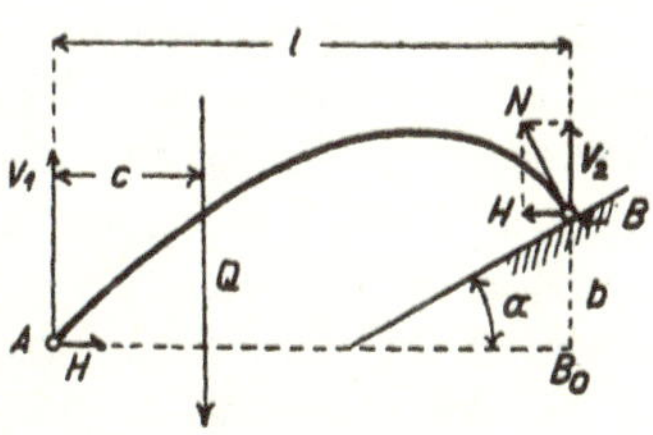

Fig. 101.

statischen Gleichgewichtsbedingungen

$$\left.\begin{aligned} V_1 &= Q\frac{l-c}{l} + H\frac{b}{l} \\ V_2 &= Q\frac{c}{l} - H\frac{b}{l} \end{aligned}\right\} \quad \ldots \ldots \quad (1),$$

wenn l den Horizontal- und b den Vertikalabstand der Stützen bedeuten. Da ferner die Gleitbahn in B, wenn keine Reibung auftritt, nur eine Normalkraft N aufnehmen kann, deren beide Komponenten H und V_2 sind, so ergibt sich mit dem Neigungswinkel α

$$H = V_2 \operatorname{tg} \alpha \quad \ldots \ldots \ldots \quad (1\text{a}),$$

wonach diese Komponente bei horizontaler Gleitbahn verschwindet.

Durch Vereinigung mit (1) folgt daraus für alle drei Komponenten V_1, V_2 und H

$$\left.\begin{aligned} V_1 &= Q\left(\frac{l-c}{l} + \frac{c}{l}\,\frac{b \operatorname{tg} \alpha}{l + b \operatorname{tg} \alpha}\right) \\ V_2 &= \frac{Q c}{l + b \operatorname{tg} \alpha} \\ H &= \frac{Q c \operatorname{tg} \alpha}{l + b \operatorname{tg} \alpha} \end{aligned}\right\} \quad \ldots \quad (2).$$

Da hiernach im vorliegenden Falle sämtliche am Stabe angreifenden äußeren Kräfte aus den statischen Gleichgewichtsbedingungen hervorgehen, so dürfen wir ebenso von einer statisch bestimmten Belastung sprechen wie bei einem geraden Balken auf zwei Stützen. Man übersieht leicht, daß auch die im letzten Abschnitt behandelten Fälle hierher gehören, da in ihnen das Biegungsmoment, die Stabkraft S und die Querkraft T sich sofort als lineare Funktionen der vorgelegten äußeren Kräfte angeben lassen. Bei der Berechnung der Verdrehung $\Delta\varphi$ und der Verschiebungen Δu und Δv der Koordinaten der Stabachse verfährt man im Falle der Fig. 101 genau wie bei einem geraden Stabe mit Einzellasten, d. h. man integriert die Gleichungen

$$\left.\begin{aligned} E\Theta\, d\Delta\varphi &= \mathfrak{M}\, ds \\ d\Delta u &= -\Delta\varphi \sin\varphi\, ds = -\Delta\varphi\, dv \\ d\Delta v &= +\Delta\varphi \cos\varphi\, ds = +\Delta\varphi\, du \end{aligned}\right\} \quad \ldots \quad (3)$$

innerhalb jedes Einzelintervalles und bestimmt die Integrationskonstanten aus den Grenz- und Übergangsbedingungen der Intervalle. Diese laufen bei Fig. 101 auf das Verschwinden der Verschiebungen Δu und Δv im Punkte A und auf deren Übereinstimmung für die beiden Intervalle an den Angriffsstellen der äußeren Kräfte hinaus, wozu noch dort die Übereinstimmung der Verdrehungen tritt, welche nur bei Berücksichtigung der Querkraft eine praktisch vernachlässigbare Modifikation erfährt.

Halten wir jedoch auch den zweiten Endpunkt B vollkommen fest, Fig. 102, so daß der Bogenträger mit zwei Gelenken sich gegen die gewöhnlich als Kämpfer bezeichneten Widerlager stützt, so bleiben zunächst die Gleichungen (1) für die Vertikalkomponenten bestehen. Dagegen kann man ohne weiteres nichts über die Richtung der Resultante N in B aussagen, womit auch der Horizontalschub H, unbeschadet seiner Gleichheit in A und B, unbestimmt wird. Man nennt darum diesen Belastungsfall mit demselben Rechte statisch unbestimmt, wie den durchlaufenden geraden Balken und berechnet, wie in § 17 die unbekannte Stützendruckkomponente aus einer Auflagebedingung.

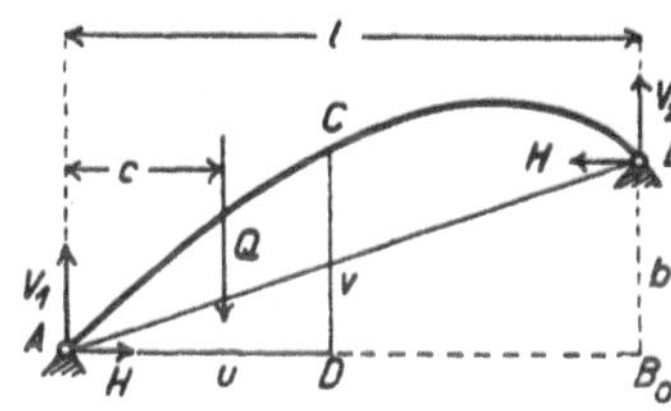

Fig. 102.

In unserem Falle, Fig. 102, besteht diese Auflagebedingung in der Unveränderlichkeit des Abstandes AB, so zwar, daß mit den Verschiebungen Δu_2 und Δv_2 des Punktes B gegenüber dem Fixpunkte A

$$(l + \Delta u_2)^2 + (b + \Delta v_2)^2 = l^2 + b^2$$

oder mit Vernachlässigung der Quadrate von Δu_2 und Δv_2

$$l \Delta u_2 + b \Delta v_2 = 0 \quad \ldots \ldots \quad (4)$$

ist. Hierfür dürfen wir aber mit Rücksicht auf die Gleichungen (3) auch schreiben

$$l \int_0^l \Delta \varphi \, dv = b \int_0^l \Delta \varphi \, du$$

oder nach partieller Integration unter Wegfall der mit $\varDelta u_1 = 0$ und $\varDelta v_1 = 0$ behafteten Glieder mit $u_2 = l$

$$l\left(b\varDelta\varphi - \int_0^l v\,d\varDelta\varphi\right) = b\left(l\varDelta\varphi - \int_0^l u\,d\varDelta\varphi\right).$$

Daraus folgt schließlich

$$\int_0^l \left(v - \frac{b}{l}u\right) d\varDelta\varphi = 0 \quad \ldots\ldots \quad (4a)$$

oder mit der ersten Gl. (3)

$$\int_0^l \left(v - \frac{b}{l}u\right) \mathfrak{M}\,ds = 0 \quad \ldots\ldots \quad (4b).$$

Das in diese Bedingungsgleichung eingehende Biegungsmoment ändert sich nun in unserem Belastungsfalle beim Durchgang durch den Angriffspunkt der Last, so zwar, daß links und rechts bzw.

$$\mathfrak{M}' = \qquad\qquad Hv - V_1 u$$
$$\mathfrak{M}'' = Q(u - c) + Hv - V_1 u$$

oder wegen (1)

$$\left.\begin{aligned} \mathfrak{M}' &= H\left(v - \frac{b}{l}u\right) - Q\frac{u}{l}(l - c) \\ \mathfrak{M}'' &= H\left(v - \frac{b}{l}u\right) - Q\frac{c}{l}(l - u) \end{aligned}\right\} \quad \ldots \quad (5),$$

wofür wir auch kürzer allgemein

$$\mathfrak{M} = H\left(v - \frac{b}{l}u\right) + \mathfrak{M}_a \quad \ldots\ldots \quad (5a)$$

setzen dürfen. Damit geht dann (4b) über in

$$H\int_0^l \left(v - \frac{b}{l}u\right)^2 ds + \int_0^l \mathfrak{M}_a\left(v - \frac{b}{l}u\right) ds = 0 \quad .\,. \quad (6),$$

worin das zweite Integral für jedes Intervall mit dem nach (5) zugehörigen Werte von $\mathfrak{M}_a$ getrennt auszuwerten ist, so zwar, daß für $\mathfrak{M}_a'$, $\mathfrak{M}_a''$ usw. in den Intervallen von 0, c_1, $c_2 \ldots l$

$$\int_0^l \mathfrak{M}_a \left(v - \frac{b}{l} u\right) ds = \int_0^{c_1} \mathfrak{M}_a' \left(v - \frac{b}{l} u\right) ds$$

$$+ \int_{c_1}^{c_2} \mathfrak{M}_a'' \left(v - \frac{b}{l} u\right) ds + \ldots\ldots \quad (6a).$$

wird.

In Gl. (6), die sich übrigens für den gewöhnlichen Fall der gleichen Höhenlage von A und B mit $b = 0$ in

$$H \int_0^l v^2 \, ds + \int_0^l \mathfrak{M}_a v \, ds = 0 \quad \ldots\ldots \quad (6b)$$

vereinfacht, ist weder auf die Wirkung der Stabkraft S, noch auf die der Querkraft T Rücksicht genommen, deren Einfluß auf den Verdrehungswinkel wir am Schlusse des vorigen Abschnitts als unbedeutend erkannt haben. Wollen wir exakter vorgehen, so müssen wir auch noch den Einfluß einer etwaigen Temperatursteigerung ϑ^0 in Rechnung ziehen, die mit einem linearen Ausdehnungskoeffizienten a_0 des Stabmaterials eine zusätzliche Dehnung

$$\varepsilon' = \frac{d \Delta s'}{ds} = a_0 \vartheta$$

hervorruft, der infolge der in gleicher Richtung wirksamen Stabkraft S ein Zusatz der Formänderungsarbeit

$$dL' = S \, d\Delta s' = a_0 \vartheta S \, ds \quad \ldots\ldots \quad (7)$$

entspricht. Fügen wir diesen Ausdruck der durch Gl. (21a), § 24, gegebenen Arbeit hinzu, so folgt für die totale Formänderungsarbeit des Bogenträgers

$$L = \frac{1}{2E} \int_0^l \left(\frac{\mathfrak{M}^2}{\Theta} + \frac{S^2}{F}\right) ds + \frac{\beta}{2G} \int_0^l \frac{T^2}{F} ds + a_0 \vartheta \int_0^l S \, ds \quad . \quad (8),$$

deren partielle Ableitung nach H nach dem Satze von Castigliano die Horizontalverschiebung der beiden Enden A und B gegeneinander ergibt. Soll diese im Falle der Fig. 102 verschwinden, da der Temperatureinfluß sich erfahrungsgemäß nicht auf die Widerlager erstrecht, so erhalten wir aus (8)

$$0 = \frac{1}{E}\int_0^l\left(\frac{\mathfrak{M}}{\Theta}\frac{\partial \mathfrak{M}}{\partial H} + \frac{S}{F}\frac{\partial S}{\partial H}\right)ds + \frac{\beta}{G}\int_0^l \frac{T}{F}\frac{\partial T}{\partial H}ds + a_0\vartheta\int_0^l \frac{\partial S}{\partial H}ds \quad (8\text{a}).$$

Hierin ist aber nach (5a)

$$\frac{\partial \mathfrak{M}}{\partial H} = v - \frac{b}{l}u \quad . \quad . \quad . \quad . \quad . \quad . \quad . \quad (5\text{a}).$$

und nach Gl. (8a), § 24, ganz allgemein

$$S = \varrho\left(\frac{\partial^2 \mathfrak{M}}{\partial s^2} - q\right) \quad . \quad . \quad . \quad . \quad . \quad . \quad . \quad (9),$$

worin q eine kontinuierliche Normalbelastung auf dem Bogenträger bedeutet, deren Resultante natürlich in unserem Falle in Q mit enthalten sein muß. Wegen der Unveränderlichkeit des Horizontalschubes H längs des Trägers ist aber mit Rücksicht auf (5a)

$$T = \frac{d\mathfrak{M}}{ds} = \frac{d\mathfrak{M}_a}{ds} + H\left(\frac{dv}{ds} - \frac{b}{l}\frac{du}{ds}\right)$$

oder

$$T = \frac{d\mathfrak{M}}{ds} = \frac{d\mathfrak{M}_a}{ds} + H\left(\sin\varphi - \frac{b}{l}\cos\varphi\right) \quad . \quad (10)$$

und

$$\frac{d^2\mathfrak{M}}{ds^2} = \frac{d^2\mathfrak{M}_a}{ds^2} + H\left(\cos\varphi + \frac{b}{l}\sin\varphi\right)\frac{d\varphi}{ds}$$

oder

$$\frac{d^2\mathfrak{M}}{ds^2} = \frac{d^2\mathfrak{M}_a}{ds^2} + \frac{H}{\varrho}\left(\cos\varphi + \frac{b}{l}\sin\varphi\right) \quad . \quad . \quad (10\text{a}).$$

Somit haben wir an Stelle von (9) auch

$$S = \varrho\left(\frac{d^2\mathfrak{M}_a}{ds^2} - q\right) + H\left(\cos\varphi + \frac{b}{l}\sin\varphi\right) \quad . \quad . \quad (9\text{a})$$

und daraus, sowie mit (10)

$$\left.\begin{aligned}\frac{\partial S}{\partial H} &= \cos\varphi + \frac{b}{l}\sin\varphi \\ \frac{\partial T}{\partial H} &= \sin\varphi - \frac{b}{l}\cos\varphi\end{aligned}\right\} \quad . \quad . \quad . \quad . \quad . \quad (9\text{b}).$$

Mit diesen Ausdrücken, sowie mit (5a) geht dann die Bedingungsgleichung (8a) unter gleichzeitiger Einschränkung auf konstanten Stabquerschnitt über in

$$0 = \frac{1}{E\Theta}\int_0^l \mathfrak{M}_a\left(v - \frac{b}{l}u\right)ds + \frac{H}{E\Theta}\int_0^l \left(v - \frac{b}{l}u\right)^2 ds$$
$$+ \frac{1}{EF}\int_0^l \varrho\left(\frac{d^2\mathfrak{M}_a}{ds^2} - q\right)\left(\cos\varphi + \frac{b}{l}\sin\varphi\right)ds$$
$$+ \frac{H}{EF}\int_0^l \left(\cos\varphi + \frac{b}{l}\sin\varphi\right)^2 ds$$
$$+ \frac{\beta}{GF}\int_0^l \frac{d\mathfrak{M}_a}{ds}\left(\sin\varphi - \frac{b}{l}\cos\varphi\right)ds + \frac{\beta H}{GF}\int_0^l \left(\sin\varphi - \frac{b}{l}\cos\varphi\right)^2 ds$$
$$+ \alpha_0\vartheta\int_0^l \left(\cos\varphi + \frac{b}{l}\sin\varphi\right)ds \quad \ldots \ldots \ldots \ldots \quad (11).$$

Diese allgemeine Bedingungsgleichung zur Bestimmung des Horizontalschubes vereinfacht sich offensichtlich durch Vernachlässigung der mit Winkelfunktionen behafteten Glieder, welche den Einfluß der Stabkraft S, der Querkraft T und der Temperatursteigerung ϑ enthalten, wieder in (6). Haben wir es insbesondere mit flachen Bogen zu tun, für welche sowohl der Winkel φ als auch das Verhältnis $b : l$ stets klein ausfallen, so dürfen wir mit hinreichender Genauigkeit in den Zusatzgliedern

$$\cos\varphi \sim 1, \qquad \sin\varphi \sim \frac{b}{l} \sim 0$$

und wie beim geraden Balken

$$\frac{d^2\mathfrak{M}_a}{ds^2} = q, \qquad \int_0^l ds \sim l$$

setzen. Damit wird aus (11) die Näherungsformel

$$\int_0^l \mathfrak{M}_a\left(v - \frac{b}{l}u\right)ds + H\left[\frac{\Theta l}{F} + \int_0^l \left(v - \frac{b}{l}u\right)^2 ds\right] + \alpha_0\vartheta E\Theta l = 0 \quad (11a),$$

die für die meisten praktischen Zwecke genügt, wenn man die Genauigkeit von (6) für nicht hinreichend hält.

Es braucht wohl kaum nochmals betont zu werden, daß in den Bedingungsgleichungen (11) und (11a) die über $\mathfrak{M}_a$ und seine Ableitungen erstreckten Integrale nach Analogie von (6a) für jedes Einzelintervall mit dem dafür gültigen Ausdruck von $\mathfrak{M}_a'$ $\mathfrak{M}_a''$ usw. besonders ausgewertet und dann zusammengefaßt werden müssen.

1. Beispiel. Für einen Bogenträger nach Fig. 102 mit einer vertikalen Einzellast im Horizontalabstand c vom linken Ende gelten die beiden Formeln (5) unmittelbar, so daß wir im Intervalle von 0 bis c und von c bis l bzw.

$$\mathfrak{M}_a' = -Q\frac{l-c}{l}u, \qquad \mathfrak{M}_a'' = -Qc + Q\frac{c}{l}u \quad . \quad (12)$$

haben. Mithin ist in diesem Falle

$$\int_0^l \mathfrak{M}_a\left(v - \frac{b}{l}u\right)ds = -Q\frac{l-c}{l}\int_0^c\left(uv - \frac{b}{l}u^2\right)ds$$
$$-Qc\int_c^l\left(v - \frac{b}{l}u - \frac{uv}{l} + \frac{b}{l^2}u^2\right)ds$$

oder mit (6) angenähert

$$H\int_0^l\left(v - \frac{b}{l}u\right)^2 ds = Q\int_0^c\left(uv - \frac{b}{l}u^2\right)ds + Qc\int_c^l\left(v - \frac{b}{l}u\right)ds$$
$$-Q\frac{c}{l}\int_0^l\left(uv - \frac{b}{l}u^2\right)ds \quad . \quad . \quad . \quad . \quad . \quad (13).$$

Liegen beide Stützen auf gleicher Höhe, so wird daraus mit $b = 0$

$$H\int_0^l v^2 ds = Q\int_0^c uv\,ds - Q\frac{c}{l}\int_0^l uv\,ds + Qc\int_c^l v\,ds \quad . \quad (13a).$$

Haben wir es insbesondere mit einem Kreisbogen vom Radius r und einem Öffnungswinkel $2\varphi_0$ zu tun, der eine vertikale Symmetrieachse besitzt, Fig. 103, so haben wir unter Einführung des Winkels φ des Fahrstrahls r mit dieser Symmetrieachse

$$\left.\begin{array}{ll} u = \frac{l}{2} + r\sin\varphi = r(\sin\varphi_0 + \sin\varphi) & \\ v = r(\cos\varphi - \cos\varphi_0), & s = r(\varphi_0 + \varphi) \\ c = r(\sin\varphi_0 + \sin\varphi_1), & l = 2r\sin\varphi_0 \end{array}\right\} \quad . \qquad (14)$$

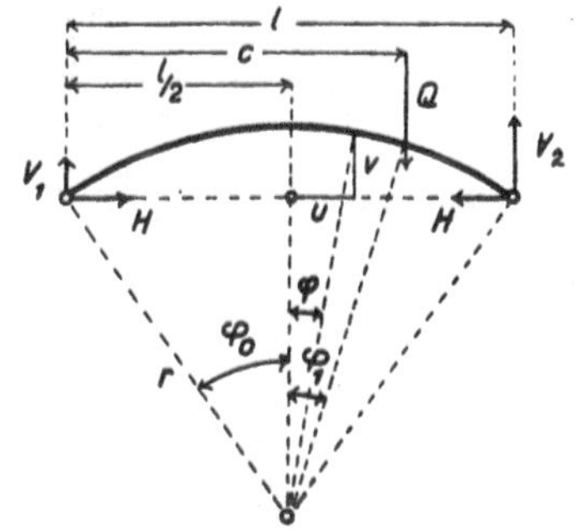

Fig. 103.

zu setzen. Damit aber werden die Integrale in (13a)

$$\int_0^l v^2 ds = r^3 \int_{-\varphi_0}^{+\varphi_0} (\cos\varphi - \cos\varphi_0)^2 d\varphi$$

$$= r^3\left(\varphi_0 - \frac{3}{2}\sin 2\varphi_0 + 2\varphi_0\cos^2\varphi_0\right)$$

$$\int_0^c uv\,ds = r^3 \int_{-\varphi_0}^{\varphi_1} (\cos\varphi - \cos\varphi_0)(\sin\varphi_0 + \sin\varphi)\,d\varphi$$

$$= r^3[\sin\varphi_0(\sin\varphi_1 + \sin\varphi_0) - (\varphi_1 + \varphi_0)\sin\varphi_0\cos\varphi_0]$$

$$+ r^3\left[\frac{\sin^2\varphi_1}{2} - \frac{\sin^2\varphi_0}{2} + \cos\varphi_0(\cos\varphi_1 - \cos\varphi_0)\right]$$

$$\frac{c}{l}\int_0^l uv\,ds = \frac{c}{l} r^3 \int_{-\varphi_0}^{+\varphi_0} (\cos\varphi - \cos\varphi_0)(\sin\varphi_0 + \sin\varphi)\,d\varphi$$

$$= r^3(\sin\varphi_0 - \varphi_0\cos\varphi_0)(\sin\varphi_0 + \sin\varphi_1)$$

$$c\int_c^l v\,ds = cr^2 \int_{\varphi_1}^{\varphi_0} (\cos\varphi - \cos\varphi_0)\,d\varphi$$

$$= r^3[\sin\varphi_0 - \sin\varphi_1 - (\varphi_0 - \varphi_1)\cos\varphi_0](\sin\varphi_0 + \sin\varphi_1),$$

mithin folgt aus (13a)

$$\frac{H}{Q} = \frac{\frac{3}{2}\sin^2\varphi_0 - \frac{\sin^2\varphi_1}{2} - 1 + \cos\varphi_0(\cos\varphi_1 + \varphi_1\sin\varphi_0 - \varphi_0\sin\varphi_0)}{\varphi_0 - \frac{3}{2}\sin 2\varphi_0 + 2\varphi_0\cos^2\varphi_0} \qquad (15).$$

Greift die Last Q im Scheitel des Bogens an, so wird mit $\varphi_1 = 0$

$$\frac{H}{Q} = \frac{\frac{3}{2}\sin^2\varphi_0 - 1 + \cos\varphi_0\,(1 - \varphi_0 \sin\varphi_0)}{\varphi_0 - \frac{3}{2}\sin 2\varphi_0 + 2\varphi_0\cos^2\varphi_0} \quad . \quad (15a).$$

Alsdann können wir uns aber den vollkommen symmetrisch belasteten Balken nach Art der Fig. 98 im Scheitel eingespannt denken, während die Kräfte $-H$ und $V = \frac{Q}{2}$ am freien Ende derart angreifen, daß dessen Horizontalverschiebung verschwindet. Mit dieser Bedingung führt Gl. (11), § 24, für $\varphi = \varphi_0$ sofort auf die vorstehende Gl. (13a).

Ganz allgemein kann man bei beliebiger Belastung eines an sich symmetrischen Bogenträgers durch Hinzufügen einer symmetrischen Last die ganze Belastung symmetrisch gestalten, wodurch der Horizontalschub auf den doppelten Betrag anwächst. Seine Berechnung gestaltet sich natürlich in diesem Falle nach den Methoden des § 24 mit eingespanntem Scheitel bequemer als bei unsymmetrischer Belastung, für welche das oben entwickelte Verfahren wieder rascher zum Ziele führt.

2. Beispiel. Ein zur Vertikalen durch den Scheitel symmetrischer Bogenträger sei gleichförmig mit q kg auf die Längeneinheit der Spannweite l belastet. Alsdann ist

$$V_1 = V_2 = q\frac{l}{2}$$

und

$$\mathfrak{M} = Hv - q\frac{u}{2}(l - u) = Hv + \mathfrak{M}_a \quad . \quad . \quad . \quad (16).$$

Dies liefert mit (6b)

$$H\int_0^l v^2 ds = \frac{q}{2}\int_0^l uv\,(l - u)\,ds \quad . \quad . \quad . \quad . \quad (17),$$

worin für den Kreisbogen wegen (14)

$$\int_0^l uv\,(l - u)\,ds =$$

$$= r^4 \int_{-\varphi_0}^{+\varphi_0} (\sin^2\varphi_0 - \sin^2\varphi)(\cos\varphi - \cos\varphi_0)\,d\varphi$$

$$= r^4 \left[\frac{4}{3}\sin^3\varphi_0 + \cos\varphi_0\,(\sin\varphi_0\cos\varphi_0 - \varphi_0\cos^2\varphi_0 - 2\varphi_0\sin^2\varphi_0\right],$$

also

$$\frac{H}{ql} = \frac{H}{2qr\sin\varphi_0} =$$

$$= \frac{\frac{4}{3}\sin^3\varphi_0 + \cos\varphi_0(\sin\varphi_0\cos\varphi_0 - \varphi_0\cos^2\varphi_0 - 2\varphi_0\sin^2\varphi_0)}{\sin\varphi_0(2\varphi_0 - 3\sin 2\varphi_0 + 4\varphi_0\cos^2\varphi_0} \quad (17\,a)$$

wird.

Haben wir es dagegen mit einem Parabelbogen mit der Scheitelhöhe h, Fig. 104, zu tun, so ist

$$\frac{\left(u - \frac{l}{2}\right)^2}{h - v} = \frac{l^2}{4h}$$

oder

$$(l - u)\,u = \frac{l^2 v}{4h} \quad . \quad . \quad (18).$$

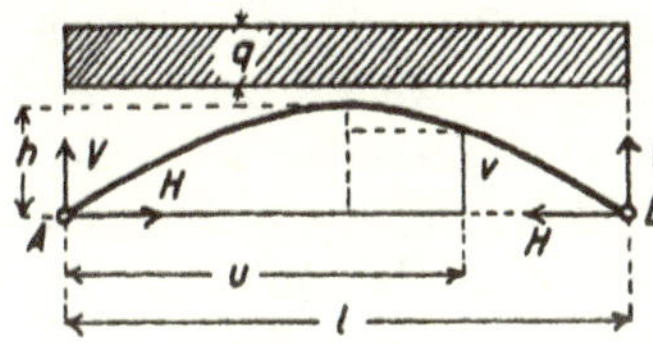

Fig. 104.

Damit aber wird aus (17) sofort unter Wegheben des Integrals $\int_0^l v^2\,ds$

$$H = \frac{ql^2}{8h} \quad . \quad . \quad . \quad . \quad . \quad . \quad . \quad . \quad (18\,a).$$

Dieses überaus einfache Ergebnis ist natürlich nur durch die Vernachlässigung der oben erwähnten Nebeneinflüsse möglich geworden. Andernfalls dürfen wir für flache Parabelbogen hinreichend genau

$$\int_0^l v^2 ds \sim \int_0^l v^2 du = \frac{16h^2}{l^4}\int_0^l (l^2u^2 - 2lu^3 + u^4)\,du = \frac{8}{15}h^2 l$$

setzen und erhalten dann aus (11a)

$$H\left(\frac{\Theta}{F} + \frac{8}{15}h^2\right) = \frac{ql^2 h}{15} + \alpha_0\vartheta E\Theta$$

oder mit $\Theta = Fk^2$

$$H\left(1 + \frac{15}{8}\frac{k^2}{h^2}\right) = \frac{ql^2}{8h} + \frac{15}{8}\frac{\alpha_0\vartheta E\Theta}{h^2} \quad . \quad . \quad . \quad (18\,b),$$

woraus deutlich der Einfluß der Stabkraft und der Temperaturänderung erhellt, während derjenige der Querkraft praktisch keine Rolle mehr spielt.

§ 26. Mehrfach statisch unbestimmte Belastung krummer Stäbe.

Einfluß der Einspannung der Stabenden. Ableitung der Auflagedrücke und des Einspannungsmomentes aus der Formänderungsarbeit. Beispiel eines gleichförmig über die Stützenweite belasteten Bogenträgers. Theorie der ebenen Spiralfedern mit gelenkigen und eingespannten äußeren Enden. Anwendung auf die Triebfeder und die Unruhe von Uhren. Schwingungsdauer der Unruhe. Einfluß der Temperatur.

Ist der Bogenträger an einem Ende A eingespannt und am anderen B gelenkig festgehalten (Fig. 105), so können wir uns zunächst dieses letztere Ende nach Anbringung der Horizontal- und Vertikalkomponenten H und V des Stützendruckes frei beweglich denken und die Formänderung des Balkens nach den Methoden des § 24 bestimmen, als wenn H und V bekannt wären. Diese selbst ergeben sich alsdann aus den Bedingungen des Verschwindens der beiden Verschiebungskomponenten von B, so daß wir in diesem Falle von einem zweifach statisch unbestimmten Bogenträger im Gegensatz zu demjenigen mit Kämpfergelenken sprechen können. Die beiden Unbekannten H und V erhält man natürlich auch aus dem Verschwinden der partiellen Ableitungen der Formänderungsarbeit nach ihnen, also

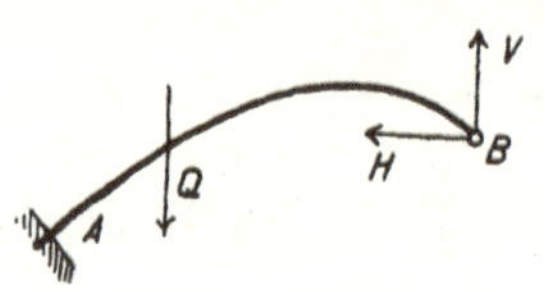

Fig. 105.

$$\left.\begin{aligned}\frac{\partial L}{\partial H}&=\frac{1}{E}\int\frac{\mathfrak{M}}{\Theta}\frac{\partial\mathfrak{M}}{\partial H}\,ds=0\\ \frac{\partial L}{\partial V}&=\frac{1}{E}\int\frac{\mathfrak{M}}{\Theta}\frac{\partial\mathfrak{M}}{\partial V}\,ds=0\end{aligned}\right\}\quad\ldots\quad(1),$$

wobei, wie oben, auf die Verschiedenheit des Momentes in den Einzelintervallen zu achten ist.

Ist endlich auch das zweite Ende B eingespannt, so können wir uns die Unveränderlichkeit des Neigungswinkels φ an dieser Stelle durch ein Einspannungsmoment $\mathfrak{M}_0$ erzwungen denken, welches dann ebenfalls zu dem Biegungsmoment der äußeren und der Auflagekräfte H und V hinzutritt, aber auch in die Formänderungsarbeit eingeht. Seine Bestimmung erfolgt entweder aus dem Verschwinden der Verdrehung $\Delta\varphi$ für B, oder, was auf dasselbe hinausläuft, aus der Bedingungsgleichung

$$\frac{\partial L}{\partial\mathfrak{M}_0}=\frac{1}{E}\int\frac{\mathfrak{M}}{\Theta}\frac{\partial\mathfrak{M}}{\partial\mathfrak{M}_0}\,ds=0\quad\ldots\ldots\quad(2),$$

die zu den beiden Formeln hinzutritt. Daraus erhellt, daß der zweifach eingespannte Bogenträger als dreifach unbestimmt zu bezeichnen ist.

1. Beispiel. Für einen nach Fig. 106 gleichförmig belasteten Bogenträger mit gleich hohen Enden, von denen das linke A eingespannt ist, lautet der Ausdruck für das Biegungsmoment in C, wenn wir die Abszisse von B aus rechnen,

$$\mathfrak{M} = Hv - Vu + q\frac{u^2}{2} \quad . \quad (3),$$

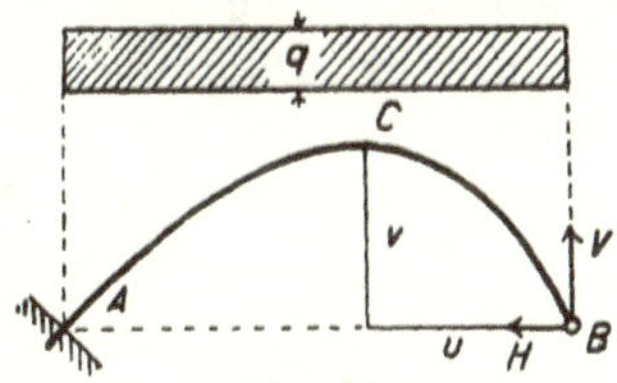

Fig. 106.

also ist die darauf entfallende Formänderungsarbeit

$$L = \frac{1}{2E\Theta}\int \mathfrak{M}^2\,ds = \frac{1}{2E\Theta}\int\left(Hv - Vu + q\frac{u^2}{2}\right)^2 ds$$

oder

$$2E\Theta L = H^2\int v^2\,ds + V^2\int u^2\,ds + \frac{q^2}{4}\int u^4\,ds$$
$$-2HV\int uv\,ds + Hq\int u^2 v\,ds - Vq\int u^3\,ds \quad (3a).$$

Führen wir die Differentiationen nach (1) hieran aus, so ergeben sich zur Berechnung von H und V die beiden Bedingungsgleichungen

$$\left.\begin{array}{l} H\int v^2\,ds - V\int uv\,ds + \frac{q}{2}\int u^2 v\,ds = 0 \\ V\int u^2\,ds - H\int uv\,ds - \frac{q}{2}\int u^3\,ds = 0 \end{array}\right\} \quad . \quad . \quad (1a).$$

Wäre auch noch das Ende B eingespannt, so hätten wir für das Biegungsmoment an Stelle von (3) zu setzen

$$\mathfrak{M} = Hv - Vu + \mathfrak{M}_0 + q\frac{u^2}{2} \quad . \quad . \quad . \quad . \quad (4)$$

und für die Formänderungsarbeit

$$2E\Theta L = \int\left(Hv - Vu + \mathfrak{M}_0 + q\frac{u^2}{2}\right)^2 ds \quad . \quad . \quad (4a),$$

durch deren Differentiation nach H, V und $\mathfrak{M}_0$ gemäß (1) und (2) die drei Bedingungsgleichungen

$$\left.\begin{array}{l} H\int v^2\,ds - V\int uv\,ds + \mathfrak{M}_0\int v\,ds + \frac{q}{2}\int u^2 v\,ds = 0 \\ V\int u^2\,ds - H\int uv\,ds - \mathfrak{M}_0\int u\,ds - \frac{q}{2}\int u^3\,ds = 0 \\ \mathfrak{M}_0 s + H\int v\,ds - V\int u\,ds + \frac{q}{2}\int u^2\,ds = 0 \end{array}\right\} \quad (2a)$$

resultieren. Man übersieht leicht, daß die Ermittelung der statisch unbestimmten Größen trotz des linearen Charakters der Gleichungen in jedem Einzelfalle recht umständliche Rechnungen erfordert, die grundsätzlich nichts Neues bieten und darum hier übergangen werden können. Von praktischer Bedeutung ist noch die Ermittelung der Stelle des größten Biegungsmomentes, das sich durch Differentiation von (3) oder (4) für

$$H\frac{dv}{du} - V + qu = 0 \quad . \; . \; . \; . \; . \; (3a)$$

ergibt.

Dagegen wollen wir hier noch den Fall untersuchen, daß der krumme Stab an einer seiner Einspannstellen A durch ein Moment $\mathfrak{M}_0$ verdreht wird, während das andere Ende B entweder gelenkig oder eingespannt festgehalten wird. Das Moment $\mathfrak{M}_0$ stellt dann die äußere Belastung am Ende A dar, welches der Stab überdies mehrfach umkreisen kann, indem er dadurch zu einer ebenen Spiralfeder wird.

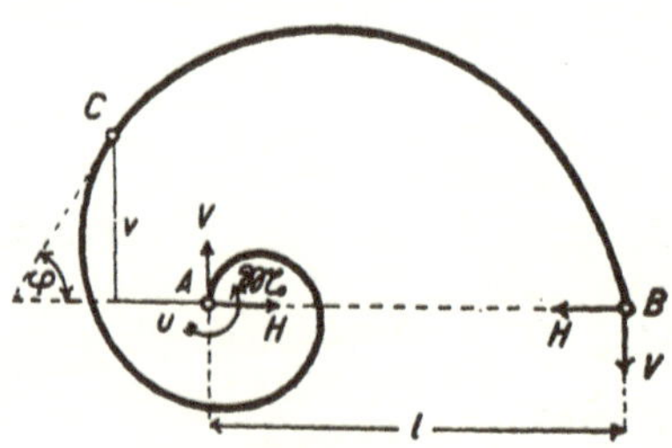

Fig. 107.

Beziehen wir dann in Fig. 107 die Koordinaten uv eines Punktes C dieser Feder auf die feste Drehachse A des Momentes $\mathfrak{M}_0$ und beachten, daß zum Ausgleich der Kräfte H und V im anderen Festpunkte B gleichgroße entgegengesetzte Kräfte in A wirken müssen, so ist das Biegungsmoment in C

$$\mathfrak{M} = \mathfrak{M}_0 + Hv + Vu \quad . \; . \; . \; . \; . \; . \; (5),$$

mithin die Verdrehung

$$E\Theta\,\Delta\varphi = \int \mathfrak{M}\,ds = \mathfrak{M}_0 \int ds + H\int v\,ds + V\int u\,ds \; . \quad (6).$$

Führen wir die Integration über die ganze Länge s_0 der Feder aus, so erscheint auf der linken Seite die Differenz der Verdrehungen $\Delta\varphi_1$ und $\Delta\varphi_2$ der Stabenden in A und B, so zwar, daß

$$E\Theta\,(\Delta\varphi_2 - \Delta\varphi_1) = \mathfrak{M}_0 s_0 + H\int_0^{s_0} v\,ds + V\int_0^{s_0} u\,ds \; . \; . \; (6a)$$

wird. Hierin verschwindet die Verdrehung $\Delta\varphi_2$ des Endes B nur im Falle dessen Einspannung, von der wir zunächst absehen wollen. Dann aber, d. h. für eine gelenkige Befestigung in B, erfordert das Gleichgewicht des ganzen Systems, Fig. 107, daß

$$\mathfrak{M}_0 = V l \quad \ldots\ldots\ldots \quad (5\text{a}),$$

wodurch die Komponente V schon bestimmt ist. Weiterhin liefert die Bedingung des Verschwindens der Horizontalverschiebung der Punkte A und B gegeneinander

$$\Delta u_2 = -\int_0^{s_0} \Delta\varphi \, dv = 0,$$

oder, partiell integriert

$$v_1 \Delta\varphi_1 - v_2 \Delta\varphi_2 + \int_0^{s_0} v \, d\Delta\varphi = 0,$$

wofür wir mit $v_1 = 0$ und $v_2 = 0$ für A und B, sowie wegen $E\Theta d\Delta\varphi = \mathfrak{M} ds$ auch schreiben dürfen

$$\int_0^{s_0} \mathfrak{M} v \, ds = 0 \quad \ldots\ldots\ldots \quad (7),$$

oder mit (5)

$$\mathfrak{M}_0 \int_0^{s_0} v \, ds + H \int_0^{s_0} v^2 \, ds + V \int_0^{s_0} u v \, ds = 0 \quad \ldots \quad (7\text{a}).$$

Daraus ergibt sich im Verein mit (5a) die Horizontalkomponente H, so daß nur noch die Verdrehung $\Delta\varphi_2$ des Stabendes B in Gl. (6a) zu bestimmen ist. Diese folgt aus der Bedingung des Verschwindens der Vertikalverschiebung von B, d. h.

$$\Delta v_2 = \int_0^{s_0} \Delta\varphi \, du = 0,$$

oder, partiell integriert, mit $u_2 = l$, $u_1 = 0$

$$l \Delta\varphi_2 = \int_0^{s_0} u \, d\Delta\varphi = \frac{1}{E\Theta} \int_0^{s_0} \mathfrak{M} u \, ds \quad \ldots \quad (8)$$

und nach Einsetzen des Wertes von $\mathfrak{M}$

$$E\Theta l \Delta\varphi_2 = \mathfrak{M}_0 \int_0^{s_0} u \, ds + H \int_0^{s_0} u v \, ds + V \int_0^{s_0} u^2 \, ds \quad . \quad (8\text{a}).$$

Ziehen wir hiervon die mit l multiplizierte Gl. (6a) ab, so folgt schließlich für die Verdrehung der Federachse A für den Fall eines Gelenkes in B

$$E\Theta l \Delta \varphi_1 = \mathfrak{M}_0 \left(\int_0^{s_0} u\, ds - l s_0\right) + H \left(\int_0^{s_0} u\, v\, ds - l \int_0^{s_0} v\, ds\right) + V \left(\int_0^{s_0} u^2\, ds - l \int_0^{s_0} u\, ds\right)$$

oder

$$E\Theta l \Delta \varphi_1 = \mathfrak{M}_0 \int_0^{s_0} (u - l)\, ds + H \int_0^{s_0} (u - l)\, v\, ds + V \int_0^{s_0} (u - l)\, u\, ds \quad \ldots \ldots (8b).$$

Ist schließlich auch das Ende B eingespannt, so verschwindet dafür die Verdrehung $\Delta \varphi_2$, wogegen natürlich ein Einspannungsmoment $\mathfrak{M}_2 = \mathfrak{M}_0 - Vl$ hinzutritt, welches die Gültigkeit der Beziehung (6a) aufhebt. Wir haben mithin für diesen Fall an Stelle von (6a), (7a), (8a) die drei Formeln

$$\left.\begin{aligned} -E\Theta \Delta \varphi_1 &= \mathfrak{M}_0\, s_0 + H \int_0^{s_0} v\, ds + V \int_0^{s_0} u\, ds \\ 0 &= \mathfrak{M}_0 \int_0^{s_0} v\, ds + H \int_0^{s_0} v^2\, ds + V \int_0^{s_0} u\, v\, ds \\ 0 &= \mathfrak{M}_0 \int_0^{s_0} u\, ds + H \int_0^{s_0} u\, v\, ds + V \int_0^{s_0} u^2\, ds \end{aligned}\right\} \quad (9),$$

aus denen hervorgeht, daß die Spiralfeder mit beiderseitig eingespannten Enden wie jeder andere krumme ebenso befestigte Stab zweifach statisch unbestimmt ist, während bei einem gelenkigen Ende nur noch eine statisch unbestimmte Kraft übrig bleibt. Trotzdem gestaltet sich dieser Fall für die Berechnung nicht einfacher, da er im allgemeinen die Ermittelung der Verdrehung des gelenkigen Endes erfordert, die bei der Einspannung fortfällt.

Nachdem die Kräfte H und V aus den Gleichungen (5a) und (7a) für das gelenkige Ende B, bzw. aus (9) für den Fall der Einspannung dort bestimmt sind, erhalten wir für die Querkraft T und die Stabspannung S mit $du = ds \cos\varphi$, $dv = ds \sin\varphi$ und $ds = \varrho d\varphi$ die Beziehungen

$$\left.\begin{aligned} T &= \frac{d\mathfrak{M}}{ds} = H \sin\varphi + V \cos\varphi \\ S &= \frac{1}{\varrho}\frac{d^2\mathfrak{M}}{ds^2} = H \cos\varphi - V \sin\varphi \end{aligned}\right\} \quad . \quad . \quad (10).$$

Das Verschwinden von T liefert dann für die Stelle größter Biegungsmomente und Stabkräfte

$$\operatorname{tg}\varphi_1 = -\frac{V}{H} \quad . \quad . \quad . \quad . \quad . \quad . \quad (10\text{a}),$$

woraus sich die Winkel φ_1, $\varphi_1 + \pi$, $\varphi_1 + 2\pi \ldots$ ergeben, denen die Schnittpunkte eines Durchmessers unter dem Winkel φ_1 gegen die Achse AB mit der Spirale entsprechen.

2. Beispiel. Für den Fall einer Spirale mit sehr vielen Windungen (Fig. 108) dürfen wir in erster Annäherung den Schwerpunkt in die Drehachse selbst verlegen, also die beiden Integrale $\int u\,ds$ und $\int v\,ds$ vernachlässigen, wodurch sich Gl. (6a) in

$$E\Theta\,\Delta\varphi_1 = E\Theta\,\Delta\varphi_2 - \mathfrak{M}_0 s_0 \quad (11)$$

vereinfacht. Hierin ist nun die Neigungsänderung $\Delta\varphi_2$ der Feder im Gelenke B stets so klein, daß wir sie gegen $\Delta\varphi_1$ in A vollkommen vernachlässigen dürfen, so daß genau genug

$$E\Theta\,\Delta\varphi_1 = -\mathfrak{M}_0 s_0 \quad . \quad (11\text{a}),$$

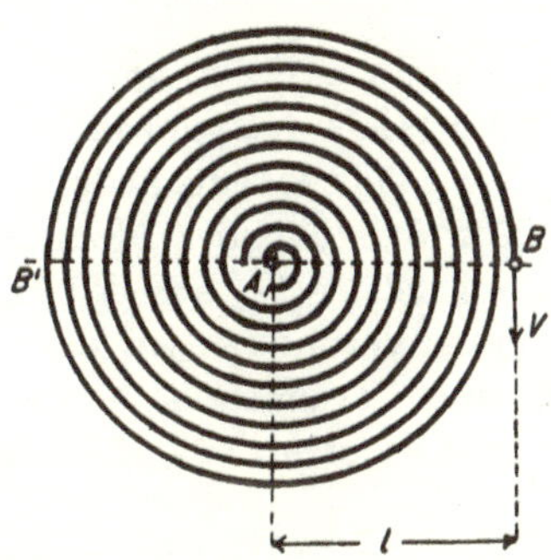

Fig. 108.

eine Formel, die wir auch aus (9) unter der Bedingung des Zusammenfallens des Schwerpunktes der Feder mit der Drehachse erhalten hätten. Daraus geht also hervor, daß für eine Feder mit sehr vielen Windungen die Befestigung des äußeren Endes keine nennenswerte Rolle spielt.

Im Falle eines Gelenkes in B verschwindet nun dort die Querkraft T, und damit wird der Durchmesser AB der geometrische Ort der ausgezeichneten Werte für das Biegungsmoment und die Stabkraft, während der Horizontalschub wegen der geringen Abweichung des Winkels φ_1 von 90^0 nur sehr gering ausfällt. Das größte Biegungsmoment tritt alsdann, wie auch ohne weiteres evident sein dürfte, in dem Gegenpunkte B' zu B auf dem Durchmesser auf und hat mit (5a) den Wert

$$\mathfrak{M}_{max} = 2\,V\,l = 2\,\mathfrak{M}_0 \quad . \quad . \quad . \quad . \quad . \quad . \quad (12);$$

während die zugehörige Stabkraft mit $\varphi_1 = 90^0$ $S \sim V$ wird. Demgegenüber nimmt die Querkraft (und mit ihr die Schubspannung im Federquerschnitt) die größten Werte $T \sim V$ auf dem zu AB senkrechten Durchmesser an; so daß nunmehr die Berechnung der Feder mit rechteckigem Querschnitt aus vorgelegten Höchstspannungen σ und τ keine Schwierigkeiten mehr bietet.

Die in einer solchen Feder durch Verdrehen der Achse um $\Delta\varphi_1$ aufgespeicherte Arbeit ist unter Vernachlässigung der Kräfte H und V

$$L = \frac{1}{2\,E\,\Theta}\int \mathfrak{M}_0^2\,d\,s = \frac{\mathfrak{M}_0^2\,s_0}{2\,E\,\Theta} = \frac{E\,\Theta}{2}\,s_0^2\,\Delta\varphi_1^2 \quad . \quad (13)$$

und kann z. B. in einer Uhr zur Überwindung der Bewegungswiderstände des ganzen Werkes wieder nutzbar gemacht werden. Diese Widerstände äußern sich nun an der Achse der Feder als ein widerstehendes Moment $\mathfrak{M}_w$, so daß im ganzen ein Überschuß $\mathfrak{M}_0 - \mathfrak{M}_w$ zur Winkelbeschleunigung der Räder des Triebwerkes vorhanden ist, die wir uns durch eine Masse m_0 mit dem polaren Trägheitshalbmesser k_0 in bezug auf die Federachse derart ersetzt denken können, daß

$$\mathfrak{M}_0 - \mathfrak{M}_w = m_0\,k_0^2\,\frac{d^2\,\Delta\varphi_1}{d\,t^2} \quad . \quad . \quad . \quad . \quad . \quad (14)$$

wird. Hierin zerfällt das Moment $\mathfrak{M}_w$ in einen dem konstanten Gewichte $m_0\,g$ der Triebwerksteile und einen dem treibenden Momente $\mathfrak{M}_0$ selbst proportionalen Bestandteil, wobei die Proportionalitätsfaktoren f_1 und f_2 sowohl durch die Reibung der Zapfen und Lager, als auch der Zähne, sowie durch die Lage der Einzelteile gegeneinander bestimmt sind. Somit dürfen wir an Stelle von (14) auch setzen

$$\mathfrak{M}_0 (1 - f_1) - f_2 m_0 g = m_0 k_0^2 \frac{d^2 \Delta \varphi_1}{d t^2}$$

oder wegen (11a)

$$0 = f_2 m_0 g + \frac{E \Theta}{s_0} (1 - f_1) \Delta \varphi_1 + m_0 k_0^2 \frac{d^2 \Delta \varphi_1}{d t^2} \quad (14a).$$

Ziehen wir dann noch die beiden ersten Glieder zusammen, schreiben also

$$\frac{d^2 \Delta \varphi_1}{d t^2} + \frac{E \Theta}{m_0 k_0^2 s_0} (1 - f_1) \left(\Delta \varphi_1 + \frac{f_2}{1 - f_1} \frac{m_0 g s_0}{E \Theta} \right) = 0 \quad (14b),$$

so erkennen wir, daß der Ablauf der Uhrfeder eine Schwingung um die Ruhelage

$$\Delta \varphi_0 = - \frac{f_2}{1 - f_1} \frac{m_0 g s_0}{E \Theta} \quad \ldots \ldots \quad (14c)$$

darstellt, also bis zur Ruhelage selbst *beschleunigt* vor sich geht. Da dies mit den Grundbedingungen des gleichförmigen Uhrganges durchaus unverträglich ist, so muß der Ablauf der Treibfeder durch eine weitere Vorrichtung geregelt werden. Diese besteht in einer sog. *Hemmung*, d. h. einer Sperrklinke, welche in sehr kurzen, möglichst genau gleichen Zeitabschnitten das Triebwerk aufhält und wieder frei gibt. Hierzu ist die Hemmung bei Wanduhren mit einem Pendel, bei Taschenuhren mit einer zweiten Spiralfeder, der sog. *Unruhe*, verbunden, deren mit einem Schwungrad versehene Achse ebenfalls Pendelschwingungen vollzieht, welche durch den Anstoß der Hemmung mit einem Zahnrade des Triebwerkes immer wieder auf Kosten der Energie der Triebfeder erregt werden. Infolgedessen dürfen wir für die Unruheschwingungen die außerdem viel kleinere Reibung gänzlich vernachlässigen und an Stelle von (14b) hinreichend genau

$$\frac{d^2 \Delta \varphi_1}{d t^2} + \frac{E \Theta}{m_0 k_0^2 s_0} \Delta \varphi_1 = 0 \quad \ldots \ldots \quad (15)$$

schreiben, worin natürlich jetzt $m_0 k_0^2$ das polare Trägheitsmoment des Schwungrades allein bedeutet, während sich die Größen E, Θ, s_0 auf die Unruhefeder beziehen, deren Masse gegen diejenige des Schwungrades vernachlässigt ist. Aus (15) folgt dann die *Schwingungsdauer der Unruhe*

$$t_0 = 2\pi \sqrt{\frac{m_0 k_0^2 s_0}{E\Theta}} \quad . \quad . \quad . \quad . \quad . \quad (15a),$$

die somit ebenso von der gesamten Federlänge s_0 abhängt wie die eines Pendels von dessen Länge. Da nun nicht nur die Federlänge, sondern auch der Elastizitätsmodul durch Temperaturschwankungen derart beeinflußt wird, daß

$$s_0 = s_1 (1 + \alpha\vartheta), \quad E = E_1 (1 - \beta\vartheta)$$

gesetzt werden kann, so wird aus (15a) mit Rücksicht auf die Kleinheit der Glieder $\alpha\vartheta$ und $\beta\vartheta$

$$t_1 = 2\pi \sqrt{\frac{m_0 k^2 s_1 (1 + \alpha\vartheta)}{E_1 \Theta (1 - \beta\vartheta)}} =$$

$$= 2\pi \left(1 + \frac{\alpha + \beta}{2} \vartheta\right) \sqrt{\frac{m_0 k_0^2 s_1}{E_1 \Theta}} \quad . \quad . \quad (15b).$$

Die Übereinstimmung dieses Wertes mit der ursprünglichen Schwingungsdauer erreicht man in der Praxis durch Regulierung der Federlänge mit Hilfe des sog. Ruckers, d. h. eines Hebels auf der Federachse, der an einem Ende eine Gabel trägt. Diese umfaßt den äußeren Bogen der Feder im Punkte B, durch dessen Verschiebung somit die Länge s_0 geändert wird.

Weitere Feinheiten der Uhrregulierung, insbesondere den Einfluß der besonderen Form der Spiralfeder auf ihre Schwingungsdauer, welche die Auswertung der Integrale in den Gleichungen (6) und (9) sowie die Berücksichtigung der Kräfte H und V erfordert, müssen wir an dieser Stelle übergehen[1]).

§ 27. Gerade Rohre unter gleichförmigem Druck.

Auffassung der Rohrwand als doppelt eingespannten Bogenträgers. Bestimmung des Einspannungsmomentes, der Stabkraft und Querkraft für den allgemeinen Fall, sowie für die Endpunkte von Symmetrieachsen. Beispiel des elliptischen Rohres und eines nur wenig von der Kreisform abweichenden. Kritischer Außendruck für das letztere. Grenzfall des beidseitig eingespannten geraden Balkens. Formänderungsarbeit und Querschnittsvergrößerung.

Während die Wand eines Rohres mit kreisförmigem Querschnitt unter innerem oder äußerem Überdruck nur Zug- bzw.

---

1) Vergl. hierüber u. a. Grashof, »Theoretische Maschinenlehre«, Bd. II, Hamburg und Leipzig 1883, S. 387 ff., sowie Castigliano »Theorie der Biegungs- und Torsionsfedern«, deutsch von Totz, Wien 1888.

Druckspannungen ausgesetzt ist, müssen wir bei Abweichungen des Querschnittes von der Kreisform auch noch das Auftreten von Biegungsmomenten und Querkräften erwarten, denen dann in der Wand Schubspannungen entsprechen werden. Jedenfalls können wir die Wand eines solchen Rohres als einen geschlossenen Bogenträger auffassen, Fig. 109, den wir uns an der betrachteten Stelle A eingespannt denken. Schneiden wir ihn dort noch auf, so wird der Zusammenhang wieder hergestellt durch Anbringung eines Biegungsmomentes $\mathfrak{M}_0$, einer Stabkraft S_0 und einer Querkraft T_0, welche das abgeschnittene Ende nach der Ausbiegung durch den Druck p wieder in seine ursprüngliche Lage und Richtung zurückbringen. Beziehen wir die Koordinaten uv eines beliebigen Umfangspunktes C der Rohrwand auf ein rechtwinkliges System mit dem Anfang in der Einspannstelle A und deren Tangente als Abszissenachse, so ist unter der Annahme eines Innendruckes p das Biegungsmoment in C

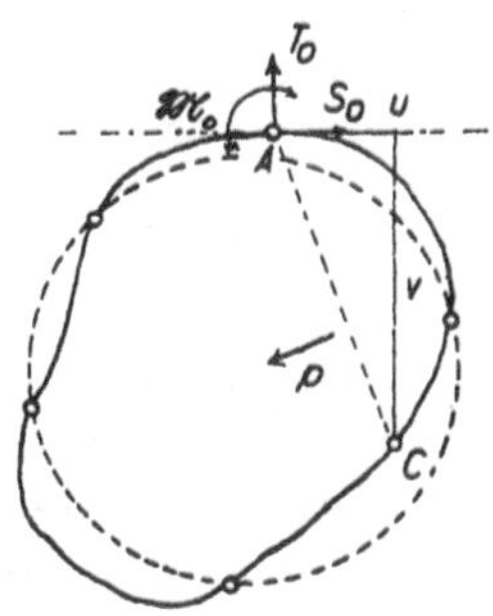

Fig. 109.

$$\mathfrak{M} = \mathfrak{M}_0 + T_0 u + S_0 v - \frac{p}{2}(u^2 + v^2) \quad . \quad . \quad . \quad (1)$$

und die daraus folgende Verdrehung $\Delta\varphi$ an derselben Stelle nach Integration über den Bogen $AC = s$

$$E\Theta\,\Delta\varphi = \int_0^s \mathfrak{M}\,ds = \mathfrak{M}_0 s + T_0\int_0^s u\,ds + S_0\int_0^s v\,ds -$$

$$-\frac{p}{2}\int_0^s (u^2 + v^2)\,ds \quad . \quad . \quad . \quad . \quad . \quad . \quad (2),$$

während die Verschiebungen des Punktes C sich aus

$$\left.\begin{aligned} \Delta u &= -\int_0^s \Delta\varphi\,dv = -v\,\Delta\varphi + \int_0^s v\,d\,\Delta\varphi \\ \Delta v &= +\int_0^s \Delta\varphi\,du = \quad u\,\Delta\varphi - \int_0^s u\,d\,\Delta\varphi \end{aligned}\right\} \quad . \quad (3)$$

berechnen.

Aus Gleichung (1) folgt weiter, daß alle Stellen des Rohres mit gleichem Momente $\mathfrak{M}$ auf einem Kreise liegen. Insbesondere gilt dies von den Stellen, an denen mit $\mathfrak{M} = 0$ nach Gleichung (2), § 24,

$$\frac{d\Delta\varphi}{ds} = 0$$

also die Verdrehung $\Delta\varphi$ ein Maximum oder Minimum wird. Derartige Punkte, in denen die deformierte Stabachse die ursprüngliche schneidet, bezeichnet man wohl auch als Knoten und demgemäß den sie verbindenden, in Fig. 109 punktiert eingetragenen Kreis nach dem Vorgang von Marbec[1]) als den Knotenkreis.

Lassen wir C über den ganzen Umfang s_0 wandern, so gelangen wir wieder an den Anfang A zurück, der weder eine Verschiebung, noch eine Verdrehung erleidet. Mithin wird für das abgeschnittene Ende $u = 0$, $v = 0$

$$E\Theta\,\Delta\varphi_0 = \int_0^{s_0} \mathfrak{M}\,ds = 0 \quad . \quad . \quad . \quad . \quad . \quad . \quad (2a)$$

$$\left.\begin{aligned} E\Theta\,\Delta u_0 &= \int_0^{s_0} v\,d\Delta\varphi = \int_0^{s_0} \mathfrak{M}\,v\,ds = 0 \\ E\Theta\,\Delta v_0 &= -\int_0^{s_0} u\,d\Delta\varphi = -\int_0^{s_0} \mathfrak{M}\,u\,ds = 0 \end{aligned}\right\} \quad . \quad (3a)$$

oder mit (1)

$$\left.\begin{aligned} \mathfrak{M}_0\,s_0 \quad + T_0\int_0^{s_0} u\,ds + S_0\int_0^{s_0} v\,ds &= \frac{p}{2}\int_0^{s_0}(u^2+v^2)\,ds \\ \mathfrak{M}_0\int_0^{s_0} v\,ds + T_0\int_0^{s_0} u\,v\,ds + S_0\int_0^{s_0} v^2\,ds &= \frac{p}{2}\int_0^{s_0}(u^2+v^2)\,v\,ds \\ \mathfrak{M}_0\int_0^{s_0} u\,ds + T_0\int_0^{s_0} u^2\,ds + S_0\int_0^{s_0} u\,v\,ds &= \frac{p}{2}\int_0^{s_0}(u^2+v^2)\,u\,ds \end{aligned}\right\} \quad (4).$$

Mit diesen drei Gleichungen berechnen sich dann, da die Integrale bei bekannter Umfangsform sich stets analytisch oder

[1]) Marbec, Théorie de l'équilibre d'une lame élastique soumise à une pression uniforme. L'association technique maritime, 1908.

graphisch auswerten lassen, die drei statisch unbestimmten Größen $\mathfrak{M}_0\ T_0\ S_0$, mit denen schließlich das Moment (1) für jeden Umfangspunkt eindeutig gegeben ist. Wir haben es also mit einem dreifach statisch unbestimmten System zu tun, wie bei dem beiderseitig eingespannten Bogenträger. In der Tat können wir den Zusammenhang der beiden Wandenden in A infolge Verhinderung der Drehung und Verschiebung als eine doppelte Einspannung ansehen.

Der in Fig. 109 dargestellte allgemeine Fall einer beliebig gestalteten Rohrwand, dessen weitere Behandlung die Berechnung einer Anzahl unbequemer Integrale voraussetzt, ist nun glücklicherweise ohne praktische Bedeutung. Eine solche gewinnt das Problem erst, wenn die Rohrwand eine oder mehrere Symmetrieachsen aufweist, durch die sich vermutlich die Bedingungsgleichungen (4) erheblich vereinfachen werden.

Besitzt die Rohrwand e i n e S y m m e t r i a c h s e, so werden wir zweckmäßig den Punkt A an das eine Ende derselben verlegen, Fig. 110. Alsdann verschwinden sofort alle Integrale, in denen ungerade Potenzen von u auftreten, da jedem Element ds mit positivem u ein dazu symmetrisch gelegenes mit negativem u zugeordnet ist, so daß beide sich aufheben. Infolgedessen reduziert sich zunächst die dritte Formel (4) auf

$$T_0 \int_0^{s_0} u^2\, ds = 0 \quad . \quad . \quad (4a),$$

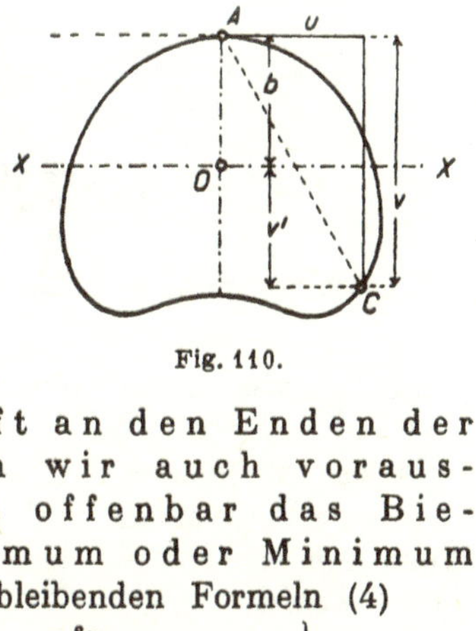

Fig. 110.

d. h. auf $T_0 = 0$. D i e s e s V e r s c h w i n d e n d e r Q u e r k r a f t a n d e n E n d e n d e r S y m m e t r i a c h s e n h ä t t e n w i r a u c h v o r a u s s e h e n k ö n n e n, d a d o r t o f f e n b a r d a s B i e g u n g s m o m e n t e i n M a x i m u m o d e r M i n i m u m w i r d. In den beiden übrig bleibenden Formeln (4)

$$\left.\begin{aligned} \mathfrak{M}_0 s_0 \qquad + S_0 \int_0^{s_0} v\, ds &= \frac{p}{2} \int_0^{s_0} (u^2 + v^2)\, ds \\ \mathfrak{M}_0 \int_0^{s_0} v\, ds + S_0 \int_0^{s_0} v^2\, ds &= \frac{p}{2} \int_0^{s_0} (u^2 + v^2)\, ds \end{aligned}\right\} \quad . \ (4b)$$

setzen wir unter Einführung des Schwerpunktsabstandes $AO = b$ des ganzen Umfangs von A, sowie der Trägheitshalbmesser k_1 und k_2, in bezug auf die Schwerachsen

$$v = b + v',$$

also

$$\left.\begin{aligned} &\int_0^{s_0} v\,ds = b\,s_0, \int_0^{s_0} u^2\,ds = k_1^2\,s_0, \quad \int_0^{s_0} v'^2\,ds = k_2^2\,s_0 \\ &\int_0^{s_0} v'\,ds = 0, \quad \int_0^{s_0} v^2\,ds = \int_0^{s_0}(b^2 + 2\,b\,v' + v'^2)\,ds = (b^2 + k_2^2)\,s_0 \end{aligned}\right\} \quad (5)$$

und erhalten so

$$\left.\begin{aligned} \mathfrak{M}_0 + S_0\,b &= \frac{p}{2}\,(b^2 + k_1^2 + k_2^2) \\ \mathfrak{M}_0\,b + S_0\,(b^2 + k_2^2) &= \frac{p\,b}{2}\,(b^2 + k_1^2 + 3\,k_2^2) \\ &+ \frac{p}{2\,s_0}\int_0^{s_0}(u^2 + v'^2)\,v'\,ds \end{aligned}\right\} \quad . \quad (6).$$

Daraus folgt schließlich

$$\left.\begin{aligned} S_0 &= p\,b + \frac{p}{2\,k_2^2\,s_0}\int_0^{s_0}(u^2 + v'^2)\,v'\,ds \\ \mathfrak{M}_0 &= \frac{p}{2}\,(k_1^2 + k_2^2 - b^2) - \frac{p\,b}{2\,k_2^2\,s_0}\int_0^{s_0}(u^2 + v'^2)\,v'ds \end{aligned}\right\} \quad (6a),$$

worin die Integrale der rechten Seite beim Vorhandensein einer zweiten Symmetriachse verschwinden. Für diesen praktisch wichtigsten Fall wollen wir die große Halbachse des Rohrquerschnittes mit a, die kleine mit b bezeichnen und erhalten dann für die Stabkräfte und Momente an den Enden der beiden Achsen

$$\left.\begin{aligned} S_1 &= p\,a, \quad \mathfrak{M}_1 = \frac{p}{2}\,(k_1^2 + k_2^2 - a^2) \\ S_2 &= p\,b, \quad \mathfrak{M}_2 = \frac{p}{2}\,(k_1^2 + k_2^2 - b^2) \end{aligned}\right\} \quad . \quad . \quad (6b),$$

während die Querkräfte an diesen Stellen natürlich wieder verschwinden. Durch Einführung je eines dieser Werte geht die allgemeine Formel (1) für das Biegungsmoment über in

$$\mathfrak{M} = \frac{p}{2}(k_1^2 + k_2^2 - u^2 - v'^2) \quad \ldots \ldots (1\text{a}),$$

während sich für die Verschiebungen der Achsenenden, welche keine Drehungen erleiden, analog (3) durch Integration über die Quadranten $s_1 = s_0/4$

$$\left.\begin{aligned} \Delta a &= -\int_0^{s_1} v'\, d\Delta\varphi = -\frac{1}{E\Theta}\int_0^{s_1} \mathfrak{M}\, v'\, ds \\ \Delta b &= -\int_0^{s_1} u\, d\Delta\varphi = -\frac{1}{E\Theta}\int_0^{s_1} \mathfrak{M}\, u\, ds \end{aligned}\right\} \quad . \; . \quad (7)$$

oder wegen (1a)

$$\left.\begin{aligned} E\Theta\,\Delta a &= -\frac{p}{2}(k_1^2 + k_2^2)\int_0^{s_1} v'\, ds + \frac{p}{2}\int_0^{s_1} u^2 v'\, ds \\ &\qquad + \frac{p}{2}\int_0^{s_1} v'^3\, ds \\ E\Theta\,\Delta b &= -\frac{p}{2}(k_1^2 + k_2^2)\int_0^{s_1} u\, ds + \frac{p}{2}\int_0^{s_1} u^3\, ds \\ &\qquad + \frac{p}{2}\int_0^{s_1} u\, v'^2\, ds \end{aligned}\right\} \quad (7\text{a})$$

ergibt. Beide Verschiebungen haben stets entgegengesetzte Vorzeichen, so zwar, daß für inneren Überdruck die kleine Achse sich vergrößert und die große abnimmt, während für äußeren Überdruck das Umgekehrte stattfindet.

1. Beispiel. Ist die Rohrwand nach einer Ellipse mit den Halbachsen a und b gestaltet, Fig. 111, so lautet deren Gleichung

$$\frac{u^2}{a^2} + \frac{v'^2}{b^2} = 1 \quad . \; . \quad (8).$$

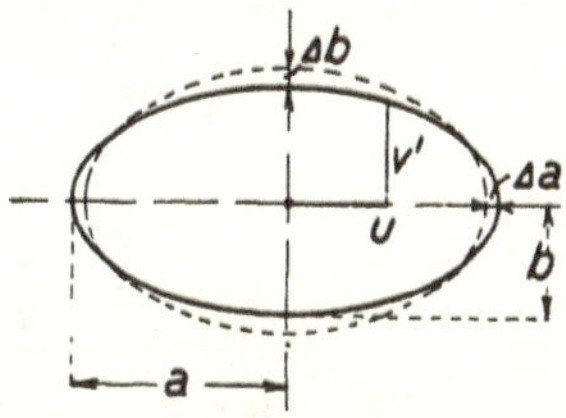

Fig. 111.

Setzen wir darin unter Einführung eines Hilfswinkels ψ

$$u = a\cos\psi, \quad v' = b\sin\psi \quad \ldots \ldots (8\text{a}),$$

so wird zunächst

$$ds = \sqrt{du^2 + dv'^2} = d\psi \sqrt{a^2 \sin^2\psi + b^2 \cos^2\psi}$$

oder wegen

$$2\sin^2\psi = 1 - \cos 2\psi, \quad 2\cos^2\psi = 1 + \cos 2\psi \quad . \quad (8b)$$

$$ds_0 = \int_0^{2\pi} d\psi \sqrt{\frac{a^2+b^2}{2}} \sqrt{1 - \frac{a^2-b^2}{a^2+b^2}\cos 2\psi}.$$

Entwickelt man die Wurzel nach Potenzen von $\frac{a^2-b^2}{a^2+b^2}\cos 2\psi$ und führt die Integration gliedweise durch, so erhält man für den ganzen Umfang

$$s_0 = 2\pi \sqrt{\frac{a^2+b^2}{2}} \left[1 - \frac{1}{16}\left(\frac{a^2-b^2}{a^2+b^2}\right)^2 - \frac{5}{384}\left(\frac{a^2-b^2}{a^2+b^2}\right)^4 - \ldots\right] \quad (9).$$

Ebenso wird

$$k_1^2 s_0 = \int_0^{s_0} u^2\, ds = a^2 \int_0^{2\pi} \cos^2\psi \sqrt{a^2\sin^2\psi + b^2\cos^2\psi}\, d\psi$$

$$k_2^2 s_0 = \int_0^{s_0} v'^2\, ds = b^2 \int_0^{2\pi} \sin^2\psi \sqrt{a^2\sin^2\psi + b^2\cos^2\psi}\, d\psi$$

oder mit (8b) nach Entwicklung der Potenzreihe und gliedweiser Integration

$$\left.\begin{aligned} k_1^2 s_0 &= a^2\pi \sqrt{\frac{a^2+b^2}{2}} \left[1 - \frac{1}{4}\left(\frac{a^2-b^2}{a^2+b^2}\right) - \frac{1}{16}\left(\frac{a^2-b^2}{a^2+b^2}\right)^2 \right.\\ &\qquad \left. - \frac{3}{128}\left(\frac{a^2-b^2}{a^2+b^2}\right)^3 - \frac{15}{1024}\left(\frac{a^2-b^2}{a^2+b^2}\right)^4 - \ldots\right] \\ k_2^2 s_0 &= b^2\pi \sqrt{\frac{a^2+b^2}{2}} \left[1 + \frac{1}{4}\left(\frac{a^2-b^2}{a^2+b^2}\right) - \frac{1}{16}\left(\frac{a^2-b^2}{a^2+b^2}\right)^2 \right.\\ &\qquad \left. + \frac{3}{128}\left(\frac{a^2-b^2}{a^2+b^2}\right)^3 - \frac{5}{1024}\left(\frac{a^2-b^2}{a^2+b^2}\right)^4 - \ldots\right] \end{aligned}\right\} \quad (10).$$

Durch Einführung dieser Werte mit (9) und (6b) ergeben sich dann sofort die beiden Einspannungsmomente $\mathfrak{M}_1$ und $\mathfrak{M}_2$. Weiterhin haben wir für die in die Verschiebungen (7a) eingehenden Integrale mit (8a)

$$\int u\,ds = a\int \cos\psi \sqrt{a^2\sin^2\psi + b^2\cos^2\psi}\,d\psi$$
$$\int v'\,ds = b\int \sin\psi \sqrt{a^2\sin^2\psi + b^2\cos^2\psi}\,d\psi$$

oder

$$\int u\,ds = a^2\int \cos\psi \sqrt{1 - \frac{a^2-b^2}{a^2}\cos^2\psi}\,d\psi$$
$$\int v'\,ds = ab\int \sin\psi \sqrt{1 - \frac{a^2-b^2}{a^2}\cos^2\psi}\,d\psi,$$

woraus nach Entwicklung der Potenzreihe für $\frac{a^2-b^2}{a^2}\cos^2\psi$ und gliedweiser Integration zwischen den Grenzen $\psi = 0$ und $\psi = \frac{\pi}{2}$ sich ergibt[1])

$$\left.\begin{aligned}\int_0^{s_1} u\,ds &= a^2\left[1 - \frac{1}{3}\left(\frac{a^2-b^2}{a^2}\right) - \frac{1}{15}\left(\frac{a^2-b^2}{a^2}\right)^2 - \frac{1}{35}\left(\frac{a^2-b^2}{a^2}\right)^3 - \frac{1}{63}\left(\frac{a^2-b^2}{a^2}\right)^4 - \dots\right]\\ \int_0^{s_1} v'\,ds &= ab\left[1 - \frac{1}{6}\left(\frac{a^2-b^2}{a^2}\right) - \frac{1}{40}\left(\frac{a^2-b^2}{a^2}\right)^2 - \frac{1}{112}\left(\frac{a^2-b^2}{a^2}\right)^3 - \frac{5}{1152}\left(\frac{a^2-b^2}{a^2}\right)^4 - \dots\right]\end{aligned}\right\} \quad (12).$$

Auf dieselbe Weise erhalten wir schließlich für die letzten vier Integrale in (7a)

$$\left.\begin{aligned}\int_0^{s_1} u^3\,ds &= a^4\left[\frac{2}{3} - \frac{4}{15}\left(\frac{a^2-b^2}{a^2}\right) - \frac{2}{35}\left(\frac{a^2-b^2}{a^2}\right)^2 - \frac{8}{315}\left(\frac{a^2-b^2}{a^2}\right)^3 - \frac{10}{693}\left(\frac{a^2-b^2}{a^2}\right)^4 - \dots\right]\\ \int_0^{s_1} v'^3\,ds &= ab^3\left[\frac{2}{3} - \frac{1}{15}\left(\frac{a^2-b^2}{a^2}\right) - \frac{1}{140}\left(\frac{a^2-b^2}{a^2}\right)^2 - \frac{1}{504}\left(\frac{a^2-b^2}{a^2}\right)^3 - \frac{5}{6336}\left(\frac{a^2-b^2}{a^2}\right)^4 - \dots\right]\end{aligned}\right\} \quad (13),$$

[1]) Diese beiden Integrale (12) lassen sich natürlich auch in geschlossener Form durch lgn bzw. arc sin ausdrücken, indessen sind die oben stehenden Reihen für die praktische Anwendung viel bequemer.

$$\left.\begin{aligned}\int_0^{s_1} u^2 v'\,ds &= a^3 b\left[\frac{1}{3}-\frac{1}{10}\left(\frac{a^2-b^2}{a^2}\right)-\frac{1}{56}\left(\frac{a^2-b^2}{a^2}\right)^2\right.\\ &\left.\quad -\frac{1}{144}\left(\frac{a^2-b^2}{a^2}\right)^3-\frac{5}{1408}\left(\frac{a^2-b^2}{a^2}\right)^4-\dots\right]\\ \int_0^{s_1} u\,v'^2\,ds &= a^2 b^2\left[\frac{1}{3}-\frac{1}{15}\left(\frac{a^2-b^2}{a^2}\right)-\frac{1}{105}\left(\frac{a^2-b^2}{a^2}\right)^2\right.\\ &\left.\quad -\frac{1}{315}\left(\frac{a^2-b^2}{a^2}\right)^3-\frac{5}{693}\left(\frac{a^2-b^2}{a^2}\right)^4-\dots\right]\end{aligned}\right\}\quad(13),$$

womit auch die Formänderung der Ellipsenachsen vollständig gegeben ist.

So erhält man für das Achsenverhältnis $a : b = 2$

$$\frac{a^2-b^2}{a^2+b^2}=\frac{3}{5},\qquad \frac{a^2-b^2}{a^2}=\frac{3}{4},$$

also

$$s_0 = 4{,}847\,a,\qquad k_1^2 s_0 = 2{,}038\,a^3,\qquad k_2^2 s_0 = 0{,}702\,a^3$$

$$\int_0^{s_1} u\,ds = 0{,}695\,a^2\qquad \int_0^{s_1} v'\,ds = 0{,}428\,a^2$$

$$\int_0^{s_1} u^3\,ds = 0{,}419\,a^4,\qquad \int_0^{s_1} v'^3\,ds = 0{,}076\,a^4$$

$$\int_0^{s_1} u^2 v'\,ds = 0{,}123\,a^4,\qquad \int_0^{s_1} u\,v'^2\,ds = 0{,}069\,a^4.$$

Damit wird

$$k_1^2 + k_2^2 = 0{,}565\,a^2,$$

also

$$\mathfrak{M} = \frac{p}{2}\,(0{,}565\,a^2 - u^2 - v'^2)$$

$$\mathfrak{M}_1 = -\,0{,}218\,p\,a^2,\qquad \mathfrak{M}_2 = +\,0{,}315\,p\,a^2$$

und

$$E\,\Theta\,\Delta a = -\,0{,}0215\,p\,a^4,\qquad E\,\Theta\,\Delta b = +\,0{,}0475\,p\,a^4.$$

Die kleine Achse ändert sich demnach mehr als doppelt so stark wie die große, was durch die Erfahrung auch vollkommen bestätigt wird. Zur Konstruktion der deformierten Rohrwand ist es noch zweckmäßig, deren Schnittpunkte mit der ursprünglichen Ellipse festzulegen, an denen offenbar der Verdrehungswinkel ein absolutes Maximum erreicht. Nach der Grundformel

$$E\,\Theta\,\frac{d\Delta\varphi}{ds} = \mathfrak{M}$$

tritt dies ein für $\mathfrak{M} = 0$, also nach (1) für diejenigen Ellipsenpunkte, welche zugleich auf dem Knotenkreise

$$u^2 + v'^2 = k_1^2 + k_2^2$$

liegen, dessen Radius in unserem Falle

$$r = a\sqrt{0{,}565} = 0{,}752\,a$$

ist. Wäre die deformierte Rohrwand eine Ellipse mit der Gleichung

$$1 = \frac{a^2}{(a+\Delta a)^2} + \frac{v'^2}{(b+\Delta b)^2} \sim \frac{u^2}{a^2}\left(1 - 2\frac{\Delta a}{a}\right) + \frac{v'^2}{b^2}\left(1 - 2\frac{\Delta b}{b}\right),$$

so würde diese die ursprüngliche Ellipse

$$\frac{u^2}{a^2} + \frac{v'^2}{b^2} = 1$$

in Punkten schneiden mit den Koordinaten $u_1 v_1$ gegeben durch

$$\frac{u_1^2}{a^2} = \frac{\Delta b}{\Delta b - \frac{b}{a}\Delta u}, \qquad \frac{v_1^2}{b^2} = \frac{-\frac{b}{a}\Delta b}{\Delta b - \frac{b}{a}\Delta u},$$

denen ein Radius $r_1 = \sqrt{u_1^2 + v_1^2}$ entspricht. Mit unseren Werten liefert dies

$$r_1^2 = 0{,}861\,a^2, \qquad r_1 = 0{,}928\,a,$$

gegenüber dem oben gefundenen Werte für den tatsächlichen Schnittpunkt, woraus eine ganz erhebliche Abweichung der deformierten Wandung von der Ellipsenform resultiert.

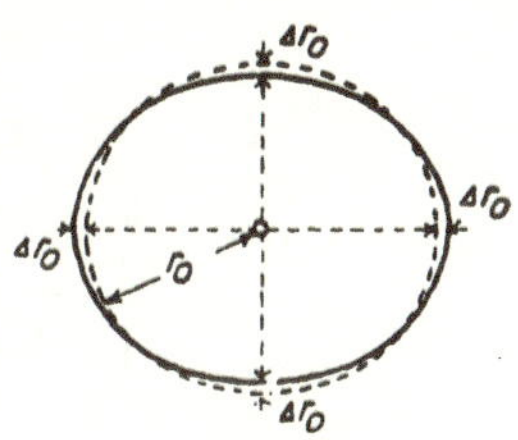

Fig. 112.

2. Beispiel. Weicht die Umfangsellipse nur wenig von der Kreisform ab, Fig. 112, so dürfen wir in den Formeln des vorigen Beispiels

$$a = r_0 + \Delta r_0,$$
$$b = r_0 - \Delta r_0 \quad . \quad . \quad . \quad (14)$$

setzen und die Quadrate von Δr_0 vernachlässigen. Auf diese Weise ergibt sich

$$\left.\begin{aligned} a^2 &= r_0^2 + 2r_0\Delta r_0, & b^2 &= r_0^2 - 2r_0\Delta r_0 \\ a^2 + b^2 &= 2r_0^2, & a^2 - b^2 &= 4r_0\Delta r_0 \\ \frac{a^2-b^2}{a^2+b^2} &= 2\frac{\Delta r_0}{r_0}, & \frac{a^2-b^2}{a^2} &= 4\frac{\Delta r_0}{r_0} \end{aligned}\right\} \quad (14\text{a}).$$

Damit aber wird aus den Formeln (9) und (10)

$$s_0 = 2\pi r_0 \quad . \quad . \quad . \quad . \quad . \quad . \quad . \quad . \quad . \quad . \quad (9\text{a})$$

$$\left.\begin{aligned} k_1^2 s_0 &= \pi r_0^3 \left(1 + \frac{3}{2} \frac{\Delta r_0}{r_0}\right) \\ k_2^2 s_0 &= \pi r_0^3 \left(1 - \frac{3}{2} \frac{\Delta r_0}{r_0}\right) \end{aligned}\right\} \quad \ldots \ldots \quad (10\text{a})$$

und weiterhin

$$k_1^2 + k_2^2 = \frac{2\pi r_0^3}{s_0} = r_0^2 \quad \ldots \ldots \quad (10\text{b}).$$

Mit (14a) liefert dies für die beiden Momente (6b) an den Achsenenden

$$\mathfrak{M}_1 = -p r_0 \Delta r_0, \qquad \mathfrak{M}_2 = +p r_0 \Delta r_0 \quad \ldots \quad (15),$$

die natürlich mit Δr_0 selbst verschwinden. Ferner wird aus (12) und (13)

$$\left.\begin{aligned} \int_0^{s_1} u\,ds &= r_0^2 \left(1 + \frac{2}{3} \frac{\Delta r_0}{r_0}\right) \\ \int_0^{s_1} v'\,ds &= r_0^2 \left(1 - \frac{2}{3} \frac{\Delta r_0}{r_0}\right) \end{aligned}\right\} \quad \ldots \quad (12\text{a})$$

$$\left.\begin{aligned} \int_0^{s_1} u^3\,ds &= \frac{2}{3} r_0^4 \left(1 + \frac{12}{5} \frac{\Delta r_0}{r_0}\right) \\ \int_0^{s_1} v'^3\,ds &= \frac{2}{3} r_0^4 \left(1 - \frac{12}{5} \frac{\Delta r_0}{r_0}\right) \\ \int_0^{s_1} u^2 v'\,ds &= \frac{1}{3} r_0^4 \left(1 + \frac{4}{5} \frac{\Delta r_0}{r_0}\right) \\ \int_0^{s_1} u v'^2\,ds &= \frac{1}{3} r_0^4 \left(1 - \frac{4}{5} \frac{\Delta r_0}{r_0}\right) \end{aligned}\right\} \quad \ldots \quad (13\text{a})$$

und nach Einsetzen in (7a)

$$\Delta a = -\Delta b = -\frac{1}{3} \frac{p r_0^3}{E\Theta} \Delta r_0 \quad \ldots \ldots \quad (16).$$

Die in der Wand auftretende Spannung setzt sich nun zusammen aus der Biegungsspannung, die bei einer Wandstärke h mit $\Theta = \frac{1}{12} h^3$ im Abstande y von der neutralen

Schicht

$$\sigma_1 \sim \frac{\mathfrak{M}}{\Theta} y = 12 \frac{\mathfrak{M} y}{h^3} \quad \ldots \ldots \quad (17)$$

wird, und der Normalspannung infolge der Stabkraft S

$$\sigma_2 = \frac{S}{F} = \frac{S}{h} \quad \ldots \ldots \ldots \quad (17\text{a}),$$

so daß durch Überlagerung eine resultierende Spannung

$$\sigma = \sigma_1 + \sigma_2 = 12 \frac{\mathfrak{M} y}{h^3} + \frac{S}{h} \quad \ldots \ldots \quad (17\text{b})$$

auftritt. Diese erreicht ihre Höchstwerte an den Enden der beiden Achsen, und zwar in den äußersten Fasern für $y = \pm \frac{h}{2}$, so daß wir mit $S \sim p r_0$ und (15) hierfür erhalten

$$\sigma_0 = \frac{p r_0}{h} \left(1 \pm 6 \frac{\Delta r_0}{h}\right) \quad \ldots \ldots \quad (17\text{c}).$$

Daraus erhellt ohne weiteres, daß z. B. ein Unterschied der beiden Achsen von $1/_6$ der Wandstärke die Spannung schon auf das Doppelte von derjenigen des genau kreisförmigen Rohres erhöht.

Verlangen wir nunmehr, daß der Innendruck gerade ausreicht, um die Abweichung von der Kreisform rückgängig zu machen, so erhalten wir aus (16) mit $\Delta a = -\Delta b = \Delta r_0$ hierfür

$$p_0 = \frac{3 E \Theta}{r_0^3} = \frac{E}{4} \cdot \frac{h^3}{r_0^3} \quad \ldots \ldots \quad (16\text{a}).$$

Umgekehrt würde dieser Druck von außen, auf das kreiszylindrische Rohr wirkend, demselben eine Abplattung Δr_0 erteilen, die in (16a) gar nicht vorkommt und daher ganz beliebig anwächst. Daher müssen wir den durch (16a) bestimmten Wert als kritischen Außendruck für das zylindrische Rohr ansehen, der jedenfalls nicht dauernd darauf lasten darf, während größere oder kleinere Drücke keine Abweichungen des Rohrquerschnitts von der Kreisform hervorrufen.

Zu demselben Ergebnis wäre man auch gelangt, wenn man den aus (1a) mit (10b) und $u^2 + v'^2 = r^2 = r_0^2 + 2 r_0 \Delta r$ folgenden Ausdruck für das Biegungsmoment, nämlich

$$\mathfrak{M} = -p r_0 \Delta r \quad \ldots \ldots \ldots \quad (15\text{a})$$

in die Gl. (6), § 24, eingeführt hätte. Deren Integral Δr geht für $p > 0$, d. h. für Innendruck in eine Exponentialfunktion, für Außendruck $p < 0$ aber in einen periodischen Ausdruck über, dessen Ableitungen $d\Delta r : d\varphi$ für $\varphi = 0$ und $\frac{\pi}{2}$ verschwinden, woraus schließlich die Bedingung (16a) resultiert.

3. Beispiel. Verschwindet die kleine Achse der Ellipse, so geht diese in einen geraden Doppelbalken (Fig. 74) über, dessen beide Enden infolge der dort verhinderten Verdrehung als eingespannt zu gelten haben. Alsdann hat man, da mit $v' = 0$ auch $k_2 = 0$ ist, wegen $ds = du$

$$\left.\begin{array}{lll} s_0 = 4a, & k_1^2 s_0 = \frac{4}{3} a^3, & k_1^2 = \frac{a^2}{3} \\ \int_0^{s_1} u\,ds = \frac{a^2}{2}, & \int_0^{s_1} u^3 ds = \frac{a^4}{4} & \end{array}\right| \quad \ldots \quad (18).$$

Infolgedessen wird aus (6b) $S_1 = pu$, $S_2 = 0$

$$\left.\begin{array}{l} \mathfrak{M}_1 = \frac{p}{2}\left(\frac{a^2}{3} - a^2\right) = -\frac{pa^2}{3} \\ \mathfrak{M}_2 = \frac{pa^2}{6} \end{array}\right| \quad \ldots \quad (19),$$

von denen das erstere das Einspannungsmoment am Stabende, das letztere den Höchstwert des Biegungsmomentes (1 a), nämlich

$$\mathfrak{M} = \frac{p}{2}\left(\frac{a^2}{3} - u^2\right) \quad \ldots \ldots \quad (19\,a)$$

in der Stabmitte, d. h. für $u = 0$ darstellt. Für die Durchbiegungen erhalten wir endlich aus (7a) $\Delta a = 0$ und

$$E\Theta\Delta b = -\frac{p}{2}\left(\frac{a^4}{6} - \frac{a^4}{4}\right) = \frac{pa^4}{24} \quad \ldots \quad (20)$$

oder unter Einführung der ganzen Stablänge $l = 2a$

$$\Delta b = \frac{pl^4}{384 \cdot E\Theta} \quad \ldots \ldots \quad (20\,a),$$

eine Formel, die ersichtlich mit Gl. (7b), § 16, für den beidseitig eingespannten geraden Balken unter gleichförmiger Belastung übereinstimmt, wenn wir unsere Bezeichnungen Δb und p durch die früher benutzten η_0 und q ersetzen.

Hierzu sei noch bemerkt, daß man mit unseren Formeln natürlich auch Rohrwandungen behandeln kann, die aus verschiedenen Kurvenstücken, z. B. Geraden und Kreisbogen, zusammengesetzt wird, wie dies u. a. Westphal[1]) an einem schönen Beispiel gezeigt hat.

Die in den Darlegungen dieses Abschnittes noch nicht herangezogene Formänderungsarbeit ergibt sich — wieder unter Vernachlässigung des Einflusses der Stabkraft und der Querkraft — allgemein zu

$$L = \frac{1}{2E\Theta}\int_0^{s_0} \mathfrak{M}^2 ds \quad \ldots\ldots \quad (21),$$

und wird durch den Druck p geleistet, der die ganze Fläche F des Rohrquerschnitts um $\varDelta F$ vergrößert bzw. verkleinert, je nachdem er innen oder außen auf die Rohrwand wirkt. Infolgedessen haben wir auch

$$L = \frac{p\varDelta F}{2} \quad \ldots\ldots \quad (21\,\mathrm{a})$$

oder mit (21) und $s_0 = 4 s_1$

$$E\Theta p \varDelta F = \int_0^{s_0} \mathfrak{M}^2 ds = 4\int_0^{s_1} \mathfrak{M}^2 ds \quad \ldots \quad (22).$$

Im praktisch wichtigsten Falle des doppelt symmetrischen Rohrquerschnitts ist $\mathfrak{M}$ durch Gl. (1a) gegeben, wofür wir auch mit den Abkürzungen

$$k_1^2 + k_2^2 = k_0^2, \qquad u^2 + v'^2 = r^2 \quad \ldots \quad (23)$$

schreiben dürfen

$$\mathfrak{M} = \frac{p}{2}(k_0^2 - r^2) \quad \ldots\ldots \quad (1\,\mathrm{b}).$$

Damit geht (22) über in

$$E\Theta\varDelta F = p\int_0^{s_1} (k_0^2 - r^2)^2 ds$$

oder

$$E\Theta\varDelta F = p\left(k_0^4 s_1 - 2k_0^2\int_0^{s_1} r^2 ds + \int_0^{s_1} r^4 ds\right) \quad \ldots \quad (22\,\mathrm{a}).$$

---

[1]) Westphal, Festigkeit von ovalen Röhren gegen inneren und äußeren Flüssigkeitsdruck, mit Bemerkungen von J. Schmidt. Zeitschrift des Vereins deutscher Ingenieure 1909, S. 383.

Hierin ist aber

$$\left.\begin{aligned}\int_0^{s_1} r^2 ds &= \int_0^{s_1} u^2 ds + \int_0^{s_1} v'^2 ds = (k_1^2 + k_2^2)\, s_1 = k_0^2 s_1 \\ \int_0^{s_1} r^4 ds &= \int_0^{s_1} (u^2 + v'^2)^2 ds = \int_0^{s_1} u^4 ds + 2\int_0^{s_1} u^2 v'^2 ds + \int_0^{s_1} v'^4 ds\end{aligned}\right\} \quad (23\,\mathrm{a}),$$

so daß (22a) mit (23) übergeht in

$$\frac{E\Theta \Delta F}{p} = \int_0^{s_1} u^4 ds + 2\int_0^{s_1} u^2 v'^2 ds + \int_0^{s_1} v'^4 ds - (k_1^2 + k_2^2)^2 s_1 \quad (22\,\mathrm{b}).$$

Differenzieren wir ferner den Ausdruck (21) nach p, so wird mit Rücksicht auf (1b)

$$\frac{\partial L}{\partial p} = \frac{1}{E\Theta}\int_0^{s_0} \mathfrak{M}\frac{\partial \mathfrak{M}}{\partial p} ds = \frac{4}{E\Theta}\int_0^{s_1} \mathfrak{M}\frac{\partial \mathfrak{M}}{\partial p} ds = \frac{p}{E\Theta}\int_0^{s_1} (k_0^2 - r^2)^2 ds$$

oder wegen (23a) bzw. (22b)

$$\frac{\partial L}{\partial p} = \Delta F \quad \ldots\ldots\ldots \quad (24),$$

d. h. die Ableitung der Formänderungsarbeit nach dem Drucke liefert die von diesem hervorgerufene Flächenänderung des Rohrquerschnitts. Beim geraden Balken entspricht dem natürlich die zwischen der ursprünglichen Stabachse und der elastischen Linie liegende Fläche.

4. Beispiel. Für die Ellipse ergeben sich die in Gl. (22b) auftretenden Integrale nach dem im 1. Beispiel angedeuteten Verfahren zu

$$\left.\begin{aligned}\int_0^{s_1} u^4 ds &= \frac{a^4\pi}{8}\sqrt{\frac{a^2+b^2}{2}}\left[\frac{3}{2} - \frac{1}{2}\,\frac{a^2-b^2}{a^2+b^2} - \frac{7}{64}\left(\frac{a^2-b^2}{a^2+b^2}\right)^2\right. \\ &\qquad \left. - \frac{3}{64}\left(\frac{a^2-b^2}{a^2+b^2}\right)^3 - \frac{55}{2048}\left(\frac{a^2-b^2}{a^2+b^2}\right)^4 - \ldots\right] \\ \int_0^{s_1} v'^4 ds &= \frac{b^4\pi}{8}\sqrt{\frac{a^2+b^2}{2}}\left[\frac{3}{2} + \frac{1}{2}\,\frac{a^2-b^2}{a^2+b^2} - \frac{7}{64}\left(\frac{a^2-b^2}{a^2+b^2}\right)^2\right. \\ &\qquad \left. + \frac{3}{64}\left(\frac{a^2-b^2}{a^2+b^2}\right)^3 - \frac{55}{2048}\left(\frac{a^2-b^2}{a^2+b^2}\right)^4 + \ldots\right] \\ \int_0^{s_1} u^2 v'^2 ds &= \frac{a^2 b^2\pi}{8}\sqrt{\frac{a^2+b^2}{2}}\left[\frac{1}{2} - \frac{1}{64}\left(\frac{a^2-b^2}{a^2+b^2}\right)^2\right. \\ &\qquad \left. - \frac{5}{2048}\left(\frac{a^2-b^2}{a^2+b^2}\right)^4 - \ldots\right]\end{aligned}\right\} \quad (25),$$

und nehmen für den oben betrachteten Fall $a = 2b$ die Werte

$$\int_0^{s_1} u^4\, ds = 0{,}373\, a^5, \quad \int_0^{s_1} v'^4\, ds = 0{,}034\, a^5, \quad \int_0^{s_1} u^2 v'^2\, ds = 0{,}038\, a^5$$

an. Mit diesen und den früher berechneten Werten

$$s_1 = \frac{s_0}{4} = 1{,}212\, a, \quad k_1^2 + k_2^2 = 0{,}565\, a^2$$

folgt dann aus (12 b)

$$\varDelta F = 0{,}080\, \frac{p\, a^5}{E\, \Theta}.$$

Hätten wir die Flächenänderung aus den im 1. Beispiel ermittelten Verschiebungen der Achsenenden $\varDelta a$ und $\varDelta b$ unter der Annahme berechnet, daß die deformierte Wand wieder eine Ellipse wäre, so hätten wir erhalten

$$\varDelta F = \pi \varDelta (a b) = \pi (a \varDelta b + b \varDelta a)$$

und nach Einsetzen der früheren Werte

$$E\, \Theta\, \varDelta a = -0{,}0215\, p\, a^4, \qquad E\, \Theta\, \varDelta b = +0{,}0475\, p\, a^4$$

$$\varDelta F = 0{,}116\, \frac{p\, a^5}{E\, \Theta},$$

also einen erheblich größeren Wert. Auch hieraus müssen wir im Einklang mit den Bemerkungen am Schluß des 1. Beispiels schließen, daß die deformierte Wand ganz wesentlich von der Ellipsenform abweicht, und zwar um so mehr, je kleiner das Verhältnis $b : a$ ist. Dies geht besonders klar aus dem obigen 3. Beispiel des Übergangs in den eingespannten geraden Balken hervor, dessen elastische Linie Wendepunkte besitzen muß, welche keinesfalls mit einem Kegelschnitt verträglich sind.

§ 28. Die Wirkung von Einzelkräften auf geschlossene Ringe.

Der allgemeine Fall als beiderseitig eingespannter Bogenträger. Beschränkung auf einfach und doppelt symmetrische Ringe mit Kräften in den Achsenenden. Beispiele des Kreisringes, des elliptischen Ringes und eines viereckigen Rahmens mit steifen Ecken.

Befindet sich ein in sich zurücklaufender krummer Stab, den wir kurzweg als einen Ring bezeichnen wollen, unter der Wirkung einer Anzahl äußerer Kräfte in seiner Ebene im Gleichgewicht, so gehen diese Kräfte alle durch einen Punkt und liefern weder eine Resultante noch ein Kräftepaar. Infolgedessen können wir, ohne Störung des Gleichgewichts, irgendeinen Punkt A des Umfangs wie im vorigen Abschnitt festgehalten und eingespannt denken. Schneiden wir den Ring an dieser Stelle auf, so wird der Zusammenhang durch Anbringung je eines Biegungsmomentes $\mathfrak{M}_0$, einer Stabkraft S_0 und einer Querkraft T_0 an beiden Schnittflächen wieder hergestellt. Die äußeren Kräfte Q selbst zerlegen wir nach den Richtungen des Achsenkreuzes durch A, dessen Abszissenachse nach Fig. 113 zweckmäßig mit der Tangente dort zusammenfällt, in je zwei Komponenten X Y und erhalten dann am abgeschnittenen Stück für den Punkt C das Biegungsmoment

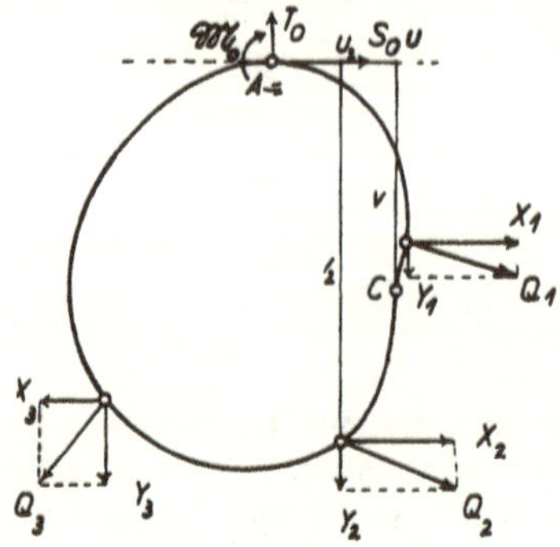

Fig. 113.

$$\mathfrak{M} = \mathfrak{M}_0 + T_0 u + S_0 v - \Sigma [X_n (v_n - v) - Y_n (u_n - u)] \quad (1),$$

worin sich die Summe rechts nur über die Kräfte auf einer Seite von C erstreckt. Bilden wir diesen Ausdruck für jedes Intervall zwischen den Angriffspunkten zweier Kräfte Q, so erhalten wir eine Reihe von Momenten $\mathfrak{M}_{01}$, $\mathfrak{M}_{12}$ usw., denen dann die Formänderungsarbeiten

$$\frac{1}{2E\Theta}\int_0^1 \mathfrak{M}_{01}^2\, ds, \quad \frac{1}{2E\Theta}\int_1^2 \mathfrak{M}_{12}^2\, ds, \ldots \frac{1}{2E\Theta}\int_n^0 \mathfrak{M}_{n0}^2\, ds$$

entsprechen. Mithin folgt für die totale Formänderungsarbeit L des Ringes

$$2E\Theta L = \int_0^1 \mathfrak{M}_{01}^2\, ds + \int_1^2 \mathfrak{M}_{12}^2\, ds + \ldots + \int_n^0 \mathfrak{M}_{n0}^2\, ds \quad . \quad (2),$$

eine Summe, deren jedes Glied nach (1) die drei Unbekannten $\mathfrak{M}_0$ T_0 S_0 enthält. Diese selbst ergeben sich aus (2) mit Hilfe der Bedingungen für die Einspannstelle A, nämlich

$$\frac{\partial L}{\partial \mathfrak{M}_0} = 0, \quad \frac{\partial L}{\partial S_0} = 0, \quad \frac{\partial L}{\partial T_0} = 0 \quad . \quad . \quad . \quad (2\text{a}),$$

während die Ableitungen nach den beiden Komponenten irgendeiner Kraft Q_n die zugehörigen Verschiebungen des Angriffspunktes ergeben, so zwar, daß

$$\Delta u_n = \frac{\partial L}{\partial X_n}, \quad \Delta v_n = \frac{\partial L}{\partial Y_n} \quad (3).$$

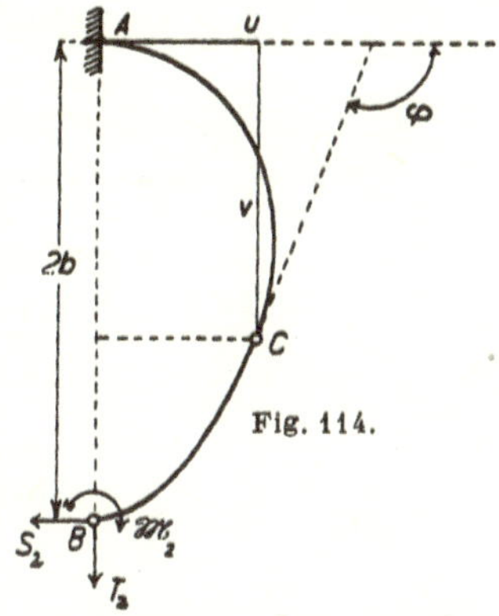

Fig. 114.

Die vorstehenden Formeln, welche im Falle eines beliebig gestalteten Ringes auf recht umständliche, wenn auch nicht schwierige Rechnungen führen, sind nun glücklicherweise ohne praktische Bedeutung, da es sich in Wirklichkeit fast stets um doppelt symmetrische Ringe handelt, deren Achsen mit den Kraftrichtungen zusammenfallen. Ist zunächst nur eine Symmetrieachse vorhanden, an deren beiden Enden die gleich großen Kräfte $\pm Q$ einander entgegenwirken, so können wir uns mit der Betrachtung einer Ringhälfte (Fig. 114) begnügen. Das eine Ende A derselben sei eingespannt, während am anderen B außer dem Momente $\mathfrak{M}_2$ die Kräfte S_2 und T_2 angreifen, von denen die letztere aus Symmetriegründen sich sofort zu

$$T_2 = \frac{Q}{2} \quad \ldots \ldots \ldots \quad (4)$$

berechnet. Bezeichnen wir ferner mit $2b$ den Abstand AB der beiden Scheitel, so ist das Biegungsmoment in einem beliebigen Punkte C mit den Koordinaten uv

$$\mathfrak{M} = \mathfrak{M}_2 + S_2(2b - v) - T_2 u \quad \ldots \quad (5).$$

Daraus folgt dann die Querkraft

$$T = \frac{d\mathfrak{M}}{ds} = -S_2 \frac{dv}{ds} - T_2 \frac{du}{ds} = -(S_2 \sin\varphi + T_2 \cos\varphi) \quad (5a)$$

und die Stabkraft

$$S = \varrho \frac{d^2\mathfrak{M}}{ds^2} = T_2 \sin\varphi - S_2 \cos\varphi \quad \ldots \quad (5b).$$

Da ferner die Verdrehung der Stabenden in A und B gegeneinander verschwinden muß, so ist bei einer gesamten Ringlänge s_0

$$E\Theta\Delta\varphi = \int_0^{\frac{s_0}{2}} \mathfrak{M}\, ds = 0$$

oder mit (5)

$$\mathfrak{M}_2 \frac{s_0}{2} + b\, s_0\, S_2 - S_2 \int_0^{\frac{s_0}{2}} v\, d s - T_2 \int_0^{\frac{s_0}{2}} u\, d s = 0 \quad . \quad . \quad (6).$$

Ebenso verschwindet die Verschiebung des Punktes B normal zur Symmetrieachse, also ist

$$\Delta u_b = -\int \Delta \varphi\, d v = \int v\, d \Delta \varphi = \frac{1}{E\,\Theta} \int_0^{\frac{s_0}{2}} \mathfrak{M}\, v\, d s = 0$$

oder

$$\mathfrak{M}_2 \int_0^{\frac{s_0}{2}} v\, d s + 2\, b\, S_2 \int_0^{\frac{s_0}{2}} v\, d s - S_2 \int_0^{\frac{s_0}{2}} v^2\, d s - T_2 \int_0^{\frac{s_0}{2}} u\, v\, d s = 0 \quad (7).$$

Zu genau denselben Gleichungen wären wir natürlich auch durch das Verschwinden der Ableitungen der Formänderungsarbeit nach $\mathfrak{M}_b$ und S_b gelangt, wobei es wieder genügt, die Arbeit nur für die eine Ringhälfte anzuschreiben. Setzen wir abkürzungsweise

$$\int_0^{\frac{s_0}{2}} v\, d s = \frac{v_0\, s_0}{2}, \quad \int_0^{\frac{s_0}{2}} u\, d s = \frac{u_0\, s_0}{2}, \quad \int_0^{\frac{s_0}{2}} v^2\, d s = \frac{k^2\, s_0}{2} \quad . \quad (8),$$

so wird mit der Substitution

$$v = b + v' \quad . \quad . \quad . \quad . \quad . \quad . \quad . \quad . \quad . \quad (8\text{a})$$

aus (6) und (7)

$$\mathfrak{M}_2 + 2\, b\, S_2 - S_2\, v_0 - T_2\, u_0 = 0 \quad . \quad . \quad . \quad . \quad (6\text{a}),$$

$$(\mathfrak{M}_2 + 2\, b\, S_2)\, v_0 - S_2\, k^2 - T_2\, b\, u_0 - \frac{2\, T_2}{s_0} \int_0^{s_0} u\, v'\, d s = 0 \quad (7\text{a}).$$

Im Sonderfalle eines d o p p e l t s y m m e t r i s c h e n R i n g e s (Fig. 115) mit der Halbachse $v_0 = b$ verschwindet das letzte Integral in (7a) und wir erhalten an Stelle der beiden Formeln (6a) und (7a)

$$\mathfrak{M}_2 + b\, S_2 - T_2\, u_0 = 0 \quad . \quad . \quad . \quad . \quad . \quad . \quad (6\text{b}),$$

$$\mathfrak{M}_2\, b + (2\, b^2 - k^2)\, S_2 - T_2\, b\, u_0 = 0 \quad . \quad . \quad . \quad (7\text{b})$$

oder kurz

$$S_2 = 0, \quad \mathfrak{M}_2 = T_2 u_0 = \frac{Q}{2} u_0 \quad . \quad . \quad . \quad . \quad (9).$$

Damit vereinfachen sich die Formeln (5), (5a), (5b) in

$$\left.\begin{array}{c} \mathfrak{M} = \frac{Q}{2}(u_0 - u) \\ T = -\frac{Q}{2}\cos\varphi, \quad S = \frac{Q}{2}\sin\varphi \end{array}\right\} \quad . \quad . \quad . \quad (9\text{a}),$$

so daß also in einem doppelt symmetrischen Ringe die Stabkraft an den Angriffsstellen der äußeren Kraft und die Querkraft an den Enden der zur Kraftrichtung normalen Symmetrieachse verschwindet. Am Ende D der Halbachse a wirkt demnach außer der Kraft $\frac{Q}{2}$ in tangentialer Richtung ein Moment, welches sich aus der ersten Formel (9a) mit $u = a$ zu

$$\mathfrak{M}_1 = \frac{Q}{2}(u_0 - a) \quad . \quad . \quad (9\text{b})$$

berechnet. Bringen wir demnach an den beiden Achsenenden A und B die entgegengesetzt gerichteten Kräfte $\frac{Q}{2}$ an und lassen dort die beiden Momente $\mathfrak{M}_2$ und $\mathfrak{M}_1$ wirken, so können wir uns vollständig mit der Untersuchung des Quadranten $AD = s_1$ begnügen, ohne von der Einspannung eines der Enden Gebrauch zu machen.

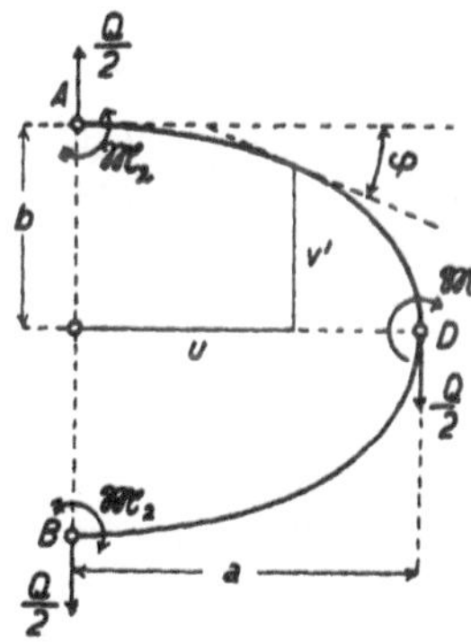

Fig. 115.

Alsdann ergeben sich die Verschiebungen der beiden Achsenenden zu

$$\left.\begin{array}{l} \Delta a = \int_0^{s_1} \Delta\varphi\, dv' = -\int_0^{s_1} v'\, d\Delta\varphi = -\frac{1}{E\Theta}\int_0^{s_1} \mathfrak{M}\, v'\, ds \\ \Delta b = \int_0^{s_1} \Delta\varphi\, du = -\int_0^{s_1} u\, d\Delta\varphi = -\frac{1}{E\Theta}\int_0^{s_1} \mathfrak{M}\, u\, ds \end{array}\right\} \quad (10)$$

oder nach Einsetzen von (9a)

$$\left.\begin{aligned} E\Theta\,\Delta a &= -\frac{Q}{2}\,u_0\int_0^{s_1} v'\,ds + \frac{Q}{2}\int_0^{s_1} u\,v'\,ds \\ E\Theta\,\Delta b &= -\frac{Q}{2}\,u_0\int_0^{s_1} u\,ds + \frac{Q}{2}\int_0^{s_1} u^2\,ds \end{aligned}\right\} \qquad (10\text{a})$$

Die Verschiebung des Angriffspunktes der Kraft Q können wir natürlich auch aus der Formänderungsarbeit berechnen, die sich für den ganzen Ring zu

$$L = \frac{1}{2\,E\Theta}\int_0^{s_0} \mathfrak{M}^2\,ds = \frac{2}{E\Theta}\int_0^{s_1} \mathfrak{M}^2\,ds$$

ergibt. Nach Einsetzen von $\mathfrak{M}$ aus (9a) und Differentiation nach Q folgt daraus die Verschiebung $2\Delta b$ der beiden Angriffspunkte der Kraft gegeneinander im Einklang mit der zweiten Formel (10a). Auf die Verschiebung Δa der Enden der zur Kraft normalen Achse ist dieses Verfahren natürlich nicht anwendbar.

Greifen schließlich noch an den Enden der Achse $2a$ zwei Kräfte $\pm P$ an, so werden durch diese in den Punkten A und D neue Momente geweckt, die sich aus den Gleichungen (9) und (9b) durch Vertauschen von Q, u_0 und a mit P, v_0 und b ergeben und zu den früheren Momenten algebraisch addieren. Dies trifft dann auch für die Verschiebungen der Achsenenden zu, die sich, wenn P und Q Zugkräfte sind, zu

$$\left.\begin{aligned} E\Theta\,\Delta a &= -\frac{Q}{2}\left(u_0\int_0^{s_1} v'\,ds - \int_0^{s_1} u\,v'\,ds\right) \\ &\qquad + \frac{P}{2}\left(v_0'\int_0^{s_1} v'\,ds - \int_0^{s_1} v'^2\,ds\right) \\ E\Theta\,\Delta b &= -\frac{Q}{2}\left(u_0\int_0^{s_1} u\,ds - \int_0^{s_1} u^2\,ds\right) \\ &\qquad + \frac{P}{2}\left(v_0'\int_0^{s_1} u\,ds - \int_0^{s_1} u\,v'\,ds\right) \end{aligned}\right\} \qquad (10\text{b})$$

berechnen. Ist eine der beiden Kräfte eine Druckkraft, so hat man nur in den Formeln (10a) bzw. (10b) ihr Vorzeichen umzukehren.

1. Beispiel. Für einen Kreisring mit dem Radius r_0, Fig. 116, ist

$$u = r_0 \sin \varphi, \quad v' = r_0 \cos \varphi, \quad ds = r_0 \, d\varphi \quad . \quad . \quad (11),$$

also

$$u_0 = \frac{2}{\pi r_0} \int_0^{s_1} u \, ds = \frac{2 r_0}{\pi} \int_0^{\frac{\pi}{2}} \sin \varphi \, d\varphi = \frac{2 r_0}{\pi} \quad . \quad (11a),$$

so daß wir für das Moment nach Gl. (9a)

$$\mathfrak{M} = \frac{Q}{2} r_0 \left(\frac{2}{\pi} - \sin \varphi \right) \quad . \quad . \quad . \quad . \quad . \quad (12)$$

erhalten. In den Quadrantenenden nimmt dieses die Werte

$$\left. \begin{aligned} \mathfrak{M}_1 &= Q r_0 \frac{2 - \pi}{2\pi} = -0{,}182 \, Q r_0 \\ \mathfrak{M}_2 &= \frac{Q r_0}{\pi} \qquad = \quad 0{,}318 \, Q r_0 \end{aligned} \right\} \quad (12a)$$

an, deren Unterschied

$$\mathfrak{M}_2 - \mathfrak{M}_1 = \frac{Q r_0}{2} \quad . \quad . \quad (12b)$$

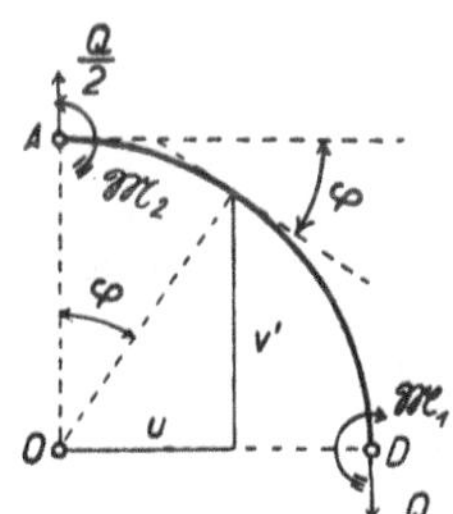

Fig. 116.

das Moment des Kräftepaares an den Quadrantenenden ergibt. Das absolut größte Moment $\mathfrak{M}_2$ tritt demnach an der Angriffsstelle der äußeren Kraft auf und führt dort auf eine maximale Spannung

$$\sigma \sim \frac{\mathfrak{M}_2}{\Theta} y_0 = 0{,}318 \frac{Q r_0 y_0}{\Theta} \quad . \quad . \quad . \quad . \quad (12c),$$

wenn y_0 den Abstand der äußersten Faser von der als Stabachse anzusehenden Kreislinie mit dem Radius r_0 bedeutet, wobei y_0 als klein gegen r_0 vorausgesetzt wird. Diese Annahme rechtfertigt auch die Vernachlässigung der Stabkraft und der Querkraft in unseren Formeln. Zur Berechnung der Verschiebungen der Achsenenden (10) haben wir für den Quadranten

$$\int_0^{s_1} u \, ds = \int_0^{s_1} v' \, ds = r_0^2,$$

$$\left.\begin{aligned} \int_0^{s_1} u\,v'\,ds &= r_0^3 \int_0^{\frac{\pi}{2}} \sin\varphi\cos\varphi\,d\varphi = \frac{r_0^3}{2} \\ \int_0^{s_1} u^2\,ds &= r_0^3 \int_0^{\frac{\pi}{2}} \sin^2\varphi\,d\varphi \quad = r_0^3\,\frac{\pi}{4} \end{aligned}\right\} \quad . \quad . \quad (11\,b),$$

also

$$\left.\begin{aligned} E\Theta\,\Delta a &= -Q\,r_0^3\,\frac{4-\pi}{4\pi} = -0{,}069\,Q\,r_0^3 \\ E\Theta\,\Delta b &= \quad Q\,r_0^3\,\frac{\pi^2-8}{8\pi} = \quad 0{,}074\,Q\,r_0^3 \end{aligned}\right\} \quad (11\,c).$$

Infolge des geringen Unterschiedes dieser beiden Verschiebungen ändern sich die beiden Radien eines Kreisringes, der in zwei zueinander normalen Richtungen durch gleich große Kräfte auseinandergezogen oder zusammengedrückt wird, nur je um

$$\pm\,(\Delta a + \Delta b) = \pm\,0{,}005\,\frac{Q\,r_0^3}{E\Theta}.$$

2. Beispiel. Für einen Ellipsenring mit Zugkräften an den Enden der großen Achse, wie er häufig als Kettenglied Verwendung findet, haben wir nach Fig. 115 bzw. aus (9a) durch Vertauschen von u mit v'

$$\left.\begin{aligned} \mathfrak{M} &= \frac{Q}{2}\,(v_0 - v') \\ T = -\frac{Q}{2}\sin\varphi,& \quad S = -\frac{Q}{2}\cos\varphi \end{aligned}\right\} \quad . \quad . \quad . \quad (13),$$

also für die Achsenenden $v = 0$ und $v = b$

$$\mathfrak{M}_1 = \frac{Q}{2}\,v_0, \quad \mathfrak{M}_2 = \frac{Q}{2}\,(v_0 - b) \quad . \quad . \quad . \quad (13\,a),$$

woraus dann

$$\mathfrak{M}_1 - \mathfrak{M}_2 = \frac{Q}{2}\,b \quad . \quad . \quad . \quad . \quad . \quad (13\,b).$$

sich ergibt. Da nun für die Ellipse zwischen den Extremen $b = a$ und $b = 0$

$$\frac{\pi}{2} > \frac{b}{v_0} > 1, \text{ also } b < \frac{\pi}{2}\,v_0$$

ist, so wird auch stets $b - v_0 < v_0$, also absolut $\mathfrak{M}_1 > \mathfrak{M}_2$ sein. Das größte Biegungsmoment herrscht also auch hier an der Angriffsstelle der Zugkraft, die mit dem Ende der großen Achse zusammenfällt. Das Moment $\mathfrak{M}$ selbst ergibt sich aus (13a) mit v_0 aus (8) nach Einsetzen der Werte (9) und (12), § 27. Für die Verschiebungen der Achsenenden folgt nach (10) mit (13)

$$\left.\begin{aligned} E\Theta\,\Delta a &= \frac{Q}{2}\,v_0\int_0^{s_1} v'\,ds - \frac{Q}{2}\int_0^{s_1} v'^2\,ds \\ E\Theta\,\Delta b &= -\frac{Q}{2}\,v_0\int_0^{s_1} u\,ds + \frac{Q}{2}\int_0^{s_1} u\,v'\,ds \end{aligned}\right\} \quad . \; . \; (14),$$

worin die ersten beiden Integrale rechts wieder aus (12), § 27, das zweite der ersten Formel, welches mit $k_2{}^2\,\frac{s_0}{4}$ identisch ist, aus Gl. (11) ebenda zu entnehmen ist, während sich das letzte in geschlossener Form berechnen läßt. Man hat nämlich mit dem Ansatze (8a), § 27,

$$\begin{aligned} \int u\,v'\,ds &= a\,b\int \sin\psi\cos\psi\,\sqrt{a^2\sin^2\psi + b^2\cos^2\psi}\,d\psi \\ &= \frac{a\,b}{2}\int\sqrt{(a^2-b^2)\sin^2\psi + b^2}\,d\,(\sin^2\psi) \\ &= \frac{a\,b}{3\,(a^2-b^2)}\,[(a^2-b^2)\sin^2\psi + b^2]^{\frac{3}{2}} + C, \end{aligned}$$

mithin nach Einführung der Grenzen $\psi = 0$ und $\psi = \frac{\pi}{2}$ für die Scheitel

$$\int_0^{s_1} u\,v'\,ds = \frac{a\,b\,(a^3-b^3)}{3\,(a^2-b^2)} \quad . \; . \; . \; . \; . \; (15).$$

Ist z. B. $a = 2b$, so folgt

$$\frac{a^2-b^2}{a^2+b^2} = \frac{3}{5}, \qquad \frac{a^2-b^2}{a^2} = \frac{3}{4},$$

also

$$s_0 = 4{,}847\,a, \quad \int_0^{s_1} v'\,ds = 0{,}428\,a^2, \quad v_0 = \frac{4}{s_0}\int_0^{s_1} v'\,ds = 0{,}353\,a$$

$$\int_0^{s_1} u\,ds = 0{,}695\,a^2, \quad \int_0^{s_1} v'^2\,ds = 0{,}702\,a^3, \quad \int_0^{s_1} u\,v'\,ds = 0{,}194\,a^3$$

und damit für die Momente in den Scheiteln

$$\mathfrak{M}_1 = 0{,}176\,Q\,a, \quad \mathfrak{M}_2 = -0{,}073\,Q\,a,$$

sowie die Verschiebungen der Achsenenden

$$E\Theta\,\Delta a = 0{,}275\,Q\,a^3,\quad E\Theta\,\Delta b = -0{,}025\,Q\,a^3 \qquad (14\text{a}).$$

Würden dieselben Kräfte Q an den Enden der kleinen Achse angreifen, so wären die Verschiebungen nach (10a) aus

$$E\Theta\Delta a = -0{,}0055\,Q a^3,\qquad E\Theta\Delta b = 0{,}82\,Q a^3 \quad . \ (14\text{b})$$

zu berechnen, woraus eine viel stärkere Formänderung des Ringes als im ersteren Falle resultiert.

Nimmt für den Kraftangriff am Ende von b die kleine Achse immer mehr ab, so nähert sich der Belastungsfall dem eines beidseitig eingespannten geraden Balkens und es wird schließlich in Übereinstimmung damit für $b = 0$ aus (10a)

$$\Delta a = 0,\qquad E\Theta\Delta b = \frac{1}{24}\,Q a^3 \quad . \ . \ . \ . \ (14\text{c})$$

3. Beispiel. Für einen Rahmen mit versteiften Ecken, Fig. 117, und den Seitenlängen $2a$ und $2b$, der von 2 Kräften Q in der Mitte der Seiten $2a$ auseinandergezogen wird, ist das Moment mit

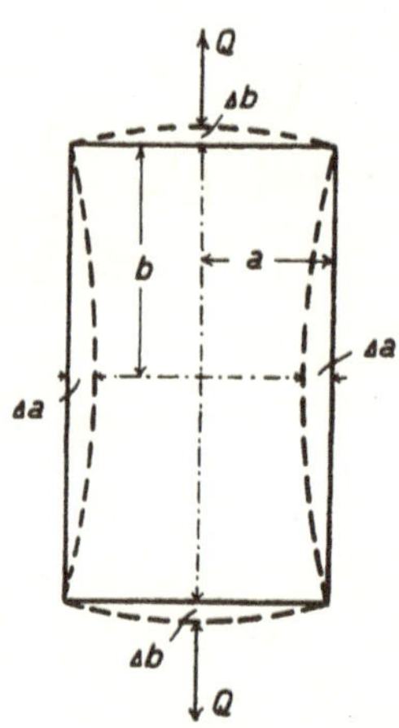

Fig. 117.

$$u_0 = \frac{a}{a+b}\left(\frac{a}{2} + b\right) \quad . \ . \ (16)$$

nach (9a)

$$\mathfrak{M} = \frac{Q}{2}\left[\frac{a}{a+b}\left(\frac{a}{2} + b\right) - u\right] \ . \ (17),$$

also längs der Seite $u = a$ konstant, und zwar gleich

$$\mathfrak{M}_1 = -\frac{Q a^2}{4(a+b)} \quad . \ . \ (17\text{a}),$$

während an den Angriffsstellen der Kraft Q

$$\mathfrak{M}_2 = \frac{Q}{2}\,u_0 = \frac{Q a}{2(a+b)}\left(\frac{a}{2} + b\right) (17\text{b})$$

wird. Beachten wir ferner, daß für den Quadranten

$$\left.\begin{aligned} \int u\,ds &= \frac{a^2}{2} + ab, & \int v'\,ds &= ab + \frac{b^2}{2} \\ \int u v'\,ds &= \frac{ab}{2}\,(a+b), & \int u^2\,ds &= a^2\left(b + \frac{a}{3}\right) \end{aligned}\right\} \quad (16\text{a})$$

ist, so folgt

$$\left.\begin{aligned} E\Theta\Delta a &= -\frac{Qa^2b^2}{8(a+b)} \\ E\Theta\Delta b &= \frac{Qa^3}{2(a+b)}\left(\frac{a}{12}+\frac{b}{3}\right) \end{aligned}\right\} \quad . \quad . \quad . \quad (17\,c).$$

Von diesen beiden Werten entspricht der erste der Durchbiegung eines geraden Stabes von der Länge $2b$ unter der Wirkung des konstanten Momentes (17a), mit einer kreisförmigen elastischen Linie. Der zweite dagegen ergibt wieder mit $b = 0$ den Wert (14b), also die Durchbiegung eines beidseitig eingespannten Balkens von der Länge $2a$ unter einer Einzellast in der Mitte.

§ 29. Gerade Rohre unter ungleichförmigem Druck.

Beschränkung auf kreiszylindrische Rohre unter Flüssigkeitsdruck. Ableitung des Biegungsmomentes und der Radialverschiebung. Einfluß der Rohrdehnung durch den Wasserdruck und des Rohrgewichtes auf das Moment und die Formänderung.

Der auf einem Teil der Wandung eines geraden Rohres von beliebigem Querschnitt ruhende gleichförmige Druck kann stets durch den Druck auf die Sehne ersetzt werden, die gleichzeitig dem Rest der Wandung zugehört. Längs dieser Sehne heben sich alsdann die entgegengesetzten Drücke auf, so daß keine äußere Resultante existiert.

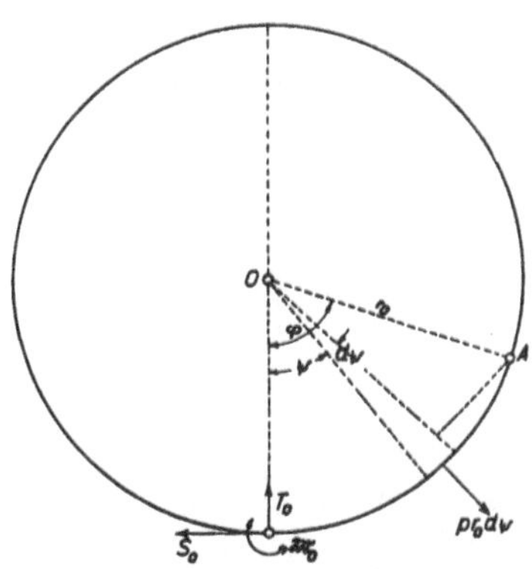

Fig. 118.

Haben wir es dagegen mit einem ungleichförmigen Drucke auf die Rohrwand zu tun, so werden wir im allgemeinen auf eine Resultante zu rechnen haben, die durch eine äußere Kraft aufgehoben werden muß, damit das Gleichgewicht nicht gestört wird. Dieser Fall gewinnt eine praktische Bedeutung für kreisförmige Wasserrohre mit großem Durchmesser, wie sie in der Neuzeit häufig in Wasserversorgungs- und Energieanlagen Verwendung finden.

Denken wir uns ein solches Rohr (Fig. 118) vom Radius r_0 an der tiefsten Stelle aufgeschnitten, so herrscht dort am Wandungsquerschnitt die Stabkraft S_0 und die Querkraft T_0, die in bezug auf eine Stelle A mit dem Zentriwinkel φ gegen die Vertikale das Biegungsmoment $\mathfrak{M}_0 + S_0 r_0 (1 - \cos\varphi) + T_0 r_0 \sin\varphi$ liefern. Der an einem Elemente $r_0\, d\psi$ mit dem Zentriwinkel ψ wirkende Druck p ergibt eine Elementarkraft $r_0 p\, d\psi$ normal zur Rohrwand, aus der durch Multiplikation mit dem Hebelarm $r_0 \sin(\varphi - \psi)$ das Moment $r_0^2 p \sin(\varphi - \psi)\, d\psi$ in bezug auf den Querschnitt A hervorgeht. Das gesamte Biegungsmoment an dieser Stelle ist mithin

$$\mathfrak{M} = \mathfrak{M}_0 + S_0 r_0 (1 - \cos\varphi) + T_0 r_0 \sin\varphi - r_0^2 \int_0^\varphi p \sin(\varphi - \psi)\, d\psi \quad (1),$$

während wir für den Druck unter der Annahme einer Spiegelhöhe a über der Rohrmitte und einem spezifischen Flüssigkeitsgewicht γ

$$p = \gamma (a + r_0 \cos\psi) \quad . \quad . \quad . \quad . \quad . \quad . \quad (2)$$

zu setzen haben. Damit folgt für das Integral in Gl. (1)

$$r_0^2 \int_0^\varphi p \sin(\varphi - \psi)\, d\psi = r_0^2 \gamma \int_0^\varphi (a + r_0 \cos\psi)(\sin\varphi \cos\psi - \cos\varphi \sin\psi)\, d\psi$$
$$= r_0^2 \gamma a (1 - \cos\varphi) + \frac{r_0^3}{2} \gamma \varphi \sin\varphi,$$

also

$$\mathfrak{M} = \mathfrak{M}_0 + S_0 r_0 (1 - \cos\varphi) + T_0 r_0 \sin\varphi$$
$$- r_0^2 \gamma \left[a (1 - \cos\varphi) + \frac{r_0}{2} \varphi \sin\varphi \right] \quad . \quad . \quad . \quad (1\,\mathrm{a}).$$

Die hierin auftretende Querkraft T_0 würde, wie aus den Darlegungen des § 27, Gl. (4a), hervorgeht, für einen konstanten Druck p verschwinden, während sie für den in vertikaler Richtung veränderlichen Wasserdruck die an der einen Hälfte der Rohrwand angreifende äußere Kraft, d. h. die Hälfte des im tiefsten Punkte des Rohres konzentriert gedachten Auflagedruckes des Rohres darstellt, der keinesfalls verschwinden kann. Man könnte natürlich auch eine andere Lagerung des Rohres nach dem

Vorgange von Forchheimer[1]) untersuchen; indessen ist dies ohne besondere Annahmen nicht durchführbar. Außerdem hat der konzentrierte Auflagedruck unter sonst gleichen Verhältnissen ersichtlich Maximalwerte des Biegungsmomentes zur Folge und führt damit auf den ungünstigsten Belastungsfall, der praktisch niemals außer acht zu lassen ist. Hierbei ist der obere Scheitel des Rohres unbelastet gedacht, so daß für $\varphi = \pi$ keine Querkraft auftritt. Diese berechnet sich aber aus (1a) zu

$$T = \frac{d\mathfrak{M}}{r_0 \, d\varphi} = S_0 \sin\varphi + T_0 \cos\varphi$$
$$- r_0 \gamma \left[a \sin\varphi + \frac{r_0}{2} (\sin\varphi + \varphi \cos\varphi) \right] \quad . \quad (3)$$

und liefert mit $T = 0$ für $\varphi = \pi$

$$T_0 = \frac{\pi}{2} \gamma r_0^2 \quad \ldots \ldots \ldots \quad (3\,a),$$

so daß der Auflagedruck im unteren Scheitel

$$Q = 2\,T_0 = \pi \gamma r_0^2 \quad \ldots \ldots \quad (3\,b)$$

mit dem Gewichte des Wasserinhaltes des Rohres übereinstimmt, und zwar unabhängig von der Druckhöhe a über der Rohrmitte.

Die in Gl. (1a) noch enthaltenen weiteren Konstanten $\mathfrak{M}_0$ und S_0 könnten wir nun, wie in den letzten beiden Abschnitten, durch die Bedingungen bestimmen, daß die beiden Scheitel des Rohres gegeneinander weder eine Verdrehung noch auch eine Horizontalverschiebung erleiden. Wir wollen indessen, um sogleich die Formänderung des Rohres zu erhalten, auf die für geringe Abweichungen von der ursprünglichen Kreisgestalt der Wandung gültige Gl. (6), § 24, für die Radialverschiebung Δr zurückgreifen, die sich unter Vernachlässigung der Stabkraft S in

$$\frac{d^2 \Delta r}{d\varphi^2} + \Delta r = - \frac{\mathfrak{M} r_0^2}{E \Theta} \quad \ldots \ldots \quad (4)$$

---

[1]) Forchheimer, Zur Festigkeit weiter Rohre, Zeitschrift des österr. Ing.- u. Arch.-Vereins 1904, Nr. 9 und 10. In dieser bemerkenswerten Abhandlung ist auch der obenstehende Fall mit der unwesentlichen Einschränkung eines druckfreien oberen Scheitels durchgeführt.

vereinfacht und mit (1a)

$$\frac{E\Theta}{r_0^2}\left(\frac{d^2\Delta r}{d\varphi^2}+\Delta r\right)=r_0^2\gamma\left[a(1-\cos\varphi)+\frac{r_0}{2}\varphi\sin\varphi\right]$$
$$-\mathfrak{M}_0-S_0 r_0(1-\cos\varphi)-T_0 r_0\sin\varphi \quad (5)$$

ergibt. Schreiben wir diese Gleichung abkürzungsweise

$$\frac{E\Theta}{r_0^2}\left(\frac{d^2\Delta r}{d\varphi^2}+\Delta r\right)=A_0+A_1\cos\varphi+B_1\sin\varphi+B_2\varphi\sin\varphi \quad (5a),$$

worin

$$\left.\begin{array}{ll} A_0=r_0^2\gamma a-\mathfrak{M}_0-S_0 r_0, & B_1=-T_0 r_0 \\ A_1=S_0 r_0-r_0^2 a\gamma, & B_2=\frac{r_0^3}{2}\gamma \end{array}\right\} \quad . \quad (5b)$$

ist, so lautet ihr allgemeines Integral[1]) mit zwei willkürlichen Konstanten C und D

$$\frac{E\Theta}{r_0^2}\Delta r=A_0+\left(\frac{A_1}{2}+\frac{B_2}{4}\right)\varphi\sin\varphi-\frac{B_1}{2}\varphi\cos\varphi-\frac{B_2}{4}\varphi^2\cos\varphi$$
$$+C\cos\varphi+D\sin\varphi \; . \; . \; . \; . \; . \; . \quad (6).$$

Die hieraus folgende Ableitung

$$\frac{E\Theta}{r_0^2}\frac{d\Delta r}{d\varphi}=\left(\frac{A_1}{2}+\frac{B_2}{4}\right)(\sin\varphi+\varphi\cos\varphi)-\frac{B_1}{2}(\cos\varphi-\varphi\sin\varphi)$$
$$-\frac{B_2}{2}\left(\varphi\cos\varphi-\frac{\varphi^2\sin\varphi}{2}\right)-C\sin\varphi+D\cos\varphi \quad (6a)$$

verschwindet nun im oberen und unteren Scheitel des Rohres für $\varphi=0$ und $\varphi=\pi$ wegen der dort horizontal bleibenden Tangenten, woraus die Bedingungen

$$\left.\begin{array}{l} D-\frac{B_1}{2}=0 \\ \frac{B_1}{2}-D-\left(\frac{A_1}{2}+\frac{B_2}{4}\right)\pi+\frac{B_2}{2}\pi=0 \end{array}\right\} \quad . \; . \quad (6b)$$

hervorgehen, von denen die erste die Konstante D festlegt, während die Addition beider

$$2A_1=B_2 \; . \; . \; . \; . \; . \; . \; . \; . \; . \quad (6c)$$

---

[1]) Hierzu gelangt man, wenn man sich nicht mit der Prüfung der Richtigkeit durch Ableitung begnügen will, am einfachsten durch Entwicklung von Δr in eine Potenzreihe, deren Koeffizienten sich mit Rücksicht auf (5a) berechnen lassen.

oder mit Rücksicht auf (5b)

$$S_0 = r_0 \gamma \left(a + \frac{r_0}{4}\right) \quad . \quad . \quad . \quad . \quad . \quad . \quad (7)$$

ergibt. Zu einer weiteren Bedingungsgleichung gelangt man durch Multiplikation von (4) mit $d\varphi$ und Integration, nämlich

$$\frac{d\Delta r}{d\varphi} + \int \Delta r \, d\varphi = -\frac{r_0^2}{E\Theta} \int \mathfrak{M} \, d\varphi,$$

wofür auch mit $E\Theta d\Delta\varphi = \mathfrak{M} r_0 d\varphi$

$$\frac{d\Delta r}{d\varphi} + \int \Delta r \, d\varphi = -r_0 \Delta\varphi \quad . \quad . \quad . \quad . \quad . \quad (4a)$$

geschrieben werden kann. Wählt man den oberen und unteren Scheitel als Integrationsgrenzen, so verschwinden dort die Ableitungen $d\Delta r : d\varphi$ und die Verdrehungen $\Delta\varphi$, so daß

$$\int_0^\pi \Delta r \, d\varphi = 0 \quad . \quad . \quad . \quad . \quad . \quad . \quad . \quad . \quad (4b)$$

übrig bleibt. Durch Einsetzen von (6) und Integration wird daraus

$$A_0 \pi + \left(\frac{A_1}{2} + \frac{B_2}{4}\right)\pi + B_1 + \frac{B_2}{2}\pi + 2D = 0,$$

oder mit Rücksicht auf die Bedeutung der Konstanten nach (5b) und (3a) sowie die Bedingungen (6b) und (6c)

$$\mathfrak{M}_0 = -\frac{3}{4}\gamma r_0^3 \quad . \quad . \quad . \quad . \quad . \quad . \quad . \quad . \quad (8).$$

Mit diesem Werte und den Ausdrücken (7) und (3a) für die Kräfte S_0 und T_0, geht schließlich die Formel (1a) über in

$$\mathfrak{M} = -\frac{r_0^3 \gamma}{2}\left[1 + \frac{\cos\varphi}{2} - (\pi - \varphi)\sin\varphi\right] \quad . \quad . \quad (9),$$

woraus man d i e U n a b h ä n g i g k e i t d e s B i e g u n g s m o m e n t e s v o n d e r D r u c k h ö h e a erkennt, welche ihrerseits einen gleichförmigen Druck γa auf die Rohrwand von der Dicke h und damit eine zusätzliche Spannung derselben im Betrage

$$\sigma' = \frac{2 r_0 a \gamma}{2h} = \frac{r_0 a \gamma}{h} \quad . \quad . \quad . \quad . \quad . \quad (10)$$

mit der Dehnung

$$\varepsilon' = \frac{\Delta r'}{r_0} = \frac{\sigma'}{E} = \frac{r_0 a \gamma}{hE} \quad . \quad . \quad . \quad . \quad . \quad (10a)$$

zur Folge hat.

Zur Übersicht der Änderung des Biegungsmomentes entnehmen wir der Arbeit von Forchheimer a. a. O. die nachfolgende aus (9) berechnete Tabelle, vgl. Fig. 119. Es ist

für $\varphi =$	$\frac{\mathfrak{M}}{\gamma r_0^3} =$	für $\varphi =$	$\frac{\mathfrak{M}}{\gamma r_0^3} =$
0°	− 0,750	105°	+ 0,197
15°	− 0,368	120°	+ 0,078
30°	− 0,062	135°	− 0,046
45°	+ 0,156	150°	− 0,152
60°	+ 0,282	165°	− 0,225
75°	+ 0,320	180°	− 0,250
90°	+ 0,285		

Da wir von vornherein unter positiven Momenten solche verstanden haben, welche die Krümmung verstärken, den Radius also verkleinern, so deutet das negative Vorzeichen in der Umgebung der Scheitel auf eine Verflachung hin, die an den Stellen $\mathfrak{M} = 0$ entsprechend den Höchstwerten des Verdrehungswinkels $\Delta\varphi$ in eine Aufbauchung übergeht. Das erkennt man am bequemsten aus der Formel für die radiale Verschiebung, die wir an einer Stelle willkürlich festsetzen können.

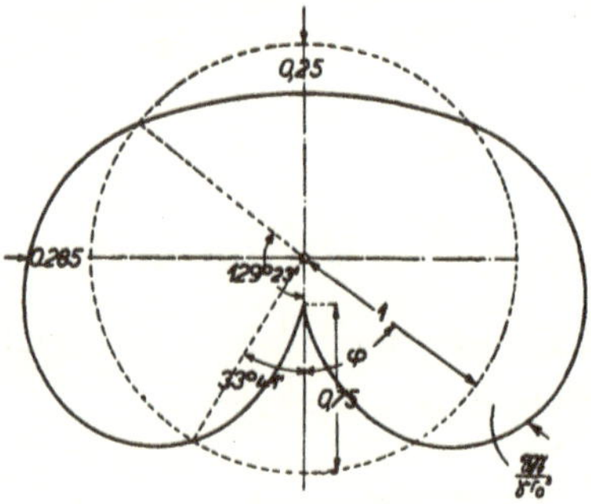

Fig. 119.

Wählen wir demgemäß $\Delta r = 0$ für $\varphi = 0$, d. h. für das Auflager am unteren Scheitel, so folgt aus Gl. (6)

$$A_0 + C = 0$$

oder mit (5b) und (8)

$$C = -\frac{\gamma r_0^3}{2} \quad \ldots \ldots \ldots \quad (6\text{d}).$$

Damit aber, sowie nach Einführung der anderen schon bestimmten Konstanten wird aus (6)

$$\frac{E\Theta}{\gamma r_0^5}\Delta r =$$

$$= \frac{1}{2}\left[1 - \cos\varphi + \frac{\pi}{2}(\varphi\cos\varphi - \sin\varphi) + \frac{\varphi}{2}\left(\sin\varphi - \frac{\varphi}{2}\cos\varphi\right)\right] \quad (11),$$

also für

$$\varphi = \frac{\pi}{2} : \frac{E\Theta}{\gamma r_0^5} \Delta r = \frac{1}{2}\left(1 - \frac{\pi}{4}\right) = +0{,}215$$

$$\varphi = \pi \ : \frac{E\Theta}{\gamma r_0^5} \Delta r = \quad 1 - \frac{\pi^2}{8} = -0{,}234,$$

während der Gesamtverlauf der Formänderung des Rohres aus Fig. 120 ersichtlich ist. Um noch den Einfluß der durch (10a) gegebenen radialen Dehnung infolge des hydrostatischen Druckes zu beurteilen, bilden wir den Quotienten mit dem Werte von (11) für den oberen Scheitel, d. h. für $\varphi = \pi$ und erhalten mit $\Theta = \frac{h^3}{12}$

$$\frac{\Delta r}{\Delta r'} = 2{,}8 \frac{r_0^3}{a h^2} \quad \ldots \ldots \ldots \quad (11\,\mathrm{a}),$$

also einen unter normalen Verhältnissen recht großen Wert, der die Vernachlässigung von $\Delta r'$ gegen Δr in den meisten Fällen rechtfertigen dürfte.

In der vorstehenden Untersuchung ist aber auch **der Einfluß des Eigengewichtes der Rohrwand** auf das Biegungsmoment und die Formänderung stillschweigend vernachlässigt worden. Zur nachträglichen Prüfung dieser Annahme bezeichnen wir das spezifische Gewicht des Wandmaterials mit γ_0, so daß auf ein Element $r_0\, d\psi$ in Fig. 121 die Vertikalkraft $\gamma_0 h\, r_0\, d\psi$ mit dem Hebelarm r_0 $(\sin\psi - \sin\varphi)$ in bezug auf A entfällt, dem ein Moment $\gamma_0\, h\, r_0^2$ $(\sin\psi - \sin\varphi)\, d\psi$ entspricht. Alsdann erhalten wir im vollständig entleerten Rohre mit den

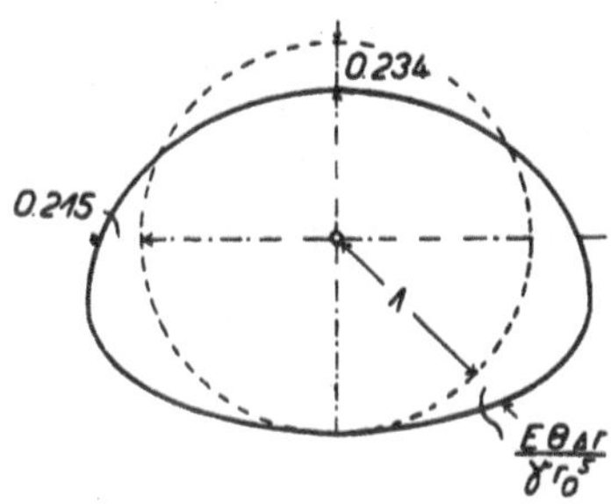

Fig. 120.

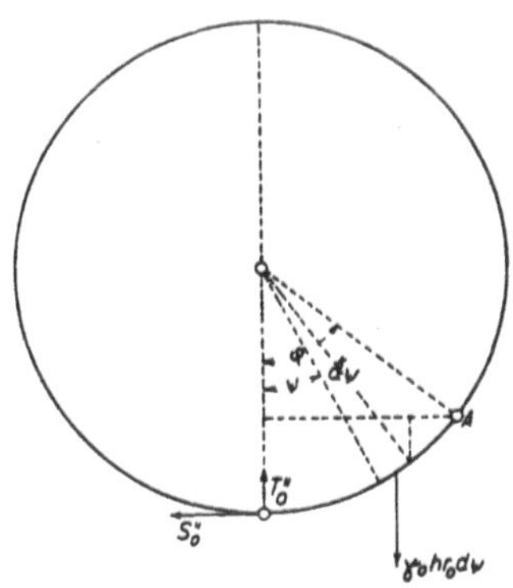

Fig. 121.

beiden Kräften S_0'', T_0'' und dem Moment $\mathfrak{M}_0''$ an der unteren Schnittstelle in A das Moment

$$\mathfrak{M}'' = \mathfrak{M}_0'' + S_0'' r_0 (1 - \cos\varphi) + T_0'' r_0 \sin\varphi$$
$$- \gamma_0 h r_0^2 \int_0^\varphi (\sin\varphi - \sin\psi)\, d\psi$$

oder

$$\mathfrak{M}'' = \mathfrak{M}_0'' + S_0'' r_0 (1 - \cos\varphi) + T_0'' r_0 \sin\varphi$$
$$- \gamma h r_0^2 (\varphi \sin\varphi + \cos\varphi - 1) \quad . \quad . \quad . \quad . \quad (12).$$

Setzen wir hierin analog (5b)

$$\left.\begin{array}{ll} A_0'' = - \gamma_0 h r_0^2 - \mathfrak{M}_0'' - S_0'' r_0, & B_1'' = - T_0'' r_0 \\ A_1'' = \quad S_0'' r_0 + \gamma_0 h r_0^2, & B_2'' = \quad \gamma_0 h r_0^2 \end{array}\right\} (12\,a),$$

worin T_0'', wie früher, den halben Auflagedruck bedeutet, also mit dem halben Gewichte der Längeneinheit des Rohres übereinstimmt, d. h.

$$T_0'' = \pi \gamma_0 h r_0 \quad . \quad . \quad . \quad . \quad . \quad . \quad . \quad . \quad . \quad (13)$$

ist, so folgt in Verbindung mit (4) für die Radialverschiebung $\Delta r''$ unter der alleinigen Wirkung des Rohrgewichts

$$\frac{E\Theta}{r_0^2}\left(\frac{d^2 \Delta r''}{d\varphi} + \Delta r''\right) =$$
$$= A_0'' + A_1'' \cos\varphi + B_1'' \sin\varphi + B_2'' \varphi \sin\varphi \quad . \quad (12\,c).$$

Das Integral dieser Gleichung lautet analog (6)

$$\frac{E\Theta}{r_0^2} \Delta r'' = A_0'' + \left(\frac{A_1''}{2} + \frac{B_2''}{4}\right) \varphi \sin\varphi - \frac{B_1''}{2} \varphi \cos\varphi$$
$$- \frac{B_2''}{4} \varphi^2 \cos\varphi + C'' \cos\varphi + D'' \sin\varphi \quad . \quad . \quad (14)$$

und liefert mit

$$\frac{d \Delta r''}{d\varphi} = 0 \text{ für } \varphi = 0 \text{ und } \varphi = \pi$$

die Bedingungen, vgl. (6b) und (6c),

$$D'' = \frac{B_1''}{2}, \qquad A_1'' = \frac{B_2''}{2} \quad . \quad . \quad . \quad . \quad (14\,a),$$

oder mit Rücksicht auf (12a)

$$S_0'' = - \frac{\gamma_0 h r_0}{2}, \qquad \mathfrak{M}_0'' = - \frac{3}{2} \gamma_0 h r_0^2 \quad . \quad . \quad (15).$$

Nach Einsetzen dieser Werte mit (13) in (12) erhalten wir schließlich

$$\mathfrak{M}'' = -\gamma_0 h r_0^2 \left[1 + \frac{\cos\varphi}{2} - (\pi - \varphi)\sin\varphi\right] \quad . \quad (16),$$

also einen Ausdruck[1]), der sich nur durch einen anderen Faktor von dem Momente (9) des Wasserdruckes unterscheidet. Demgemäß erhalten wir auch jetzt für die radiale Verschiebung $\Delta r''$ an Stelle von (11)

$$\frac{E\Theta}{\gamma_0 h r_0^4}\Delta r'' = 1 - \cos\varphi + \frac{\pi}{2}(\varphi\cos\varphi - \sin\varphi)$$
$$+ \frac{\varphi}{2}\left(\sin\varphi - \frac{\varphi}{2}\cos\varphi\right) \quad . \quad . \quad . \quad . \quad . \quad (17),$$

so daß wegen

$$\frac{\Delta r''}{\Delta r} = 2\,\frac{\gamma_0 h}{\gamma r_0} \quad . \quad . \quad . \quad . \quad . \quad . \quad (17\,a)$$

beide sich in Wirklichkeit überlagernden Verschiebungen einander proportional sind. Für eiserne Rohre und Wasserfüllung ist nun $\gamma_0 : \gamma = 7{,}5$ bis 8, also

$$\frac{\Delta r''}{\Delta r} = 15\,\frac{h}{r_0} \text{ bis } 16\,\frac{h}{r_0},$$

woraus hervorgeht, daß im Gegensatz zu dem Einfluß des Wasserdruckes auf die Rohrdehnung, vgl. (11a), die Wirkung des Rohrgewichtes im allgemeinen praktisch nicht vernachlässigt werden darf.

---

[1]) Vgl. Birault, »Calculs des parois et armatures des tuyaux à section circulaire posées sur le sol.« Génie Civil XLII. 1902 bis 1903. S. 104. Der Verfasser dieser Arbeit, auf die Forchheimer a. a. O. Bezug nimmt, geht übrigens an Stelle der Gl. (4) von der noch einfacheren Näherungsgleichung $E\,\Theta\,\Delta r = -r_0^2\,\mathfrak{M}$ aus.

§ 30. Die Biegung krummer Rohre.

Abweichendes Verhalten krummer Rohre und krummer Vollstäbe bei der Biegung infolge des Auftretens von Normalkomponenten der Biegungsspannungen. Aufstellung der Gleichgewichtsbedingung und Einführung der mittleren Schubspannung bei der Formänderung des Querschnitts unter der Annahme der Erhaltung der Achsensymmetrie. Bestimmung der Krümmungsänderung der Rohrachse aus der Formänderungsarbeit und Vergleich des Ergebnisses mit Versuchen.

Ein gerades Rohr verhält sich gegenüber einem Biegungsmomente, dessen Achse senkrecht zu einer Mantelgeraden steht, genau wie ein voller Balken mit demselben Trägheitsmomente des Querschnittes, so daß also seine Durchbiegung nach den Methoden des vorigen Kapitels ermittelt werden kann. Besitzt dagegen die Achse des Rohres von vornherein eine Krümmung, so fällt deren Änderung unter dem Einflusse eines Biegungsmomentes erfahrungsgemäß viel größer aus, als man nach der Formel (9c), § 23, für volle krumme Stäbe

$$\frac{\Delta \varrho}{\varrho} = -\frac{\mathfrak{M} \varrho}{E \Theta} \quad \dots \dots \dots \quad (1)$$

erwarten sollte, während gleichzeitig der Querschnittsumfang eine Formänderung erleidet. Dieser Vorgang findet seine Erklärung in der Tatsache, daß die auf der Querschnittsebene senkrechte Biegungsspannung vermöge der Rohrkrümmung eine Normalkomponente zur Rohrwand besitzt und daher diese wie ein (ungleichförmiger) Außen- oder Innendruck abzuplatten oder aufzublähen sucht. Das wiederum setzt die Wirkung eines Biegungsmomentes auf den Querschnittsumfang voraus, dem unter der Annahme einer kleinen Wandstärke h im Verhältnis zu den sonstigen Querschnittsabmessungen innerhalb der Wand eine mittlere Schubspannung τ in der Normalrichtung entsprechen möge.

Wir schneiden nun nach Fig. 122 aus dem eben gekrümmten Rohre durch zwei benachbarte, um den Winkel $d\chi$ gegeneinander geneigte Querschnittsebenen mit der gemeinsamen Geraden ZZ ein keilförmiges Rohrelement heraus und bezeichnen den Schwerpunktsabstand SO des doppelt symmetrisch angenommenen Rohrquerschnitts von ZZ, d. h. den Krümmungshalbmesser der Rohrachse, mit r_0, den Abstand AC eines beliebigen Punktes A

des Rohrumfangs von ZZ mit r. Denkt man sich das keilförmige Rohrelement durch Drehung um ZZ erzeugt, so beschreibt der Punkt A den Bogen $AA' = ds' = r\,d\chi$ mit dem Krümmungsmittelpunkt M' im Schnitt der Normalen der Rohrwand in A und der Geraden ZZ. Der zugehörige Krümmungshalbmesser $AM' = \varrho'$ ist dann, wenn φ den Neigungswinkel der Tangente an der Rohrwand in A bedeutet

$$\varrho' = \frac{r}{\cos\varphi} \quad . \quad . \quad (2).$$

Auf der Normalen AM' liegt ferner auch der Krüm-

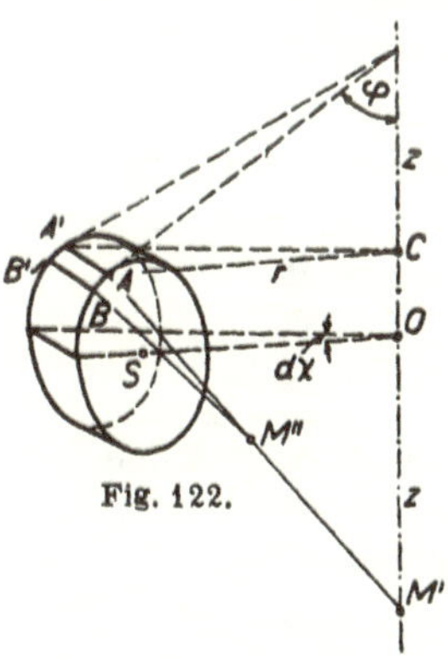

Fig. 122.

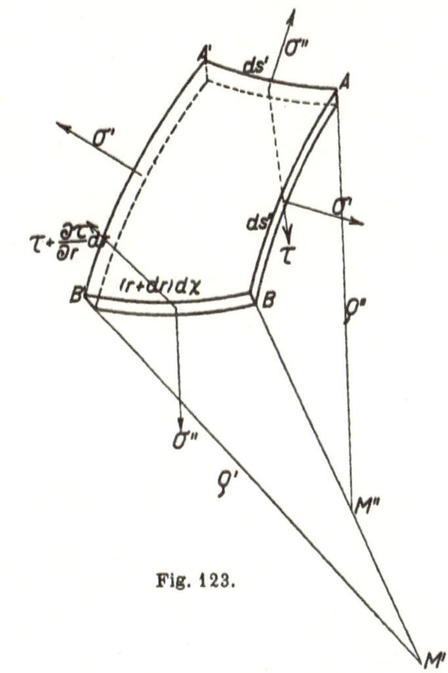

Fig. 123.

mungsmittelpunkt M'' eines Bogenelementes $AB = ds'' = \varrho''\,d\varphi$ der Rohrwand, das mit AA' ein rechteckiges Wandelement $AA'B'B = ds'ds''$ begrenzt, welches in Fig. 123 der Deutlichkeit halber nochmals herausgezeichnet sein möge. An dessen Schnittflächen $h\,ds'$ und $h\,ds''$ wirken nun die Normalspannungen σ'' und σ' mit der nach innen gerichteten Komponente $\left(\frac{\sigma'}{\varrho'} + \frac{\sigma''}{\varrho''}\right) h\,ds'\,ds''$, der ein konstanter Innendruck p mit der Normalkraft $p\,ds'\,ds''$ entgegensteht. Außerdem aber greift infolge der obenerwähnten Biegung des Querschnittsumfanges längs AA' die Schubspannung τ mit einer Normalkomponente $\tau h\,ds' = \tau r h\,d\chi$ an, die auf der gegenüberliegenden Seite, d. h. im Abstande $r + dr$ von

ZZ auf $h\left[\tau r + \frac{d(\tau r)}{dr}dr\right]d\chi$ angewachsen ist, so daß hiervon eine nach außen gerichtete Normalkomponente $h\frac{d(\tau r)}{dr}dr\,d\chi$ übrig bleibt. Diese steht mit den oben angeführten Kräften im Gleichgewicht, wenn

$$p\,ds'\,ds'' = h\left(\frac{\sigma'}{\varrho'} + \frac{\sigma''}{\varrho''}\right)ds'\,ds'' - h\,\frac{d(\tau r)}{dr}\,dr\,d\chi$$

oder wegen $ds' = r d\chi$, $dr = ds'' \sin\varphi$

$$\frac{p}{h} = \frac{\sigma'}{\varrho'} + \frac{\sigma''}{\varrho''} - \frac{d(\tau r)}{dr}\cdot\frac{\sin\varphi}{r} \quad . \quad . \quad . \quad . \quad (3)$$

ist. Hierin wollen wir nach Analogie eines Rotationskörpers um die Achse ZZ die Spannung σ' als Ringspannung und σ'' als Meridianspannung bezeichnen.

Setzen wir weiterhin voraus, daß, wie beim geraden Rohr, die Scheitel des doppelt symmetrischen Querschnittes erhalten bleiben, so wird dort das Biegungsmoment $\mathfrak{M}''$ ausgezeichnete Werte besitzen und demgemäß die zugehörige Querkraft

$$T = \frac{d\mathfrak{M}''}{ds''} \quad . \quad . \quad . \quad (4)$$

an den Scheiteln verschwinden. Für ein Rohr mit kreisförmiger Achse und einer Bogenlänge χ ist aber

$$T = \tau r \chi h \quad . \quad . \quad . \quad (4a),$$

also mit (4)

$$\tau r \chi h = \frac{d\mathfrak{M}''}{ds''} \quad . \quad . \quad . \quad (4b),$$

so daß nach unserer Annahme die Schubspannung τ in den vier Scheiteln des doppelt symmetrischen Querschnitts verschwindet.

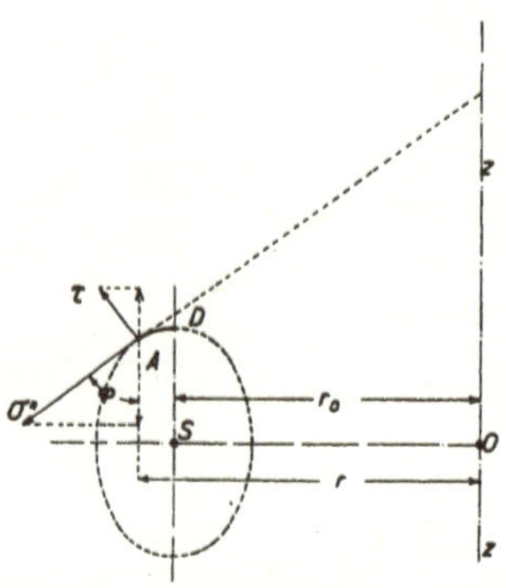

Fig. 124.

Schneiden wir daher aus unserem Keil, Fig. 124, durch Parallelkreise durch den Punkt A und den Scheitel D einen Bogen heraus, so wirkt auf diesen in der Richtung ZZ der Innendruck p mit der Kraft $\frac{p}{2}(r^2 - r_0^2)\,d\chi$ und entgegengesetzt im Schnitte durch A die Kraft $(\sigma'' \cos\varphi - \tau \sin\varphi)\, h r d\chi$, während im Schnitte durch D keine Querkraft vorhanden ist. Mithin bedingt das Gleichgewicht in der Z-Richtung

$$\sigma'' \cos\varphi - \tau \sin\varphi = \frac{p\,(r^2 - r_0^2)}{2\,h\,r} \quad . \quad . \quad . \quad . \quad (5)$$

und liefert nach Elimination der Meridianspannung σ'' mit (3)

$$\frac{p}{h}\left(1 - \frac{r^2 - r_0^2}{2\,r\,\varrho'' \cos\varphi}\right) = \frac{\sigma'}{\varrho'} + \frac{1}{\varrho''}\left(\tau \operatorname{tg}\varphi - \frac{d\,(\tau r)}{d\,r}\,\frac{\varrho''}{r} \sin\varphi\right)$$

oder mit $-\varrho''\,d\varphi = ds'' = \dfrac{dr}{\sin\varphi}$, da mit wachsendem Radius r und Bogen s'' der Winkel φ abnimmt,

$$\frac{p}{h}\left(1 - \frac{r^2 - r_0^2}{2\,r\,\varrho'' \cos\varphi}\right) = \frac{\sigma'}{\varrho'} + \frac{1}{\varrho''\,r}\left(\tau\, r \operatorname{tg}\varphi + \frac{d\,(\tau r)}{d\,\varphi}\right).$$

Für die rechte Seite dieser Formel dürfen wir aber mit Rücksicht auf (2) auch schreiben

$$\frac{1}{\varrho'}\left[\sigma' + \frac{1}{\varrho''}\left(\frac{\tau\, r \sin\varphi}{\cos^2\varphi} + \frac{1}{\cos\varphi}\,\frac{d\,(\tau r)}{d\,\varphi}\right)\right] = \frac{1}{\varrho'}\left[\sigma' + \frac{1}{\varrho''}\,\frac{d}{d\,\varphi}\left(\frac{\tau\, r}{\cos\varphi}\right)\right],$$

so daß wir als Ergebnis der Elimination von σ'' aus (3) und (5)

$$\frac{p}{h}\left(1 - \frac{r^2 - r_0^2}{2\,r\,\varrho'' \cos\varphi}\right) = \frac{1}{\varrho'}\left[\sigma' + \frac{1}{\varrho''}\,\frac{d}{d\,\varphi}\left(\frac{\tau\, r}{\cos\varphi}\right)\right] . \quad (6)$$

erhalten. Herrscht insbesondere im Rohre kein Druck, so vereinfacht sich mit $p = 0$ diese Gleichung in

$$\sigma' = -\frac{1}{\varrho''}\,\frac{d}{d\,\varphi}\left(\frac{\tau\, r}{\cos\varphi}\right) \quad . \quad . \quad . \quad . \quad . \quad (6\text{a})$$

und ergibt für die N o r m a l k r a f t auf den Querschnitt durch Integration über dessen Umfang

$$S' = \int \sigma'\, h\, ds'' = -h \int d\left(\frac{\tau\, r}{\cos\varphi}\right) = 0 \quad . \quad . \quad . \quad (7),$$

entsprechend der sog. r e i n e n B i e g u n g d u r c h e i n M o m e n t o h n e S t a b k r a f t.

Als Beispiel wollen wir den Fall eines R o h r e s m i t k r e i s f ö r m i g e r U m f a n g s l i n i e d e s Q u e r s c h n i t t e s untersuchen, wobei der Radius a mit dem Krümmungshalbmesser ϱ'' des Meridians übereinstimmt. Der

Bedingung des Verschwindens der Querkraft (4a) in den vier Scheiteln des Querschnittes werden wir am einfachsten gerecht durch den Ansatz

$$\tau r = \tau_0 r_0 \sin 2\varphi \quad \ldots \ldots \ldots \quad (8),$$

woraus

$$\frac{\tau r}{\cos\varphi} = 2\tau_0 r_0 \sin\varphi$$

und mit (6a)

$$\sigma' = -\frac{2\tau_0 r_0}{a}\cos\varphi = -\frac{2\tau_0 r_0}{a^2}(r - r_0) \quad \ldots \quad (9)$$

hervorgeht. Die Ringspannung wird demnach proportional dem Abstande von der Parallelen zu ZZ durch den Kreismittelpunkt, die somit die neutrale Achse des Querschnittes bildet. Weiter folgt für das Biegungsmoment um diese Achse mit $r - r_0 = y$

$$\mathfrak{M}' = \int \sigma' y\, dF = -\frac{2\tau_0 r_0}{a^2}\int y^2\, dF = -\frac{2\tau_0 r_0}{a^2}\Theta' \quad (9a),$$

worin das Trägheitsmoment um die neutrale Achse

$$\Theta' = \pi a^3 h \quad \ldots \ldots \ldots \quad (10)$$

zu setzen ist.

Das Biegungsmoment $\mathfrak{M}''$, welches den Kreisquerschnitt zu deformieren sucht, folgt mit (8) aus (4b) mit $ds'' = a\,d\varphi$

$$\mathfrak{M}'' = h\chi \int \tau r\, ds'' = h\tau_0 r_0 \chi a \int \sin 2\varphi\, d\varphi$$

oder

$$\mathfrak{M}'' = -\frac{\tau_0 r_0 a \chi h}{2}\cos 2\varphi + \mathfrak{M}_0 \quad \ldots \ldots \quad (11).$$

Hierin bestimmt sich die Konstante $\mathfrak{M}_0$ aus der Bedingung, daß zwei gegenüberliegende Querschnittsscheitel keine Verdrehung gegeneinander erleiden, d. h. daß

$$0 = \int_0^{\pi} \mathfrak{M}''\, ds'' = -\frac{\tau_0 r_0 a^2 \chi h}{2}\int_0^{\pi} \cos 2\varphi\, d\varphi + \mathfrak{M}_0 a \pi$$

oder $\mathfrak{M}_0 = 0$ wird. Mithin bleibt

$$\mathfrak{M}'' = -\frac{\tau_0 r_0 a \chi h}{2}\cos 2\varphi \quad \ldots \ldots \quad (11a)$$

mit dem Trägheitsmomente

$$\Theta'' = r\chi \frac{h^3}{12} \quad \ldots \ldots \ldots (12).$$

Nunmehr berechnet sich die auf einen Sektor von der Öffnung χ entfallende Formänderungsarbeit

$$L = \frac{1}{2E}\int_0^{\chi} \frac{\mathfrak{M}'^2}{\Theta'} r_0 \, d\chi + \frac{1}{2E}\int_0^{2\pi} \frac{\mathfrak{M}''^2}{\Theta''} a \, d\varphi \quad . \; . \; (13)$$

oder mit Benutzung der Ausdrücke (9a), (10), (11a), (12)

$$\frac{2EL}{\chi} = \frac{\mathfrak{M}'^2 r_0}{\Theta'}\left(1 + \frac{3}{4\pi}\frac{a^4}{r_0 h^2}\int_0^{2\pi} \frac{\cos^2 2\varphi}{r} d\varphi\right) . \quad (13a).$$

Hierin ist $r = r_0 + a \cos\varphi$, also wegen der Kleinheit des Verhältnisses $a : r_0$ angenähert

$$\frac{\cos^2 2\varphi}{r} = \frac{1}{2r_0}(1 + \cos 4\varphi)\left(1 - \frac{a}{r_0}\cos\varphi\right)$$

$$= \frac{1}{2r_0}\left(1 - \frac{a}{r_0}\cos\varphi + \cos 4\varphi - \frac{a}{r_0}\cos 4\varphi \cos\varphi\right)$$

also

$$\int_0^{2\pi} \frac{\cos^2 2\varphi}{r} d\varphi = 2\int_0^{\pi} \frac{\cos^2 2\varphi}{r} d\varphi = \frac{\pi}{r_0},$$

womit (13a) übergeht in

$$\frac{2EL}{\chi} = \frac{\mathfrak{M}'^2 r_0}{\Theta'}\left(1 + \frac{3}{4}\frac{a^4}{r_0^2 h^2}\right) \quad . \; . \; . \quad (13b).$$

Da nun die ganze Formänderungsarbeit durch das äußere Moment $\mathfrak{M}'$ geleistet wird, welches eine Verdrehung des Ringsektors um $\Delta\chi$ bedingt, so haben wir auch

$$2L = \mathfrak{M}' \Delta\chi \quad \ldots \ldots \ldots (14)$$

und eingesetzt in Gl. (13b)

$$\frac{\Delta\chi}{\chi} = \frac{\mathfrak{M}' r_0}{E\Theta'}\left(1 + \frac{3}{4}\frac{a^4}{r_0^2 h^2}\right) \quad \ldots \ldots (15).$$

Bei der Ableitung dieser Formel bzw. der Einführung des Momentes $\mathfrak{M}''$ durch Gl. (4b) wurde vorausgesetzt, daß dieses längs des Ringsektors χ konstant sei. Trifft dies nicht zu, so ist natürlich $d\chi$ an Stelle von χ und $d\Delta\chi$ für $\Delta\chi$ zu setzen, so daß man für die Querschnittsverdrehung eines Rohres mit kreisförmigem Querschnitt allgemeiner

$$\frac{d\Delta\chi}{d\chi} = \frac{\mathfrak{M}' r_0}{E\Theta'}\left(1 + \frac{3}{4}\frac{a^4}{r_0^2 h^2}\right) \quad . \; . \; . \quad (15\text{a})$$

schreiben und diese Gleichung auch der Berechnung im Falle veränderlicher Biegungsmomente $\mathfrak{M}'$ und Krümmungsradien r_0 der Rohrachse zugrunde legen darf.

Die Formel unterscheidet sich von derjenigen des vollen gekrümmten Stabes durch den Klammerausdruck, der für $h = 0$ unendlich wird und mit $h = \infty$ in 1 übergeht. Ein massiver Balken kann demnach als ein Rohr mit unendlicher Wandstärke aufgefaßt werden. Der Klammerausdruck nähert sich aber auch dem Werte 1 bei unbegrenztem Anwachsen des Krümmungshalbmessers r_0 der Rohrachse. Für $r_0 = \infty$ geht daher Gl. (15a) in die Differentialgleichung der elastischen Linie des ursprünglich geraden Stabes über, die somit auch für ein gerades Rohr mit kreisförmigem Querschnitt gilt. Von der Richtigkeit der letzteren Folgerung kann man sich jederzeit durch Biegungsversuche an geraden dünnwandigen Rohren überzeugen, während zur Prüfung unserer Formel (15a) Beobachtungen von Bantlin[1]) an Rohrkrümmern zur Verfügung stehen. Diese boten v. Kármán[2]) Anlaß zur Aufstellung einer Theorie der Biegung krummer Rohre, die im Gegensatz zu der hier vorgetragenen sich nicht auf das Gleichgewicht der Spannungen am Wandelement stützt, sondern von der Formänderung der Umfangslinie im Querschnitt ausgeht. Insbesondere wird für die Tangentialverschiebung eines Umfangspunktes eine periodische Reihe angeschrieben und daraus die Formänderungsarbeit entwickelt. Da die Koeffizienten der Reihe statisch unbestimmte Größen darstellen, so berechnen sie sich, wie derartige Kräfte, aus dem Verschwinden der partiellen Ableitungen der Formänderungsarbeit nach ihnen. d. h. aus der Bedingung des Minimums dieser Arbeit, die somit

---

[1]) A. Bantlin, Formänderung und Beanspruchung federnder Ausgleichrohre, Z. d. V. d. Ing. 1910, S. 45.

[2]) Th. v. Kármán, Über die Formänderung dünnwandiger Rohre, insbesondere federnder Ausgleichrohre, ebenda 1911, S. 1889.

die Gleichgewichtsbedingung ersetzt (vgl. § 7). Unter Beschränkung auf nur ein Glied der Reihe von der Form $c \sin 2\varphi$ analog unserem Ansatz (8) für die Querkraft bzw. die mittlere Schubspannung erhält v. K á r m á n an Stelle von (15a) die Gleichung

$$\frac{d\Delta\chi}{d\chi}\left(1 - \frac{9}{10 + 12\dfrac{h^2 r_0^2}{a^4}}\right) = \frac{\mathfrak{M}' r_0}{E\Theta'},$$

welche ebenfalls für $h = \infty$ und $r_0 = \infty$ in die Formel für den vollen krummen bzw. den geraden Balken übergeht, während für $h = 0$ der Klammerausdruck 0,1 wird.

Man übersieht, daß man ganz allgemein sowohl die K á r m á n sche Formel als auch unsere Gleichung in der Form

$$\frac{d\Delta\chi}{d\chi} = \frac{\mathfrak{M}' r_0}{E\Theta'\varkappa} \quad . \quad . \quad . \quad . \quad . \quad . \quad . \quad . \quad (16)$$

schreiben kann, worin $\varkappa$ einen aus den Klammerausdrücken zu berechnenden K o e f f i z i e n t e n d e s T r ä g h e i t s m o m e n t e s bedeutet, der im Falle einer veränderlichen Rohrkrümmung mit dieser variiert. Dies trifft nun für die B a n t l i n schen Versuche zu, die sich auf sog. A u s g l e i c h r o h r e bezogen, deren Achse sich nach Fig. 125 aus drei Kreisbögen mit den beiden Radien r_1 und r_2 zusammensetzt, während der Querschnitt längs des ganzen Rohres unveränderlich ist. Bedeutet alsdann Δx die Verschiebung des Angriffspunkts der Kraft P gegen die Mittellinie $O_1 M$, so ist die Formänderungsarbeit einer Hälfte des Ausgleichsrohres $L = \frac{1}{2} P\Delta x$, oder mit dem Momente $\mathfrak{M} = Pz$ in bezug auf einen Punkt D der Rohrachse im Abstande z von der Kraftrichtung

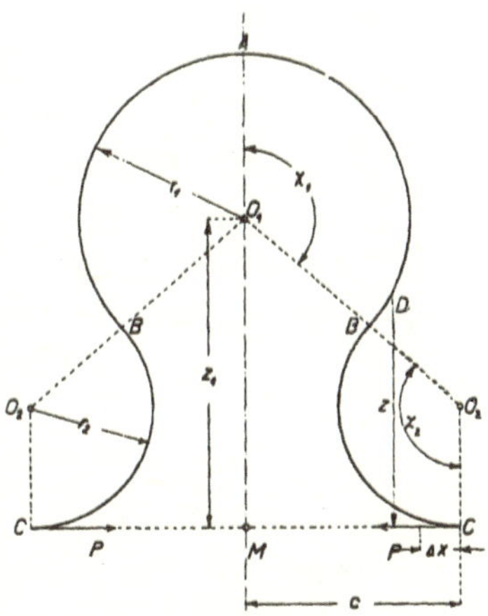

Fig. 125.

$$L = \frac{1}{2}\int \frac{\mathfrak{M}^2\, ds}{E\Theta} = \frac{P^2}{2E}\int \frac{z^2\, ds}{\Theta},$$

so daß

$$\Delta x = \frac{P}{E}\int \frac{z^2\, ds}{\Theta} \quad . \quad . \quad . \quad . \quad . \quad . \quad . \quad (17)$$

wird. In dieser Gleichung ist ds ein Längenelement der Rohrachse, Θ das mit dem Faktor $\varkappa$ behaftete Trägheitsmoment Θ' der Rohrachse, der für die Bogenstücke AB und BC verschiedene Werte $\varkappa_1$ und $\varkappa_2$ besitzt. Mithin zerfällt die rechte Seite von (17) in zwei Teile, nämlich

$$\Delta x = \frac{P}{E\Theta'}\left(\frac{1}{\varkappa_1}\int_A^B z^2\, ds_1 + \frac{1}{\varkappa_2}\int_B^C z^2\, ds_2\right) \quad . \quad . \quad (17\,\mathrm{a}),$$

wofür wir auch kürzer $\Delta x = \Delta x_1 + \Delta x_2$ schreiben können. Die beiden Integrale lassen sich leicht auswerten durch die Substitutionen $z = z_1 + r_1 \cos\chi$ und $ds_1 = r_1\, d\chi$ bzw. $z = r_2\,(1 - \cos\chi)$, $ds_2 = r_2\, d\chi$ und ergeben

$$\int_A^B z^2\, ds_1 = r_1 \int_0^{\chi_1} (z_1 + r_1 \cos\chi)^2\, d\chi = r_1\left(z_1^2 + \frac{r_1^2}{2}\right)\chi_1$$
$$+ \frac{r_1^3}{2}\sin 2\chi_1 + 2\, z_1 r_1^2 \sin\chi_1$$

$$\int_B^C z^2\, ds_2 = r_2^3 \int_0^{\chi_2} (1 - \cos\chi)^2\, d\chi = r_2^3\left(\frac{3}{2}\chi_2 + \frac{\sin 2\chi_2}{4} + 2\sin\chi_2\right).$$

Nun war für einen flußeisernen Krümmer, vgl. Fig. 125,

$$z_1 = 143{,}9\ \mathrm{cm} \qquad c = 107{,}5\ \mathrm{cm}$$
$$r_1 = \ \ 83{,}1\ \text{»} \qquad r_2 = \ \ 55{,}8\ \text{»}$$
$$\chi_1 = 129^0\, 19' = \chi_2$$
$$a = 10{,}4\ \mathrm{cm} \qquad h = 0{,}665\ \mathrm{cm}.$$

Weiterhin ergibt die Rechnung mit $P = 300$ kg, $E = 2\,100\,000$ kg/qcm

$$\frac{P}{E\Theta'}\int_A^B z^2\, ds = 0{,}397\ \mathrm{cm}, \quad \frac{P}{E\Theta'}\int_B^C z^2\, ds = 0{,}033\ \mathrm{cm},$$

woraus mit $\varkappa_1 = \varkappa_2 = 1$ eine Totalverschiebung des Kraftangriffes $\Delta x = 0{,}43$ cm folgen würde. Nun ist aber

$$\frac{h\, r_1}{a^2} = 0{,}507, \quad \frac{h\, r_2}{a^2} = 0{,}340,$$

mithin nach Gl. (15 a)

$$\frac{1}{\varkappa}=\left(1+\frac{3}{4}\frac{a^4}{h^2 r^2}\right), \qquad \frac{1}{\varkappa_1}=3{,}92, \quad \frac{1}{\varkappa_2}=7{,}44$$

nach v. Kármán

$$\varkappa=1-\frac{9}{10+12\dfrac{h^2 r^2}{a^4}}, \qquad \frac{1}{\varkappa_1}=3{,}20, \quad \frac{1}{\varkappa_2}=4{,}75.$$

Mithin liefert unsere Formel

$$\varDelta x=0{,}397\cdot 3{,}92+0{,}033\cdot 7{,}44=1{,}80\ \text{cm}$$

und die v. Kármansche

$$\varDelta x=0{,}397\cdot 3{,}20+0{,}033\cdot 4{,}75=1{,}43\ \text{cm},$$

während der Versuch Bantlins $\varDelta x=1{,}72\ \text{cm}$

ergeben hatte. Die Übereinstimmung unserer Theorie mit der Wirklichkeit ist demnach eine sehr befriedigende und übertrifft sogar diejenige v. Kármáns.

Nach dieser wichtigen Feststellung wollen wir die größten Spannungen berechnen, die im Querschnitte des Rohres auftreten. Die größte Ringspannung ist offenbar nach Gl. (9) und (9a) mit $r-r_0=a$

$$\sigma_0'=\frac{\mathfrak{M}'}{\pi a^2 h} \quad \ldots\ldots\ldots \quad (18),$$

während die dazu normale Biegungsspannung sich mit (11a) und (12) zu

$$\sigma_0=\frac{\mathfrak{M}''}{\Theta''}\frac{h}{2}=3\frac{\tau_0 a}{h}\cos 2\varphi$$

berechnet. Hierzu tritt noch die Meridianspannung $\sigma''=\tau\operatorname{tg}\varphi$, so daß eine Gesamtspannung

$$\sigma=\sigma_0+\sigma''=3\frac{\tau_0 a}{h}\cos 2\varphi+2\tau_0\frac{r_0}{r}\sin^2\varphi$$

oder genau genug

$$\sigma=\tau_0\left(3\frac{a}{h}\cos 2\varphi+2\sin^2\varphi\right) \quad \ldots\ldots \quad (19)$$

resultiert mit den Höchstwerten für $\varphi=0$ und $\varphi=\dfrac{\pi}{2}$

$$\sigma_1=3\frac{a}{h}\tau_0, \quad \sigma_2=\left(2-3\frac{a}{h}\right)\tau_0,$$

wofür wir auch mit Rücksicht auf die Bedeutung von τ_0 aus (9)

$$\sigma_1 = \frac{3}{2}\,\frac{\mathfrak{M}'}{r_0 h^2}, \quad \sigma_2 = \left(1 - \frac{3}{2}\,\frac{a}{h}\right)\frac{\mathfrak{M}'}{r_0 a h} \quad . \quad . \quad (19\text{a})$$

schreiben dürfen. Hiervon kommt, da $h : a$ stets ein kleiner Bruch sein soll, nur der erste Wert als absolut größter in Betracht. Dividieren wir diesen in (18), so folgt

$$\frac{\sigma_1}{\sigma_0'} = \frac{3}{2}\,\frac{a^2}{r_0 h} \quad . \quad . \quad . \quad . \quad . \quad . \quad . \quad . \quad (20),$$

wonach also für $a^2 > r_0 h$, wie in dem besprochenen Ausgleichsrohre, die Spannung der Querbiegung der Umfangskurve die Ringspannung weitaus überwiegt.

Zum Schluß möge darum noch die Formänderung des ursprünglich kreisförmigen Rohrquerschnitts ermittelt werden, wobei wir an die Gl. (11a) und (12) anknüpfen können. Es ist nämlich die Verdrehung an der Stelle φ

$$\Delta\varphi = \frac{1}{E\Theta''}\int_0^{\varphi} \mathfrak{M}''\, d s'' = -\frac{3\,\tau_0}{E}\,\frac{a^2}{h^2}\sin 2\,\varphi$$

$$= -\frac{3}{2}\,\frac{\mathfrak{M}'\, a}{E\, h^3 r_0}\sin 2\,\varphi \quad . \quad . \quad (21)$$

und daraus die Verschiebung eines Punktes in der Richtung r gegenüber dem inneren Scheitel

$$\Delta v = \int_0^{\varphi} \Delta\varphi \cos\varphi\, d s'' = -\frac{3}{2}\,\frac{\mathfrak{M}'\, a^2}{E\, h^3 r_0}\int_0^{\varphi} \sin 2\,\varphi \cos\varphi\, d\varphi$$

oder

$$\Delta v = \frac{\mathfrak{M}'\, a^2}{E\, r_0 h^3}(\cos^3\varphi - 1) \quad . \quad . \quad . \quad . \quad . \quad (22).$$

Ebenso ergibt sich die Axialverschiebung (in der Richtung ZZ) zu

$$\Delta u = -\int_0^{\varphi} \Delta\varphi \sin\varphi\, d s'' = \frac{3}{2}\,\frac{\mathfrak{M}'\, a^2}{E\, h^3 r_0}\int_0^{\varphi} \sin 2\,\varphi \sin\varphi\, d\varphi$$

$$\Delta u = \frac{\mathfrak{M}'\, a^2}{E\, r_0 h^3}\sin^3\varphi \quad . \quad . \quad . \quad . \quad . \quad . \quad . \quad . \quad . \quad . \quad . \quad . \quad . \quad (23).$$

Die totale Zusammendrückung des Kreisquerschnitts in radialer oder axialer Richtung ist demnach (Fig. 126)

$$\varDelta v_0 = -2 \frac{\mathfrak{M}' a^2}{E r_0 h^3} = -2 \varDelta u_0,$$

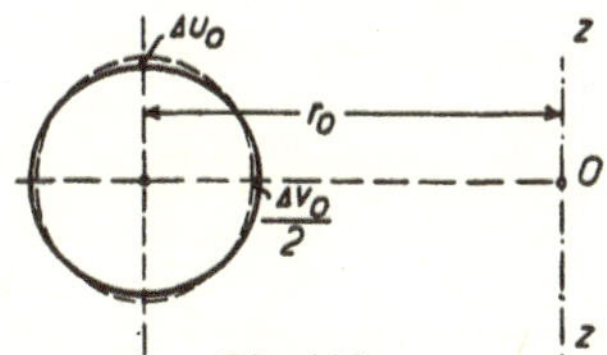

Fig. 126.

und wir erkennen, daß der ursprüngliche Kreisquerschnitt durch ein positives Moment $\mathfrak{M}'$, welches den Krümmungsradius r_0 des Rohres zu vermindern strebt, in der Richtung von r, durch ein negatives Moment dagegen in der Richtung ZZ zusammengedrückt wird.

Kapitel V.

Knick- und Kipperscheinungen.

§ 31. Die axiale Knickung gerader Stäbe.

Die Durchbiegung eines Stabes durch eine Axialkraft. Knicklasten. Bestimmung des Biegungspfeiles aus dem Unterschied der Stab- und Sehnenlänge. Ermittlung der Arbeit der äußeren Kraft und der Biegung.

Bei den bisher untersuchten Vorgängen haben wir die Gleichgewichtsbedingungen meist ohne Rücksicht auf die elastischen Formänderungen des betrachteten Körpers aufgestellt, also deren Einfluß auf die sog. Konfiguration des Kraftfeldes als unerheblich vernachlässigt. Daraus resultierte dann der als Verallgemeinerung des Hookeschen Gesetzes aufzufassende lineare Zusammenhang zwischen den Verschiebungen und Einzelkräften an einem System, aus dem schließlich der Maxwellsche Satz über die Gegenseitigkeit der Verschiebungen folgte, die nach Castigliano mit den partiellen Ableitungen der Formänderungsarbeit übereinstimmten.

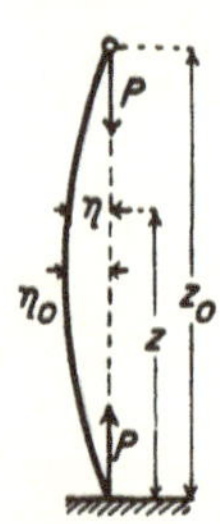

Fig. 127.

In der Folge wollen wir nun eine Anzahl von Belastungsfällen studieren, bei denen die eingetretene Formänderung die Wirkung der äußeren Kräfte wesentlich oder gar ausschließlich bedingt. Als einfachsten derartigen Fall betrachten wir einen dünnen geraden Stab unter dem Einfluß einer Axialkraft P, Fig. 127, die erfahrungsgemäß zunächst nur eine — nach dem Hookeschen Gesetz kaum merkliche — Zusammendrückung, bei weiterer Steigerung dagegen eine kräftige Durchbiegung des Stabes hervorruft und dann sehr rasch zum Bruche führt. Da derartig belastete Stäbe als Stützen bzw. Säulen in Bauwerken, als Druckglieder in Eisenkonstruktionen häufig Verwendung finden, so ist dieser Fall der sog. Knickung von großer praktischer Bedeutung.

Bei der Untersuchung des Problems wollen wir sogleich den Zustand der Durchbiegung ins Auge fassen und die Auslenkung eines Punktes der Stabachse im Abstande z von einem Ende mit η, die ganze Sehnenlänge mit z_0 bezeichnen. Sehen wir ferner der Einfachheit halber von der kleinen axialen Zusammendrückung und der ebenfalls nur kleinen Schiebung durch die Querkraft unter Vorbehalt der späteren Feststellung dieser Nebenwirkung ab, so ist die Krümmung $1 : \varrho$ der Stabachse an der betrachteten Stelle wesentlich durch das Biegungsmoment

$$\mathfrak{M} = \pm P \eta \quad \ldots \ldots \ldots \quad (1)$$

bedingt, dem mit einem kleinsten Trägheitsmoment Θ des Querschnitts und dem Elastizitätsmodul E des Stabmaterials das Moment der inneren Kräfte

$$\frac{E \Theta}{\varrho} = \mathfrak{M} \quad \ldots \ldots \ldots \quad (2)$$

das Gleichgewicht hält. Für die letztere Gleichung dürfen wir auch bei kleinen Auslenkungen η, also kleiner Krümmung der Stabachse, hinreichend genau

$$E \Theta \frac{d^2 \eta}{d z^2} = \mathfrak{M} \quad \ldots \ldots \ldots \quad (2a)$$

schreiben, woraus in Verbindung mit (1)

$$E \Theta \frac{d^2 \eta}{d z^2} = \pm P \eta \quad \ldots \ldots \quad (2b)$$

hervorgeht. Setzen wir zur Abkürzung hierin

$$\frac{P}{E \Theta} = \alpha^2 \quad \ldots \ldots \ldots \quad (3),$$

also

$$\frac{d^2 \eta}{d z^2} = \pm \alpha^2 \eta \quad \ldots \ldots \ldots \quad (3a),$$

so fragt sich zunächst, welches der beiden Vorzeichen dem wirklichen Vorgange zukommt. Im Falle des positiven Vorzeichens würde die Lösung von (3a)

$$\eta = A e^{\alpha z} + B e^{-\alpha z}$$

lauten, worin sich die beiden Konstanten A und B aus dem Verschwinden der Auslenkungen für $z = 0$ und $z = z_0$ zu $A = -B = 0$ ergeben. Da hiermit allgemein auch $\eta = 0$ wird, also gar keine Auslenkung entsteht, so hat das positive Vorzeichen für den Fall der Knickung keine Bedeutung.

Mit dem negativen Vorzeichen der rechten Seite hat aber die Differentialgleichung

$$\frac{d^2 \eta}{d z^2} = -a^2 \eta \quad . \quad . \quad . \quad . \quad . \quad . \quad . \quad (3b)$$

das allgemeine Integral

$$\eta = A \cos a z + B \sin a z \quad . \quad . \quad . \quad . \quad . \quad (4)$$

oder mit $\eta = 0$ für $z = 0$ und $z = z_0$

$$0 = A, \quad 0 = B \sin a z_0 \quad . \quad . \quad . \quad . \quad . \quad (4a).$$

Die letzte dieser Bedingungen wird nun erfüllt für $B = 0$ oder $\sin a z_0 = 0$. Hiervon hat $B = 0$ keinen Sinn, da es mit $A = 0$ wie der obige Exponentialausdruck allgemein auf $\eta = 0$ führen und damit die erfahrungsgemäß eintretende Durchbiegung ausschließen würde. Es bleibt also nur die Bedingung $\sin a z_0 = 0$ übrig, die für ganzzahlige n auf

$$a z_0 = n \pi \quad . \quad . \quad . \quad . \quad . \quad . \quad . \quad . \quad . \quad (5)$$

oder mit Rücksicht auf die Bedeutung von a nach Gl. (3) auf

$$P = \frac{n^2 \pi^2 E \Theta}{z_0^2} \quad . \quad . \quad . \quad . \quad . \quad . \quad . \quad (6)$$

führt. Wir erhalten also, wie schon in § 4, beim gedrückten Rohr eine Reihe sog. Knicklasten

$$P_1 = \frac{\pi^2 E \Theta}{z_0^2}, \quad P_2 = \frac{4 \pi^2 E \Theta}{z_0^2}, \quad P_3 = \frac{9 \pi^2 E \Theta}{z_0^2} \text{ usw.} \quad (6a),$$

die, da man von den geringen Unterschieden der Sehnenlängen z_0 absieht, mit den Quadraten der ganzen Zahlen fortschreiten. Nur diese Knicklasten sind in der Lage, Durchbiegungen hervorzurufen, die sich aus (4) mit $A = 0$ und (5) zu

$$\eta = B \sin a z = B \sin n \pi \frac{z}{z_0} \quad . \quad . \quad . \quad . \quad (4b)$$

ergeben und die in Fig. 128 dargestellten Formen der elastischen Linie liefern. Für Zwischenwerte mit nicht ganzzahligen n, die somit der Bedingung (5) nicht genügen, muß in der zweiten Formel (4a) auch die Konstante B verschwinden, so daß hierfür gar keine Durchbiegung eintritt. In diesem Falle bleibt als Wirkung der Axialkraft nur die Zusammendrückung übrig.

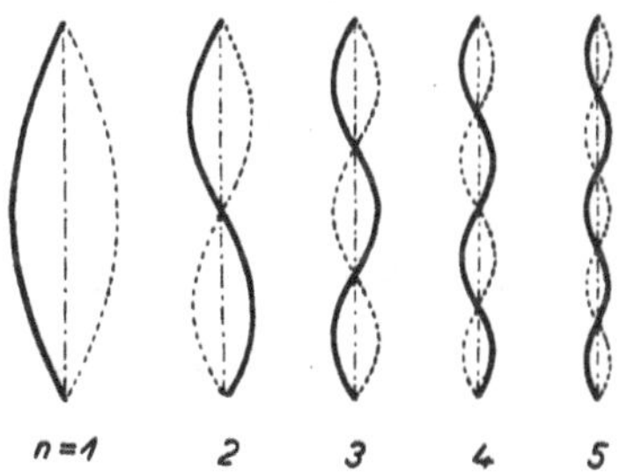

Fig. 128.

Wenn auch durch die vorgetragene Theorie, die in ihren Grundzügen auf Euler zurückgeht und darum nach ihm benannt wird, die einzelnen Knicklasten vollständig festgelegt sind, so daß man mit der Stabbelastung nur unterhalb der niedrigsten Last zu bleiben braucht, um der Knickgefahr zu entgehen, so haftet ihr doch ein schwerwiegender Mangel in der Unbestimmtheit der Konstanten B und damit der Größe der Auslenkung selbst an. Da in Wirklichkeit nach mäßigem Überschreiten der Knicklast sich eine mit der Belastung wachsende Durchbiegung zeigte, die nicht sofort zum Bruche führte, so war man in der Praxis mehrfach geneigt, die vorstehende Theorie ganz aufzugeben und sich mit empirischen Formeln zu begnügen, die von verschiedenen Forschern aus zahlreichen Versuchen abgeleitet wurden.

Indessen läßt sich die Unbestimmtheit der Konstanten B, die offenbar mit der größten Auslenkung η_0 des gebogenen Stabes übereinstimmt, durch Heranziehung des Unterschiedes der Sehne z_0 und der eigentlichen Stablänge l beseitigen, wobei man vorläufig von der Verkürzung der letzteren absehen kann. Es ist nämlich für kleine Auslenkungen und daher kleine Werte von $d\eta : dz$ angenähert

$$l = \int_0^{z_0} \sqrt{1 + \left(\frac{d\eta}{dz}\right)^2}\, dz \sim \int_0^{z_0} \left[1 + \frac{1}{2}\left(\frac{d\eta}{dz}\right)^2\right] dz \quad . \quad . \quad (7),$$

worin nach (4b) mit $B = \eta_0$

$$\frac{d\eta}{dz} = \alpha\, \eta_0 \cos \alpha z \quad . \quad . \quad . \quad . \quad . \quad . \quad . \quad (8)$$

zu setzen ist. Daher wird

$$l = \int_0^{z_0} \left(1 + \frac{\alpha^2 \eta_0^2}{2} \cos^2 \alpha z\right) d z$$

$$= \int_0^{z_0} \left(1 + \frac{\alpha^2 \eta_0^2}{4} + \frac{\alpha^2 \eta_0^2}{4} \cos 2 \alpha z\right) d z \quad . \quad . \quad . \quad (7\,\mathrm{a})$$

und nach Ausführung der Integration, wobei wegen (5)

$$\sin 2 \alpha z_0 = \sin 2 n \pi = 0 \quad . \quad . \quad . \quad . \quad . \quad (5\,\mathrm{a})$$

ist,

$$l = z_0 \left(1 + \frac{\alpha^2 \eta_0^2}{4}\right) \quad . \quad . \quad . \quad . \quad . \quad . \quad (9).$$

Hiernach erscheint die Differenz der Stablänge und der Sehne als eine Größe zweiter Ordnung, die indessen nach den Ausführungen des § 16 bei Biegungsproblemen nicht ohne weiteres unterdrückt werden darf, in unserem Falle sogar von ausschlaggebender Bedeutung ist. Quadrieren wir nun Gl. (9) und kombinieren sie mit (6), so wird unter Beachtung der Kleinheit von $\alpha^2 \eta_0^2$

$$P = \frac{n^2 \pi^2 E \Theta}{l^2} \left(1 + \frac{\alpha^2 \eta_0^2}{4}\right)^2 \sim \frac{n^2 \pi^2 E \Theta}{l^2} \left(1 + \frac{\alpha^2 \eta_0^2}{2}\right)$$

sowie wegen (3)

$$P = \frac{n^2 \pi^2 E \Theta}{l^2} \left(1 + \frac{P}{E \Theta} \frac{\eta_0^2}{2}\right) \quad . \quad . \quad . \quad . \quad (9\,\mathrm{a})$$

oder aufgelöst nach η_0^2

$$\frac{\eta_0^2}{l^2} = \frac{2}{n^2 \pi^2} \left(1 - \frac{n^2 \pi^2 E \Theta}{l^2 P}\right) \quad . \quad . \quad . \quad . \quad (10).$$

Durch diese Formel ist die größte Auslenkung in ihrer Abhängigkeit von der Belastung P derart bestimmt, daß sowohl positive wie negative Werte von η_0 möglich sind, d. h. daß außer den in Fig. 128 stark ausgezogenen elastischen Linien auch die dazu symmetrisch in bezug auf die Kraftrichtung gelegenen sich einstellen können. Weiter erkennt man, daß nur für

$$P > \frac{n^2 \pi^2 E \Theta}{l^2} \quad . \quad . \quad . \quad . \quad . \quad . \quad . \quad . \quad (11)$$

reelle Auslenkungen η_0 auftreten, **so daß für kleinere Lasten**[1]) **im Einklang mit der schon oben gezogenen Folgerung der Stab überhaupt keine Biegung erleidet, sondern in gestrecktem Zustand stabil bleibt.** Für Belastungen, welche der Formel

$$P_n = \frac{n^2 \pi^2 E \Theta}{l^2} \quad \ldots \ldots \quad (11a)$$

mit $n = 1, 2, 3 \ldots$ genügen, die sich von Gl. (6) bzw. (6a) nur durch die Stablänge l an Stelle der Sehnenlänge z_0 unterscheidet, befindet sich der Stab gerade im **labilen Gleichgewicht**, was sich schon dadurch kundgibt, daß hierfür die Ableitungen

$$\left(\frac{d\eta_0}{dP}\right)_{P = P_n} = \infty \, . \quad (10a)$$

werden, während sie für $P = \infty$ verschwinden. Die der Gl. (10), für die wir mit (11a) auch

$$\frac{\eta_0^2}{l^2} = \frac{2}{n^2 \pi^2}\left(1 - \frac{P_n}{P}\right) \quad (10b)$$

schreiben können, entsprechenden Auslenkungskurven, Fig. 129, welche den elastischen Linien, Fig. 128, für $n = 1, 2, 3 \ldots$ zugeordnet sind, besitzen demnach auf der P-Achse die Scheitel P_1, $P_2 = 4 P_1$, $P_3 = 9 P_1$ usw. und nähern sich auf der positiven bzw. negativen Seite je einer der P-Achse parallelen Asymptote, deren Abstände sich aus (10b) mit $P = \infty$ zu

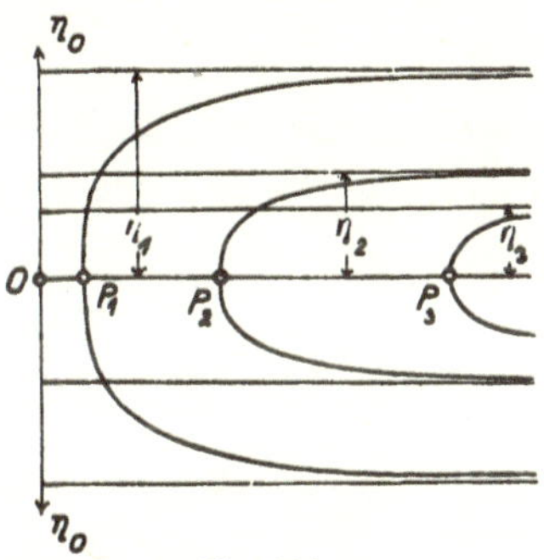

Fig. 129.

$$\eta_n = \frac{l}{n} \frac{\sqrt{2}}{\pi} = 0{,}45 \frac{l}{n} \quad \ldots \ldots \quad (12)$$

berechnen und für $n = 1, 2, 3 \ldots$ die Werte

$$\eta_1 = 0{,}45\, l, \quad \eta_2 = 0{,}225\, l, \quad \eta_3 = 0{,}15\, l$$

besitzen. Das sind natürlich Beträge, die in Wirklichkeit auch nicht annähernd erreicht werden und überdies unserer Grund-

---

[1]) Es braucht wohl kaum noch betont zu werden, daß die Ungleichung (11) nur in der Umgebung der durch Gleichung (11a) definierten Knicklast einen Sinn hat.

annahme kleiner Auslenkungen widersprechen. Die weitere Folge dieser Annahme ist, nach Gl. (10b), die Möglichkeit einer nur geringen Überschreitung der jeweiligen Knicklast, so daß keinesfalls, wie es nach Fig. 129 den Anschein haben könnte, jeder Belastung P mehrere stabile Gleichgewichtslagen zukommen. Dies geht auch aus dem nur kleinen Unterschied zwischen der Stablänge und der Sehne hervor, für den wir mit (9) und (5)

$$\Delta z = l - z_0 = \frac{\alpha^2 \eta_0^2 z_0}{4} \sim \frac{n^2 \pi^2 \eta_0^2}{4 l}$$

sowie mit (10b)

$$\Delta z = \frac{l}{2}\left(1 - \frac{P_n}{P}\right) \quad \ldots \ldots \quad (13)$$

schreiben können. Diese Gleichung bestimmt für die verschiedenen Werte von P_n eine Schar gleichseitiger Hyperbeln, Fig. 130,

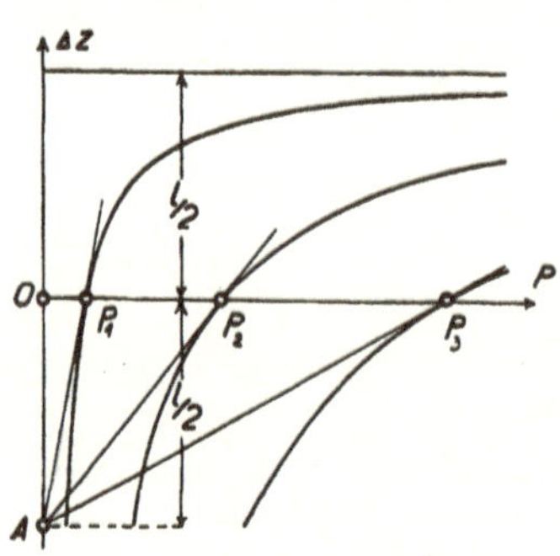

Fig. 130.

deren eine Asymptote die Ordinatenachse ist, während die andere im Abstande 0,5 l von der Abszissenachse parallel zu dieser verläuft. Da weiterhin

$$\frac{d\Delta z}{dP} = \frac{l P_n}{2 P^2} \quad . \quad (13\text{a}),$$

also für $P = P_n$

$$\left(\frac{d\Delta z}{dP}\right)_{P_n} = \frac{l}{2 P_n} \quad (13\text{b})$$

ist, so schneiden sich alle Tangenten an den Punkten P_n der Abszissenachse in einem um 0,5 l unter dem Anfang liegenden Punkte A der Ordinatenachse.

Mit Hilfe des Unterschiedes Δz berechnet sich außerdem die Arbeit L der äußeren Kraft P, die bei der Knickung von P_n auf P anwächst, so zwar, daß mit (13a)

$$L = \int_{P_n}^{P} P\, d\Delta z = \frac{l P_n}{2} \int_{P_n}^{P} \frac{dP}{P} = \frac{l P_n}{2} \lg n \frac{P}{P_n} \quad . \; . \quad (14).$$

Diese Arbeit muß übereinstimmen mit der Biegungsarbeit, die sich aus (1) und (4b) mit $B = \eta_0$ sowie mit Rücksicht auf (5) zu

$$L = \frac{1}{2E\Theta}\int_0^{z_0} \mathfrak{M}^2 dz = \frac{P^2}{2E\Theta}\int_0^{z_0} \eta^2 dz$$

$$= \frac{P^2 \eta_0^2}{2E\Theta}\int_0^{z_0} \sin^2 \alpha z\, dz = \frac{P^2 \eta_0^2 z_0}{4E\Theta} \quad . \quad . \quad . \quad (15)$$

ergibt. Durch Gleichsetzen von (14) und (15) folgt schließlich

$$\eta_0^2 = \frac{2E\Theta l P_n}{P^2 z_0} \lg n \frac{P}{P_n},$$

ein Ausdruck, der für kleine Unterschiede $P - P_n$, für die

$$P_n \lg n \frac{P}{P_n} \sim P - P_n$$

wird, wobei dann auch $z_0 \sim l$ gesetzt werden kann, in (10b) übergeht. Damit darf an Stelle von (14) hinreichend genau

$$L = \frac{l}{2}(P - P_n) \quad . \quad . \quad . \quad . \quad . \quad . \quad (14a)$$

geschrieben werden, so daß also die äußere Arbeit beim Knicken eines Stabes nur von der Überschreitung einer Knicklast, nicht aber von deren Größe selbst abhängt. Verbindet man (14a) mit (13), so haben wir mit

$$L = P \Delta z \sim P_n \Delta z \quad . \quad . \quad . \quad . \quad . \quad (14b)$$

eine Formel, die ebenfalls auf die Unwirksamkeit von Kräften außerhalb der Knicklast hinweist.

Jedenfalls erkennt man, daß in dem bisher behandelten Falle der Stabknickung weder die Auslenkung der Stabachse noch auch die mit dem Kraftwege zusammenfallende Differenz der Stablänge und der Bogensehne der zugehörigen Belastung proportional sind.

§ 32. Die Knickspannungen.

Die Abhängigkeit der größten Biegungs- und Gesamtspannung von der Belastung. Zahlenbeispiel. Die Stabilität der verschiedenen Knickbelastungen. Einfluß der Querkraft. Zulässige Druckspannung. Rankinesche Formel.

Der Eintritt der im vorigen Abschnitt betrachteten Formänderungen ist vor allem an die Bedingung geknüpft, daß *die dabei auftretenden Spannungen die Elastizitätsgrenze des Stabmaterials, d. h. den Gültigkeitsbereich des Hookeschen Gesetzes nicht überschreiten.* Diese Spannungen nehmen ihre absoluten Höchstwerte σ_0' auf der Innen- und Außenseite des gefährlichen Querschnitts an, dem der Höchstwert des Biegungsmomentes entspricht, das in unserem Fall an der Stelle der größten Auslenkung η_0 erreicht wird. Ist unter Voraussetzung der Symmetrie des Stabquerschnitts um die neutrale Achse $\pm y_0$ deren Abstand von der Außen- und Innenkante, so besteht bei linearer Spannungsverteilung die Momentengleichung

$$\mathfrak{M} = P\eta_0 = \pm \frac{\sigma_0' \Theta}{y_0} \quad \ldots \ldots \quad (1),$$

aus der sich in Verbindung mit der Gl. (10b), § 31, für die größte Auslenkung

$$\sigma_0'^2 = \frac{2 y_0^2 l^2 P^2}{n^2 \pi^2 \Theta^2}\left(1 - \frac{P_n}{P}\right)$$

oder wegen Gl. (11a), § 31,

$$\sigma_0'^2 = \frac{2 y_0^2 E}{\Theta} P^2 \left(\frac{1}{P_n} - \frac{1}{P}\right) \quad \ldots \quad (2)$$

ergibt. Die hieraus berechneten Spannungen sind, wie schon die Ausschläge y_0, nur so lange reell, als $P > P_n$ ist, und ebenso werden die Ableitungen

$$\left(\frac{d\sigma'_0}{dP}\right)_{P=P_n} = \infty. \quad \ldots \ldots \quad (2\text{a}).$$

Da es sich hier, wie im vorigen Paragraphen, nur um kleine Überschreitungen $P - P_n$ der Knicklasten handeln kann, deren Quadrate zu vernachlässigen sind, so darf man an Stelle von (2) auch einfach schreiben

$$\sigma_0'^2 = \frac{2 y_0^2 E}{\Theta} (P - P_n) \quad \ldots \ldots \quad (2\text{b}),$$

d. h. für kleine, untereinander gleiche Überschreitungen aller Knicklasten erhält man nahezu dieselben Biegungsspannungen.

Hierzu tritt alsdann noch die Druckspannung σ_0'' durch die Belastung des Querschnittes F, die wir mit hinreichender Genauigkeit unabhängig von der nur kleinen Stabkrümmung und über den ganzen Querschnitt gleichmäßig verteilt annehmen dürfen, so zwar, daß

$$\sigma_0'' = -\frac{P}{F} \quad \ldots \ldots \quad (3)$$

und damit die größte Gesamtspannung mit (2)

$$\sigma_0 = \sigma_0' + \sigma_0'' = -P\left[\frac{1}{F} + y_0\sqrt{\frac{2E}{\Theta}\left(\frac{1}{P_n} - \frac{1}{P}\right)}\right] \quad (4)$$

wird. Hierfür läßt sich unter Einführung des Trägheitshalbmessers k des Stabquerschnitts, d. h. mit

$$\Theta = Fk^2 \quad \ldots \ldots \quad (5),$$

sowie unter Beachtung der Gl. (11 a), § 31, auch schreiben

$$\sigma_0 = -\frac{P}{F}\left[1 + \frac{y_0 l}{n\pi k^2}\sqrt{2\left(1 - \frac{P_n}{P}\right)}\right] \quad \ldots \quad (4\,a).$$

Zur bequemeren Übersicht des durch unsere Formeln dargestellten Verhaltens sind in der nachstehenden Tabelle die Formänderungen η_0 und Δz sowie die größten Spannungen σ_0', σ_0'' und σ_0 im gefährlichen Querschnitt eines Stabes von der Länge $l = 100$ cm und den Querabmessungen $2 \times 0{,}5$ cm für verschiedene Belastungen eingetragen, wobei der Elastizitätsmodul zu $E = 2\,000\,000$ kg/qcm und eine unbegrenzte Gültigkeit des Hookeschen Gesetzes angenommen ist.

Man erkennt daraus, daß schon nach Überschreiten der Knicklasten P_1, P_2, P_3 um je 1 kg die Spannungen die für Stahl zwischen 3000 und 4000 kg/qcm liegende Elastizitätsgrenze erreichen, so daß darüber hinausgehende Belastungen nur ein theoretisches Interesse bieten. Mit dieser Einschränkung geht aus der Tabelle die angenäherte Gültigkeit unserer Gleichung (2 b) deutlich hervor, während der Einfluß der reinen Druckbelastung für diesen Fall nahezu verschwindet. Dies trifft dann in noch viel höherem Maße auf die hiervon herrührende Stabverkürzung $\Delta l = \frac{\sigma_0'' l}{E}$ zu, die wir darum gar nicht erst eingeführt haben.

Belastung P kg	$\pm\eta_0$ cm	Δx cm	$\pm\sigma_0'$ kg/qcm	σ_0'' kg/qcm	σ_0
$P_1 =$ 41	0	0	0	— 41	— 41
42	6,97	1,2	3 520	— 42	— 3 562
43	9,65	2,3	4 980	— 43	— 5 023
44	11,74	3,4	6 200	— 44	— 6 244
50	19,10	9,0	11 400	— 50	— 11 450
100	34,80	29,5	41 900	— 100	— 42 000
∞	45,0	50,0	∞	— ∞	
$P_2 =$ 164	0	0	0	— 164	— 164
165	1,74	0,3	3 450	— 165	— 3 615
166	2,36	0,6	4 700	— 166	— 4 866
167	2,93	0,9	5 870	— 167	— 6 037
168	3,42	1,2	6 900	— 168	— 7 068
200	9,55	9,0	22 900	— 200	— 23 100
∞	22,5	50,0	∞	— ∞	— ∞
$P_3 =$ 369	0	0	0	— 369	— 369
370	0,67	0,11	2 975	— 370	— 3 345
371	1,06	0,25	4 720	— 371	— 5 091
372	1,34	0,40	5 980	— 372	— 6 352
373	1,57	0,50	7 020	— 373	— 7 393
400	4,13	3,8	19 840	— 400	— 20 240
500	7,66	13,1	45 960	— 500	— 46 460
∞	15,0	50,0	∞	— ∞	— ∞

Die Richtigkeit unserer Formeln läßt sich auch leicht versuchsmäßig prüfen, z. B. an einem dünnen Metall- oder Holzlineal mit zugeschärften Endkanten, deren untere auf eine Wagschale drückt, während die obere abgestützt wird. Hat man vorher durch einen Biegversuch die Größe $E\Theta$ bestimmt, so ergibt sich bei vorsichtiger Belastung der anderen Wagschale über die erste Knicklast hinaus die Auslenkung η_0 in guter Übereinstimmung mit Gl. (10 b), § 31.

Die Überschreitung der Elastizitätsgrenze kennzeichnet sich durch eine fortwährende Zunahme der Auslenkung ohne weitere Steigerung der Last, wobei kein Gleichgewicht mehr besteht. Will man den Versuch mit der zweiten Knicklast wiederholen, so muß zuvor die Auslenkung in der Mitte durch kräftige Seitenstützung verhindert werden, ebenso für die dritte Knicklast die Auslenkung in 1 : 3 der Länge usw. Nach Wegnahme dieser Seitenstützen springt der Stab sofort in die dem Überschreiten der ersten Knicklast entsprechende Lage, bzw. geht zu Bruche. Daraus geht hervor, daß — ohne Seitenstützen — die höheren Knicklasten Gleichgewichtslagen von geringerer Stabilität als die erste bedingen, wie man auch sofort aus der Arbeitsgleichung (14a), § 31, daran erkennt, daß z. B. für einen Wert $P > P_3$

$$P - P_1 > P - P_2 > P - P_3,$$

und darum auch die äußere Arbeit beim Überschreiten der ersten Knicklast ein absolutes Maximum darstellt.

Angesichts der außerordentlichen Zunahme der Spannungen schon bei mäßigem Überschreiten der Knicklasten erscheint es zweckmäßig, den bisher vernachlässigten Einfluß der Schubkräfte auf den Verlauf des Vorgangs noch kurz festzustellen.

Bezeichnen wir zu diesem Zwecke mit φ den Neigungswinkel der gebogenen Stabachse gegen die Kraftrichtung, so zerfällt dieser in einen Betrag φ', der lediglich von der Verdrehung des Volumelementes $F\,dl$ als Ganzen durch das Biegungsmoment $\mathfrak{M}$ herrührt, und eine Formänderung φ'' durch die im Querschnitt wirkende Querkraft T, so zwar, daß mit dem Gleitmodul G und einer von der Querschnittsform abhängigen Erfahrungszahl β, die nach § 14 im allgemeinen nicht viel von 1 abweicht,

$$d\varphi' = \frac{\mathfrak{M}}{E\Theta}\,dl = \frac{\mathfrak{M}}{E\Theta}\,dz, \quad \varphi'' = \frac{\beta T}{GF} \quad . \quad . \quad . \quad (6).$$

Mithin ist die gesamte Elementarverdrehung

$$d\varphi = d\varphi' + d\varphi'' = \frac{\mathfrak{M}}{E\Theta}\,dz + \frac{\beta\,dT}{GF}$$

und wegen

$$\frac{d\varphi}{dz} = \frac{d^2\eta}{dz^2}, \quad \mathfrak{M} = -P\eta, \quad T = -\frac{d\mathfrak{M}}{dz} \quad . \quad . \quad (7)$$

nach Division mit dz

$$\frac{d^2\eta}{dz^2} = -\frac{P}{E\Theta}\,\eta + \frac{\beta P}{GF}\,\frac{d^2\eta}{dz^2}$$

oder

$$\frac{d^2\eta}{dz^2}\left(1 - \frac{\beta P}{GF}\right) + \frac{P}{E\Theta}\,\eta = 0 \quad . \quad . \quad . \quad . \quad (8).$$

Mit der Abkürzung

$$\alpha^2 = \frac{P}{E\Theta\left(1 - \frac{\beta P}{GF}\right)} \quad . \quad . \quad . \quad . \quad . \quad . \quad (9)$$

nimmt die Gleichung wieder die Form (3b), § 31, an und liefert mit der Grenzbedingung $\alpha z_0 = n\pi$ die Lösung

$$P = \frac{n^2\pi^2}{\frac{z_0^2}{E\Theta} + \beta\frac{n^2\pi^2}{GF}} = \frac{1}{\frac{z_0^2}{n^2\pi^2 E\Theta} + \frac{\beta}{GF}} \quad . \quad (9a).$$

Ersetzen wir hierin mit Gl. (9), § 31, die Sehnenlänge z_0 durch die Stablänge l, und nennen wir die größte Auslenkung η_0, so folgt für die letztere

$$\eta_0^2 = 2E\Theta\left(\frac{l^2}{n^2\pi^2 E\Theta} + \frac{\beta}{GF} - \frac{1}{P}\right) \quad . \quad . \quad . \quad (10).$$

Da nun diese Auslenkung erst oberhalb der Knicklasten P_n reell wird, so sind diese durch die Formel[1])

$$P_n = \frac{1}{\frac{l^2}{n^2\pi^2 E\Theta} + \frac{\beta}{GF}} = \frac{n^2\pi^2 E\Theta}{l^2\left(1 + \frac{\beta n^2\pi^2 E\Theta}{GFl^2}\right)} \quad (10a)$$

an Stelle von Gl. (11a), § 31, bestimmt. Dieser Ausdruck ist nunmehr in die obigen Spannungsgleichungen einzuführen, wenn sie dem Einflusse der Schubkraft gerecht werden sollen. Man übersieht, daß die nach Gl. (10a) berechneten Knicklasten durchweg etwas kleiner, die Spannungen dagegen bei gleichem P etwas größer ausfallen als nach den früheren Formeln, und weiterhin, daß diese Abweichungen mit n selbst, d. h. für höhere Knicklasten, stark zunehmen. Schreibt man jedoch in Gl. (10a) nach (5) $\Theta = Fk^2$, so erkennt man, daß infolge der Kleinheit des zweiten Gliedes im Nenner von (10a) hinreichend genau

$$P_n = \frac{n^2\pi^2 EFk^2}{l^2}\left(1 - n^2\pi^2\beta\frac{E}{G}\cdot\frac{k^2}{l^2}\right) \quad . \quad . \quad (10b)$$

ist, und daß demnach die Schubkraft nur bei Stäben mit erheblichen Querdimensionen praktisch in Betracht kommt, während ihr Ein-

[1]) Diese Formel wurde neuerdings für $n = 1$ von Nußbaum, »Die genaue Säulenknicklast«, Zeitschrift f. Math. u. Physik, 1907, Bd. 35, abgeleitet.

fluß für lange dünne Stäbe, wie im oben berechneten Beispiel, verschwindend bleibt.

Das in der letzten Formel auftretende Verhältnis $l : k$ bezeichnet man wohl auch kurzweg als die Schlankheit des Stabes und den Quotienten $P_n : F = \sigma_n$ als die Druckspannung beim Knicken des Stabes. Für die praktisch allein in Frage kommende erste Knicklast hätte man alsdann mit $n = 1$, $\beta \backsim 1$ und der Annäherung $\pi^2 = 10$ an Stelle von (10 b)

$$\sigma_1 = 10 \cdot E \frac{k^2}{l^2}\left(1 - 10 \frac{E}{G} \cdot \frac{k^2}{l^2}\right),$$

also z. B. für Flußeisen, für welches. $E = 2\,000\,000$ kg/qcm, $G = 800\,000$ kg/qcm ist,

$$\sigma_1 = 20\,000\,000 \cdot \frac{k^2}{l^2}\left(1 - 25 \cdot \frac{k^2}{l^2}\right).$$

Von diesem Betrage pflegt man in der Technik den vierten Teil, den man alsdann die zulässige Druckspannung bei vierfacher Sicherheit nennt, nicht zu überschreiten. Außerdem aber beschränkt man sich dabei auf Stäbe, deren Schlankheit

$$\frac{l}{k} > 105$$

ist, da nach Versuchen von Tetmajer für dickere Stäbe die Eulerschen Formeln versagen und durch rein empirische ersetzt werden müssen, von deren Wiedergabe wir hier absehen.

Dagegen wollen wir noch kurz eine Formel erwähnen, die häufig an Stelle der Eulerschen benutzt wurde und auf der angenäherten Übereinstimmung der elastischen Linie, Fig. 127, mit einem flachen Parabelbogen beruht. Der aus Gl. (1) und (5) hervorgehende Ausdruck für die größte Druckspannung

$$\sigma_0 = \sigma_0' + \sigma_0'' = -\frac{P}{F} - \frac{P\,\eta_0\,y_0}{\Theta} = -\frac{P}{F}\left(1 + \frac{\eta_0\,y_0}{k^2}\right) \quad . \quad (12)$$

kann alsdann mit

$$\eta_0 = \zeta\, l^2, \quad \eta_0\, y_0 = \zeta\, y_0\, l^2 = \zeta_0\, l^2$$

in der Form

$$\sigma_0 = -\frac{P}{F}\left(1 + \zeta_0 \frac{l^2}{k^2}\right). \quad . \quad . \quad . \quad . \quad . \quad (12\,a).$$

geschrieben werden. In dieser von Rankine u. a. aufgestellten Formel soll die Konstante ζ_0 nur von der Querschnittsform und Größe abhängen, während ein Vergleich mit (4) bzw. (4 a) zeigt, daß sie auch mit der Belastung selbst variiert, was schon von Tetmajer bemerkt wurde. Darum ist die Gl. (12 a) als grundsätzlich falsch zu verwerfen, zumal sie ja auch der Bedingung des Verschwindens der Krümmung an den Stabenden nicht gerecht wird.

§ 33. Andere Axialbelastungen gerader Stäbe.

Die Knickung von Stäben mit einem und zwei eingespannten Enden. Knickung des einseitig eingespannten Stabes unter Verhinderung der Auslenkung des freien Endes. Exzentrische Belastung des Stabes.

Bei dem bisher untersuchten Knickvorgang haben wir uns die beiden Stabenden normal zur Stabachse unverschiebbar, aber doch — etwa durch Gelenke oder Schneiden in Pfannen — frei drehbar gedacht, so daß dort jedenfalls keine Biegungsmomente aufgenommen werden konnten.

I. Ist dagegen der Stab an einem Ende, wie in Fig. 131, eingespannt, so erhalten wir, wenn der Anfang des Koordinatensystems O in das freie Ende verlegt wird, wieder die frühere Momentengleichung

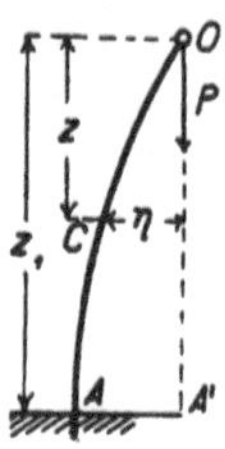

Fig. 131.

$$E\Theta \frac{d^2\eta}{dz^2} = -P\eta \quad . \quad . \quad . \quad . \quad (1)$$

für einen beliebigen Stabpunkt C. Setzen wir hierin wieder

$$\frac{P}{E\Theta} = \alpha^2 \quad . \quad . \quad . \quad . \quad . \quad (2),$$

schreiben also für (1)

$$\frac{d\eta^2}{dz^2} + \alpha^2\eta = 0 \quad . \quad . \quad . \quad . \quad (1\text{a}),$$

so ergibt die Integration

$$\eta = A\cos\alpha z + B\sin\alpha z \quad . \quad . \quad . \quad . \quad . \quad (3)$$

mit den Grenzbedingungen

$$\left.\begin{array}{ll} \eta = 0 \text{ für } z = 0, \text{ also} & A = 0 \\ \dfrac{d\eta}{dz} = 0 \text{ für } z = z_1, \text{ also} & \alpha B\cos\alpha z_1 = 0 \end{array}\right\} \quad . \quad . \quad (3\text{a}).$$

Die letzte Bedingung ist aber nur erfüllbar, wenn αz_1 ein ungerades Vielfaches von $\frac{\pi}{2}$ ist, also

$$\alpha z_1 = (2n-1)\frac{\pi}{2} \quad . \quad . \quad . \quad . \quad . \quad . \quad . \quad (3\text{b})$$

wird, woraus sich im Verein mit (2) sowie nach Vertauschen der Sehnenlänge $OA' = z_1$ mit der Bogenlänge $OA = l_1$ die Knicklast zu

$$P_n = \frac{(2n-1)^2}{4}\frac{\pi^2 E\Theta}{l_1^2} \quad . \quad . \quad . \quad . \quad . \quad (4)$$

mit den Werten für $n = 1, 2, 3$ usw.

$$P_1 = \frac{\pi^2 E \Theta}{4 l_1^2}, \quad P_2 = \frac{9 \pi^2 E \Theta}{4 l_1^2}, \quad P_3 = \frac{25 \pi^2 E \Theta}{4 l_1^2} \qquad (4a)$$

berechnet. Diesen verschiedenen Knicklasten, von denen natürlich wieder die erste allein eine praktische Bedeutung besitzt, entsprechen nach der aus (3) mit (3a) und (3b) folgenden Gleichung der elastischen Linie

$$\eta = B \sin \frac{2n-1}{2} \pi \frac{z}{z_1} = \eta_0 \sin \frac{2n-1}{2} \pi \frac{z}{z_1} \quad . \quad (3c)$$

ebensoviele Formen derselben. Diese lassen sich übrigens auch leicht aus Fig. 128 dadurch ableiten, daß man, wie es in Fig. 132

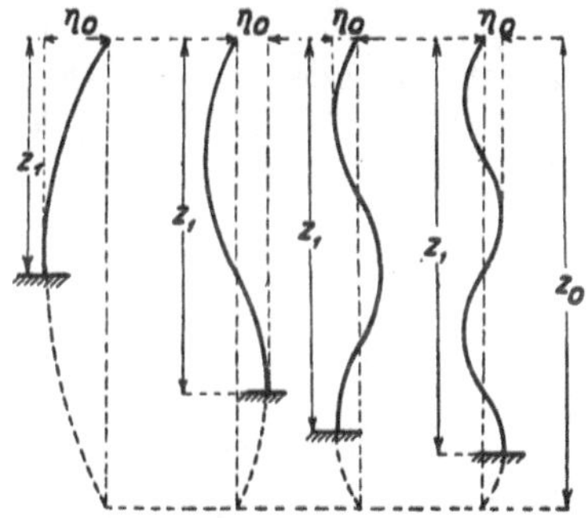

Fig. 132.

geschehen ist, jeweils den untersten Scheitel der Sinuslinie durch die Einspannung ersetzt und in den Formeln (6) bzw. (11a) des § 31

$$\begin{array}{llllll} \text{für } n = 1 & 2 & 3 & 4 & ,\ldots & n \\ z_0 = 2 z_1 & \frac{4}{3} z_1 & \frac{6}{5} z_1 & \frac{8}{7} z_1 & \ldots & \frac{2n}{2n-1} z_1 \\ \text{bzw. } l = 2 l_1 & \frac{4}{3} l_1 & \frac{6}{5} l_1 & \frac{8}{7} l_1 & \ldots & \frac{2n}{2n-1} l_1 \end{array}$$

einführt. Auf diese Weise ergibt sich auch die größte horizontale Auslenkung η_0 des freien Endes gegen die Einspannungsstelle aus Gl. (10) bzw. (10b), § 31, zu

$$\frac{\eta_0^2}{l_1^2} = \frac{8}{(2n-1)^2 \pi^2} \left(1 - \frac{(2n-1)^2 \pi^2 E \Theta}{4 l_1^2 P}\right)$$
$$= \frac{8}{(2n-1)^2 \pi^2} \left(1 - \frac{P_n}{P}\right) \quad . \quad . \quad . \quad . \quad . \quad . \quad . \quad (5)$$

und schließlich der Unterschied zwischen der Bogen- und Sehnenlänge aus (13), § 10,

$$\varDelta z_1 = l_1 - z_1 = \frac{n}{2n-1} l_1 \left(1 - \frac{P_n}{P}\right) \quad . \quad . \quad . \quad (6).$$

Durch die Auslenkung η_0 ist auch noch das Einspannungsmoment

$$\mathfrak{M}_0 = P\eta_0 \quad . \quad . \quad . \quad . \quad . \quad . \quad . \quad . \quad . \quad (7)$$

bestimmt.

II. Ist der Stab an beiden Enden eingespannt, so tritt zu dem Momente $P\eta$ der Axialkraft noch das Einspannungsmoment $\mathfrak{M}_0$, welches aus Symmetriegründen für beide Enden entgegengesetzt gleiche Werte besitzt. Mithin lautet die Gleichgewichtsbedingung für einen Stabpunkt C im Abstand z von einem Ende (Fig. 133)

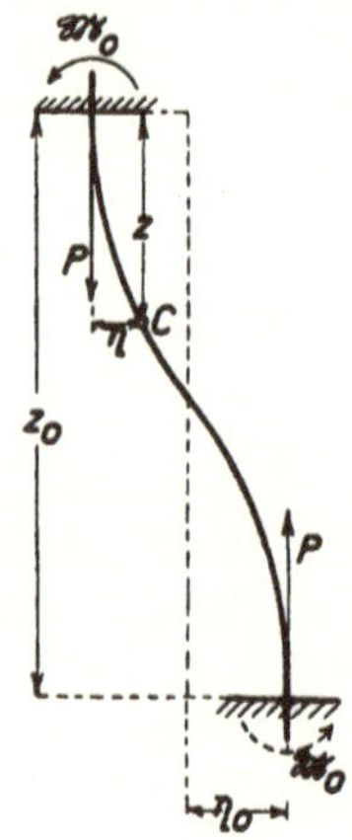

Fig. 133.

$$E\Theta \frac{d^2\eta}{dz^2} + P\eta + \mathfrak{M}_0 = 0$$

oder

$$\frac{d^2\eta}{dz^2} + \frac{P}{E\Theta}\left(\eta + \frac{\mathfrak{M}_0}{P}\right) = 0 \quad . \quad . \quad (8),$$

wofür wir auch mit (2)

$$\frac{d^2\eta}{dz^2} + \alpha^2 \left(\eta + \frac{\mathfrak{M}_0}{P}\right) = 0 \quad . \quad . \quad (8a)$$

schreiben dürfen. Für das allgemeine Integral dieser Gleichung

$$\eta + \frac{\mathfrak{M}_0}{P} = A \cos \alpha z + B \sin \alpha z \qquad (9)$$

bestehen dann die Grenzbedingungen

$$\left.\begin{aligned} \eta = 0 \text{ für } z = 0, &\text{ also } A = \frac{\mathfrak{M}_0}{P} \\ \frac{d\eta}{dz} = 0 \text{ für } z = 0, &\text{ also } B = 0 \\ \frac{d\eta}{dz} = 0 \text{ für } z = z_0, &\text{ also } A\alpha \sin \alpha z_0 = 0 \end{aligned}\right\} \quad . \quad (9a),$$

von denen die letzte auf

$$\alpha z_0 = n\pi \quad . \quad . \quad . \quad . \quad . \quad . \quad . \quad . \quad . \quad (9b),$$

mithin wegen (2), sowie nach Vertauschen von z_0 mit l, auf die Knicklast

$$P_n = \frac{n^2 \pi^2 E \Theta}{l^2} \quad \ldots \ldots \ldots \quad (10)$$

führt, die ersichtlich mit der für freie Stabenden übereinstimmt. Weiter enthält die Gleichung der elastischen Linie

$$\eta = \frac{\mathfrak{M}_0}{P} \cos \alpha z = \eta_0 \cos n \pi \frac{z}{z_0} \quad \ldots \ldots \quad (9c)$$

den $\cos \alpha z$ gegenüber $\sin \alpha z$ in Gl. (4b), § 31, weil in unserem Falle der Anfang mit einem der eingespannten Enden zusammen-

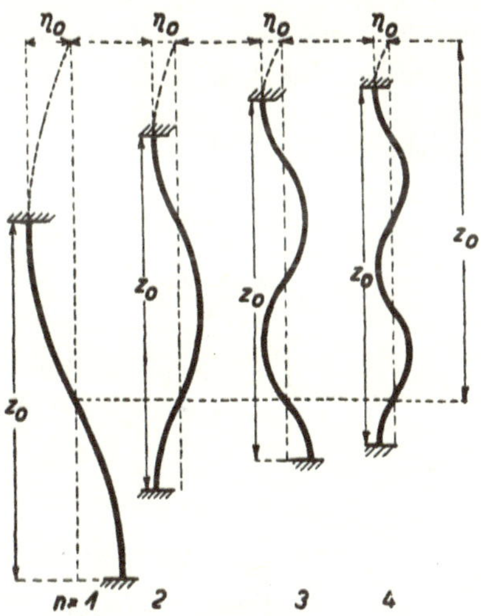

Fig. 134.

fällt. Wie man aus Fig. 134 erkennt, lassen sich die der Formel (9c) zugeordneten Fälle aus Fig. 128 einfach dadurch ableiten, daß nach Ersatz je eines Scheitels der Sinuslinien durch die Einspannung das abgeschnittene Stück am anderen Ende wieder angefügt wird, wodurch dann die Gesamtlänge z_0 bzw. l keine Änderung erfährt. Infolgedessen behalten auch die in § 31 für die größte Auslenkung η_0 sowie den axialen Lastweg Δz entwickelten Formeln ihre volle Gültigkeit. Dabei ist nur zu bemerken, daß für alle ungeraden n, also 1, 3, 5 usw., das eine Stabende sich gegen das andere um $2\eta_0$ horizontal verschiebt, während für gerade n, also 2, 4, 6 usw., keine derartige Verschiebung eintritt.

Von den hier dargestellten Fällen haben übrigens nur die beiden für $n = 1$ und $n = 2$ eine praktische Bedeutung, von denen der erste bzw. der zweite eintritt, je nachdem das eine Stabende horizontal ausweichen kann oder nicht. Das Einspannungsmoment wird, wie aus Gl. (9c) hervorgeht, wieder durch die Formel (7) dargestellt, ist mithin ganz allgemein durch die Auslenkung η_0 bestimmt.

III. Bei dem unter I. behandelten Belastungszustande erleidet das obere freie Stabende eine horizontale Verschiebung, die man nur durch eine Horizontalkraft H rückgängig machen kann, wodurch die elastische Linie die in Fig. 135 dargestellte Form annimmt. Alsdann lautet, wenn wir den Koordinatenanfang wieder in das obere Stabende verlegen, die Gleichgewichtsbedingung für einen Punkt C mit den Koordinaten z und η

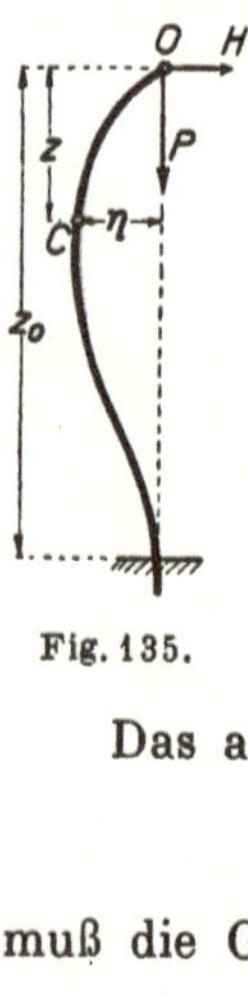

Fig. 135.

$$E\Theta \frac{d^2\eta}{dz^2} + P\eta + Hz = 0$$

oder

$$\frac{d^2\eta}{dz^2} + \frac{P}{E\Theta}\left(\eta + \frac{H}{P} z\right) = 0 \quad . \quad . \quad (11)$$

bzw. mit (2)

$$\frac{d^2\eta}{dz^2} + \alpha^2\left(\eta + \frac{H}{P} z\right) = 0 \quad . \quad . \quad (11\text{a}).$$

Das allgemeine Integral dieser Gleichung

$$\eta + \frac{H}{P} z = A \cos \alpha z + B \sin \alpha z \quad . \quad . \quad . \quad . \quad (12)$$

muß die Grenzbedingungen

$$\left.\begin{aligned} \eta = 0 \text{ für } z = 0\,, \text{ also } A \quad &= 0 \\ \eta = 0 \text{ für } z = z_0, \text{ also } \frac{H}{P} z_0 &= B \sin \alpha z_0 \\ \frac{d\eta}{dz} = 0 \text{ für } z = z_0, \text{ also } \frac{H}{P} \quad &= B\,\alpha \cos \alpha z_0 \end{aligned}\right\} \quad (12\text{a})$$

erfüllen. Dividiert man die beiden letzten Formeln durcheinander, so wird

$$\operatorname{tg} \alpha z_0 = \alpha z_0 \quad . \quad . \quad . \quad . \quad . \quad . \quad . \quad (12\text{b}),$$

woraus sich durch Probieren oder auf graphischem Wege durch den Schnitt der beiden Kurven $y = \operatorname{tg} \alpha z_0$, $y = \alpha z_0$, Fig. 136, eine unendliche Zahl von Wurzeln ergibt, von denen wir — abgesehen von $\alpha z_0 = 0$ — nur die erste

$$\alpha z_0 = 4{,}49, \quad \alpha^2 z_0^2 = 20{,}16 \quad . \quad . \quad . \quad . \quad (12c)$$

in Betracht ziehen wollen, die uns mit (2) auf die erste Knicklast

$$P = 20{,}16 \frac{E\Theta}{z_0^2} \sim 20{,}16 \frac{E\Theta}{l^2} \quad . \quad . \quad . \quad . \quad . \quad (13)$$

führt, während die den anderen Wurzeln zugeordneten höheren Knicklasten keine praktische Bedeutung besitzen.

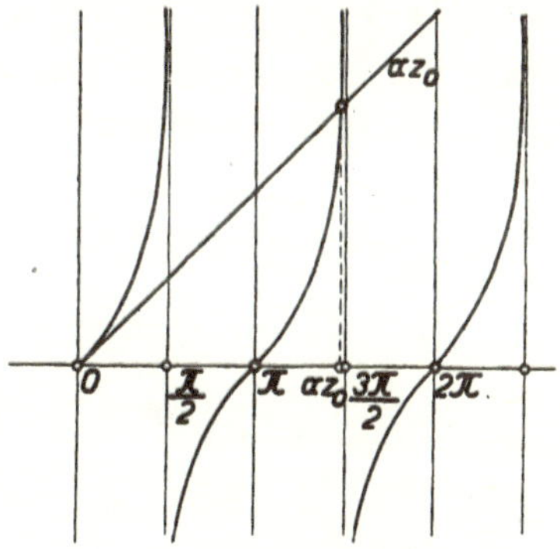

Fig. 136.

Weiter folgt aus den beiden Bedingungsgleichungen (12a)

$$\frac{H^2}{P^2}(1 + \alpha^2 z_0^2) = B^2 \alpha^2 \quad . \quad . \quad . \quad . \quad . \quad (14)$$

oder mit (12c)

$$\frac{H^2}{P^2} = \frac{B^2 \alpha^2}{21{,}16} \quad . \quad . \quad . \quad . \quad . \quad . \quad . \quad (14a),$$

wodurch die beiden vorläufig noch unbestimmten Konstanten H und B miteinander verknüpft sind.

Aus der Gleichung der elastischen Linie, die mit Rücksicht auf die erste Grenzbedingung (12a) in

$$\eta + \frac{H}{P} z = B \sin \alpha z \quad . \quad . \quad . \quad . \quad . \quad (12d)$$

übergeht, folgt durch Differentiation mit Rücksicht auf (14a)

$$\frac{d\eta}{dz} = B\alpha \cos \alpha z - \frac{H}{P} = B\alpha\left(\cos \alpha z - \frac{1}{4,49}\right) \quad . \quad (15).$$

Hiernach bestimmt sich die Abszisse des größten Ausschlages η_0 aus

$$\cos \alpha z_1 = \frac{1}{4,49} = 0,22, \quad \alpha z_1 = 77^0 = 1,34$$

oder wegen (12c) aus

$$\frac{z_1}{z_0} = \frac{1,34}{4,49} \sim 0,3 \quad . \quad . \quad . \quad . \quad . \quad . \quad (15\,a).$$

Für die Ermittlung des Ausschlages selbst, der offenbar durch die Konstante B in (12d) gegeben ist, müssen wir, wie schon in § 31, auf den Unterschied zwischen der ganzen Stablänge l und der Sehne z_0 zurückgreifen. Dabei bedienen wir uns der Näherungsformel für kleine Ausschläge η

$$l = \int_0^{z_0}\left[1 + \frac{1}{2}\left(\frac{d\eta}{dz}\right)^2\right] dz \quad . \quad . \quad . \quad . \quad . \quad (16),$$

die mit (15) auf

$$l = \int_0^{z_0}\left(1 + \frac{1}{2}\frac{H^2}{P^2} - \frac{H}{P} B\alpha \cos \alpha z + \frac{B^2\alpha^2}{4} + \frac{B^2\alpha^2}{4} \cos 2\alpha z\right) dz$$

führt und nach Ausführung der Integration

$$l = z_0\left(1 + \frac{1}{2}\frac{H^2}{P^2} + \frac{B^2\alpha^2}{4}\right) - \frac{H}{P} B \sin \alpha z_0 + \frac{B^2\alpha}{8} \sin 2\alpha z_0$$

liefert. Mit Rücksicht auf die beiden Bedingungsgleichungen (12a) sowie (14) wird aber daraus

$$l = z_0\left(1 + \frac{\alpha^2 z_0^2}{4}\frac{H^2}{P^2}\right) = z_0\left(1 + \frac{20,16}{4}\frac{H^2}{P^2}\right) \quad . \quad (16\,a)$$

und nach Quadrieren angenähert

$$l^2 = z_0^2\left(1 + \frac{20,16}{2}\frac{H^2}{P^2}\right) \quad . \quad . \quad . \quad . \quad . \quad (16\,b).$$

Eliminieren wir mit Hilfe dieser Gleichung die Sehnenlänge z_0 aus (13), so folgt

$$P = 20,16 \frac{E\Theta}{l^2}\left(1 + 10,08 \frac{H^2}{P^2}\right)$$

oder angenähert

$$\frac{H^2}{P^2} = \frac{1}{10{,}08}\left(\frac{P l^2}{20{,}16\, E\Theta} - 1\right) \quad . \quad . \quad . \quad . \quad (17).$$

Ersetzen wir hierin $H : P$ durch $B\alpha$ mit Hilfe von (14a), so wird

$$\frac{B^2\alpha^2 l^2}{21{,}16} = \frac{l^2}{10{,}08}\left(\frac{P l^2}{20{,}16\, E\Theta} - 1\right)$$

oder mit (12c) bzw. $\alpha l \sim \alpha z_0 = 20{,}16$

$$B^2 = 0{,}104\, l^2\left(\frac{P l^2}{20{,}16\, E\Theta} - 1\right) \quad . \quad . \quad . \quad . \quad (18).$$

In diesen Formeln sind also die Konstanten H und P nur so lange reell, als

$$P > \frac{20{,}16\, E\Theta}{l^2}$$

ist, wodurch der rechts stehende Wert im Einklang mit (13) als Knicklast deutlich gekennzeichnet wird, nach deren Überschreitung erst eine Auslenkung des Stabes eintreten kann. Dessen Gestalt ist alsdann durch unsere Entwicklungen vollständig gegeben, während das Einspannungsmoment am unteren Stabende sich zu

$$\mathfrak{M}_0 = H z_0$$

berechnet.

IV. Im Falle einer exzentrischen Belastung des Stabes, bei der die Kraftrichtung den Abstand a von der ursprünglichen Stabachse hat, Fig. 137, ist die Gleichgewichtsbedingung

$$E\Theta \frac{d^2\eta}{dz^2} + P(a + \eta) = 0$$

oder wegen (2)

$$\frac{d^2\eta}{dz^2} + \alpha^2 (a + \eta) = 0 \quad . \quad . \quad . \quad (19)$$

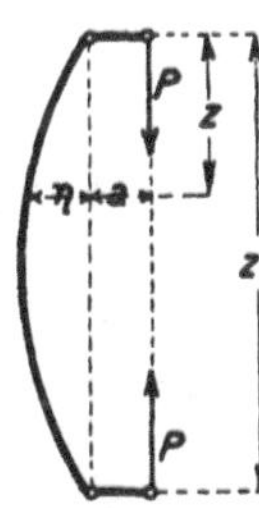

Fig. 137.

mit dem allgemeinen Integrale

$$\eta + a = A \cos \alpha z + B \sin \alpha z \quad . \quad . \quad (19a).$$

Da an den beiden Enden, d. h. für $z = 0$ und $z = z_0$, die Auslenkung verschwindet, so ist

$$a = A, \qquad a(1 - \cos \alpha z_0) = B \sin \alpha z_0 \quad . \quad . \quad (19b),$$

womit (19a) übergeht in

$$\frac{\eta}{a} = \frac{1 - \cos \alpha z_0}{\sin \alpha z_0} \sin \alpha z + \cos \alpha z - 1$$

oder wegen

$$1 - \cos \alpha z_0 = 2 \sin^2 \frac{\alpha z_0}{2}, \qquad \sin \alpha z_0 = 2 \sin \frac{\alpha z_0}{2} \cos \frac{\alpha z_0}{2}$$

$$\eta = a \left(\operatorname{tg} \frac{\alpha z_0}{2} \sin \alpha z + \cos \alpha z - 1 \right) \quad . \; . \; . \quad (20).$$

Die Ableitung dieses Ausdrucks

$$\frac{d\eta}{dz} = \alpha a \left(\operatorname{tg} \frac{\alpha z_0}{2} \cos \alpha z - \sin \alpha z \right) \quad . \; . \; . \; . \quad (20\,\mathrm{a})$$

verschwindet für

$$\operatorname{tg} \alpha z = \operatorname{tg} \frac{\alpha z_0}{2} \quad . \; . \; . \; . \; . \; . \; . \quad (20\,\mathrm{b}),$$

d. h. für

$$\alpha z = \frac{\alpha z_0}{2}, \qquad \frac{\alpha z_0}{2} + \pi, \cdots \frac{\alpha z_0}{2} + n\pi,$$

wovon indessen nur der erste Wert, der auf $z = \frac{z_0}{2}$ führt und der Fig. 137 entspricht, praktische Bedeutung hat. Mit diesem Betrage wird die größte Auslenkung nach (20)

$$\eta_0 = a \left(\frac{1}{\cos \frac{\alpha z_0}{2}} - 1 \right) \quad . \; . \; . \; . \; . \quad (20\,\mathrm{c}).$$

Man erkennt, daß sie

$$\text{für } \alpha z_0 = 0, \qquad 4\pi, \cdots\; 4n\pi$$

verschwindet und

$$\text{für } \alpha z_0 = \pi, \qquad 3\pi, \cdots\; (2n-1)\pi$$

unendlich groß ausfällt. Die diesen letzten Werten nach (2) mit $z_0 \sim l$ zugeordneten Kräfte

$$P = (2n-1)^2 \pi^2 \frac{E\Theta}{l^2} \quad . \; . \; . \; . \; . \; . \quad (21)$$

sind demnach als die Knicklasten für exzentrischen Kraftangriff anzusprechen. Für die darunter bzw. dazwischen liegenden Belastungen ist der endliche Ausschlag infolge der Exzentrizität a unmittelbar durch Gl. (20c) bestimmt, ohne daß es notwendig ist, hierfür den Unterschied der Stablänge und der Sehne heranzuziehen. Dies wird erst nötig für $a = 0$, d. h. für den in § 31 behandelten Fall, für den Gl. (20c) allgemein $\eta_0 = 0$ und mit den Knicklasten unbestimmte Ausdrücke ergibt. Schließlich sei noch bemerkt, daß im Falle einer großen Exzentrizität a die Auslenkungen η bzw. η_0 nur so lange klein bleiben, als $\cos\frac{\alpha z_0}{2}$ sich nur wenig von 1 unterscheidet. Alsdann aber dürfen wir angenähert

$$\cos\frac{\alpha z_0}{2} = 1 - \frac{\alpha^2 z_0^2}{4}$$

und

$$\frac{1}{\cos\frac{\alpha z_0}{2}} = 1 + \frac{\alpha^2 z_0^2}{4}$$

setzen, womit (20c) in

$$\eta_0 = \frac{a\alpha^2 z_0^2}{4}$$

oder wegen (2) in

$$\eta_0 = \frac{P a z_0^2}{4 E \Theta} \quad . \; . \; . \; . \; . \; . \; . \; . \quad (22)$$

übergeht. Dies ist aber nichts anderes als die Auslenkung der Mitte eines Stabes, der durch ein überall konstantes Moment $\mathfrak{M} = Pa$ gebogen wird. Zu diesem Ergebnis wären wir unmittelbar auch durch Integration von Gl. (19) nach Unterdrückung von η gegen a in der Klammer gelangt.

V. Unterwirft man einen sehr schlanken Stab, z. B. ein dünnes Stahlband, einer Axialbelastung, so wachsen die Auslenkungen ohne Gefahr des Bruches rasch so stark an, daß die den bisherigen Entwicklungen zugrunde liegende Näherungsgleichung (2a), § 31, für die elastische Linie ihren Sinn verliert. Wir müssen vielmehr in diesem Falle wieder auf die strengere Formel

$$\frac{E\Theta}{\varrho} = \mathfrak{M}$$

zurückgreifen, die mit

$$\mathfrak{M} = P\eta, \quad \frac{P}{E\Theta} = \alpha^2$$

und

$$\frac{1}{\varrho} = \frac{\frac{d^2\eta}{dz^2}}{\left[1+\left(\frac{d\eta}{dz}\right)^2\right]^{\frac{3}{2}}} = \frac{\eta''}{(1+\eta'^2)^{\frac{3}{2}}}$$

übergeht in

$$\frac{\eta''}{(1+\eta'^2)^{\frac{3}{2}}} = a^2\eta \quad \ldots \ldots \quad (23).$$

Multiplizieren wir diese Gleichung beidseitig mit $d\eta$ und beachten, daß

$$\eta'' d\eta = \frac{d\eta'}{dz} d\eta = \eta' d\eta'$$

ist, so wird aus (23)

$$\frac{\eta' d\eta'}{(1+\eta'^2)^{\frac{3}{2}}} = a^2 \eta d\eta$$

oder integriert

$$C - \frac{2}{(1+\eta'^2)^{\frac{1}{2}}} = a^2\eta^2.$$

Setzen wir hierin $\eta' = \frac{d\eta}{dz} = 0$ für $\eta = \eta_0$, so folgt

$$C - 2 = a^2\eta_0^2,$$

und das Integral von (23) lautet nunmehr

$$a^2(\eta^2 - \eta_0^2) = 2 - \frac{2}{(1+\eta'^2)^{\frac{1}{2}}} \quad \ldots \ldots \quad (23\text{a}).$$

Hierin ist aber unter Einführung des Tangentenwinkels φ der elastischen Linie

$$\frac{1}{1+\eta'^2} = \frac{1}{1+\operatorname{tg}^2\varphi} = \cos^2\varphi,$$

womit (23a) übergeht in

$$a^2(\eta^2 - \eta_0^2) = 2(1 - \cos\varphi) \quad \ldots \ldots \quad (24).$$

Die dieser Gleichung entsprechende Kurve besitzt offenbar

$$\left.\begin{array}{l} \text{für } \varphi = 0 \text{ die Minima } \eta_1^2 = \eta_0^2 \\ \text{für } \varphi = \pi \text{ die Maxima } \eta_2^2 = \eta_0^2 + \frac{4}{a^2} \end{array}\right\} \quad \ldots \quad (24\text{a}).$$

Löst man (24) nach dem Winkel auf, so wird

$$\cos \varphi = 1 - \frac{\alpha^2}{2} (\eta^2 - \eta_0^2) \quad . \quad . \quad . \quad . \quad (24b)$$

und für Schnittpunkte mit der Achse $\eta = 0$

$$\cos \varphi_0 = 1 + \frac{\alpha^2 \eta_0^2}{2} \quad . \quad . \quad . \quad . \quad . \quad (24c).$$

Dies liefert aber keine reellen Werte für φ, so daß also die durch (24) gegebene elastische Linie für endliche Werte

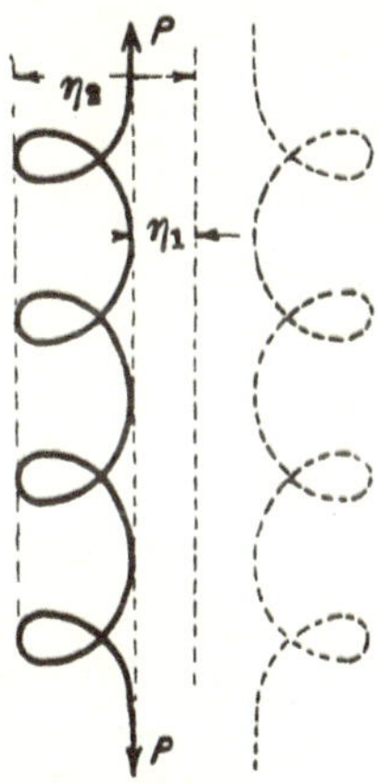

Fig. 138.

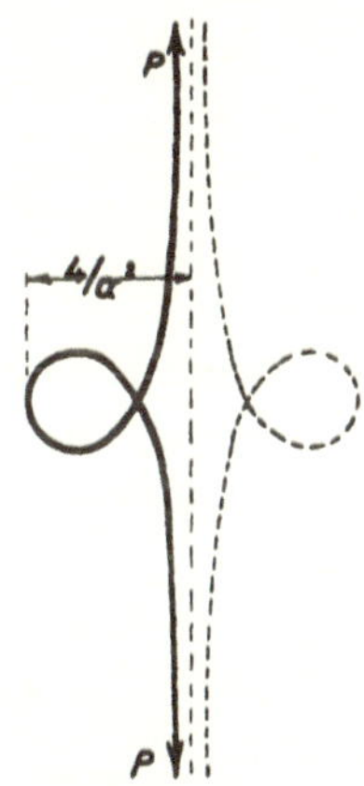

Fig. 139.

von η_0 die Achse nicht schneidet. Auch ohne weitere Untersuchung erkennt man, daß es sich um eine Schleifenkurve nach Fig. 138 handelt, die im Sonderfalle $\eta_1 = \eta_0 = 0$, $\eta_2 = \frac{4}{\alpha^2}$ in Fig. 139 ausartet. Da wir bei der Ableitung von (23) $\mathfrak{M} = P\eta$ gesetzt haben, so wirkt die Axialkraft als Zug in der Richtung der Asymptote der elastischen Linie, die entsprechend dem Quadrate der Ausschläge in (24) zwei hierzu symmetrische Zweige besitzt.

Im Falle eines axialen Druckes, entsprechend den bisher untersuchten Knickvorgängen, ist nur das Moment $\mathfrak{M} = -P\eta$ zu setzen, womit in (23) die rechte Seite das Vorzeichen wechselt und als Integral an Stelle von (24)

$$\alpha^2 (\eta_0^2 - \eta^2) = 2 (1 - \cos \varphi) \quad . \quad . \quad . \quad . \quad (25)$$

resultiert. Da hierbei für $\eta = 0$

$$\cos \varphi_0 = 1 - \frac{\alpha^2 \eta_0^2}{2} \quad \ldots \ldots \quad (25\,\text{a}),$$

wird, so existieren reelle Schnittpunkte der durch (25) definierten Kurve mit der Achse, solange

$$\alpha^2 \eta_0^2 < 4 \quad \ldots \ldots \ldots \quad (25\,\text{b})$$

bleibt. Weiterhin ist

$$\left.\begin{array}{ll} \text{für } \varphi = 0 & : \ \eta_1^2 = \eta_0^2 \\ \text{für } \varphi = \pi & : \ \eta_2^2 = \eta_0^2 - \dfrac{4}{\alpha^2} \end{array}\right\} \quad \ldots \quad (25\,\text{c}),$$

woraus wegen (25b) kein reelles η_2 hervorgeht.

Wir erkennen somit, daß die der Gl. (25) entsprechenden elastischen Linien nach Fig. 140 die Achse schneiden und zu deren beiden Seiten die Maxima $\pm \eta_0$ besitzen. Von diesen Linien kommt die erste unserer bekannten Sinuskurve nahe, deren Bogen sich bei weiterem Anwachsen von P immer stärker wölben und schließlich nach Überschreiten einer Lemniskatenform in die letzte Schleifenkurve übergehen, die somit nur scheinbar einer Zugkraft entspricht.

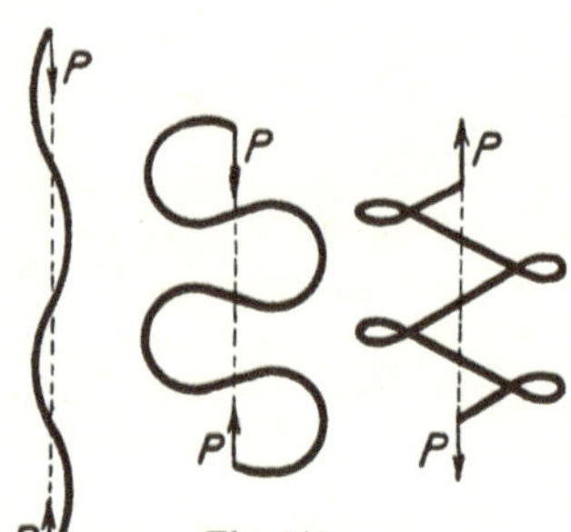

Fig. 140.

Die weitere Behandlung der elastischen Linien mit großen Ausschlägen, insbesondere die Ableitung ihrer Gleichungen durch nochmalige Integration[1]) von (24) bzw. (25) mit Hilfe elliptischer Funktionen, mag hier unterbleiben, da die Kurven, die man leicht mit einer gestreckten Uhrfeder auf dem Tisch bilden kann, keine praktische Bedeutung besitzen.

---

[1]) Vgl. hierüber u. a. Saalschütz, Der belastete Stab, Leipzig 1880, und Kriemler, Labile und stabile Gleichgewichtsfiguren, Karlsruhe 1902.

§ 34. Dynamische Knickvorgänge an geraden Stäben.

Transversalschwingungen eines axial gedrückten Stabes. Rotation eines geraden Stabes um seine Achse mit drehbaren und festen Endlagern. Gleichgewichtslagen und kritische Winkelgeschwindigkeiten. Schwingungen derartiger Stäbe. Schwingungen und Gleichgewichtslagen einer am masselosen Stabe exzentrisch angebrachten Masse. Selbsteinstellung dieser Masse und kritische Winkelgeschwindigkeit.

Die bisher betrachteten Knickvorgänge bezogen sich auf Stäbe, die im Ruhezustande einem Axialdrucke ausgesetzt waren. Es fragt sich nunmehr, ob nicht auch in Bewegung befindliche Stäbe sowohl unter dem Einflusse eines Axialdruckes als auch der Bewegung selbst ausknicken können. An die Feststellung dieser Möglichkeit knüpft sich dann sogleich die weitere Frage nach den Bedingungen, unter denen der Eintritt der mit der Knickung verbundenen großen Auslenkungen vermieden werden kann.

Dabei wollen wir uns auf solche Fälle beschränken, bei denen die beiden Stabenden selbst festgehalten werden, so daß nur die dazwischen liegenden Stabelemente kleine Bewegungen vollziehen können.

I. Wir beginnen zunächst mit den Biegungsschwingungen eines axial gedrückten Stabes, für die wir schon in § 21 unter (1a) die Bewegungsgleichung angeschrieben haben. Steht der Stab, was hier vorausgesetzt werden soll, vertikal, so verschwindet in dieser Gleichung der Einfluß des Eigengewichts gegenüber der konstant angenommenen Axialkraft P, die als Druck mit den entgegengesetzten Vorzeichen einzuführen ist. Da außerdem der Stab als Ganzes keine Bewegungen vollzieht, so ist die in Gl. (1a), § 21, auftretende Normalgeschwindigkeit $v = \frac{d\eta}{dt}$ zu setzen, so daß die Differentialgleichung unseres Vorgangs nunmehr lautet

$$E\Theta \frac{\partial^4 \eta}{\partial z^4} + P \frac{\partial^2 \eta}{\partial z^2} + \gamma \frac{F}{g} \frac{\partial^2 \eta}{\partial t^2} = 0 \quad . \quad . \quad . \quad (1).$$

Hierin tritt außer den uns geläufigen Größen E, Θ, P und F nur noch das spezifische Gewicht γ des Stabmaterials mit der Erdbeschleunigung g neben der Zeit t auf. Dividieren wir (1) mit $E\Theta$ und setzen abkürzungsweise

$$\frac{P}{E\Theta} = \alpha^2, \qquad \frac{\gamma F}{g E \Theta} = c^2 \quad \ldots \ldots \quad (2),$$

so haben wir

$$\frac{\partial^4 \eta}{\partial z^4} + \alpha^2 \frac{\partial^2 \eta}{\partial z^2} + c^2 \frac{\partial^2 \eta}{\partial t^2} = 0 \quad \ldots \ldots \quad (1\,\text{a}).$$

Dieser partiellen Differentialgleichung genügt der Ansatz

$$\eta = Z\,U \quad \ldots \ldots \quad (3),$$

in dem Z eine reine Funktion des Achsenabstandes z und U eine reine Zeitfunktion darstellt. Nach Einführung von (3) in (1a) und Division mit $Z \cdot U$ wird daraus

$$\frac{1}{Z}\left(\frac{d^4 Z}{d z^4} + \alpha^2 \frac{d^2 Z}{d z^2}\right) + \frac{c^2}{U}\,\frac{d^2 U}{d t^2} = 0 \quad \ldots \quad (1\,\text{b})$$

oder mit einer neuen Konstanten β^2

$$\left.\begin{aligned} \frac{d^4 Z}{d z^4} + \alpha^2 \frac{d^2 Z}{d z^2} - \beta^2 Z &= 0 \\ \frac{d^2 U}{d t^2} + \frac{\beta^2}{c^2} U &= 0 \end{aligned}\right| \quad \ldots \ldots \quad (1\,\text{c}).$$

Solange β^2 positiv bleibt, liefert die letzte dieser Formeln

$$U = A_0 \cos \frac{\beta}{c} t + B_0 \sin \frac{\beta}{c} t \quad \ldots \ldots \quad (3\,\text{a}).$$

Wenn wir verlangen, daß für $t = 0$ der ganze Stab sich noch im Ruhezustande befindet, also überall $\eta = 0$ sein soll, so muß $A_0 = 0$ sein, und (3a) vereinfacht sich in

$$U = B_0 \sin \frac{\beta}{c} t \quad \ldots \ldots \quad (3\,\text{b}).$$

Die erste der beiden Formeln (1c) wird durch den Ansatz

$$Z = C e^{\varkappa z} \quad \ldots \ldots \quad (4)$$

erfüllt, dessen Einführung in (1c) für $\varkappa$ auf die Gleichung

$$\varkappa^4 + \alpha^2 \varkappa^2 - \beta^2 = 0 \quad \ldots \ldots \quad (5)$$

oder

$$\varkappa^2 = -\frac{\alpha^2}{2} \pm \sqrt{\frac{\alpha^4}{4} + \beta^2} \quad \ldots \ldots \quad (5\,\text{a})$$

führt. Setzen wir hierin

$$\left.\begin{aligned} -\frac{\alpha^2}{2}+\sqrt{\frac{\alpha^4}{4}+\beta^2}&=\varkappa_1^2 \\ \frac{\alpha^2}{2}+\sqrt{\frac{\alpha^4}{4}+\beta^2}&=\varkappa_2^2 \end{aligned}\right\} \quad . \; . \; . \; . \; . \; (5\text{b}),$$

so lautet entsprechend diesen 4 Wurzeln mit Rücksicht auf (4) das allgemeine Integral der ersten Gl. (1c)

$$Z = A_1 e^{\varkappa_1 z} + B_1 e^{-\varkappa_1 z} + C_1 \cos \varkappa_2 z + D_1 \sin \varkappa_2 z \quad . \; (4\text{a}).$$

Verlangen wir entsprechend den drehbar festgehaltenen Stabenden, die keine Biegungsmomente aufnehmen können, daß für $z = 0$ und $z = l$ bzw. $\eta = 0$ auch $\frac{d^2\eta}{dz^2} = 0$ sein soll, so ist

$$\left.\begin{aligned} A_1 + B_1 + C_1 &= 0 \\ A_1 e^{\varkappa_1 l} + B e^{-\varkappa_1 l} + C_1 \cos \varkappa_2 l + D_1 \sin \varkappa_2 l &= 0 \\ \varkappa_1^2 (A_1 + B_1) - \varkappa_2^2 C_1 &= 0 \\ \varkappa_1^2 (A_1 e^{\varkappa_1 l} + B_1 e^{-\varkappa_1 l}) - \varkappa_2^2 (C_1 \cos \varkappa_2 l + D_1 \sin \varkappa_2 l) &= 0 \end{aligned}\right\} \quad (6)$$

also

$$A_1 = B_1 = C_1 = 0, \qquad D_1 \sin \varkappa_2 l = 0 \quad . \; . \; . \; (6\text{a})$$

oder

$$\varkappa_2 l = n\pi \quad . \; . \; . \; . \; . \; . \; . \; . \; . \; . \; (6\text{b})$$

Verbinden wir dieses Resultat mit der zweiten Formel (5b), so folgt

$$\frac{\alpha^4}{4} + \beta^2 = \left(\frac{n^2\pi^2}{l^2} - \frac{\alpha^2}{2}\right)^2$$

oder

$$\beta^2 = \frac{n^2\pi^2}{l^2}\left(\frac{n^2\pi^2}{l^2} - \alpha^2\right) \quad . \; . \; . \; . \; (7).$$

Nach (6a) bleibt nunmehr von (4a) nur noch das letzte Glied übrig, dessen Vereinigung nach (3) mit (3b) unter Zusammenziehung der beiden Konstanten $B_0 D_1 = C_n$ die Lösung

$$\eta = C_n \sin \varkappa_2 z \sin \frac{\beta t}{c} = C_n \sin n\pi \frac{z}{l} \sin \frac{n\pi}{cl} t \sqrt{\frac{n^2\pi^2}{l^2} - \alpha^2} \quad (3\text{c})$$

liefert, die für jedes ganzzahlige n gilt, so daß die allgemeine Lösung durch die Reihe

$$\eta = \sum_{n=1}^{n=\infty} C_n \sin n\pi \frac{z}{l} \sin \frac{n\pi}{cl} t \sqrt{\frac{n^2\pi^2}{l^2} - \alpha^2} \quad . \; . \; (3\text{d})$$

dargestellt wird.

Jedem dieser Glieder entspricht für einen gegebenen Augenblick, d. h. für $t = \text{Const}$, eine der Stabformen, Fig. 128, mit der Schwingungsdauer

$$t_n = \frac{2cl}{n\sqrt{\frac{n^2\pi^2}{l^2} - a^2}} \quad \ldots\ldots \quad (8),$$

für die wir wegen (2) auch

$$t_n = \frac{2l}{n}\sqrt{\frac{\gamma F}{gE\Theta\left(\frac{n^2\pi^2}{l^2} - \frac{P}{E\Theta}\right)}} \quad \ldots \quad (8a)$$

oder unter Einführung der Schallgeschwindigkeit a des Stabmaterials und des Trägheitshalbmessers k des Stabquerschnitts durch

$$\frac{gE}{\gamma} = a^2, \qquad \frac{\Theta}{F} = k^2 \quad \ldots\ldots \quad (10)$$

schreiben dürfen

$$t_n = \frac{2l}{nak\sqrt{\frac{n^2\pi^2}{l^2} - \frac{P}{E\Theta}}} \quad \ldots \quad (8b).$$

Diese Schwingungsdauer wird unendlich groß, d. h. der einmal ausgelenkte Stab kommt nicht wieder in seine Ruhelage, wenn

$$P = n^2\pi^2\frac{E\Theta}{l^2} \quad \ldots\ldots \quad (9),$$

also wenn der Axialdruck mit einer der Knicklasten zusammenfällt. Würde gar

$$P > n^2\pi^2\frac{E\Theta}{l^2} \quad \ldots\ldots \quad (9a),$$

so hätten wir in (7) $\beta^2 < 0$, womit an Stelle der periodischen Lösung (3a) bzw. (3b) von vornherein ein Exponentialausdruck treten würde, der ein beliebiges Anwachsen des irgendwie hervorgerufenen Ausschlages bis zur Zerstörung des Stabes bedingt.

Nach dieser dynamischen Schlußfolgerung befindet sich der unter Knicklast stehende Stab offenkundig in einem labilen Zustande.

II. Ein um seine vertikal stehende Achse zwischen zwei Lagern rotierender Stab möge durch irgendeine Ursache aus der Mittellage gebracht sein, wodurch er die Form Fig. 141 angenommen hat. Auf ein um η ausgelenktes Stabelement von der Masse

$$dm = \frac{F\gamma}{g} dz$$

wirkt dann, wenn ω die Winkelgeschwindigkeit bedeutet, nach außen die Beschleunigung $q = \eta\omega^2$, also die Fliehkraft

$$dQ = q\,dm = \frac{F\gamma}{g}\omega^2\eta\,dz \quad . \quad . \quad . \quad . \quad . \quad (11)$$

und nach der Achse hin der Zuwachs der Querkraft

$$dT = \frac{d^2\mathfrak{M}}{dz^2}dz = E\Theta\frac{d^4\eta}{dz^4}dz \quad . \quad . \quad . \quad . \quad (12).$$

Durch Gleichsetzen der beiden unendlich kleinen Kräfte wird dann

$$\frac{d^4\eta}{dz^4} = \frac{F\gamma\omega^2}{gE\Theta}\eta \quad . \quad . \quad . \quad . \quad (13),$$

oder wenn wir mit (10)

$$\frac{F\gamma\omega^2}{gE\Theta} = \frac{\omega^2}{a^2k^2} = \alpha^4 \quad . \quad . \quad . \quad (14)$$

setzen, kürzer

$$\frac{d^4\eta}{dz^4} = \alpha^4\eta \quad . \quad . \quad . \quad . \quad . \quad (13a).$$

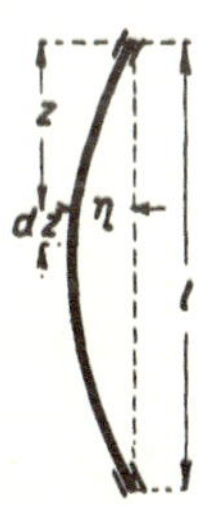

Fig. 141.

Führen wir in diese Differentialgleichung probeweise $\eta = Ce^{\varkappa z}$ ein, so genügt die Konstante $\varkappa$ der Gleichung $\varkappa^4 = \alpha^4$ mit den vier Wurzeln

$$\varkappa_{12} = \pm\,\alpha, \qquad \varkappa_{34} = \pm\,i\alpha \quad . \quad . \quad . \quad . \quad (14a),$$

so daß das allgemeine Integral von (13a) lautet

$$\eta = Ae^{\alpha z} + Be^{-\alpha z} + C\cos\alpha z + D\sin\alpha z \quad . \quad (15).$$

Verlangen wir nunmehr, daß die beiden Lager an den Enden zwar festliegend, aber doch — etwa nach der Anordnung des Amerikaners Sellers in Kugelgelenken — drehbar sind, so können dort vom Stabe keine Momente aufgenommen werden und es ist für

$$\left.\begin{matrix} z = 0 \\ z = l \end{matrix}\right\} \text{ sowohl } \eta = 0 \text{ als auch } \frac{d^2\eta}{dz^2} = 0.$$

Dann aber wird nach Analogie von (6) bzw. (6a)

$$A = B = C = 0, \qquad D \sin a l = 0$$

oder

$$a l = n \pi \quad . \quad . \quad . \quad . \quad . \quad . \quad . \quad . \quad (14\mathrm{b}),$$

woraus mit (14) sich die Winkelgeschwindigkeit zu

$$\omega = n^2 \pi^2 \frac{a k}{l^2} \quad . \quad . \quad . \quad . \quad . \quad . \quad . \quad (16)$$

berechnet. Wir erhalten also eine mit den Quadraten der ganzen Zahlen fortlaufende Reihe von Winkelgeschwindigkeiten, mit denen der Stab im ausgelenkten Zustande rotieren kann, während er für dazwischen liegende Werte sich geradestreckt. Da in der Formel für die ausgelenkte Mittellinie (vgl. Fig. 128)

$$\eta = D \sin n \pi \frac{z}{l} \quad . \quad . \quad . \quad . \quad . \quad . \quad . \quad (15\mathrm{a})$$

die Konstante D, wie beim Ausknicken unter der Knicklast, jeden beliebigen Wert annehmen kann, womit jedenfalls die Gefahr des Bruches verbunden ist, so bezeichnet man die durch (16) mit $n = 1$, 2, 3 usw. definierten Winkelgeschwindigkeiten als kritische. Nähert man sich einem solchen Wert bei allmählicher Steigerung der Winkelgeschwindigkeit, so beginnt die Welle unter heftigen Ausschlägen unruhig zu laufen, um nach dem Überschreiten wieder in die Ruhelage zurückzukehren. Deshalb empfiehlt es sich, bei praktischen Ausführungen stets unterhalb der ersten kritischen Winkelgeschwindigkeit (für $n = 1$) zu bleiben.

Das allgemeine Integral (15) behält seine Gültigkeit auch noch für den Fall, daß die beiden Endlager der rotierenden Welle nicht mehr drehbar angeordnet sind, so daß die Form der ausgelenkten Mittellinie der eines beidseitig eingespannten Druckstabes ähnelt. Dagegen haben wir jetzt die Grenzbedingungen

$$\left.\begin{array}{l} z = 0 \\ z = l \end{array}\right\} \eta = 0 \text{ und } \frac{d\eta}{dz} = 0$$

zu erfüllen, oder

$$\left.\begin{array}{l} A \quad + B \quad + C \qquad\qquad\qquad = 0 \\ A\,e^{\alpha l} + B\,e^{-\alpha l} + C\cos\alpha l + D\sin\alpha l = 0 \\ A \quad - B \qquad\qquad\qquad + D \quad = 0 \\ A\,e^{\alpha l} - B\,e^{-\alpha l} - C\sin\alpha l + D\cos\alpha l = 0 \end{array}\right\} \quad . \quad (17),$$

woraus nach Elimination der Konstanten A, B, C, D die Bedingung

$$\frac{e^{\alpha l} + e^{-\alpha l}}{2} \cdot \cos\alpha l = \mathfrak{Cos}\,\alpha l \cdot \cos\alpha l = 1 \quad . \quad . \quad (17\,a)$$

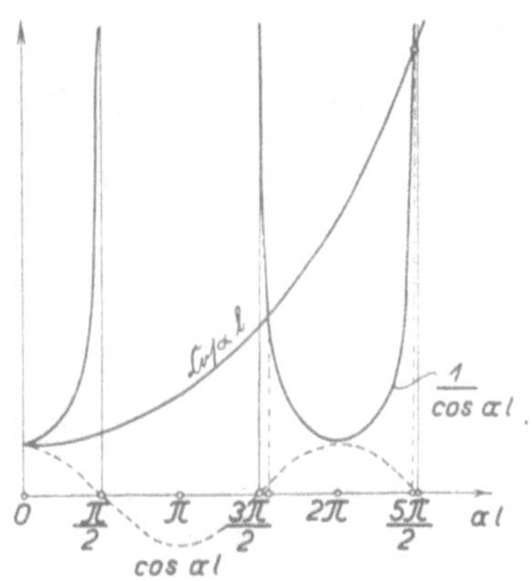

Fig. 142.

resultiert. Deren Auflösung erfolgt am einfachsten auf graphischem Wege, d. h. durch den Schnitt der Kurven, Fig. 142,

$$u = \frac{1}{\cos\alpha l}, \quad u = \mathfrak{Cos}\,\alpha l = \frac{e^{\alpha l} + e^{-\alpha l}}{2},$$

woraus sich ergibt, daß die Wurzeln, abgesehen von $\alpha l = 0$, nahe an $\frac{3}{2}\pi$, $\frac{5}{2}\pi$ usw. liegen. Setzt man z. B. für den ersten Wert

$$\alpha l = \frac{3}{2}\pi + x = 4{,}712 + x,$$

so wird

$$\cos\alpha l = \cos\frac{3}{2}\pi\cos x - \sin\frac{3}{2}\pi\sin x \sim x$$

$$\mathfrak{Cos}\, a\, l = \frac{e^{\frac{3}{2}\pi + x} + e^{-\frac{3}{2}\pi - x}}{2} \sim \frac{e^{\frac{3}{2}\pi}}{2}(1 + x) + \frac{e^{-\frac{3}{2}\pi}}{2}(1 - x)$$

$$= \frac{e^{\frac{3}{2}\pi} + e^{-\frac{3}{2}\pi}}{2} + \frac{e^{\frac{3}{2}\pi} - e^{-\frac{3}{2}\pi}}{2} x = 55{,}5\,(1 + x).$$

Dies liefert mit (17a) die quadratische Gleichung

$$55{,}5\,(1 + x)\, x = 1,$$

woraus

$$x = -0{,}5 + \sqrt{0{,}268} = 0{,}018,$$

also für den ersten Wert

$$a\, l = \frac{3}{2}\pi + 0{,}018 = 4{,}73 \quad \text{oder} \quad a^2 l^2 = 22{,}4$$

sich ergibt, während $\left(\frac{3\pi}{2}\right)^2 = 22{,}5$ ist. Für die höheren Werte von $a\, l$ fallen die Unterschiede von $\frac{5}{2}\pi$, $\frac{7}{2}\pi$ usw. schon so klein aus, daß sie vollständig vernachlässigt werden können. Nach Einsetzen in (14) erhalten wir somit für diesen Fall die kritischen Winkelgeschwindigkeiten genügend genau

$$\omega = \frac{9\pi^2}{4}\frac{a\,k}{l^2}, \quad \frac{25\,\pi^2}{4}\frac{a\,k}{l^2} \quad \ldots \quad \frac{(2\,n + 1)^2}{4}\pi^2 \frac{a\,k}{l^2} \quad . \quad (18),$$

deren jeder eine durch die Gleichung

$$\eta = C\left[\cos a\,z - \mathfrak{Cos}\, a\,z + \frac{D}{C}(\sin a\,z - \mathfrak{Sin}\, a\,z)\right] \quad (15\text{b})$$

mit dem aus (17) hervorgehenden Verhältnis

$$\frac{D}{C} = \frac{\cos a\,l + \sin a\,l - e^{-a\,l}}{\cos a\,l - \sin a\,l - e^{a\,l}} = \frac{\cos a\,l - \mathfrak{Cos}\, a\,l + \sin a\,l + \mathfrak{Sin}\, a\,l}{\cos a\,l - \mathfrak{Cos}\, a\,l - \sin a\,l - \mathfrak{Sin}\, a\,l}$$

gegebene Form der Auslenkungskurve entspricht, die naturgemäß den Knickungslinien mit eingespannten Enden sehr nahe kommen. Die Konstante C selbst bleibt auch hier wieder unbestimmt, so daß für jede der kritischen Winkelgeschwindigkeiten die Ausschläge beliebig hoch ansteigen können.

III. Daß es sich in diesem Falle stets um labile Gleichgewichtslagen handelt, erkennt man deutlich aus der Untersuchung der Schwingungen des rotierenden

Stabes um seine Mittellage, welche der nach Analogie von (1) und (13) leicht ableitbaren Differentialgleichung

$$E\Theta \frac{\partial^4 \eta}{\partial z^4} + \frac{\gamma F}{g}\left(\frac{\partial^2 \eta}{\partial t^2} - \eta\,\omega^2\right) = 0 \quad . \quad . \quad . \quad (19)$$

genügt, für die wir mit (14) auch

$$\frac{\partial^4 \eta}{\partial z^4} - \alpha^4 \eta + \frac{\alpha^4}{\omega^2}\frac{\partial^2 \eta}{\partial t^2} = 0 \quad . \quad . \quad . \quad . \quad . \quad (19\text{a})$$

schreiben dürfen. Diese Gleichung wird wieder durch den Ansatz (3) erfüllt, womit (19a) in

$$\frac{1}{Z}\frac{d^4 Z}{d z^4} - \alpha^4 + \frac{\alpha^4}{\omega^2}\frac{1}{U}\frac{d^2 U}{d t^2} = 0 \quad . \quad . \quad . \quad (19\text{b})$$

übergeht und mit der Konstanten β^4 in die beiden Formeln

$$\left.\begin{array}{l} \dfrac{d^4 Z}{d z^4} - (\alpha^4 + \beta^4)\, Z = 0 \\[2ex] \dfrac{d^2 U}{d t^2} + \dfrac{\beta^4 \omega^2}{\alpha^4}\, U = 0 \end{array}\right\} \quad . \quad . \quad . \quad (19\text{c})$$

zerfällt. Die zweite dieser Gleichungen liefert, wenn der Ausschlag $\eta = Z\,U$ beim Beginn der Zeitrechnung, d. h. $t = 0$, für den ganzen Stab verschwindet, nach Analogie von (3b) die Lösung

$$U = B_0 \sin \frac{\beta^2 \omega}{\alpha^2}\, t \quad . \quad . \quad . \quad . \quad . \quad . \quad . \quad (20),$$

während die erste Gl. (19c) mit $\alpha^4 + \beta^4 = \varkappa^4$ durch

$$Z = A\, e^{\varkappa z} + B\, e^{-\varkappa z} + C \cos \varkappa z + D \sin \varkappa z \quad . \quad . \quad (21)$$

erfüllt wird. Sind die beiden Endlager der rotierenden Welle, wie in Fig. 141 angenommen, frei drehbar, so erhalten wir für die Konstanten $A = B = C = 0$, $D \sin \varkappa l = 0$, oder wegen der Bedeutung von $\varkappa$

$$\varkappa l = l\,(\alpha^4 + \beta^4)^{\frac{1}{4}} = n\,\pi,$$

woraus

$$\beta^4 = \frac{n^4 \pi^4}{l^4} - \alpha^4 \quad . \quad . \quad . \quad . \quad . \quad . \quad . \quad . \quad (22)$$

hervorgeht. Somit vollzieht sich die Einzelschwingung der rotierenden Welle mit drehbaren Endlagern nach der aus (20) und (21) mit $B_0 D = C_n$ hervorgehenden Formel

$$\eta = C_n \sin n\pi \frac{z}{l} \sin \frac{\omega t}{\alpha^2} \sqrt{\frac{n^4 \pi^4}{l^4} - \alpha^4} \quad . \; . \; (23),$$

während die Gesamtbewegung sich aus einer Summe solcher Glieder mit $n = 1$, 2 usw. nach Analogie von (3d) zusammensetzt. Die Dauer jeder solchen Einzelschwingung

$$t_n = \frac{2\pi\alpha^2}{\omega\beta^2} = \frac{2\pi\alpha^2}{\omega\sqrt{\frac{n^4\pi^4}{l^4} - \alpha^4}} \quad . \; . \; . \; (23\text{a})$$

bleibt reell, solange $\alpha^4 l^4 < n^4 \pi^4$, d. h. solange die Winkelgeschwindigkeit den kritischen Wert noch nicht erreicht hat, bei dem t_n unendlich wird. Damit ist der zugehörige Bewegungszustand der Welle als ein labiler gekennzeichnet.

Ganz ebenso folgt für nicht drehbare Endlager nach Analogie von (17) und (17a) aus (21)

$$\mathfrak{Cos}\, \varkappa l \cdot \cos \varkappa l = 1,$$

also angenähert wegen $\varkappa^4 = \alpha^4 + \beta^4$

$$l (\alpha^4 + \beta^4)^{\frac{1}{4}} \sim \frac{2n+1}{2} \pi$$

$$\beta^4 = \frac{(2n+1)^4}{16} \frac{\pi^4}{l^4} - \alpha^4 \quad . \; . \; . \; . \; . \; (24),$$

woraus sich mit (20) die Schwingungsdauer zu

$$t_n = \frac{2\pi\alpha^2}{\omega\beta^2} = \frac{2\pi\alpha^2}{\omega\sqrt{\frac{(2n+1)^4\pi^4}{16\, l^4} - \alpha^4}} \quad . \; . \; (24\text{a})$$

ergibt, die dann wieder für die kritischen Winkelgeschwindigkeiten (18) unendlich groß wird.

Bemerkenswert ist übrigens, daß in beiden Fällen, d. h. für feste und drehbare Endlager, nach Überschreiten der kritischen Winkelgeschwindigkeiten mit β^2 die Schwingungsdauer imaginär wird. Das heißt aber nichts anderes, als daß an Stelle des Ausdruckes (20) für die zeitliche Änderung von η eine Exponentialfunktion tritt. Da derartigen Winkelgeschwindigkeiten nach den Ausführungen unter II. im Beharrungszustande keine Ausschläge entsprechen, so müssen die einmal hervorgerufenen wieder abklingen, was nur mit negativen Exponenten von e, wie bei einer Dämpfung, möglich ist.

IV. Trägt der Stab von der Länge l im Abstande c von einem der beiden Endlager ein schweres Schwungrad von der Masse m, der gegenüber die Stabmasse vernachlässigt werden darf, so wird es praktisch kaum möglich sein, diese Schwungmasse so genau zu zentrieren, daß ihr Schwerpunkt in der Ruhelage in die Stabachse fällt. Es wird vielmehr stets eine kleine Exzentrizität a vorhanden sein, vermöge deren die Masse m bei der Rotation des Stabes diesem eine Auslenkung n erteilt, deren Größe am zugehörigen Punkte C mit η bezeichnet sei, Fig. 143. Alsdann wirkt nach außen auf die Masse die Fliehkraft

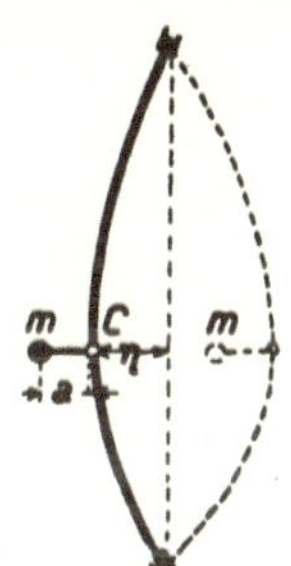

Fig. 143.

$$Q_1 = m(\eta + a)\,\omega^2 \quad . \quad . \quad . \quad . \quad (25),$$

nach innen aber die elastische Kraft, welche dem Stabe im Punkte C die Durchbiegung η erteilen würde. Sind die Endlager des Stabes drehbar, so bestimmt sich diese Kraft nach § 16, Gl. (12), zu

$$Q_2 = \frac{3\,E\Theta \cdot l}{c^2\,(l-c)^2}\,\eta \quad . \quad . \quad . \quad . \quad . \quad . \quad (26),$$

so daß bei der Rotation eine Beschleunigung der Masse m nach außen eintritt, die sich aus

$$m\,\frac{d^2\eta}{d\,t^2} = Q_1 - Q_2 = m(\eta + a)\,\omega^2 - \frac{3\,E\Theta\,l}{c^2\,(l-c)^2}\,\eta$$

bzw. nach Division mit m zu

$$\frac{d^2\eta}{d\,t^2} = \omega^2(\eta + a) - \frac{3\,E\Theta\,l}{c^2\,(l-c)^2\,m}\,\eta \quad . \quad . \quad . \quad (27)$$

ergibt. Hierfür dürfen wir aber mit der Abkürzung

$$\frac{3\,E\Theta\,l}{c^2\,(l-c)^2\,m} - \omega^2 = \alpha^2 \quad . \quad . \quad . \quad . \quad . \quad (28)$$

auch schreiben

$$\frac{d^2\eta}{d\,t^2} + \alpha^2\,\eta - \omega^2\,a = 0 \quad . \quad . \quad . \quad . \quad (27\,\mathrm{a}),$$

woraus dann für $\alpha^2 > 0$ ein Schwingungsvorgang des Punktes C nach der Gleichung

$$\eta - \frac{\omega^2}{\alpha^2} a = A \cos \alpha t + B \sin \alpha t \quad . \quad . \quad . \quad . \quad (29)$$

um die Mittellage

$$\eta_0 = \frac{\omega^2 a}{\alpha^2} = \frac{\omega^2 a}{\frac{3 E \Theta l}{c^2 (l - c)^2 m} - \omega^2} \quad . \quad . \quad . \quad (29\,a)$$

resultiert. Diese mittlere Auslenkung wird für

$$\omega_0{}^2 = \frac{3 E \Theta l}{c^2 (l - c)^2 m} \quad . \quad . \quad . \quad . \quad . \quad (29\,b)$$

unendlich groß, womit diese Winkelgeschwindigkeit als eine kritische und der zugehörige Bewegungszustand als ein labiler gekennzeichnet sind. Im allgemeinen ist die Abhängigkeit der Mittellage von ω^2 durch die Hyperbel Fig. 144 dargestellt, aus der ein Vorzeichenwechsel des Ausschlages η_0 beim Überschreiten von $\omega_0{}^2$ hervorgeht, entsprechend dem Übergange von der in Fig. 143 stark ausgezogenen zur punktierten Anordnung. Im Falle dieser Abweichung von C aus der zugehörigen Mittellage vollzieht sich in diesem Bereiche $(\omega^2 > \omega_0{}^2)$ die Änderung von η nach einer Exponentialfunktion

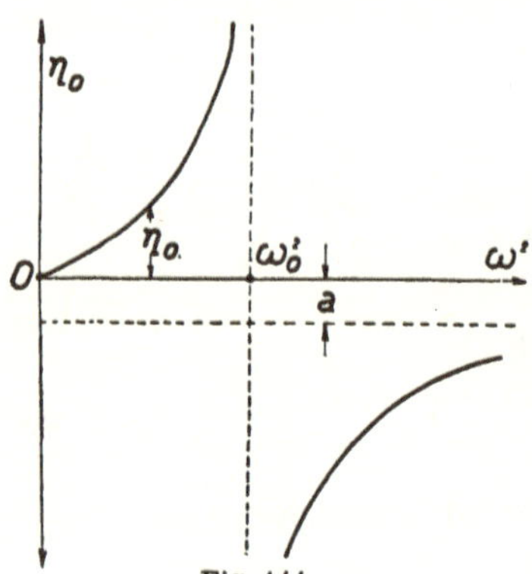

Fig. 144.

$$\eta + \frac{\omega^2}{\alpha^2} a = A\, e^{t\sqrt{\omega^2 - \omega_0{}^2}} + B\, e^{-t\sqrt{\omega^2 - \omega_0{}^2}} \quad . \quad . \quad (30),$$

in der $A = 0$ sein muß, da sonst für wachsendes t der Ausschlag beliebig zunimmt, während doch jedem ω nur eine Gleichgewichtslage

$$\eta_0 = -\frac{\omega^2}{\alpha^2} a = \frac{\omega^2 a^2}{\omega_0{}^2 - \omega^2} \quad . \quad . \quad . \quad . \quad (30\,a)$$

zukommt.

Da auf der nicht rotierenden Welle nach (27) die Masse m eine durch

$$\frac{d^2 \eta}{d t^2} = -\frac{3 E \Theta \eta}{c^2 (l-c)^2 m} = -\omega_0^2 \eta \quad . \quad . \quad . \quad . \quad (31)$$

gegebene Schwingung vollzieht, deren Dauer

$$t_0 = \frac{2\pi}{\omega_0} \quad . \quad . \quad . \quad . \quad . \quad . \quad . \quad . \quad (31a)$$

offenbar mit der kritischen Umlaufszeit übereinstimmt, so hat man, wie zuerst Stodola bemerkt hat, ein bequemes Mittel zur versuchsmäßigen Feststellung der letzteren bzw. der kritischen Winkelgeschwindigkeit ω_0. Dies trifft auch noch, ebenso wie die sonstigen vorstehenden Entwicklungen, für den Fall nicht drehbarer Endlager der Welle zu, für den nur die Größe ω_0 einen anderen Wert annimmt.

Der hier vorgetragene Fall der sog. Selbsteinstellung exzentrisch auf einer Welle sitzender Massen erlangte in der Technik mit dem Auftreten der überaus rasch rotierenden Lavalschen Dampfturbine praktische Bedeutung und wurde 1895 ziemlich gleichzeitig von Föppl und Dunkerley[1]), unabhängig voneinander, wissenschaftlich geklärt. Der letztere behandelte auch noch die Stabilität der Rotation beim Vorhandensein mehrerer exzentrischer Massen, worauf wir indessen hier nicht weiter eingehen können.

§ 35. Kipperscheinungen.

Definition der Kippung. Aufstellung der Gleichungen für die Biegungen und die Verdrehung. Integration durch Reihen; Berechnung und Darstellung derselben durch Tabellen und Diagramme. Bestimmung der Kipplast und der elastischen Formänderung für den einfach eingespannten und den beidseitig frei aufliegenden Balken. Ausdehnung der Untersuchung auf beidseitige Einspannung.

Die Spannungen und Auslenkungen eines normal zu seiner Längsachse belasteten Balkens ergaben sich nach den früheren

---

[1]) Föppl, Civilingenieur 1895, S. 333, und Dunkerley, Phil. Transact. of the Roy. Society 1895, Bd. 185, S. 270. Vgl. auch die zusammenfassende Darstellung in Stodolas Werk »Die Dampfturbinen«, 4. Aufl., 1910, S. 284 ff., in der jedoch nur die Berechnung der kritischen Winkelgeschwindigkeiten ohne die Untersuchung der Schwingungen wiedergegeben wird.

Ausführungen um so kleiner, je größer das Trägheitsmoment um die neutrale Achse bei der Biegung ausfiel. Dieses wiederum wächst mit der dritten Potenz der Abmessungen des Querschnitts normal zur neutralen Achse, so daß es zweckmäßig erscheint, diese Abmessungen so groß als irgend möglich zu wählen. Geht man indessen hiermit über ein gewisses Maß hinaus, so zeigt die Längsachse des Balkens das Bestreben, aus ihrer ursprünglichen

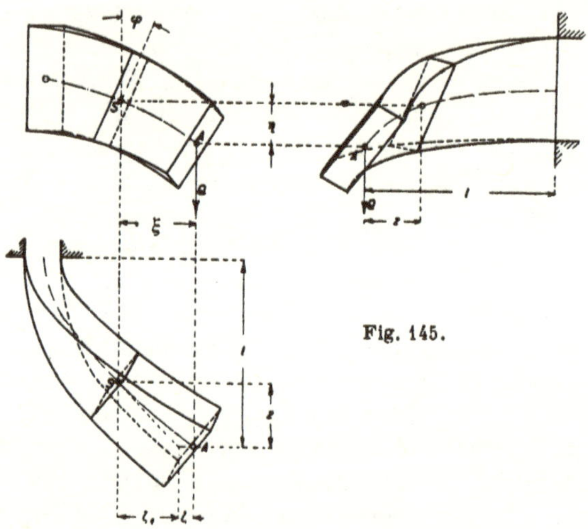

Fig. 145.

Ebene herauszutreten, während gleichzeitig eine Verdrehung der Balkenquerschnitte gegeneinander auftritt. Diesen Vorgang, den man am einfachsten an einer hochkantig an einem Ende festgehaltenen Reißschiene, die am anderen Ende durch den sog. Kopf belastet ist, beobachten kann, bezeichnen wir nach dem Vorgange von L. Prandtl[1]) als eine Kippung.

Diese Erscheinung wollen wir an einem einseitig fest eingespannten horizontalen Balken untersuchen, dessen Querschnitt die beiden Hauptträgheitsmomente $\Theta_1 < \Theta_2$ besitzt. Die zugeordneten Hauptachsen des Querschnitts mögen im unbelasteten Zustande des Balkens vertikal bzw. horizontal stehen. Weiter-

[1]) Vgl. dessen ausgezeichnete Münchener Dissertation »Kipperscheinungen« (Nürnberg 1899), der wir in unserer Darstellung mit einigen unwesentlichen Abweichungen gefolgt sind.

hin sei der Balken durch eine Anzahl von Vertikalkräften belastet, deren Resultante Q von dem zunächst ins Auge gefaßten Querschnitt F den Horizontalabstand z hat. Infolge der Kippung erleidet dann der Querschnitt sowohl eine als klein angenommene Verdrehung φ als auch eine Verschiebung in horizontaler und vertikaler Richtung, Fig. 145, welchen Biegungen um die dazu normalen Achsen entsprechen. Die zugehörigen Biegungsmomente ergeben sich aus der Überlegung, daß zunächst die Resultante Q in zwei den um φ geneigten Hauptachsen parallele Komponenten

$$\left.\begin{aligned} Q_1 &= Q \sin\varphi \backsim Q\varphi \\ Q_2 &= Q\cos\varphi \backsim Q \end{aligned}\right\} \quad . \; . \; . \; . \; . \; . \; . \quad (1)$$

zerfällt, deren Hebelarme in erster Annäherung mit dem Horizontalabstande z des Querschnitts von der Resultante selbst übereinstimmen. Bezeichnen wir dann noch mit ξ und η den Horizontal- bzw. Vertikalabstand des Schwerpunkts S des ausgelenkten Querschnitts vom Angriffspunkte A der Resultanten, der natürlich auch mit dem Schwerpunkte eines anderen Balkenquerschnitts zusammenfällt, so erhalten wir für die Auslenkungen die beiden Differentialgleichungen

$$\left.\begin{aligned} -E\Theta_1 \frac{d^2\xi}{dz^2} &= Q_1 z = Qz\varphi \\ -E\Theta_2 \frac{d^2\eta}{dz^2} &= Q_2 z = Qz \end{aligned}\right| \quad . \; . \; . \; . \; . \quad (2).$$

Außer den beiden Biegungsmomenten wirkt aber auf den Querschnitt noch ein Torsionsmoment, welches mit dem Gleitmodul G und einer von der Querschnittsform abhängigen, mit dem Flächenträgheitsmoment dimensionsgleichen Größe J (vgl. Kap. II, § 11) sich zu

$$-\mathfrak{M}_0 = GJ\frac{d\varphi}{dz} = C\frac{d\varphi}{dz} \quad . \; . \; . \; . \; . \quad (3).$$

ergibt, worin man sich die Konstante $C = GJ$ am einfachsten durch einen Verdrehungsversuch bestimmt denken kann. Das negative Vorzeichen der linken Seiten von (2) und (3) ist darin begründet, daß infolge der Einspannung sowohl die Neigungswinkel $d\xi : dz$ und $d\eta : dz$ als auch der Verdrehungswinkel φ mit wachsendem z abnehmen.

Das Torsionsmoment $\mathfrak{M}_0$ rührt nun ebenfalls von der Resultante Q her, deren Hebelarm in bezug auf eine Querschnittsnormale durch den Schwerpunkt S mit ζ bezeichnet werden möge. Dann ist infolge der geringen Abweichung der elastischen Linie von der Geraden im Grundriß der Fig. 145 hinreichend genau

$$\zeta = \xi - \zeta_1 = \xi - z\frac{d\xi}{dz} \quad \ldots \ldots \quad (4),$$

folglich das Torsionsmoment

$$\mathfrak{M}_0 = Q\zeta = Q\left(\xi - z\frac{d\xi}{dz}\right) \quad \ldots \ldots \quad (3a).$$

Die Verbindung dieses Ausdruckes mit (3) liefert weiter

$$\frac{d\varphi}{dz} = -\frac{Q}{C}\left(\xi - z\frac{d\xi}{dz}\right) \quad \ldots \ldots \quad (5)$$

und nach nochmaliger Differentiation

$$\frac{d^2\varphi}{dz^2} = \frac{Q}{C} z \frac{d^2\xi}{dz^2} \quad \ldots \ldots \quad (5a).$$

Multiplizieren wir diese Formel mit der ersten Gl. (2), so fällt die Veränderliche ξ heraus und es bleibt

$$\frac{d^2\varphi}{dz^2} = -\frac{Q^2 z^2}{E\Theta_1 C}\varphi \quad \ldots \ldots \quad (6),$$

wofür mit der Abkürzung

$$\frac{Q^2}{E\Theta_1 C} = \alpha^2 \quad \ldots \ldots \quad (6a)$$

auch geschrieben werden kann

$$\frac{d^2\varphi}{dz^2} + \alpha^2 z^2 \varphi = 0 \quad \ldots \ldots \quad (6b).$$

Bevor wir diese Gleichung integrieren, möge noch der Sonderfall eines längs des Balkens konstanten Biegungsmomentes $\mathfrak{M}_1$ behandelt werden, bei dem, wie früher gezeigt, keine Querkraft auftritt. Die Wirkung eines reinen Kräftepaares geht nun aus dem bisher Betrachteten dadurch hervor, daß wir Q beliebig abnehmen und den Abstand z ins Unbegrenzte wachsen lassen, oder, was auf dasselbe hinausläuft

$$Qz = \mathfrak{M}_1 \quad \ldots \ldots \quad (7)$$

setzen. Alsdann wird aus (6)

$$\frac{d^2\varphi}{dz^2} = -\frac{\mathfrak{M}_1^2}{E\,\Theta_1 C}\,\varphi \quad \ldots\ldots\ldots \quad (7\text{a})$$

oder mit der Abkürzung

$$\frac{\mathfrak{M}_1^2}{E\,\Theta_1 C} = \beta^2 \quad \ldots\ldots\ldots \quad (8)$$

$$\frac{d^2\varphi}{dz^2} + \beta^2\varphi = 0 \quad \ldots\ldots\ldots \quad (7\text{b}).$$

Diese uns geläufige Differentialgleichung hat aber das Integral

$$\varphi = A\cos\beta z + B\sin\beta z \quad \ldots\ldots \quad (9),$$

dessen Konstanten A und B die Grenzbedingungen $\varphi = 0$, $d\varphi : dz = 0$ für die Einspannstelle $z = l$ zu erfüllen haben. Von diesen Bedingungen beruht die letztere darauf, daß an der Einspannstelle das Moment $\mathfrak{M}_1$ jedenfalls keine Komponente besitzt, welche nach (3) eine Verdrehung hervorrufen könnte. Dann aber muß

$$A\cos\beta l + B\sin\beta l = 0.$$
$$A\sin\beta l - B\cos\beta l = 0.$$

sein, was nur mit $A = B = 0$, also allgemein $\varphi = 0$ vereinbar ist. Daraus folgt, d a ß e i n r e i n e s B i e g u n g s m o m e n t i n d e r V e r t i k a l e b e n e d u r c h d i e B a l k e n a c h s e k e i n e K i p p u n g d e s B a l k e n s h e r v o r r u f e n k a n n.

Nach dieser Abschweifung kehren wir zu unserer Differentialgleichung (6a) zurück, deren Integration leicht durch den Ansatz

$$\varphi = A_0 + A_1 z + A_2 z^2 + A_3 z^3 + A_4 z^4 + \ldots \quad . \quad (10)$$

also

$$\frac{d^2\varphi}{dz^2} = \qquad 2\cdot A_2 \quad + 2\cdot 3\cdot A_3 z + 3\cdot 4\cdot A_4 z^2 + \ldots \quad (10\text{a})$$

gelingt. Nach Einführung dieser Ausdrücke in (6b) liefert die Methode der unbestimmten Koeffizienten

$$A_2 = 0,\quad A_3 = 0,\quad A_6 = 0,\quad A_7 = 0\ldots$$

$$A_4 = -\frac{\alpha^2}{3\cdot 4}A_0,\quad A_5 = -\frac{\alpha^2}{4\cdot 5}A_1$$

oder allgemeiner die Rekursionsformel

$$A_n = -\frac{\alpha^2}{n\,(n-1)}\cdot A_{n-4} \quad \ldots\ldots \quad (10\text{b}).$$

Dadurch sind alle Faktoren A bestimmt bis auf die beiden A_0 und A_1, die somit als Integrationskonstanten anzusehen sind; und die Reihe (10) nimmt die Form an

$$\varphi = A_0\left(1 - \frac{\alpha^2 z^4}{3\cdot 4} + \frac{\alpha^4 z^8}{3\cdot 4\cdot 7\cdot 8} - \frac{\alpha^6 z^{12}}{3\cdot 4\cdot 7\cdot 8\cdot 11\cdot 12} + \cdots\right)$$
$$+ A_1\left(z - \frac{\alpha^2 z^5}{4\cdot 5} + \frac{\alpha^4 z^9}{4\cdot 5\cdot 8\cdot 9} - \frac{\alpha^6 z^{13}}{4\cdot 5\cdot 8\cdot 9\cdot 12\cdot 13} + \cdots\right) \quad (11).$$

Um daraus die Gleichung der elastischen Linie, d. h. der horizontalen Auslenkung ξ, zu gewinnen (während die Vertikalauslenkung η sich unmittelbar, d. h. ohne Rücksicht auf φ, aus der zweiten Formel (2) berechnen läßt), bedienen wir uns am einfachsten der Gl. (5), für die wir auch nach Umformung der rechten Seite schreiben dürfen

$$\frac{d\varphi}{dz} = \frac{Q}{C} z^2 \frac{d}{dz}\left(\frac{\xi}{z}\right) \quad . \quad . \quad . \quad . \quad . \quad . \quad (5\text{b}).$$

Mithin ist umgekehrt mit einer neuen Konstanten B

$$\xi = Bz + \frac{Cz}{Q}\int \frac{1}{z^2}\frac{d\varphi}{dz}\,dz \quad . \quad . \quad . \quad . \quad . \quad (5\text{c})$$

und nach Einsetzen von (11) und gliedweiser Ausführung der Integration

$$\xi = Bz + \frac{A_0 C}{Q}\left(-\frac{\alpha^2 z^3}{2\cdot 3} + \frac{\alpha^4 z^7}{3\cdot 4\cdot 6\cdot 7} - \frac{\alpha^6 z^{11}}{3\cdot 4\cdot 7\cdot 8\cdot 10\cdot 11} + \cdots\right)$$
$$+ \frac{A_1 C}{Q}\left(-1 - \frac{\alpha^2 z^4}{3\cdot 4} + \frac{\alpha^4 z^8}{4\cdot 5\cdot 7\cdot 8} - \frac{\alpha^6 z^{12}}{4\cdot 5\cdot 8\cdot 9\cdot 11\cdot 12} + \cdots\right) \quad (12).$$

Durch Differentiation dieses Ausdruckes folgt dann noch

$$\frac{d\xi}{dz} = B + \frac{A_0 C}{Q}\left(-\frac{\alpha^2 z^2}{2} + \frac{\alpha^4 z^6}{3\cdot 4\cdot 6} - \frac{\alpha^6 z^{10}}{3\cdot 4\cdot 7\cdot 8\cdot 10} + \cdots\right)$$
$$+ \frac{A_1 C}{Q}\left(-\frac{\alpha^2 z^3}{3} + \frac{\alpha^4 z^7}{4\cdot 5\cdot 7} - \frac{\alpha^6 z^{11}}{4\cdot 5\cdot 8\cdot 9\cdot 11} + \cdots\right) \quad (13).$$

Die in den Formeln (11), (12) und (13) übrig gebliebenen Integrationskonstanten lassen sich leicht ermitteln, wenn man $z = 0$ setzt und die zugehörigen Anfangswerte von φ, ξ und

$d\xi : dz$ mit dem Index 0 versieht. Alsdann ist

$$A_0 = \varphi_0, \quad \frac{A_1 C}{Q} = -\xi_0, \quad B = \left(\frac{d\xi}{dz}\right)_0 \quad . \quad . \quad . \quad (14).$$

Für die praktische Verwendung der Formeln (11), (12) und (13) empfiehlt es sich nun, nach dem Vorgange von Prandtl, die darin auftretenden Reihen als Funktionen einer und derselben dimensionslosen Größe

$$\alpha^2 z^4 = u^2 \quad . \quad . \quad . \quad . \quad . \quad . \quad . \quad . \quad . \quad (15)$$

tabellarisch darzustellen. Setzen wir demgemäß

$$\left.\begin{aligned}
1 - \frac{u^2}{3\cdot 4} + \frac{u^4}{3\cdot 4\cdot 7\cdot 8} - \frac{u^6}{3\cdot 4\cdot 7\cdot 8\cdot 11\cdot 12} + \ldots &= U_1 \\
1 - \frac{u^2}{4\cdot 5} + \frac{u^4}{4\cdot 5\cdot 8\cdot 9} - \frac{u^6}{4\cdot 5\cdot 8\cdot 9\cdot 12\cdot 13} + \ldots &= -V_1 \\
-\frac{u^2}{2\cdot 3} + \frac{u^4}{3\cdot 4\cdot 6\cdot 7} - \frac{u^6}{3\cdot 4\cdot 7\cdot 8\cdot 10\cdot 11} + \ldots &= U_2 \\
-1 - \frac{u^2}{3\cdot 4} + \frac{u^4}{4\cdot 5\cdot 7\cdot 8} - \frac{u^6}{4\cdot 5\cdot 8\cdot 9\cdot 11\cdot 12} + \ldots &= -V_2 \\
-\frac{u^2}{2} + \frac{u^4}{3\cdot 4\cdot 6} - \frac{u^6}{3\cdot 4\cdot 7\cdot 8\cdot 10} + \ldots &= U_3 \\
-\frac{u^2}{3} + \frac{u^4}{4\cdot 5\cdot 7} - \frac{u^6}{4\cdot 5\cdot 8\cdot 9\cdot 11} + \ldots &= -V_3
\end{aligned}\right\} (16),$$

so erhalten wir an Stelle der obigen Formeln unter Beachtung von (14)

$$\varphi = \varphi_0 U_1 + \frac{Q\xi_0}{C} z V_1 \quad . \quad . \quad . \quad . \quad . \quad . \quad . \quad (11\text{a})$$

$$\xi = \left(\frac{d\xi}{dz}\right)_0 z + \frac{C}{Q}\frac{\varphi_0}{z} U_2 + \xi_0 V_2 \quad . \quad . \quad . \quad (12\text{a})$$

$$\frac{d\xi}{dz} = \left(\frac{d\xi}{dz}\right)_0 + \frac{C}{Q}\frac{\varphi_0}{z^2} U_3 + \frac{\xi_0}{z} V_3 \quad . \quad . \quad . \quad (13\text{a}),$$

worin die Werte der U, V der folgenden Tabelle bzw. den Diagrammen Fig. 146 und 147 zu entnehmen sind.

u	U_1	U_2	U_3	V_1	V_2	V_3
0	+ 1,000	0,000	0,000	— 1,000	+ 1,000	+ 0,000
1	+ 0,918	— 0,165	— 0,486	— 0,950	1,082	0,326
2	+ 0,690	— 0,636	— 1,788	— 0,811	1,319	1,223
3	+ 0,362	— 1,349	— 3,479	— 0,603	1,682	2,466
4	+ 0,004	— 2,211	— 5,004	— 0,361	2,125	3,744
5	— 0,313	— 3,118	— 5,853	— 0,121	2,600	4,746
6	— 0,524	— 3,978	— 5,737	+ 0,083	3,059	5,238
7	— 0,597	— 4,721	— 4,684	+ 0,222	3,463	5,121
8	— 0,523	— 5,317	— 3,062	+ 0,286	3,781	4,465
9	— 0,331	— 5,776	— 1,487	+ 0,276	4,022	3,487
10	— 0,078	— 6,144	— 0,642	+ 0,203	4,179	2,494
11	+ 0,200	— 6,478	— 1,080	+ 0,097	4,280	1,807
12	+ 0,404	— 6,851	— 3,037	+ 0,014	4,454	1,676

1. Beispielsweise erhalten wir für den in Fig. 145 dargestellten einfachen Belastungsfall $\xi_0 = 0$ und an der Einspannstelle $z = l$, $\varphi_l = 0$; damit wird aus (11a)

$$\varphi_0 \, U_1 = 0 \quad . \quad . \quad (11\text{b}).$$

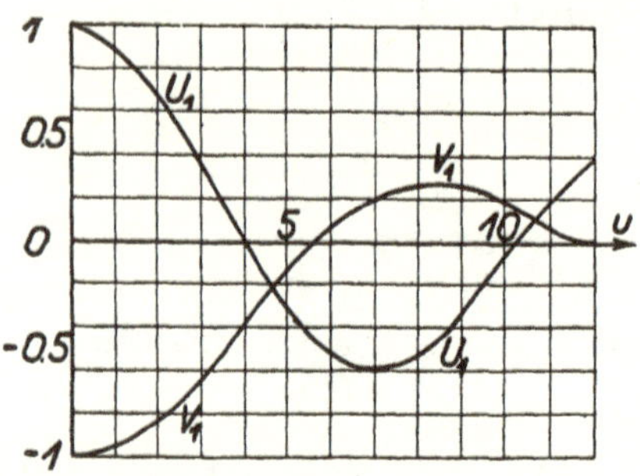

Fig. 146.

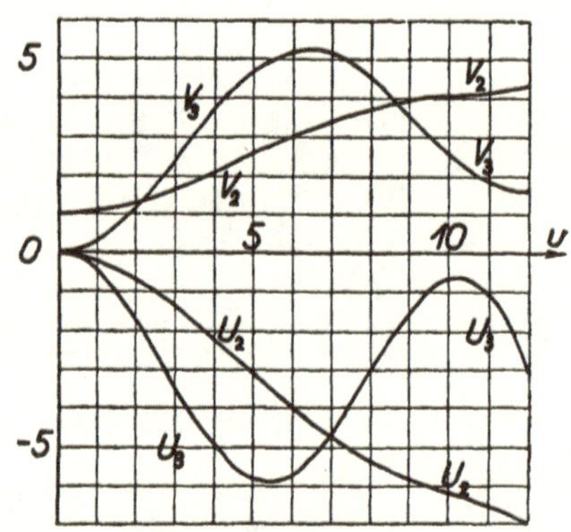

Fig. 147

Hierin kann nun φ_0, d. h. die Verdrehung des Endquerschnitts, nicht verschwinden, da dies ein Kippen selbst ausschließen würde. Es verschwindet also U_1, was nach der Tabelle auf Argumente u führt, deren erstes wenig größer als 4 ist. Durch genauere Ermittlung fand P r a n d t l hierfür

$$u_1 = 4{,}0126 \quad . \quad . \quad . \quad . \quad . \quad . \quad . \quad . \quad (17).$$

Diesem Werte muß nach (15) die Stablänge l genügen, da nur für $z = 0$ in Gl. (11b) U_1 verschwindet. Mithin ist

$$a = \frac{4{,}0126}{l^2} \quad \ldots \ldots \quad (17\text{a}).$$

woraus sich mit (6a) die erste sog. Kipplast zu

$$Q_1 = a \sqrt{E\,\Theta_1 C} = \frac{4{,}0126}{l^2} \sqrt{E\,\Theta_1 C} \quad \ldots \quad (18)$$

ergibt. Infolge des wellenartigen Verlaufes der Funktion U_1 verschwindet diese natürlich auch noch für unendlich viele höhere Werte von u, z. B. für $u \sim 10{,}1$, dem dann nach (15) die zweite Kipplast

$$Q_2 = \frac{10{,}1}{l^2} \sqrt{E\,\Theta_1 C} \quad \ldots \ldots \quad (18\text{a})$$

entsprechen würde usw. Daraus erkennt man, daß der Balken unter der Wirkung der aufeinander folgenden Kipplasten sich ähnlich verhält wie ein Druckstab unter den Eulerschen Knicklasten, insbesondere daß für Belastungen $Q < Q_1$ überhaupt kein Kippen zu befürchten ist. Infolgedessen kommt auch hier praktisch nur die erste Kipplast in Betracht.

Die ihr zugeordnete elastische Linie berechnet sich aus den Formeln (12a) und (13a) mit der Einspannungsbedingung $\left(\frac{d\xi}{dz}\right)_l = 0$, womit (13a) in

$$0 = \left(\frac{d\xi}{dz}\right)_0 + \frac{C\varphi_0}{Q\,l^2}(U_3)_l \quad \ldots \quad (13\text{b})$$

übergeht. Eingesetzt in (12a) liefert dies unter Elimination von $\left(\frac{d\xi}{dz}\right)_0$

$$\xi = \frac{C\varphi_0}{Q\,l^2}\left[\frac{l^2}{z}\,U_2 - z\,(U_3)_l\right] \quad \ldots \quad (12\text{b})$$

und für die totale Auslenkung ξ_l für $z = l$

$$\xi_l = \frac{C\varphi_0}{Q\,l}(U_2 - U_3)_l,$$

wofür wir auch unter Einführung der ersten Knicklast (18) für Q, sowie nach Ermittlung der Werte von U_3 und U_2 für l bzw. für $u = 4{,}0126$ aus der Tabelle, d. h. mit $(U_3 - U_2)_l = -5{,}018 + 2{,}222$, erhalten

$$\xi_l = 0{,}697 \cdot \varphi_0\, l \cdot \sqrt{\frac{C}{E\,\Theta_1}} \quad \ldots \ldots \quad (19).$$

Die größte Verdrehung φ_0 tritt in den Formeln als Konstante auf, bleibt aber selbst unbestimmt, wie die größte Auslenkung des geknickten Stabes, solange wir den Unterschied der Sehne der elastischen Linie mit der Stablänge vernachlässigen. Da die Berücksichtigung dieser Differenz nach dem in § 31 angegebenen Näherungsverfahren in unserem Falle zu erheblichen Weiterungen führt und überdies praktisch nur geringe Bedeutung hat, so wollen wir uns damit nicht aufhalten.

2. Als zweites Beispiel sei ein in der Mitte durch Q belasteter Balken, Fig. 148, gewählt, dessen beide Enden durch Parallelführungen am Auslenken und Kippen verhindert sind.

Verlegen wir im Einklang mit den früheren Ansätzen den Koordinatenanfang in eines der Auflager, so bezeichnet ξ_0 die Horizontalauslenkung der Balkenmitte, während $\varphi_0 = 0$ und

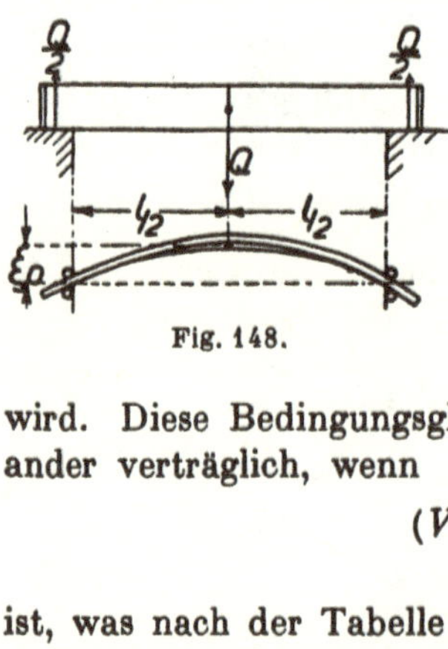

Fig. 148.

$$\xi = 0, \quad \frac{d\xi}{dz} = 0 \text{ für } z = \frac{l}{2},$$

also nach Gl. (12a) und (13a)

$$\left(\frac{d\xi}{dz}\right)_0 \frac{l}{2} + \xi_0 (V_2)_{\frac{l}{2}} = 0 \quad (12\text{c})$$

$$\left(\frac{d\xi}{dz}\right)_0 + \frac{2\xi_0}{l} (V_3)_{\frac{l}{2}} = 0 \quad (13\text{c})$$

wird. Diese Bedingungsgleichungen sind aber nur dann miteinander verträglich, wenn

$$(V_2 - V_3)_{\frac{l}{2}} = 0 \quad \ldots \ldots \ldots \quad (20)$$

ist, was nach der Tabelle für Werte von u eintritt, deren erster zwischen 2 und 3, deren zweiter dagegen zwischen 8 und 9 liegt. Durch Interpolation findet man für den ersten Wert genauer

$$u_1 = 2{,}115 = \frac{a l^2}{4} \quad \ldots \ldots \quad (20\text{a}),$$

also nach (7) mit Rücksicht darauf, daß als Belastung der Auflagedruck $\frac{Q_1}{2}$ gilt,

$$Q_1 = 2a\sqrt{E\Theta_1 C} = \frac{16{,}92}{l^2}\sqrt{E\Theta_1 C} \quad \ldots \quad (21).$$

Die dieser Kipplast entsprechende elastische Linie ergibt sich dann nach Ermittlung der dem Argumente (20a) zugeordneten Werte von V_1 und V_2 mit Hilfe der Tabelle aus den Formeln (11a) und (12a), wobei natürlich wiederum $Q = \frac{Q_1}{2}$ zu setzen ist.

Der vorstehende Rechnungsgang versagt übrigens in dem Falle einer beidseitigen Einspannung der Balkenenden, welche deren seitliches Ausweichen derart beeinflußt, daß dort $d\xi : dz = 0$ wird. Alsdann tritt zu der ersten Gl. (2) noch ein Einspannungsmoment $\mathfrak{M}_0$ hinzu, wodurch dieselbe in

$$E\Theta_1 \frac{d^2\xi}{dz^2} = -Qz\varphi - \mathfrak{M}_0 \quad . \quad . \quad . \quad . \quad . \quad (22)$$

übergeht, wofür wir auch unter Einführung des Wertes $\left(\frac{d^2\zeta}{dz^2}\right)_0$ für $z = 0$

$$E\Theta_1 \left[\frac{d^2\xi}{dz^2} - \left(\frac{d^2\xi}{dz^2}\right)_0\right] = -Qz\varphi \quad . \quad . \quad . \quad (22\text{a})$$

schreiben dürfen. Eliminieren wir aus dieser Formel und der allgemein gültig bleibenden Torsionsformel (3a) die Variable ξ, so erhalten wir an Stelle von (6) als Differentialgleichung

$$\frac{d^2\varphi}{dz^2} + \frac{Q^2 z^2}{E\Theta_1 C}\varphi = \frac{Q}{C}\left(\frac{d^2\xi}{dz^2}\right)_0 z$$

oder nach Einführung der Abkürzung (7a)

$$\frac{d^2\varphi}{dz^2} + \alpha^2 z^2 \varphi = \frac{Q}{C}\left(\frac{d^2\xi}{dz^2}\right)_0 z \quad . \quad . \quad . \quad . \quad (23).$$

Auch diese Formel läßt sich durch den Ansatz (10) integrieren und liefert unter Hinzunahme von (5b) Lösungen, die sich von Gl. (11), (12), (13) nur durch Zusatzglieder unterscheiden, in denen drei neue Reihen von der Form

$$\left.\begin{aligned} \frac{1}{2\cdot 3} - \frac{u^2}{2\cdot 3\cdot 6\cdot 7} + \frac{u^4}{2\cdot 3\cdot 6\cdot 7\cdot 10\cdot 11} - \ldots &= W_1 \\ \frac{1}{2} - \frac{u^2}{2\cdot 3\cdot 5\cdot 6} + \frac{u^4}{2\cdot 3\cdot 6\cdot 7\cdot 9\cdot 10} - \ldots &= W_2 \\ 1 - \frac{u^2}{2\cdot 3\cdot 5} + \frac{u^4}{2\cdot 3\cdot 6\cdot 7\cdot 9} - \ldots &= W_3 \end{aligned}\right\} \quad (24)$$

auftreten, deren Werte in der folgenden Tabelle (vgl. auch Fig. 149) zusammengestellt sind. Die Lösungen selbst, deren

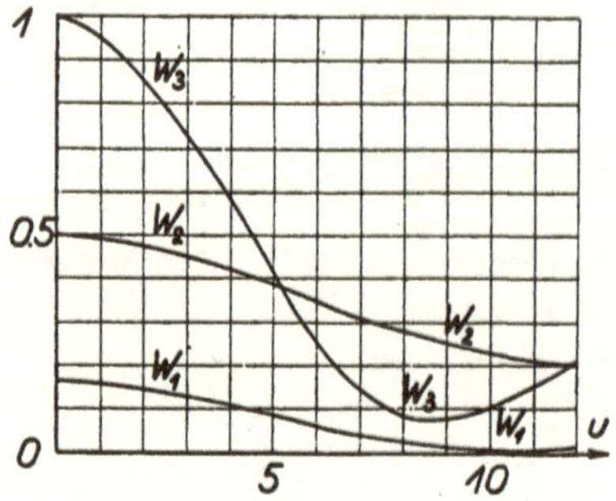

Fig. 149.

Berechnung nach dem Muster der früheren dem Leser überlassen bleiben kann, lauten jetzt

$$\left.\begin{aligned}\varphi &= \varphi_0 U_1 + \frac{Q}{C}\xi_0 z V_1 + \frac{Q}{C} z^2 \left(\frac{d^2\xi}{dz^2}\right)_0 W_1 \\ \xi &= \left(\frac{d\xi}{dz}\right)_0 z + \frac{C}{Q}\frac{\varphi_0}{z} U_2 + \xi_0 V_2 + z^2 \left(\frac{d^2\xi}{dz^2}\right)_0 W_2 \\ \frac{d\xi}{dz} &= \left(\frac{d\xi}{dz}\right)_0 + \frac{C}{Q}\frac{\varphi_0}{z^2} U_3 + \frac{\xi_0}{z} V_3 + z \left(\frac{d^2\xi}{dz^2}\right)_0 W_3\end{aligned}\right\} \quad . \quad (25).$$

u	W_1	W_2	W_3
0	0,1667	0,5000	1,000
1	0,1627	0,4945	0,967
2	0,1514	0,4785	0,874
3	0,1337	0,4534	0,734
4	0,1117	0,4216	0,569
5	0,0875	0,3858	0,404
6	0,0634	0,3488	0,258
7	0,0412	0,3133	0,151
8	0,0223	0,2815	0,092
9	0,0092	0,2548	0,080
10	0,0004	0,2334	0,107
11	— 0,0039	0,2186	0,159
12	— 0,0042	0,2081	0,220

3. B e i s p i e l. Es möge nun der Balken an beiden Enden derart eingespannt sein, daß nach Fig. 150 für $z = 0$ und $z = l$ $\left(\frac{d\xi}{dz}\right)_0 = 0$ ist. Außerdem haben wir hier $\xi = 0$ und $\frac{d\xi}{dz} = 0$ für $z = \frac{l}{2}$, so daß aus der zweiten und dritten Formel (25)

$$\left.\begin{aligned} \xi_0 (V_2)_{\frac{l}{2}} + \frac{l^2}{4}\left(\frac{d^2\xi}{dz^2}\right)_0 (W_2)_{\frac{l}{2}} = 0 \\ \frac{2\xi_0}{l}(V_3)_{\frac{l}{2}} + \frac{l}{2}\left(\frac{d^2\xi}{dz^2}\right)_0 (W_3)_{\frac{l}{2}} = 0 \end{aligned}\right\} (25\text{a})\cdot$$

oder

$$(V_2 W_3 - V_3 W_2)_{\frac{l}{2}} = 0 \quad . \quad (26)$$

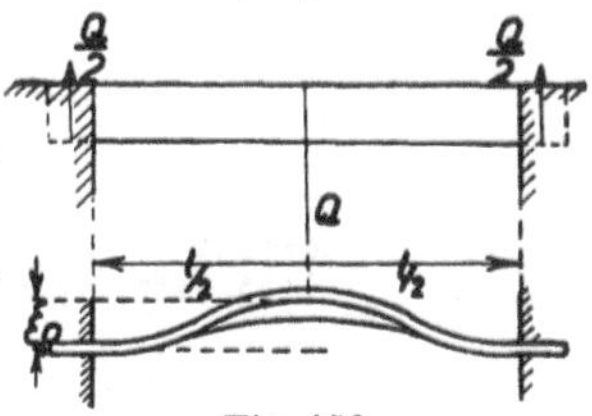

Fig. 150.

hervorgeht. Diese Bedingung wird, wie man durch Interpolation der Tafelwerte erhält, durch das Argument

$$u_1 = 3{,}25 = \alpha \frac{l^2}{4} \quad . \quad . \quad . \quad . \quad . \quad . \quad (26\text{a})$$

erfüllt und ergibt mit (7) unter Beachtung, daß an den Auflagern nur die halbe Last in Frage kommt, für die K i p p l a s t

$$Q_1 = 2\alpha\sqrt{E\,\Theta_1 C} = \frac{13}{l^2}\sqrt{E\,\Theta_1 C} \quad . \quad . \quad . \quad . \quad (27).$$

Eliminiert man dann noch aus einer der Formeln (25a) die zweite Ableitung $\left(\frac{d^2\xi}{dz^2}\right)_0$, so ergibt sich für die Verdrehung und die elastische Linie im Grundriß aus (25)

$$\left.\begin{aligned} \varphi &= \frac{Q_1}{2C}\,\xi_0\left(V_1 - 4\frac{z^2}{l^2}\frac{V_2}{W_2}\right) \\ \xi &= \xi_0\left(V_2 - 4\frac{z^2}{l^2}\frac{V_2}{W_2}\right) \\ \frac{d\xi}{dz} &= \frac{\xi_0}{z}\left(V_3 - 4\frac{z^2}{l^2}\frac{V_2}{W_2}\right) \end{aligned}\right\} \quad . \quad . \quad . \quad (25\text{b}),$$

worin die Größen $V_1\,V_2\,V_3\,W_2$ mit dem Argumente (26a) den Tabellen zu entnehmen sind.

Bemerkenswert ist ferner noch der Umstand, daß die aus der zweiten Gl. (2) zu berechnende Form des Aufrisses der elastischen Linie ganz unabhängig von der Kippung verläuft und darum in unseren Beispielen nicht weiter berücksichtigt zu werden brauchte.

Die oben erwähnte P r a n d t l sche Abhandlung enthält noch eine Anzahl weiterer Belastungsfälle, deren Wiedergabe uns hier indessen zu weit führen würde.

Kapitel VI.

Allgemeine Elastizitätstheorie.

§ 36. Der räumliche Spannungszustand.

Die Zerlegung von Spannungen in Normal- und Schubspannungen: Paarweise Gleichheit derselben am Volumelement. Gleichgewichtsbedingungen am Elementartetraeder. Hauptspannungen und Reduktion der Spannungsgleichungen auf die Hauptachsen. Ermittlung der Schubspannungen mit ihren ausgezeichneten Werten.

Schon in § 2 haben wir gesehen, daß der auf ein Flächenelement dF im Innern eines Körpers entfallende Betrag dP einer äußeren Kraft P sich stets in eine Normalkomponente dS und eine Tangentialkomponente dT zerlegen läßt, denen dann ebenso gerichtete Spannungen

$$\sigma = \frac{dS}{dF}, \qquad \tau = \frac{dT}{dF} \quad \ldots \ldots \quad (1).$$

entsprechen. Ordnen wir dem zu dF im allgemeinen schräg gerichteten Kraftelemente dP ebenfalls eine Spannung p von gleicher Richtung zu, so berechnet sich diese zu

$$p = \frac{dP}{dF} = \frac{\sqrt{dS^2 + dT^2}}{dF} = \sqrt{\sigma^2 + \tau^2} \quad \ldots \quad (2).$$

Ebenso können wir natürlich auch die in das Flächenelement fallende Komponente dT in zwei zueinander senkrechte, dabei aber in der Ebene der Flächenelemente bleibende Komponenten dT_x und dT_y derart zerlegen, daß mit dem Neigungswinkel φ von T gegen die x-Achse

$$dT_x = dT \cos\varphi, \qquad dT_y = dT \sin\varphi$$

oder

$$\tau_x = \frac{dT_x}{dF} = \tau \cos\varphi, \qquad \tau_y = \frac{dT_y}{dF} = \tau \sin\varphi \quad . \quad . \quad (3)$$

wird. Daraus geht hervor, daß man die Spannungen an einem und demselben Flächenelement ebenso zerlegen und zusammensetzen kann, wie die Kräfte selbst.

Schneiden wir uns nunmehr ein Volumelement (Fig. 151) aus dem Körper heraus, dessen Kanten die Richtungen eines rechtwinkligen Achsensystems und demgemäß die Längen dx, dy, dz besitzen, so wirken infolge des Einflusses äußerer Kräfte nach dem Vorstehenden auf allen Seitenflächen des Elementes sowohl Normal- als auch Tangential- oder Schubspannungen. Die ersteren haben von vornherein die Richtung der Koordinaten-

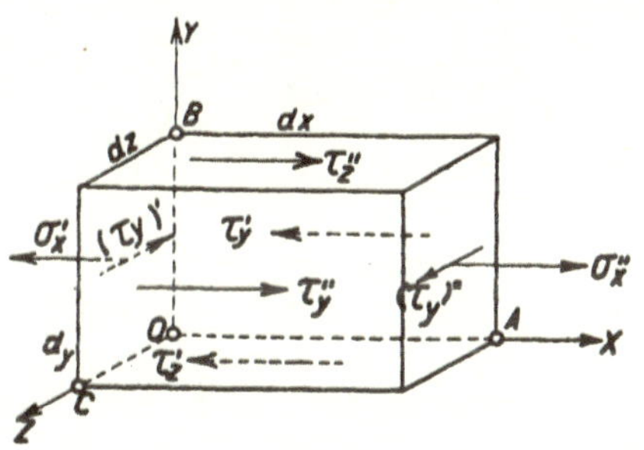

Fig. 151.

achsen und mögen daher mit dem zugehörigen Index bezeichnet und als positiv betrachtet werden, wenn sie als Zugspannungen von der zugehörigen Fläche weggerichtet sind. Außerdem wollen wir, wie schon früher, in § 2, Fig. 8, die gleichgerichteten Spannungskomponenten auf einander gegenüberliegenden Seitenflächen des Volumelementes durch einfache und doppelte Striche unterscheiden. Infolge der Zerlegung der Schubspannungen nach (3) entfallen auf jede Seitenfläche zwei Komponenten, die wir mit dem Index derjenigen Achse zuordnen, auf der sie normal stehen. Nach diesen Bemerkungen haben wir in der x-Richtung die Normalspannungen σ_x' und σ_x'' auf der linken und rechten Seitenfläche des Elementes, dieSchubspannungen τ_y' τ_y'' auf der Hinter- und Vorderfläche und schließlich die Schubspannungen τ_z' τ_z'' auf der Ober- und Unterfläche. Die diesen Spannungen zugeordneten Kräfte ergeben sich durch Multiplikation mit den Flächen $dy\,dz$, $dx\,dy$ und $dz\,dx$ und müssen, algebraisch addiert, verschwinden, wenn in der x-Richtung Gleichgewicht herrschen soll, wobei etwaige Massenkräfte als Differentiale dritter Ordnung keine Rolle spielen. Wir erhalten demnach unter gleichzeitiger Hinzufügung der Gleichgewichtsbedingungen für die beiden anderen Richtungen durch zyklische Vertauschung der Indizes

$$\begin{aligned}
(\sigma_x'' - \sigma_x')\, dy\, dz + (\tau_y'' - \tau_y')\, dx\, dy + (\tau_z'' - \tau_z')\, dz\, dx &= 0 \\
(\sigma_y'' - \sigma_y')\, dz\, dx + (\tau_z'' - \tau_z')\, dy\, dz + (\tau_x'' - \tau_x')\, dx\, dy &= 0 \\
(\sigma_z'' - \sigma_z')\, dx\, dy + (\tau_x'' - \tau_x')\, dz\, dx + (\tau_y'' - \tau_y')\, dy\, dz &= 0.
\end{aligned}$$

Dividieren wir diese Formeln bzw. durch $dy\, dz$, $dz\, dx$, $dx\, dy$, so folgt

$$\left.\begin{aligned}
\sigma_x'' - \sigma_x' + (\tau_y'' - \tau_y') \frac{dx}{dz} + (\tau_z'' - \tau_z') \frac{dx}{dy} &= 0 \\
\sigma_y'' - \sigma_y' + (\tau_z'' - \tau_z') \frac{dy}{dx} + (\tau_x'' - \tau_x') \frac{dy}{dz} &= 0 \\
\sigma_z'' - \sigma_z' + (\tau_x'' - \tau_x') \frac{dz}{dy} + (\tau_y'' - \tau_y') \frac{dz}{dx} &= 0
\end{aligned}\right\} \quad (4).$$

Damit diese Gleichgewichtsbedingungen unabhängig von der Form des Volumelementes, also von den Verhältnissen $\frac{dx}{dz}, \frac{dy}{dx}, \frac{dz}{dy}$, deren Werte vollkommen willkürlich sind, bestehen können, müssen die Faktoren dieser Verhältnisse selbst verschwinden; folglich ist allgemein

$$\left.\begin{aligned}
\sigma_x'' &= \sigma_x' & \sigma_y'' &= \sigma_y' & \sigma_z'' &= \sigma_z' \\
\tau_x'' &= \tau_x' & \tau_y'' &= \tau_y' & \tau_z'' &= \tau_z'
\end{aligned}\right\} \quad . \; . \; . \; (4\,\mathrm{a}),$$

d. h. die in gegenüberliegenden Seiten eines elementaren Parallelepipedons angreifenden gleichartigen Spannungskomponenten im Gleichgewichtszustande des Elementes sind einander entgegengesetzt gleich. Dabei kommen natürlich unendlich kleine Änderungen dieser Spannungskomponenten als Größen höherer Ordnung nicht mit in Betracht.

Weiter erscheint bemerkenswert, daß in den Formeln (4) und (4 a) nur drei Paare von Schubspannungskomponenten auftreten, während doch in jeder Fläche zwei zueinander senkrechte wirken, die zusammen auf die doppelte Anzahl führen. Man übersieht indessen sofort, daß, wie schon beim elementaren Spannungszustand in § 2 infolge des Gleichgewichts des Elementes gegen Drehung, z. B. das Kräftepaar der Schubspannungskomponenten $\tau_y'' = \tau_y'$ auf der Vorder- und Hinterfläche dem um dieselbe Achse drehenden Paare der Komponenten $(\tau_y)'' = (\tau_y)'$ in den Seitenflächen (Fig. 151) gleich sein muß, woraus dann $\tau_y = (\tau_y)$, d. h. die Gleichheit der Schubspannungen normal zu einer Kante, resultiert.

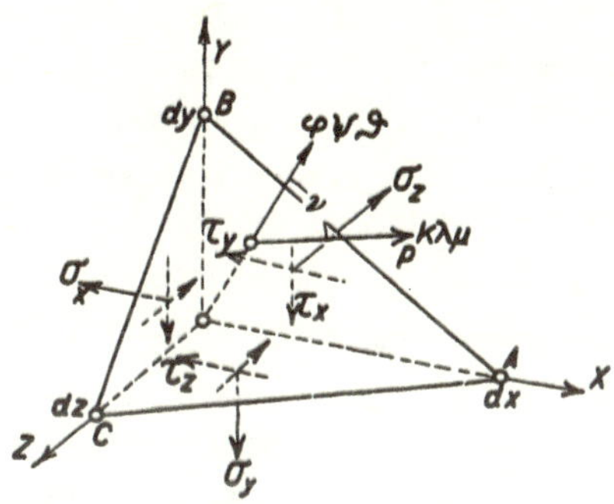

Fig. 152.

Somit haben wir es im ganzen nur mit sechs Spannungskomponenten zu tun, für die wir mit Weglassung der Striche kurz

$$\sigma_x \; \sigma_y \; \sigma_z \qquad \tau_x \; \tau_y \; \tau_z$$

schreiben dürfen.

Um aus diesen Komponenten die resultierende Spannung p nach Größe und Richtung zu ermitteln, schneiden wir von unserem Elementar-Parallelepipedon (Fig. 151) vermittelst der Ebene durch die Ecken $A\,B\,C$ ein Tetraeder (Fig. 152) heraus. Die Normale dieser Ebene möge mit den Achsen die Winkel φ, ψ, ϑ bilden, so daß, wenn wir die Fläche des unendlich kleinen Dreiecks $A\,B\,C$ mit dF bezeichnen,

$$2\,dF = \frac{dy\,dz}{\cos\varphi} = \frac{dz\,dx}{\cos\psi} = \frac{dx\,dy}{\cos\vartheta} \quad . \quad . \quad . \quad (5)$$

ist. Sind ferner $\varkappa$, λ, μ die Neigungswinkel der resultierenden Spannung p gegen die Achsen, so entspricht dieser in der Fläche dF ein Kraftelement $p\,dF$ mit den Komponenten $p\,dF\cos\varkappa$, $p\,dF\cos\lambda$, $p\,dF\cos\mu$ in den Achsenrichtungen. Diese müssen der Summe der von den gleichgerichteten Spannungskomponenten in den Seitenflächen geweckten Kräfte das Gleichgewicht halten, so daß z. B. in der X-Richtung

$$p\,dF\cos\varkappa = \frac{1}{2}(\sigma_x\,dy\,dz + \tau_z\,dz\,dx + \tau_y\,dx\,dy)$$

wird. Dividieren wir diese Formel mit dF und beachten (5), so folgt unter Hinzufügung der ganz gleichgebauten Bedingungen für die beiden anderen Achsenrichtungen

$$\left.\begin{aligned} p\cos\varkappa &= \sigma_x\cos\varphi + \tau_z\cos\psi + \tau_y\cos\vartheta \\ p\cos\lambda &= \sigma_y\cos\psi + \tau_x\cos\vartheta + \tau_z\cos\varphi \\ p\cos\mu &= \sigma_z\cos\vartheta + \tau_y\cos\varphi + \tau_x\cos\psi \end{aligned}\right\} \quad . \quad . \quad (6).$$

Hieraus berechnet sich p durch Quadrieren und Addieren unter Beachtung der bekannten Relation

$$\cos^2\varkappa + \cos^2\lambda + \cos^2\mu = 1 \quad . \quad . \quad . \quad . \quad (6a),$$

womit auch die Einzelwinkel $\varkappa$, λ, μ gegeben sind.

Von besonderem Interesse erscheint nun der Wert der Normalspannung σ zur Fläche dF, der sich mit dem Neigungswinkel ν zwischen p und der Flächennormale zu

$$\sigma = p\cos\nu = p(\cos\varkappa\cos\varphi + \cos\lambda\cos\psi + \cos\mu\cos\vartheta) \quad (7)$$

ergibt. Multiplizieren wir demgemäß die drei Formeln (6) der Reihe nach mit $\cos\varphi$, $\cos\psi$, $\cos\vartheta$ und addieren, so erhalten wir mit Rücksicht auf (7) für die gesuchte Normalspannung

$$\begin{aligned} \sigma = {} & \sigma_x\cos^2\varphi + \sigma_y\cos^2\psi + \sigma_z\cos^2\vartheta \\ & + 2\tau_x\cos\psi\cos\vartheta + 2\tau_y\cos\vartheta\cos\varphi + 2\tau_z\cos\varphi\cos\psi \quad (7\,a). \end{aligned}$$

Diese Gleichung führt auf eine wichtige Folgerung, wenn wir nach Division mit σ die neuen Veränderlichen

$$\frac{\cos^2\varphi}{\sigma} = u^2, \qquad \frac{\cos^2\psi}{\sigma} = v^2, \qquad \frac{\cos^2\vartheta}{\sigma} = w^2 \quad . \quad (8)$$

einführen. Damit schreibt sich nämlich (7 a)

$$1 = \sigma_x u^2 + \sigma_y v^2 + \sigma_z w^2 + 2(\tau_x vw + \tau_y wu + \tau_z uv) \quad (8\,a),$$

worin die Spannungskomponenten $\sigma_x\sigma_y\sigma_z$, $\tau_x\tau_y\tau_z$ als Konstanten auftreten. Dann aber stellt (8 a) die Mittelpunktsgleichung einer Fläche zweiten Grades in den Koordinaten $u\,v\,w$ dar, deren Fahrstrahl nach (8)

$$r = \sqrt{u^2 + v^2 + w^2} = \frac{1}{\sqrt{\sigma}} \quad . \quad . \quad . \quad . \quad . \quad (8b)$$

als reziproke Wurzel aus der Normalspannung erscheint, die hier natürlich mit ihrem Absolutwerte einzusetzen ist. Beachten wir nun, daß jede Fläche zweiten Grades drei zueinander normale Hauptachsen besitzt und zu den hierdurch bestimmten drei Ebenen symmetrisch liegt, so kann die auf dieses Koordinatensystem bezogene Flächengleichung nur mehr rein quadratische Glieder enthalten. Es muß daher durch Drehung des Koordinatensystems gelingen, die mit den Produkten $v\,w$, $w\,u$, $u\,v$ behafteten Glieder aus (8 a) zu entfernen. Das Verschwinden dieser Glieder in der Flächengleichung in bezug auf die Hauptachsen bedingt demnach auch das Verschwinden der Schubspannungskomponenten in den Hauptebenen. Bezeichnen wir dann die Normalspannungen $\sigma_1\,\sigma_2\,\sigma_3$ dieser Hauptebenen als die Hauptspannungen, so lautet mit ihnen die Flächengleichung (8 a) einfacher

$$\sigma_1 u^2 + \sigma_2 v^2 + \sigma_3 w^2 = 1 \quad . \quad . \quad . \quad . \quad . \quad (8\,c).$$

Da die Hauptspannungen hiernach den Scheiteln dieser Spannungsfläche zugeordnet sind, so besitzen sie gegenüber benachbarten Punkten mit von den Hauptachsen wenig abweichenden Normalen φ, ψ, ϑ ausgezeichnete Werte. Unter ihnen selbst wird außerdem eine ein absolutes Maximum, eine andere ein absolutes Minimum sein, während bei Übereinstimmung aller drei Werte Gl. (8 c) in die Mittelpunktsgleichung einer Kugel übergeht. In diesem Falle hat offenbar die Normalspannung nach allen Richtungen denselben Wert, womit das Auftreten von Schubspannungen überhaupt ausgeschlossen ist, entsprechend den Eigenschaften der vollkommenen Flüssigkeiten[1]).

Zur Berechnung der Hauptspannungen selbst greifen wir noch einmal auf die Formeln (6) zurück. Soll die Ebene ABC in Fig. 152 eine Hauptebene sein, so wird p mit einer Hauptspannung σ identisch und gleichgerichtet, so daß also hierfür

$$\varkappa = \varphi, \qquad \lambda = \psi, \qquad \mu = \vartheta$$

ist und an Stelle von (6) mit $p = \sigma$

$$\left.\begin{aligned} (\sigma_x - \sigma)\cos\varphi + \tau_z\cos\psi + \tau_y\cos\vartheta = 0 \\ (\sigma_y - \sigma)\cos\psi + \tau_x\cos\vartheta + \tau_z\cos\varphi = 0 \\ (\sigma_z - \sigma)\cos\vartheta + \tau_y\cos\varphi + \tau_x\cos\psi = 0 \end{aligned}\right\} \quad . \quad . \quad (9)$$

[1]) Vgl. S. 20, siehe auch Lorenz, Techn. Hydromechanik, S. 3.

geschrieben werden kann. Daraus folgt durch Elimination der Richtungskosinus die kubische Gleichung

$$(\sigma_x - \sigma)(\sigma_y - \sigma)(\sigma_z - \sigma) + 2\tau_x\tau_y\tau_z$$
$$= (\sigma_x - \sigma)\tau_x^2 + (\sigma_y - \sigma)\tau_y^2 + (\sigma_z - \sigma)\tau_z^2 \quad (9a),$$

deren Wurzeln mit den drei gesuchten Hauptspannungen $\sigma_1\,\sigma_2\,\sigma_3$ identisch sind. Für jeden dieser Werte liefern dann die Formeln (9) rückwärts drei Winkel $\varphi_1\,\psi_1\,\vartheta_1$, $\varphi_2\,\psi_2\,\vartheta_2$ und $\varphi_3\,\psi_3\,\vartheta_3$, welche die Hauptspannungsrichtungen bestimmen.

Liegen die Hauptspannungen nach Größe und Richtung von vornherein fest, wofür das Fehlen von Schubspannungen in den zugehörigen Hauptebenen das Kriterium bildet, so können wir an Stelle der drei Formeln (6) in bezug auf das Hauptspannungssystem mit

$$\sigma_x = \sigma_1, \quad \sigma_y = \sigma_2, \quad \sigma_z = \sigma_3, \qquad \tau_x = \tau_y = \tau_z = 0$$

bequemer schreiben

$$p\cos\varkappa = \sigma_1\cos\varphi, \quad p\cos\lambda = \sigma_2\cos\psi, \quad p\cos\mu = \sigma_3\cos\vartheta \quad (10),$$

woraus sich für die resultierende Spannung

$$p^2 = \sigma_1^2\cos^2\varphi + \sigma_2^2\cos^2\psi + \sigma_3^2\cos^2\vartheta \quad . \; . \; (10a)$$

und für die Normalspannung analog (7)

$$\sigma = \sigma_1\cos^2\varphi + \sigma_2\cos^2\psi + \sigma_3\cos^2\vartheta \quad . \; . \; . \; (10b)$$

ergibt, deren Richtung durch die Winkel φ, ψ, χ selbst gegeben ist. Schreiben wir diese Gleichungen für drei zueinander senkrechte Ebenen an, deren Normalenwinkel gegen die Achsen $\varphi'\,\psi'\,\vartheta'$, $\varphi''\,\psi''\,\vartheta''$ und $\varphi'''\,\psi'''\,\vartheta'''$ sein mögen, so haben wir an Stelle von (10a)

$$p'^2 = \sigma_1^2\cos^2\varphi' + \sigma_2^2\cos^2\psi' + \sigma_3^2\cos^2\vartheta$$
$$p''^2 = \sigma_1^2\cos^2\varphi'' + \sigma_2^2\cos^2\psi'' + \sigma_3^2\cos^2\vartheta$$
$$p'''^2 = \sigma_1^2\cos^2\varphi''' + \sigma_2^2\cos^2\psi''' + \sigma_3^2\cos^2\vartheta''$$

und durch Addition mit Rücksicht auf die Normalstellung der drei Ebenen zueinander, d. h. wegen $\cos^2\varphi' + \cos^2\varphi'' + \cos^2\varphi''' = 1$ usw.,

$$p'^2 + p''^2 + p'''^2 = \sigma_1^2 + \sigma_2^2 + \sigma_3^2 \quad . \; . \; . \; (11).$$

Bezeichnen wir dann noch die Normalspannungen in diesen Ebenen mit $\sigma'\,\sigma''\,\sigma'''$, so wird auf dieselbe Weise aus (10b)

$$\sigma' + \sigma'' + \sigma''' = \sigma_1 + \sigma_2 + \sigma_3 \quad . \; . \; . \; . \; (11a),$$

d. h. die Summe dreier zueinander senkrechter Normalspannungen ist für jeden Körperpunkt konstant. Zu demselben Ergebnis gelangt man auch auf Grund der Gl. (9 a) nach deren Ordnung in Potenzen von σ. Da in den Formeln (10 a) und (10 b) nur die Quadrate der Richtungskosinus auftreten, welche niemals gleichzeitig verschwinden, so erkennt man, daß bei endlichen Werten der Hauptspannungen auch die resultierende Spannung nicht zu Null werden kann. Die Normalspannung dagegen kann für eine bestimmte Richtung nur verschwinden, wenn eine der Hauptspannungen ein anderes Vorzeichen besitzt wie die beiden anderen.

Nachdem wir sowohl die resultierende Spannung p als auch die Normalspannung σ mit den Richtungswinkeln $\varphi \psi \vartheta$ gegen die Hauptachsen durch die drei Hauptspannungen ausgedrückt haben, ergibt sich aus ihnen die zu σ normale Schubspannung τ nach der Formel

$$\tau^2 = p^2 - \sigma^2 \quad \ldots \ldots \ldots \quad (12)$$

oder mit (10 a) und (10 b)

$$\tau^2 = \sigma_1^2 \cos^2 \varphi + \sigma_2^2 \cos^2 \psi + \sigma_3^2 \cos^2 \vartheta - (\sigma_1 \cos^2 \varphi + \sigma_2 \cos^2 \psi + \sigma_3 \cos^2 \vartheta)^2 \quad (12\,a).$$

Hierfür können wir auch schreiben

$$\tau^2 = \sigma_1^2 (1 - \cos^2 \varphi) \cos^2 \varphi + \sigma_2^2 (1 - \cos^2 \psi) \cos^2 \psi + \sigma_3^2 (1 - \cos^2 \vartheta) \cos^2 \vartheta - 2 (\sigma_1 \sigma_2 \cos^2 \varphi \cos^2 \psi + \sigma_2 \sigma_3 \cos^2 \psi \cos^2 \vartheta + \sigma_3 \sigma_1 \cos^2 \vartheta \cos^2 \varphi)$$

oder wegen $1 - \cos^2 \varphi = \cos^2 \psi + \cos^2 \vartheta$ usw.

$$\tau^2 = (\sigma_1 - \sigma_2)^2 \cos^2 \varphi \cos^2 \psi + (\sigma_2 - \sigma_3)^2 \cos^2 \psi \cos^2 \vartheta + (\sigma_3 - \sigma_1)^2 \cos^2 \vartheta \cos^2 \varphi \quad \ldots \ldots \quad (12\,b).$$

Daraus geht hervor, daß die Schubspannung für alle Richtungen verschwindet, wenn, wie schon erwähnt, im Falle der vollkommenen Flüssigkeiten $\sigma_1 = \sigma_2 = \sigma_3$ ist. Behalten die Differenzen der Hauptspannungen dagegen endliche Werte, so verschwindet τ nur, wenn gleichzeitig

$$\cos^2 \varphi \cos^2 \psi = \cos^2 \psi \cos^2 \vartheta = \cos^2 \chi \cos^2 \vartheta = 0,$$

also wenn mit Rücksicht auf $\cos^2\varphi + \cos^2\psi + \cos^2\vartheta = 1$

$$\cos\varphi = 0, \quad \cos\psi = 0, \quad \cos\vartheta = 1$$

oder

$$\cos\varphi = 0, \quad \cos\psi = 1, \quad \cos\vartheta = 0$$

oder

$$\cos\varphi = 1, \quad \cos\psi = 0, \quad \cos\vartheta = 0$$

ist. Das sind aber die Richtungskosinus der drei Hauptachsen selbst, womit also nur eine schon oben ausgesprochene Folgerung aus der Mittelpunktsgleichung (8 a) der Fläche zweiten Grades eine weitere Bestätigung erhalten hat.

Dagegen entsteht die Frage, ob die Schubspannung τ in bestimmten, durch ihre Normalenwinkel $\varphi\psi\vartheta$ gegebenen Ebenen ausgezeichnete Werte annimmt. Zu ihrer Beantwortung setzen wir in (12 b) der Kürze halber

$$\left.\begin{array}{c} \cos^2\varphi = \alpha, \quad \cos^2\psi = \beta, \quad \cos^2\vartheta = \gamma \\ \alpha + \beta + \gamma = 1 \end{array}\right\} \quad . \quad . \quad (13),$$

also

$$\tau^2 = (\sigma_1 - \sigma_2)^2 \alpha\beta + (\sigma_2 - \sigma_3)^2 \beta\gamma + (\sigma_3 - \sigma_1)^2 \gamma\alpha \quad (12\,\text{c}).$$

Dieser Ausdruck wird ein Maximum oder Minimum, wenn $d(\tau^2) = 0$ oder

$$\left.\begin{array}{r} [(\sigma_1 - \sigma_2)^2 \beta + (\sigma_3 - \sigma_1)^2 \gamma]\, d\alpha \\ + [(\sigma_2 - \sigma_3)^2 \gamma + (\sigma_1 - \sigma_2)^2 \alpha]\, d\beta \\ + [(\sigma_3 - \sigma_1)^2 \alpha + (\sigma_2 - \sigma_3)^2 \beta]\, d\gamma \end{array}\right\} = 0 \quad . \quad . \quad (14).$$

Da nun nach (13) $d\alpha = -d\beta - d\gamma$ ist, so dürfen wir hierfür schreiben

$$\left.\begin{array}{r} [(\sigma_2 - \sigma_3)^2 \gamma + (\sigma_1 - \sigma_2)^2 \alpha - (\sigma_1 - \sigma_2)^2 \beta - (\sigma_3 - \sigma_1)^2 \gamma]\, d\beta \\ + [(\sigma_3 - \sigma_1)^2 \alpha + (\sigma_2 - \sigma_3)^2 \beta - (\sigma_1 - \sigma_2)^2 \beta - (\sigma_3 - \sigma_1)^2 \gamma]\, d\gamma \end{array}\right\} = 0 \,(14\,\text{a}).$$

Infolge der Willkür des Verhältnisses $d\beta : d\gamma$ müssen aber die beiden Klammerausdrücke für sich verschwinden, woraus

$$\left.\begin{array}{l} [(\sigma_2 - \sigma_3)^2 - (\sigma_3 - \sigma_1)^2]\, \gamma = (\sigma_1 - \sigma_2)^2 (\beta - \alpha) \\ [(\sigma_2 - \sigma_3)^2 - (\sigma_1 - \sigma_2)^2]\, \beta = (\sigma_3 - \sigma_1)^2 (\gamma - \alpha) \end{array}\right\} \; . \; (14\,\text{b})$$

hervorgeht. Hierzu tritt noch durch zyklische Vertauschung eine dritte Formel, die man aus (14 a) durch Elimination einer anderen Variabeln statt $d\alpha$ gewinnen kann, nämlich

$$[(\sigma_3 - \sigma_1)^2 - (\sigma_1 - \sigma_2)^2]\, \alpha = (\sigma_2 - \sigma_3)^2 (\gamma - \beta) \quad . \; (14\,\text{c}).$$

Diese drei Gleichungen sollen nun bestehen für ganz beliebig vorgelegte Werte der Hauptspannungen $\sigma_1 \sigma_2 \sigma_3$, was aber nur möglich ist, wenn mit Rücksicht auf (13)

$$\left.\begin{array}{llll} \gamma = 0 & \alpha = \beta = \frac{1}{2}, & \text{d.h. } \vartheta = 90^0, & \varphi = \pm \psi = \pm 45^0 \\ \text{oder } \alpha = 0 & \beta = \gamma = \frac{1}{2} & \text{» » } \varphi = 90^0, & \psi = \pm \vartheta = \pm 45^0 \\ \text{oder } \beta = 0 & \gamma = \alpha = \frac{1}{2} & \text{» » } \psi = 90^0, & \vartheta = \pm \varphi = \pm 45^0 \end{array}\right\} \quad (15).$$

Die ausgezeichneten Werte der Schubspannungen, die sog. Hauptschubspannungen, liegen also in Ebenen durch je eine der Hauptachsen, welche den rechten Winkel der beiden anderen halbieren. Die Werte selbst ergeben sich durch Einsetzen der Winkel (15) in Gl. (12 b) zu

$$\tau_1 = \pm \frac{\sigma_2 - \sigma_3}{2}, \quad \tau_2 = \pm \frac{\sigma_3 - \sigma_1}{2}, \quad \tau_3 = \pm \frac{\sigma_1 - \sigma_2}{2} \quad (15\,\text{a}).$$

Zum Schlusse sei noch hervorgehoben, daß die bisher entwickelten Beziehungen zwischen den Spannungskomponenten im Innern eines Körpers ganz unabhängig von dessen Beschaffenheit ihre Gültigkeit behalten, wie sie denn auch im Sonderfalle den flüssigen Aggregatzustand mit umfaßten. Liegt insbesondere der ins Auge gefaßte Punkt an der Oberfläche des Körpers, der etwa einem lediglich normal wirkenden Flächendrucke (z. B. dem Atmosphärendruck) ausgesetzt ist, so nehmen die Gleichungen (6), in denen jetzt $\varphi \psi \vartheta$ die Richtungswinkel der Oberflächennormalen bedeuten, während infolge der nach Innen gerichteten Druckwirkung $\cos \varkappa = -\cos \varphi$, $\cos \lambda = -\cos \psi$, $\cos \mu = -\cos \vartheta$ ist, die Form

$$\left.\begin{array}{l} (p + \sigma_x) \cos \varphi + \tau_z \cos \psi + \tau_y \cos \vartheta = 0 \\ (p + \sigma_y) \cos \psi + \tau_x \cos \vartheta + \tau_z \cos \varphi = 0 \\ (p + \sigma_z) \cos \vartheta + \tau_y \cos \varphi + \tau_x \cos \psi = 0 \end{array}\right\} \quad . \quad . \quad (16\,\text{a})$$

an und sind als Grenzbedingungen zu betrachten.

Der schon früher, in § 2, untersuchte ebene Spannungszustand ergibt sich natürlich aus dem räumlichen durch Wegfall der Komponenten $\sigma_z \tau_x \tau_y$, wodurch auch in (6) die Glieder mit $\cos \vartheta$ verschwinden, während gleichzeitig $\cos \psi = \sin \varphi$ zu setzen ist.

§ 37. Der räumliche Dehnungszustand.

Einführung der Verschiebungen eines Körperpunktes. Zusammenhang derselben mit den Dehnungen. Allgemeiner Ausdruck für die Dehnung in einer bestimmten Richtung. Definition der Schiebungen und Verschwinden derselben in der Richtung der Hauptdehnungen. Bestimmung der Lage und Größe der Hauptschiebungen.

Die im vorigen Abschnitt besprochenen Spannungskomponenten an einem Körperelemente entziehen sich der unmittelbaren Beobachtung. Sie stehen dagegen in einem Zusammenhange mit den Verschiebungen der einzelnen Körperpunkte gegeneinander, welche wir zunächst zu untersuchen haben.

Wenn der Zusammenhang des Körpers nirgends gestört werden soll — womit der Fall des Bruches an einer Stelle vor-

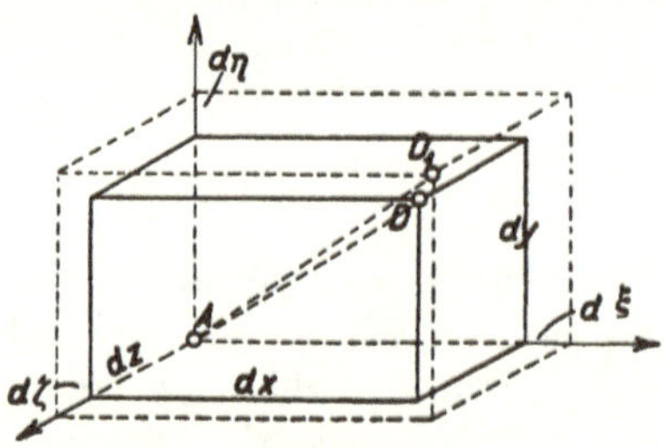

Fig. 153.

läufig ausgeschlossen ist —, so können sich die Verschiebungen zweier unendlich benachbarter Körperpunkte auch nur um unendlich kleine Beträge voneinander unterscheiden. Dann aber sind die Verschiebungen selbst stetige Funktionen der ursprünglichen Koordinaten $x\,y\,z$ der einzelnen Körperpunkte. Jede solche beliebig gerichtete Verschiebung können wir nun in drei den Koordinatenachsen parallele Komponenten $\xi\,\eta\,\zeta$ zerlegen, so daß für den Punkt $x\,y\,z$, unter einem vorgelegten Belastungszustand, allgemein die Beziehungen

$$\xi = \xi\,(x, y, z), \qquad \eta = \eta\,(x, y, z), \qquad \zeta = \zeta\,(x, y, z) \qquad (1)$$

bestehen. Wählen wir diesen Punkt als Ecke A eines Volumelementes (Fig. 153) mit den Seitenlängen $dx\,dy\,dz$, so ergeben sich daraus die Verschiebungskomponenten der diagonal gegenüberliegenden Ecke D mit den Koordinaten

$$x + dx, \qquad y + dy, \qquad z + dz$$

$$\text{zu } \xi + d\xi, \qquad \eta + d\eta, \qquad \zeta + d\zeta,$$

worin infolge der Stetigkeit

$$\left.\begin{aligned} d\xi &= \frac{\partial \xi}{\partial x} dx + \frac{\partial \xi}{\partial y} dy + \frac{\partial \xi}{\partial z} dz \\ d\eta &= \frac{\partial \eta}{\partial x} dx + \frac{\partial \eta}{\partial y} dy + \frac{\partial \eta}{\partial z} dz \\ d\zeta &= \frac{\partial \zeta}{\partial x} dx + \frac{\partial \zeta}{\partial y} dy + \frac{\partial \zeta}{\partial z} dz \end{aligned}\right\} \quad . \quad . \quad . \quad (1\,\text{a})$$

zu setzen ist. Diese Ausdrücke sind demnach als die durch die . Spannungen hervorgerufenen Verschiebungskomponenten der benachbarten Körperpunkte $x\,y\,z$ und $x+dx$, $y+dy$, $z+dz$ gegeneinander oder als relative Verschiebungskomponenten zu betrachten. Sie haben zur Folge, daß auch die Diagonale $A\,D = ds$ des Volumelementes, welche ursprünglich durch

$$ds^2 = dx^2 + dy^2 + dz^2 \quad . \quad . \quad . \quad . \quad . \quad . \quad (2)$$

gegeben war, in $A\,D_1$ übergeht und dabei eine Verlängerung Δds erleidet, die sich hiernach zu

$$ds\Delta ds = dx\Delta dx + dy\Delta dy + dz\Delta dz$$

berechnet. Hierin sind aber die Verlängerungen Δdx, Δdy, Δdz der Seiten dx, dy, dz nichts anderes als die Verschiebungskomponenten (1 a), so daß wir nach Division mit ds auch schreiben dürfen

$$d\Delta s = \frac{dx}{ds} d\xi + \frac{dy}{ds} d\eta + \frac{dz}{ds} d\zeta \quad . \quad . \quad . \quad . \quad (2\,\text{a}),$$

woraus sich durch nochmalige Division mit ds die D e h n u n g d e r D i a g o n a l e

$$\varepsilon = \frac{d\Delta s}{ds} = \frac{dx}{ds}\frac{d\xi}{ds} + \frac{dy}{ds}\frac{d\eta}{ds} + \frac{dz}{ds}\frac{d\zeta}{ds} \quad . \quad . \quad (2\,\text{b})$$

ergibt. Bezeichnen wir weiterhin die ursprünglichen Neigungswinkel der Diagonale gegen die Achsen mit $\varphi\psi\vartheta$, setzen also

$$\frac{dx}{ds} = \cos\varphi, \qquad \frac{dy}{ds} = \cos\psi, \qquad \frac{dz}{ds} = \cos\vartheta \quad . \quad (3),$$

so wird aus (2 b)

$$\varepsilon = \frac{d\xi}{ds}\cos\varphi + \frac{d\eta}{ds}\cos\psi + \frac{d\zeta}{ds}\cos\vartheta \quad . \quad . \quad . \quad (2\,\text{c}),$$

während (1 a) mit (3)

$$\left.\begin{aligned} \frac{d\xi}{ds} &= \frac{\partial \xi}{\partial x}\cos\varphi + \frac{\partial \xi}{\partial y}\cos\psi + \frac{\partial \xi}{\partial z}\cos\vartheta \\ \frac{d\eta}{ds} &= \frac{\partial \eta}{\partial x}\cos\varphi + \frac{\partial \eta}{\partial y}\cos\psi + \frac{\partial \eta}{\partial z}\cos\vartheta \\ \frac{d\zeta}{ds} &= \frac{\partial \zeta}{\partial x}\cos\varphi + \frac{\partial \zeta}{\partial y}\cos\psi + \frac{\partial \zeta}{\partial z}\cos\vartheta \end{aligned}\right\} \quad . \; . \; (1\,b)$$

ergibt. Führen wir schließlich diese Ausdrücke in (2 c) ein, so folgt für die Dehnung der Diagonale oder allgemeiner einer Strecke mit den Achsenwinkeln $\varphi\,\psi\,\vartheta$

$$\begin{aligned} \varepsilon = {} & \frac{\partial \xi}{\partial x}\cos^2\varphi + \frac{\partial \eta}{\partial y}\cos^2\psi + \frac{\partial \zeta}{\partial z}\cos^2\vartheta \\ & + \left(\frac{\partial \eta}{\partial z} + \frac{\partial \zeta}{\partial y}\right)\cos\psi\cos\vartheta + \left(\frac{\partial \zeta}{\partial x} + \frac{\partial \xi}{\partial z}\right)\cos\vartheta\cos\varphi \\ & + \left(\frac{\partial \xi}{\partial y} + \frac{\partial \eta}{\partial x}\right)\cos\varphi\cos\psi \quad . \; . \; . \; . \; . \; . \; . \; . \; . \; (4). \end{aligned}$$

Hierin sind, da längs jeder Achse einer der Winkel verschwindet, während die beiden anderen 90^0 werden, die Dehnungen in den Achsenrichtungen

$$\left.\begin{aligned} \varepsilon_x &= \frac{\Delta dx}{dx} = \frac{\partial \xi}{\partial x} \\ \varepsilon_y &= \frac{\Delta dy}{dy} = \frac{\partial \eta}{\partial y} \\ \varepsilon_z &= \frac{\Delta dz}{dz} = \frac{\partial \zeta}{\partial z} \end{aligned}\right\} \quad . \; . \; . \; . \; . \; (4\,a).$$

Die diesen Dehnungen entsprechenden Verlängerungen der Seiten des Volumelementes erkennt man deutlich aus dessen Projektion auf die XY-Ebene im Zusammenhange mit der punktiert eingezeichneten ursprünglichen Seitenansicht, Fig. 154. Neben diesen Verlängerungen

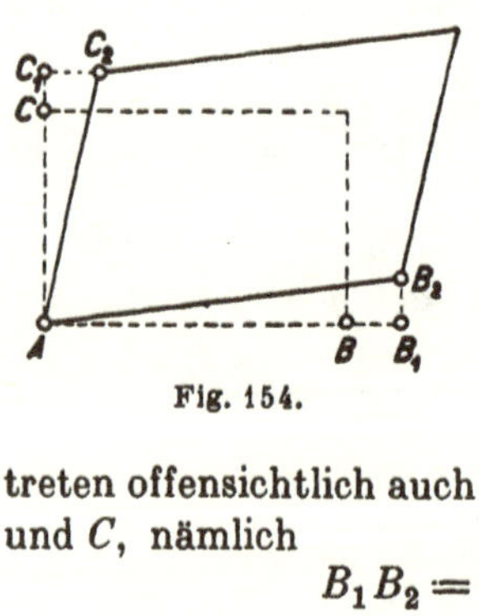

Fig. 154.

$$B B_1 = \Delta dx = \frac{\partial \xi}{\partial x} dx = \varepsilon_x dx$$

$$C C_1 = \Delta dy = \frac{\partial \eta}{\partial y} dy = \varepsilon_y dy$$

treten offensichtlich auch Normalverschiebungen der Endpunkte B und C, nämlich

$$B_1 B_2 = \frac{\partial \eta}{\partial x} dx, \qquad C_1 C_2 = \frac{\partial \xi}{\partial y} dy,$$

auf, so daß die beiden Seitenkanten kleine Drehungen um die Winkel

$$B_1AB_2 = \frac{B_1B_2}{AB_1} = \frac{\partial\eta}{\partial x}\frac{dx}{dx+\Delta dx} \sim \frac{\partial\eta}{\partial x}$$
$$C_1AC_2 = \frac{C_1C_2}{AC_1} = \frac{\partial\xi}{\partial y}\frac{dy}{dy+\Delta dy} \sim \frac{\partial\xi}{dy}$$

erleiden. Die Summe dieser beiden Winkel

$$\frac{\partial\xi}{\partial y} + \frac{\partial\eta}{\partial x} = \chi_z \quad \ldots\ldots\ldots \quad (4\,\mathrm{b})$$

stellt demnach die Änderung des rechten Winkels der in der Kante dz sich schneidenden Seitenflächen unseres Volumelementes dar, der natürlich zwei analoge Winkeländerungen

$$\left.\begin{aligned}\frac{\partial\eta}{\partial z} + \frac{\partial\zeta}{\partial y} = \chi_x \\ \frac{\partial\zeta}{\partial x} + \frac{\partial\xi}{\partial z} = \chi_y\end{aligned}\right\} \quad \ldots\ldots\ldots \quad (4\,\mathrm{c})$$

um die beiden anderen Kanten entsprechen. Diese drei Winkeländerungen wollen wir als die Komponenten der Schiebung oder Gleitung bezeichnen.

Führen wir die Abkürzungen (4 a), (4 b), (4 c) in Gl. (4) ein, so schreibt sich die allgemeine Dehnung der Diagonale

$$\begin{aligned}\varepsilon = \varepsilon_x \cos^2\varphi + \varepsilon_y \cos^2\psi + \varepsilon_z \cos^2\vartheta \\ + \chi_x \cos\psi\cos\vartheta + \chi_y \cos\vartheta\cos\varphi + \chi_z \cos\varphi\cos\psi \quad . \quad (5).\end{aligned}$$

Die Gleichung stimmt aber formal mit Gl. (3 a) des vorigen Paragraphen für die Normalspannung in der Richtung $\varphi\,\psi\,\vartheta$ überein und läßt sich wie diese durch eine Fläche zweiten Grades darstellen, deren drei Hauptachsen in unserem Falle drei zueinander normale Hauptdehnungen entsprechen. Bezeichnen wir diese analog den Hauptspannungen des vorigen Abschnitts mit $\varepsilon_1\,\varepsilon_2\,\varepsilon_3$, so können wir auch die Richtungen der Hauptdehnungen als neues Koordinatensystem wählen und erhalten dann für eine beliebige Dehnung infolge des Verschwindens der Glieder mit Produkten der Richtungskosinus

$$\varepsilon = \varepsilon_1 \cos^2\varphi + \varepsilon_2 \cos^2\psi + \varepsilon_3 \cos^2\vartheta \quad \ldots \quad (5\,\mathrm{a}).$$

Sind $\varphi' \psi' \vartheta'$, $\varphi'' \psi'' \vartheta''$, $\varphi''' \psi''' \vartheta'''$ die Winkel der früheren X-, Y-, Z-Achsen gegen die neuen Hauptdehnungsachsen, so erhalten wir für die drei Dehnungen in den ursprünglichen Koordinatenrichtungen

$$\begin{aligned} \varepsilon_x &= \varepsilon_1 \cos^2 \varphi' + \varepsilon_2 \cos^2 \psi' + \varepsilon_3 \cos^2 \vartheta' \\ \varepsilon_y &= \varepsilon_1 \cos^2 \varphi'' + \varepsilon_2 \cos^2 \psi'' + \varepsilon_3 \cos^2 \vartheta'' \\ \varepsilon_z &= \varepsilon_1 \cos^2 \varphi''' + \varepsilon_2 \cos^2 \psi''' + \varepsilon_3 \cos^2 \vartheta''', \end{aligned}$$

woraus nach Addition mit $\cos^2 \varphi' + \cos^2 \varphi'' + \cos^2 \varphi''' = 1$ usw. wegen der Normalstellung der drei früheren Achsen gegeneinander

$$\varepsilon_x + \varepsilon_y + \varepsilon_z = \varepsilon_1 + \varepsilon_2 + \varepsilon_3 \quad . \quad . \quad . \quad . \quad . \quad (6)$$

sich ergibt. Zur Feststellung der Bedeutung dieser konstanten Summe der drei linearen Dehnungen betrachten wir den Zuwachs des Volumens des gedehnten Elementes, Fig. 153, welcher sich offenbar als das Produkt der neuen Seitenlängen

$$dx\,(1 + \varepsilon_x), \qquad dy\,(1 + \varepsilon_y), \qquad dz\,(1 + \varepsilon_z)$$

unter Vernachlässigung von Größen höherer Ordnung zu

$$\Delta dV = dx\,dy\,dz\,(1 + \varepsilon_x + \varepsilon_y + \varepsilon_z) - dV$$

ergibt, so daß mit $dV = dx\,dy\,dz$

$$\frac{d\Delta V}{dV} = \varepsilon_x + \varepsilon_y + \varepsilon_z = \varepsilon_v \quad . \quad . \quad . \quad . \quad . \quad (6a)$$

die sog. kubische Ausdehnung oder Volumdehnung des Körpers an der Stelle $x\,y\,z$ bedeutet, die naturgemäß nicht von den Achsenrichtungen abhängig sein kann und auch von den Schiebungen unbeeinflußt bleibt.

Es bleibt uns nur noch die Ermittelung der Schiebung in einer Normalebene zur Diagonale $AD = ds$ unseres Volumelementes (Fig. 153) übrig. Diese Diagonale erleidet durch die Formänderung des Elementes eine Drehung um den kleinen Winkel $D\,A\,D_1$, der gleichzeitig die Abweichung vom ursprünglich rechten Winkel mit der Normalebene darstellt und folglich als resultierende Schiebung χ anzusprechen ist. Zeichnet man sich der Deutlichkeit halber das unendlich schmale Dreieck $A\,D\,D_1$ in Fig. 155 nochmals heraus, und setzt die Verschiebung $D\,D_1 = dr$,

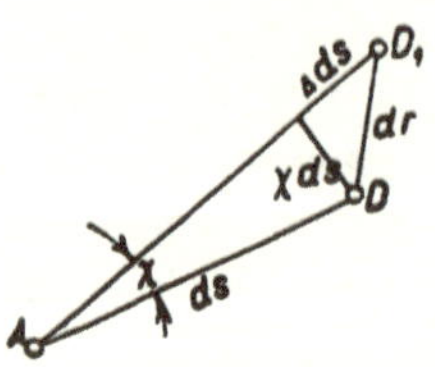

Fig. 155.

so ist mit $\Delta ds = \varepsilon ds$

$$\chi^2 ds^2 = dr^2 - \varepsilon^2 ds^2$$

oder

$$\chi^2 = \left(\frac{dr}{ds}\right)^2 - \varepsilon^2 \quad \ldots \ldots \quad (7).$$

Da weiterhin DD_1 als Resultante der drei Achsenverlängerungen im Hauptachsensystem durch

$$dr^2 = \varepsilon_1^2 dx^2 + \varepsilon_2^2 dy^2 + \varepsilon_3^2 dz^2$$

bestimmt ist, so folgt mit den Achsenwinkeln $\varphi \psi \vartheta$

$$\left(\frac{dr}{ds}\right)^2 = \varepsilon_1^2 \cos^2\varphi + \varepsilon_2^2 \cos^2\psi + \varepsilon_3^2 \cos^2\vartheta \quad \ldots \quad (8),$$

während ε sich aus (5 a) berechnet. Mithin wird

$$\chi^2 = \varepsilon_1^2 \cos^2\varphi + \varepsilon_2^2 \cos^2\psi + \varepsilon_3^2 \cos^2\vartheta - (\varepsilon_1 \cos^2\varphi + \varepsilon_2 \cos^2\psi + \varepsilon_3 \cos^2\vartheta)^2 \quad \ldots \quad (7\,a)$$

oder umgeformt nach Analogie der Gleichungen (12 a) und (22 b), § 36,

$$\chi^2 = (\varepsilon_1 - \varepsilon_2)^2 \cos^2\varphi \cos^2\psi + (\varepsilon_2 - \varepsilon_3)^2 \cos^2\psi \cos^2\vartheta + (\varepsilon_3 - \varepsilon_1)^2 \cos^2\vartheta \cos^2\varphi \quad \ldots \ldots \quad (7\,b).$$

Wegen des formal durchaus gleichen Aufbaues dieser Gleichung mit (12 b) des vorigen Paragraphen lassen sich die dort für die Schubspannung gezogenen Folgerungen unmittelbar auf die Schiebung χ übertragen. Insbesondere verschwindet diese in den Richtungen der Hauptdehnungen und besitzt ausgezeichnete Werte im Betrage von

$$\chi_1 = \pm \frac{\varepsilon_2 - \varepsilon_3}{2}, \quad \chi_2 = \pm \frac{\varepsilon_3 - \varepsilon_1}{2}, \quad \chi_3 = \pm \frac{\varepsilon_1 - \varepsilon_2}{2} \cdot \quad (9)$$

in den 6 Ebenen, welche durch je eine Hauptachse gehen und die rechten Winkel der beiden anderen halbieren. Diese Werte können wir entsprechend den Hauptschubspannungen (15 a), § 36, als *Hauptschiebungen* bezeichnen.

Es braucht wohl kaum noch hervorgehoben zu werden, daß die vorstehenden Sätze über die Dehnung ebenso *unabhängig von der Natur der Körper* ihre Gültigkeit behalten, wie die im vorigen Abschnitt über die Spannung erhaltenen Resultate.

§ 38. Spannungen und Verschiebungen in isotropen Körpern.

Linearer Zusammenhang zwischen Spannungen und Dehnungen. Ableitung der Formeln für die Hauptachsen isotroper Körper aus dem Versuch. Ausdehnung auf beliebige Achsen vermittelst der allgemeinen Gleichungen. Ableitung der Beziehung zwischen dem Elastizitätsmodul, Gleitmodul und Querkontraktionskoeffizienten.

Die in den vorigen beiden Abschnitten angestellten Untersuchungen über die Spannungen und Dehnungen bzw. Gleitungen waren ganz allgemeiner Natur und daher unabhängig von jeder besonderen Körpereigenschaft. Sobald es sich aber darum handelt, Beziehungen zwischen dem Spannungs- und dem Dehnungszustande aufzusuchen, sind wir wieder auf die Erfahrung angewiesen. Diese liefert uns, solange wir uns auf kleine Formänderungen beschränken, für alle festen Körper einen linearen Zusammenhang zwischen den Dehnungen bzw. den Gleitungen einerseits und den Spannungen andererseits, so daß also, da von jeder Art 6 Komponenten vorliegen, zwischen ihnen ebenso viele Gleichungen mit insgesamt 36 Konstanten bestehen, die sich aus Symmetriegründen auf 15 reduzieren lassen. Diese Gleichungen führen auch in den einfachsten Fällen zu so verwickelten und zeitraubenden Berechnungen, daß sie für praktische Zwecke ganz hinfällig werden. Glücklicherweise braucht man deshalb noch nicht auf jede theoretische Verfolgung von Spannungszuständen zu verzichten, da die meisten und für die Technik wichtigsten Baustoffe ganz oder doch nahezu als isotrop angesehen werden können (vgl. § 1). Auf solche Körper, bei denen keine Richtung physikalisch vor der anderen einen Vorzug aufweist, wollen wir uns, wie schon bei der früheren Behandlung spezieller Probleme, nunmehr auch für allgemeinere Untersuchungen beschränken. Daher dürfen wir an den in § 1 geschilderten Versuch an einem Stabe anknüpfen, der unter der Wirkung einer positiven oder negativen Axialkraft entsprechend einer Normalspannung σ_1 im Querschnitt eine durch die Gleichung

$$E\varepsilon_1 = \sigma_1 \quad . \quad . \quad . \quad . \quad . \quad . \quad . \quad . \quad (1)$$

bestimmte Dehnung ε_1 erlitt, während gleichzeitig im Querschnitt sich eine Querkontraktion

$$\varepsilon' = -\frac{\varepsilon_1}{\mu} = -\frac{\sigma_1}{E\mu} \quad . \quad . \quad . \quad . \quad . \quad . \quad (1\,\mathrm{a})$$

geltend machte. Die in diesen Erfahrungsformeln auftretenden beiden Konstanten, d. h. der Elastizitätsmodul E und der Querkontraktionsfaktor μ ergeben sich bei isotropen Körpern als unabhängig von der Richtung der Spannung σ.

Rufen wir in unserem Stabe durch eine zur Achse normale Seitenkraft die damit gleichgerichtete weitere Spannung σ_2 hervor, so wird nicht nur in deren Richtung eine Dehnung eintreten, die sich der von σ_1 herrührenden Querdehnung überlagert, sondern es wird auch die Achsendehnung ε_1 um einen Betrag $\frac{\sigma_2}{E\mu}$ vermindert. Wir erhalten daher jetzt für Dehnungen in den Richtungen von σ_1 und σ_2

$$\left.\begin{aligned} E\varepsilon_1 &= \sigma_1 - \frac{\sigma_2}{\mu} \\ E\varepsilon_2 &= \sigma_2 - \frac{\sigma_1}{\mu} \end{aligned}\right\} \quad \ldots\ldots\ldots \quad (2)$$

und normal zu beiden Spannungen die von ihnen bedingte Querkontraktion

$$E\varepsilon' = -\frac{\sigma_1 + \sigma_2}{\mu} \quad \ldots\ldots\ldots \quad (2a).$$

Wirken schließlich drei zueinander normale Kräfte mit den zugehörigen Spannungen $\sigma_1\,\sigma_2\,\sigma_3$, so ruft jede außer der gleichgerichteten Dehnung normal dazu ihr proportionale Querkontraktionen hervor, so daß wir allgemeiner

$$\left.\begin{aligned} E\varepsilon_1 &= \sigma_1 - \frac{\sigma_2 + \sigma_3}{\mu} \\ E\varepsilon_2 &= \sigma_2 - \frac{\sigma_3 + \sigma_1}{\mu} \\ E\varepsilon_3 &= \sigma_3 - \frac{\sigma_1 + \sigma_2}{\mu} \end{aligned}\right\} \quad \ldots\ldots\ldots \quad (3)$$

erhalten. Da in den zu den Spannungen normalen Ebenen keine Schubspannungen wirken, so haben wir $\sigma_1\,\sigma_2\,\sigma_3$ als Hauptspannungen anzusehen. Außerdem beobachten wir, daß diese Ebenen ihren rechten Neigungswinkel gegeneinander nicht ändern, daß also in ihnen keine Gleitungen herrschen. Damit aber sind auch die Größen $\varepsilon_1\,\varepsilon_2\,\varepsilon_3$ als Hauptdehnungen gekennzeichnet, und die Gültigkeit der drei Erfahrungsformeln (3) ist vorläufig auf drei Hauptachsen eingeschränkt.

Addieren wir die drei Gleichungen (3) zueinander und erinnern uns, daß nach dem vorigen Abschnitt

$$\varepsilon_1 + \varepsilon_2 + \varepsilon_3 = \varepsilon_v \quad \ldots \ldots \quad (4)$$

die von der Richtung unabhängige Volumdehnung bedeutet, so ist

$$E\varepsilon_v = (\sigma_1 + \sigma_2 + \sigma_3)\frac{\mu - 2}{\mu} \quad \ldots \quad (5).$$

Daraus berechnen sich weiter die Summen je zweier Normalspannungen

$$\left.\begin{aligned} \sigma_2 + \sigma_3 &= \frac{E\mu}{\mu - 2}\varepsilon_v - \sigma_1 \\ \sigma_3 + \sigma_1 &= \frac{E\mu}{\mu - 2}\varepsilon_v - \sigma_2 \\ \sigma_1 + \sigma_2 &= \frac{E\mu}{\mu - 2}\varepsilon_v - \sigma_3 \end{aligned}\right\} \quad \ldots \quad (3a),$$

deren Einsetzen in (3) für die Einzelspannungen

$$\left.\begin{aligned} \sigma_1 &= \frac{E\mu}{\mu + 1}\left(\varepsilon_1 + \frac{\varepsilon_v}{\mu - 2}\right) \\ \sigma_2 &= \frac{E\mu}{\mu + 1}\left(\varepsilon_2 + \frac{\varepsilon_v}{\mu - 2}\right) \\ \sigma_3 &= \frac{E\mu}{\mu + 1}\left(\varepsilon_3 + \frac{\varepsilon_v}{\mu - 2}\right) \end{aligned}\right\} \quad \ldots \quad (3b)$$

ergibt. Aus Gl. (5) erkennt man noch, daß für $\mu = 2$ die Volumdehnung verschwindet, womit das zweite Glied der Klammerausdrücke rechts in den Formeln (3b) unbestimmt und diese selbst unbrauchbar werden. Es liegt dies einfach daran, daß die Addition von je zweien der Gleichungen (3), z. B. der zweiten und dritten

$$E(\varepsilon_1 + \varepsilon_2) = (\sigma_2 + \sigma_3)\left(1 - \frac{1}{\mu}\right) - \frac{2\sigma_1}{\mu}$$

für $\mu = 2$ und $\varepsilon_v = 0$ wieder die erste Gl. (3) ergibt, so daß also in diesem Falle die drei Formeln (3) voneinander nicht mehr unabhängig sind.

Um nun den Zusammenhang zwischen der Dehnung ε und der Spannung σ in einer beliebigen Richtung $\varphi\psi\vartheta$ gegen die Hauptachsen zu ermitteln, greifen wir auf die Gl. (10b), § 36, nämlich

$$\sigma = \sigma_1 \cos^2\varphi + \sigma_2 \cos^2\psi + \sigma_3 \cos^2\vartheta \quad \ldots \quad (6),$$

zurück und führen in diese die Ausdrücke (3 b) ein. Dadurch geht sie mit Rücksicht auf $\cos^2\varphi + \cos^2\psi + \cos^2\vartheta = 1$ über in

$$\sigma = \frac{E\mu}{\mu+1}\left(\varepsilon_1 \cos^2\varphi + \varepsilon_2 \cos^2\psi + \varepsilon_3 \cos^2\vartheta + \frac{\varepsilon_v}{\mu-2}\right) \quad (6\,\text{a}),$$

worin nach Gl. (5 a), § 37,

$$\varepsilon_1 \cos^2\varphi + \varepsilon_2 \cos^2\psi + \varepsilon_3 \cos^2\vartheta = \varepsilon \quad . \; . \; . \quad (7)$$

die Dehnung in der Richtung $\varphi\,\psi\,\vartheta$ bedeutet. Somit haben wir auch an Stelle von (6)

$$\sigma = \frac{E\mu}{\mu+1}\left(\varepsilon + \frac{\varepsilon_v}{\mu-2}\right) \quad . \; . \; . \; . \; . \quad (6\text{b}),$$

womit die Allgemeingültigkeit des bisher nur für die Hauptachsen aufgestellten Zusammenhanges zwischen den Normalspannungen und Dehnungen im isotropen Körper erwiesen ist. Wir dürfen daher jetzt für drei beliebige, zueinander senkrechte Achsen XYZ an Stelle von (3b) schreiben

$$\left.\begin{aligned} \sigma_x &= \frac{E\mu}{\mu+1}\left(\varepsilon_x + \frac{\varepsilon_v}{\mu-2}\right) \\ \sigma_y &= \frac{E\mu}{\mu+1}\left(\varepsilon_y + \frac{\varepsilon_v}{\mu-2}\right) \\ \sigma_z &= \frac{E\mu}{\mu+1}\left(\varepsilon_z + \frac{\varepsilon_v}{\mu-2}\right) \end{aligned}\right\} \quad . \; . \; . \; . \quad (8)$$

und wegen der Unabhängigkeit der Volumdehnung von der Richtung, vgl. Gl. (6), § 37,

$$\varepsilon_v = \varepsilon_1 + \varepsilon_2 + \varepsilon_3 = \varepsilon_x + \varepsilon_y + \varepsilon_z \quad . \; . \; . \; . \quad (5\,\text{a})$$

diese Formeln (8) umgekehrt nach den Dehnungen auflösen, woraus

$$\left.\begin{aligned} E\varepsilon_x &= \sigma_x - \frac{\sigma_y + \sigma_z}{\mu} \\ E\varepsilon_y &= \sigma_y - \frac{\sigma_z + \sigma_x}{\mu} \\ E\varepsilon_z &= \sigma_z - \frac{\sigma_x + \sigma_y}{\mu} \end{aligned}\right\} \quad . \; . \; . \; . \; . \quad (8\,\text{a})$$

hervorgeht. Es sei noch besonders hervorgehoben, daß in diesen Gleichungen weder die Gleitungen χ noch die Schubspannungen τ auftreten, obwohl sie in den jetzt beliebig gewählten Koordinatenebenen nicht verschwinden. Um über deren Zusammenhang Aufschluß zu erhalten, setzen wir in die für jede Richtung gültige Formel (6 a) den allgemeinen Ausdruck (5), § 37, für die Dehnung in der Richtung $\varphi\psi\chi$ gegen die Achsen XYZ, nämlich

$$\begin{aligned}\varepsilon = \varepsilon_x \cos^2\varphi + \varepsilon_y \cos^2\psi + \varepsilon_z \cos^2\vartheta \\ + \chi_x \cos\psi \cos\vartheta + \chi_y \cos\vartheta \cos\varphi + \chi_z \cos\varphi \cos\psi \quad . \qquad (9)\end{aligned}$$

ein und erhalten so

$$\begin{aligned}\sigma = \frac{E\mu}{\mu+1}(\varepsilon_x \cos^2\varphi + \varepsilon_y \cos^2\psi + \varepsilon_z \cos^2\vartheta) \\ + \frac{E\mu}{\mu+1}\cdot\frac{\varepsilon_v}{\mu-2}(\cos^2\varphi + \cos^2\psi + \cos^2\vartheta) \\ + \frac{E\mu}{\mu+1}(\chi_x \cos\psi \cos\vartheta + \chi_y \cos\vartheta \cos\varphi + \chi_z \cos\varphi \cos\psi).\end{aligned}$$

Ziehen wir hierin die mit gleichen Richtungskosinus behafteten Glieder der ersten beiden Klammern zusammen, so wird daraus mit Beachtung von (8)

$$\begin{aligned}\sigma = \sigma_x \cos^2\varphi + \sigma_y \cos^2\psi + \sigma_z \cos^2\vartheta \\ + \frac{E\mu}{\mu+1}(\chi_x \cos\psi \cos\vartheta + \chi_y \cos\vartheta \cos\varphi + \chi_z \cos\varphi \cos\psi) \quad (9\text{a}).\end{aligned}$$

Für diese Spannung in der Richtung $\varphi\,\psi\,\vartheta$ gegen die Koordinatenachsen hatten wir aber in § 36, Gl. (7 a), den allgemeinen Ausdruck

$$\begin{aligned}\sigma = \sigma_x \cos^2\varphi + \sigma_y \cos^2\psi + \sigma_z \cos^2\vartheta \\ + 2\tau_x \cos\psi \cos\vartheta + 2\tau_y \cos\vartheta \cos\varphi + 2\tau_z \cos\varphi \cos\psi \quad (9\text{b})\end{aligned}$$

abgeleitet, der von (9 a) abgezogen

$$\left.\begin{aligned}\left(\frac{E\mu}{\mu+1}\chi_x - 2\tau_x\right)\cos\psi\cos\vartheta \\ + \left(\frac{E\mu}{\mu+1}\chi_y - 2\tau_y\right)\cos\vartheta\cos\varphi \\ + \left(\frac{E\mu}{\mu+1}\chi_z - 2\tau_z\right)\cos\varphi\cos\psi\end{aligned}\right\} = 0 \quad . \quad . \quad . \quad (9\text{c})$$

ergibt. Infolge der Willkür der gewählten Richtung kann diese Gleichung aber nur dann bestehen, wenn gleichzeitig

$$\tau_x = \frac{E\mu}{2(\mu+1)}\chi_x, \quad \tau_y = \frac{E\mu}{2(\mu+1)}\chi_y, \quad \tau_z = \frac{E\mu}{2(\mu+1)}\chi_z \quad (10)$$

besteht, d. h. wenn alle drei Gleitungen in den Koordinatenebenen den drei zugehörigen Schubspannungen derart proportional sind, daß ihre Quotienten

$$\frac{\tau_x}{\chi_x} = \frac{\tau_y}{\chi_y} = \frac{\tau_z}{\chi_z} = \frac{E\mu}{2(\mu+1)} = G \quad . \quad . \quad . \quad . \quad (11)$$

einer und derselben Konstanten gleich sind, die wir schon früher als den Gleitmodul oder Schubelastizitätsmodul bezeichnet haben. Auch die Beziehung zwischen dieser Größe und dem Elastizitätsmodul E sowie dem Querkontraktionskoeffizienten μ haben wir schon in § 2 aus dem speziellen ebenen Spannungszustand eines Volumelementes abgeleitet, während sie hier als Folgerung der allgemeinen Gleichungen für den räumlichen Spannungs- und Dehnungszustand am isotropen Körper erscheint. Dieser ist somit nur noch durch zwei physikalische Konstanten gekennzeichnet, während die dritte aus ihnen durch Gl. (11) berechnet werden kann. Diese Gleichung ist geradezu als ein Kriterium für die Isotropie eines Körpers anzusehen; ihre Erfüllung sollte darum stets geprüft werden, wenn es sich um den Vergleich von direkt gemessenen mit den aus der Elastizitätstheorie berechneten Verschiebungen oder Kräften handelt.

§ 39. Grundformeln der Bewegung und des Gleichgewichts isotroper Körper.

Entwicklung der Grundformeln aus der stetigen Änderung der Spannungskomponenten. Vernachlässigung der Änderungen des spez. Gewichts und Beschränkung auf kleine Bewegungen. Elimination der Spannungen und Dehnungen. Diskussion der Grenzbedingungen. Die Formänderungsarbeit.

Wirken auf einen elastischen Körper äußere Kräfte, deren Resultante die drei Komponenten $X\,Y\,Z$ in den Achsenrichtungen besitzt, so entfallen davon auf ein Massenelement dm des Körpers, welcher mit dem spezifischen Gewichte γ das Volumelement $dx\,dy\,dz$ derart erfüllt, daß

$$dm = \frac{\gamma}{g}\,dx\,dy\,dz \quad . \quad . \quad . \quad . \quad . \quad . \quad (1)$$

ist, die Beträge dX, dY, dZ. Hierdurch werden nun in den Seitenflächen des Elementes die Spannungskomponenten $\sigma_x\,\sigma_y\,\sigma_z$,

$\tau_x\,\tau_y\,\tau_z$ geweckt, die ihrerseits im Körper stetig veränderlich sind. Daher wird z. B. in der X-Richtung die auf der linken Seitenfläche, Fig. 156, wirkende Normalspannung σ_x bis zur rechten Seitenfläche von gleicher Größe, nämlich $dy\,dz$, auf $\sigma_x + \frac{\partial \sigma_x}{\partial x}\,dx$ angewachsen sein, während in gleicher Richtung die Schubspannung τ_y in der Hinterfläche $dx\,dy$ bis zur Vorderfläche auf $\tau_y + \frac{\partial \tau_y}{\partial z}\,dz$ und die Schubspannung τ_z in der Unterfläche $dz\,dx$ bis zur Oberfläche auf $\tau_z + \frac{\partial \tau_z}{\partial y}\,dy$ zugenommen hat. Daraus ergeben sich die in der X-Richtung treibenden Kräfte durch

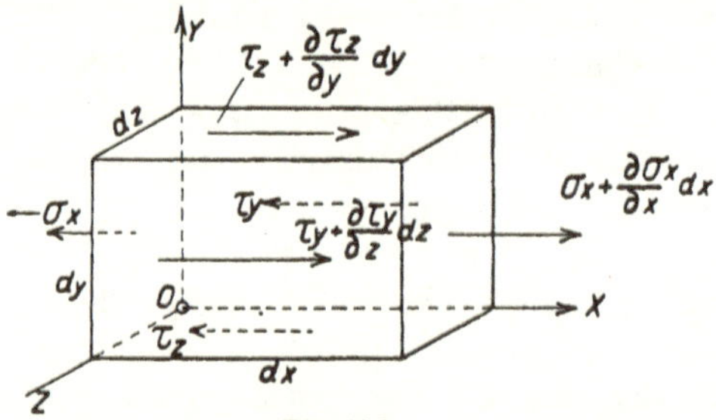

Fig. 156.

Multiplikation mit den zugehörigen Flächenelementen, so zwar, daß infolge der paarweise entgegengesetzten Spannungen die Kräfte

$$\left(\sigma_x + \frac{\partial \sigma_x}{\partial x}\,dx\right)dy\,dz - \sigma_x\,dy\,dz = \frac{\partial \sigma_x}{\partial x}\,dx\,dy\,dz$$

$$\left(\tau_y + \frac{\partial \tau_y}{\partial z}\,dz\right)dx\,dy - \tau_y\,dx\,dy = \frac{\partial \tau_y}{\partial z}\,dx\,dy\,dz$$

$$\left(\tau_z + \frac{\partial \tau_z}{\partial y}\,dy\right)dz\,dx - \tau_z\,dz\,dx = \frac{\partial \tau_z}{\partial y}\,dx\,dy\,dz$$

übrig bleiben. Deren Summe tritt nun zu der gleich gerichteten Komponente dX der äußeren Kraft hinzu und erteilt der Masse dm eine Beschleunigung $dw_x : dt$, wenn wir die momentane Geschwindigkeitskomponente in derselben Richtung mit w_x bezeichnen. Auf diese Weise entsteht die Gleichung

$$\left(\frac{\partial \sigma_x}{\partial x} + \frac{\partial \tau_y}{\partial z} + \frac{\partial \tau_z}{\partial y}\right)dx\,dy\,dz + dX = dm\,\frac{dw_x}{dt} \quad . \quad (2),$$

wofür man auch nach Division mit dm unter Berücksichtigung von (1) schreiben kann

$$\frac{g}{\gamma}\left(\frac{\partial \sigma_x}{\partial x}+\frac{\partial \tau_y}{\partial z}+\frac{\partial \tau_z}{\partial y}\right)+\frac{dX}{dm}=\frac{dw_x}{dt} \quad . \; . \; . \quad (2\text{a}).$$

Hierin bedeutet aber das zweite Glied links nichts anderes als die x-Komponente der Beschleunigung der äußeren Kraft. Setzen wir dafür unter Hinzufügung der beiden anderen Komponenten

$$\frac{dX}{dm}=q_x, \quad \frac{dY}{dm}=q_y, \quad \frac{dZ}{dm}=q_z \quad . \; . \; . \; . \quad (3),$$

so erhalten wir schließlich an Stelle von (2 a), sowie daraus durch zyklische Vertauschung für die beiden anderen Richtungen die Gleichungsgruppe

$$\left.\begin{aligned}
\frac{g}{\gamma}\left(\frac{\partial \sigma_x}{\partial x}+\frac{\partial \tau_y}{\partial z}+\frac{\partial \tau_z}{\partial y}\right)+q_x=\frac{dw_x}{dt}\\
\frac{g}{\gamma}\left(\frac{\partial \sigma_y}{\partial y}+\frac{\partial \tau_z}{\partial x}+\frac{\partial \tau_x}{\partial z}\right)+q_y=\frac{dw_y}{dt}\\
\frac{g}{\gamma}\left(\frac{\partial \sigma_z}{\partial z}+\frac{\partial \tau_x}{\partial y}+\frac{\partial \tau_y}{\partial x}\right)+q_z=\frac{dw_z}{dt}
\end{aligned}\right\} \quad . \; . \quad (4).$$

In diesen Formeln, die ebenso wie die Entwicklungen der §§ 36 und 37 von der Natur des betrachteten Körpers ganz unabhängig sind, haben wir das spezifische Gewicht γ als eine unveränderliche Größe behandelt. Das ist indessen nicht streng richtig, vielmehr ist mit Rücksicht auf die Volumdehnung exakter

$$\gamma=\frac{\gamma_0}{1+\varepsilon_v}\backsim\gamma_0(1-\varepsilon_v) \quad . \; . \; . \; . \; . \quad (5)$$

zu setzen, worin γ_0 das spezifische Gewicht des noch spannungsfreien Körpers an der fraglichen Stelle bedeutet. Man sieht jedoch, daß der durch die Vernachlässigung des bei elastischen Formänderungen stets sehr kleinen Bruchteils ε_v gegen 1 begangene Fehler um eine Größenordnung niederer ist als die Einzelglieder der Formeln (4), womit die Vernachlässigung selbst gerechtfertigt erscheint.

Die in den Bewegungsgleichungen (4) auftretenden Geschwindigkeitskomponenten sind weiterhin lediglich durch die zeitlichen Änderungen der Lage der einzelnen Körperpunkte bestimmt, so daß, da die Koordinaten $x\,y\,z$ im unbelasteten Ruhezustande von der Zeit unabhängig sind,

$$w_x = \frac{\partial \xi}{\partial t}, \quad w_y = \frac{\partial \eta}{\partial t}, \quad w_z = \frac{\partial \zeta}{\partial t} \quad . \quad . \quad . \quad (6)$$

sein muß. Setzen wir nun voraus, daß diese Geschwindigkeiten ebenso wie die Verschiebungen $\xi\ \eta\ \zeta$ sehr klein bleiben, so dürfen wir in dem allgemeinen Ausdrucke für die Beschleunigung

$$\frac{dw}{dt} = \frac{\partial w}{\partial t} + w_x \frac{\partial w}{\partial x} + w_y \frac{\partial w}{\partial y} + w_z \frac{\partial w}{\partial z}$$

die Produkte kleiner Größen vernachlässigen und uns auf das erste Glied beschränken. Dann aber haben wir in Gl. (4) mit (6) zu schreiben

$$\left.\begin{aligned} \frac{dw_x}{dt} &= \frac{\partial w_x}{\partial t} = \frac{\partial^2 \xi}{\partial t^2} \\ \frac{dw_y}{dt} &= \frac{\partial w_y}{\partial t} = \frac{\partial^2 \eta}{\partial t^2} \\ \frac{dw_z}{dt} &= \frac{\partial w_z}{\partial t} = \frac{\partial^2 \zeta}{\partial t^2} \end{aligned}\right\} \quad . \quad . \quad . \quad . \quad . \quad . \quad . \quad . \quad (6\text{a})$$

und für die Formeln (4) selbst

$$\left.\begin{aligned} \frac{g}{\gamma}\left(\frac{\partial \sigma_x}{\partial x} + \frac{\partial \tau_y}{\partial z} + \frac{\partial \tau_z}{\partial y}\right) + q_x &= \frac{\partial^2 \xi}{\partial t^2} \\ \frac{g}{\gamma}\left(\frac{\partial \sigma_y}{\partial y} + \frac{\partial \tau_z}{\partial x} + \frac{\partial \tau_x}{\partial z}\right) + q_y &= \frac{\partial^2 \eta}{\partial t^2} \\ \frac{g}{\gamma}\left(\frac{\partial \sigma_z}{\partial z} + \frac{\partial \tau_x}{\partial y} + \frac{\partial \tau_y}{\partial x}\right) + q_z &= \frac{\partial^2 \zeta}{\partial t^2} \end{aligned}\right\} \quad . \quad . \quad (4\text{a}).$$

Im Falle des G l e i c h g e w i c h t s verschwinden natürlich die rechts stehenden Beschleunigungskomponenten, womit sich die Formeln in

$$\left.\begin{aligned} \frac{g}{\gamma}\left(\frac{\partial \sigma_x}{\partial x} + \frac{\partial \tau_y}{\partial z} + \frac{\partial \tau_z}{\partial y}\right) + q_x &= 0 \\ \frac{g}{\gamma}\left(\frac{\partial \sigma_y}{\partial y} + \frac{\partial \tau_z}{\partial x} + \frac{\partial \tau_x}{\partial z}\right) + q_y &= 0 \\ \frac{g}{\gamma}\left(\frac{\partial \sigma_z}{\partial z} + \frac{\partial \tau_x}{\partial y} + \frac{\partial \tau_y}{\partial x}\right) + q_z &= 0 \end{aligned}\right\} \quad . \quad . \quad . \quad (4\text{b})$$

vereinfachen. Solange als äußere Kraft nur die Schwere an der Erdoberfläche, d. h. das Eigengewicht des Körpers, in Frage kommt, ist es meistens auch noch zulässig, die Komponenten $q_x\, q_y\, q_z$ der Erdbeschleunigung g, welche überdies unter Vernachlässigung des Einflusses der kleinen Verschiebungen als Konstante betrachtet werden können, gegenüber den Klammerwerten zu unterdrücken. Das ist indessen nicht mehr gestattet, wenn das Eigengewicht des betrachteten Körpers die einzige Ursache seiner Formänderung bildet. Insbesondere im Falle der Rotation des Körpers um eine Achse mit der Winkelgeschwindigkeit ω stellen die Größen $q_x\, q_y\, q_z$ die Komponenten der Zentrifugalbeschleunigung $q = r\,\omega^2$ im Achsenabstande r dar, deren Einfluß auf die Formänderungen und die Spannungen im Innern des Körpers ausschlaggebend sein kann. Jedenfalls aber können wir für unsere weiteren Untersuchungen die Größen $q_x\, q_y\, q_z$ als von vornherein gegebene Funktionen der Koordinaten $x\,y\,z$ ansehen, während die Spannungskomponenten $\sigma_x\, \sigma_y\, \sigma_z,\ \tau_x\, \tau_y\, \tau_z$ sowie die Verschiebungen $\xi\, \eta\, \zeta$ zu berechnen sind. Wir haben es also im ganzen mit 9 abhängigen Variabeln zu tun, zu deren Bestimmung als Funktionen der Koordinaten sowie der Zeit die drei Bewegungsgleichungen (4 a) keinesfalls ausreichen. Die hierzu noch fehlenden 6 Formeln liefert uns nun der in § 38 behandelte Zusammenhang zwischen den Spannungen und Dehnungen des Körpers, den wir von jetzt ab stets als einen isotropen betrachten wollen. Dann haben wir zunächst für die Normalspannungen nach Gl. (8), § 38, unter gleichzeitiger Benutzung der Beziehung (11) zwischen den Elastizitätskonstanten E, G und μ sowie wegen (4 a), § 37,

$$\left.\begin{aligned} \varepsilon_x = \frac{\partial \xi}{\partial x}, \quad \varepsilon_y = \frac{\partial \eta}{\partial y}, \quad \varepsilon_z = \frac{\partial \zeta}{\partial z} \\ \varepsilon_v = \varepsilon_x + \varepsilon_y + \varepsilon_z = \frac{\partial \xi}{\partial x} + \frac{\partial \eta}{\partial y} + \frac{\partial \zeta}{\partial z} \end{aligned}\right\} \quad . \; . \; . \quad (7)$$

die drei Formeln

$$\left.\begin{aligned} \sigma_x &= 2G\left[\frac{\partial \xi}{\partial x} + \frac{1}{\mu - 2}\left(\frac{\partial \xi}{\partial x} + \frac{\partial \eta}{\partial y} + \frac{\partial \zeta}{\partial z}\right)\right] \\ \sigma_y &= 2G\left[\frac{\partial \eta}{\partial y} + \frac{1}{\mu - 2}\left(\frac{\partial \xi}{\partial x} + \frac{\partial \eta}{\partial y} + \frac{\partial \zeta}{\partial z}\right)\right] \\ \sigma_z &= 2G\left[\frac{\partial \zeta}{\partial z} + \frac{1}{\mu - 2}\left(\frac{\partial \xi}{\partial x} + \frac{\partial \eta}{\partial y} + \frac{\partial \zeta}{\partial z}\right)\right] \end{aligned}\right\} \quad . \quad (8).$$

Andererseits hatten wir für die Gleitungskomponenten nach (4 b) und (4 c), § 37,

$$\left.\begin{aligned} \chi_x &= \frac{\partial \eta}{\partial z} + \frac{\partial \zeta}{\partial y} \\ \chi_y &= \frac{\partial \zeta}{\partial x} + \frac{\partial \xi}{\partial z} \\ \chi_z &= \frac{\partial \xi}{\partial y} + \frac{\partial \eta}{\partial x} \end{aligned}\right\} \quad \ldots \ldots \quad (9),$$

womit die Formeln (11), § 38, für die Schubspannungen übergehen in

$$\left.\begin{aligned} \tau_x &= G\left(\frac{\partial \eta}{\partial z} + \frac{\partial \zeta}{\partial y}\right) \\ \tau_y &= G\left(\frac{\partial \zeta}{\partial x} + \frac{\partial \xi}{\partial z}\right) \\ \tau_z &= G\left(\frac{\partial \xi}{\partial y} + \frac{\partial \eta}{\partial x}\right) \end{aligned}\right\} \quad \ldots \ldots \quad (10).$$

Führen wir die Ausdrücke (8) und (10) in die Klammerausdrücke der Bewegungsgleichungen (4 a) ein, so erhalten wir nach Zusammenziehung der mit gleichen Faktoren behafteten Glieder, z. B. für die erste dieser Formeln

$$\begin{aligned} \frac{\partial \sigma_x}{\partial x} + \frac{\partial \tau_y}{\partial z} + \frac{\partial \tau_z}{\partial y} &= G\left(\frac{\partial^2 \xi}{\partial x^2} + \frac{\partial^2 \xi}{\partial y^2} + \frac{\partial^2 \xi}{\partial z^2}\right) \\ &\quad + \frac{G\mu}{\mu - 2}\left(\frac{\partial^2 \xi}{\partial x^2} + \frac{\partial^2 \eta}{\partial x \partial y} + \frac{\partial^2 \zeta}{\partial x \partial z}\right) \end{aligned}$$

oder unter Benutzung der neuen Abkürzung[1])

$$\frac{\partial^2 \xi}{\partial x^2} + \frac{\partial^2 \xi}{\partial y^2} + \frac{\partial^2 \xi}{\partial z^2} = \triangle \xi \quad \ldots \ldots \quad (11)$$

sowie der Volumdehnung

$$\frac{\partial \xi}{\partial x} + \frac{\partial \eta}{\partial y} + \frac{\partial \zeta}{\partial z} = \varepsilon_v$$

$$\frac{\partial \sigma_x}{\partial x} + \frac{\partial \tau_y}{\partial z} + \frac{\partial \tau_z}{\partial y} = G\left(\triangle \xi + \frac{\mu}{\mu - 2}\frac{\partial \varepsilon_v}{\partial x}\right) \quad . \quad (11\,\mathrm{a}).$$

[1]) Dieses Zeichen $\triangle$, der sog. Laplacesche Operator, ist natürlich nicht mit dem gelegentlich für elastische kleine Verschiebungen gebrauchten Differenzzeichen $\varDelta$ zu verwechseln.

Damit sind die Spannungsglieder vollständig in den Verschiebungen ausgedrückt und wir erhalten an Stelle der Formeln (4 a) nach Aufstellung analoger Ausdrücke für (11 a) durch zyklische Vertauschung

$$\left.\begin{aligned} \frac{g}{\gamma} G\left(\Delta\xi + \frac{\mu}{\mu-2}\frac{\partial \varepsilon_v}{\partial x}\right) + q_x = \frac{\partial^2 \xi}{\partial t^2} \\ \frac{g}{\gamma} G\left(\Delta\eta + \frac{\mu}{\mu-2}\frac{\partial \varepsilon_v}{\partial y}\right) + q_y = \frac{\partial^2 \eta}{\partial t^2} \\ \frac{g}{\gamma} G\left(\Delta\zeta + \frac{\mu}{\mu-2}\frac{\partial \varepsilon_v}{\partial z}\right) + q_z = \frac{\partial^2 \zeta}{\partial t^2} \end{aligned}\right\} \quad . \; . \quad (4\,c),$$

aus denen die entsprechenden Gleichgewichtsformeln wieder durch Verschwinden der rechts stehenden Beschleunigungskomponenten hervorgehen.

Das Ergebnis unserer Betrachtungen sind nunmehr drei partielle Differentialgleichungen zweiter Ordnung für die drei Verschiebungen $\xi\ \eta\ \zeta$, denen auch bei vorgelegten Funktionen $q_x\ q_y\ q_z$ von den Koordinaten eine große Mannigfaltigkeit von Lösungen genügen kann. Von diesen haben in jedem Einzelfalle nur solche eine praktische Bedeutung, welche den Grenzbedingungen an der Körperoberfläche genügen. Diese Bedingungen besagen nichts anderes, als daß an jeder Stelle der Oberfläche die drei von den Spannungen herrührenden Komponenten mit der gleichgerichteten Komponente der auf der Oberfläche lastenden Außenspannung übereinstimmen müssen. Hat die Normale zur Oberfläche die drei Neigungswinkel $\varphi\ \psi\ \vartheta$ gegen die Achsen, so sind die in die Achsenrichtungen fallenden Spannungskomponenten durch die Gleichungen (6), § 36, gegeben, welche wir darum hier nochmals anschreiben wollen. In diesen Formeln

$$\left.\begin{aligned} \sigma_x \cos\varphi + \tau_z \cos\psi + \tau_y \cos\vartheta = p\cos\varkappa \\ \sigma_y \cos\psi + \tau_x \cos\vartheta + \tau_z \cos\varphi = p\cos\lambda \\ \sigma_z \cos\vartheta + \tau_y \cos\varphi + \tau_x \cos\psi = p\cos\mu \end{aligned}\right\} \quad . \; . \quad (12)$$

bedeutet p die resultierende Oberflächenspannung mit den Neigungswinkeln $\varkappa\ \lambda\ \mu$ gegen die Achsen, die im Falle eines reinen Flüssigkeitsdruckes mit den Normalenwinkeln $\varphi\,\psi\,\vartheta$ zusammenfallen. Steht die Körperoberfläche, wie dies sehr häufig der Fall sein wird, lediglich unter dem Atmosphärendrucke, dessen Größe gegenüber den im Innern herrschenden Spannungen keine Rolle spielt, so wird man in den Grenzbedingungen (12) unbedenklich $p = 0$ setzen dürfen.

An solchen Oberflächenteilen, in denen zwei elastische feste Körper sich berühren, haben außerdem noch die Verschiebungen dort gewisse Bedingungen zu erfüllen, die wesentlich davon abhängen, ob an den Berührungsstellen ein Gleiten der Körper aneinander stattfinden kann oder nicht. Bei der großen Mannigfaltigkeit der Grenzbedingungen erscheint es nicht zweckmäßig, diese generell von vornherein zu formulieren; wir wollen dies vielmehr im Anschluß an die später zu behandelnden Einzelfälle durchführen.

Dagegen wollen wir zum Schlusse noch die beim Anwachsen der Spannungen von Null bis zu ihren Endwerten geleistete Formänderungsarbeit berechnen, deren Kenntnis sich gelegentlich als nützlich erweist. Zu diesem Zwecke erinnern wir uns, daß, wenn z. B. unter der Spannung σ_x, also einer Kraft $\sigma_x dy\, dz$, sich die gleichgerichtete Dehnung um $d\varepsilon_x$ vergrößert, dies einem Kraftwege $dx\, d\varepsilon_x$ entspricht, so daß also

$$\sigma_x\, d\varepsilon_x\, dx\, dy\, dz = \sigma_x\, d\varepsilon_x\, dV$$

das zugehörige Element der Formänderungsarbeit darstellt, zu dem noch zwei analog gebaute für die Normalspannungen in den beiden anderen Richtungen hinzutreten. In gleicher Weise leistet aber das von der Schubspannung τ_x herrührende Kräftepaar $\tau_x\, dy\, dz\, dx = \tau_x\, dV$ durch Vergrößerung der Gleitung um $d\chi_x$ die Arbeit $\tau_x\, d\chi_x\, dV$. Unter Hinzufügung der Arbeitselemente der beiden anderen Schubspannungen erhalten wir somit für die Gesamtarbeit an unserem Element

$$dL = dV \int (\sigma_x d\varepsilon_x + \sigma_y d\varepsilon_y + \sigma_z d\varepsilon_z + \tau_x d\chi_x + \tau_y d\chi_y + \tau_z d\chi_z) \quad (13),$$

worin sich die Integration über die Dehnungen von Null bis zu ihren Endwerten entsprechend einer stetig zunehmenden Belastung zu erstrecken hat. Drücken wir nun die Dehnungen durch die Spannungen aus, setzen also nach den Gleichungen (8 a) bzw. (11) in § 38

$$E\varepsilon_x = \sigma_x - \frac{\sigma_y + \sigma_z}{\mu}, \qquad G\chi_x = \tau_x \text{ usw.,}$$

so wird aus (13) unter gleichzeitiger Division mit dV die **spezifische Formänderungsarbeit**

$$\begin{aligned}\frac{dL}{dV} &= \frac{1}{E}\int\left(\sigma_x d\sigma_x - \frac{\sigma_x d\sigma_y + \sigma_x d\sigma_z}{\mu}\right) + \frac{1}{G}\int \tau_x d\tau_x \\ &+ \frac{1}{E}\int\left(\sigma_y d\sigma_y - \frac{\sigma_y d\sigma_z + \sigma_y d\sigma_x}{\mu}\right) + \frac{1}{G}\int \tau_y d\tau_y \\ &+ \frac{1}{E}\int\left(\sigma_z d\sigma_z - \frac{\sigma_z d\sigma_x + \sigma_z d\sigma_y}{\mu}\right) + \frac{1}{G}\int \tau_z d\tau_z\end{aligned}$$

oder nach Zusammenziehung je zweier mit $1 : \mu$ behafteter Glieder nach dem Schema $\sigma_x\, d\,\sigma_y + \sigma_y\, d\,\sigma_x = d\,(\sigma_x\,\sigma_y)$ und darauf folgender Ausführung der Integration von 0 bis σ_x usw.

$$\begin{aligned}\frac{dL}{dV} &= \frac{1}{E}\left(\frac{\sigma_x^2 + \sigma_y^2 + \sigma_z^2}{2} - \frac{\sigma_y\sigma_z + \sigma_z\sigma_x + \sigma_x\sigma_y}{\mu}\right) \\ &+ \frac{1}{2G}(\tau_x^2 + \tau_y^2 + \tau_z^2) \quad \ldots\ldots \quad (13\text{a}).\end{aligned}$$

Für die erste Klammer auf der rechten Seite dieser Formel dürfen wir aber auch schreiben

$$\begin{aligned}&\frac{\sigma_x}{2}\left(\sigma_x - \frac{\sigma_y + \sigma_z}{\mu}\right) + \frac{\sigma_y}{2}\left(\sigma_y - \frac{\sigma_z + \sigma_x}{\mu}\right) + \frac{\sigma_z}{2}\left(\sigma_z - \frac{\sigma_x + \sigma_y}{\mu}\right) \\ &= \frac{E}{2}(\sigma_x\,\varepsilon_x + \sigma_y\,\varepsilon_y + \sigma_z\,\varepsilon_z)\end{aligned}$$

und für die zweite

$$\tau_x^2 + \tau_y^2 + \tau_z^2 = G\,(\tau_x\chi_x + \tau_y\chi_y + \tau_z\chi_z),$$

damit geht (13 a) über in

$$\frac{dL}{dV} = \frac{1}{2}(\sigma_x\varepsilon_x + \sigma_y\varepsilon_y + \sigma_z\varepsilon_z + \tau_x\chi_x + \tau_y\chi_y + \tau_z\chi_z) \quad (13\text{b}).$$

Soll dagegen die Arbeit in den Dehnungen ausgedrückt werden, so sind die Normalspannungen durch die Formeln (8)

$$\sigma_x = 2G\left(\varepsilon_x + \frac{\varepsilon_v}{\mu - 2}\right) \text{ usw.}$$

und die Schubspannungen wieder durch $\tau_x = G\,\chi_x$ usw. zu eliminieren, woraus dann wegen $\varepsilon_v = \varepsilon_x + \varepsilon_y + \varepsilon_z$

$$\frac{dL}{dV} = G\left[\varepsilon_x^2 + \varepsilon_y^2 + \varepsilon_z^2 + \frac{\varepsilon_v^2}{\mu - 2} + \frac{1}{2}(\chi_x^2 + \chi_y^2 + \chi_z^2)\right] \quad (13\text{c})$$

wird. Aus den Formeln (13) bis (13 c) ergibt sich dann die totale Formänderungsarbeit nach Einsetzen der Spannungen und Dehnungen als Funktionen der Koordinaten durch Integration über das ganze Körpervolumen.

Im Falle des Gleichgewichts unter der Einwirkung äußerer Kräfte Q muß die von diesen geleistete Arbeit L_a, die sich mit den Verschiebungen s der Angriffspunkte dieser Kräfte zu

$$L_a = \int (Q_1 ds_1 + Q_2 ds_2 + \cdots) = \Sigma \int Q\, ds \quad . \quad . \quad (14)$$

berechnet, der oben ermittelten Formänderungsarbeit L der inneren Kräfte gleich sein, so daß also z. B. mit (13 c)

$$\Sigma \int Q\, ds = G \int \left(\varepsilon_x^2 + \varepsilon_y^2 + \varepsilon_z^2 + \frac{\varepsilon_v^2}{\mu - 2} + \frac{\chi_x^2 + \chi_y^2 + \chi_z^2}{2} \right) dV \quad (15)$$

wird. Es ist dies nichts anderes, als der Ausdruck des Prinzips der virtuellen Verschiebungen in seiner Anwendung auf isotrop-elastische Körper, die man Kirchhoff verdankt. Dabei darf nicht übersehen werden, daß die Beziehung (15) nur so lange exakt gilt, als die durch (7) und (9) definierten Dehnungen bzw. Verschiebungen neben allen Grenzbedingungen des Problems auch den aus (4 b) durch Weglassung der Beschleunigungskomponenten hervorgehenden Differentialgleichungen des Gleichgewichts

$$\left.\begin{aligned} \frac{g}{\gamma} G \left(\triangle \xi + \frac{\mu}{\mu - 2} \frac{\partial \varepsilon_v}{\partial x} \right) + q_x = 0 \\ \frac{g}{\gamma} G \left(\triangle \eta + \frac{\mu}{\mu - 2} \frac{\partial \varepsilon_v}{\partial y} \right) + q_y = 0 \\ \frac{g}{\gamma} G \left(\triangle \zeta + \frac{\mu}{\mu - 2} \frac{\partial \varepsilon_v}{\partial z} \right) + q_z = 0 \end{aligned}\right\} \quad . \quad . \quad (4\,d)$$

genügen. Mit den daraus hervorgehenden $\xi \eta \zeta$ sind dann auch die Verschiebungen s der Angriffspunkte der Kräfte Q bekannt, so daß auch die linke Seite von (15) berechnet werden kann. Es hat sich nun gezeigt, daß die Auffindung derartiger strenger Lösungen der Gl. (4 d) nur in wenigen Fällen gelingt; daher ist man im allgemeinen auf Näherungslösungen angewiesen, wovon in der technischen Praxis ein umfassender Gebrauch gemacht wird, ohne daß man sich immer über deren Tragweite und Zulässigkeit Rechenschaft ablegt.

§ 40. Näherungslösungen elastischer Probleme.

Zusammensetzung einer Näherungslösung aus Funktionen, welche den Grenzbedingungen genügen. Bestimmung der Koeffizienten aus der Bedingung ausgezeichneter Werte der Formänderungsarbeit. Beispiel für das Verfahren. Umformung auf den Ansatz von W. Ritz.

Es liegt nahe, Näherungslösungen nach dem Vorgange von W. Ritz einfach aus einer Reihe von Funktionen der Koordinaten $F_1 F_2 \ldots \Phi_1 \Phi_2 \ldots \Psi_1 \Psi_2$, welche die Grenzbedingungen des Problems für sich erfüllen, nach dem Schema

$$\left.\begin{aligned} \xi &= a_1 F_1 + a_2 F_2 + \cdots \\ \eta &= b_1 \Phi_1 + b_2 \Phi_2 + \cdots \\ \zeta &= c_1 \Psi_1 + c_2 \Psi_2 + \cdots \end{aligned}\right\} \quad \ldots \ldots \quad (1)$$

zu bilden, worin die Koeffizienten $a_1 a_2 \ldots b_1 b_2 \ldots c_1 c_2 \ldots$ vorläufig statisch unbestimmte Größen darstellen. Berechnet man mit diesen Ausdrücken zunächst die Arbeiten L der innern und L_a der äußeren Kräfte, so liefert deren Übereinstimmung nach Gl. (15), § 39, d. h.

$$L = L_a \quad \ldots \ldots \ldots \quad (2)$$

eine Bedingungsgleichung zwischen den Koeffizienten $a\, b\, c$. Enthält die Näherungslösung überhaupt nur einen solchen Koeffizienten, so wird er durch Gl. (2) eindeutig bestimmt, womit das Problem schon vollständig gelöst wäre. Es entspricht dies etwa dem in § 30 eingeschlagenen Verfahren zur Berechnung der Biegung krummer Rohre, wo allerdings an Stelle einer Verschiebung eine Spannung als Funktion der Koordinaten mit einem unbestimmten Faktor eingeführt wurde.

Im allgemeinen Falle mehrerer Koeffizienten $a\, b\, c$ dürfen wir vermöge der Gl. (2) einen derselben, z. B. a_1, durch sämtliche andere als gegeben ansehen. Diese Koeffizienten sind nun so zu wählen, daß die Formänderungsarbeit nach den Ausführungen des § 7 ein Minimum wird, woraus die Gleichungsgruppe

$$\left.\begin{array}{ll} \dfrac{\partial L}{\partial a_2} + \dfrac{\partial L}{\partial a_1}\dfrac{\partial a_1}{\partial a_2} = 0 & \dfrac{\partial L_a}{\partial a_2} + \dfrac{\partial L_a}{\partial a_1}\dfrac{\partial a_1}{\partial a_2} = 0 \\ \dfrac{\partial L}{\partial a_3} + \dfrac{\partial L}{\partial a_1}\dfrac{\partial a_1}{\partial a_3} = 0 & \dfrac{\partial L_a}{\partial a_3} + \dfrac{\partial L_a}{\partial a_1}\dfrac{\partial a_1}{\partial a_3} = 0 \\ \vdots \qquad \vdots \qquad \vdots & \vdots \qquad \vdots \qquad \vdots \\ \dfrac{\partial L}{\partial b_1} + \dfrac{\partial L}{\partial a_1}\dfrac{\partial a_1}{\partial b_1} = 0 & \dfrac{\partial L_a}{\partial b_1} + \dfrac{\partial L_a}{\partial a_1}\dfrac{\partial a_1}{\partial b_1} = 0 \\ \vdots \qquad \vdots \qquad \vdots & \vdots \qquad \vdots \qquad \vdots \end{array}\right\} . \quad (3)$$

resultiert. Eliminieren wir aus je zwei nebeneinander stehenden Formeln die Ableitungen $\frac{\partial a_1}{\partial a_2}, \frac{\partial a_1}{\partial a_3} \cdots \frac{\partial a_1}{\partial b_1}$ usw., so bleiben die Bedingungsgleichungen

$$\left.\begin{array}{l} \frac{\partial L}{\partial a_1}\frac{\partial L_a}{\partial a_2} - \frac{\partial L}{\partial a_2}\frac{\partial L_a}{\partial a_1} = 0 \\ \frac{\partial L}{\partial a_1}\frac{\partial L_a}{\partial a_3} - \frac{\partial L}{\partial a_3}\frac{\partial L_a}{\partial a_1} = 0 \\ \vdots \\ \frac{\partial L}{\partial a_1}\frac{\partial L_a}{\partial b_1} - \frac{\partial L}{\partial b_1}\frac{\partial L_a}{\partial a_1} = 0 \\ \vdots \end{array}\right\} \quad \ldots\ldots \quad (4)$$

übrig, deren Zahl im Verein mit (2) gerade zur Berechnung der Koeffizienten $a\, b\, c$ ausreicht. Da die innere Arbeit die Koeffizienten als Quadrate bzw. als Produkte miteinander enthält, die äußere Arbeit dagegen nur linear in den Koeffizienten ist, so sind die Gleichungen (4) sämtlich linear, wodurch jede Mehrdeutigkeit ausgeschlossen ist.

Um das Verfahren an einem einfachen Beispiele zu erläutern, betrachten wir einen einseitig horizontal eingespannten Balken, der am freien Ende die Last Q trägt. Ist ξ die Durchbiegung im Abstande z von der Einspannung, so wird die innere Arbeit bei einem Trägheitsmomente Θ des Balkenquerschnitts

$$L = \frac{E\Theta}{2}\int_0^{z_0}\left(\frac{d^2\xi}{dz^2}\right)^2 dz \quad \ldots\ldots \quad (5),$$

während die äußere Arbeit mit der Durchbiegung ξ_0 des freien Endes

$$L_a = \frac{Q}{2}\xi_0 \quad \ldots\ldots \quad (6)$$

ist. Schreiben wir nun gemäß Gl. (1)

$$\xi = a_1 z^2 + a_2 z^3 \quad \ldots\ldots \quad (7),$$

so folgt

$$\frac{d\xi}{dz} = 2a_1 z + 3a_2 z^2 \quad \ldots\ldots \quad (7\,\text{a}),$$

wonach, der als Grenzbedingung anzusehenden Einspannung genügend, sowohl ξ als auch die Ableitung $d\xi : dz$ für $z = 0$ verschwinden. Weiter ist für das freie Ende $z = z_0$

$$\xi_0 = a_1 z_0^2 + a_2 z_0^3 \quad \ldots \ldots \quad (7\,\text{b}),$$

und außerdem

$$\frac{d^2\xi}{dz^2} = 2a_1 + 6a_2 z \quad \ldots \ldots \quad (7\,\text{c}).$$

Dies liefert für die innere Arbeit (5) nach Ausführung der Integration

$$L = 2E\Theta\,(a_1^2 z_0 + 3a_1 a_2 z_0^2 + 3a_2^2 z_0^3) \quad \ldots \quad (5\,\text{a})$$

und für die äußere Arbeit

$$L_a = \frac{Q}{2}\,(a_1 z_0^2 + a_2 z_0^3) \quad \ldots \ldots \quad (6\,\text{a}),$$

also

$$\frac{\partial L}{\partial a_1} = 2E\Theta\,(2a_1 z_0 + 3a_2 z_0^2), \qquad \frac{\partial L_a}{\partial a_1} = \frac{Q}{2} z_0^2$$

$$\frac{\partial L}{\partial a_2} = 2E\Theta\,(3a_1 z_0^2 + 6a_2 z_0^3), \qquad \frac{\partial L_a}{\partial a_2} = \frac{Q}{2} z_0^3.$$

Eingesetzt in die Gleichung

$$\frac{\partial L}{\partial a_1}\frac{\partial L_a}{\partial a_2} - \frac{\partial L}{\partial a_2}\frac{\partial L_a}{\partial a_1} = 0 \quad \ldots \ldots \quad (4\,\text{a})$$

liefert dies nach etlichen Kürzungen

$$a_1 + 3a_2 z_0 = 0 \quad \ldots \ldots \quad (4\,\text{b}),$$

während die Gleichheit der beiden Arbeiten (2) auf

$$4E\Theta\,(a_1^2 z_0 + 3a_1 a_2 z_0^2 + 3a_2^2 z_0^3) = Q\,(a_1 z_0^2 + a_2 z_0^3) \quad (2\,\text{a})$$

führt und mit (4 b)

$$a_2 = -\frac{Q}{6E\Theta}, \qquad a_1 = \frac{Q z_0}{2E\Theta} \quad \ldots \quad (8)$$

ergibt. Mithin ist die gesuchte Lösung mit (7)

$$\xi = \frac{Q}{2E\Theta}\left(z^2 z_0 - \frac{z^3}{3}\right) \quad \ldots \ldots \quad (8\,\text{a}),$$

was man auch unmittelbar durch Integration der Momentenformel

$$E\Theta\frac{d^2\xi}{dz^2} = Q\,(z_0 - z)$$

erhalten hätte. Das Resultat unseres Verfahrens ist also in diesem Fall sogar eine exakte Lösung, an der auch nichts geändert würde, wenn wir etwa unter Hinzufügung eines dritten Gliedes zu (7)

$$\xi = a_1 z^2 + a_2 z^3 + a_3 z^4$$

gesetzt hätten. Alsdann würde zu (4 a) einfach noch eine weitere Bedingungsgleichung treten, die aber, wie man rasch nachweisen kann, mit der ersten nur dann vereinbar ist, wenn $a_3 = 0$ gesetzt wird.

Kehren wir noch einmal zu den Bedingungsgleichungen (4 a) zurück, so lassen sich diese offenbar auch in der Form

$$\frac{\partial L}{\partial a_1} : \frac{\partial L_a}{\partial a_1} = \frac{\partial L}{\partial a_2} : \frac{\partial L_a}{\partial a_2} = \cdots = \lambda \quad . \quad . \quad . \quad . \quad (9)$$

schreiben, worin λ einen konstanten Faktor bedeutet. Das heißt aber nichts anderes, als daß

$$\left.\begin{array}{l} \dfrac{\partial L}{\partial a_1} - \lambda \dfrac{\partial L_a}{\partial a_1} = 0 \\ \dfrac{\partial L}{\partial a_2} - \lambda \dfrac{\partial L_a}{\partial a_2} = 0 \\ \quad \vdots \qquad\quad \vdots \end{array}\right| \quad . \quad . \quad . \quad . \quad . \quad (9\,\mathrm{a}),$$

oder daß ganz allgemein die Koeffizienten $a_1 a_2 \ldots$ so zu bestimmen sind, daß die Differenz

$$J = L - \lambda L_a \quad . \quad . \quad . \quad . \quad . \quad . \quad . \quad . \quad (10)$$

im Falle des elastischen Gleichgewichts einen ausgezeichneten Wert annimmt. Bevor man mit diesem Ansatz etwas anfangen kann, ist es offenbar nötig, den Faktor λ zu bestimmen, dessen Elimination aus den Gleichungen (9 a) wieder auf (4) führen würde.

Zu diesem Zwecke nehmen wir den einfachsten Fall einer einzigen Konstanten a_1 an, mit der für die beiden Arbeitsbeträge

$$L = a_1^2 A, \qquad L_a = a_1 B,$$

also

$$\frac{\partial L}{\partial a_1} = 2 a_1 A, \qquad \frac{\partial L_a}{\partial a_1} = B$$

zu schreiben wäre. Wegen der Gleichheit $L = L_a$ wird aber

$$a_1 = \frac{B}{A},$$

also

$$\lambda = \frac{\partial L}{\partial a_1} : \frac{\partial L_a}{\partial a_1} = 2.$$

Haben wir es mit zwei Konstanten zu tun, entsprechend dem Ansatze

$$\xi = a_1 F_1 + a_2 F_2,$$

so würden die Arbeiten die Form

$$L = a_1^2 A_1 + a_2^2 A_2 + a_1 a_2 A_{12}$$
$$L_a = a_1 B_1 + a_2 B_2$$

annehmen, woraus dann

$$\frac{\partial L}{\partial a_1} = 2 a_1 A_1 + a_2 A_{12} \qquad \frac{\partial L_a}{\partial a_1} = B_1$$
$$\frac{\partial L}{\partial a_2} = 2 a_2 A_2 + a_1 A_{12} \qquad \frac{\partial L_a}{\partial a_2} = B_2$$

hervorgeht. Setzen wir dies in die beiden ersten Formeln (9a) ein, so folgt

$$2 a_1 A_1 + a_2 A_{12} = \lambda B_1$$
$$2 a_2 A_2 + a_1 A_{12} = \lambda B_2.$$

Multiplizieren wir die erste dieser Formeln mit a_1, die zweite mit a_2 und addieren, so wird daraus

$$2 (a_1^2 A_1 + a_2^2 A_2 + a_1 a_2 A_{12}) = \lambda (a_1 B_1 + a_2 B_2)$$

oder

$$2 L = \lambda L_a,$$

also wegen $L = L_a$ wieder

$$\lambda = 2 \quad \ldots \ldots \ldots \quad (11).$$

Zu demselben Ergebnis würden wir auch für drei und mehr Koeffizienten a gelangen, da auf jeden Fall diese Koeffizienten in der innern Arbeit quadratisch, in der äußeren dagegen linear erscheinen. Wir dürfen mithin ganz allgemein an Stelle der Formeln (9 a)

$$\left.\begin{array}{l} \dfrac{\partial L}{\partial a_1} - 2 \dfrac{\partial L_a}{\partial a_1} = 0 \\ \dfrac{\partial L}{\partial a_2} - 2 \dfrac{\partial L_a}{\partial a_2} = 0 \\ \quad \vdots \qquad\quad \vdots \end{array}\right\} \quad \ldots \ldots \quad (9\text{b})$$

setzen oder mit andern Worten die Koeffizienten a so bestimmen, daß die Differenz

$$J = L - 2 L_a \quad \ldots \ldots \ldots \quad (10\text{a})$$

der innern und der doppelten äußern Arbeit im Falle des elastischen Gleichgewichtes einen ausgezeichneten Wert annimmt.

Die Gl. (10 a) ist es nun, welche W. Ritz für einen speziellen Fall durch Variationsbetrachtungen[1]) bestätigt und seiner Näherungsmethode zugrunde gelegt hat, die somit als Folgerung des Castiglianoschen Satzes über die innere Formänderungsarbeit elastischer Systeme erscheint.

Auf unser Beispiel angewandt, liefert das Ritzsche Verfahren sofort die beiden linearen Gleichungen

$$2E\Theta(2a_1z_0 + 3a_2z_0^2) = Qz_0^2$$
$$2E\Theta(3a_1z_0^2 + 6a_2z_0^3) = Qz_0^3,$$

woraus sich ohne weiteres die beiden Koeffizienten a_1 und a_2 in Übereinstimmung mit (8) ergeben. Daraus erkennt man, daß die Formeln (9 b) rascher zum Ziele führen, als die gleichzeitige Anwendung der Gleichungen (2) und (4).

Hätten wir für unser Beispiel des an einem Ende belasteten Balkens den Ansatz gewählt

$$\xi = a(1 - \cos\alpha z) \quad . \quad . \quad . \quad . \quad . \quad . \quad (12),$$

woraus

$$\frac{d\xi}{dz} = a\alpha\sin\alpha z, \qquad \frac{d^2\xi}{dz^2} = a\alpha^2\cos\alpha z \quad . \quad . \quad (12a)$$

folgt, so erkennen wir, daß den Grenzbedingungen genügt wird durch

$$\alpha z_0 = \frac{\pi}{2} \quad . \quad . \quad . \quad . \quad . \quad . \quad . \quad . \quad (12b),$$

also daß $\xi_0 = a$ für $z = z_0$ ist.

Damit wird

$$L = \frac{E\Theta}{2}\int_0^{z_0}\left(\frac{d^2\xi}{dz^2}\right)^2 dz = \frac{E\Theta a^2\alpha^4}{2}\int_0^{z_0}\cos^2\alpha z\,dz = \frac{E\Theta a^2\alpha^4}{4}z_0 \quad (13),$$

während

$$L_a = \frac{Q}{2}\xi_0 = \frac{Q}{2}a \quad . \quad . \quad . \quad . \quad . \quad . \quad (14)$$

ist. Aus der Gleichheit von (13) und (14) folgt dann mit (12 b)

$$\xi_0 = a = \frac{2Q}{E\Theta\alpha^4 z_0} = \frac{32}{\pi^4}\frac{Qz_0^3}{E\Theta} = \frac{Qz_0^3}{3{,}05\cdot E\Theta},$$

während der genaue Wert im Nenner die Zahl 3 enthält.

---

[1]) W. Ritz: Über eine neue Methode zur Lösung gewisser Variationsprobleme der mathematischen Physik. Crelles Journal 1908; siehe auch Gesammelte Werke, Paris 1911, S. 192.

Wollen wir noch genauer vorgehen, so können wir an Stelle von (12) mit zwei Konstanten für die Näherungslösung

$$\xi = a_1 (1 - \cos \alpha z) + a_2 (1 - \cos 3 \alpha z) \quad . \quad . \quad (15)$$

setzen, die mit (12 b) wieder den Grenzbedingungen genügt und für $z = z_0$

$$\xi_0 = a_1 + a_2$$

liefert. Aus

$$\frac{d^2 \xi}{d z^2} = \alpha^2 (a_1 \cos \alpha z + 9 a_2 \cos 3 \alpha z) \quad . \quad . \quad . \quad (15\text{a})$$

folgt dann für die innere Arbeit

$$L = \frac{E \Theta}{2} \int_0^{z_0} \left(\frac{d^2 \xi}{d z^2} \right)^2 d z = \frac{\alpha^4 E \Theta z_0}{4} (a_1^2 + 81 a_2^2) \quad . \quad (16),$$

während die äußere Arbeit

$$L_a = \frac{Q}{2} \xi_0 = \frac{Q}{2} (a_1 + a_2) \quad . \quad . \quad . \quad . \quad . \quad (17)$$

ist. Setzen wir diese Werte in (10 a) ein, so liefert die partielle Differentiation

$$\frac{\partial J}{\partial a_1} = \frac{\alpha^4 E \Theta z_0}{2} a_1 - Q = 0,$$

$$\frac{\partial J}{\partial a_2} = \frac{\alpha^4 E \Theta z_0}{2} 81 a_2 - Q = 0,$$

woraus

$$a_1 = \frac{32}{\pi^4} \frac{Q z_0^3}{E \Theta}, \qquad a_2 = \frac{1}{81} \cdot \frac{32}{\pi^4} \frac{Q z_0^3}{E \Theta} = \frac{a_1}{81}$$

folgt. Die Kleinheit des zweiten Koeffizienten ist natürlich nur eine Folge der praktisch völlig ausreichenden Genauigkeit des einfachen Ansatzes (12), der somit durch das Ritz sche Verfahren seine Rechtfertigung findet.

§ 41. Die Formänderung einer gleichförmig belasteten Kugelschale.

Ableitung der Radial- und Tangentialdehnung in der Kugelschale bei rein radialer Verschiebung. Differentialgleichung für die Tangentialdehnung und Zurückführung der Spannungskomponenten auf diese. Unmittelbare Ableitung der Gleichungen am Volumelement der Kugelschale. Beispiele einer Kugelschale mit innerem und äußerem Drucke, sowie einer elastischen Vollkugel unter dem Einflusse der Gravitation.

Eine von zwei konzentrischen Kugelflächen mit den Radien $r_1 < r_2$ begrenzte Schale möge unter dem Einflusse einer Zentralkraft und gleichförmiger Normaldrücke auf der Innen-

und Außenfläche stehen. Alsdann können für alle Punkte der Kugelschale schon aus Symmetriegründen lediglich radiale Verschiebungen Δr in Frage kommen, durch die der zugehörige Radius eine Gesamtdehnung

$$\varepsilon = \frac{\Delta r}{r} \quad \text{(1)}$$

erfährt, die offenbar selbst noch mit r variiert. Da die resultierende Verschiebung Δr die Richtung des Radius selbst besitzt, so ergeben sich daraus die Verschiebungen in den Koordinatenrichtungen durch Multiplikation mit den Richtungskosinus des Radius, so zwar, daß

$$\xi = \Delta r \frac{x}{r} = \varepsilon x, \qquad \eta = \varepsilon y, \qquad \zeta = \varepsilon z \quad \text{(2)}$$

wird. Um hieraus die Dehnungen in den Achsenrichtungen zu berechnen, sind diese Formeln partiell nach x, y, z zu differenzieren. Dies liefert mit Rücksicht auf die Gleichung

$$r^2 = x^2 + y^2 + z^2 \quad \text{(3)},$$

woraus

$$\frac{\partial r}{\partial x} = \frac{x}{r}, \qquad \frac{\partial r}{\partial y} = \frac{y}{r}, \qquad \frac{\partial r}{\partial z} = \frac{z}{r} \quad \text{(3a)},$$

$$\left.\begin{aligned} \varepsilon_x &= \frac{\partial \xi}{\partial x} = \varepsilon + x \frac{d\varepsilon}{dr}\frac{\partial r}{\partial x} = \varepsilon + \frac{x^2}{r}\frac{d\varepsilon}{dr} \\ \varepsilon_y &= \frac{\partial \eta}{\partial y} = \varepsilon + y \frac{d\varepsilon}{dr}\frac{\partial r}{\partial y} = \varepsilon + \frac{y^2}{r}\frac{d\varepsilon}{dr} \\ \varepsilon_z &= \frac{\partial \zeta}{\partial z} = \varepsilon + z \frac{d\varepsilon}{dr}\frac{\partial r}{\partial z} = \varepsilon + \frac{z^2}{r}\frac{d\varepsilon}{dr} \end{aligned}\right\} \quad \text{(2a)}$$

und nach Addition aller drei Ausdrücke die Volumdehnung

$$\varepsilon_v = 3\varepsilon + r\frac{d\varepsilon}{dr} \quad \text{(2b)}.$$

Für den Fall des Gleichgewichts haben nun die Verschiebungen die Gleichungen (4 c) des § 39 zu erfüllen, in denen $q_x\, q_y\, q_z$ Beschleunigungskomponenten irgendeiner äußeren Kraft bedeuten, die bei einer lediglich radialen Formänderung der Schale auch nur eine Zentralkraft vom Kugelmittelpunkt aus sein kann. Wir wollen uns zunächst begnügen, nur eine der drei Gleichgewichtsbedingungen anzuschreiben, und wählen dazu die erste, namlich

$$\Delta \xi + \frac{\mu}{\mu - 2}\frac{\partial \varepsilon_v}{\partial x} + \frac{\gamma q_x}{gG} = 0 \quad \text{(4)},$$

worin

$$\triangle \xi = \frac{\partial^2 \xi}{\partial x^2} + \frac{\partial^2 \xi}{\partial y^2} + \frac{\partial^2 \xi}{\partial z^2} \quad \ldots \ldots \quad (5)$$

ist. Die hierin vorkommenden drei Ableitungen ergeben sich aber aus (2) unter Beachtung von (3) und (3 a) zu

$$\left.\begin{aligned} \frac{\partial^2 \xi}{\partial x^2} &= \frac{x}{r}\left(3 - \frac{x^2}{r^2}\right)\frac{d\varepsilon}{dr} + \frac{x^3}{r^2}\frac{d^2\varepsilon}{dr^2} \\ \frac{\partial^2 \xi}{\partial y^2} &= \frac{x}{r}\left(1 - \frac{y^2}{r^2}\right)\frac{d\varepsilon}{dr} + \frac{x y^2}{r^2}\frac{d^2\varepsilon}{dr^2} \\ \frac{\partial^2 \xi}{\partial z^2} &= \frac{x}{r}\left(1 - \frac{z^2}{r^2}\right)\frac{d\varepsilon}{dr} + \frac{x z^2}{r^2}\frac{d^2\varepsilon}{dr^2} \end{aligned}\right\} \quad \ldots \quad (5\,a),$$

so daß mit (3)

$$\triangle \xi = \frac{4x}{r}\frac{d\varepsilon}{dr} + x\frac{d^2\varepsilon}{dr^2} \quad \ldots \ldots \quad (5\,b)$$

wird. Ebenso erhalten wir durch Differentiation der Volumdehnung (2 b)

$$\frac{\partial \varepsilon_v}{\partial x} = \frac{4x}{r}\frac{d\varepsilon}{dr} + x\frac{d^2\varepsilon}{dr^2} \quad \ldots \ldots \quad (2c\ )$$

und nach Einführung der letzten beiden Ausdrücke (2 c) und (5 b) in (4) die Gleichung

$$4\frac{x}{r}\frac{d\varepsilon}{dr} + x\frac{d^2\varepsilon}{dr^2} + \frac{\mu - 2}{\mu - 1}\cdot\frac{\gamma}{2Gg}\cdot q_x = 0 \quad \ldots \quad (4\,a),$$

der dann zwei ganz analog gebaute für die beiden andern Achsenrichtungen entsprechen. Wir brauchen diese gar nicht erst anzuschreiben, sondern erinnern uns, daß mit der resultierenden Zentralbeschleunigung q

$$q_x = \frac{x}{r}q, \qquad q_y = \frac{y}{r}q, \qquad q_z = \frac{z}{r}q \quad \ldots \quad (6)$$

sein muß, womit (4 a) und ebenso die beiden andern Formeln sich in

$$\frac{4}{r}\frac{d\varepsilon}{dr} + \frac{d^2\varepsilon}{dr^2} + \frac{\mu - 2}{\mu - 1}\cdot\frac{\gamma}{2Gg}\cdot\frac{q}{r} = 0 \quad \ldots \quad (4\,b)$$

vereinfachen. Daraus wird durch Multiplikation mit r^4

$$4r^3\frac{d\varepsilon}{dr} + r^4\frac{d^2\varepsilon}{dr^2} + \frac{\mu - 2}{\mu - 1}\frac{\gamma}{2Gg}qr^3 = 0$$

und nach Zusammenfassung der linken Seite

$$\frac{d}{dr}\left(r^4\cdot\frac{d\varepsilon}{dr}\right) + \frac{\mu - 2}{\mu - 1}\frac{\gamma}{2Gg}qr^3 = 0 \quad \ldots \quad (7).$$

Die hieraus durch Integration hervorgehende Gesamtdehnung ε des Radius r, die auch mit derjenigen des Kreisumfangs

$2\pi r$ identisch ist und deshalb wohl auch als Tangentialdehnung bezeichnet wird, ist ersichtlich mit zwei Konstanten behaftet, die sich aus Grenzbedingungen an der innern und äußern Schalenoberfläche berechnen. Im Gegensatz zu dieser Tangentialdehnung steht die Radialdehnung, d. h. die radiale Dehnung eines Volumelementes von der Dicke dr, die durch die Gleichung

$$\varepsilon_r = \frac{d\Delta r}{dr} \quad \ldots \ldots \ldots \quad (8)$$

definiert ist und wegen (1), also mit $\Delta r = \varepsilon r$ sich zu

$$\varepsilon_r = \varepsilon + r\frac{d\varepsilon}{dr} \quad \ldots \ldots \ldots \quad (8a)$$

ergibt. Vergleicht man dies mit (2 a), so erkennt man, daß für $x = r$, d. h. wenn der Radius in die x-Achse fällt, $\varepsilon_x = \varepsilon_r$ wird. Für einen solchen Punkt ist aber auch $y = z = 0$ zu setzen, womit dann $\varepsilon_y = \varepsilon_z = \varepsilon$ wird und die Volumdehnung sich aus der Radialdehnung und zwei hierzu sowie untereinander normalen Tangentialdehnungen zusammensetzt. In der Tat liefert die Formel

$$\varepsilon_v = \varepsilon_r + 2\varepsilon \quad \ldots \ldots \ldots \quad (2c)$$

mit (8 a) dasselbe Ergebnis wie (2 b).

Da in den obenerwähnten Grenzbedingungen die Normalspannungen eine große Rolle spielen, so mögen diese sogleich in der Tangentialdehnung ausgedrückt werden. Zu dem Zwecke greifen wir auf die Formeln (8), § 39, zurück, für die wir unter Einführung der Volumdehnung ε_v schreiben

$$\left.\begin{aligned} \sigma_x &= 2G\left(\frac{\partial\xi}{\partial x} + \frac{\varepsilon_v}{\mu - 2}\right) \\ \sigma_y &= 2G\left(\frac{\partial\eta}{\partial y} + \frac{\varepsilon_v}{\mu - 2}\right) \\ \sigma_z &= 2G\left(\frac{\partial\zeta}{\partial z} + \frac{\varepsilon_v}{\mu - 2}\right) \end{aligned}\right\} \quad \ldots \ldots \quad (9).$$

Daraus wird nach Einsetzen der Werte (2 a) und (2 b)

$$\left.\begin{aligned} \sigma_x &= 2G\left[\frac{\mu + 1}{\mu - 2}\varepsilon + \left(\frac{x^2}{r} + \frac{r}{\mu - 2}\right)\frac{d\varepsilon}{dr}\right] \\ \sigma_y &= 2G\left[\frac{\mu + 1}{\mu - 2}\varepsilon + \left(\frac{y^2}{r} + \frac{r}{\mu - 2}\right)\frac{d\varepsilon}{dr}\right] \\ \sigma_z &= 2G\left[\frac{\mu + 1}{\mu - 2}\varepsilon + \left(\frac{z^2}{r} + \frac{r}{\mu - 2}\right)\frac{d\varepsilon}{dr}\right] \end{aligned}\right\} \quad \ldots \quad (9a).$$

Legen wir nun wieder den Radius in die x-Achse, was wegen der rein radialen Änderungen stets zulässig ist, so wird mit $x = r$, $y = z = 0$ die Radialspannung $\sigma_r = \sigma_x$ bzw. die Tangentialspannung $\sigma = \sigma_y = \sigma_z$

$$\left.\begin{aligned} \sigma_r &= \frac{2G}{\mu-2}\left[(\mu+1)\,\varepsilon + (\mu-1)\,r\frac{d\varepsilon}{dr}\right] \\ \sigma &= \frac{2G}{\mu-2}\left[(\mu+1)\,\varepsilon + r\frac{d\varepsilon}{dr}\right] \end{aligned}\right\} \quad . \; . \; (9\text{b}).$$

Zu diesen Formeln hätte man auch unmittelbar aus der Betrachtung des Volumelementes Fig. 157 von der Dicke dr gelangen können, dessen Grundfläche von zwei zueinander normalen Bogenelementen ds_1 und ds_2 mit dem gemeinsamen Radius r gebildet wird. Da in den beiden Seitenflächen $dr\,ds_1$ und $dr\,ds_2$ aus Symmetriegründen dieselbe Tangentialspannung σ herrscht, so ist zunächst

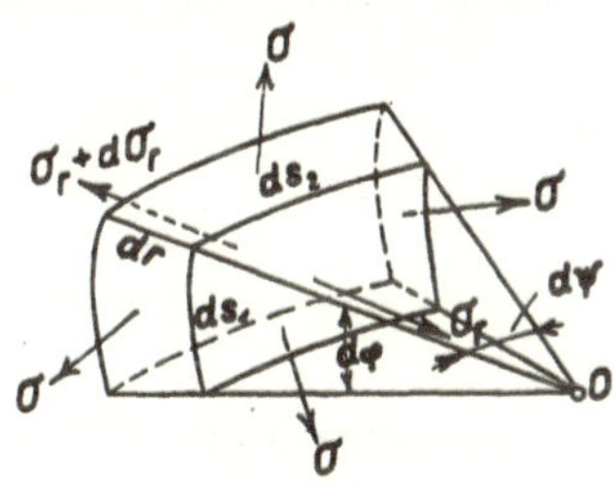

Fig. 157.

$$\left.\begin{aligned} E\varepsilon_r &= \sigma_r - \frac{2\sigma}{\mu} \\ E\varepsilon &= \sigma - \frac{\sigma+\sigma_r}{\mu} \end{aligned}\right\} \quad . \; (10)$$

oder aufgelöst nach den Spannungen

$$\left.\begin{aligned} E\left[\varepsilon_r(\mu-1)+2\varepsilon\right] &= \sigma_r\frac{\mu^2-\mu-2}{\mu} = \sigma_r\frac{(\mu+1)(\mu-2)}{\mu} \\ E\left[\varepsilon_r + \mu\varepsilon\right] &= \sigma\frac{\mu^2-\mu-2}{\mu} = \sigma\frac{(\mu+1)(\mu-2)}{\mu} \end{aligned}\right\} (10\,\text{a}).$$

Beachten wir ferner, daß nach Gl. (11), § 38,

$$E\mu = 2G(\mu+1) \quad . \; . \; . \; . \; . \; . \; . \quad (11)$$

ist, und eliminieren noch ε_r durch Gl. (8a), so gehen die Formeln (10 a) in (9 b) über.

Aber auch die Spannungsgleichung (4), aus der durch Einführung der Tangentialdehnung ε die Differentialgleichung (7) hervorging, läßt sich unmittelbar durch die Gleichgewichtsbedingung an unserem Element Fig. 157 ersetzen. Bezeichnet man nämlich die zu den Seiten des Elementes gehörigen Winkel mit $d\varphi$ und $d\psi$, setzt also

$$ds_1 = r\,d\varphi, \qquad ds_2 = r\,d\psi,$$

so ist der nach außen wirkende Überschuß der von der Radialspannung herrührenden Kraft

$$\left(\sigma_r r^2 + \frac{d(\sigma_r r^2)}{dr} dr\right) d\varphi d\psi - \sigma_r r^2 d\varphi d\psi = \frac{d(\sigma_r r^2)}{dr} dr\, d\varphi\, d\psi.$$

Dagegen liefert jede der beiden Tangentialspannungen eine nach innen wirkende Komponente im Betrage

$$\sigma\, dr\, ds_1\, d\psi = \sigma\, dr\, ds_2\, d\varphi = \sigma r\, dr\, d\varphi\, d\psi,$$

so daß für das Gleichgewicht mit dem Elemente dQ der nach außen positiven Zentralkraft die Bedingung

$$\left[\frac{d(\sigma_r r^2)}{dr} - 2\sigma r\right] \cdot dr\, d\varphi\, d\psi + dQ = 0$$

besteht. Hierin ist aber mit der Masse dm des Elementes

$$dQ = q\, dm = \frac{\gamma}{g} q r^2 dr\, d\varphi\, d\psi,$$

also

$$\frac{d(\sigma_r r^2)}{dr} - 2\sigma r + \frac{\gamma}{g} q r^2 = 0 \quad . \quad . \quad . \quad . \quad (12).$$

Führen wir dann in diese Formel die beiden Spannungskomponenten (9 b) ein, die wir ja unmittelbar auch aus (10) mit (8 a) berechnen konnten, so wird

$$\frac{d(\sigma_r r^2)}{dr} = \frac{2G}{\mu - 2}\left[(\mu + 1)\frac{d(\varepsilon r^2)}{dr} + (\mu - 1)\frac{d}{dr}\left(r^3 \frac{d\varepsilon}{dr}\right)\right]$$

$$2\sigma r = \frac{2G}{\mu - 2}\left[(\mu + 1)\, 2\varepsilon r \quad + 2r^2 \frac{d\varepsilon}{dr}\right],$$

oder

$$\frac{d(\sigma_r r^2)}{dr} - 2\sigma r = 2G\frac{\mu - 1}{\mu - 2}\left[\frac{d}{dr}\left(r^3 \frac{d\varepsilon}{dr}\right) + r^2 \frac{d\varepsilon}{dr}\right]$$

$$= 2G \frac{\mu - 1}{\mu - 2} \frac{1}{r} \frac{d}{dr}\left(r^4 \frac{d\varepsilon}{dr}\right) \quad . \quad . \quad . \quad . \quad (12\,\mathrm{a}),$$

womit dann der Übergang von (12) in Gl. (7) vollendet ist. Aus den vorstehenden Formeln (10) bis (12) sieht man, daß es für den Fall der Kugelschale nicht nötig war, auf die allgemeinen Gleichungen der Elastizitätstheorie zurückzugreifen. Wenn wir oben trotzdem von dieser ausgegangen sind, so geschah dies, um dem Leser neben der Kontrolle den Gang derartiger Umformungen an einem einfachen Falle vorzuführen und ihn damit für später zu behandelnde schwierigere Probleme vorzubereiten.

Bevor wir an die Betrachtung einiger Sonderfälle herantreten, mögen noch die Schubspannungen in der Kugelschale berechnet werden, die wir bisher ganz außer acht gelassen haben. Dies hatte seinen Grund nur darin, daß sie für die Radialdehnung keine Rolle spielten, außerdem aber das Element Fig. 157 keine Winkeländerungen erfährt. Infolgedessen waren die beiden Normalspannungen σ_r und σ als Hauptspannungen sowie ε_r und ε als Hauptdehnungen aufzufassen, während die Begrenzungsflächen des Elementes Hauptschnitte waren. In schräg dazu geführten Ebenen sind natürlich Schubspannungen zu erwarten, die sich nach Gl. (10), § 39, mit Rücksicht auf unsere Formeln (2) und (3) zu

$$\left.\begin{aligned}\tau_x &= G\left(\frac{\partial \eta}{\partial z}+\frac{\partial \zeta}{\partial y}\right)=2G\frac{yz}{r}\frac{d\varepsilon}{dr}\\ \tau_y &= G\left(\frac{\partial \zeta}{\partial x}+\frac{\partial \xi}{\partial z}\right)=2G\frac{zx}{r}\frac{d\varepsilon}{dr}\\ \tau_z &= G\left(\frac{\partial \xi}{\partial y}+\frac{\partial \eta}{\partial x}\right)=2G\frac{xy}{r}\frac{d\varepsilon}{dr}\end{aligned}\right\} \quad . \quad . \quad . \quad (13)$$

berechnen und z. B. für $x = r$, $y = z = 0$, entsprechend der Lage des Elementes auf der x-Achse, verschwinden. Liegt das Element dagegen, was für die Kugel aus Symmetriegründen keine Einschränkung bedeutet, in der XY-Ebene (Fig. 158), so wird mit $z = 0$ auch $\tau_x = \tau_y = 0$, und wir erhalten mit

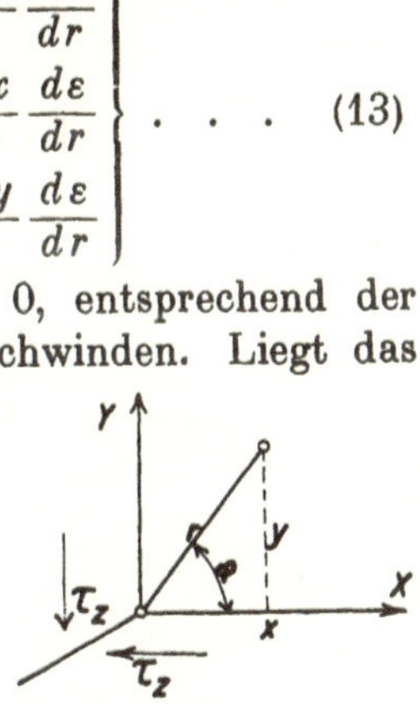

Fig. 158.

$$x = r\cos\varphi, \qquad y = r\sin\varphi$$

aus der dritten Gl. (13)

$$\tau_z = 2Gr\sin\varphi\cos\varphi\frac{d\varepsilon}{dr} = Gr\frac{d\varepsilon}{dr}\sin 2\varphi \quad . \quad . \quad (13\,a).$$

Daraus erhellt im Einklang mit früheren Schlußfolgerungen, daß diese Schubspannung ihren Höchstwert in Ebenen erreicht, welche die rechten Winkel der Hauptebenen halbieren.

1. Beispiel. Wirken auf die Kugelschale nur der Innendruck p_1 und der Außendruck p_2, so entfällt die Zentralbeschleunigung q und die Differentialgleichung (7) für die Tangentialdehnung vereinfacht sich in

$$\frac{d}{dr}\left(r^4\frac{d\varepsilon}{dr}\right)=0 \quad . \quad . \quad . \quad . \quad . \quad . \quad (14),$$

woraus mit zwei Konstanten C_1 und C_2

$$\frac{d\varepsilon}{dr} = \frac{C_1}{r^4} \quad \ldots \ldots \ldots \quad (14\,\mathrm{a})$$

und

$$\varepsilon = C_2 - \frac{C_1}{3r^3} \quad \ldots \ldots \ldots \quad (14\,\mathrm{b})$$

resultiert. Mit diesen Ausdrücken erhalten wir für die Hauptspannungen (9 b)

$$\left.\begin{aligned} \frac{\sigma_r}{2G}(\mu-2) &= (\mu+1)\left(C_2 - \frac{C_1}{3r^3}\right) + (\mu-1)\frac{C_1}{r^3} \\ \frac{\sigma}{2G}(\mu-2) &= (\mu+1)\left(C_2 - \frac{C_1}{3r^3}\right) + \frac{C_1}{r^3} \end{aligned}\right\} \quad (15).$$

Infolge des Innen- und Außendruckes bestehen nun die Grenzbedingungen

$$\sigma_r = -p_1 \text{ für } r = r_1,$$

$$\sigma_r = -p_2 \quad » \quad r = r_2,$$

womit die erste Formel (15) die zwei Bedingungsgleichungen

$$(\mu+1)\,C_2 + \frac{C_1}{r_1^3}\,\frac{2}{3}\,(\mu-2) = -(\mu-2)\,\frac{p_1}{2G}$$

$$(\mu+1)\,C_2 + \frac{C_2}{r_2^3}\,\frac{2}{3}\,(\mu-2) = -(\mu-2)\,\frac{p_2}{2G}$$

liefert, aus denen schließlich

$$\left.\begin{aligned} C_1 &= \frac{3}{4}\,\frac{r_1^3 r_2^3}{r_2^3 - r_1^3}\,\frac{p_2 - p_1}{G} \\ C_2 &= \frac{\mu-2}{\mu+1}\,\frac{p_1 r_1^3 - p_2 r_2^3}{2G\,(r_2^3 - r_1^3)} \end{aligned}\right\} \quad \ldots \ldots \quad (16)$$

resultiert. Somit wird die R a d i a l v e r s c h i e b u n g wegen $\Delta r = \varepsilon r$

$$\Delta r = \frac{1}{2G}\left(\frac{\mu-2}{\mu+1}\cdot\frac{p_1 r_1^3 - p_2 r_2^3}{r_2^3 - r_1^3} + \frac{r_1^3 r_2^3}{r_2^3 - r_1^3}\,\frac{p_2 - p_1}{2r^3}\right) \quad (17),$$

und die Spannungskomponenten (15) ergeben sich zu

$$\left.\begin{aligned} \sigma_r &= \frac{p_1 r_1^3 - p_2 r_2^3 + (p_2 - p_1)\,\dfrac{r_1^3 r_2^3}{r^3}}{r_2^3 - r_1^3} \\ \sigma &= \frac{p_1 r_1^3 - p_2 r_2^3 - (p_2 - p_1)\,\dfrac{r_1^3 r_2^3}{2r^3}}{r_2^3 - r_1^3} \end{aligned}\right\} \quad \ldots \quad (18).$$

Daraus folgt, daß für gleichen Innen- und Außendruck, also mit $p_2 = p_1 = p$,

$$\Delta r = -\frac{p}{2G}\frac{\mu-2}{\mu+1}, \quad \sigma_r = \sigma = -p \quad . \quad . \quad (17a)$$

wird, während die Formeln bei verschwindendem Außendruck $p_2 = 0$ mit $p_1 = p$ übergehen in

$$\Delta r = \frac{p r_1^3}{2G(r_2^3 - r_1^3)}\left(\frac{\mu-2}{\mu+1} - \frac{r_2^3}{2r^3}\right) \quad . \quad . \quad . \quad (17b)$$

$$\left.\begin{aligned} \sigma_r &= \frac{p r_1^3}{r_2^3 - r_1^3}\left(1 - \frac{r_2^3}{r^3}\right) \\ \sigma &= \frac{p r_1^3}{r_2^3 - r_1^3}\left(1 + \frac{r_2^3}{2r^3}\right) \end{aligned}\right\} \quad . \quad . \quad . \quad . \quad . \quad . \quad . \quad (18b).$$

Da nun stets $r < r_2$ ist, so erkennt man, daß in dem Falle eines starken Innendruckes in radialer Richtung stets eine Druckspannung, in tangentialer dagegen eine Zugspannung in der Kugelschale herrscht. Die absoluten Beträge beider Spannungen nehmen von innen nach außen zu ab.

Handelt es sich um eine Vollkugel, die nur unter dem Außendruck $p_2 = p$ steht, so würde für $r = 0$ in Gl. (14 b) $\varepsilon = \infty$ werden. Da dies unmöglich ist, so muß für diesen Fall die Konstante $C_1 = 0$ werden, womit die Formeln sich auf (17 a) reduzieren.

2. Beispiel. Ziehen sich die Teile einer homogenen isotropen Vollkugel nach dem Newtonschen Gravitationsgesetz an, so besteht an jeder Stelle im Zentralabstand r eine Zentralbeschleunigung[1])

$$q = -f\frac{m}{r^2} \quad . \quad . \quad . \quad . \quad . \quad . \quad . \quad . \quad (19),$$

worin f die sog. Gravitationskonstante und

$$m = \frac{4}{3}\frac{\gamma}{g}\pi r^3 \quad . \quad . \quad . \quad . \quad . \quad . \quad . \quad . \quad (19a)$$

die Masse der Kugel vom Radius r bedeutet, deren Oberfläche durch den betrachteten Punkt hindurchgeht. Aus der Vereinigung von (19) und (19a) folgt dann

$$q = -\frac{4}{3}\pi f \cdot \frac{\gamma}{g} r \quad . \quad . \quad . \quad . \quad . \quad . \quad . \quad (19b)$$

---

[1]) Lorenz, Techn. Mechanik starrer Systeme, S. 160.

und nach Einsetzen in die allgemein gültige Formel (7)

$$\frac{d}{dr}\left(r^4\frac{d\varepsilon}{dr}\right)=\frac{2}{3}\frac{\pi f}{G}\cdot\frac{\gamma^2}{g^2}\frac{\mu-2}{\mu-1}r^4 \quad . \ . \ . \quad (20),$$

oder mit der Abkürzung

$$\frac{2}{3}\pi f\frac{\gamma^2}{g^2}\frac{\mu-2}{\mu-1}=a \quad . \ . \ . \ . \ . \quad (20\,\mathrm{a})$$

$$\frac{d}{dr}\left(r^4\frac{d\varepsilon}{dr}\right)=\frac{a}{G}r^4 \quad . \ . \ . \ . \ . \ . \quad (20\,\mathrm{b})$$

und nach Integration mit den Konstanten C_1 und C_2

$$r^4\frac{d\varepsilon}{dr}=\frac{ar^5}{5G}+C_1$$

$$\left.\begin{aligned}\frac{d\varepsilon}{dr}&=\frac{ar}{5G}+\frac{C_1}{r^4}\\ \varepsilon&=\frac{ar^2}{10G}-\frac{C_1}{3r^3}+C_2\end{aligned}\right\} \quad . \ . \ . \ . \ . \quad (21),$$

woraus dann

$$\Delta r=\varepsilon r=\frac{ar^3}{10G}-\frac{C_1}{3r^2}+C_2 r \quad . \ . \ . \ . \quad (22)$$

hervorgeht. Da nun die Radialverschiebung für $r=0$ nicht unendlich groß werden kann, so muß zunächst die Konstante C_1 verschwinden, womit sich die Formeln (21) und (22) in

$$\frac{d\varepsilon}{dr}=\frac{ar}{5G},\qquad \varepsilon=\frac{ar^2}{10G}+C_2 \quad . \ . \ . \ . \quad (21\,\mathrm{a})$$

$$\Delta r=\frac{ar^3}{10G}+C_2 r \quad . \ . \ . \ . \quad (22\,\mathrm{a})$$

vereinfachen. Daraus ergeben sich die Hauptspannungen (9 b)

$$\left.\begin{aligned}\frac{\sigma_r}{2G}(\mu-2)&=(3\mu-1)\frac{ar^2}{10G}+(\mu+1)C_2\\ \frac{\sigma}{2G}(\mu-2)&=(\mu+3)\frac{ar^2}{10G}+(\mu+1)C_2\end{aligned}\right\} \quad . \quad (23).$$

Soll nunmehr an der Oberfläche der Kugel, d. h. für $r=r_0$ der Druck p herrschen, so ist dort $\sigma_r=-p$ zu setzen, also

$$(\mu+1)C_2=-\frac{p}{2G}(\mu-2)-(3\mu-1)\frac{ar_0^2}{10G} \quad . \quad (24).$$

Addiert man diesen Ausdruck zu den Gl. (23), so werden die Hauptspannungen unter Wegfall des Faktors G

$$\sigma_r = \frac{(3\mu - 1)}{\mu - 2} \frac{a}{5} (r^2 - r_0^2) - p$$

$$\sigma = \frac{a}{5} \frac{(\mu + 3) r^2 - (3\mu - 1) r_0^2}{\mu - 2} - p$$

oder mit (20 a)

$$\left.\begin{aligned} \sigma_r &= \frac{2}{15} \pi f \cdot \frac{\gamma^2}{g^2} \frac{3\mu - 1}{\mu - 1} (r^2 - r_0^2) - p \\ \sigma &= \frac{2}{15} \pi f \cdot \frac{\gamma^2}{g^2} \frac{(\mu + 3) r^2 - (3\mu - 1) r_0^2}{\mu - 1} - p \end{aligned}\right\} \quad (23\,a).$$

Um aus diesen Formeln auf die Spannungen im Innern des homogen gedachten Erdballes zu schließen, werden wir zweckmäßig die Gravitationskonstante f durch die Erdbeschleunigung g an der Oberfläche vermittelst der aus (19 b) hervorgehenden Gleichung

$$\frac{4}{3} \pi f \cdot \frac{\gamma}{g} r_0 = g \quad \ldots\ldots \quad (19\,c)$$

eliminieren und erhalten dadurch mit Vernachlässigung des kleinen Oberflächendrucks p

$$\left.\begin{aligned} \sigma_r &= \frac{\gamma}{10 r_0} \cdot \frac{3\mu - 1}{\mu - 1} (r^2 - r_0^2) \\ \sigma &= \frac{\gamma}{10 r_0} \cdot \frac{(\mu + 3) r^2 - (3\mu - 1) r_0^2}{\mu - 1} \end{aligned}\right\} \quad .\ .\ (23\,b).$$

Hiernach wird für das Kugelzentrum

$$\sigma_r = \sigma = -\frac{\gamma}{10} r_0 \frac{3\mu - 1}{\mu - 1}.$$

Außerdem verschwindet zwar, im Einklang mit der Vernachlässigung von p, die Radialspannung σ_r an der Oberfläche $r = r_0$, die Tangentialspannung σ aber nur für $\mu = 2$, d. h. für den Fall, daß keine Volumdehnung möglich wäre. Andernfalls liefert die zweite Formel für $r = r_0$

$$\sigma = -\frac{\gamma}{5} r_0 \frac{\mu - 2}{\mu - 1},$$

also auch für Werte von μ, die nur wenig über 2 liegen, infolge der Größe des Erdradius Druckspannungen von einer Höhe, welche die Gültigkeit des Hookeschen Gesetzes vollkommen ausschließt. Für $\mu = 2$ wird dagegen allgemein

$$\sigma_r = \sigma = \frac{\gamma}{2}\left(\frac{r^2}{r_0} - r_0\right) \quad . \; . \; . \; . \; . \; (23\,c),$$

entsprechend dem Gleichgewichte einer homogenen Flüssigkeitskugel[1]) unter der Wirkung der Gravitation.

Aus diesen mit der Erfahrung in Widerspruch stehenden Resultaten geht jedenfalls hervor, daß der Erdkörper durchaus nicht als ein homogener isotroper Körper im Sinne der gewöhnlichen Elastizitätstheorie aufgefaßt werden kann.

§ 42. Die reine Verdrehung isotroper prismatischer Stäbe.

Die Bedingungen einer reinen Verdrehung. Aufstellung der Spannungsgleichung und der Randbedingung. Feststellung des Drehpols. Der Prandtlsche Spannungshügel und seine Anwendung auf hohle und schmale Querschnitte. Beispiele des kreisförmigen und des elliptischen Querschnitts.

Wirken auf einen gewichtslos gedachten Körper keine Massenkräfte, so vereinfachen sich die Grundformeln (4), § 39, für den Fall des Gleichgewichts unter Wegfall der Größen $q_x \, q_y \, q_z$ sowie der Beschleunigungskomponenten $dw_x : dt$ usw. in

$$\left.\begin{aligned} \frac{\partial \sigma_x}{\partial x} + \frac{\partial \tau_z}{\partial y} + \frac{\partial \tau_y}{\partial z} &= 0 \\ \frac{\partial \sigma_y}{\partial y} + \frac{\partial \tau_x}{\partial z} + \frac{\partial \tau_z}{\partial x} &= 0 \\ \frac{\partial \sigma_z}{\partial z} + \frac{\partial \tau_y}{\partial x} + \frac{\partial \tau_x}{\partial y} &= 0 \end{aligned}\right\} \quad . \; . \; . \; . \; (1).$$

Haben wir es insbesondere mit einem prismatischen Stab zu tun, dessen der z-Achse parallele Mantelfläche spannungsfrei bleibt, so lauten die Randbedingungen (12), § 39, hierfür mit den Normalenwinkeln $\vartheta = 90^0$, $\varphi = 90^0 - \psi$ und $p = 0$

$$\left.\begin{aligned} \sigma_x \sin\psi + \tau_z \cos\psi &= 0 \\ \sigma_y \cos\psi + \tau_z \sin\psi &= 0 \\ \tau_y \sin\psi + \tau_x \cos\psi &= 0 \end{aligned}\right\} \quad . \; . \; . \; . \; . \; (2).$$

[1]) Lorenz: Techn. Hydromechanik, S. 16.

Wirkt ferner am Endquerschnitte des Stabes ein Kräftepaar, so ist dort mit den Normalenwinkeln $\varphi = \psi = 90^0$, $\vartheta = 0$ sowie mit $\mu = 90^0$ wegen der Normalstellung der Ebene des Kräftepaares zur z-Achse

$$\tau_y = p \cos \varkappa, \qquad \tau_x = p \cos \lambda, \qquad \sigma_z = 0 \quad . \quad . \quad . \quad (3).$$

Schneiden wir den Stab an irgendeiner Stelle durch, so haben wir nur, um das Gleichgewicht zu wahren, das Kräftepaar des Endquerschnittes dorthin zu verlegen. Daraus folgt sofort, daß die Spannungsverteilung in allen Querschnitten des Stabes dieselbe sein wird, womit zugleich für den ganzen Stab σ_z verschwindet. Schneiden wir ferner den Stab einmal parallel zur XZ-Ebene und dann zur YZ-Ebene durch (Fig. 159), so muß, da auf der Mantelfläche

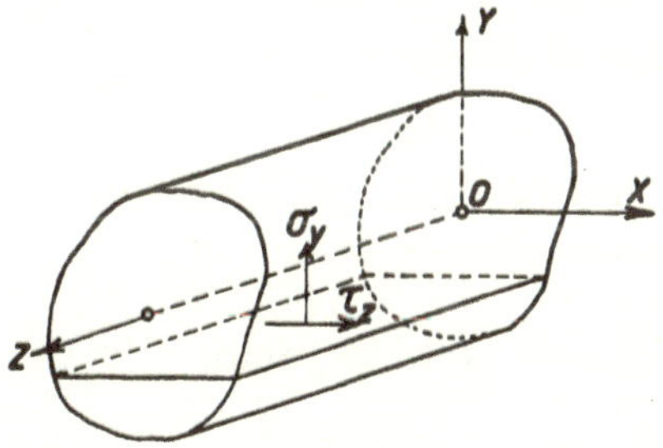

Fig. 159.

keine Kräfte angreifen, während in den Endquerschnitten entgegengesetzt gleiche Schubspannungen wirken, in den Schnittflächen

$$\left.\begin{array}{ll} \int \sigma_x \, dy \, dz = 0, & \int \tau_z \, dy \, dz = 0 \\ \int \sigma_y \, dx \, dz = 0, & \int \tau_z \, dx \, dz = 0 \end{array}\right\} \quad . \quad . \quad . \quad (4)$$

sein. Dies wiederum ist für beliebige Lagen der Schnittflächen nur möglich, wenn im ganzen Stabe

$$\sigma_x = \sigma_y = \tau_z = 0 \quad . \quad . \quad . \quad . \quad . \quad . \quad . \quad (4\,\mathrm{a})$$

ist. Fügt man hierzu noch die Bedingung $\sigma_z = 0$, so reduzieren sich die drei Formeln (1) auf

$$\frac{\partial \tau_y}{\partial x} + \frac{\partial \tau_x}{\partial y} = 0 \quad . \quad . \quad . \quad . \quad . \quad . \quad . \quad (1\,\mathrm{a}),$$

während als Randbedingung für den Querschnitt

$$\tau_y \sin\psi + \tau_x \cos\psi = 0 \quad \ldots \ldots \quad (2\text{a})$$

übrig bleibt, worin ψ die Neigung der Normalen der Randkurve gegen die y-Achse bedeutet.

Den durch diese Gleichungen gekennzeichneten Spannungszustand wollen wir nach dem Vorgange von De St. Vénant, der ihn zuerst erschöpfend behandelt hat, als die reine Verdrehung des prismatischen Stabes bezeichnen. Infolge des Wegfalls aller Normalspannungen erleiden nun die Stabelemente weder eine Verkürzung noch eine Verlängerung, so daß sowohl die linearen Dehnungen

$$\varepsilon_x = \frac{\partial \xi}{\partial x} = 0, \qquad \varepsilon_y = \frac{\partial \eta}{\partial y} = 0, \qquad \varepsilon_z = \frac{\partial \zeta}{\partial z} = 0 \quad . \quad (5)$$

als auch die Volumdehnung

$$\varepsilon_v = \varepsilon_x + \varepsilon_y + \varepsilon_z = 0 \quad \ldots \ldots \quad (5\text{a})$$

werden. Das Verschwinden der Schubspannung τ_z schließt ferner Winkeländerungen innerhalb des Querschnittes aus, der somit im gespannten Zustande seine Form behält. Er erleidet daher als Ganzes gegen den im Achsenabstande z davon entfernten Anfangsquerschnitt eine Verdrehung, wobei ein Punkt O, durch den wir die Stabachse hindurchlegen wollen, seine Lage nicht ändert. Bezeichnen wir jetzt in Fig. 160 den Winkel des von O ausgehenden Fahrstrahles r eines Flächenelementes dF des Querschnitts mit φ, so sind

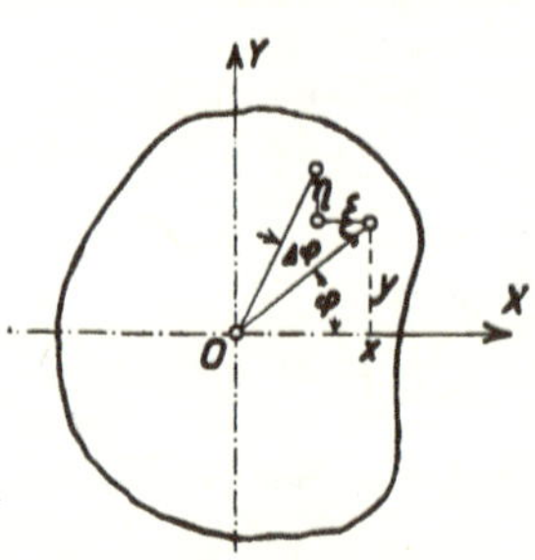

Fig. 160.

$$x = r\cos\varphi, \qquad y = r\sin\varphi \quad . \quad (6)$$

die Koordinaten des Flächenelementes im ungespannten Zustande. Infolge der nur klein angenommenen Verdrehung $\Delta\varphi$ und der Unveränderlichkeit von r verschiebt sich das Flächenelement in den beiden Achsenrichtungen um

$$\left.\begin{aligned} \xi &= \Delta x = -r\sin\varphi\Delta\varphi = -y\Delta\varphi \\ \eta &= \Delta y = r\cos\varphi\Delta\varphi = x\Delta\varphi \end{aligned}\right\} \quad \ldots \quad (7),$$

während für den Verdrehungswinkel, da keine Scheibe von der axialen Dicke dz gegen die andere bevorzugt ist, die Beziehung

$$\frac{d\Delta\varphi}{dz} = \frac{\Delta\varphi}{z} = \frac{1}{c} \quad \ldots\ldots \quad (8)$$

gilt, worin c eine konstante Länge bedeutet. Damit aber werden die beiden Verschiebungen (7)

$$\xi = -\frac{yz}{c}, \qquad \eta = \frac{xz}{c} \quad \ldots\ldots \quad (7\text{a}),$$

woraus

$$\frac{\partial\xi}{\partial z} = -\frac{y}{c}, \qquad \frac{\partial\eta}{\partial z} = \frac{x}{c} \quad \ldots\ldots \quad (7\text{b})$$

und

$$\frac{\partial\xi}{\partial x} = \frac{\partial\eta}{\partial y} = 0$$

in Einklang mit (5), d. h. dem Wegfall der Normalspannungen, folgt. Zwischen den Verschiebungen und den Schubspannungen bestehen aber die Gleichungen

$$\left.\begin{aligned} \tau_x &= G\left(\frac{\partial\zeta}{\partial y} + \frac{\partial\eta}{\partial z}\right) \\ \tau_y &= G\left(\frac{\partial\zeta}{\partial x} + \frac{\partial\xi}{\partial z}\right) \end{aligned}\right\} \quad \ldots\ldots \quad (8),$$

wofür wir mit Rücksicht auf (7 b) auch

$$\tau_x = G\left(\frac{\partial\zeta}{\partial y} + \frac{x}{c}\right), \qquad \tau_y = G\left(\frac{\partial\zeta}{\partial x} - \frac{y}{c}\right) \quad \ldots \quad (8\text{a})$$

schreiben dürfen. Hierin ist ζ die axiale Verschiebung eines Querschnittspunktes, die im allgemeinen mit dessen Lage variiert, so daß der im ungespannten Zustande ebene Querschnitt durch die Verdrehung eine Wölbung erfährt. Diese Wölbung bzw. Axialverschiebung der Querschnittspunkte ist natürlich die Folge der in die Achsenrichtung fallenden Schubspannungskomponenten, welche mit den dazu normalen τ_x und τ_y im Querschnitt selbst wirkenden übereinstimmen. Da nun die Wirkung von reinen Kräftepaaren um die Stabachse keine Verschiebung der ganzen Stabmasse in der Achsenrichtung hervorrufen kann[1]), so muß das Volumen der Wölbung des Querschnitts

$$\int \zeta\, dF = 0 \quad \ldots\ldots\ldots \quad (9)$$

[1]) Dem scheint die sog. Schraubenwirkung zu widersprechen; indessen handelt es sich dort stets um die gemeinsame Wirkung eines Kräftepaares und einer Axialkraft, die in unserem Falle nicht existiert.

sein. Daraus ergibt sich nun eine wichtige Folgerung für die Lage des Punktes O, der im Querschnitt keine Verschiebung erfährt und durch den wir daher die Stabachse hindurchgelegt haben. Der Wegfall einer Resultante in der Querschnittsebene bedingt nämlich

$$\int \tau_x dF = 0, \qquad \int \tau_y dF = 0 \quad . \quad . \quad . \quad . \quad (10),$$

worin sich die Integrationen über den ganzen Querschnitt zu erstrecken haben. Mit (8 a) wird aber aus diesen Bedingungen

$$\frac{1}{c}\int x dF = -\int \frac{\partial \zeta}{\partial y} dF = -\frac{\partial}{\partial y}\int \zeta dF$$

$$\frac{1}{c}\int y dF = \int \frac{\partial \zeta}{\partial x} dF = \frac{\partial}{\partial x}\int \zeta dF$$

oder, wenn wir die Schwerpunktskoordinaten x_0 und y_0 einführen und (9) beachten,

$$x_0 F = 0, \qquad y_0 F = 0 \quad . \quad . \quad . \quad . \quad . \quad (10\,\mathrm{a}),$$

so daß also mit $x_0 = y_0 = 0$ der Drehpol des Querschnitts mit seinem Schwerpunkt zusammenfällt.

Setzen wir nunmehr die Werte (8 a) in die Grundformel (1 a) ein, so erhalten wir die Differentialgleichung

$$\frac{\partial^2 \zeta}{\partial x^2} + \frac{\partial^2 \zeta}{\partial y^2} = 0 \quad . \quad . \quad . \quad . \quad . \quad . \quad . \quad (11),$$

der die Axialverschiebung ζ zu genügen hat, und die wir auch aus der dritten allgemeinen Formel (4 c), § 39, als Spezialfall hätten ableiten können.

Andererseits können wir in Gl. (1 a), welche Formel mit der Kontinuitätsgleichung einer ebenen Strömung übereinstimmt[1]), wenn wir die beiden Spannungskomponenten τ_x und τ_y als Geschwindigkeitskomponenten auffassen, diese als Ableitungen einer Spannungsfunktion derart betrachten, daß

$$\tau_x = \frac{\partial \Psi}{\partial x}, \qquad \tau_y = -\frac{\partial \Psi}{\partial y} \quad . \quad . \quad . \quad . \quad . \quad (12).$$

Alsdann definiert die Funktion

$$\Psi = \Psi(x, y) \quad . \quad . \quad . \quad . \quad . \quad . \quad . \quad (12\,\mathrm{a})$$

eine Schar in sich geschlossener Kurven, zu denen auch der Querschnittsumfang gehört, deren Tangenten an jeder Stelle

[1]) Lorenz: Techn. Hydromechanik, S. 276.

die Richtung der resultierenden Schubspannung angeben, wie dies schon in § 11 ausführlich dargelegt ist.

Differenzieren wir dann die erste der Formeln (8 a) nach x, die zweite nach y und ziehen beide voneinander ab, so wird

$$\frac{\partial \tau_x}{\partial x} - \frac{\partial \tau_y}{\partial y} = 2\frac{G}{c} \quad \ldots \ldots \quad (13)$$

oder nach Einführung von (12)

$$\frac{\partial^2 \Psi}{\partial x^2} + \frac{\partial^2 \Psi}{\partial y^2} = 2\frac{G}{c} \quad \ldots \ldots \quad (13a).$$

Schreiben wir nun unter Einführung einer neuen Veränderlichen v

$$\Psi = kv = \Psi(x, y) \quad \ldots \ldots \quad (12b),$$

so dürfen wir v als die Ordinate einer Fläche über dem Querschnitt auffassen, deren Tangentenwinkel nach (12) bzw. nach

$$\tau_x = k\frac{\partial v}{\partial x}, \qquad \tau_y = -k\frac{\partial v}{\partial y} \quad \ldots \ldots \quad (12c)$$

den Spannungskomponenten proportional sind. Diese Fläche wollen wir nach dem Vorgange von Prandtl[1]), dem man ihre Einführung verdankt, als den Spannungshügel bezeichnen. Um uns davon eine bequeme Vorstellung zu verschaffen, führen wir (12 b) in (13 a) ein und erhalten

$$\frac{\partial^2 v}{\partial x^2} + \frac{\partial^2 v}{\partial y^2} = \frac{2G}{ck} \quad \ldots \ldots \quad (14).$$

Hierin können wir nun, falls die Fläche nur schwach gekrümmt ist, die zweiten Ableitungen von v nach x und y als die beiden Krümmungen parallel den Achsen auffassen, also mit den Krümmungsradien ϱ' und ϱ''

$$\frac{\partial^2 v}{\partial x^2} = \frac{1}{\varrho'}, \qquad \frac{\partial^2 v}{\partial y^2} = \frac{1}{\varrho''} \quad \ldots \ldots \quad (14a)$$

schreiben. Dann aber wird aus (14)

$$\frac{1}{\varrho'} + \frac{1}{\varrho''} = \frac{2G}{ck} \quad \ldots \ldots \quad (14b),$$

---

[1]) Prandtl: Eine neue Darstellung der Torsionsspannungen usw. Jahresbericht d. deutsch. Math. Vereinigung. 1904.

eine Formel, die mit der Gleichgewichtsbedingung einer dünnen Flüssigkeitshaut über dem Querschnittsumfang[1]) unter konstantem einseitigen Druck p und der Oberflächenspannung S, nämlich

$$\frac{1}{\varrho'} + \frac{1}{\varrho''} = \frac{p}{S} \quad \ldots \ldots \quad (14\text{c})$$

vollständig übereinstimmt, wenn wir setzen

$$\frac{2G}{ck} = \frac{p}{S} \quad \ldots \ldots \ldots \quad (14\text{d}).$$

Derartige Oberflächen kann man sich aber sehr leicht dadurch herstellen, daß man das Ende eines dünnwandigen Prismas mit der zu untersuchenden Querschnittsform in eine Seifenlösung eintaucht und durch Einblasen in das andere Ende einen konstanten Überdruck erzeugt. Da nun nach den Ausführungen in § 11 (Fig. 49) das von den Spannungen τ zwischen zwei um $d\Psi$ verschiedenen, also unendlich nahen Spannungskurven bedingte Torsionsmoment

$$d\mathfrak{M} = 2F\,d\Psi \quad \ldots \ldots \ldots \quad (15)$$

war, worin F die von der Kurve Ψ umschlossene Fläche bedeutet, so haben wir auch mit (12 b)

$$d\mathfrak{M} = 2kF\,dv \quad \ldots \ldots \ldots \quad (15\text{a})$$

oder nach Integration mit dem Volumen V des Spannungshügels (Fig. 161)

$$\mathfrak{M} = 2k\int F\,dv = 2kV \quad \ldots \ldots \quad (15\text{b}).$$

Das Volumen des Spannungshügels über dem Stabquerschnitt ist demnach dem Torsionsmoment direkt proportional. Da nun nach (14 d) gleichen Werten von k auch gleiche Verdrehungswinkel der Längeneinheit $(1 : c)$ entsprechen, so bietet der Prandtlsche Spannungshügel ein treffendes Bild von der Widerstandsfähigkeit verschiedener Querschnitte gegen die Verdrehung. Dies tritt besonders deutlich hervor für den Fall eines hohlen Querschnitts (Fig. 162), in dessen Innern natürlich keine Spannungen herrschen, so daß dort nach (12 c)

$$\frac{\partial v}{\partial x} = \frac{\partial v}{\partial y} = 0$$

---

[1]) Lorenz: Techn. Hydromechanik, § 8.

sein muß. Das heißt aber nichts anderes, als daß der Spannungshügel über der Höhlung einen ebenen Teil hat, während er über die Wandung hin abfällt. Da das Volumen dieses Tafelbergs sich nur wenig von dem Volumen des Hügels über dem Vollquerschnitt unterscheidet, so trifft dies bei gleicher Verdrehung auch für das Torsionsmoment (15 b) zu. Schneiden wir dagegen die Seitenwand des Hohlprismas nach Fig. 163 auf, so müssen die Spannungslinien an der Schnittstelle wieder umkehren, so daß die vom Umfang eingeschlossene Fläche sich auf die Wand selbst beschränkt. Daher beschränkt sich der Spannungshügel

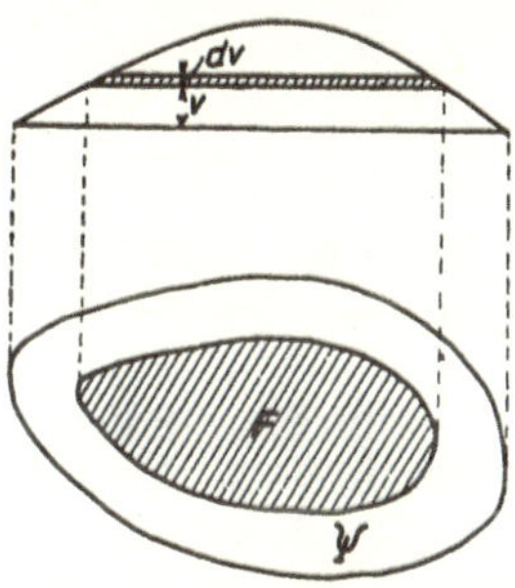

Fig. 161.

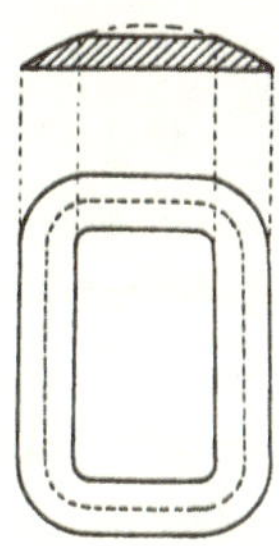

Fig. 162.

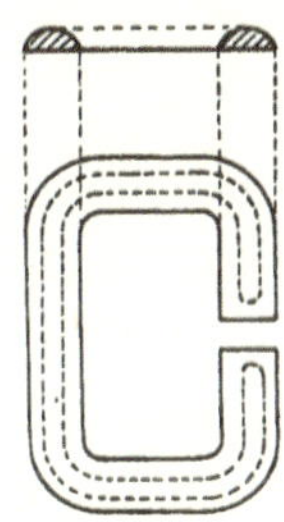

Fig. 163.

hier auf einen niedrigen Wall über der Wandung, dessen Volumen naturgemäß viel kleiner ausfällt als das des Tafelbergs (Fig. 162).

Für die rechnerische Verwertung genügt es im Falle geschlossener Hohlzylinder, den Abfallwinkel des Tafelberges (Fig. 162) über die Wandstärke hin als konstant anzusehen, was dann mit (12 c) auf eine über die Wandstärke konstante Torsionsspannung führt. Auf dieser Annahme beruhten aber die Ausführungen in den §§ 9 und 10 über die Verdrehung dünnwandiger Hohlzylinder, die hierdurch ihre Bestätigung erfahren. Im Falle eines aufgeschnittenen Hohlkörpers nach Fig. 163 darf man angenähert den Schnitt durch den Spannungshügel als Parabelbogen auffassen, woraus dann mit (12 c) eine über die Wanddicke lineare Spannungsänderung resultiert, von der wir schon bei der Behandlung solcher Querschnitte am Schlusse von § 11 Gebrauch gemacht haben.

Setzen wir in die Formel für das Torsionsmoment

$$\mathfrak{M} = \int (\tau_x x - \tau_y y)\, dF \quad . \quad . \quad . \quad . \quad . \qquad 16)$$

die Ausdrücke (8 a) für die Spannungskomponenten ein, so wird

$$\mathfrak{M} = G\int\left(\frac{\partial\zeta}{\partial y}x - \frac{\partial\zeta}{\partial x}y\right)dF + \frac{G}{c}\int(x^2 + y^2)\,dF \quad . \quad (16\,\mathrm{a}),$$

worin das letzte Integral rechts mit dem polaren Trägheitsmoment Θ_0 des Querschnitts um den Schwerpunkt übereinstimmt. Daraus folgt, daß auch das Torsionsmoment durch die Axialverschiebung ζ der Querschnittspunkte eindeutig bestimmt ist. Dasselbe gilt natürlich auch noch für die Formänderungsarbeit, für die wir unter Weglassung des beidseitigen Faktors $\frac{1}{2}$ im Einklang mit Gl. (7), § 11,

$$\frac{\mathfrak{M}}{c} = \frac{1}{G}\int(\tau_x^2 + \tau_y^2)\,dF \quad . \quad . \quad . \quad . \quad . \quad (17)$$

schreiben dürfen, womit sich dann zugleich auch die Größe $1 : c$, also die Verdrehung der Längeneinheit ergibt.

1. Beispiel. Um die Querschnittsform zu ermitteln, deren Ebene durch die Verdrehung keine Änderung erfährt, haben wir nur in unseren Formeln $\zeta = 0$ zu setzen, wonach (8 a) übergeht in

$$\tau_x = G\frac{x}{c}, \quad \tau_y = -G\frac{y}{c} \quad . \quad . \quad . \quad . \quad (8\,\mathrm{b}).$$

Hieraus folgt die Radialkomponente der Schubspannung mit (6)

$$\tau_r = \tau_x \sin\varphi + \tau_y \cos\varphi = 0,$$

während die Tangentialkomponente

$$\tau_n = \tau_x \cos\varphi - \tau_y \sin\varphi = \frac{G}{c}r$$

wird. Da nun am Rande des Querschnitts die Bedingung (2a) erfüllt sein muß, in der

$$\operatorname{tg}\psi = -\frac{dy}{dx}, \quad \text{also } \tau_x dx = \tau_y dy \quad . \quad . \quad . \quad (2\,\mathrm{b})$$

zu setzen ist, so haben wir nach Einsetzen von (8 b) als Differentialgleichung der Randkurve

$$x\,dx + y\,dy = 0,$$

also nach Integration die Kreisgleichung

$$x^2 + y^2 = r_0^2.$$

Dieses Ergebnis konnte natürlich schon aus dem Verschwinden der Radialkomponente und der Proportionalität der Tangentialkomponente mit dem Radius gefolgert werden.

Verlangen wir dagegen, daß die Querschnittsebene durch die Verdrehung nur eine Neigung erfährt, so wäre mit zwei Konstanten α und β

$$\zeta = \alpha x + \beta y, \qquad \frac{\partial \zeta}{\partial x} = \alpha, \qquad \frac{\partial \zeta}{\partial y} = \beta \quad . \quad (18)$$

zu setzen, womit (8 a) übergeht in

$$\tau_x = G\left(\alpha + \frac{x}{c}\right), \qquad \tau_y = G\left(\beta - \frac{y}{c}\right) \quad . \; . \; . \; (18\,a),$$

wofür wir auch mit $\alpha c = -x_1$, $\beta c = +y_1$

$$\tau_x = -\frac{G}{c}(x_1 - x), \qquad \tau_y = -\frac{G}{c}(y - y_1) \quad . \; (18\,b)$$

schreiben dürfen. Mit der Randbedingung (2 b) wird daraus

$$(x - x_1)\,dx + (y - y_1)\,dy = 0$$

oder integriert

$$(x - x_1)^2 + (y - y_1)^2 = r_0^2 \quad . \; . \; . \; . \; . \; (19).$$

Wir erhalten also wiederum einen Kreis, dessen Mittelpunkt die Koordinaten x_1, y_1 besitzt. Da nun der Drehpol mit dem Schwerpunkt der Querschnitte zusammenfällt, so können auch die Koordinaten x_1 und y_1 verschwinden, womit der Fall auf $\zeta = 0$ zurückgeführt ist.

2. Beispiel. Nachdem wir festgestellt haben, daß die lineare Abhängigkeit der Axialverschiebung ζ stets kreisförmige Querschnitte bedingt, gehen wir zu quadratischen über, von denen die einfachste

$$\zeta = \frac{xy}{k}, \qquad \frac{\partial \zeta}{\partial x} = \frac{y}{k}, \qquad \frac{\partial \zeta}{\partial y} = \frac{x}{k} \quad . \; . \; . \; (20)$$

ist, die zugleich der Bedingung des Verschwindens von ζ im Koordinatenanfang genügt. Damit wird aus (8 a)

$$\tau_x = \frac{Gx}{ck}(c + k), \qquad \tau_y = \frac{Gy}{ck}(c - k) \quad . \; . \; (20\,a),$$

oder eingesetzt in die Randbedingung

$$(c + k)\,x\,dx + (c - k)\,y\,dy = 0 \quad . \; . \; . \; (20\,b).$$

Die Integration dieser Formel liefert eine Ellipse als Querschnittsumfang, womit der Ansatz der Proportionalität der Schubspannungskomponenten mit den zugehörigen Koordinaten für diesen Fall in § 11 seine Bestätigung gefunden hat. Wir können uns deshalb an dieser Stelle mit der Bemerkung begnügen, daß der ursprünglich ebene Querschnitt eines elliptischen Zylinders nach (20) in ein hyperbolisches Paraboloid übergeht bzw. daß die Kurven gleicher Werte von ζ, die man wohl auch als Niveaulinien der gewölbten Querschnittsfläche bezeichnen darf, gleichseitige Hyperbeln sind (Fig. 164), deren Asymptoten mit den Ellipsenachsen zusammenfallen. Aus Gl. (20) erkennt man weiter, daß durch die Torsion zwei einander gegenüberliegende Ellipsenquadranten eine Erhebung, die beiden anderen dagegen eine Senkung erleiden.

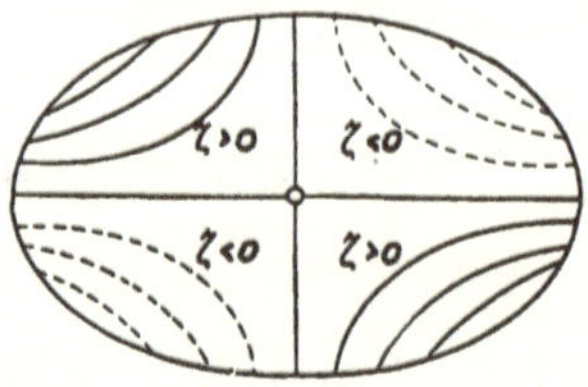

Fig. 164.

Für $k = \infty$ geht schließlich die Ellipse in den Kreis über, für den dann nach (20) wieder $\zeta = 0$ wird.

§ 43. Die Verdrehung von Prismen mit rechteckigem Querschnitt.

Gewinnung eines Ansatzes für die Axialverschiebung als Produkt zweier Funktionen der Querschnittskoordinaten. Übergang zu einer Reihe durch die Erfüllung der Grenzbedingungen. Bestimmung der Konstanten, Ableitung der Spannungen und des Torsionsmomentes. Näherungsformeln.

Als weiteres Beispiel der Anwendung der allgemeinen Theorie der Torsion wollen wir das praktisch wichtige Prisma mit rechteckigem Querschnitt betrachten, das offenbar um ein den Seiten paralleles Achsenkreuz durch den Schwerpunkt doppelt symmetrisch liegt. Damit sei zugleich das Achsenkreuz der Koordinaten gegeben, und weiter festgelegt, daß die längere Seite $2a$ der x-Achse,

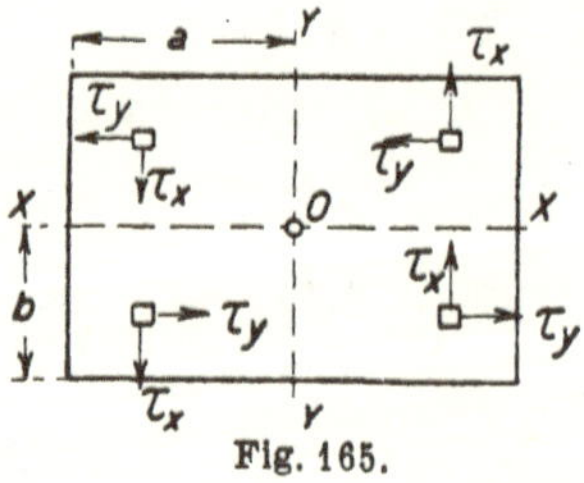

Fig. 165.

die kürzere $2b$ der y-Achse parallel verlaufen möge. Aus der zugehörigen Fig. 165 erkennt man nun, daß von den Spannungskomponenten τ_x sein Vorzeichen mit x, τ_y sein Vorzeichen mit y wechselt.

Dann aber muß nach den Gleichungen (8 a), § 42, nämlich

$$\tau_x = G\left(\frac{\partial \zeta}{\partial y} + \frac{x}{c}\right), \qquad \tau_y = G\left(\frac{\partial \zeta}{\partial x} - \frac{y}{c}\right) \quad . \quad . \quad (1),$$

von den Ableitungen $\frac{\partial \zeta}{\partial y}$ ihr Vorzeichen mit x, $\frac{\partial \zeta}{\partial x}$ ihr Vorzeichen mit y wechseln, was wieder nur möglich ist, wenn ζ selbst sein Vorzeichen bei jedem Durchgang durch eine der Achsen wechselt. Daher wird die Axialverschiebung ζ für den rechteckigen wie überhaupt für alle doppelt-symmetrischen Querschnitte eine sog. ungerade Funktion sowohl von x als auch von y sein. Deren einfachste Form

$$\zeta = \frac{xy}{k} \quad . \quad . \quad . \quad . \quad . \quad . \quad . \quad . \quad . \quad (2)$$

haben wir schon am Schlusse des letzten Abschnitts als die Axialverschiebung im elliptischen Querschnitt kennen gelernt und dürfen sie ganz allgemein als ein partikuläres Integral der Differentialgleichung (11), § 42,

$$\frac{\partial^2 \zeta}{\partial x^2} + \frac{\partial^2 \zeta}{\partial y^2} = 0 \quad . \quad . \quad . \quad . \quad . \quad . \quad . \quad (3)$$

betrachten. Es liegt nahe, nach dem Schema (2) allgemeinere Lösungen von der Form

$$\zeta = XY \quad . \quad . \quad . \quad . \quad . \quad . \quad . \quad . \quad . \quad (4)$$

zu bilden, in der X eine reine Funktion von x, und Y eine solche von y bedeutet. Das Einsetzen von (4) in (3) liefert nach Division mit XY

$$\frac{1}{X}\frac{d^2 X}{dx^2} + \frac{1}{Y}\frac{d^2 Y}{dy^2} = 0 \quad . \quad . \quad . \quad . \quad . \quad (3a),$$

oder mit einer positiven Konstanten α^2

$$\frac{d^2 X}{dx^2} = \alpha^2 X, \qquad \frac{d^2 Y}{dy^2} = -\alpha^2 Y \quad . \quad . \quad . \quad . \quad (3b),$$

wonach

$$\left.\begin{aligned} X &= Ce^{\alpha x} + De^{-\alpha x} = C_1 \operatorname{Cos} \alpha x + D_1 \operatorname{Sin} \alpha x \\ Y &= E \cos \alpha y + F \sin \alpha y \end{aligned}\right\} \quad . \quad (3c)$$

wird. Von diesen Ausdrücken kommen aber nach den obigen Ausführungen nur die ungeraden Bestandteile in Frage, so daß wir an Stelle von (4) mit $D_1 F = A$ unter gleichzeitiger Hinzufügung der einfachsten Lösung (2)

$$\zeta = A \operatorname{Sin} ax \sin ay + \frac{xy}{k} \quad \ldots \ldots \quad (4a)$$

schreiben dürfen. Der Sinn der Hinzufügung der Lösung (2) beruht in der Auffassung der Ellipse als Grundfigur des Rechteckes, wonach das erste Glied von (4 a) den Abweichungen beider Figuren entspricht. Weiter folgt aus (4a) durch Differentiation

$$\left.\begin{aligned} \frac{\partial \zeta}{\partial x} &= A\,a \operatorname{Cos} ax \sin ay + \frac{y}{k} \\ \frac{\partial \zeta}{\partial y} &= A\,a \operatorname{Sin} ax \cos ay + \frac{x}{k} \end{aligned}\right\} \quad \ldots \ldots \quad (4b)$$

und eingesetzt in (1)

$$\left.\begin{aligned} \frac{\tau_x}{G} &= A\,a \operatorname{Sin} ax \cos ay + \left(\frac{1}{k} + \frac{1}{c}\right) x \\ \frac{\tau_y}{G} &= A\,a \operatorname{Cos} ax \sin ay + \left(\frac{1}{k} - \frac{1}{c}\right) y \end{aligned}\right\} \quad \ldots \quad (1a).$$

Diese Ausdrücke sollen der Randbedingung (2 a), § 42, genügen, welche nur besagt, daß die resultierende Schubspannung am Rande des Querschnitts die Richtung der Tangente besitzt. Auf das Rechteck angewandt heißt dies, daß $\tau_y = 0$ unabhängig von y für $x = \pm a$ und $\tau_x = 0$ unabhängig von x für $y = \pm b$ wird.

Nun ist aber, wie aus (1 a) hervorgeht, τ_x eine gerade Funktion ($\cos ay$) von y und τ_y eine ebensolche ($\operatorname{Cos} ax$) von x, womit der Einfluß der Vorzeichen von $\pm a$ und $\pm b$ ausfällt. Es bleiben daher zur Ermittlung der drei Konstanten A, a und k in den Formeln (1 a) die beiden Bedingungsgleichungen

$$\left.\begin{aligned} A\,a \operatorname{Sin} ax \cos ab + \left(\frac{1}{k} + \frac{1}{c}\right) x &= 0 \\ A\,a \operatorname{Cos} aa \sin ay + \left(\frac{1}{k} - \frac{1}{c}\right) y &= 0 \end{aligned}\right\} \quad \ldots \quad (1b)$$

übrig, die anscheinend nur für bestimmte Werte von x und y erfüllt werden können. Da nun aber gerade die erste dieser

Formeln für jeden Wert von x gelten soll, so müssen in ihr die Faktoren von $\mathfrak{Sin}\, ax$ und x verschwinden, d. h. es muß

$$k = -c \text{ und } \cos ab = 0 \quad . \; . \; . \; . \; . \quad (5)$$

sein. Diese letztere Bedingung wird aber durch die Wertfolge

$$ab = \frac{\pi}{2}, \qquad \frac{3}{2}\pi, \cdots \qquad (2n+1)\frac{\pi}{2} \cdots \quad . \; . \quad (5\,a)$$

erfüllt, so daß an Stelle unseres partikulären Integrales (4 a) mit

$$\frac{\pi}{2b} = a_0 \quad . \; . \; . \; . \; . \; . \; . \; . \; . \; . \quad (5\,b)$$

die unendliche Reihe

$$\zeta = -\frac{xy}{c} + A_1 \mathfrak{Sin}\, a_0 x \sin a_0 y + A_3 \mathfrak{Sin}\, 3a_0 x \sin 3a_0 y + \cdots$$
$$+ A_{2n+1} \mathfrak{Sin}\, (2n+1)\, a_0 x \sin (2n+1)\, y + \cdots \quad . \; . \quad (6)$$

tritt, deren Einzelglieder für sich der Differentialgleichung (3) genügen. Daraus folgt weiter

$$\left.\begin{aligned}
\frac{\partial \zeta}{\partial x} &= -\frac{y}{c} + a_0 A_1 \mathfrak{Cos}\, a_0 x \sin a_0 y \\
&\qquad + 3 a_0 A_3 \mathfrak{Cos}\, 3 a_0 x \sin 3 a_0 y + \cdots \\
\frac{\partial \zeta}{\partial y} &= -\frac{x}{c} + a_0 A_1 \mathfrak{Sin}\, a_0 x \cos a_0 y \\
&\qquad + 3 a_0 A_3 \mathfrak{Sin}\, 3 a_0 x \cos 3 a_0 y + \cdots
\end{aligned}\right\} \quad (6\,a)$$

und nach Einsetzen in (1) an Stelle der Formeln (1 a)

$$\left.\begin{aligned}
\frac{\tau_x}{G} &= \qquad a_0 A_1 \mathfrak{Sin}\, a_0 x \cos a_0 y \\
&\qquad + 3 a_0 A_3 \mathfrak{Sin}\, 3 a_0 x \cos 3 a_0 y + \cdots \\
\frac{\tau_y}{G} &= -\frac{2y}{c} + a_0 A_1 \mathfrak{Cos}\, a_0 x \sin a_0 y \\
&\qquad + 3 a_0 A_3 \mathfrak{Cos}\, 3 a_0 x \sin 3 a_0 y + \cdots
\end{aligned}\right\} \quad (6\,b).$$

Von diesen Ausdrücken verschwindet der erste für $y = \pm b$ wegen der Bedeutung von a_0 nach Gl. (5 b), während das Verschwinden des zweiten für $x = \pm a$ auf die Gleichung

$$y = + \frac{a_0 c}{2} \left(A_1 \mathfrak{Cos}\, a_0 a \sin a_0 y + 3 A_3 \mathfrak{Cos}\, 3 a_0 a \sin 3 a_0 y + \cdots\right) \quad (7)$$

führt, welche jetzt die noch gar nicht diskutierte zweite Formel (1b) vertritt. Mit den Abkürzungen

$$\left.\begin{array}{l}\frac{\alpha_0 c}{2} A_1 \mathfrak{Cos}\, \alpha_0 a = \frac{B_1}{\alpha_0}, \quad \frac{3}{2} \alpha_0 c A_3 \mathfrak{Cos}\, 3 \alpha_0 a = \frac{B_3}{\alpha_0} \\ \frac{(2n+1)}{2} \alpha_0 c A_{2n+1} \mathfrak{Cos}\, (2n+1) \alpha_0 a = \frac{B_{2n+1}}{\alpha_0}\end{array}\right\} \quad (7\,a)$$

erhalten wir aber an Stelle von (7) die Fouriersche Reihe

$$\alpha_0 y = B_1 \sin \alpha_0 y + B_3 \sin 3 \alpha_0 y + \cdots + B_{2n+1} \sin (2n+1) \alpha_0 y + \cdots \quad (7\,b)$$

oder mit $\alpha_0 y = u$ noch einfacher

$$u = B_1 \sin u + B_2 \sin 3u + \cdots + B_{2n+1} \sin (2n+1)\, u + \cdots \quad (7\,c).$$

Diese Reihe gilt für alle Werte von y zwischen $+b$ und $-b$, also wegen (5 b) für alle Werte von u zwischen $+\frac{\pi}{2}$ und $-\frac{\pi}{2}$. Multiplizieren wir sie demnach mit $\sin u\, du$ und integrieren zwischen diesen Grenzen, so folgt unter Wegfall aller anderen Glieder

$$\int_{-\frac{\pi}{2}}^{+\frac{\pi}{2}} u \sin u\, du = B_1 \int_{-\frac{\pi}{2}}^{+\frac{\pi}{2}} \sin^2 u\, du = \frac{B_1}{2} \pi$$

und ebenso nach Multiplikation mit $\sin 3u\, du$ und Integration

$$\int_{-\frac{\pi}{2}}^{+\frac{\pi}{2}} u \sin 3u\, du = B_3 \int_{-\frac{\pi}{2}}^{+\frac{\pi}{2}} \sin^2 3u\, du = \frac{B_3}{2} \pi$$

usf. Durch Anwendung der partiellen Integration auf die linken Seiten dieser Formeln ergibt sich ferner

$$\frac{B_1 \pi}{2} = -\int_{-\frac{\pi}{2}}^{+\frac{\pi}{2}} u\, d(\cos u) = \Big[u \cos u\Big]_{-\frac{\pi}{2}}^{\frac{\pi}{2}} + \int_{-\frac{\pi}{2}}^{+\frac{\pi}{2}} \cos u\, du = +2$$

$$\frac{B_3 \pi}{2} = -\frac{1}{3} \int_{-\frac{\pi}{2}}^{+\frac{\pi}{2}} u\, d(\cos 3u) = -\left[\frac{u \cos 3u}{3}\right]_{-\frac{\pi}{2}}^{+\frac{\pi}{2}} + \frac{1}{3} \int_{-\frac{\pi}{2}}^{+\frac{\pi}{2}} \cos 3u\, du = -\frac{2}{3^2}$$

usf., so daß wir für die Koeffizienten in (7 c) erhalten

$$B_1 = +\frac{4}{\pi}, \qquad B_3 = -\frac{4}{\pi}\frac{1}{3^2}, \qquad B_5 = +\frac{4}{\pi}\frac{2}{5^2} \qquad (8).$$

Eingesetzt in (7 a) ergibt dies für die Koeffizienten A der Reihen (6), (6 a), (6 b) und (7)

$$\left.\begin{array}{l} A_1 = \dfrac{8}{\pi \cdot a_0^2 c \,\mathfrak{Cos}\, a_0 a}, \qquad A_3 = \dfrac{8}{\pi \cdot 3^3 \cdot a_0^2 c \,\mathfrak{Cos}\, 3 a_0 a} \\ A_5 = \dfrac{8}{\pi \cdot 5^3 \cdot a_0^2 c \,\mathfrak{Cos}\, 5 a_0 a} \quad \text{usw.} \end{array}\right\} \quad (8\,\text{a}).$$

Damit wird die Axialverschiebung (6)

$$\zeta = -\frac{1}{c}\left[xy - \frac{8}{a_0^2 \pi}\left(\frac{\mathfrak{Sin}\, a_0 x \sin a_0 y}{\mathfrak{Cos}\, a_0 a} - \frac{\mathfrak{Sin}\, 3 a_0 x \sin 3 a_0 y}{3^3\, \mathfrak{Cos}\, 3 a_0 a} + \cdots\right)\right] \quad (9),$$

woraus sich nach den Berechnungen von De St. Vénant die in Fig. 166 dargestellte Kurvenschar für einzelne Werte von

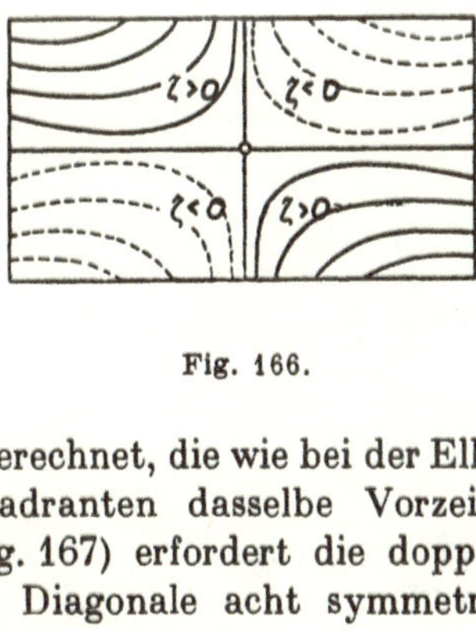

Fig. 166.

Fig. 167.

ζ berechnet, die wie bei der Ellipse in einander gegenüber liegenden Quadranten dasselbe Vorzeichen besitzen. Für das Quadrat (Fig. 167) erfordert die doppelte Symmetrie auch in bezug auf die Diagonale acht symmetrische Bereiche mit abwechselnden Vorzeichen.

Für die Spannungskomponenten ergibt sich weiter

$$\left.\begin{array}{l} \tau_x = \qquad\qquad + \dfrac{8G}{\pi a_0 c}\left(\dfrac{\mathfrak{Sin}\, a_0 x \cos a_0 y}{\mathfrak{Cos}\, a_0 a} - \dfrac{\mathfrak{Sin}\, 3 a_0 x \cos 3 a_0 y}{3^2 \cdot \mathfrak{Cos}\, 3 a_0 a} + \cdots\right) \\ \tau_y = -\dfrac{2G}{c} y + \dfrac{8G}{\pi a_0 c}\left(\dfrac{\mathfrak{Cos}\, a_0 x \sin a_0 y}{\mathfrak{Cos}\, a_0 a} - \dfrac{\mathfrak{Cos}\, 3 a_0 x \sin 3 a_0 y}{3^2 \mathfrak{Cos}\, 3 a_0 a} + \cdots\right) \end{array}\right\} \quad (9\,\text{a}).$$

Diese Ausdrücke **verschwinden für die Ecken**, da diese Schnittpunkte der Seiten darstellen, sowie im Mittelpunkte mit $x = 0$, $y = 0$. Sie erreichen ihre absoluten Höchstwerte in den Mitten der Seiten, so zwar, daß

$$\left.\begin{aligned} &\text{für } x = a,\ y = 0 \quad \tau_{x\,\max} = +\frac{8G}{\pi \alpha_0 c}\left(\mathfrak{Tg}\,\alpha_0 a - \frac{1}{3^2}\cdot\mathfrak{Tg}\,3\alpha_0 a + \cdots\right) \\ &\text{für } x = 0,\ y = b \quad \tau_{y\,\max} = -\frac{2Gb}{c} + \frac{8G}{\pi \alpha_0 c}\left(\frac{1}{\mathfrak{Cos}\,\alpha_0 a} + \frac{1}{3^2\cdot\mathfrak{Cos}\,3\alpha_0 a} + \cdots\right) \end{aligned}\right\} \quad (9\text{b}),$$

oder mit Rücksicht auf die Bedeutung von α_0 nach (5 b)

$$\left.\begin{aligned} \tau_{x\,\max} &= +\frac{16G\cdot b}{\pi^2 c}\left(\mathfrak{Tg}\,\alpha_0 a - \frac{1}{3^2}\mathfrak{Tg}\,3\alpha_0 a + \cdots\right) \\ \tau_{y\,\max} &= -\frac{16Gb}{\pi^2 c}\left(\frac{\pi^2}{8} - \frac{1}{\mathfrak{Cos}\,\alpha_0 a} - \frac{1}{3^2\mathfrak{Cos}\,3\alpha_0 a} - \cdots\right) \end{aligned}\right\} \quad (9\text{c}).$$

Für den Fall des quadratischen Querschnitts, also mit $\alpha_0 a = \alpha_0 b = \frac{\pi}{2}$ stimmen beide Werte miteinander überein, während für $a > b$ ersichtlich das zweite überwiegt. Außerdem erkennt man, daß wegen

$$\alpha_0 a = \frac{\pi}{2}\frac{a}{b} > \frac{\pi}{2}$$

in den vorstehenden Formeln mit hinreichender Genauigkeit

$$\mathfrak{Tg}\,3\alpha_0 a \sim 1, \quad \frac{1}{3^2\cdot\mathfrak{Cos}\,3\alpha_0 a} < \frac{1}{3^2\cdot\mathfrak{Cos}\,\frac{3}{2}\pi} = \frac{1}{9\cdot 58}$$

ist, so daß es genügt, in der zweiten Formel (9 c) für $\tau_{y\,\max}$ nur die ersten beiden Glieder beizubehalten, also

$$\tau_{\max} = -2G\frac{b}{c}\left(1 - \frac{8}{\pi^2\mathfrak{Cos}\,\alpha_0 a}\right) = -2G\frac{b}{c}\left(1 - 1{,}59\,e^{-\frac{\pi}{2}\frac{a}{b}}\right) \quad (9\text{d})$$

zu schreiben, während die erste Gl. (9c) kein weiteres Interesse beansprucht. Das Torsionsmoment ergibt sich schließlich zu

$$\mathfrak{M} = \int(\tau_x x - \tau_y y)\,dF = 4\int_0^a\int_0^b(\tau_x x - \tau_y y)\,dx\,dy \quad . \quad (10),$$

also nach Einsetzen der Ausdrücke (9 a) und Ausführung der Integrationen

$$\mathfrak{M} = \frac{8}{3}\frac{Gab^3}{c} + \frac{32Ga}{\pi\alpha_0^3 c}\left(1 + \frac{1}{3^4} + \frac{1}{5^4} + \cdots\right) - \frac{64G}{\pi\alpha^4 c}\left(\mathfrak{Tg}\,\alpha_0 a + \frac{1}{3^5}\mathfrak{Tg}\,3\alpha_0 a + \frac{1}{5^5}\mathfrak{Tg}\,5\alpha_0 a + \cdots\right).$$

Ersetzen wir hierin α_0 durch seinen Wert nach (5 b) und beachten, daß

$$1+\frac{1}{3^4}+\frac{1}{5^4}+\cdots=\frac{\pi^4}{96} \quad . \quad . \quad . \quad . \quad . \quad (11)$$

ist, so wird

$$\mathfrak{M}=\frac{16}{3}\cdot\frac{Gab^3}{c}\left[1-\frac{16\cdot 12}{\pi^5}\frac{b}{a}\left(\mathfrak{Tg}\,\alpha_0 a+\frac{1}{3^5}\mathfrak{Tg}\,3\alpha_0 a+\cdots\right)\right] \quad (10\,\mathrm{a})$$

oder hinreichend genau, da $\mathfrak{Tg}\,3\alpha_0 a \sim \mathfrak{Tg}\,5\alpha_0 a \sim 1$ ist, unter Vernachlässigung der kleinen Brüche $1:3^5$, $1:5^5$ usw. in der Klammer,

$$\mathfrak{M}=\frac{16}{3}\frac{Gab^3}{c}\left(1-\frac{192}{\pi^5}\frac{b}{a}\,\mathfrak{Tg}\,\alpha_0 a\right) \quad . \quad . \quad (10\,\mathrm{b}).$$

Beachten wir ferner, daß

$$\mathfrak{Tg}\,\alpha_0 a=\frac{e^{\alpha_0 a}-e^{-\alpha_0 a}}{e^{\alpha_0 a}+e^{-\alpha_0 a}}=\frac{1-e^{-2\alpha_0 a}}{1+e^{-2\alpha_0 a}}\sim 1-2e^{-2\alpha_0 a},$$

so dürfen wir an Stelle von (10 b) auch noch schreiben

$$\mathfrak{M}=\frac{16}{3}\frac{Gab^3}{c}\left[1-0{,}63\frac{b}{a}\left(1-2e^{-\pi\frac{a}{b}}\right)\right] . \quad . \quad (10\,\mathrm{a}),$$

ein Ausdruck, der sich für flache Querschnitte, für die a sehr viel größer ist als b, unter Vernachlässigung von $2e^{-\pi\frac{a}{b}}$ gegen 1 in

$$\mathfrak{M}=\frac{16}{3}\frac{Gab^3}{c}\left(1-0{,}63\frac{b}{a}\right) \quad . \quad . \quad . \quad . \quad (10\,\mathrm{d})$$

vereinfacht. Die eben abgeleiteten Formeln für das Torsionsmoment gehen in die Gl. (23 b), § 11,

$$\mathfrak{M}=\frac{16}{3}\frac{Gab^3}{c}$$

über, wenn wir in der Klammer lediglich das erste Glied beibehalten, was aber nur für sehr flache Querschnitte zulässig erscheint. Für diese reduziert sich auch Gl. (9 d) auf

$$\tau_{\max}=-2G\frac{b}{c}=-\frac{3}{8}\frac{\mathfrak{M}}{ab^2}$$

in Übereinstimmung mit Gl. (21 c), § 11, für schmale Querschnitte, denen dann eine lineare Spannungsverteilung nach

$$\tau_y=-2G\frac{y}{c}$$

entspricht. Diese geht ersichtlich aus unserer zweiten Gl. (9 a) durch Vernachlässigung des Klammerausdruckes hervor, die wiederum nur für große Werte von $\alpha_0 a$ berechtigt ist.

Die für beliebige Verhältnisse $a:b$ in § 11 abgeleitete Formel

$$\mathfrak{M} = \frac{40}{9} \cdot \frac{G}{c} \frac{a^3 b^3}{a^2 + b^2}$$

wird durch die exakte Theorie jedoch nicht bestätigt, was angesichts der Willkür in der Wahl der Funktion für die Spannungslinien in § 11 auch nicht wundernehmen kann.

Daß durch die Formeln (10a) bzw. ihre Näherungsausdrücke bei vorgelegtem Torsionsmoment $\mathfrak{M}$ der Verdrehungswinkel der Längeneinheit, d. h. $1:c$ bestimmt ist, der auch in den Gleichungen für die Spannungen und in der Axialverschiebung erscheint, braucht kaum noch hervorgehoben zu werden.

Für die in unseren Formeln auftretenden Reihen hat De St. Vénant, der in seinen klassischen Untersuchungen zuerst die exakte Lösung für die Torsion von Stäben mit rechteckigem Querschnitt gab, Tabellen aufgestellt[1]). Von deren Wiedergabe kann indessen abgesehen werden, da die oben entwickelten Näherungsausdrücke, zu deren Verwendung die bekannten Tabellen der Hyperbelfunktionen genügen, eine für alle praktischen Zwecke mehr als hinreichende Genauigkeit besitzen, worauf in einer bemerkenswerten Abhandlung neuerdings R. Goetzke[2]) hingewiesen hat.

Dagegen erscheint es auffällig, daß in der Formel (9) die Axialverschiebung ζ nicht in gleicher Weise von den Koordinaten x und y abhängig ist, so daß also die offenbar zulässige Vertauschung dieser Variabeln nicht wieder auf denselben Ausdruck führt, wie man erwarten sollte. Es liegt dies natürlich an dem Ansatze (4 a), für den wir ebenso gut

$$\zeta = A\,\mathfrak{Sin}\,\alpha y \sin \alpha x + \frac{xy}{k}$$

[1]) Navier: Leçons de mécanique: De la résistance des corps solides, ed. par De St. Vénant, Paris 1864.

[2]) Goetzke: Zur Theorie der Torsion rechteckig-prismatischer Stäbe. Z. d. V. d. Ingenieure 1909, S. 935. Auch diese Arbeit enthält Tabellen für die Klammerausdrücke.

hätten schreiben können. Wir brauchen demnach nur, um eine gleichartige Abhängigkeit von x und y zu erhalten, in (9) die Variabeln zu vertauschen und aus (9) und deren neuem Ausdrucke den Mittelwert zu bilden, ohne daß hierdurch rechnerische Vorteile erzielt werden. Genau dasselbe gilt natürlich auch für die Formeln der Spannungen und der Torsionsmomente.

Schließlich sei bemerkt, daß durch neuere Versuche von Bretschneider[1]) die De St. Vénantsche Theorie ihre volle Bestätigung insofern gefunden hat, als die Abweichungen 1,5% nicht überstiegen.

§ 44. Die Schubspannung im Querschnitt des gebogenen Stabes.

Nachweis der Unverträglichkeit der Annahmen der elementaren Biegungslehre mit den Verschiebungsgleichungen. Zurückführung des Problems auf die Ermittlung einer sog. Biegungsfunktion. Berechnung der Schubspannungskomponenten und der Gleichung des verzerrten Querschnitts. Beispiel des nahezu rechteckigen und des elliptischen Querschnitts.

Die allgemeinen Gleichungen für den Spannungszustand eines isotropen Körpers bieten uns die Möglichkeit der Prüfung der Grundannahmen der elementaren Biegungstheorie. Von diesen Annahmen war die wichtigste die schon von Bernoulli herrührende der Erhaltung der Querschnittsebenen, welche im Verein mit der Vernachlässigung von Normalspannungen σ_x und σ_y senkrecht zur Stabachse auf eine in deren Richtung fallende Spannung

$$\sigma_z = \frac{\mathfrak{M}}{\Theta} y \quad . \quad . \quad . \quad . \quad . \quad . \quad . \quad . \quad (1)$$

führte, wenn $\mathfrak{M}$ das Biegungsmoment, Θ das Trägheitsmoment der Querschnittsfläche um ihre neutrale Achse und y den Abstand von dieser bedeutet. Daraus ergab sich weiter für rechteckige Querschnitte unter Vernachlässigung der beiden Schubspannungskomponenten τ_y und τ_z die im Querschnitt zur neutralen Achse senkrechte

$$\tau_x = \frac{1}{2\Theta}\frac{d\mathfrak{M}}{dz}(b^2 - y^2) = \frac{T}{2\Theta}(b^2 - y^2) \quad . \quad . \quad (1\text{a}),$$

[1]) Bretschneider: Dissertation Stuttgart, Berlin 1911.

wenn T die Querkraft und b die halbe Querschnittshöhe bezeichnet, während dessen Breite hierbei keine Rolle spielte.

Durch diese Annahmen werden, da

$$\frac{\partial \sigma_z}{\partial z} = \frac{d\mathfrak{M}}{dz}\frac{y}{\Theta} = \frac{T}{\Theta}y, \quad \frac{\partial \tau_x}{\partial y} = -\frac{T}{\Theta}y \quad . \quad . \quad (1\text{b})$$

ist, die drei Spannungsgleichungen des Stabelementes ohne Massenkräfte

$$\left.\begin{aligned} \frac{\partial \sigma_x}{\partial x} + \frac{\partial \tau_z}{\partial y} + \frac{\partial \tau_y}{\partial z} &= 0 \\ \frac{\partial \sigma_y}{\partial y} + \frac{\partial \tau_x}{\partial z} + \frac{\partial \tau_z}{\partial x} &= 0 \\ \frac{\partial \sigma_z}{\partial z} + \frac{\partial \tau_y}{\partial x} + \frac{\partial \tau_x}{\partial y} &= 0 \end{aligned}\right\} \quad . \quad . \quad . \quad . \quad (2)$$

identisch erfüllt, solange

$$\frac{\partial \tau_x}{\partial z} = \frac{b^2 - y^2}{2\Theta}\frac{dT}{dz} = 0 \quad . \quad . \quad . \quad . \quad . \quad (3),$$

also $T = \text{Const}$ ist, was aber nur für den Stab mit einer konzentrischen Einzellast T am Ende zutrifft. Weiter erhalten wir für die Dehnungen und Gleitungen mit $\sigma_x = \sigma_y = \tau_y = \tau_z = 0$

$$\frac{\partial \xi}{\partial x} = \frac{\partial \eta}{\partial y} = -\frac{\sigma_z}{\mu E} = -\frac{\mathfrak{M}y}{\mu E \Theta}, \quad \frac{\partial \zeta}{\partial z} = \frac{\sigma_z}{E} = \frac{\mathfrak{M}y}{E\Theta} \quad (4),$$

$$\left.\begin{aligned} \frac{\partial \xi}{\partial y} + \frac{\partial \eta}{\partial x} = \frac{\tau_z}{G} = 0, \quad \frac{\partial \zeta}{\partial x} + \frac{\partial \xi}{\partial z} = \frac{\tau_y}{G} = 0 \\ \frac{\partial \eta}{\partial z} + \frac{\partial \zeta}{\partial x} = \frac{\tau_x}{G} = \frac{T}{2G\Theta}(b^2 - y^2) \end{aligned}\right\} \quad . \quad . \quad (5).$$

Hieraus wird mit (4)

$$\frac{\partial^2 \xi}{\partial x \partial z} = -\frac{1}{\mu E}\frac{\partial \sigma_z}{\partial z} = -\frac{Ty}{\mu E \Theta}, \quad \frac{\partial^3 \xi}{\partial x \partial y \partial z} = -\frac{T}{\mu E \Theta} \quad (4\text{a}),$$

dagegen mit (5)

$$2\frac{\partial^3 \xi}{\partial x \partial y \partial z} = -\frac{\partial^2}{\partial x^2}\left(\frac{\partial \eta}{\partial z} + \frac{\partial \zeta}{\partial y}\right) = 0 \quad . \quad . \quad . \quad (5\text{a}),$$

so daß die Grundannahmen der Biegung schon im einfachsten Falle auf einen unlösbaren Widerspruch führen, der wesentlich auf der Vernachlässigung der Wirkung der Querkontraktion in der elementaren Theorie beruht.

Wollen wir daher zu einer den Spannungs- und Dehnungsformeln in gleicher Weise genügenden Lösung gelangen, so müssen wir nach dem Vorgange von De St. Vénant die Zahl der Annahmen selbst dann einschränken, wenn wir es mit einem zylindrischen Stabe zu tun haben, dessen Querschnitt um die xy-Achsen doppelt symmetrisch liegt. Insbesondere erscheint mit Rücksicht auf das in § 14 bemerkte Verhalten der Schubspannung am Umfang nicht rechteckiger Querschnitte die Vernachlässigung von τ_y als unzulässig, womit auch die Gleichung (1 a) für τ_x ihre Geltung verliert. Wir behalten also den Ansatz (1) bei und setzen außerdem nur

$$\sigma_x = \sigma_y = \tau_z = 0 \quad \ldots \ldots \quad (6),$$

so daß die Dehnungsformeln (4) bestehen bleiben. Die Spannungsgleichungen (2) vereinfachen sich dann zu

$$\left.\begin{aligned} &\frac{\partial \tau_y}{\partial z} = \frac{\partial \tau_x}{\partial z} = 0 \\ &\frac{\partial \tau_y}{\partial x} + \frac{\partial \tau_x}{\partial y} + \frac{T}{\Theta} y = 0 \end{aligned}\right\} \quad \ldots \ldots \quad (2\,\mathrm{a}),$$

während wir für die Gleitungen

$$\left.\begin{aligned} \chi_x &= \frac{\partial \eta}{\partial z} + \frac{\partial \zeta}{\partial y} = \frac{\tau_x}{G} \\ \chi_y &= \frac{\partial \zeta}{\partial x} + \frac{\partial \xi}{\partial z} = \frac{\tau_y}{G} \\ \chi_z &= \frac{\partial \xi}{\partial y} + \frac{\partial \eta}{\partial x} = 0 \end{aligned}\right\} \quad \ldots \ldots \quad (7)$$

erhalten. Aus der Verbindung der ersten beiden Gleichungen (2 a) und der entsprechenden (7) folgt weiter

$$\frac{\partial \chi_x}{\partial z} = \frac{\partial \chi_y}{\partial z} = 0 \quad \ldots \ldots \quad (8),$$

also die Unabhängigkeit der Gleitungen von der Querschnittslage im Stabe. Differenzieren wir ferner die ersten beiden Formeln (7) partiell nach x bzw. y und subtrahieren, so wird

$$\frac{\partial \chi_x}{\partial x} - \frac{\partial \chi_y}{\partial y} = \frac{\partial}{\partial z}\left(\frac{\partial \eta}{\partial x} - \frac{\partial \xi}{\partial y}\right) \quad \ldots \quad (9)$$

und nach weiterer Differentiation

$$\left.\begin{aligned} \frac{\partial}{\partial x}\left(\frac{\partial \chi_x}{\partial x} - \frac{\partial \chi_y}{\partial y}\right) &= \frac{\partial}{\partial z}\left(\frac{\partial^2 \eta}{\partial x^2} - \frac{\partial^2 \xi}{\partial x \partial y}\right) \\ \frac{\partial}{\partial y}\left(\frac{\partial \chi_x}{\partial x} - \frac{\partial \chi_y}{\partial y}\right) &= \frac{\partial}{\partial z}\left(\frac{\partial^2 \eta}{\partial x \partial y} - \frac{\partial^2 \xi}{\partial y^2}\right) \end{aligned}\right\} \quad . \; . \quad (9\,\mathrm{a}).$$

Nun ist aber wegen der letzten Gl. (7)

$$\frac{\partial^2 \eta}{\partial x^2} = -\frac{\partial^2 \xi}{\partial x \partial y}, \quad \frac{\partial^2 \xi}{\partial y^2} = -\frac{\partial^2 \eta}{\partial x \partial y} \quad . \quad . \quad . \quad (7\,\mathrm{a}),$$

womit (9 a) übergeht in

$$\left.\begin{aligned} \frac{\partial}{\partial x}\left(\frac{\partial \chi_x}{\partial x} - \frac{\partial \chi_y}{\partial y}\right) &= -2\frac{\partial^3 \xi}{\partial x \partial y \partial z} \\ \frac{\partial}{\partial y}\left(\frac{\partial \chi_x}{\partial x} - \frac{\partial \chi_y}{\partial y}\right) &= -2\frac{\partial^3 \eta}{\partial x \partial y \partial z} \end{aligned}\right\} \quad . \quad . \quad . \quad (9\,\mathrm{b}).$$

In die rechten Seiten dieser Gleichungen können wir aber die Dehnungsformeln (4) einführen und erhalten

$$\left.\begin{aligned} \frac{\partial^3 \xi}{\partial x \partial y \partial z} &= -\frac{1}{\mu E \Theta}\frac{\partial \mathfrak{M}}{\partial z} = -\frac{T}{\mu E \Theta} \\ \frac{\partial^3 \eta}{\partial x \partial y \partial z} &= -\frac{y}{\mu E \Theta}\frac{\partial^2 \mathfrak{M}}{\partial z \partial x} = -\frac{y}{\mu E \Theta}\frac{\partial T}{\partial x} = 0 \end{aligned}\right\} \quad (4\,\mathrm{a}),$$

also an Stelle von (9 b)

$$\left.\begin{aligned} \frac{\partial}{\partial x}\left(\frac{\partial \chi_x}{\partial x} - \frac{\partial \chi_y}{\partial y}\right) &= \frac{2T}{\mu E \Theta} \\ \frac{\partial}{\partial y}\left(\frac{\partial \chi_x}{\partial x} - \frac{\partial \chi_y}{\partial y}\right) &= 0 \end{aligned}\right\} \quad . \quad . \quad . \quad . \quad (9\,\mathrm{c}).$$

Da nun nach (8) eine Abhängigkeit des Klammerausdruckes links von z nicht in Frage kommt, so liefert die Integration von (9 c) mit einer noch zu bestimmenden Konstanten $2C$

$$\frac{\partial \chi_x}{\partial x} - \frac{\partial \chi_y}{\partial y} = \frac{2Tx}{\mu E \Theta} - 2C \quad . \quad . \quad . \quad . \quad (10).$$

Dieser Gleichung genügen offenbar die beiden Ausdrücke

$$\left.\begin{aligned} \chi_x &= \frac{\tau_x}{G} = \frac{\partial \Phi}{\partial y} - Cx + \frac{Tx^2}{\mu E \Theta} \\ \chi_y &= \frac{\tau_y}{G} = \frac{\partial \Phi}{\partial x} + Cy \end{aligned}\right\} \quad . \quad . \quad . \quad (10\,\mathrm{a}),$$

in denen wegen (8)

$$\frac{\partial}{\partial z}\left(\frac{\partial \Phi}{\partial x}\right) = \frac{\partial}{\partial z}\left(\frac{\partial \Phi}{\partial y}\right) = 0 \quad . \quad . \quad . \quad . \quad (8\,\mathrm{a})$$

ist, so daß

$$\Phi = \Phi_1 + Z \quad . \quad . \quad . \quad . \quad . \quad . \quad . \quad . \quad (8\,\mathrm{b})$$

neben einem nur von z abhängigen Zusatzgliede Z noch eine Funktion Φ_1 der Querschnittskoordinaten xy enthält. Weiter erkennt man, daß in Querschnitten, die um die y-Achse symmetrisch gelegen sind, worauf wir uns beschränken wollen, die Konstante C verschwinden muß, da das mit ihr behaftete Glied Cx sein Vorzeichen beim Durchgang durch die y-Achse ändert, wovon dann auch die der y-Achse parallele Schubspannung τ_x betroffen würde. Schreiben wir demgemäß an Stelle von (10 a)

$$\left.\begin{aligned} \chi_x &= \frac{\tau_x}{G} = \frac{\partial \Phi}{\partial y} + \frac{T x^2}{\mu E \Theta} \\ \chi_y &= \frac{\tau_y}{G} = \frac{\partial \Phi}{\partial x} \end{aligned}\right\} \quad . \; . \; . \; . \; (10\,\mathrm{b})$$

und setzen die Ableitungen dieser Ausdrücke

$$\frac{\partial \tau_x}{\partial y} = G \frac{\partial^2 \Phi}{\partial y^2}, \qquad \frac{\partial \tau_y}{\partial x} = G \frac{\partial^2 \Phi}{\partial x^2} \quad . \; . \; . \; (7\,\mathrm{b})$$

in die letzte Gl. (2 a) ein, so wird daraus mit der Konstantenbedingung

$$2G(\mu + 1) = \mu E \quad . \; . \; . \; . \; . \; . \; . \; (11)$$

$$\frac{\partial^2 \Phi}{\partial x^2} + \frac{\partial^2 \Phi}{\partial y^2} + \frac{2(\mu+1)}{\mu} \frac{T y}{E \Theta} = 0 \quad . \; . \; . \; (12).$$

Neben dieser Differentialgleichung besteht nun noch die Randbedingung für die Schubspannungen τ_x und τ_y, deren Resultante die Richtung der Tangente des Querschnittsumfangs haben muß, also mit dem Tangentenwinkel ψ gegen die x-Achse

$$\tau_y \sin \psi + \tau_x \cos \psi = 0,$$

woraus mit (10 b)

$$\left(\frac{\partial \Phi}{\partial y} + \frac{T x^2}{\mu E \Theta}\right) \cos \psi + \frac{\partial \Phi}{\partial x} \sin \psi = 0 \quad . \; . \; (13),$$

oder, wenn wir die Funktion Φ auf die linke Seite bringen,

$$\frac{\partial \Phi}{\partial y} \cos \psi + \frac{\partial \Phi}{\partial x} \sin \psi = - \frac{T x^2}{\mu E \Theta} \cos \psi \quad . \; . \; (13\,\mathrm{a})$$

hervorgeht. Um nun die Gestalt der Funktion Φ zu ermitteln, kehren wir noch einmal zu den Formeln (10 b) zurück, für die wir wegen (7) auch schreiben dürfen

$$\left.\begin{aligned} \frac{\partial \eta}{\partial z} &= \frac{\partial \Phi}{\partial y} - \frac{\partial \zeta}{\partial y} + \frac{T x^2}{\mu E \Theta} \\ \frac{\partial \xi}{\partial z} &= \frac{\partial \Phi}{\partial x} - \frac{\partial \zeta}{\partial x} \end{aligned}\right\} \quad . \; . \; . \; . \; (10\,\mathrm{c}).$$

Differenzieren wir die erste dieser Gleichungen partiell nach x, die zweite nach y und addieren, so folgt

$$\frac{\partial}{\partial z}\left(\frac{\partial \eta}{\partial x}+\frac{\partial \xi}{\partial y}\right)=2\frac{\partial^2}{\partial x \partial y}(\Phi-\zeta)+2\frac{Tx}{\mu E \Theta},$$

oder mit Rücksicht auf die dritte Gl. (7)

$$\frac{\partial^2}{\partial x \partial y}(\Phi-\zeta)=-\frac{Tx}{\mu E \Theta} \quad \ldots \ldots \quad (14).$$

Die nochmalige Differentiation dieser Gleichung nach z liefert bei konstantem T mit Rücksicht auf die dritte Formel (4) in Einklang mit (8 a) und (8 b)

$$\frac{\partial^3 \Phi}{\partial x \partial y \partial z}=\frac{\partial^2}{\partial x \partial y}\left(\frac{\partial \zeta}{\partial z}\right)=\frac{\partial}{\partial x}\left(\frac{\mathfrak{M}}{\Theta}\right)=0 \quad . \ . \quad (14\,\text{a}).$$

Integrieren wir dagegen (14), so wird mit einer reinen Funktion Y von y, einer Funktion X von x und einer Funktion $f\,(y, z)$

$$\frac{\partial}{\partial y}(\Phi-\zeta)=-\frac{Tx^2}{2\mu E\Theta}+\frac{dY}{dy}+\frac{\partial f(y,z)}{\partial y}$$

$$\Phi=\zeta-\frac{Tx^2y}{2\mu E\Theta}+Y+X+f(y,z) \quad . \ (14\,\text{b}).$$

Die hierin auftretende Funktion $f\,(y, z)$ kann aber nur ein Bestandteil von ζ selbst sein, da die anderen Terme der rechten Seite von (14 b) die Variable z nicht enthalten. In der Tat folgt aus der Gleichung für die Dehnung in der Richtung der Stabachse

$$\frac{\partial \zeta}{\partial z}=\frac{\mathfrak{M}y}{E\Theta}=\frac{Tzy}{E\Theta}$$

durch Integration mit einer Funktion Φ_0 von x und y

$$\zeta=\frac{Tyz^2}{2E\Theta}+\Phi_0 \quad \ldots \ldots \ldots \quad (15),$$

wonach

$$f(y,z)=-\frac{Tyz^2}{2E\Theta} \quad \ldots \ldots \ldots \quad (15\,\text{a}),$$

also

$$\zeta+f(y,z)=\Phi_0 \quad \ldots \ldots \ldots \quad (15\,\text{b})$$

ist. Führen wir den Ausdruck (15 a) in die Gl. (14 b) ein, so wird aus dieser

$$\Phi=\zeta-\frac{Tyz^2}{2E\Theta}-\frac{Tx^2y}{2\mu E\Theta}+Y+X \quad . \ . \quad (14\,\text{c})$$

und nach Einsetzen in die Differentialgleichung (12)

$$\frac{\partial^2 \zeta}{\partial x^2}+\frac{\partial^2 \zeta}{\partial y^2}+\frac{d^2 Y}{d y^2}+\frac{2\mu+1}{\mu}\frac{T y}{E\Theta}+\frac{d^2 X}{d x^2}=0 \quad (12\,\mathrm{a}).$$

Hierin können wir aber die Summe der beiden ersten Glieder umformen, und zwar mit Hilfe der letzten Spannungsgleichung (2), die nach Einsetzen der Ausdrücke für σ_z und τ_x, τ_y aus (4) und (7) übergeht in

$$G\left(\frac{\partial^2 \zeta}{\partial x^2}+\frac{\partial^2 \zeta}{\partial y^2}\right)+G\frac{\partial}{\partial z}\left(\frac{\partial \eta}{\partial y}+\frac{\partial \xi}{\partial x}\right)+E\frac{\partial^2 \zeta}{\partial z^2}=0$$

oder wegen der ersten beiden Formeln (4) sowie mit der Konstantenbeziehung (11)

$$G\left(\frac{\partial^2 \zeta}{\partial x^2}+\frac{\partial^2 \zeta}{\partial y^2}\right)+\left(E-\frac{2G}{\mu}\right)\frac{\partial^2 \zeta}{\partial z^2}=0$$

$$\frac{\partial^2 \zeta}{\partial x^2}+\frac{\partial^2 \zeta}{\partial y^2}+2\frac{\partial^2 \zeta}{\partial z^2}=0 \quad \ldots \ldots \quad (16).$$

Hiernach ist mit (15)

$$\frac{\partial^2 \zeta}{\partial x^2}+\frac{\partial^2 \zeta}{\partial y^2}=-2\frac{\partial^2 \zeta}{\partial z^2}=-\frac{2Ty}{E\Theta} \quad \ldots \quad (16\,\mathrm{a})$$

oder, eingesetzt in (12 a)

$$\frac{d^2 Y}{d y^2}+\frac{T y}{\mu E\Theta}+\frac{d^2 X}{d x^2}=0 \quad \ldots \ldots \quad (17).$$

Diese Gleichung zerfällt offenbar mit einer neuen Konstante B in die beiden

$$\frac{d^2 Y}{d y^2}+\frac{T y}{\mu E\Theta}=2B=-\frac{d^2 X}{d x^2}$$

und liefert bis auf bedeutungslose additive Konstanten

$$Y=B y^2-\frac{T y^3}{6\mu E\Theta}, \qquad X=-B x^2 \quad \ldots \quad (17\,\mathrm{a}),$$

so daß wir an Stelle von (14 c) mit (15) schreiben dürfen

$$\Phi=\Phi_0-\frac{T x^2 y}{2\mu E\Theta}-\frac{T y^3}{6\mu E\Theta}+B\,(y^2-x^2) \quad . \quad (18).$$

Da auf der rechten Seite nur noch Funktionen von x und y stehen, so kann auch Φ nicht mehr von z abhängen, so daß in Gl. (8 b) das Zusatzglied Z wegfällt. Außerdem erkennt man leicht durch Einführung der Ableitungen von (18) in die Gl. (10 b), daß B aus demselben Grunde verschwinden muß, wie oben in (10 a) die Konstante C. Schreiben wir nun mit einer anderen Funktion Ψ von x und y sowie einer weiteren Konstante D an Stelle von (18)

$$\Phi = \frac{T}{\mu E \Theta}\left(\Psi + D x^2 y - \frac{y^3}{6}\right) \quad . \quad . \quad . \quad . \quad (18\text{a}),$$

so folgt durch Einsetzen in (12)

$$\frac{\partial^2 \Psi}{\partial x^2} + \frac{\partial^2 \Psi}{\partial y^2} + (2D + 2\mu + 1)\, y = 0 \quad . \quad . \quad (11\text{c}).$$

Verlangen wir nun, daß die beiden ersten Glieder dieser Gleichung für sich verschwinden, also

$$\frac{\partial^2 \Psi}{\partial x^2} + \frac{\partial^2 \Psi}{\partial y^2} = 0 \quad . \quad . \quad . \quad . \quad . \quad . \quad . \quad (19)$$

ist, so wird

$$D = -\frac{2\mu + 1}{2} \quad . \quad . \quad . \quad . \quad . \quad . \quad . \quad (18\text{b}),$$

und Gl. (18a) selbst geht über in

$$\Phi = \frac{T}{\mu E \Theta}\left(\Psi - \frac{y^3}{6} - \frac{2\mu + 1}{2} x^2 y\right) \quad . \quad . \quad . \quad (18\text{c}),$$

womit das Problem auf die Ermittlung der Funktion Ψ zurückgeführt ist, die natürlich auch der Randbedingung (13 a) zu genügen hat.

Eliminieren wir aus (15 b) und (18) mit $B = 0$ die Größe Φ_0, so ergibt sich für die Formänderung des Querschnittes

$$\zeta = \frac{T}{E\Theta}\left(\frac{z^2 y}{2} + \frac{\Psi}{\mu} - x^2 y\right) \quad . \quad . \quad . \quad . \quad (20),$$

woraus man schon erkennt, daß die Annahme der Erhaltung der Querschnittsebenen im allgemeinen nicht zutreffen kann. Weiter erhalten wir durch Einsetzen von (18 c) in (10 b) mit Beachtung von (11) die Schubspannungskomponenten

$$\left.\begin{aligned} \tau_x &= \frac{1}{2(\mu+1)} \frac{T}{\Theta}\left(\frac{\partial \Psi}{\partial y} - \frac{y^2}{2} - \frac{2\mu - 1}{2} x^2\right) \\ \tau_y &= \frac{1}{2(\mu+1)} \frac{T}{\Theta}\left(\frac{\partial \Psi}{\partial x} - (2\mu + 1)\, x y\right) \end{aligned}\right\} \quad . \quad (21).$$

Von der hierin auftretenden sog. »Biegungsfunktion« Ψ wissen wir nur, daß sie, um den Symmetriebedingungen der Spannungskomponenten (21) zu genügen, in x gerade und in y ungerade sein muß. Setzen wir demgemäß unter Beschränkung auf Glieder bis zur dritten Ordnung

$$\Psi = Ax^2 + B_1 y + B_3 y^3 + C x^2 y \quad . \quad . \quad . \quad (22),$$

so wird daraus

$$\frac{\partial^2 \Psi}{\partial x^2} = 2A + 2Cy, \quad \frac{\partial^2 \Psi}{\partial y^2} = 6 B_3 y,$$

also nach Einsetzen in die Differentialgleichung (19)

$$A = 0, \qquad C = -3 B_3,$$

so daß wir an Stelle von (22) haben

$$\Psi = B_1 y + B_3 (y^3 - 3x^2 y) \quad . \quad . \quad . \quad . \quad (22\,\mathrm{a}).$$

Hätten wir die Funktion Ψ mit noch mehr Gliedern angesetzt, so würden jedenfalls infolge von (19) die Koeffizienten von $x^2, x^4 \ldots$ verschwinden. Unter Hinzunahme der Glieder fünfter Ordnung würde sich dann aus (19)

$$\Psi = B_1 y + B_3 (y^3 - 3x^2 y) + B_5 (y^5 - 10 x^2 y^3 + 5 x^4 y) \quad (22\,\mathrm{b})$$

ergeben usw. Es braucht wohl kaum hervorgehoben zu werden, daß man für die Wahl der Funktion Ψ nicht etwa allgemein auf derartige Potenzreihen angewiesen ist, sondern daß man hierzu auch Reihen, welche nach Kreis- oder Hyperbelfunktionen, wie beim Torsionsproblem, § 43, fortschreiten, gegebenen Falles heranziehen muß.

Begnügen wir uns mit dem Ansatze (22 a), so erhalten wir für die Schubspannungskomponenten (21)

$$\left.\begin{aligned} \tau_x &= \frac{1}{2(\mu+1)} \frac{T}{\Theta} \left[B_1 + \left(3B_3 - \frac{1}{2}\right) y^2 - \left(3B_3 + \frac{2\mu - 1}{2}\right) x^2 \right] \\ \tau_y &= \frac{1}{2(\mu+1)} \frac{T}{\Theta} (6B_3 + 2\mu + 1)\, xy \end{aligned}\right\} (21\,\mathrm{a}),$$

während wir für die Randbedingung kurz

$$\frac{\tau_x}{\tau_y} = \frac{dy}{dx} \quad . \quad . \quad . \quad . \quad . \quad . \quad . \quad . \quad (23)$$

schreiben können, worin $dy : dx$ der Gleichung der Randkurve zu entnehmen ist.

1. Beispiel. Im Falle eines rechteckigen Querschnittes mit den Halbachsen a und b ist

$$\text{für } x = \pm a : \frac{dx}{dy} = 0, \quad \text{also nach (23) } \tau_y = 0,$$

$$\text{» } y = \pm b : \frac{dy}{dx} = 0, \quad \text{» » » } \tau_x = 0.$$

Das Verschwinden von τ_y für irgendeinen Wert von x, unabhängig von y, bedingt aber nach (21 a) mit

$$6 B_3 = -(2\mu + 1) \quad . \quad . \quad . \quad . \quad . \quad . \quad (24)$$

das Verschwinden von τ_y überhaupt in Übereinstimmung mit den Annahmen der elementaren Biegungstheorie, deren Unzulänglichkeit gerade für diesen Fall wir im Eingang dieses Abschnittes erkannt haben. Soll nämlich für $y = \pm b$ die zur y-Achse parallele Schubspannung τ_x, die mit (24) in

$$\tau_x = \frac{1}{2(\mu+1)} \frac{T}{\Theta} [B_1 - (\mu + 1) y^2 + x^2] \quad . \quad . \quad (25)$$

übergeht, verschwinden, so müßte unabhängig von x

$$B_1 - (\mu + 1) b^2 + x^2 = 0$$

sein, was offenbar unmöglich ist. Die Randbedingungen lassen sich für das Rechteck auch nicht durch eine weitere Ausdehnung der Potenzreihe für Ψ erfüllen, so daß man hier zu der schon erwähnten Reihenentwicklung nach Kreis- und Hyperbelfunktionen greifen müßte. Dagegen hat Grashof[1]) bemerkt, daß das Verschwinden der Komponente τ_y im ganzen Querschnitt mit einer Begrenzung desselben durch zwei Parallelen $x = \pm a$ und die beiden Äste der Hyperbel (Fig. 168)

$$B_1 - (\mu + 1) y^2 + x^2 = 0$$

---

[1]) Grashof: »Theorie der Elastizität und Festigkeit«, 2. Aufl., Berlin 1876, S. 246. Grashof schließt sich in seiner Darlegung der Schubspannungsverteilung eng an das sehr allgemein gehaltene Werk von Clebsch: »Theorie der Elastizität fester Körper«, Leipzig 1862, S. 74 ff., an, der diesen Gegenstand geradezu als das De St. Vénant'sche Problem bezeichnet. Wir haben hier einen etwas kürzeren Weg eingeschlagen und nur im Anfang bis Gl. (10 a) Loves »Lehrbuch der Elastizität«, deutsch von Timpe, Leipzig 1907, S. 380 ff., benutzt. Von da ab sind wir allerdings selbständig vorgegangen, um den von Love einfach hingeschriebenen Zusammenhang zwischen den Funktionen Φ und Ψ unter Benutzung der Symmetrieeigenschaften des Querschnittes herzuleiten.

oder

$$\frac{(\mu+1)\,y^2}{B_1}-\frac{x^2}{B_1}=1 \quad . \quad . \quad . \quad . \quad . \quad (26)$$

vereinbar ist. Bezeichnen wir die Hauptachse der Hyperbel mit $2\,b_1$, so wird

$$B_1=(\mu+1)\,b_1^2 \quad . \quad . \quad . \quad . \quad . \quad . \quad (26\text{a})$$

und die Schnittpunkte der beiden Geraden $x=\pm\,a$ mit der Hyperbel haben die Ordinaten

$$b^2=b_1^2+\frac{a^2}{\mu+1} \quad . \ (26\,\text{b}).$$

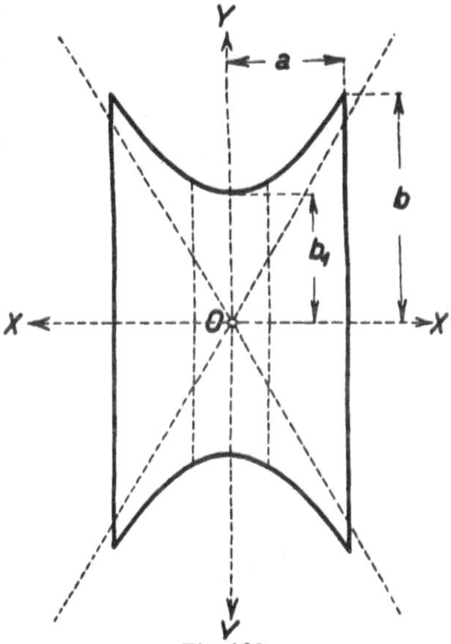

Fig. 168.

Nach Einführung dieser Werte in (25) wird die Schubspannung

$$\tau_x=\frac{T}{2\,\Theta}\left(b^2-y^2-\frac{a^2-x^2}{\mu+1}\right) \ (25\text{a}),$$

worin für sehr schmale Querschnitte, deren einer in Fig. 168 punktiert angedeutet ist, sowohl a^2 als auch x^2 um so eher vernachlässigt werden dürfen, als ihre Differenz mit dem Quotienten $\mu+1>4$ behaftet ist. Dann aber wird im Einklang mit (1 a)

$$\tau_x=\frac{T}{2\,\Theta}\,(b^2-y^2) \quad (25\text{b}),$$

so daß die Annahmen der elementaren Biegungstheorie für schmale Rechtecksquerschnitte, die um ihre kleine Hauptachse gebogen werden, ihre Bestätigung finden[1]).

2. Beispiel. Ist der Querschnitt durch eine Ellipse

$$\frac{x^2}{a^2}+\frac{y^2}{b^2}=1 \quad . \quad . \quad . \quad . \quad . \quad . \quad . \quad . \quad (27)$$

begrenzt, so lautet mit

$$\frac{dy}{dx}=-\frac{x\,b^2}{y\,a^2} \quad . \quad . \quad . \quad . \quad . \quad . \quad . \quad (27\,\text{a})$$

---

[1]) Es sei hier nochmals betont, daß mit diesem Ergebnisse die in der Fußnote S. 153 erwähnten Versuche von Coker in einem unlösbaren Widerspruch stehen.

die Randbedingung (23)

$$\tau_x a^2 y + \tau_y b^2 x = 0 \quad \ldots\ldots \quad (23\text{a}),$$

woraus nach Einsetzen der Werte (21 a)

$$\left[B_1 + \left(3B_3 - \frac{1}{2}\right) y^2 - \left(3B_3 + \frac{2\mu - 1}{2}\right) x^2\right] a^2$$
$$- (6B_3 + 2\mu + 1) b^2 x^2 = 0 \quad \ldots\ldots \quad (23\text{b})$$

hervorgeht. Da die beiden Variabeln in dieser Formel der Ellipsengleichung (27) genügen müssen, so können wir eine derselben durch die andere ausdrücken und erhalten so

$$a^2\left[B_1 + \left(3B_3 - \frac{1}{2}\right) b^2\right] - \left(3B_3 - \frac{1}{2}\right) b^2 x^2$$
$$- \left(3B_3 + \frac{2\mu - 1}{2}\right) a^2 x^2 - (6B_3 + 2\mu + 1) b^2 x^2 = 0 \quad (23\text{c}).$$

Diese Gleichung kann für beliebige Querschnittspunkte nur bestehen, wenn sowohl der konstante Teil, als auch der Faktor von x^2 für sich verschwinden, d. h. wenn

$$\left.\begin{aligned} & B_1 - b^2\left(\frac{1}{2} - 3B_3\right) = 0 \\ & 3B_3(a^2 + 3b^2) + \left(2\mu + \frac{1}{2}\right) b^2 + \left(\mu - \frac{1}{2}\right) a^2 = 0 \end{aligned}\right\} \quad (28)$$

sind, woraus sich

$$\left.\begin{aligned} 3B_3 &= -\frac{\left(2\mu + \frac{1}{2}\right) b^2 + \left(\mu - \frac{1}{2}\right) a^2}{a^2 + 3b^2} \\ B_1 &= b^2 \frac{\mu a^2 + 2(\mu + 1) b^2}{a^2 + 3b^2} \end{aligned}\right\} \quad \ldots \quad (28\text{a})$$

berechnet. Drücken wir der Einfachheit halber nur die Konstante $3B_3$ durch B_1 vermittelst der ersten Gl. (28) aus, so ergeben sich die Schubspannungskomponenten (21 a) zu

$$\left.\begin{aligned} \tau_x &= \frac{1}{2(\mu + 1)} \frac{T}{\Theta}\left[\frac{B_1}{b^2}(b^2 - y^2) - \left(\mu - \frac{B_1}{b^2}\right) x^2\right] \\ \tau_y &= -\frac{1}{2(\mu + 1)} \frac{T}{\Theta}\left(1 + \mu - \frac{B_1}{b^2}\right) x y \end{aligned}\right\} \quad (29).$$

Diese Ausdrücke gelten auch noch für den Kreisquerschnitt, wenn mit $a = b$

$$B_1 = \frac{3\mu + 2}{4} a^2$$

gesetzt wird.

Aus unseren Formeln kann man natürlich auch noch die größten Werte für die resultierende Schubspannung mit $\tau^2 = \tau_x^2 + \tau_y^2$ sowie aus (20) die Gleichung der verzerrten Querschnittsebene berechnen. Schließlich ergibt sich noch durch Einsetzen der Spannungskomponenten in die Gl. (23) und deren Integration der Verlauf der Schubspannungslinien, die z. B. für den elliptischen Querschnitt ellipsenähnliche Kurven sind und sämtlich durch die Enden der zur neutralen Schicht normalen Achse hindurchgehen.

Kapitel VII.

Die Biegung ebener Platten.

§ 45. Ableitung der Grundformeln.

Definition der ebenen Platte und Zurückführung ihrer Formänderung auf diejenige ihrer Mittelfläche unter Erhaltung der Normalen. Aufstellung der Spannungsgleichungen und der Differentialgleichung der deformierten Mittelfläche. Einführung der Krümmungsradien und Berechnung der Formänderungsarbeit. Die Differentialgleichung der schwingenden Platte.

Unter einer ebenen Platte soll ein Körper verstanden werden, der von zwei parallelen Ebenen im Abstande h sowie von einer beliebigen geschlossenen Zylinderfläche senkrecht zu diesen Ebenen derart begrenzt ist, daß die Plattendicke h klein gegen die Abmessungen der Plattenbegrenzung in den beiden Ebenen ausfällt. Wird eine solche Platte durch Einzelkräfte bzw. durch einen konstanten oder variablen Flächendruck normal zu ihren Ebenen belastet, während sie gleichzeitig in punktförmigen Auflagen oder längs ihres Randes gestützt ist, so erleidet sie eine Durchbiegung, ohne daß ihre Abmessungen selbst nennenswerte Änderungen erfahren. Die Durchbiegung kann daher als das Ergebnis von Normalverschiebungen ζ aller Punkte der ursprünglichen Mittelebene angesehen werden, welche dadurch in eine gekrümmte Fläche mit der Gleichung

$$\zeta = F(x, y) \quad . \quad . \quad . \quad . \quad . \quad . \quad . \quad (1)$$

übergeht, wenn die xy-Ebene des Koordinatensystems mit der nicht deformierten Mittelebene der Platte zusammenfällt. Durch die Form der neutralen Fläche (1) sind dann auch die Verschiebungen eines Plattenelementes im Abstande z von der

Mittelebene bestimmt, wenn wir mit Rücksicht auf die Kleinheit der Plattendicke h annehmen, daß die Normalen zur Mittelebene nach der Biegung wieder Normalen zur neutralen Fläche bilden, ohne selbst innerhalb der Platte eine Krümmung zu erleiden (Fig. 169). Diese Annahme entspricht offenbar genau der Bernoullischen Voraussetzung der Erhaltung der Querschnittsebenen in der elementaren Biegungslehre gerader dünner Stäbe.

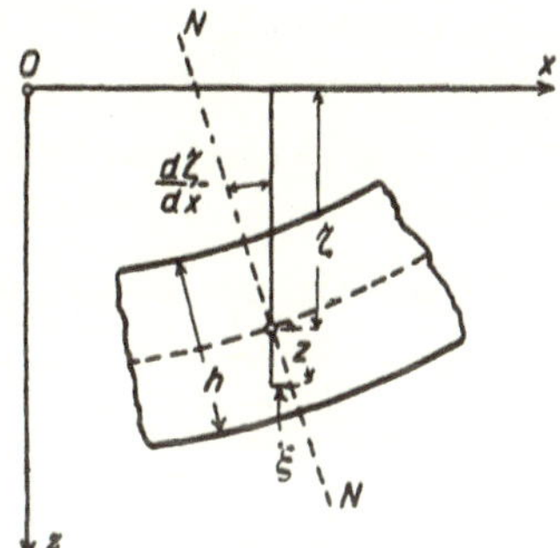

Fig. 169.

Auf die Normale NN, Fig. 169, angewendet, liefert sie für die Verschiebungen eines Plattenelementes in der xy-Ebene, die wir von jetzt ab der Kürze halber als Horizontalverschiebungen bezeichnen wollen

$$\xi = -z\frac{\partial \zeta}{\partial x}, \quad \eta = -z\frac{\partial \zeta}{\partial y} \quad (2),$$

während die in die z-Richtung fallende Vertikalverschiebung ζ mit derjenigen des zugehörigen Punktes der Mittelebene übereinstimmt. Die negativen Vorzeichen in (2) deuten nur an, daß die Durchbiegung ζ mit wachsendem x bzw. y abnimmt, wie es z. B. einer am Rande aufliegenden Platte entspricht.

Aus den Gleichungen (2) erhalten wir durch nochmalige Differentiation die Horizontaldehnungen

$$\varepsilon_x = \frac{\partial \xi}{\partial x} = -z\frac{\partial^2 \zeta}{\partial x^2}, \quad \varepsilon_y = \frac{\partial \eta}{\partial y} = -z\frac{\partial^2 \zeta}{\partial y^2} \quad . \text{ (2a)},$$

die mit den gleichgerichteten Spannungskomponenten σ_x und σ_y durch

$$E\varepsilon_x = \sigma_x - \frac{\sigma_y}{\mu}, \quad E\varepsilon_y = \sigma_y - \frac{\sigma_x}{\mu} \quad . \; . \; . \; \text{(2b)}$$

zusammenhängen, wenn wir von der Wirkung der Vertikalspannung σ_z absehen, die ja nach Voraussetzung keine nennenswerte Dehnung hervorruft, die sich in einer Änderung der Plattendicke verraten würde. Aus den Formeln (2b) berechnen sich nunmehr umgekehrt mit Rücksicht auf (2 a) die Spannungskomponenten

$$\left.\begin{aligned}\sigma_x &= -\frac{\mu E}{\mu^2-1} z \left(\mu \frac{\partial^2 \zeta}{\partial x^2} + \frac{\partial^2 \zeta}{\partial y^2}\right)\\ \sigma_y &= -\frac{\mu E}{\mu^2-1} z \left(\mu \frac{\partial^2 \zeta}{\partial y^2} + \frac{\partial^2 \zeta}{\partial x^2}\right)\end{aligned}\right\} \quad . \; . \; . \quad (3),$$

außerdem aber noch die Schubspannungskomponente

$$\tau_z = G\left(\frac{\partial \xi}{\partial y} + \frac{\partial \eta}{\partial x}\right) = -2 G z \frac{\partial^2 \zeta}{\partial x \partial y} \quad . \; . \; . \quad (4),$$

welche eine Verzerrung der Plattenelemente in ihrer Ebene selbst hervorzurufen bestrebt ist, Fig. 170.

Sehen wir nun vom Eigengewicht der Platte ab, so gelten für sie die Spannungsgleichungen

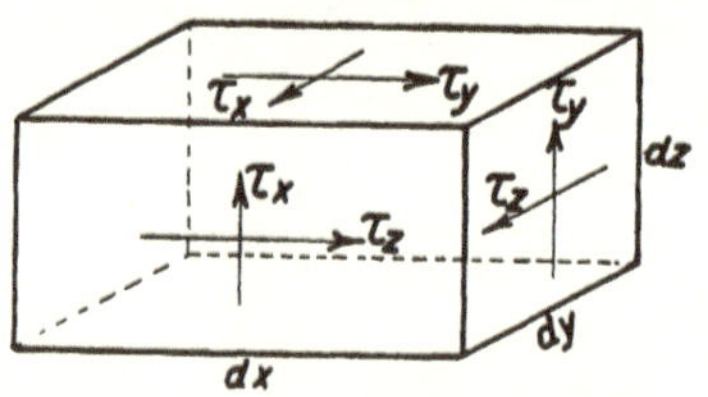

Fig. 170.

$$\left.\begin{aligned}\frac{\partial \sigma_x}{\partial x} + \frac{\partial \tau_y}{\partial z} + \frac{\partial \tau_z}{\partial y} &= 0\\ \frac{\partial \sigma_y}{\partial y} + \frac{\partial \tau_z}{\partial x} + \frac{\partial \tau_x}{\partial z} &= 0\\ \frac{\partial \sigma_z}{\partial z} + \frac{\partial \tau_x}{\partial y} + \frac{\partial \tau_y}{\partial x} &= 0\end{aligned}\right\} \quad . \quad (5),$$

von denen wir zunächst nur die beiden ersten ins Auge fassen wollen. Setzen wir in die erste die Ausdrücke (3) und (4) ein, so erhalten wir

$$\frac{\partial \tau_y}{\partial z} = \frac{\mu^2 E}{\mu^2-1} z \frac{\partial^3 \zeta}{\partial x^3} + \left(\frac{\mu E}{\mu^2-1} + 2G\right) z \frac{\partial^3 \zeta}{\partial x \partial y^2}$$

oder wegen

$$2G = \frac{\mu E}{\mu+1} \quad \text{oder} \quad \frac{\mu E}{\mu^2-1} + 2G = \frac{\mu^2 E}{\mu^2-1} \quad . \quad (6)$$

unter gleichzeitiger Hinzufügung der anderen Formel

$$\left.\begin{aligned}\frac{\partial \tau_y}{\partial z} &= \frac{\mu^2 E}{\mu^2-1} z \left(\frac{\partial^3 \zeta}{\partial x^3} + \frac{\partial^3 \zeta}{\partial x \partial y^2}\right)\\ \frac{\partial \tau_x}{\partial z} &= \frac{\mu^2 E}{\mu^2-1} z \left(\frac{\partial^3 \zeta}{\partial y^3} + \frac{\partial^3 \zeta}{\partial x^2 \partial y}\right)\end{aligned}\right\} \quad . \; . \; . \quad (5\,a).$$

Integrieren wir diese Ausdrücke nach z und beachten, daß für $z = \pm \frac{h}{2}$, d. h. in der oberen und unteren Begrenzungsebene nach Voraussetzung keine Schubspannungen herrschen, so ergibt sich für die beiden Schubspannungskomponenten

$$\left.\begin{aligned} \tau_y &= \frac{\mu^2 E}{\mu^2 - 1}\left(\frac{\partial^3 \zeta}{\partial x^3} + \frac{\partial^3 \zeta}{\partial x \partial y^2}\right)\left(\frac{z^2}{2} - \frac{h^2}{8}\right) \\ \tau_x &= \frac{\mu^2 E}{\mu^2 - 1}\left(\frac{\partial^3 \zeta}{\partial y^3} + \frac{\partial^3 \zeta}{\partial x^2 \partial y}\right)\left(\frac{z^2}{2} - \frac{h^2}{8}\right) \end{aligned}\right\} \quad . \; . \; (7).$$

Daraus folgt aber eine parabolische Verteilung beider Komponenten über die Plattendicke, ganz analog der von der Querkraft beim rechteckigen Balken hervorgerufenen Schubspannung. Ebenso wie deren Veränderlichkeit längs der Balkendicke im Widerspruch steht mit der Bernoullischen Annahme der Erhaltung der Querschnittsebenen, so würden die Formeln (7) eine doppelte Krümmung der Normalen bedingen, die indessen, wie eine nähere Untersuchung zeigt, praktisch keine Rolle spielt.

Dagegen liefert der Unterschied der Spannungen τ_x und τ_y in den einander gegenüberliegenden Vertikalflächen $d\,x\,d\,z$ und $d\,y\,d\,z$ des Elementes nach nochmaliger Integration über die Plattendicke je eine Vertikalkraft, die zusammen dem Flächendrucke auf das Element $d\,x\,d\,y$ einer der Begrenzungsebenen das Gleichgewicht halten, so zwar, daß

$$\int_{-\frac{h}{2}}^{+\frac{h}{2}} \left(\frac{\partial \tau_y}{\partial x}\, d\,x\,d\,y + \frac{\partial \tau_x}{\partial y}\, d\,y\,d\,x\right) d\,z = p\,d\,x\,d\,y$$

oder

$$\int_{-\frac{h}{2}}^{+\frac{h}{2}} \left(\frac{\partial \tau_y}{\partial x} + \frac{\partial \tau_x}{\partial y}\right) d\,z = p \; . \; . \; . \; . \; . \; . \; . \; . \; . \; (8),$$

woraus schließlich nach Einsetzen von (7) und Ausführung der Integration

$$\frac{\mu^2 E}{\mu^2 - 1}\,\frac{h^3}{12}\left(\frac{\partial^4 \zeta}{\partial x^4} + 2\,\frac{\partial^4 \zeta}{\partial x^2 \partial y^2} + \frac{\partial^4 \zeta}{\partial y^4}\right) = p \quad . \; . \; (9)$$

resultiert. Das ist schon die gesuchte Differentialgleichung der neutralen Mittelfläche der deformierten Platte, deren Integration uns nicht nur mit (2) die Verschiebungen aller Plattenelemente, sondern auch unter Zuhilfenahme der Gleichungen (3 a), (4) und (7) die Spannungsverteilung innerhalb der Platte liefert. Ja, sogar die bisher vernachlässigte Vertikalspannung σ_z läßt sich nachträglich aus der dritten Gl. (5) leicht berechnen, wenn man in diese die beiden aus (7) gebildeten Ableitungen von τ_x und τ_y wie in (8) einsetzt. Es ergibt sich so

$$\frac{\partial \sigma_z}{\partial z} = -\frac{\mu^2 E}{\mu^2 - 1}\left(\frac{\partial^4 \zeta}{\partial x^4} + 2\frac{\partial^4 \zeta}{\partial x^2 \partial y^2} + \frac{\partial^4 \zeta}{\partial y^4}\right)\left(\frac{z^2}{2} - \frac{h^2}{8}\right),$$

oder wegen (9) kürzer

$$\frac{\partial \sigma_z}{\partial z} = -\frac{12 p}{h^3}\left(\frac{z^2}{2} - \frac{h^2}{8}\right) = -\frac{6 p}{h^3}\left(z^2 - \frac{h^2}{4}\right) \quad . \quad . \quad (5\text{b}),$$

woraus mit $\sigma_z = 0$ für die Unterfläche $z = +\frac{h}{2}$ durch Integration

$$\sigma_z = -\frac{6 p}{h^3}\left(\frac{z^3}{3} - \frac{h^2 z}{4}\right) - \frac{p}{2} \quad . \quad . \quad . \quad . \quad (10)$$

folgt. Für die Oberfläche d. h. für $z = -\frac{h}{2}$, erhalten wir daraus im Einklang mit der Voraussetzung $\sigma_z = -p$. Aus dieser Berechnung geht weiter hervor, daß der absolute Betrag der Vertikalspannung höchstens gleich dem auf einer der Plattenflächen lastenden Druck wird, dessen Kleinheit die Vernachlässigung von σ_z in den Formeln (3) somit nachträglich rechtfertigt.

Kehren wir noch einmal zur Differentialgleichung (9) zurück, so erkennen wir, daß man den Klammerausdruck auch in der Form

$$\frac{\partial^2}{\partial x^2}\left(\frac{\partial^2 \zeta}{\partial x^2} + \frac{\partial^2 \zeta}{\partial y^2}\right) + \frac{\partial^2}{\partial y^2}\left(\frac{\partial^2 \zeta}{\partial x^2} + \frac{\partial^2 \zeta}{\partial y^2}\right)$$

schreiben kann, worin wegen der Kleinheit der Durchbiegungen ζ

$$\frac{\partial^2 \zeta}{\partial x^2} = -\frac{1}{\varrho_1}, \qquad \frac{\partial^2 \zeta}{\partial y^2} = -\frac{1}{\varrho_2} \quad . \quad . \quad . \quad (11)$$

die Krümmungen der verbogenen Mittelfläche in zwei Normalabschnitten parallel der x- bzw. y-Achse bedeuten. Somit erhalten wir an Stelle von (9)

$$\frac{\partial^2}{\partial x^2}\left(\frac{1}{\varrho_1} + \frac{1}{\varrho_2}\right) + \frac{\partial^2}{\partial y^2}\left(\frac{1}{\varrho_1} + \frac{1}{\varrho_2}\right) = -\frac{12 p}{h^3 E}\,\frac{\mu^2 - 1}{\mu^2} \quad (9\text{a}),$$

wobei wegen (11)

$$\frac{\partial^2}{\partial y^2}\left(\frac{1}{\varrho_1}\right) = -\frac{\partial^4 \zeta}{\partial x^2 \partial y^2} = \frac{\partial^2}{\partial x^2}\left(\frac{1}{\varrho_2}\right) \quad . \quad . \quad . \quad (11\text{a})$$

ist. Durch Einführung dieser Krümmungen bzw. der Krümmungsradien lassen sich aber auch die Spannungsgleichungen (3) und (7) umformen in

$$\left.\begin{aligned}\sigma_x &= \frac{\mu E}{\mu^2-1}\, z\left(\frac{\mu}{\varrho_1}+\frac{1}{\varrho_2}\right)\\ \sigma_y &= \frac{\mu E}{\mu^2-1}\, z\left(\frac{1}{\varrho_1}+\frac{\mu}{\varrho_2}\right)\end{aligned}\right\} \quad \ldots\ldots\ldots \quad (3\,\mathrm{a})$$

$$\left.\begin{aligned}\tau_y &= \frac{\mu^2 E}{\mu^2-1}\left(\frac{z^2}{2}-\frac{h^2}{8}\right)\frac{\partial}{\partial x}\left(\frac{1}{\varrho_1}+\frac{1}{\varrho_2}\right)\\ \tau_x &= \frac{\mu^2 E}{\mu^2-1}\left(\frac{z^2}{2}-\frac{h^2}{8}\right)\frac{\partial}{\partial y}\left(\frac{1}{\varrho_1}+\frac{1}{\varrho_2}\right)\end{aligned}\right\} \quad \ldots \quad (7\,\mathrm{a}),$$

woraus dann

$$\frac{\partial \tau_y}{\partial y} = \frac{\partial \tau_x}{\partial x} \quad \ldots\ldots\ldots \quad (12).$$

folgt.

Geht man noch einen Schritt weiter und führt die **Biegungsmomente** $\mathfrak{M}_1$ und $\mathfrak{M}_2$ sowie die zugehörigen **Querkräfte** T_1 und T_2, und zwar bezogen auf die Längeneinheit des Plattenquerschnitts, durch die Beziehungen

$$\left.\begin{aligned}\frac{d\mathfrak{M}_1}{dy} &= \int_{-\frac{h}{2}}^{+\frac{h}{2}} \sigma_x z\,dz, & \frac{d\mathfrak{M}_2}{dx} &= \int_{-\frac{h}{2}}^{+\frac{h}{2}} \sigma_y z\,dz\\ \frac{dT_1}{dy} &= \int_{-\frac{h}{2}}^{+\frac{h}{2}} \tau_y\,dz, & \frac{dT_2}{dx} &= \int_{-\frac{h}{2}}^{+\frac{h}{2}} \tau_x\,dz\end{aligned}\right\} \quad \ldots \quad (13)$$

ein, so erhalten wir mit (3 a) und (7 a)

$$\left.\begin{aligned}\frac{d\mathfrak{M}_1}{dy} &= \frac{\mu E}{\mu^2-1}\cdot\frac{h^3}{12}\left(\frac{\mu}{\varrho_1}+\frac{1}{\varrho_2}\right)\\ \frac{d\mathfrak{M}_2}{dx} &= \frac{\mu E}{\mu^2-1}\cdot\frac{h^3}{12}\left(\frac{1}{\varrho_1}+\frac{\mu}{\varrho_2}\right)\end{aligned}\right\} \quad \ldots\ldots \quad (3\,\mathrm{b})$$

$$\left.\begin{aligned}\frac{dT_1}{dy} &= \frac{\mu^2 E}{\mu^2-1}\,\frac{h^3}{12}\,\frac{\partial}{\partial x}\left(\frac{1}{\varrho_1}+\frac{1}{\varrho_2}\right)\\ \frac{dT_2}{dx} &= \frac{\mu^2 E}{\mu^2-1}\,\frac{h^3}{12}\,\frac{\partial}{\partial y}\left(\frac{1}{\varrho_1}+\frac{1}{\varrho_2}\right)\end{aligned}\right\} \quad \ldots \quad (7\,\mathrm{b}).$$

Die Addition und Subtraktion der beiden Formeln (3 b) liefert ferner

$$\left.\begin{aligned} \frac{d\mathfrak{M}_1}{dy} + \frac{d\mathfrak{M}_2}{dx} &= \frac{\mu E}{\mu - 1} \frac{h^3}{12}\left(\frac{1}{\varrho_1} + \frac{1}{\varrho_2}\right) \\ \frac{d\mathfrak{M}_1}{dy} - \frac{d\mathfrak{M}_2}{dx} &= \frac{\mu E}{\mu + 1} \frac{h^3}{12}\left(\frac{1}{\varrho_1} - \frac{1}{\varrho_2}\right) \end{aligned}\right\} \quad . \quad . \quad (3\,\mathrm{c}),$$

während die Bildung eines M o m e n t e s u m d i e N o r m a l e, welches die Verzerrung eines Plattenelementes zur Folge hat, mit Gl. (4)

$$d\mathfrak{M} = dx\,dy \int_{-\frac{h}{2}}^{+\frac{h}{2}} \tau_z\,dz = -2G\frac{\partial^2 \zeta}{\partial x\,\partial y}\,dx\,dy\int_{-\frac{h}{2}}^{+\frac{h}{2}} z\,dz = 0 \quad . \quad (4\,\mathrm{a}),$$

ergibt. Das heißt natürlich nur, daß die Verzerrungen der oberen und unteren Plattenhälfte einander entgegengesetzt gleich sind, so daß die Mittelfläche selbst keine Verzerrungen erleidet.

Vergleicht man dann noch die Formeln (3 b) und (7 b), so erkennt man, daß infolge der Wirkung der Querkontraktion die Querkräfte an unserer Platte nicht ohne weiteres als Ableitungen der zugehörigen Biegungsmomente aufgefaßt werden dürfen.

Für die Berechnung der F o r m ä n d e r u n g s a r b e i t kommt zunächst die Spannung σ_z nicht in Betracht, da sie ihrer Kleinheit wegen keine mit den andern vergleichbare Verschiebungen hervorbringt. Außerdem aber bedingt die Erhaltung der Normalen, die unseren Ansätzen zugrunde lag, die Wirkungslosigkeit der Schubspannungen τ_x und τ_y für die Deformation, so daß nur mehr σ_x, σ_y und τ_z übrig bleiben. Damit aber erhalten wir, wie beim ebenen Spannungszustand, die einfache Gleichung

$$\frac{dL}{dV} = \frac{1}{2E}\left(\sigma_x^2 + \sigma_y^2 - \frac{2\sigma_x\sigma_y}{\mu}\right) + \frac{\tau_z^2}{2G} \quad . \quad . \quad (14),$$

oder nach Einführung der Ausdrücke (3) und (4) sowie wegen (6)

$$\begin{aligned} \frac{dL}{dV} = \frac{\mu^2 E}{(\mu^2-1)^2}\frac{z^2}{2}&\left\{(\mu^2+1)\left[\left(\frac{\partial^2\zeta}{\partial x^2}\right)^2 + \left(\frac{\partial^2\zeta}{\partial y^2}\right)^2\right] + 4\mu\frac{\partial^2\zeta}{\partial x^2}\frac{\partial^2\zeta}{\partial y^2}\right\} \\ - \frac{\mu^2 E}{(\mu^2-1)^2}\frac{z^2}{\mu}&\left\{(\mu^2+1)\frac{\partial^2\zeta}{\partial x^2}\frac{\partial^2\zeta}{\partial y^2} + \mu\left[\left(\frac{\partial^2\zeta}{\partial x^2}\right)^2 + \left(\frac{\partial^2\zeta}{\partial y^2}\right)^2\right]\right\} \\ &+ \frac{\mu E}{\mu+1}\left(\frac{\partial^2\zeta}{\partial x\,\partial y}\right)^2 z^2. \end{aligned}$$

Daraus wird durch Zusammenziehung einzelner Glieder

$$\frac{dL}{dV} = \frac{\mu^2 E}{\mu^2 - 1} \frac{z^2}{2} \left[\left(\frac{\partial^2 \zeta}{\partial x^2} \right)^2 + \left(\frac{\partial^2 \zeta}{\partial y^2} \right)^2 + \frac{2}{\mu} \frac{\partial^2 \zeta}{\partial x^2} \frac{\partial^2 \zeta}{\partial y^2} + 2 \frac{\mu - 1}{\mu} \left(\frac{\partial^2 \zeta}{\partial x \partial y} \right)^2 \right] \quad \text{(14a)},$$

oder mit $dV = dx\,dy\,dz$ nach Integration über z zwischen den Grenzen $z = \pm \frac{h}{2}$

$$L = \frac{\mu^2 E}{\mu^2 - 1} \frac{h^3}{24} \iint \left[\left(\frac{\partial^2 \zeta}{\partial x^2} \right)^2 + \left(\frac{\partial^2 \zeta}{\partial y^2} \right)^2 + \frac{2}{\mu} \frac{\partial^2 \zeta}{\partial x^2} \frac{\partial^2 \zeta}{\partial y^2} + 2 \frac{\mu - 1}{\mu} \left(\frac{\partial^2 \zeta}{\partial x \partial y} \right)^2 \right] dx\,dy \quad \text{(15)},$$

worin die Integration über die ganze Plattenfläche zu erstrecken ist.[1])

Handelt es sich um eine, wie oben, gewichtslose Platte, die, an einem Punkte oder am Rande festgehalten, in Schwingungen versetzt wird, so können wir den Druck p auf das

---

[1]) Zu einer anderen Näherungsform der Arbeitsgleichung gelangt man unter Weglassung des Einflusses der Querkräfte (7b), welche keine Krümmung der Normalen hervorrufen, lediglich auf Grund der durch (3b) gegebenen Biegungsmomente. Diese ergeben mit den von ihnen erzeugten Winkeländerungen

$$d\Delta\varphi_1 = \frac{dx}{\varrho_1}, \quad d\Delta\varphi_2 = \frac{dy}{\varrho_2}$$

multipliziert und addiert das Element der Formänderungsarbeit

$$dL = \frac{1}{2}(d\mathfrak{M}_1\, d\Delta\varphi_1 + d\mathfrak{M}_2\, d\Delta\varphi_2)$$

oder nach Einführung von (3b)

$$dL = \frac{E\mu^2}{\mu^2 - 1} \frac{h^3}{12} \left(\frac{1}{\varrho_1^2} + \frac{1}{\varrho_2^2} + \frac{2}{\varrho_1 \varrho_2} \right) dx\,dy \quad \text{(15a)}.$$

Diese Formel, von der u. a. Lord Rayleigh in seiner „Theorie des Schalles" (deutsch von Neesen, Braunschweig 1880) S. 386 ff. umfassenden Gebrauch macht, unterscheidet sich von der obigen Gl. (15) nur durch den Wegfall des Gliedes $2\frac{\mu-1}{\mu}\left(\frac{\partial^2 \zeta}{\partial x \partial y}\right)^2$, welches den Einfluß der Schubspannungskomponente τ_z enthält, die eine Verzerrung der oberen und unteren Plattenelemente gegeneinander bewirkt.

Oberflächenelement $d\,x\,d\,y$ durch die Beschleunigungskraft auf das Plattenelement mit dem spez. Gewicht γ

$$dm = \frac{\gamma}{g} h\,dx\,dy \quad \ldots \ldots \quad (16),$$

derart ersetzen, daß

$$p\,dx\,dy = dm \frac{\partial^2 \zeta}{\partial t^2} = \frac{\gamma}{g} h \frac{\partial^2 \zeta}{\partial t^2} dx\,dy$$

oder

$$p = \frac{\gamma}{g} h \frac{\partial^2 \zeta}{\partial t^2} \quad \ldots \ldots \quad (17)$$

wird. Damit aber geht (9) über in die Schwingungsgleichung

$$\frac{\partial^4 \zeta}{\partial x^4} + 2 \frac{\partial^4 \zeta}{\partial x^2 \partial y^2} + \frac{\partial^4 \zeta}{\partial y^4} = 12 \frac{\gamma}{g h^2} \frac{\mu^2 - 1}{\mu^2 E} \frac{\partial^2 \zeta}{\partial t^2} \quad (18),$$

für die wir mit der Abkürzung

$$\frac{\mu^2 E}{\mu^2 - 1} \cdot \frac{g}{\gamma} \frac{h^2}{12} = c^4$$

auch

$$c^4 \left(\frac{\partial^4 \zeta}{\partial x^4} + 2 \frac{\partial^4 \zeta}{\partial x^2 \partial y^2} + \frac{\partial^4 \zeta}{\partial y^4} \right) = \frac{\partial^2 \zeta}{\partial t^2} \quad \ldots \quad (18\,\mathrm{a})$$

schreiben dürfen. Setzen wir hierin

$$\zeta = \zeta' U \quad \ldots \ldots \quad (19),$$

worin U eine reine Zeitfunktion ist, während ζ' nur von den Koordinaten abhängt, so wird aus (18 a)

$$\frac{c^4}{\zeta'} \left(\frac{\partial^4 \zeta'}{\partial x^4} + 2 \frac{\partial^4 \zeta'}{\partial x^2 \partial y^2} + \frac{\partial^4 \zeta'}{\partial y^4} \right) = \frac{1}{U} \frac{d^2 U}{d t^2} \quad \ldots \quad (18\,\mathrm{b}).$$

Diese Gleichung kann aber nur dann bestehen, wenn sowohl die rechte als auch die linke Seite für sich einer und derselben Konstanten gleich sind. Und zwar muß diese Konstante $-\alpha^2$ negativ sein, damit Schwingungen und nicht mit der Zeit unbegrenzt anwachsende Ausschläge auftreten. Mithin zerfällt (18 b) in die beiden Gleichungen

$$\left. \begin{aligned} &\frac{\partial^4 \zeta'}{\partial x^4} + 2 \frac{\partial^4 \zeta'}{\partial x^2 \partial y^2} + \frac{\partial^4 \zeta'}{\partial y^4} + \frac{\alpha^2}{c^4} \zeta' = 0 \\ &\frac{\partial^2 U}{\partial t^2} + \alpha^2 U = 0 \end{aligned} \right\} \quad \ldots \quad (20),$$

von denen die letzte eine periodische Zeitfunktion darstellt, deren Periode $2\pi : \alpha$ sich aus den Grenzbedingungen im Einzelfalle bestimmt, die damit auch die Lösungen der ersten Formel (20) festlegen. Diese selbst stimmt übrigens, wie man aus $p = -\alpha^2 \zeta$ erkennt, formal durchaus mit der Gleichung für eine Platte überein, deren Belastung der Durchbiegung selbst proportional ist und ihr entgegenwirkt. Auf diesen Fall werden wir später noch einmal zurückkommen.

§ 46. Die rechteckige Platte.

Die nur in einer Richtung gebogene Platte. Biegung einer Platte durch zwei reine Momente längs der Seitenkanten. Die an allen vier Seiten frei aufliegende Platte mit zentraler Last und gleichförmigem Flächendruck. Näherungslösung für die Durchbiegung. Die allseitig eingespannte Platte unter derselben Belastung. Vergleich der Näherungslösung mit Bachschen Versuchen.

Nachdem wir im vorigen Abschnitt die für alle Plattenformen gültigen Grundformeln abgeleitet haben, wollen wir jetzt eine Reihe von Belastungsfällen rechteckiger Platten untersuchen und für diese sowohl die Formänderung als auch die Spannungskomponenten berechnen.

I. Der einfachste Fall liegt dann vor, wenn wir durch geeignete Vorrichtungen, z. B. durch aufgenietete Winkeleisen, die Querdehnung der Platte etwa in der y-Richtung verhindern. Dann ist mit $\varepsilon_y = 0$ nach Gl. (2 b), § 45, im Einklang mit Gl. (16), § 18,

$$\sigma_y = \frac{\sigma_x}{\mu} \quad \ldots \ldots \ldots \quad (1),$$

also

$$E \varepsilon_x = \sigma_x - \frac{\sigma_y}{\mu} = \sigma_x \frac{\mu^2 - 1}{\mu^2} \quad \ldots \ldots \quad (1a)$$

und wegen $\eta = 0$ in Gl. (2), § 45,

$$\frac{\partial \zeta}{\partial y} = 0 \quad \ldots \ldots \ldots \quad (2),$$

womit die Differentialgleichung (9), § 45, der Platte sich auf

$$\frac{\mu^2 E}{\mu^2 - 1} \frac{h^3}{12} \frac{d^4 \zeta}{d x^4} = p \quad \ldots \ldots \quad (2a)$$

reduziert. Diese unterscheidet sich von der gewöhnlichen Biegungsgleichung eines Balkens nur durch den Faktor $\frac{\mu^2}{\mu^2 - 1}$ des

Elastizitätsmoduls, der nach Gl. (1 a) einfach durch die Verhinderung der Querdehnung bedingt ist. Daraus geht jedenfalls hervor, daß die früher behandelte Biegung eines Balkens nur einen Sonderfall der Biegung einer Platte darstellt.

II. Wird eine rechteckige Platte durch zwei längs der beiden Seitenkanten von den Längen $2a$ und $2b$ gleichförmig verteilte Momente $\mathfrak{M}_1$ und $\mathfrak{M}_2$ gebogen, so dürfen wir an Stelle der Gleichungen (3b), § 45, schreiben

$$\left.\begin{aligned}\frac{\mathfrak{M}_1}{2b} &= -\frac{\mu E}{\mu^2-1}\frac{h^3}{12}\left(\frac{\mu}{\varrho_1}+\frac{1}{\varrho_2}\right)\\ \frac{\mathfrak{M}_2}{2a} &= -\frac{\mu E}{\mu^2-1}\frac{h^3}{12}\left(\frac{1}{\varrho_1}+\frac{\mu}{\varrho_2}\right)\end{aligned}\right\} \quad \ldots \quad (3),$$

woraus dann umgekehrt folgt

$$\left.\begin{aligned}\frac{1}{\varrho_1} &= \frac{6}{E h^3}\left(\frac{\mathfrak{M}_1}{b}-\frac{\mathfrak{M}_2}{\mu a}\right)\\ \frac{1}{\varrho_2} &= \frac{6}{E h^3}\left(\frac{\mathfrak{M}_2}{a}-\frac{\mathfrak{M}_1}{\mu b}\right)\end{aligned}\right\} \quad \ldots \ldots \quad (3\text{a}).$$

Sind die beiden Momente über die ganze Platte hin konstant, so gilt dies auch für die beiden Krümmungsradien bzw. für die Gesamtkrümmung

$$\frac{1}{\varrho_1}+\frac{1}{\varrho_2},$$

womit dann nach Gl. (7 b), § 45, auch die auf die Einheit der Seitenlängen bezogenen Querkräfte

$$\frac{d T_1}{d y}=\frac{T_1}{2b}, \quad \frac{d T_2}{d x}=\frac{T_2}{2a}$$

verschwinden. Die Platte nimmt in diesem Falle die in Fig. 84 dargestellte Form an; ihre Spannungen ergeben sich nach Gl. (7a), § 45, mit (3) zu

$$\sigma_x = \frac{12}{h^3}\frac{\mathfrak{M}_1}{2b}z, \quad \sigma_y = \frac{12}{h^3}\frac{\mathfrak{M}_2}{2a}z \quad \ldots \ldots \quad (4),$$

während die Schubspannungen τ_x und τ_y (7a), § 45, wegen der Konstanz der Gesamtkrümmung verschwinden.

III. Die Platte liege am Rande durchweg frei auf und werde durch eine in der Mitte angreifende Kraft Q, sowie durch einen gleichförmig verbreiteten Flächendruck p belastet.

Dann haben wir eine in jedem Normalschnitt durch die Mitte zu dieser symmetrische Durchbiegung zu erwarten. Bezeichnen wir die offenbar größte Durchbiegung der Plattenmitte mit ζ_0, so genügt diesen Bedingungen nach Fig. 171 der Ansatz

$$\zeta = \zeta_0 \cos \alpha x \cos \beta y \quad . \quad (5),$$

wenn mit den Halbachsen a und b

$$\alpha a = \beta b = \frac{\pi}{2} \quad . \quad (5\,\mathrm{a})$$

gesetzt wird. Da hierdurch der Differentialgleichung (9), § 45, der Platte nicht genügt wird, so darf (5) nur als eine N ä h e r u n g s l ö s u n g angesehen werden, die durch Hinzufügung weiterer Glieder nach dem am Schluß von § 40 angegebenen Verfahren nach Bedarf der Wirklichkeit weiter angepaßt werden kann. Einstweilen wollen wir uns jedoch mit dem Ansatze (5) begnügen und damit die Formänderungsarbeit berechnen. Für diese benutzen wir die Gleichung (15), § 45, nämlich

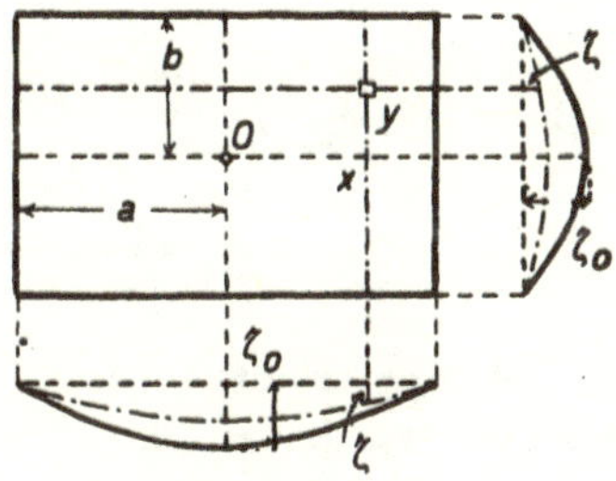

Fig. 171.

$$L = \frac{\mu^2 E}{\mu^2 - 1} \frac{h^3}{24} \iint \left[\left(\frac{\partial^2 \zeta}{\partial x^2} \right)^2 + \left(\frac{\partial^2 \zeta}{\partial y^2} \right)^2 + \frac{2}{\mu} \frac{\partial^2 \zeta}{\partial x^2} \frac{\partial^2 \zeta}{\partial y^2} + 2 \frac{\mu - 1}{\mu} \left(\frac{\partial^2 \zeta}{\partial x \partial y} \right)^2 \right] dx\, dy \quad . \quad . \quad . \quad . \quad (6)$$

und erhalten daraus mit (5)

$$L = \frac{\mu^2 E}{\mu^2 - 1} \frac{h^3}{24} \zeta_0^2 \iint \left[\left(\alpha^4 + \beta^4 + 2 \frac{\alpha^2 \beta^2}{\mu} \right) \cos^2 \alpha x \cos^2 \beta y + 2 \frac{\mu - 1}{\mu} \alpha^2 \beta^2 \sin^2 \alpha x \sin^2 \beta y \right] dx\, dy$$

oder nach Ausführung der Integrationen zwischen den Grenzen $x = \pm a$ und $y = \pm b$ mit Rücksicht auf (5 a)

$$L = \frac{\mu^2 E}{\mu^2 - 1} \frac{h^3}{24} \cdot a b \zeta_0^2 (\alpha^2 + \beta^2)^2 \quad . \quad . \quad . \quad . \quad (6\,\mathrm{a}).$$

Andererseits ist die äußere Arbeit

$$L_a = \frac{Q \zeta_0}{2} + \frac{p}{2} \iint \zeta\, dx\, dy \quad . \quad . \quad . \quad . \quad . \quad (7)$$

oder nach Einsetzen von (5) und Ausführung der Integration zwischen denselben Grenzen wie oben

$$L_a = \left(\frac{Q}{2} + \frac{2p}{\alpha\beta}\right)\zeta_0 = \left(\frac{Q}{2} + \frac{8}{\pi^2}pab\right)\zeta_0 \quad . \ . \ (7\,\mathrm{a}).$$

Aus der Übereinstimmung der beiden Arbeitsbeträge (6 a) und (7 a) folgt dann

$$\zeta_0 = \frac{24(\mu^2-1)}{\mu^2 E h^3 ab} \cdot \frac{\left(\frac{Q}{2} + \frac{8}{\pi^2}pab\right)}{(\alpha^2+\beta^2)^2} \quad . \ . \ . \ (8).$$

Weiter erhalten wir für die Komponenten der N o r m a l - s p a n n u n g aus Gl. (3), § 45, mit (5)

$$\left.\begin{aligned} \sigma_x &= \frac{\mu E}{\mu^2-1}(\alpha^2\mu+\beta^2)\,z\,\zeta_0\cos\alpha x\cos\beta y \\ \sigma_y &= \frac{\mu E}{\mu^2-1}(\alpha^2+\mu\beta^2)\,z\,\zeta_0\cos\alpha x\cos\beta y \end{aligned}\right\} \quad . \ . \ (9)$$

mit den Höchstwerten für $z = \pm\frac{h}{2}$, $x = 0$, $y = 0$, nämlich

$$\begin{aligned} \sigma_1 &= \pm\frac{\mu E}{\mu^2-1}(\alpha^2\mu+\beta^2)\frac{h\zeta_0}{2} = \frac{\mu E\pi^2}{4(\mu^2-1)}\left(\frac{\mu}{a^2}+\frac{1}{b^2}\right)\frac{h\zeta_0}{2} \quad (9\,\mathrm{a}). \\ \sigma_2 &= \pm\frac{\mu E}{\mu^2-1}(\alpha^2+\mu\beta^2)\frac{h\zeta_0}{2} = \frac{\mu E\pi^2}{4(\mu^2-1)}\left(\frac{1}{a^2}+\frac{\mu}{b^2}\right)\frac{h\zeta_0}{2} \end{aligned}$$

Sodann erkennt man, daß längs des ganzen Randes, d. h. für $x = \pm a$, $y = \pm b$ wegen (5 a) die Normalspannungen verschwinden. Die S c h u b s p a n n u n g e n Gl. (7), § 45, werden mit (5)

$$\left.\begin{aligned} \tau_y &= \frac{\mu^2 E}{\mu^2-1}\alpha(\alpha^2+\beta^2)\left(\frac{z^2}{2}-\frac{h^2}{8}\right)\zeta_0\sin\alpha x\cos\beta y \\ \tau_y &= \frac{\mu^2 E}{\mu^2-1}\beta(\alpha^2+\beta^2)\left(\frac{z^2}{2}-\frac{h^2}{8}\right)\zeta_0\cos\alpha x\sin\beta y \end{aligned}\right\} \quad (10)$$

und nehmen am Rande mit $x = \pm a$ bzw. $y = \pm b$ wegen (5a) die Werte

$$\left.\begin{aligned} \tau_y &= \frac{\mu^2 E}{\mu^2-1}\alpha(\alpha^2+\beta^2)\left(\frac{z^2}{2}-\frac{h^2}{8}\right)\zeta_0\cos\beta y \\ \tau_x &= \frac{\mu^2 E}{\mu^2-1}\beta(\alpha^2+\beta^2)\left(\frac{z^2}{2}-\frac{h^2}{8}\right)\zeta_0\cos\alpha x \end{aligned}\right\} \quad . \ (11)$$

an. Diese Ausdrücke verschwinden für die Ecken und erreichen ihre Maxima in den Mitten der Ränder. Integriert man die

Formeln (11) über die ganze Plattendicke, so ergeben sich die auf die Längeneinheit des Randes bezogenen Auflagedrücke, nämlich

$$\left.\begin{aligned}\frac{dT_1}{dy} &= \int_{-\frac{h}{2}}^{+\frac{h}{2}} \tau_y\,dz = \frac{\mu^2 E}{\mu^2-1}\,\frac{h^3}{12}\,\alpha\,(\alpha^2+\beta^2)\,\zeta_0\cos\beta y\\ \frac{dT_2}{dx} &= \int_{-\frac{h}{2}}^{+\frac{h}{2}} \tau_x\,dz = \frac{\mu^2 E}{\mu^2-1}\,\frac{h^3}{12}\,\beta\,(\alpha^2+\beta^2)\,\zeta_0\cos\alpha x\end{aligned}\right\}\quad(11\,\text{a}),$$

die natürlich dieselbe Änderung längs des Randes aufweisen wie die zugehörigen Schubspannungskomponenten. Insbesondere deutet das Verschwinden der Auflagedrücke an den Ecken auf die Möglichkeit eines Abhebens der Platte von der Unterlage hin. Dies ist in der Tat an diesen Stellen schon beobachtet worden, so daß derartig frei aufliegende Platten zur Abdichtung gegenüber einem Flüssigkeitsdrucke jedenfalls ungeeignet erscheinen.

Integriert man schließlich noch die Ausdrücke (11 a) über die ganze Berandung, so erhält man den gesamten Auflagedruck, welcher der Totalbelastung der Platte $Q + 4\,p\,a\,b$ das Gleichgewicht halten sollte. Führt man diese Rechnung aus, und setzt dann für ζ_0 den Wert (8) ein, so ergibt sich keine Übereinstimmung. Dies liegt natürlich ebenso wie die Nichterfüllung der Differentialgleichung (9), § 45, nur daran, daß der Ansatz (5) lediglich eine Näherungslösung des Problems darstellt, deren Vervollkommnung etwa durch Hinzufügung weiterer Glieder indessen das Resultat für praktische Zwecke ungeeignet gestalten dürfte.

IV. Die Platte sei am ganzen Rande fest eingespannt und werde wieder durch eine Kraft Q in der Mitte sowie durch einen gleichförmigen Flächendruck belastet. Auch hier wird die Durchbiegung in jedem Schnitt durch die Mittelnormale zu dieser symmetrisch ausfallen und insbesondere für die beiden Schnitte parallel den Plattenrändern die in Fig. 172 dargestellten Formen annehmen. Bedeutet wieder

ζ_0 die Durchbiegung der Plattenmitte, so genügt diesen Kurven der einfache Ansatz

$$\zeta = \frac{\zeta_0}{4}(1 + \cos\alpha x)(1 + \cos\beta y) \quad . \; . \; . \quad (12),$$

woraus

$$\left.\begin{aligned} \frac{\partial\zeta}{\partial x} &= -\frac{\zeta_0}{4}\alpha\sin\alpha x(1+\cos\beta y) \\ \frac{\partial\zeta}{\partial y} &= -\frac{\zeta_0}{4}\beta\sin\beta y(1+\cos\alpha x) \end{aligned}\right\} \quad . \; . \; . \; . \quad (12a)$$

folgt. Da nun

$$\text{für } x = a: \zeta = 0,\ \frac{\partial\zeta}{\partial x} = 0,\ \text{also } \cos\alpha a = 1,\ \sin\alpha a = 0$$

$$\text{» } y = b: \zeta = 0,\ \frac{\partial\zeta}{\partial y} = 0,\ \text{» } \cos\beta b = 1,\ \sin\beta b = 0$$

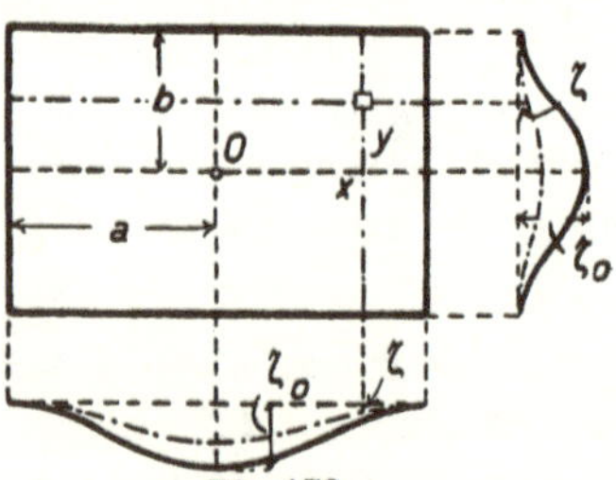

Fig. 172.

sein soll, so bestimmen sich die Faktoren α und β aus

$$\alpha a = \beta b = \pi \quad . \; . \quad (12b),$$

ohne daß damit der Differentialgleichung (9), § 45, Genüge geleistet wäre. Begnügen wir uns trotzdem mit dem Ansatze (12), so müssen wir die noch übrig gebliebene Konstante ζ_0 wieder aus der Gleichheit der inneren und äußeren Arbeit berechnen und erhalten zunächst durch Einsetzen der Ausdrücke

$$\left.\begin{aligned} \frac{\partial^2\zeta}{\partial x^2} &= -\frac{\alpha^2\zeta_0}{4}\cos\alpha x(1+\cos\beta y) \\ \frac{\partial^2\zeta}{\partial y^2} &= -\frac{\beta^2\zeta_0}{4}\cos\beta y(1+\cos\alpha x) \end{aligned}\right\} \quad . \; . \quad (12c)$$

in die Arbeitsformel (6) nach Ausführung der Integrationen mit Rücksicht auf (12 b)

$$L = \frac{\mu^2 E}{\mu^2 - 1}\,\frac{h^3}{24}\,\frac{ab\zeta_0^2}{16}[3(\alpha^4 + \beta^4) + 2\alpha^2\beta^2] \quad . \; . \quad (13).$$

Führen wir dagegen den Ansatz (12) in die Gl. (7) ein, so liefert die Integration wegen (12 b) für die äußere Arbeit

$$L_a = (Q + pab)\frac{\zeta_0}{2} \quad . \; . \; . \; . \; . \; . \; . \quad (14)$$

und nach Gleichsetzen mit (13)

$$\zeta_0 = \frac{192\,(\mu^2 - 1)\,(Q + p\,a\,b)}{\mu^2 E\,h^3\,a\,b\,[3\,(\alpha^4 + \beta^4) + 2\,\alpha^2 \beta^2]} \quad . \quad . \quad . \quad (15).$$

Für die Normalspannungen erhalten wir nach Einführung der Gleichungen (12 a) in die Formeln (3), § 45,

$$\left.\begin{aligned} \sigma_x &= \frac{\mu E}{\mu^2 - 1}\,\frac{\zeta_0 z}{4}\,[\mu\,\alpha^2 \cos \alpha x\,(1 + \cos \beta y) \\ &\qquad + \beta^2 \cos \beta y\,(1 + \cos \alpha x)] \\ \sigma_y &= \frac{\mu E}{\mu^2 - 1}\,\frac{\zeta_0 z}{4}\,[\alpha^2 \cos \alpha x\,(1 + \cos \beta y) \\ &\qquad + \mu\,\beta^2 \cos \beta y\,(1 + \cos \alpha x)] \end{aligned}\right\} \quad . \quad . \quad (16)$$

mit den Höchstwerten für $x = 0$, $y = 0$, $z = \pm \frac{h}{2}$

$$\left.\begin{aligned} \sigma_1 &= \pm \frac{\mu E}{(\mu^2 - 1)}\,(\mu\,\alpha^2 + \beta^2)\,\frac{\zeta_0 h}{2} = \frac{\mu E \pi^2}{2\,(\mu^2 - 1)} \left(\frac{\mu}{a^2} + \frac{1}{b^2}\right) \zeta_0 h \\ \sigma_2 &= \pm \frac{\mu E}{\mu^2 - 1}\,(\alpha^2 + \mu\,\beta^2)\,\frac{\zeta_0 h}{2} = \frac{\mu E \pi^2}{2\,(\mu^2 - 1)} \left(\frac{1}{a^2} + \frac{\mu}{b^2}\right) \zeta_0 h \end{aligned}\right\} \quad (16\,\mathrm{a}),$$

welche ersichtlich für dieselbe mittlere Durchbiegung doppelt so groß ausfallen, wie die Scheitelspannungen (9 a) der freiaufliegenden Platte. Für den Rand verschwinden übrigens, infolge der Wirkung der Einspannungsmomente, die Spannungen (16) nicht, sondern es ist wegen (12 b)

$$\left.\begin{aligned} &\text{für } x = a \;:\; \sigma_x = -\frac{\mu^2 E}{\mu^2 - 1}\,\frac{\zeta_0 z \pi^2}{4\,a^2}\,(1 + \cos \beta y) \\ &\text{für } y = b \;:\; \sigma_y = -\frac{\mu^2 E}{\mu^2 - 1}\,\frac{\zeta_0 z \pi^2}{4\,b^2}\,(1 + \cos \alpha x) \end{aligned}\right\} (16\,\mathrm{b}).$$

Diese Ausdrücke werden nur an den Ecken zu Null und besitzen in den Seitenmitten je ein Maximum, welches indessen weniger als halb so groß ausfällt wie die gleichgerichtete Spannung (16 a) in der Plattenmitte.

Von der Berechnung der Schubspannungen bzw. der Auflagekräfte am Rande können wir hier absehen, da ein Abheben der Platte infolge der Einspannung ausgeschlossen ist.

Dagegen wollen wir unsere Formel für die Durchbiegung (15) mit Versuchen vergleichen, die C. Bach[1]) an rechteckigen und quadrati-

[1]) C. Bach: Versuche über die Formänderung und die Widerstandsfähigkeit ebener Wandungen. Z. d. V. d. Ing. 1908.

schen Platten angestellt hat. Diese Platten wurden am Rande durch eine Nietreihe auf den Flansch eines Druckgefäßes nach Fig. 173 festgehalten, wodurch wenigstens angenähert eine Einspannung erreicht wird. Nehmen wir als freie Länge $2a$ bzw. Breite $2b$ der Platte den Abstand der Mittellinien der gegenüberliegenden Nietreihen, worin allerdings eine gewisse Unsicherheit liegt, so können wir aus unserer für reinen Flächendruck p vereinfachten Formel (15)

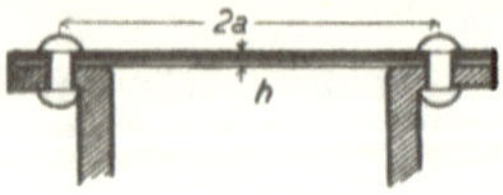

Fig. 173.

$$\zeta_0 = \frac{192(\mu^2-1)}{\pi^4 \mu^2 E h^3} \frac{p a^4 b^4}{[3(a^4+b^4)+2a^2b^2]} \quad . \quad . \quad . \quad (15a)$$

unter der Annahme des Elastizitätsmoduls E und der Querkontraktionszahl μ die Durchbiegung für jeden Druck berechnen. Die Ergebnisse dieser Rechnung sind in der letzten Spalte der nachfolgenden Tabelle enthalten. wobei $E = 2\,100\,000$ kg/qcm und $\mu = 4$ gesetzt wurde.

a cm	b cm	h cm	p kg/qcm	ζ_0 gemessen cm	$\frac{\zeta_0 h^3}{p}$	ζ_0 berechnet cm
40	40	0,84	0,6	0,275	0,271	0,281
40	40	1,68	2,4	0,155	0,306	0,143
40	20	0,86	1,6	0,074	0,0296	0,096
40	20	1,65	6,4	0,048	0,0360	0,051

Unterhalb der angeführten Drücke p war die Proportionalität gewahrt, während darüber hinaus schon merklich bleibende Dehnungen auftraten. Angesichts der Ungleichheit der Plattendicke, der Unsicherheit der freien Länge sowie der durch das Vernieten hervorgerufenen Anfangsspannungen und Formänderungen der Platte, auf welche die Ungleichheit der Quotienten $\zeta_0 h^3 : p$ für dieselben Werte von a und b zurückzuführen ist, kann diese Übereinstimmung der Rechnung mit dem Versuch als recht befriedigend gelten.

Nach unserer Theorie wird fernerhin die Spannung σ_y längs der großen Achse $2a$ die absolut größten Werte annehmen, woraus hervorgeht, daß längs dieser Achse der Bruch der Platte zu befürchten ist. Dies hat sich in der Tat bei anderen Versuchen von Bach[1]) unzweideutig gezeigt, während quadratische Platten längs einer Diagonale aufrissen. Hierbei dürfte wohl der Einfluß der Schubspannung

$$\tau_z = 2Gz \frac{\partial^2 \zeta}{\partial x \partial y} = \frac{\alpha \beta G}{2} \zeta_0 z \sin \alpha x \sin \beta y \quad . \quad . \quad (17),$$

[1]) C. Bach: Elastizität und Festigkeit, 6. Aufl., 1911, S. 582.

welche längs der Hauptachsen verschwindet und beim Quadrat in der Diagonale Höchstwerte annimmt, ausschlaggebend sein.

Die Genauigkeit unserer Ergebnisse läßt sich auch durch den Übergang zu einem extremen Fall prüfen, für den man die größte Durchbiegung auf anderem Wege berechnen kann. Als solcher bietet sich zwanglos der unendlich lange Streifen dar, für den Gl. (15 a) mit $a = \infty$

$$\zeta_0 = \frac{16 \cdot 4}{\pi^4} \cdot \frac{\mu^2 - 1}{\mu^2} \frac{p b^4}{E h^3} \quad \ldots \ldots \quad (15\,b)$$

liefert. Hätten wir dagegen für diesen Fall von vornherein mit $a = \infty$, also $\alpha = \frac{\pi}{a} = 0$ an Stelle von (12)

$$\zeta = \frac{\zeta_0}{2} (1 + \cos \beta y)$$

gesetzt, so liefert die Gleichheit der inneren und äußeren Arbeit

$$\zeta_0 = \frac{12 \cdot 4}{\pi^4} \frac{\mu^2 - 1}{\mu^2} \frac{p b^4}{E h^3} \quad \ldots \ldots \quad (15\,c),$$

ein Ausdruck, der bis auf einen sehr geringen Bruchteil mit dem Resultat der Integration von (2 a), nämlich

$$\zeta_0 = \frac{1}{2} \frac{\mu^2 - 1}{\mu^2} \frac{p b^4}{E h^3} \quad \ldots \ldots \ldots \quad (15\,d),$$

übereinstimmt. Von den beiden Werten (15 b) und (15 c) ist darum der letztere genauer, woraus hervorgeht, daß die vorstehende Näherungstheorie der Platte für den Grenzfall der unendlich langen, gleichförmig belasteten Streifen eine um 4/3 zu große Durchbiegung liefert. Ganz analog würden wir in III für den frei aufliegenden, unendlich langen Streifen eine um $4/\pi$ zu große Durchbiegung erhalten. Hieraus darf man schließen, daß ganz allgemein unsere Theorie etwas zu große Werte für die Durchbiegung liefert, was auch durch die obige Tabelle bestätigt wird. Berechnet man daher nach unseren Formeln (16 b) mit $z = \frac{h}{2}$, $x = y = 0$ die Plattendicke h aus der größten zulässigen Spannung, so erhält man etwas zu große Werte, was aus Sicherheitsgründen gewiß kein Nachteil ist.

Eine erheblich größere Genauigkeit ließe sich noch erzielen durch Hinzufügung weiterer den Grenzbedingungen ebenfalls genügender Glieder zu den Ansätzen (5) bzw. (12) und Bestimmung der Koeffizienten der einzelnen Glieder mit Hilfe der Ritzschen Methode (§ 40). Obwohl die damit verbundenen Rechnungen nicht schwierig sind, so werden doch die Formeln recht unbequem und kaum noch geeignet für eine praktische Verwendung.

§ 47. Die Knickung rechteckiger Platten.

Ersatz der Randbelastung durch einen zusätzlichen Normaldruck. Aufstellung der hierfür gültigen Differentialgleichung der Platte. Integration für den Fall einer an allen vier Seiten gestützten Platte, Bestimmung der Knicklasten. Übertragung der Lösung auf eine kastenförmige Hohlsäule und Vergleich der kleinsten Knicklast mit der Eulerschen. Ausblick auf verwandte Probleme.

Wirken außer dem Normaldruck auf die Plattenebene noch Kräfte auf deren Seitenränder, so können wir uns diese zunächst durch zwei Spannungen σ_1 und σ_2 in den Achsenrichtungen ersetzt denken. Sind die Kräfte über die Ränder gleichförmig verteilt, so haben diese Zusatzspannungen unter der Voraussetzung kleiner Durchbiegungen der Platte überall dieselben Werte. Bedeuten ferner, wie früher, ϱ_1 und ϱ_2 die Krümmungsradien in zwei der x- und y-Achse parallelen Normalschnitten zur Platte, so ergeben die Spannungen zusammen eine Normalkomponente auf die Flächeneinheit der Platte im Betrage von

$$p' = h\left(\frac{\sigma_1}{\varrho_1} + \frac{\sigma_2}{\varrho_2}\right) \quad . \quad . \quad . \quad . \quad . \quad . \quad . \quad (1),$$

worin wir auch wegen der Kleinheit der Durchbiegungen ζ

$$\frac{1}{\varrho_1} = -\frac{\partial^2 \zeta}{\partial x^2}, \qquad \frac{1}{\varrho_2} = -\frac{\partial^2 \zeta}{\partial y^2} \quad . \quad . \quad . \quad . \quad (2),$$

also an Stelle von (1)

$$p' = -h\left(\sigma_1 \frac{\partial^2 \zeta}{\partial x^2} + \sigma_2 \frac{\partial^2 \zeta}{\partial y^2}\right) \quad . \quad . \quad . \quad . \quad . \quad (1\,\mathrm{a})$$

schreiben dürfen.

Das negative Vorzeichen mußte hier eingeführt werden, da im Falle von positiven, also Zugspannungen σ_1 und σ_2, die Zusatzbelastung (1 a) die Durchbiegung zu vermindern sucht, dem äußeren Normaldruck p also entgegenwirkt. Dann ergibt sich die Gesamtbelastung der Platte als Differenz

$$p - p' = p + h\left(\sigma_1 \frac{\partial^2 \zeta}{\partial x^2} + \sigma_2 \frac{\partial^2 \zeta}{\partial y^2}\right) \quad . \quad . \quad . \quad (3),$$

die nunmehr an Stelle des Wertes p in die Differentialgleichung (9), § 45, einzusetzen ist. Diese lautet somit

$$\frac{\mu^2 E}{\mu^2 - 1} \frac{h^3}{12}\left(\frac{\partial^4 \zeta}{\partial x^4} + 2\frac{\partial^4 \zeta}{\partial x^2 \partial y^2} + \frac{\partial^4 \zeta}{\partial y^4}\right) = p + h\left(\sigma_1 \frac{\partial^2 \zeta}{\partial x^2} + \sigma_2 \frac{\partial^2 \zeta}{\partial y^2}\right) (4),$$

worin die Normalbelastung p in allen praktisch wichtigen Fällen nicht weiter in Frage kommt und darum weggelassen werden kann. Beschränken wir uns außerdem auf reine Druckkräfte P, welche in der x-Richtung der Platte wirken, so werden wir bei einer Gesamtbreite b der Platte

$$h\sigma_1 = -\frac{P}{b}, \qquad \sigma_2 = 0 \quad \ldots\ldots \quad (5)$$

setzen, womit (4) unter gleichzeitiger Einführung der Abkürzung

$$\frac{12(\mu^2-1)P}{\mu^2 E h^3 b} = \frac{1}{c^2} \quad \ldots\ldots \quad (6)$$

übergeht in
$$\frac{\partial^4 \zeta}{\partial x^4} + 2\frac{\partial^4 \zeta}{\partial x^2 \partial y^2} + \frac{\partial^4 \zeta}{\partial y^4} + \frac{1}{c^2}\frac{\partial^2 \zeta}{\partial x^2} = 0 \quad \ldots \quad (4\text{a}).$$

Bei der Auswahl von Funktionen, welche dieser partiellen Differentialgleichung genügen, sind nun vor allem die Grenzbedingungen zu berücksichtigen. Diese erfordern für einen nur in seiner Lage festgehaltenen bzw. gestützten Rand außer dem Verschwinden der Auslenkung, d. h.

$$\zeta = 0,$$

noch das Verschwinden des Biegungsmomentes längs desselben, also nach Gl. (3 b), § 45, z. B. längs der belasteten Kante,
$$\frac{\mu}{\varrho_1} + \frac{1}{\varrho_2} = 0 \text{ für } x = 0 \text{ und } a,$$

wenn wir nach Fig. 174 die Koordinatenachsen in zwei Seitenkanten verlegen. Dafür können wir natürlich mit (2) auch schreiben

$$\mu\frac{\partial^2 \zeta}{\partial x^2} + \frac{\partial^2 \zeta}{\partial y^2} = 0 \text{ für } x = 0 \text{ und } a,$$

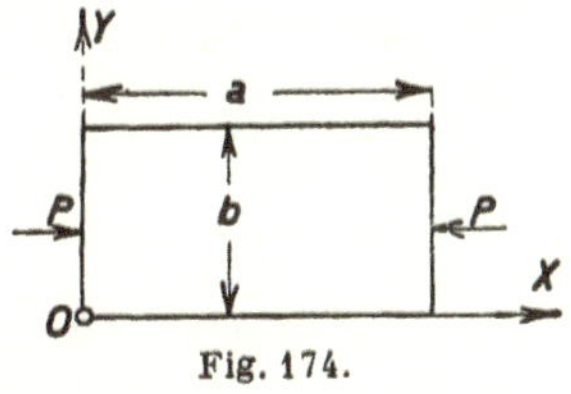

Fig. 174.

worin infolge der Festhaltung der Kante b die Krümmung längs derselben von selbst verschwindet. Mithin zerfällt die Bedingung für die festgehaltene Kante in

$$\frac{\partial^2 \zeta}{\partial x^2} = \frac{\partial^2 \zeta}{\partial y^2} = 0 \text{ für } x = 0 \text{ und } a.$$

Hierzu tritt noch als Bedingung dafür, daß die gestützte Kante nicht aus der Plattenebene heraustritt
$$\frac{\partial \zeta}{\partial y} = 0 \text{ für } x = 0 \text{ und } a.$$

Ist z. B. die belastete Kante eingespannt, so entfällt mit Rücksicht auf das vorhandene Einspannungsmoment die Randbedingung für die Krümmungsradien, und es bleibt

$$\zeta = 0, \qquad \frac{\partial \zeta}{\partial x} = 0, \qquad \frac{\partial \zeta}{\partial y} = 0 \text{ für } x = 0 \text{ und } a.$$

Natürlich kann man diese Bedingung ebenso auch für eine der nicht belasteten Kanten aufstellen, also für $y = 0$ oder b.

Ist endlich eine der nicht belasteten Kanten völlig frei, so kann längs derselben die Auslenkung ζ nicht verhindert werden. Dagegen verschwindet in diesem Falle nicht nur das Biegungsmoment längs dieser Kante, d. h. wegen (3 b), § 45,

$$\frac{\partial^2 \zeta}{\partial x^2} + \mu \frac{\partial^2 \zeta}{\partial y^2} = 0,$$

sondern auch die Querkraft, also mit (7 b), § 45,

$$-\frac{\partial}{\partial y}\left(\frac{1}{\varrho_1} + \frac{1}{\varrho_2}\right) = \frac{\partial}{\partial y}\left(\frac{\partial^2 \zeta}{\partial x^2} + \frac{\partial^2 \zeta}{\partial y^2}\right) = 0.$$

Aus der Mannigfaltigkeit der möglichen Belastungsfälle[1]) wollen wir zunächst den eines in der x-Richtung gedrückten Blechstreifens herausgreifen, dessen Ränder sämtlich gestützt, aber nicht eingespannt sein mögen. Es soll also sein

$$\left.\begin{array}{lll} \text{für } x = 0 \text{ und } a & : \zeta = 0, & \dfrac{\partial \zeta}{\partial y} = 0 \\ \quad » \quad y = 0 \quad » \quad b & : \zeta = 0, & \dfrac{\partial \zeta}{\partial x} = 0 \end{array}\right\} \quad . \quad . \quad (7),$$

außerdem aber für alle vier Kanten $x = 0, a, \; y = 0, b$

$$\frac{\partial^2 \zeta}{\partial x^2} = 0, \qquad \frac{\partial^2 \zeta}{\partial y^2} = 0 \quad . \quad . \quad . \quad . \quad . \quad (7\,a).$$

Allen diesen Bedingungen genügt offenbar der Ansatz

$$\zeta = C \sin \alpha x \sin \beta y \quad . \quad . \quad . \quad . \quad . \quad . \quad (8),$$

wenn

$$\sin \alpha a = \sin \beta b = 0,$$

also mit zwei ganzen Zahlen $\varkappa$ und λ

$$\alpha = \frac{\varkappa \pi}{a}, \qquad \beta = \frac{\lambda \pi}{b} \quad . \quad . \quad . \quad . \quad . \quad (8\,a)$$

---

[1]) Vergl. hierüber die sehr lesenswerte Abhandlung von Timoschenko: »Einige Stabilitätsprobleme der Elastizitätstheorie«, Z. f. Math. u. Physik 1910, der wir in der obigen Darstellung in der Hauptsache gefolgt sind.

gesetzt wird. Bilden wir dann noch die weiteren Ableitungen

$$\left.\begin{aligned}\frac{\partial^2\zeta}{\partial x^2}&=-\alpha^2\zeta, & \frac{\partial^4\zeta}{\partial x^2\partial y^2}&=\alpha^2\beta^2\zeta\\ \frac{\partial^4\zeta}{\partial x^4}&=\alpha^4\zeta, & \frac{\partial^4\zeta}{\partial y^4}&=\beta^4\zeta\end{aligned}\right\} \quad . \; . \; . \; . \; (8\,\mathrm{b}),$$

so liefert deren Einführung in die Differentialgleichung (4 a)

$$\left(\alpha^4+2\alpha^2\beta^2+\beta^4-\frac{\alpha^2}{c^2}\right)\zeta=0$$

oder, da ζ nicht verschwinden soll,

$$(\alpha^2+\beta^2)^2=\frac{\alpha^2}{c^2} \quad . \; . \; . \; . \; . \; . \; . \; . \; . \; (9)$$

und mit (8a) und (6)

$$\pi^2\left(\frac{\varkappa^2}{a^2}+\frac{\lambda^2}{b^2}\right)^2=\frac{\varkappa^2}{a^2}\,\frac{12\,(\mu^2-1)}{\mu^2 E h^3 b}\,P \quad . \; . \; . \; (9\,\mathrm{a}).$$

Dieser Bedingungsgleichung muß die Last P genügen, wenn die Platte unter ihrer Wirkung sich ausbeulen soll; wobei dann $\varkappa$ und λ die Anzahl der halben Wellen angeben, welche sich auf die Länge a bzw. die Breite b verteilen. Alsdann bedeuten

$$\frac{a}{\varkappa}=l_1, \qquad \frac{b}{\lambda}=l_2 \quad . \; . \; . \; . \; . \; . \; . \; (8\,\mathrm{c})$$

die halben Längen der Ausbeulungswellen. Die der Formel (9a) genügende Knicklast P wächst nun offenbar mit der Zahl λ und wird demnach für $\lambda=1$ kleinste Werte besitzen. Differenzieren wir weiter die Last P nach $\varkappa$ und setzen

$$\frac{\partial P}{\partial \varkappa}=0 \quad . \; . \; . \; . \; . \; . \; . \; . \; . \; . \; (9\,\mathrm{b}),$$

so ergibt dies mit (9 a)

$$\frac{\varkappa}{a}=\frac{\lambda}{b} \quad . \; . \; . \; . \; . \; . \; . \; . \; . \; . \; (9\,\mathrm{c}),$$

d. h. aber: der kleinsten Knicklast entspricht ein rationales Verhältnis der Seitenlängen der Platte, welche durch die Ausbeulungen in quadratische Felder zu zerfallen sucht. Insbesondere ist

$$\varkappa=\frac{a}{b} \text{ für } \lambda=1 \quad . \; . \; . \; . \; . \; . \; . \; (10).$$

Dies liefert dann für die denkbar kleinste Knicklast in (9 a)

$$P_0=\frac{\pi^2}{3}\,\frac{\mu^2 E h^3}{(\mu^2-1)\,b} \quad . \; . \; . \; . \; . \; (10\,\mathrm{a}),$$

während man z. B. für $\varkappa = \lambda = 1$ aus (9 a)

$$P_1 = \frac{\pi^2}{12} \frac{\mu^2 E h^3}{(\mu^2 - 1) b} \left(\frac{a}{b} + \frac{b}{a}\right)^2 > P_0 \quad . \quad . \quad . \quad (10\text{b})$$

erhält. Besonders bemerkenswert erscheint wohl der Umstand, daß in (10 a) die Plattenlänge a überhaupt nicht auftritt, welche für die Eulersche Knicklast ausschlaggebend ist.

Den Grenzbedingungen unserer Lösung genügen nun die Wandungen eines kastenartigen Hohlkörpers von der Wandstärke h mit den Breiten $b_1\, b_2$ sowie mit der Länge a (Fig. 175). Denken wir uns den Axialdruck P gleichförmig auf den Materialquerschnitt $2(b_1 + b_2) h$ verteilt, so entfällt auf die nach Gl. (10 a) am meisten der Ausbeulung ausgesetzte breitere Seite b_1 die Last

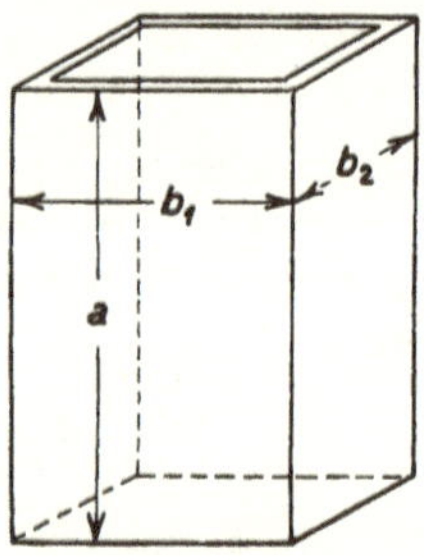

Fig. 175.

$$P_1 = \frac{b_1 P}{2(b_1 + b_2)} \quad . \quad . \quad . \quad (11),$$

welche jedenfalls kleiner als die Knicklast

$$P_0 = \frac{\pi^2}{3} \frac{\mu^2 E h^3}{(\mu^2 - 1) b_1}$$

ausfallen muß. Daraus folgt dann die Bedingung

$$P < \frac{2}{3} \pi^2 \frac{\mu^2 E h^3}{\mu^2 - 1} \frac{b_1 + b_2}{b_1^2} \quad . \quad . \quad (11\text{a}).$$

Andererseits erhält man für die kleinste Eulersche Knicklast

$$P_k = \frac{\pi^2 E \Theta}{a^2},$$

worin

$$\Theta = 2h\left(b_1 \frac{b_2^2}{4} + \frac{b_2^3}{12}\right) = \frac{h b_2^2}{2}\left(b_1 + \frac{b_2}{3}\right)$$

das kleinste Hauptträgheitsmoment des Kastenquerschnitts ist. Soll daher die Längsachse des Kastens durch Knicken keine Formänderung erfahren, so muß die ganze Axiallast $P < P_k$ oder

$$P < \frac{\pi^2}{2} \frac{E h b_2^2}{a^2}\left(b_1 + \frac{b_2}{3}\right) \quad . \quad . \quad . \quad . \quad . \quad (11\text{b})$$

sein. Für die praktische Ausführung ist dann diejenige der beiden Bedingungen (11 a) und (11 b) maßgebend, deren rechts stehender Ausdruck den kleinsten Wert besitzt. Bleibt man mit der Axiallast darunter, so ist kein Ausknicken der Achse oder

Ausbeulung einer der Seitenwände mehr zu befürchten. Deshalb brauchen wir uns auch mit der weiteren Gestalt der letzteren nicht weiter aufzuhalten.

Dagegen muß noch darauf hingewiesen werden, daß im vorstehenden die Kanten noch als drehbar vorausgesetzt sind. Dies trifft für die beiden Endquerschnitte der Säule (Fig. 175) dann nicht mehr zu, wenn diese, wie es praktisch wohl meistens geschehen dürfte, durch Winkeleisen verstärkt sind, die in Verbindung mit ihrer Befestigung mit der oberen und unteren als starr anzusehenden Druckplatte wie eine Einspannung wirken. Sind außerdem noch die Längskanten durch Winkeleisen versteift, so ist im Falle $b_1 > b_2$ die Verdrehung des einen Bleches längs der Kante entgegengesetzt gleich derjenigen des anstoßenden Bleches, also (Fig. 176)

$$\left(\frac{\partial \zeta}{\partial y}\right)_{b_1} + \left(\frac{\partial \zeta}{\partial y}\right)_{b_2} = 0,$$

was auch noch für das Quadrat $b_1 = b_2$ zutreffen dürfte. Durch derartige Grenzbedingungen wird natürlich die Ermittlung der Lösung von Gl. (4 a) ganz erheblich erschwert.

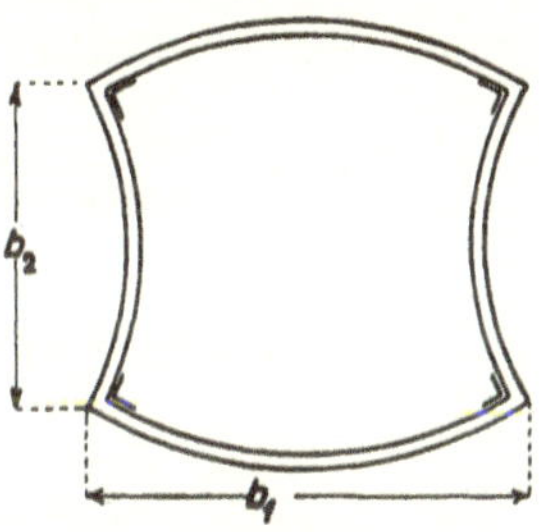

Fig. 176.

T i m o s c h e n k o beschränkt sich daher auf solche Fälle, für die, wie in dem oben durchgerechneten Beispiel, die Untersuchung einer Platte allein genügt, und behandelt insbesondere noch deren Knickung, w e n n e i n e d e r K r a f t r i c h t u n g p a r a l l e l e S e i t e f r e i, d i e a n d e r e d a g e g e n g e s t ü t z t i s t. Die Lösung gelingt hierbei durch den Ansatz

$$\zeta = Y \sin \frac{\varkappa \pi x}{a} \quad \ldots\ldots \quad (12),$$

worin die reine Funktion Y von y, wie man durch Einsetzen in Gl. (4 a) leicht feststellen kann, einer gewöhnlichen linearen Differentialgleichung vierter Ordnung genügt, die durch

$$Y = C_1 e^{\beta_1 y} + C_2 e^{-\beta_1 y} + C_3 \cos \beta_2 y + C_3 \sin \beta_2 y \quad (12\,\mathrm{a})$$

befriedigt wird. Die Exponenten β_1 und β_2 sind hierin Wurzeln der biquadratischen Gleichung, welche aus (4 a) mit $Y = C\, e^{\beta x}$ hervorgeht, während die Integrationskonstanten $C_1\, C_2\, C_3\, C_4$

aus den Grenzbedingungen in bekannter Weise berechnet werden können. Daraus resultiert schließlich eine transzendente Gleichung zwischen den β_1 und β_2, aus der mit $\varkappa = 1$ die kleinste Knicklast durch Probieren gewonnen werden kann.

§ 48. Die elliptische Platte.

Ansatz für die elliptische Platte, Erfüllung der Differentialgleichung und der Randbedingung für die Einspannung. Bestimmung der Spannungen und ihrer Höchstwerte. Ermittlung des Auflagedrucks. Ausdehnung der Untersuchung auf eine konzentrierte Zentrallast. Versagen der Methode für frei aufliegende Platten.

I. Die in § 45 unter (9) abgeleitete Differentialgleichung der ebenen Platte, nämlich

$$\frac{\mu^2 E}{\mu^2 - 1} \frac{h^3}{12} \left(\frac{\partial^4 \zeta}{\partial x^4} + 2 \frac{\partial^4 \zeta}{\partial x^2 \partial y^2} + \frac{\partial^4 \zeta}{\partial y^4} \right) = p \quad . \quad . \quad . \quad (1)$$

wird bei k o n s t a n t e m N o r m a l d r u c k p über die ganze Plattenfläche offenbar durch eine Funktion

$$\zeta = F(x, y) \quad . \quad . \quad . \quad . \quad . \quad . \quad . \quad . \quad (1\text{a})$$

erfüllt, deren vierte partielle Ableitungen durchweg konstante Werte annehmen, welche nicht sämtlich verschwinden dürfen. Das wiederum setzt voraus, daß die Funktion ζ in x und y höchstens vom vierten Grade ist. Soll die in Frage stehende Platte insbesondere eine doppelt symmetrische Randkurve besitzen, so können in dem Ausdrucke für ζ keine ungeraden Potenzen von x und y auftreten. Diesen Bedingungen genügt nun für eine e l l i p t i s c h e P l a t t e mit der Randkurve

$$\frac{x^2}{a^2} + \frac{y^2}{b^2} - 1 = 0 \quad . \quad . \quad . \quad . \quad . \quad . \quad (2)$$

das Quadrat des links stehenden Ausdrucks, so daß wir für die Durchbiegung dieser Platte mit dem Höchstwerte ζ_0 im Zentrum

$$\zeta = \zeta_0 \left(\frac{x^2}{a^2} + \frac{y^2}{b^2} - 1 \right)^2 \quad . \quad . \quad . \quad . \quad . \quad . \quad (3)$$

schreiben dürfen. Damit ist zugleich die B e d i n g u n g d e s V e r s c h w i n d e n s d e r D u r c h b i e g u n g a m P l a t t e n r a n d e e r f ü l l t, während die L i n i e n g l e i c h e r D u r c h b i e g u n g z u r R a n d e l l i p s e ä h nliche Ellipsen sind. Weiter erkennt man, daß die Ableitungen

$$\left.\begin{aligned} \frac{\partial \zeta}{\partial x} &= \frac{4\zeta_0 x}{a^2}\left(\frac{x^2}{a^2}+\frac{y^2}{b^2}-1\right) \\ \frac{\partial \zeta}{\partial y} &= \frac{4\zeta_0 y}{b^2}\left(\frac{x^2}{a^2}+\frac{y^2}{b^2}-1\right) \end{aligned}\right\} \quad . \quad . \quad . \quad . \quad (3a)$$

nicht nur, wie es die Symmetrie erfordert, für den Mittelpunkt $x = y = 0$ sowie für die Achsen $x = 0$ bzw. $y = 0$ sondern auch noch längs des Randes verschwinden. Die elastische Mittelfläche berührt also längs

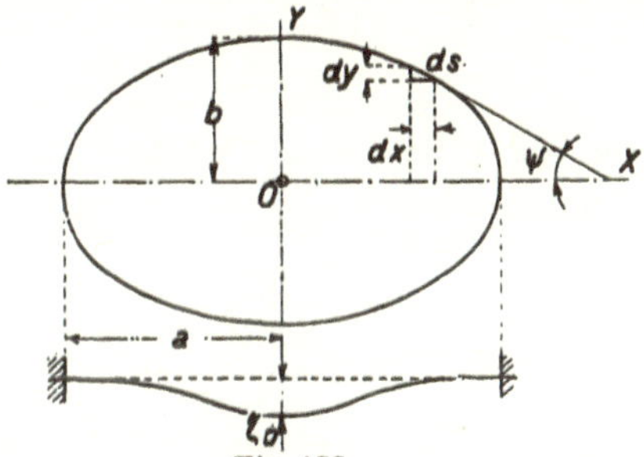

Fig. 177.

der Randellipse die ursprüngliche Mittelebene, wonach die Platte als am Rande eingespannt anzusehen ist (Fig. 177).

Die weiteren Ableitungen von (2) ergeben sich zu

$$\left.\begin{aligned} &\frac{\partial^2 \zeta}{\partial x^2} = \frac{4\zeta_0}{a^2}\left(\frac{x^2}{a^2}+\frac{y^2}{b^2}-1\right)+\frac{8\zeta_0 x^2}{a^4} = \frac{4\zeta_0}{a^2}\left(\frac{3x^2}{a^2}+\frac{y^2}{b^2}-1\right) \\ &\frac{\partial^2 \zeta}{\partial y^2} = \frac{4\zeta_0}{b^2}\left(\frac{x^2}{a^2}+\frac{y^2}{b^2}-1\right)+\frac{8\zeta_0 y^2}{b^4} = \frac{4\zeta_0}{b^2}\left(\frac{x^2}{a^2}+\frac{3y^2}{b^2}-1\right) \\ &\frac{\partial^3 \zeta}{\partial x^3} = \frac{24\zeta_0 x}{a^4},\ \frac{\partial^3 \zeta}{\partial x^2 \partial y} = \frac{8\zeta_0 y}{a^2 b^2},\ \frac{\partial^3 \zeta}{\partial x \partial y^2} = \frac{8\zeta_0 x}{a^2 b^2},\ \frac{\partial^3 \zeta}{\partial y^3} = \frac{24\zeta_0 y}{b^4} \\ &\frac{\partial^4 \zeta}{\partial x^4} = \frac{24\zeta_0}{a^4},\quad \frac{\partial^4 \zeta}{\partial x^2 \partial y^2} = \frac{8\zeta_0}{a^2 b^2},\quad \frac{\partial^4 \zeta}{\partial y^4} = \frac{24\zeta_0}{b^4} \end{aligned}\right\} (3b).$$

Dies liefert nach Einsetzen in die Differentialgleichung (1) für die größte Durchbiegung

$$\zeta_0 = \frac{p(\mu^2-1)}{2\mu^2 E h^3\left(\frac{1}{a^4}+\frac{2}{3a^2b^2}+\frac{1}{b^4}\right)} \quad . \quad . \quad . \quad (4),$$

während die Ausdrücke (3 b) mit den Formeln (3), § 45, die Normalspannungen

$$\left.\begin{aligned}\sigma_x &= -\frac{4\mu E}{\mu^2-1} z\zeta_0\left[\frac{\mu}{a^2}\left(\frac{3x^2}{a^2}+\frac{y^2}{b^2}-1\right)+\frac{1}{b^2}\left(\frac{x^2}{a^2}+\frac{3y^2}{b^2}-1\right)\right]\\ \sigma_y &= -\frac{4\mu E}{\mu^2-1} z\zeta_0\left[\frac{\mu}{b^2}\left(\frac{x^2}{a^2}+\frac{3y^2}{b^2}-1\right)+\frac{1}{a^2}\left(\frac{3x^2}{a^2}+\frac{y^2}{b^2}-1\right)\right]\end{aligned}\right\} \quad (5)$$

ergeben. In gleicher Weise erhalten wir mit der Ableitung

$$\frac{\partial^2\zeta}{\partial x\,\partial y} = \frac{8\zeta_0 xy}{a^2b^2} \quad \ldots\ldots\ldots \quad (3\,c)$$

aus Gl. (4), § 45, für die Schubspannung

$$\tau_z = -\frac{16G\cdot\zeta_0}{a^2b^2}xyz \quad \ldots\ldots\ldots \quad (6).$$

Da diese mit den Koordinaten wächst, so ist ihr Höchstwert auf dem Umfang zu suchen, und zwar an dem Punkte

$$x_1 = \frac{a}{\sqrt{2}}, \qquad y_1 = \frac{b}{\sqrt{2}} \quad \ldots\ldots \quad (6\,a),$$

mit dem Betrage

$$\tau_{z0} = -\frac{8G\cdot\zeta_0 z}{ab} \quad \ldots\ldots\ldots \quad (6\,b).$$

Weiter erkennt man aus dem Verschwinden der Schubspannung längs der Ellipsenachsen $x=0$, $y=0$, daß längs dieser die Normalspannungskomponenten (5) gleichzeitig Hauptspannungen darstellen. Wir erhalten demgemäß mit der Abkürzung

$$\pm\frac{4\mu E}{\mu^2-1}z\zeta_0 = C \quad \ldots\ldots\ldots \quad (7),$$

in der zur Berechnung der absolut größten Spannungswerte $z=\frac{h}{2}$ zu setzen wäre, für die Längsachse $y=0$:

$$\left.\begin{aligned}\sigma_x' &= C\left[\left(\frac{3\mu}{a^2}+\frac{1}{b^2}\right)\frac{x^2}{a^2}-\left(\frac{\mu}{a^2}+\frac{1}{b^2}\right)\right]\\ \sigma_y' &= C\left[\left(\frac{3}{a^2}+\frac{\mu}{b^2}\right)\frac{x^2}{a^2}-\left(\frac{1}{a^2}+\frac{\mu}{b^2}\right)\right]\end{aligned}\right\} \quad \ldots \quad (5\,a)$$

und für die kleine Achse $x=0$

$$\left.\begin{aligned}\sigma_x'' &= C\left[\left(\frac{\mu}{a^2}+\frac{3}{b^2}\right)\frac{y^2}{b^2}-\left(\frac{\mu}{a^2}+\frac{1}{b^2}\right)\right]\\ \sigma_y'' &= C\left[\left(\frac{1}{a^2}+\frac{3\mu}{b^2}\right)\frac{y^2}{b^2}-\left(\frac{1}{a^2}+\frac{\mu}{b^2}\right)\right]\end{aligned}\right\} \quad \ldots \quad (5\,b).$$

Für den Mittelpunkt $x = y = 0$ gehen diese Werte über in

$$\left.\begin{aligned} \sigma_x' = \sigma_x'' = \sigma_1 = -C\left(\frac{\mu}{a^2} + \frac{1}{b^2}\right) = -C\,\frac{a^2 + \mu b^2}{a^2 b^2} \\ \sigma_y' = \sigma_y'' = \sigma_2 = -C\left(\frac{1}{a^2} + \frac{\mu}{b^2}\right) = -C\,\frac{a^2\mu + b^2}{a^2 b^2} \end{aligned}\right\} \quad (5\,c),$$

wobei wegen $\mu > 2$ und $a > b$

$$\frac{\sigma_1}{\sigma_2} = \frac{a^2 + \mu b^2}{a^2\mu + b^2} = \frac{a^2 + b^2 + b^2(\mu - 1)}{a^2 + b^2 + a^2(\mu - 1)} < 1$$

ist. Andererseits erhalten wir für den Ellipsenumfang mit Rücksicht auf (2) die Spannungskomponenten aus (5)

$$\left.\begin{aligned} \sigma_x''' = 2C\left(\frac{\mu x^2}{a^4} + \frac{y^2}{b^4}\right) \\ \sigma_y''' = 2C\left(\frac{x^2}{a^4} + \frac{\mu y^2}{b^4}\right) \end{aligned}\right\} \quad \ldots\ldots \quad (8)$$

mit den Werten für die Enden der beiden Achsen, also

$$\left.\begin{aligned} \text{für } x = a, \quad y = 0 : \sigma_x''' = \frac{2C\mu}{a^2}, \quad \sigma_y''' = \frac{2C}{a^2} \\ \text{»} \quad x = 0, \quad y = b : \sigma_x''' = \frac{2C}{b^2}, \quad \sigma_y''' = \frac{2C\mu}{b^2} \end{aligned}\right\} \quad (8\,a).$$

Von allen diesen Werten ist der letzte, d. h. die Spannung σ_y am Ende der kleinen Achse am größten, so daß mit $z = \frac{h}{2}$ in (7) die Formel

$$\sigma_y''' = \frac{4\mu^2 E \zeta_0 h}{(\mu^2 - 1)\cdot b^2} \quad \ldots\ldots \quad (8\,b),$$

die Grundlage für die Berechnung der elliptischen Platte bildet. Von geringerer Bedeutung ist die Ermittlung des Auflagedruckes T am Plattenrande, den man für jede Stelle aus den beiden Querkraftkomponenten T

$$dT_y = dy \int_{-\frac{h}{2}}^{+\frac{h}{2}} \tau_y\,dz, \quad dT_x = dx \int_{-\frac{h}{2}}^{+\frac{h}{2}} \tau_x\,dz \quad \ldots \quad (9)$$

mit Hilfe des Gleichgewichts an dem in Fig. 177 eingezeichneten Plattenelement zu

$$dT = dT_y + dT_x = dy\int \tau_y\,dz + dx\int \tau_x\,dz \quad \ldots \quad (10)$$

oder nach Einführung der Ausdrücke (7), § 45, und Integration über die Plattendicke

$$d\,T = \frac{\mu^2 E}{\mu^2 - 1} \cdot \frac{h^3}{12}\left[\left(\frac{\partial^3 \zeta}{\partial x^3} + \frac{\partial^3 \zeta}{\partial x\,\partial y^2}\right) d\,y + \left(\frac{\partial^3 \zeta}{\partial y^3} + \frac{\partial^3 \zeta}{\partial x^2\,\partial y}\right) d\,x\right]$$

berechnen kann.

Setzen wir hierin für die Ableitungen die Ausdrücke (3 b) ein, so wird

$$d\,T = \frac{8\,\mu^2 E}{\mu^2 - 1}\,\frac{\zeta_0 h^3}{12}\left[\left(\frac{3}{a^2} + \frac{1}{b^2}\right)\frac{x\,d\,y}{a^2} + \left(\frac{3}{b^2} + \frac{1}{a^2}\right)\frac{y\,d\,x}{b^2}\right] \quad (10\,\mathrm{a})$$

oder nach Ausführung der Integration über den ganzen Plattenumfang, wobei

$$\int x\,d\,y = \int y\,d\,x = \pi\,a\,b$$

die Ellipsenfläche bedeutet, mit Rücksicht auf die Bedeutung von ζ_0, Gl. (4),

$$T = p\,\pi\,a\,b \quad . \; . \; . \; . \; . \; . \; . \quad (10\,\mathrm{b}).$$

Dieses Ergebnis war natürlich vorauszusehen und hat deshalb hier nur die Bedeutung einer Kontrolle.

Aus der Gl. (10 a) kann man ferner durch Division mit dem Bogenelement $d\,s$ den auf die Längeneinheit des Umfangs entfallenden Auflagedruck

$$\frac{dT}{d\,s} = \frac{8\,\mu^2 E}{\mu^2 - 1}\,\frac{\zeta_0 h^3}{12}\left[\left(\frac{3}{a^2} + \frac{1}{b^2}\right)\frac{x}{a^2}\,\frac{d\,y}{d\,s} + \left(\frac{3}{b^2} + \frac{1}{a^2}\right)\frac{y\,d\,x}{b^2\,d\,s}\right] \quad (10\,\mathrm{c})$$

nach Einführung der Richtungskosinus (11 a) an jeder Stelle berechnen.

Ferner können wir aus den einzelnen Spannungskomponenten die tangential zum Plattenrande gerichtete Schubspannung τ_s vermittelst der Gleichung für den ebenen Spannungszustand bestimmen. Wir finden so mit dem Neigungswinkel ψ der Ellipsentangente

$$\tau_s = (\sigma_x - \sigma_y)\cos\psi\,\sin\psi + \tau_z\,(\cos^2\psi - \sin^2\psi) \; . \; . \quad (11),$$

wo für den Plattenrand mit (2)

$$\left.\begin{aligned} \cos\psi &= \frac{d\,x}{d\,s} = \frac{y\,a^2}{\sqrt{x^2 b^4 + y^2 a^4}} \\ \sin\psi &= \frac{d\,y}{d\,s} = \frac{x\,b^2}{\sqrt{x^2 b^4 + y^2 a^4}} \end{aligned}\right\} \quad . \; . \; . \quad (11\,\mathrm{a}),$$

also

$$\cos\psi\cdot\sin\psi=\frac{x y\, a^2 b^2}{x^2 b^4+y^2 a^4},\quad \cos^2\psi-\sin^2\psi=\frac{y^2 a^4-x^2 b^4}{x^2 b^4+y^2 a^4} \qquad (11\text{b})$$

ist. Andererseits folgt aus (8) mit (7) und $2G(\mu+1)=\mu E$

$$\sigma_x'''-\sigma_y'''=\frac{8\mu E}{\mu+1}\left(\frac{x^2}{a^4}-\frac{y^2}{b^4}\right)z\zeta_0=16G\frac{x^2b^4-y^2a^4}{a^4b^4}\,z\zeta_0.$$

Führen wir alle diese Werte sowie (6) in Gl. (11) ein, so folgt $\tau_s=0$ im Einklang mit der Tatsache, daß auf den Plattenrand keine Tangentialkräfte in der Richtung des Umfangs wirken. Demgegenüber verschwindet die resultierende Normalspannung am Plattenrande nicht, da sie dort dem Einspannungsmoment das Gleichgewicht halten muß.

Durch die vorstehende Untersuchung kann die Biegung einer elliptischen, am Rande eingespannten Platte als vollkommen erledigt angesehen werden, solange diese nur durch einen gleichförmigen Normaldruck p belastet ist. Tritt hierzu noch eine zentrale Einzellast Q, so wird davon die Gültigkeit der grundlegenden Differentialgleichung (1) zwar nicht berührt, wohl aber unser Ergebnis (4) für die größte Durchbiegung ζ_0, die ja nur den Flächendruck enthält. Der bisher eingeschlagene Weg bietet außerdem gar keine Möglichkeit, die zentrale Einzellast in Rechnung zu ziehen, so daß wir hierfür auf ein Näherungsverfahren angewiesen sind. Als solches bietet sich uns zwanglos die Gleichheit der inneren und äußeren Arbeit auf Grund eines vorgelegten Ansatzes für die Durchbiegung, für den wir natürlich wieder Gl. (3) benutzen können. Wir kommen aber unter Benutzung dieses Ansatzes und der Formel (4) noch etwas rascher zum Ziele, wenn wir uns zunächst auf die Berechnung der äußeren Arbeit beschränken, für die wir mit dem Flächenelement dF der Plattenebene

$$L_a=\frac{1}{2}Q\zeta_0+\frac{p}{2}\int\zeta\, dF \quad . \;.\; .\; .\; .\; \quad (12)$$

oder wegen (3)

$$L_a=\frac{\zeta_0}{2}Q+\frac{p\zeta_0}{2}\int\left(\frac{x^2}{a^2}+\frac{y^2}{b^2}-1\right)^2 dF\quad .\;.\quad (12\text{a})$$

zu schreiben haben. Beachten wir, daß für die Ellipse

$$\left.\begin{aligned}\int x^4\,dF=\frac{\pi}{8}a^5 b,\quad \int y^4\,dF=\frac{\pi}{8}a b^5,\quad \int x^2y^2\,dF=\frac{\pi}{24}a^3b^3\\ \int x^2\,dF=\frac{\pi}{4}a^3 b,\quad \int y^2\,dF=\frac{\pi}{4}a b^3\end{aligned}\right\}\quad (13)$$

ist, so wird aus (12 a)

$$L_a = \frac{\zeta_0}{2}\left(Q + \frac{\pi a b p}{3}\right) = \zeta_0 \frac{\pi a b}{6}\left(p + \frac{3Q}{\pi a b}\right) \quad . \; . \; (12\text{b})$$

Hiernach stellt die Größe

$$p' = \frac{3Q}{\pi a b} \quad . \; . \; . \; . \; . \; . \; . \; . \; . \; (14)$$

einen fingierten Flächendruck dar, welcher näherungsweise die zentrale Einzellast ersetzen kann. Dieser Flächendruck wäre somit einfach dem Normaldrucke p in Gl. (4) zuzufügen, also allgemeiner

$$\zeta_0' = \frac{(\mu^2 - 1)\left(p + \frac{3Q}{\pi a b}\right)}{2\mu^2 E h^3\left(\frac{1}{a^4} + \frac{2}{3a^2b^2} + \frac{1}{b^4}\right)} \quad . \; . \; . \; . \; (4\text{a})$$

zu schreiben, wenn außer dem Flächendruck p noch eine Einzellast Q im Zentrum der am Rande eingespannten Platte wirkt. In den früheren Formeln für die Spannungskomponenten ist dann nur ζ_0 durch den Wert (4a) zu ersetzen, ohne daß insbesondere die Randbedingungen eine Änderung erfahren. Es liegt auf der Hand, daß man von diesem ziemlich rohen Näherungsverfahren keine große Genauigkeit erwarten kann; immerhin dürfte es für praktische Zwecke vorerst genügen.

II. Für eine am Rande frei aufliegende elliptische Platte besteht die Bedingung des Verschwindens der Durchbiegung sowie der Schubspannung und der resultierenden Normalspannung längs des Randes, also

$$\left.\begin{aligned} \sigma_s &= \sigma_x \cos^2\varphi + \sigma_y \cos^2\varphi + 2\tau_z \sin\varphi\cos\varphi = 0 \\ \tau_s &= (\sigma_x - \sigma_y)\sin\varphi\cos\varphi + \tau_z \cos 2\varphi \qquad = 0 \end{aligned}\right\} \quad . \; (15),$$

worin für die Winkelfunktionen die Ausdrücke (11 a) einzusetzen sind. Die Spannungen $\sigma_x\, \sigma_y\, \tau_z$ ergeben sich aus den Formeln (3) und (4), § 45, nach Einsetzen einer Funktion (1 a) für die Durchbiegung. Hierfür liegt es nahe, irgendeine Potenz der Ellipsengleichung, also

$$\zeta = \zeta_0\left(1 - \frac{x^2}{a^2} - \frac{y^2}{b^2}\right)^k \quad . \; . \; . \; . \; . \; . \; (1\text{b})$$

zu wählen, nachdem diese Gleichung mit $k = 2$ die Lösung für den eingespannten Rand liefert. Berechnet man dann zuerst mit $k = 1$ die Ableitungen, so zeigt sich, daß für den Rand zwar $\zeta = 0$ wird und die Ableitungen $\frac{\partial \zeta}{\partial x}$ sowie $\frac{\partial \zeta}{\partial y}$ endliche Werte annehmen. Dagegen nehmen mit den zweiten Ableitungen die beiden Spannungskomponenten σ_x und σ_y über die ganze Platte (für $z =$ Const) dieselben Werte an, während allgemein $\tau_z = 0$ wird. Dies ist aber mit den Randbedingungen (15) unvereinbar.

Setzen wir dann in (1 b) $k = 3$, 4 usw., so verschwinden für den Rand nicht nur die Durchbiegung ζ, sondern auch alle ersten und zweiten Ableitungen. Damit sind zwar alle Randbedingungen erfüllt, der Ansatz (1 b) ist indessen trotzdem unbrauchbar, weil das Verschwinden der ersten Ableitungen erfahrungsgemäß nur für eingespannte Platten zutrifft. Man übersieht sofort, daß an dieser Tatsache auch eine Reihe von Ausdrücken der Form (1 b) mit zunächst noch unbestimmtem Koeffizienten nichts ändert, daß also auch das in § 40 geschilderte Verfahren hier nur zum Ziele führt, wenn für ζ ganz andere als die bisher benutzten Funktionen angesetzt werden, die indessen noch nicht bekannt zu sein scheinen.

In der Technik, die frei aufliegende elliptische Platten mit zentraler Belastung und gleichzeitigem Flächendruck als Mannlochdeckel an Dampfkesseln viel verwendet, wird man sich darum mit deren Berechnung als eingespannter Platten begnügen. Da diese jedenfalls unter sonst gleichen Verhältnissen, durch den Hinzutritt der Randspannungen, stärker beansprucht werden als für aufliegende, so liegt darin eine nicht unerwünschte Sicherheit, die allerdings den damit verbundenen Mangel an Einsicht in den wirklichen Spannungszustand nicht ersetzen kann.

§ 49. Umformung der Plattengleichungen in Polarkoordinaten.

Umformung der partiellen Ableitungen des Plattenausschlages. Vereinfachung für die Kreisplatte. Ermittelung der Spannungen und Dehnungen in ihrer Abhängigkeit vom Radius. Die Arbeitsgleichung in Polarkoordinaten. Anwendung auf die schwimmende elastische Platte.

Für manche Probleme, insbesondere für die Untersuchung kreisförmiger Platten, ist es zweckmäßig, an Stelle des rechtwinkligen Achsensystems in der Plattenebene Polarkoordinaten durch die Substitution

$$x = r\cos\varphi, \qquad y = r\sin\varphi \quad . \quad . \quad . \quad . \quad . \quad (1)$$

einzuführen. Setzen wir dann noch abkürzungsweise

$$\frac{\partial^2\zeta}{\partial x^2} + \frac{\partial^2\zeta}{\partial y^2} = \Delta\zeta = u \quad . \quad . \quad . \quad . \quad . \quad (2),$$

so wird

$$\Delta\Delta\zeta = \frac{\partial^4\zeta}{\partial x^4} + 2\frac{\partial^4\zeta}{\partial x^2\partial y^2} + \frac{\partial^4\zeta}{\partial y^4} = \frac{\partial^2 u}{\partial x^2} + \frac{\partial^2 u}{\partial y^2} = \Delta u \quad (2\text{a}),$$

so daß wir für die Differentialgleichung (9), § 45, der ebenen Platte auch

$$\Delta u = \frac{\partial^2 u}{\partial x^2} + \frac{\partial^2 u}{\partial y^2} = \frac{12(\mu^2 - 1)p}{\mu^2 h^3 E} \quad . \quad . \quad . \quad (3)$$

schreiben dürfen. Es wird sich also im wesentlichen um eine Transformation des links stehenden Ausdruckes in Polarkoordinaten handeln. Hierfür kommen noch die aus (1) folgenden Beziehungen

$$r^2 = x^2 + y^2, \qquad y = x\,\mathrm{tg}\,\varphi \quad . \quad . \quad . \quad . \quad . \quad (1\text{a})$$

in Betracht, aus denen sich

$$\left.\begin{aligned}
&\frac{\partial r}{\partial x} = \frac{x}{r} = \cos\varphi \qquad \frac{\partial r}{\partial y} = \frac{y}{r} = \sin\varphi \\
&\frac{\partial\varphi}{\partial x} = -\frac{y\cos^2\varphi}{x^2} = -\frac{\sin\varphi}{r} \\
&\frac{\partial\varphi}{\partial y} = \frac{\cos^2\varphi}{x} = \frac{\cos\varphi}{r}
\end{aligned}\right\} \quad . \quad . \quad (1\text{b})$$

ergibt. Damit aber wird

$$\left.\begin{aligned}
\frac{\partial u}{\partial x} &= \frac{\partial u}{\partial r}\frac{\partial r}{\partial x} + \frac{\partial u}{\partial\varphi}\frac{\partial\varphi}{\partial x} = \frac{\partial u}{\partial r}\cos\varphi - \frac{\partial u}{\partial\varphi}\frac{\sin\varphi}{r} \\
\frac{\partial u}{\partial y} &= \frac{\partial u}{\partial r}\frac{\partial r}{\partial y} + \frac{\partial u}{\partial\varphi}\frac{\partial\varphi}{\partial y} = \frac{\partial u}{\partial r}\sin\varphi + \frac{\partial u}{\partial\varphi}\frac{\cos\varphi}{r}
\end{aligned}\right| \quad (4)$$

und weiterhin

$$\begin{aligned}
\frac{\partial^2 u}{\partial x^2} &= \frac{\partial}{\partial r}\left(\frac{\partial u}{\partial r}\cos\varphi - \frac{\partial u}{\partial\varphi}\frac{\sin\varphi}{r}\right)\frac{\partial r}{\partial x} \\
&\qquad + \frac{\partial}{\partial\varphi}\left(\frac{\partial u}{\partial r}\cos\varphi - \frac{\partial u}{\partial\varphi}\frac{\sin\varphi}{r}\right)\frac{\partial\varphi}{\partial x} \\
&= \left(\frac{\partial^2 u}{\partial r^2}\cos\varphi - \frac{\partial^2 u}{\partial r\,\partial\varphi}\frac{\sin\varphi}{r} + \frac{\partial u}{\partial\varphi}\frac{\sin\varphi}{r^2}\right)\cos\varphi \\
&\quad - \left(\frac{\partial^2 u}{\partial r\,\partial\varphi}\cos\varphi - \frac{\partial u}{\partial r}\sin\varphi - \frac{\partial^2 u}{\partial\varphi^2}\frac{\sin\varphi}{r} - \frac{\partial u}{\partial\varphi}\frac{\cos\varphi}{r}\right)\frac{\sin\varphi}{r}
\end{aligned}$$

oder nach Zusammenziehung verschiedener Glieder, sowie unter Hinzufügung des entsprechenden Ausdrucks für die andere Ableitung, der aus dem ersten auch durch Vertauschung von $\cos\varphi$ gegen $\sin\varphi$ und $\sin\varphi$ gegen $-\cos\varphi$ erhalten werden kann,

$$\left.\begin{aligned}\frac{\partial^2 u}{\partial x^2}&=\frac{\partial^2 u}{\partial r^2}\cos^2\varphi+\frac{\partial u}{\partial r}\frac{\sin^2\varphi}{r}-2\frac{\partial^2 u}{\partial r\,\partial\varphi}\frac{\sin\varphi\cos\varphi}{r}\\&\qquad+\frac{\partial^2 u}{\partial\varphi^2}\frac{\sin^2\varphi}{r^2}+2\frac{\partial u}{\partial\varphi}\frac{\cos\varphi\sin\varphi}{r^2}\\\frac{\partial^2 u}{\partial y^2}&=\frac{\partial^2 u}{\partial r^2}\sin^2\varphi+\frac{\partial u}{\partial r}\frac{\cos^2\varphi}{r}+2\frac{\partial^2 u}{\partial r\,\partial\varphi}\frac{\sin\varphi\cos\varphi}{r}\\&\qquad+\frac{\partial^2 u}{\partial\varphi^2}\frac{\cos^2\varphi}{r^2}-2\frac{\partial u}{\partial\varphi}\frac{\cos\varphi\sin\varphi}{r^2}\end{aligned}\right\}\quad(5).$$

Die Addition dieser Formeln liefert dann

$$\frac{\partial^2 u}{\partial x^2}+\frac{\partial^2 u}{\partial y^2}=\frac{\partial^2 u}{\partial r^2}+\frac{1}{r}\frac{\partial u}{\partial r}+\frac{1}{r^2}\frac{\partial^2 u}{\partial\varphi^2}\quad .\ .\ (6)$$

oder nach Zusammenziehung der beiden ersten Glieder rechts

$$\frac{\partial^2 u}{\partial x^2}+\frac{\partial^2 u}{\partial y^2}=\frac{1}{r}\frac{\partial}{\partial r}\left(r\frac{\partial u}{\partial r}\right)+\frac{1}{r^2}\frac{\partial^2 u}{\partial\varphi^2}\quad .\ .\ (7).$$

Der Vollständigkeit halber fügen wir noch hinzu

$$\begin{aligned}\frac{\partial^2 u}{\partial x\,\partial y}&=\frac{\partial}{\partial r}\left(\frac{\partial u}{\partial r}\cos\varphi-\frac{\partial u}{\partial\varphi}\frac{\sin\varphi}{r}\right)\frac{\partial r}{\partial y}\\&\qquad+\frac{\partial}{\partial\varphi}\left(\frac{\partial u}{\partial r}\cos\varphi-\frac{\partial u}{\partial\varphi}\frac{\sin\varphi}{r}\right)\frac{\partial\varphi}{\partial y}\\&=\left(\frac{\partial^2 u}{\partial r^2}\cos\varphi-\frac{\partial^2 u}{\partial r\,\partial\varphi}\frac{\sin\varphi}{r}+\frac{\partial u}{\partial\varphi}\frac{\sin\varphi}{r^2}\right)\sin\varphi\\&\quad+\left(\frac{\partial^2 u}{\partial r\,\partial\varphi}\cos\varphi-\frac{\partial u}{\partial r}\sin\varphi-\frac{\partial^2 u}{\partial\varphi^2}\frac{\sin\varphi}{r}-\frac{\partial u}{\partial\varphi}\frac{\cos\varphi}{r}\right)\frac{\cos\varphi}{r}\end{aligned}$$

oder nach Zusammenziehung

$$\begin{aligned}\frac{\partial^2 u}{\partial x\,\partial y}&=\left(\frac{\partial^2 u}{\partial r^2}-\frac{1}{r}\frac{\partial u}{\partial r}-\frac{1}{r^2}\frac{\partial^2 u}{\partial\varphi^2}\right)\sin\varphi\cos\varphi\\&\quad+\left(\frac{\partial^2 u}{\partial r\,\partial\varphi}-\frac{1}{r}\frac{\partial u}{\partial\varphi}\right)\frac{\cos^2\varphi-\sin^2\varphi}{r}\quad .\ .\ .\ (8).\end{aligned}$$

Hiernach lautet die Plattengleichung in Polarkoordinaten

$$\frac{1}{r}\frac{\partial}{\partial r}\left(r\frac{\partial u}{\partial r}\right)+\frac{1}{r^2}\frac{\partial^2 u}{\partial\varphi^2}=\frac{12\,(\mu^2-1)\,p}{\mu^2 h^3 E}\quad .\ .\ (3\,\mathrm{a}),$$

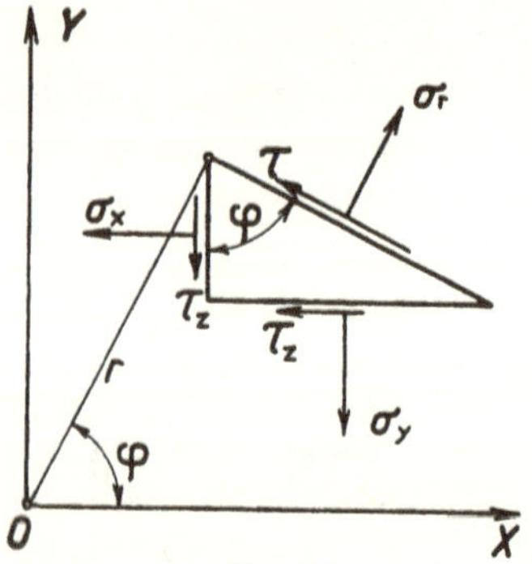

Fig. 178.

worin u wiederum nach (2) durch

$$u = \frac{1}{r}\frac{\partial}{\partial r}\left(r\frac{\partial \zeta}{\partial r}\right) + \frac{1}{r^2}\frac{\partial^2 \zeta}{\partial \varphi^2} \quad (2\,a)$$

definiert ist.

Natürlich müssen auch an Stelle der Spannungskomponenten σ_x, σ_y, τ_z in den Achsenrichtungen solche in radialer und tangentialer Richtung eingeführt werden, die wir mit σ_r, σ_t bzw. τ bezeichnen wollen. Diese ergeben sich aus dem Gleichgewichte des Elementardreiecks (Fig. 178) der Plattenfläche nach den Formeln

$$\left.\begin{aligned} \sigma_r &= \sigma_x \cos^2\varphi + \sigma_y \sin^2\varphi + 2\,\tau_z \sin\varphi\cos\varphi \\ \sigma_t &= \sigma_x \sin^2\varphi + \sigma_y \cos^2\varphi - 2\,\tau_z \sin\varphi\cos\varphi \\ \tau &= (\sigma_y - \sigma_x)\sin\varphi\cos\varphi + \tau_z(\cos^2\varphi - \sin^2\varphi) \end{aligned}\right\} \quad . \quad (9),$$

von denen die zweite aus der ersten durch Vertauschen von φ gegen $\varphi + 90^0$ hervorgeht.

In die Gleichungen (9) sind ferner die Ausdrücke (3) und (4), § 45, nämlich

$$\left.\begin{aligned} \sigma_x &= \frac{\mu E}{\mu^2 - 1} z \left(\mu \frac{\partial^2 \zeta}{\partial x^2} + \frac{\partial^2 \zeta}{\partial y^2}\right) \\ \sigma_y &= \frac{\mu E}{\mu^2 - 1} z \left(\mu \frac{\partial^2 \zeta}{\partial y^2} + \frac{\partial^2 \zeta}{\partial x^2}\right) \\ \tau_z &= 2 G z \frac{\partial^2 \zeta}{\partial x \partial y} = \frac{\mu E}{\mu + 1} z \frac{\partial^2 \zeta}{\partial x \partial y} \end{aligned}\right\} \quad . \quad . \quad (10)$$

einzusetzen, nachdem in ihnen die Ableitungen nach den Koordinaten x und y in solche nach r und φ umgeformt sind. Diese Umformung wollen wir, da dies praktisch ohne Bedeutung ist, nicht mehr mit voller Allgemeinheit durchführen, sondern uns mit der für die Kreisplatte mit symmetrischer Belastung gültigen reinen Abhängigkeit aller Größen vom Radius r begnügen, womit dann sämtliche Ableitungen nach φ wegfallen. Dann aber dürfen wir auch für die Plattengleichung (3 a) bzw. für (2 a) schreiben

$$u = \frac{1}{r}\frac{d}{dr}\left(r\frac{d\zeta}{dr}\right) \quad . \quad . \quad . \quad . \quad . \quad . \quad (2\,b)$$

$$\frac{1}{r}\frac{d}{dr}\left(r\frac{du}{dr}\right) = \frac{12\,(\mu^2 - 1)\,p}{\mu^2 E h^3} \quad . \quad . \quad . \quad . \quad (3\,b),$$

während sich nach (5) und (8) mit dieser Vereinfachung

$$\left.\begin{aligned}\frac{\partial^2\zeta}{\partial x^2}&=\frac{d^2\zeta}{dr^2}\cos^2\varphi+\frac{d\zeta}{dr}\frac{\sin^2\varphi}{r}\\\frac{\partial^2\zeta}{\partial y^2}&=\frac{d^2\zeta}{dr^2}\sin^2\varphi+\frac{d\zeta}{dr}\frac{\cos^2\varphi}{r}\\\frac{\partial^2\zeta}{\partial x\,\partial y}&=\left(\frac{d^2\zeta}{dr^2}-\frac{1}{r}\frac{d\zeta}{dr}\right)\sin\varphi\cos\varphi\\&=r\frac{d}{dr}\left(\frac{1}{r}\frac{d\zeta}{dr}\right)\sin\varphi\cos\varphi\end{aligned}\right\}\quad(5\text{a})$$

ergibt. Daraus folgen wieder die Spannungskomponenten (10)

$$\left.\begin{aligned}\sigma_x&=\frac{\mu E}{\mu^2-1}z\left[\mu\left(\frac{d^2\zeta}{dr^2}\cos^2\varphi+\frac{d\zeta}{dr}\frac{\sin^2\varphi}{r}\right)\right.\\&\qquad\left.+\frac{d^2\zeta}{dr^2}\sin^2\varphi+\frac{d\zeta}{dr}\frac{\cos^2\varphi}{r}\right]\\\sigma_y&=\frac{\mu E}{\mu^2-1}z\left[\mu\left(\frac{d^2\zeta}{dr^2}\sin^2\varphi+\frac{d\zeta}{dr}\frac{\cos^2\varphi}{r}\right)\right.\\&\qquad\left.+\frac{d^2\zeta}{dr^2}\cos^2\varphi+\frac{d\zeta}{dr}\frac{\sin^2\varphi}{r}\right]\\\tau_z&=\frac{\mu E}{\mu+1}z\left(\frac{d^2\zeta}{dr^2}-\frac{1}{r}\frac{d\zeta}{dr}\right)\sin\varphi\cos\varphi\end{aligned}\right\}\quad(10\text{a})$$

und schließlich nach Einsetzen in die Formeln (9)

$$\left.\begin{aligned}\sigma_r&=\frac{\mu E}{\mu^2-1}z\left(\mu\frac{d^2\zeta}{dr^2}+\frac{1}{r}\frac{d\zeta}{dr}\right)\\\sigma_t&=\frac{\mu E}{\mu^2-1}z\left(\frac{d^2\zeta}{dr^2}+\frac{\mu}{r}\frac{d\zeta}{dr}\right)\\\tau&=0\end{aligned}\right\}\quad\ldots\;(9\text{a}).$$

Durch Umkehrung der ersten beiden Gleichungen (9 a) erhalten wir

$$\left.\begin{aligned}E\,z\frac{d^2\zeta}{dr^2}&=\sigma_r-\frac{\sigma_t}{\mu}\\E\frac{z}{r}\frac{d\zeta}{dr}&=\sigma_t-\frac{\sigma_r}{\mu}\end{aligned}\right\}\quad\ldots\ldots\;(9\text{b}),$$

wonach die links stehenden Terme als r a d i a l e bzw. t a n g e n t i a l e D e h n u n g e n d e r P l a t t e anzusprechen sind, die überdies im Einklang mit den Voraussetzungen des § 45 dem Abstande z von der neutralen Mittelfläche proportional ausfallen.

Das Verschwinden der Schubspannung τ besagt, daß in der Plattenebene keine Verzerrungen stattfinden, daß also die rechten

Winkel der Radien mit den Kreisen um den Koordinatenursprung sich infolge der Biegung nicht ändern. Dieses Ergebnis ist natürlich eine bloße Folge der Erhaltung der Symmetrie um den Anfangspunkt und darum für die Kreisplatte selbstverständlich. Dagegen wirken in der Platte noch zwei Schubspannungskomponenten senkrecht zu ihrer Ebene, für die wir nach Gl. (7), § 45, mit unserer Abkürzung u auch schreiben können

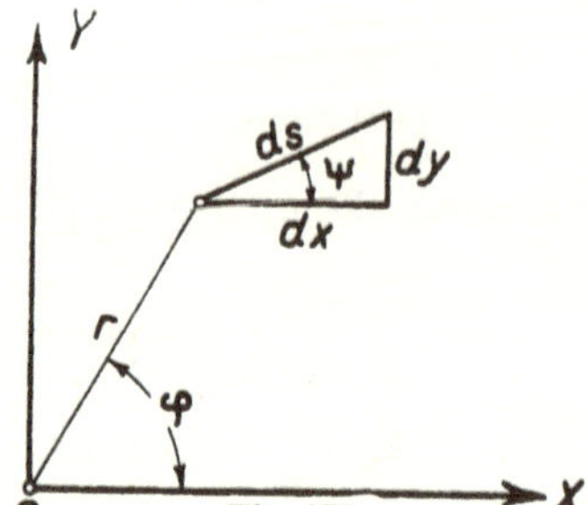

Fig. 179.

$$\left.\begin{aligned}\tau_y &= \frac{\mu^2 E}{\mu^2-1}\left(\frac{z^2}{2}-\frac{h^2}{8}\right)\frac{\partial u}{\partial x}\\ \tau_x &= \frac{\mu^2 E}{\mu^2-1}\left(\frac{z^2}{2}-\frac{h^2}{8}\right)\frac{\partial u}{\partial y}\end{aligned}\right\} \quad . \quad (11).$$

Diesen Spannungen hält an einem keilförmigen Volumelement (Fig. 179) von den Seitenlängen dx, dy und der Hypotenuse ds mit der Dicke dz die Schubspannung τ_s derart das Gleichgewicht, daß

$$\tau_s\,ds = \tau_y\,dy + \tau_x\,dx$$

oder wegen (11)

$$\tau_s = \frac{\mu^2 E}{\mu^2-1}\left(\frac{z^2}{2}-\frac{h^2}{8}\right)\left(\frac{\partial u}{\partial x}\frac{dy}{ds}+\frac{\partial u}{\partial y}\frac{dx}{ds}\right).$$

Hierin ist aber wegen der Achsensymmetrie nach (4)

$$\frac{\partial u}{\partial x} = \frac{du}{dr}\cos\varphi, \qquad \frac{\partial u}{\partial y} = \frac{du}{dr}\sin\varphi \quad . \quad . \quad . \quad (4\text{a}),$$

also

$$\tau_s = \frac{\mu^2 E}{\mu^2-1}\left(\frac{z^2}{2}-\frac{h^2}{8}\right)\frac{du}{dr}\left(\cos\varphi\frac{dy}{ds}+\sin\varphi\frac{dx}{ds}\right)$$

oder mit

$$\frac{dx}{ds} = \cos\psi, \qquad \frac{dy}{ds} = \sin\psi,$$

$$\tau_s = \frac{\mu^2 E}{\mu^2-1}\left(\frac{z^2}{2}-\frac{h^2}{8}\right)\frac{du}{dr}\sin(\varphi+\psi) \quad . \quad (11\text{a}).$$

Darin wird

$$\sin(\varphi+\psi) = 0 \text{ für } \varphi+\psi = 180^0,$$
$$\sin(\varphi+\psi) = 1 \text{ für } \varphi+\psi = 90^0,$$

d. h. die Meridianebenen der kreisförmigen Platte sind frei von Schubspannungen, während im koaxialen Zylinderschnitte sowie normal dazu in radialer Richtung eine Schubspannung vom Betrage

$$\tau_s = \frac{\mu^2 E}{\mu^2 - 1}\left(\frac{z^2}{2} - \frac{h^2}{8}\right)\frac{du}{dr} \quad . \quad . \quad . \quad . \quad (12)$$

herrscht, die indessen nach der Voraussetzung der Erhaltung der Normalen zur elastischen Mittelfläche keine Arbeit leistet.

Durch Integration von (12) über die Plattendicke erhalten wir die Querkraft für die Längeneinheit des Kreisumfangs

$$\frac{dT}{ds} = -\frac{\mu^2 E}{\mu^2 - 1}\frac{h^3}{12}\frac{du}{dr} \quad . \quad . \quad . \quad . \quad (12\text{a}),$$

also für den ganzen Kreisumfang $s = 2\pi r$

$$T = -\pi\frac{\mu^2 E}{\mu^2 - 1}\frac{h^3 r}{6}\frac{du}{dr} \quad . \quad . \quad . \quad . \quad (12\text{b}),$$

oder nach Division in (12)

$$\tau_s = \frac{3}{4\pi}\frac{h^2 - 4z^2}{h^3 r} T \quad . \quad . \quad . \quad . \quad . \quad (12\text{c}).$$

Sehr einfach gestaltet sich die Arbeitsgleichung der Kreisplatte durch das Verschwinden der Schubspannung τ und die der Plattengleichung zugrunde gelegte Wirkungslosigkeit von τ_s, so daß nach (14) § 45 nur mehr

$$\frac{dL}{dV} = \frac{1}{2E}\left(\sigma_r^2 + \sigma_t^2 - \frac{2\sigma_r\sigma_t}{\mu}\right) \quad . \quad . \quad . \quad . \quad (13)$$

übrig bleibt. Hierin ist das Volumelement

$$dV = 2\pi r\, dr\, dz \quad . \quad . \quad . \quad . \quad . \quad . \quad . \quad . \quad (14),$$

also

$$L = \frac{\pi}{E}\iint\left(\sigma_r^2 + \sigma_t^2 - \frac{2\sigma_r\sigma_t}{\mu}\right) r\, dr\, dz \quad . \quad . \quad (13\text{a}).$$

Führen wir in diese Formel die Ausdrücke (9 a) für die Normalspannungen ein und integrieren sogleich über die Plattendicke, so wird nach einigen Zusammenziehungen

$$L = \frac{\pi\mu^2 E}{12(\mu^2 - 1)}\int h^3\left[\left(\frac{d^2\zeta}{dr^2}\right)^2 + \frac{1}{r^2}\left(\frac{d\zeta}{dr}\right)^2 + \frac{2}{\mu r}\frac{d^2\zeta}{dr^2}\frac{d\zeta}{dr}\right] r\, dr \quad (15).$$

Hierin haben wir absichtlich die Plattendicke h mit unter das Integralzeichen genommen, wodurch die Arbeitsgleichung auch noch für Kreisplatten mit veränderlicher Dicke in der Richtung des Radius verwendbar bleibt. Dasselbe gilt natürlich auch für die Integration der Plattengleichungen (2 b) und (3 b), die wir nach Elimination von u in der Form

$$\frac{1}{r}\frac{d}{dr}\left\{r\frac{d}{dr}\left[\frac{1}{r}\frac{d}{dr}\left(r\frac{d\zeta}{dr}\right)\right]\right\}=\frac{12(\mu^2-1)p}{\mu^2 E h^3} \quad . \quad (16)$$

schreiben können. Indem wir uns die Integration dieser Differentialgleichung für eine gleichförmige Belastung p unter Hinzutritt einer zentralen Einzellast für den nächsten Abschnitt vorbehalten, wollen wir hier noch kurz den Fall einer unendlich ausgedehnten Platte untersuchen, deren kontinuierliche Belastung p an jeder Stelle der Durchbiegung ζ proportional ist, während an irgendeiner Stelle, die wir zum Koordinatenanfang wählen, eine Einzellast wirkt. Nahezu in dieser Lage befindet sich z. B. die Eisdecke eines Sees, wenn sie etwa durch darüber passierende Menschen oder Fahrzeuge belastet wird. Die davon herrührende Formänderung kann einfach als Überlagerung der Wirkungen aller Einzellasten betrachtet werden, so daß die Behandlung des Problems mit einer solchen Last durchaus genügt. Da in diesem Falle der der Durchbiegung proportionale Auftrieb der Einzellast entgegenwirkt, so haben wir mit dem spezifischen Wassergewicht γ

$$p=-\gamma\zeta \quad . \; . \; . \; . \; . \; . \; . \; . \quad (17)$$

und können für die rechte Seite von (16) abkürzungsweise

$$\frac{12(\mu^2-1)}{\mu^2 E h^3}p=-\frac{12(\mu^2-1)\gamma}{\mu^2 E h^3}\zeta=-\alpha^4\zeta \quad . \quad (17a)$$

schreiben. Führen wir dann noch die Differentiationen der linken Seite aus, so erhalten wir an Stelle von (16) die Differentialgleichung vierter Ordnung

$$\frac{d^4\zeta}{dr^4}+\frac{2}{r}\frac{d^3\zeta}{dr^3}-\frac{1}{r^2}\frac{d^2\zeta}{dr^2}+\frac{1}{r^3}\frac{d\zeta}{dr}+\alpha^4\zeta=0 \quad . \quad (16a),$$

deren exakte Integration vermittelst Besselscher Funktionen zuerst von H. Hertz[1]) geleistet wurde. Angesichts der geringen praktischen Bedeutung des Problems wollen wir von der Wieder-

[1]) H. Hertz, Über das Gleichgewicht schwimmender elastischer Platten, Wiedemanns Annalen 1884; siehe auch Gesammelte Werke Bd. I. Eine etwas bequemer lesbare Darstellung findet man in Föppls Vorlesungen über Techn. Mechanik Bd. V (Höhere Elastizitätstheorie), 1907, S. 110.

gabe des ziemlich umständlichen Rechnungsverfahrens hier absehen und uns mit einigen Näherungsbetrachtungen begnügen, welche das Wesen des ganzen Vorgangs hinreichend erkennen lassen. Wir untersuchen zu diesem Zwecke vorerst die Formänderung in unmittelbarer Nähe des belasteten Koordinatenanfangs. Dieser Bereich sei dadurch gekennzeichnet, daß in ihm die mit r^2 und r^3 behafteten Glieder der mit r^3 multiplizierten Differentialgleichung (16 a) vernachlässigt werden dürfen. Dann reduziert sich (16 a) auf

$$\frac{d^2\zeta}{dr^2} = \frac{1}{r}\frac{d\zeta}{dr} \quad \ldots \ldots \quad (16\text{b}),$$

woraus durch Integration

$$\frac{d\zeta}{dr} = C'r, \quad \zeta = \frac{C'r^2}{2} + C'' \quad \ldots \quad (16\text{c})$$

hervorgeht. Es ist dies die Gleichung eines Rotationsparaboloids, dessen Scheitel zugleich die tiefste Senkung $C'' = \zeta_0$ der Platte unter der Belastungsstelle $r = 0$ angibt. Schneidet das Paraboloid die ursprüngliche Mittelebene im Abstande r_0, so ist dort $\zeta = 0$, so daß wir auch an Stelle von (16 c) schreiben können

$$\zeta = \zeta_0\left(1 - \frac{r^2}{r_0^2}\right) \quad \ldots \ldots \quad (16\text{d}).$$

Damit erhalten wir für die Spannungskomponenten (9 a)

$$\sigma_r = \sigma_t = -\frac{\mu E}{\mu - 1}\, 2\frac{\zeta_0 z}{r_0^2} \quad \ldots \ldots \quad (18),$$

also vom Radius unabhängige Werte im ganzen Bereich. Demgegenüber wird nach (2 b) mit (16 d)

$$u = 2C' = -\frac{4\zeta_0}{r_0^2}, \quad \frac{du}{dr} = 0,$$

so daß die Schubspannung (12) normal zur Plattenebene in diesem Bereiche überhaupt verschwindet. Dieses unmögliche Resultat ist natürlich nur eine Folge des Näherungsausdruckes (16 d), welcher der strengeren Differentialgleichung der Platte nicht genügt.

Wir betrachten nunmehr die Formänderung der Platte in einem so großen Abstande r von der Belastungsstelle, daß wir alle mit dem Bruche $1 : r$ und dessen Potenzen behafteten Glieder in (16 a) vernachlässigen dürfen. Dann bleibt nur noch die einfache Differentialgleichung

$$\frac{d^4 \zeta}{d r^4} + \alpha^4 \zeta = 0 \quad \ldots \ldots \ldots \quad (19)$$

übrig, die mit dem Ansatz

$$\zeta = C e^{kr} \quad \ldots \ldots \ldots \quad (19a)$$

in

$$C e^{kr} (k^4 + \alpha^4) = 0 \quad \ldots \ldots \quad (19b)$$

übergeht. Hierin muß, da ζ nicht verschwinden soll, der Klammerausdruck zu Null werden, so daß

$$k = \alpha \sqrt[4]{-1}$$

wird. Zur Bestimmung dieser vier Wurzeln setzen wir

$$k = \alpha (\cos \varphi + i \sin \varphi),$$

also

$$k^4 = \alpha^4 (\cos \varphi + i \sin \varphi)^4 = \alpha^4 (\cos 4 \varphi + i \sin 4 \varphi)$$

oder wegen (19 b)

$$\cos 4 \varphi + i \sin 4 \varphi = -1.$$

Diese Gleichung kann aber nur bestehen, wenn

$$\cos 4 \varphi = -1, \quad \sin 4 \varphi = 0$$

ist, oder wenn φ die vier Werte

$$\varphi = \frac{\pi}{4}, \quad \frac{3}{4}\pi, \quad \frac{5}{4}\pi, \quad \frac{7}{4}\pi$$

annimmt, mit denen

$$\cos \varphi = +\frac{1}{2}\sqrt{2}, \quad -\frac{1}{2}\sqrt{2}, \quad -\frac{1}{2}\sqrt{2}, \quad +\frac{1}{2}\sqrt{2}$$

$$\sin \varphi = +\frac{1}{2}\sqrt{2}, \quad +\frac{1}{2}\sqrt{2}, \quad -\frac{1}{2}\sqrt{2}, \quad -\frac{1}{2}\sqrt{2}$$

also mit $\alpha^2 = 2 \beta^2$

$$k = \pm \frac{\alpha}{\sqrt{2}} (1 \pm i) = \pm \beta (1 \pm i) \quad \ldots \quad (19c)$$

wird. Sonach lautet das allgemeine Integral von (19)

$$\zeta = e^{\beta r} (C_1 e^{i \beta r} + C_2 e^{-i \beta r}) + e^{-\beta r} (C_3 e^{i \beta r} + C_4 e^{-i \beta r}) \quad (20).$$

Hierin muß aber ζ für $r = \infty$ verschwinden, da dort der Einfluß der Zentrallast wegfällt. Dies wiederum bedingt das

Verschwinden der Konstanten C_1 und C_2, so daß sich schließlich das Integral auf

$$\zeta = e^{-\beta r}(C_3 e^{i\beta r} + C_4 e^{-i\beta r}) \quad . \quad . \quad . \quad . \quad (20\text{a})$$

oder nach Einführung der Kreisfunktionen auf

$$\zeta = e^{-\frac{\alpha}{\sqrt{2}} r}\left(A \cos\frac{ar}{\sqrt{2}} + B \sin\frac{ar}{\sqrt{2}}\right) \quad . \quad . \quad (20\text{b})$$

reduziert. Daraus erhellt, daß die Mittelfläche einer schwimmenden elastischen Platte unter

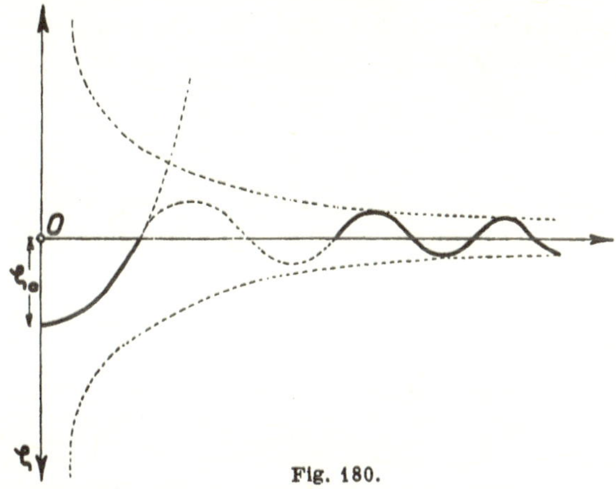

Fig. 180.

der Wirkung einer Zentrallast in konzentrische Ringwellen mit nach außen asymptotisch abnehmender Amplitude übergeht, siehe Fig. 180. Sind mehrere derartige Einzellasten vorhanden, so bildet sich um jede derselben eine solche Wellenfläche, die dann durch Interferenz die resultierende Fläche ergeben.

§ 50. Die Kreisplatte.

Ableitung der Spannungs- und Dehnungsformeln aus dem Gleichgewichte eines Plattenelementes. Einführung der Querkraft und Aufstellung der Differentialgleichung der konstant belasteten Platte. Integration der Gleichung und Bestimmung der Konstanten für verschiedene Belastungsfälle.

Die Behandlung der endlich ausgedehnten Kreisplatte könnten wir unmittelbar auf Grund der im letzten Abschnitt entwickelten Gleichungen durchführen, deren Integration für alle praktisch vorkommenden Fälle in der Tat leicht gelingt. Bei der großen Wichtigkeit der kreisförmigen Platte erscheint es indessen wünschenswert, die für sie geltenden Formeln noch einmal direkt aus dem Gleichgewichtszustande eines passend gewählten Volumelementes abzuleiten, woraus sich zugleich eine Kontrolle der früheren allgemeineren Darlegungen ergeben wird.

Als Volumelement wählen wir zweckmäßig einen unendlich kleinen Ringsektor (Fig. 181) um die Plattenachse mit dem Innenradius r; die radiale Dicke des Sektors sei dr, seine Höhe dz

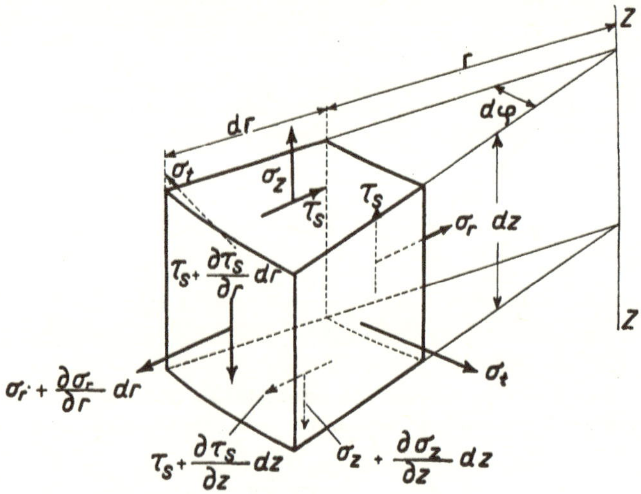

Fig. 181.

und sein Öffnungswinkel $d\varphi$. Dann wirkt auf der Innenfläche $r\,d\varphi\,dz$ die Zugspannung σ_r in radialer Richtung, die an der Außenfläche $(r+dr)\,d\varphi\,dz$ auf $\sigma_r + \frac{\partial \sigma_r}{\partial r}\,dr$ angewachsen ist. Auf der Innenfläche und der dazu senkrechten Deckfläche $r\,d\varphi\,dr$ wirkt außerdem die Schubspannung τ_s, die bis zur unteren Deckfläche auf $\tau_s + \frac{\partial \tau_s}{\partial z}\,dz$, bis zur Außenfläche dagegen auf $\tau_s + \frac{\partial \tau_s}{\partial r}\,dr$ zunimmt. Schließlich wirken noch auf den beiden Seitenflächen $dr\,dz$ die Zugspannungen σ_t in tangentialer Richtung mit einer nach innen gerichteten Normalkomponente

$$2\,\sigma_t \sin\frac{d\varphi}{2} = \sigma_t\,d\varphi$$

sowie die Axialspannung σ_z auf der oberen Deckfläche, die bis zur unteren auf $\sigma_z + \frac{\partial \sigma_z}{\partial z}\,dz$ anwächst. Vernachlässigen wir noch das Eigengewicht des Plattenelementes, so ergeben sich aus diesen Spannungen die Gleichgewichtsbedingungen in radialer und axialer Richtung

$$\left(\sigma_r + \frac{\partial \sigma_r}{\partial r}\,dr\right)(r+dr)\,dz\,d\varphi - \sigma_r\,r\,dz\,d\varphi$$
$$+\left(\tau_s + \frac{\partial \tau_s}{\partial z}\,dz\right)r\,dr\,d\varphi - \tau_s\,r\,dr\,d\varphi - \sigma_t\,d\varphi\,dr\,dz = 0$$
$$\left(\sigma_z + \frac{\partial \sigma_z}{\partial z}\,dz\right)r\,dr\,d\varphi - \sigma_z\,r\,dr\,d\varphi$$
$$+\left(\tau_s + \frac{\partial \tau_s}{\partial r}\,dr\right)(r+dr)\,dz\,d\varphi - \tau_s\,r\,d\varphi\,dz \qquad = 0.$$

Nach Wegheben verschiedener Terme und Vernachlässigung der Differentiale höherer Ordnung wird aus diesen Formeln unter Fortfall des den Resten gemeinsamen Faktors $d\varphi\,dr$

$$\left.\begin{aligned}\frac{\partial(\sigma_r r)}{\partial r} + r\frac{\partial \tau_s}{\partial z} &= \sigma_t\\ \frac{\partial(\tau_s r)}{\partial r} + r\frac{\partial \sigma_z}{\partial z} &= 0\end{aligned}\right\} \quad \ldots\ldots \quad (1).$$

Diese beiden Differentialgleichungen enthalten vier Spannungskomponenten, deren Bestimmung daher ohne besondere Annahmen nicht möglich ist. Wir setzen daher zunächst im Einklang mit der allgemeinen Plattentheorie § 45 voraus, daß die Axialspannung σ_z so klein gegenüber den Spannungskomponenten σ_r und σ_t sei, daß ihr Einfluß auf die Querkontraktion ebenso vernachlässigt werden kann wie die Änderung der Plattendicke h. Außerdem aber mögen die ursprünglich der z-Achse parallelen Plattennormalen durch den Übergang der Mittelebene der Platte in eine Rotationsfläche $\zeta = F(r)$ nur je eine Drehung derart erfahren, daß sie auch für diese Fläche ihren Charakter als Normalen behalten. Bezeichnen wir dann ihren Neigungswinkel gegen die z-Achse mit χ, so ist nach Analogie von Fig. 169 (§ 45) die Radialverschiebung eines Punktes im Abstande z von der Mittelfläche

$$\Delta r = z\chi = z\frac{d\zeta}{dr} \quad \ldots\ldots \quad (2),$$

mithin die Dehnung in radialer und tangentialer Richtung

$$\left.\begin{aligned} \varepsilon_r &= \frac{\partial \Delta r}{\partial r} = z\frac{d\chi}{dr} = z\frac{d^2\zeta}{dr^2} \\ \varepsilon_t &= \frac{\Delta r}{r} = z\frac{\chi}{r} = \frac{z}{r}\frac{d\zeta}{dr} \end{aligned}\right| \quad \ldots\ldots \quad (2a),$$

wobei die Ableitungen von χ und ζ nach r wegen deren Unabhängigkeit vom Abstande z des Plattenpunktes von der Mittellinie als totale zu verstehen sind.

Diese Dehnungen hängen weiterhin, und zwar infolge der Wirkungslosigkeit von σ_z, nur mit den Spannungskomponenten σ_r und σ_t durch die Gleichungen

$$\left.\begin{aligned} E\varepsilon_r &= \sigma_r - \frac{\sigma_t}{\mu} \\ E\varepsilon_t &= \sigma_t - \frac{\sigma_r}{\mu} \end{aligned}\right\} \quad \ldots\ldots \quad (3)$$

zusammen, durch deren Umkehrung wir

$$\left.\begin{aligned} \sigma_r &= \frac{E\mu}{\mu^2-1} z\left(\mu\frac{d\chi}{dr} + \frac{\chi}{r}\right) = \frac{E\mu}{\mu^2-1} z\left(\mu\frac{d^2\zeta}{dr^2} + \frac{1}{r}\frac{d\zeta}{dr}\right) \\ \sigma_t &= \frac{E\mu}{\mu^2-1} z\left(\mu\frac{\chi}{r} + \frac{d\chi}{dr}\right) = \frac{E\mu}{\mu^2-1} z\left(\frac{\mu}{r}\frac{d\zeta}{dr} + \frac{d^2\zeta}{dr^2}\right) \end{aligned}\right\} \quad (3a)$$

im Einklang mit Gl. (9 a) des vorigen Abschnitts erhalten. Daraus folgt

$$\begin{aligned} \frac{\partial(\sigma_r r)}{\partial r} - \sigma_t &= \frac{E\mu^2}{\mu^2-1} z\left(r\frac{d^2\chi}{dr^2} + \frac{d\chi}{dr} - \frac{\chi}{r}\right) \\ &= \frac{E\mu^2}{\mu^2-1} zr\left[\frac{d^2\chi}{dr^2} + \frac{d}{dr}\left(\frac{\chi}{r}\right)\right] = \frac{E\mu^2}{\mu^2-1} zr\frac{d}{dr}\left(\frac{d\chi}{dr} + \frac{\chi}{r}\right) \\ &= \frac{E\mu^2}{\mu^2-1} zr\frac{d}{dr}\left(\frac{1}{r}\frac{d(\chi r)}{dr}\right) \end{aligned}$$

und eingesetzt in die erste Formel (1)

$$\frac{\partial \tau_s}{\partial z} = -\frac{E\mu^2}{\mu^2-1} z\frac{d}{dr}\left(\frac{1}{r}\frac{d(\chi r)}{dr}\right) \quad \ldots\ldots \quad (4).$$

Integrieren wir diese Formel unter Beachtung, daß für die Ober- und Unterfläche der Platte, also $z = \pm \frac{h}{2}$, die Schubspannung τ_s verschwindet, so wird

$$\tau_s = \frac{E\mu^2}{\mu^2 - 1}\left(\frac{h^2}{8} - \frac{z^2}{2}\right)\frac{d}{dr}\left(\frac{1}{r}\frac{d(\chi r)}{dr}\right) \quad . \quad . \quad . \quad (4\text{a}).$$

Führen wir nunmehr die längs eines Zylinderschnittes mit dem Radius r wirkende Querkraft durch die Gleichung

$$T = 2\pi\int_{-\frac{h}{2}}^{+\frac{h}{2}} \tau_s r\, dz = 2\pi r \int_{-\frac{h}{2}}^{+\frac{h}{2}} \tau_s\, dz \quad . \quad . \quad . \quad . \quad . \quad (5)$$

ein, so liefert dies mit (4 a)

$$T = \frac{E\mu^2}{\mu^2 - 1}\,\frac{\pi}{6}\,h^3 r\,\frac{d}{dr}\left(\frac{1}{r}\frac{d(\chi r)}{dr}\right) \quad . \quad . \quad . \quad . \quad (5\text{a})$$

oder nach Division mit (4 a) in Übereinstimmung mit Gl. (12 c), § 49,

$$\tau_s = \frac{3}{4\pi}\,\frac{h^2 - 4z^2}{h^3 r}\,T \quad . \quad . \quad . \quad . \quad . \quad . \quad (5\text{b}).$$

Beachten wir ferner, daß der Zuwachs der Querkraft im Falle einer um die Achse symmetrischen Belastung durch eine Zentralkraft und einen in radialer Richtung variablen Normaldruck p lediglich von letzterem abhängt, so zwar, daß

$$dT = 2\pi p r\, dr \quad . \quad . \quad . \quad . \quad . \quad . \quad . \quad (6)$$

ist, so dürfen wir an Stelle von (5 a) auch nach erneuter Differentiation schreiben

$$p = \frac{E\mu^2}{\mu^2 - 1}\cdot\frac{h^3}{12}\,\frac{1}{r}\,\frac{d}{dr}\left[r\,\frac{d}{dr}\left(\frac{1}{r}\frac{d(\chi r)}{dr}\right)\right]$$

oder mit der Abkürzung

$$\left.\begin{aligned} \frac{1}{r}\frac{d(\chi r)}{dr} &= \frac{1}{r}\frac{d}{dr}\left(r\frac{d\zeta}{dr}\right) = u \\ \frac{1}{r}\frac{d}{dr}\left(r\frac{du}{dr}\right) &= \frac{12(\mu^2 - 1)\,p}{E\mu^2 h^3} \end{aligned}\right\} \quad . \quad . \quad . \quad (6\text{a}).$$

Das sind aber die beiden Formeln (2 b) und (3 b) des vorigen Abschnitts, welche die Differentialgleichung der symmetrisch belasteten Kreisplatte in Polarkoordinaten darstellten. Solange der Druck p selbst variabel ist, bleibt nichts weiter übrig, als von diesen Gleichungen (6 a) auszugehen, was denn auch für das

Beispiel der schwimmenden Platte in § 49 geschah. Haben wir es dagegen mit einem konstanten Normaldruck zu tun, so dürfen wir unbedenklich die weitere Untersuchung an (5 a) anknüpfen, können also die höhere Differentialgleichung (6 a) überhaupt umgehen.

Vorher wollen wir indessen noch die bisher nicht beachtete zweite Spannungsgleichung (1) ins Auge fassen, aus der sich mit (5 b)

$$r\frac{\partial \sigma_z}{\partial z} = -\frac{3}{4\pi}\frac{h^2-4z^2}{h^3}\frac{dT}{dr}$$

oder wegen (6)

$$\frac{\partial \sigma_z}{\partial z} = -\frac{3}{2}\frac{h^2-4z^2}{h^3}p \quad . \quad . \quad . \quad . \quad . \quad . \quad . \quad (7)$$

ergibt. Daraus folgt durch Integration mit Rücksicht auf das Verschwinden der Spannung σ_z auf der Plattenunterfläche, d. h. für $z = +\frac{h}{2}$,

$$\sigma_z = \frac{p}{2}\left(1 - 3\frac{z}{h} + 4\frac{z^3}{h^3}\right) \quad . \quad . \quad . \quad . \quad . \quad (7\,a),$$

also $\sigma_z = p$ für $z = -\frac{h}{2}$. Gl. (7 a) stimmt übrigens bis auf das Vorzeichen, das wiederum durch dasjenige von τ_s in Gl. (4 a) bedingt war, mit Gl. (10), § 45, überein.

Nunmehr kehren wir zur Gl. (5 a) zurück und setzen für die Querkraft, entsprechend einer achsensymmetrischen Belastung durch den Druck p und eine zentrale Einzellast Q,

$$T = \pi p r^2 + Q \quad . \quad . \quad . \quad . \quad . \quad . \quad . \quad . \quad (6\,b),$$

woraus durch Differentiation wieder (6) hervorgehen würde. Diese Formel trifft auch noch für den Fall zu, daß ein zentraler Kern der Platte vom Radius r_1 nach Fig. 182 dem Normaldrucke entzogen wäre, da man alsdann

$$T = \pi p (r^2 - r_1^2) + Q = \pi p r^2 + Q_1$$

zu schreiben hätte. Mit (6 b) geht dann Gl. (5 a) über in

$$r\frac{d}{dr}\left(\frac{1}{r}\frac{d(\chi r)}{dr}\right) = \frac{6(\mu^2-1)}{E\mu^2\pi h^3}(\pi p r^2 + Q) \quad . \quad . \quad (8)$$

oder mit den Abkürzungen

$$\frac{6(\mu^2-1)}{E\mu^2 h^3}p = \alpha, \qquad \frac{6(\mu^2-1)Q}{E\mu^2\pi h^3} = \beta \quad . \quad . \quad . \quad (9)$$

$$\frac{d}{dr}\left(\frac{1}{r}\frac{d(\chi r)}{dr}\right) = \alpha r + \frac{\beta}{r} \quad . \quad . \quad . \quad . \quad . \quad (8\,a).$$

Die erstmalige Integration dieser Gleichung liefert mit einer Konstanten A

$$\frac{d(\chi r)}{dr} = \frac{\alpha r^3}{2} + \beta r \lg n\, r + A r \quad . \quad . \quad . \quad . \quad (8\,\mathrm{b})$$

und die weitere Integration unter Berücksichtigung von

$$\int r \lg n\, r\, dr = \frac{1}{2} \int \lg n\, r\, d(r^2) = \frac{r^2}{2}\left(\lg n\, r - \frac{1}{2}\right)$$

mit einer zweiten Konstanten B

$$\chi = \frac{\alpha r^3}{8} + \frac{\beta r}{2}\left(\lg n\, r - \frac{1}{2}\right) + \frac{A r}{2} + \frac{B}{r}$$

oder

$$\chi = \frac{\alpha r^3}{8} + \frac{\beta r}{2} \lg n\, r + \left(\frac{A}{2} - \frac{\beta}{4}\right) r + \frac{B}{r} \quad . \quad . \quad (10).$$

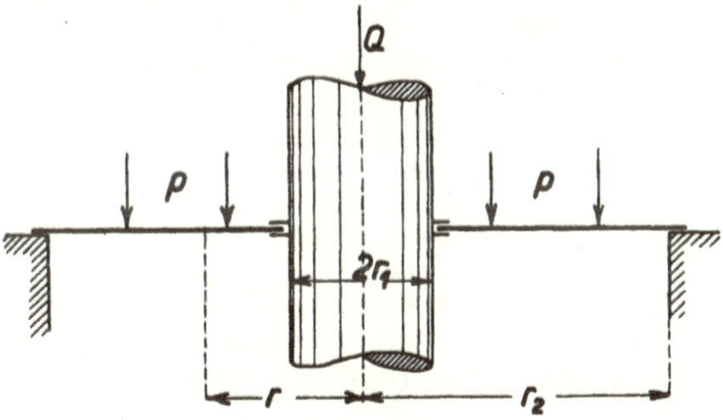

Fig. 182.

Hieraus ergibt sich schließlich wegen

$$\chi = \frac{d\zeta}{dr}$$

die Durchbiegung der Platte durch eine letzte Integration mit einer dritten Konstanten C zu

$$\zeta = \frac{\alpha r^4}{32} + (A - \beta)\frac{r^2}{4} + \frac{\beta}{4} r^2 \lg n\, r + B \lg n\, r + C \quad (11).$$

Die in den beiden Formeln (10) und (11) auftretenden Integrationskonstanten ABC, zu denen unter gewissen Umständen auch noch die von der Zentrallast abhängige Größe β hinzutritt, berechnen sich aus den Grenzbedingungen der einzelnen Sonderfälle, zu denen wir jetzt übergehen.

1. Beispiel: Für eine am Rande $r = r_0$ eingespannte Platte, die nur durch den Normaldruck p be-

lastet ist, erhalten wir zunächst aus (9) mit $Q = 0$ auch $\beta = 0$, womit sich die Gleichungen (10) und (11) vereinfachen in

$$\frac{d\zeta}{dr} = \chi = \frac{a r^3}{8} + \frac{A}{2} r + \frac{B}{r}$$

$$\zeta = \frac{a r^4}{32} + \frac{A}{4} r^2 + B \lg n\, r + C.$$

Hierin hat nun die Durchbiegung ζ für $r = 0$ den endlichen Wert ζ_0, für den gleichzeitig χ verschwindet. Das aber ist nur möglich, wenn die Konstante $B = 0$ wird, während sich die noch übrig bleibenden Konstanten A und C aus der Bedingung des Verschwindens von χ und ζ am Rande $r = r_0$ zu

$$A = -\frac{a r_0^2}{4}, \qquad C = -\frac{a r_0^4}{32} - \frac{A r_0^2}{4} = \frac{a r_0^4}{32}$$

bestimmen. Damit lautet die Gleichung für die elastische Mittelfläche

$$\zeta = \frac{a r_0^4}{32}\left(1 - \frac{r^2}{r_0^2}\right)^2 = \zeta_0 \left(1 - \frac{r^2}{r_0^2}\right)^2 \quad . \quad . \quad . \quad (11\,\text{a}),$$

worin nach (9) die größte Durchbiegung in der Mitte

$$\zeta_0 = \frac{3}{16} \frac{(\mu^2 - 1)}{E \mu^2 h^3} p r_0^4 \quad . \quad . \quad . \quad . \quad . \quad (9\,\text{a})$$

ist.

Diese Formeln hätten wir natürlich auch aus den entsprechenden Gleichungen (3) und (4) der eingespannten elliptischen Platte § 48 für $a = b = r_0$ erhalten.

2. Beispiel. Trägt die am Rande eingespannte Kreisplatte außer dem Normaldruck p noch eine Einzellast Q, so verschwindet zwar, wie im vorigen Beispiel, die Integrationskonstante B, nicht aber β, so daß wir jetzt erhalten

$$\frac{d\zeta}{dr} = \chi = \frac{a r^3}{8} + \frac{\beta r}{2} \lg n\, r + \left(\frac{A}{2} - \frac{\beta}{4}\right) r$$

$$\zeta = \frac{a r^4}{32} + \frac{\beta r^2}{4} \lg n\, r + (A - \beta) \frac{r^2}{4} + C.$$

Infolge des Verschwindens von χ und ζ für den Rand $r = r_0$ ergibt sich

$$A = \frac{\beta}{2} - \beta \lg n\, r_0 - \frac{a r_0^2}{4}$$

$$C = \frac{a r_0^4}{32} - \frac{\beta r_0^2}{8};$$

also

$$\zeta = \frac{a r_0^4}{32}\left(1 - \frac{r^2}{r_0^2}\right)^2 + \frac{\beta r_0^2}{8}\left(1 - \frac{r^2}{r_0^2}\right) + \frac{\beta r^2}{4} \lg n \frac{r}{r_0} \quad (11\,\text{b}).$$

Für $r=0$ folgt daraus die größte Durchbiegung mit Rücksicht auf (9) zu

$$\zeta_0 = \frac{\alpha r_0^4}{32} + \frac{\beta r_0^2}{8} = \frac{3}{16}\frac{(\mu^2-1)}{E\mu^2 h^3} r_0^4 \left(p + \frac{4Q}{\pi r_0^2}\right) \quad (9\,b).$$

Vergleicht man dieses Ergebnis der Überlagerung der Durchbiegungen durch den Normaldruck und die Zentrallast mit der Näherungsformel (4 a), § 48, für die eingespannte elliptische Platte, so erkennt man, daß in letzterer der Einfluß der Zentrallast im Verhältnis von 3 : 4 weniger zur Geltung kommt wie in der exakten Formel für die Kreisplatte. Das liegt natürlich daran, daß bei der Ableitung der Formel für die elliptische Platte eine und dieselbe Abhängigkeit der Durchbiegung von den Koordinaten sowohl für den Normaldruck als für die Zentrallast angenommen wurde. Diese Annahme hat sich aus der Theorie der Kreisplatte als unzulässig herausgestellt, ohne daß man indessen das Ergebnis (9 b) ohne weiteres auf die elliptische Platte übertragen dürfte.

3. Beispiel. Liegt die Platte am Rande frei auf, ohne daß die Belastung der ersten Beispiele sich ändert, so wird in (10) und (11) wieder $B=0$ sein müssen, da für $r=0$ die Durchbiegung ζ_0 nicht unendlich groß werden kann. Wir erhalten also dieselben Grundformeln, wie im 2. Beispiel, aus denen wir auch sogleich die Konstante C durch die Auflagebedingung $\zeta=0$ für $r=r_0$ eliminieren können. Daraus folgt dann

$$\zeta = \frac{\alpha}{32}(r^4 - r_0^4) + \frac{\beta}{4}(r^2 \lg n\, r - r_0^2 \lg n\, r_0) + (A-\beta)\frac{r^2 - r_0^2}{4}.$$

Die zweite Randbedingung erfordert das Verschwinden der Radialspannung σ_r für $r=r_0$ oder nach (3 a) des Ausdruckes

$$\left(\mu \frac{d\chi}{dr} + \frac{\chi}{r}\right)_{r_0} = 0.$$

Nun ist aber für diesen Fall

$$\left(\frac{d\chi}{dr}\right)_{r_0} = \frac{3}{8}\alpha r_0^2 + \frac{\beta}{2}\lg n\, r_0 + \frac{A}{2} + \frac{\beta}{4}$$

$$\left(\frac{\chi}{r}\right)_{r_0} = \frac{1}{8}\alpha r_0^2 + \frac{\beta}{2}\lg n\, r_0 + \frac{A}{2} - \frac{\beta}{4},$$

also

$$A = -\frac{3\mu+1}{4(\mu+1)}\alpha r_0^2 - \frac{\mu-1}{\mu+1}\frac{\beta}{2} - \beta \lg n\, r_0.$$

Dies liefert, eingesetzt in die obige Gleichung,

$$\zeta = \frac{\alpha}{32}\left(r^4 + \frac{5\mu+1}{\mu+1} r_0^4 - \frac{6\mu+2}{\mu+1} r^2 r_0^2\right) + \frac{3\mu+1}{\mu+1}\frac{\beta}{8}(r_0^2 - r^2) + \frac{\beta}{4} r^2 \lg n \frac{r}{r_0} \quad . \; . \; (11\,c)$$

und für $r = 0$ die Durchbiegung in der Mitte mit (9)

$$\zeta_0 = \frac{5\mu+1}{\mu+1}\frac{\alpha r_0^4}{32} + \frac{3\mu+1}{\mu+1}\frac{\beta r_0^2}{8}$$
$$= \frac{3(\mu-1)}{4E\mu^2 h^3} r_0^4 \left(\frac{5\mu+1}{4} p + \frac{3\mu+1}{\pi}\frac{Q}{r_0^2}\right) \quad . \; (9\,c).$$

Die letzten Formeln gelten auch noch für den Fall einer Platte, deren Normalbelastung, wie in Fig. 183 angedeutet, durch eine zentrale Gegenkraft gerade aufgehoben wird. Alsdann ist

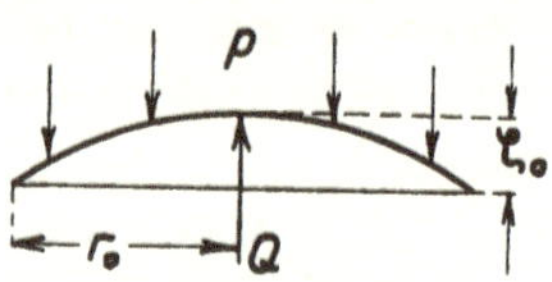

Fig. 183.

$$Q = -\pi p r_0^2$$

und

$$\zeta_0 = -\frac{3}{16}\frac{(\mu-1)(7\mu+3)}{E\mu^2 h^3} p r_0^4,$$

so daß hierbei eine Durchbiegung im Sinne der Einzelkraft übrig bleibt.

4. Beispiel. Durch die Einspannung der Platte an einem zentralen Kern vom Radius r_1 nach Fig. 182, entsprechend der Bauart der sog. Scheibenkolben, wird die Plattenmitte selbst aus der Untersuchung ausgeschaltet, weshalb in diesem Falle die Integrationskonstante B in (10) und (11) nicht mehr verschwindet. Sie bestimmt sich vielmehr durch die Bedingung $\chi = 0$ für $r = r_1$, während das Verschwinden der Spannung σ_r für den Außenradius $r = r_2$ wieder die Konstante A liefert. Die weitere Durchrechnung dieses Beispiels möge dem Leser überlassen bleiben, ebenso der Fall der Einspannung der Platte am Kern und am Außenrand.

Kapitel VIII.

Der ebene Spannungszustand.

§ 51. Die Airysche Spannungsfunktion.

Ableitung des ebenen Spannungszustandes aus dem räumlichen. Unerfüllbarkeit aller Bedingungen des ebenen Spannungszustandes. Beschränkung der Untersuchung auf die Spannungs- und Verschiebungskomponenten in der Ebene. Die Airysche Spannungsfunktion und ihre Differentialgleichung; Randbedingungen Die Spannungsfläche.

Den ebenen Spannungszustand haben wir schon in § 2 dieses Buches kennen gelernt und zur Ermittlung der sog. Hauptspannungen benutzt, ohne indessen seine Grundformeln einer exakten Prüfung auf ihre Zulässigkeit und Tragweite zu unterwerfen. Zu diesem Zwecke ist es notwendig, auf die erst in § 39 aufgestellten allgemeinen Gleichgewichtsbedingungen (4 b) eines isotropen elastischen Körpers zurückzugreifen, die unter Vernachlässigung von Massenkräften die Form

$$\left.\begin{aligned}\frac{\partial \sigma_x}{\partial x}+\frac{\partial \tau_y}{\partial z}+\frac{\partial \tau_z}{\partial y}&=0\\ \frac{\partial \sigma_y}{\partial y}+\frac{\partial \tau_z}{\partial x}+\frac{\partial \tau_x}{\partial z}&=0\\ \frac{\partial \sigma_z}{\partial z}+\frac{\partial \tau_x}{\partial y}+\frac{\partial \tau_y}{\partial x}&=0\end{aligned}\right\} \quad . \quad . \quad . \quad . \quad (1)$$

annehmen. Hierzu treten dann noch die Beziehungen zwischen den Spannungen und den Verschiebungen, nämlich

$$\left.\begin{aligned}E\frac{\partial \xi}{\partial x}&=\sigma_x-\frac{\sigma_y+\sigma_z}{\mu}\\ E\frac{\partial \eta}{\partial y}&=\sigma_y-\frac{\sigma_z+\sigma_x}{\mu}\\ E\frac{\partial \zeta}{\partial z}&=\sigma_z-\frac{\sigma_x+\sigma_y}{\mu}\end{aligned}\right\} \quad . \quad . \quad . \quad . \quad . \quad (2)$$

und

$$\left.\begin{aligned} G\left(\frac{\partial \eta}{\partial z}+\frac{\partial \zeta}{\partial y}\right)&=\tau_x \\ G\left(\frac{\partial \zeta}{\partial x}+\frac{\partial \xi}{\partial z}\right)&=\tau_y \\ G\left(\frac{\partial \xi}{\partial y}+\frac{\partial \eta}{\partial x}\right)&=\tau_z \end{aligned}\right\} \quad \ldots \ldots \quad (3).$$

Wir haben es also im ganzen mit neun Differentialgleichungen zu tun, aus denen auch ebensoviele Größen, nämlich sechs Spannungskomponenten $\sigma_x\ \sigma_y\ \sigma_z\ \tau_x\ \tau_y\ \tau_z$ sowie drei Verschiebungskomponenten $\xi\ \eta\ \zeta$ als Funktionen der Koordinaten zu bestimmen sind. In der Tat konnten wir ja auch a. a. O. die sechs Spannungskomponenten eliminieren und das ganze Problem auf drei Differentialgleichungen (4d), § 39, zweiter Ordnung zurückführen, welche nur mehr die drei Verschiebungskomponenten enthielten. In einzelnen Fällen, z. B. bei der Torsion zylindrischer Stäbe sowie der Biegung von Platten, gelang es sogar, sämtliche Verschiebungskomponenten in einer derselben auszudrücken, so daß also auch nur noch eine Differentialgleichung zu integrieren blieb. Es fragt sich nun, ob nicht der ebene Spannungszustand eine analoge Vereinfachung in der Formulierung zuläßt. Dabei werden wir zweckmäßig unmittelbar von den Spannungsgleichungen (1) ausgehen, in denen vermöge der Definition des ebenen Spannungszustandes alle zur XY-Ebene normalen Spannungskomponenten verschwinden. Es ist also

$$\sigma_z=0, \quad \tau_x=\tau_y=0 \quad \ldots \ldots \quad (4)$$

zu setzen, womit die letzte der Gleichungen (1) identisch verschwindet, während die beiden ersten in

$$\left.\begin{aligned} \frac{\partial \sigma_x}{\partial x}+\frac{\partial \tau_z}{\partial y}&=0 \\ \frac{\partial \sigma_y}{\partial y}+\frac{\partial \tau_z}{\partial x}&=0 \end{aligned}\right\} \quad \ldots \ldots \quad (1a)$$

übergehen. Ebenso wird aus den Gleichungen (2) und (3) mit (4)

$$\left.\begin{aligned} E\frac{\partial \xi}{\partial x}&=\sigma_x-\frac{\sigma_y}{\mu} \\ E\frac{\partial \eta}{\partial y}&=\sigma_y-\frac{\sigma_x}{\mu} \\ E\frac{\partial \zeta}{\partial z}&=-\frac{\sigma_x+\sigma_y}{\mu} \end{aligned}\right\} \quad \ldots \ldots \quad (2a).$$

$$\left.\begin{aligned}\frac{\partial \eta}{\partial z}+\frac{\partial \zeta}{\partial y}&=0\\ \frac{\partial \zeta}{\partial x}+\frac{\partial \xi}{\partial z}&=0\\ \frac{\partial \xi}{\partial y}+\frac{\partial \eta}{\partial x}&=\frac{\tau_z}{G}\end{aligned}\right\} \quad \ldots\ldots\ldots \quad (3\,a).$$

Wir behalten also insgesamt acht Gleichungen, denen aber nur mehr die sechs abhängigen Variabeln $\sigma_x\,\sigma_y\,\tau$, $\xi\,\eta\,\zeta$ gegenüberstehen. Daraus folgt dann allgemein die Unverträglichkeit der vorstehenden Gleichungen miteinander und damit die Unmöglichkeit des ebenen Spannungszustandes in einem isotropen Körper. Die Ursache hierfür erkennt man sofort in der Verschiebung ζ normal zur XY-Ebene, welche in der letzten Gl. (2 a) als Folge der Querkontraktion erscheint, während ihre Änderungen in der Spannungsebene selbst nach den ersten beiden Formeln (3 a) Verdrehungen der Normalen zur XY-Ebene nach Analogie der Platten bedingen. Wollen wir daher von einem ebenen Spannungszustand weiter sprechen, so bleibt uns nur die bewußte Vernachlässigung der drei Gleichungen mit der Verschiebung ζ übrig, wodurch naturgemäß die ganze Untersuchung den Charakter eines bloßen Näherungsverfahrens annimmt. Eine Ausnahme bildet der Fall, daß die Summe

$$\sigma_x+\sigma_y=\sigma_0 \quad \ldots\ldots\ldots \quad (5)$$

im ganzen Körper einen konstanten Wert besitzt, dem dann auch nach der dritten Gl. (2 a) eine konstante Dehnung

$$\frac{\partial \zeta}{\partial z}=-\frac{\sigma_0}{E\mu} \quad \ldots\ldots\ldots \quad (5\,a)$$

normal zur Spannungsebene entsprechen würde. Die Unabhängigkeit der hierzu gehörigen Verschiebung ζ von x, y, also von der Lage in der Spannungsebene, d. h. das Verschwinden der beiden Ableitungen

$$\frac{\partial \zeta}{\partial x}=\frac{\partial \zeta}{\partial y}=0 \quad \ldots\ldots\ldots \quad (5\,b)$$

ruft weiter nach den beiden ersten Formeln (3 a) das Verschwinden der Ableitungen

$$\frac{\partial \xi}{\partial z}=\frac{\partial \eta}{\partial z}=0 \quad \ldots\ldots\ldots \quad (5\,c),$$

also die Unabhängigkeit der Verschiebungen ξ und η von der Lage z des Körperpunktes normal zur Spannungsebene hervor. Alle diese Bedingungen zusammengenommen gewährleisten erst die Möglichkeit eines ebenen Spannungszustandes in voller Strenge.

Für einen solchen brauchen wir nur noch neben den Formeln (1 a) die ersten beiden Gleichungen (2 a) sowie die letzte Gl. (3 a) heranzuziehen. Mit zwei neuen Funktionen U und V von x, y dürfen wir aber an Stelle der beiden Formeln (1 a) schreiben

$$\left.\begin{array}{ll} \sigma_x = \dfrac{\partial U}{\partial y}, & \tau_z = -\dfrac{\partial U}{\partial x} \\ \sigma_y = \dfrac{\partial V}{\partial x}, & \tau_z = -\dfrac{\partial V}{\partial y} \end{array}\right\} \quad . \quad . \quad . \quad . \quad (1\,\mathrm{b}),$$

mithin

$$\frac{\partial U}{\partial x} = \frac{\partial V}{\partial y} \quad . \quad . \quad . \quad . \quad . \quad . \quad . \quad . \quad (1\,\mathrm{c})$$

oder nach Einführung einer dritten Funktion $F(x, y)$

$$U = \frac{\partial F}{\partial y}, \quad V = \frac{\partial F}{\partial x} \quad . \quad . \quad . \quad . \quad . \quad . \quad (1\,\mathrm{d}).$$

Nach Einsetzen dieser Ausdrücke in (1 b) erhalten wir daher die drei Spannungskomponenten

$$\sigma_x = \frac{\partial^2 F}{\partial y^2}, \quad \sigma_y = \frac{\partial^2 F}{\partial x^2}, \quad \tau_z = -\frac{\partial^2 F}{\partial x\,\partial y} \quad . \quad . \quad (6)$$

als zweimalige partielle Ableitungen einer und derselben Funktion F der Koordinaten x und y, die wir nach ihrem Entdecker Airy als die Airysche Spannungsfunktion bezeichnen wollen.

Differenzieren wir weiterhin die letzte Gl. (3 a) nach x und y, so folgt

$$G\left(\frac{\partial^3 \xi}{\partial x\,\partial y^2} + \frac{\partial^3 \eta}{\partial x^2\,\partial y}\right) = \frac{\partial^2 \tau_z}{\partial x\,\partial y} \quad . \quad . \quad . \quad . \quad (3\,\mathrm{b}),$$

worin nach den ersten beiden Gl. (2 a)

$$\left.\begin{array}{l} E\dfrac{\partial^3 \xi}{\partial x\,\partial y^2} = \dfrac{\partial^2 \sigma_x}{\partial y^2} - \dfrac{1}{\mu}\dfrac{\partial^2 \sigma_y}{\partial y^2} \\ E\dfrac{\partial^3 \eta}{\partial x^2\,\partial y} = \dfrac{\partial^2 \sigma_y}{\partial x^2} - \dfrac{1}{\mu}\dfrac{\partial^2 \sigma_x}{\partial x^2} \end{array}\right\} \quad . \quad . \quad . \quad . \quad (2\,\mathrm{b})$$

ist. Eingesetzt in (3 b), liefert dies

$$\frac{\partial^2 \sigma_x}{\partial y^2} + \frac{\partial^2 \sigma_y}{\partial x^2} - \frac{1}{\mu}\left(\frac{\partial^2 \sigma_x}{\partial x^2} + \frac{\partial^2 \sigma_y}{\partial y^2}\right) = \frac{E}{G}\frac{\partial^2 \tau_z}{\partial x\,\partial y}$$

oder wegen der Beziehung

$$\frac{E}{G} = \frac{2(\mu+1)}{\mu} = 2 + \frac{2}{\mu} \quad \dots\dots \quad (7)$$

sowie mit Rücksicht auf (6)

$$\frac{\partial^4 F}{\partial x^4} + 2\frac{\partial^4 F}{\partial x^2 \partial y^2} + \frac{\partial^4 F}{\partial y^4} = 0 \quad \dots\dots \quad (8).$$

Das ist die Bedingungsgleichung, welcher die Spannungsfunktion F ganz allgemein neben den Randbedingungen in jedem Einzelfalle zu genügen hat. Schreibt man die Bedingung (8) in der Form

$$\frac{\partial^2}{\partial x^2}\left(\frac{\partial^2 F}{\partial x^2} + \frac{\partial^2 F}{\partial y^2}\right) + \frac{\partial^2}{\partial y^2}\left(\frac{\partial^2 F}{\partial x^2} + \frac{\partial^2 F}{\partial y^2}\right) = 0 \quad . \quad (8a)$$

oder mit (6)

$$\frac{\partial^2}{\partial x^2}(\sigma_x + \sigma_y) + \frac{\partial^2}{\partial y^2}(\sigma_x + \sigma_y) = 0 \quad \dots \quad (8b),$$

so erkennt man, daß sie für die Konstanz der Summe $\sigma_x + \sigma_y = \sigma_0$ identisch erfüllt ist.

Damit eine der Gl. (8) genügende Spannungsfunktion die wirkliche Spannungsverteilung in einem gegebenen Falle — soweit dies mit Rücksicht auf die grundsätzlichen Vernachlässigungen überhaupt möglich ist — wiedergibt, muß sie noch den Randbedingungen des Problems genügen. Diese leiten sich, wie wir schon in § 39 gesehen haben, stets von den am Rande auftretenden Kräften her, die dort allgemein eine Spannung p mit den Komponenten p_x und p_y hervorrufen. Ist ds das Längenelement des Randes, dem die Differentiale dx und dy der Koordinaten entsprechen (Fig. 184), so ergibt sich für den Rand

$$\left.\begin{aligned} p_x\,ds &= \sigma_x\,dy - \tau\,dx \\ p_y\,ds &= -\sigma_y\,dx + \tau\,dy \end{aligned}\right\} \quad \dots\dots \quad (9)$$

oder nach Einführung der Ausdrücke (6)

$$\left.\begin{aligned} p_x &= \frac{\partial^2 F}{\partial y^2}\frac{dy}{ds} + \frac{\partial^2 F}{\partial x \partial y}\frac{dx}{ds} = \frac{d}{ds}\left(\frac{\partial F}{\partial y}\right) \\ -p_y &= \frac{\partial^2 F}{\partial x^2}\frac{dx}{ds} + \frac{\partial^2 F}{\partial x \partial y}\frac{dy}{ds} = \frac{d}{ds}\left(\frac{\partial F}{\partial x}\right) \end{aligned}\right\} \quad . \quad (9a).$$

Daraus folgt umgekehrt durch Integration längs des Randes

$$\left.\begin{aligned}\frac{\partial F}{\partial y} &= C_1 + \int_0^s p_x\,ds\\ \frac{\partial F}{\partial x} &= C_2 - \int_0^s p_y\,ds\end{aligned}\right\} \quad \ldots\ldots \quad (9\text{b}),$$

wodurch man auch der Wirkung konzentrierter Einzelkräfte gerecht wird, da für diese sich die Integrale beim Übergang über den Angriffspunkt sprungweise um den Betrag der entsprechenden Komponente ändern. Aus Gl. (9 b) erkennt man ferner,

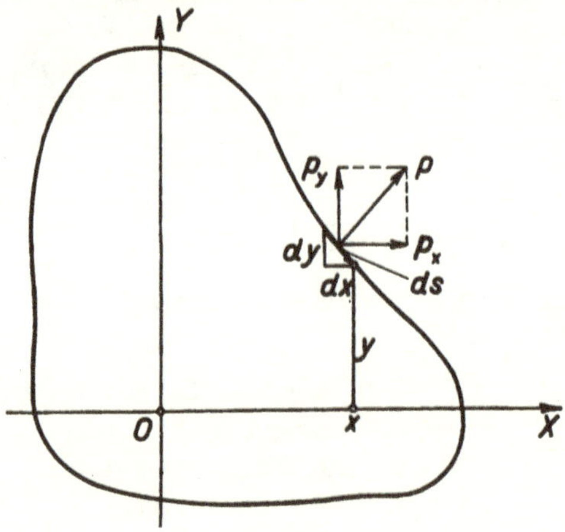

Fig. 184.

daß längs solcher Teile der Umfangskurve, an denen keine äußeren Kräfte angreifen, die Ableitungen $\frac{\partial F}{\partial y}$ und $\frac{\partial F}{\partial x}$ konstante Werte besitzen. Weiterhin ist an solchen Stellen

$$\sigma_x\,\sigma_y = \tau^2 \quad \ldots\ldots\ldots \quad (9\text{c}),$$

wie aus (9) für $p_x = p_y = 0$ sowie nach Elimination von $dy : dx$ hervorgeht.

Trotz der großen Vereinfachung, welche die Beschränkung auf die Ebene mit sich bringt, ist es nur in einzelnen Fällen gelungen, die Spannungsfunktion analytisch aufzustellen und daraus die Spannungen innerhalb des ebenen Gebildes abzuleiten. Ist dies angesichts der verwickelten oder analytisch überhaupt nicht definierten Umfangsform nicht möglich, so können wir doch nach Wieghardt[1]) auf experimentellem Wege zum Ziele gelangen. Beachten wir nämlich, daß die Differentialgleichung (8) mit derjenigen übereinstimmt, welcher die Durchbiegung ζ einer dünnen ursprünglich ebenen Platte ohne Normaldruck genügt, vgl. Gl. (9), § 45, so können wir diese Durchbiegung bei gleicher Randkurve und denselben Kräften am Rande der Platte als Spannungsfunktion

$$\zeta = F(x, y) \quad . \quad . \quad . \quad . \quad . \quad . \quad . \quad (10)$$

des ebenen Gebildes auffassen. Es genügt demnach, die Durchbiegungen einer derartigen Platte unter dem Einflusse der vorgelegten Randkräfte empirisch festzustellen und daraus durch graphische Differentiationen die Spannungskomponenten zu ermitteln, die dann offenbar den Krümmungen der beobachteten sog. Spannungsfläche proportional sind. Besitzt die Randkurve einspringende Ecken, so wird die Spannungsfläche in deren unmittelbarer Umgebung sehr starke Krümmungen aufweisen, denen dann hohe Normalspannungen entsprechen. Diese werden sogar, wie Wieghardt an anderer Stelle[2]) gezeigt hat, an mathematisch scharfen Ecken unendlich groß und würden damit auch bei beliebig kleinen äußeren Kräften dort zum Bruche führen. Dieser Gefahr begegnet man denn auch in der Praxis stets durch eine gute Abrundung derartiger Stellen.

§ 52. Der gerade Balken.

Kennzeichnung des geraden Balkens. Bedeutungslosigkeit der linearen Glieder der Spannungsfunktion. Der gezogene Stab. Der Fall der reinen Biegung, Prüfung der Erhaltung der Querschnittsebenen. Der gerade Balken unter einseitiger und gleichförmiger Belastung. Auftreten unausgeglichener Spannungen am Balkenkopfe.

Als einfachstes Anwendungsgebiet des im vorigen Abschnitt entwickelten Verfahrens der Darstellung eines Spannungszu-

[1]) Wieghardt, Über ein neues Verfahren, verwickelte Spannungsverteilungen in elastischen Körpern auf experimentellem Wege zu finden. Mitt. über Forschungsarbeiten d. V. d. Ing. 1908, Heft 49.

[2]) Wieghardt, Über das Spalten und Zerreißen elastischer Körper. Z. f. Math. u. Physik 1907.

standes bietet sich zwanglos der gerade Balken dar. Es ist dies ein homogenes Parallelepipedon, dessen Querdimensionen indessen nicht mehr, wie beim früher untersuchten Stab klein gegen seine Länge zu sein brauchen. Da die zur Bildebene normale Balkendicke c für das ebene Problem ohne Bedeutung ist, so haben wir nur noch die Balkenlänge $2a$ und seine Höhe $2b$ ins Auge zu fassen. Den Koordinatenanfang legen wir in die Balkenmitte und lassen nach Fig. 185 die x-Achse mit der Längsachse zusammenfallen.

Suchen wir nun eine Spannungsfunktion $F(x, y)$, welche nach Gl. (6), § 51,

$$\sigma_x = \frac{\partial^2 F}{\partial y^2}, \quad \sigma_y = \frac{\partial^2 F}{\partial x^2}, \quad \tau_z = -\frac{\partial^2 F}{\partial x \partial y} \quad . \quad . \quad (1),$$

eine beliebige Spannungsverteilung in diesem Balken wiedergibt, so erkennen wir, daß durch die zweimalige Ableitung die linearen

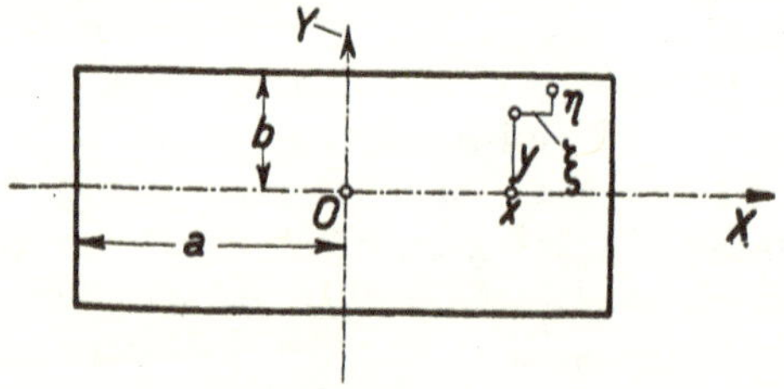

Fig. 185.

Terme $\alpha x + \beta y + \gamma$ der Funktion verschwinden. Diese sind demnach für die Spannungsverteilung überhaupt bedeutungslos und können folglich von vornherein weggelassen werden. Nach diesen Vorbemerkungen betrachten wir eine Anzahl der wichtigsten Einzelfälle.

I. Soll der Balken in den Achsenrichtungen konstante Zug- oder Druckspannungen σ_1 bzw. σ_2 erleiden, ohne daß in diesen Richtungen Schubspannungen auftreten, so ist

$$\frac{\partial^2 F}{\partial x^2} = \sigma_1, \quad \frac{\partial^2 F}{\partial y^2} = \sigma_2, \quad \frac{\partial^2 F}{\partial x \partial y} = 0 \quad . \quad . \quad . \quad (2),$$

woraus mit Rücksicht auf das Verschwinden der linearen Terme die Funktion

$$F = \frac{1}{2}(\sigma_1 y^2 + \sigma_2 x^2) \quad . \quad . \quad . \quad . \quad . \quad . \quad (2a)$$

resultiert, die offenbar der Bedingung (8), § 51, genügt. Hierin sind im Einklang mit den Formeln (9 b), § 51,

$$\frac{\partial F}{\partial y} = \sigma_1 y, \quad \frac{\partial F}{\partial x} = \sigma_2 x \quad . \quad . \quad . \quad . \quad . \quad (2\,\mathrm{b}),$$

die auf ein Stück von der Balkenhöhe y bzw. der Länge x entfallenden Oberflächenkräfte, wobei die Balkendicke c normal zur Bildebene gleich 1 gesetzt ist.

Die Verschiebungen der einzelnen Balkenpunkte ergeben sich aus den Gleichungen

$$\left.\begin{array}{c} E\dfrac{\partial \xi}{\partial x} = \sigma_1 - \dfrac{\sigma_2}{\mu}, \quad E\dfrac{\partial \eta}{\partial y} = \sigma_2 - \dfrac{\sigma_1}{\mu} \\ \dfrac{\partial \xi}{\partial y} + \dfrac{\partial \eta}{\partial x} = 0 \end{array}\right\} \quad . \quad . \quad . \quad (3)$$

unter Festhaltung der Mittellinien $x = 0$, $y = 0$ zu

$$E\xi = \left(\sigma_1 - \frac{\sigma_2}{\mu}\right) x, \quad E\eta = \left(\sigma_2 - \frac{\sigma_1}{\mu}\right) y \quad . \quad . \quad (3\,\mathrm{a}).$$

II. Wirken auf die Schmalseiten des Balkens nur die entgegengesetzt gleichen B i e g u n g s m o m e n t e $\pm \mathfrak{M}$, so werden diese dort Zug- und Druckspannungen σ_x hervorrufen, welche längs des ganzen Balkens keine Änderungen erfahren. Da außerdem für das Auftreten von dazu normalen Spannungen σ_y kein Anlaß vorliegt, so haben wir mit einer reinen Funktion Y von y zunächst

$$\frac{\partial^2 F}{\partial y^2} = \sigma_x = \frac{d^2 Y}{d y^2}, \quad \frac{\partial^2 F}{\partial x^2} = \sigma_y = 0 \quad . \quad . \quad . \quad . \quad (4)$$

zu setzen. Durch Integration der ersten dieser Formeln folgt dann mit den beiden Funktionen X_1 und X_2 von x allein

$$F = Y + y X_1 + X_2 \quad . \quad . \quad . \quad . \quad . \quad . \quad (4\,\mathrm{a})$$

und wegen der zweiten Formel (4)

$$\frac{\partial^2 F}{\partial x^2} = y \frac{d^2 X_1}{d x^2} + \frac{d^2 X_2}{d x^2} = 0.$$

Diese Gleichung kann für beliebige Werte von y nur bestehen, wenn die beiden Ableitungen

$$\frac{d^2 X_1}{d x^2} = \frac{d^2 X_2}{d x^2} = 0$$

sind, oder wenn mit den Konstanten $A_1\ B_1\ A_2\ B_2$

$$X_1 = A_1 + B_1 x, \quad X_2 = A_2 + B_2 x.$$

ist. Dies liefert in (4 a) eingesetzt

$$F = Y + B_1 x y + A_1 y + B_2 x + A_2$$

oder wegen der oben bemerkten Bedeutungslosigkeit der linearen Glieder kurz

$$F = Y + B_1 x y \quad . \quad . \quad . \quad . \quad . \quad . \quad . \quad (4b)$$

Daraus ergibt sich dann die Schubspannung

$$\tau_z = -\frac{\partial F}{\partial x \, \partial y} = -B_1,$$

die jedoch für den ganzen Rand des Balkens verschwindet, so daß auch $B_1 = 0$ zu setzen ist. Mithin bleibt für unsern Fall der reinen Biegung nur

$$F = Y \quad . \quad . \quad . \quad . \quad . \quad . \quad . \quad . \quad . \quad (4c)$$

übrig. Zur Bestimmung der anscheinend ganz willkürlichen Funktion dient die Bedingungsgleichung des Verschwindens der über den Querschnitt genommenen Resultante der σ_x, also

$$\int_{-b}^{+b} \sigma_x \, dy = \int_{-b}^{+b} \frac{d^2 Y}{d y^2} \, dy = \left(\frac{dY}{dy}\right)_{+b} - \left(\frac{dY}{dy}\right)_{-b} = 0 \quad . \quad (5),$$

die jedenfalls nur erfüllt ist, wenn die Ableitung $\frac{dY}{dy}$ eine gerade Funktion von y ist. Dann aber haben wir für die Funktion Y selbst den allgemeinen Ausdruck

$$Y = A_3 y^3 + A_5 y^5 + \ldots \quad . \quad . \quad . \quad . \quad . \quad (5a),$$

von dem jedoch nur das erste Glied die Gl. (8), § 51, befriedigt, so daß

$$F = A_3 y^3, \quad \sigma_x = 6 A_3 y, \quad \sigma_y = \tau_z = 0 \quad . \quad . \quad . \quad (6)$$

als Lösung unseres Problems der r e i n e n e b e n e n B i e g u n g übrig bleibt. Darin bestimmt sich die Konstante A_3 aus dem Biegungsmoment $\mathfrak{M}$, so zwar, daß bei einer Balkendicke c normal zur Bildebene

$$\mathfrak{M} = c \int_{-b}^{+b} \sigma_x \, y \, dy = 4 A_3 c b^3 \quad . \quad . \quad . \quad . \quad . \quad (6a)$$

ist. Weiter erhalten wir für die Verschiebungen mit (6)

$$\left.\begin{aligned} E \frac{\partial \xi}{\partial x} &= 6 A_3 y, \qquad E \frac{\partial \eta}{\partial y} = -\frac{6 A_3 y}{\mu} \\ \frac{\partial \xi}{\partial y} &+ \frac{\partial \eta}{\partial x} = 0 \end{aligned}\right\} \quad . \quad . \quad (7)$$

oder nach Integration der ersten beiden Formeln mit zwei Funktionen X_3 und Y_3 von x bzw. y allein

$$E\xi = 6\,A_3\,x\,y + Y_3, \quad E\eta = -\frac{3\,A_3\,y^2}{\mu} + X_3.$$

Soll nun die Balkenmitte festgehalten werden, d. h. soll $\xi = 0$ für $x = 0$ sein, so verschwindet zunächst Y_3. Außerdem muß wegen der dritten Gl. (7)

$$E\left(\frac{\partial \xi}{\partial y} + \frac{\partial \eta}{\partial x}\right) = 6\,A_3\,x + \frac{d\,X_3}{d\,x} = 0$$

oder

$$X_3 = -3\,A_3\,x^2 + C$$

sein, worin wiederum $C = 0$ zu setzen ist, damit für $x = 0$, $y = 0$ auch $\eta = 0$ wird. Damit werden die Verschiebungen endgültig

$$E\xi = 6\,A_3\,x\,y, \quad E\eta = -3\,A_3\left(x^2 + \frac{y^2}{\mu}\right) \quad . \quad . \quad (7\,\text{a}),$$

also für die Mittellinie $y = 0$

$$\xi_0 = 0, \quad \eta_0 = -\frac{3\,A_3\,x^2}{E} \quad . \quad . \quad . \quad . \quad . \quad (7\,\text{b}).$$

Es ergibt sich also, wie schon in der Näherungstheorie des dünnen Stabes, für die gebogene Stabachse, d. h. die elastische Linie, eine Parabel, ohne daß es hier nötig war, deren Krümmungsradius heranzuziehen. Schließlich kann man auch noch die Formänderung der Querschnittsebenen prüfen. Bezeichnen wir den Neigungswinkel der Kurve, in welche die ursprüngliche Gerade $x = \text{const}$ übergeht, gegen die X-Achse mit ϑ, so ist

$$\operatorname{tg}\vartheta = \frac{d\,y + \frac{\partial \eta}{\partial y}\,d\,y}{\frac{\partial \xi}{\partial y}\,d\,y} = \frac{1 + \frac{\partial \eta}{\partial y}}{\frac{\partial \xi}{\partial y}} \quad . \quad . \quad . \quad (8)$$

oder mit (7 a)

$$\operatorname{tg}\vartheta = \frac{1}{6\,A_3\,x} - \frac{y}{\mu\,x} \quad . \quad . \quad . \quad . \quad . \quad . \quad (8\,\text{a}).$$

Das Auftreten der Ordinate y in dieser Gleichung bedingt offenbar eine stetig veränderliche Neigung der deformierten Querschnittsebene, die somit bei der reinen Biegung trotz des Wegfalls von Schubspannungen im Gegensatz zu der Bernoullischen Annahme nicht erhalten bleibt. Dieser Schlußfolgerung kommt indessen schon darum keine besondere Bedeutung zu, weil die Ursache der Abweichungen lediglich in der Querkontraktion zu suchen ist, die in der elementaren Biegungstheorie dünner Stäbe überhaupt vernachlässigt wurde. Andererseits darf nicht übersehen werden, daß gerade die Querkontraktion auch Formänderungen normal zur Bildebene hervorruft, die, wie im vorigen Abschnitt bemerkt, mit dem ebenen Spannungszustand überhaupt unverträglich sind.

III. Im Falle der Belastung des in der Mitte eingespannten Balkens durch eine Querkraft Q am Ende $x = a$ (Fig. 186) entsteht am Querschnitt x ein Moment $\mathfrak{M} = Q(a - x)$, dem die Spannung σ_x proportional sein

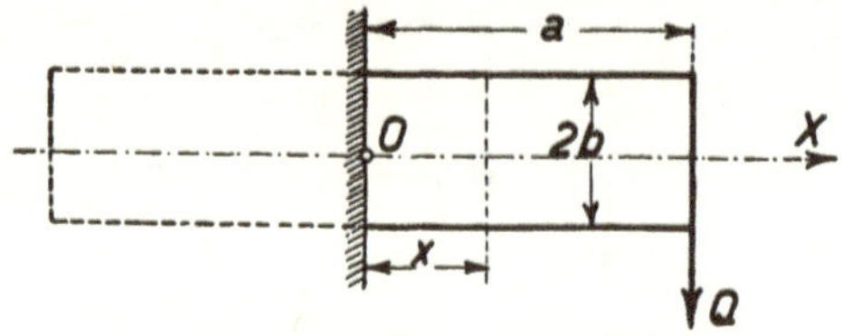

Fig. 186.

muß, während für eine Spannung σ_y wie in II. kein Anlaß vorliegt. Daraus ergibt sich mit einer Funktion Y von y allein für diesen Belastungsfall analog (4) der Ansatz

$$\frac{\partial^2 F}{\partial y^2} = \sigma_x = \frac{d^2 Y}{d y^2}(a - x), \qquad \frac{\partial^2 F}{\partial x^2} = \sigma_y = 0 \quad . \quad . \quad (9)$$

mit der Spannungsfunktion

$$F = Y(a - x) + y X_1 + X_2 \quad . \quad . \quad . \quad . \quad . \quad (9\,\text{a}).$$

Hierin müssen wegen der zweiten Formel (9)

$$\frac{\partial^2 F}{\partial x^2} = y \frac{d^2 X_1}{d x^2} + \frac{d^2 X_2}{d x^2} = 0$$

die Funktionen X_1 und X_2 linear in x sein, so daß wir unter Weglassung der für uns bedeutungslosen linearen Glieder an Stelle von (9 a) analog (4 b) mit einer Konstante B

$$F = Y(a - x) + B x y \quad . \quad . \quad . \quad . \quad . \quad . \quad (9\,\text{b})$$

erhalten. Zur Bestimmung der noch unbekannten Funktion können wir nun genau wie im vorigen Falle von der Bedingung des Verschwindens der Resultante in der X-Richtung über dem

Querschnitt ausgehen, also mit (9)

$$\int_{-b}^{+b} \sigma_x \, dy = (a-x)\left[\left(\frac{dY}{dy}\right)_{+b} - \left(\frac{dY}{dy}\right)_{-b}\right] = 0 \quad . \quad (10)$$

schreiben, woraus für $\frac{dY}{dy}$ wieder eine gerade Funktion von y resultiert. Danach wird dann Y selbst eine ungerade Funktion mit dem niedrigsten Gliede $A y^3$, welches allein der Bedingung (8), § 51, genügt. Mithin lautet die Formel für die Spannungsfunktion

$$F = A\, y^3 (a-x) + B\, x\, y \quad . \quad . \quad . \quad . \quad . \quad (9\text{c}),$$

welche noch zwei Konstanten enthält. Zu deren Bestimmung greifen wir auf die Schubspannung zurück, die sich aus (9c) zu

$$\tau_z = -\frac{\partial^2 F}{\partial x \, \partial y} = 3\, A\, y^2 - B$$

berechnet und für $y = \pm b$ verschwindet, so daß wir mit $B = 3\, A\, b^2$

$$\tau_z = 3\, A\, (y^2 - b^2) \quad . \quad . \quad . \quad . \quad . \quad . \quad . \quad (11),$$

also die schon in § 14 ermittelte parabolische Verteilung über den Querschnitt erhalten. Die Konstante A ergibt sich schließlich aus der Querkraft mit der Balkendicke c normal zur Bildebene

$$Q = c\int_{-b}^{+b} \tau \, dy = 3\, A\, c \int_{-b}^{+b} (y^2 - b^2)\, dy = -\,4\, A\, c\, b^3 \quad (11\text{a}),$$

so daß wir endlich für die Spannungsfunktion

$$F = -\frac{Q}{4\, c\, b^3}\left[3\, b^2\, x\, y + y^3\, (a-x)\right] \quad . \quad . \quad . \quad . \quad (9\text{d})$$

schreiben können.

Für die Berechnung der Verschiebungen haben wir nun die Gleichungen

$$\left.\begin{aligned} E\frac{\partial \xi}{\partial x} &= 6\, A\, y\, (a-x), \quad E\frac{\partial \eta}{\partial y} = -\frac{6\, A}{\mu}\, y\, (a-x) \\ G&\left(\frac{\partial \xi}{\partial y} + \frac{\partial y}{\partial x}\right) = 3\, A\, (y^2 - b^2) \end{aligned}\right\} \quad (12).$$

Die Integration der beiden ersten dieser Formeln liefert mit zwei noch unbekannten Funktionen X_3 und Y_3 von x bzw. y allein

$$\left.\begin{aligned} \xi &= \frac{6\, A}{E}\, y\left(a\, x - \frac{x^2}{2}\right) + Y_3 \\ \eta &= -\frac{3\, A}{\mu\, E}\, y^2\, (a-x) + X_3 \end{aligned}\right\} \quad . \quad . \quad . \quad (12\text{a})$$

und nach Einführung in die dritte Gl. (12)

$$\frac{6A}{E}\left(a x-\frac{x^2}{2}\right)+\frac{dY_3}{dy}+\frac{3Ay^2}{\mu E}+\frac{dX_3}{dx}=\frac{3A}{G}(y^2-b^2) \quad (12\text{b}).$$

Diese Formel zerfällt aber mit einer neuen Konstante C_1 in die beiden Gleichungen

$$\left.\begin{aligned}\frac{dX_3}{dx}&= \quad C_1-\frac{6A}{E}\left(a x-\frac{x^2}{2}\right)\\ \frac{dY_3}{dy}&=-C_1+\frac{3A}{G}(y^2-b^2)-\frac{3Ay^2}{\mu E}\end{aligned}\right\} \quad . \quad . \quad (13)$$

mit den Integralen

$$\left.\begin{aligned}X_3&=C_2+C_1 x-\frac{A}{E}(3 a x^2-x^3)\\ Y_3&=C_3-C_1 y+\frac{A}{G}(y^3-3b^2 y)-\frac{Ay^3}{\mu E}\end{aligned}\right\} \quad . \quad (13\text{a}),$$

so daß also mit (12 a)

$$\left.\begin{aligned}\xi=&\quad\frac{6A}{E}y\left(a x-\frac{x^2}{2}\right)+\frac{A}{G}(y^3-3b^2 y)-\\ &\qquad -\frac{Ay^3}{\mu E}-C_1 y+C_3\\ \eta=&-\frac{3A}{\mu E}y^2(a-x)-\frac{A}{E}(3 a x^2-x^3)+C_1 x+C_2\end{aligned}\right\} \quad (12\text{c}).$$

wird.

Da nun in der Mittellinie $y=0$ kein Anlaß zu Verschiebungen ξ in der X-Richtung vorliegt, also längs derselben $\xi=0$ ist, so verschwindet zunächst C_3. Ebenso verschwindet η für den Punkt $x=0$, $y=0$, womit $C_2=0$ wird. Schließlich muß noch für diesen Punkt die Tangente der verbogenen Mittellinie horizontal bleiben, also

$$\left(\frac{\partial \eta}{\partial x}\right)_0=\left[\frac{3Ay^2}{\mu E}-\frac{3A}{E}(2 a x-x^2)\right]_0+C_1=0$$

sein, so daß auch $C_1=0$ zu setzen ist. Die Gleichung der elastischen Linie ergibt sich somit aus der zweiten Formel (12 c) mit $y=0$ zu

$$\eta_0=-\frac{A}{E}(3 a x-x^3) \quad . \quad . \quad . \quad . \quad . \quad (14)$$

in voller Übereinstimmung mit dem Ergebnis der elementaren Biegungstheorie. Daß in diesem Falle die Querschnittsebenen schon wegen des Auftretens der Schubspannung (11) nicht erhalten bleiben können, läßt sich auch noch durch Einsetzen der Verschiebungen in Gl. (8) nachweisen.

IV. Unterliegt der Balken einer gleichförmigen Normalbelastung q auf dem oberen Rande (Fig. 187), so dürfen wir nicht mehr auf das Verschwinden der Spannung σ_y rechnen wie in den beiden letzten Fällen. Außer-

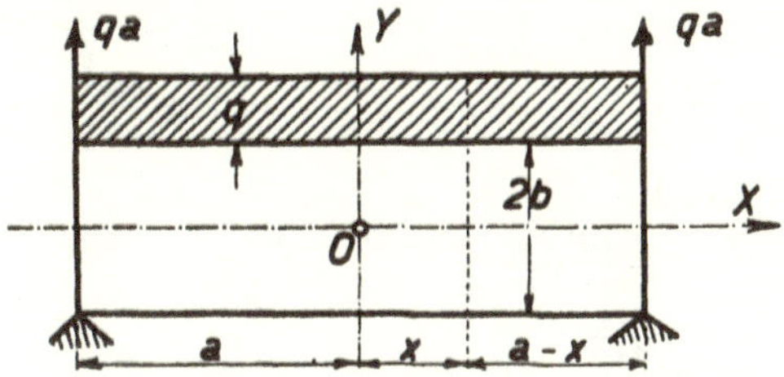

Fig. 187.

dem aber wird sich der Einfluß der Belastung auch noch auf die Spannung σ_x insofern erstrecken, als zu dem vom Biegungsmoment

$$\mathfrak{M} = -\frac{qc}{2}(a^2 - x^2) \quad . \quad . \quad . \quad . \quad . \quad . \quad (15)$$

herrührenden Anteil noch ein von der Tiefe unter dem Rande abhängiger Zusatz tritt, während die mit x variable Querkraft

$$T = qcx \quad . \quad . \quad . \quad . \quad . \quad . \quad . \quad . \quad (16)$$

eine entsprechende Veränderlichkeit der Schubspannung bedingt, ohne doch deren Verschwinden am oberen und unteren Rande zu stören. Demgemäß dürfen wir mit einer noch zu bestimmenden Funktion Y_1 von y allein sowie mit zwei Konstanten A und B vorläufig setzen

$$\left.\begin{aligned} \frac{\partial^2 F}{\partial y^2} &= \sigma_x = Ay(a^2 - x^2) + \frac{d^2 Y_1}{dy^2} \\ -\frac{\partial^2 F}{\partial x \partial y} &= \tau_z = Bx(y^2 - b^2) \end{aligned}\right\} \quad . \quad . \quad . \quad (17).$$

Die Integration beider Formeln nach y bzw. x liefert mit zwei neuen Funktionen X_1 und Y_2 von x bzw. y allein die Ausdrücke

$$\left.\begin{aligned} \frac{\partial F}{\partial y} &= \frac{Ay^2}{2}(a^2 - x^2) + \frac{dY_1}{dy} + X_1 \\ \frac{\partial F}{\partial y} &= Y_2 - \frac{Bx^2}{2}(y^2 - b^2) \end{aligned}\right\} \quad . \quad (17a),$$

die nur miteinander übereinstimmen können, wenn

$$\left.\begin{array}{r} A = B, \quad X_1 = \frac{B}{2} b^2 x^2 = \frac{A}{2} b^2 x^2 \\ Y_2 = \frac{A a^2}{2} y^2 + \frac{d Y_1}{d y} \end{array}\right\} \quad . \quad . \quad (17\text{b})$$

ist. Da keine äußere Kraft in der x-Richtung wirkt, so ist wieder

$$\int_{-b}^{+b} \sigma_x \, dy = \left(\frac{\partial F}{\partial y}\right)_{+b} - \left(\frac{\partial F}{\partial y}\right)_{-b} = 0 \quad . \quad . \quad . \quad (18)$$

oder wegen (17 a)

$$\left(\frac{d Y_1}{d y}\right)_{+b} = \left(\frac{d Y_1}{d y}\right)_{-b} \quad . \quad . \quad . \quad . \quad . \quad (18\text{a}).$$

Die Ableitung $\frac{dY_1}{dy}$ stellt daher eine gerade Funktion von y dar, der dann eine ungerade Funktion Y_1 entspricht. Zu ihrer Ermittlung schreiben wir zunächst für die erste Gl. (17 a) mit dem aus (17 b) folgenden Ausdruck für X_1

$$\frac{\partial F}{\partial y} = \frac{A}{2} y^2 (a^2 - x^2) + \frac{A}{2} b^2 x^2 + \frac{d Y_1}{d y} \quad . \quad (17\text{c})$$

und erhalten daraus durch Integration über y mit einer zweiten Funktion X_2 von x allein die Spannungsfunktion

$$F = \frac{A}{6} y^3 (a^2 - x^2) + \frac{A}{2} b^2 x^2 y + Y_1 + X_2 \quad . \quad . \quad (19).$$

Daraus berechnet sich weiter die vertikale Spannungskomponente

$$\sigma_y = \frac{\partial^2 F}{\partial x^2} = A b^2 y - \frac{A}{3} y^3 + \frac{d^2 X_2}{d x^2} \quad . \quad . \quad . \quad (20),$$

die unabhängig von x für $y = -b$ verschwinden und für $y = +b$ den Wert $-q$ annehmen muß. Mithin ist gleichzeitig

$$\left.\begin{array}{r} -2 \frac{A b^3}{3} + \frac{d^2 X_2}{d x^2} = 0 \\ q + 2 \frac{A b^3}{3} + \frac{d^2 X_2}{d x^2} = 0 \end{array}\right\} \quad . \quad . \quad . \quad . \quad (20\text{a}),$$

woraus durch Addition und Subtraktion

$$\left.\begin{array}{r} 4 \cdot \frac{A b^3}{3} = -q, \quad A = -\frac{3 q}{4 b^3} \\ \frac{d^2 X_2}{d x^2} = -\frac{q}{2} \end{array}\right\} \quad . \quad . \quad . \quad (20\text{b})$$

folgt. Die Integration der letzten Gleichung liefert unter Weglassung der in (19) bedeutungslosen linearen Glieder

$$X_2 = -\frac{q}{4}x^2 \quad \ldots \ldots \quad (20\,c),$$

so daß wir für die Spannungsfunktion (19)

$$F = -\frac{q}{8}\left[\frac{y^3}{b^3}(a^2 - x^2) + 3\frac{y}{b}x^2 + 2x^2\right] + Y_1 \quad . \quad (19\,a)$$

schreiben können. Damit ergibt die Differentialgleichung (8), § 51,

$$\frac{d^4 Y_1}{d y^4} + 3\frac{q}{b^3}y = 0 \quad \ldots \ldots \quad (19\,b)$$

und nach zweimaliger Integration mit den Konstanten C_1 und C_2

$$\frac{d^2 Y_1}{d y^2} = C_2 + C_1 y - \frac{q}{2b^3}y^3 \quad \ldots \quad (19\,c).$$

Führen wir diesen Ausdruck in die erste Gl. (17) ein, so erkennen wir, da für $y = 0$ die Spannung σ_x durchweg verschwinden muß, daß auch $C_2 = 0$ ist. Es wird also mit (20 b)

$$\sigma_x = -\frac{3}{4}q\frac{y}{b^3}(a^2 - x^2) - \frac{q y^3}{2b^3} + C_1 y \quad \ldots \quad (21),$$

woraus sich das Biegungsmoment für die Dickeneinheit zu

$$\frac{\mathfrak{M}}{c} = \int_{-b}^{+b}\sigma_x y\,d y = -\frac{q}{2}(a^2 - x^2) - \frac{q}{5}b^2 + \frac{2C_1 b^3}{3} \quad (21\,a)$$

berechnet. Vergleichen wir dies mit (15), so ergibt sich die Konstante C_1 zu

$$C_1 = \frac{3}{10}\frac{q}{b} \quad \ldots \ldots \ldots \quad (21\,b),$$

so daß wir für die drei Spannungskomponenten erhalten

$$\left.\begin{aligned} \sigma_x &= \frac{q}{2}\left(-\frac{3}{2}y\frac{a^2 - x^2}{b^3} - \frac{y^3}{b^3} + \frac{3}{5}\frac{y}{b}\right) \\ \sigma_y &= \frac{q}{2}\left(-\frac{3}{2}\frac{y}{b} + \frac{1}{2}\frac{y^3}{b^3} - 1\right) \\ \tau_z &= -\frac{3}{4}\frac{q x}{b^3}(y^2 - b^2) \end{aligned}\right\} \quad . \quad . \quad (22),$$

während die Spannungsfunktion wegen (19 c) und (21 b) unter Weglassung der linearen Glieder von Y_1, d. h. mit

$$Y_1 = \frac{C_1 y^3}{6} - \frac{q y^5}{40 b^3} = \frac{q}{20}\frac{y}{b}\left(y^2 - \frac{y^4}{2b^2}\right)$$

lautet

$$F = -\frac{q}{8}\left(\frac{y^3}{b^3}(a^2 - x^2) + 3\frac{y}{b}x^2 + 2x^2\right) + \frac{q}{20}\frac{y}{b}\left(y^2 - \frac{y^4}{2b^2}\right) \quad (23).$$

Damit ist die Spannungsverteilung im gleichförmig belasteten Balken auf zwei Stützen vollkommen bestimmt. Zur Kontrolle der Richtigkeit dient noch die Feststellung, daß an den Stützen das Integral der Schubspannungen mit dem Stützendrucke $q\,a$ übereinstimmen muß. In der Tat findet man mit der letzten Formel (22) für $x = \pm\, a$

$$\int_{-b}^{+b} \tau_z\, dy = \frac{3}{4}\frac{q\,a}{b^3}\int_{-b}^{+b}(y^2 - b^2)\, dy = \pm\, q\,a.$$

Außerdem sollte man erwarten, daß an den Balkenenden $x = \pm\, a$ auch die Spannungskomponente σ_x verschwindet. Demgegenüber erhalten wir hierfür aus der ersten Gl. (22)

$$\sigma_x = \frac{q}{2}\left(\frac{3}{5}\frac{y}{b} - \frac{y^3}{b^3}\right) \quad . \; . \; . \; . \; . \quad (24),$$

also endliche Werte. **Diese Randspannungen haben allerdings**, wie sich aus

$$\left.\begin{aligned} \int_{-b}^{+b} \sigma_a\, dy &= \frac{q}{2}\int_{-b}^{+b}\left(\frac{3}{5}\frac{y}{b} - \frac{y^3}{b^3}\right) dy = 0 \\ \int_{-b}^{+b} \sigma_a\, y\, dy &= \frac{q}{2}\int_{-b}^{+b}\left(\frac{3}{5}\frac{y}{b} - \frac{y^3}{b^3}\right) y\, dy = 0 \end{aligned}\right\} \quad . \; . \; (24\,\text{a})$$

ergibt, **weder eine Resultante noch auch ein resultierendes Moment**, so daß sie nicht durch äußere Kräfte aufgehoben zu werden brauchen. Trotzdem liegt in der Tatsache endlicher Randspannungen an den Balkenköpfen eine Unvollkommenheit unserer Lösung, die auch nicht durch nachträgliche Anbringung entgegengesetzt wirkender Spannungen ohne Resultante und Moment beseitigt werden kann, da diese der Spannungsfunktion nicht genügen.

Die Berechnung der Verschiebungskomponenten bietet in diesem Falle nichts Neues und kann daher dem Leser zur Übung anheimgestellt werden. Daß die Querschnittsebenen nicht mehr erhalten bleiben, lehrt schon die Existenz der Schubspannung, abgesehen vom Einfluß der Querkontraktion und der hier nicht mehr linearen Spannungsverteilung über den Querschnitt.

Man kann natürlich auch noch für weitere Belastungsfälle des Balkens die Spannungsverteilung und die Spannungsfunktion ermitteln, wie solche neben den vorgetragenen von A. Timpe[1]) kurz und ohne ihre Herleitung angegeben wurden. In derselben Weise verfahren auch andere Autoren, während es uns zweckmäßiger schien, den Weg zu den Resultaten für einige besonders wichtige Beispiele klarzustellen und dadurch dem Leser einen Anhalt für eigene selbständige Untersuchungen im Bedarfsfalle zu bieten.

§ 53. Der Kreisbogenträger.

Definition des Kreisbogenträgers. Umformung der Differentialgleichung der Spannungsfunktion, der Spannungskomponenten und der Verschiebungen in Polarkoordinaten. Zusammenhang der Verschiebungen mit den Dehnungen und Gleitungen. Formänderung der Querschnittsebenen.

Unter einem Kreisbogenträger wollen wir jetzt einen von zwei konzentrischen Kreiszylindern mit den Radien $r_2 > r_1$ begrenzten, normal zur Bildebene gleich dicken, im allgemeinen nicht geschlossenen ringförmigen Körper verstehen. Es liegt wohl auf der Hand, daß für dieses Gebilde die Darstellung des Spannungszustandes im rechtwinkligen Achsenkreuz wenig übersichtlich wird, und daß der Übergang zu Polarkoordinaten r und φ eine erhebliche Vereinfachung der Formeln verspricht. Für die Umformung selbst können wir unmittelbar die Entwicklungen im Anfang des § 49 benutzen, aus denen sich für eine beliebige Funktion u der Koordinaten

$$\frac{\partial^2 u}{\partial x^2}+\frac{\partial^2 u}{\partial y^2}=\frac{\partial^2 u}{\partial r^2}+\frac{1}{r^2}\frac{\partial^2 u}{\partial \varphi^2}+\frac{1}{r}\frac{\partial u}{\partial r}$$

oder

$$\frac{\partial^2 u}{\partial x^2}+\frac{\partial^2 u}{\partial y^2}=\frac{1}{r}\frac{\partial}{\partial r}\left(r\frac{\partial u}{\partial r}\right)+\frac{1}{r^2}\frac{\partial^2 u}{\partial \varphi^2}\quad . \; . \; . \quad (1)$$

---

[1]) A. Timpe: Probleme der Spannungsverteilung in ebenen Systemen, einfach gelöst mit Hilfe der Airyschen Spannungsfunktion. Zeitschr. f. Math. u. Physik 1905. Diese Abhandlung enthält auch Hinweise auf andere Arbeiten, von denen diejenigen des Engländers Mitchell wohl die wichtigsten sind.

ergibt. Setzen wir hierin wieder

$$u = \frac{\partial^2 F}{\partial x^2} + \frac{\partial^2 F}{\partial y^2} = \frac{1}{r}\frac{\partial}{\partial r}\left(r\frac{\partial F}{\partial r}\right) + \frac{1}{r^2}\frac{\partial^2 F}{\partial \varphi^2} \quad . \text{ (1a)},$$

so ist die Spannungsfunktion F durch das Verschwinden des Ausdruckes (1), also durch

$$\frac{1}{r}\frac{\partial}{\partial r}\left(r\frac{\partial u}{\partial r}\right) + \frac{1}{r^2}\frac{\partial^2 u}{\partial \varphi^2} = 0 \quad . \; . \; . \; . \; . \text{ (1b)}$$

gekennzeichnet. Die Spannungskomponenten σ_r in radialer und σ_t in tangentialer Richtung, sowie die zugehörige Schubspannung τ ergeben sich aus den entsprechenden Komponenten $\sigma_x \sigma_y \tau_z$ an Hand der Fig. 178 durch die Beziehungen (9), § 49, nämlich

$$\left.\begin{aligned} \sigma_r &= \sigma_x \cos^2\varphi + \sigma_y \sin^2\varphi + 2\tau_z \sin\varphi\cos\varphi \\ \sigma_t &= \sigma_x \sin^2\varphi + \sigma_y \cos^2\varphi - 2\tau_z \sin\varphi\cos\varphi \\ \tau &= (\sigma_y - \sigma_x)\sin\varphi\cos\varphi + \tau_z(\cos^2\varphi - \sin^2\varphi) \end{aligned}\right\} \quad . \text{ (2)},$$

wofür auch umgekehrt

$$\left.\begin{aligned} \sigma_x &= \sigma_r \cos^2\varphi + \sigma_t \sin^2\varphi - 2\tau \sin\varphi\cos\varphi \\ \sigma_y &= \sigma_r \sin^2\varphi + \sigma_t \cos^2\varphi + 2\tau \sin\varphi\cos\varphi \\ \tau_z &= (\sigma_r - \sigma_t)\sin\varphi\cos\varphi + \tau(\cos^2\varphi - \sin^2\varphi) \end{aligned}\right\} \quad . \text{ (2a)}$$

geschrieben werden kann.

Darin bestimmen sich nach den Gl. (5) und (7) des § 49 die Spannungskomponenten durch die Ausdrücke

$$\left.\begin{aligned} \sigma_x &= \frac{\partial^2 F}{\partial y^2} = \frac{\partial^2 F}{\partial r^2}\sin^2\varphi + \left(\frac{\partial F}{\partial r} + \frac{1}{r}\frac{\partial^2 F}{\partial \varphi^2}\right)\frac{\cos^2\varphi}{r} \\ &\qquad + \frac{2}{r}\left(\frac{\partial^2 F}{\partial r\,\partial\varphi} - \frac{1}{r}\frac{\partial F}{\partial \varphi}\right)\sin\varphi\cos\varphi \\ \sigma_y &= \frac{\partial^2 F}{\partial x^2} = \frac{\partial^2 F}{\partial r^2}\cos^2\varphi + \left(\frac{\partial F}{\partial r} + \frac{1}{r}\frac{\partial^2 F}{\partial \varphi^2}\right)\frac{\sin^2\varphi}{r} \\ &\qquad - \frac{2}{r}\left(\frac{\partial^2 F}{\partial r\,\partial\varphi} - \frac{1}{r}\frac{\partial F}{\partial \varphi}\right)\sin\varphi\cos\varphi \\ -\tau_z &= \frac{\partial^2 F}{\partial x\,\partial y} = \left(\frac{\partial^2 F}{\partial r^2} - \frac{1}{r}\frac{\partial F}{\partial r} - \frac{1}{r^2}\frac{\partial^2 F}{\partial \varphi^2}\right)\sin\varphi\cos\varphi \\ &\qquad + \frac{1}{r}\left(\frac{\partial^2 F}{\partial r\,\partial\varphi} - \frac{1}{r}\frac{\partial F}{\partial \varphi}\right)(\cos^2\varphi - \sin^2\varphi) \end{aligned}\right\} \quad \text{(3)},$$

deren Einführung in (2) schließlich

$$\left.\begin{aligned} \sigma_r &= \frac{1}{r}\frac{\partial F}{\partial r} + \frac{1}{r^2}\frac{\partial^2 F}{\partial \varphi^2}, \qquad \sigma_t = \frac{\partial^2 F}{\partial r^2} \\ \tau &= \frac{1}{r}\left(\frac{1}{r}\frac{\partial F}{\partial \varphi} - \frac{\partial^2 F}{\partial r\,\partial\varphi}\right) = -\frac{\partial}{\partial r}\left(\frac{1}{r}\frac{\partial F}{\partial \varphi}\right) \end{aligned}\right\} \quad . \text{ (4)}$$

liefert. Durch Addition der beiden Normalspannungskomponenten ergibt sich ferner mit (1)

$$\sigma_r + \sigma_t = \frac{\partial^2 F}{\partial r^2} + \frac{1}{r}\frac{\partial F}{\partial r} + \frac{1}{r^2}\frac{\partial^2 F}{\partial \varphi^2} = u$$

oder wegen (3)

$$\sigma_r + \sigma_t = \sigma_x + \sigma_y \quad \ldots \ldots \quad (4\,\mathrm{a}).$$

Andererseits folgt aus den beiden ersten Gl. (4)

$$\frac{\partial(\sigma_r r)}{\partial r} - \sigma_t = \frac{\partial}{\partial r}\left(\frac{1}{r}\frac{\partial^2 F}{\partial \varphi^2}\right) = \frac{\partial^2}{\partial r\,\partial \varphi}\left(\frac{1}{r}\frac{\partial F}{\partial \varphi}\right)$$

und aus der dritten

$$\frac{\partial(\tau r^2)}{\partial r} = \frac{\partial^2}{\partial r\,\partial \varphi}\left(F - r\frac{\partial F}{\partial r}\right) = -\frac{\partial}{\partial \varphi}\left(r\frac{\partial^2 F}{\partial r^2}\right).$$

Wegen der Bedeutung der rechten Seiten dieser Formeln dürfen wir mit (4) dafür auch schreiben

$$\left.\begin{aligned} \frac{\partial(\sigma_r r)}{\partial r} - \sigma_t + \frac{\partial \tau}{\partial \varphi} &= 0 \\ \frac{\partial(\tau r^2)}{\partial r} + \frac{\partial(\sigma_t r)}{\partial \varphi} &= 0 \end{aligned}\right\} \quad \ldots \quad (5).$$

Von diesen Gleichungen ist aber, wie man sofort aus Fig. 188 erkennt, die erste die radiale Gleichgewichtsbedin-

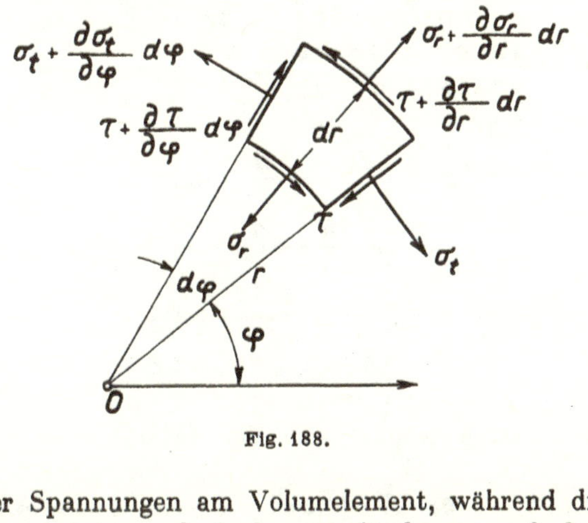

Fig. 188.

gung der Spannungen am Volumelement, während die zweite deren Momentengleichung in bezug auf den Kreismittelpunkt darstellt. Beide Formeln hätte man natürlich unmittelbar aus der Figur ableiten können, dagegen läßt sich aus ihnen der Zusammenhang (4) der drei Spannungskomponenten mit der Funktion nicht so einfach übersehen, wie im rechtwinkligen System.

Schließlich haben wir auch noch die Verschiebungen in Polarkoordinaten auszudrücken und greifen dazu auf die Grundformeln der Transformation

$$x = r\cos\varphi, \qquad y = r\sin\varphi \quad . \quad . \quad . \quad . \quad . \quad (6)$$

zurück, denen die Verschiebungskomponenten im $x\,y$-System

$$\left.\begin{aligned} \xi &= \Delta x = \Delta r\cos\varphi - r\sin\varphi\,\Delta\varphi \\ \eta &= \Delta y = \Delta r\sin\varphi + r\cos\varphi\,\Delta\varphi \end{aligned}\right\} \quad . \quad . \quad . \quad (6\,\mathrm{a})$$

entsprechen. Hierin bedeutet offenbar Δr die Radialverschiebung und

$$r\,\Delta\varphi = \Delta s \quad . \quad . \quad . \quad . \quad . \quad . \quad . \quad . \quad (7)$$

die Tangentialverschiebung eines Punktes, so daß wir an Stelle von (6 a) auch

$$\left.\begin{aligned} \xi &= \Delta r\cos\varphi - \Delta s\sin\varphi \\ \eta &= \Delta r\sin\varphi + \Delta s\cos\varphi \end{aligned}\right\} \quad . \quad . \quad . \quad . \quad (6\,\mathrm{b})$$

schreiben dürfen. Daraus ergeben sich weiter durch partielle Differentiation nach dem Schema (vgl. § 49)

$$\frac{\partial\xi}{\partial x} = \frac{\partial\xi}{\partial r}\frac{\partial r}{\partial x} + \frac{\partial\xi}{\partial\varphi}\frac{\partial\varphi}{\partial x} = \frac{\partial\xi}{\partial r}\cos\varphi - \frac{\partial\xi}{\partial\varphi}\frac{\sin\varphi}{r}$$

$$\frac{\partial\eta}{\partial y} = \frac{\partial\eta}{\partial r}\frac{\partial r}{\partial y} + \frac{\partial\eta}{\partial\varphi}\frac{\partial\varphi}{\partial y} = \frac{\partial\eta}{\partial r}\sin\varphi + \frac{\partial\eta}{\partial\varphi}\frac{\cos\varphi}{r}$$

die Dehnungen

$$\left.\begin{aligned} \frac{\partial\xi}{\partial x} &= \frac{\partial\Delta r}{\partial r}\cos^2\varphi + \left(\frac{\Delta r}{r} + \frac{\partial\Delta s}{r\,\partial\varphi}\right)\sin^2\varphi \\ &\qquad - \left(\frac{\partial\Delta s}{\partial r} - \frac{\Delta s}{r} + \frac{\partial\Delta r}{r\,\partial\varphi}\right)\sin\varphi\cos\varphi \\ \frac{\partial\eta}{\partial y} &= \frac{\partial\Delta r}{\partial r}\sin^2\varphi + \left(\frac{\Delta r}{r} + \frac{\partial\Delta s}{r\,\partial\varphi}\right)\cos^2\varphi \\ &\qquad + \left(\frac{\partial\Delta s}{\partial r} - \frac{\Delta s}{r} + \frac{\partial\Delta r}{r\,\partial\varphi}\right)\sin\varphi\cos\varphi \end{aligned}\right\} \quad (8).$$

Andererseits berechnet sich die Gleitung nach dem Schema

$$\begin{aligned} \frac{\partial\xi}{\partial y} + \frac{\partial\eta}{\partial x} &= \frac{\partial\xi}{\partial r}\frac{\partial r}{\partial y} + \frac{\partial\xi}{\partial\varphi}\frac{\partial\varphi}{\partial y} + \frac{\partial\eta}{\partial r}\frac{\partial r}{\partial x} + \frac{\partial\eta}{\partial\varphi}\frac{\partial\varphi}{\partial x} \\ &= \frac{\partial\xi}{\partial r}\sin\varphi + \frac{\partial\xi}{\partial\varphi}\frac{\cos\varphi}{r} + \frac{\partial\eta}{\partial r}\cos\varphi - \frac{\partial\eta}{\partial\varphi}\frac{\sin\varphi}{r} \end{aligned}$$

mit (6 b) zu

$$\frac{\partial \xi}{\partial y}+\frac{\partial \eta}{\partial x}=\left(\frac{\partial \Delta s}{\partial r}-\frac{\Delta s}{r}+\frac{\partial \Delta r}{r\,\partial \varphi}\right)(\cos^2\varphi-\sin^2\varphi)$$
$$+\left(\frac{\partial \Delta r}{\partial r}-\frac{\Delta r}{r}-\frac{\partial \Delta s}{r\,\partial \varphi}\right)2\sin\varphi\cos\varphi \quad . \quad . \quad (9).$$

Es fragt sich nun, welche Bedeutung die in diesen Formeln (8) und (9) auftretenden Größen besitzen. Zunächst erkennt man sofort, daß das Volumelement Fig. 188 infolge der Verrückung Δr eine radiale Verlängerung um $\frac{\partial \Delta r}{\partial r}\,dr$ erfährt, so daß jedenfalls

$$\frac{\partial \Delta r}{\partial r}=\varepsilon_r \quad . \quad . \quad (10)$$

die **R a d i a l d e h n u n g** darstellt. In tangentialer Richtung wächst ferner der Bogen $r\,d\varphi$ auf

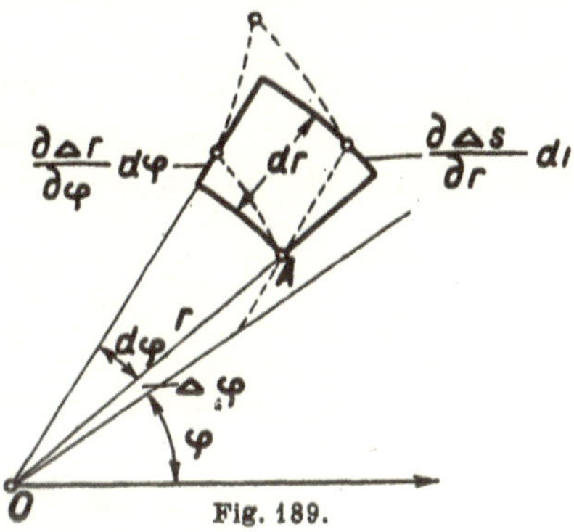

Fig. 189.

$$(r+\Delta r)\left(d\varphi+\frac{\partial\, d\varphi}{\partial \varphi}\,d\varphi\right)$$

an, so daß

$$\varepsilon_t=\frac{(r+\Delta r)\left(d\varphi+\frac{\partial \Delta \varphi}{\partial \varphi}\,d\varphi\right)-r\,d\varphi}{r\,d\varphi}$$

oder nach Vernachlässigung der Produkte kleiner Brüche

$$\varepsilon_t=\frac{\Delta r}{r}+\frac{\partial \Delta \varphi}{\partial \varphi}=\frac{\Delta r}{r}+\frac{\partial \Delta s}{r\,\partial \varphi} \quad . \quad . \quad . \quad (11)$$

als **T a n g e n t i a l d e h n u n g** anzusprechen ist. Hierzu tritt ferner noch die Gleitung, d. h. die Summe der Winkeländerungen der beiden Seitenkanten des Elementes in Fig. 189. Von dieser Summe

$$\frac{\partial \Delta r}{r\,\partial \varphi}+\frac{\partial \Delta s}{\partial r}=\frac{\partial \Delta r}{r\,\partial \varphi}+r\,\frac{\partial \Delta \varphi}{\partial r}+\Delta \varphi$$

ist jedoch die Verdrehung des Radius $OA=r$ um $\Delta \varphi$ selbst noch abzuziehen, so daß wir für die **G l e i t u n g** selbst

$$\chi=\frac{\partial \Delta r}{r\,\partial \varphi}+\frac{\partial \Delta s}{\partial r}-\Delta \varphi=\frac{\partial \Delta r}{r\,\partial \varphi}+r\,\frac{\partial \Delta \varphi}{\partial r} \quad . \quad (12)$$

erhalten. Mit diesen Ausdrücken (10), (11) und (12) dürfen wir unter gleichzeitiger Einführung der Dehnungen und der Gleitung im $x\,y$-System, nämlich

$$\frac{\partial \xi}{\partial x} = \varepsilon_x, \qquad \frac{\partial \eta}{\partial y} = \varepsilon_y, \qquad \frac{\partial \xi}{\partial y} + \frac{\partial \eta}{\partial x} = \chi_z \quad . \quad . \quad (13)$$

an Stelle von (8) und (9) kürzer schreiben

$$\left.\begin{aligned} \varepsilon_x &= \varepsilon_r \cos^2\varphi + \varepsilon_t \sin^2\varphi - \chi \sin\varphi\cos\varphi \\ \varepsilon_y &= \varepsilon_r \sin^2\varphi + \varepsilon_t \cos^2\varphi + \chi \sin\varphi\cos\varphi \\ \chi_z &= (\varepsilon_r - \varepsilon_t)\, 2\sin\varphi\cos\varphi + \chi\,(\cos^2\varphi - \sin^2\varphi) \end{aligned}\right\} \quad (8\,\text{a}).$$

Setzen wir nun diese Ausdrücke sowie die Spannungen (2a) in die Grundgleichungen der Elastizitätslehre

$$E\,\varepsilon_x = \sigma_x - \frac{\sigma_y}{\mu}, \qquad E\,\varepsilon_y = \sigma_y - \frac{\sigma_x}{\mu}, \qquad G\,\chi_z = \tau_z \quad . \quad (14)$$

ein, so erhalten wir die Formelgruppe

$$\left.\begin{aligned} &\left(E\,\varepsilon_r - \sigma_r + \frac{\sigma_t}{\mu}\right)\cos^2\varphi \\ &+\left(E\,\varepsilon_t - \sigma_t + \frac{\sigma_r}{\mu}\right)\sin^2\varphi - \left(E\chi - 2\,\frac{\mu+1}{\mu}\,\tau\right)\sin\varphi\cos\varphi = 0 \\ &\left(E\,\varepsilon_r - \sigma_r + \frac{\sigma_t}{\mu}\right)\sin^2\varphi \\ &+\left(E\,\varepsilon_t - \sigma_t + \frac{\sigma_r}{\mu}\right)\cos^2\varphi + \left(E\chi - 2\,\frac{\mu+1}{\mu}\,\tau\right)\sin\varphi\cos\varphi = 0 \\ &[2G\,(\varepsilon_r - \varepsilon_t) - \sigma_r + \sigma_t]\sin\varphi\cos\varphi \\ &\qquad + (G\chi - \tau)\,(\cos^2\varphi - \sin^2\varphi) = 0 \end{aligned}\right\} (14\,\text{a}),$$

die mit Rücksicht auf den Zusammenhang

$$2G\,(\mu + 1) = E\,\mu \quad . \quad . \quad . \quad . \quad . \quad . \quad (15)$$

zwischen den Elastizitätskonstanten nur bestehen können, wenn gleichzeitig

$$E\,\varepsilon_r = \sigma_r - \frac{\sigma_t}{\mu}, \qquad E\,\varepsilon_t = \sigma_t - \frac{\sigma_r}{\mu}, \qquad G\chi = \tau \quad . \ (14\,\text{b})$$

ist. Diese drei Formeln hätten wir natürlich auch ohne weiteres anschreiben können, da die Spannungen σ_r und σ_t ebenso normal zueinander stehen wie σ_x und σ_y. Somit bildet ihre Herleitung aus der Vereinigung der Gl. (8 a) und (9) lediglich eine Kontrolle für deren Richtigkeit, die bei der großen Zahl der in Frage stehenden Glieder und der zusammengesetzten Ausdrücke für die Dehnungskomponenten und die Gleitung in Polarkoordinaten immerhin nicht unerwünscht sein dürfte.

Um die Form zu ermitteln, welche die radialen Querschnittsebenen des Kreisbogenträgers infolge von Spannungen annehmen, haben wir nur zu beachten, daß, wenn ein Punkt mit den Koordinaten r, φ die Verschiebungen Δr und Δs erleidet, ein um dr auf demselben Radius fortgerückter Punkt dagegen um $\Delta r + \frac{\partial \Delta r}{\partial r} dr$ und $\Delta s + \frac{\partial \Delta s}{\partial r} dr$ verschoben wird. Mithin ist der kleine Neigungswinkel $\Delta \psi$ der Verbindungslinie der verschobenen Punkte gegen den ursprünglichen Radius

$$\Delta \psi = \frac{\frac{\partial \Delta s}{\partial r} dr}{dr + \frac{\partial \Delta r}{\partial r} dr} = \frac{\frac{\partial \Delta s}{\partial r}}{1 + \varepsilon_r}$$

oder auch wegen der Kleinheit von ε_r gegen 1 hinreichend genau

$$\Delta \psi = \frac{\partial \Delta s}{\partial r} = \Delta \varphi + r \frac{\partial \Delta \varphi}{\partial r} \quad . \quad . \quad . \quad . \quad (16).$$

Bleiben die Querschnittsebenen erhalten, so heißt dies nichts anderes, als daß die Radialebene als Ganzes die Drehung $\Delta \psi = \Delta \varphi$ erleidet, oder daß nach (16)

$$\frac{\partial \Delta \varphi}{\partial r} = 0 \quad . \quad . \quad . \quad . \quad . \quad . \quad . \quad . \quad (16\,a)$$

wird. Infolge der nur sehr angenäherten Gültigkeit der Formeln für den ebenen Spannungszustand wird man indessen diesem Kriterium keine entscheidende Bedeutung beilegen.

Die vorstehende Theorie des ebenen Spannungszustandes eines Kreisbogenträgers in Polarkoordinaten wollen wir nun in den nächsten Abschnitten auf eine Reihe von Belastungsfällen anwenden, von denen die achsensymmetrischen, d. h. vom Winkel φ unabhängigen voraussichtlich die einfachsten Lösungen finden werden.

§ 54. Der Kreisbogenträger unter achsensymmetrischer Belastung.

Integration der Differentialgleichung der Spannungsfunktion für achsensymmetrische Belastung. Ermittlung der Spannungskomponenten und der Verschiebungen. Bestimmung der Konstanten für spannungsfreie und gedrückte Kreisränder. Selbstspannungen in künstlich geschlossenen Ringen.

Ist der Belastungszustand des Kreisbogenträgers unabhängig vom Winkel φ, so liegt auch keine Veranlassung dafür vor, daß diese Variable in die Spannungsfunktion F eingeht. Mithin werden deren partielle Ableitungen nach φ verschwinden und wir erhalten an Stelle der Formeln (1 a) und (1 b) des vorigen Abschnittes infolge der alleinigen Abhängigkeit von r

$$\left.\begin{aligned} u &= \frac{1}{r}\frac{d}{dr}\left(r\frac{dF}{dr}\right) \\ \frac{d}{dr}&\left(r\frac{du}{dr}\right) = 0 \end{aligned}\right\} \quad . \quad . \quad . \quad . \quad . \quad . \quad (1),$$

die wir sogleich in

$$\frac{d}{dr}\left[r\frac{d}{dr}\left(\frac{1}{r}\frac{d}{dr}\left(r\frac{dF}{dr}\right)\right)\right] = 0 \quad . \quad . \quad . \quad (1\,\mathrm{b})$$

zusammenziehen dürfen. Daraus folgt durch Integration mit den Konstanten $C_1\,C_2\,C_3$

$$r\frac{du}{dr} = C_1, \qquad \frac{du}{dr} = \frac{C_1}{r}$$

$$u = C_1 \lg n\, r + C_2,$$

also

$$\frac{d}{dr}\left(r\frac{dF}{dr}\right) = C_1 r \lg n\, r + C_2 r$$

$$r\frac{dF}{dr} = \frac{C_1}{2} r^2\left(\lg n\, r - \frac{1}{2}\right) + \frac{C_2 r^2}{2} + C_3$$

$$\frac{dF}{dr} = \frac{C_1}{2} r \lg n\, r + \left(\frac{C_2}{2} - \frac{C_1}{4}\right) r + \frac{C_3}{r}$$

$$F = \frac{C_1}{4} r^2\left(\lg n\, r - \frac{1}{2}\right) + \left(\frac{C_2}{2} - \frac{C_1}{4}\right)\frac{r^2}{2} + C_3 \lg n\, r,$$

wobei die letzte additive Konstante als bedeutungslos weggelassen ist. Durch Zusammenfassen aller Glieder mit r^2 wird daraus

$$F = \frac{C_1}{4} r^2 \lg n\, r + (C_2 - C_1)\frac{r^2}{4} + C_3 \lg n\, r,$$

wofür wir unter Einführung anderer Konstanten kürzer

$$F = A r^2 \lg n\, r + B r^2 + C \lg n\, r \quad . \quad . \quad . \quad . \quad (2)$$

schreiben wollen. Die beiden Ableitungen dieser rein radialen Spannungsfunktion

$$\left.\begin{aligned} \frac{dF}{dr} &= 2 A r \lg n\, r + (A + 2B) r + \frac{C}{r} \\ \frac{d^2F}{dr^2} &= 2A \lg n\, r + 3A + 2B - \frac{C}{r^2} \end{aligned}\right\} \quad . \quad . \quad (2\,\mathrm{a})$$

sind in die Formeln für die Spannungskomponenten einzusetzen, die sich aus Gl. (4), § 53, für unseren Fall in

$$\sigma_r = \frac{1}{r}\frac{dF}{dr}, \quad \sigma_t = \frac{d^2F}{dr^2}, \quad \tau = 0 \quad \ldots \quad (3)$$

vereinfachen, also Hauptspannungen darstellen. Wir erhalten so

$$\left.\begin{aligned} \sigma_r &= 2A \lg n\, r + A + 2B + \frac{C}{r^2} \\ \sigma_t &= 2A \lg n\, r + 3A + 2B - \frac{C}{r^2} \end{aligned}\right\} \quad \ldots \quad (3\text{a}),$$

und, nach Einsetzen in die Gleichungen

$$E\varepsilon_r = \sigma_r - \frac{\sigma_t}{\mu}, \quad E\varepsilon_t = \sigma_t - \frac{\sigma_r}{\mu} \quad \ldots \quad (4),$$

für die Dehnungen

$$\left.\begin{aligned} E\varepsilon_r &= 2A\left(1 - \frac{1}{\mu}\right)\lg n\, r + \left(1 + \frac{1}{\mu}\right)\frac{C}{r^2} \\ &\qquad + A + 2B - \frac{3A + 2B}{\mu} \\ E\varepsilon_t &= 2A\left(1 - \frac{1}{\mu}\right)\lg n\, r - \left(1 + \frac{1}{\mu}\right)\frac{C}{r^2} \\ &\qquad + 3A + 2B - \frac{A + 2B}{\mu} \end{aligned}\right\} \quad (4\text{a}).$$

Hierin ist aber nach (10) und (11) des vorigen Abschnittes

$$\varepsilon_r = \frac{\partial \Delta r}{\partial r}, \quad \varepsilon_t = \frac{\Delta r}{r} + \frac{\partial \Delta \varphi}{\partial \varphi} \quad \ldots \quad (5),$$

während infolge des Verschwindens der Schubspannung τ auch die Gleitung χ wegfällt, also nach Gl. (12), § 53,

$$\frac{\partial \Delta r}{\partial \varphi} = -r^2 \frac{\partial \Delta \varphi}{\partial r} \quad \ldots \ldots \quad (5\text{a})$$

sein muß.

Berechnen wir zunächst die Radialverschiebung Δr durch Integration der ersten Formel (4 a) nach r, so folgt wegen (5) mit einer zusätzlichen Funktion Φ von φ allein

$$\begin{aligned} E\Delta r &= 2A\left(1 - \frac{1}{\mu}\right) r\,(\lg n\, r - 1) - \left(1 + \frac{1}{\mu}\right)\frac{C}{r} \\ &\quad + \left(A + 2B - \frac{3A + 2B}{\mu}\right) r + \Phi \quad \ldots \quad (6) \end{aligned}$$

oder

$$\frac{E\Delta r}{r} = 2A\left(1-\frac{1}{\mu}\right)(\lg n\, r - 1) - \left(1+\frac{1}{\mu}\right)\frac{C}{r^2}$$
$$+ A + 2B - \frac{3A+2B}{\mu} + \frac{\Phi}{r} \quad \ldots \ldots \text{(6a)}.$$

Setzen wir diese in die zweite Gl. (5) ein und ziehen sie von der zweiten Gl. (4 a) ab, so erhalten wir

$$E\frac{\partial \Delta\varphi}{\partial\varphi} = 4A - \frac{\Phi}{r} \quad \ldots \ldots \ldots \text{(7)},$$

während aus (5 a) mit Rücksicht auf (6)

$$E\frac{\partial \Delta\varphi}{\partial r} = -\frac{1}{r^2}\frac{d\Phi}{d\varphi} \quad \ldots \ldots \text{(7a)}$$

folgt. Differenzieren wir ferner (7) nach r und (7 a) nach φ, so wird nach Gleichsetzen

$$\frac{1}{r^2}\left(\frac{d^2\Phi}{d\varphi^2} + \Phi\right) = 0 \quad \ldots \ldots \ldots \text{(8)},$$

woraus sich, da $1 : r^2$ nicht verschwindet,

$$\Phi = D_1 \cos\varphi + D_2 \sin\varphi \quad \ldots \ldots \text{(8a)}$$

ergibt. Nach Einführung dieses Ausdruckes in Gl. (7) liefert die Integration über φ mit Rücksicht auf (7 a)

$$E\Delta\varphi = 4A\varphi - \frac{D_1\sin\varphi - D_2\cos\varphi}{r} + D_0,$$

worin, wenn $\Delta\varphi = 0$ für $\varphi = 0$ sein soll, $D_2 = 0$, $D_0 = 0$ wird. Da nun aber die Lage der festgehaltenen Querschnittsebene im Ringe wegen der Achsensymmetrie ganz willkürlich ist, so muß auch $D_1 = 0$ sein, d. h. die Funktion Φ überhaupt wegfallen, so daß schließlich die Verschiebungen sich in

$$\left.\begin{aligned} E\Delta r &= 2A\left(1-\frac{1}{\mu}\right) r(\lg n\, r - 1) - \left(1+\frac{1}{\mu}\right)\frac{C}{r} \\ &\qquad + \left(A + 2B - \frac{3A+2B}{\mu}\right) r \\ E\Delta\varphi &= 4A\varphi \end{aligned}\right\} \quad \text{(9)}$$

vereinfachen. D a n a c h b l e i b e n d i e Q u e r s c h n i t t s e b e n e n e r h a l t e n u n d e r l e i d e n n u r a l s G a n z e s D r e h u n g e n , d i e d e m B o g e n a b s t a n d v o n d e r A n f a n g s e b e n e s e l b s t p r o p o r t i o n a l s i n d .

Hätten wir es mit einem geschlossenen Ringe zu tun, so müßte der Verdrehungswinkel für $\varphi = 2\pi$ wieder verschwinden, was nur möglich ist, wenn die Konstante $A = 0$ ist. Alsdann reduziert sich mit $\Delta\varphi = 0$ die ganze Formänderung auf die Radialverschiebung

$$E\Delta r = \left(1 - \frac{1}{\mu}\right) 2\,B\,r - \left(1 + \frac{1}{\mu}\right)\frac{C}{r} \quad . \quad . \quad . \quad (9\,\mathrm{a})$$

und die Spannungskomponenten (3 a) auf

$$\sigma_r = 2\,B + \frac{C}{r^2}, \quad \sigma_t = 2\,B - \frac{C}{r^2} \quad . \quad . \quad . \quad . \quad (9\,\mathrm{b})$$

Diesen praktisch besonders wichtigen Fall wollen wir einer besonderen Untersuchung vorbehalten und uns jetzt einigen Belastungszuständen des offenen Ringes zuwenden.

I. Sind die kreisförmigen Ränder des Körpers keinen Normalspannungen ausgesetzt, so erhalten wir aus der ersten Formel (3 a) die beiden Gleichungen mit $\sigma_{r1} = 0$, $\sigma_{r2} = 0$

$$\left.\begin{aligned} A\,(2\lg n\, r_1 + 1) + 2\,B + \frac{C}{r_1^2} = 0 \\ A\,(2\lg n\, r_2 + 1) + 2\,B + \frac{C}{r_2^2} = 0 \end{aligned}\right\} \quad . \quad . \quad (10)$$

und für die gesamte Tangentialkraft mit (3) bei einer Balkendicke c

$$S = c\int_{r_1}^{r_2} \sigma_t\, dr = c\int_{r_1}^{r_2} \frac{d^2F}{dr^2}\, dr = c\left[\left(\frac{dF}{dr}\right)_2 - \left(\frac{dF}{dr}\right)_1\right] \quad (11)$$

$$S = c\,(\sigma_{r2}\, r_2 - \sigma_{r1}\, r_1) = 0 \quad . \quad . \quad . \quad . \quad . \quad . \quad . \quad . \quad . \quad . \quad . \quad (11\,\mathrm{a}).$$

Für das Biegungsmoment ergibt sich infolgedessen

$$\mathfrak{M} = c\int_{r_1}^{r_2} \sigma_t\, r\, dr = c\int_{r_1}^{r_2} \frac{d^2F}{dr^2}\, r\, dr = c\int_{r_1}^{r_2} r\, d\left(\frac{dF}{dr}\right)$$

$$\mathfrak{M} = c\left[r_2\left(\frac{dF}{dr}\right)_2 - r_1\left(\frac{dF}{dr}\right)_1 - F_2 + F_1\right] \quad . \quad . \quad . \quad (12)$$

oder mit $\sigma_{r1} = \sigma_{r2} = 0$

$$\mathfrak{M} = c\,(\sigma_{r2}\, r_2^2 - \sigma_{r1}\, r_1^2) - c\,(F_2 - F_1) = c\,(F_1 - F_2) \quad (12\,\mathrm{a}).$$

Es liegt also der wohlbekannte Fall einer reinen Biegung ohne sog. Stabkraft vor (Fig. 190), deren Moment nach Einsetzen von (2) in (12 a), nämlich

$$\frac{\mathfrak{M}}{c} = A\,(r_1^2 \lg n\, r_1 - r_2^2 \lg n\, r_2) + B\,(r_1^2 - r_2^2) + C\,(\lg n\, r_1 - \lg n\, r_2) \quad (12\,\text{b}),$$

im Verein mit (10) die drei Konstanten A, B, C der Spannungsfunktion eindeutig bestimmt. Ihre Werte berechnen sich mit c multipliziert zu

$$\left.\begin{aligned} A\,c &= \frac{\mathfrak{M}\,(r_2^2 - r_1^2)}{(r_2^2 - r_1^2)^2 - 2\,r_1^2\,r_2^2\,(\lg n\, r_2 - \lg n\, r_1)^2} \\ B\,c &= \frac{-\,\mathfrak{M}\,[2\,(r_2^2 \lg n\, r_2 - r_1^2 \lg n\, r_1) + r_2^2 - r_1^2]}{2\,[(r_2^2 - r_1^2)^2 - 2\,r_1^2\,r_2^2\,(\lg n\, r_2 - \lg n\, r_1)^2]} \\ C\,c &= \frac{2\,\mathfrak{M}\,r_1^2\,r_2^2\,(\lg n\, r_2 - \lg n\, r_1)}{(r_2^2 - r_1^2)^2 - 2\,r_1^2\,r_2^2\,(\lg n\, r_2 - \lg n\, r_1)^2} \end{aligned}\right\} \quad (13),$$

womit natürlich dann auch die Spannungskomponenten (3) und die Verschiebungen (9) festgelegt sind. Die Unvollkommenheit

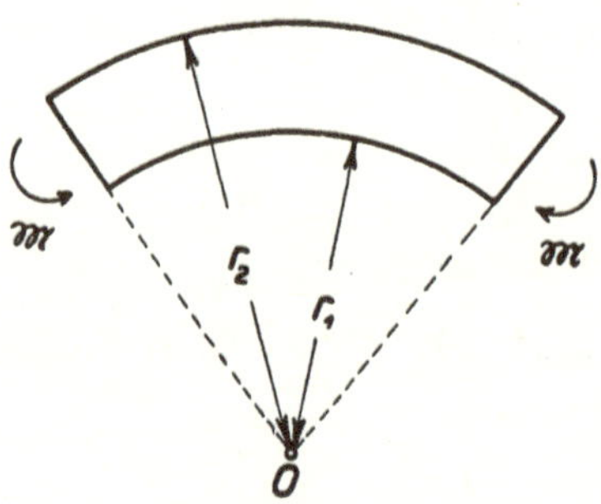

Fig. 190.

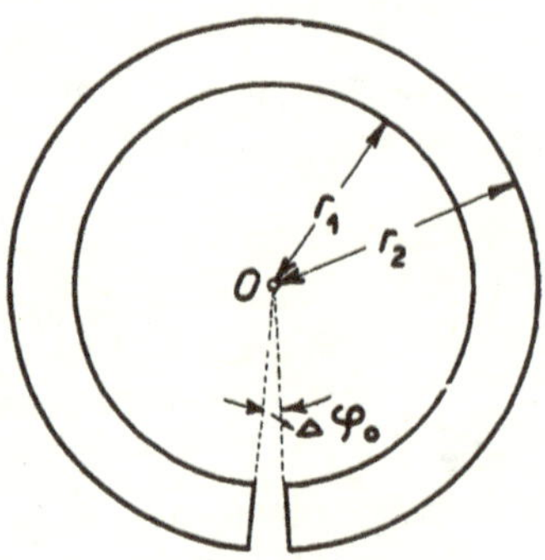

Fig. 191.

der vorstehenden Lösung des Problems der reinen Biegung liegt nun offenbar darin, daß die Radialränder unseres Kreisbogenträgers nicht mehr spannungsfrei sind, wenn auch die dort herrschenden Spannungen keine Resultante besitzen. Dieser Einwand erledigt sich, wenn wir die Enden eines nicht ganz geschlossenen Ringes (Fig. 191) durch reine Biegung zur Deckung bringen und aneinander, z. B. durch Löten, befestigen. Der so gebildete Vollring befindet sich dann, worauf Timpe a. a. O. hingewiesen hat, im Zustande der Selbstspannung. Zur Ermittlung der in ihm herrschenden Spannungen brauchen wir nur den ursprünglichen Öffnungswinkel $\Delta\varphi_0$

zu kennen, der natürlich nur klein gegen 2π, d. h. von der Größenordnung der elastischen Verschiebungen überhaupt sein darf. Alsdann haben wir nach der zweiten Gl. (9) mit $\varphi = 2\pi$ für $\Delta\varphi = \Delta\varphi_0$ sowie aus (10)

$$\left.\begin{aligned} A &= \frac{\mu E \Delta\varphi_0}{8\pi(\mu-1)} \\ B &= \frac{-\mu E \Delta\varphi_0}{8\pi(\mu-1)}\left(\frac{r_2^2 \operatorname{lgn} r_2 - r_1^2 \operatorname{lgn} r_1}{r_2^2 - r_1^2} + 1\right) \\ C &= \frac{\mu E \Delta\varphi_0}{4\pi(\mu-1)} r_1^2 r_2^2 \frac{\operatorname{lgn} r_2 - \operatorname{lgn} r_1}{r_2^2 - r_1^2} \end{aligned}\right\} \quad . \quad (14),$$

wodurch wiederum alle Spannungskomponenten und Verschiebungen festgelegt sind.

II. Haben wir es mit einem Bogenträger zu tun, a u f d e s s e n K r e i s r ä n d e r d i e D r ü c k e nach Fig. 192 $p_1 = -\sigma_{r1}$,

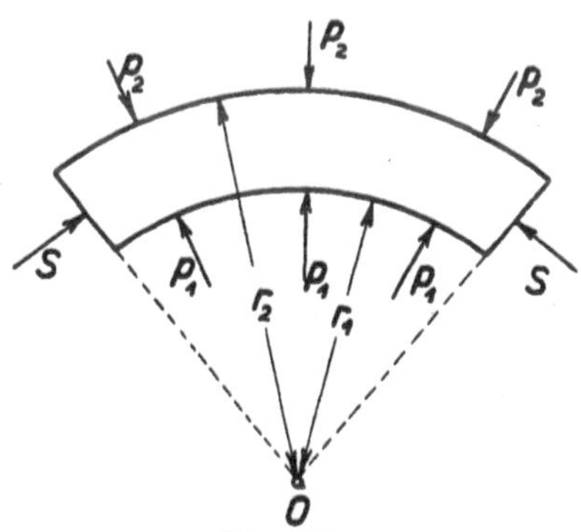

Fig. 192.

$p_2 = -\sigma_{r2}$ r u h e n , so erhalten wir aus (3 a)

$$\left.\begin{aligned} A(2 \operatorname{lgn} r_1 + 1) + 2B + \frac{C}{r_1^2} + p_1 &= 0 \\ A(2 \operatorname{lgn} r_2 + 1) + 2B + \frac{C}{r_2^2} + p_2 &= 0 \end{aligned}\right\} \quad . \quad . \quad (15)$$

und für die tangentiale Stabkraft nach (11)

$$S = c(\sigma_{r2} r_2 - \sigma_{r1} r_1) = -c(p_2 r_2 - p_1 r_1) \quad . \quad . \quad (16),$$

wonach der Balken eine Zusammendrückung erfährt. Fügen wir keine neuen Kräfte, insbesondere kein Moment an den Radialrändern hinzu, so geht die Resultante aller äußeren Kräfte durch den Kreismittelpunkt O. Wir dürfen mithin das Moment der Tangentialspannungen in bezug auf diesen Punkt gleich Null, also wegen (12)

$$F_2 - F_1 = \sigma_{r2} r_2 - \sigma_{r1} r_1 = -(p_2 r_2 - p_1 r_1)$$

setzen. Dies liefert mit (2) die Gleichung

$$A(r_2^2 \lg n\, r_2 - r_1^2 \lg n\, r_1) + B(r_2^2 - r_1^2) + C(\lg n\, r_2 - \lg n\, r_1) + \\ + p_2 r_2^2 - p_1 r_1^2 = 0 \quad . \quad . \quad . \quad . \quad . \quad . \quad (17),$$

die im Verein mit (15) die drei Konstanten A, B, C bestimmt. So ergibt sich für die nach (9) dem Verdrehungswinkel der Endquerschnitte proportionale Konstante A

$$A = \frac{(p_2 r_2^2 - p_1 r_1^2)(r_2^2 - r_1^2) + 2(p_2 - p_1) r_1^2 r_2^2 (\lg n\, r_2 - \lg n\, r_1)}{(r_2^2 - r_1^2)^2 - 4 r_1^2 r_2^2 (\lg n\, r_2 - \lg n\, r_1)^2} \quad (18),$$

womit die beiden anderen sich zu

$$\left.\begin{aligned} B &= -\frac{p_2 r_2^2 - p_1 r_1^2}{2(r_2^2 - r_1^2)} - A\left(\frac{r_2^2 \lg n\, r_2 - r_1^2 \lg n\, r_1}{r_2^2 - r_1^2} + \frac{1}{2}\right) \\ C &= \frac{(p_2 - p_1) r_2^2 r_1^2}{r_2^2 - r_1^2} + 2A\,\frac{r_1^2 r_2^2 (\lg n\, r_2 - \lg n\, r_1)}{r_2^2 - r_1^2} \end{aligned}\right\} \quad (18\,a).$$

berechnen.

Die nach Einsetzen dieser Werte in die erste Formel (3 a) resultierende Spannung σ_t an den Radialrändern muß durch entgegengesetzte Spannungen der Widerlager aufgehoben gedacht werden. Diese Drücke hängen aber ihrerseits von der Form und der Befestigung der Auflagekörper selbst ab, so daß man keinerlei Bürgschaft für den wirklichen Ausgleich der Randspannungen besitzt. Dies würde nur für den Fall eines künstlich durch die Drücke p_1 und p_2 geschlossenen Ringes (Fig. 191) zutreffen, wenn die Radialränder genau aufeinander paßten. Alsdann würde sich die Konstante A wieder durch die erste Gl. (14) bestimmen, deren Verbindung mit (18) eine Bedingung zwischen der ursprünglichen Ringöffnung $\Delta\varphi_0$ und den beiden Drücken p_1 und p_2 liefert, die aber bei weiterer Zusammendrückung des nunmehr vollen Ringes ihre Gültigkeit verliert.

§ 55. Ungleichförmige Belastungen.

Ermittlung der Spannungsfunktion für den Fall der Periodizität mit dem einfachen Winkel oder mit Vielfachen desselben. Die Spannungsverteilung im belasteten Kranträger bzw. Zughaken. Die Spannungsverteilung im gelochten Zug- oder Druckkörper.

Ist die Belastung eines von konzentrischen Kreiszylindern begrenzten Körpers vom Winkel φ abhängig, so wird dieser auch in der Spannungsfunktion auftreten, und zwar kann dies in sehr verschiedener Weise stattfinden. Wir wollen hier zunächst eine periodische Änderung der Belastung ins Auge fassen, die im einfachsten Fall auf eine Spannungsfunktion

$$F = R_1 \cos\varphi + R_2 \sin\varphi \quad . \; . \; . \; . \; . \quad (1)$$

führen muß, wenn R_1 und R_2 reine Funktionen von r bedeuten. Hiernach ist

$$u = \frac{\partial^2 F}{\partial r^2} + \frac{1}{r}\frac{\partial F}{\partial r} + \frac{1}{r^2}\frac{\partial F}{\partial \varphi^2} = \frac{1}{r}\frac{\partial}{\partial r}\left(r\frac{\partial F}{\partial r}\right) + \frac{1}{r^2}\frac{\partial^2 F}{\partial \varphi^2}$$

$$u = \left[\frac{1}{r}\frac{d}{dr}\left(r\frac{dR_1}{dr}\right) - \frac{R_1}{r^2}\right]\cos\varphi + \left[\frac{1}{r}\frac{d}{dr}\left(r\frac{dR_2}{dr}\right) - \frac{R_2}{r^2}\right]\sin\varphi \quad (2)$$

oder wegen

$$\frac{1}{r}\frac{d}{dr}\left(r\frac{dR}{dr}\right) - \frac{R}{r^2} = \frac{1}{r}\frac{d}{dr}\left(\frac{d(Rr)}{dr} - R\right) - \frac{R}{r^2} =$$

$$= \frac{1}{r}\frac{d^2(Rr)}{dr^2} - \frac{1}{r^2}\frac{d(Rr)}{dr} = \frac{d}{dr}\left(\frac{1}{r}\frac{d(Rr)}{dr}\right)$$

kürzer

$$u = \frac{d}{dr}\left(\frac{1}{r}\frac{d(R_1 r)}{dr}\right)\cos\varphi + \frac{d}{dr}\left(\frac{1}{r}\frac{d(R_2 r)}{dr}\right)\sin\varphi \quad . \; (2\,\text{a}).$$

Da nun infolge der Differentialgleichung (1 b) § 53 der Spannungsfunktion

$$\frac{1}{r}\frac{\partial}{\partial r}\left(r\frac{\partial u}{\partial r}\right) + \frac{1}{r^2}\frac{\partial^2 u}{\partial \varphi^2} = 0 \quad . \; . \; . \; . \; . \quad (3)$$

ist, so folgt daraus mit

$$\frac{d}{dr}\left(\frac{1}{r}\frac{d(R_1 r)}{dr}\right) = v_1, \quad \frac{d}{dr}\left(\frac{1}{r}\frac{d(R_2 r)}{dr}\right) = v_2 \, . \quad . \quad (4)$$

die Gleichung

$$\frac{d}{dr}\left(\frac{1}{r}\frac{d(v_1 r)}{dr}\right)\cos\varphi + \frac{d}{dr}\left(\frac{1}{r}\frac{d(v_2 r)}{dr}\right)\sin\varphi = 0 \quad . \; (3\,\text{a}),$$

die nur dann unabhängig vom Winkel φ bestehen kann, wenn beide Faktoren der Kreisfunktionen für sich verschwinden, d. h. wenn gleichzeitig

$$\frac{d}{dr}\left(\frac{1}{r}\frac{d(v_1 r)}{dr}\right)=0, \qquad \frac{d}{dr}\left(\frac{1}{r}\frac{d(v_2 r)}{dr}\right)=0 \quad . \quad . \quad (4\,a)$$

ist. Beide Funktionen R_1 und R_2 genügen hiernach derselben Differentialgleichung

$$\frac{d}{dr}\left\{\frac{1}{r}\frac{d}{dr}\left[r\frac{d}{dr}\left(\frac{1}{r}\frac{d(Rr)}{dr}\right)\right]\right\}=0 \quad . \quad . \quad . \quad (4\,b),$$

deren aufeinander folgende Integrationen mit den Konstanten $C_1\, C_2\, C_3\, C_4$ ergeben

$$\frac{d}{dr}\left[r\frac{d}{dr}\left(\frac{1}{r}\frac{d(Rr)}{dr}\right)\right]=C_1 r$$

$$\frac{d}{dr}\left(\frac{1}{r}\frac{d(Rr)}{dr}\right)=\frac{C_1}{2}r+\frac{C_2}{r}$$

$$\frac{d(Rr)}{dr}=\frac{C_1}{4}r^3+C_2 r\lg n\, r+C_3 r$$

$$Rr=\frac{C_1 r^4}{16}+\frac{C_2 r^2}{2}\lg n\, r+\left(\frac{C_3}{2}-\frac{C_2}{4}\right)r^2+C_4.$$

Hierfür können wir auch schreiben

$$R=A\,r\lg n\, r+B\,r^3+C\,r+\frac{D}{r} \quad . \quad . \quad . \quad . \quad (5),$$

worin die neuen Konstanten $A\,B\,C\,D$ für R_1 und R_2 im Einzelfalle verschiedene Werte annehmen können.

Ganz analog ergibt sich für den allgemeineren Ansatz

$$F=R_1\cos n\varphi+R_2\sin n\varphi \quad . \quad . \quad . \quad . \quad . \quad (6),$$

in welchem n eine ganze Zahl bedeutet

$$u=\left[\frac{1}{r}\frac{d}{dr}\left(r\frac{dR_1}{dr}\right)-\frac{n^2 R_1}{r^2}\right]\cos n\varphi+$$
$$+\left[\frac{1}{r}\frac{d}{dr}\left(r\frac{dR_2}{dr}\right)-\frac{n^2 R_2}{r^2}\right]\sin n\varphi \quad . \quad . \quad . \quad . \quad (7)$$

und nach Einführung in die Differentialgleichung (3) mit den Abkürzungen

$$\left.\begin{aligned}\frac{1}{r}\frac{d}{dr}\left(r\frac{dR_1}{dr}\right)-\frac{n^2 R_1}{r^2}&=v_1\\ \frac{1}{r}\frac{d}{dr}\left(r\frac{dR_2}{dr}\right)-\frac{n^2 R_2}{r^2}&=v_2\end{aligned}\right\} \quad . \quad . \quad . \quad . \quad (7\,a)$$

analog (4 a)

$$\left.\begin{array}{l}\frac{1}{r}\frac{d}{dr}\left(r\frac{d v_1}{dr}\right)-\frac{n^2 v_1}{r^2}=0\\\frac{1}{r}\frac{d}{dr}\left(r\frac{d v_2}{dr}\right)-\frac{n^2 v_2}{r^2}=0\end{array}\right\} \quad . \quad . \quad . \quad . \quad . \quad (7\text{b}).$$

Setzen wir probeweise

$$v=C r^k, \qquad r\frac{dv}{dr}=k C r^k,$$

so folgt nach Einsetzen in (7 b)

$$(k^2-n^2)\,C r^{k-2}=0$$

oder $k = \pm n$. Mithin lautet das Integral jeder der beiden Gl. (7b) mit den Konstanten C_1 und C_2

$$v=C_1 r^n+C_2 r^{-n}$$

oder eingesetzt in (7 a)

$$\frac{1}{r}\frac{d}{dr}\left(r\frac{dR}{dr}\right)-\frac{n^2 R}{r^2}=C_1 r^n+C_2 r^{-n} \quad . \quad . \quad . \quad (8)$$

Zerlegen wir hierin R in zwei Funktionen

$$R=R'+R''$$

derart, daß

$$\left.\begin{array}{l}\frac{1}{r}\frac{d}{dr}\left(r\frac{dR'}{dr}\right)-\frac{n^2 R'}{r^2}=0\\\frac{1}{r}\frac{d}{dr}\left(r\frac{dR''}{dr}\right)-\frac{n^2 R''}{r^2}=C_1 r^n+C_2 r^{-n}\end{array}\right\} \quad . \quad . \quad (8\text{a}),$$

so erkennt man, daß nach Analogie von v

$$R'=A r^n+B r^{-n}$$

wird, während in der zweiten Formel der Ansatz

$$R''=C r^h+D r^k$$

auf

$$(h^2-n^2)\,C r^{h-2}+(k^2-n^2)\,D r^{k-2}=C_1 r^n+C_2 r^{-n}$$

führt. Dann aber muß

$$h=2+n, \qquad k=2-n$$

sein, so daß wir insgesamt in (6)

$$R=A r^n+B r^{-n}+C r^{2+n}+D r^{2-n} \quad . \quad . \quad . \quad (9)$$

erhalten, wobei natürlich wieder für R_1 und R_2 die vier Faktoren $A\,B\,C\,D$ verschiedene Werte annehmen können. Bemerkenswert ist der Umstand, daß die Funktion (9) für $n=1$ der Differentialgleichung (4b) nicht genügt, also nur für $n \geqq 2$ gebraucht werden darf, während für $n=1$ der Ausdruck (5) anzusetzen ist. Für eine im Kreise periodisch veränderliche Belastung hat man demnach ganz allgemein die Spannungsfunktion

$$
\begin{aligned}
F = & \left(A' r \lg n\, r + B' r^3 + C' r + \frac{D'}{r}\right) \cos\varphi \\
& + \left(A'' r \lg n\, r + B'' r^3 + C'' r + \frac{D''}{r}\right) \sin\varphi \\
& + \sum_{n=2}^{n=\infty} (A_n' r^n + B_n' r^{-n} + C_n' r^{2+n} + D_n' r^{2-n}) \cos n\varphi \\
& + \sum_{n=2}^{n=\infty} (A_n'' r^n + B_n'' r^{-n} + C_n'' r^{2+n} + D_n'' r^{2-n}) \sin n\varphi \quad (10)
\end{aligned}
$$

zu setzen, aus der dann die Spannungskomponenten nach den Formeln (4), § 53, hervorgehen.

I. Wir betrachten zunächst die mit Gl. (5) gebildete Spannungsfunktion

$$F = \left(A r \lg n\, r + B r^3 + C r + \frac{D}{r}\right) \sin\varphi = R \sin\varphi \; . \quad (5\,\mathrm{a})$$

und leiten daraus die Spannungskomponenten

$$\left.\begin{aligned}
\sigma_r &= \left(\frac{1}{r}\frac{dR}{dr} - \frac{R}{r^2}\right)\sin\varphi = \frac{d}{dr}\left(\frac{R}{r}\right)\sin\varphi \\
\sigma_t &= \frac{d^2R}{dr^2}\sin\varphi, \qquad \tau = -\frac{d}{dr}\left(\frac{R}{r}\right)\cos\varphi
\end{aligned}\right\} \; . \quad (11),$$

ab, von denen ersichtlich σ_r und τ mit derselben Funktion des Radius behaftet sind. Damit ergeben sich die Dehnungen

$$\left.\begin{aligned}
E\varepsilon_r &= \sigma_r - \frac{\sigma_t}{\mu} = \frac{d}{dr}\left(\frac{R}{r} - \frac{1}{\mu}\frac{dR}{dr}\right)\sin\varphi \\
E\varepsilon_t &= \sigma_t - \frac{\sigma_r}{\mu} = \frac{d}{dr}\left(\frac{dR}{dr} - \frac{R}{\mu r}\right)\sin\varphi
\end{aligned}\right\} \; . \quad (12),$$

so daß mit

$$\varepsilon_r = \frac{\partial \Delta r}{\partial r}, \qquad \varepsilon_t = \frac{\Delta r}{r} + \frac{\partial \Delta\varphi}{\partial\varphi} \; . \; . \; . \; . \quad (12\,\mathrm{a})$$

durch Integration der ersten Formel (12)

$$E\Delta r = \left(\frac{R}{r} - \frac{1}{\mu}\frac{dR}{dr}\right)\sin\varphi + \frac{d\Phi}{d\varphi} \; . \; . \; . \quad (12\,\mathrm{b})$$

und nach Einsetzen in die zweite Gl. (12 a) mit Hilfe der zweiten Gl. (12)

$$E\frac{\partial \Delta\varphi}{\partial \varphi}=\left[\frac{d}{dr}\left(\frac{dR}{dr}-\frac{R}{\mu r}\right)-\frac{R}{r^2}+\frac{1}{\mu r}\frac{dR}{dr}\right]\sin\varphi-\frac{1}{r}\frac{d\Phi}{d\varphi} \quad (12\,\mathrm{c})$$

wird. Weiter folgt mit

$$G\chi=G\left(\frac{\partial \Delta r}{\partial \varphi}+r\frac{\partial \Delta\varphi}{\partial r}\right)=\tau \quad . \quad . \quad . \quad . \quad (13)$$

wegen (12 b)

$$Gr\frac{\partial \Delta\varphi}{\partial r}=-\left[\frac{d}{dr}\left(\frac{R}{r}\right)+\frac{G}{E}\left(\frac{R}{r}-\frac{1}{\mu}\frac{dR}{dr}\right)\right]\cos\varphi-\frac{G}{E}\frac{d^2\Phi}{d\varphi^2} \quad (13\,\mathrm{a}),$$

woraus man schon erkennt, daß in diesem Falle die Bedingung (16 a) § 53, für die Erhaltung der Querschnittsebenen nicht erfüllt ist, auch wenn die noch willkürliche Funktion Φ von φ allein mit ihren Ableitungen verschwinden sollte. Das liegt natürlich vor allem an dem Auftreten der Schubspannung τ.

Rechnet man die Spannungskomponenten, auf deren Bestimmung es im Einzelfalle ankommt, mit Hilfe des Ausdruckes für R in (5 a) aus, so ergibt sich

$$\left.\begin{aligned}\sigma_r&=\left(2Br+\frac{A}{r}-\frac{2D}{r^3}\right)\sin\varphi\\ \sigma_t&=\left(6Br+\frac{A}{r}+\frac{2D}{r^3}\right)\sin\varphi\\ \tau&=-\left(2Br+\frac{A}{r}-\frac{2D}{r^3}\right)\cos\varphi\end{aligned}\right\} \quad . \quad . \quad . \quad (11\,\mathrm{a}).$$

Es sind also im ganzen nur drei Konstanten $A\,B\,D$ zu bestimmen, während das in r lineare Glied der Spannungsfunktion hier ebenso bedeutungslos ist wie die entsprechenden Terme beim geraden Balken. Verlangen wir nun, daß auf der Innen- und Außenseite des Kreisbogenträgers keine Schubspannungen wirken, so gilt dies wegen der Gleichheit der Klammerausdrücke in der ersten und dritten Formel (11 a) sofort auch für die Radialspannungen und wir erhalten die Bedingungen

$$\left.\begin{aligned}2Br_1+\frac{A}{r_1}-\frac{2D}{r_1^3}&=0\\ 2Br_2+\frac{A}{r_2}-\frac{2D}{r_2^3}&=0\end{aligned}\right\} \quad . \quad . \quad . \quad . \quad (11\,\mathrm{b}).$$

Weiter erkennt man, daß für $\varphi = 0$ ganz allgemein $\sigma_r = \sigma_t = 0$ wird; wir können daher den zugehörigen Querschnitt als frei

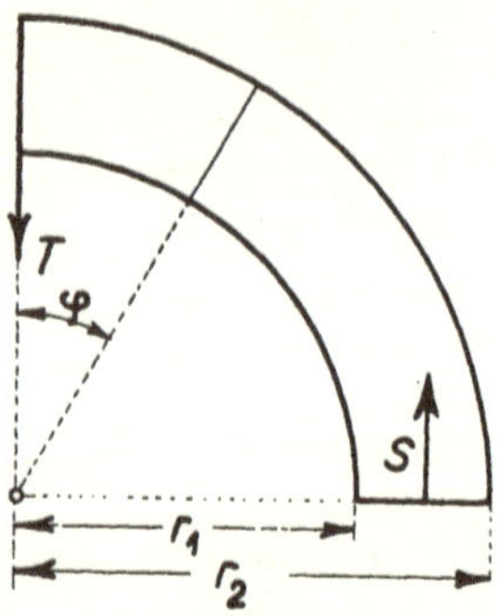

Fig. 193.

betrachten (Fig. 193). Längs dieses Querschnitts herrscht die Schubspannung

$$\tau = -\left(2\,B r + \frac{A}{r} - \frac{2\,D}{r^3}\right) \quad . \quad (11\,\text{c})$$

und liefert durch Integration zwischen r_1 und r_2 mit der Dicke c die Querkraft

$$T = c\int_{r_1}^{r_2} \tau\, dr = -c\left[B\,(r_2^2 - r_1^2) + A \operatorname{lgn}\frac{r_2}{r_1} + D\left(\frac{1}{r_2^2} - \frac{1}{r_1^2}\right)\right] \quad (14),$$

die als Einzellast am freien Ende aufgefaßt werden kann. Bilden wir dann noch die Stabkraft durch Integration der Tangentialspannung über den Querschnitt, so ergibt sich für $\varphi = 90^0$

$$S = c\int_{r_1}^{r_2} \sigma_t\, dr = c\left[3\,B\,(r_2^2 - r_1^2) + A \operatorname{lgn}\frac{r_2}{r_1} - D\left(\frac{1}{r_2^2} - \frac{1}{r_1^2}\right)\right] \quad (15).$$

Addieren wir die beiden Kräfte, so folgt

$$T + S = 2\,c\left[B\,(r_2^2 - r_1^2) - D\left(\frac{1}{r_2^2} - \frac{1}{r_1^2}\right)\right] \quad . \quad (15\,\text{a}).$$

Hierin verschwindet aber die rechte Seite, wie man aus den beiden Bedingungen (11 b) durch Multiplikation mit r_1 bzw. r_2 und Subtraktion leicht feststellen kann, so daß

$$T + S = 0 \quad . \quad . \quad . \quad . \quad . \quad . \quad . \quad (15\,\text{b})$$

übrig bleibt. Die beiden Kräfte T und S sind demnach einander entgegengesetzt gleich, so daß *die eine als Belastung, die andere als Stützendruck eines Kreisbogenträgers mit 90⁰ Öffnung* (Fig. 193) *zu betrachten ist.* Durch diese Kräfte sind dann im Verein mit den Bedingungsgleichungen (11 b) alle drei Konstanten ABD bestimmt, nach deren Berechnung der Ermittlung der *Lage der neutralen Schicht*, für die σ_t unabhängig von φ verschwindet, nichts mehr im Wege steht. Es erfordert dies, wie man aus (11) erkennt, nur die Lösung einer biquadratischen Gleichung für den gesuchten Radius, während in den scheinbar einfacheren Fällen des § 54 hierzu eine transzendente Gleichung zu lösen war.

Schließlich sei noch bemerkt, daß die vorstehende Lösung als erste Näherung des Spannungszustandes in einem gebogenen Kranträger, aber auch in einem Haken[1]) angesehen werden kann, für den infolge seiner großen Materialstärke $r_2 - r_1$ gegenüber dem mittleren Krümmungsradius $\frac{r_2 + r_1}{2}$ das elementare Berechnungsverfahren krummer Stäbe unzulässig wird.

II. Der auf einem Kreise um den Anfang periodisch veränderliche Spannungszustand trifft auch für den Fall eines

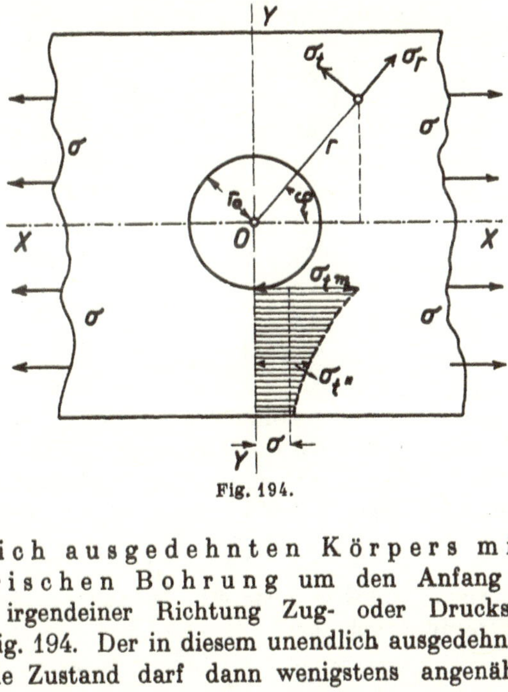

Fig. 194.

unendlich ausgedehnten Körpers mit einer zylindrischen Bohrung um den Anfang zu, wenn dieser in irgendeiner Richtung Zug- oder Druckspannungen erleidet, Fig. 194. Der in diesem unendlich ausgedehnten Körper herrschende Zustand darf dann wenigstens angenähert einem

[1]) Vgl. hierzu P. Fillunger: Ein Beitrag zur Theorie der Festigkeit von Zughaken, Z. f. Math. u. Phys. 1912 (Bd. 61), wo das Problem mit sog. logarithmischen Polarkoordinaten, denen logarithmische Spiralen als innere und äußere Hakenbegrenzungen entsprechen, behandelt wird. Der Verfasser gelangt nicht zu abgeschlossenen Ergebnissen über die Spannungsverteilung, weshalb hier von einer Wiedergabe seines Gedankenganges abgesehen werden muß.

durchlochten Zugstabe oder Druckkörper zugeschrieben werden, wenn dessen Abmessungen sehr groß gegenüber dem Lochdurchmesser ausfallen.

Wäre das Loch überhaupt nicht vorhanden, so hätte man mit einer bloßen Zug- oder Druckspannung $\sigma_x = \sigma$ in der Richtung OX, $\sigma_y = 0$, $\tau_z = 0$ in Polarkoordinaten nach Gl. (2), § 53, die Spannungskomponenten

$$\left.\begin{aligned} \sigma_r &= \sigma_x \cos^2 \varphi = \frac{\sigma}{2} + \frac{\sigma}{2} \cos 2\varphi \\ \sigma_t &= \sigma_x \sin^2 \varphi = \frac{\sigma}{2} - \frac{\sigma}{2} \cos 2\varphi \\ \tau &= -\sigma_x \sin \varphi \cos \varphi = -\frac{\sigma}{2} \sin 2\varphi \end{aligned}\right\} \quad . \quad . \quad (16).$$

Diesen Ausdrücken werden sich nun die im durchlochten Körper herrschenden Spannungen um so besser nähern, je weiter die ins Auge gefaßten Punkte vom Loche entfernt sind, d. h. je geringer dessen Einfluß auf die Spannungsverteilung ausfällt. Somit stellen die Formeln (16) geradezu den Spannungszustand in unendlicher Entfernung von 0, also für $r = \infty$, dar, dem dann eine Spannungsfunktion

$$F = \frac{\sigma}{4} r^2 (1 - \cos 2\varphi) \quad . \quad . \quad . \quad . \quad . \quad (16\,\text{a})$$

mit einem vom Winkel φ freien sowie einem mit $\cos 2\varphi$ behafteten Gliede entsprechen würde. Derartige Glieder muß jedenfalls auch die für den durchlochten Körper gültige Spannungsfunktion enthalten, so daß wir für diese allgemeiner

$$F = R_1 + R_2 \cos 2\varphi \quad . \quad . \quad . \quad . \quad . \quad . \quad (17)$$

schreiben dürfen. Nun wissen wir aus § 54, daß die vom Winkel φ freie Spannungsfunktion durch

$$R_1 = A r^2 \lg n\, r + B r^2 + C \lg n\, r \quad . \quad . \quad . \quad . \quad (17\,\text{a})$$

dargestellt wird, während aus unserer Gl. (9) hervorgeht, daß die mit $\cos 2\varphi$ behaftete Radialfunktion mit $n = 2$

$$R_2 = A' r^2 + B' r^{-2} + C' r^4 + D \quad . \quad . \quad . \quad (17\,\text{b})$$

lauten muß. Hiernach setzen sich dann die Spannungskomponenten selbst wieder aus zwei Bestandteilen zusammen, deren jeder einem der beiden Terme in (17) zugehört. Nach Ausführung der in den Formeln (4), § 53, angedeuteten Differentiationen erhalten wir

$$\left.\begin{aligned}\sigma_r &= 2A\lg n\, r + A + 2B + \frac{C}{r^2}\\ &\qquad - \left(2A' + \frac{6B'}{r^4} + \frac{4D}{r^2}\right)\cos 2\varphi\\ \sigma_t &= 2A\lg n\, r + 3A + 2B - \frac{C}{r^2}\\ &\qquad + \left(2A' + \frac{6B'}{r^4} + 12C'r^2\right)\cos 2\varphi\\ \tau &= 2\left(A' - \frac{3B'}{r^4} + 3C'r^2 - \frac{D}{r^2}\right)\sin 2\varphi\end{aligned}\right\} \quad (18).$$

Diese Ausdrücke sollen nun für $r = \infty$ in die Formeln (16) übergehen, was nur möglich ist, wenn zunächst

$$A = 0 \text{ und } C' = 0$$

wird, da sonst die Spannungen selbst für $r = \infty$ unendlich groß ausfallen würden. Weiter ergibt die Gleichsetzung der Ausdrücke (18) für $r = \infty$ mit (16)

$$2A' = -\frac{\sigma}{2}, \qquad 2B = \frac{\sigma}{2},$$

so daß wir an Stelle von (18) auch schreiben dürfen

$$\left.\begin{aligned}\sigma_r &= \frac{\sigma}{2} + \frac{C}{r^2} - \left(\frac{6B'}{r^4} + \frac{4D}{r^2} - \frac{\sigma}{2}\right)\cos 2\varphi\\ \sigma_t &= \frac{\sigma}{2} - \frac{C}{r^2} + \left(\frac{6B'}{r^4} - \frac{\sigma}{2}\right)\cos 2\varphi\\ \tau &= -2\left(\frac{\sigma}{4} + \frac{3B'}{r^4} + \frac{D}{r^2}\right)\sin 2\varphi\end{aligned}\right\} \quad . \ (18\,\text{a}).$$

Darin sind noch drei Konstanten B', C und D enthalten, die sich aus der Bedingung des von φ unabhängigen Verschwindens der Spannungen σ_r und τ längs des Lochrandes, also für $r = r_0$, derart bestimmen, daß

$$\frac{C}{r_0^2} + \frac{\sigma}{2} = 0,$$

$$\frac{6B'}{r_0^4} + \frac{4D}{r_0^2} = \frac{\sigma}{2}, \qquad \frac{3B'}{r_0^4} + \frac{D}{r_0^2} = -\frac{\sigma}{4},$$

womit

$$D = -C = \frac{\sigma r_0^2}{2}, \qquad B' = -\frac{\sigma r_0^4}{4}$$

wird. Damit sind in der Tat alle Konstanten in (17 a) und (17 b) festgelegt und wir erhalten als **Spannungsfunktion für den durchlochten Körper** nach Zusammenziehung einiger Glieder

$$F = \frac{\sigma}{4}\left[r^2 - 2 r_0^2 \lg n\, r - \left(\frac{r^2 - r_0^2}{r}\right)^2 \cos 2\varphi\right] \quad . \quad (17\,c),$$

während die Ausdrücke für die Spannungskomponenten lauten

$$\left.\begin{aligned} \sigma_r &= \frac{\sigma}{2}\left[1 - \frac{r_0^2}{r^2} + \left(1 - \frac{4 r_0^2}{r^2} + 3\frac{r_0^4}{r^4}\right)\cos 2\varphi\right] \\ \sigma_t &= \frac{\sigma}{2}\left[1 + \frac{r_0^2}{r^2} - \left(1 + \frac{3 r_0^4}{r^4}\right)\cos 2\varphi\right] \\ \tau &= -\frac{\sigma}{2}\left(1 + \frac{2 r_0^2}{r^2} - \frac{3 r_0^4}{r^4}\right)\sin 2\varphi \end{aligned}\right\} \quad (18\,b).$$

Hiernach verschwinden die Schubspannungen für $\sin 2\varphi = 0$, also $\varphi = 0$ und $\varphi = \pm 90^0$, so daß längs der Achsen in Fig. 194 die Komponenten σ_r und σ_t Hauptspannungen darstellen. Insbesondere ist

$$\text{für } \varphi = 0 \text{ und } \pi: \sigma_r' = \frac{\sigma}{2}\left(2 - 5\frac{r_0^2}{r^2} + 3\frac{r_0^4}{r^4}\right), \quad \sigma_t' = \frac{\sigma}{2}\left(\frac{r_0^2}{r^2} - 3\frac{r_0^4}{r^4}\right)$$

$$\text{» } \varphi = \pm\frac{\pi}{2}: \sigma_r'' = 3\frac{\sigma}{2}\left(\frac{r_0^2}{r^2} - \frac{r_0^4}{r^4}\right), \quad \sigma_t'' = \frac{\sigma}{2}\left(2 + \frac{r_0^2}{r^2} + 3\frac{r_0^4}{r^4}\right),$$

mit dem Maximalwerte der Tangentialspannung im Schnittpunkte der y-Achse mit dem Lochkreise $r = r_0$

$$\sigma_t = 3\,\sigma.$$

Allgemeiner hat man am Lochrande

$$\begin{aligned} \sigma_r &= 0, \quad \sigma_t = \sigma\,(1 - 2\cos 2\varphi) \quad . \quad . \quad . \quad . \quad (18\,c) \\ \tau &= 0. \end{aligned}$$

Daraus geht im Verein mit dem in Fig. 194 eingetragenen Spannungsdiagramm für σ_t'' hervor, daß durch das Loch der Körper in der Umgebung desselben eine erhebliche Schwächung erfährt, insofern als am Lochrande die Elastizitätsgrenze des Materials schon mit dem dritten Teil der Spannung im vollen Körper erreicht wird. Das vorstehende Problem wurde zuerst von Kirsch[1]) durch probeweise Ermittlung der Spannungs- und Verschiebungskomponenten gelöst, welche den Grundformeln

---

[1]) Kirsch: Die Theorie der Elastizität und die Bedürfnisse der Festigkeitslehre. Z. d. V. d. Ing. 1898.

des ebenen Spannungszustandes genügen, während später Föppl[1]) dafür den Ausdruck für die zugehörige Spannungsfunktion angab. Eine Erweiterung erfuhr die Aufgabe dann durch Leon[2]), der an Stelle des Loches einen starren zylindrischen Einschluß setzte und die Konstanten der Spannungsfunktion bzw. der Spannungskomponenten aus dem Verschwinden der Verschiebungen am Lochrande bestimmte. Leon[3]) hat außerdem Zugversuche an gelochten Stäben aus Glas angestellt, während Preuß[4]) mit Flußeisen arbeitete. Die Übereinstimmung mit der Theorie konnte natürlich angesichts des Einflusses der Stabbreite nur eine qualitative sein.

Schließlich hat Leon[3]) noch darauf hingewiesen, daß man durch Teilung der Fig. 194 längs der X-Achse eine halbkreisförmige Kerbe erhält, deren Randspannungen somit ebenfalls durch die vorstehende Theorie gegeben sind.

§ 56. Spannungsverteilung bei konzentrierter Belastung.

Ermittlung der Spannungsfunktion für einen nach einer Seite unendlich ausgedehnten Körper mit einer konzentrierten Last an einem Randpunkte. Verlauf der Spannungslinien. Berechnung der Verschiebungen. Ausdehnung auf mehrere konzentrierte Lasten und eine stetig verteilte Last. Das De St. Vénantsche Prinzip. Konstruktion von Hauptspannungsnetzen für einzelne Fälle. Die Zusammendrückung einer Walze.

I. Wirkt auf einen Körper, der auf der einen Seite einer Ebene YY unendlich ausgedehnt sein mag, eine konzentrierte Last P normal zu dieser im Koordinatenanfang O (Fig. 195), so wissen wir zunächst, daß alle anderen Punkte der Begrenzungs-

---

[1]) Föppl: Vorlesungen über Techn. Mechanik. Bd. V (1907), S. 352 ff.

[2]) Leon: Über die Störungen der Spannungsverteilung, die in elastischen Körpern durch Bohrungen und Bläschen entstehen. Öster. Wochenschrift f. d. öffentl. Baudienst 1908, Heft 9. Hierher gehören auch noch desselben Verfassers Arbeiten »Über die Zerstörungen in tunnelartig gelochten Gesteinen«. Ebenda 1910, Heft 44, und 1912, Heft 16.

[3]) Leon: Kerbgröße und Kerbwirkung. Ebenda 1910.

[4]) Preuß: Versuche über die Spannungsverteilung in gelochten Zugstäben. Z. d. V. d. Ing. 1912, S. 1780.

ebene frei von Schubspannungen und Normalspannungen sind. Es liegt daher nahe, zu untersuchen, ob dieser Belastung nicht eine Spannungsverteilung mit radial von O ausgehenden Hauptspannungslinien genügt, die dann von konzentrischen Kreisen senkrecht durchschnitten werden. Demgemäß wollen wir unter

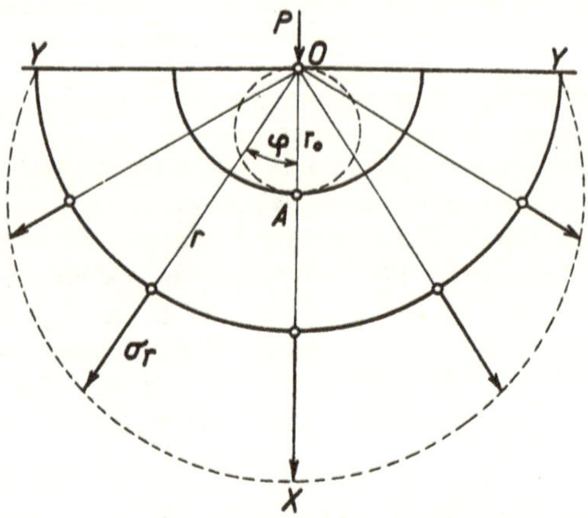

Fig. 195.

Zugrundelegung eines Polarkoordinatensystems mit dem Winkel φ des Radius r gegen die Normale OX zur Begrenzungsebene YY für die Spannungen

$$\sigma_t = \tau = 0, \quad \sigma_r = \Phi R \quad \ldots\ldots \quad (1)$$

setzen, wo R eine reine Funktion von r, Φ eine solche von φ bedeutet. Da nun mit einer Spannungsfunktion F

$$\left.\begin{aligned} \sigma_t &= \frac{\partial^2 F}{\partial r^2}, \quad \tau = \frac{\partial}{\partial r}\left(\frac{1}{r}\frac{\partial F}{\partial \varphi}\right) \\ \sigma_r &= \frac{1}{r}\frac{\partial F}{\partial r} + \frac{1}{r^2}\frac{\partial^2 F}{\partial \varphi^2} \end{aligned}\right\} \quad \ldots \quad (2)$$

ist, so folgt zunächst aus dem Verschwinden von τ mit zwei neuen Funktionen R_0 und Φ_0 von r bzw. φ

$$F = r\Phi_0 + R_0 \quad \ldots\ldots\ldots \quad (2a),$$

und wegen $\sigma_t = 0$ unter Weglassung einer additiven Konstante

$$\frac{d^2 R_0}{d r^2} = 0, \quad R_0 = C_0 r$$

so zwar, daß

$$F = r(\Phi_0 + C_0) \quad \ldots\ldots\ldots \quad (2b)$$

wird. Danach haben wir

$$\sigma_r = \frac{1}{r}\left(\frac{d^2\Phi_0}{d\varphi^2} + \Phi_0 + C_0\right) \quad . \quad . \quad . \quad . \quad . \quad (1\,\mathrm{a})$$

oder wegen (1)

$$\frac{d^2\Phi_0}{d\varphi^2} + \Phi_0 + C_0 = \Phi\, R\, r \quad . \quad . \quad . \quad . \quad . \quad (1\,\mathrm{b}),$$

so daß mit einer neuen Konstante C_1

$$\frac{d^2\Phi_0}{d\varphi^2} + \Phi_0 + C_0 = C_1\Phi, \quad R\,r = C_1 \quad . \quad . \quad . \quad (3)$$

zu setzen ist. Wir erhalten also zunächst das Ergebnis, daß die Radialfunktion R für $r = \infty$ verschwindet, was dann auch nach (1) für die Spannung σ_r zutrifft. Von der Funktion Φ dagegen wissen wir nur, daß sie in φ periodisch und wegen der Symmetrie um die Achse OX gerade sein muß. Setzen wir daher probeweise mit einer ganzen Zahl n

$$\Phi = \cos n\,\varphi,$$

so geht die erste Gl. (3) über in

$$\frac{d^2\Phi_0}{d\varphi^2} + \Phi_0 + C_0 = C_1 \cos n\,\varphi$$

mit dem allgemeinen Integrale

$$\Phi_0 + C_0 = A\cos\varphi + B\sin\varphi + \frac{C_1}{1-n^2}\cos n\,\varphi.$$

Damit also würde die Spannungsfunktion (2 b) die Form

$$F = r\left(A\cos\varphi + B\sin\varphi + \frac{C_1}{1-n^2}\cos n\,\varphi\right)$$

annehmen, die jedenfalls mit dem allgemeinen Ausdrucke (10), § 55, für periodisch veränderliche Spannungsfunktionen für $n > 1$ unvereinbar ist. Es bleibt also nichts weiter übrig, als $n = 1$ zu wählen, womit zwar die letzte Formel wegen $\frac{C_1}{1-n^2} = \infty$ unbrauchbar wird, während die erste Gl. (3) mit $\Phi = \cos\varphi$ lautet

$$\frac{d^2\Phi_0}{d\varphi^2} + \Phi_0 + C_0 = C_1 \cos\varphi \quad . \quad . \quad . \quad . \quad (3\,\mathrm{a}).$$

Ihr Integral

$$\Phi_0 + C_0 = A\cos\varphi + B\sin\varphi + \frac{C_1}{2}\varphi\sin\varphi \quad . \quad . \quad (3\,\mathrm{b})$$

liefert in (2 b) die Spannungsfunktion

$$F = r(A\cos\varphi + B\sin\varphi) + \frac{C_1 r}{2}\varphi\sin\varphi \quad . \quad . \quad (4),$$

in welcher der Klammerausdruck rechts, wie man leicht durch Einsetzen in die dritte Formel (2) feststellen kann, auf die Radialspannung ohne Einfluß ist. Diese selbst wird hiernach bzw. durch Einsetzen von $\Phi = \cos\varphi$ und $Rr = C_1$ in (1)

$$\sigma_r = \frac{C_1\cos\varphi}{r} \quad . \quad . \quad . \quad . \quad . \quad . \quad . \quad . \quad (4\,a),$$

und ergibt die durch die gestrichelte Linie in Fig. 195 angedeutete Verteilung über dem Halbkreis mit dem Radius r.

Um nunmehr den Wert der Konstante C_1 zu ermitteln, haben wir nur zu beachten, daß bei einer zur Bildebene normalen Körperdicke c die am Flächenelemente $c\,r\,d\varphi$ angreifende Spannung σ_r eine Kraft $\sigma_r\,c\,r\,d\varphi$ mit einer Komponente in der x-Richtung $\sigma_r\,c\,r\cos\varphi\,d\varphi$ hervorruft, die einem Elemente dP der Kraft P in O das Gleichgewicht hält, so zwar, daß mit (4 a)

$$dP = c\,\sigma_r\,r\cos\varphi\,d\varphi = c\,C_1\cos^2\varphi\,d\varphi \quad . \quad . \quad . \quad (5)$$

ist. Daraus folgt durch Integration

$$P = c\,C_1\int\limits_{-\frac{\pi}{2}}^{+\frac{\pi}{2}}\cos^2\varphi\,d\varphi = \frac{c\,C_1}{2}\int\limits_{-\frac{\pi}{2}}^{+\frac{\pi}{2}}(1+\cos 2\varphi)\,d\varphi = \frac{c\,C_1\pi}{2} \quad (5\,a),$$

oder

$$C_1 = \frac{2P}{c\pi} \quad . \quad . \quad . \quad . \quad . \quad . \quad . \quad . \quad . \quad (5\,b),$$

so daß wir schließlich für die Radialspannung (4 a)

$$\sigma_r = \frac{2P\cos\varphi}{\pi c r} \quad . \quad . \quad . \quad . \quad . \quad . \quad . \quad . \quad (4\,b)$$

erhalten. Diese Gleichung gilt natürlich mit unserer ganzen Entwicklung nur im Bereiche des Hookeschen Gesetzes, also innerhalb der Elastizitätsgrenze des Körpermaterials, welche durch die Spannung σ_0 definiert sein möge. Da nun die größten Spannungen für $\varphi = 0$, d. h. in den Punkten unterhalb der Belastungsstelle auftreten, so wird auf der Linie OX ein Punkt A im Abstand r_0 von O liegen (Fig. 195), in dem gerade

$\sigma_r = \sigma_0$ ist. Dieser Abstand folgt aber aus (4 b) mit $\varphi = 0$ zu

$$r_0 = \frac{2P}{\pi c \sigma_0} \quad \ldots \ldots \quad (6),$$

womit wir an Stelle von (4 b) auch

$$\sigma_r r = \sigma_0 r_0 \cos\varphi \quad \ldots \ldots \quad (6\text{a})$$

schreiben dürfen. Daraus ergibt sich für den geometrischen Ort aller Punkte mit der Spannung $\sigma_r = \sigma_0$

$$r = r_0 \cos\varphi \quad \ldots \ldots \quad (6\text{b}),$$

also ein Kreis über $OA = r_0$, innerhalb dessen $\sigma_r > \sigma_0$ und im Punkte O sogar unendlich groß wird. In Wirklichkeit gibt es nun gar keine konzentrierten Lasten, an deren Stelle vielmehr Kräfte treten, die an der Berührungsstelle sich auf eine sehr schmale Fläche verteilen und in dieser hohe Flächendrücke zur Folge haben. Überschreiten diese Flächendrücke die Elastizitätsgrenze, so wird dort die Körperoberfläche eine bleibende Formänderung erfahren, die sich nicht auf den Punkt O beschränken kann. Deshalb ist man genötigt, nicht nur den kleinen Kreis über OA, sondern ein weiteres Gebiet aus der Betrachtung auszuschalten, wofür angesichts der Unkenntnis der Spannungsverteilung nach dem Eintritte bleibender Formänderungen der Halbkreis um O mit dem Radius r_0 sich darbietet. Auf das außerhalb dieses Halbkreises liegende Gebiet kann man dann unbedenklich die oben ermittelte Spannungsverteilung übertragen, während sich über die Spannungen innerhalb des Halbkreises allerdings vorläufig nichts aussagen läßt.

Außerhalb des Halbkreises können wir auch noch die Verschiebungen ermitteln, und zwar auf Grund der Formeln (10), (11) und (12) des § 53, die mit dem Ansatze (1), sowie dem Ausdruck (4 a) für σ_r auf die Gleichungen

$$\left.\begin{aligned} \frac{\partial \Delta r}{\partial r} &= \frac{\sigma_r}{E} = \frac{C_1 \cos\varphi}{E r} \\ \frac{\partial \Delta \varphi}{\partial \varphi} + \frac{\Delta r}{r} &= -\frac{\sigma_r}{\mu E} = -\frac{C_1 \cos\varphi}{\mu E r} \\ \frac{\partial \Delta r}{r \partial \varphi} + r \frac{\partial \Delta \varphi}{\partial r} &= 0 \end{aligned}\right\} \quad \ldots \quad (7)$$

führen. Aus der ersten dieser Formeln folgt durch Integration mit einer reinen Funktion Φ_1 von φ

$$\Delta r = \frac{C_1}{E} \cos\varphi \lg n\, r + \frac{d\Phi_1}{d\varphi} \quad \ldots \ldots (7\,a),$$

womit die zweite Gl. (7) übergeht in

$$\frac{\partial \Delta \varphi}{\partial \varphi} = -\frac{C_1}{E} \frac{\cos\varphi}{r} \left(\frac{1}{\mu} + \lg n\, r\right) - \frac{1}{r} \frac{d\Phi_1}{d\varphi}.$$

Die Integration dieser Gleichung liefert mit einer reinen Radialfunktion R_1

$$\Delta \varphi = -\frac{C_1}{E} \frac{\sin\varphi}{r} \left(\frac{1}{\mu} + \lg n\, r\right) - \frac{\Phi_1}{r} + R_1 \quad \ldots (7\,b),$$

während die Einführung der Ausdrücke (7 a) und (7 b) in die dritte Gl. (7)

$$\frac{d^2\Phi_1}{d\varphi^2} + \Phi_1 - \frac{C_1}{E}\left(1 - \frac{1}{\mu}\right) \sin\varphi + r^2 \frac{dR_1}{dr} = 0 \quad . \quad (8)$$

ergibt. Diese Formel zerfällt aber mit einer weiteren Konstante C_2 in die beiden

$$\left.\begin{aligned} \frac{d^2\Phi_1}{d\varphi^2} + \Phi_1 + C_2 &= \frac{C_1}{E}\left(1 - \frac{1}{\mu}\right) \sin\varphi \\ \frac{dR_1}{dr} &= \frac{C_2}{r^2} \end{aligned}\right\} \quad \ldots (8\,a),$$

wonach

$$R_1 = C_3 - \frac{C_2}{r}$$

und

$$\Phi_1 + C_2 = A_0 \cos\varphi + B_0 \sin\varphi - \frac{C_1(\mu - 1)}{2E\mu} \varphi \cos\varphi \quad . \quad (8\,b)$$

wird. Setzen wir diesen Ausdruck in (7 b) ein, so fällt zunächst C_2 heraus. Weiter aber müssen, da für $\varphi = 0$ aus Symmetriegründen $\Delta\varphi = 0$ ist, die Konstanten A_0 und C_3 verschwinden, so daß wir jetzt an Stelle von (7 a) und (7 b) für die Verschiebungen erhalten

$$\left.\begin{aligned} \Delta r = {} & \frac{C_1}{E}\left(\lg n\, r - \frac{\mu - 1}{2\mu}\right) \cos\varphi \\ & + \frac{C_1(\mu - 1)}{2\mu E} \varphi \sin\varphi + B_0 \cos\varphi \\ \Delta \varphi = {} & -\frac{C_1}{E}\left(\lg n\, r + \frac{1}{\mu}\right) \frac{\sin\varphi}{r} \\ & + \frac{C_1(\mu - 1)}{2\mu E} \frac{\varphi \cos\varphi}{r} - \frac{B_0 \sin\varphi}{r} \end{aligned}\right\} \quad (9).$$

Die hierin noch auftretende Konstante B_0 bestimmt sich durch Festsetzung der Verschiebung für irgendeinen Punkt der Achse OX bzw. Festhaltung derselben, wobei wegen des $\lg n\, r$ nur der Anfang oder der unendlich ferne Punkt ausgeschlossen sind. Die Lösung ist übrigens nur in nicht zu großer Entfernung von der Belastungsstelle brauchbar, da für $r = \infty$ sowohl Δr als auch $\Delta s = r \Delta \varphi$ unendlich werden. Dieses praktisch unmögliche Ergebnis[1]) ist natürlich in der schon erwähnten Unvollkommenheit des ebenen Spannungszustandes begründet.

II. Wirken auf den Körper zwei parallele Lasten P_1 und P_2 mit verschiedenen Angriffspunkten (Fig. 196), so können wir die ihnen zugeordneten Spannungsfunktionen für einen Punkt A mit den Koordinaten $r_1 \varphi_1$, $r_2 \varphi_2$ einfach addieren,

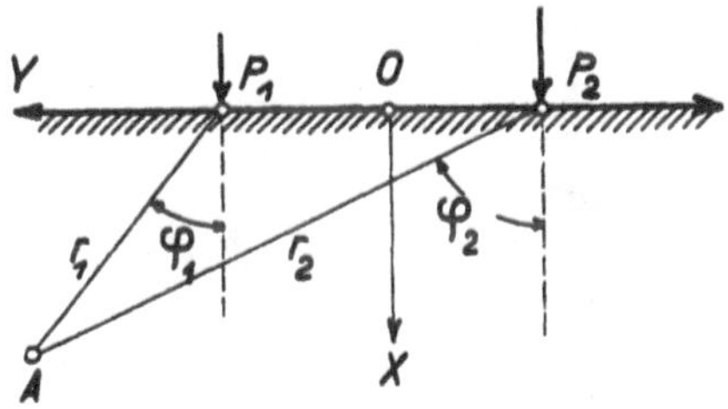

Fig. 196.

woraus sich sofort die Überlagerung der von jeder Einzellast herrührenden gleichgerichteten Spannungen ergibt. Wir erhalten also für diesen Fall als resultierende Spannungsfunktion

$$F = \frac{1}{2}(C_1 r_1 \varphi_1 \sin \varphi_1 + C_2 r_2 \varphi_2 \sin \varphi_2) \quad . \quad . \quad (10),$$

wofür nach (5 b)

$$\frac{C_1}{2} = \frac{P_1}{\pi c}, \quad \frac{C_2}{2} = \frac{P_2}{\pi c} \quad . \quad . \quad . \quad . \quad . \quad (10\text{a})$$

auch

$$F = \frac{1}{\pi c}(P_1 r_1 \varphi_1 \sin \varphi_1 + P_2 r_2 \varphi_2 \sin \varphi_2) \quad . \quad . \quad (10\text{b})$$

geschrieben werden kann. Es braucht kaum bemerkt zu werden, daß sich dieser Ansatz sofort auf beliebig viele Einzellasten aus-

[1]) Vgl. dazu Love. Lehrbuch der Elastizität, deutsch von Timpe, 1907, S. 250.

dehnen läßt, deren jede im Punkte A eine Spannung in der Richtung des zugehörigen Radius zur Folge hat, so daß sich die rechtwinkligen Spannungskomponenten in A nach den aus (2a), § 53, hervorgehenden Formeln

$$\sigma_x = \Sigma \sigma_r \cos^2 \varphi, \quad \sigma_y = \Sigma \sigma_r \sin^2 \varphi, \quad \tau_z = \Sigma \sigma_r \sin \varphi \cos \varphi \qquad (11)$$

berechnen. Da nun nach Gl. (4 a) bzw. (5 b)

$$\sigma_r = \frac{2P}{\pi c} \frac{\cos \varphi}{r}$$

ist, so erhalten wir

$$\left.\begin{aligned} \sigma_x &= \frac{2}{\pi c}\left(\frac{P_1 \cos^3 \varphi_1}{r_1} + \frac{P_2 \cos^3 \varphi_2}{r_2} + \cdots\right) \\ \sigma_y &= \frac{2}{\pi c}\left(\frac{P_1 \cos \varphi_1 \sin^2 \varphi_1}{r_1} + \frac{P_2 \cos \varphi_2 \sin^2 \varphi_2}{r_2} + \cdots\right) \\ \tau_z &= \frac{2}{\pi c}\left(\frac{P_1 \sin \varphi_1 \cos^2 \varphi_1}{r_1} + \frac{P_2 \sin \varphi_2 \cos^2 \varphi_2}{r_2} + \cdots\right) \end{aligned}\right\} \qquad (11a)$$

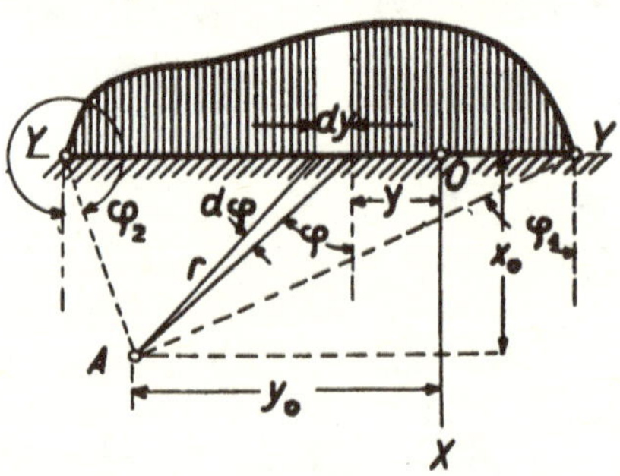

Fig. 197.

Diese Gleichungen gehen für den Fall einer kontinuierlichen Belastung p auf der Begrenzungsebene, Fig. 197, mit

$$dP = c\,p\,dy \quad . \; . \; . \; . \; . \; . \; . \; . \qquad (12)$$

über in

$$\left.\begin{aligned} \sigma_x &= \frac{2}{\pi}\int \frac{p \cos^3 \varphi}{r}\, dy, \quad \sigma_y = \frac{2}{\pi}\int \frac{p \cos \varphi \sin^2 \varphi}{r}\, dy \\ \tau_z &= \frac{2}{\pi}\int \frac{p \sin \varphi \cos^2 \varphi}{r}\, dy \end{aligned}\right\} \qquad (12\,\text{a}),$$

worin die Integrale über den belasteten Teil der Begrenzung zu erstrecken sind, während die Koordinaten des Punktes A

$$x_0 = r \cos \varphi, \quad y_0 = y + r \sin \varphi \quad . \; . \; . \qquad (13)$$

konstant bleiben. Dann aber ist

$$dy = -d(r \sin \varphi) = -x_0 \, d \operatorname{tg} \varphi = -x_0 \frac{d\varphi}{\cos^2 \varphi} \quad . \quad (13a),$$

so daß wir an Stelle von (12 a) mit den Winkeln φ_1 und φ_2 entsprechend den Endpunkten der Belastung erhalten

$$\left.\begin{aligned} \sigma_x &= -\frac{2}{\pi}\int_{\varphi_1}^{\varphi_2} p \cos^2 \varphi \, d\varphi, \quad \sigma_y = -\frac{2}{\pi}\int_{\varphi_1}^{\varphi_2} p \sin^2 \varphi \, d\varphi \\ \tau_z &= -\frac{2}{\pi}\int_{\varphi_1}^{\varphi_2} p \sin \varphi \cos \varphi \, d\varphi \end{aligned}\right\} \quad (12b).$$

Daraus wird für eine gleichförmige Belastung von unendlicher Ausdehnung, d. h. mit $\varphi_1 = \frac{\pi}{2}$, $\varphi_2 = -\frac{\pi}{2}$

$$\sigma_x = \sigma_y = -p, \quad \tau_z = 0 \quad . \quad . \quad . \quad . \quad . \quad (12c),$$

d. h. die gleichförmige Belastung hat eine gleichförmige von der Richtung unabhängige Druck-

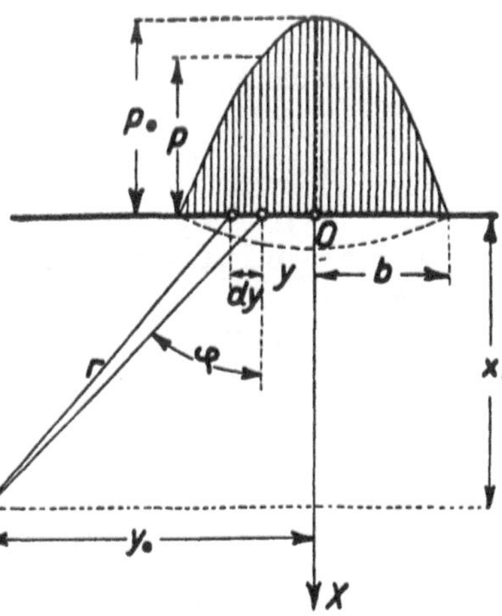

Fig. 198.

verteilung zur Folge, wobei natürlich das Eigengewicht des Körpers außer Berechnung geblieben ist.

Im Falle der Berührung mit einem anderen Körper, z. B. einer Walze, wird sich durch Formänderung beider unter dem Einfluß des Druckes P eine gemeinsame Berührungsfläche bilden, die man wohl auch als die Druckfläche bezeichnet. Diese Druckfläche stellt eine in Fig. 198 gestrichelte Einsenkung der Begrenzungsebene dar, deren Tiefe jedenfalls mit dem dort herrschenden Flächendrucke wächst. Ist die Druckfläche nur schmal so dürfen wir in erster Annäherung über ihrer Breite $2\,b$ eine parabolische Druckverteilung annehmen, so daß, mit einem Höchstdrucke p_0, im Abstande y von der Mitte der Druck

$$p = p_0\left(1 - \frac{y^2}{b^2}\right) \quad \ldots\ldots \quad (14)$$

herrscht, dem dann ein Gesamtdruck

$$P = c\int_{-b}^{+b} p\,d\,y = p_0\,c\int_{-b}^{+b}\left(1 - \frac{y^2}{b^2}\right)d\,y = \frac{4}{3}\,p_0\,b\,c \quad . \ (14\,\mathrm{a})$$

entspricht. Schreiben wir mit (13) an Stelle von (14)

$$p = p_0\left(1 - \frac{y_0^2}{b^2} + \frac{2\,x_0\,y_0}{b^2}\,\mathrm{tg}\,\varphi - \frac{x_0^2}{b^2}\,\mathrm{tg}^2\,\varphi\right) \quad . \ (14\,\mathrm{b})$$

und setzen dies in die Formeln (12 b) ein, so ergeben sich die Spannungskomponenten im Punkte A zu

$$\left.\begin{aligned}
\sigma_x = -\frac{2\,p_0}{\pi}\Bigg[&\left(1 - \frac{y_0^2 + x_0^2}{b^2}\right)\frac{\varphi_2 - \varphi_1}{2}\\
&+\left(1 - \frac{y_0^2 - x_0^2}{b^2}\right)\frac{\sin 2\,\varphi_2 - \sin 2\,\varphi_1}{4}\\
&-\frac{x_0\,y_0}{b^2}\,\frac{\cos 2\,\varphi_2 - \cos 2\,\varphi_1}{2}\Bigg]\\
\sigma_y = -\frac{2\,p_0}{\pi}\Bigg[&\left(1 - \frac{y_0^2}{b^2} + \frac{3\,x_0^2}{b^2}\right)\frac{\varphi_2 - \varphi_1}{2}\\
&-\left(1 - \frac{y_0^2 - x_0^2}{b^2}\right)\frac{\sin 2\,\varphi_2 - \sin 2\,\varphi_1}{4}\\
&-\frac{x_0^2}{b^2}\,(\mathrm{tg}\,\varphi_2 - \mathrm{tg}\,\varphi_1) + \frac{x_0\,y_0}{b^2}\,\frac{\cos 2\,\varphi_2 - \cos 2\,\varphi_1}{2}\Bigg]\\
\tau_z = -\frac{2\,p_0}{\pi}\Bigg[&\frac{x_0\,y_0}{b^2}\left(\varphi_2 - \varphi_1 - \frac{\sin 2\,\varphi_2 - \sin 2\,\varphi_1}{2}\right)\\
&-\left(1 - \frac{y_0^2 - x_0^2}{b^2}\right)\frac{\cos 2\,\varphi_2 - \cos 2\,\varphi_1}{4}\\
&+\frac{x_0^2}{b^2}\,\mathrm{lgn}\,\frac{\cos\varphi_2}{\cos\varphi_1}\Bigg]
\end{aligned}\right\} \quad (15).$$

Hierin bedeuten φ_2 und φ_1 die den Endpunkten der Drucklinie in Fig. 198 entsprechenden Winkel der Fahrstrahlen von A aus mit der x-Achse. Für große Entfernungen von der Druckfläche dürfen wir in diesen Formeln mit $AOX = \varphi_0$ angenähert schreiben

$$\left.\begin{array}{l} \varphi_2 = \varphi_0 + \Delta\varphi, \quad \varphi_1 = \varphi_0 - \Delta\varphi, \quad \varphi_2 - \varphi_1 = 2\Delta\varphi \\ \sin\Delta\varphi = \Delta\varphi - \frac{\Delta\varphi^3}{2\cdot 3}, \quad \cos\Delta\varphi = \Delta\varphi - \frac{\Delta\varphi^2}{2} \end{array}\right\} \quad (16)$$

und erhalten dann nach Einführung von $AO = r_0$ durch

$$r_0\Delta\varphi = b\cos\varphi_0 \quad \ldots\ldots\ldots \quad (16\text{a}),$$

sowie mit (14 a)

$$\left.\begin{array}{l} \sigma_x = \frac{2P}{\pi c}\frac{\cos^3\varphi_0}{r_0}, \quad \sigma_y = \frac{2P}{\pi c}\frac{\cos\varphi_0\sin^2\varphi_0}{r_0}, \\ \tau_z = \frac{2P}{\pi c}\frac{\sin\varphi_0\cos^2\varphi_0}{r_0} \end{array}\right\} \quad (15\text{a}),$$

d. h. die Spannungskomponenten für eine Einzellast in O. Daraus erhellt, daß in Entfernungen r_0 von O, für welche die Näherungsansätze (16) zulässig sind, der Einfluß der Verteilung der Last P über die Druckfläche verschwindet. Von dieser Tatsache, die man wohl häufig auch nach De St. Vénant, der sie zuerst in ihrer Allgemeingültigkeit erkannte, als das De St. Vénantsche Prinzip bezeichnet, haben wir implizite in den

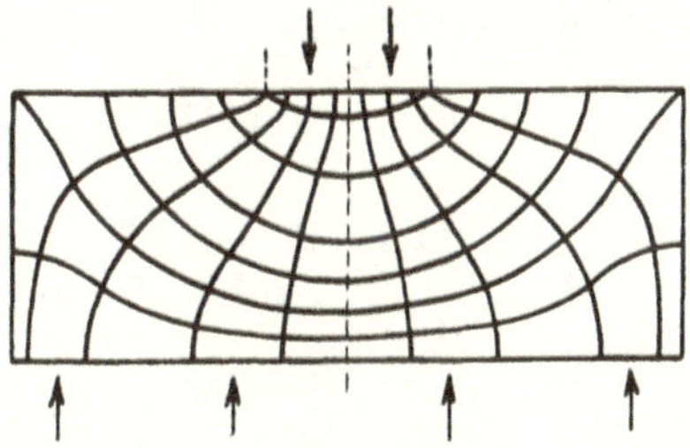

Fig. 199.

ersten Kapiteln schon häufig Gebrauch gemacht. Sie gestattet uns auch die Aufzeichnung der Hauptspannungslinien für eine unten begrenzte Platte, die auf der Unterlage satt aufliegt, Fig. 199. In dieser müssen nämlich die sämtlichen von der kleinen Druckfläche ausgehenden Strahlen schließlich normal in der Unterfläche enden, wenn längs dieser keine Schubspannungen herrschen. In ihrem mittleren, nahezu geradlinigen Verlaufe werden diese Strahlen entsprechend Fig. 195 durch kreisähnliche Kurven rechtwinklig geschnitten, die sich nach der Druckfläche zu immer mehr abflachen und senkrecht in den spannungsfreien

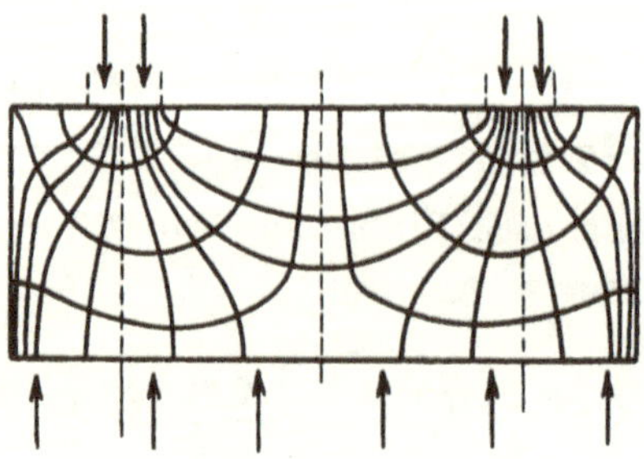

Fig. 200.

Seitenkanten endigen. Nach denselben Gesichtspunkten sind dann in Fig. 200 noch die Hauptspannungslinien in einer Eisenbahnschwelle verzeichnet, die durch zwei Kräfte symmetrisch belastet wird.

III. Greifen an zwei Punkten A' und A'' des ebenen Systems zwei einander entgegengesetzt gleiche Kräfte P an, die sich somit das Gleichgewicht halten, Fig. 201, so dürfen wir für die resultierende Spannungsfunktion (10) mit $C_1 = C_2 = C$ schreiben

$$F = \frac{C}{2}(r'\varphi' \sin\varphi' + r''\varphi''\sin\varphi'') \quad . \quad . \quad . \quad (17).$$

Daraus ergeben sich dann in der Richtung der Radien $A'B = r'$ und $A''B = r''$ am Punkte B die beiden Druckspannungen

$$\sigma_r' = \frac{C\cos\varphi'}{r'}, \quad \sigma_r'' = \frac{C\cos\varphi''}{r''} \quad . \quad . \quad . \quad (18),$$

deren Multiplikation mit den Flächenelementen $c\,r'\,d\varphi'$ und $c\,r''\,d\varphi''$ die beiden Elementarkräfte

$$\left.\begin{aligned} dR' &= c\,\sigma_r'\,r'\,d\varphi' = C\,c\cos\varphi'\,d\varphi' \\ dR'' &= c\,\sigma''_r\,r''\,d\varphi'' = C\,c\cos\varphi''\,d\varphi'' \end{aligned}\right\} \quad . \quad . \quad (18\text{a}),$$

liefert. Diese Kräfte, die sich als Drücke gegenseitig verstärken, wollen wir nunmehr auf den Fahrstrahl $OB = r$ von der Mitte O

zwischen $A'A''$, dessen Winkel $A'OB = \varphi$ sei, projizieren, woraus die Radialkomponente

$$dR = dR' \cos(\varphi + \varphi') + dR'' \cos(\varphi - \varphi'')$$

$$dR = Cc[\cos(\varphi + \varphi') \cos\varphi' \, d\varphi' + \cos(\varphi - \varphi'') \cos\varphi'' \, d\varphi'')] \quad (19)$$

hervorgeht. Dazu kommt noch durch Projektion auf die Normale zum Fahrstrahl r in B eine Tangentialkomponente

$$dN = dR' \sin(\varphi + \varphi') + dR'' \sin(\varphi - \varphi'')$$

$$dN = Cc[\sin(\varphi + \varphi') \cos\varphi' \, d\varphi' + \sin(\varphi - \varphi'') \cos\varphi'' \, d\varphi''] \quad (20).$$

Setzen wir ferner die Strecke $A'O = A''O = r_0$, so ist in den beiden Dreiecken $A'OB$ und $A''OB$

$$\frac{\sin(\varphi + \varphi')}{\sin\varphi'} = \frac{r_0}{r} = \frac{\sin(\varphi - \varphi'')}{\sin\varphi''},$$

womit (20) übergeht in

$$dN = Cc\frac{r_0}{r}(\sin\varphi' \cos\varphi' \, d\varphi' + \sin\varphi'' \cos\varphi'' \, d\varphi'') \quad (20\,\text{a}).$$

Diese Komponente verschwindet aber mit dem Klammerausdruck rechts, d. h. für jede Kurve, welche der Differentialgleichung

$$\sin\varphi' \cos\varphi' \, d\varphi' + \sin\varphi'' \cos\varphi'' \, d\varphi'' = 0$$

oder der Formel

$$\sin^2\varphi' + \sin^2\varphi'' = A \quad . \quad . \quad . \quad . \quad . \quad (20\,\text{b})$$

genügt, worin nur $A < 2$ zu sein braucht. Hat insbesondere die Kurve in den Punkten A' und A'' Tangenten normal zur Kraftrichtung $A'A''$, so wird $\varphi' = 0$ für $\varphi'' = 90^0$ und umgekehrt, woraus dann $A = 1$ oder

$$\sin^2\varphi' + \sin^2\varphi'' = 1,$$

d. h.

$$\varphi' + \varphi'' = 90^0 \quad . \quad . \quad . \quad . \quad . \quad . \quad . \quad . \quad (20\,\text{c})$$

hervorgeht. Dann aber haben wir es mit einem Kreise über dem Durchmesser $A'A''$ (Fig. 201) bzw. einer Walze zu tun, die durch zwei entgegengesetzt gleiche Kräfte an den Enden eines Durchmessers zusammengedrückt wird. Das Verschwinden der Tangentialkomponente dN deutet darauf hin, daß am Umfang der Walze keine Schubspannungen wirken. Dagegen erhalten wir mit (20 c) und

$$\varphi = 180 - 2\,\varphi' = 2\,\varphi''$$
$$\varphi + \varphi' = 180 - \varphi', \qquad \varphi - \varphi'' = \varphi''$$
$$d\varphi' = -d\varphi'' = -\frac{d\varphi}{2},$$

für die Radialkomponente (19) am Umfang der Walze

$$dR = -\frac{C c}{2}\,d\varphi \quad \ldots\ldots \quad (19\,\mathrm{a}),$$

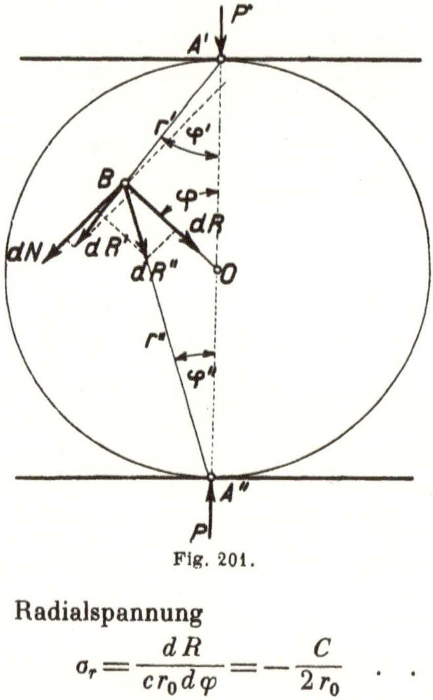

Fig. 201.

der somit eine Radialspannung

$$\sigma_r = \frac{dR}{c\,r_0\,d\varphi} = -\frac{C}{2\,r_0} \quad \ldots\ldots \quad (19\,\mathrm{b})$$

entspricht. Dieser vom Winkel φ unabhängigen Spannung gehört aber eine durch

$$\frac{1}{r}\,\frac{dF_0}{dr} = \sigma_r = -\frac{C}{2\,r_0} \quad \ldots\ldots \quad (21)$$

definierte Spannungsfunktion F_0 zu, die sich hieraus unter Weglassung einer bedeutungslosen additiven Konstante zu

$$F_0 = -\frac{C\,r^2}{4\,r_0} \quad \ldots\ldots \quad (21\,\mathrm{a})$$

berechnet und durch Hinzutritt zu (17) die Radialspannung (19 b) aufhebt. Somit wird die Spannungsfunktion der an den Enden eines Durchmessers durch entgegengesetzt gleiche konzentrierte Lasten zusammengedrückten Walze

$$F = \frac{C}{2}\left(r'\,\varphi' \sin\varphi' + r''\,\varphi'' \sin\varphi'' - \frac{r^2}{2\,r_0}\right) \quad . \quad . \ (17\,\mathrm{a}).$$

Zur Bestimmung der Konstante C berechnen wir den gesamten auf den Horizontalschnitt DD in Fig. 202 entfallenden Druck. Dieser ergibt sich aus dem von den Spannungskompo-

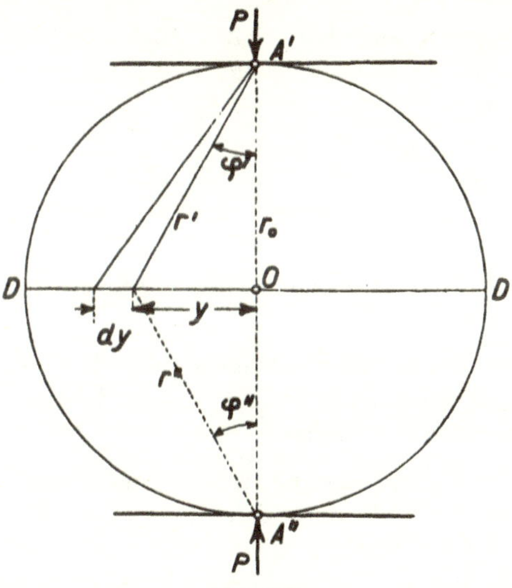

Fig. 202.

nenten (18) herrührenden Betrage unter Hinzufügung der konstanten Spannung (19 b), die wie jeder konstante Normaldruck den Durchmesser gleichförmig belastet. Mithin ist die resultierende Normalspannung im Horizontalschnitt

$$\sigma_x = \sigma_r' \cos^2\varphi' + \sigma_r'' \cos^2\varphi'' + \sigma_r \quad . \quad . \quad . \quad (22)$$

oder nach Einsetzen der Werte mit $\varphi' = \varphi''$, $r' = r''$, also $r' \cos\varphi' = r'' \cos\varphi'' = r_0$

$$\sigma_x = \frac{2\,C\cos^3\varphi'}{r'} - \frac{C}{2\,r_0} = \frac{2\,C}{r_0}\cos^4\varphi' - \frac{C}{2\,r_0} \quad . \ (22\,\mathrm{a}).$$

Der Gesamtdruck folgt daraus mit $y = r_0 \operatorname{tg} \varphi'$

$$P = c \int_{-r_0}^{+r_0} \sigma_x \, dy = 2 C c \int_{-\frac{\pi}{4}}^{+\frac{\pi}{4}} \cos^2 \varphi' \, d\varphi' - \frac{C c}{2 r_0} \int_{-r_0}^{+r_0} dy,$$

also

$$P = C c \left(\frac{\pi}{2} + 1\right) - C c = \frac{C c}{2} \pi \quad . \quad . \quad . \quad (23).$$

so daß also die Konstante C denselben Wert annimmt wie nach Gl. (5 b) in dem durch eine Ebene einseitig begrenzten Körper.

Damit ergeben sich nun ganz allgemein die Spannungskomponenten in der Walze parallel den Achsen $A' A''$ und DD analog (11 a) zu

$$\left.\begin{aligned} \sigma_x &= \frac{2 P}{c \pi}\left(\frac{\cos^3 \varphi'}{r'} + \frac{\cos^3 \varphi''}{r''} - \frac{1}{2 r_0}\right) \\ \sigma_y &= \frac{2 P}{c \pi}\left(\frac{\cos \varphi' \sin^2 \varphi'}{r'} + \frac{\cos \varphi'' \sin^2 \varphi''}{r''} - \frac{1}{2 r_0}\right) \\ \tau_z &= \frac{2 P}{c \pi}\left(\frac{\sin \varphi' \cos^2 \varphi'}{r'} - \frac{\sin \varphi'' \cos^2 \varphi''}{r''}\right) \end{aligned}\right\} \quad (24),$$

da die Schubspannung einerseits durch den reinen Normaldruck σ_r nicht beeinflußt wird, andererseits aber sich aus zwei Beträgen von entgegengesetztem Drehsinn zusammensetzt.

H. Hertz [1]), dem man die erste Behandlung dieses Problems verdankt, gibt an Stelle der Gleichungen (24) die Spannung σ in einer beliebigen Richtung an, die mit den Radien r' und r'' die Winkel ψ' und ψ'' bildet. Es ist dann offenbar

$$\sigma = \frac{2 P}{c \pi}\left(\frac{\cos \varphi' \cos^2 \psi'}{r'} + \frac{\cos \varphi'' \cos^2 \psi''}{r''} - \frac{1}{2 r_0}\right) . \quad (24\,\mathrm{a}),$$

woraus man durch Differentiation nach ψ' bzw. ψ'' die Richtung der Hauptspannungen festlegen kann. Handelt es sich um eine Druckkraft P, so erkennt man übrigens aus (24), daß sämtliche Teile des Durchmessers $A' A''$ gedrückt, alle Elemente des dazu normalen Durchmessers DD in dieser Richtung gezogen werden.

[1]) H. Hertz: Über die Verteilung der Druckkräfte in einem elastischen Kreiszylinder. Z. f. Math. u. Physik 1883. Vgl. auch Föppl: Mechanik Bd. V (1907), S. 333 ff.

Es bietet natürlich gar keine Schwierigkeiten, diese Formeln auf den Fall einer stetigen Druckverteilung an den Stellen A' und A'' etwa nach dem Gesetze (14) auszudehnen, wobei man an Stelle der einzelnen Terme von (24) Ausdrücke von der Form (15) erhalten würde. Dabei darf man sich mit Rücksicht auf das De St. Vénantsche Prinzip, z. B. für die obere Hälfte, damit begnügen, nur die ersten Glieder jeder Klammer von (24) auf Grund der stetigen Druckverteilung umzuformen, während die anderen Terme wegen der relativ großen Entfernung der unteren Belastungsstelle ungeändert bleiben können. Die Zusammendrückung Δr_0 des Durchmessers $A' A''$ der Walze bestimmt sich dann aus der Gleichung

$$\Delta r_0 = 2 \int_0^{r_0} \varepsilon_x \, dr' = \frac{2}{E} \int_0^{r_0} \left(\sigma_x - \frac{\sigma_y}{\mu} \right) dr',$$

in der die Integration nur über die obere Walzenhälfte ausgedehnt werden darf. Bei der Ausführung der Integration ist außerdem die Beziehung

$$r' \operatorname{tg} \varphi_1' = b$$

zwischen dem Radius r' von A' aus und den Winkeln $\varphi_1' = -\varphi_2'$ zu beachten, welche den Enden $\pm b$ der Drucklinie zugehören, während $\varphi'' = 0$ gesetzt werden kann. Da das Ergebnis der Rechnung nur wenig übersichtlich ist, so soll auf seine Wiedergabe hier verzichtet werden.

Dagegen sei noch ausdrücklich bemerkt, daß die Spannungsfunktion (17 a) und die ihr entsprechenden Spannungskomponenten (24) nur für die Walze selbst gelten, wogegen für die mit ihr in den Punkten A' und A'' in Berührung stehenden Druckplatten die oben unter I und II abgeleiteten Formeln zu benutzen sind.

Kapitel IX.

Achsensymmetrische Spannungszustände.

§ 57. Dickwandige Rohre unter Druck.

Ableitung der Spannungs- und Dehnungsformeln. Aufstellung der Differentialgleichung für die Radialverschiebung. Integration und Konstantenbestimmung. Beispiel eines einfachen Rohres unter Innendruck. Spannungen in einem Ringgeschütz.

Steht ein in der Achsenrichtung unendlich ausgedehntes dickwandiges Rohr vom Innenradius r_1 und Außenradius r_2 unter einem konstanten Innen- oder Außendruck, so befindet sich jede aus dem Rohr herausgeschnittene Scheibe von der

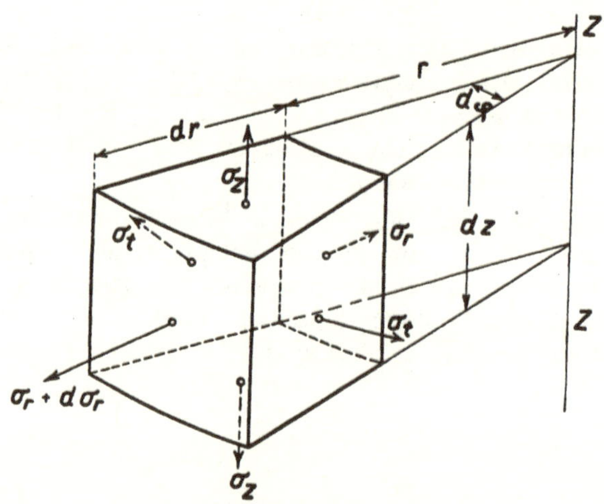

Fig. 203.

axialen Dicke $d z$ in demselben Spannungszustand. Daran wird auch nichts geändert durch einen beiderseitigen Verschluß des Rohres, wenn nur dafür gesorgt ist, daß der auf die Verschlußdeckel wirkende Druck von diesen gleichförmig auf die Stirnflächen $\pi(r_2^2 - r_1^2)$ des Rohres übertragen wird. Alsdann wirken an einem Volumelement (Fig. 203) vom Innenradius r, der axialen und radialen Dicke dz bzw. dr sowie vom Öffnungswinkel $d\varphi$ außer einer konstanten Axialspannung σ_z nur die Radialspannung σ_r und die Tangentialspannung σ_t, während für das Auftreten von Schubspannungen kein Anlaß vorliegt. Der Radialspannung σ_r entspricht dann an der Innenfläche $r\,d\varphi\,dz$ des Elementes eine Zugkraft $\sigma_r r\,d\varphi\,dz$, die bis zur Außenfläche $(r+dr)\,d\varphi\,dz$ auf $\left(\sigma_r r + \frac{d(\sigma_r r)}{dr}dr\right)d\varphi\,dz$ anwächst. Weiterhin ruft die Tangentialspannung σ_t vermöge der Neigung $d\varphi$ ihrer beiden Angriffsflächen $dr\,dz$ eine nach innen gerichtete Kraft vom Betrage $2\sigma_t \sin\frac{d\varphi}{2}dr\,dz = \sigma_t\,dr\,dz\,d\varphi$ hervor, so daß insgesamt die Gleichgewichtsbedingung in radialer Richtung

$$\left(\sigma_r r + \frac{d(\sigma_r r)}{dr}dr\right)d\varphi\,dz - \sigma_r r\,d\varphi\,dz - \sigma_t\,dr\,dz\,d\varphi = 0$$

oder nach Wegheben von $dr\,d\varphi\,dz$ kürzer

$$\frac{d(\sigma_r r)}{dr} - \sigma_t = 0 \quad \ldots\ldots\ldots \quad (1)$$

lautet. Diese Formel hätten wir auch unmittelbar aus der ersten Gl. (1), § 50, für das Element einer Kreisplatte durch Weglassen der Schubspannung erhalten, womit sich auch die zweite Gl. (1), § 50, auf $\sigma_z = \text{const}$ reduziert, wenn, wie in unserem Falle, eine Veränderlichkeit der Axialspannung σ_z mit dem Radius nicht in Betracht kommt. Ebenso führt die Gl. (5), § 53, für den ebenen Kreisbogenträger unter Wegfall der Schubspannung auf unsere Formel (1), so daß das dickwandige Rohr als Sonderfall einiger früher schon behandelter allgemeinerer Probleme erscheint. Wir könnten daher bez. der Lösung auf die oben genannten Abschnitte verweisen und uns mit der Bestimmung der Integrationskonstanten aus den vorliegenden Grenzbedingungen begnügen. Demgegenüber spricht sowohl die große praktische Wichtigkeit der dickwandigen Rohre als auch die Einfachheit des Ansatzes für eine gesonderte, von allgemeineren Untersuchungen unabhängige Durchführung, die dann auch keiner Rückverweisungen mehr bedarf. Zu diesem Zwecke ist es nur nötig, sich der

Formeln für die Radial- und Tangentialdehnungen ε_r bzw. ε_t zu erinnern, zu denen jetzt noch diejenige für die Axialdehnung ε_z hinzutritt. Wir haben dafür unter vorläufiger Beibehaltung der konstanten Axialspannung σ_z

$$\left.\begin{aligned} E\,\varepsilon_r &= \sigma_r - \frac{\sigma_t + \sigma_z}{\mu} \\ E\,\varepsilon_t &= \sigma_t - \frac{\sigma_z + \sigma_r}{\mu} \\ E\,\varepsilon_z &= \sigma_z - \frac{\sigma_r + \sigma_t}{\mu} \end{aligned}\right\} \quad \ldots\ldots \quad (2).$$

Bezeichnen wir die Radialverschiebung eines Punktes, d. h. die Verlängerung des Radius r mit $\varDelta r$, so ist $d\varDelta r$ die radiale Verlängerung und $\varDelta r\,d\varphi$ die tangentiale Verlängerung des Volumelementes Fig. 203, so daß also

$$\varepsilon_r = \frac{d\varDelta r}{dr}, \qquad \varepsilon_t = \frac{\varDelta r}{r} \quad \ldots\ldots \quad (3)$$

wird. Lösen wir die ersten beiden Gleichungen (2) nach σ_r und σ_t auf und setzen die Werte (3) für die Dehnungen ein, so folgt

$$\left.\begin{aligned} \sigma_r &= \frac{\mu E}{\mu^2 - 1}\left(\mu \frac{d\varDelta r}{dr} + \frac{\varDelta r}{r}\right) + \frac{\sigma_z}{\mu - 1} \\ \sigma_t &= \frac{\mu E}{\mu^2 - 1}\left(\mu \frac{\varDelta r}{r} + \frac{d\varDelta r}{dr}\right) + \frac{\sigma_z}{\mu - 1} \end{aligned}\right\} \quad \ldots \quad (2\,\mathrm{a})$$

und nach Einsetzen in die Gleichgewichtsbedingung (1), wobei σ_z herausfällt,

$$\frac{E\mu^2}{\mu^2 - 1}\left(r \frac{d^2\varDelta r}{dr^2} + \frac{d\varDelta r}{dr} - \frac{\varDelta r}{r}\right) = 0 \quad \ldots \quad (1\,\mathrm{a}).$$

Hierfür dürfen wir unter Weglassung des konstanten Faktors vor der Klammer auch schreiben

$$r \frac{d^2\varDelta r}{dr^2} + r \frac{d}{dr}\left(\frac{\varDelta r}{r}\right) = r \frac{d}{dr}\left(\frac{d\varDelta r}{dr} + \frac{\varDelta r}{r}\right) = 0$$

oder, da in der Rohrwand r nicht verschwindet, noch kürzer

$$\frac{d}{dr}\left(\frac{1}{r} \frac{d(r\varDelta r)}{dr}\right) = 0 \quad \ldots\ldots \quad (4).$$

Die Integration dieser einfachen Differentialgleichung liefert mit den beiden Konstanten B und C

$$\frac{1}{r} \frac{d(r\varDelta r)}{dr} = 2B \quad \ldots\ldots \quad (4\,\mathrm{a})$$

$$r\varDelta r = B r^2 + C$$

oder

$$\Delta r = B r + \frac{C}{r} \quad \ldots \ldots \ldots (4\,b),$$

ein Ergebnis, welches formal durchaus mit der für den geschlossenen Ring gültigen Gl. (9 a), § 54, übereinstimmt. In der Tat handelt es sich hier um den Fall, den wir dort einer besonderen Untersuchung vorbehalten haben.

Addieren wir nunmehr die beiden Spannungskomponenten (2a) so erhalten wir

$$\sigma_r + \sigma_t = \frac{\mu E}{\mu - 1}\left(\frac{d\,\Delta r}{d r} + \frac{\Delta r}{r}\right) + \frac{2\,\sigma_z}{\mu - 1}$$

oder kürzer

$$\sigma_r + \sigma_t = \frac{1}{\mu - 1}\left(\mu E \frac{1}{r}\frac{d\,(r\Delta r)}{d r} + 2\,\sigma_z\right) \quad \ldots (5).$$

Daraus wird aber mit (4 a)

$$\sigma_r + \sigma_t = \frac{2}{\mu - 1}(\mu E B + \sigma_z) \quad \ldots \ldots \ldots (5\,a),$$

so daß die Summe der Radial- und Tangentialspannungen einen konstanten Wert besitzt, was wir früher als die exakte Bedingung eines ebenen Spannungszustandes erkannt haben. Daß dieser in unserem Rohre wirklich realisiert ist, erkennt man sofort durch Einsetzen von (2 a) in die dritte Gl. (2), wonach auch die Axialdehnung ε_z für das ganze Rohr konstant wird.

Zur Bestimmung der beiden Integrationskonstanten B und C in Gl. (4 b) müssen wir die Grenzbedingungen heranziehen. Durch diese sind aber die radialen Spannungen auf dem inneren und äußeren Rohrmantel festgelegt, die wir den Radien r_1 und r_2 entsprechend mit σ_1 und σ_2 bezeichnen wollen. Nach Einführung von $\Delta\,r$ bzw. von

$$\frac{\Delta r}{r} = B + \frac{C}{r^2}, \qquad \frac{d\,\Delta r}{d r} = B - \frac{C}{r^2} \quad \ldots (4\,c)$$

gehen die Spannungsgleichungen (2 a) über in

$$\left.\begin{aligned} \sigma_r &= \frac{\mu E}{\mu^2 - 1}\left[(\mu + 1)\,B - (\mu - 1)\frac{C}{r^2}\right] + \frac{\sigma_z}{\mu - 1} \\ \sigma_t &= \frac{\mu E}{\mu^2 - 1}\left[(\mu + 1)\,B + (\mu - 1)\frac{C}{r^2}\right] + \frac{\sigma_z}{\mu - 1} \end{aligned}\right\} (2\,b),$$

deren erste die beiden Grenzbedingungen

$$\left.\begin{aligned}(\mu+1)\,B-(\mu-1)\frac{C}{r_1^2}&=\frac{\mu^2-1}{\mu E}\sigma_1-\frac{\mu+1}{\mu E}\sigma_z\\(\mu+1)\,B-(\mu-1)\frac{C}{r_2^2}&=\frac{\mu^2-1}{\mu E}\sigma_2-\frac{\mu+1}{\mu E}\sigma_z\end{aligned}\right\}\qquad(6)$$

liefert. Danach wird

$$\left.\begin{aligned}(\mu+1)\,B&=\frac{\mu^2-1}{\mu E}\,\frac{\sigma_1 r_1^2-\sigma_2 r_2^2}{r_1^2-r_2^2}-\frac{\mu+1}{\mu E}\sigma_z\\(\mu-1)\,C&=\frac{\mu^2-1}{\mu E}\,\frac{(\sigma_1-\sigma_2)\,r_1^2 r_2^2}{r_1^2-r_2^2}\end{aligned}\right\}\ .\quad(6\,\mathrm{a}),$$

so daß wir schließlich für die Spannungskomponenten erhalten

$$\left.\begin{aligned}\sigma_r&=\frac{\sigma_1 r_1^2-\sigma_2 r_2^2}{r_1^2-r_2^2}-\frac{(\sigma_1-\sigma_2)\,r_1^2 r_2^2}{(r_1^2-r_2^2)\,r^2}\\\sigma_t&=\frac{\sigma_1 r_1^2-\sigma_2 r_2^2}{r_1^2-r_2^2}+\frac{(\sigma_1-\sigma_2)\,r_1^2 r_2^2}{(r_1^2-r_2^2)\,r^2}\end{aligned}\right\}\ .\ .\ .\ .\ (2\,\mathrm{c}),$$

während sich die Radialverschiebung (4 b) mit (6 a) zu

$$\Delta r=\frac{\mu-1}{\mu E}\,\frac{\sigma_1 r_1^2-\sigma_2 r_2^2}{r_1^2-r_2^2}\,r-\frac{\sigma_z r}{\mu E}+\frac{\mu+1}{\mu E}\,\frac{(\sigma_1-\sigma_2)\,r_1^2 r_2^2}{(r_1^2-r_2^2)\,r}\qquad(4\,\mathrm{c})$$

berechnet. Bemerkenswert erscheint noch die Folgerung, daß für $\sigma_1=\sigma_2=\sigma$ auch $\sigma_r=\sigma_t=\sigma$ unabhängig von r wird. Dies gilt dann auch für die beiden Dehnungen ε_r und ε_t.

1. Beispiel. Herrscht in einem beiderseits offenen Rohre[1]) der Innendruck p, während der Außendruck vernachlässigt werden darf, so ist

$$\sigma_1=-p,\qquad\sigma_2=0,\qquad\sigma_z=0$$

zu setzen, womit die Spannungskomponenten und die Radialverschiebung sich zu

$$\left.\begin{aligned}\sigma_r&=\frac{p\,r_1^2}{r_2^2-r_1^2}\left(1-\frac{r_2^2}{r^2}\right)<0\\\sigma_t&=\frac{p\,r_1^2}{r_2^2-r_1^2}\left(1+\frac{r_2^2}{r^2}\right)>0\\\Delta r&=\frac{p}{\mu E}\,\frac{r_1^2}{r_2^2-r_1^2}\left[\mu-1+(\mu+1)\frac{r_2^2}{r^2}\right]>0\end{aligned}\right\}\qquad(7)$$

berechnen.

---

[1]) Der Verschluß des Druckraumes ist in diesem Falle durch Kolben herzustellen, welche gegen die Innenwand etwa vermittelst Lederstulpen abgedichtet werden. Dieses Verfahren wurde von W. Krüger, (Untersuchungen über die Anstrengung dickwandiger Hohlzylinder unter Innendruck, Mitt. über Forschungsarbeiten, Heft 87, 1909) angewandt, dessen Versuchsergebnisse mit der oben entwickelten Theorie bis auf etwa 0,5% übereinstimmten.

In radialer Richtung wird das Rohr demnach gedrückt, in tangentialer dagegen gezogen, wobei alle Elemente eine Verschiebung nach außen erfahren. Für die Innen- und Außenseite ergeben sich insbesondere die Spannungen

$$\left.\begin{aligned} \sigma_{r1} &= -p \\ \sigma_{t1} &= p\frac{r_2^2+r_1^2}{r_2^2-r_1^2} \\ \sigma_{r2} &= 0 \\ \sigma_{t2} &= p\frac{2r_1^2}{r_2^2-r_1^2} \end{aligned}\right\} \quad . \ (7\,a),$$

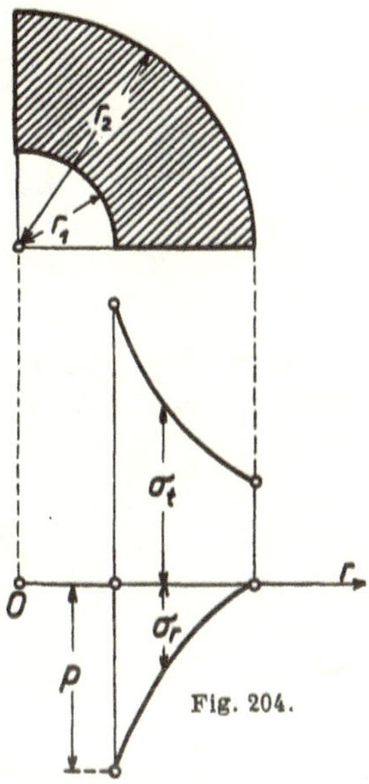

Fig. 204.

aus denen bei großer Wandstärke eine sehr ungleiche Inanspruchnahme des Rohrmaterials hervorgeht (vgl. Fig. 204), die für hohe Pressungen p leicht eine Überschreitung der Elastizitätsgrenze durch die Tangentialspannung an der Innenwand zur Folge haben kann.

2. Beispiel. Der zuletzt erwähnten Gefahr, der vor allem der Laderaum der Geschützrohre ausgesetzt ist, kann nur dadurch begegnet werden, daß man das Rohr selbst von vornherein einem starken Außendrucke unterwirft, den man durch Warmaufziehen eines zweiten Rohres mit einem ursprünglich etwas kleineren Innenradius hervorruft. Auf diese Weise entsteht ein sog. Ringgeschütz mit dem Querschnitt Fig. 205, dessen inneres Rohr die Seele und dessen äußeres der Mantel heißt.

Ein solches Geschütz befindet sich natürlich von vornherein in einem Spannungszustande, so daß für jeden seiner Bestandteile die Formeln (4 c) und (2 b), allerdings mit verschiedenen Konstanten B und C, gelten. Bezeichnen wir alle Größen in der Seele mit einem Strich, diejenigen im Mantel mit zwei Strichen, so erhalten wir unter gleichzeitiger Weglassung der Axialspannung σ_z an Stelle der obigen Gleichungen

$$\left.\begin{aligned} \Delta r' &= B' r + \frac{C'}{r} \\ \Delta r'' &= B'' r + \frac{C''}{r} \end{aligned}\right\} \quad . \ . \ . \ . \ . \ . \quad (8)$$

$$\left.\begin{aligned}\sigma_r' &= \frac{\mu E}{\mu^2-1}\left[(\mu+1)\,B' - (\mu-1)\,\frac{C'}{r^2}\right]\\ \sigma_t' &= \frac{\mu E}{\mu^2-1}\left[(\mu+1)\,B' + (\mu-1)\,\frac{C'}{r^2}\right]\end{aligned}\right\} \quad . \quad (9)$$

$$\left.\begin{aligned}\sigma_r'' &= \frac{\mu E}{\mu^2-1}\left[(\mu+1)\,B'' - (\mu-1)\,\frac{C''}{r^2}\right]\\ \sigma_t'' &= \frac{\mu E}{\mu^2-1}\left[(\mu+1)\,B'' + (\mu-1)\,\frac{C''}{r^2}\right]\end{aligned}\right\} \quad . \quad (10).$$

Die hierin auftretenden vier Integrationskonstanten bestimmen sich aus ebenso vielen Bedingungsgleichungen, von denen

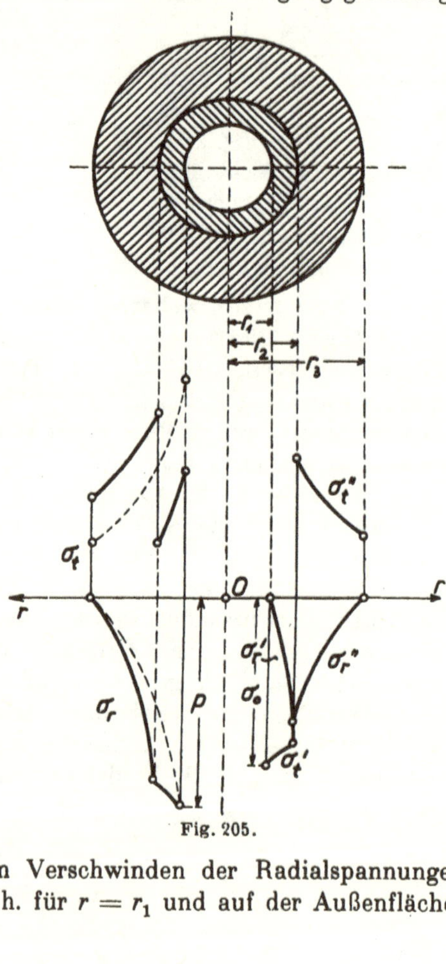

Fig. 205.

zwei aus dem Verschwinden der Radialspannungen im Innern der Seele, d. h. für $r = r_1$ und auf der Außenfläche des Mantels für $r = r_3$ hervorgehen, während eine dritte aus der Übereinstimmung der Radialspannung beider Bestandteile an ihrer Berührungsfläche $r = r_2$ folgt. Eine vierte endlich erhalten wir aus der Festsetzung einer Tangentialspannung σ_0 für $r = r_1$, so daß wir also haben

$$\left.\begin{array}{llll} \text{für} & r = r_1 & \sigma_{r1}' = 0, & \sigma_{t1}' = \sigma_0 \\ \text{»} & r = r_2 & \sigma_{r2}' = \sigma_{r2}'' & \\ \text{»} & r = r_3 & \sigma_{r3}'' = 0 & \end{array}\right\} \quad . \; . \; . \quad (11).$$

Durch Einsetzen der Ausdrücke (9) und (10) in diese Bedingungen ergibt sich nach wenigen Umrechnungen

$$\left.\begin{array}{ll} \dfrac{\mu E}{\mu - 1} B' = \dfrac{\sigma_0}{2}, & \dfrac{\mu E}{\mu + 1} C' = \dfrac{\sigma_0}{2} r_1^2 \\ \dfrac{\mu E}{\mu - 1} B'' = \dfrac{\sigma_0}{2} \dfrac{r_2^2 - r_1^2}{r_2^2 - r_3^2}, & \dfrac{\mu E}{\mu + 1} C'' = \dfrac{\sigma_0}{2} r_3^2 \dfrac{r_2^2 - r_1^2}{r_2^2 - r_3^2} \end{array}\right\} (11\,\text{a}).$$

Da nun $r_3 > r_2 > r_1$ ist, so erkennt man sofort, daß die einander entsprechenden Konstanten in der Seele und im Mantel entgegengesetzte Vorzeichen besitzen, was dann auch für die Spannungskomponenten selbst zutrifft. In der Tat erleidet ja in unserem Fall die Seele einen äußeren Druck durch den Mantel, während dieser selbst unter einem Innendrucke steht. Die Spannungskomponenten selbst ergeben sich nach Einsetzen der Werte (11 a) in die Gl. (9) und (10) zu

$$\left.\begin{array}{l} \sigma_r' = \dfrac{\sigma_0}{2}\left(1 - \dfrac{r_1^2}{r^2}\right) \\ \sigma_t' = \dfrac{\sigma_0}{2}\left(1 + \dfrac{r_1^2}{r^2}\right) \end{array}\right\} \quad . \; . \; . \; . \; . \; . \; . \quad (9\,\text{a})$$

$$\left.\begin{array}{l} \sigma_r'' = \dfrac{\sigma_0}{2} \dfrac{r_2^2 - r_1^2}{r_3^2 - r_2^2}\left(\dfrac{r_3^2}{r^2} - 1\right) \\ \sigma_t'' = -\dfrac{\sigma_0}{2} \dfrac{r_2^2 - r_1^2}{r_3^2 - r_2^2}\left(\dfrac{r_3^2}{r^2} + 1\right) \end{array}\right\} \quad . \; . \; . \; . \quad (10\,\text{a}).$$

Ihr Verlauf innerhalb der beiden Bestandteile ist aus dem Diagramm ersichtlich, welches in Fig. 205 von O aus nach rechts eingetragen ist. Infolge dieser Spannungen haben aber auch der ursprüngliche Außenradius r_2' der Seele und der Innenradius r_2'' des Mantels die Änderungen $\Delta r_2'$ und $\Delta r_2''$ derart erfahren, daß der gemeinsame Radius der Berührungsfläche

$$r_2 = r_2' + \Delta r_2' = r_2'' + \Delta r_2''$$

oder

$$\Delta r_2'' - \Delta r_2' = r_2' - r_2'' \quad . \; . \; . \; . \; . \quad (12)$$

wird. Dafür dürfen wir mit (8) schreiben

$$r_2' - r_2'' = (B'' - B')\,r_2 + \frac{C'' - C'}{r_2} \quad . \quad . \quad . \quad (12\,\mathrm{a})$$

oder nach Einsetzen der Werte (11 a)

$$r_2' - r_2'' = -\frac{\sigma_0}{E}\,r_2\,\frac{r_3^2 - r_1^2}{r_3^2 - r_2^2} \quad . \quad . \quad . \quad . \quad (12\,\mathrm{b}).$$

Durch diese Gleichung ist der Unterschied des Außenradius der Seele und des Innenradius des Mantels im ungespannten Zustande gegeben; man erkennt, daß diese Differenz positiv wird, wenn σ_0 eine Druckspannung bedeutet, die denn auch durch das Zusammenpressen nach dem Warmaufziehen hervorgerufen wird. Gl. (12 b) gilt auch noch für den Fall des Warmaufziehens eines Ringes auf einen Vollzylinder, in dem nur $r_1 = 0$ gesetzt zu werden braucht, womit dann die Konstante C' nach (11 a) verschwindet. Ebenso bietet es keine Schwierigkeiten, die vorstehende Untersuchung auf mehrere, übereinander warm aufgezogene Ringe auszudehnen, wobei nur die Zahl der Gleichungen (8), (9), (10) und die der Konstanten B und C entsprechend wächst. Bei einer vorgelegten Tangentialspannung σ_0 im Innern der Seele erhält man dann für jede Berührungsfläche eine Gleichung analog (12 b) für den Radienunterschied im ungespannten Zustande.

Nach dem Zusammenpressen verhält sich das ganze Ringsystem einem Innendruck p gegenüber wie ein homogenes Rohr, insofern, als die hierdurch hervorgerufenen Spannungen sich für Mantel und Seele zusammen nach den Formeln (7) berechnen, in denen nur r_2 durch r_3 zu ersetzen ist. Diese Spannungen

$$\left.\begin{aligned} \sigma_r''' &= \frac{p\,r_1^2}{r_3^2 - r_1^2}\left(1 - \frac{r_3^2}{r^2}\right) \\ \sigma_t''' &= \frac{p\,r_1^2}{r_3^2 - r_1^2}\left(1 + \frac{r_3^2}{r^2}\right) \end{aligned}\right\} \quad . \quad . \quad . \quad . \quad (7\,\mathrm{b})$$

ergeben dann, zu den Werten (9 a) bzw. (10 a) addiert, die im Ringgeschütz augenblicklich resultierenden Spannungen σ_r und σ_t, die wir zur Verdeutlichung ebenfalls mit in Fig. 205, und zwar in das Diagramm auf der linken Seite von O aus eingetragen haben. Daraus erkennt man, daß die beabsichtigte Wirkung der Verminderung der Tangentialspannung im Innern der Seele wirklich erreicht und außerdem eine viel gleichmäßigere Spannungsverteilung erzielt wird, wie im einfachen Rohre Fig. 204. Die Unstetigkeiten im Spannungsverlaufe in den Diagrammen Fig. 205 sind ganz unbedenklich, da sie nur an den Übergangsstellen auftreten.

§ 58. Rotierende Scheiben.

Die Spannungsverteilung und die Dehnungen in Scheiben konstanter Breite. Einfluß kleiner Bohrungen. Änderung der Schubspannung im Falle der Übertragung eines Torsionsmomentes. Scheiben mit veränderlicher Breite, Lösung von Stodola. Sonderfall der Scheiben gleichen Widerstandes.

I. Wir betrachten in der Folge eine mit der Winkelgeschwindigkeit ω gleichförmig rotierende Scheibe, deren axiale Breite h wir als klein gegen die Radien $r_1 < r_2$ ihrer zylindrischen Begrenzungsflächen ansehen wollen. Alsdann dürfen wir, wenn in der Achsenrichtung keine äußeren Kräfte auf die Scheibe wirken, deren axiale Formänderungen und Spannungen vernachlässigen, womit sich auch die Einführung von Schubspannungen erledigt. Aus der Scheibe schneiden wir, wie im vorigen Abschnitt nach Fig. 203, ein von der Masse $d\,m$ erfülltes Volumelement $r\,d\,r\,d\,\varphi\,d\,z$ heraus, an dem außer der Radial- und Tangentialspannung σ_r und σ_t nach außen noch die Beschleunigung $r\,\omega^2$ mit einer Kraft

$$d\,P = r\,\omega^2 d\,m = \omega^2 \frac{\gamma}{g} r^2 d\,r\,d\,z\,d\,\varphi \quad . \quad . \quad . \quad . \quad (1)$$

wirkt, worin g die Erdbeschleunigung und γ das spezifische Gewicht des Scheibenmaterials bedeutet. Da weiterhin die Änderung der Radialspannung, wie im Eingang des § 57 bemerkt, einen Kraftüberschuß $\frac{d\,(\sigma_r\,r)}{d\,r}\,d\,r\,d\,\varphi\,d\,z$ nach außen bedingt, dem eine nach innen gerichtete Komponente $\sigma_t\,d\,r\,d\,\varphi\,d\,z$ der Tangentialspannung gegenübersteht, so erhalten wir als Gleichgewichtsbedingung unter Weglassung des Produktes $d\,r\,d\,\varphi\,d\,z$

$$\frac{d\,(\sigma_r\,r)}{d\,r} - \sigma_t + \frac{\gamma\,\omega^2}{g} r^2 = 0 \quad . \quad . \quad . \quad . \quad . \quad (2),$$

die natürlich mit $\omega = 0$ in die Gl. (1), § 57, übergeht.

Da wir die Spannung σ_z jetzt von vornherein vernachlässigt haben, so brauchen wir auch nur noch die Radial- und Tangentialdehnung

$$\varepsilon_r = \frac{d\,\Delta r}{dr}, \qquad \varepsilon_t = \frac{\Delta r}{r} \quad \ldots\ldots \quad (3)$$

zu beachten, die mit den Spannungen σ_r und σ_t durch die Formel

$$E\frac{d\,\Delta r}{dr} = \sigma_r - \frac{\sigma_t}{\mu}, \qquad E\frac{\Delta r}{r} = \sigma_t - \frac{\sigma_r}{\mu} \quad \ldots \quad (4)$$

zusammenhängen. Lösen wir diese Gleichungen nach den Spannungen auf, so wird

$$\left.\begin{aligned} \sigma_r &= \frac{\mu E}{\mu^2-1}\left(\mu\frac{d\,\Delta r}{dr} + \frac{\Delta r}{r}\right) \\ \sigma_t &= \frac{\mu E}{\mu^2-1}\left(\mu\frac{\Delta r}{r} + \frac{d\,\Delta r}{dr}\right) \end{aligned}\right\} \quad \ldots\ldots \quad (4\,\mathrm{a})$$

und eingesetzt in Gl. (2)

$$\frac{E\mu^2}{\mu^2-1}\left(r\frac{d^2\,\Delta r}{dr^2} + \frac{d\,\Delta r}{dr} - \frac{\Delta r}{r}\right) + \frac{\gamma\omega^2}{g}r^2 = 0 \quad . \ (2\,\mathrm{a}).$$

Hierfür dürfen wir aber unter Zusammenziehung des Klammerausdruckes links (vgl. Gl. (4) und (5), § 57) sowie mit der Abkürzung

$$\frac{(\mu^2-1)\,\gamma\,\omega^2}{\mu^2 E g} = \frac{1}{a^2} \quad \ldots\ldots\ldots \quad (5),$$

worin a offenbar eine Länge bedeutet, auch schreiben

$$\frac{d}{dr}\left(\frac{1}{r}\frac{d\,(r\,\Delta r)}{dr}\right) + \frac{r}{a^2} = 0 \quad \ldots\ldots \quad (6).$$

Die Integration dieser Gleichung liefert mit zwei Konstanten B und C analog Gl. (4), § 57,

$$\frac{1}{r}\frac{d\,(r\,\Delta r)}{dr} = 2B - \frac{r^2}{2a^2}$$

$$r\,\Delta r = B r^2 + C - \frac{r^4}{8a^2}$$

oder

$$\Delta r = B r + \frac{C}{r} - \frac{r^3}{8a^2} \quad \ldots\ldots \quad (6\,\mathrm{a}).$$

Daraus ergeben sich die beiden Dehnungen

$$\left.\begin{aligned} \frac{d\,\Delta r}{dr} &= B - \frac{C}{r^2} - \frac{3}{8}\frac{r^2}{a^2} \\ \frac{\Delta r}{r} &= B + \frac{C}{r^2} - \frac{1}{8}\frac{r^2}{a^2} \end{aligned}\right\} \quad \ldots\ldots \quad (6\,\mathrm{b})$$

und nach Einführung in (4 a) die Spannungskomponenten

$$\left.\begin{aligned}\sigma_r &= \frac{\mu E}{\mu^2-1}\left((\mu+1)B-(\mu-1)\frac{C}{r^2}-\frac{3\mu+1}{8}\frac{r^2}{a^2}\right)\\ \sigma_t &= \frac{\mu E}{\mu^2-1}\left((\mu+1)B+(\mu-1)\frac{C}{r^2}-\frac{\mu+3}{8}\frac{r^2}{a^2}\right)\end{aligned}\right\}\quad(4\,\mathrm{b}).$$

Deren Summe

$$\sigma_r+\sigma_t=\frac{\mu E}{\mu-1}\left(B-\frac{1}{2}\frac{r^2}{a^2}\right)\quad\ldots\ldots\quad(4\,\mathrm{c})$$

ist nicht unabhängig vom Radius, so daß wir es hier im Gegensatz zu Rohren unter Druck nicht mit einem vollständig ebenen Spannungszustande[1]) zu tun haben.

Die in den Gleichungen (4 b) und (6 b) auftretenden Konstanten B und C berechnen wir nun aus der Bedingung des Verschwindens der Radialspannung σ_r am Innen- und Außenrande, d. h. für r_1 und r_2. Danach ist

$$\left.\begin{aligned}(\mu+1)B-(\mu-1)\frac{C}{r_1^2} &= \frac{3\mu+1}{8}\frac{r_1^2}{a^2}\\ (\mu+1)B-(\mu-1)\frac{C}{r_2^2} &= \frac{3\mu+1}{8}\frac{r_2^2}{a^2}\end{aligned}\right\}\quad\ldots\quad(7)$$

oder

$$\left.\begin{aligned}(\mu+1)B &= \frac{3\mu+1}{8}\cdot\frac{r_1^2+r_2^2}{a^2}\\ (\mu-1)C &= \frac{3\mu+1}{8}\frac{r_1^2 r_2^2}{a^2}\end{aligned}\right\}\quad\ldots\ldots\quad(7\,\mathrm{a}),$$

wonach die Spannungskomponenten (4 b) unter Beachtung von (5) übergehen in

$$\left.\begin{aligned}\sigma_r &= \frac{\omega^2\gamma}{g}\,\frac{3\mu+1}{8\mu}\left(r_1^2+r_2^2-r^2-\frac{r_1^2 r_2^2}{r^2}\right)\\ \sigma_t &= \frac{\omega^2\gamma}{g}\,\frac{3\mu+1}{8\mu}\left(r_1^2+r_2^2+\frac{r_1^2 r_2^2}{r^2}-\frac{\mu+3}{3\mu+1}r^2\right)\end{aligned}\right\}\quad(4\,\mathrm{d}),$$

---

[1]) Man übersieht auch leicht, daß für die rotierende Scheibe keine Airysche Spannungsfunktion existiert, für welche infolge der Achsensymmetrie

$$\sigma_r=\frac{1}{r}\,\frac{dF}{dr},\qquad \sigma_t=\frac{d^2F}{dr^2},$$

also

$$\frac{d(\sigma_r r)}{dr}=\sigma_t$$

sein würde, was der Gleichgewichtsbedingung (2) widerspricht.

während sich die Radialverschiebung (6 a) zu

$$\Delta r = \frac{\omega^2 \gamma}{g} \frac{\mu^2 - 1}{8 \mu^2 E} \left[(3\mu + 1) \left(\frac{r_1^2 + r_2^2}{\mu + 1} r + \frac{r_1^2 r_2^2}{(\mu - 1) r} \right) - r^3 \right] \quad (6\,c)$$

berechnet.

Zur Ermittlung des Verlaufes der Spannungskurven in ihrer Abhängigkeit vom Radius bilden wir die Ableitungen

$$\left.\begin{aligned} \frac{d\sigma_r}{dr} &= \frac{\omega^2 \gamma}{g} \frac{3\mu + 1}{4\mu} \left(\frac{r_1^2 r_2^2}{r^3} - r \right) \\ \frac{d\sigma_t}{dr} &= -\frac{\omega^2 \gamma}{g} \frac{3\mu + 1}{4\mu} \left(\frac{r_1^2 r_2^2}{r^3} + \frac{\mu + 3}{3\mu + 1} r \right) \end{aligned}\right\} \quad . \quad (8),$$

deren letzte eine stetige Abnahme der Tangentialspannung vom Innenrande bis zum Außenrande erkennen läßt, während die Radialspannung an der Stelle

$$r_0 = \sqrt{r_1 r_2} \quad . \quad . \quad . \quad . \quad . \quad . \quad . \quad . \quad (8\,a)$$

ein Maximum im Betrage von

$$\sigma_{r0} = \frac{\omega^2 \gamma}{g} \frac{3\mu + 1}{8\mu} (r_2 - r_1)^2 \quad . \quad . \quad . \quad . \quad (8\,b)$$

besitzt. Daß ein solcher Höchstwert existiert, konnte man schon aus dem Verschwinden von σ_r für r_1 und r_2 bei endlichen Zwischenwerten schließen. Demgegenüber folgt für die Tangentialspannungen an den Rändern r_1 und r_2

$$\left.\begin{aligned} \sigma_{t1} &= \frac{\omega^2 \gamma}{g} \frac{3\mu + 1}{4\mu} \left(\frac{\mu - 1}{3\mu + 1} r_1^2 + r_2^2 \right) \\ \sigma_{t2} &= \frac{\omega^2 \gamma}{g} \frac{3\mu + 1}{4\mu} \left(r_1^2 + \frac{\mu - 1}{3\mu + 1} r_2^2 \right) \end{aligned}\right\} \quad . \quad . \quad (8\,c),$$

von denen wegen der zweiten Gl. (8) der erste Wert ein Maximum, der zweite ein Minimum darstellt. Aus der Differenz

$$\sigma_{t1} - \sigma_{r0} = \frac{\omega^2 \gamma}{g} \frac{3\mu + 1}{8\mu} \left(r_2^2 + 2 r_1 r_2 - \frac{\mu + 3}{3\mu + 1} r_1^2 \right) > 0$$

erkennt man weiter, daß σ_{t1} am inneren Rande überhaupt die größte Spannung in der Scheibe darstellt. In der Tat haben die Versuche übereinstimmend ergeben, daß beim Zerreißen derartiger Körper infolge der Zentrifugalbeschleunigung die Rißbildung stets vom inneren Rande ausging.

Der aus vorstehender Diskussion hervorgehende Verlauf der Kurven der durchweg positiven Radial- und Tangentialspannungen ist in Fig. 206 verzeichnet und unterscheidet sich grundsätzlich von demjenigen eines Rohres unter Druck.

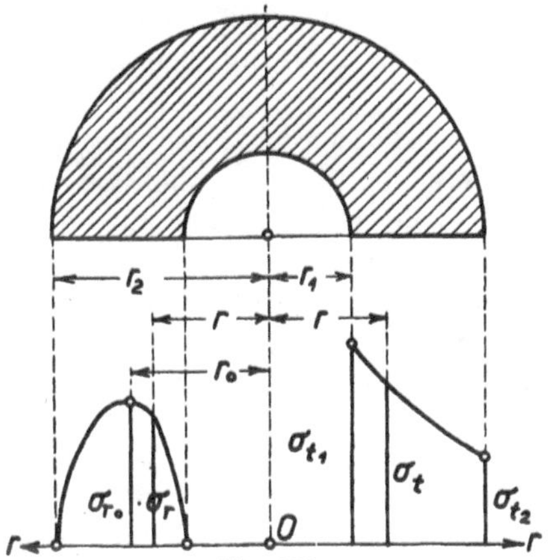

Fig. 206.

Die Formeln (4 d) für die Spannungskomponenten gehen mit $r_1 = 0$ in die für die Vollscheibe vom Radius r_2 gültigen Gleichungen

$$\left.\begin{aligned} \sigma_r' &= \frac{\omega^2 \gamma}{g} \frac{3\mu + 1}{8\mu} (r_2^2 - r^2) \\ \sigma_t' &= \frac{\omega^2 \gamma}{g} \frac{3\mu + 1}{8\mu} \left(r_2^2 - \frac{\mu + 3}{3\mu + 1} r^2\right) \end{aligned}\right\} \quad . \quad . \quad (9)$$

über, in deren Zentrum $r = 0$

$$\sigma_{r0}' = \sigma_{t0}' = \frac{\omega^2 \gamma}{g} \frac{3\mu + 1}{8\mu} r_2^2 \quad . \quad . \quad . \quad . \quad (9\text{a})$$

wird.

Haben wir es dagegen mit einer Scheibe zu tun, die im Zentrum nur eine so kleine Bohrung hat, daß r_1^2 gegen r_2^2 vernachlässigt werden kann, so wird am Rande dieser Bohrung zunächst wieder $\sigma_r = 0$, während die Tangentialspannung dort sich aus (8 c) zu

$$\sigma_{t1}'' = \frac{\omega^2 \gamma}{g} \frac{3\mu + 1}{4\mu} r_2^2 = 2\,\sigma_{t0}' \quad . \quad . \quad . \quad . \quad (9\text{b})$$

berechnet, so daß, wie Grübler[1]) zuerst bemerkte, die feine Bohrung eine Verdoppelung der Span-

[1]) Grübler: Der Spannungszustand in Schleifsteinen und Schmirgelscheiben. Zeitschr. d. V. d. Ing. 1897.

nung an ihrem Rande zur Folge hat. Für den Außenrand r_2 dagegen führen die Formeln (8 c), mit Vernachlässigung von r_1^2, und (9) zu demselben Ergebnis für σ_{t2}, so daß der Einfluß der zentralen Bohrung sich nicht mehr bis dahin erstreckt [1]).

In dem bisher behandelten Falle der gleichförmig ohne Energieumsatz rotierenden Scheibe sind die ermittelten Spannungskomponenten zugleich Hauptspannungen. Das ändert sich jedoch sofort, wenn die Scheibe etwa als Rad auf einer Maschinenwelle ein Torsionsmoment überträgt oder die Ungleichförmigkeit der Rotation durch ihre Schwungwirkung zu mildern hat. Alsdann tritt eine Torsionsspannung τ auf, die bei einer Scheibendicke h ein Moment

$$\mathfrak{M} = 2\pi h \tau r^2 \quad \ldots \ldots \quad (10)$$

ergibt, dessen Konstanz auch die Unveränderlichkeit des Produktes τr^2 bedingen würde. Wäre dagegen die Winkelgeschwindigkeit Schwankungen um einen Mittelwert ω_0 ausgesetzt, so hätte man

$$\omega = \omega_0 + \frac{\partial \Delta \varphi}{\partial t} \quad \ldots \ldots \quad (11)$$

---

[1]) Befindet sich dieses kleine Loch an einer anderen Stelle der Scheibe, so würde man nach Gl. (18 c), § 55, unter dem Einfluß der vereinigten Spannungen σ_r und σ_t in der ungelochten Scheibe am Lochrande selbst angenähert die Spannung

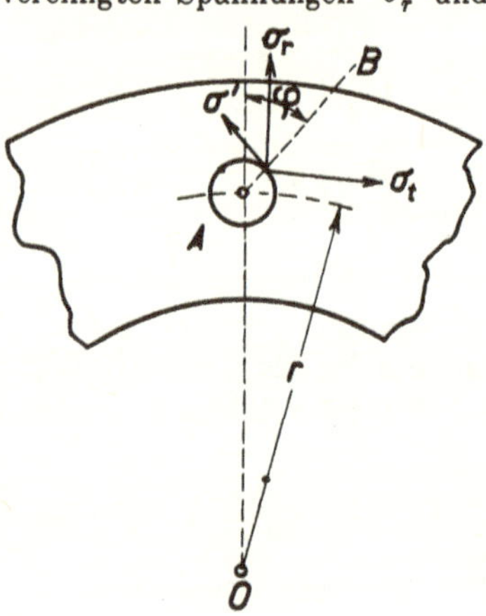

Fig. 207.

$$\sigma' = \sigma_r(1 - 2\cos 2\varphi) + \sigma_t(1 + 2\cos 2\varphi)$$

erhalten, wenn φ den Winkel der Richtung AB mit dem Radius OA (Fig. 207) bedeutet. Ausgezeichnete Werte von σ' ergeben sich aus

$$\frac{d\sigma'}{d\varphi} = 2(\sigma_r - \sigma_t)\sin 2\varphi = 0,$$

also für

$$\varphi = 0 \text{ und } \varphi = \frac{\pi}{2},$$

entsprechend

$$\cos 2\varphi = 1 \text{ und } \cos 2\varphi = -1$$

mit den Beträgen

$$\sigma' = 3\sigma_t - \sigma_r, \qquad \sigma' = 3\sigma_r - \sigma_t,$$

von denen der eine ein Maximum, der andere ein Minimum darstellt. Für das Scheibenzentrum folgt mit $\sigma_r = \sigma_t$ wieder der Wert (9 b).

anzusetzen, während auf einen Ring von der Breite dr, dessen polares Trägheitsmoment

$$r^2 dm = 2\pi \frac{\gamma}{g} h r^3 dr$$

beträgt, ein Moment

$$d\mathfrak{M} = r^2 dm \frac{\partial \omega}{\partial t} = 2\pi \frac{\gamma}{g} h r^3 dr \frac{\partial^2 \Delta\varphi}{\partial t^2} \quad . \quad . \quad (12)$$

entfällt. Ersetzen wir hierin $\mathfrak{M}$ aus Gl. (10) und beachten, daß unter Erhaltung der Achsensymmetrie nach Gl. (12), § 53,

$$\tau = G\chi = G r \frac{\partial \Delta\varphi}{\partial r} \quad . \quad . \quad . \quad . \quad . \quad . \quad (13),$$

also

$$d\mathfrak{M} = 2\pi h \frac{\partial (\tau r^2)}{\partial r} dr = 2\pi G h \frac{\partial}{\partial r}\left(r^3 \frac{\partial \Delta\varphi}{\partial r}\right) dr \quad (10a)$$

ist, so wird schließlich aus (12)

$$\frac{Gg}{\gamma} \frac{\partial}{\partial r}\left(r^3 \frac{\partial \Delta\varphi}{\partial r}\right) = r^3 \frac{\partial^2 \Delta\varphi}{\partial t^2} \quad . \quad . \quad . \quad . \quad (14).$$

Diese Differentialgleichung wird durch den Ansatz

$$\Delta\varphi = R(A \cos at + B \sin at) \quad . \quad . \quad . \quad . \quad (14a),$$

worin R eine reine Funktion des Radius ist, befriedigt, so daß wir es jedenfalls mit einem Schwingungsvorgang innerhalb der Scheibe zu tun haben. Auf die in geschlossener Form nicht durchführbare Ermittelung der Funktion R sowie der für die Schwingungsdauer maßgebenden Konstanten a kann angesichts der geringen praktischen Bedeutung des Problems hier nicht eingegangen werden.

II. Die aus Fig. 206 ersichtliche sehr ungleiche Beanspruchung der Elemente einer rotierenden Scheibe von durchweg derselben Dicke h veranlaßte Stodola[1]) zur Untersuchung der Spannungsverteilung von Scheiben mit veränderlicher Dicke. Bezeichnen wir diese mit z, Fig. 208, und nehmen an, daß die Neigung der Scheibenoberfläche gegen die Normalebene zur Achse klein bleibt, so dürfen wir für die Radialspannung σ_r deren Mittelwert über die ganze Scheibenbreite einführen. Alsdann wirkt auf der Innenseite $z\,r\,d\varphi$ des

[1]) Stodola: Die Dampfturbine und die Aussichten der Wärmekraftmaschinen. Z. d. V. d. Ing. 1903, S. 51. Siehe auch desselben Verfassers Werk »Die Dampfturbinen«, 4. Aufl., Berlin 1910, S. 242 ff.

Massenelementes von Radius r, der Breite $d\,r$, der Dicke z und dem Öffnungswinkel $d\varphi$ die Radialkraft $\sigma_r\, r\, z\, d\,\varphi$, die an der Außenseite auf $\left(\sigma_r\, r\, z + \frac{d\,(\sigma_r\, r\, z)}{d\,r}\, d\,r\right) d\,\varphi$ angewachsen ist. Die Tangentialspannung σ_t auf den Seitenflächen $z\, d\, r$ ruft eine nach

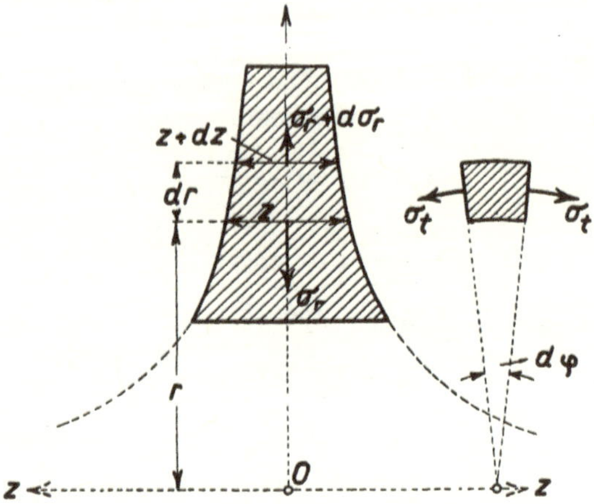

Fig. 208.

innen wirkende Kraft $\sigma_t\, z\, d\, r\, d\,\varphi$ hervor, die im Verein mit dem Überschuß der Radialkräfte der Fliehkraft

$$\omega^2\, r\, d\,m = \frac{\omega^2\,\gamma}{g}\, r^2\, z\, d\,r\, d\,\varphi$$

des Scheibenelementes das Gleichgewicht hält. Mithin erhalten wir als Gleichgewichtsbedingung nach Wegheben des Produktes $d\,r\,d\,\varphi$

$$\frac{d\,(\sigma_r\, r\, z)}{d r} - \sigma_t\, z + \frac{\omega^2\,\gamma}{g}\, r^2\, z = 0 \quad . \quad . \quad . \quad . \quad (15),$$

eine Formel, die mit $z = h$ wieder in (2) übergeht. Führen wir in diese Gleichung die Ausdrücke (4 a) für die Spannungskomponenten ein, deren Gültigkeit nur an die Vernachlässigung der Axialspannung σ_z geknüpft ist, so erhalten wir nach Division mit $r\, z$ unter Zusammenfassung gleichartiger Glieder sowie mit der Abkürzung (5)

$$\frac{d^2\,\Delta r}{d\,r^2} + \left(\frac{1}{r} + \frac{d \lg n\, z}{d\,r}\right)\frac{d\,\Delta r}{d\,r} + \left(\frac{1}{\mu}\,\frac{d \lg n\, z}{d\,r} - \frac{1}{r}\right)\frac{\Delta r}{r} + \frac{r}{a^2} = 0 \quad (16).$$

Kennt man das Gesetz der Veränderlichkeit der Scheibendicke z mit dem Radius, so kann man z selbst hieraus eliminieren und erhält dann eine Differentialgleichung für Δr allein, die insbesondere für $z = h$ sich in (6) vereinfacht. Die Klammerausdrücke in (16) legen es nun nahe, mit Stodola

$$\frac{d \lg n\, z}{d r} = \frac{\beta}{r} \quad \ldots \ldots \quad (17),$$

also für das Radprofil

$$z = A r^{\beta} \quad \ldots \ldots \quad (17\,a)$$

zu setzen, womit wir an Stelle von (16)

$$\frac{d^2 \Delta r}{d r^2} + \frac{\beta + 1}{r} \frac{d \Delta r}{d r} + \left(\frac{\beta}{\mu} - 1\right) \frac{\Delta r}{r^2} + \frac{r}{a^2} = 0 \,. \quad (16\,a)$$

erhalten. Mit

$$\Delta r = u + v \quad \ldots \ldots \quad (18)$$

kann diese Gleichung in die beiden

$$\left.\begin{aligned} \frac{d^2 u}{d r^2} + \frac{\beta + 1}{r} \frac{d u}{d r} + \left(\frac{\beta}{\mu} - 1\right) \frac{u}{r^2} + \frac{r}{a^2} = 0 \\ \frac{d^2 v}{d r^2} + \frac{\beta + 1}{r} \frac{d v}{d r} + \left(\frac{\beta}{\mu} - 1\right) \frac{v}{r^2} = 0 \end{aligned}\right\} \,. \quad (16\,b)$$

zerfällt werden. Die erste derselben liefert mit dem Ansatze

$$u = B r^k \quad \ldots \ldots \quad (19)$$

$$B r^{k-2} \left(k^2 + \beta k + \frac{\beta}{\mu} - 1\right) + \frac{r}{a^2} = 0,$$

wonach

$$k = 3 \text{ und } B = -\frac{1}{a^2} \frac{\mu}{(8 + 3\beta)\mu + \beta} \quad \ldots \quad (19\,a)$$

folgt. Demgegenüber führt die zweite Gl. (16 b) mit

$$v = C r^k \quad \ldots \ldots \quad (20)$$

auf

$$C r^{k-2} \left(k^2 + k\beta + \frac{\beta}{\mu} - 1\right) = 0,$$

liefert also die beiden Werte

$$k_{12} = -\frac{\beta}{2} \pm \sqrt{\frac{\beta^2}{4} - \frac{\beta}{\mu} + 1} \quad \ldots \quad (20\,a).$$

Mithin lautet das allgemeine Integral von (16)

$$\Delta r = C_1 r^{k_1} + C_2 r^{k_2} - \frac{1}{a^2} \frac{\mu r^3}{(8 + 3\beta)\mu + \beta} \quad \ldots \quad (21),$$

worin die beiden Integrationskonstanten C_1 und C_2 nach Wahl des Exponenten β in Gl. (17 a) aus den Grenzbedingungen für den Innen- und Außenrand sich berechnen. Man übersieht sofort, daß $k_{12} = \pm 1$ für $\beta = 0$ und aus Gl. (21) wieder (6 a) entsprechend der Scheibe konstanter Dicke wird.

Verlangt man z. B., daß die Scheibe als Bestandteil einer Dampfturbine das Moment $\mathfrak{M}$ übertragen soll, so folgt mit der über die Breite z konstant angenommenen Schubspannung τ

$$\mathfrak{M} = 2\pi\tau r^2 z \quad \ldots\ldots\ldots \quad (10\text{a}),$$

woraus sich mit einem vorgeschriebenen Werte von τ für die ganze Scheibe die Profilkurve

$$r^2 z = \frac{\mathfrak{M}}{2\pi\tau} = \text{const} \quad \ldots\ldots \quad (17\text{b})$$

ergibt, die sich sowohl der z-, wie auch der r-Achse asymptotisch nähert (Fig. 208). Die in Gl. (17 a) auftretenden Konstanten sind hiernach

$$A = \frac{\mathfrak{M}}{2\pi\tau}, \quad \beta = -2 \quad \ldots\ldots \quad (17\text{c})$$

und damit werden die Exponenten (20 a)

$$k_{12} = 1 \pm \sqrt{2\left(1 + \frac{1}{\mu}\right)} \quad \ldots\ldots \quad (20\text{b}).$$

Schreiben wir dagegen mit G r ü b l e r[1]) vor, d a ß s o w o h l d i e R a d i a l s p a n n u n g σ_r a l s a u c h d i e T a n g e n t i a l s p a n n u n g σ_t d e r g a n z e n S c h e i b e b e s t i m m t e u n v e r ä n d e r l i c h e W e r t e b e s i t z e n, so wird aus der Grundformel (15) nach Division mit $\sigma_r r z$

$$\frac{d \lg n z}{d r} = \frac{\sigma_t - \sigma_r}{\sigma_r r} - \frac{\omega^2 \gamma r}{g \sigma_r} \quad \ldots\ldots \quad (15\text{a})$$

oder integriert mit $z = z_0$ für $r = r_0$

$$\frac{z}{z_0} = \left(\frac{r}{r_0}\right)^{\frac{\sigma_t - \sigma_r}{\sigma_r}} e^{-\frac{\omega^2 \gamma}{2 g \sigma_r}(r^2 - r_0^2)} \quad \ldots \quad (22).$$

Diese Profilgleichung vereinfacht sich noch in dem von S t o d o l a a. a. O. zuerst betrachteten Falle $\sigma_r = \sigma_t = \sigma$ in

$$\frac{z}{z_0} = e^{-\frac{\omega^2 \gamma}{2 g \sigma}(r^2 - r_0^2)} \quad \ldots\ldots \quad (22\text{a}).$$

---

[1]) G r ü b l e r: Der Spannungszustand in rotierenden Scheiben veränderlicher Breite. Z. d. V. d. Ing. 1906, S. 535.

Alsdann haben wir es mit einer Scheibe gleichen Widerstandes zu tun, deren Profil (Fig. 209) mit der sog. Fehlerkurve der Wahrscheinlichkeitsrechnung übereinstimmt. Hierbei kann natürlich auch $r_0 = 0$ gesetzt werden, womit z_0

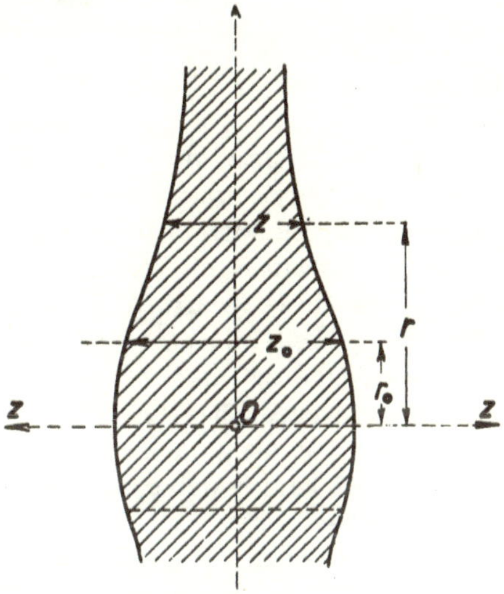

Fig. 209.

die Scheibenbreite in der Achse selbst bedeuten würde. Die in diesen Scheiben auftretende Radialverschiebung berechnet sich dann aus (4) sofort zu

$$\Delta r = \frac{\sigma}{E}\left(1 - \frac{1}{\mu}\right) r \quad . \quad . \quad . \quad . \quad . \quad . \quad (23),$$

während die Schubspannung durch (10 a) für ein vorgelegtes Torsionsmoment $\mathfrak{M}$ nach Einsetzen von (22 a) gegeben ist.

Für das Studium anderweitiger Profilkurven, die sich auf Grund mannigfacher Annahmen über die Tangential- und Radialspannungen sowie über die Dehnungen konstruieren lassen, sei zum Schlusse auf eine Arbeit von Leon[1]) verwiesen.

[1]) Leon: Über Formen gleicher Bruchgefahr mit besonderer Berücksichtigung der rotierenden Scheiben. Z. d. öster. Ing.- u. Arch.-Vereins 1908, Heft 18 u. 19.

§ 59. Der achsensymmetrische Spannungszustand ohne Torsion.

Die Differentialgleichungen für die Spannungen und die Verschiebungen ohne Torsion. Oberflächenbedingungen. Zurückführung auf vier Spannungsgleichungen oder zwei Gleichungen für die Verschiebung. Prüfung der Lösungen für das Rohr unter Druck und die rotierende Scheibe. Die Spannungsverteilung in einem Zug- oder Druckstabe.

Bei der Untersuchung der rotierenden Scheiben im letzten Abschnitt haben wir nicht nur von der Einführung von Axialspannungen σ_z abgesehen, sondern auch die in gleicher Richtung sowie normal dazu wirkenden Schubspannungen τ_s vernachlässigt. Diese Spannungskomponenten verschwinden jedenfalls längs der ebenen Seitenfläche von Scheiben mit konstanter Breite, während bei veränderlicher Breite diese Grenzbedingung nur solange angenähert zutrifft, als die Seitenflächen gegen eine Normalebene zur Achse nur geringe Neigungswinkel besitzen. Für das Innere der Scheiben läßt sich dagegen über die beiden Spannungskomponenten von vornherein gar nichts aussagen; ihre Vernachlässigung im letzten Abschnitt konnte daher nur durch die Annahme einer gegen den Scheibendurchmesser kleinen axialen Breite einigermaßen begründet werden.

Kann der zu untersuchende Rotationskörper also nicht mehr als eine flache Scheibe aufgefaßt werden, so müssen wir unter Hinzunahme der Spannungskomponenten σ_z und τ_s auf die schon in § 50 gelegentlich der Ermittlung des Spannungszustandes einer Kreisplatte an Hand von Fig. 181 entwickelten beiden Gleichgewichtsbedingungen in radialer und axialer Richtung

$$\left.\begin{aligned} \frac{\partial(\sigma_r r)}{\partial r} + \frac{\partial(\tau_s r)}{\partial z} &= \sigma_t \\ \frac{\partial(\sigma_z r)}{\partial z} + \frac{\partial(\tau_s r)}{\partial r} &= 0 \end{aligned}\right\} \quad \ldots\ldots \quad (1)$$

zurückgreifen. Die Aufstellung der dritten Gleichgewichtsbedingung in tangentialer Richtung wird hinfällig, solange der Körper nicht durch Torsionsmomente in Anspruch genommen wird.

Die Formeln (1) enthalten nun vier Spannungskomponenten $\sigma_r, \sigma_t, \sigma_z$ und τ_s, reichen also zu deren Bestimmung als Funktionen der Koordinaten r und z, die infolge der Achsensymmetrie allein in Frage kommen, nicht aus. Beachtet man jedoch, daß in den Dehnungen

$$\varepsilon_r = \frac{\partial \Delta r}{\partial r}, \quad \varepsilon_t = \frac{\Delta r}{r}, \quad \varepsilon_z = \frac{\partial \zeta}{\partial z} \quad . \quad . \quad . \quad (2),$$

sowie in der Gleitung

$$\chi = \frac{\partial \Delta r}{\partial z} + \frac{\partial \zeta}{\partial r} \quad . \quad . \quad . \quad . \quad . \quad . \quad . \quad . \quad (3)$$

nur die beiden Verschiebungen Δr und ζ in radialer und axialer Richtung auftreten, so ergibt sich durch Hinzunahme des Zusammenhangs zwischen den Spannungen und den Dehnungen bzw. der Gleitung, nämlich

$$\left.\begin{aligned} E\frac{\partial \Delta r}{\partial r} &= \sigma_r - \frac{\sigma_t + \sigma_z}{\mu} \\ E\frac{\Delta r}{r} &= \sigma_t - \frac{\sigma_z + \sigma_r}{\mu} \\ E\frac{\partial \zeta}{\partial z} &= \sigma_z - \frac{\sigma_r + \sigma_t}{\mu} \\ G\left(\frac{\partial \Delta r}{\partial z} + \frac{\partial \zeta}{\partial r}\right) &= \tau_s \end{aligned}\right\} \quad . \quad . \quad . \quad . \quad (4),$$

gerade die genügende Zahl von Gleichungen für die zu ermittelnden Größen $\sigma_r, \sigma_t, \sigma_z, \tau_s, \Delta r$ und ζ.

Dazu kommen noch die G r e n z b e d i n g u n g e n für das Gleichgewicht der inneren und äußeren Spannungen an der Körperoberfläche. Bezeichnen wir den Tangentenwinkel der Meridiankurve des Körpers gegen seine Achse mit ϑ, mit p_n die Normalkomponente und mit p_s die Schubkomponente der Außenspannung p, so erhalten wir genau wie beim ebenen Spannungszustand (Gl. (6), § 2)

$$\left.\begin{aligned} p_n &= \sigma_r \cos^2\vartheta + \sigma_z \sin^2\vartheta + 2\,\tau_s \cos\vartheta \sin\vartheta \\ p_s &= (\sigma_r - \sigma_z)\cos\vartheta \sin\vartheta - \tau_s(\cos^2\vartheta - \sin^2\vartheta) \end{aligned}\right\} \quad . \quad (5).$$

Die Tangentialspannung erscheint nicht mit in diesen Formeln, weil sie parallel der Oberfläche verläuft und daher keine endliche Radialkomponente besitzt.

Für die weitere Behandlung erscheint es zweckmäßig, die Zahl der Gleichungen durch Elimination von Variabeln zu vermindern. Multiplizieren wir z. B. behufs Elimination von Δr die zweite Gl. (4) mit r und differenzieren partiell nach r, so wird

$$E\frac{\partial \Delta r}{\partial r} = \frac{\partial(\sigma_t r)}{\partial r} - \frac{1}{\mu}\left(\frac{\partial(\sigma_z r)}{\partial r} + \frac{\partial(\sigma_r r)}{\partial r}\right).$$

Dies liefert nach Gleichsetzung mit der ersten Gl. (4)

$$\frac{\partial(\sigma_t r)}{\partial r}-\sigma_r=\frac{1}{\mu}\left(\frac{\partial(\sigma_r r)}{\partial r}+\frac{\partial(\sigma_z r)}{\partial r}-\sigma_t-\sigma_z\right)\quad . \quad (6).$$

Differenzieren wir dagegen die letzte Gl. (4) nach z, so erhalten wir

$$\frac{1}{G}\frac{\partial \tau_s}{\partial z}=\frac{\partial^2 \varDelta r}{\partial z^2}+\frac{\partial^2 \zeta}{\partial r\,\partial z}\quad . \quad . \quad . \quad . \quad . \quad (4\text{a}).$$

Für das erste Glied rechts erhalten wir aber aus der zweiten Formel (4)

$$\frac{\partial^2 \varDelta r}{\partial z^2}=\frac{1}{E}\left[\frac{\partial^2(\sigma_t r)}{\partial z^2}-\frac{1}{\mu}\left(\frac{\partial^2(\sigma_r r)}{\partial z^2}+\frac{\partial^2(\sigma_z r)}{\partial z^2}\right)\right]$$

und für das zweite Glied der rechten Seite von (4 a) aus der dritten Formel (4)

$$\frac{\partial^2 \zeta}{\partial r\,\partial z}=\frac{1}{E}\left[\frac{\partial \sigma_z}{\partial r}-\frac{1}{\mu}\left(\frac{\partial \sigma_r}{\partial r}+\frac{\partial \sigma_t}{\partial r}\right)\right],$$

so daß wir schließlich an Stelle von (4 a) erhalten

$$\frac{E}{G}\frac{\partial \tau_s}{\partial z}=\frac{\partial \sigma_z}{\partial r}+\frac{\partial^2(\sigma_t r)}{\partial z^2}-\frac{1}{\mu}\left(\frac{\partial \sigma_r}{\partial r}+\frac{\partial \sigma_t}{\partial r}+\frac{\partial^2(\sigma_r r)}{\partial z^2}+\frac{\partial^2(\sigma_z r)}{\partial z^2}\right)\quad (7).$$

Die beiden Gleichungen (6) und (7) bestimmen alsdann im Verein mit (1) und den Oberflächenbedingungen (5) die vier Spannungskomponenten, aus denen sich schließlich die Verschiebungen mit Hilfe der Formelgruppe (4) berechnen lassen.

Man kann indessen aus den sechs Gleichungen (1) und (4) durch Elimination der Spannungen unmittelbar zwei Differentialgleichungen für die Verschiebungen $\varDelta r$ und ζ ableiten. Zu diesem Zwecke schreiben wir an Stelle von (1)

$$\left.\begin{aligned}\frac{\partial \sigma_r}{\partial \tau}+\frac{\sigma_r-\sigma_t}{r}+\frac{\partial \tau_s}{\partial z}&=0\\ \frac{\partial \sigma_z}{\partial z}+\frac{1}{r}\frac{\partial(\tau_s r)}{\partial r}\qquad&=0\end{aligned}\right\}\quad . \quad . \quad . \quad . \quad (1\text{a})$$

und berechnen die drei Spannungskomponenten $\sigma_r\,\sigma_t\,\sigma_z$ aus den drei ersten Formeln (4). Deren Addition liefert zunächst mit den Abkürzungen (2) für die Dehnungen

$$\sigma_r+\sigma_t+\sigma_z=\frac{E\mu}{\mu-2}(\varepsilon_r+\varepsilon_t+\varepsilon_z)\quad . \quad . \quad . \quad (4\text{b}).$$

Schreiben wir dann für die erste Gl. (4)

$$E\,\varepsilon_r = \sigma_r \frac{\mu+1}{\mu} - \frac{\sigma_r + \sigma_t + \sigma_z}{\mu},$$

so folgt nach Einführung von (4 b)

$$E\,\varepsilon_r = \sigma_r \frac{\mu+1}{\mu} - \frac{E}{\mu-2}(\varepsilon_r + \varepsilon_t + \varepsilon_z),$$

also

$$\sigma_r \frac{\mu+1}{\mu} = \frac{E}{\mu-2}[\varepsilon_r(\mu-2) + \varepsilon_r + \varepsilon_t + \varepsilon_z]$$

$$\sigma_r = \frac{E\mu}{\mu+1}\left(\varepsilon_r + \frac{\varepsilon_r + \varepsilon_t + \varepsilon_z}{\mu-2}\right).$$

Mit Benutzung des Zusammenhanges

$$\frac{E\mu}{\mu+1} = 2G \quad \ldots\ldots\ldots \quad (8)$$

zwischen den Elastizitätskonstanten erhalten wir daraus unter Hinzufügung der genau analog gebauten Formeln für die beiden andern Spannungskomponenten

$$\left.\begin{aligned} \sigma_r &= 2G\left(\varepsilon_r + \frac{\varepsilon_r + \varepsilon_t + \varepsilon_z}{\mu-2}\right) \\ \sigma_t &= 2G\left(\varepsilon_t + \frac{\varepsilon_r + \varepsilon_t + \varepsilon_z}{\mu-2}\right) \\ \sigma_z &= 2G\left(\varepsilon_z + \frac{\varepsilon_r + \varepsilon_t + \varepsilon_z}{\mu-2}\right) \end{aligned}\right\} \quad \ldots\ldots \quad (9).$$

Mithin ist mit Rücksicht auf die Bedeutung (2) der Dehnungen

$$\frac{\partial \sigma_r}{\partial r} = 2G\left[\frac{\partial^2 \Delta r}{\partial r^2} + \frac{1}{\mu-2}\frac{\partial}{\partial r}\left(\frac{1}{r}\frac{\partial (r\Delta r)}{\partial r}\right) + \frac{1}{\mu-2}\frac{\partial^2 \zeta}{\partial r\,\partial z}\right]$$

$$\sigma_r - \sigma_t = 2G\left(\frac{\partial \Delta r}{\partial r} - \frac{\Delta r}{r}\right),$$

also

$$\frac{1}{2G}\left(\frac{\partial \sigma_r}{\partial r} + \frac{\sigma_r - \sigma_t}{r}\right) = \frac{\partial^2 \Delta r}{\partial r^2} + \frac{1}{r}\frac{\partial \Delta r}{\partial r} - \frac{\Delta r}{r^2}$$

$$+ \frac{1}{\mu-2}\frac{\partial}{\partial r}\left(\frac{1}{r}\frac{\partial (r\Delta r)}{\partial r}\right) + \frac{1}{\mu-2}\frac{\partial^2 \zeta}{\partial r\,\partial z}.$$

Hierin lassen sich aber die ersten drei Glieder rechts zusammenziehen nach dem Schema

$$\frac{\partial^2 \Delta r}{\partial r^2} + \frac{1}{r}\frac{\partial \Delta r}{\partial r} - \frac{\Delta r}{r^2} = \frac{\partial^2 \Delta r}{\partial r^2} + \frac{\partial}{\partial r}\left(\frac{\Delta r}{r}\right)$$

$$= \frac{\partial}{\partial r}\left(\frac{\partial \Delta r}{\partial r} + \frac{\Delta r}{r}\right) = \frac{\partial}{\partial r}\left(\frac{1}{r}\frac{\partial (r\Delta r)}{\partial r}\right),$$

so daß wir erhalten

$$\frac{1}{2G}\left(\frac{\partial \sigma_r}{\partial r}+\frac{\sigma_r-\sigma_t}{r}\right)=\frac{\mu-1}{\mu-2}\frac{\partial}{\partial r}\left(\frac{1}{r}\frac{\partial (r\Delta r)}{\partial r}\right)+\frac{1}{\mu-2}\frac{\partial^2 \zeta}{\partial r\,\partial z} \quad (9a).$$

Weiter folgt aus der dritten Gl. (9) mit Beachtung von (2)

$$\frac{\partial \sigma_z}{\partial z}=2G\left[\frac{\partial^2 \zeta}{\partial z^2}+\frac{1}{\mu-2}\frac{\partial}{\partial z}\left(\frac{1}{r}\frac{\partial (r\Delta r)}{\partial r}\right)+\frac{1}{\mu-2}\frac{\partial^2 \zeta}{\partial z^2}\right] \cdot$$

$$\frac{\partial \sigma_z}{\partial z}=2G\left[\frac{\mu-1}{\mu-2}\frac{\partial^2 \zeta}{\partial z^2}+\frac{1}{\mu-2}\frac{\partial}{\partial z}\left(\frac{1}{r}\frac{\partial (r\Delta r)}{\partial r}\right)\right] \quad . \quad . \quad (9b)$$

und aus der vierten Gl. (4) nach Multiplikation mit r und Differentiation nach r

$$\frac{\partial (\tau_s r)}{\partial r}=G\left[\frac{\partial}{\partial r}\left(\frac{\partial (r\Delta r)}{\partial z}\right)+\frac{\partial}{\partial r}\left(r\frac{\partial \zeta}{\partial r}\right)\right] \quad . \quad . \quad (9c).$$

Führen wir nun diese drei Ausdrücke (9 a), (9 b), (9 c) im Verein mit (4 a) in die Gleichgewichtsbedingungen (1 a) ein, so nehmen diese unter Wegfall des gemeinsamen Faktors G die Formen

$$\left.\begin{aligned}\frac{\partial^2 \Delta r}{\partial z^2}+\frac{1}{\mu-2}\frac{\partial}{\partial r}\left(2\frac{\mu-1}{r}\frac{\partial (r\Delta r)}{\partial r}+\mu\frac{\partial \zeta}{\partial z}\right)&=0\\ \frac{\partial}{\partial r}\left(r\frac{\partial \zeta}{\partial r}\right)+\frac{1}{\mu-2}\frac{\partial}{\partial z}\left(2(\mu-1)\,r\frac{\partial \zeta}{\partial z}+\mu\frac{\partial (r\Delta r)}{\partial r}\right)&=0\end{aligned}\right\} \quad (10)$$

an, welche schon das Ergebnis der Elimination der Spannungskomponenten darstellen. Aus ihnen könnte man schließlich noch eine der beiden Verschiebungen entfernen und erhielte so für die andere eine partielle Differentialgleichung vierter Ordnung, die indessen wenig übersichtlich ausfällt.

1. Beispiel. Aus der Mannigfaltigkeit der möglichen achsensymmetrischen Spannungszustände greifen wir den einfachsten Fall heraus, bei dem die Radialverschiebung Δr nur von r, die Axialverschiebung dagegen nur von z abhängt. Dann ist offenbar

$$\frac{\partial \Delta r}{\partial z}=0, \quad \frac{\partial \zeta}{\partial r}=0 \quad . \quad . \quad . \quad . \quad . \quad . \quad (11),$$

und die Gleichungen (10) vereinfachen sich in

$$\frac{d}{dr}\left(\frac{1}{r}\frac{d (r\Delta r)}{dr}\right)=0, \quad \frac{d^2 \zeta}{dz^2}=0 \quad . \quad . \quad . \quad . \quad (11a).$$

Sie ergeben, wenn wir uns einen Normalschnitt $z = 0$ festgehalten denken, mit drei Konstanten $A\ B\ C$

$$\Delta r = Br + \frac{C}{r}, \quad \zeta = Az \quad . \quad . \quad . \quad . \quad . \quad (11\,b),$$

entsprechend dem in § 57 behandelten Rohre unter Druck mit einer darüber gelagerten gleichförmigen Axialbelastung, die naturgemäß eine ebenso gleichförmige Axialdehnung zur Folge hat. Wegen der aus Gl. (5 a), § 57, hervorgehenden Unveränderlichkeit der Summe $\sigma_r + \sigma_t$ liefert auch die Querkontraktion einen gleichförmigen Beitrag zur Axialdehnung, womit die volle Übereinstimmung der Lösung (11 b) mit der in § 57 erhaltenen dargetan ist.

2. Beispiel. Zur Prüfung der in § 58 entwickelten Theorie der rotierenden Scheibe setzen wir für die Radialverschiebung nach Gl. (6 a), § 58,

$$\Delta r = Br + \frac{C}{r} - \frac{r^3}{8a^2} \quad . \quad . \quad . \quad . \quad . \quad (12),$$

woraus

$$\frac{\partial (r\Delta r)}{\partial r} = 2Br - \frac{r^3}{2a^2}, \quad \frac{\partial (r\Delta r)}{\partial z} = 0 \quad . \quad . \quad (12\,a)$$

und nach Einsetzen in die Formeln (10)

$$\left.\begin{aligned} \frac{\partial}{\partial r}\left[2(\mu-1)\left(2B - \frac{r^2}{2a^2}\right) + \mu \frac{\partial \zeta}{\partial z}\right] &= 0 \\ \frac{\partial}{\partial r}\left(r \frac{\partial \zeta}{\partial r}\right) + 2\frac{\mu-1}{\mu-2}\, r \frac{\partial^2 \zeta}{\partial z^2} \qquad &= 0 \end{aligned}\right\} \quad . \quad (10\,a)$$

folgt. Die erste dieser Gleichungen ergibt mit einer reinen Funktion Z von z

$$\frac{\partial \zeta}{\partial z} = \frac{dZ}{dz} - 2\frac{\mu-1}{\mu}\left(2B - \frac{r^2}{2a^2}\right)$$

und nochmals integriert mit einer reinen Radialfunktion R

$$\zeta = Z - 2\frac{\mu-1}{\mu}\left(2B - \frac{r^2}{2a^2}\right) z + R \quad . \quad . \quad . \quad (13).$$

Verlangen wir, daß für die Mittelebene der Scheibe, also für $z = 0$, $\zeta = 0$ ist, so muß $R = 0$ sein. Setzen wir dann (13) mit den Ableitungen

$$\frac{\partial \zeta}{\partial r} = 2\frac{\mu-1}{\mu}\frac{rz}{a^2}, \quad \frac{\partial^2 \zeta}{\partial z^2} = \frac{d^2 Z}{dz^2} \quad . \quad . \quad . \quad (13\,a)$$

in die zweite Gl. (10 a) ein, so wird

$$\frac{d^2 Z}{d z^2} = -2 \frac{\mu - 2}{\mu} \frac{z}{a^2},$$

also mit zwei neuen Konstanten D und D'

$$Z = D z - \frac{\mu - 2}{\mu} \frac{z^3}{3 a^2} + D' \quad . \quad . \quad . \quad . \quad (13\text{b}).$$

Führen wir dies in (13) ein, so erkennen wir, daß zunächst die additive Konstante D' verschwindet, damit $\zeta = 0$ für $z = 0$ sein kann, so daß also nur noch

$$\zeta = D z - 2 \frac{\mu - 1}{\mu} \left(2 B - \frac{r^2}{2 a^2}\right) z - \frac{\mu - 2}{3 \mu} \frac{z^3}{a^2} \quad . \quad (14)$$

für die Axialverschiebung übrig bleibt. Die Konstante D ist hierin aus der Bedingung des Verschwindens von σ_z für die Seitenwände $z = \pm \frac{h}{2}$ zu bestimmen, während für die Konstante B das Verschwinden von σ_r für den Innen- und Außenrand r_1 und r_2 maßgebend ist. Außerdem aber muß längs dieser Ränder und an den Seitenwänden noch die Schubspannung τ_s verschwinden, so daß also erheblich mehr Bedingungsgleichungen als Integrationskonstanten vorhanden sind. Das heißt aber nichts anderes, als daß die Lösung des § 58 mit den exakten Oberflächenbedingungen unverträglich ist und daher nur eine angenäherte Gültigkeit beanspruchen kann.

3. Beispiel. Sind die Spannungen in einem zylindrischen Stabe vom Achsenabstande z unabhängig, so folgt zunächst aus der zweiten Gl. (1)

$$\frac{d(\tau_s r)}{d r} = 0, \quad \tau_s r = C \quad . \quad . \quad . \quad . \quad . \quad (15).$$

Da auf die Mantelfläche des Stabes keine Schubkräfte wirken, so muß dort mit τ auch die Konstante C verschwinden. Damit wird aus der ersten Gl. (1)

$$\sigma_t = \frac{d(\sigma_r r)}{d r} \quad . \quad . \quad . \quad . \quad . \quad . \quad . \quad . \quad (15\text{a}),$$

während die beiden Gleichungen (6) und (7) nach dem Wegfall aller Ableitungen nach z sich in

$$\left.\begin{aligned} \frac{d(\sigma_t r)}{d r} - \sigma_r &= \frac{1}{\mu}\left(\frac{d(\sigma_z r)}{d r} - \sigma_z\right) \\ \frac{d \sigma_z}{\partial r} &= \frac{1}{\mu}\left(\frac{d \sigma_r}{d r} + \frac{d \sigma_t}{d r}\right) \end{aligned}\right\} \quad . \quad . \quad . \quad (16)$$

vereinfachen. Die zweite dieser Formeln liefert nach Integration mit der Konstante σ_0

$$\sigma_z = \sigma_0 + \frac{\sigma_r + \sigma_t}{\mu} \quad . \quad . \quad . \quad . \quad . \quad . \quad (16\,a).$$

Führen wir diesen Ausdruck mit (15 a) in die erste Gl. (16) ein, so wird daraus nach etlichen Kürzungen

$$\frac{d}{dr}\left(\frac{1}{r}\,\frac{d(\sigma_r r^2)}{dr}\right) = \frac{1}{\mu}\,\frac{d\sigma_z}{dr} \quad . \quad . \quad . \quad . \quad . \quad (17)$$

oder wegen (16 a) und (15 a)

$$\frac{1}{r}\,\frac{d(\sigma_r r^2)}{dr}\left(1 - \frac{1}{\mu^2}\right) = \frac{\sigma_0}{\mu} + C_0 \quad . \quad . \quad . \quad . \quad (17\,a).$$

und nach Integration mit den Konstanten σ_1 und C_1

$$\sigma_r = \sigma_1 + \frac{C_1}{r^2} \quad . \quad . \quad . \quad . \quad . \quad . \quad . \quad . \quad (17\,b).$$

Hierin verschwindet die Konstante C_1, da für $r = 0$ die Radialspannung σ_r nicht unendlich groß werden kann. Ist der Mantel des Stabes überhaupt spannungsfrei, so muß auch $\sigma_1 = 0$ werden, womit dann wegen (15 a) und (16 a)

$$\sigma_r = \sigma_t = 0, \quad \sigma_z = \sigma_0$$

wird. *Die Unabhängigkeit des Spannungszustandes vom Achsenabstande bedingt demnach eine über den ganzen Querschnitt gleichförmig verteilte Axialspannung ohne Hinzutritt einer Radial- und Tangentialspannung.*

Das ist in der Tat der Spannungszustand, den wir im einfachen *Zug-* oder *Druckstabe* (§ 1) in großer Entfernung von den Einspannstellen vorausgesetzt haben.

§ 60. Temperaturspannungen in Hohlzylindern.

Ergänzung der Dehnungen durch den Einfluß von Temperaturunterschieden. Aufstellung der Gleichungen für die Verschiebung und Integration für den unendlich langen Zylinder. Sätze über die Spannungen, Spannungsmaxima. Einführung der Temperaturverteilung. Sonderfall dünnwandiger Rohre. Beispiele.

Erhalten wir die innere und äußere Mantelfläche eines homogenen Hohlzylinders dauernd auf verschiedenen Temperaturen T_1 und T_2, so suchen sich die höher temperierten Teile auszudehnen, diejenigen mit niederer Temperatur dagegen zusammenzuziehen. Da sie jedoch durch den Zusammenhang des Ganzen hieran gehindert werden, so müssen auch ohne Einwirkung äußerer Kräfte im Hohlzylinder sog. Temperaturspannungen auftreten, deren Größe wir im folgenden ermitteln wollen.

Ist α der lineare Ausdehnungskoeffizient des Materials und T_0 seine Mitteltemperatur, so entspricht der Temperatur T an irgendeiner Stelle die von der Richtung unabhängige lineare Ausdehnung $\alpha\,(T - T_0)$. Diese tritt alsdann zu den von den Spannungskomponenten allein hervorgerufenen Dehnungen $\varepsilon_r\,\varepsilon_t\,\varepsilon_z$ hinzu, so daß wir jetzt an Stelle der Gleichungen (2), § 59,

$$\left.\begin{aligned} \varepsilon_r + \alpha\,(T - T_0) &= \frac{\partial \Delta r}{\partial r} \\ \varepsilon_t + \alpha\,(T - T_0) &= \frac{\Delta r}{r} \\ \varepsilon_z + \alpha\,(T - T_0) &= \frac{\partial \zeta}{\partial z} \end{aligned}\right\} \quad \ldots\ldots \quad (1)$$

zu schreiben haben, während der durch die Formeln (4) bzw. (9), § 59, gegebene Zusammenhang zwischen Spannungen und Dehnungen bzw. Gleitung

$$\left.\begin{aligned} \sigma_r &= 2G\left(\varepsilon_r + \frac{\varepsilon_r + \varepsilon_t + \varepsilon_z}{\mu - 2}\right) \\ \sigma_t &= 2G\left(\varepsilon_t + \frac{\varepsilon_r + \varepsilon_t + \varepsilon_z}{\mu - 2}\right) \\ \sigma_z &= 2G\left(\varepsilon_z + \frac{\varepsilon_r + \varepsilon_t + \varepsilon_z}{\mu - 2}\right) \\ \tau_s &= G\left(\frac{\partial \Delta r}{\partial z} + \frac{\partial \zeta}{\partial r}\right) \end{aligned}\right\} \quad \ldots\ldots \quad (2)$$

ungeändert bleibt. Setzen wir in diese Formeln die Ausdrücke für die Dehnungen nach (1) ein, so wird

$$\left.\begin{aligned} \sigma_r &= 2G\left[\frac{\partial \Delta r}{\partial r} + \frac{1}{\mu - 2}\left(\frac{\partial \Delta r}{\partial r} + \frac{\Delta r}{r} + \frac{\partial \zeta}{\partial z}\right) \right. \\ &\qquad \left. - \frac{\mu + 1}{\mu - 2}\,\alpha\,(T - T_0)\right] \\ \sigma_t &= 2G\left[\frac{\Delta r}{r} + \frac{1}{\mu - 2}\left(\frac{\partial \Delta r}{\partial r} + \frac{\Delta r}{r} + \frac{\partial \zeta}{\partial z}\right) \right. \\ &\qquad \left. - \frac{\mu + 1}{\mu - 2}\,\alpha\,(T - T_0)\right] \\ \sigma_z &= 2G\left[\frac{\partial \zeta}{\partial z} + \frac{1}{\mu - 2}\left(\frac{\partial \Delta r}{\partial r} + \frac{\Delta r}{r} + \frac{\partial \zeta}{\partial z}\right) \right. \\ &\qquad \left. - \frac{\mu + 1}{\mu - 2}\,\alpha\,(T - T_0)\right] \end{aligned}\right\} \quad (2\,\mathrm{a}).$$

Damit gehen die beiden Gleichgewichtsbedingungen (1) bzw. (1 a), § 59, in radialer und tangentialer Richtung, nämlich

$$\left.\begin{aligned} \frac{\partial \sigma_r}{\partial r} + \frac{\sigma_r - \sigma_t}{r} + \frac{\partial \tau_s}{\partial z} = 0 \\ \frac{\partial \sigma_z}{\partial z} + \frac{1}{r}\frac{\partial (\tau_s r)}{\partial r} = 0 \end{aligned}\right\} \quad \ldots \ldots \quad (3),$$

über in

$$\left.\begin{aligned} \frac{\partial^2 \Delta r}{\partial z^2} + \frac{1}{\mu - 2}\frac{\partial}{\partial r}\left[2\frac{\mu - 1}{r}\frac{\partial (r\Delta r)}{\partial r}\right. \\ \left. + \mu\frac{\partial \zeta}{\partial z} - 2(\mu + 1)\alpha T\right] = 0 \\ \frac{\partial}{\partial r}\left(r\frac{\partial \zeta}{\partial r}\right) + \frac{1}{\mu - 2}\frac{\partial}{\partial z}\left[2(\mu - 1)r\frac{\partial \zeta}{\partial z}\right. \\ \left. + \mu\frac{\partial (r\Delta r)}{\partial r} - 2r(\mu + 1)\alpha T\right] = 0 \end{aligned}\right\} \quad (4).$$

Wir wollen nun für die Folge voraussetzen, daß unser Hohlzylinder theoretisch unendlich lang sei, so daß der Einfluß der irgendwie eingespannten Enden wegfällt. Dann aber können auch die Spannungen nicht mehr von z abhängen, so daß nach der zweiten Gl. (3)

$$\tau_s r = C \quad \ldots \ldots \ldots \quad (3\,\mathrm{a})$$

sein muß. Da nun längs der Zylindermäntel keine Schubspannungen wirksam sind, so muß mit C auch die Schubspannung τ_s überall verschwinden, und die Spannungskomponenten $\sigma_r\,\sigma_t\,\sigma_z$ werden zu Hauptspannungen. Damit aber wird aus der vierten Gl. (2)

$$\frac{\partial \Delta r}{\partial z} + \frac{\partial \zeta}{\partial r} = 0,$$

worin, wenn die Temperatur T nicht von z abhängt, auch die Radialverschiebung davon unabhängig ist, so daß wir

$$\frac{\partial \Delta r}{\partial z} = \frac{\partial \zeta}{\partial r} = 0$$

erhalten. Somit vereinfachen sich die beiden Gleichungen (4) unter gleichzeitigem Ersatz der partiellen Differentiale durch totale in

$$\left.\begin{aligned} \frac{d}{dr}\left(\frac{1}{r}\frac{d(r\Delta r)}{dr}\right) = \frac{\mu + 1}{\mu - 1}\alpha\frac{dT}{dr} \\ \frac{d^2 \zeta}{dz^2} = 0 \end{aligned}\right\} \quad \ldots \quad (4\,\mathrm{a}).$$

Deren Integrale ergeben sich mit der Forderung, daß der Querschnitt $z = 0$ festgehalten werde, so daß hier $\zeta = 0$ ist, mit drei Integrationskonstanten $A\ B\ C$ zu

$$\left.\begin{aligned} \Delta r &= \frac{\mu+1}{\mu-1}\frac{\alpha}{r}\int T r\,dr + B r + \frac{C}{r} \\ \zeta &= A z \end{aligned}\right\} \quad . \quad . \quad . \quad (5),$$

woraus dann mit der Abkürzung

$$\frac{1}{r^2}\int T r\,dr = T' \quad . \quad . \quad . \quad . \quad . \quad . \quad . \quad (6)$$

folgt

$$\left.\begin{aligned} \frac{\partial \Delta r}{\partial r} = \frac{d\Delta r}{dr} &= \frac{\mu+1}{\mu-1}\alpha(T-T') + B - \frac{C}{r^2} \\ \frac{\Delta r}{r} &= \frac{\mu+1}{\mu-1}\alpha T' \qquad + B + \frac{C}{r^2} \\ \frac{\partial \zeta}{\partial z} = \frac{d\zeta}{dz} &= A \\ \frac{\partial \Delta r}{\partial r} + \frac{\Delta r}{r} + \frac{\partial \zeta}{\partial z} &= A + 2B + \frac{\mu+1}{\mu-1}\alpha T \end{aligned}\right\} \quad . \ (5\,\text{a}).$$

Eingesetzt in (2 a) gibt dies

$$\left.\begin{aligned} \frac{\sigma_r}{2G} &= \frac{A}{\mu-2} + \frac{\mu}{\mu-2}B - \frac{C}{r^2} - \frac{\mu+1}{\mu-1}\alpha T' + \frac{\mu+1}{\mu-2}\alpha T_0 \\ \frac{\sigma_t}{2G} &= \frac{A}{\mu-2} + \frac{\mu}{\mu-2}B + \frac{C}{r^2} \\ &\qquad + \frac{\mu+1}{\mu-1}\alpha(T'-T) + \frac{\mu+1}{\mu-2}\alpha T_0 \\ \frac{\sigma_z}{2G} &= \frac{\mu-1}{\mu-2}A + \frac{2B}{\mu-2} - \frac{\mu+1}{\mu-1}\alpha T + \frac{\mu+1}{\mu-2}\alpha T_0 \end{aligned}\right\} \ (2\,\text{b}).$$

Für die Bestimmung der Integrationskonstanten $A\ B\ C$ dienen uns nun die Bedingungen, daß die Radialspannungen σ_r für den Innen- und Außenmantel, d. h. für r_1 und r_2 verschwinden, und daß weiterhin die Axialspannungen σ_z sich gegenseitig ausgleichen müssen, also keine Resultante besitzen. Diese letztere Bedingung

$$0 = \frac{1}{2G}\int_{r_1}^{r_2}\sigma_z r\,dr = \left(\frac{\mu-1}{\mu-2}A + \frac{2B}{\mu-2} + \frac{\mu+1}{\mu-2}\alpha T_0\right)\frac{r_2^2 - r_1^2}{2} - \frac{\mu+1}{\mu-1}\alpha\int_{r_1}^{r_2} T r\,dr$$

läßt sich mit Benutzung der Abkürzung (6) auch in die Form bringen

$$(\mu-1)A+2B+(\mu+1)\alpha T_0=2\alpha\frac{\mu+1}{\mu-1}\frac{\mu-2}{r_2^2-r_1^2}(T_2'r_2^2-T_1'r_1^2) \quad (7),$$

während die beiden anderen Bedingungen auf

$$\left.\begin{aligned} A+\mu B+(\mu+1)\alpha T_0-\frac{C}{r_1^2}(\mu-2)&=\frac{\mu+1}{\mu-1}(\mu-2)\alpha T_1' \\ A+\mu B+(\mu+1)\alpha T_0-\frac{C}{r_2^2}(\mu-2)&=\frac{\mu+1}{\mu-1}(\mu-2)\alpha T_2' \end{aligned}\right\} \quad (8)$$

führen. Daraus folgt sofort durch Subtraktion

$$C=\frac{\mu+1}{\mu-1}\frac{\alpha r_1^2 r_2^2}{r_2^2-r_1^2}(T_2'-T_1') \quad . \quad . \quad . \quad . \quad (8\,a).$$

Multipliziert man dagegen die erste Gl. (8) mit r_1^2, die zweite mit r_2^2 und subtrahiert, so wird

$$A+\mu B+(\mu+1)\alpha T_0=\alpha\frac{\mu+1}{\mu-1}\frac{\mu-2}{r_2^2-r_1^2}(T_2'r_2^2-T_1'r_1^2) \quad (8\,b).$$

Da die beiden Ausdrücke (7) und (8 b) neben (8) unmittelbar in den Spannungsformeln auftreten, so brauchen wir gar nicht erst die Konstanten A und B explizit zu ermitteln. Wir erhalten durch Einsetzen von (7), (8 a) und (8 b) in (2 b) die Spannungskomponenten

$$\left.\begin{aligned} \frac{\sigma_r}{2G}&=\alpha\frac{\mu+1}{\mu-1}\left[\frac{T_2'r_2^2-T_1'r_1^2-(T_2'-T_1')\frac{r_1^2r_2^2}{r^2}}{r_2^2-r_1^2}-T'\right] \\ \frac{\sigma_t}{2G}&=\alpha\frac{\mu+1}{\mu-1}\left[\frac{T_2'r_2^2-T_1'r_1^2+(T_2'-T_1')\frac{r_1^2r_2^2}{r^2}}{r_2^2-r_1^2}+T'-T\right] \\ \frac{\sigma_z}{2G}&=\alpha\frac{\mu+1}{\mu-1}\left(2\frac{T_2'r_2^2-T_1'r_1^2}{r_2^2-r_1^2}-T\right) \end{aligned}\right\} \quad (9),$$

in denen die Mitteltemperatur gar nicht mehr vorkommt. Diese drei Spannungen hängen, wie man durch Addition der beiden ersten sofort feststellt, durch die einfache Beziehung

$$\sigma_r+\sigma_t=\sigma_z \quad . \quad . \quad . \quad . \quad . \quad . \quad . \quad . \quad (9\,a)$$

zusammen. Weiter ergibt sich für die Innen- und Außenwand

$$\left.\begin{aligned} \sigma_{t1}=\sigma_{z1}&=2\alpha G\frac{\mu+1}{\mu-1}\left(2\frac{T_2'r_2^2-T_1'r_1^2}{r_2^2-r_1^2}-T_1\right)=\sigma_1 \\ \sigma_{t2}=\sigma_{z2}&=2\alpha G\frac{\mu+1}{\mu-1}\left(2\frac{T_2'r_2^2-T_1'r_1^2}{r_2^2-r_1^2}-T_2\right)=\sigma_2 \end{aligned}\right\} \quad (10),$$

also eine Übereinstimmung der Axial- und Tangentialspannungen in beiden Mantelschichten, in denen die Radialspannung σ_r verschwindet. Diese Randspannungen σ_1 und σ_2 sind natürlich, da sie den größten Abweichungen von der Mitteltemperatur entsprechen, absolute Maxima, auf deren Bestimmung es in der Technik wesentlich ankommt. Daher ist es in hohem Grade bemerkenswert, daß

$$\sigma_1 - \sigma_2 = 2\,\alpha G \frac{\mu+1}{\mu-1}(T_2 - T_1) \quad . \quad . \quad . \quad . \quad (10a),$$

d. h. daß der größte Spannungsunterschied der Temperaturdifferenz zwischen der Innen- und Außenwand einfach proportional ist, unabhängig von dem noch gar nicht eingeführten Gesetz der Temperaturverteilung längs des Rohrradius[1]).

Dieses Gesetz der Temperaturverteilung[2]) ergibt sich nun aus der Erfahrungstatsache, daß die in der Zeiteinheit durch eine Scheibe vom Querschnitt F und der Dicke $d\,r$ strömende Wärme mit einem sog. Wärmeleitungskoeffizienten k bei einem Temperaturunterschiede dT sich zu

$$Q = kF\frac{dT}{dr}$$

ergibt. In unserem Rohre von der Länge l tritt nun an Stelle der Scheibe der unendlich dünne Ring mit der Oberfläche $F = 2\pi\,r\,l$, so daß also

$$Q = 2\pi k\,l\,r\frac{dT}{dr}$$

oder integriert bei stationärem Wärmefluß Q

$$T = \frac{Q}{2\pi k\,l}\lg n\,r + D = q\lg n\,r + D \quad . \quad . \quad . \quad (11).$$

---

[1]) Diese Sätze wurden aufgestellt von R. Lorenz in der Arbeit: »Temperaturspannungen in Hohlzylindern«, Z. d. V. d. Ing. 1907, S. 743, der wir oben in der Hauptsache gefolgt sind. Vgl. auch Leon: Spannungen und Formänderungen eines Hohlzylinders und einer Hohlkugel, die von innen erwärmt werden, unter der Annahme eines linearen Temperaturverteilungsgesetzes; Z. f. Math. u. Phys. 1905, sowie Föppl: Vorlesungen über Mechanik, Bd. V, § 39 ff.

[2]) Lorenz: Techn. Wärmelehre, S. 439.

Hierin bestimmen sich die beiden Konstanten aus den Temperaturen T_1 und T_2 für r_1 und r_2, so zwar, daß

$$\left.\begin{aligned} q=\frac{Q}{2\pi k l}&=\frac{T_2-T_1}{\lg n\, r_2-\lg n\, r_1} \\ D&=\frac{T_1 \lg n\, r_2-T_2 \lg n\, r_1}{\lg n\, r_2-\lg n\, r_1} \end{aligned}\right\} \quad . \quad (11\,\mathrm{a})$$

und

$$T=\frac{T_2-T_1}{\lg n\, r_2-\lg n\, r_1}\lg n\, r+\frac{T_1 \lg n\, r_2-T_2 \lg n\, r_1}{\lg n\, r_2-\lg n\, r_1} \quad (11\,\mathrm{b}).$$

Weiter folgt durch Einführung von (11) in (6)

$$T' r^2=\int T r\, dr=\frac{r^2}{2}\left[q\left(\lg n\, r-\frac{1}{2}\right)+D\right] \quad . \quad . \quad (6\,\mathrm{a})$$

oder wegen (11 a)

$$2T'=\frac{T_2-T_1}{\lg n\, r_2-\lg n\, r_1}\left(\lg n\, r-\frac{1}{2}\right)+\frac{T_1 \lg n\, r_2-T_2 \lg n\, r_1}{\lg n\, r_2-\lg n\, r_1} \quad (6\,\mathrm{b}).$$

Dafür können wir aber auch wegen (11 b) kürzer schreiben

$$2T'=T-\frac{1}{2}\,\frac{T_2-T_1}{\lg n\, r_2-\lg n\, r_1} \quad . \quad . \quad . \quad . \quad . \quad (6\,\mathrm{c})$$

und erhalten nach Einsetzen in (10) für die Spannungsmaxima

$$\left.\begin{aligned} \sigma_1&=\alpha G\frac{\mu+1}{\mu-1}(T_2-T_1)\left(\frac{2 r_2^2}{r_2^2-r_1^2}-\frac{1}{\lg n \frac{r_2}{r_1}}\right) \\ \sigma_2&=\alpha G\frac{\mu+1}{\mu-1}(T_2-T_1)\left(\frac{2 r_1^2}{r_2^2-r_1^2}-\frac{1}{\lg n \frac{r_2}{r_1}}\right) \end{aligned}\right\} (10\,\mathrm{b}),$$

die ersichtlich dem Temperaturunterschiede proportional sind und nur von dem Radiusverhältnis $r_2 : r_1$, nicht aber von den absoluten Werten der Temperatur und den Abmessungen des Rohres selbst abhängen.

Da die Radialspannung σ_r an beiden Zylindermänteln verschwindet, so wird sie im Innern einen Höchstwert besitzen, der sich aus der ersten Formel (9) mit

$$\frac{d\sigma_r}{dr}=0$$

ergibt. Führt man die Differentiation aus, so folgt mit Rücksicht auf (6)

$$2\,\frac{T_2'-T_1'}{r_2^2-r_1^2}\,\frac{r_2^2 r_1^2}{r^3}+\frac{2T'-T}{r}=0 \quad . \quad . \quad . \quad (12)$$

oder wegen (6 c) nach Wegheben von $2\,(T_2' - T_1') = T_2 - T_1$

$$r^2 = 2\,\frac{r_2^2\,r_1^2}{r_2^2 - r_1^2}\,\lg n\,\frac{r_2}{r_1} \quad . \quad . \quad . \quad . \quad (12\,\mathrm{a}).$$

Diesen Radius hätte man in die erste Gl. (9) einzuführen, um das Maximum der Radialspannung zu erhalten. Eliminiert man dagegen den Radius aus der ersten Gl. (9) mit Hilfe der Bedingung (12), so folgt für die größte Radialspannung

$$\frac{\sigma_{r0}}{2G} = \frac{\alpha}{2}\,\frac{\mu+1}{\mu-1}\left(2\,\frac{T_2'\,r_2^2 - T_1'\,r_1^2}{r_2^2 - r_1^2} - T\right) \quad . \quad (12\mathrm{b}),$$

worin für die Temperatur T der aus (11 b) mit (12 a) hervorgehende Wert einzusetzen ist. Aus dem Vergleich von (12 b) mit der dritten Gl. (9) ergibt sich weiter, daß

$$\sigma_{r0} = \frac{1}{2}\,\sigma_z$$

ist, d. h. daß die größte Radialspannung erst die Hälfte der an derselben Stelle herrschenden Axialspannung erreicht und damit jedenfalls weit unter den Randspannungen σ_1 und σ_2 bleibt.

Zu deren bequemeren Berechnung empfiehlt es sich, nach dem Vorgange von R. Lorenz die Ausdrücke

$$\left.\begin{aligned} \frac{2\,r_2^2}{r_2^2 - r_1^2} - \frac{1}{\lg n\,\frac{r_2}{r_1}} &= \beta_1 \\ \frac{2\,r_1^2}{r_2^2 - r_1^2} - \frac{1}{\lg n\,\frac{r_2}{r_1}} &= \beta_2 \end{aligned}\right\}\ \beta_1 - \beta_2 = 2 \quad . \quad . \quad (13),$$

für verschiedene Werte des Verhältnisses $r_2 : r_1$ tabellarisch zusammenzustellen:

$r_2 : r_1$	β_1	$-\beta_2$	$r_2 : r_1$	β_1	$-\beta_2$	$r_2 : r_1$	β_1	$-\beta_2$
1	1	1	1,7	1,174	0,826	2,8	1,321	0,679
1,1	1,032	0,968	1,8	1,200	0,800	3,0	1,340	0,660
1,2	1,061	0,939	1,9	1,208	0,792	3,2	1,357	0,643
1,3	1,087	0,913	2,0	1,224	0,776	3,4	1,372	0,628
1,4	1,111	0,889	2,2	1,252	0,748	3,6	1,387	0,613
1,5	1,134	0,866	2,4	1,278	0,722	3,8	1,400	0,600
1,6	1,154	0,846	2,6	1,301	0,699	4,0	1,412	0,588

Für $r_1 = r_2$, also für Rohre mit unendlich dünner Wand, nähern sich die beiden Ausdrücke β_1 und β_2 den Werten 1 bzw. -1, was man auch leicht durch einen Grenzübergang feststellen kann. Damit vereinfachen sich dann die Formeln (10 b) für die Randspannungen in

$$\sigma_1 = \alpha G \frac{\mu + 1}{\mu - 1} (T_2 - T_1) = -\sigma_2 \quad . \quad . \quad (10\,c),$$

woraus man erkennt, daß sogar in einem Rohre mit sehr kleiner Wandstärke im Verhältnis zum Radius bemerkenswerte Temperaturspannungen auftreten können. Die Wandstärke und der Radius selbst spielen dabei gar keine Rolle, während die Temperaturverteilung innerhalb der Wand in diesem Falle mit genügender Genauigkeit als eine lineare angesehen werden darf.

1. Beispiel. Für ein Flammrohr aus Flußeisen, für welches

$$\alpha = 0{,}000011, \quad G = 800\,000 \text{ kg/qcm}, \quad \mu = 3{,}33$$

ist, liefert die Beziehung (10 c)

$$\sigma_1 = -\sigma_2 = 16{,}27\,(T_2 - T_1).$$

Daraus folgt für

$T_1 - T_2 =$	100^0	150^0	200^0
$\sigma_2 = -\sigma_1 =$	1637	2456	3274 kg/qcm,

und zwar eine Zugspannung auf der Außenseite und eine Druckspannung auf der wärmeren Innenseite, die den vom Dampfdruck herrührenden Spannungen überlagern.

2. Beispiel. Die innen gekühlte Kolbenstange einer Gasmaschine aus Flußstahl mit den Konstanten

$$\alpha = 0{,}000011, \quad G = 850\,000, \quad \mu = 3{,}4$$

habe die Radien $r_1 = 3{,}5$ cm, $r_2 = 10{,}5$ cm, so daß also $r_2 : r_1 = 3$ ist. Damit ergibt die Tabelle $\beta_1 = 1{,}340$, $\beta_2 = -0{,}660$, so daß wir aus (10b)

$$\sigma_1 = 22{,}9\,(T_2 - T_1)$$
$$\sigma_2 = -11{,}3\,(T_2 - T_1)$$

und für	$T_2 - T_1 =$	50^0	75^0	100^0	125^0
innen	$\sigma_1 =$	1145	1718	2290	2863 kg/qcm
außen	$\sigma_2 =$	-565	-848	-1130	-1413 »

erhalten. Diese sehr erheblichen Spannungen treten zu denjenigen noch hinzu, welche durch die Kolbenkraft und die Massenwirkungen geweckt werden, und haben gelegentlich schon den Bruch von Kolbenstangen zur Folge gehabt.

§ 61. Dünnwandige Hohlzylinder unter axialem Druck.

Ableitung der Differentialgleichung des deformierten Zylindermantels. Integration und Ermittlung der kleinsten kritischen Last für gestützte und eingespannte Rohrenden. Vergleich mit den Eulerschen Knicklasten. Ausdehnung auf nicht achsensymmetrische Formänderungen.

Schon in § 4 haben wir als Beispiel der Formänderung dünnwandiger Gefäße den Fall eines unter axialem Druck stehenden Rohres untersucht und festgestellt, daß ein solches ohne Berücksichtigung der zur Rohroberfläche normalen Schubspannungskomponenten in der Wand überhaupt keine Widerstandsfähigkeit besitzt. Da nun die etwa auftretenden Formänderungen in der Hauptsache in Biegungen der Wand bestehen, so erkennen wir, daß die erwähnten Schubspannungen nur eine Folge der Biegungsspannungen sind. Von dieser Eigenschaft haben wir dann bei der Behandlung der Biegung krummer Rohre (§ 30) Gebrauch gemacht, und zwar unter Einführung eines Mittelwertes der Schubspannung.

Wir brauchen also nur an den dort eingeschlagenen Weg wieder anzuknüpfen und die Gleichgewichtsbedingung eines Elementes der Rohrwand aufzustellen, wobei wir uns zunächst auf achsensymmetrische Formänderungen beschränken. Alsdann wirken in axialer und tangentialer Richtung die über die ganze Wandstärke gleichförmig verteilten Spannungen p_z und p_t, denen der Krümmungsradius ϱ im Meridianschnitt und der Rohrradius r zugeordnet sind. Herrscht dann im Rohre selbst noch ein Druck p, so erhalten wir mit dem Zuwachs der mittleren, radial gerichteten Schubspannung τ_s beim Fortschreiten um dz die Gleichgewichtsbedingung normal zum Wandelement

$$\frac{p_t}{r}+\frac{p_z}{\varrho}=\frac{p}{h}+\frac{\partial \tau_s}{\partial z} \quad \ldots \ldots \quad (1).$$

Bezeichnen wir ferner mit σ_z die von der Biegung herrührende variable Normalspannung in der Wand, so ist diese mit der gleichfalls variablen Schubspannung τ durch die axiale Gleichgewichtsbedingung

$$\frac{\partial(\sigma_z r)}{\partial z}+\frac{\partial(\tau r)}{\partial r}=0 \quad \ldots \ldots \quad (2)$$

verknüpft, woraus sich die Schubspannung selbst zu

$$\tau=-\frac{1}{r}\frac{\partial}{\partial z}\int \sigma_z r\,dr \quad \ldots \ldots \quad (2\mathrm{a})$$

berechnet. Nun ist aber, wenn ε_z die von der Biegung allein herrührende Axialdehnung und ε_t die Tangentialdehnung in der Rohrwand bedeutet,

$$E\,\varepsilon_z = \sigma_z - \frac{p_t}{\mu}, \quad E\,\varepsilon_t = p_t - \frac{\sigma_z + p_z}{\mu} \quad . \quad . \quad . \quad (3)$$

oder umgekehrt

$$\left.\begin{aligned} \sigma_z &= \frac{E\,\mu^2}{\mu^2 - 1}\left(\varepsilon_z + \frac{\varepsilon_t}{\mu}\right) + \frac{p_z}{\mu^2 - 1} \\ p_t &= \frac{E\,\mu^2}{\mu^2 - 1}\left(\varepsilon_t + \frac{\varepsilon_z}{\mu}\right) + \frac{p_z\,\mu}{\mu^2 - 1} \end{aligned}\right\} \quad . \quad . \quad . \quad (3\,\mathrm{a}).$$

In der ersten dieser Gleichungen dürfen wir unbedenklich das Glied $p_z : (\mu^2 - 1)$ gegen σ_z und außerdem $\varepsilon_t : \mu$ gegen ε_z vernachlässigen. Fassen wir dann noch die Tangentialspannung p_t als Mittelwert über die ganze Wandstärke h auf, so muß dies auch für die Dehnungen ε_t und ε_z in der zweiten Gl. (3 a) zutreffen. Nun verschwindet aber der Mittelwert der von der Biegungsspannung σ_z allein hervorgerufenen Dehnung ε_z, was man außerdem noch durch Integration der zweiten Gl. (3 a) über die Wandstärke h sofort feststellen kann. Damit erhalten wir schließlich an Stelle von (3 a)

$$\sigma_z = \frac{E\,\mu^2}{\mu^2 - 1}\,\varepsilon_z, \quad p_t = \frac{E\,\mu^2}{\mu^2 - 1}\left(\varepsilon_t + \frac{p_z}{\mu\,E}\right) \quad . \quad . \quad (3\,\mathrm{b}),$$

worin mit dem Abstand y von der als neutraler Schicht anzusehenden Wandmitte vom ursprünglichen Radius r_0 sowie unter Einführung der Radialverschiebung Δr

$$\varepsilon_z = \frac{y}{\varrho} \sim -y\,\frac{d^2 \Delta r}{d z^2}, \quad \varepsilon_t = \frac{\Delta r}{r_0} \quad . \quad . \quad . \quad . \quad (4)$$

zu setzen ist. Mithin ist

$$\sigma_z = -\frac{E\,\mu^2}{\mu^2 - 1}\,y\,\frac{d^2 \Delta r}{d z^2}, \quad p_t = \frac{E\,\mu^2}{\mu^2 - 1}\left(\frac{\Delta r}{r_0} + \frac{p_z}{\mu\,E}\right) \quad (4\,\mathrm{a})$$

und nach Einführung in Gl. (2 a) mit $r = r_0 + y$

$$\tau = \frac{E\,\mu^2}{\mu^2 - 1}\,\frac{1}{r_0 + y}\,\frac{d^3 \Delta r}{d z^3}\int (r_0 + y)\,y\,dy \sim \frac{E\,\mu^2}{\mu^2 - 1}\,\frac{d^3 \Delta r}{d z^3}\int y\,dy.$$

Führen wir die Integration aus und beachten, daß für $y = \pm \frac{h}{2}$ die Schubspannung τ verschwindet, so wird

$$\tau = \frac{E\,\mu^2}{\mu^2 - 1}\,\frac{d^3 \Delta r}{d z^3}\left(\frac{y^2}{2} - \frac{h^2}{8}\right) \quad . \quad . \quad . \quad . \quad (5)$$

mit dem Mittelwert über die ganze Wandstärke

$$\tau_s = \frac{1}{h}\int_{-\frac{h}{2}}^{+\frac{h}{2}} \tau\, d y = -\frac{E\,\mu^2}{\mu^2-1}\,\frac{h^2}{12}\,\frac{d^3\Delta r}{d z^3} \quad . \; . \; . \; (5\,\mathrm{a}).$$

Setzen wir nun die Ausdrücke für τ_s und p_t aus (5a) und (4a) in die Gleichgewichtsbedingung ein, schreiben in dieser $1 : \varrho = -\frac{d^2\Delta r}{d z^2}$, $r \sim r_0$, so erhalten wir nach Ordnung der Glieder

$$\frac{d^4\Delta r}{d z^4} - \frac{12\,(\mu^2-1)\,p_z}{\mu^2 E h^2}\,\frac{d^2\Delta r}{d z^2} + \frac{12}{h^2 r_0^2}\left(\Delta r - \frac{\mu^2-1}{\mu^2 E}\,\frac{p\,r_0^2}{h} + \frac{p_z r_0}{\mu E}\right) = 0 \quad . \; (6)$$

und nach Einführung des auf den Rohrquerschnitt $2\pi\, r_0\, h$ gleichförmig verteilten Gesamtdruckes

$$P = -2\pi r_0 h\, p_z \quad . \; . \; . \; . \; . \; . \; (7).$$

$$\frac{d^4\Delta r}{d z^4} + \frac{6\,(\mu^2-1)\,P}{\pi\,\mu^2 E\, r_0 h^3}\,\frac{d^2\Delta r}{d z^2} + \frac{12}{h^2 r_0^2}\left(\Delta r - \frac{\mu^2-1}{\mu^2 E}\,\frac{p\,r_0^2}{h} - \frac{P}{2\pi\,\mu\, E h}\right) = 0 \quad . \; (6\,\mathrm{a}).$$

Multipliziert man diese Gleichung[1]) mit h^3 und vernachlässigt dann das damit behaftete Glied $\frac{d^4\Delta r}{d z^4}$, so erhält man

---

[1]) Vgl. R. Lorenz: Achsensymmetrische Verzerrungen in dünnwandigen Hohlzylindern, Z. d. V. d. Ing. 1908, S. 1706. In dieser Arbeit wurde Gl. (6 a) allerdings unter Vernachlässigung der Querkontraktion zuerst abgeleitet, und zwar durch Integration der beiden Differentialgleichungen

$$\frac{\partial\,(\sigma_r r)}{\partial r} - \sigma_t + \frac{\partial\,(\tau r)}{\partial z} = 0$$

$$\frac{\partial\,(\sigma_z r)}{\partial z} + \frac{\partial\,(\tau r)}{\partial r} = 0$$

über die ganze Wandstärke und Elimination der Schubspannung. Dieses Verfahren folgt einem Gedankengang von Föppl, der in seinen Vorlesungen Bd. V, S. 247 ff., damit die Formänderung der Enden eines dünnen Rohres unter dem Einfluß von Temperaturspannungen untersuchte. Der von uns eingeschlagene Weg stellt demgegenüber eine Verallgemeinerung der in § 3 benutzten Gleichgewichtsbedingung eines Wandelementes dar, von der wir schon in § 30 Gebrauch gemacht haben.

mit der weiteren Annäherung $(\mu^2 - 1) : \mu^2 \sim 1$ wieder die Formel (12), § 4, die, wie wir dort gesehen haben, das wirkliche Verhalten elastisch fester Rohre nicht wiederzugeben vermag. Das erste Glied mit der vierten Ableitung der Radialverschiebung enthält demnach gerade den früher außer acht gelassenen Biegungswiderstand. Schreiben wir mit den Abkürzungen

$$\left.\begin{aligned} \frac{6(\mu^2-1)P}{\pi\mu^2 E r_0 h^3} = 2\alpha^2, \quad \frac{12}{h^2 r_0^2} = \beta^4 \\ \Delta r - \frac{\mu^2-1}{\mu^2 E}\frac{p r_0^2}{h} - \frac{P}{2\pi\mu E h} = \Delta r + b = u \end{aligned}\right\} \quad . \quad (8)$$

an Stelle von (6 a)

$$\frac{d^4 u}{d z^4} + 2\alpha^2 \frac{d u^2}{d z^2} + \beta^4 u = 0 \quad . \quad . \quad . \quad . \quad . \quad (6\,\text{b}),$$

so erkennen wir, daß diese Differentialgleichung durch den Ansatz

$$u = C e^{kz} \quad . \quad . \quad . \quad . \quad . \quad . \quad . \quad . \quad . \quad (9)$$

erfüllt wird, dessen Einführung in (6 b) für die Konstante k die Gleichung

$$k^4 + 2\alpha^2 k^2 + \beta^4 = 0 \quad . \quad . \quad . \quad . \quad . \quad . \quad (9\,\text{a})$$

liefert. Deren Wurzeln

$$k = \pm\sqrt{-\alpha^2 \pm \sqrt{\alpha^4 - \beta^4}} \quad . \quad . \quad . \quad . \quad . \quad (9\,\text{b})$$

sind, solange $\alpha^4 > \beta^4$ oder wegen (8), solange

$$P^2 > \left(\frac{2\pi E h^2 \mu^2}{\sqrt{3}(\mu^2-1)}\right)^2 \quad . \quad . \quad . \quad . \quad . \quad . \quad . \quad (8\,\text{a})$$

ist, sämtlich rein imaginär, so daß wir mit

$$\left.\begin{aligned} \varkappa_1 = i k_1 = \sqrt{\alpha^2 + \sqrt{\alpha^4 - \beta^4}} \\ \varkappa_2 = i k_2 = \sqrt{\alpha^2 - \sqrt{\alpha^4 - \beta^4}} \end{aligned}\right\} \quad . \quad . \quad . \quad . \quad (9\,\text{c})$$

für das allgemeine Integral von (6 b) unter sofortiger Einführung der Kreisfunktionen an Stelle der Exponentialfunktionen (9) mit imaginären Exponenten schreiben dürfen

$$\Delta r + b = A_1 \cos \varkappa_1 z + B_1 \sin \varkappa_1 z + A_2 \cos \varkappa_2 z + B_2 \sin \varkappa_2 z \quad (10).$$

Die vier Konstanten dieses Ausdruckes bestimmen sich aus den Grenzbedingungen, die an den festgehaltenen, aber nicht eingespannten Rohrenden nach Fig. 21 ein Verschwinden der Radialverschiebung Δr sowie der reinen Biegungsspannung σ_z erfordern. Mit Rücksicht auf Gl. (4 a) erhalten wir also bei einer axialen Rohrlänge l

$$\left.\begin{array}{l}\text{für } z=0\\ \text{und } z=l\end{array}\right\}\ \Delta r=0,\quad \frac{d^2\Delta r}{dz^2}=0,$$

woraus die vier Bedingungsgleichungen

$$A_1+A_2=b,\quad \varkappa_1^2 A_1+\varkappa_2^2 A_2=0$$

$$A_1\cos\varkappa_1 l+B_1\sin\varkappa_1 l+A_2\cos\varkappa_2 l+B_2\sin\varkappa_2 l=b$$

$$\varkappa_1^2(A_1\cos\varkappa_1 l+B_1\sin\varkappa_1 l)+\varkappa_2^2(A_2\cos\varkappa_2 l+B_2\sin\varkappa_2 l)=0$$

resultieren. Aus ihnen folgen die Werte

$$\left.\begin{array}{ll}A_1=\dfrac{b\varkappa_2^2}{\varkappa_2^2-\varkappa_1^2}, & A_2=-\dfrac{b\varkappa_1^2}{\varkappa_2^2-\varkappa_1^2}\\ B_1=\dfrac{b\varkappa_2^2}{\varkappa_2^2-\varkappa_1^2}\,\dfrac{1-\cos\varkappa_1 l}{\sin\varkappa_1 l}= & \dfrac{b\varkappa_2^2}{\varkappa_2^2-\varkappa_1^2}\operatorname{tg}\dfrac{\varkappa_1 l}{2}\\ B_2=-\dfrac{b\varkappa_1^2}{\varkappa_2^2-\varkappa_1^2}\,\dfrac{1-\cos\varkappa_2 l}{\sin\varkappa_2 l}= & -\dfrac{b\varkappa_1^2}{\varkappa_2^2-\varkappa_1^2}\operatorname{tg}\dfrac{\varkappa_2 l}{2}\end{array}\right\}\quad (10\text{a}),$$

durch deren Einführung (10) übergeht in

$$\Delta r+b=b\,\frac{\varkappa_2^2\cos\varkappa_1 z-\varkappa_1^2\cos\varkappa_2 z}{\varkappa_2^2-\varkappa_1^2}$$

$$+\,b\,\frac{\varkappa_2^2\operatorname{tg}\dfrac{\varkappa_1 l}{2}\sin\varkappa_1 z-\varkappa_1^2\operatorname{tg}\dfrac{\varkappa_2 l}{2}\sin\varkappa_2 z}{\varkappa_2^2-\varkappa_1^2}\quad .\quad (10\text{b}).$$

Dieser Ausdruck wird zunächst für $\varkappa_2=\varkappa_1$ unbestimmt zu $0:0$; differenziert man aber die beiden rechtsstehenden Terme in Zähler und Nenner vor der Gleichsetzung nach $\varkappa_2$, so erkennt man, daß hierdurch allein noch kein unzulässiges Anwachsen von Δr bedingt ist. Dagegen wird Δr unendlich groß, wenn, unter n eine ganze ungerade Zahl verstanden,

$$\varkappa_1 l=n\pi \text{ oder } \varkappa_2 l=n\pi\quad .\ .\ .\ .\ .\ (11)$$

wird. Die Einführung eines dieser Werte in (9 a) liefert wegen $k^2=-\varkappa^2$ dann die Bedingungsgleichung

$$\frac{n^4\pi^4}{l^4}-2\alpha^2\frac{n^2\pi^2}{l^2}+\beta^4=0\ .\ .\ .\ .\quad (11\text{a}),$$

für die wir auch wegen (8) schreiben können

$$\frac{6(\mu^2-1)P}{\pi\mu^2 E r_0 h^3}=\frac{12}{r_0^2 h^2}\,\frac{l^2}{\pi^2 n^2}+\frac{\pi^2 n^2}{l^2}\quad .\ .\quad (11\text{b}).$$

Um hieraus die praktisch allein interessierende kleinste kritische Last zu ermitteln, welche unendlich große Auslenkungen Δr hervorruft, haben wir nur $\frac{dP}{dn}=0$ zu setzen, woraus sich

$$\frac{n^2\pi^2}{l^2}=\frac{\sqrt{12}}{r_0 h}=\frac{2\sqrt{3}}{r_0 h} \quad \ldots\ldots \quad (11\,c)$$

und mit (11 b)

$$P_0=\frac{2\pi E h^2 \mu^2}{\sqrt{3}(\mu^2-1)} \quad \ldots\ldots \quad (12)$$

ergibt. Das ist aber, wie der Vergleich mit (8 a) lehrt, auch der kleinste Wert von P, der überhaupt eine wellenartige Formänderung der Rohrwandung hervorruft, die somit ohne weiteres zum Zusammenbruche führt.

Außerdem erkennt man, daß für diese Last $k_1 = k_2$, also auch $\varkappa_1 = \varkappa_2$ wird, was man auch unmittelbar aus (8 a) durch Differentiation von α^2 nach k erhalten hätte. Da ferner Gl. (8 a) noch ganz allgemein für jede Ausbiegung der Rohrwand gilt, so heißt dies, daß die durch (12) gegebene kritische Last überhaupt den kleinsten möglichen Wert darstellt. Wie aus (12) erhellt, wächst diese kritische Last allein mit dem Quadrate der Wandstärke h und ist nicht nur unabhängig vom Rohrradius r_0 und der Rohrlänge l, sondern auch vom Innendrucke p.

Der obenerwähnte Zusammenbruch des Rohres vollzieht sich nun nach Versuchen von Lilly[1]) so, daß die unter der Einwirkung der kritischen Last entstandenen Wellen in der Rohrwand bei gleichzeitiger Verkürzung der Rohrlänge immer größere Ausschläge annehmen, wobei sehr rasch die Elastizitätsgrenze des Materials überschritten wird. Die Anzahl der halben Wellen ist hierbei durch Gl. (11 c) gegeben, die ganze Wellenlänge dagegen ist

$$\lambda=\frac{2l}{n}=\pi\sqrt{\frac{2 r_0 h}{\sqrt{3}}}=\sqrt{\frac{\pi F}{\sqrt{3}}} \quad \ldots \quad (11\,c),$$

wenn $F = 2\pi r_0 h$ den Wandquerschnitt bedeutet. Auch diese Proportionalität der Wellenlänge mit der Wurzel aus dem Querschnitt der Rohrwand wurde durch die Versuche von Lilly bestätigt.

[1]) Engineering, 10. Januar 1908.

Führt man die Rechnung noch einmal für den Fall der Einspannung der Rohrenden durch, d. h. bestimmt man die Konstanten in (10) durch die Grenzbedingungen

$$\Delta r = 0, \quad \frac{d\,\Delta r}{dz} = 0 \text{ für } \begin{cases} z = 0 \\ z = l, \end{cases}$$

so ergibt sich für die kleinste Knicklast an Stelle von (12)

$$P_1 = \frac{4\pi E h^2 \mu^2}{\sqrt{3}(\mu^2 - 1)} = 2 P_0 \quad . \quad . \quad . \quad . \quad (12a).$$

Diesen Werten P_0 und P_1 stehen nun die Eulerschen Knicklasten

$$P_0' = \frac{\pi^2 E \Theta}{l^2} \text{ und } P_1' = \frac{4\pi^2 E \Theta}{l^2} = 4 P_0' \quad . \quad . \quad (13)$$

gegenüber, worin das Trägheitsmoment des Querschnitts, mit den Radien

$$r_1 = r_0 - \frac{h}{2}, \quad r_2 = r_0 + \frac{h}{2},$$

$$\Theta = \frac{\pi}{4}(r_2^4 - r_1^4) = \frac{\pi}{4}(r_2^2 - r_1^2)(r_2^2 + r_1^2)$$
$$= \pi r_0 h \left(r_0^2 + \frac{h^2}{4}\right) \backsim \pi r_0^3 h$$

ist. Das Rohr wird demnach wellenartig zusammengedrückt, oder geknickt, je nachdem

$$\left.\begin{array}{l} \text{für gestützte Enden} \\ \quad P_0 \lesseqgtr P_0', \text{ d. h. } \dfrac{2\mu^2}{\pi^2\sqrt{3}(\mu^2 - 1)} \lesseqgtr \dfrac{r_0^3}{l^2 h} \\ \text{für eingespannte Enden} \\ \quad P_1 \lesseqgtr P_1', \text{ d. h. } \dfrac{\mu^2}{\pi^2\sqrt{3}(\mu^2 - 1)} \lesseqgtr \dfrac{r_0^3}{l^2 h} \end{array}\right\} \quad . \quad . \quad (14).$$

Daraus geht hervor, daß kurze weite Rohre eher der Gefahr der wellenartigen Zusammendrückung, lange dünne dagegen der des Ausknickens unterliegen.

Bei der früheren Besprechung der axial gedrückten Rohre in § 4 haben wir weiter gesehen, daß im Einklang mit der Erfahrung die kreisförmigen Rohrquerschnitte auch noch Formänderungen durch Längsfaltung des Rohrmantels erfahren können, wodurch dann die Achsensymmetrie des Spannungszustandes naturgemäß gestört wird. Auch dieser Erscheinung gegenüber erwiesen sich Rohre ohne radial gerichtete Schubspannungen in der Wand als widerstandsfähig. Da es sich hierbei um eine Biegung ursprünglich kreisförmiger Rohrelemente handelt, der eine mittlere Schubspannung τ_r in der Meridian-

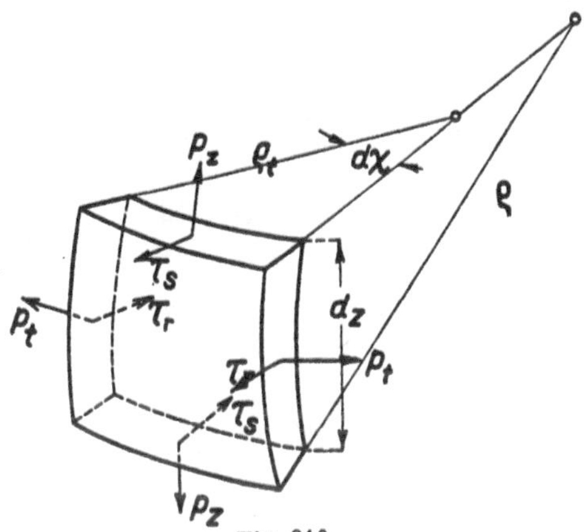

Fig. 210.

ebene entspricht, so erhalten wir für ein Wandelement Fig. 210 von der Länge dz und dem Öffnungswinkel $d\chi$ mit den Krümmungsradien ϱ_t und ϱ an Stelle von Gl. (1)

$$\frac{p_t}{\varrho_t} + \frac{p_z}{\varrho} = \frac{p}{h} + \frac{\partial \tau_s}{\partial z} + \frac{\partial \tau_r}{\varrho_t \partial \chi}.$$

Von der weiteren Verfolgung dieser Gleichung wollen wir indessen absehen, da in ihr der Einfluß von Schubspannungen nicht zum Ausdruck gelangt, welche parallel dem Rohrmantel in den Seitenflächen $h\,r\,d\chi$ und $h\,dz$ des Elementes wirken und eine Verzerrung der Rechtecksform derselben bedingen. Derartige Schubspannungen sind uns schon einmal bei der Untersuchung der ebenen Platten begegnet, so daß es naheliegt, darauf zurückzugreifen. In der Tat besteht gar kein Bedenken gegen die Auffassung unseres Wandelementes als desjenigen einer deformierten Platte, sofern wir nur von tangentialen Verschiebungen der Mittelfläche absehen dürfen. Alsdann lautet, nachdem wir in der Differentialgleichung der ebenen Platte

$$dx = \varrho_t d\chi, \quad dy = dz, \quad \zeta = \Delta r$$

gesetzt haben, die Gleichgewichtsbedingung des Plattenelementes von der Fläche $r\,d\chi\,dz$ mit Rücksicht auf die Randspannungen p_t und p_z analog § 46

$$\frac{E\mu^2}{\mu^2-1}\frac{h^3}{12}\left(\frac{\partial^4 \Delta r}{\partial z^4}+\frac{2}{\varrho_t^2}\frac{\partial^4 \Delta r}{\partial z^2\partial\chi^2}+\frac{1}{\varrho^4_t}\frac{\partial^4 \Delta r}{\partial\chi^4}\right)$$
$$-p+h\left(\frac{p_t}{\varrho_t}+\frac{p_r}{\varrho}\right)=0 \quad . \quad . \quad . \quad . \quad . \quad (15).$$

Hierin dürfen wir infolge der nur kleinen Abweichungen des deformierten Querschnitts von der Kreisform

$$\frac{1}{\varrho_t}=\frac{1}{r}-\frac{1}{r^2}\frac{\partial^2 r}{\partial\varphi^2}$$

oder mit $r=r_0+\Delta r$

$$\frac{1}{\varrho_t}=\frac{1}{r_0}-\frac{\Delta r}{r_0^2}-\frac{1}{r_0^2}\frac{\partial^2\Delta r}{\partial\chi^2} \quad . \quad . \quad . \quad . \quad (16).$$

schreiben.

Weiter ist hinreichend genau bei einem Innendrucke p und der Axiallast P

$$p_t=p\frac{r_0}{h},\quad p_z=-\frac{P}{2\pi r_0 h} \quad . \quad . \quad . \quad . \quad . \quad (17),$$

mithin

$$\left.\begin{aligned} h\frac{p_t}{\varrho_t}&=p\frac{r_0}{\varrho_t}=p\left(1-\frac{\Delta r}{r_0}-\frac{1}{r_0}\frac{\partial^2\Delta r}{\partial\chi^2}\right)\\ h\frac{p_z}{\varrho}&=-h\,p_z\frac{\partial^2\Delta r}{\partial z^2}=\frac{P}{2\pi r_0}\frac{\partial^2\Delta r}{\partial z^2}\end{aligned}\right\} \quad . \quad (17\text{a}).$$

Setzen wir dies mit (16) in (15) ein und vernachlässigen alle Produkte von Δr und seiner Ableitungen als klein von höherer Ordnung, so bleibt

$$\frac{E\mu^2}{\mu^2-1}\frac{h^3}{12}\left(\frac{\partial^4 \Delta r}{\partial z^4}+\frac{2}{r_0^2}\frac{\partial^4 \Delta r}{\partial z^2\partial\chi^2}+\frac{1}{r_0^4}\frac{\partial^4 \Delta r}{\partial\chi^4}\right)$$
$$-\frac{p}{r_0}\left(\Delta r+\frac{\partial^2\Delta r}{\partial\chi^2}\right)+\frac{P}{2\pi r_0}\frac{\partial^2\Delta r}{\partial z^2}=0 \quad . \quad (15\text{a}).$$

Die zu erwartende Formänderung genügt nun dem Ansatz

$$\Delta r=C\sin kz\sin\nu\chi \quad . \quad . \quad . \quad . \quad . \quad . \quad (18),$$

worin ν jedenfalls eine ganze Zahl sein muß, damit auch der deformierte Querschnitt in sich zurückläuft. Da außerdem für $\nu=1$ dieser Querschnitt nur eine Parallelverschiebung erleidet, ohne daß die Kreisform gestört wird, so tritt eine Abweichung von dieser erst für $\nu \gtreqless 2$ ein. Nach Einsetzen von (18) in Gl. (15 a) erhalten wir

$$\frac{E\mu^2}{\mu^2-1}\frac{h^3}{12}\left(k^4+\frac{2k^2\nu^2}{r_0^2}+\frac{\nu^4}{r_0^4}\right)-p\frac{(1-\nu^2)}{r_0}-\frac{Pk^2}{2\pi r_0}=0 \quad (18\,\text{a}).$$

1. Beispiel. Im Falle einer reinen Axialbelastung ohne einen Innen- oder Außendruck auf den Rohrmantel, also für $p=0$ wird daraus

$$P=\frac{2\pi r_0 E\mu^2 h^3}{(\mu^2-1)\,12}\left(k^2+\frac{2\nu^2}{r_0^2}+\frac{\nu^4}{r_0^4 k^2}\right) \quad . \; . \; (19)$$

mit einem Minimum für

$$k^2=\frac{\nu^2}{r_0^2}$$

im Betrage von

$$P=\frac{2}{3}\frac{\pi E\mu^2\nu^2}{(\mu^2-1)}\frac{h^3}{r_0} \quad . \; . \; . \; . \; . \; (19\,\text{a}).$$

Für den kleinsten Wert $\nu=2$, dem der Übergang des Kreises in eine ellipsenähnliche Kurve entspricht, wird daraus

$$P_2=\frac{8}{3}\frac{\pi E\mu^2}{\mu^2-1}\frac{h^3}{r_0} \quad . \; . \; . \; . \; . \; (19\,\text{b}).$$

Diese kritische Last verhält sich zu derjenigen (12) für eine achsensymmetrische Deformation des Rohres wie

$$\frac{P_2}{P_0}=\frac{4}{\sqrt{3}}\frac{h}{r_0} \quad . \; . \; . \; . \; . \; . \; (19\,\text{c}),$$

woraus hervorgeht, daß die Gefahr der Einbeulung des Rohres viel größer ist, wie die der rein wellenförmigen Deformation des Mantels. Diese kann man bei Versuchen nur dadurch erzielen, daß man die Rohrenden durch Versteifungsringe an der Einbeulung hindert.

2. Beispiel. Haben wir es mit einem reinen Normaldruck p auf den Mantel zu tun, so wird aus (18 a) mit $P=0$

$$p=\frac{E\mu^2}{\mu^2-1}\frac{h^3}{12 r_0^3}\frac{(k^2 r_0^2+\nu^2)^2}{1-\nu^2} \quad . \; . \; . \; (20).$$

Der hierdurch bestimmte Druck ist negativ, d. h. er wirkt auf die Außenseite des Rohres und sucht dieses daher einzubeulen. Bei einer Rohrlänge l und eingespannten Enden, entsprechend der Befestigung der Flammrohre von Dampfkesseln, die der Gefahr des Einbeulens am meisten ausgesetzt sind, haben wir in (20) als kleinsten Wert von k

$$k = \frac{2\pi}{l} \quad . \quad . \quad . \quad . \quad . \quad . \quad . \quad . \quad (21),$$

zu setzen. Dann liefert die Bedingung für das Minimum von p

$$\nu^2 = 2 + k^2 r_0^2 = 2 + 4\pi^2 \frac{r_0^2}{l^2} \quad . \quad . \quad . \quad . \quad (22)$$

oder

$$k^2 r_0^2 + \nu^2 = 2(\nu^2 - 1) = 2\left(1 + 4\pi^2 \frac{r_0^2}{l^2}\right)$$

womit sich aus (20) der kritische Außendruck selbst zu

$$p_0 = -\frac{E\mu^2}{\mu^2 - 1} \frac{h^3}{3 r_0^3} (\nu^2 - 1)$$

$$= -\frac{E\mu^2}{\mu^2 - 1} \frac{h^3}{3 r_0^3} \left(1 + 4\pi^2 \frac{r_0^2}{l^2}\right) \quad . \quad . \quad . \quad (20\,\mathrm{a})$$

ergibt und für ein unendlich langes Rohr in

$$p_0 = -\frac{E\mu^2}{\mu^2 - 1} \frac{h^3}{3 r_0^3} \quad . \quad . \quad . \quad . \quad . \quad (20\,\mathrm{b})$$

übergeht. Demgegenüber erhielten wir früher aus der Theorie krummer Stäbe unter gleichzeitiger Vernachlässigung der Querkontraktion den Druck $p_0 = \frac{E h^3}{4 r_0^3}$, der sich im wesentlichen nur durch den Zahlenfaktor im Nenner von (20 b) unterscheidet. Das liegt natürlich an der nur angenäherten Gültigkeit der Plattenformel (15) für das vorliegende Problem. Die genauere, von R. Lorenz[1]) durchgeführte Untersuchung erfordert auch die Berücksichtigung der Tangentialverschiebungen und führt auf recht verwickelte Gleichungen, von deren Wiedergabe wir an dieser Stelle absehen müssen. Dagegen sei noch bemerkt, daß strenggenommen nur derjenige Wert von (20 a) eine Bedeutung hat, dem ein ganzzahliges $\nu \gtreqless 2$ entspricht. Aus dieser Bedingung würde dann für unendlich lange Rohre, also $k = 0$, $\nu = 2$, also nach (20) ein kritischer Druck

$$p_0 = \frac{E\mu^2}{\mu^2 - 1} \frac{4}{9} \frac{h^3}{r_0^3}$$

folgen, der ganz erheblich höher liegt wie die oben ermittelten Werte.

---

[1]) R. Lorenz: Die nicht achsensymmetrische Knickung dünnwandiger Hohlzylinder. Physik. Zeitschrift 1911, S. 241.

§ 62. Rotierende Trommeln.

Aufstellung und Integration der Differentialgleichung der rotierenden Trommeln. Behandlung der frei aufliegenden und der zwischen zwei Scheiben eingespannten Trommel mit freien Enden. Ermittelung der Spannungen. Beispiel.

Die im vorigen Abschnitt hergeleitete Differentialgleichung (6 a) für die Radialverschiebung Δr eines dünnwandigen Hohlzylinders im achsensymmetrischen Spannungszustande vereinfacht sich beim Wegfall der Axialkraft P in

$$\frac{d^4 \Delta r}{d z^4} + \frac{12}{h^2 r_0^2}\left(\Delta r - \frac{\mu^2 - 1}{\mu^2 E} \frac{r_0^2}{h} p\right) = 0 \quad . \quad . \quad (1),$$

während man für die Spannungen innerhalb der Wand nach den Formeln (4 a), § 61, hinreichend genau

$$\sigma_z = -\frac{E \mu^2}{\mu^2 - 1} y \frac{d^2 \Delta r}{d z^2}, \qquad \sigma_t = p_t = \frac{E \mu^2}{\mu^2 - 1} \frac{\Delta r}{r_0} \quad . \quad (2)$$

schreiben kann. Hierin bedeutet r_0 wieder den mittleren Radius der Zylinderwand im ungespannten Zustand, y den Abstand eines Punktes innerhalb der Wand von der Mittelfläche r_0 und h die Wandstärke, so daß für $y = \pm \frac{h}{2}$ die Spannung σ_z an jeder Stelle ihre absoluten Höchstwerte annimmt, während σ_t an dieser Stelle innerhalb der Wand keine nennenswerten Änderungen erleidet.

Rotiert der Zylinder, den wir in diesem Falle als eine T r o m m e l bezeichnen wollen, um seine Achse mit der Winkelgeschwindigkeit ω, während gleichzeitig auf seiner Außenfläche eine Zugspannung σ_0 lastet, die ihrerseits etwa der Schleuderwirkung befestigter Schaufeln entstammen kann, so wird infolge der Fliehkraft der Masse $\frac{\gamma}{g} h\, dz\, r\, d\chi$ eines Wandelementes

$$p\, dz\, r\, d\chi = \omega^2 r \frac{\gamma}{g} h\, dz\, r\, d\chi + \sigma_0\, dz\, r\, d\chi$$

oder

$$p = \omega^2 \frac{\gamma}{g} r_0 h + \sigma_0 \quad . \quad . \quad . \quad . \quad . \quad . \quad . \quad (3)$$

sein. Damit wird aus (1)

$$\frac{d^4 \Delta r}{d z^4} + \frac{12}{h^2 r_0^2}\left[\Delta r - \frac{\mu^2 - 1}{\mu^2 E}\left(\omega^2 \frac{\gamma}{g} r_0^3 + \sigma_0 \frac{r_0^2}{h}\right)\right] = 0 \quad . \text{(1 a)}$$

oder mit den Abkürzungen

$$\frac{12}{h^2 r_0^2} = \alpha^4, \quad \frac{\mu^2 - 1}{\mu^2 E}\left(\omega^2 \frac{\gamma}{g} r_0^3 + \sigma_0 \frac{r_0^2}{h}\right) = b \quad . \quad . \quad (4)$$

$$\frac{d^4 \Delta r}{d z^4} + \alpha^4 (\Delta r - b) = 0 \quad . \quad . \quad . \quad . \quad . \quad . \quad . \quad . \quad . \quad . \quad (1\text{b}).$$

Setzen wir darin

$$\Delta r - b = C e^{kz} \quad . \quad . \quad . \quad . \quad . \quad . \quad . \quad . \quad (5)$$

so ergibt sich für k die Gleichung

$$k^4 + \alpha^4 = 0 \quad . \quad . \quad . \quad . \quad . \quad . \quad . \quad . \quad (5\text{a}),$$

deren Wurzeln nach Gl. (19 c), § 49,

$$k = \pm \frac{\alpha}{\sqrt{2}} (1 \pm i) \quad . \quad . \quad . \quad . \quad . \quad . \quad . \quad (5\text{b})$$

lauten, wofür wir mit

$$\frac{\alpha}{\sqrt{2}} = \sqrt[4]{\frac{3}{h^2 r_0^2}} = \beta \quad . \quad . \quad . \quad . \quad . \quad . \quad . \quad (4\text{a})$$

kürzer

$$k = \pm \beta (1 \pm i) \quad . \quad . \quad . \quad . \quad . \quad . \quad . \quad . \quad (5\text{c})$$

schreiben wollen. Das allgemeine Integral enthält demnach die Produkte von Exponentialfunktionen mit reellen und imaginären Exponenten, von denen wir die letzteren nach dem Moivreschen Lehrsatz sofort durch Kreisfunktionen ausdrücken können. Damit erhalten wir

$$\begin{aligned} \Delta r - b = {} & e^{\beta z} \, (C_1 \cos \beta z + C_2 \sin \beta z) \\ & + e^{-\beta z} (C_3 \cos \beta z + C_4 \sin \beta z). \end{aligned}$$

Führen wir dann noch die Hyperbelfunktionen $\mathfrak{Cos}\, \beta z$ und $\mathfrak{Sin}\, \beta z$ durch die Beziehungen

$$\begin{aligned} e^{\beta z} &= \mathfrak{Cos}\, \beta z + \mathfrak{Sin}\, \beta z \\ e^{-\beta z} &= \mathfrak{Cos}\, \beta z - \mathfrak{Sin}\, \beta z \end{aligned}$$

ein, so nimmt mit den neuen Konstanten

$$\begin{aligned} C_1 + C_3 &= A \qquad & C_1 - C_3 &= B \\ C_2 + C_4 &= C \qquad & C_2 - C_4 &= D \end{aligned}$$

das Integral die Gestalt

$$\begin{aligned} \Delta r - b = {} & A \cos \beta z \, \mathfrak{Cos}\, \beta z + B \cos \beta z \, \mathfrak{Sin}\, \beta z \\ & + C \sin \beta z \, \mathfrak{Cos}\, \beta z + D \sin \beta z \, \mathfrak{Sin}\, \beta z \quad . \quad . \quad (6) \end{aligned}$$

an. Hierin sind die Konstanten in jedem Sonderfalle aus den Grenzbedingungen zu ermitteln, in denen auch die Ableitungen auftreten.

Daher wollen wir auch diese sogleich anschreiben und erhalten

$$\frac{1}{\beta}\frac{d\Delta r}{dz} = (B+C)\cos\beta z \operatorname{Cos}\beta z + (A+D)\cos\beta z \operatorname{Sin}\beta z$$
$$+ (D-A)\sin\beta z \operatorname{Cos}\beta z + (C-B)\sin\beta z \operatorname{Sin}\beta z \quad (6\text{a})$$

$$\frac{1}{2\beta^2}\frac{d^2\Delta r}{dz^2} = D\cos\beta z \operatorname{Cos}\beta z + C\cos\beta z \operatorname{Sin}\beta z$$
$$- B\sin\beta z \operatorname{Cos}\beta z - A\sin\beta z \operatorname{Sin}\beta z \quad . \quad . \quad . \quad . \quad . \quad (6\text{b})$$

$$\frac{1}{2\beta^3}\frac{d^3\Delta r}{dz^3} = (C-B)\cos\beta z \operatorname{Cos}\beta z + (D-A)\cos\beta z \operatorname{Sin}\beta z$$
$$-(D+A)\sin\beta z \operatorname{Cos}\beta z - (C+B)\sin\beta z \operatorname{Sin}\beta z \quad (6\text{c}).$$

Aus diesen Formeln erhellt, daß die Trommel im allgemeinen eine wellenartige Formänderung erleidet.

I. Wir betrachten zunächst eine durch zwei Scheiben im Abstande l derart gestützte Trommel Fig. 211, daß auf deren

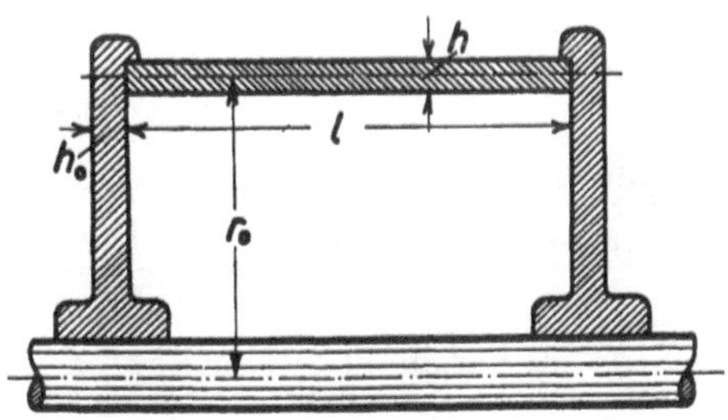

Fig. 211.

Stirnflächen keine Spannungen σ_z wirken, während die zugehörigen Auslenkungen Δr_0 durch die dem Radius r_0 entsprechenden Radialverschiebungen der Scheiben gegeben sind. Eine solche Trommel wollen wir nach dem Vorgange von R. Lorenz[1]), der das Problem der rotierenden Trommeln zuerst exakt löste,

---

[1]) R. Lorenz: Die Berechnung rotierender Trommeln, Zeitschr. d. V. d. Ing. 1910, S. 1397. Dieser Abhandlung sind nicht nur die obenstehenden Tabellen und Diagramme, sondern auch das Zahlenbeispiel am Schlusse entnommen.

eine frei aufliegende nennen. Mit Rücksicht auf Gl. (2) lauten unsere Grenzbedingungen

$$\left.\begin{array}{r}\Delta r=\Delta r_0\\ \dfrac{d^2\Delta r}{dz^2}=0\end{array}\right\}\text{ für }\left\{\begin{array}{c}z=0\\ z=l\end{array}\right\}\quad\ldots\ldots\quad(7)$$

und ergeben mit der Abkürzung

$$\Delta r_0-b=a\quad\ldots\ldots\ldots\quad(4\text{b})$$

$$\left.\begin{array}{ll}A=a, & B=\dfrac{-a\,\mathfrak{Sin}\,\beta l}{\mathfrak{Cos}\,\beta l+\cos\beta l}\\ C=\dfrac{a\sin\beta l}{\mathfrak{Cos}\,\beta l+\cos\beta l}, & D=0\end{array}\right\}\;.\;(7\text{a}),$$

so daß wir auch an Stelle von (6)

$$\frac{\Delta r-b}{\Delta r_0-b}=\cos\beta z\,\mathfrak{Cos}\,\beta z-\frac{\mathfrak{Sin}\,\beta l\cos\beta z\,\mathfrak{Sin}\,\beta z}{\mathfrak{Cos}\,\beta l+\cos\beta l}+\frac{\sin\beta l\sin\beta z\,\mathfrak{Cos}\,\beta z}{\mathfrak{Cos}\,\beta l+\cos\beta l}$$

oder

$$\frac{\Delta r-b}{\Delta r_0-b}=\frac{\cos\beta z\,(\mathfrak{Cos}\,\beta l\,\mathfrak{Cos}\,\beta z-\mathfrak{Sin}\,\beta l\,\mathfrak{Sin}\,\beta z)}{\mathfrak{Cos}\,\beta l+\cos\beta l}$$
$$+\frac{\mathfrak{Cos}\,\beta z\,(\cos\beta l\cos\beta z+\sin\beta l\sin\beta z)}{\mathfrak{Cos}\,\beta l+\cos\beta l}$$

und nach Zusammenziehung der Klammerausdrücke

$$\frac{\Delta r-b}{\Delta r_0-b}=\frac{\cos\beta z\,\mathfrak{Cos}\,\beta(l-z)+\mathfrak{Cos}\,\beta z\cos\beta(l-z)}{\mathfrak{Cos}\,\beta l+\cos\beta l}\quad(8)$$

erhalten. Dagegen wird mit den Konstanten (7 a) aus (6 a) und (6 b)

$$\frac{d\Delta r}{dz}=\beta(\Delta r_0-b)\,\frac{\mathfrak{Sin}\,\beta z\cos\beta(l-z)+\mathfrak{Cos}\,\beta z\sin\beta(l-z)}{\mathfrak{Cos}\,\beta l+\cos\beta l}$$
$$-\beta(\Delta r_0-b)\,\frac{\sin\beta z\,\mathfrak{Cos}\,\beta(l-z)+\cos\beta z\,\mathfrak{Sin}\,\beta(l-z)}{\mathfrak{Cos}\,\beta l+\cos\beta l}\quad(8\text{a})$$

$$\frac{d^2\Delta r}{dz^2}=2\beta^2(\Delta r_0-b)\,\frac{\sin\beta z\,\mathfrak{Sin}\,\beta(l-z)+\mathfrak{Sin}\,\beta z\sin\beta(l-z)}{\mathfrak{Cos}\,\beta l+\cos\beta l}\quad(8\text{b})$$

$$\frac{d^3\Delta r}{dz^3}=2\beta^3(\Delta r_0-b)\,\frac{\cos\beta z\,\mathfrak{Sin}\,\beta(l-z)-\mathfrak{Sin}\,\beta z\cos\beta(l-z)}{\mathfrak{Cos}\,\beta l+\cos\beta l}$$
$$-2\beta^3(\Delta r_0-b)\,\frac{\sin\beta z\,\mathfrak{Cos}\,\beta(l-z)-\mathfrak{Cos}\,\beta z\sin\beta(l-z)}{\mathfrak{Cos}\,\beta l+\cos\beta l}\quad(8\text{c}).$$

Man übersieht, daß für $z = \frac{l}{2}$ die erste und die dritte dieser Ableitungen verschwinden, so daß also in der Trommelmitte sowohl die Auslenkung wie auch die Spannungskomponenten, nämlich

$$\left.\begin{aligned}
\Delta r - b &= (\Delta r_0 - b)\frac{2\cos\frac{\beta l}{2}\,\mathfrak{Cos}\,\frac{\beta l}{2}}{\mathfrak{Cos}\,\beta l + \cos\beta l}\\
\sigma_t &= \frac{E\mu^2}{\mu^2-1}\frac{\Delta r}{r_0}\\
&= \frac{E\mu^2}{\mu^2-1}\left(\frac{\Delta r_0 - b}{r_0}\,\frac{2\cos\frac{\beta l}{2}\,\mathfrak{Cos}\,\frac{\beta l}{2}}{\mathfrak{Cos}\,\beta l + \cos\beta l} + \frac{b}{r_0}\right)\\
\sigma_z &= -\frac{E\mu^2}{\mu^2-1}\,y\,\frac{d^2\Delta r}{dz^2}\\
&= -\frac{E\mu^2}{\mu^2-1}\,\frac{\sqrt{12}\,(\Delta r_0 - b)\,y}{r_0 h}\,\frac{2\sin\frac{\beta l}{2}\,\mathfrak{Sin}\,\frac{\beta l}{2}}{\mathfrak{Cos}\,\beta l + \cos\beta l}
\end{aligned}\right\} \quad (9),$$

Maximalwerte annehmen, wobei natürlich in der Formel für σ_z $2y = \pm h$ zu setzen ist.

Würde die Trommel ohne irgendeinen Zusammenhang mit der Achse frei rotieren, so würde in ihr nur eine Tangentialspannung herrschen, die sich wegen (4) zu

$$\sigma_t' = \frac{\gamma}{g} r^2 \omega^2 + \sigma_0 \frac{r_0}{h} = \frac{\mu^2 E}{\mu^2 - 1}\,\frac{b}{r_0} \quad . \ . \ . \quad (10)$$

ergibt. Das ist aber nichts anderes als das von den Winkelfunktionen freie Glied der zweiten Formel (9), so daß, wenn man in erster Annäherung $\Delta r_0 = 0$ setzen darf, die Spannungsänderung nur von der Winkelfunktion abhängt. Zur bequemeren Übersicht sind darum in der folgenden Tabelle die Werte der beiden Funktionen

$$M_1 = \frac{\cos\frac{\beta l}{2}\,\mathfrak{Cos}\,\frac{\beta l}{2}}{\mathfrak{Cos}\,\beta l + \cos\beta l}, \quad N_1 = \frac{\sin\frac{\beta l}{2}\,\mathfrak{Sin}\,\frac{\beta l}{2}}{\mathfrak{Cos}\,\beta l + \cos\beta l} \quad (9\,a)$$

für eine Anzahl von Werten

$$\beta l = \frac{a l}{\sqrt{3}} = \sqrt{\frac{l\sqrt{3}}{h r_0}} \quad . \ . \ . \ . \ . \ . \quad (4\,c)$$

berechnet und in Fig. 212 aufgetragen. Daraus geht jedenfalls hervor, daß mit $\Delta r_0 = 0$ die Spannung σ_t nur für $\beta l > \pi$ den der frei rotierenden Trommel zugeordneten Wert überschreiten kann. Alsdann würde übrigens auch das Verschwinden von (8 c) neben $z = \frac{l}{2}$ auf weitere Wurzeln führen, deren jeder ein ausgezeichneter Wert von σ_z entsprechen würde. Bleibt man dagegen innerhalb der Grenze $\beta l < \pi$, so kann man aus den Formeln (9) für vorgelegte Maximalspannungen die zugehörigen Werte von M_1 und N_1 und vermittelst der Tabelle bzw. des Diagramms Fig. 212 die Stützenweite l der Trommel selbst bestimmen. Im allgemeinen wird es allerdings nicht zulässig sein, die Radialverschiebung Δr_0 der Auflage gleich Null zu setzen. Diese ist vielmehr identisch mit der Radialverschiebung der Stützen-

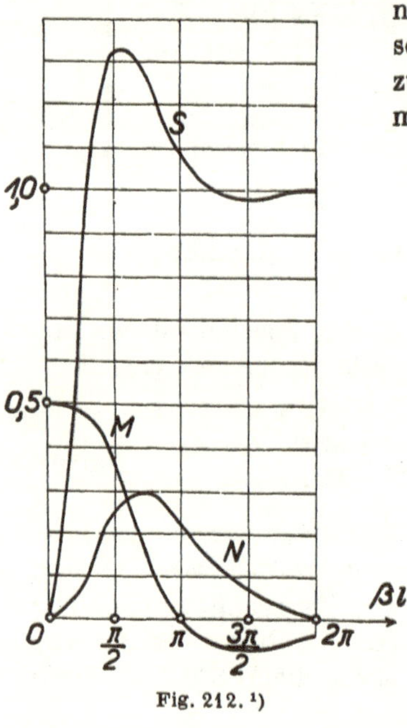

Fig. 212.[1])

βl	M_1	N_1	S_1
0	0,5	0	0
$\frac{\pi}{4}$	0,487	0,076	0,778
$\frac{\pi}{2}$	0,373	0,245	1,317
$\frac{3}{4}\pi$	0,147	0,293	1,285
π	0	0,217	1,090
$\frac{5}{4}\pi$	− 0,057	0,133	0,999
$\frac{3}{2}\pi$	− 0,069	0,067	0,982
$\frac{7}{4}\pi$	− 0,059	0,024	0,997
2π	− 0,045	0	1,000

scheibe für den Radius r_0, wozu noch die Bedingung der Gleichheit des Stützendruckes mit der Scheibenreaktion tritt. Bezeichnen wir die dem Radius r_0 zugeordnete Scheibenbreite mit h_0, die dort herrschende mittlere Radialspannung mit σ_r,

[1]) In Fig. 212 muß $M_1\,N_1\,S_1$ statt $M\,N\,S$ gelesen werden.

so ist der Stützendruck

$$T = 2\pi r_0 h_0 \sigma_r \quad \ldots\ldots \quad (11).$$

Dieser bestimmt sich andererseits aus der mittleren Schubspannung τ_s am Trommelende derart, daß

$$T = 2\pi r_0 h \tau_s \quad \ldots\ldots \quad (11\,\mathrm{a}),$$

während nach Gl. (5 a), § 61,

$$\tau_s = \frac{E\mu^2}{\mu^2 - 1} \frac{h^2}{12} \left(\frac{d^3 \Delta r}{d z^3}\right)_0 \quad \ldots\ldots \quad (12)$$

ist. Aus der Verbindung dieser Formeln folgt dann die Radialspannung der Scheibe

$$\sigma_r = \frac{E\mu^2}{\mu^2 - 1} \frac{h^3}{12 h_0} \left(\frac{d^3 \Delta r}{d z^3}\right)_0 \quad \ldots\ldots \quad (11\,\mathrm{b}),$$

worin nach (8 c) für $z = 0$

$$\left(\frac{d^3 \Delta r}{d z^3}\right)_0 = 2\beta^3 (\Delta r_0 - b) \frac{\mathfrak{Sin}\,\beta l + \sin\beta l}{\mathfrak{Cos}\,\beta l + \cos\beta l} = 2\beta^3 (\Delta r_0 - b) S_1 \quad (11\,\mathrm{c})$$

zu setzen ist. Die darin auftretende Winkelfunktion S_1 ist ebenfalls in die obenstehende Tabelle sowie in das Diagramm Fig. 212 aufgenommen worden.

In der Praxis wird man nun unter Zugrundelegung der beiden Spannungen σ_r und σ_t zunächst die Größe $\Delta r_0 - b$ aus Gl. (11 b) und der zweiten Formel (9) eliminieren, woraus dann eine Gleichung für das Verhältnis der beiden Winkelfunktionen $M_1 : S_1$ resultiert. Daraus folgt schließlich mit Hilfe der Tabelle der Wert βl bzw. die Stützenweite l und schließlich nach Einsetzen der zugehörigen Beträge für M_1 oder S_1 in (11b) bzw. (9) die Radialverschiebung Δr_0.

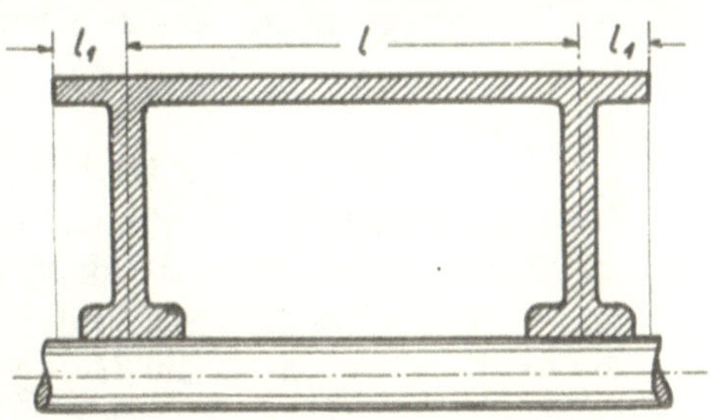

Fig. 213.

II. In der obenerwähnten Abhandlung von R. Lorenz wird noch der Fall untersucht, daß die Trommel mit den beiden Stützenscheiben im Abstande l aus einem Stück besteht. Damit nun die Scheiben selbst keine Biegungen erleiden, die man übrigens mit den Formeln für die Kreisplatte verfolgen könnte, so läßt man die Trommel über beide Scheiben um die Länge l_1

herausragen (Fig. 213). Für den zwischen den Scheiben befindlichen Teil der Trommel gelten dann die Bedingungsgleichungen

$$\left.\begin{aligned} \Delta r &= \Delta r_0 \\ \frac{d\Delta r}{dz} &= 0 \end{aligned}\right\} \text{ für } \left\{\begin{aligned} z &= 0 \\ z &= l \end{aligned}\right\} \quad \ldots \quad (13),$$

die mit (6) und (6 a) auf die Gleichung

$$\frac{\Delta r - b}{\Delta r_0 - b} = \frac{\mathfrak{Sin}\,\beta z \cos\beta(l-z) + \mathfrak{Cos}\,\beta z \sin\beta(l-z)}{\mathfrak{Sin}\,\beta l + \sin\beta l} + \frac{\sin\beta z\,\mathfrak{Cos}\,\beta(l-z) + \cos\beta z\,\mathfrak{Sin}\,\beta(l-z)}{\mathfrak{Sin}\,\beta l + \sin\beta l} \quad (14)$$

führen. Daraus ergeben sich die Spannungen für die Auflagestellen $z = 0$, $z = l$

$$\left.\begin{aligned} \sigma_t &= \frac{E\mu^2}{\mu^2-1}\frac{\Delta r_0}{r_0} \\ \sigma_z &= \frac{E\mu^2}{\mu^2-1}\sqrt{3}\,\frac{\Delta r_0 - b}{r_0}\,\frac{\sin\beta l - \mathfrak{Sin}\,\beta l}{\sin\beta l + \mathfrak{Sin}\,\beta l} \end{aligned}\right\} \quad . \quad (15)$$

und für die Trommelmitte $z = \frac{l}{2}$

$$\left.\begin{aligned} \sigma_t &= \frac{E\mu^2}{\mu^2-1}\left(\frac{\Delta r_0 - b}{r_0}\,2\,\frac{\mathfrak{Sin}\frac{\beta l}{2}\cos\frac{\beta l}{2} + \mathfrak{Cos}\frac{\beta l}{2}\sin\frac{\beta l}{2}}{\sin\beta l + \mathfrak{Sin}\,\beta l} + \frac{b}{r_0}\right) \\ \sigma_z &= \frac{E\mu^2}{\mu^2-1}\,\frac{4\sqrt{3}\,(\Delta r_0 - b)\,y}{r_0 h}\,\frac{\mathfrak{Cos}\frac{\beta l}{2}\sin\frac{\beta l}{2} - \mathfrak{Sin}\frac{\beta l}{2}\cos\frac{\beta l}{2}}{\sin\beta l + \mathfrak{Sin}\,\beta l} \end{aligned}\right\} \quad 16)$$

mit der Durchbiegung an derselben Stelle

$$\Delta r_1 = 2(\Delta r_0 - b)\,\frac{\mathfrak{Sin}\frac{\beta l}{2}\cos\frac{\beta l}{2} + \mathfrak{Cos}\frac{\beta l}{2}\sin\frac{\beta l}{2}}{\sin\beta l + \mathfrak{Sin}\,\beta l} + b \quad (14\,a).$$

Für die praktische Berechnung erscheint es zweckmäßig, auch die hierin auftretenden Winkelfunktionen

$$L = \frac{\sin\beta l - \mathfrak{Sin}\,\beta l}{\sin\beta l + \mathfrak{Sin}\,\beta l} \quad \ldots \quad (15\,a)$$

$$\left.\begin{aligned} M &= \frac{\mathfrak{Sin}\frac{\beta l}{2}\cos\frac{\beta l}{2} + \mathfrak{Cos}\frac{\beta l}{2}\sin\frac{\beta l}{2}}{\sin\beta l + \mathfrak{Sin}\,\beta l} \\ N &= \frac{\mathfrak{Cos}\frac{\beta l}{2}\sin\frac{\beta l}{2} - \mathfrak{Sin}\frac{\beta l}{2}\cos\frac{\beta l}{2}}{\sin\beta l + \mathfrak{Sin}\,\beta l} \end{aligned}\right\} \quad . \quad . \quad (16\,a)$$

in der zweiten Tabelle zusammenzufassen und in Fig. 214 graphisch aufzutragen. Daraus erkennt man, daß in der Nachbarschaft von $\beta l = 2\pi$ mit den Werten von N auch die Biegungsspannungen σ_z in der Trommelmitte, und daß schon von $\beta l = \frac{3}{2}\pi$ ab die Werte von M so klein werden, daß ihr Einfluß auf die Tangentialspannung in der Trommelmitte fast verschwindet. Soll also die Tangentialspannung den Betrag (10) für die frei rotierende Trommel nirgends erreichen, so muß $\beta l < \frac{3}{2}\pi$ bleiben.

Am freien Trommelende greifen nun weder Normal- noch Schubspannungen an, so daß wir für die über die Scheiben herausragenden Teile die Grenzbedingungen haben

$$\left.\begin{aligned} \Delta r &= \Delta r_0, & \frac{d\Delta r}{dz} &= 0 \text{ für } z = 0 \\ \frac{d^2\Delta r}{dz^2} &= 0, & \frac{d^3\Delta r}{dz^3} &= 0 \text{ für } z = l_1 \end{aligned}\right\} \quad . \quad . \quad (17),$$

die mit (6) auf die Gleichung

$$\frac{\Delta r - b}{\Delta r_0 - b} = \frac{\cos\beta l_1 [\mathfrak{Cos}\,\beta z \cos\beta(l_1 - z) - \mathfrak{Sin}\,\beta z \sin\beta(l_1 - z)]}{\mathfrak{Cos}^2\beta l_1 + \cos^2\beta l_1}$$
$$+ \frac{\mathfrak{Cos}\,\beta l_1 [\cos\beta z\,\mathfrak{Cos}\,\beta(l_1 - z) - \sin\beta z\,\mathfrak{Sin}\,\beta(l_1 - z)]}{\mathfrak{Cos}^2\beta l_1 + \cos^2\beta l_1} \quad (18)$$

führen. Daraus folgen die Spannungen für $z = 0$

$$\left.\begin{aligned} \sigma_t &= \frac{E\mu^2}{\mu^2 - 1}\,\frac{\Delta r_0}{r_0} \\ \sigma_z &= \frac{E\mu^2}{\mu^2 - 1}\,\frac{4\sqrt{3}\,(\Delta r_0 - b)\,y}{r_0 h}\,\frac{\cos^2\beta l_1 - \mathfrak{Cos}^2\beta l_1}{\cos^2\beta l_1 + \mathfrak{Cos}^2\beta l_1} \end{aligned}\right\} \quad (19)$$

und für $z = l_1$ nach Voraussetzung $\sigma_z = 0$ und

$$\sigma_t = \frac{E\mu^2}{\mu^2 - 1}\left(\frac{\Delta r_0 - b}{r_0}\,\frac{2\cos\beta l_1\,\mathfrak{Cos}\,\beta l_1}{\cos^2\beta l_1 + \mathfrak{Cos}^2\beta l_1} + \frac{b}{r^0}\right) \quad . \quad (20).$$

Die hierin vorkommenden Funktionen

$$P = \frac{\cos^2\beta l - \mathfrak{Cos}^2\beta l}{\cos^2\beta l + \mathfrak{Cos}^2\beta l}, \qquad Q = \frac{\cos\beta l\,\mathfrak{Cos}\,\beta l}{\cos^2\beta l + \mathfrak{Cos}^2\beta l} \quad (19\text{a})$$

haben wir ebenfalls in der Tabelle auf Seite 612 und in das Diagramm Fig. 214 aufgenommen.

Damit nun die Scheibe keine Biegung erleidet, müssen die Spannungen σ_z zu beiden Seiten der Stelle $z = 0$ einander gleich sein, d. h. wegen (15) und (19)

$$\frac{\sin\beta l - \mathfrak{Sin}\,\beta l}{\sin\beta l + \mathfrak{Sin}\,\beta l} = \frac{\cos^2\beta l_1 - \mathfrak{Cos}^2\,\beta l_1}{\cos^2\beta l_1 + \mathfrak{Cos}^2\,\beta l_1} \quad (21),$$

wofür wir auch kürzer

$$\frac{\sin\beta l}{\mathfrak{Sin}\,\beta l} = \frac{\cos^2\beta l_1}{\mathfrak{Cos}^2\,\beta l_1} \quad (21\,\mathrm{a})$$

schreiben können. Durch diese Beziehung ist dann die Länge l_1 bei vorgelegter Länge l bestimmt.

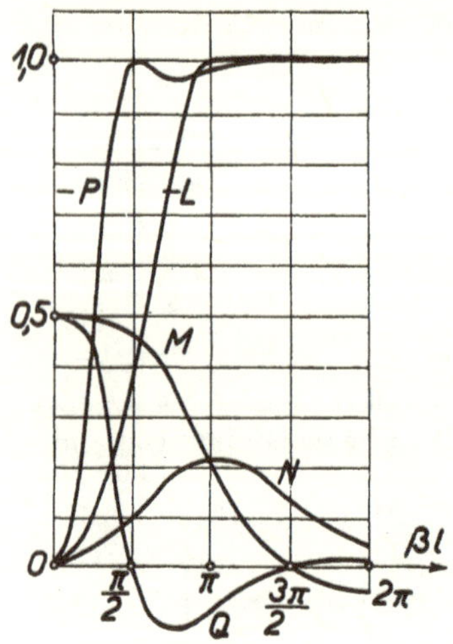

Fig. 214.

βl	$-L$	M	N	$-P$	Q	R	S	T
0	0	0,5	0	0	0,5	∞	0	0
$\frac{\pi}{4}$	0,102	0,495	0,027	0,506	0,432	4,87	0,327	0,736
$\frac{\pi}{2}$	0,394	0,469	0,097	1,00	0	1,189	0,764	0,915
$\frac{3}{4}\pi$	0,762	0,371	0,182	0,965	— 0,130	0,487	1,017	0,950
π	1,000	0,217	0,217	0,985	— 0,086	0,217	1,089	0,996
$\frac{5}{4}\pi$	1,000	0,082	0,192	0,998	— 0,028	0,082	1,059	1,000
$\frac{3}{2}\pi$	1,000	0,001	0,139	1,000	0	0,001	1,019	1,000
$\frac{7}{4}\pi$	1,000	— 0,034	0,083	1,000	0,006	— 0,034	1,000	1,000
2π	1,000	— 0,043	0,043	1,000	0,004	— 0,043	1,000	1,000

Zur Berechnung der Radialverschiebung Δr_0 des äußeren Scheibenrandes greifen wir wieder auf die Formel (11) für den Stützendruck zurück, der sich jetzt aus der Summe der Schubkräfte zu beiden Seiten der Scheibe zusammensetzt. Infolgedessen erhalten wir an Stelle von (11 b) für die Radialspannung am äußeren Scheibenrande

$$\sigma_r = \frac{E\mu^2}{\mu^2-1}\frac{h^3}{12h_0}\left[\left(\frac{d^3\Delta r}{dz^3}\right)_0' + \left(\frac{d^3\Delta r}{dz^3}\right)_0''\right] \quad . \quad . \quad (22),$$

worin sich das erste Glied in der Klammer aus Gl. (14), das zweite aus (18) für $z = 0$ berechnet. Führen wir die Rechnung durch, so erhalten wir

$$\sigma_r = -\frac{E\mu^2}{\mu^2-1}\frac{h^3}{12h_0} 2\beta^3(\Delta r_0 - b)\left(\frac{\mathfrak{Cos}\,\beta l - \cos\beta l}{\sin\beta l + \mathfrak{Sin}\,\beta l}\right.$$

$$\left. + \frac{\sin\beta l_1 \cos\beta l_1 + \mathfrak{Sin}\,\beta l_1 \mathfrak{Cos}\,\beta l_1}{\cos^2\beta l_1 + \mathfrak{Cos}^2\beta l_1}\right) \quad . \quad . \quad . \quad (22\,a)$$

und werden zweckmäßig auch die darin vorkommenden Funktionen

$$\left.\begin{aligned} S &= \frac{\mathfrak{Cos}\,\beta l - \cos\beta l}{\mathfrak{Sin}\,\beta l + \sin\beta l} \\ T &= \frac{\mathfrak{Sin}\,\beta l\,\mathfrak{Cos}\,\beta l + \sin\beta l\cos\beta l}{\mathfrak{Cos}^2\beta l + \cos^2\beta l} \end{aligned}\right\} \quad . \quad . \quad . \quad 22\,b)$$

in die obige Tabelle aufnehmen. Aus dem Verschwinden von S für $l = 0$ erkennt man weiter, daß die Spannung σ_z in dem zwischen den Scheiben befindlichen Teile der Trommel ihr Maximum an der Einspannstelle erreicht, während dasjenige der Tangentialspannung wegen (2) in der Trommelmitte, d. h. für $z = \frac{l}{2}$, zu suchen ist.

Verlangt man daher, daß diese beiden Maximalwerte einer und derselben höchsten zulässigen Spannung σ gleich sein sollen, so ergibt sich aus der Verbindung der zweiten Formel (15) mit der ersten Gl. (16) nach Elimination von $\Delta r_0 - b$

$$\left(\frac{1}{2} - \frac{bE\mu^2}{(\mu^2-1)\sigma r_0}\right)\sqrt{3} = \frac{\mathfrak{Sin}\frac{\beta l}{2}\cos\frac{\beta l}{2} + \mathfrak{Cos}\frac{\beta l}{2}\sin\frac{\beta l}{2}}{\mathfrak{Sin}\,\beta l - \sin\beta l} = R \;(23).$$

Auch diese Funktion R haben wir in die obige Tabelle aufgenommen.

B e i s p i e l. Eine Trommel vom Radius $r_0 = 38$ cm und der Gesamtlänge $l_0 = l + 2\,l_1 = 47{,}5$ cm möge 3000 Umdrehungen in der Minute vollziehen, dann wäre bei einem spezifischen Gewicht $\gamma = 0{,}0078$ kg/ccm des Materials mit $g = 981$ cm/Sek.^{2} und $\omega = 314$ Sek.$^{-1}$

die Tangentialspannung im Falle der freien Rotation nach Gl. (10) mit $\sigma_0 = 0$

$$\sigma_t' = 1125 \text{ kg/qcm}.$$

Mit der Elastizitätskonstante

$$\frac{E\mu^2}{\mu^2-1} = 2\,150\,000 \text{ kg/qcm}$$

berechnet sich dann aus Gl. (4)

$$b = 0{,}0194 \text{ cm}.$$

Verlangen wir nun, daß in der ausgeführten Trommel die größte Spannung

$$\sigma = 800 \text{ kg/qcm}$$

nicht überschritten werden soll, so erhalten wir aus (23)

$$R = \left(\frac{1}{2} - \frac{0{,}0194 \cdot 2\,150\,000}{800 \cdot 38}\right)\sqrt{3} = 0{,}322.$$

Die Interpolation der Tabellenwerte für R liefert hierfür

$$\beta l = 2{,}75 = \frac{7}{8}\pi,$$

wozu nach Gl. (21 c) der Wert

$$\beta l_1 = 1{,}178 = \frac{3}{8}\pi$$

gehört. Da nun

$$\beta = \frac{\beta l + 2\beta l_1}{l + 2 l_1} = \frac{5{,}106}{47{,}5} = 0{,}108$$

ist, so erhalten wir schließlich aus (4 a) für die Wandstärke der Trommel

$$h = \frac{\sqrt{3}}{r_0 \beta^2} = 3{,}96 \text{ cm} \sim 4 \text{ cm}$$

und für die Länge

$$l = 25{,}44 \sim 25{,}5 \text{ cm}, \quad l_1 = 11 \text{ cm}.$$

Mit den Werten von βl und βl_1 sind auch alle Winkelfunktionen festgelegt, die in unsern Formeln auftreten. So erhalten wir zunächst aus der zweiten Formel (15) mit den vorgelegten Werten $\sigma_z = \sigma$

$$\varDelta r_0 - b = \frac{\sigma r_0 (\mu^2 - 1)}{L E \mu^2} = -\,0{,}00896,$$

also eine Radialverschiebung am äußeren Scheibenrande von

$$\varDelta r_0 = 0{,}0104 \text{ cm} \sim 0{,}01 \text{ cm}.$$

Damit wird die Tangentialspannung an der Einspannstelle innerhalb der Scheibe nach der ersten Gl. (15)

$$\sigma_t = 543 \text{ kg/qcm}$$

und die Biegungsspannung in der Trommelmitte nach der zweiten Gl. (16)

$$\sigma_z = 368 \text{ kg/qcm}.$$

Für die herausragenden Stücke erhalten wir dagegen an der Einspannstelle nach der ersten Gl. (19) wieder $\sigma_t = 545$ kg/qcm und am freien Ende aus Gl. (20)

$$\sigma_t = 888 \text{ kg/qcm}.$$

Daraus geht hervor, daß diese Stelle die höchste Beanspruchung erfährt.

Endlich berechnet sich noch aus Gl. (21 a) mit einer Scheibendicke $h_0 = 4$ cm am äußern Ende eine Radialspannung

$$\sigma_r = 765 \text{ kg/qcm},$$

die der Berechnung der Scheibe nach § 58 zugrunde zu legen ist.

§ 63. Zylindrische Flüssigkeitsbehälter.

Flüssigkeitsbehälter mit konstanter Wandstärke, Integration der Gleichung in geschlossener Form. Integration des Problems der linear veränderlichen, am obern Rande verschwindenden Wandstärke durch eine Reihe; igenschaften dieser Lösung. Näherungslösungen für andere Gesetze der Veränderlichkeit der Wandstärke nach dem Ritzschen Verfahren.

I. Besitzt ein zylindrischer Flüssigkeitsbehälter mit vertikaler Achse durchweg dieselbe gegen den Radius r_0 kleine Wandstärke h (Fig. 215), so gilt wieder die aus (6a), § 61, unter Wegfall der Axialkraft P hervorgehende Gleichung

$$\frac{d^4 \Delta r}{d z^4} + \frac{12}{h^2 r_0^2}\left(\Delta r - \frac{\mu^2 - 1}{\mu^2 E} \frac{r_0^2}{h} p\right) = 0 \quad (1),$$

in der wir nur für den Innendruck

$$p = \gamma z \quad . \quad . \quad (2)$$

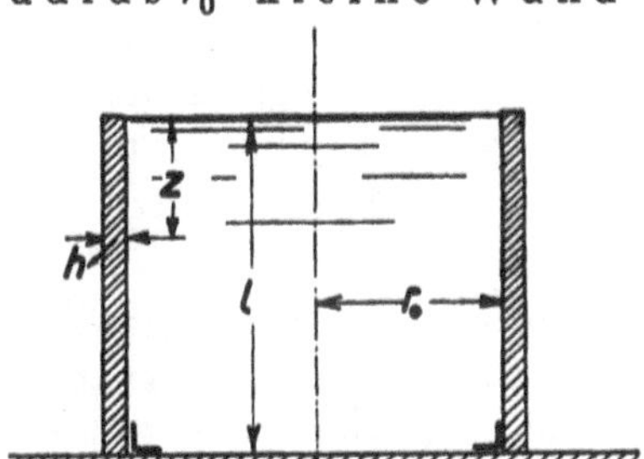

Fig. 215.

zu setzen haben, wenn γ das spezifische Gewicht der Flüssigkeit und z die Tiefe unter dem Flüssigkeitsspiegel bedeutet. Damit geht dann (1) über in

$$\frac{d^4 \Delta r}{d z^4} + \frac{12}{h^2 r_0^2}\left(\Delta r - \frac{\mu^2 - 1}{\mu^2 E} \frac{r_0^2}{h} \gamma z\right) = 0 \quad . \quad . \quad (1\text{a}),$$

wofür wir mit den Abkürzungen

$$\frac{12}{h^2 r_0^2} = 2\beta^4, \quad \frac{\mu^2 - 1}{\mu^2 E} \frac{r_0^2}{h} \gamma = \varkappa \quad . \quad . \quad . \quad . \quad (3)$$

auch

$$\frac{d^4 \Delta r}{d z^4} - 2\beta^4 (\Delta r - \varkappa z) = 0 \quad . \quad . \quad . \quad . \quad (1\text{b})$$

schreiben dürfen. Das allgemeine Integral dieser Gleichung lautet ganz analog Gl. (6), § 62,

$$\begin{aligned} \Delta r - \varkappa z = {} & A \cos \beta z \operatorname{Cos} \beta z + B \cos \beta z \operatorname{Sin} \beta z \\ & + C \sin \beta z \operatorname{Cos} \beta z + D \sin \beta z \operatorname{Sin} \beta z \quad . \quad (4), \end{aligned}$$

woraus sich die drei ersten Ableitungen zu

$$\begin{aligned} \frac{1}{\beta}\left(\frac{d\Delta r}{dz} - \varkappa\right) = {} & (B + C) \cos \beta z \operatorname{Cos} \beta z + (A + D) \cos \beta z \operatorname{Sin} \beta z \\ & + (D - A) \sin \beta z \operatorname{Cos} \beta z + (C - B) \sin \beta z \operatorname{Sin} \beta z \quad (4\text{a}). \end{aligned}$$

$$\begin{aligned} \frac{1}{2\beta^2} \frac{d^2 \Delta r}{d z^2} = {} & D \cos \beta z \operatorname{Cos} \beta z + C \cos \beta z \operatorname{Sin} \beta z \\ & - B \sin \beta z \operatorname{Cos} \beta z - A \sin \beta z \operatorname{Sin} \beta z \quad . \quad . \quad . \quad . \quad (4\text{b}) \end{aligned}$$

$$\begin{aligned} \frac{1}{2\beta^3} \frac{d^3 \Delta r}{d z^3} = {} & (C - B) \cos \beta z \operatorname{Cos} \beta z + (D - A) \cos \beta z \operatorname{Sin} \beta z \\ & - (D + A) \sin \beta z \operatorname{Cos} \beta z - (C + B) \sin \beta z \operatorname{Sin} \beta z \quad (4\text{c}) \end{aligned}$$

berechnen[1]).

Die in diesen Formeln auftretenden vier Konstanten erfordern zu ihrer Bestimmung ebensoviele Grenzbedingungen, von denen zwei das Verschwinden der Biegungsspannung und der mittleren Schubspannung am oberen Rande, d. h. für $z = 0$, fordern. Da diese Spannungen nach Gl. (4 a) und (5 a), §61, durch

$$\sigma_z = -\frac{E\mu^2}{\mu^2 - 1} y \frac{d^2 \Delta r}{d z^2}, \quad \tau_s = -\frac{E\mu^2}{\mu^2 - 1} \frac{h^2}{12} \frac{d^3 \Delta r}{d z^3} \quad . \quad (5)$$

gegeben sind, so laufen die Grenzbedingungen am oberen Rande auf das Verschwinden der Ableitungen (4 b) und (4 c) hinaus. Daraus folgt aber ohne weiteres

$$D = 0, \quad C - B = 0,$$

---

[1]) Die oben stehende Theorie wurde zuerst von C. Runge in der Abhandlung »Über die Formänderung eines zylindrischen Wasserbehälters durch den Wasserdruck«, Zeitschr. f. Math. u. Physik 1904, S. 254, entwickelt. Nach einer Mitteilung von H. Reißner: »Über die Spannungsverteilung in zylindrischen Behälterwänden«, Beton und Eisen 1908, Heft 6, ist sie allerdings schon lange vorher in den Vorlesungen von Müller-Breslau, vorgetragen worden.

so daß sich das Integral (4) mit seiner ersten Ableitung (4 a) in

$$\Delta r - \varkappa z = A \cos\beta z \mathfrak{Cos}\,\beta z + B(\cos\beta z \mathfrak{Sin}\,\beta z + \sin\beta z \mathfrak{Cos}\,\beta z) \quad . \quad (6)$$

$$\frac{1}{\beta}\left(\frac{d\Delta r}{dr} - \varkappa\right) = 2B\cos\beta z \mathfrak{Cos}\,\beta z + A(\cos\beta z \mathfrak{Sin}\,\beta z - \sin\beta z \mathfrak{Cos}\,\beta z) \quad . \quad (6a)$$

vereinfacht. Die beiden noch übrig bleibenden Konstanten ergeben sich schließlich aus den Grenzbedingungen am unteren Rande. Darf dieser als eingespannt betrachtet werden, so ist dort, d. h. für $z = l$,

$$\Delta r = 0 \text{ und } \frac{d\Delta r}{dr} = 0,$$

woraus mit (6) und (6 a)

$$\left.\begin{aligned} A &= \varkappa \frac{\cos\beta l \mathfrak{Sin}\,\beta l + \sin\beta l \mathfrak{Cos}\,\beta l - 2\beta l \cos\beta l \mathfrak{Cos}\,\beta l}{\beta(\mathfrak{Cos}^2\beta l + \cos^2\beta l)} \\ B &= \varkappa \frac{\beta l(\cos\beta l \mathfrak{Sin}\,\beta l - \sin\beta l \mathfrak{Cos}\,\beta l) - \cos\beta l \mathfrak{Cos}\,\beta l}{\beta(\mathfrak{Cos}^2\beta l + \cos^2\beta l)} \end{aligned}\right\} \quad . \quad (6b)$$

folgt. Setzt man übrigens in (6) und (6 a) $z = 0$ ein und bezeichnet sowohl die Radialverschiebung als auch deren Ableitung am obern Rande mit dem Index 0, so erkennt man, daß diese Konstanten

$$A = \Delta r_0, \quad B = \frac{1}{2\beta}\left(\frac{d\Delta r}{dz}\right)_0 - \frac{\varkappa}{2\beta} \quad . \quad . \quad . \quad . \quad (6c)$$

sind. Da die Radialverschiebung nach Gl. (4a), § 61, die Ringspannung

$$p_t = \frac{E\mu^2}{\mu^2 - 1}\,\frac{\Delta r}{r_0} \quad . \quad . \quad . \quad . \quad . \quad . \quad (5a)$$

festlegt, so erkennen wir, daß diese am oberen Rande im allgemeinen nicht verschwindet. Dies trifft vielmehr nur zu, wenn $A = 0$ oder nach (6 b)

$$\mathfrak{Tg}\,\beta l + \operatorname{tg}\beta l = 2\beta l$$

wird. Daraus geht hervor, daß für das elastische Verhalten des Behälters nur die Größe

$$\beta l = \sqrt[4]{\frac{6 l^4}{r_0^2 h^2}} \quad . \quad . \quad . \quad . \quad . \quad . \quad . \quad (3a)$$

maßgebend ist, der eine unendliche Mannigfaltigkeit von Behälterformen entspricht.

Setzt sich der Behälter aus mehreren Teilen zusammen, deren jeder eine andere Wandstärke besitzt, so gelten die vorstehenden Formeln (4) bis (4 c) für jeden dieser Teile nur mit anderen Werten der Integrationskonstanten $ABCD$. Bei n solchen Teilen sind daher $4n$ Gleichungen erforderlich, von denen die Grenzbedingungen am oberen und unteren Rande nur vier liefern. Die übrigen $4(n-1)$ ergeben sich alsdann aus der Übereinstimmung der Auslenkungen Δr und der Neigungen $\frac{d\Delta r}{dz}$ sowie der Biegungsmomente und der Querkräfte zu beiden Seiten der Stoßstellen. Da nun die Querkraft, bezogen auf die Längeneinheit des Umfangs sich aus der mittleren Schubspannung τ_s in der Wand durch Multiplikation mit h ergibt, während das Biegungsmoment aus der Integration von $\sigma_z\, y\, dy$ über die ganze Wandstärke hervorgeht, so sind mit Rücksicht auf (5) die Ausdrücke

$$h^3 \frac{d^2\Delta r}{dz^2} \text{ und } h^3 \frac{d^3\Delta r}{dz^3}$$

neben

$$\Delta r \text{ und } \frac{d\Delta r}{dz}$$

zu beiden Seiten der Stoßstelle einander gleichzusetzen. Ein Beispiel für den ziemlich verwickelten Rechnungsgang kann in der angezogenen Abhandlung von Runge nachgelesen werden.

II. Ist die Wandstärke h des Behälters mit der Tiefe z veränderlich, so müssen wir nochmals auf die Gl. (2a), § 61, für die Schubspannung zurückgreifen, für die, wenn das Verhältnis $h : r_0$ wieder als klein vorausgesetzt werden darf, mit hinreichender Genauigkeit wegen $dr \sim dy$

$$\tau = -\frac{\partial}{\partial z}\int \sigma_z\, dy$$

also mit (5)

$$\tau = \frac{E\mu^2}{\mu^2-1}\frac{d}{dz}\int \frac{d^2\Delta r}{dz^2}\, y\, dy = \frac{E\mu^2}{\mu^2-1}\frac{d}{dz}\left(\frac{y^2}{2}-\frac{h^2}{8}\right)\frac{d^2\Delta r}{dz^2}$$

wird. Der Mittelwert dieser Spannung ist dann nach Gl. (5a), § 61,

$$\tau_s = \frac{1}{h}\int_{-\frac{h}{2}}^{+\frac{h}{2}} \tau\, dy = -\frac{E\mu^2}{\mu^2-1}\frac{1}{12h}\frac{d}{dz}\left(h^3\frac{d^2\Delta r}{dz^2}\right) \quad . \quad (7).$$

Setzen wir diesen Ausdruck in die Gl. (1), § 61, für einen achsensymmetrisch belasteten Hohlzylinder ein, so folgt mit Vernachlässigung der Axialspannung p_z sowie mit dem auch hierfür gültigen Werte (5 a) für die Ringspannung p_t

$$\frac{d^2}{d z^2}\left(h^3 \frac{d^2 \Delta r}{d z^2}\right) + 12 \frac{h}{r_0^2} \Delta r - 12 \frac{\mu^2 - 1}{E \mu^2} p = 0 \quad . \quad (8).$$

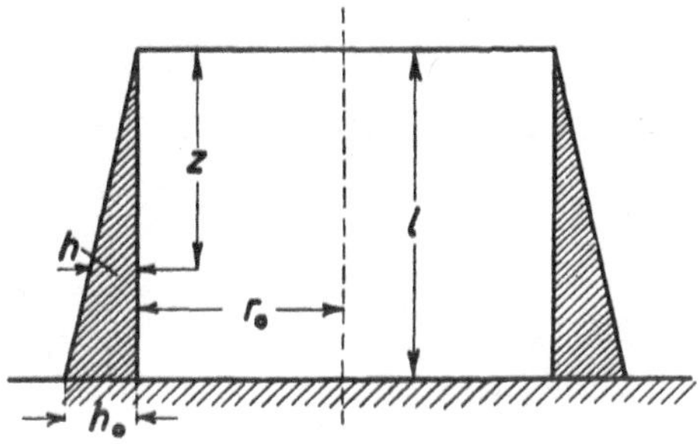

Fig. 216.

Nehmen wir weiter an, daß **die Wandstärke nach Fig. 216 proportional mit der Tiefe** zunimmt, so haben wir, wenn h_0 den Wert am Boden, d. h. für $z = l$, bedeutet,

$$h = h_0 \frac{z}{l} = h_0 \zeta \quad . \; . \; . \; . \; . \; . \; . \; . \quad (9),$$

so daß wir unter gleichzeitiger Benutzung von (2) an Stelle von (8) erhalten

$$\frac{d^2}{d \zeta^2}\left(\zeta^3 \frac{d^2 \Delta r}{d \zeta^2}\right) + 12 \frac{l^4 \zeta}{r_0^2 h_0^2}\left(\Delta r - \frac{\mu^2 - 1}{E \mu^2} \gamma \frac{r_0^2 l}{h_0}\right) = 0 \quad . \quad (8\,\mathrm{a}).$$

Mit den Abkürzungen

$$\frac{12\, l^4}{r_0^2 h_0^2} = a^2, \qquad \frac{\mu^2 - 1}{E \mu^2} \gamma \frac{r_0^2 l}{h_0} = b \quad . \; . \; . \; . \quad (9\,\mathrm{a})$$

wird daraus

$$\frac{d^2}{d \zeta^2}\left(\zeta^3 \frac{d^2 \Delta r}{d \zeta^2}\right) + a^2 \zeta (\Delta r - b) = 0 \quad . \; . \; . \quad (8\,\mathrm{b}).$$

Diese Differentialgleichung versuchen wir durch die Reihe

$$\Delta r - b = A_0 + A_1 \zeta + A_2 \zeta^2 + \ldots + A_n \zeta^n + \ldots \quad . \quad (10)$$

zu integrieren, aus der sich ergibt

$$\left.\begin{aligned}
\frac{d\Delta r}{d\zeta} &= A_1 + 2A_2\zeta + \dots \\
&\qquad + n A_n \zeta^{n-1} + \dots \\
\frac{d^2\Delta r}{d\zeta^2} &= 2A_2 + \dots \\
&\qquad + n(n-1) A_n \zeta^{n-2} + \dots \\
\zeta^3 \frac{d^2\Delta r}{d\zeta^2} &= 2A_2\zeta^3 + \dots \\
&\qquad + n(n-1) A_n \zeta^{n+1} + \dots \\
\frac{d^2}{d\zeta^2}\left(\zeta^3 \frac{d^2\Delta r}{d\zeta^2}\right) &= 2^2 \cdot 3 A_2 \zeta + \dots \\
&\qquad + (n+1) n^2 (n-1) A_n \zeta^{n-1} + \dots
\end{aligned}\right\} \quad (10\,\mathrm{a})$$

Setzen wir dies in Gl. (8 b) ein, so liefert die Methode der unbestimmten Koeffizienten

$$A_2 = -\frac{A_0 \alpha^2}{2^2 \cdot 3},$$

$$A_3 = -\frac{A_1 \alpha^2}{3^2 \cdot 4} \dots A_n = -\frac{A_{n-2}\alpha^2}{(n+1) n^2 (n-1)} \quad . \quad (10\,\mathrm{b}),$$

so daß wir alle Koeffizienten in den beiden A_0 und A_1 ausdrücken können. Ordnen wir die Reihe nach diesen, so nimmt sie die Form

$$\begin{aligned}
\Delta r - b = A_0 &\left(1 - \frac{\alpha^2\zeta^2}{2^2 \cdot 3} + \frac{\alpha^4\zeta^4}{2^2 \cdot 3^2 \cdot 4^2 \cdot 5} - \dots\right) \\
+ A_1\zeta &\left(1 - \frac{\alpha^2\zeta^2}{3^2 \cdot 4} + \frac{\alpha^4\zeta^4}{2 \cdot 3^2 \cdot 4^2 \cdot 5^2 \cdot 6} - \dots\right)
\end{aligned}$$

an, wofür wir auch übersichtlicher schreiben dürfen

$$\begin{aligned}
\Delta r - b = A_0 &\left(1 - \frac{\alpha^2\zeta^2}{2!\,3!} + \frac{\alpha^4\zeta^4}{4!\,5!} - \dots\right) \\
+ A_1\zeta &\left(1 - \frac{2\alpha^2\zeta^2}{3!\,4!} + \frac{2\alpha^4\zeta^4}{5!\,6!} - \dots\right) \quad . \quad . \quad . \quad (11).
\end{aligned}$$

Da die Differentialgleichung (8 b) von vierter Ordnung ist, also eine Lösung mit vier Konstanten erfordert, so scheint das Integral (11) zunächst noch nicht vollständig zu sein. Beachten wir indessen, daß zur Konstantenbestimmung die vier Bedingungen des Verschwindens des Biegungsmomentes und der Querkraft für $z = l\zeta = 0$, sowie der Auslenkung Δr und der

Ableitung $d\Delta r : dz$ für $z = l$ vorliegen, so erkennen wir, daß die ersten beiden

$$\left(h^3 \frac{d^2 \Delta r}{dz^2}\right) = \frac{h_0^3}{l^2}\left(\zeta^3 \frac{d^2 \Delta r}{d\zeta^2}\right)_0 = 0$$

$$\frac{d}{dz}\left(h^3 \frac{d^2 \Delta r}{dz^2}\right) = \frac{h_0^3}{l^3}\frac{d}{d\zeta}\left(\zeta^3 \frac{d^2 \Delta r}{d\zeta^2}\right)_0 = 0$$

infolge des Verschwindens der Wandstärke für $z = l\zeta = 0$ von selbst erfüllt sind. Infolgedessen braucht unser Integral nur noch den beiden letzten Bedingungen, d. h. für $\zeta = 1$

$$\left.\begin{aligned} -b &= A_0\left(1 - \frac{\alpha^2}{2!\,3!} + \frac{\alpha^4}{4!\,5!} - \dots\right) \\ &\quad + A_1\left(1 - \frac{2\alpha^2}{3!\,4!} + \frac{2\alpha^4}{5!\,6!} - \dots\right) \\ 0 &= A_0\left(\frac{2\alpha^2}{2!\,3!} - \frac{4\alpha^4}{4!\,5!} + \dots\right) \\ &\quad - A_1\left(1 - \frac{2\cdot 3\alpha^2}{3!\,4!} + \frac{2\cdot 5\alpha^4}{5!\,6!} - \dots\right) \end{aligned}\right\} \quad . \quad (11\,a)$$

zu genügen, die in der Tat zur Bestimmung von A_0 und A_1 ausreichen[1]). Die in den Gleichungen (11 a) auftretenden Reihen

$$\left.\begin{aligned} 1 - \frac{\alpha^2}{2!\,3!} + \frac{\alpha^4}{4!\,5!} - \dots &= U \\ 1 - \frac{2\alpha^2}{3!\,4!} + \frac{2\alpha^4}{5!\,6!} - \dots &= V \\ \frac{2\alpha^2}{2!\,3!} - \frac{4\alpha^4}{4!\,5!} + \dots &= U_1 \\ 1 - \frac{2\cdot 3\alpha^2}{3!\,4!} + \frac{2\cdot 5\alpha^4}{5!\,6!} - \dots &= V_1 \end{aligned}\right\} \quad . \quad . \quad (12)$$

sind reine Funktionen der Zahl α^2, die mit der unter I eingeführten Größe βl wegen (3 a) und (9) durch die Beziehung

$$\alpha^2 = 2\beta^4 l^4 \quad . \quad . \quad . \quad . \quad . \quad . \quad . \quad . \quad . \quad (9\,b)$$

verknüpft ist, wenn wir in (3 a) an Stelle der konstanten Wandstärke h die der größten Tiefe l zugehörige h_0 einführen. Mit

---

[1]) H. Reißner, der a. a. O. das Problem des Behälters mit linear veränderlicher Wandstärke gelöst hat, benutzt gegenüber unserem Ansatz (10) eine allgemeinere Reihe, die in der Tat vier partikuläre Integrale liefert. Er zeigt dann, daß zwei derselben mit lgn ζ behaftet sind und deshalb für $\zeta = 0$ unbrauchbar werden, während die beiden übrigen zusammengenommen mit (11) übereinstimmen.

den Abkürzungen (12) erhalten wir dann für die Integrationskonstanten

$$A_0 = \frac{-b\,V_1}{U V_1 + U_1 V}, \quad A_1 = \frac{-b\,U_1}{U V_1 + U_1 V} \quad . \quad (11\,\mathrm{b}),$$

wonach der von den elastischen Konstanten E und μ abhängige Wert die absolute Größe der Durchbiegungen Δr bestimmt.

Zur leichteren Übersicht wollen wir noch unter Einführung der Abkürzungen

$$\left.\begin{aligned} 1 - \frac{\alpha^2 \zeta^2}{2!\,3!} + \frac{\alpha^4 \zeta^4}{4!\,5!} - \ldots &= u \\ \zeta\left(1 - \frac{2\alpha^2\zeta^2}{3!\,4!} + \frac{2\alpha^4\zeta^4}{5!\,6!} - \ldots\right) &= v \end{aligned}\right\} \quad . \quad (12\,\mathrm{a})$$

an Stelle von (11) schreiben

$$\Delta r = b + A_0 u + A_1 v = b\left(1 - \frac{V_1 u + U_1 v}{V_1 U + U_1 V}\right) \quad . \quad (13),$$

$$\frac{d^2 \Delta r}{d z^2} = \left(A_0 \frac{d^2 u}{d\zeta^2} + A_1 \frac{d^2 v}{d\zeta^2}\right)\left(\frac{d\zeta}{dz}\right)^2 = \frac{A_0 u'' + A_1 v''}{l^2}$$

oder wegen (11 b)

$$\frac{d^2 \Delta r}{d z^2} = -\frac{b}{l^2}\,\frac{V_1 u'' + U_1 v''}{V_1 U + U_1 V} \quad . \; . \; . \quad (13\,\mathrm{a}).$$

Damit erhalten wir für die größte Biegungsspannung σ_z im Querschnitt, d. h. für $y = h = h_0 \zeta$, sowie für die Ringspannung nach Gl. (5) und (5 a)

$$\left.\begin{aligned} \sigma_z &= -\frac{E\mu^2}{\mu^2 - 1} h \frac{d^2 \Delta r}{d z^2} = \frac{E\mu^2}{\mu^2 - 1}\,\frac{b\,h_0}{l^2}\,\zeta\,\frac{V_1 u'' + U_1 v''}{V_1 U + U_1 V} \\ p_t &= \frac{E\mu^2}{\mu^2 - 1}\,\frac{\Delta r}{r_0} = \frac{E\mu^2}{\mu^2 - 1}\,\frac{b}{r_0}\left(1 - \frac{V_1 u + U_1 v}{V_1 U + U_1 V}\right) \end{aligned}\right\} (14).$$

Für die praktische Verwendung dieser Formeln erweist sich nach dem Vorgange von Reißner die Anlage einer Tabelle der Funktionswerte (12) für verschiedene α^2 als zweckmäßig. So erhält man z. B.

α^2	U	V	U_1	V_1	$\frac{A_0}{b}$	$\frac{A_1}{b}$
10	0,201	0,868	— 1,529	0,595	— 0,413	— 1,062
100	— 4,130	— 0,167	— 4,377	— 2,077	0,265	— 0,558

also für $\alpha^2 = 10$ $\quad \Delta r = b\,(1 - 0{,}413\,u - 1{,}062\,v)$,

für $\alpha^2 = 100$ $\quad \Delta r = b\,(1 + 0{,}265\,u - 0{,}558\,v)$.

Damit folgt alsdann für $\alpha^2 = 10$

ζ	u	v	u''	v''	$\frac{\Delta r}{b}$
0	1,00	0	— 1,667	0	0,578
0,2	0,967	0,199	— 1,650	— 0,166	0,390
0,4	0,876	0,391	— 1,660	— 0,330	0,226
0,6	0,705	0,570	— 1,518	— 0,490	0,104
0,8	0,480	0,750	— 1,403	— 0,643	0,027
1	0,201	0,863	— 1,258	— 0,787	0

und für $\alpha^2 = 100$.

ζ	u	v	u''	v''	$\frac{\Delta r}{b}$
0	1,00	0	— 16,677	0	1,265
0,2	0,672	0,189	— 15,013	— 1,630	1,072
0,4	— 0,246	0,314	— 10,210	— 3,040	0,760
0,6	— 1,563	0,316	— 2,720	— 4,024	0,410
0,8	— 2,983	0,162	+ 6,714	— 4,397	0,120
1	— 4,130	— 0,167	+ 17,116	— 4,008	0

Aus Gl. (9) erhellt, daß kleinen Werten von α^2 Behälter mit großem Durchmesser und erheblicher Wandstärke bei mäßiger Tiefe zugehören, was für gemauerte Wasserreservoire oder gekrümmte Talsperrenabschlußmauern gut zutrifft. Dagegen erhält man z. B. für eiserne Behälter infolge der Kleinheit der Blechstärke so große Werte von α^2, daß die Reihen (12) erst von höheren Gliedern ab konvergieren, womit die ganze Lösung praktisch unbrauchbar wird. In diesem Falle wird man auf die unter I angedeutete Berechnung des aus einzelnen Blechschüssen mit verschiedener Stärke ausgeführten Behälters zurückgreifen, wenn die Annahme einer durchgängig konstanten Blechstärke nicht ausreichen sollte.

III. Darf die Wandstärke am oberen Rande des Behälters (Fig. 217) nicht mehr vernachlässigt werden, so gestaltet sich die Rechnung durch Hinzunahme zweier weiterer partikulärer Integrale zu den Reihen (11) viel verwickelter. In diesem Falle sowie für andere als linear veränderliche Wandstärken empfiehlt sich daher die Aufsuchung von Näherungslösungen nach der in § 40 entwickelten Methode von W. Ritz. Wir ermitteln zunächst die Arbeit der elastischen Kräfte, für die wir unter Vernachlässigung der Schubspannungen

$$L = \frac{1}{2E}\int\left(\sigma_z^2 + p_t^2 - \frac{2 p_t \sigma_z}{\mu}\right) dV \quad . \quad . \quad . \quad . \quad (15)$$

erhalten, worin die Integration über das ganze Volumen der

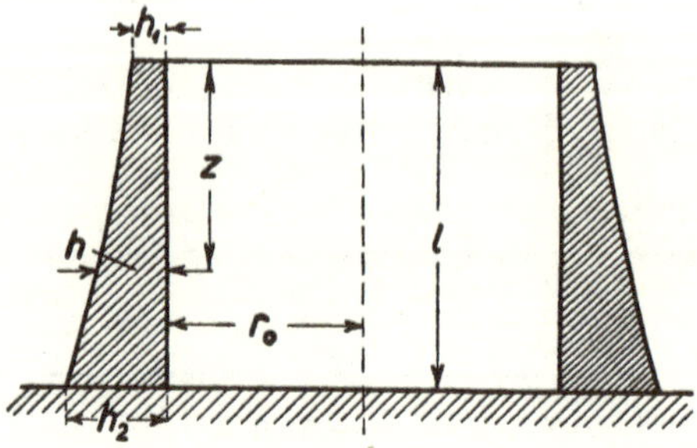

Fig. 217.

Behälterwand zu erstrecken ist. Setzen wir demgemäß $dV = 2\pi r_0\, dy\, dz$, so ergibt sich nach Einführung der Werte (5) und (5 a)

$$EL = \pi r_0 \iint \frac{E^2 \mu^4}{(\mu^2 - 1)^2}\left[y^2\left(\frac{d^2 \Delta r}{dz^2}\right)^2 + \frac{\Delta r^2}{r_0^2} - \frac{2 y \Delta r}{r_0 \mu}\,\frac{d^2 \Delta r}{\Delta z^2}\right] dy\, dz$$

oder nach Ausführung der Integration über die Wandstärke, d. h. von $y = -\frac{h}{2}$ bis $y = +\frac{h}{2}$,

$$L = \pi r_0 \frac{E \mu^4}{(\mu^2 - 1)^2}\int_0^l \left[\frac{h^3}{12}\left(\frac{d^2 \Delta r}{dz^2}\right)^2 + \frac{h \Delta r^2}{r_0^2}\right] dz \qquad (15\,\text{a}).$$

Andererseits ist die Arbeit der äußeren Kräfte, d. h. des Flüssigkeitsdruckes, der in der Richtung der Radialverschiebung Δr wirkt,

$$L_a = 2\pi r_0 \int_0^l \frac{p \Delta r}{2}\, dz = \pi r_0 \gamma \int_0^l z \Delta r\, dz \quad . \quad . \quad . \quad (16),$$

so daß wir für die Differenz

$$J = L - 2 L_a \quad . \quad . \quad . \quad . \quad . \quad . \quad . \quad . \quad (17)$$

erhalten

$$J = \pi r_0 \frac{E \mu^4}{(\mu^2 - 1)^2} \int_0^l \left[\frac{h^3}{12} \left(\frac{d^2 \Delta r}{d z^2} \right)^2 + \frac{h \Delta r^2}{r_0^2} \right.$$
$$\left. - 2 \gamma \frac{(\mu^2 - 1)^2}{\mu^4 E} \Delta r z \right] d z \quad . \quad . \quad . \quad . \quad (17\text{a}).$$

Soll nun im oberen Querschnitt, d. h. für $z = 0$, keine Querkraft sowie keine Biegungsspannung angreifen, so muß dort nach Gl. (5) und (7)

$$\left. \begin{aligned} h \frac{d^2 \Delta r}{d z^2} &= 0, \\ \frac{d}{d z}\left(h^3 \frac{d^2 \Delta r}{d z^2} \right) = h^3 \frac{d^3 \Delta r}{d z^3} &+ 3 h^2 \frac{d^2 \Delta r}{d z^2} \frac{d h}{d z} = 0 \end{aligned} \right\} \quad (18)$$

sein, was bei verschwindender Wandstärke am oberen Rande wie in dem unter II behandelten Falle stets zutrifft. Verschwindet dagegen am oberen Rande des Behälters weder die Wandstärke h noch auch deren Ableitung $d h : d z$, so werden die Grenzbedingungen (18) nur erfüllt, wenn für $z = 0$ gleichzeitig

$$\left(\frac{d^2 \Delta r}{d z^2} \right)_0 = 0, \quad \left(\frac{d^3 \Delta r}{d z^3} \right)_0 = 0 \quad . \quad . \quad . \quad (18\text{a})$$

ist. Den Grenzbedingungen für den unteren Rand $z = l$, nämlich

$$\Delta r = 0, \quad \frac{d \Delta r}{d z} = 0 \quad . \quad . \quad . \quad . \quad . \quad . \quad . \quad (19),$$

genügen wir nun durch den Ansatz

$$\Delta r = (z - l)^2 (A_0 + A_1 z + A_2 z^2 + A_3 z^3 + \ldots) \quad . \quad (20)$$

mit den Ableitungen

$$\left. \begin{aligned} \frac{d \Delta r}{d z} &= 2 (z - l)(A_0 + A_1 z + A_2 z^2 + A_3 z^3 + \ldots) \\ &\quad + (z - l)^2 (A_1 + 2 A_2 z + 3 A_3 z^2 + \ldots) \\ \frac{d^2 \Delta r}{d z^2} &= 2 (A_0 + A_1 z + A_2 z^2 + A_3 z^3 + \ldots) \\ &\quad + 4 (z - l)(A_1 + 2 A_2 z + 3 A_3 z^2 + \ldots) \\ &\quad + (z - l)^2 (2 A_2 + 2 \cdot 3 A_3 z + \ldots) \\ \frac{d^3 \Delta r}{d z^3} &= 6 (A_1 + 2 A_2 z + 3 A_3 z^2 + \ldots) \\ &\quad + 6 (z - l)(2 A_2 + 2 \cdot 3 A_3 z + \ldots) \\ &\quad + (z - l)^2 (2 \cdot 3 A_3 + 2 \cdot 3 \cdot 4 A_4 z + \ldots) \end{aligned} \right\} \quad (20\text{a}).$$

Mit Rücksicht auf (18 a) erhalten wir daraus

$$\left.\begin{aligned} 2A_0 - 4A_1 l + 2A_2 l^2 = 0 \\ 6A_1 - 12A_2 l + 6A_3 l^2 = 0 \end{aligned}\right\} \quad . \; . \; . \quad (18\,b),$$

so daß sich noch die beiden Konstanten A_2 und A_3 in A_0 und A_1 durch

$$A_2 = \frac{2A_1}{l} - \frac{A_0}{l^2}; \quad A_3 = \frac{3A_1}{l^2} - \frac{2A_0}{l^3} \quad . \; . \quad (20\,b)$$

ausdrücken lassen. Damit dürfen wir für unseren Ansatz (20) auch schreiben

$$\Delta r = (z-l)^2 \left[A_0 \left(1 - \frac{z^2}{l^2} - \frac{2z^3}{l^3}\right) + A_1 \left(z + \frac{2z^2}{l^2} + \frac{3z^3}{l^3}\right) + A_4 z^4 + A_5 z^5 + \ldots \right] \quad . \quad (20\,c),$$

wodurch nunmehr alle Grenzbedingungen ohne Rücksicht auf das Gesetz der Veränderlichkeit der Wandstärke mit der Tiefe z erfüllt sind. Dieses Gesetz würde z. B. für eine linear bzw. rein quadratisch veränderliche Wandstärke mit den Werten h_1 und h_2 am oberen und unteren Rande (Fig. 217) lauten

$$h = h_1 + \frac{h_2 - h_1}{l} z \text{ bzw. } h = h_1 + \frac{h_2 - h_1}{l^2} z^2 \quad . \; . \quad (21).$$

Setzen wir einen derartigen Ausdruck mit der Reihe (20 c) in die Formel (17 a) ein, so liefert deren Integration über z von 0 bis l eine quadratische Funktion der Koeffizienten $A_0\, A_1\, A_4\, A_5 \ldots.$ Nach den Lehren des § 40 haben wir dann nur noch die partiellen Ableitungen dieser Funktion

$$\frac{\partial J}{\partial A_0} = 0, \quad \frac{\partial J}{\partial A_1} = 0, \quad \frac{\partial J}{\partial A_4} = 0 \text{ usw.} \quad . \; . \; . \; . \quad (22)$$

zu setzen, woraus ebenso viele lineareGleichungen hervorgehen, als Koeffizienten vorhanden sind. Für praktische Anwendungen wird man sich meistens mit zwei Koeffizienten, also mit A_0 und A_1 begnügen, die sich dann aus zwei linearen Gleichungen ergeben.

Da die Durchführung der Rechnung für verschiedene Gesetze der Veränderlichkeit der Wandstärke nach Gl. (21) nichts Neues bietet, dagegen ziemlich viel Raum beansprucht, so mag sie dem Leser mit dem Hinweis auf einige Abhandlungen von Pöschl[1])

[1]) Diese Abhandlungen finden sich zusammengefaßt in der lesenswerten Monographie von Pöschl und Terzaghi: Berechnung von Behältern nach neueren analytischen und graphischen Methoden, Berlin 1912.

überlassen bleiben. In diesen Arbeiten wird das Ritzsche Verfahren auch auf die unter I und II besprochenen Fälle des Behälters mit konstanter sowie linear veränderlicher, am oberen Rande verschwindender Wandstärke ausgedehnt. Die Übereinstimmung mit den Ergebnissen von Müller-Breslau, und Reißner erweist sich dabei schon bei zwei Koeffizienten als vollkommen befriedigend, was natürlich in der starken Konvergenz der in der Näherungslösung enthaltenen Reihe begründet ist.

§ 64. Die achsensymmetrische Spannungsverteilung bei konzentrierter Belastung.

Analogie zur ebenen Spannungsverteilung. Aufstellung allgemeinerer Ausdrücke für die Spannungskomponenten. Ermittlung der unbekannten Funktionen aus den vier Spannungsgleichungen des § 59. Ausdehnung auf ein rechtwinkliges Koordinatensystem. Berechnung der Verschiebungen.

Lassen wir auf einen Körper, der sich auf der einen Seite einer Ebenc ins Unendliche erstreckt, eine konzentrierte Normallast P im Koordinatenanfang wirken, so wird diese im Körper eine um die als z-Achse gewählte Kraftrichtung symmetrische Spannungsverteilung hervorrufen, welche den Gleichungen (1), (6) und (7), § 59, genügt. Im Gegensatz zu der in § 56 behandelten ebenen Spannungsverteilung, bei der wir uns die Last längs einer Geraden in der Begrenzungsebene wirkend dachten, ist hier der Angriffsort auf einen Punkt zusammengeschrumpft, in dem die Spannungen naturgemäß ebenso unendlich große Werte annehmen müssen wie früher längs der Geraden. Da ferner die Spannungskomponenten mit der Entfernung $\varrho = \sqrt{r^2 + z^2}$ vom Angriffspunkte abnehmen und schließlich für $\varrho = \infty$ ganz verschwinden, so liegt es nahe, die früher erhaltenen Formeln (11a), § 56, für eine Last

$$\sigma_x = C\,\frac{\cos^3\varphi}{r}, \quad \sigma_y = C\,\frac{\cos\varphi\sin^2\varphi}{r}, \quad \tau_z = C\,\frac{\cos^2\varphi\sin\varphi}{r},$$

in denen φ den Neigungswinkel des Fahrstrahls r mit der als x-Achse gewählten Kraftrichtung bedeutete, für unser Problem umzugestalten. Wir schreiben demgemäß mit Rücksicht auf die neuen Richtungen z parallel und r normal zur Kraftrichtung

(Fig. 218) mit einem noch zu bestimmenden Exponenten k des Fahrstrahls ϱ

$$\left.\begin{aligned}\sigma_z &= C\,\frac{\cos^3\varphi}{\varrho^{k-3}} = C\,\frac{z^3}{\varrho^k}, \quad \tau_s = C\,\frac{\cos^2\varphi\sin\varphi}{\varrho^{k-3}} = C\,\frac{z^2 r}{\varrho^k}\\ \sigma_r &= C\,\frac{\cos\varphi\sin^2\varphi}{\varrho^{k-3}} + U = C\,\frac{z r^2}{\varrho^k} + U\end{aligned}\right\} \quad (1),$$

worin sich die Einführung einer neuen Funktion U von r und z durch den Hinzutritt der Tangentialspannung rechtfertigt, über die wir, da sie für das ebene Problem nicht existierte, auch keine Annahme machen dürfen. Da längs der Begrenzungsebene $\varphi = 90^0$, also $\cos\varphi = 0$ ist, so verschwinden jedenfalls dort, im Einklang mit dem Wegfall jeder Belastung außerhalb des Anfangspunktes O, die Spannungskomponenten σ_z und τ_s, während sich die Radialkomponente auf $\sigma_r = U$ reduziert.

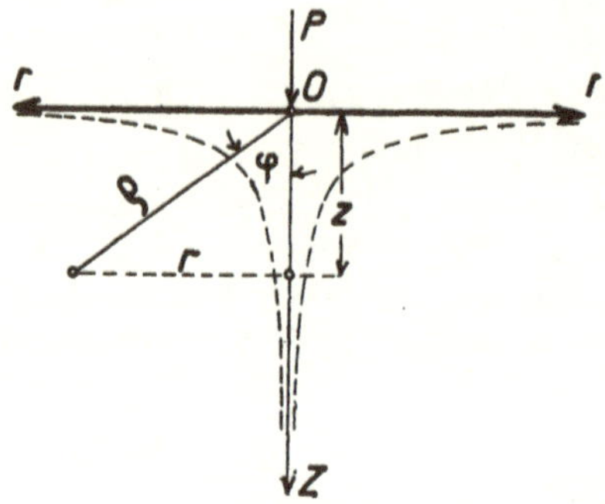

Fig. 218.

Beachten wir nun, daß

$$\varrho^2 = r^2 + z^2, \quad \frac{\partial\varrho}{\partial r} = \frac{r}{\varrho}, \quad \frac{\partial\varrho}{\partial z} = \frac{z}{\varrho} \quad . \quad . \quad . \quad (2)$$

ist, so folgt aus

$$\frac{\partial(\sigma_z r)}{\partial z} = \frac{3Cz^2 r}{\varrho^k} - \frac{kCz^4 r}{\varrho^{k+2}}$$

$$\frac{\partial(\tau_s r)}{\partial r} = \frac{2Cz^2 r}{\varrho^k} - \frac{kCz^2 r^3}{\varrho^{k+2}}$$

durch Einsetzen in die axiale Gleichgewichtsbedingung (1), § 59,

$$\frac{\partial(\sigma_z r)}{\partial z} + \frac{\partial(\tau_s r)}{\partial r} = 0 \quad . \quad . \quad . \quad . \quad . \quad . \quad (3),$$

nach Wegheben aller andern Glieder

$$k = 5 \quad . \quad . \quad . \quad . \quad . \quad . \quad . \quad . \quad . \quad (3\,a),$$

während beim ebenen Problem die dritte Potenz des Fahrstrahls auftrat. Wir bilden nun weiter die Ableitungen

$$\frac{\partial(\sigma_r r)}{\partial r} = \frac{3Czr^2}{\varrho^5} - \frac{5Czr^4}{\varrho^7} + \frac{\partial(Ur)}{\partial r}$$

$$\frac{\partial(\tau_s r)}{\partial z} = \frac{2Czr^2}{\varrho^5} - \frac{5Cz^3 r^2}{\varrho^7}$$

und setzen diese in die radiale Gleichgewichtsbedingung (1), § 59,

$$\sigma_t = \frac{\partial(\sigma_r r)}{\partial r} + \frac{\partial(\tau_s r)}{\partial z} \quad \ldots\ldots \quad (4),$$

ein, woraus

$$\sigma_t = \frac{\partial(U r)}{\partial r}$$

hervorgeht. Wir dürfen somit unter Hinzunahme dieses Ausdruckes für die Spannungskomponenten (1) schreiben

$$\left.\begin{aligned} \sigma_z &= C\frac{z^3}{\varrho^5}, & \tau_s &= C\frac{z^2 r}{\varrho^5} \\ \sigma_r &= C\frac{z r^2}{\varrho^5} + U, & \sigma_t &= \frac{\partial(U r)}{\partial r} \end{aligned}\right\} \quad \ldots \quad (1\,\text{a}).$$

Die darin vorkommende Konstante C bestimmen wir, wie in § 56, durch die Forderung, daß die von σ_z herrührende Axialkraft über eine Ebene $z = \text{const}$ mit der Last $-P$ übereinstimmen muß. Es ist also

$$-P = 2\pi\int_0^\infty \sigma_z r\,dr = 2\pi C z^3\int_0^\infty \frac{r\,dr}{\varrho^5} = 2\pi C z^3\int_0^\infty \frac{1}{\varrho^4}\frac{\partial\varrho}{\partial r}\,dr$$

$$-P = \frac{2}{3}\pi C \quad \ldots\ldots\ldots\ldots \quad (5).$$

Zur Ermittlung der Form der Funktion U greifen wir nunmehr auf die Gl. (6), § 59,

$$\frac{\partial(\sigma_t r)}{\partial r} - \sigma_r = \frac{1}{\mu}\left(\frac{\partial(\sigma_r r)}{\partial r} + \frac{\partial(\sigma_z r)}{\partial r} - \sigma_t - \sigma_z\right) \quad . \quad (6),$$

zurück, die ihrerseits aus der Elimination der Radialverschiebung hervorgegangen war. Mit den oben berechneten Ableitungen erhalten wir daraus nach verschiedenen Kürzungen

$$\frac{\partial}{\partial r}\left(r\frac{\partial(U r)}{\partial r}\right) - U = \left(1 - \frac{2}{\mu}\right) C\frac{z r^2}{\varrho^5}$$

oder nach Zusammenziehung der linken Seite

$$\frac{\partial}{\partial r}\left(\frac{1}{r}\frac{\partial(U r^2)}{\partial r}\right) = \left(1 - \frac{2}{\mu}\right) C\frac{z r}{\varrho^5} \quad \ldots \quad (6\,\text{a}).$$

Schreiben wir dafür

$$\frac{\partial}{\partial r}\left(\frac{1}{r}\frac{\partial(U r^2)}{\partial r}\right) = \left(1 - \frac{2}{\mu}\right) C\frac{z}{\varrho^4}\frac{\partial\varrho}{\partial r},$$

so liefert eine erste Integration über r mit einer reinen Funktion Z_0 von z

$$\frac{1}{r}\frac{\partial (U r^2)}{\partial r} = -\left(1-\frac{2}{\mu}\right)\frac{C}{3}\left(\frac{z}{\varrho^3}+Z_0\right)$$

oder

$$\frac{\partial (U r^2)}{\partial r} = -\left(1-\frac{2}{\mu}\right)\frac{C}{3}\left(\frac{z r}{\varrho^3}+Z_0 r\right).$$

Durch eine zweite Integration über r wird daraus mit einer neuen Funktion Z von z

$$U r^2 = \left(1-\frac{2}{\mu}\right)\frac{C}{3}\left(\frac{z}{\varrho}-\frac{Z_0 r^2}{2}+Z\right)$$

oder

$$U = \left(1-\frac{2}{\mu}\right)\frac{C}{3}\left(\frac{z}{\varrho r^2}-\frac{Z_0}{2}+\frac{Z}{r^2}\right).$$

Da die Funktion U einen Bestandteil der Radialspannung σ_r bildet und mit dieser für $r=\infty$ unabhängig von z verschwinden muß, so wird auch $Z_0 = 0$ und es bleibt

$$U = \left(1-\frac{2}{\mu}\right)\frac{C}{3}\left(\frac{z}{\varrho}+Z\right)\frac{1}{r^2} \quad . \quad . \quad . \quad . \quad (6\,\mathrm{b}).$$

Um die noch unbekannte Funktion Z zu bestimmen, bedienen wir uns der Gl. (7), § 59,

$$\frac{E}{G}\frac{\partial \tau_s}{\partial z} = \frac{\partial \sigma_z}{\partial r}+\frac{\partial^2(\sigma_t r)}{\partial z^2}-\frac{1}{\mu}\left(\frac{\partial}{\partial r}(\sigma_r+\sigma_t)+\frac{\partial^2}{\partial z^2}(\sigma_r r+\sigma_z r)\right) \quad (7),$$

die durch Elimination der Axialverschiebung mit Hilfe der Formel für die Gleitung gewonnen wurde. In dieser Formel ersetzen wir zunächst den Quotienten der Elastizitätsmoduln durch die Beziehung

$$\frac{E}{G} = \frac{2(\mu+1)}{\mu} = 2\left(1+\frac{1}{\mu}\right)$$

und bilden aus

$$\sigma_r+\sigma_t = \frac{C z r^2}{\varrho^5}+U+\frac{\partial (U r)}{\partial r} = \frac{C z r^2}{\varrho^5}+\frac{1}{r}\frac{\partial (U r^2)}{\partial r}$$

$$\sigma_r+\sigma_z = \frac{C z r^2}{\varrho^5}+\frac{C z^3}{\varrho^5}+U = \frac{C z}{\varrho^3}+U$$

die Ableitungen

$$\frac{\partial}{\partial r}(\sigma_r+\sigma_t) = \frac{2 C z r}{\varrho^5}-\frac{5 z r^3}{\varrho^7}+\frac{\partial}{\partial r}\left(\frac{1}{r}\frac{\partial (U r^2)}{\partial r}\right)$$

$$r\frac{\partial^2}{\partial z^2}(\sigma_r+\sigma_z) = -\frac{9 C z r}{\varrho^5}+\frac{15 z^3 r}{\varrho^7}+\frac{\partial^2 (U r)}{\partial z^2}.$$

Dafür dürfen wir aber mit Rücksicht auf (6 a) und (6 b) auch schreiben

$$\frac{\partial}{\partial r}(\sigma_r + \sigma_t) = \frac{2Czr}{\varrho^5} - \frac{5zr^3}{\varrho^7} + \left(1 - \frac{2}{\mu}\right)\frac{Czr}{\varrho^5}$$

$$r\frac{\partial^2}{\partial z^2}(\sigma_r + \sigma_z) = -\frac{9Czr}{\varrho^5} + \frac{15z^3 r}{\varrho^7} + \left(1 - \frac{2}{\mu}\right)C\left(\frac{z^3}{\varrho^5 r} - \frac{z}{\varrho^3 r}\right) + \frac{1}{r}\frac{d^2 Z}{dz^2}$$

und erhalten nach Einführung in (7) unter Wegheben zahlreicher Glieder

$$\frac{1}{r}\frac{d^2 Z}{dz^2}(1-\mu) = 0, \qquad \frac{d^2 Z}{dz^2} = 0 \quad . \quad . \quad . \quad . \quad (7\,\mathrm{a})$$

oder mit zwei Konstanten a und b

$$Z = a + bz \quad . \quad . \quad . \quad . \quad . \quad . \quad . \quad . \quad (7\,\mathrm{b}).$$

Damit nimmt die Funktion (6 b) die Form

$$U = \left(1 - \frac{2}{\mu}\right)\frac{C}{3}\left(\frac{z}{\varrho} + a + bz\right)\frac{1}{r^2} \quad . \quad . \quad . \quad (6\,\mathrm{c})$$

an, woraus sich die Radial- und Tangentialkomponenten (1 a) zu

$$\left.\begin{aligned} \sigma_r &= \frac{Czr^2}{\varrho^5} + \left(1 - \frac{2}{\mu}\right)\frac{C}{3}\left(\frac{z}{\varrho} + a + bz\right)\frac{1}{r^2} \\ \sigma_t &= -\left(1 - \frac{2}{\mu}\right)\frac{C}{3}\left(\frac{z}{\varrho} + \frac{zr^2}{\varrho^3} + a + bz\right)\frac{1}{r^2} \end{aligned}\right\} \quad . \quad . \quad (1\,\mathrm{b})$$

berechnen. Da weiterhin diese beiden Spannungen in der Achse des Systems miteinander übereinstimmen, so muß die Differenz

$$\sigma_r - \sigma_t = \frac{Czr^2}{\varrho^5} + \left(1 - \frac{2}{\mu}\right)\frac{C}{3\varrho^3}\,\frac{2z\varrho^2 + zr^2 + 2(a+bz)\varrho^3}{r^2} \quad (8)$$

für $r = 0$ verschwinden. Dies trifft ohne weiteres für das erste Glied rechts zu, während der Bruch des zweiten Gliedes noch den unbestimmten Ausdruck $a + bz$ enthält. Differenzieren wir den Bruch in Zähler und Nenner nach r, so wird daraus

$$\frac{4zr + 2zr + 6(a+bz)r\varrho}{2r} = 3[z + (a+bz)\varrho]$$

und für $r = 0$, also $\varrho = z$

$$z + (a+bz)z = 0.$$

Diese Gleichung kann aber für beliebige Werte von z nur bestehen, wenn gleichzeitig

$$a = -1, \qquad b = 0$$

wird, womit dann die Spannungskomponenten (1 b) in

$$\left.\begin{aligned} \sigma_r &= \frac{C z r^2}{\varrho^5} + \left(1 - \frac{2}{\mu}\right)\frac{C}{3}\left(\frac{z}{\varrho} - 1\right)\frac{1}{r^2} \\ \sigma_t &= \qquad\quad - \left(1 - \frac{2}{\mu}\right)\frac{C}{3}\left(\frac{z}{\varrho} + \frac{z r^2}{\varrho^3} - 1\right)\frac{1}{r^2} \end{aligned}\right\} \quad (1\,\mathrm{c})$$

oder auch wegen $r^2 = \varrho^2 - z^2 = (\varrho + z)(\varrho - z)$ in

$$\left.\begin{aligned} \sigma_r &= \frac{C z r^2}{\varrho^5} - \left(1 - \frac{2}{\mu}\right)\frac{C}{3}\frac{1}{\varrho(\varrho + z)} \\ \sigma_t &= \qquad\quad - \left(1 - \frac{2}{\mu}\right)\frac{C}{3}\left(\frac{z}{\varrho^3} - \frac{1}{\varrho(\varrho + z)}\right) \end{aligned}\right\} \quad (1\,\mathrm{d})$$

übergehen. Führen wir nunmehr wieder den Neigungswinkel φ des Fahrstrahls ϱ gegen die z-Achse ein, setzen also $z = \varrho \cos\varphi$, $r = \varrho \sin\varphi$, so erhalten wir für die Spannungskomponenten die Ausdrücke

$$\left.\begin{aligned} \sigma_z &= C\frac{\cos^3\varphi}{\varrho^2}, \qquad \tau_s = \frac{C\cos^2\varphi\sin\varphi}{\varrho^2} \\ \sigma_r &= \frac{C}{\varrho^2}\left[\cos\varphi\sin^2\varphi - \left(1 - \frac{2}{\mu}\right)\frac{1}{3(1 + \cos\varphi)}\right] \\ \sigma_t &= -\frac{C}{\varrho^2}\left(1 - \frac{2}{\mu}\right)\frac{1}{3}\left(\cos\varphi - \frac{1}{1 + \cos\varphi}\right) \end{aligned}\right\} \quad (9).$$

Daraus erhellt, daß diese Spannungen längs eines und desselben Fahrstrahles, also für konstantes φ im umgekehrten Verhältnis des Quadrates des Abstandes vom Angriffspunkte der Kraft abnehmen.

Da weiterhin die Richtung ϑ der Hauptspannung in der Meridianebene durch die Beziehung

$$\begin{aligned} \operatorname{tg} 2\vartheta &= \frac{2\tau_s}{\sigma_r - \sigma_z} \\ &= \frac{\cos^2\varphi\sin\varphi}{\cos\varphi(\sin^2\varphi - \cos^2\varphi) - \left(1 - \frac{2}{\mu}\right)\frac{1}{3(1 + \cos\varphi)}} \end{aligned} \quad (9\,\mathrm{a})$$

gegeben ist, so folgt, daß der Fahrstrahl von allen Spannungstrajektorien mit demselben Neigungswinkel geschnitten wird. Die Größe dieser Hauptspannung berechnet sich dann aus der Formel

$$\sigma_1 = \frac{\sigma_r + \sigma_z}{2} \pm \frac{1}{2}\sqrt{(\sigma_r - \sigma_z)^2 + 4\tau_s^2},$$

während die dazu normalen Hauptspannungen mit σ_t und σ_r übereinstimmen, weil in den Meridianebenen aus Symmetriegründen keine Schubspannungen wirken.

Legen wir nun durch den Anfang O ein rechtwinkliges Achsenkreuz $x\,y$ in die Begrenzungsebene des Körpers, mit dessen x-Achse der Radius $r = \sqrt{x^2 + y^2}$ den Winkel ψ bildet, so ergeben sich wegen $r \cos \psi = x$, $r \sin \psi = y$ sowie mit Rücksicht auf den Wegfall von Schubspannungen in der r-Richtung die in die neuen Achsenrichtungen fallenden Spannungskomponenten zu

$$\sigma_x = \sigma_r \cos^2 \psi + \sigma_t \sin^2 \psi = \sigma_r \frac{x^2}{r^2} + \sigma_t \frac{y^2}{r^2}$$

$$\sigma_y = \sigma_r \sin^2 \psi + \sigma_t \sin \psi = \sigma_r \frac{y^2}{r^2} + \sigma_t \frac{x^2}{r^2}$$

$$\tau_x = \tau_s \sin \psi = \tau_s \frac{y}{r}, \quad \tau_y = \tau_s \cos \psi = \tau_s \frac{x}{r}$$

$$\tau_z = (\sigma_r - \sigma_t) \cos \psi \sin \psi = (\sigma_r - \sigma_t) \frac{x\,y}{r^2},$$

während σ_z unverändert bleibt. Setzen wir die früher erhaltenen Werte für $\sigma_r\,\sigma_t\,\tau_s$ in diese Formeln ein, so lauten die Spannungskomponenten im neuen Koordinatensystem unter Hinzufügung von σ_z

$$\left.\begin{aligned}
\sigma_x &= \frac{C z x^2}{\varrho^5} - \left(1 - \frac{2}{\mu}\right) \frac{C}{3} \left(\frac{x^2 - y^2}{\varrho(\varrho + z)} + \frac{z y^2}{\varrho^3}\right) \frac{1}{r^2} \\
\sigma_y &= \frac{C z y^2}{\varrho^5} - \left(1 - \frac{2}{\mu}\right) \frac{C}{3} \left(\frac{y^2 - x^2}{\varrho(\varrho + z)} + \frac{z x^2}{\varrho^3}\right) \frac{1}{r^2} \\
\sigma_z &= \frac{C z^3}{\varrho^5}, \quad \tau_x = \frac{C z^2 y}{\varrho^5}, \quad \tau_y = \frac{C z^2 x}{\varrho^5} \\
\tau_z &= \frac{C x y^2}{\varrho^5} - \left(1 - \frac{2}{\mu}\right) \frac{C}{3} \left(\frac{2}{\varrho(\varrho + z)} - \frac{z}{\varrho^3}\right) \frac{x y}{r^2}
\end{aligned}\right\} \quad (10).$$

Von diesen Formeln ist auszugehen, wenn es sich um die Zusammenfassung der Wirkung mehrerer konzentrierter Lasten handelt, wobei jeder Angriffspunkt als Ursprung eines Koordinatensystems in der Begrenzungsebene gedacht werden kann. Da in diesen Angriffspunkten selbst alle Spannungskomponenten mit verschwindendem ϱ unendlich groß werden, so dürfen die vorstehenden Gleichungen nur auf Körperpunkte in beträchtlicher Entfernung von den Angriffsstellen angewendet werden.

Handelt es sich dagegen um eine kontinuierlich verbreitete Last, so entfällt auf ein Flächenelement dF der Begrenzungsebene nur ein Kraftelement

$$dP = p\,dF,$$

dem dann auch ein unendlich kleines C in den Formeln (10) entspricht, das sich aus (5) zu

$$dC = -\frac{3\,dP}{2\pi} = -\frac{3}{2\pi}\,p\,dF \quad . \; . \; . \; . \; (5\mathrm{a}).$$

berechnet. An Stelle der Spannungskomponenten (9) oder (10) treten damit natürlich deren Differentiale $d\sigma_x$, $d\sigma_y$, $d\sigma_z$, $d\tau_x$, $d\tau_y$, $d\tau_z$, aus denen sich die endlichen Werte durch Integration über den belasteten Teil F der Begrenzungsebene ergeben. Diese Integration setzt ihrerseits die Kenntnis der Druckverteilung über F voraus und liefert dann auch die Spannungswerte in unmittelbarer Umgebung der Belastungsstelle. In Entfernungen ϱ, die groß sind gegenüber den linearen Abmessungen der sog. Druckfläche F, gehen die Integrale, wie man ohne weiteres erkennt, wieder in die Gl. (10) über, wenn man in diesen

$$C = -\frac{3}{2}\frac{P}{\pi} = -\frac{3}{2\pi}\int p\,dF \quad . \; . \; . \; . \; (5\mathrm{b})$$

setzt.

Schließlich haben wir noch die Verschiebungen Δr und ζ in radialer und axialer Richtung zu berechnen, von denen sich die erstere sofort aus der Tangentialdehnung

$$\frac{\Delta r}{r} = \frac{1}{E}\left(\sigma_t - \frac{\sigma_r + \sigma_z}{\mu}\right)$$

nach Einsetzen der Spannungskomponenten (1 a) bzw. (1 c) zu

$$\Delta r = -\frac{r}{E}\left(1 + \frac{1}{\mu}\right)\frac{C}{3}\left[\frac{z}{\varrho^3} + \left(1 - \frac{2}{\mu}\right)\left(\frac{z}{\varrho} - 1\right)\frac{1}{r^2}\right]$$

berechnet. Dafür können wir auch mit $2G(1+\mu) = \mu E$ kürzer schreiben

$$\Delta r = -\frac{C}{6G}\left[\frac{zr}{\varrho^3} - \left(1 - \frac{2}{\mu}\right)\frac{r}{\varrho(\varrho + z)}\right] \quad . \; . \; (11)$$

oder unter Einführung des Fahrstrahlwinkels φ

$$\Delta r = -\frac{C}{6G}\left[\cos\varphi - \left(1 - \frac{2}{\mu}\right)\frac{1}{1 + \cos\varphi}\right]\frac{\sin\varphi}{\varrho} \quad (11\mathrm{a}).$$

Die Radialdehnung verschwindet hiernach für

$$\cos\varphi_1 = -\frac{1}{2} + \sqrt{\frac{5}{4} - \frac{2}{\mu}},$$

also längs eines Kegels mit dem halben Öffnungswinkel φ_1, der z. B. für $\mu = 4$ die Größe $\varphi_1 = 68{,}5^0$ besitzt. Im Falle einer Druckbelastung in O, der ein negatives C entspricht, erfahren die außerhalb des Kegels gelegenen Teile, zu denen auch die Begrenzungsebene gehört, eine Verschiebung nach der Achse zu, während die innerhalb gelegenen Teile von der Achse weg gedrückt werden.

Zur Berechnung der Axialverschiebung gehen wir von der Gleichung

$$d\zeta = \frac{\partial\zeta}{\partial z}dz + \frac{\partial\zeta}{\partial r}dr \quad . \quad . \quad . \quad . \quad . \quad (12)$$

aus, in der die Axialdehnung sich aus

$$\frac{\partial\zeta}{\partial z} = \frac{1}{E}\left(\sigma_z - \frac{\sigma_r + \sigma_t}{\mu}\right)$$

ergibt. Mit den Werten (1 a) bzw. (1 c) für die Spannungen wird daraus

$$\frac{\partial\zeta}{\partial z} = \frac{C}{E}\left[\frac{z^3}{\varrho^5} - \frac{1}{\mu}\frac{zr^2}{\varrho^5} + \frac{1}{\mu}\left(1 - \frac{2}{\mu}\right)\frac{z}{3\varrho^3}\right]$$

$$\frac{\partial\zeta}{\partial z} = -\frac{C}{3E}\left(1 + \frac{1}{\mu}\right)\frac{\partial}{\partial z}\left[\frac{z^2}{\varrho} + 2\left(1 - \frac{1}{\mu}\right)\frac{1}{\varrho}\right] \quad (12\text{a}).$$

Andererseits ist

$$G\left(\frac{\partial\zeta}{\partial r} + \frac{\partial\Delta r}{\partial z}\right) = \tau_s = C\frac{z^2r}{\varrho^5} \quad . \quad . \quad . \quad . \quad (13),$$

worin mit (11)

$$\frac{\partial\Delta r}{\partial z} = -\frac{C}{3E}\left(1 + \frac{1}{\mu}\right)\left[\frac{r}{\varrho^3} - 3\frac{z^2r}{\varrho^5} + \left(1 - \frac{2}{\mu}\right)\left(\frac{1}{\varrho} - \frac{z^2}{\varrho^3}\right)\frac{1}{r}\right]$$

$$\frac{\partial\Delta r}{\partial z} = -\frac{C}{3E}\left(1 + \frac{1}{\mu}\right)\left[\frac{r}{\varrho^3} - 3\frac{z^2r}{r^5} + \left(1 - \frac{2}{\mu}\right)\frac{r}{\varrho^3}\right]$$

zu setzen ist. Daraus folgt

$$\frac{\partial\zeta}{\partial r} = \frac{C}{E}\left(1 + \frac{1}{\mu}\right)\left[\frac{z^2r}{\varrho^5} + \frac{2}{3}\left(1 - \frac{1}{\mu}\right)\frac{r}{\varrho^3}\right]$$

$$\frac{\partial\zeta}{\partial r} = -\frac{C}{3E}\left(1 + \frac{1}{\mu}\right)\frac{\partial}{\partial r}\left[\frac{z^2}{\varrho^3} + 2\left(1 - \frac{1}{\mu}\right)\frac{1}{\varrho}\right] \quad (13\text{a})$$

und nach Vereinigung mit (12 a) in Gl. (12)

$$\zeta = -\frac{C}{6G}\left[\frac{z^2}{\varrho^3} + 2\left(1 - \frac{1}{\mu}\right)\frac{1}{\varrho}\right] \quad . \quad . \quad . \quad . \quad (14).$$

Die Axialverschiebung wechselt naturgemäß ihr Vorzeichen an keiner Stelle des Körpers und vereinfacht sich für die Begrenzungsebene selbst, d. h. für $z = 0$ und $\varrho = r$ in

$$\zeta = -\frac{C}{3G}\left(1 - \frac{1}{\mu}\right)\frac{1}{\varrho} = \frac{P}{2\pi G}\left(1 - \frac{1}{\mu}\right)\frac{1}{\varrho} \quad . \quad (14a),$$

oder wegen der Beziehung zwischen den Elastizitätskonstanten in

$$\zeta = \frac{P(\mu^2 - 1)}{E\mu^2\varrho} \quad . \; . \; . \; . \; . \; . \; . \quad (14b).$$

Danach nimmt die deformierte Begrenzung angenähert im Meridianschnitt die in Fig. 218 gestrichelte Form einer gleichseitigen Hyperbel mit den Achsen Oz und Or als Asymptoten an.

Die beiden Formeln (11) und (14) für die Verschiebungen rühren von Boussinesq [1]) her, der sie unter Zuhilfenahme der Potentialtheorie aufgestellt und aus ihnen — also auf umgekehrtem Wege wie oben — die Ausdrücke (9) für die Spannungskomponenten gewonnen hat.

§ 65. Theorie der Härte.

Die Druckfläche und die Abplattung. Berechnung der Verschiebungen und des Radius der Druckfläche aus der Druckkraft. Die Belastungsfläche. Die Bestimmung der Härte aus der Kugeldruckprobe.

Drücken wir zwei Körper in der Richtung ihrer Berührungsnormale durch eine Kraft P gegeneinander, so werden ihre Oberflächen Formänderungen erleiden, welche besonders stark in der Umgebung des ursprünglichen Berührungspunktes hervortreten, und dort zu einer gemeinsamen Berührungsfläche, der sog. Druckfläche, führen. Die linearen Abmessungen dieser Druckfläche sowohl als auch die in der Richtung der Körpernormalen gemessenen Verschiebungen der in der Druckfläche gelegenen Körperelemente wachsen nun nicht allein mit der Größe der Belastung, sondern sind auch durch die Eigenschaften des Körpermaterials und die ursprünglichen Oberflächengestalten bedingt.

Zur Feststellung dieses Zusammenhanges, der uns die Aufstellung eines Maßstabes für die sog. Härte der Körper zu

---

1) Boussinesq: Applications des potentiels, Lille 1885, S. 100 u. 107.

ermöglichen scheint, legen wir zunächst eine Tangentialebene durch den ursprünglichen Berührungspunkt O und bezeichnen die Abstände der nicht deformierten Oberflächenpunkte beider Körper von dieser Ebene mit z_1 und z_2, so daß $z_1 + z_2$ den Abstand zweier einander gegenüberliegender Körperpunkte bedeutet (Fig. 219). Infolge der in Fig. 220 übertrieben verzeichneten Zusammendrückung ist ein Punkt C der Druckfläche AB um ζ_1 bzw. ζ_2 gegen die punktierten ursprünglichen Oberflächen der beiden Körper ver-

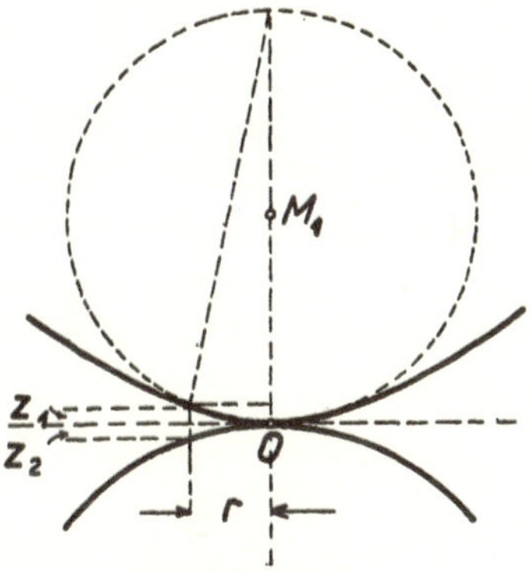

Fig. 219.

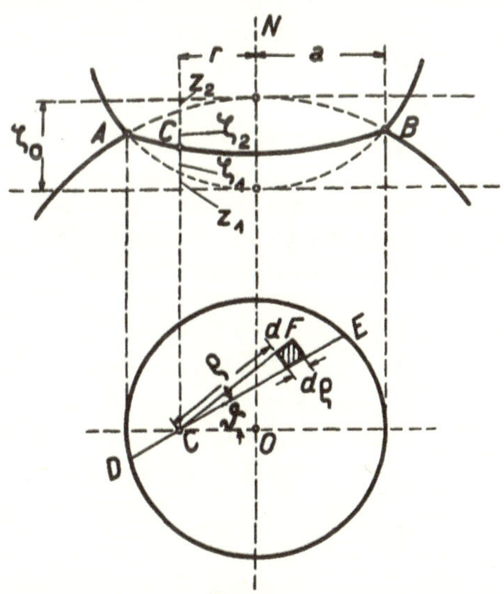

Fig. 220.

schoben, während deren Scheitel um ζ_0 auseinandergerückt sind. Um diese wohl auch Abplattung genannte Strecke

$$\zeta_0 = z_1 + z_2 + \zeta_1 + \zeta_2 \quad . \quad . \quad . \quad . \quad . \quad . \quad (1)$$

haben sich demnach die Körper, als Ganzes betrachtet, einander genähert.

Beschränken wir uns nunmehr auf Rotationsflächen, die sich mit den Enden ihrer Achsen berühren, so dürfen wir die Fig. 219 und 220 als Meridianschnitte ansehen und die Oberflächen selbst in der Nachbarschaft der Druckfläche durch die Krümmungskugeln mit den Radien R_1 und R_2 ersetzen. Bedeutet ferner r den Abstand des Punktes C von der Symmetrieachse, so ist

$$r^2 = z_1 (2 R_1 - z_1) = z_2 (2 R_2 - z_2)$$

oder infolge der Kleinheit von z_1 und z_2 gegen R_1 und R_2 innerhalb der Druckfläche hinreichend genau

$$z_1 = \frac{r^2}{2 R_1}, \quad z_2 = \frac{r^2}{2 R_2} \quad . \quad . \quad . \quad . \quad . \quad (2).$$

Damit aber geht (1) über in

$$\zeta_0 - \frac{r^2}{2}\left(\frac{1}{R_1} + \frac{1}{R_2}\right) = \zeta_1 + \zeta_2 \quad . \quad . \quad . \quad . \quad (1\,\mathrm{a}).$$

Für die Verschiebungen ζ_1 und ζ_2 in der Druckfläche dürfen wir nun, wenn deren Abmessungen klein gegen die Krümmungsradien R_1 und R_2 sind, unbedenklich die Formel (14 a) des § 64 benutzen, die strenggenommen nur für ursprünglich ebene Begrenzungsflächen gilt. Dabei ist indessen zu beachten, daß wir es jetzt nicht mehr mit einer konzentrierten Belastung, sondern mit dem Flächendrucke p zu tun haben, der in einem Elemente $d F$ der Druckfläche die Kraft $d P = p\, d F$ hervorruft, so zwar, daß der Gesamtdruck der Körper gegeneinander sich aus

$$P = \int p\, d F \quad . \quad . \quad . \quad . \quad . \quad . \quad . \quad . \quad (3)$$

durch Integration über die Druckfläche bei bekannter Druckverteilung berechnet. Das Kraftelement $p\, d F$ ruft dagegen in einem Abstande ϱ (in der Tangentialebene gemessen) nach Gl. (14 a) § 64 nur die unendlich kleine Verschiebung

$$d \zeta = \frac{p\, d F}{2 \pi G}\left(1 - \frac{1}{\mu}\right)\frac{1}{\varrho} \quad . \quad . \quad . \quad . \quad . \quad (4)$$

hervor, woraus sich die endlichen Verschiebungen selbst wieder durch Integration über die Druckfläche ergeben. Bestehen die beiden Körper aus verschiedenen Stoffen mit den Elastizitätskonstanten $G_1 G_2$ bzw. $\mu_1 \mu_2$, so erhalten wir aus (4)

$$\left.\begin{aligned} \zeta_1 &= \frac{1}{2\pi}\,\frac{\mu_1 - 1}{\mu_1 G_1}\int \frac{p\, d F}{\varrho} \\ \zeta_2 &= \frac{1}{2\pi}\,\frac{\mu_2 - 1}{\mu_2 G_2}\int \frac{p\, d F}{\varrho} \end{aligned}\right\} \quad . \quad . \quad . \quad . \quad (4\,\mathrm{a})$$

und nach Einsetzen in (1 a)

$$\zeta_0 - \frac{r^2}{2}\left(\frac{1}{R_1} + \frac{1}{R_2}\right) = \frac{1}{2\pi}\left(\frac{\mu_1 - 1}{\mu_1 G_1} + \frac{\mu_2 - 1}{\mu_2 G_2}\right)\int \frac{p\,dF}{\varrho} \quad (1\,\text{b}).$$

Dafür dürfen wir mit den Abkürzungen

$$\left.\begin{aligned} \frac{1}{2}\left(\frac{1}{R_1} + \frac{1}{R_2}\right) &= b \\ \frac{1}{2\pi}\left(\frac{\mu_1 - 1}{\mu_1 G_1} + \frac{\mu_2 - 1}{\mu_2 G}\right) &= c \end{aligned}\right\} \quad . \quad . \quad . \quad . \quad (5)$$

schreiben

$$\zeta_0 - b\,r^2 = c\int \frac{p\,dF}{\varrho} \quad . \quad . \quad . \quad . \quad . \quad . \quad (1\,\text{c}).$$

Dieser Gleichung hat nun die Druckverteilung innerhalb der Berührungsfläche AB in Fig. 220 zu genügen, deren Grundriß in unserem Falle aus Symmetriegründen ein Kreis mit dem Radius a sein wird. Tragen wir dann an jedem Flächenelement mit dem Radius $v < a$ den zugehörigen Druck p als Ordinate auf, so liegen deren Endpunkte wieder auf einer Rotationsfläche um die Achse, die wir die Belastungsfläche nennen können.

Ist nun ϑ der Neigungswinkel der Zentrale $OC = r$ mit dem Fahrstrahl ϱ vom Punkte C zum Flächenelemente dF, so ist dies nach Fig. 220

$$dF = \varrho\,d\varrho\,d\vartheta \quad . \quad . \quad . \quad . \quad . \quad . \quad . \quad . \quad (6),$$

und damit geht das Integral der rechten Seite von (1 c) über in

$$\int \frac{p\,dF}{\varrho} = \iint p\,d\varrho\,d\vartheta = \int d\vartheta \int p\,d\varrho \quad . \quad . \quad . \quad (7).$$

Hierin stellt aber das Integral $\int p\,d\varrho$ nichts anderes, als den Inhalt des Normalschnittes der Druckfläche über der ganzen durch C gehenden Sehne DE des Grundrisses der Druckfläche dar. Bezeichnen wir deren Gesamtlänge mit ϱ_1, so ist unter Einführung des Lotes $u = r \sin\vartheta$ von O auf dieselbe, Fig. 221

$$\varrho_1^2 = 4\,(a^2 - u^2) = 4\,(a^2 - r^2 \sin^2\vartheta) \quad . \quad . \quad . \quad (8),$$

während wir für das Integral (7) mit einem mittleren Drucke p_1 über der Sehne DE auch

$$\int \frac{p\,dF}{\varrho} = \int_0^\pi p_1\,\varrho_1\,d\vartheta = 2\int_0^\pi p_1 \sqrt{a^2 - r^2 \sin^2\vartheta}\,d\vartheta \quad . \; (7\,\text{a})$$

schreiben dürfen. Die Integration über ϑ ist hierbei von O bis π zu erstrecken, damit die Sehne ϱ_1 bei der Drehung die ganze Druckfläche überstreicht.

Führen wir nunmehr den Ausdruck (7 a) in (1 c) ein, so wird daraus

$$\zeta_0 - b\,r^2 = 2\,c \int_0^\pi p_1 \sqrt{a^2 - r^2 \sin^2\vartheta}\, d\vartheta \quad . \; . \; . \quad (9).$$

Damit nun die Integration der rechten Seite ein der linken Seite ganz gleich gebautes Binom liefert, in dem der veränder-

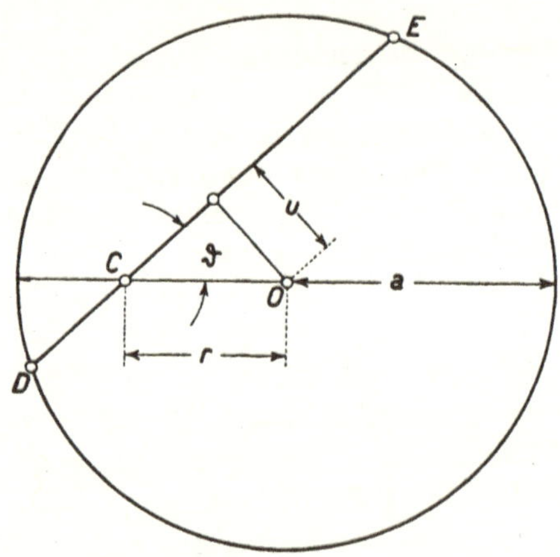

Fig. 221.

liche Winkel ϑ nicht mehr vorkommt, müssen wir mit einer noch zu bestimmenden Konstante α

$$p_1 = \alpha \sqrt{a^2 - r^2 \sin^2\vartheta} = \alpha \sqrt{a^2 - u^2} \quad . \; . \; . \quad (10)$$

setzen, so daß

$$\zeta_0 - b\,r^2 = 2\,c\,\alpha \int_0^\pi (a^2 - r^2 \sin^2\vartheta)\, d\vartheta \quad . \; . \; . \quad (9\,\text{a})$$

oder nach Ausführung der Integration mit Rücksicht auf die Unabhängigkeit des Abstandes $OC = r$ vom Winkel ϑ

$$\zeta_0 - b\,r^2 = 2\,c\,\alpha \left(a^2 - \frac{r^2}{2}\right) \pi \quad . \; . \; . \; . \quad (9\,\text{b}).$$

Diese Gleichung kann aber wegen der Willkür der Lage von C innerhalb der Druckfläche, d. h. wegen der Veränderlichkeit von r, nur bestehen, wenn gleichzeitig

$$\left.\begin{aligned}\zeta_0 &= 2\pi c \alpha a^2\\ b &= \pi c \alpha\end{aligned}\right\} \quad \ldots\ldots \quad (11)$$

ist, worin die beiden Konstanten b und c durch (5) gegeben sind.

Zur Bestimmung der durch (10) eingeführten Konstante α erinnern wir uns, daß sich der Gesamtdruck P durch Integration des Druckes p über die ganze Druckfläche berechnet. Dafür dürfen wir aber auch unter Einführung des mittleren Druckes p_1 über der Sehne ϱ_1 mit dem Flächenelemente $d F_1 = \varrho_1 \, d u$

$$P = \int p_1 \, d F_1 = \int p_1 \varrho_1 \, d u \quad \ldots\ldots \quad (12)$$

schreiben, wobei die Integration über u von $-a$ bis $+a$ zu erstrecken ist. Mit (8) und (10) wird daraus

$$P = 2\alpha \int_{-a}^{+a} (a^2 - u^2)\, d u = \frac{8}{3} \alpha a^3 \quad \ldots\ldots \quad (12\,\text{a})$$

und liefert eingesetzt in (11) mit den Konstanten b und c aus (5)

$$\left.\begin{aligned}\zeta_0 &= \frac{3}{8}\frac{P}{a}\left(\frac{\mu_1 - 1}{\mu_1 G_1} + \frac{\mu_2 - 1}{\mu_2 G_2}\right)\\ \frac{1}{R_1} + \frac{1}{R_2} &= \frac{3}{8}\frac{P}{a^3}\left(\frac{\mu_1 - 1}{\mu_1 G_1} + \frac{\mu_2 - 1}{\mu_2 G_2}\right)\end{aligned}\right\} \quad \ldots \quad (11\,\text{a})$$

oder

$$\left.\begin{aligned}\zeta_0^3 &= \frac{9}{64} P^2 \frac{R_1 + R_2}{R_1 R_2}\left(\frac{\mu_1 - 1}{\mu_1 G_1} + \frac{\mu_2 - 1}{\mu_2 G_2}\right)^2\\ a^3 &= \frac{3}{8}\frac{P R_1 R_2}{R_1 + R_2}\left(\frac{\mu_1 - 1}{\mu_1 G_1} + \frac{\mu_2 - 1}{\mu_2 G_2}\right)\end{aligned}\right\} \quad \ldots \quad (11\,\text{b}).$$

Nach diesen zuerst von H. Hertz auf ganz anderem Wege gewonnenen und durch Versuche bestätigten Formeln[1]) ist sowohl die Abplattung als auch der Radius der Druckfläche in ihrer Abhängigkeit vom Drucke, von der Krümmung beider

---

[1]) H. Hertz: Über die Berührung fester elastischer Körper, Crelles Journal 1881, sowie Verhandlungen d. Ver. z. Beförderung d. Gewerbfleißes, Nov. 1882. Siehe auch Hertz: Gesammelte Werke, Bd. I und Föppl, Vorlesungen, Bd. V, S. 311.

Körper in der Nachbarschaft der Berührungsstelle und von den Materialkonstanten gegeben. Da ferner nach (9b), (12a) und (1c)

$$\int \frac{p\,dF}{\varrho} = 2a\left(a^2 - \frac{r^2}{2}\right)\pi = \frac{3\pi P}{4a^3}\left(a^2 - \frac{r^2}{2}\right) \quad . \quad (7\,\text{b})$$

ist, so berechnen sich aus (4 a) die Normalverschiebungen innerhalb der Druckfläche zu

$$\left.\begin{aligned} \zeta_1 &= \frac{3}{8}\frac{\mu_1 - 1}{\mu_1 G_1}\frac{P}{a^3}\left(a^2 - \frac{r^2}{2}\right) \\ \zeta_2 &= \frac{3}{8}\frac{\mu_2 - 1}{\mu_2 G_2}\frac{P}{a^3}\left(a^2 - \frac{r^2}{2}\right) \end{aligned}\right\} \quad . \quad . \quad . \quad . \quad (4\,\text{b}).$$

Die Bestimmung der Größen (11 b) und (4 b), die der unmittelbaren Beobachtung zugänglich sind, war von der Kenntnis der Druckverteilung über die Berührungsfläche ganz unabhängig. Zu dieser selbst gelangen wir durch die Überlegung, daß der Mitteldruck (10) über diese Sehne für $u = a$, d. h. für den Rand, verschwindet, während er für einen Kreisdurchmesser mit $u = 0$ einen Höchstwert besitzt. Ganz allgemein verhalten sich die Mitteldrücke zueinander wie die zu den Abszissen u gehörigen Ordinaten eines Kreises über dem Durchmesser der Druckfläche. Außerdem aber verhalten sich die Produkte

$$p_1 \varrho_1 = \int p\, d\varrho = 2a\,(a^2 - u^2)$$

wie die Halbkreisflächen über den Sehnen ϱ_1 als Durchmessern. Allen diesen Eigenschaften werden wir nur dadurch gerecht, daß wir den Druck p im Abstande r vom Zentrum der Berührungsfläche der zugehörigen Ordinate der darüber errichteten Halbkugel proportional setzen, also

$$\frac{p}{p_0} = \sqrt{1 - \frac{r^2}{a^2}} \quad . \quad . \quad . \quad . \quad . \quad . \quad . \quad (13)$$

schreiben, wo p_0 den Druck im Zentrum selbst bedeutet. Dieser berechnet sich dann aus der Gleichung für den Gesamtdruck

$$P = \int p\,dF = \frac{p_0}{a}\int \sqrt{a^2 - r^2}\,dF = \frac{2}{3}\pi p_0 a^2 \quad . \quad (13\,\text{a})$$

zu

$$p_0 = \frac{3}{2}\frac{P}{\pi a^2} \quad . \quad . \quad . \quad . \quad . \quad . \quad . \quad (13\,\text{b})$$

und wurde von Hertz selbst als Maß für die Härte eines Körpers bzw. der ebenen Oberfläche desselben vorgeschlagen. In der technischen Praxis hat man sich demgegenüber für den mittleren Druck

$$p_m = \frac{P}{\pi a^2} \quad \text{. . . . . (13c)}$$

als Härtemaß entschieden, wobei a den Radius einer bleibenden Vertiefung bedeutet, die von der Kraft P vermittelst einer gehärteten Stahlkugel von vereinbartem Durchmesser (normal 10 mm) auf der ebenen Körperoberfläche hervorgebracht wird. Dabei ist natürlich schon die Elastizitätsgrenze an der Druckfläche und damit der Gültigkeitsbereich unserer Formeln überschritten. Diese würden sich übrigens für den Druck einer Kugel vom Radius $R_1 = R$ auf eine Ebene, für welche $R_2 = \infty$ zu setzen ist, unter gleichzeitiger Vernachlässigung des auf die Kugel bezogenen Termes $\frac{\mu_2 - 1}{\mu_1 G_1}$ gegenüber dem für das zu prüfende Material $\frac{\mu_2 - 1}{\mu_2 G_2} = \frac{\mu - 1}{\mu G}$ in

$$\left.\begin{aligned} \zeta_0^3 &= \frac{9}{64} \frac{P^2}{R} \left(\frac{\mu - 1}{\mu G}\right)^2 \\ a^3 &= \frac{3}{8} P R \frac{\mu - 1}{\mu G} \end{aligned}\right\} \quad \text{. . . . . . (11c)}$$

vereinfachen. Hiernach müßten die Quotienten

$$\frac{P^2}{R \zeta_0^3}, \quad \frac{P R}{a^3} \text{ bzw. nach (11a) } \frac{P}{\zeta_0 a}.$$

konstante Werte für alle Pressungen innerhalb der Elastizitätsgrenze annehmen, während dies im Bereiche der bleibenden Formänderungen nicht mehr erwartet werden darf. Es ist daher nicht zu verwundern, daß über die Bestimmung der Härte durch die von K o h n und B r i n e l l in die Praxis eingeführte K u g e l d r u c k p r o b e noch starke Meinungsverschiedenheiten[1]) herrschen, auf die hier nicht eingegangen werden kann.

Dagegen sei noch bemerkt, daß H e r t z a. a. O. sich durchaus nicht auf die Zusammendrückung von Kugeln beschränkt hat, sondern von ganz allgemeinen Oberflächengestalten vor der Deformation ausgegangen ist. Er zeigte, daß in diesem Falle die Druckfläche durch eine Ellipse und die Belastungsfläche durch ein über dieser konstruiertes Halbellipsoid dargestellt wird.

[1]) Vgl. hierüber u. a. die Dissertation von B. S c h w a r z e: Härteuntersuchungen an Radreifenstoff, Braunschweig 1911.

Kapitel X.

Abriſs der geschichtlichen Entwicklung der Elastizitätslehre.

§ 66. Die Elastizitätslehre vor Navier.

Versuche von Galilei. Das Hookesche Gesetz. Theorie von Mariotte, Leibniz und Jakob Bernoulli, Daniel Bernoulli, Euler und Lagrange, Coulomb und Young. Chladni und Sophie Germain. Die ersten Arbeiten von Navier.

Trotz der regen Bautätigkeit aller Kulturvölker im Altertum und Mittelalter finden sich in den Literaturen dieser Zeiten keine Spuren wissenschaftlicher Überlegungen über die Festigkeit der benutzten Konstruktionsteile und über die ihr zugrunde liegenden Materialeigenschaften[1]). Man begnügte sich offenbar in den Kreisen der ausführenden Handwerker mit einfachen Faustregeln, die, von einer Generation der anderen überliefert, nach außen hin als Geheimnis ängstlich gehütet wurden und nur

---

[1]) Bei der Abfassung dieses Kapitels habe ich, soweit sie mir zugänglich waren, die Originalarbeiten eingesehen, außerdem aber neben dem Werke von Todhunter und Pearson »History of the elasticity and strength of materials« (1886—1893) die einschlägigen Artikel der Encyklopädie der math. Wissenschaften (Bd. IV, Mechanik) sowie das Referat von Burkhardt über »Oszillierende Funktionen« 1908 im Jahresberichte der d. Math. Vereinigung benutzt. Einen kurzen, aber sehr lesenswerten Abschnitt über die Entwicklung der mathematischen Elastizitätstheorie enthält auch das Werk von Love: »Lehrbuch der Elastizität«, deutsch von Timpe, 1907.

selten auf Grund neuer Erfahrungen eine Erweiterung erfuhren. Die bauleitenden Architekten dagegen fühlten sich, wie auch heute, vorwiegend als bildende Künstler und kamen jedenfalls über die Anwendung des seit Archimedes bekannten Hebelgesetzes nicht hinaus, wobei stillschweigend die Baustoffe selbst als starre Körper betrachtet wurden.

In dieser Anschauung war auch noch Galilei (1564 bis 1642) befangen, obwohl die federnde Wirkung z. B. des Holzes schon dem Altertum geläufig war und eine umfassende Anwendung in den verschiedenen Wurfvorrichtungen für Geschosse gefunden hatte. Galilei ermittelte in seinen »Discorsi e dimostrazioni matematiche« (Leiden 1638) den Biegungswiderstand eines einseitig eingemauerten und am freien Ende durch ein Gewicht belasteten horizontalen Balkens mit rechteckigem Querschnitt, unter der Annahme einer gleichförmigen Kraftverteilung auf den ganzen »Bruchquerschnitt«, den er ganz richtig in die Einmauerungsstelle verlegte. Den Bruch selbst dachte er sich als eine Drehung des ganzen Balkens um eine Achse im Bruchquerschnitt, deren Auffindung in der Folge geradezu als das Galileische Problem bezeichnet wurde. Die Ausdehnung dieser Überlegungen auf beliebige Balkenquerschnitte führte dann Galilei auf die Körper gleichen Widerstandes, deren Längsschnitt konstanter Breite er als Parabel mit dem Scheitel am freien Ende erkannte.

Über die Ergebnisse der Untersuchung Galileis kam man trotz lebhafter Diskussion nicht hinaus, bis Robert Hooke (1635—1702) in der Schrift »De potentia restitutiva« 1678 die Proportionalität der Dehnung und der Spannung aller federnden Körper aufdeckte, ohne jedoch bestimmte Probleme in Angriff zu nehmen. Dies war dem Franzosen Mariotte vorbehalten, der in seinem »Traité du mouvement des eaux« 1686 anscheinend unabhängig von Hooke dessen Gesetz aussprach und annahm, daß im gebogenen Balken die eine Hälfte der Längsfasern gedehnt, die andere verkürzt sei, so daß die Galileische Drehachse — wenigstens für rechteckige Querschnitte — in der halben Querschnittshöhe verlaufen mußte. Dem gegenüber hatte Leibniz in der Abhandlung »Demonstrationes novae de resistentia solidarum«, Acta Erudit. 1684, diese Achse in die Unterkante des Querschnitts verlegt, indem er nur die Dehnung der Fasern ins

Auge faßte. Zu einem gewissen Abschluß gelangte dann das Biegungsproblem durch Jakob Bernoullis (1654—1705) Abhandlung »Véritable hypothèse de la résistance des solides, avec la démonstration de la courbure des corps qui font ressort« (1705), in der zuerst die Gleichung der elastischen Linie durch Integration abgeleitet wurde. Bei der Aufstellung der Grundformel macht Bernoulli, ohne dies besonders hervorzuheben, von der Annahme Gebrauch, daß die Querschnittsebene durch die Biegung nur eine Drehung um die schon mehrfach erwähnte Achse, nicht aber eine Formänderung erfährt. Seltsamerweise bezeichnete Bernoulli die Lage dieser »Gleichgewichtsachse« des Querschnitts, deren Haupteigenschaft, d. h. die Unveränderlichkeit der Länge der durch sie hindurchgehenden Fasern, er wohl erkennt, als »indifferent«. Auch vom Hookeschen Gesetz macht Bernoulli keinen Gebrauch, so daß seine Ausführungen nicht recht schlüssig erscheinen. Daß das Hookesche Gesetz überhaupt noch nicht allgemein angenommen war, geht aus dem Vorschlage eines Potenzgesetzes durch Bülfinger hervor, der in der Abhandlung »De solidarum resistentia specium«, Comm. Petrop. 1735, unter Zurückweisung der früheren Biegungstheorien, insbesondere derjenigen Bernoullis, erklärte, daß die Lage der neutralen Achse nur auf empirischem Wege zu ermitteln sei.

Das wichtigste, allerdings von Jakob Bernoulli nicht explizit ausgesprochene Ergebnis seiner Theorie war die Proportionalität des Biegungsmomentes mit der Krümmung des ursprünglich geraden Stabes an jeder Stelle. Daraus zog Daniel Bernoulli (1700—1782), Jakobs Neffe, den Schluß, daß die Biegungsarbeit jedes Stabelementes dem Quadrate seiner Krümmung proportional sei, woraus sich die Gesamtarbeit durch Integration über die ganze Stablänge ergab. Er machte in einem Briefe 1742 Euler (1707—1783) darauf aufmerksam, daß dieses Integral im Falle des elastischen Gleichgewichtes ein Minimum sein müsse, und forderte ihn auf, aus dieser Bedingung »per methodum isoperimetricorum«, d. h. vermittelst der von Euler selbst kurz vorher erfundenen Variationsrechnung, die allgemeine Differentialgleichung der elastischen Linie abzuleiten. Dies gelang Euler im Anhange »De curvis elasticis« zu seiner »Methodus inveniendi curvas maximi minimive proprietate gaudentes« 1744, in dem er neun Arten elastischer Linien unterscheidet, zu denen auch der Kreis für den Fall eines konstanten Momentes gehört. Euler erkennt auch, daß bei anfänglich gekrümmten Stäben das Biegungsmoment der Krümmungsänderung proportional ist, und wendet sich am Schlusse seiner Untersuchungen den Schwingungen elastischer Stäbe zu. Der Fall der Biegung eines Stabes unter einer Axiallast, den wir heute als Knickung bezeichnen, erweckte in Euler solches Interesse, daß er ihm in der Folge mehrere Abhandlungen widmete. In »Sur la force des colonnes«, Histoire de l'Ac. de Berlin 1757, stellt er den richtigen Ausdruck für die erste, jetzt nach ihm benannte Knicklast auf, erkennt aber noch nicht das Wesen der darin auftretenden sog. Steifigkeit $E\Theta$, zu deren Bestimmung er vielmehr einen experimentellen Weg vorschlägt. Erst 21 Jahre später erscheint in Eulers Abhandlungen der Petersburger Akademie vom Jahre 1778 (erschienen 1780) das Trägheitsmoment in bezug auf die neutrale Achse des Querschnitts als einer der Faktoren der Steifigkeit, während die weiteren Untersuchungen sich auf den Einfluß des Eigengewichtes des Stabes auf den Knickvorgang erstrecken. Durch Eulers erste Arbeiten wurde auch Lagrange (1736—1813) angeregt, sich mit dem Knickproblem zu befassen. Er verzichtete von vornherein auf die Einschränkung kleiner Ausschläge und faßte in seiner Abhandlung »Sur la force des ressorts pliés«, Mémoire de l'Ac. de Berlin 1771, außer einer Axialkraft noch eine Querkraft am Stabende ins Auge. Durch Vernachlässigung der letzteren gewann er dann eine Formel, welche nicht nur die schon von Euler gefundene erste, sondern auch die höheren Knicklasten lieferte. Eine noch elegantere Ableitung dieses Resultates mit Hilfe einer unendlichen Reihe enthält die Abhandlung »Sur la figur des colonnes«, Miscellanea Taurinensia 1773, in der auch noch die Zweckmäßigkeit von Abweichungen der Säulen von der Zylinderform erörtert und im negativen Sinne entschieden wird.

Obwohl durch die zuletzt erwähnten Arbeiten das Problem der Biegung eines dünnen Stabes eine recht befriedigende Lösung gefunden hatte, so entbehrte doch die Lage der neutralen Achse im Querschnitte noch der exakten Festlegung. Hierzu bedurfte es nur der Heranziehung der Gleichgewichtsbedingung normal zum

Querschnitt unter Hinzunahme einer Spannungsverteilung, die sich aus der Bernoullischen Annahme der Erhaltung der Ebenen und dem Hookeschen Gesetz in ursprünglich geraden Balken als eine lineare ergeben mußte. Diese Überlegung verdankt man Coulomb (1736—1806), der in den »Remarques sur la rupture des corps, Mémoires par divers savants 1776, damit die elementare Biegungstheorie zum Abschluß brachte. Derselbe Autor nahm in den »Recherches théoriques et expérimentales sur la force de torsion, et sur l'élasticité des fils de métal«, Histoire de l'Académie 1787, die Verdrehung zylindrischer Stäbe in Angriff und entwickelte darin die Theorie der Torsionsschwingungen unter Vernachlässigung der Stabmasse, wobei er das Torsionsmoment einfach dem Verdrehungswinkel proportional setzte. Über die Bedeutung des Proportionalitätsfaktors scheint sich Coulomb nicht klar geworden zu sein, obgleich er den Bruch eines Körpers auf eine bleibende Formänderung zurückführt, die wir jetzt als Gleitung bezeichnen. Das Wesen dieses Vorganges als einer besonderen elastischen Verschiebung im Gegensatz zur Dehnung bzw. Verkürzung erkannte erst Th. Young (1773—1829), der in seinen »Lectures on Natural Philosophy«, 1807, den Elastizitätsmodul einführte und damit zugleich den noch offen gelassenen Faktor der Eulerschen Biegungssteifigkeit definierte. Den ebenso naheliegenden Schubmodul findet man dagegen noch nicht bei Young.

Die schon oben erwähnten Studien von Daniel Bernoulli und Euler über die elastischen Schwingungen veranlaßten Chladni zu seinen bekannten Experimentaluntersuchungen, die er zunächst in einzelnen Abhandlungen und dann in seiner »Akustik« 1802 im Zusammenhange veröffentlichte. Daran schloß sich neben einigen Arbeiten von Euler und Jakob Bernoulli d. Jüng. auf Grund eines Preisausschreibens der Pariser Akademie die Abhandlung von Sophie Germain »Recherches sur la théorie des surfaces élastiques« 1821, in der die Theorie der Plattenschwingungen aus der Arbeitsgleichung abgeleitet wurde.

Kurz zuvor hatte Navier (1785—1836) derselben Akademie sein »Mémoire sur la flexion des verges élastiques courbes« (1819) überreicht, welches indessen erst 1825 auszugsweise veröffentlicht wurde. In dieser Arbeit, die ihrer ganzen Anlage nach für den praktischen Gebrauch zugeschnitten war, findet sich zuerst der Ausdruck der »neutralen Schicht«, der im Querschnitt die »neutrale Achse« entspricht, welche beim Wegfall axialer Kräfte durch den Schwerpunkt des Balkenquerschnitts hindurchgeht. Hierzu gelangte Navier durch die von ihm — im Gegensatz zu Bernoulli — deutlich ausgesprochene Annahme der Erhaltung der Querschnittsebene. Auch ist er sich darüber klar, daß die Vernachlässigung der Wirkung der Querkraft bei der Herleitung der Biegungsformeln nur solange gerechtfertigt war, als die Querschnittsdimensionen klein gegen die Stablänge bleiben. Später hat er dann in seinem »Résumé des leçons sur l'application de la mécanique à l'établissement des constructions et des machines« (1826) diesen Einfluß durch Hinzufügung eines Gliedes zur Gleichgewichtsbedingung berücksichtigt, welches neben dem Quadrate des Verhältnisses der Querschnittshöhe zur Balkenlänge noch einen Erfahrungskoeffizienten enthielt. In diesem Werke tritt auch zum ersten Male der Gleitmodul als Koeffizient des Widerstandes gegen Torsion auf, während von der Querkontraktion noch nirgends die Rede ist.

§ 67. Die Entwicklung der mathematischen Elastizitätstheorie.

Molekulartheorien der Elastizität von Navier und Cauchy; Aufstellung der Grundgleichungen der Elastizitätslehre durch Cauchy. Poissons Gleichungen für elastische Wellen. Einführung des Arbeitsbegriffes durch Green, Lamé und Clapeyron; die Hauptspannungsgleichungen. Kirchhoffs Plattentheorie. Die Spannungsfunktionen von Airy und Maxwell. De St. Vénants Theorie der Torsion und Biegung. Clebsch und Kirchhoffs Theorie sehr dünner Stäbe.

Die im vorigen Abschnitt besprochenen Untersuchungen beschränkten sich auf solche Körper, bei denen, wie beim Stabe, die Querschnittsdimensionen klein gegen die Länge oder, wie bei der Platte, die Dicke klein gegenüber ihren Flächenabmessungen angenommen werden konnten. Durch diese von den einzelnen Autoren nicht immer scharf hervorgehobenen Vereinfachungen wurde die Behandlung der Probleme geradezu ermöglicht, allerdings unter Hinzuziehung von Annahmen, deren Zulässigkeit sich jeder theoretischen Prüfung entzog. Das war nur erreichbar auf Grund allgemeiner Gleichungen, zu denen man auf zwei Wegen gelangen konnte. Der nächstliegende, die einfache Formulierung elementarer Erfahrungsresultate, wurde indessen vorläufig nicht eingeschlagen, offenbar infolge einer noch nicht hinreichenden Übersicht über die Grundtatsachen und die zugehörigen Konstanten. Die Aufklärung hierüber versprach man sich von einer auf Formwirkungen aufgebauten Molekulartheorie der Elastizität nach Analogie der gerade damals von Laplace zu hoher Vollendung gebrachten Himmelsmechanik und der von demselben Forscher auf dieser Basis entwickelten Theorie der Kapillarität.

Den ersten Schritt in dieser Richtung unternahm Navier in seinem »Mémoire sur les lois de l'équilibre et du mouvement des corps élastiques«, welches er 1821 der Pariser Akademie überreichte, das aber erst 1827 in deren Berichten erschien. Navier führt Zentralkräfte zwischen den Molekülen ein, deren durch Formänderungen geweckter Anteil der Verschiebung der Moleküle gegeneinander, wie nach dem Hookeschen Gesetze, und einer Abstandsfunktion selbst proportional sein soll. Navier leitet aus dieser Anschauung für einen nach keiner Richtung hin ausgezeichneten, d. h. isotropen Körper nach Elimination der Kräfte drei Bewegungsgleichungen von der Form

$$G\left(\triangle\xi + 2\frac{\partial \varepsilon_v}{\partial x}\right) + q_x = \frac{\partial^2 \xi}{\partial t^2} \text{ usw.} \quad . \quad . \quad . \quad . \quad (1)$$

ab, in denen im Gegensatz zu den exakten Formeln (4c), § 39, nur eine Elastizitätskonstante G auftritt. Diese erscheint auch wieder in den Grenzbedingungen, welche Navier zwischen den Komponenten des Oberflächendruckes und den zugehörigen Ableitungen der elastischen Verschiebung aufstellt.

Nahezu gleichzeitig begann, angeregt durch die Untersuchungen über die Doppelbrechung des Lichtes in bestimmten Kristallen, aus der Fresnel 1821 auf eine mit der Richtung variable Elastizität schloß, Cauchy (1789—1857) mit dem Aufbau einer Molekulartheorie der Elastizität in der Abhandlung »Sur l'équilibre et le mouvement d'un système de points matériels sollicités par des forces d'attraction ou de répulsion mutuelle«, eingereicht 1821 und veröffentlicht 1827 in seinen Exercices de mathématiques. Cauchy gelangt unter der Annahme einer symmetrischen Verteilung der Moleküle um einen Punkt, d. h. für die isotropen Körper schon zu den exakten Gleichungen

$$G' \Delta \xi + 2 G'' \frac{\partial \varepsilon_v}{\partial x} + q_x = \frac{\partial^2 \xi}{\partial t^2} \text{ usw.} \quad . \quad . \quad . \quad (2)$$

mit zwei Elastizitäskonstanten G' und G'', deren Übereinstimmung, wie er ausdrücklich hervorhebt, wieder die Naviersche Form ergeben würde. Dieses Gleichungssystem enthält implizite schon den Zusammenhang zwischen den elastischen Dehnungen und Spannungen, ohne das Gleichgewicht der letzteren an einem Volumelement hervortreten zu lassen. Dieses rein statische Problem löste Cauchy in den »Recherches sur l'équilibre et le mouvement intérieur des corps solides ou fluides, élastiques ou non élastiques«, 1823, indem er den von Euler in die Hydrodynamik eingeführten Spannungsbegriff auf beliebige Körper ausdehnte. Er erkannte sogleich, daß die resultierende Spannung auf einem beliebig gelegenen Flächenelement sich in neun Komponenten nach den Koordinatenrichtungen zerlegen lasse, von denen wieder je zwei zueinander senkrechte Schubspannungen gleich werden. Es bleiben also im ganzen nur sechs verschiedene Komponenten übrig, die unter sich durch drei Gleichgewichtsbedingungen verknüpft sind. Den Spannungskomponenten entsprechen dann ebenso viele Dehnungen bzw. Gleitungen, die ihrerseits aus den partiellen Ableitungen der drei Verschiebungen eines Punktes hervorgehen. Der Zusammenhang der resultierenden Spannung bzw. Dehnung mit ihren Komponenten führte Cauchy schon zu den Hauptspannungen und Hauptdehnungen, die er einander proportional setzte. Etwas später (1828) spricht er ganz allgemein von der Proportionalität der Spannungen mit den zugehörigen Dehnungen bzw. Gleitungen, und zwar unter der Annahme eines und desselben Proportionalitätsfaktors für alle Komponenten. Diese Einschränkung soll wohl nur für isotrope Körper gelten, denn schon im folgenden Jahre zeigt Cauchy, daß der lineare Zusammenhang zwischen den Dehnungs- und Spannungskomponenten, d. h. das verallgemeinerte Hookesche Gesetz, in einem anisotropen Körper auf sechs Gleichungen mit je sechs Konstanten führt, die allerdings nicht sämtlich voneinander unabhängig sein können.

Auf die molekulartheoretische Begründung der elastischen Gleichungen griff auch Poisson (1781—1840) in seinem »Mémoire sur l'équilibre et les mouvements des corps élastiques« 1829 zurück, in dem er u. a. den Molekulardruck auf ein Flächenelement im Innern des Körpers als die Resultante der Molekularkräfte auf der einen Seite des Elementes definiert und daraus die Spannung bestimmt. Sein Ergebnis sind wieder die Navierschen Formeln für die isotropen Körper mit nur einer Konstante, da nach der Annahme Poissons die anscheinend hier zum ersten Male auftretende Querkontraktionszahl allgemein den Wert $\mu = 4$ besitzen soll[1]). Daß diese Folgerung in vielen Fällen durch die Erfahrung nicht bestätigt wurde, hat wohl am meisten zur Verdrängung aller Molekulartheorien beigetragen.

Das trifft insbesondere auf die Arbeiten Poissons über die Wellen in einem elastischen Körper zu, die man in hinreichender Entfernung von der Ausgangsstelle als ebene Wellen ansehen kann. Alsdann verschwinden in den Differentialgleichungen (4c), § 39, zwei der elastischen Verschiebungen, und es bleibt z. B. für Longitudinalwellen in der x-Richtung nach Wegfall äußerer Kräfte, d. h. der q,

$$\frac{g}{\gamma} G \frac{2(\mu-1)}{\mu-2} \frac{\partial^2 \xi}{\partial x^2} = \frac{\partial^2 \xi}{\partial t^2} \quad \ldots \ldots \quad (3),$$

worin, wie man leicht durch Einsetzen von $\xi = A \sin \alpha (x - c_1 t)$ erhält,

$$c_1 = \sqrt{\frac{g}{\gamma} G \frac{2(\mu-1)}{\mu-2}} = \sqrt{\frac{g}{\gamma} E \frac{\mu(\mu-1)}{(\mu+1)(\mu-2)}} \quad . \quad (3a)$$

die Fortpflanzungsgeschwindigkeit der Welle bedeutet, für die wir früher, Gl. (12), § 5, ohne Rücksicht auf die Querkontraktion $a = \sqrt{\frac{g}{\gamma} E}$ fanden.

Handelt es sich dagegen um Transversalwellen[2]) in der x-Richtung, so verschwindet ξ und ζ, und wir erhalten mit dem

[1]) Eine ziemlich leichtverständliche Darlegung der Molekulartheorie der Elastizität gibt Grashof in seiner »Theorie der Elastizität und Festigkeit«, 2. Aufl. 1878, S. 21 ff.

[2]) Hierher gehören sowohl die Biegungs- als auch die Torsionsschwingungen von Stäben, weshalb man vor allem in England die Transversalwellen allgemein als Torsions- oder Drillungswellen bezeichnet, während die longitudinalen wohl auch Verdichtungswellen heißen.

Ansatz $\eta = A \sin \alpha (x - c_2 t)$ zunächst $\varepsilon_v = 0$, d. h. eine Bewegung ohne Volumdehnung wie bei den Wasserwellen. Weiter folgt aus Gl. (4c), § 39,

$$\frac{g}{\gamma} G \frac{\partial^2 \eta}{\partial x^2} = \frac{\partial^2 \eta}{\partial t^2} \quad \ldots \ldots \quad (4),$$

mithin die Fortpflanzungsgeschwindigkeit der Transversalwelle

$$c_2 = \sqrt{\frac{g}{\gamma} G} \quad \ldots \ldots \quad (4a).$$

Aus dem Vergleich mit der obigen Geschwindigkeit ergibt sich

$$\frac{c_1}{c_2} = \sqrt{\frac{2(\mu - 1)}{\mu - 2}} \quad \ldots \ldots \quad (5)$$

und mit dem Poissonschen Werte $\mu = 4$

$$c_1 = c_2 \sqrt{3} \quad \ldots \ldots \quad (5a).$$

Die sich hieranschließenden allgemeinen Untersuchungen über die Theorie der Wellenbewegungen bilden die Grundlage der sog. Wellenoptik, um deren Ausbildung neben Cauchy sich vor allem F. Neumann große Verdienste erwarb.

Der Poissonsche Molekulardruck wurde übrigens unmittelbar danach von Lamé und Clapeyron zur Aufstellung der Grenzbedingungen benutzt, wodurch die Naviersche Theorie eine wünschenswerte Ergänzung erfuhr. Die verschiedenartigen Grundanschauungen und Rechnungsverfahren bei schließlich nahezu übereinstimmenden Ergebnissen hatten eine ziemlich unerquickliche Polemik zwischen Navier und Poisson zur Folge, aus der immerhin eine Klärung des Wesens der Molekulartheorien hervorgegangen ist. Diese Klärung wurde noch vertieft durch die kritischen Untersuchungen von Clausius »Über die Veränderungen, welche in den bisher gebräuchlichen Formeln für das Gleichgewicht und die Bewegung elastisch fester Körper durch neuere Beobachtungen notwendig geworden sind«, Poggendorffs Annalen 1849, sowie von Stokes »On the theory of the equilibrium and motion of elastic solids«, Cambridge Phil. Trans. 1845. Auf molekulartheoretischer Basis hatte schon im Jahre 1823 Navier den Begriff des Momentes der inneren Kräfte, d. h. in unserer Ausdrucksweise der inneren Arbeit der Spannungen, bezogen auf die Volumeinheit, als eine quadratische

Form der Dehnungen und Gleitungen gewonnen. Diese Größe, die man später wohl auch als das elastische Potential bezeichnete, hat dann Green (1793—1841) in der Schrift: »On the laws of reflexion and refraction of light«, Cambridge Phil. Trans. 1842, ohne Zuhilfenahme der Molekulartheorie zu einer Herleitung der Gleichgewichts- und Oberflächenbedingungen benutzt. Bezeichnet man dieses Potential mit Φ, so ist die innere Arbeit eines Körpers vom Volumen V

$$L = \int \Phi \, dV = \iiint \Phi \, dx \, dy \, dz \quad . \quad . \quad . \quad . \quad (6),$$

während nach Gl. (13), § 39,

$$d\Phi = \sigma_x \, d\varepsilon_x + \sigma_y \, d\varepsilon_y + \sigma_z \, d\varepsilon_z + \tau_x \, d\chi_x + \tau_y \, d\chi_y + \tau_z \, d\chi_z \quad (6a)$$

wird. Dieser Ausdruck ist aber nur dann ein vollständiges Differential, wenn die Spannungskomponenten sich durch die Ableitungen

$$\left.\begin{aligned} \sigma_x &= \frac{\partial \Phi}{\partial \varepsilon_x}, & \sigma_y &= \frac{\partial \Phi}{\partial \varepsilon_y}, & \sigma_z &= \frac{\partial \Phi}{\partial \varepsilon_z} \\ \tau_x &= \frac{\partial \Phi}{\partial \chi_x}, & \tau_y &= \frac{\partial \Phi}{\partial \chi_y}, & \tau_z &= \frac{\partial \Phi}{\partial \chi_z} \end{aligned}\right\} \quad . \quad . \quad . \quad (7)$$

ausdrücken lassen. Spätere Autoren, insbesondere W. Thomson (1820—1907) im Jahre 1855, haben viel Mühe auf den Existenzbeweis der Größe Φ verwendet, der sich in der Tat mit Hilfe der Thermodynamik bei bekannter Zustandsänderung führen läßt. Diesen Zustandsänderungen würden dann auch besondere Elastizitätskonstanten zugeordnet sein, so daß man z. B. auch von isothermen und adiabatischen Moduln sprechen kann.

Im Jahre 1852 veröffentlichte Lamé (1795—1870) das erste systematische Lehrbuch der Elastizitätstheorie unter dem Titel »Leçons sur la théorie mathématique de l'élasticité des corps solides« (2. Aufl. 1862), in dem er sich auf Cauchys Spannungsgleichungen stützte. In diesem Werke[1]) findet sich auch unter dem Namen des Clapeyronschen Theorems der Satz der Übereinstimmung der inneren Arbeit eines elastischen Systems mit der halben Arbeit der äußeren Kräfte, wenn diese nämlich

[1]) Das Buch enthält nach dem Vorgange der »Mécanique analytique« von Lagrange keine Figuren, wodurch das Verständnis natürlich nicht gefördert wurde. Dasselbe gilt auch von dem weiter unten besprochenen deutschen Werk von Clebsch.

während der ganzen Formänderung als konstant beobachtet werden. Heute sprechen wir an Stelle dieses Theorems für den Fall des Gleichgewichts exakter von der Gleichheit der inneren und äußeren Arbeit, wobei wir eine stetige Zunahme der äußeren Kräfte von Null bis zu ihren Endwerten während der alsdann umkehrbaren Formänderung voraussetzen. L a m é, dem man die Einführung krummliniger Koordinaten in die Geometrie verdankt, entwickelt im Anschluß daran in seinem Werke eine neue Form der Spannungsgleichungen. Er geht von den C a u c h y schen Hauptspannungen aus, die in jedem Körperpunkte ein rechtwinkliges Achsenkreuz bilden, dessen Lage sich beim Übergang zu einem anderen Punkte stetig ändert. Je zwei Hauptspannungen schließen miteinander eine Ebene ein, die man als Tangentialebene einer Hauptspannungsfläche (nach L a m é surface isostatique) betrachten kann. Der Körper selbst wird alsdann durch drei Scharen derartiger sich rechtwinklig schneidender Hauptspannungsflächen durchsetzt, in denen keine Schubspannungen wirken. Auf Grund dieser Eigenschaft lassen sich die L a m é schen Spannungsgleichungen leicht ableiten. Bezeichnen wir die Seiten eines durch Hauptspannungsflächen gebildeten Volumelementes Fig. 222 mit ds_1, ds_2, ds_3, so werden die beiden letzteren beim Fortschreiten um ds_1 auf $ds_2 + \delta ds_2$, $ds_3 + \delta ds_3$ anwachsen, so zwar, daß mit den zugehörigen Krümmungsradien ϱ_2 und ϱ_3 nach Fig. 222

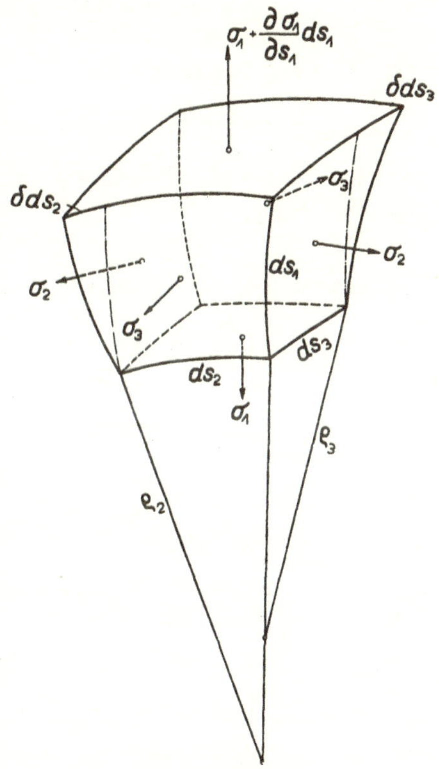

Fig. 222.

$$\frac{\delta\, ds_2}{ds_2} = \frac{ds_1}{\varrho_2}, \quad \frac{\delta\, ds_3}{ds_3} = \frac{ds_1}{\varrho_3}$$

ist. Die auf der Fläche $ds_2\, ds_3$ wirkende Hauptspannung σ_1 ist aber beim Fortschreiten in der Richtung ds_1 auf $\sigma_1 + \frac{\partial \sigma_1}{\partial s_1} ds_1$ angewachsen, während die Fläche selbst den Zuwachs $\delta\,(ds_2\, ds_3) = ds_2\, \delta\, ds_3 + ds_3\, \delta\, ds_2$ erfahren hat. Mithin wirkt in der Richtung ds_1 der Kraftüberschuß

$$\left(\sigma_1 + \frac{\partial \sigma_1}{\partial s_1} ds_1\right) (ds_2\, ds_3 + ds_2\, \delta\, ds_3 + ds_3\, \delta\, ds_2) - \sigma_1\, ds_2\, ds_3,$$

der sich unter Vernachlässigung von Differentialen vierter Ordnung in

$$\frac{\partial \sigma_1}{\partial s_1} ds_1\, ds_2\, ds_3 + \sigma_1\,(ds_2\, \delta\, ds_3 + ds_3\, \delta\, ds_2)$$

oder auch wegen der obigen Gleichungen in

$$\left[\frac{\partial \sigma_1}{\partial s_1} + \sigma_1 \left(\frac{1}{\varrho_2} + \frac{1}{\varrho_3}\right)\right] ds_1\, ds_2\, ds_3$$

vereinfacht. Diesem Kraftüberschuß wirken nun die Komponenten der beiden anderen Hauptspannungen entgegen, die sich infolge der Neigungswinkel $ds_2 : \varrho_2$ bzw. $ds_3 : \varrho_3$ der gegenüberliegenden Elementarfläche zu

$$\sigma_2\, ds_1\, ds_3 \frac{ds_2}{\varrho_2} \text{ bzw. } \sigma_3\, ds_1\, ds_2 \frac{ds_3}{\varrho_3}$$

berechnen. Mithin lautet die Gleichgewichtsbedingung in der Richtung ds_1, wenn wir von äußeren Kräften absehen,

$$\left[\frac{\partial \sigma_1}{\partial s_1} + \frac{\sigma_1 - \sigma_2}{\varrho_2} + \frac{\sigma_1 - \sigma_3}{\varrho_3}\right] ds_1\, ds_2\, ds_3 = 0.$$

Lassen wir das Volumendifferential weg, so erhalten wir schließlich unter Hinzufügung zweier analog gebauter Formeln die L a m é schen Hauptspannungsgleichungen[1])

$$\left.\begin{aligned} \frac{\partial \sigma_1}{\partial s_1} + \frac{\sigma_1 - \sigma_2}{\varrho_2} + \frac{\sigma_1 - \sigma_3}{\varrho_3} &= 0 \\ \frac{\partial \sigma_2}{\partial s_2} + \frac{\sigma_2 - \sigma_3}{\varrho_3} + \frac{\sigma_2 - \sigma_1}{\varrho_1} &= 0 \\ \frac{\partial \sigma_3}{\partial s_3} + \frac{\sigma_3 - \sigma_1}{\varrho_1} + \frac{\sigma_3 - \sigma_2}{\varrho_2} &= 0 \end{aligned}\right\} \quad . \; . \; . \; . \quad (8).$$

[1]) In der deutschen technischen Literatur sind diese Formeln unbeachtet geblieben bis auf das Buch von E. B r a u e r: Festigkeits-

Die Verwendung dieser Gleichungen stößt im allgemeinen auf große Schwierigkeiten, da man die Lage der Hauptspannungsflächen nicht von vornherein kennt. Rührt dagegen eine der Spannungen, z. B. σ_1, von einem Oberflächendruck p her, so darf sie häufig als klein gegen die beiden anderen angesehen werden. Im Falle einer Wand von der kleinen Dicke h kann man alsdann hinreichend genau

$$\frac{\partial \sigma_1}{\partial s_1} = \frac{p}{h} \quad \ldots \ldots \ldots \quad (8a)$$

setzen, womit die erste der Hauptspannungsgleichungen unter gleichzeitiger Vernachlässigung von $\sigma_1 \sim p$ gegen σ_2 und σ_3 in

$$\frac{p}{h} = \frac{\sigma_2}{\varrho_3} + \frac{\sigma_3}{\varrho_3} \quad \ldots \ldots \ldots \quad (8b)$$

übergeht. Von dieser einfachen Gleichung haben wir in §§ 3—6 bei der Untersuchung dünnwandiger Gefäße ohne Biegungswiderstand umfassenden Gebrauch gemacht. Sie wurde schon 1828 von Lamé und Clapeyron zur Berechnung der Spannungen in Kesselblechen verwendet, woran sich dann 1831 die Theorie der dickwandigen Rohre schloß. Diese Untersuchungen wurden dann neben vielen anderen, darunter die Elastizität von Kugeln unter der Wirkung der allgemeinen Schwere, in das Lamésche Lehrbuch aufgenommen. Lamé und Clapeyron verdankt man auch die ersten Ansätze des Problems der Druckverteilung in einem Körper, der durch eine unendliche Ebene begrenzt ist, auf der ein irgendwie verteilter Oberflächendruck lastet.

Kurz vor dem Erscheinen des Laméschen Werkes hatte G. Kirchhoff in der Abhandlung »Über das Gleichgewicht und die Bewegung einer elastischen Scheibe«, Journ. f. Math., 1850, die Theorie der ebenen Platten in Angriff genommen und sie unter den beiden Annahmen einer neutralen Mittelfläche und der Erhaltung der Normalen näherungsweise zum Abschluß gebracht. Durch diese Untersuchung wurden die den älteren Theorien von Germain und Poisson anhaftenden Unvollkommenheiten beseitigt. Mit dem Plattenproblem nahe verwandt war der ebene Spannungszustand, für den 1862 Airy den Begriff der Spannungs-

lehre, 1905, in dem sie (S. 34 ff.) durch Elimination der Differentialquotienten der Schubspannungen aus den Cauchyschen Formeln abgeleitet werden.

funktion einführte, den später Maxwell (1870) auch auf dreidimensionale Systeme ausdehnte. Der Airysche Gedanke blieb allerdings viele Jahre nahezu unbenutzt, vermutlich weil die damit zu erhoffenden Lösungen strengen Anforderungen nicht genügen konnten.

Einen ganz außerordentlichen Aufschwung erfuhr die Elastizitätstheorie in dieser Zeit durch De St. Vénant (1797 bis 1886), der schon im vierten Jahrzehnt des 19. Jahrhunderts diesem Gebiete nähertrat und zunächst die Arbeiten aller Vorgänger einer kritischen Analyse unterwarf. Seine Hauptleistung war eine sehr viel strengere Theorie der Torsion und Biegung gerader Balken, deren Querdimensionen er im Einklang mit der allgemeinen Auffassung als klein gegen ihre Länge voraussetzte. Vermöge des seinen Namen tragenden, 1855 zuerst von ihm präzis ausgesprochenen Prinzips, wonach die Verteilung der Spannungen in großer Entfernung von einer Oberflächenstelle von der dort herrschenden Spannungsverteilung nahezu unabhängig ist, konnte er auf die strenge Erfüllung der Randbedingungen an den Belastungsstellen verzichten, ohne damit die Brauchbarkeit seiner Lösungen zu gefährden. Zu diesen gelangte De St. Vénant durch Einführung von Grundannahmen älterer Theorien in die allgemeinen Spannungs- und Dehnungsformeln, wodurch diese sich in einzelnen Fällen so weit vereinfachen ließen, daß die Integration durchführbar wurde. Daraus ergaben sich die von früheren Forschern nicht erkannten Wölbungen der ursprünglichen Querschnittsebene. De St. Vénant berichtete über seine Studien in dem 1855 in den Mémoires prés. par divers savants publizierten »Mémoire sur la torsion des prismes«, dem 1856 das »Mémoire sur la flexion des prismes« folgte. In Deutschland wurden diese wichtigen Schriften hauptsächlich durch die »Theorie der Elastizität fester Körper« von Clebsch 1862 bekannt, der die Entwicklungen von De St. Vénant noch in einigen Punkten vereinfachte. Dieser wiederum veranstaltete 1882 von Clebschs Lehrbuch eine französische Ausgabe, die er durch eine große Anzahl wertvoller Noten bereicherte. Mit derartigen kritischen Noten hatte er schon 1864 die von ihm herausgegebene dritte Auflage von Naviers »Résumée des leçons sur l'application de la mécanique« begleitet[1]), während seine Ge-

[1]) Diese Ausgabe enthält als Einleitung auch eine kritische Geschichte der Elastizitätstheorie aus der Feder De St. Vénants,

dankengänge in England durch Thomsons und Taits Natural Philosophy (1867), deutsch von Helmholtz und Wertheim, 1874, wirksam eingeführt wurden.

Neben den Arbeiten von De St. Vénant treten sowohl bei Clebsch, wie auch bei Thomson und Tait die Untersuchungen Kirchhoffs »Über das Gleichgewicht und die Bewegung eines unendlich dünnen elastischen Stabes«, Journ.

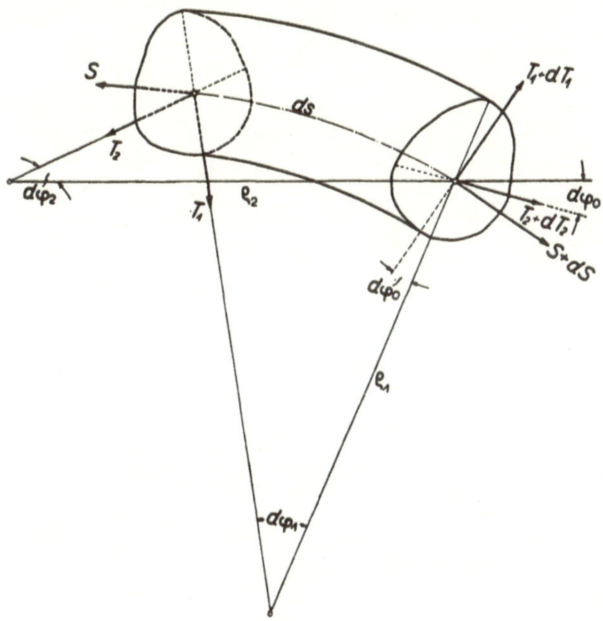

Fig. 223.

f. Math. 1858, stark hervor. Diese betrafen die sehr erhebliche räumliche Formänderung der Stabachse unter dem Einfluß ganz beliebiger Kräfte und führten schließlich auf verhältnismäßig einfache Gleichungen, die wir ihrer Bedeutung halber an Hand der Fig. 223 und 224 kurz ableiten wollen. Wir denken uns aus dem deformierten, ursprünglich geraden Stabe ein Element von der Länge *ds* herausgeschnitten, an dessen einem Querschnitt

---

die von späteren Historikern dieses Gebietes (siehe die Fußnote am Beginn von § 66) eingehend benutzt worden ist.

die Resultante aller auf der einen Seite davon wirkenden äußeren Kräfte sowie das resultierende Kräftepaar angreifen. Beim Fortschreiten um *ds*, also bis zum anderen Querschnitt des Stabelementes, haben sowohl die Resultante als auch das Kräftepaar um unendlich kleine Beträge zugenommen.

Die Resultante zerfällt nun in eine zum Querschnitt normale Stabkraft S und eine Querkraft T, die wir wiederum in die beiden

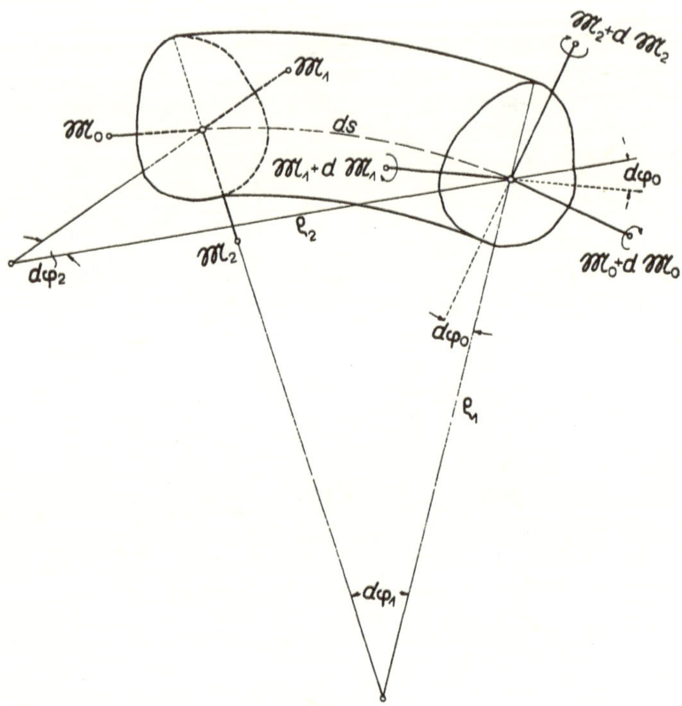

Fig. 224.

Komponenten T_1 und T_2 in der Richtung der Hauptachsen des Querschnittes zerlegen. (Fig. 223.) Ebenso zerfällt das resultierende Kräftepaar in ein Torsionsmoment $\mathfrak{M}_0$ um die Achse des Elementes und zwei Biegungsmomente $\mathfrak{M}_1$ und $\mathfrak{M}_2$, die den Querschnitt um seine Hauptachsen zu drehen suchen. (Fig. 224.) Auf dem gegenüberliegenden Querschnitt wirken dann die Kräfte $S + dS$, $T_1 + dT_1$, $T_2 + dT_2$ und die Momente $\mathfrak{M}_0 + d\,\mathfrak{M}_0$, $\mathfrak{M}_1 + d\,\mathfrak{M}_1$, $\mathfrak{M}_2 + d\,\mathfrak{M}_2$. Diese Richtungslinien sind aber infolge der Krümmungen $1:\varrho_1$ und $1:\varrho_2$ des Elementes in den durch ds und die Querschnittshauptachsen definierten Ebenen sowie infolge der Torsion $1:\varrho_0$ in bezug auf die Längeneinheit der Stabachse um die Winkel $d\varphi_1 = ds:\varrho_1$, $d\varphi_2 = ds:\varrho_2$ und $d\varphi_0 = ds:\varrho_0$ gegen die $S\ T_1\ T_2\ \mathfrak{M}_0\ \mathfrak{M}_1\ \mathfrak{M}_2$ geneigt. Mit Rücksicht darauf lauten die Bedingungen des Gleichgewichtes in den Richtungen der Hauptachsen des Querschnittes sowie der Stabachse nach Division mit ds

$$\left.\begin{aligned} \frac{dT_1}{ds} - \frac{T_2}{\varrho_0} - \frac{S}{\varrho_2} &= 0 \\ \frac{dT_2}{ds} + \frac{T_1}{\varrho_0} - \frac{S}{\varrho_1} &= 0 \\ \frac{dS}{ds} + \frac{T_1}{\varrho_1} + \frac{T_2}{\varrho_2} &= 0 \end{aligned}\right\} \quad \dots\dots \quad (9)$$

wenn am Elemente selbst keine äußeren Kräfte angreifen, die sonst als Zusatzglieder auftreten würden. Wirken am Stabelemente auch keine äußeren Momente, so ergeben sich an Hand von Fig. 224 die Momentengleichungen in bezug auf dieselben Achsen nach Division mit ds zu

$$\left.\begin{aligned} \frac{d\mathfrak{M}_1}{ds} - \frac{\mathfrak{M}_2}{\varrho_0} + \frac{\mathfrak{M}_0}{\varrho_2} - T_1 &= 0 \\ \frac{d\mathfrak{M}_2}{ds} + \frac{\mathfrak{M}_1}{\varrho_0} - \frac{\mathfrak{M}_0}{\varrho_1} - T_2 &= 0 \\ \frac{d\mathfrak{M}_0}{ds} - \frac{\mathfrak{M}_1}{\varrho_2} + \frac{\mathfrak{M}_2}{\varrho_1} \qquad &= 0 \end{aligned}\right\} \quad \dots\dots \quad (10).$$

Hierin dürfen wir aber unter Einführung der Hauptträgheitsmomente Θ_1 und Θ_2 des Querschnitts für die beiden Biegungsmomente

$$\mathfrak{M}_1 = \frac{E\,\Theta_1}{\varrho_1}, \quad \mathfrak{M}_2 = \frac{E\,\Theta_2}{\varrho_2} \quad \dots\dots \quad (11)$$

schreiben, während für das Torsionsmoment analog

$$\mathfrak{M}_0 = \frac{E\,\Theta_0}{\varrho_0} \quad \dots\dots \quad (11\,\mathrm{a})$$

gesetzt werden kann, wenn $E\,\Theta_0$ die Torsionssteifigkeit bedeutet. Dann lauten die Momentengleichungen unter der Voraussetzung konstanter $\Theta_0\ \Theta_1\ \Theta_2$

$$\left.\begin{aligned}\Theta_1 \frac{d}{ds}\left(\frac{1}{\varrho_1}\right) - \frac{\Theta_2 - \Theta_0}{\varrho_0 \varrho_2} &= \frac{T_1}{E} \\ \Theta_2 \frac{d}{ds}\left(\frac{1}{\varrho_2}\right) - \frac{\Theta_0 - \Theta_1}{\varrho_1 \varrho_0} &= \frac{T_2}{E} \\ \Theta_0 \frac{d}{ds}\left(\frac{1}{\varrho_0}\right) - \frac{\Theta_1 - \Theta_2}{\varrho_2 \varrho_1} &= 0\end{aligned}\right\} \quad . \; . \; . \quad (10\,\mathrm{a}).$$

Kirchhoff bemerkte nun, daß diese Formeln nach Ersatz der drei Krümmungen $1 : \varrho_1$, $1 : \varrho_2$ und $1 : \varrho_0$ durch drei Winkelgeschwindigkeiten mit den Bewegungsgleichungen[1]) eines um einen festen Punkt drehbaren starren Körpers, d. h. eines Kreisels, übereinstimmten, eine Analogie die u. a. von Thomson und Tait a. a. O. weiter verfolgt wurde.

Als Beispiel für die Anwendung der Kirchhoffschen Gleichungen betrachten wir einen ursprünglich geraden Draht von kreisförmigem Querschnitt, der nur einem Torsionsmoment unterworfen ist. Die Erfahrung lehrt, daß bei starker Verwindung die Drahtachse in eine Raumkurve übergeht, deren Krümmungsradien in zwei zueinander senkrechten Ebenen durch das Drahtelement ϱ_1 und ϱ_2 sein mögen. Die Lage dieser Ebene ist sonst gleichgültig, da die beiden Hauptträgheitsmomente einander gleich sind. Setzen wir demgemäß mit einem Drahtradius r_0

$$\Theta_1 = \Theta_2 = \frac{\pi r_0^4}{4} = \Theta$$

und mit dem Schubmodul G für die Torsionssteifigkeit

$$E\Theta_0 = G\frac{\pi r_0^2}{2} = 2G\Theta,$$

so folgt zunächst aus der dritten Gl. (10a)

$$\frac{d}{ds}\left(\frac{1}{\varrho_0}\right) = 0, \quad \frac{1}{\varrho_0} = \mathrm{Const} \quad . \; . \; . \; . \; . \quad (12),$$

d. h. eine gleichmäßige Verdrehung des ganzen Drahtes.

Da weiterhin keine Querkräfte T_1 und T_2 existieren, so ergibt die Elimination von ϱ_2 aus den beiden ersten Gl. (10a)

$$\frac{d^2}{ds^2}\left(\frac{1}{\varrho_1}\right) + \frac{(\Theta - \Theta_0)^2}{\Theta^2 \varrho_0^2}\,\frac{1}{\varrho_1} = 0 \quad . \; . \; . \; . \quad (13).$$

Dieselbe Gleichung hätten wir auch für ϱ_2 nach Elimination von ϱ_1 erhalten. Ihr Integral lautet mit der Abkürzung

[1]) Lorenz: Techn. Mechanik starrer Systeme, S. 488.

$$\frac{\Theta - \Theta_0}{\Theta \varrho_0} = \frac{1}{\varrho_0}\left(1 - \frac{2G}{E}\right) = \frac{1}{\varrho_0}\,\frac{1}{\mu + 1} = \frac{1}{\varrho_0}\,\frac{2G}{\mu E} = a \quad (14).$$

$$\frac{1}{\varrho_1} = A \cos as + B \sin as \quad . \quad . \quad . \quad . \quad (13\,a),$$

wonach der Draht in zwei zueinander senkrechten Ebenen sinusartige Auslenkungen erfährt, die sich zu einer Schraubenlinie zusammensetzen, Fig. 225. An der Einspannstelle, d. h. für $s = 0$, ist offenbar die Krümmung ein Maximum, während sie am freien Ende, d. h. für $s = 0$, mit dem Wegfall eines Biegungsmomentes dort verschwindet. Daraus folgt $B = 0$ und $\cos a l = 0$, also, mit einer ganzen Zahl n, $a l = (2n - 1)\frac{\pi}{2}$ oder wegen (14)

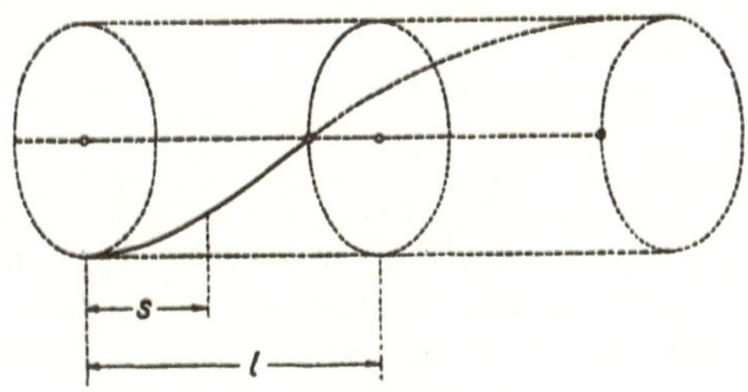

Fig. 225.

$$\frac{l}{\varrho_0} = (2n - 1)\,\pi\,\frac{\mu E}{4G} \quad . \quad . \quad . \quad . \quad . \quad (15)$$

Hierin bedeutet aber die linke Seite nichts anderes, als den Verdrehungswinkel $\Delta\varphi$ des ganzen Drahtes. Dieser muß somit bestimmte kritische Werte annehmen, damit die Krümmung der Achse eintritt. Der kleinste dieser Werte ist für $n = 1$

$$\Delta\varphi = \frac{l}{\varrho_0} = \pi\,\frac{\mu E}{4G} \quad . \quad . \quad . \quad . \quad . \quad (15\,a),$$

dem eine Viertelwindung der Schraubenlinie entspricht[1]).

---

[1]) Das Problem der Verwindung eines Drahtes zu einer Schraubenlinie wurde zuerst von Föppl auf ganz anderem Wege behandelt in seiner Festigkeitslehre (Vorlesungen Bd. III, 1. Aufl. 1897, S. 364, vgl. auch Bd. V, 1907, S. 197). Föppl fand für die kleinste kritische Verdrehung $\Delta\varphi = \pi\,\frac{E}{G}$, die mit (15a) für $\mu = 4$ übereinstimmt. Die Kirchhoffschen Stabgleichungen wurden außerdem von Reißner (Berliner Math. Gesellschaft 1904) zur strengeren Herleitung der Stabilitätsbedingung beim Kippvorgange benutzt, der offenbar zu dem obigen ein Analogon bildet.

§ 68. Die neuere Entwicklung der technischen Elastizitätslehre.

Die Knicktheorie: Grashof, Saalschütz und Kriemler, H. Lorenz. Die Lehrbücher von Grashof und Winkler. Einfluß der Fachwerktheorie: Maxwell, Menabrea, Castigliano, Mohr, Krohn und Müller-Breslau. Näherungsverfahren von Lord Rayleigh und Ritz. Dynamische Probleme: Grossmann, Grübler und Stodola. Labile Belastungszustände: Mitchell und Prandtl, Föppl. Resonanzerscheinungen: Schlick, H. Lorenz. Die Wöhlerschen Versuche. Arbeiten von Bach und Tetmajer. Neuere Lehrbücher: Bach, Föppl, Brauer, Müller-Breslau und Mehrtens.

Ein großer Teil der im letzten Abschnitt besprochenen Untersuchungen, insbesondere diejenigen von De St. Vénant über Torsion und Biegung, knüpfte unmittelbar an technische Probleme an. Trotzdem hat sich die ausübende Technik der neuen Ergebnisse und Methoden lange Zeit hindurch nicht bedient; sie griff vielmehr in allen Fällen, welche der elementaren Behandlungsweise nicht mehr zugänglich waren, unter Beiseitesetzung aller Theorie auf Versuche zurück. Dieses Verfahren hat sich vor allem für den Knickvorgang eingebürgert und bis auf den heutigen Tag erhalten, da die erste Anäherung der Formel für die entsprechende elastische Linie überhaupt keine Auskunft über die Größe der Durchbiegung und damit auch über die Spannung gibt. Dazu kam die niemals vollkommen zu erzielende Übereinstimmung der wirklichen Auflagebedingungen belasteter Säulen mit denen, welche den Eulerschen Gleichungen zugrunde lagen. Die Folge davon war die Aufstellung einer Reihe empirischer Formeln, von denen wir nur diejenigen von Hodgkinson (1840), Schwarz (1854, unabhängig davon auch von Rankine 1858 veröffentlicht) und aus neuester Zeit solche von Tetmajer (1903) nennen wollen. Da solche rein praktischen Lösungen der Natur der Sache nach wissenschaftlich nicht befriedigen konnten, so mußte man sich doch wieder der Knicktheorie zuwenden, deren Berechtigung überdies durch sorgfältig angestellte Versuche mit dünnen Stäben unzweifelhaft erwiesen war. Daher finden wir denn auch in den ersten deutschen Lehrbüchern der Elastizitätslehre von Grashof (1866, 2. Aufl. 1878) und Winkler (1867) eine ausführliche Darstellung der Eulerschen Theorie mit Anwendungen auf die praktisch wichtigsten Belastungsfälle. Für den einfachsten Fall des einseitig eingespannten Stabes mit zentraler Axiallast gab Grashof auch die strenge Lösung durch Reihenentwicklung des elliptischen Integrales und zeigte, daß die zweite Annäherung, d. h. die Beibehaltung des Quadrates der Auslenkung, genügte, um deren scheinbare Unbestimmtheit zu beseitigen. Eine ausführlichere Durchrechnung des Problems lieferte dann mit Hilfe der Theorie der elliptischen Funktionen Saalschütz in dem Buche »Der belastete Stab« 1880, während sich Thomson und Tait a. a. O. mit einer Ableitung der Gleichgewichtsfiguren aus dem ersten Integrale der Differentialgleichung des gebogenen Stabes begnügten. Obwohl alle diese Untersuchungen noch einmal in der Habilitationsschrift von Kriemler: »Labile und stabile Gleichgewichtsfiguren« 1902, zusammengefaßt und durch vortreffliche Figuren erläutert wurden, findet sich sowohl in Lehrbüchern wie auch in einzelnen Abhandlungen bis in die neueste Zeit die irrtümliche Auffassung der Unbestimmtheit der Durchbiegung und der Spannungen beim Knickvorgang. Dadurch wurde H. Lorenz veranlaßt, in den »Bemerkungen zur Eulerschen Knicktheorie« (Z. d. V. d. Ing. 1908) darauf hinzuweisen, daß der Ersatz der als klein angenommenen Krümmung eines gebogenen Stabes mit der Beibehaltung von Quadraten kleiner Größen im Sinne der zweiten Annäherung von Grashof durchaus verträglich ist, woraus sich dann ohne Zuhilfenahme von Reihenentwicklungen eine erschöpfende, auch in das vorliegende Buch übergegangene Behandlung des Knickproblems ergab.

Bemerkenswert erscheint noch der Umstand, daß die beiden vorwiegend für den Gebrauch von Ingenieuren bestimmten Lehrbücher von Grashof und Winkler je einen Abriß der Molekulartheorie der Elastizität enthalten und fast übereinstimmend untereinander mit den allgemeinen Spannungs- und Dehnungsgleichungen in offenbarer Anlehnung an Cauchy beginnen[1]). Das hat natürlich das Studium dieser im übrigen sehr klar geschriebenen und inhaltsreichen Schriften in hohem Maße erschwert und dürfte ihre spätere Verdrängung durch leichter lesbare, aber kaum gleichwertige Bücher bedingt

[1]) Dies bezieht sich bei Grashof auf die zweite Auflage von 1878.

haben. Der Einfluß von De St. Vénant zeigt sich in beiden Schriften durch Aufnahme der Biegungstheorie mit Rücksicht auf die Verteilung der Schubspannungen im Querschnitt und die Querschnittsverwölbung, während bei der Behandlung der Plattentheorie und Torsion, die Winkler ganz übergeht, Grashof sich auf einfache algebraische Ansätze beschränkt, die nur in einzelnen Fällen zu befriedigenden Lösungen führen. Man glaubte offenbar damals, in der Technik die periodischen Reihen unter Verkennung ihrer großen praktischen Bedeutung entbehren zu können.

Eine wesentliche Bereicherung erfuhr die Elastizitätslehre durch die Entwicklung der Theorie der Fachwerke, die mit einer höchst bedeutungsvollen Abhandlung von J. C. Maxwell: »On the calculation of the equilibrium and stiffness of frames«, Philos. Magazine 1864, einsetzt. Darin zeigt Maxwell, von der Clapeyronschen Arbeitsgleichung ausgehend, daß die Verschiebung eines Systempunktes eine lineare Funktion der Belastungen ist, und gewinnt daraus den überaus fruchtbaren Satz von der Gegenseitigkeit der Verschiebungen. Diese Arbeit blieb indessen ebenso unbeachtet wie eine frühere Abhandlung von Menabrea: »Nouveau principe sur la distribution des tensions élastiques«, Compt. rend. 1858, in der allerdings auf nicht ganz einwandfreiem Wege das schon früher einmal von Daniel Bernoulli für das Biegungsproblem ausgesprochene Prinzip der kleinsten Formänderungsarbeit abgeleitet wurde. Diesen Satz begründete streng unter Bezugnahme auf die im vorigen Abschnitt erwähnte klassische Untersuchung von Green der italienische Ingenieur Castigliano in der Studie »Nuova teoria intorno all' equilibrio dei sistemi elastici«. Mem. der Akademie von Turin 1875, in der er zunächst den ebenso wichtigen Satz von den Ableitungen der Formänderungsarbeit aufstellte. Die Untersuchungen von Castigliano wurden erst Gemeingut der Technik, nachdem sie in seiner »Théorie de l'équilibre des systèmes élastiques«, Turin 1879, deutsch von Hauff 1886, zusammengefaßt und auf zahlreiche Probleme angewandt wurden. Der Castiglianosche Ausdruck für die Arbeit der äußeren Kräfte an einem elastischen System gestattete außerdem eine sehr bequeme Ableitung der Maxwellschen Sätze, die von Mohr in den »Beiträgen zur Theorie des

Fachwerkes«, Zeitschrift d. Ing. u. Arch.-Ver. zu Hannover 1874 und 1875, mit Hilfe des Prinzips der virtuellen Verschiebungen unabhängig von Maxwell neu gefunden waren. An derselben Stelle gab 1884 Krohn einen neuen Beweis dafür, während Müller-Breslau nach einer ebenda 1885 erschienenen Abhandlung über die aus der Bedeutung der Maxwellschen Koeffizienten hervorgehenden Einflußlinien in seinen »Neueren Methoden der Festigkeitslehre«, 1886, 2. Aufl. 1904, die ganze Fachwerkstheorie auf den Sätzen über die Formänderungsarbeit in origineller Weise aufbaute. An diese Publikationen schloß sich in der Folge eine lebhafte Polemik an, in die in neuester Zeit noch der Mathematiker Weingarten mit großer Schärfe eingriff und im Archiv der Math. und Physik 1904 einige Unklarheiten in der Fassung der Sätze Castiglianos beseitigte, welche im übrigen niemals praktische Schwierigkeiten bereitet hatten. Es lag dies wesentlich daran, daß man sich bei der Anwendung der Formänderungsarbeit und ihrer Ableitungen auf Fachwerke und Bogenträger beschränkt hatte, für welche nur die Verschiebungen der Knoten und Endpunkte, also eine endliche Zahl von Freiheitsgraden, in Frage kommen. Das tritt besonders deutlich bei der sog. kinematischen Methode der Untersuchung hervor, die von Föppl in seiner »Theorie des Fachwerkes«, 1880, angeregt und von Müller-Breslau zu hoher Vollendung gebracht wurde.

Handelt es sich dagegen um die Formänderung elastischer Körper in ihrem ganzen Umfange bei vorgegebener Belastung, so scheitert die unmittelbare Anwendung der Castiglianoschen Sätze an der unendlichen Zahl von Freiheitsgraden, denen naturgemäß ebenso viele lineare Gleichungen für die statisch unbestimmten Größen entsprechen müssen. Das Ergebnis wären alsdann unendliche Reihen für die Verschiebungen ξ, η, ζ eines Körperpunktes, die den partiellen Differentialgleichungen (4c), § 39, zu genügen hätten. Da nun deren Integration bisher nur in wenigen Fällen gelungen ist, so ist man auf Näherungsverfahren angewiesen, von denen schon Lord Rayleigh in seiner »Theory of sound«, deutsch von Neesen 1880, für die Ermittlung von Schwingungsperioden elastischer Körper Gebrauch macht. So setzt Rayleigh zur Bestimmung der Grundschwingungsdauer eines einseitig eingespannten Stabes von der freien Länge l für die Auslenkung eines Punktes im Abstande z vom freien Ende

$$\xi = C\,(3\,l z^2 - z^3) \sin \alpha t \quad \ldots \ldots \quad (1),$$

worin $C\,(3\,l\,z^2 - z^3)$ nach Früherem die statische Auslenkung unter der Wirkung einer Last am freien Ende bedeutet. Um dem Stab die Auslenkung (1) zu erteilen, ist eine Arbeit

$$L = \frac{E\,\Theta}{2} \int \left(\frac{\partial^2 \xi}{\partial z^2}\right) dz + \frac{1}{2} \int \left(\frac{\partial \xi}{\partial t}\right)^2 dm \quad \ldots \quad (2)$$

nötig, wovon das erste Glied die Biegungsarbeit, das zweite die momentane kinetische Energie der Stabmasse m bedeutet. Schreiben wir in (2) noch bei einem spezifischen Gewichte γ des Stabmaterials und dem Querschnitte F unter Einführung des Trägheitshalbmessers k des Querschnittes

$$dm = \frac{\gamma}{g} F\,dz, \quad \Theta = F k^2 \quad \ldots \ldots \quad (3),$$

so liefert die Ausführung der Integrale in (2) über die ganze Stablänge unter Benutzung von (1)

$$2\,L = F\,l^3\,C^2 \left(12\,E k^2 \sin^2 \alpha t + \frac{33}{35}\,l^4\,\frac{\gamma}{g}\,\alpha^2 \cos^2 \alpha t\right)$$

oder

$$4\,L = F\,l^3\,C^2 \left[12\,E k^2 + \frac{33}{35}\,l^4\,\frac{\gamma}{g}\,\alpha^2 + \left(\frac{33}{35}\,l^4\,\frac{\gamma}{g}\,\alpha^2 - 12\,E k^2\right) \cos 2\,\alpha t\right] \quad \ldots \ldots \quad (4).$$

Da nun der Energieinhalt L des schwingenden Stabes sich nicht ändert, so muß der Faktor von $\cos 2\,\alpha\,t$ verschwinden, woraus

$$\alpha^2 = \frac{140}{11}\,\frac{E g k^2}{\gamma\,l^4} \quad \ldots \ldots \ldots \quad (5)$$

oder eine Grundschwingungsdauer

$$t_0 = \frac{2\pi}{\alpha} = 2\pi \sqrt{\frac{11}{140}\,\frac{l^4 \gamma}{E g k^2}} \quad \ldots \ldots \quad (5\text{a})$$

resultiert. Die genaue Formel Gl. (21), § 20, ergab aber dafür den Wert

$$t_1 = \frac{2\pi}{1{,}87^2} \sqrt{\frac{\gamma\,l^4}{E g k^2}},$$

so daß

$$t_0 : t_1 = 1{,}87^2 \sqrt{\frac{11}{140}} = 0{,}986$$

wird. Der Fehler der Rayleighschen Näherungslösung beträgt also noch nicht 2%; außerdem aber liefert die Einsetzung des Wertes (3) in Gl. (4) sofort den absoluten Betrag der Gesamtenergie des schwingenden Stabes, wenn mit der größten Auslenkung auch die Konstante C nach Gl. (1) vorgelegt ist. Das Wesentliche dieses Verfahrens liegt in der Wahl der Abhängigkeit des Ausschlages ξ von z, die den Grenzbedingungen, d. h. $\xi = 0$, $\frac{\partial \xi}{\partial z} = 0$ für $z = 0$ und $\frac{\partial^2 \xi}{\partial z^2} = 0$ für $z = l$ genügen muß. Man würde daher auch zu einem brauchbaren Ergebnis mit jedem anderen diesen Bedingungen genügenden Ansatz, z. B. mit

$$\xi = C\,(1 - \cos \beta z) \sin \alpha t,$$

worin $2 \beta l = \pi$ zu setzen ist, gelangen.

In einem Anhange zu seinem Hauptwerke geht Lord Rayleigh insofern noch weiter, als er — bei der Untersuchung der Luftbewegung in Pfeifen — für die Verschiebung eines Luftelementes eine Reihe ansetzt, deren Glieder aus je einer die Grenzbedingungen erfüllenden Funktion und einem unbestimmten Faktor bestehen. Diese Faktoren werden dann aus der Bedingung bestimmt, daß die gesamte Energie des Systems zu einem Minimum wird. Derselbe Gedanke lag einer Näherungstheorie der Plattenschwingungen von W. Ritz zugrunde, in der aber an Stelle der inneren Arbeit der elastischen Kräfte deren Unterschied von der doppelten Arbeit der äußeren Kräfte zu einem Minimum gemacht wurde. In seinen Abhandlungen, insbesondere derjenigen »Über eine neue Methode zur Lösung gewisser Variationsprobleme der mathematischen Physik«, Crelles Journal 1908, verifizierte Ritz diese Bedingung, indem er darin durch Variation die bekannte Differentialgleichung der Platten herleitete. Das Verfahren wurde dann von Th. v. Kàrmàn auf die Formänderung krummer Rohre, Zeitschr. d. V. d. Ing. 1911, angewandt, wobei allerdings der Ritzsche Ansatz der Differenz der inneren und der doppelten äußeren Arbeit nicht deutlich hervortrat. Da in anderen Abhandlungen sogar dieser Ausdruck trotz richtiger Anwendung eine falsche Deutung erfuhr, so zeigte H. Lorenz in der Abhandlung »Näherungslösungen von

Problemen der Elastizitätstheorie«, Phys. Zeitschrift und Zeitschrift d. V. d. Ing. 1913, daß es sich dabei um ein Minimum der inneren Arbeit mit der Nebenbedingung der Übereinstimmung derselben mit der äußeren Arbeit handelte. Für Probleme mit nur einem unbestimmten Koeffizienten genügt sogar die Gleichheit beider Arbeiten, woraus Lorenz recht einfache Näherungslösungen, z. B. der Biegung krummer Rohre (Phys. Zeitschrift 1912) und rechteckiger Platten (Zeitschr. d. V. d. Ing. 1913), gewann[1]). Das Ritzsche Verfahren wurde u. a. von Pöschl auf zylindrische Behälter mit veränderlicher Wandstärke (Armierter Beton 1912) und auf rotierende Scheiben mit variabler Dicke, Zeitschr. f. d. ges. Turbinenwesen 1913, mit Erfolg angewandt. Das erstere dieser Probleme war nach Vorarbeiten von Runge (1904) und Müller-Breslau von Reißner durch unmittelbare Integration der zugehörigen Differentialgleichung vermittelst Reihen gelöst worden, während für das zweite Stodola in seinem Werke über Dampfturbinen (3. Aufl. 1905) geschlossene Ausdrücke entwickelt hatte.

Viel einfacher liegt natürlich der Fall einer rotierenden Scheibe konstanter Dicke, der unter Vernachlässigung der Dickeänderungen, d. h. für kleine Dicken, schon von Maxwell 1856 und Hopkinson (1871) untersucht wurde. In späteren Arbeiten von Grossmann (Verh. d. V. für Gewerbfleiß 1883) und Grübler (Festschrift Riga 1887 und Z. d. V. d. Ing. 1897) wurde das Problem — allerdings unter Beiseitelassung der Querkontraktion — befriedigend gelöst. Mit der vorläufigen Annahme des Hookeschen Gesetzes bis zum Bruche schloß Grübler (Z. d. V. d. Ing. 1900) auf eine

[1]) Fast genau dieselben Formeln für rechteckige Platten publizierte Timoschenko 1909 in den »Annales de l'industrie polytechnique de l'empereur Alexandre II à Kiew«. Neuerdings wandte derselbe Verfasser die Ritzsche Methode auf die De St. Vénantsche Theorie der Biegung und Torsion an. Ich benutze diese Gelegenheit, um auch noch auf die wichtigen Abhandlungen von Dinnik hinzuweisen, die meist a. a. O. in russischer Sprache gedruckt, in Deutschland bisher fast unbeachtet geblieben sind. Es wäre sehr erwünscht, wenn diese Arbeiten wenigstens durch kurze Referate der deutschen Wissenschaft und Technik zugänglich gemacht würden. (Anmerkung während des Druckes.)

größere Zugfestigkeit von Steinmaterial gegenüber den direkten Messungen, wogegen u. a. Bach Einspruch erhob. Die ganze praktisch sehr wichtige Frage wurde dann von Mohr (ebenda 1900, S. 1576) durch Angabe eines Extrapolationsverfahrens entschieden, welches die Zugfestigkeit aus den Mittelwerten der Tangentialspannung von Scheiben verschiedener radialer Wandstärke ergab. Auf theoretische Überlegungen über die Spannungsverteilung konnte dabei ganz verzichtet werden, was um so zweckmäßiger war, als im Falle des Bruches mit aller Sicherheit das Gebiet des Hookeschen Gesetzes überschritten ist, ohne daß es bisher gelungen ist, dafür ausserhalb der Proportionalitätsgrenze einen befriedigenden Ersatz zu schaffen. In der relativ raschen Überschreitung dieser Grenze liegt ja ganz allgemein die Gefahr aller labilen Belastungszustände, mögen dieselben nun, wie im Falle der Knickung oder der von Prandtl und Mitchell (1899) behandelten Kippwirkung, statischer oder auch dynamischer Natur sein. Der letztere Fall trat bei der raschen Rotation dünner Wellen in den Lavalschen Dampfturbinen ein, die mit der darauf befindlichen Schwungmasse niemals vollkommen ausbalanciert sein können. Bei einer bestimmten Umlaufszahl gerät die Welle ins Schleudern und geht bald zu Bruche, während sie nach Überschreiten dieses kritischen Zustandes unter Selbsteinstellung in eine neue Gleichgewichtslage ruhig weiter läuft. Diese Erfahrungstatsachen wurden durch die theoretischen Untersuchungen von Dunkerley (Phil. Transactions 1894) und Föppl (Civilingenieur 1895) vollständig aufgeklärt. Hierher gehören auch die Resonanzerscheinungen in bewegten Maschinenteilen, die unter dem Einfluß periodisch wirkender Kräfte arbeiten. Ganz besonders deutlich trat die Gefahr bei den Torsionschwingungen langer Propellerwellen von Schiffsmaschinen infolge gleichzeitiger Steigerung der Maschinenstärke und Umlaufszahl auf, wodurch H. Lorenz in seiner »Dynamik der Kurbelgetriebe« (1900) zur Behandlung des Problems geführt wurde. Auf die Bedeutung der Resonanz bei Biegungsschwingungen des Schiffskörpers hatte schon vorher Schlick (1893) hingewiesen und zu deren Umgehung sein bekanntes Verfahren des Massenausgleiches mehrzylindriger Maschinen[1]) erdacht.

[1]) Vergl. Lorenz: Techn. Mechanik starrer Systeme. S. 543.

Seit dieser Zeit ist die früher nur dem Physiker geläufige Schwingungslehre auch in die wissenschaftliche Technik eingedrungen und hat deren Niveau wesentlich gehoben. In der technischen Elastizitätslehre, für die sich seit Grashof das Wort Festigkeitslehre eingebürgert hat, ist die Schwingungstheorie zur Erklärung der sog. Ermüdungserscheinungen periodisch beanspruchter Materialien herangezogen worden. Diese Erscheinungen wurden zuerst von Wöhler an Eisenbahnwagenachsen festgestellt und in Erbkams Zeitschrift für Bauwesen 1858 und 1860 beschrieben. Da hierbei neben der Resonanz zweifellos auch die elastische Nachwirkung eine bedeutende Rolle spielt, außerdem aber vor dem Bruche die Elastizitätsgrenze überschritten wird, so ist es bis heute noch nicht gelungen, aus den seitdem mehrfach wiederholten Versuchen übersichtliche Gesetzmäßigkeiten abzuleiten. Dasselbe gilt auch von dem Verhalten solcher Körper, die, wie das Gußeisen, dem Hookeschen Gesetze schon nach dem Überschreiten sehr geringer Belastungen nicht mehr folgen. Um die Feststellung dieser für die Maschinentechnik wichtigen Tatsache hat sich C. Bach große Verdienste erworben, dessen 1889 zuerst erschienenes Buch »Elastizität und Festigkeit« (6. Aufl. 1911) vorwiegend eine Darstellung der Erfahrungsgrundlagen brachte. Später ging dann Bach, ebenso wie Tetmajer in seiner »Angewandten Elastizitäts- und Festigkeitslehre« (1. Aufl. 1889, 3. Aufl. 1905), zur Untersuchung ganzer Konstruktionsteile unter enger Anpassung an ihre praktische Verwendung über, wodurch die sehr erwünschte Möglichkeit einer Nachprüfung mancher Schlußfolgerung der Elastizitätstheorie geboten wurde. Diese selbst trat im Gegensatze zu den Arbeiten von Tetmajer und Bach in der 1897 erschienenen »Festigkeitslehre« von Föppl (Bd. III der Vorlesungen über techn. Mechanik, 4. Aufl. 1909) wieder mehr hervor. Föppl, der Nachfolger des um das Materialprüfungswesen verdienten J. Bauschinger, hatte schon 1880 und 1881 zwei wertvolle Monographien über die »Theorie des Fachwerkes« und die »Theorie der Gewölbe« veröffentlicht, die sich durch strenge Wissenschaftlichkeit und sachliche Kritik der älteren Untersuchungen auszeichneten. Seine Festigkeitslehre enthält neben einer Fülle praktischer Anwendungen einen sehr lesbaren Abriß der mathematischen Elastizitätslehre, die infolge der wohl zu abstrakten Darstellung von Grashof von den Ingenieuren lange Zeit ganz vernachlässigt worden war. Föppl benutzte sie nicht nur zur Kontrolle einiger willkürlicher Annahmen der elementaren Festigkeitslehre, sondern zeigte auch ihre praktische Bedeutung durch Aufnahme neuerer Untersuchungen von Boussinesq und Hertz, auf die wir im nächsten Abschnitt zurückkommen werden. In späteren Auflagen hat dann Föppl diese schwierigen Teile abgetrennt und mit anderen Problemen zu einem Sonderbande vereinigt.

Die immer höher ansteigenden Forderungen der technischen Praxis haben natürlich eine große Fülle von Schriften hervorgerufen, von denen wir neben der »Festigkeitslehre« von Brauer (1905) nur noch die hauptsächlich für Bauingenieure bestimmten Lehrbücher von Müller-Breslau: »Graphische Statik der Baukonstruktionen« (3. Aufl. 1901—1905) sowie die »Statik und Festigkeitslehre« von Mehrtens (2. Aufl. 1909—1910) darum anführen, weil sie eine vortreffliche Darstellung der Elastizitätslehre mit zahlreichen Beispielen bringen.

§ 69. Neuere Forschungen in der Elastizitätstheorie.

Die Untersuchungen von Hertz und Boussinesq über die Spannungsverteilung, Wangerin. Ebene Probleme, Mitchell, Timpe. Die Theorie des Druckversuches, Filon und Mysz. Die Torsion von Rotationskörpern, Föppl, Willers. Der Spannungshügel von Prandtl; Torsion dünnwandiger Hohlzylinder, Bredt, H. Lorenz. Dünnwandige Gefäße unter Druck ohne und mit Biegungssteifigkeit, Dupuit, Love, Reißner, Runge, R. Lorenz und Meißner.

Das Interesse der Physiker und Mathematiker an der Entwicklung der Elastizitätstheorie isotroper Körper wurde besonders durch die von Fresnel und Malus begründete Wellenoptik wachgehalten und erlosch mit deren Aufgehen in die Maxwellsche Elektrodynamik nach dem Bekanntwerden der Hertzschen Versuche über elektrische Wellen im Jahre 1889 so gut wie vollständig. Wenn auch bis zu diesem Zeitpunkte der Ausbau der Elastizitätstheorie als abgeschlossen betrachtet werden konnte, so harrten doch noch eine große Zahl von Einzelproblemen der Lösung. Hierzu gehörte vor allem die Verteilung der Spannungen in einem Körper unter dem Einfluß äußerer

Kräfte ohne Zuhilfenahme von Hypothesen, wie sie nach dem Vorgange von Bernoulli noch Kirchhoff und Lord Rayleigh für die Theorie dünner Platten verwendet hatten, auf die Hertz (1857—1893) bei der Untersuchung des »Gleichgewichts schwimmender elastischer Platten«, Wiedemanns Annalen d. Phys. 1884, zurückgriff.

Die wichtige Aufgabe der Berührung zweier elastischer Körper war schon in den Werken von Winkler und Grashof unter Einführung von Erfahrungskoeffizienten behandelt worden. Demgegenüber gab Hertz in der Abhandlung »Über die Berührung fester elastischer Körper«, Wiedemanns Annalen 1881, eine exakte Lösung, indem er sich die Druckverteilung in der elliptischen Berührungsfläche der Körper durch eine Elektrizitätsverteilung ersetzt dachte, deren Potential sich leicht angeben ließ. Hertz bewies aus den allgemeinen Gleichungen der Elastizitätstheorie, daß sich die Spannungen an jeder Stelle der beiden Körper durch dieses Potential unter Erfüllung der Grenzbedingungen ausdrücken lassen. Damit sind auch die Verschiebungen gegeben, von denen diejenigen innerhalb der Druckfläche besonderes Interesse erwecken, da man aus ihnen, d. h. aus der Eindruckstiefe und den Dimensionen der Druckfläche, Schlüsse auf die sog. Härte der Körper ziehen kann. Hierauf ging Hertz noch einmal ausführlich ein in der Abhandlung »Über die Härte« in den Verhandl. d. Vereins f. Gewerbfleiß 1882, in der er auch eigene Versuche mit Glaskörpern anführte, welche seine Theorie gut bestätigten. Am Schluß der ersten Arbeit von 1881 dehnte Hertz seine Untersuchungen auf den Stoß elastischer Körper aus, und zwar unter der häufig erfüllten Voraussetzung, daß die Stoßdauer, d. h. die Berührungszeit der Körper, groß sei gegen die Zeit, in welcher die elastischen Wellen die Körperdimensionen durchlaufen.

Aus der Hertzschen Theorie kann man natürlich durch Ausarten der Druckflächen in einen Punkt, d. h. durch Verschwinden der Krümmungsradien eines der beiden einander berührenden Körper die Spannungsverteilung in einem unendlich ausgedehnten Körper erhalten, an dessen ebener Oberfläche eine konzentrierte Normalkraft wirkt. Dieses Problem wurde unabhängig von Hertz von Boussinesq, einem Schüler De St. Vénants, in dem umfassenden Werke »Application des potentiels à l'étude de l'équilibre et du mouvement des solides élastiques« 1885 dadurch gelöst, daß er zunächst mehrere Systeme von Verschiebungen angab, welche die elastischen Differentialgleichungen erfüllten. Boussinesq zeigte ferner, daß eines dieser Systeme, welches er als ersten Typus bezeichnete, der Spannungsverteilung in einem unendlich ausgedehnten Körper entsprach, der durch eine Einzelkraft im Innern belastet wird, während ein zweiter Typus von Verschiebungen der konzentrierten Normallast auf der ebenen Oberfläche zugehörte. Daraus ergibt sich unschwer die Spannungsverteilung für eine beliebig vorgelegte kontinuierliche Oberflächenbelastung, so daß man auf diesem Wege umgekehrt wieder zur Hertzschen Theorie der Berührung zweier Körper gelangen kann. Boussinesq bedient sich ebenso wie Hertz selbst durchweg der Methoden der Potentialtheorie, worin den beiden Forschern auch Föppl in seiner Darstellung der Theorie der Druckverteilung gefolgt ist. Demgegenüber haben wir in den §§ 64 und 65 den Versuch unternommen, durch Integration der elastischen Differentialgleichungen unmittelbar die Spannungskomponenten zu gewinnen, aus denen sich dann die Verschiebungen ohne weiteres herleiten lassen. Dabei bedienten wir uns der Zylinderkoordinaten, mit denen schon früher Wangerin das allgemeinere Problem des elastischen Gleichgewichts isotroper Rotationskörper bei vorgelegten Oberflächenspannungen (Archiv f. Math. u. Physik 1873) in Angriff genommen hatte. Hertz hatte übrigens in der Zeitschrift f. Math. und Physik 1883 die Druckverteilung in einem elastischen Kreiszylinder, auf dessen Mantelfläche äußere Kräfte wirken, ermittelt, und zwar unter Benutzung der Differentialgleichungen des ebenen Spannungszustandes, aber ohne Zuhilfenahme der Airyschen Spannungsfunktion. Diese selbst wurde in den Proc. of London Math. Society 1899 sowie 1901/02 von Mitchell zu Untersuchungen von Spannungsverteilungen in verschiedenen ebenen Gebilden herangezogen, aus denen sich durch sog. Inversion wieder neue Fälle entwickeln ließen. Diese Studien wurden dann u. a. von Timpe 1905 fortgesetzt, während Mesnager 1901 sich speziell dem Balkenproblem zuwandte und die Übereinstimmung seiner Lösungen mit der wirklichen Spannungsverteilung auf optischem Wege nachwies. Nach dieser Richtung ist in der neuesten Zeit besonders der Engländer Coker sowie A. Leon tätig, zu denen sich mit Versuchen an Metallstäben noch Preuß gesellt hat. Die beiden letzteren untersuchten vor allem den Fall eines durchlochten Zugstabes, für den schon 1897 in der Z. d. V. d. Ing. Kirsch die Spannungsverteilung angegeben hatte.

Die Frage der Druckverteilung hat in der Neuzeit eine große praktische Bedeutung für die Beurteilung der Festigkeit natürlicher und künstlicher Steine gewonnen. Es hat sich nämlich gezeigt, daß diese Körper unter geringerem Drucke zermalmt werden, wenn man in der Presse nachgiebige Zwischenlagen verwendet, als ohne solche. Es liegt dies offenbar daran, daß im ersteren Falle Gleitungen in den Druckflächen infolge der Querdehnung eintreten, die mit einer nahezu gleichförmigen Druckverteilung verträglich sind. Im letzteren Falle dagegen wird die Querdehnung in den Druckflächen gehindert, so daß bei zylindrischen Druckkörpern eine seitliche Ausbauchung auftritt, welche jedenfalls eine sowohl axial wie radial veränderliche Spannungsverteilung bedingt. Nach einigen Vorarbeiten von Pochhammer (Crelles Journal 1876) und Chree (Cambridge Phil. Trans. 1889) löste Filon (Phil. Trans. Roy. Soc. 1902) das Problem unter der Voraussetzung einer vollkommen verhinderten Querdehnung in den Druckflächen, die ihrerseits eben bleiben sollten. Da die Ergebnisse mit der Erfahrung nicht im Einklang waren, so ließ Mysz in seinem »Beitrag zur Theorie der Druckversuche« (Dissertation Darmstadt 1909) die Annahme der Erhaltung der ebenen Druckfläche fallen und gelangte damit zu einer wenigstens qualitativen Übereinstimmung mit den Versuchen. Dabei ist nicht zu übersehen, daß die Theorie naturgemäß von der Gültigkeit des Hookeschen Gesetzes ausgeht, welches im Falle des Bruches gewiß längst überschritten ist. Außerdem aber liegt in der Annahme über das Verhalten der Druckflächen, welches ja auch durch die Druckplatten mit bedingt wird, eine ganz erhebliche Unsicherheit, die wohl kaum jemals behoben werden kann. Derartige Schwierigkeiten erheben sich immer dann bei elastischen Problemen, wenn die Angriffsstellen der äußeren Kräfte selbst und deren nächste Umgebung in den Bereich der Untersuchung einbezogen werden müssen.

Handelt es sich dagegen um Körper, bei denen eine Dimension die beiden anderen weitaus überragt, so spielt nach dem

De St. V é n a n t schen Prinzip die Spannungsverteilung an einem Ende keine nennenswerte Rolle mehr für die davon weit abstehenden Teile. Das gilt z. B. für die Torsion von Wellen mit verändertem Querschnitt, deren Behandlung zuerst F ö p p l in den Berichten der Bayer. Akademie 1905 in Angriff genommen hat (vgl. auch dessen Vorlesungen Bd. V). Für die Verdrehung solcher Rotationskörper kommen nur die beiden Schubspannungskomponenten τ_r und τ_z in Frage, welche normal zum Radius und zur Achse stehend, auch in der Meridianebene wirken. Bei achsensymmetrischer Spannungsverteilung erfordert das Gleichgewicht des Elementes Fig. 226 gegen Verdrehung um die Achse

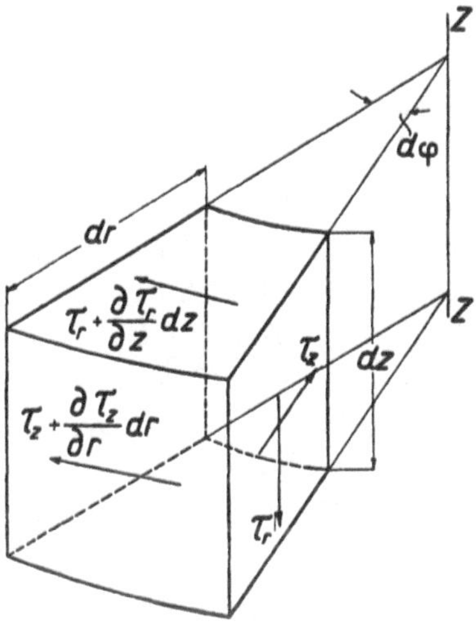

Fig. 226.

$$\frac{\partial (\tau_r r^2)}{\partial z} + \frac{\partial (\tau_z r^2)}{\partial r} = 0 \quad . \quad . \quad . \quad . \quad . \quad . \quad (1),$$

während die dritte Schubspannungskomponente τ_s eine Verdrehung um die Kante $r\,d\varphi$, d. h. eine Wölbung des Meridianschnitts bedingt[1]). Bezeichnen wir den Torsionswinkel mit ϑ, so ist $u = r\vartheta$ die tangentiale Verschiebung des Elementes, die mit den Spannungskomponenten durch die Beziehungen

$$\tau_r = G\,\frac{\partial u}{\partial z}, \quad \tau_z = G\left(\frac{\partial u}{\partial r} - \frac{u}{r}\right)$$

[1]) Diese Spannungskomponente geht natürlich in die radiale und axiale Gleichgewichtsbedingung ein, welche lauten

$$\frac{\partial (\sigma_r r)}{\partial r} - \sigma_t + \frac{\partial (\tau_s r)}{\partial z} = 0, \quad \frac{\partial (\sigma_z r)}{\partial z} + \frac{\partial (\tau_s r)}{\partial r} = 0$$

und bedingt in der Meridianebene die Gleitung

$$\frac{\tau_s}{G} = \frac{\partial \Delta r}{\partial z} + \frac{\partial \Delta z}{\partial r},$$

so daß auch im Falle der achsensymmetrischen Torsion 6 Gleichungen bestehen.

oder

$$\tau_r = G r \frac{\partial \vartheta}{\partial z}, \quad \tau_z = G r \frac{\partial \vartheta}{\partial r} \quad \ldots \ldots \quad (2)$$

verknüpft ist. Setzt man diese Ausdrücke in (1) ein, so ergibt sich

$$\frac{\partial}{\partial z}\left(r^3 \frac{\partial \vartheta}{\partial z}\right) + \frac{\partial}{\partial r}\left(r^3 \frac{\partial \vartheta}{\partial r}\right) = 0 \quad \ldots \quad (3),$$

während Gl. (1) selbst durch den Ansatz

$$\tau_r r^2 = \frac{\partial U}{\partial r}, \quad \tau_z r^2 = -\frac{\partial U}{\partial z} \quad \ldots \ldots \quad (1a)$$

erfüllt wird, worin U eine Funktion von r und z bedeutet, die wegen (2) der Gleichung

$$\frac{\partial}{\partial z}\left(\frac{1}{r^3} \frac{\partial U}{\partial z}\right) + \frac{\partial}{\partial r}\left(\frac{1}{r_3} \frac{\partial U}{\partial r}\right) = 0 \quad \ldots \quad (4)$$

genügt. Eliminiert man aus (2) und (1a) die Spannungskomponenten, so bleibt

$$\frac{\partial U}{\partial r} \frac{\partial \vartheta}{\partial r} + \frac{\partial U}{\partial z} \frac{\partial \vartheta}{\partial z} = 0 \quad \ldots \ldots \quad (5),$$

woraus erhellt, daß im Meridianschnitt die Kurven konstanter U

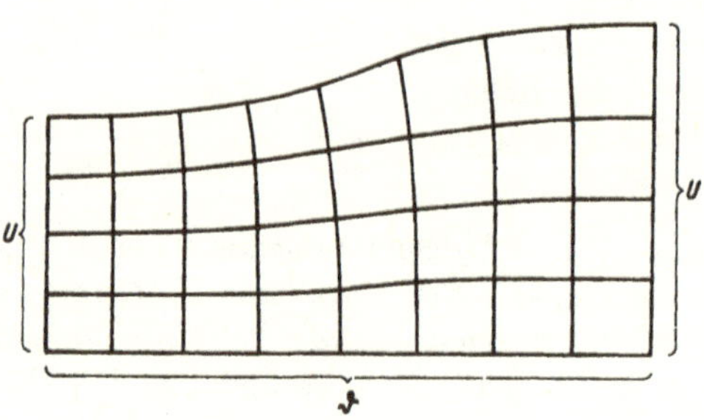

Fig. 227.

und ϑ sich rechtwinklig schneiden. (Fig. 227.) Für die ersteren Kurven ist aber

$$dU = \frac{\partial U}{\partial r} dr + \frac{\partial U}{\partial z} dz = 0$$

oder wegen (1a)

$$\frac{\tau_z}{\tau_r} = \frac{dr}{dz} \quad \ldots \ldots \ldots \quad (6),$$

so daß also die Kurven konstanter U die Richtung der aus τ_r und τ_z resultierenden Schubspannung in der Meridianebene angeben.

Da ferner mit dem Normalabstand dn zweier derartiger Kurven, deren Parameter sich um dU unterscheiden, $\tau_r\,dr - \tau_z\,dz = \tau\,dn$ ist, so folgt auch

$$\tau r^2 = \frac{\partial U}{\partial n} \quad . \quad . \quad . \quad . \quad . \quad . \quad . \quad . \quad . \quad (1\text{b}),$$

d. h. die Dichte der Spannungslinien U bestimmt unmittelbar die Größe der resultierenden Torsionspannung. Schneiden wir weiter aus dem Rotationskörper einen Keilring (Fig. 228) heraus, dessen Meridianschnitt durch eine Kurve U begrenzt wird, so ergibt sich das an diesem Ringe wirkende Torsionsmoment zu

$$d\mathfrak{M} = 2\pi r^2 (\tau_r\,dr - \tau_z\,dz) = 2\pi\,dU \quad . \quad . \quad . \quad (7),$$

wonach der Parameter U der Spannungslinien durch das Torsionsmoment des innerhalb liegenden Wellenteiles definiert ist. Der ganze Rotationskörper wird daher von zwei Scharen einander senkrecht durchschneidender Spannungsflächen U und Flächen gleicher Torsions winkel ϑ durchsetzt. Zu den ersten gehört offenbar auch die spannungsfreie Oberfläche, während die letzteren als im allgemeinen gewölbte Querschnitte bezeichnet werden können.

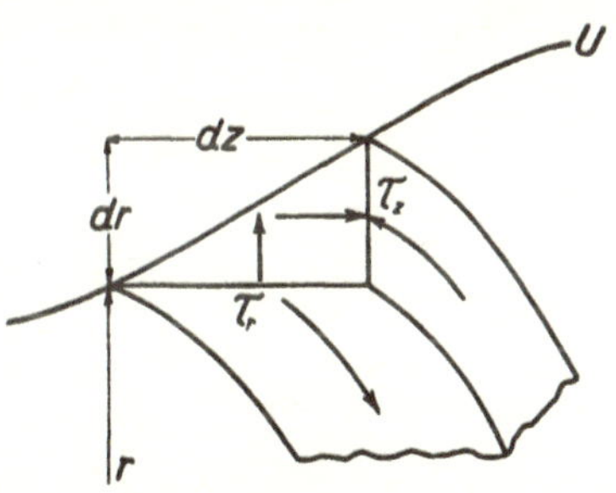

Fig. 228.

Föppl leitet dann noch einige interessante Sätze über den Zusammenhang der Spannungsänderung an einer Stelle mit der Krümmung der Spannungslinien ab, die man im fünften Bande seiner Vorlesungen nachsehen kann. Außerdem deutet er ein Verfahren der graphischen Ermittlung der Netze Fig. 227 bei vorgelegter Meridianbegrenzung an, welches von Willers in der Zeitschr. f. Math. und Physik 1907 näher ausgeführt wurde. Dieser Autor weist ferner darauf hin, daß für kleine Bereiche in großen Abständen r von der Achse die beiden Formeln (2) und (4) sich in

$$\frac{\partial^2 U}{\partial r^2} + \frac{\partial^2 U}{\partial z^2} = 0, \quad \frac{\partial^2 \vartheta}{\partial r^2} + \frac{\partial^2 \vartheta}{\partial z^2} = 0 \quad . \quad . \quad . \quad (8)$$

vereinfachen lassen. Das sind aber die Differentialgleichungen der Stromfunktion U und des Geschwindigkeitspotentials ϑ

einer ebenen wirbelfreien Strömung[1]), deren Richtung mit derjenigen der Torsionsspannung τ im Meridianschnitt zusammenfällt. Haben wir daher im Meridianschnitt im Achsenabstande r_0 ein kreisförmiges Loch vom Radius a, der klein gegen r_0 ist, so

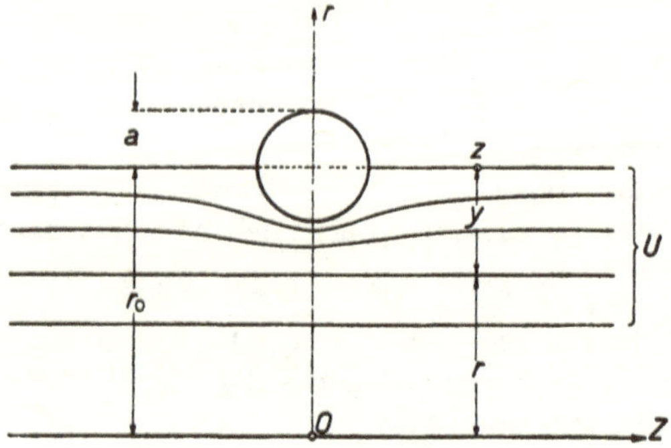

Fig. 229.

dürfen wir mit $y = r_0 - r$ für die um dieses Loch herumgehenden Spannungslinien (Fig. 229)

$$U = A\,y\left(1 - \frac{a^2}{z^2 + y^2}\right) \quad . \quad . \quad . \quad . \quad . \quad (8a)$$

setzen, womit dann wegen (8) und (5)

$$\vartheta = A\,z\left(1 + \frac{a^2}{z^2 + y^2}\right) . \quad . \quad . \quad . \quad . \quad . \quad (8b)$$

wird. Daraus folgt für die Spannungskomponente in der z-Richtung

$$\tau_r r^2 = \frac{\partial U}{\partial r} = -\frac{\partial U}{\partial y} = -A\left(1 - \frac{a^2 y}{z^2 + y^2} + \frac{2\,a^2 y^2}{(z^2 + y^2)^2}\right) \quad (9)$$

oder für $z = \infty$, d. h. außerhalb des Bereiches des Loches

$$\tau_0 r_0^2 = -A \quad . \quad . \quad . \quad . \quad . \quad . \quad . \quad . \quad (9a).$$

Mithin ist die Spannung am Lochrande für $y = a$, $z = 0$

$$\tau_r r^2 = 2\,\tau_0 r_0^2$$

oder wegen $r \sim r_0$

$$\tau_r = 2\,\tau_0.$$

Da nun dem Loch im Meridianschnitt ein Ring im Rotationskörper selbst entspricht, so steigt z. B. die Torsionsspan-

[1]) Lorenz: Techn. Hydromechanik, S. 283.

nung am Rande einer kreisförmigen Rille auf das Doppelte des Wertes im ungeschwächten Körper an. Daraus erkennt man deutlich die Gefahr des Eindrehens von Rillen in tordierte Wellen. Eine Verallgemeinerung erfuhr die »Torsion von Umdrehungskörpern« noch in einer Arbeit von Timpe (Math. Annalen 1910) durch die Berücksichtigung von Momenten, die in vorgeschriebener Weise an der Mantelfläche angreifen.

Die Theorie der Verdrehung zylindrischer bzw. prismatischer Körper war durch De St. Vénant insoweit zum Abschluß gebracht worden, als es sich um analytisch definierte Querschnittsformen handelte. Für beliebig gestaltete Querschnitte erzielte Prandtl durch »Eine neue Darstellung der Torsionsspannungen« (Jahresbericht d. deutsch. Math. Vereinigung 1909) einen Fortschritt durch Einführung des sog. Spannungshügels, dessen Gefälle ein Maß der resultierenden Spannung darbot, während sein Volumen dem Torsionsmoment proportional war. Besonders elegant war der Nachweis der Analogie des Spannungshügels mit einer durch einseitigen Druck deformierten Flüssigkeitshaut über dem Querschnitt. Dadurch wurde nicht nur die Anschaulichkeit des Vorganges gefördert, sondern auch der große Unterschied im Verhalten dünnwandiger geschlossener und offener Hohlkörper gegen Verdrehung mit einem Schlage aufgeklärt. Aus der Form der zugehörigen Spannungshügel (vgl. Fig. 162 und 163) ging unmittelbar hervor, daß man bei aufgeschnittenen Hohlzylindern ganz wie bei der Biegung dünner Stäbe eine lineare Spannungsverteilung über den Querschnitt annehmen durfte, während bei geschlossenen die Spannung über die Wandstärke mit hinreichender Genauigkeit als konstant betrachtet werden konnte. Beides war in voller Übereinstimmung mit der von Thomson und Tait schon 1867 bemerkten hydrodynamischen Analogie, welche die Spannungslinien mit den Stromlinien einer innerhalb des Querschnitts umlaufenden Flüssigkeit identifizierte. Diese Auffassung führte zu einer Berechnungsmethode, die auf anderem Wege von Bredt in der Zeitschr. d. V. d. Ing. 1896 in seinen »Studien zur Drehungselastizität« entwickelt und von H. Lorenz auf »Dünnwandige Hohlzylinder mit Zwischenstegen« (Dinglers Journal und Phys. Zeitschrift 1911) ausgedehnt wurde.

Ein erheblich größeres Interesse sowohl von seiten der Ingenieure wie auch der Mathematiker hat die Theorie dünnwandiger Gefäße mit normaler Oberflächenbelastung und vorgelegten Randspannungen erweckt. Da in den Oberflächen derartiger Gefäßwände keine Schubspannungen herrschen, so lag es nahe, auch alle ihnen parallelen Innenflächen als Hauptspannungsflächen im Sinne Lamés aufzufassen und demgemäß in den dazu senkrechten Schnitten durch die Wand keine Schubspannungen normal zur Oberfläche zuzulassen. Diesen Weg beschritt in der Tat Dupuit, der Erfinder der Kugelböden, in seinem »Traité de la conduite et de la distribution des eaux«, Paris 1854, in dem er der Bestimmung der beiden Hauptspannungen außer der Gleichgewichtsbedingung am Wandelement (8b), § 67, noch die Aufnahme der Gesamtbelastung einer abgeschnittenen Kalotte durch deren Randspannungen hinzufügte. Solange sich auf diese Weise nur Zugspannungen ergeben und die Ränder als frei drehbar angesehen werden können, ist gegen das Verfahren auch nichts weiter einzuwenden. Dagegen ist es schon unmöglich, mit dieser Auffassung einer Einspannung am Rande, z. B. der Befestigung eines Kesselbodens, gerecht zu werden, da die Wand infolge des Wegfalls von Schubspannungen keine Biegungssteifigkeit besitzt. Das macht sich in noch stärkerem Maße bei der axialen Zusammendrückung zylindrischer Rohre geltend, die hiernach (vgl. § 4) entgegen der Erfahrung überhaupt keine Widerstandsfähigkeit aufweisen. Somit gilt diese Theorie strenggenommen nur für dünne Häute, die, wie man an Ballonhüllen leicht beobachten kann, der Wirkung von Druckspannungen durch Faltenbildung ausweichen.

Es bleibt demnach, wenn es überhaupt auf die Bestimmung der Formänderungen ankommt, nur die Übertragung der Biegungstheorie der Platten auf beliebig gekrümmte Schalen übrig. Das bietet in dem praktisch wichtigen Falle achsensymmetrischer Belastung von Gefäßwänden mit Rotationsoberflächen keine erheblichen Schwierigkeiten, wenn man die hierbei auftretenden Ringspannungen als Mittelwerte über die ganze Wandstärke einführt und nur die Biegung der Meridianlinie berücksichtigt. Nach dieser Methode verfuhren C. Runge (1904), Müller-Breslau und Reißner (1908) bei ihren Untersuchungen zylindrischer Behälter mit konstanter und axial veränderlicher

Wandstärke sowie auch R. Lorenz bei der Ermittlung symmetrischer Verzerrungen von axial gedrückten Zylindern (1905) und rotierenden Trommeln (1910), vgl. Kap. IX dieses Buches. Wird dagegen infolge einseitiger Belastungen oder beim Eintritt labiler Gleichgewichtszustände die Achsensymmetrie gestört, so tritt die Dehnung unter dem Einflusse von Ringspannungen zurück gegenüber der Verbiegung der Parallelkreise. Alsdann erweist sich die Aufstellung allgemeinerer Grundformeln nötig, die man dem Engländer H. Love (London, Phil. Trans. 1888) verdankt, der sie auch vollständig in sein umfassendes Lehrbuch »Treatise on the Theory of Elasticity« (1892—1893, 2. Aufl. 1906, deutsch von Timpe 1907) allerdings ohne Anwendungen aufgenommen hat. Der Aufbau der Gleichgewichtsbedingungen vollzieht sich ganz analog dem der Kirchhoffschen Formeln für einen dünnen Stab, von denen sie sich naturgemäß durch eine etwas größere Zahl von Gliedern unterscheiden. Dazu treten dann noch die Beziehungen zwischen den Kräften und den Dehnungen bzw. den Momenten und den Verdrehungen bzw. Krümmungsänderungen, beides unter Berücksichtigung der Querkontraktion. Die Lovesche Theorie wurde u. a. von R. Lorenz einer Untersuchung der »nicht achsensymmetrischen Knickung dünnwandiger Hohlzylinder« (Phys. Zeitschr. 1911) zugrunde gelegt, während Reißner damit die »Spannungen in Kugelschalen« (Müller-Breslau-Festschrift 1912) berechnete und noch allgemeiner E. Meißner »Das Elastizitätsproblem für dünne Schalen von Ringflächen-, Kugel- oder Kegelform« (Phys. Zeitschr. 1913) erledigte. Es handelte sich hierbei um recht schwierige mathematische Untersuchungen, da jedesmal partielle Differentialgleichungen vierter Ordnung mit nicht ganz einfachen Randbedingungen zu integrieren sind. Daß derartige Probleme auch von Ingenieuren in Angriff genommen und durchgeführt wurden, darf wohl als Beweis für ein erfolgreiches Zusammenwirken der Technik und der reinen Wissenschaft angesehen werden.

Berichtigungen.

S. 373: In der letzten Zeile soll φ statt χ stehen.

S. 375: In der vierten Zeile von oben soll ϑ statt χ stehen.

S. 382: Die 36 Konstanten lassen sich im allgemeinen auf 21, nicht auf 15 reduzieren.

S. 396: Zu § 39 ist noch der in § 40 benutzte Satz nachzutragen, daß im Falle des Gleichgewichts die Formänderungsarbeit ein Minimum wird, wie sofort aus Gl. (13), S. 394, folgt, worin die totalen Differentiale gemäß dem Prinzip der virtuellen Verschiebungen als voneinander unabhängig angesehen werden dürfen. Dann aber verschwindet dL.

S. 418: In den Gl. (12) und (12a) soll Ψ statt ψ stehen.

S. 423: Gl. (20b) muß lauten:

$$(c + k)\, x\, dx - (c - k)\, y\, dy = 0.$$

S. 431: In der Kopfüberschrift ist die Seitenzahl richtig zu stellen.

S. 679: In Fig. 228 sind τ_r und τ_z zu vertauschen.

Sachregister.

Namensregister.

www.ingramcontent.com/pod-product-compliance
Lightning Source LLC
LaVergne TN
LVHW091039021026
849161LV00002BA/189